Chemie der Naturstoffe

— Bioorganische Chemie —

Chemie der Naturstoffe

— Bioorganische Chemie —

von

Prof. Dr. sc. PETER NUHN

Halle/S.

Mit 117 Abbildungen, 2 Skizzen und 103 Tabellen

AKADEMIE-VERLAG · BERLIN

1981

Erschienen im Akademie-Verlag, DDR-1086 Berlin, Leipziger Straße 3–4
Lektor: Fritz Schulz

Lizenznummer: 202 · 100/464/81
Einband und Schutzumschlag: Rolf Kunze
Gesamtherstellung: VEB Druckhaus „Maxim Gorki", 7400 Altenburg
Bestellnummer: 762 285 1 (6345) · LSV 1274
Printed in GDR
DDR 98,– M

Geleitwort

Die konventionelle Naturstoffchemie beschäftigt sich vorwiegend mit Isolierung, Identifizierung, Charakterisierung, Strukturermittlung und Synthese niedermolekularer, insbesondere biologisch aktiver Verbindungen, die im Tier- und Pflanzenreich vorkommen oder durch Mikroorganismen gebildet werden. Durch die großen Fortschritte auf methodologischem und theoretischem Gebiet sowie als Ergebnis systematischer Screeningprogramme hat diese Arbeitsrichtung vor allem während der letzten drei Jahrzehnte einen hohen Perfektionsgrad erreicht und unsere Kenntnisse auf diesem Sektor außerordentlich vermehrt. So wurde eine nahezu unerschöpfliche strukturelle Mannigfaltigkeit durch die sogenannten „Sekundären Pflanzenstoffe" offenbart, speziell durch die Gruppe der Alkaloide und Terpenoide (Isoprenoide).

Die methodischen Fortschritte betreffen speziell Entwicklung und Einsatz neuer Trenn- und Identifizierungsverfahren (u. a. Dünnschicht-, Gas-, Hochdruck-Flüssigchromatographie), die Anwendung hochleistungsfähiger physikalischer Analysenmethoden zur Strukturermittlung (u. a. Protonen- und ^{13}C-Kernresonanz, Massenspektroskopie, chiroptische Methoden, Röntgenkristallstrukturanalyse), aber auch die Synthese von Naturstoffen zum Teil kompliziertester Struktur (z. B. Vitamin-B_{12}-Synthese durch *R. B. Woodward, A. Eschenmoser* und Mitarbeiter).

Gegenwärtig zeichnen sich einige Entwicklungstrends ab, und zwar neben der weiteren Vervollkommnung der analytischen Methodik die zunehmende Untersuchung biologisch aktiver Naturstoffe nicht nur terrestrischen, sondern auch marinen Ursprungs sowie die verstärkte chemische Erforschung auch makromolekularer Naturstoffe (u. a. Proteine, Nucleinsäuren, Polysaccharide) und komplexer supramolekularer Biostrukturen, die bereits charakteristische Aufgabenstellungen der Molekularbiologie betreffen.

Allerdings ist das Auffinden neuer chemisch-strukturell oder biologisch interessanter Naturstoffe heute weniger das Ziel als vielmehr der Ausgangspunkt umfangreicher Forschungsprogramme. Viele dieser Naturstoffe sind nämlich besonders geeignete Synthesemodelle hoher Erfolgschance für die Gewinnung strukturanaloger Verbindungen mit vorteilhaften, auch umweltfreundlichen Gebrauchseigenschaften. Dabei kommt Arbeiten zur Klärung von Struktur/Wirkungs- und Wirkstoff/Rezeptor-Beziehungen, des Stoffwechsels und der molekularen Wirkungsmechanismen dieser Verbindungen besondere Bedeutung zu. So hat die Naturstoffchemie im Rahmen moderner interdisziplinärer biowissenschaftlicher Forschungsprojekte wichtige Beiträge zu leisten, auch bei Aufklärung von Vorkommen, Struktur und Funktion essentieller endogener Wirkstoffe (Hormone, Pheromone usw.). Andererseits haben die Ergebnisse biochemischer Forschung wiederum der Chemie wertvolle Impulse vermittelt, beispielsweise in Form neuartiger „biomimetischer“ Synthesekonzeptionen, Stoffwandlungs- und Stofftrennungsprozesse.

Schließlich hat die zunehmende Verknappung fossiler Kohlenstoffressourcen und die damit gegebene Notwendigkeit einer künftig verstärkten Nutzung auch rezenter, stets erneuerungsfähiger Kohlenstoffquellen der Pflanzenwelt zur Energie- und Rohstoffgewinnung auch der Naturstoffchemie neue Aufgaben gestellt. Schwerpunkte dieser Entwicklung sind die ökonomisch vorteilhafte Verwertung z. B. von Cellulose, Hemicellulose und Lignin, von Wachsen und anderen hochreduzierten pflanzlichen Inhaltsstoffen sowie der Einsatz pflanzlicher Kohlenhydrate für die chemische Synthese bzw. als Ausgangsmaterial zweckmäßig funktionalisierter Zwischenprodukte für die chemische Industrie.

So ist eine traditionsgemäße Abgrenzung der Naturstoffchemie z. B. von der übrigen organischen Chemie, der Physik und den Biowissenschaften und hier speziell von der Molekularbiologie und der Wirkstofforschung heute kaum noch möglich. Dies betrifft sowohl die Problemstellung, die Methodologie als auch die Anwendungsaspekte und gilt insbesondere für die große Gruppe der synthetischen biologisch aktiven Verbindungen, die sich zwar häufig von den Naturstoffen ableiten, aber selbst nicht in der Natur vorkommen. Nicht zuletzt aus diesem Grunde wird häufig das Gesamtgebiet der extensiv erweiterten Naturstoffchemie auch als „Bioorganische Chemie“ bezeichnet.

Der weltweit anerkannte hohe Stand der Chemie und speziell der Chemieausbildung in Deutschland in der ersten Hälfte unseres Jahrhunderts war entscheidend begründet und geprägt durch die Naturstoffchemie. Aufgrund ihrer Besonderheiten und didaktischen Vorzüge ist sie wie kaum ein anderes Gebiet der Chemie geeignet, sowohl experimentell als auch theoretisch umfassend geschulte Chemiker auszubilden. Aus diesem Grund ist es sehr zu begrüßen, daß auch in der DDR der Naturstoffchemie, und zwar nicht nur in der Forschung, sondern auch in der Lehre, der ihr gebührende Platz eingeräumt wird.

Das hiermit von *P. Nuhn* vorgelegte Lehrbuch wird ohne Zweifel diese Vorhaben wirksam unterstützen und darüber hinaus eine deutliche Lücke im deutschsprachigen Schrifttum ausfüllen. Es wendet sich an Studenten der Chemie, Biowissenschaften, Pharmazie, Medizin und Landwirtschaft, aber auch an interessierte Pädagogen sowie an Wissenschaftler in Forschung, Lehre und Praxis. Diese umfaßt u. a. die pharmazeutische und agrochemische Industrie, die Papier- und Cellulosefabrikation, die Holzverarbeitung, die Nutzung rezenter Kohlenstoffressourcen als Chemierohstoffe, neue biotechnologische Verfahren der Stoffwandlung, die Riechstoff- und Kosmetikaherstellung, aber auch das Gesundheitswesen, die Land-, Forst- und Nahrungsgüterwirtschaft und den Umweltschutz. Dem Autor *P. Nuhn* gilt unser uneingeschränkter Dank, daß er den Versuch unternommen hat, das so umfangreiche und sich schnell entwickelnde Gebiet der Naturstoffchemie mit großer Sachkenntnis sowohl umfassend, aber dennoch in didaktisch ansprechender Weise darzustellen. So wünsche ich dem Werk einen erfolgreichen Start sowie die gute Aufnahme und weite Verbreitung, die es verdient, zum Nutzen der Naturstoffchemie sowie ihrer derzeitigen und künftigen Vertreter.

Klaus Schreiber

(Prof. Dr. rer. nat. habil. Dr. rer. nat. h. c.,
Ordentliches Mitglied der Akademie der
Wissenschaften der DDR, Direktor des Instituts
für Biochemie der Pflanzen der AdW, Halle)

Vorwort

Dieses Buch soll Grundkenntnisse über Struktur, chemische und physikochemische Eigenschaften der universellen Grundbausteine der Organismen (Aminosäuren, Peptide, Proteine, Kohlenhydrate, Nucleinsäuren und deren Bausteine, Lipide) sowie der wichtigsten biogenen biologisch aktiven Verbindungen (Regulationsstoffe, Coenzyme, Vitamine, Antibiotica, Alkaloide) vermitteln. Grundlagen der Organischen Chemie, einschließlich der Stereochemie, werden vorausgesetzt. „Sekundäre" Naturstoffe pflanzlicher und mikrobieller Herkunft wurden auf ausgewählte Darstellungen in den Kapiteln Isoprenoide Verbindungen, Aromatische Verbindungen, Alkaloide und Antibiotica beschränkt, um den Umfang des Buches nicht noch mehr anwachsen zu lassen. Es wurden insbesondere Verbindungen mit bemerkenswerter biologischer Aktivität ausgewählt. Es ist dem Autor klar, daß diese Auswahl häufig etwas willkürlich erscheinen muß. Biosynthese und biogener Abbau der Naturstoffe werden in sehr kurz gefaßten Übersichten dargestellt. Hierzu sei auf die zahlreichen Lehrbücher der Biochemie verwiesen.

Bio-, partial- und totalsynthetisch abgewandelte Derivate oder Analoga vieler Naturstoffe haben eine große Bedeutung für das Studium der biologischen und physikalischen Eigenschaften vor allem der Biopolymere sowie für Untersuchungen von Struktur-Wirkungs-Beziehungen biologisch aktiver Verbindungen mit dem Ziel der Entwicklung praktisch anwendbarer Wirkstoffe erlangt. Die wichtigsten Methoden der strukturellen Abwandlung der Naturstoffe wurden daher — meist in besonderen Abschnitten — zusammengefaßt. An vielen Stellen mußte auch auf körperfremde biologisch aktive Verbindungen (Xenobiotica) hingewiesen werden, um einige aktuelle Probleme der Wirkstofforschung (Entwicklung von Pharmaka, Phytopharmaka, Schädlingsbekämpfungsmitteln) sowie der Umweltforschung (Mutagene, Carcinogene) aufzuzeigen, soweit sie in Zusammenhang mit den betreffenden Stoffklassen zu bringen waren. Durch die Einbeziehung synthetischer Abwandlungsprodukte der Naturstoffe und verschiedener Xenobiotica geht das Buch über den Inhalt der klassischen Naturstoffchemie hinaus, was der Untertitel „Bioorganische Chemie" zum Ausdruck bringen soll. Bioorganische Chemie wurde dabei etwa im Sinne von Ovchinnikov (vgl. z. B. Bioorg. Chim. [Moskau] **3** (1977), 1301) aufgefaßt. Amerikanische Autoren (z. B. Kaiser und Kézdy, Hrsg. der Reihe „*Progress in Bioorganic Chemistry*", New York: Wiley, ab 1971) verstehen dagegen unter Bioorganischer Chemie eine Art Enzymologie.

Die Empfehlungen der International Union of Pure and Applied Chemistry (IUPAC) und der International Union of Biochemistry (IUB) zur Nomenklatur von biogenen und davon abgeleiteten synthetischen Verbindungen (IUPAC-IUB-Commission on Biochemical Nomenclature) wurden weitgehend befolgt.

Das Buch entstand aus einem Vorlesungsmanuskript über „Naturstoffchemie" für Studenten der Biologie und Biochemie an der Sektion Biowissenschaften der Karl-Marx-Universität Leipzig. Ich danke Herrn Prof. Dr. G. Wagner für die großzügige Förderung. Das Buch richtet sich auch an biologisch interessierte Chemie- und Pharmaziestudenten sowie chemisch interessierte Mediziner. Es ist bewußt als zusammenfassende Einführung gedacht und soll und kann keineswegs die zahlreichen Darstellungen bestimmter Verbindungsklassen ersetzen.

Ein Literaturverzeichnis im Anhang soll den Zugang zu dieser weiterführenden Literatur erleichtern. Die Anordnung der Literaturzitate zu den einzelnen Kapiteln (vor allem Monographien und Übersichtsartikel) erfolgte etwa in der Reihenfolge der in den Kapiteln behandelten Themen.

Für die Durchsicht einzelner Kapitel sowie für zahlreiche Anregungen und wertvolle Diskussionen danke ich den Herren Prof. Dr. Ermisch, Prof. Dr. Jakubke, Dr. habil. Pischel, Prof. Dr. Schreiber und Prof. Dr. Thieme. Den Herren Dr. Dobner und Dr. Kertscher danke ich für fleißiges Korrekturlesen.

Leipzig, Frühjahr 1979

Peter Nuhn

Inhalt

1. *Einleitung* . . . 19

1.1. Entwicklung der Naturstoffchemie . . . 19

1.2. Verbreitung der Naturstoffe . . . 21

1.3. Isolierungs- und Trennmethoden . . . 23

1.4. Methoden der Strukturaufklärung . . . 29

1.5. Synthesen . . . 39
1.5.1. Biosynthesen . . . 39
1.5.2. Chemische Synthesen . . . 39

1.6. Molekulare Evolution . . . 43
1.6.1. Chemische Evolution . . . 46
1.6.2. Biochemische Evolution . . . 48

Grundbausteine der Organismen

2. *Aminosäuren, Peptide und Proteine* . . . 54

2.1. Aminosäuren . . . 54
2.1.1. Struktur . . . 54
2.1.2. Nomenklatur . . . 56
2.1.3. Vorkommen . . . 57
2.1.4. Synthesen . . . 58
2.1.4.1. Biosynthesen . . . 58
2.1.4.2. Chemische Synthesen . . . 59

2.2. Peptide und Proteine . . . 63
2.2.1. Peptidbindung . . . 63
2.2.2. Nomenklatur . . . 65

2.3. Chemische Eigenschaften und Analytik . . . 66
2.3.1. Reaktionen funktioneller Gruppen der Aminosäuren . . . 66
2.3.1.1. Reaktionen der Aminogruppe . . . 66
2.3.1.2. Reaktionen der Carboxylgruppe . . . 68
2.3.1.3. Reaktionen weiterer funktioneller Gruppen . . . 69
2.3.2. Spaltung der Peptidbindung . . . 73
2.3.2.1. Nicht-enzymatische Methoden . . . 73
2.3.2.2. Enzymatische Methoden . . . 74
2.3.3. Analytik . . . 75

2.4. Strukturebenen der Proteine 77
2.4.1. Primärstruktur 77
2.4.1.1. Aminosäureanalyse 77
2.4.1.2. Endgruppenbestimmung 78
2.4.1.3. Sequenzanalyse 78
2.4.2. Sekundärstrukturen 81
2.4.2.1. Helixstrukturen 84
2.4.2.2. Faltblattstrukturen 85
2.4.3. Tertiär- und Quartärstrukturen 86

2.5. Physikalisch-chemische Eigenschaften 88
2.5.1. Ampholytcharakter 88
2.5.2. Löslichkeit 89
2.5.3. Hydratation 89
2.5.4. Denaturierung 91
2.5.5. Spektroskopie 92

2.6. Biologisch aktive Peptide und Proteine 93
2.6.1. Enzyme 94
2.6.1.1. Klassifizierung 94
2.6.1.2. Bau der Enzyme 94
2.6.1.3. Mechanismus der Enzymkatalyse 98
2.6.1.4. Enzyminhibitoren 102
2.6.1.5. Trägergebundene Enzyme 103
2.6.2. Immunoglobuline 104
2.6.3. Lectine 107
2.6.4. Toxine 109
2.6.4.1. Schlangengifte 109
2.6.4.2. Bienengift 109
2.6.4.3. Gifte des Grünen Knollenblätterpilzes 110
2.6.4.4. Bakterielle Toxine 112

2.7. Skleroproteine 112
2.7.1. Kollagengruppe 113
2.7.2. Keratine 113
2.7.3. Fibrilläre Proteine der Muskelzellen 114
2.7.4. Seiden-Fibroin 115
2.7.5. Fibrinogen-Fibrin 115

2.8. Konjugierte Proteine (Proteide) 117
2.8.1. Phosphoproteine 117
2.8.2. Metalloproteine 118
2.8.3. Lipoproteine 119

2.9. Peptidsynthesen 121
2.9.1. Totalsynthese von Peptiden 121
2.9.1.1. Allgemeine Probleme 121
2.9.1.2. Schutzgruppen 122
2.9.1.3. Aktivierung der Carboxylgruppe — Methoden zur Knüpfung der Peptidbindung . 125
2.9.1.4. Taktik und Strategie 127
2.9.1.5. Synthese von cyclischen Peptiden 132
2.9.1.6. Synthese von Polyaminosäuren und sequentiellen Polypeptiden 134
2.9.2. Chemische Modifizierung von Proteinen 136

3. *Kohlenhydrate* 139

3.1. Monosaccharide 139
3.1.1. Struktur und Vorkommen 139
3.1.1.1. Nomenklatur 139
3.1.1.2. Struktur der Monosaccharide in Lösung 141
3.1.1.3. Vorkommen 143
3.1.2. Physikalisch-chemische Eigenschaften der Monosaccharide 149
3.1.3. Reaktionen der Monosaccharide 151
3.1.3.1. Einwirkung von Basen und Säuren 151
3.1.3.2. Ester 153
3.1.3.3. Acetale und Ketale 156
3.1.3.4. Ether 157
3.1.3.5. Intramolekulare Ether (Anhydrozucker) und Acetale (Zuckeranhydride) 158
3.1.3.6. Osazone 159
3.1.3.7. Glykoside 159
3.1.3.8. C-Glykosyl-Verbindungen 165
3.1.3.9. Oxidationsprodukte 166
3.1.3.10. Reduktionsprodukte 168
3.1.3.11. Nachweis und Bestimmung der Kohlenhydrate 170
3.1.4. Synthesen 172
3.1.4.1. Biosynthese 172
3.1.4.2. Abiogene Synthese 173

3.2. Oligo- und Polysaccharide 174
3.2.1. Bindungstypen 174
3.2.2. Methoden der Strukturaufklärung 176
3.2.2.1. Fragmentierung nativer Polysaccharide 176
3.2.2.1.1. Chemische Methoden 176
3.2.2.1.2. Enzymatische Methoden 177
3.2.2.2. Fragmentierung selektiv modifizierter Polysaccharide 178
3.2.2.2.1. Methylierung 178
3.2.2.2.2. Periodatoxidation 179
3.2.2.2.3. Substitutionen in 2- und 6-Stellung von Glykopyranosiden 182
3.2.3. Oligosaccharide 183
3.2.4. Polysaccharide 185
3.2.4.1. Nomenklatur 186
3.2.4.2. Eigenschaften 186
3.2.4.2.1. Chemische Eigenschaften 186
3.2.4.2.2. Physikalisch-chemische Eigenschaften 190
3.2.4.3. Homopolysaccharide 193
3.2.4.3.1. Glucane 193
3.2.4.3.2. Galaktane 199
3.2.4.3.3. Fructane 200
3.2.4.4. Heteropolysaccharide 200
3.2.4.4.1. Glykane 200
3.2.4.4.2. Glykuronane 201
3.2.4.4.3. Glykanoglykuronane 203
3.2.4.5. Komplexe Polysaccharide 203
3.2.4.5.1. Kohlenhydrat-Protein-Verbindungen 203
3.2.4.5.2. Strukturelemente der bakteriellen Zellwand 209

3.2.5. Synthesen . . . 213
3.2.5.1. Biosynthesen . . . 213
3.2.5.2. Chemische Synthesen . . . 215

4. *Nucleoside, Nucleotide und Nucleinsäuren* . . . 219

4.1. Bausteine der Nucleinsäuren . . . 219
4.1.1. Nucleoside . . . 219
4.1.1.1. Struktur . . . 219
4.1.1.2. Synthese der Basen . . . 223
4.1.1.3. Nucleosidsynthesen . . . 224
4.1.2. Mononucleotide . . . 226
4.1.2.1. Struktur . . . 226
4.1.2.2. Biosynthesen und Abbau . . . 228
4.1.2.3. Mononucleotidsynthesen . . . 231
4.1.3. Physikalisch-chemische Eigenschaften . . . 233
4.1.3.1. Tautomerie . . . 233
4.1.3.2. Dissoziation . . . 233
4.1.3.3. Konformation . . . 234
4.1.3.4. Elektronenspektren . . . 236
4.1.3.5. Chiroptische Eigenschaften . . . 237
4.1.4. Chemische Reaktivität . . . 238
4.1.4.1. Einwirkung elektrophiler Reagentien . . . 239
4.1.4.2. Einwirkung nucleophiler Reagentien . . . 241
4.1.4.3. Hydrolytische Spaltung der glykosidischen Bindung . . . 242
4.1.5. Oligo- und Polynucleotide . . . 243
4.1.5.1. Allgemeine Struktur und Nomenklatur . . . 243
4.1.5.2. Oligo- und Polynucleotidsynthesen . . . 245

4.2. Nucleinsäuren . . . 251
4.2.1. Einführung . . . 251
4.2.2. Vorkommen und Primärstruktur . . . 253
4.2.2.1. Desoxyribonucleinsäuren . . . 253
4.2.2.2. Ribonucleinsäuren . . . 254
4.2.2.3. Virale Nucleinsäuren . . . 256
4.2.3. Methoden der Sequenzanalyse . . . 258
4.2.3.1. Sequenzanalyse der RNS . . . 258
4.2.3.2. Sequenzanalyse der DNS . . . 260
4.2.4. Konformationen . . . 263
4.2.4.1. Stereochemie der Bindungen . . . 263
4.2.4.2. Basenpaarung . . . 264
4.2.4.3. Basenstapelung . . . 264
4.2.4.4. Konformationen der DNS . . . 266
4.2.4.5. Konformationen der RNS . . . 267
4.2.5. Physikalisch-chemische Eigenschaften . . . 270

4.3. Biosynthese der Nucleinsäuren und Proteine . . . 272

4.4. Beeinflussung der Nucleinsäure- und Proteinsynthese . . . 276
4.4.1. Strahleninduzierte Veränderungen . . . 278
4.4.2. Alkylantien . . . 279
4.4.3. Polycyclische aromatische Kohlenwasserstoffe . . . 280
4.4.4. Einschubreagentien . . . 281
4.4.5. Antimetabolite . . . 282

5. *Lipide und Membranen* 287

5.1. Allgemeine Einführung 287

5.2. Fettsäuren 287
5.2.1. Strukturen und Verbreitung 288
5.2.2. Physikalisch-chemische Eigenschaften 292
5.2.3. Chemische Eigenschaften 294

5.3. Einfache Lipide 296
5.3.1. Wachse 296
5.3.2. Fette 297

5.4. Komplexe Lipide 299
5.4.1. Phospholipide 300
5.4.1.1. Glycerophospholipide 301
5.4.1.2. Sphingophospholipide 310
5.4.2. Glykolipide 311
5.4.2.1. Glyceroglykolipide 311
5.4.2.2. Sphingglykolipide 312
5.4.2.3. Glykolipide von Mykobakterien und Corynebakterien 315

5.5. Membranen 316
5.5.1. Phospholipid-Aggregate 316
5.5.2. Die biologische Membran 319

Essentielle biologisch aktive Verbindungen

6. *Vitamine, Coenzyme und Tetrapyrrole* 323

6.1. Allgemeine Einführung 323

6.2. Fettlösliche Vitamine 327
6.2.1. Vitamin A — Sehpigmente 327
6.2.2. Vitamin D 331
6.2.3. Chinone mit isoprenoider Seitenkette 333
6.2.3.1. Benzochinon-Derivate 334
6.2.3.2. Naphthochinon-Derivate 337

6.3. Wasserlösliche Vitamine 340
6.3.1. Vitamin C 340
6.3.2. Vitamin B_1 — Thiaminpyrophosphat 343
6.3.3. Liponsäure 345
6.3.4. Pteridin- und Benzopteridin-Derivate 347
6.3.4.1. Heterocyclische Grundkörper 347
6.3.4.2. Folsäure 350
6.3.4.3. Vitamin B_2 353
6.3.5. Vitamin B_6 — Pyridoxalphosphat 357
6.3.6. Pantothensäure — Coenzym A 360
6.3.7. Nicotinsäureamid — Pyridinnucleotide 362
6.3.8. Biotin 365
6.3.9. Siderochrome 366

6.4. Tetrapyrrole 368
6.4.1. Allgemeiner Aufbau der cyclischen Tetrapyrrole 368
6.4.2. Nomenklatur 368
6.4.3. Synthesen 370

6.4.4. Metall-Komplexe (Metalloporphyrine) . . . 372
6.4.5. Eisen-Porphyrin-Komplexe . . . 374
6.4.5.1. Allgemeine Struktur . . . 374
6.4.5.2. Sauerstoffübertragende Hämoproteine . . . 375
6.4.5.3. Elektronenübertragende Hämoproteine . . . 378
6.4.6. Chlorophylle . . . 380
6.4.7. Corrinoide (Vitamin B_{12}) . . . 385
6.4.8. Offenkettige Tetrapyrrole . . . 388

7. *Interzelluläre Regulationsstoffe* . . . 391

7.1. Begriffserläuterungen . . . 391

7.2. Regulationsstoffe der Tiere . . . 392
7.2.1. Hormone . . . 392
7.2.1.1. Allgemeine Einführung . . . 392
7.2.1.1.1. Bildungsorte und Zusammenwirken der Hormone . . . 392
7.2.1.1.2. Wirkungsmechanismen . . . 396
7.2.1.2. Peptidhormone . . . 397
7.2.1.2.1. Strukturelle Zusammenhänge . . . 397
7.2.1.2.2. Hypothalamus-Neurohormone . . . 398
7.2.1.2.3. Hypophysenvorderlappen-Hormone . . . 400
7.2.1.2.4. Endorphine . . . 404
7.2.1.2.5. Plazenta-Hormone . . . 405
7.2.1.2.6. Hypophysenhinterlappen-Hormone . . . 405
7.2.1.2.7. Pankreas-Hormone . . . 408
7.2.1.2.8. Hormone der Schilddrüse und Nebenschilddrüsen . . . 411
7.2.1.2.9. Aglanduläre Peptidhormone . . . 413
7.2.1.3. Isoprenoide Hormone . . . 417
7.2.1.3.1. Steroidhormone der Wirbeltiere . . . 417
7.2.1.3.2. Hormone der Wirbellosen . . . 425
7.2.1.4. Eicosanoide . . . 427
7.2.2. Neurotransmitter . . . 428
7.2.2.1. Acetylcholin . . . 430
7.2.2.2. Catecholamine . . . 434
7.2.2.3. Indolylalkylamine . . . 436
7.2.2.4. Histamin . . . 437
7.2.3. Pheromone . . . 438

7.3. Regulationsstoffe der Pflanzen . . . 439
7.3.1. Regulationsstoffe niederer Pflanzen . . . 439
7.3.2. Regulationsstoffe höherer Pflanzen . . . 440
7.3.2.1. Auxine . . . 443
7.3.2.2. Cytokinine . . . 444
7.3.2.3. Gibberelline . . . 444
7.3.2.4. Abscisinsäure . . . 446

„Sekundäre" Naturstoffe

8. *Isoprenoide Verbindungen: Terpene und Steroide* . . . 447

8.1. Allgemeine Einführung . . . 447
8.1.1. Ausgangsprodukte der Biosynthese . . . 448
8.1.2. Bildung acyclischer Precursoren . . . 449

8.1.3. Intramolekulare Cycloadditionen . . . 449
8.1.4. Umlagerungen von Carbokationen . . . 452

8.2. Terpene . . . 454
8.2.1. Monoterpene . . . 454
8.2.2. Sesquiterpene . . . 460
8.2.3. Diterpene . . . 461
8.2.4. Sesterterpene . . . 462
8.2.5. Triterpene . . . 462
8.2.6. Tetraterpene . . . 465
8.2.7. Polyterpene . . . 468

8.3. Steroide . . . 470
8.3.1. Nomenklatur . . . 470
8.3.2. Stereochemie . . . 471
8.3.3. Natürlich vorkommende Steroide . . . 472
8.3.3.1. Sterole . . . 473
8.3.3.2. Gallensäuren . . . 476
8.3.3.3. Cardenolide und Bufadienolide . . . 478
8.3.3.3.1. Cardenolide . . . 481
8.3.3.3.2. Bufadienolide . . . 482
8.3.3.4. Steroidsaponine . . . 484
8.3.3.5. Steroidalkaloide . . . 484
8.3.4. Synthesen . . . 487
8.3.4.1. Partialsynthesen . . . 487
8.3.4.1.1. Chemische Umwandlungen . . . 488
8.3.4.1.2. Mikrobiologische Umwandlungen . . . 492
8.3.4.2. Totalsynthesen . . . 492

9. *Aromatische Verbindungen* . . . 495

9.1. Allgemeine Einführung . . . 495
9.1.1. Oxidative Kupplung von Phenolen . . . 495
9.1.2. Shikimisäure-Weg . . . 496
9.1.3. Polyketid-Weg . . . 497

9.2. Phenylpropan-Derivate . . . 498
9.2.1. Einfache Phenylpropan-Derivate . . . 498
9.2.2. Cumarine . . . 500
9.2.3. Lignane . . . 501
9.2.4. Lignin . . . 502

9.3. Flavanoide . . . 506

9.4. Gerbstoffe . . . 511
9.4.1. Kondensierte Gerbstoffe . . . 511
9.4.2. Hydrolysierbare Gerbstoffe . . . 512

9.5. Polyketide . . . 513
9.5.1. Anthracen-Derivate . . . 516
9.5.2. Ergochrome . . . 518
9.5.3. Aflatoxine . . . 518

9.6. Cannabinoide . . . 519

9.7. Melanine . . . 520

10. *Alkaloide* 523

10.1. Allgemeine Einführung 523

10.2. Biogene Amine, Protoalkaloide 526
10.2.1. Phenylethylamine 528
10.2.2. Indolylalkylamine 529
10.2.3. Inhaltsstoffe des Fliegenpilzes 530
10.2.4. Colchicin-Gruppe 531

10.3. Pyrrolidin-, Piperidin- und Pyridin-Alkaloide 531

10.4. Tropan-Alkaloide 535

10.5. Pyrrolizidin- und Chinolizidin-Alkaloide 537

10.6. Isochinolin-Alkaloide 539
10.6.1. Synthesen 539
10.6.1.1. Biosynthesen 539
10.6.1.2. Chemische Synthesen 541
10.6.2. Benzylisochinolin-Typ 542
10.6.3. Pavin-Typ 544
10.6.4. Protoberberin-Typ 544
10.6.5. Phthalidisochinolin-Typ 545
10.6.6. Thebain-Morphin-Typ 545
10.6.7. Aporphin-Typ 548
10.6.8. Bisbenzylisochinolin-Typ 548
10.6.9. Ipecacuanha-Alkaloide 549

10.7. Indol-Alkaloide 549
10.7.1. Synthesen 550
10.7.1.1. Biosynthesen 550
10.7.1.2. Chemische Synthesen 552
10.7.2. Yohimban-Typ 554
10.7.3. Aspidosperman-Typ 555
10.7.4. Catharanthus-Alkaloide 556
10.7.5. Strychnos-Typ 557
10.7.6. Pyrrolidinoindol-Alkaloide 559
10.7.7. Ergolin-Alkaloide 559

10.8. Chinolin-Alkaloide 562
10.8.1. China-Alkaloide 562
10.8.2. Camptothecin 565
10.8.3. Pumiliotoxine 565

10.9. Chinazolin-Alkaloide 565

10.10. Betalaine 567

11. *Antibiotica* 568

11.1. Allgemeine Einführung 568

11.2. Antibiotisch wirkende Aminosäurederivate 571
11.2.1. Aminosäure-Antagonisten 571
11.2.2. β-Lactam-Antibiotica 572
11.2.3. Polypeptid-Antibiotica 578

11.2.4. Distamycin . . . 579
11.2.5. Actinomycine . . . 580
11.2.6. Depsipeptid-Antibiotica, ionenselektive Antibiotica . . . 580

11.3. Aminoglykosid-Antibiotica . . . 583
11.3.1. Streptomycin-Typ . . . 585
11.3.2. Neomycin-Typ . . . 586
11.3.3. Kanamycin-Typ . . . 586
11.3.4. Spectinomycin . . . 587

11.4. Nucleosid-Antibiotica . . . 587

11.5. Polyketid-Antibiotica . . . 589
11.5.1. Glutarimid-Antibiotica . . . 590
11.5.2. Griseofulvin . . . 590
11.5.3. Tetracycline . . . 590
11.5.4. Antibiotica der Anthracyclin-Gruppe . . . 592
11.5.5. Cytochalasane . . . 593

11.6. Macrolid-Antibiotica . . . 594
11.6.1. Erythromycin-Gruppe . . . 594
11.6.2. Carbomycin-Gruppe . . . 595
11.6.3. Polyen-Antibiotica . . . 595
11.6.4. Chlorothricin . . . 597

11.7. Rifamycine . . . 597

11.8. Chloramphenicol . . . 598

11.9. Mitomycin-Gruppe . . . 599

11.10. Fosfomycin . . . 600

ANHANG

Literatur . . . 601

Nomenklaturempfehlungen der IUPAC-IUB-Kommission für biochemische Nomenklatur . 626

Verzeichnis der Abkürzungen . . . 628

Sachverzeichnis . . . 631

1. Einleitung

1.1. Entwicklung der Naturstoffchemie

Als Gegenstand der „Organischen" Chemie wurden ursprünglich die Stoffe verstanden, aus denen Pflanzen und Tiere bestehen, die also als Produkte des Lebens zu betrachten sind. Der komplizierte Aufbau dieser Naturstoffe und der noch unzureichende Entwicklungsstand der Chemie führte zur Annahme einer „Lebenskraft" für die Bildung organischer Verbindungen, die im Gegensatz zu den in der anorganischen Natur wirkenden Kräften stehen sollte. Die Lehre von der „Lebenskraft" (Vitalismus) wurde noch 1827 von BERZELIUS vertreten. Dieser idealistischen Auffassung wurde 1828 durch die erfolgreiche Synthese des Harnstoffs durch WÖHLER der Todesstoß versetzt. WÖHLER bewies damit, daß eine Substanz eindeutig „organischen Ursprungs" aus anorganischen Stoffen synthetisiert werden kann.

Inzwischen hat sich die Organische Chemie allgemein als Chemie der Kohlenstoffverbindungen entwickelt. Die Naturstoffchemie, als spezielle Organische Chemie oder Deskriptive Biochemie, beschäftigt sich mit der Isolierung, Strukturaufklärung, Synthese und den chemischen Eigenschaften der in den Organismen (Mikroorganismen, Pflanzen, Tiere) vorkommenden Verbindungen, während die Dynamische Biochemie das Studium der Stoffwechselprozesse und ihrer Regulation zum Inhalt hat.

Die Naturstoffchemie entwickelte sich zunächst im Schoße der Pharmakognosie, d. h. der Drogenkunde. Aus vielen pflanzlichen Drogen wurden die Inhaltsstoffe, insbesondere Alkaloide, isoliert und mit der Untersuchung ihrer Struktur begonnen.

Als erstes Alkaloid konnte 1805 das Morphin aus dem Opium isoliert werden (SERTÜRNER). Zahlreiche pharmakologisch stark wirkende Alkaloide dienten dann als Leitbilder für die Entwicklung synthetischer Arzneimittel (Entwicklung der Pharmazeutischen Chemie, vgl. S. **41**). WALLACH trennte die Komponenten zahlreicher ätherischer Öle auf, überführte die Einzelkomponenten durch Anlagerung von Halogenwasserstoffen, Halogenen oder Nitrosylchlorid in kristallisierbare Verbindungen und leistete damit einen wesentlichen Beitrag zur Entwicklung der Terpenchemie.

LIEBIG dehnte die Untersuchungen in der Mitte des 19. Jahrhunderts auch auf Naturstoffe tierischer Herkunft aus (Entwicklung der „Physiologischen" Chemie in Deutschland).

Die stürmische Entwicklung der Produktivkräfte in der zweiten Hälfte des 19. Jahrhunderts vor allem in Deutschland brachte neue Impulse auch für die Entwicklung der Naturstoffchemie. So beschäftigte sich A. v. BAYER auf der Suche nach synthetischen Farbstoffen mit der Struktur des Indigo, des schon sehr lange bekannten blauen Farbstoffes der Indigosträucher (Indigofera), der aus dem nativen Glykosid (Indican) nach Glykosidspaltung und Oxidation des entstehenden Indoxyls gebildet wird.

Einer der größten Naturstoffchemiker war E. FISCHER, der sich auf die Aufklärung der Struktur organischer Naturstoffe konzentrierte und auch komplizierter gebaute und nicht kristallisierende Verbindungen in seine Untersuchungen einbezog. E. FISCHERS großes Verdienst ist die Aufklärung des grundsätzlichen Aufbaus der Kohlenhydrate und Proteine.

Bis zum Ausbruch des 2. Weltkrieges wurden dann vor allem mit der Untersuchung der wich-

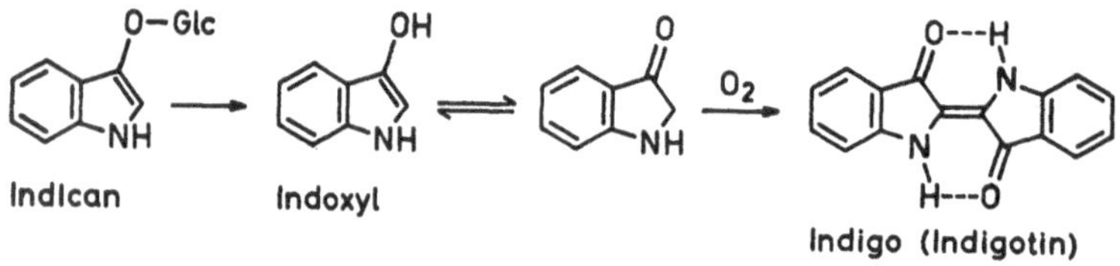

tigen Naturstoffgruppen der Steroide (WINDAUS, H. WIELAND), Carotenoide (KARRER), Porphinfarbstoffe (WILLSTÄTTER, H. FISCHER), Vitamine (u. a. KARRER, WINDAUS, WILLIAMS, KUHN, SZENT-GYÖRGYI, WAGNER, JAUREGG) und Hormone (u. a. BUTENANDT, KENDALL, REICHSTEIN) die Grundlagen für unser heutiges Wissen auf dem Gebiet der Naturstoffe geschaffen.

Erst mit der Isolierung des Penicillins (1940: CHAIN, FLOREY) traten Mikroorganismen als hauptsächliche Lieferanten der Antibiotica in den Mittelpunkt der Forschung. Nach dem 2. Weltkrieg wurden vor allem in den USA, der Sowjetunion und in Japan systematisch Mikroorganismen (Pilze, Bakterien) auf das Vorkommen antibiotisch wirksamer Substanzen untersucht.

Die Entwicklung der Naturstoffchemie nach dem 2. Weltkrieg ist gekennzeichnet durch den zunehmenden Einsatz außerordentlich leistungsfähiger physikalischer Methoden zur Trennung und Strukturaufklärung sowie durch noch engere Wechselbeziehungen zu biologisch orientierten Fachgebieten (Pharmakologie, Toxikologie, Biochemie, Molekularbiologie). Von besonderer Bedeutung für die Isolierung von Naturstoffen auch aus Gemischen nahe verwandter Verbindungen war die rasche Entwicklung chromatographischer Methoden. Hochempfindliche Methoden der Strukturaufklärung, wie z. B. die Massenspektrometrie, erlaubten die Strukturaufklärung auch beim Vorliegen nur sehr geringer Mengen. Während vor dieser Entwicklungsphase durch die sehr aufwendigen chemischen Methoden der Strukturaufklärung trotz großen experimentellen Geschicks die Strukturaufklärung komplizierter Naturstoffe oft eine Lebensaufgabe war – so veröffentlichte LEUCHS zur Strukturaufklärung des Alkaloids Strychnin ca. 150 Arbeiten – können heute neu isolierte Naturstoffe oft schon anhand weniger chemischer Reaktionen und einiger Spektren innerhalb kürzester Zeit in ihrer Struktur aufgeklärt werden. Von enormer Bedeutung für die Aufklärung komplizierter neuartiger Strukturtypen war die Entwicklung der Röntgenfeinstrukturanalyse (BERNAL, HODGKIN-CROWFOOT, PERUTZ), die durch ihren Beitrag an der Strukturaufklärung des Penicillins (1941–45) ihren ersten großen Erfolg erzielen konnte. Röntgenstrukturanalytische Daten führten 1959 auch zur Aufklärung der Doppelhelixstruktur der Desoxyribonucleinsäure durch WATSON und CRICK. Damit wurde der Weg frei für die Entwicklung der Molekularbiologie, die ihrerseits wieder befruchtend auf die Weiterentwicklung von Methoden zur Synthese und Feinstrukturaufklärung der Polynucleotide und Polypeptide beigetragen hat. Die Methoden zur Synthese und Fragmentierung dieser Biopolymere schlossen auch den gezielten Einsatz synthetisierender und spaltender Enzyme ein. Diese Entwicklung gipfelte in der Aufklärung des genetischen Codes, der Struktur des Myoglobins, etlicher Enzyme und der Immunoglobuline.

Außer von der Entwicklung auf dem Gebiet der Biopolymeren wurde die Entwicklung der Naturstoffchemie in den letzten Jahrzehnten vor allem von der Suche nach weiteren Wirkstoffen pflanzlicher und tierischer Herkunft bestimmt. Hier soll nur die Entwicklung auf dem Gebiet der Regulationsstoffe von niederen Organismen (Pheromone, Insektenhormone), Pflanzen (Phytohormone) und Tieren (Prostaglandine, Hypothalamus-Neurohormone, Differenzierungsfaktoren), die gezielte Suche nach krebserregenden Stoffen (Cancerogene: z. B. Entdeckung der Aflatoxine) oder cytostatisch wirkenden Inhaltsstoffen erwähnt werden. Letzterer Problematik war z. B. ein umfangreiches Forschungsprogramm des „Cancer Chemotherapy National Service Center" in den USA gewidmet. Cytostatisch wirkende Naturstoffe pflanzlicher Herkunft sind u. a. verschiedene Alkaloide (Catharanthus-Alkaloide, Camptothecin) und Antibiotica (Rifamycine, Distamycin, Mitomycin-Gruppe, Anthracyclin-Gruppe).

Auf der Suche nach neuen biologisch interessanten Wirkstoffen wurden Drogen der nichteuropäischen Volksmedizin mehr oder weniger systematisch untersucht (Entdeckung der Rauwolfia-Alkaloide) und auch Organismen bisher kaum bearbeiteter ökologischer Gruppen einbezogen. So wurde in den letzten Jahren eine starke Aktivität auf der Suche nach Naturstoffen in Meeresorganismen (marine Naturstoffe) entwickelt. Aus Meeresorganismen konnten verschiedene neuartige Steroide, halogenhaltige Verbindungen und N-haltige Verbindungen mit interessanter biologischer Aktivität (Tetrodotoxin) isoliert werden. Ein sehr überraschendes Ergebnis war die Entdeckung von Prostaglandinen in der Koralle *Plexaura homomalla.*

1.2. Verbreitung der Naturstoffe

Hinsichtlich der Verbreitung können im wesentlichen zwei Gruppen von Naturstoffen unterschieden werden. Die eine Gruppe kommt ubiquitär, also sowohl in Tieren und Pflanzen als auch in Mikroorganismen vor. Es handelt sich um die sog. *primären Naturstoffe,* die im Rahmen des Primär- oder Grundstoffwechsels gebildet werden, der bei allen Organismen im wesentlichen gleich ist. Zu den „primären" Naturstoffen gehören bestimmte Carbonsäuren, Proteine und Nucleinsäuren sowie deren Bausteine, Kohlenhydrate und Lipide. Hierbei handelt es sich um universelle Funktionstypen, bei denen allerdings strukturelle Details von Organismus zu Organismus variieren können.

Die andere Gruppe umfaßt Verbindungen, die nur in bestimmten Organismengruppen oder gar nur in wenigen Arten aufgefunden werden.. Diese *„sekundären" Naturstoffe* werden im Rahmen des sog. Sekundärstoffwechsels gebildet. Zwischen beiden Stoffwechselsystemen bestehen enge Wechselbeziehungen (Abb. 1–1). Eine scharfe Trennung zwischen Primär- und Sekundärstoffwechsel ist kaum möglich.

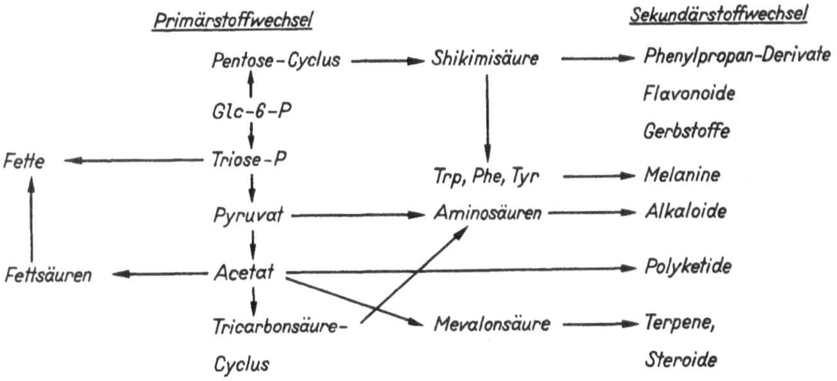

Abb. 1–1
Beziehungen zwischen Primär- und Sekundärstoffwechsel.

Auffallend ist die Verbreitung der „sekundären" Naturstoffe. „Sekundäre" Naturstoffe werden vorzugsweise von Pflanzen und Mikroorganismen, dagegen nur selten von höher entwickelten Tieren gebildet. Über 4/5 aller gegenwärtig bekannten organischen Naturstoffe wurden aus Pflanzen isoliert. Zu den „sekundären" Naturstoffen gehören aromatische Verbindungen, Terpene, Steroide, Alkaloide und Antibiotica.

Die ungleiche Verteilung der Naturstoffe wird auf das unterschiedliche Exkretionsverhalten der Organismen zurückgeführt. Das höhere Tier ist in der Lage, Abfall- oder Nebenprodukte des Stoffwechsels wie auch körperfremde Substanzen (z. B. Arzneimittel) direkt oder nach einer Biotransformation aktiv auszuscheiden. Damit fehlen dem Tier i. d. R. die Voraussetzungen für die

Tabelle 1–1

Wichtige Etappen der Naturstoffchemie

1805 Isolierung des ersten Alkaloids. Sertürner: Morphin aus Opium

1811 Lecithin aus Eidotter (Vauquelin).

1815 Entdeckung der Enzyme des Darms (Marcet).

1828 Synthese der ersten Substanz biogener Herkunft. Wöhler: Harnstoffsynthese

1831 Isolierung von Caroten (Wackenroder).

1886 Erste Alkaloidsynthese. Ladenburg: Coniin

1887 Beginn der Arbeiten über Zuckersynthesen (E. Fischer und Tafel).

1901 Beginn der Peptidsynthesen (E. Fischer). 1907 Synthese eines rac. Oligopeptides aus 18 Aminosäuren
Entdeckung des ersten Hormones (Takamine und Aldrich: Adrenalin).

1903 Technische Synthese des Adrenalins (Stolz).
Einführung der Säulenchromatographie. Tswett: Trennung der Blattfarbstoffe

1904 Einführung des Begriffs Coenzym. Harden und Young: Kozymase

1905 Totalsynthese des rac. Camphers (Komppa).

1906 Einführung des Begriffs Hormon (Starling).
Beginn der Untersuchungen über Chlorophyll (Willstätter).

1917 Erste Ergebnisse mit Synthesen unter physiologischen Bedingungen. Robinson: Tropin

1926 Beginn der Arbeiten zur Konstitutionsaufklärung des Lignins (Freudenberg).
Isolierung der ersten Vitamine. Jansen und Donath: Vitamin B_1. Windaus, Pohl und Hess: Vitamin D
Erste Kristallisation eines Proteins. Abel: Insulin

1927 Einführung der Selendehydrierung zur Strukturaufklärung der Steroide (Diels).
Konstitutionsformel des Hämins. (H. Fischer). Synthese 1929

1928 Beobachtung der antibiotischen Wirkung des Penicillins (Fleming).

1929 Isolierung des ersten Steroidhormones. Butenandt und Doisy: Estron

1932 Strukturermittlung des Cholesterols (Windaus und Wieland).
Entdeckung des ersten Flavoenzyms (Warburg).

1934 Erste Röntgenbeugungsbilder von Proteinen. Bernal: Insulin und Pepsin

1935 Tabakmosaikvirus wird in Kristallen erhalten und als Nucleoprotein erkannt (Stanley).

1944 Totalsynthese des Alkaloids Chinin (Woodward).

1947 Synthese der Muskeladenylsäure (Todd und Baddiley).

1952 Erste Sequenzanalyse eines Proteins. Sanger: Insulin

1953 Totalsynthese der Saccharose (Lemieux).

1954 Erste Synthese eines Peptidhormons. Du Vigneaud: Oxytocin

1956 Entdeckung der Mevalonsäure, der Schlüsselsubstanz der isoprenoiden Verbindungen
Strukturaufklärung des Vitamin B_{12}. Hodgkin-Crowfoot: Röntgenstrukturanalyse

1958 Röntgenstrukturanalyse des Myoglobin (Kendrew).

1959 Strukturaufklärung der Ribonuclease (Moore und Stein).
Entdeckung der DNS-Doppelhelixstruktur (Watson und Crick).

1960–1972 Totalsynthese des Vitamin B_{12} (Arbeitskreise um Woodward und Eschenmoser).

1965 Erste Sequenzanalyse einer Nucleinsäure. Holley: $tRNS^{Ala}$ aus Hefe

1970 Erstmalige künstliche Herstellung der DNS-Sequenz einer Aminosäure-tRNS (Khorana und Mitarb.).

1976 Erste vollständige Sequenzanalyse einer Virus-RNS. Fiers: RNS des Bakteriophagen MS 2 Molmasse ca. $1{,}2 \times 10^6$).

1977 Erste vollständige Sequenzanalyse einer Virus-DNS. Sanger: DNS des Bakteriophagen ΦX, 174.

Synthese „sekundärer" Naturstoffe. „Sekundäre" Naturstoffe finden sich daher beim Tier nur in spezialisierten Organen (Abwehr-, Duft-, Hautdrüsen) oder abgelagert in Haaren, Federn oder Schuppen.

Dagegen haben die Pflanzen im Verlaufe der Evolution eine sog. metabolische Exkretion entwickelt, in derem Verlauf aus Überschuß- oder Abbauprodukten des Primärstoffwechsels „sekundäre" Naturstoffe gebildet werden, die dann außerhalb der stoffwechselaktiven Bereiche gespeichert werden.

Unter den „sekundären" Naturstoffen der Pflanzen finden sich Verbindungen, die ausgesprochen verstreut verbreitet sind, neben Verbindungsgruppen, die nur in relativ wenig Pflanzenfamilien vorkommen. Zu ersterer Gruppe gehören das Phenylglykosid Arbutin, verschiedene Anthrachinon-Derivate (Chrysophanol), Pyrrolizidin-Alkaloide, cyanogene Glykoside sowie Cardenolide und Bufadienolide.

Die „sekundären" Naturstoffe scheinen für die produzierenden Organismen nicht von allgemeiner Bedeutung zu sein. Als Energiespeicher spielen sie in der Regel keine Rolle. Bestimmte Substanzgruppen können aber durchaus für die entsprechenden Organismen vorteilhafte Funktionen übernehmen und damit bei der Evolution von Bedeutung sein. Zu derartigen Verbindungen gehören

- Farbstoffe (Carotenoide, Flavonoide, Anthocyanine, Betalaine) und Duftstoffe (ätherische Öle) der Blüten, die Insekten anlocken, also als Attractantien wirken,
- zahlreiche Polysaccharide (Cellulose, Chitin, Peptidoglykane,) die als Zellwandbestandteile (Bakterien, Pflanzen) oder Exogerüste (Insekten, Krebse, Pflanzen) mechanischen Schutz gewähren,
- Terpene, Steroide oder Stoffwechselprodukte der Fettsäuren, die als Hormone oder Pheromone zur Regulation innerhalb des Organismus oder zwischen den Organismen (Sexualverhalten, Kommunikation) beitragen,
- verschiedene Toxine, die Tiere zur Abwehr oder zum Angriff einsetzen (Krötengifte, Salamander-Alkaloide, Schlangengifte) bzw. Pflanzen ungenießbar machen (bestimmte Alkaloide) oder
- antimikrobielle Abwehrstoffe, die von Pflanzen nach einer Infektion gebildet werden (Phytoalexine: dazu gehören u. a. Isoflavonoide, Sesquiterpene, Polyacetylene).

1.3. Isolierungs- und Trennmethoden

In den meisten Fällen muß zur Reingewinnung der Naturstoffe zunächst die Struktur des organischen Materials (Mikroorganismen, pflanzliche oder tierische Organe, Gewebe bzw. Zellen) zerstört werden. Dies erfolgt durch *Mahlen* (Zerkleinerung des Gewebes bei weitgehendem Erhalt der Zellstruktur) oder *Homogenisieren* (Zerstörung der Zellstruktur).

Die wichtigsten Trennprinzipien und die entsprechenden Verfahren sind in Tab. 1–2 zusammengefaßt. Bei den meisten der aufgeführten Verfahren treten allerdings Mischeffekte auf.

Die wichtigste Methode zur Isolierung von Substanzen oder Substanzgemischen aus festen Ausgangsmaterialien ist die *Extraktion.* Eine wiederholte Extraktion läßt sich mit dem Extraktionsapparat nach Soxhlet durchführen, bei dem jedoch die Substanzen thermisch belastet werden. Unter Verteilung im engeren Sinne versteht man die Verteilung einer Substanz in zwei nicht völlig miteinander mischbaren flüssigen Phasen, wobei eine Phase oder beide Phasen bewegt werden können.

Tabelle 1–2

Wichtigste Isolierungs- und Trennmethoden

Trennprinzip	Verfahren	Anwendung
Trennung von Stoffgemischen in Zweiphasensystemen aufgrund verschiedener Verteilungskoeffizienten	Extraktion einfache oder multiplikative Verteilung	bei allen unzersetzt löslichen Verbindungen
Trennung aufgrund unterschiedlicher Adsorption	Adsorptionschromatographie	bei allen unzersetzt löslichen Verbindungen
	Ionenaustauschchromatographie	Trennung dissoziierbarer Verbindungen (z. B. Aminosäuren, Nucleotide)
	Affinitätschromatographie	Trennung von Substraten bzw. Enzymen, Antigenen bzw. Antikörpern, Hormonen bzw. Rezeptoren u. a. Paare
Trennung aufgrund unterschiedlicher Teilchengröße	Dialyse, Ultrafiltration Gelfiltration (Gelchromatographie)	vorwiegend Makromoleküle
	Sedimentationsanalyse (Ultrazentrifuge)	Makromoleküle (Proteine, Nucleinsäuren, Polysaccharide)
Trennung aufgrund verschiedener Wanderungsgeschwindigkeiten	Elektrophorese	Trennung dissoziierbarer Verbindungen (Aminosäuren, Peptide, Proteine, Nucleotide, Nucleinsäuren, Alkaloide)

Zur kontinuierlichen Verteilung dienen Perforatoren. Die im Perforator befindliche Phase wird mehrmals mit einer die Substanz aufnehmenden Phase zusammengebracht. Bei der multiplikativen Verteilung dagegen findet für beide Phasen ein mehrmaliger Austausch statt. Dazu wurden spezielle Verteilungsapparaturen entwickelt (Verteilungssäulen, Verteilungsbatterien), die einen Trenneffekt auch bei relativ geringen Unterschieden in den Verteilungskoeffizienten ermöglichen.

Die größte Bedeutung für die analytische und präparative Trennung von Naturstoffen haben heute die verschiedenen *chromatographischen Verfahren.*

Die Entwicklung der Chromatographie geht auf die erfolgreiche Trennung der Blattfarbstoffe an Calciumcarbonat durch Tswett (1903) zurück.

Bei der Chromatographie erfolgt die Trennung des aufgetragenen Substanzgemisches durch unterschiedliche Verteilung der Substanzen in einer mobilen und einer i. d. R. an einen Trägerstoff gebundenen stationären Phase. Die Trennung kommt zustande durch die unterschiedlichen Verteilungskoeffizienten der Substanzen in mobiler und stationärer Phase (Verteilungschromatographie) bzw. durch eine unterschiedliche Adsorption der Substanzen am Träger (Adsorptionschromatographie). Meist tragen beide Prozesse zur Trennung bei. Nach der mobilen Phase erfolgt eine Einteilung der chromatographischen Verfahren in Flüssig- und Gaschromatographie (Tab. 1–3).

Die *Flüssig-Chromatographie* kann je nach Substanzmenge und Trennproblem als Papier-, Dünnschicht-, Kapillar- oder Säulenchromatographie durchgeführt werden.

Tabelle 1–3
Chromatographische Verfahren

Verfahren	Abkürzung*)	mobile Phase	stationäre Phase	Bemerkungen
Flüssig-Chromatographie	LSC	flüssig	fest	als Säulen- oder Kapillarchromatographie bzw. Papier- oder Dünnschichtchromatographie
	LLC	flüssig	flüssig	
Gaschromatographie	GSC	gasförmig	fest	Gas-Adsorptionschromatographie
	GLC	gasförmig	flüssig	Gas-Verteilungschromatographie

*) Die mobile Phase steht an erster, die stationäre an zweiter Stelle.
LSC: liquid solid chromatography; LLC: liquid liquid chromatography, GSC: gas solid chromatography; GLC: gas liquid chromatography.

Wichtigste Trägerstoffe der Säulenchromatographie sind Aluminiumoxide, Kieselgele, Cellulose, Polyamide und Aktivkohle. Die Elutionswirkung läßt sich durch eine kontinuierliche Veränderung der mobilen Phase erhöhen (Gradientenelution). Die während der Durchlaufzeit der Substanzen auftretende Diffusion beeinträchtigt den Trenneffekt. Die Durchlaufzeit läßt sich durch Anwendung von Druck beträchtlich reduzieren (Hochdruck-Flüssig-Chromatographie (*HPLC*: high-pressure liquid chromatography) bzw. schnelle Flüssig-Chromatographie (*HSLC*: high-speed liquid chromatography).

Die *Gaschromatographie* ist heute die am weitesten verbreitete Methode zur Trennung verdampfbarer Gemische. Sie zeichnet sich durch eine große Trennschärfe, kurze Analysenzeiten und geringen Substanzbedarf aus.

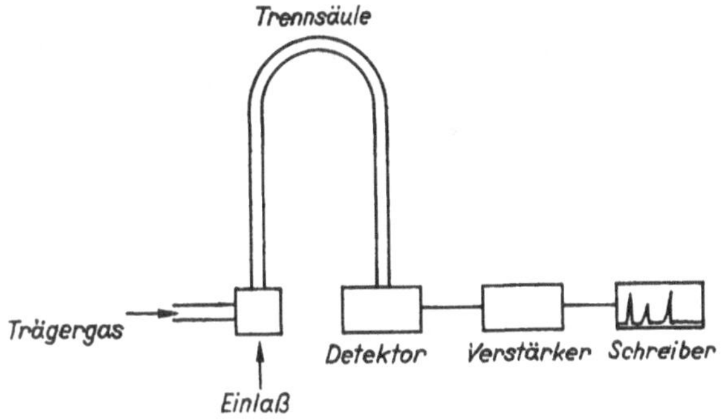

Abb. 1–2
Schematischer Aufbau eines Gaschromatographen.

Bei der Gaschromatographie wird die dampfförmige Probe mit einem inerten Gas (mobile Phase: H_2, He, N_2, Ar) auf eine beheizte Säule gedrückt. Die getrennten Komponenten gelangen nach einer bestimmten Retentionszeit an den Detektor (z. B. Flammenionisations- oder Wärmeleitfähigkeitsdetektor). Die vom Detektor erzeugten Signale werden nach Verstärkung von einem Schreiber registriert (Abb. 1–2). Zur Detektion und gleichzeitig zur Identifizierung der getrennten Komponenten kann auch ein Massenspektrometer dienen.

Als stationäre Phase in der Trennsäule dient entweder ein Adsorptionsmittel (z. B. Kieselgel,

Aluminiumoxid, Aktivkohle) oder eine auf einem Träger (z. B. Kieselgure, Mikroglaskugeln bei gepackten Säulen) befindliche Trennflüssigkeit mit geringem Dampfdruck (z. B. Silikonöle und -gummen, Polyethylenglykole, polymerisierte Phthalate und Adipate, Squalan).

Voraussetzung für gaschromatographische Trennungen ist, daß die zu trennenden Substanzen unzersetzt verdampfbar sind. In vielen Fällen gelingt es, aus nichtflüchtigen Verbindungen durch geeignete chemische Reaktionen (*Derivatisierung*) ausreichend stabile flüchtige Derivate zu bilden. Eine verbreitete Methode der Derivatisierung ist die Silylierung. Durch Umsetzen mit Trimethylchlorsilan, Hexamethyldisilazan oder anderen siliziumorganischen Verbindungen können funktionelle Gruppen mit aktivem Wasserstoffatom (-OH, -COOH, $-NH_2$, -SH) in die entsprechenden Trimethylsilylderivate übergeführt werden. Durch die Silylierung werden die Polarität der funktionellen Gruppe und die Tendenz zur Ausbildung von Wasserstoffbrücken reduziert und damit die Flüchtigkeit erhöht. Auf diese Weise lassen sich zahlreiche Naturstoffe (z. B. Kohlenhydrate, Aminosäuren, Peptide, Steroide) der gaschromatographischen Trennung zugänglich machen. Im allgemeinen beschränkt sich der Einsatz der Gaschromatographie auf Substanzen bis zu einer Molmasse von ca. 500. Derivate von Kohlenhydraten sind allerdings bis zu einer Molmasse von ca. 1800 getrennt worden.

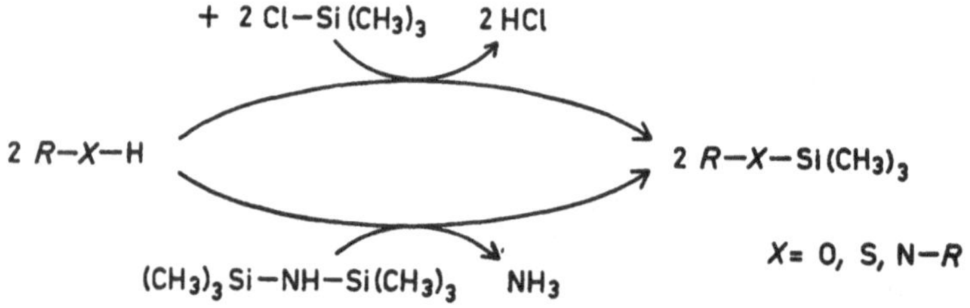

Die *Affinitätschromatographie* beruht auf dem spezifischen Bindungsvermögen (Affinität) bestimmter Liganden zu makromolekularen Komponenten. Solche Partnersysteme sind z. B. Antigene bzw. Haptene und Antikörper, Substrate und Enzyme oder Hormone und Rezeptoren. Durch i. d. R. kovalente Bindung des Liganden an ein geeignetes Sorbens (Träger), evtl. über flexible Brückenglieder (spacer), kann der Reaktionspartner infolge seiner Affinität zum Liganden aus einem Substanzgemisch isoliert werden (Abb. 1–3). Trägergebundene, unlösliche Antigene und Antikörper werden als Immunosorbentien bezeichnet.

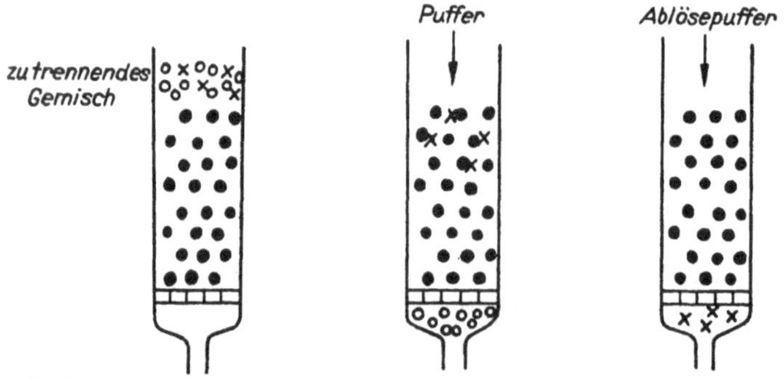

Abb. 1–3

Schematische Darstellung der Affinitätschromatographie.

• Adsorbens mit spezifischem Bindungsvermögen für xx

Eine sehr leistungsfähige Methode zur Trennung von Elektrolyten ist die *Ionenaustauschchromatographie.* Sie wird als Säulenchromatographie durchgeführt. Die Trennung erfolgt an Ionenaustauschern — festen unlöslichen Substanzen, die an ihrer Oberfläche kovalent gebundene, dissoziierfähige Gruppen besitzen. Die Matrix der Ionenaustauscher besteht aus Kunstharzen (z. B. mit Divinylbenzen quervernetzte Polystyrenketten), Cellulose oder Polysaccharidgelen. Der Vernetzungsgrad (bei vielen Handelsprodukten erkennbar durch eine Zahl, die mit wachsendem Vernetzungsgrad ansteigt) beeinflußt wesentlich die Eigenschaften des Austauschers. Die dissoziierfähigen Gruppen (Ankergruppen) können sauer (schwach sauer: $-COOH$, stark sauer: $-SO_3H$) oder basisch (schwach basisch: $-NR_2$, stark basisch: $-N(CH_3)_3^{\oplus}OH^{\ominus}$) und die Polymeren dann entsprechend als Kationenaustauscher bzw. Anionenaustauscher geeignet sein. An Kohlenhydrat-Matrices werden vor allem Carboxymethylgruppen (CM-Cellulose, S. 187), Aminoethyl- oder Diethylaminoethylgruppen (DEAE-Cellulose, S. 187) gebunden.

Die Elution erfolgt mit Puffern steigenden oder fallenden pH-Wertes bzw. Puffern mit konstantem pH-Wert aber variabler Ionenstärke (mobile Phase). Die Ionenaustauschchromatographie wird eingesetzt zur Trennung von Phosphorsäureestern (Nucleotide), Aminosäuren, Peptiden und Proteinen sowie anderen Naturstoffen mit dissoziierfähigen Gruppen. Durch geeignete Derivatisierung können auch nicht-ionogene Substanzen aufgetrennt werden (z. B. Trennung von Kohlenhydraten als Boratkomplexe).

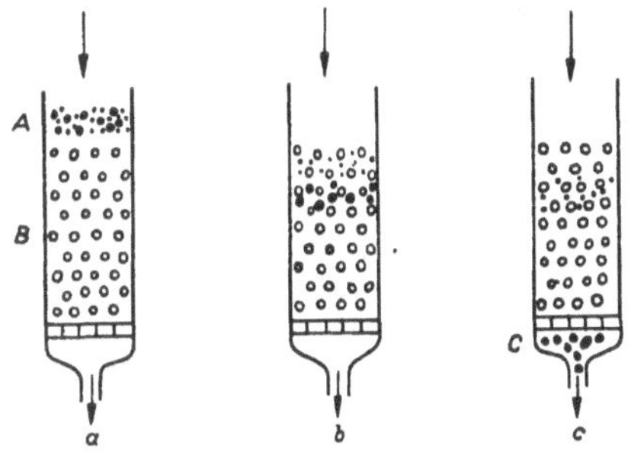

Abb. 1-4
Schematische Darstellung der Gelchromatographie.
A: zu trennendes Substanzgemisch; *B*: Gel; *C*: makromolekulare Komponente nach Gelchromatographie.

Zur Trennung von Substanzen aufgrund ihrer Molekülgröße dienen im einfachsten Falle Membranen mit mehr oder weniger genau definierter Porengröße. Die Poren solcher semipermeablen Membranen werden durch makromolekulare Netzstrukturen (Membranfilter) gebildet. Die Membranfilter bestehen meist aus Cellulose oder Cellulosederivaten. Der Transport der Substanz durch die Membran kann durch einfache Diffusion (*Dialyse*) oder mit Hilfe von Druck (*Ultrafiltration*) erfolgen. Dialysemembranen halten i. d. R. Substanzen mit einer Molmasse >10000 zurück. Die Dialyse dient meist zur Reinigung von Makromolekülen von niedermolekularen Verbindungen, z. B. zur Entsalzung von Proteinlösungen. Die Ultrafiltration läßt sich darüber hinaus auch bei Einsatz von Membranfiltern mit definierter Porengröße zur fraktionierten Trennung von Biopolymeren unterschiedlicher Größe sowie zur ungefähren Bestimmung der Teilchengröße einsetzen.

Bei der *Gelfiltration* (PORATH und FLODIN, 1959) werden die Substanzen an hochpolymeren vernetzten Gelen getrennt. Die Auftrennung erfolgt durch das unterschiedliche Eindringungsvermögen der zu trennenden Substanzen in das Gel. Kleinere Moleküle dringen in das Gel ein, während größere nicht aufgenommen werden können (Abb. 1-4).

Durch Variation des Vernetzungsgrades können die Gele spezifischen Trennproblemen angepaßt werden. Da insbesondere bei stark vernetzten Gelen neben der Filtration aufgrund der unterschiedlichen Molekülgröße auch eine reversible Adsorption eine Rolle spielt, wird auch von *Gelchromatographie* (DETERMAN) gesprochen. Durch diese Adsorption ist die Gelchromatographie auch für die Trennung niedermolekularer Verbindungen geeignet. Als hochpolymere Gele werden Polysaccharide (vernetzte Dextrane: Sephadex^{R}; Agarose: Sepharose^{R}; vgl. Kap. 3.2.) oder synthetische Polymere (Polyacrylamide: Bio Gel P^{R}; Polystyrene für den Einsatz organischer Lösungsmittel) eingesetzt. Die Gelchromatographie dient hauptsächlich zur Entsalzung oder Auftrennung von Biopolymeren (Proteine, Nucleinsäuren).

Ebenso wie die Ionenaustauschchromatographie dient auch die *Elektrophorese* zur Trennung dissoziierbarer Naturstoffe. Die Trennung erfolgt bei der Elektrophorese durch unterschiedliche Wanderung der durch Dissoziation elektrisch geladenen Teilchen in einem geeigneten elektrischen Feld. Die Wanderungsgeschwindigkeit der Teilchen wird im wesentlichen vom pH-Wert der Pufferlösung, von der Ladung und der Größe der Teilchen sowie von der Spannung/cm beeinflußt. Diffusion beeinträchtigt den Trenneffekt. Schärfere Zonen können daher durch das Anlegen einer höheren Spannung, die die Wanderungsgeschwindigkeit erhöht (Hochspannungselektrophorese), erzielt werden.

Von Bedeutung für die präparative Trennung von Substanzen ist nur die Elektrophorese an geeigneten Trägern (Zonenelektrophorese). Als Träger werden Papier (Papierelektrophorese), Celluloseacetat (Membran- oder Kurzzeit-Elektrophorese) und Polyacrylamid oder Polysaccharide wie Stärke, Agar oder Agarose (*Trägergelelektrophorese*) eingesetzt. Die Elektrophorese dient vor allem zur Analytik und Präparation von Nucleotiden, Nucleinsäuren, Peptiden und Proteinen.

Bei der *Disk-Elektrophorese* wird mit einem diskontinuierlichen Trennsystem gearbeitet. Als Träger dient ein durch N,N'-Methylenbisacrylsäureamid ($CH_2{=}CH{-}CO{-}NH{-}CH_2{-}NH{-}CO{-}CH{=}CH_2$) vernetztes Polyacrylamid, dessen Vernetzungsgrad dem Trennproblem angepaßt werden kann. Die Disk-Elektrophorese wird in Glasröhrchen von 5—7 mm ⌀ bzw. Kapillaren (Mikro-Disk-Elektrophorese) durchgeführt. Der Name geht darauf zurück, daß die gelöste Substanz zunächst durch ein sog. Sammelgel konzentriert wird und dann in Form einer Scheibe (engl. *disc*) angereichert ist.

Dieser hohe Konzentrationsgrad und der durch die Vernetzung erzielte Molekularsiebeffekt sind für die sehr hohe Trennleistung der Disk-Elektrophorese verantwortlich. Die Disk-Elektrophorese wird zur Analytik von Proteinen und Nucleinsäuren eingesetzt. Die Mikro-Disk-Elektrophorese erlaubt die Untersuchung einzelner isolierter Zellen.

Die Elektrophorese ist im wesentlichen eine analytische Methode. Für präparative Zwecke wird u. a. die Elektrophorese im Stärkeblock eingesetzt. Für die präparative Trennung von Polyelektrolyten gewinnt neben der schon lange eingesetzten Ionenaustauschchromatographie mehr und mehr die *isoelektrische Fokussierung* an Bedeutung, die zu den leistungsfähigsten Trennmethoden der Proteinchemie gehört. Nach dieser Methode wird in einem sog. Trägerampholyten (Polyamino-Polycarbonsäuren) durch Anlegen eines elektrischen Feldes ein pH-Gradient gebildet. Amphotere Substanzen wie Peptide oder Proteine sammeln sich (werden fokussiert) in dem pH-Bereich, der ihrem isoelektrischen Punkt entspricht.

Biopolymere (z. B. Proteine, Nucleinsäuren) sedimentieren durch Anlegen hoher

Zentrifugalkräfte (>100000 g). Diese *Sedimentation* wird in der *analytischen Ultrazentrifuge* durchgeführt, die es gestattet, während des Zentrifugenlaufs die optischen Eigenschaften der Polymerlösung zu beobachten. Als Meßmethoden dienen die UV-Absorptions-, Schlieren- oder Interferenz-Technik. Die analytische Ultrazentrifuge wird zur Information über die Reinheit der Biopolymeren und vor allem zur Bestimmung der Molmassen herangezogen.

Die Molmassenbestimmung erfolgt nach der Methode der Sedimentationsgeschwindigkeit oder der des Sedimentationsgleichgewichtes. Bei der Methode der Sedimentationsgeschwindigkeit wird der Sedimentationskoeffizient s ermittelt. s ist eine Funktion von Gewicht und Gestalt der Partikel. Die Berechnung der Molmasse erfolgt nach der Gleichung

$$Molmasse = \frac{R \cdot T \cdot s}{D(1 - V\varrho)}$$

R = Gaskonstante
T = abs. Temperatur
s = Sedimentationskoeffizient
D = Diffusionskoeffizient
V = partielles spezifisches Volumen des gelösten Polymer
ϱ = Dichte des Lösungsmittels

Die Werte für V, ϱ und D werden von Lösungen unterschiedlicher Konzentration ermittelt und dann auf unendliche Verdünnung extrapoliert. Ein Sedimentationskoeffizient von $1 \cdot 10^{-13}$ sec wird als eine SVEDBERG-Einheit (S) bezeichnet. Die Methode gibt falsche Werte, wenn die Gestalt der Partikel stark von der Kugelform abweicht.

Bei der Methode des Sedimentationsgleichgewichtes wird die Ultrazentrifuge bei relativ geringer Geschwindigkeit laufen gelassen, bis sich das System im Gleichgewicht befindet, d. h. Sedimentationsgeschwindigkeit und Diffusionsgeschwindigkeit gleich sind. Diese Methode ist zwar sehr langwierig, erfordert aber zur Berechnung der Molmasse nicht die Kenntnis von D.

Bei der *präparativen Ultrazentrifuge* kann die Sedimentation nicht während des Laufes wie bei der analytischen Ultrazentrifuge beobachtet werden. Hier muß der Inhalt der Tuben nach dem Lauf auf eine erfolgreiche Fraktionierung untersucht werden.

1.4. Methoden der Strukturaufklärung

Die Strukturermittlung der Naturstoffe kann durch chemische oder physikalische Methoden bzw. in den meisten Fällen einer Kombination beider erfolgen. Zur Strukturermittlung mittels chemischer Methoden wird i. d. R. so vorgegangen, daß die Substanz zu bekannten bzw. leichter identifizierbaren Verbindungen kontrolliert abgebaut und einzelne Bausteine (Substituenten, Doppelbindungen) durch spezifische chemische Reaktionen identifiziert werden. Auf Beispiele derartiger Abbaureaktionen wird in den einzelnen Kapiteln eingegangen. Spezielle Methoden wurden für die kontrollierte Fragmentierung der Biopolymere erarbeitet. Für diese Fragmentierungen werden vor allem Enzyme eingesetzt, die bestimmte Gruppierungen spezifisch spalten können. Der Einsatz spaltender Enzyme liefert häufig auch bei niedermolekularen Verbindungen wertvolle Informationen über die Struktur (z. B. Ermittlung der Konfiguration von Glykosiden durch Einsatz von Glykosidasen).

Als endgültiger Strukturbeweis wurde bis zur breiten Anwendung physikalischer Methoden die Totalsynthese angesehen.

So konnte z. B. die detaillierte Struktur des Alkaloids Strychnin (S. 557) erst nach jahrzehntelangen intensiven Bemühungen mehrerer Arbeitskreise (LEUCHS, WIELAND, ROBINSON) 1948 vorgeschlagen und 1954 durch die Totalsynthese (WOODWARD) bewiesen werden.

Die langwierigen chemischen Methoden wurden in den letzten Jahrzehnten mehr und mehr von physikalischen Methoden zurückgedrängt.

Zur Strukturermittlung durch *physikalische Methoden* dient meist die Untersuchung der reversiblen Wechselwirkung elektromagnetischer Strahlung mit den zu untersuchenden Molekülen bzw. Teilen von ihnen (Molekülspektroskopie) oder ihren aggregierten Systemen (z. B. Kristalle: Röntgenstrukturanalyse). Die Art der Wechselwirkung richtet sich nach der Energie der elektromagnetischen Strahlung (Tab. 1–4). Lediglich bei sehr hohen Anregungsenergien (z. B. durch Elektronen) kommt es zu einer irreversiblen Fragmentierung des Moleküls (Massenspektrometrie).

Die umfassendsten Informationen über die Struktur organischer Moleküle ermöglicht die *Röntgenstrukturanalyse*, die auf Beobachtungen von v. LAUE, FRIEDRICH und KNIPPING (1912) zurückgeht.

Grundlage der Methode ist, daß Strahlungen, deren Wellenlänge von der gleichen Größenordnung wie die der Atomabstände in Kristallen ist (ca. 0,1—0,2 nm: Röntgenstrahlen), beim Durchgang durch ein Kristallgitter Interferenzbilder (Reflexe) hervorrufen. Die Interferenzbilder kommen dadurch zustande, daß die Elektronen infolge der Wechselwirkung mit den Röntgenstrahlen zur Aussendung von Streustrahlungen gleicher Wellenlänge wie die Primärstrahlung angeregt werden, die sich gegenseitig beeinflussen, d. h. durch Überlagerung entweder auslöschen oder addieren (interferieren). Das entspricht der Beugung von Licht an einem Gitter (Abb. 1–5).

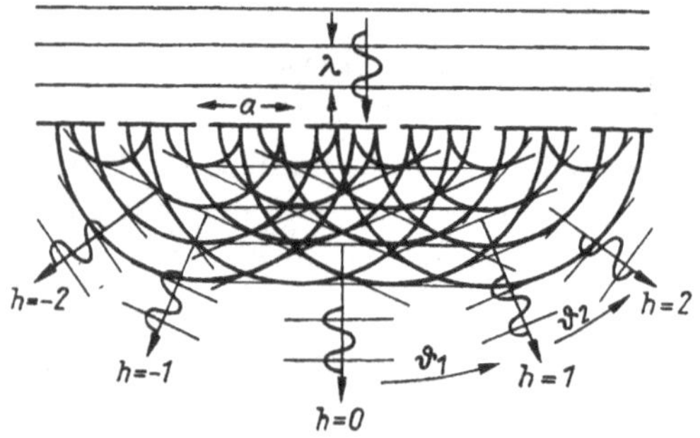

Abb. 1–5

Beugung von Licht an einem Gitter.

λ: Wellenlänge der auf das Gitter fallenden Strahlung; a: Periode des Gitters; h: Ordnung des Beugungsbündels; ϑ: Ablenkungswinkel des Beugungsbündels.

Die Streuintensitäten hängen von der Atomart ab. Der Streufaktor ist um so größer, je schwerer das Atom ist, d. h. je mehr Elektronen in der Elektronenhülle sind. Daher wird die Röntgenfeinstrukturanalyse erleichtert, wenn ein stark streuendes schweres Atom in das Kristall eingebaut ist.

Ort (Streuwinkel) und Intensität der Reflexe erlauben anhand der Gleichung (v. LAUE, BRAGG)

$$h \cdot \lambda = \alpha \cdot \sin \vartheta$$

(h = Ordnung des Beugungsbündels; λ = Wellenlänge der Strahlung; ϑ = Ablenkungswinkel der Beugungsbilder = Glanzwinkel; a = Periode des Gitters)

die Ermittlung der Abmessungen der Elementarzelle des Kristallgitters. Beugungsdiagramme können mit polychromatischer Strahlung (Variation der Wellenlänge: LAUE-Verfahren) oder mit monochromatischer Strahlung durch Veränderung des Ablenkungswinkels ϑ (Drehkristall-, DEBYE-SCHERRER-Verfahren) erhalten werden.

Tabelle 1–4
Physikalische Methoden zur Strukturermittlung

Elektromagnetische Strahlung	Wellenlänge	Art der Wechselwirkung	Methode	Voraussetzungen	Informationen
Röntgenstrahlen	< 10 nm	Streuung an Stellen hoher Elektronendichte	Röntgenfeinstrukturanalyse	Kristalle, möglichst mit Atom eines schweren Elementes	Gesamtstruktur mit stereochemischen Details
		Streuung an Partikeln	Röntgenkleinwinkelstreuung	Lösung von Makromolekülen	Molmasse, Molekülgröße und -gestalt
Ultraviolettes und sichtbares Licht	100—1000 nm	Elektronenanregung	Elektronenspektroskopie	π- oder n-Elektronen im üblichen Meßbereich	Informationen über konjugierte Systeme
Infrarotstrahlung	1—100 μm	Schwingungen und Rotationen	IR-Spektroskopie	keine	Bindungsarten, funktionelle Gruppen
	1—100 cm	Elektronenspinübergänge in einem starken Magnetfeld	Elektronenspinresonanz	ungepaarte Elektronen (Radikale oder paramagnetische Komplexe)	strukturelle Angaben über unmittelbare Umgebung des ungepaarten Elektrons
Radiofrequenzen	100 cm—1 m	Atomspin-Übergänge in einem noch stärkeren Magnetfeld	Kernmagnetische Resonanz	Atome mit ungerader Spinquantenzahl (z. B. ^{1}H, ^{13}C)	weitgehende Informationen über Anzahl, Nachbarschaftsbeziehungen, Stereochemie der vermessenen Atome, Informationen über Beweglichkeit von Makromolekülen oder aggregierten Systemen

Wesentlich aufwendiger als diese kristallographische Analyse ist die Strukturermittlung, da hier die einzelnen Atome, also die Maxima der Elektronendichten, identifiziert werden müssen. Diese Informationen lassen sich aus dem Röntgendiagramm nicht direkt ermitteln, da aus ihm die Phasenbeziehungen, d. h. der Gangunterschied zwischen gebeugtem und ungebeugtem Strahl, nicht entnommen werden kann. Aus diesem Grunde werden mit Hilfe von Rechenautomaten unter Eingabe der aus den Röntgendiagrammen erhaltenen Daten mögliche Modelle durchgerechnet. Für die Röntgenfeinstrukturanalyse wird mit monochromatischem Licht gearbeitet. Der Einsatz von Pulvern (DEBYE-SCHERRER-Methode) ist für vollständige Strukturanalysen ungeeignet. Dafür sind Kristalle erforderlich, die nach der Drehkristall-Methode (BRAGG) untersucht werden.

Beim Auftreffen von Röntgenstrahlen auf Teilchen, deren Abmessungen groß gegenüber der Wellenlänge der eingesetzten Strahlung ist, kommt es zu einer Verbreiterung des Primärstrahles durch Streuung. Diese *Röntgen-Kleinwinkel-Streuung* läßt sich mittels Spezialkameras aufnehmen (KRATKY). Die Röntgen-Kleinwinkel-Streuung von gelösten Makromolekülen, insbesondere Proteinen, kann Informationen über Molmasse, Molekülgröße und -gestalt geben.

Im Unterschied zur Röntgenfeinstrukturanalyse liefern alle anderen physikalischen Methoden nur Teilinformationen über das zu untersuchende Objekt, die sich gegenseitig ergänzen müssen. Die meisten dieser Methoden haben aber den Vorteil, daß sie gelöste Substanzen untersuchen können und wesentlich schneller und billiger sind.

Bei der Absorption elektromagnetischer Strahlung durch ein Molekül geht das Molekül von einem Grundzustand A in einen energiereichen Anregungszustand B über. Eine Absorption erfolgt nach den Gesetzen der Quantentheorie nur dann, wenn die Energie der auftreffenden Strahlen ($E = h \cdot \nu$) gleich der Differenz der Energie des Anregungszustandes und der des Grundzustandes ist.

$$E = E_B - E_A$$

Bei Strahlungen der Wellenlängen von 200—800 nm (ultraviolettes und sichtbares Licht) tritt eine Wechselwirkung mit den Elektronen des Moleküls ein. Die Elektronen der Einfachbindungen (σ-Elektronen) werden erst von Licht mit Wellenlängen unter 200 nm angeregt (sog. Vakuum-*UV*-Gebiet). Unter den üblichen Bedingungen werden die nichtbindenden einsamen Elektronenpaare von Heteroatomen (n-Elektronen) sowie die π-Elektronen angeregt.

Aufgrund von vor allem empirisch gefundenen Zusammenhängen zwischen der Struktur des chromophoren Systems (z. B. Größe des konjugierten Systems, Substituenten, sterische Faktoren wie cis-trans-Isomerie) und den Absorptionsmaxima (λ_{max}) sowie den dazugehörenden Absorptionsintensitäten (ε_{max}) liefern die *Elektronenspektren* grundsätzliche Informationen über die Molekülstruktur. Daneben dient die Spektroskopie im ultravioletten und sichtbaren Bereich vor allem zur Analytik (Konzentrationsbestimmungen, Detektion nach der Chromatographie).

Bei der Elektronenspektroskopie handelt es sich um eine Wechselwirkung von Materie mit elektromagnetischen Wellen, deren elektrischer Feldvektor auf alle Raumrichtungen senkrecht zur Fortpflanzungsrichtung verteilt ist. Grundlage der *chiroptischen Methoden* ist eine Wechselwirkung von polarisiertem Licht mit chiralen Substanzen. Durch die Chiralität der Substanz sind die Geschwindigkeiten und damit auch die Brechungsindices für rechts- und linkszirkular polarisiertes Licht verschieden. Die Änderung der dadurch hervorgerufenen Drehung der Ebene des polarisierten Lichtes von der Wellenlänge bezeichnet man als *Optische Rotationsdispersion* (*ORD*). Als *Circulardichroismus*

(*CD*) bezeichnet man die Differenz in den Absorptionskoeffizienten ($\Delta\varepsilon$) von links- und rechtszirkular polarisiertem Licht.

Im Bereich der Absorptionsmaxima tritt bei den *ORD*-Spektren eine Anomalie in Form eines Wendepunktes der Kurve auf (COTTON-Effekt, Abb. 1–6). Aufgrund der unterschiedlichen Absorptionskoeffizienten für rechts- und linkszirkular polarisiertem Licht kommt es zu einer Elliptizität des austretenden Lichtes. Sowohl $\Delta\varepsilon$ als auch die Elliptizität durchlaufen am Absorptionsmaximum Extremwerte (COTTON-Effekt, Abb. 1–6). Bei der *ORD* wird die molare Rotation

$[\Phi] = M \cdot 10^{-2}\,[\alpha]$

(M = Molmasse, $[\alpha]$ = spezifische Drehung)

gegen die Wellenlänge erfaßt. Als Maß für den COTTON-Effekt wird die Amplitude a als 100. Teil der Differenz der molaren Rotation bei höherer und niedrigerer Wellenlänge erfaßt.

$a = ([\Phi]_1 - [\Phi]_2) \cdot 10^{-2}$

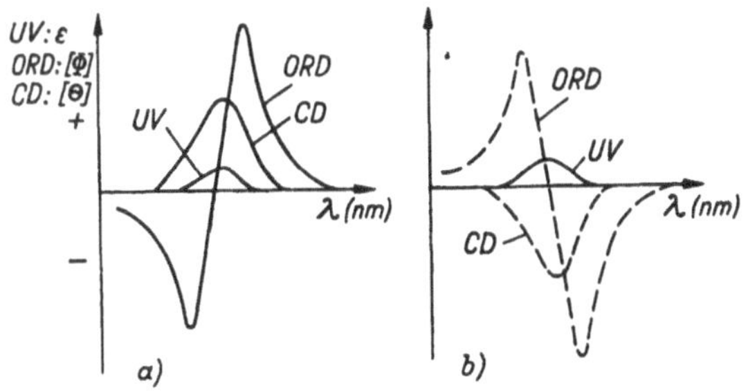

Abb. 1–6

Vergleich der UV-, CD- und ORD-Spektren beider Enantiomeren (*a* und *b*) einer Verbindung.

Bei einem *CD*-Spektrum werden entweder die Unterschiede der Absorptionskoeffizienten

$\Delta\varepsilon = \varepsilon_L - \varepsilon_R$

oder die molare Elliptizität gegen die Wellenlänge aufgetragen. Da im allgemeinen *CD*-Spektren einfacher und damit leichter zu interpretieren sind als *ORD*-Spektren, werden sie heute meist bevorzugt.

Aufgrund empirischer oder semiempirischer Regeln über den Zusammenhang zwischen Vorzeichen und Größe des COTTON-Effektes und der Geometrie des Moleküls wird die *ORD* und der *CD* vor allem herangezogen zur Ermittlung der absoluten oder relativen Konfiguration, der Konformation (syn-anti-Konformation bei Nucleosiden, α-Helix-Gehalt bei Proteinen) und der Lokalisierung bestimmter funktioneller Gruppen (z. B. der Carbonylgruppen anhand der Oktantenregel).

Vor der Entwicklung kommerzieller *ORD*- und *CD*-Geräte wurde zur Konfigurationszuordnung die Drehung bei der *D*-Linie des Natrium-Lichtes (589 nm) herangezogen, die als spezifische Drehung $[\alpha]_D$ oder molare Drehung $[\Phi]_D$ angegeben wurde.

Für die Beziehungen zwischen Struktur und Drehvermögen waren einige empirisch gefundene Regeln von Bedeutung. Dazu gehört die sog. Superpositionsregel (VAN'T HOFF), die besagt, daß sich der Drehwert einer optisch aktiven Verbindung mit mehreren Chiralitätszentren additiv aus den Drehwerten der einzelnen Chiralitätszentren zusammensetzt. Nach dem sog. Entfernungssatz wirkt sich der Einfluß einer Strukturänderung um so weniger auf die Drehung aus, je weiter diese vom Chiralitätszentrum entfernt erfolgt. Für Kohlenhydrate wurden von HUDSON empirische Regeln aufgestellt, die noch heute eine wichtige Rolle bei der Konfigurationszuordnung spielen.

Die durch ultraviolettes oder sichtbares Licht angeregten Moleküle gehen nach einer bestimmten Zeit wieder unter Energieabgabe in den Grundzustand zurück. Die Energie wird dabei z. B. nach Zusammenstößen mit anderen Molekülen abgeführt. In bestimmten Fällen kommt es aber auch zu einer Energieabgabe in Form von Licht. Je nach der Abklingdauer spricht man von Fluoreszenz (ca. 10^{-8} sec) oder Phosphoreszenz (kann Größenordnung von sec erreichen).

Die Untersuchung der *Fluoreszenz* dient vor allem für sehr empfindliche und spezifische analytische Untersuchungen. Die Methode wurde zunächst dadurch sehr eingeschränkt, daß nur sehr wenig Naturstoffe fluoreszieren (z. B. bestimmte Vitamine, Tryptophanreste in Proteinen). Durch den Einbau spektroskopisch aktiver Gruppen als *Marker* (*label*) lassen sich jedoch auch Substanzen untersuchen, die primär keine Voraussetzungen für den Einsatz dieser spektroskopischen Methode bieten. Solche Marker wurden bereits in den 50iger Jahren in der Fluoreszenzspektroskopie eingesetzt (WEBER, STEINER, EDELMAN) und haben inzwischen auch bei anderen spektroskopischen Methoden große Bedeutung erlangt (s. Spinmarkierung, S. 37).

Bei der *kovalenten Markierung* werden fluoreszierende Verbindungen (Fluorochrome) an die zu untersuchende Verbindung gebunden. Als Fluorochrome sind für die Markierung von Verbindungen mit primärer Aminogruppe (Aminosäuren, Peptide, Proteine, biogene Amine) vor allem 1-Dimethylamino-naphthalen-5-sulfonsäurechlorid (Dansylchlorid) und Fluoreszeinisothiocyanat (FITC) bedeutend.

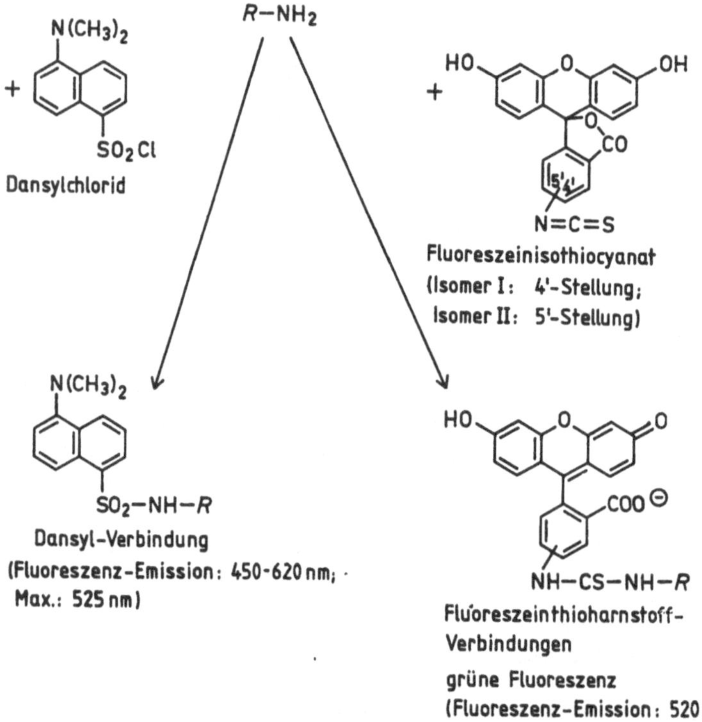

Eine andere Möglichkeit des Einsatzes von Markern besteht in der *hydrophoben* oder *Sondenmarkierung*. Dazu dient z. B. 1-Anilinonaphthalen-8-sulfonsäure (ANS), die in hydrophober Umgebung stark, dagegen nicht in polarer Umgebung fluoesziert. ANS dient z. B. zur Untersuchung von Membranen.

Eine neuere Möglichkeit der Markierung insbesondere von Proteinen bietet die Umsetzung mit photoreaktiven Gruppen (*photoaffinity labeling*). Das biochemische Reagens mit der photoreaktiven Gruppe wird im Dunkeln dem zu untersuchenden System (z. B. Enzym, Membranprotein) zugegeben. Durch Belichtung mit sichtbarem Licht wird das Reagens aktiviert und in unmittel-

ANS

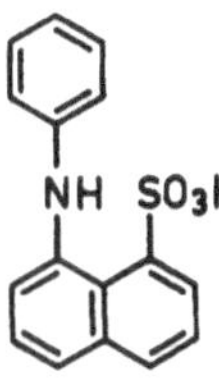

barer Nähe seines Aufenthaltsortes kovalent gebunden. Zum Einsatz kommen meist Azide, insbesondere 4-Azido-2-nitro-phenyl-Reste (ANP). Die Azide bilden durch Belichtung die hochreaktiven Nitrene, die u. a. mit benzoiden Gruppen (unter Bildung von Azepinen) oder Doppelbindungen (unter Bildung von Aziridinen) reagieren.

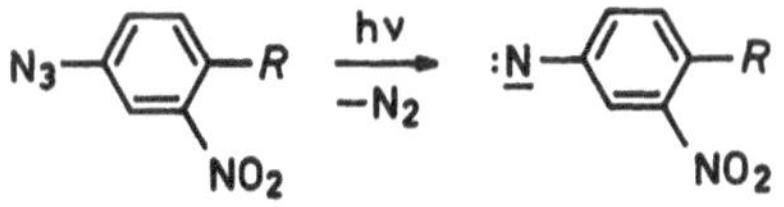

ANP Nitren

Durch Absorption von infrarotem Licht (*Infrarotspektroskopie*) werden Rotationen und Schwingungen des Moleküls bzw. bestimmter Gruppen des Moleküls angeregt. Die Infrarotspektren (*IR*-Spektren) liefern vor allem Informationen über die Anwesenheit bestimmter funktioneller Gruppen (z. B. Carbonyl- oder Hydroxylgruppen), können aber auch zur Klärung stereochemischer Probleme herangezogen werden (vgl. z. B. S. 64).

Magnetische Resonanzverfahren

Eine rotierende elektrische Ladung erzeugt ein magnetisches Moment. Als rotierende elektrische Ladungen lassen sich sowohl die Elektronen als auch die Atomkerne auffassen.

Die Elektronen besitzen einen Spin, der durch ein mechanisches und magnetisches Moment charakterisiert ist. Eine Reihe von Atomkernen hat ebenfalls einen mechanischen Drehimpuls (Spin), der aufgrund der Ladung des Kerns ein magnetisches Moment erzeugt. Lediglich Atome mit gerader Protonen- und Neutronenzahl, darunter die für organische Verbindungen so wichtigen Isotope ^{12}C und ^{16}O, besitzen weder Spin noch magnetisches Moment. Die magnetischen Momente der Kerne sind allerdings um den Faktor 10^3 kleiner als die der Elektronen.

In einem angelegten homogenen Magnetfeld H_0 können nur eine bestimmte Anzahl von Spinzuständen eingenommen werden. So können sich bei einem Spin mit der Quantenzahl $^1/_2$ zwei Spinzustände (parallel, α, und antiparallel, β, Abb. 1–7) einstellen, die sich durch die Energiedifferenz ΔE unterscheiden, wobei der Zustand mit niedrigerer Energie etwas stärker besetzt ist. Die Energiedifferenz ist der Stärke des äußeren Feldes proportional (Abb. 1–7b):

$\Delta E = k \cdot H_0$ (k = Proportionalitätsfaktoren)

Eine Resonanz, d. h. ein Übergang zwischen beiden Energiezuständen erfolgt, wenn die eingestrahlte Energie ($E = h \cdot \nu$) gerade so groß ist wie die Energiedifferenz zwischen den beiden Zuständen in einem bestimmten Magnetfeld. Durch Relaxationsprozesse bildet sich dann wieder ein Gleichgewicht zwischen Zuständen mit höherer und niedrigerer Energie zurück.

Zur Aufnahme eines Resonanzspektrums wird meist das Magnetfeld bei konstanter Frequenz variiert (field sweep), bis ein Resonanzsignal auftritt. *NMR*-Signale werden als Funktion der Absorptionsintensität von der Feldstärke registriert, *ESR*-Spektren als 1. Ableitung. Die Absorptionsintensität ist proportional der Spinkonzentration. Da das Magnetfeld am Ort des zur Resonanz angeregten Elektrons bzw. Atomkerns durch die intramolekulare oder atomare Umgebung sowie auch durch übermolekulare Strukturen etwas gegenüber dem angelegten äußeren Feld verändert wird, kommt es zu einer unterschiedlichen Lage der Resonanzsignale (*ESR*:

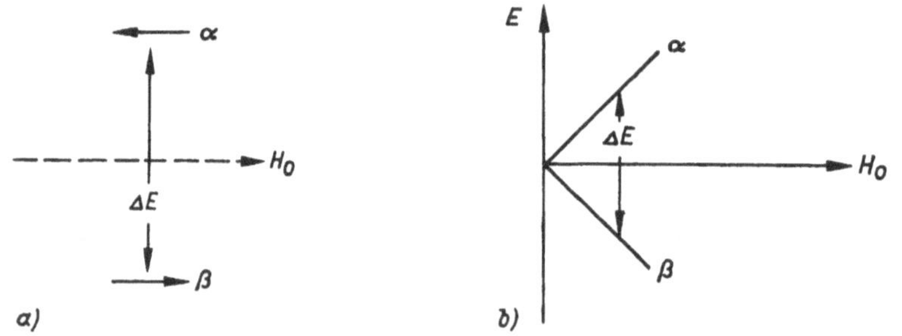

Abb. 1-7
Spineinstellung (*a*) und Energieaufspaltung (*b*) im Magnetfeld.

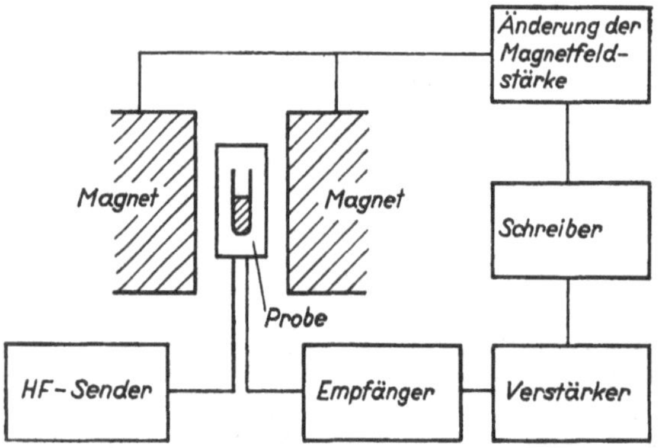

Abb. 1-8
Schematischer Aufbau eines Kernresonanzspektrometers.

g-Faktor; *NMR*: chemische Verschiebung). Durch Wechselwirkung des ungepaarten Elektrons mit Atomkernen mit Kernspin bzw. durch Wechselwirkung benachbarter Kernspins werden die Signale aufgespalten (*ESR*: Hyperfeinstruktur; *NMR*: Kopplung). Weitere Informationen können schließlich noch aus der Linienform der Signale entnommen werden, die u. a. von der Beweglichkeit beeinflußt wird.

Elektronenspinresonanz (*ESR*, auch Paramagnetische Elektronenresonanz, *EPR*)
Bei den meisten organischen Molekülen wird die Einstellung der Spins der Bindungselektronen (Bindungselektronenpaare) intramolekular kompensiert. Man spricht von diamagnetischen Verbindungen. Lediglich bei Verbindungen mit einem sog. einsamen, ungepaarten Elektron wird der Spin nicht kompensiert. Diese Verbindungen sind paramagnetisch. Paramagnetische Verbindungen von biologischem Interesse sind bestimmte Metallkomplexe (vgl. Kap. 4.5.) und Radikale, die bei einer Reihe von enzymatischen Reaktionen als Zwischenstufen (S. 334) oder bei der Bestrahlung biologischer Materialien

(S. 278) entstehen. Moderne *ESR*-Spektrometer erlauben ein Vermessen von Radikalen in einer Konzentration von etwa 10^{-6} Mol/*l*, bei Einsatz besonderer Techniken einen Nachweis noch in einer Konzentration von 10^{-8} bis 10^{-9} Mol/*l*. Eine wesentliche Erweiterung des Einsatzes der *ESR*-Spektroskopie war durch die Synthese stabiler Radikale möglich (Rozantsev, Rassat), die die Grundlage für die *Spinmarkierung* (McConnell, 1965) schufen. Eingesetzt werden fast ausschließlich N-Oxide der Strukturen *1* oder *2*. Dieses System ist durch Delokalisation des ungepaarten Elektrons relativ energiearm.

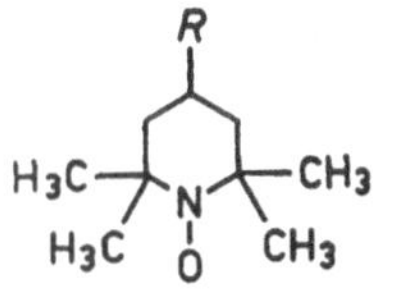

1

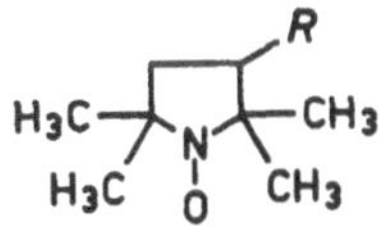

2

Diese stabilen Radikale können kovalent z. B. an Biopolymere gebunden werden (kovalente Markierung). Eine weitere Möglichkeit besteht darin, Spinmarker z. B. in Membranen zu inkorporieren (hydrophobe oder Sondenmarkierung, z. B. mit dem Spinmarker *3*) oder niedermolekulare Verbindungen, die mit einem Makromolekül spezifisch reagieren (Substrate, Inhibitoren, Hap-

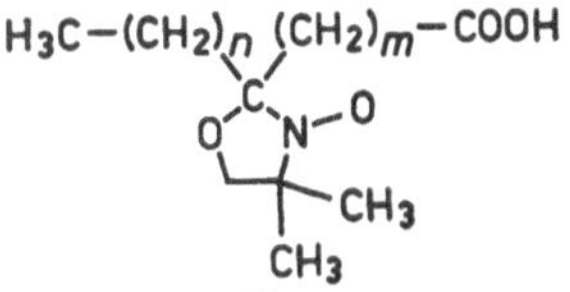

3

tene), kovalent an stabile Radikale zu binden. Der Marker wird dadurch an das aktive Zentrum der zu untersuchenden Makromoleküle transportiert (Effektormarkierung, Radikale als Reportergruppen).

Die ESR-Spektroskopie liefert u. a.

- allein durch den Nachweis meist sehr kurzlebiger Radikale Einblicke in den Mechanismus zahlreicher enzymatischer Reaktionen,
- Informationen über die Symmetrie biologischer Metallkomplexe,
- durch Einsatz der Spinmarkierung Angaben über Strukturänderungen (Mobilität) in der Nähe des Markers.

Unter den Methoden der *Magnetischen Kernresonanz* (*NMR* von nuclear magnetic resonance) hat für die Strukturaufklärung zunächst die Protonenresonanz (^{1}H-*NMR*) die größte Bedeutung erlangt. Die Absorptionsintensität der Signale erlaubt eine Aussage über die Anzahl der Protonen, die chemische Verschiebung über die Art der Bindung und die Feinstruktur des Signals über Abstände und Bindungswinkel der Protonen (Konfiguration, Konformation). Diese vielfältigen Aussagen haben die Protonenresonanz zu der wichtigsten physikalischen Methode der Strukturaufklärung von Naturstoffen gemacht. Durch die Einführung der Fourier-Transformations-Technik genügt die in der natürlichen C-Isotopenmischung vorhandene Konzentration an ^{13}C bereits für die Aufnahme von ^{13}C-*NMR*-Spektren. Die ^{13}C-*NMR*-Spektroskopie hat gegenüber der ^{1}H-*NMR*-Spektroskopie den Vorteil, daß die chemischen Verschiebungen der C-Atome signifikantere Unterschiede aufweisen, Kopplungen zwischen den C-Atomen unterbleiben und C—H-Kopplungen entkoppelt werden können. Eine besondere Bedeutung hat die ^{13}C-*NMR*-Spektroskopie für Biosyntheseuntersuchungen (S. 39) erlangt, da durch Einsatz ^{13}C-markierter Verbindungen das markierte Atom auch ohne zeitraubende und nicht immer eindeutige Abbaureaktionen im isolierten Naturstoff lokalisiert werden kann.

Bei der *Massenspektroskopie* werden durch Elektronenbeschuß aus der verdampften Substanz Ionen erzeugt, die dann nach ihrem Masse/Ladungs-Verhältnis durch angelegte elektrische und magnetische Felder (Abb. 1–9) getrennt werden. Im so erhaltenen Massenspektrum sind neben dem Molekülion auch noch die Ionen von Bruchstücken zu sehen, die beim Überschreiten der zur Ionisierung erforderlichen Energie (Ionisierungspotential) gebildet werden. Der meist auftretende Molekülpeak, der damit auch die Molmasse angibt, sowie die Art der Fragmentierung erlauben die Strukturaufklärung der Substanzen.

Der Molekülpeak wird unter Abspaltung eines Elektrons gebildet:

$$M + e \rightarrow M^{\oplus} + e + e$$

Bei der Fragmentierung werden allgemein schwächere Bindungen eher als stärkere gespalten, also C—C- vor C—H-Bindungen. Unter den C—C-Bindungen werden besonders leicht Verzweigungsstellen (C—C—C) gespalten. Die gebildeten Fragmente können sich sekundär umlagern.
|
C

Von besonderer Bedeutung ist die McLafferty-Umlagerung, bei der ein Wasserstoffatom von einem C- auf ein O-Atom übertragen wird (vgl. auch S. 294).

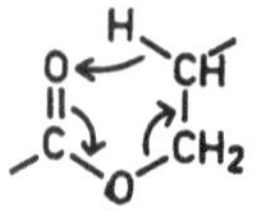

Durch die unterschiedliche Masse kann bei isotop markierten Verbindungen das isotop markierte Fragment und damit häufig auch die Lokalisation des Isotops erkannt werden. Doppelt fokussierende hochauflösende Massenspektrometer können die Massen so exakt bestimmen, daß auch eine Summenformel ermittelt werden kann. Der Substanzbedarf ist gering, so daß Massenspektrometer häufig mit Gaschromatographen gekoppelt werden. Voraussetzung für die Anwendung der Massenspektrometrie ist allerdings, daß die Substanzen genügend flüchtig sind (vgl. S. 26).

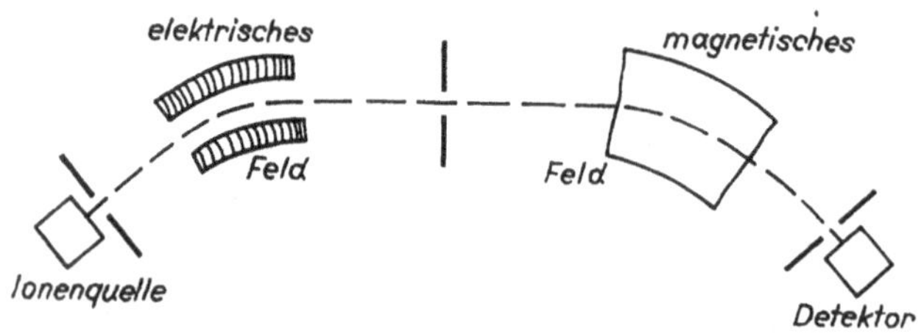

Abb. 1–9
Schematischer Aufbau eines doppelfokussierenden Massenspektrometers.

1.5. Synthesen

1.5.1. Biosynthesen

Als besonders erfolgreich zur Aufklärung der Biosynthese hat sich die *Indikator-* oder *Tracermethode* (v. HEVESY und PANETH, 1913) erwiesen. Diese Methode beruht darauf, daß man dem Organismus spezifisch isotop markierte Verbindungen verabreicht und deren Umwandlung verfolgt. Besondere Bedeutung haben dabei die stabilen Isotope ^{2}H, ^{15}N und ^{13}C sowie die radioaktiven Isotope ^{3}H, ^{14}C, ^{32}S und ^{35}P. Die radioaktiven Isotope können mittels spezieller Zählrohre, die stabilen Isotope z. B. massenspektrometrisch nachgewiesen werden. Zur Aufklärung der Biosynthese aus dem zugegebenen isotop markierten Precursor ist es dann erforderlich, die Stellung des entsprechenden Isotops im isolierten Endprodukt zu erkennen. Das erfolgt vor allem durch einen übersichtlichen Abbau der Verbindungen. Da es sich meist um sehr kleine Mengen handelt, die für diesen chemischen Abbau zur Verfügung stehen, wird meist — allerdings in Abhängigkeit von der spezifischen Aktivität der Probe — die isolierte Substanz mit der nichtmarkierten Verbindung verdünnt. Als Beispiel für derartige Reaktionen sei der Abbau des aus radioaktiv markiertem Tyrosin gebildeten Alkaloids Papaverin (S. 542) herausgegriffen (Formelübersicht 1–1).

Mit Hilfe dieser Methoden konnten einige für die Biosynthese „sekundärer" Naturstoff allgemeingültige Wege entdeckt werden, wie die Isoprenregel bei der Biosynthese der Terpene und Steroide, die Bildung der Polyketide oder der Alkaloide. Der Nachteil dieser Methode beruht darin, daß das inkorporierte Isotop im isolierten Molekül durch aufwendige und nicht immer eindeutige Abbaureaktionen lokalisiert werden muß. Der Einsatz der ^{13}C-*NMR* ermöglicht dagegen die Lokalisation ohne aufwendigen chemischen Abbau. Als Precursoren werden ^{13}C-angereicherte Verbindungen wie [^{13}C]-Acetat, [2-^{13}C]-Mevalonat oder [^{13}C]-Aminosäuren eingesetzt. Eingeschränkt wird der Einsatz jedoch dadurch, daß relativ hohe Einbauraten erforderlich sind.

1.5.2. Chemische Synthesen

In der Zeit der „klassischen" Naturstoffchemie, der Zeit bis zur breiten Einführung physikalischer Methoden der Strukturaufklärung, war die Totalsynthese unmittelbarer Bestandteil der Strukturaufklärung. In vielen Fällen war die Strukturaufklärung ganzer Naturstoffklassen nur nach der Synthese entsprechender Vergleichssubstanzen möglich gewesen (H. FISCHER: Synthese der Porphyrin-Isomeren, S. 370). Wesentliche Erfolge nach 1945 waren ohne Zweifel die Totalsynthese der Alkaloide Chinin, Morphin und Strychnin, die der Steroidhormone und des Chlorophylls. Einen Höhepunkt der Synthesetätigkeit bildete die erfolgreiche Totalsynthese des Vitamin B_{12}. Hier spielten vor allem stereochemische Probleme eine Rolle (S. 372). An dieser Synthese waren unter Leitung von WOODWARD in New York und ESCHENMOSER in Zürich ca. 100 Chemiker aus 19 Ländern 11 Jahre beschäftigt. Obwohl diese Synthese wie auch die vieler anderer komplizierter Naturstoffe keinen kommerziellen Wert hat — Vitamin B_{12} läßt sich wesentlich billiger isolieren — hat sie wesentlich zur Weiterentwicklung der organischen Chemie beigetragen. So wurden in Zusammenhang mit der Vitamin-B_{12}-Synthese u. a. die WOODWARD-HOFMANN-Regeln über die Erhaltung der Orbitalsymmetrie aufgestellt.

Der andere Schwerpunkt der synthetischen Tätigkeit der letzten Jahrzehnte lag auf dem Gebiet der Biopolymere. Zur gezielten Synthese von Polypeptiden und Polynucleotiden wurden neue Methoden der Kondensation (Carbodiimide) und spezielle Schutzgruppen entwickelt. Voraussetzung für die Einführung automatisierter Synthesen war die Erzielung maximaler Ausbeuten. Höhepunkte waren u. a. die Totalsynthese des Insulins (S. 135) und die aller 64 Trinucleotide (1966: KHORANA und Mitarb.), die zur Aufklärung des genetischen Codes führte.

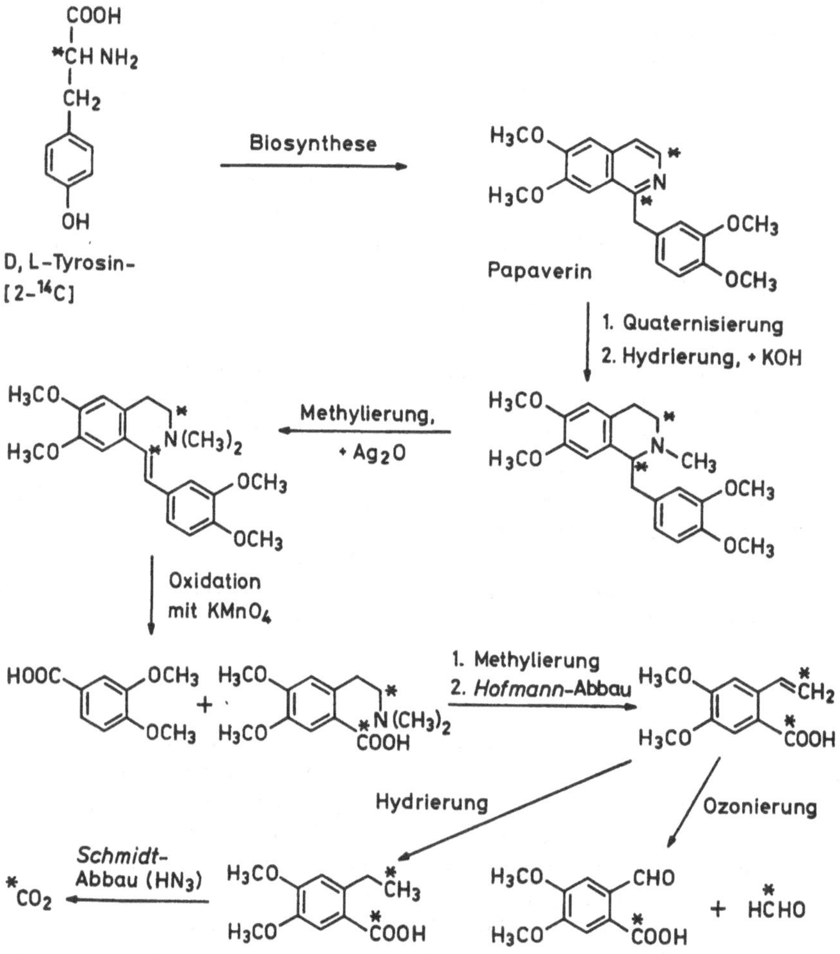

Formelübersicht 1–1

Abbaureaktionen von markiertem Papaverin zur Lokalisation des ^{14}C.

Bei den Polynucleotidsynthesen war der Einsatz von Enzymen von entscheidender Bedeutung für den Erfolg. Enzymatische und mikrobiologische Umwandlungen haben sich auch auf anderen Gebieten als sehr vorteilhaft erwiesen, so bei stereospezifischen Reaktionen in der Steroidreihe.

Trotz dieser großen Erfolge auf synthetischem Gebiet ist es in vielen Fällen nach wie vor wesentlich billiger, Naturstoffe aus natürlichen Quellen zu isolieren, wie das industriell bei den meisten Antibiotica (Chloramphenicol ist hier eine seltene Ausnahme), beim Vitamin B_{12}, mehreren Alkaloiden, den herzaktiven Glykosiden und anderen als Pharmaka eingesetzten Verbindungen der Fall ist.

Seit etlichen Jahren bemüht man sich intensiv darum, „sekundäre" Naturstoffe (z. B. Alkaloide, herzwirksame Glykoside) mit Hilfe von Kulturen pflanzlicher Zellen zu produzieren. Zur Produktion von Interferonen werden bereits tierische Zellkulturen eingesetzt. Noch ungeahnte Möglichkeiten bietet der Einsatz genetisch manipulierter Mikroorganismen für die Synthese von Peptidwirkstoffen. Mit Hilfe der Genchirurgie (genetic engineering) gelingt es, die für die Biosynthese von Peptiden verantwortlichen Gene auf Mikroorganismen zu übertragen. Derartig genetisch manipulierte *Escherichia coli*-Kulturen produzieren bereits menschliches Insulin, Somatostatin und Interferon.

Als fast eigenständige Syntheserichtung hat sich die *biomimetische Synthese* (biogenetic type synthesis) entwickelt, die eine in-vitro-Nachahmung der Biosynthese zum Ziele hat und vor allem unter zellmöglichen Bedingungen arbeitet (erste Versuche gehen auf Schöpf, Späth und Robinson zurück, vgl. S. 536). Biomimetische Synthesen haben nicht nur befruchtend bei der Aufklärung von Biosynthesen gewirkt, sondern zeigen auch neuartige Wege für industriell verwertbare Synthesen auf (vgl. Steroidsynthesen).

Bei Naturstoffen mit besonderer biologischer Aktivität (nicht-essentielle Wirkstoffe: Alkaloide, Antibiotica; essentielle Wirkstoffe: Vitamine, Hormone) schloß sich an die Etappe der Strukturaufklärung unmittelbar die der partial- oder totalsynthetischen Variation der natürlichen Ausgangsverbindung an, mit dem Ziel, zu wirksameren oder spezifischer wirksamen, stabileren, weniger toxischen, verträglicheren oder billiger herstellbaren Wirkstoffen zu gelangen, die als Arzneimittel einsetzbar sind. Formelübersicht 1–2 gibt einige Beispiele, wie die Beschäftigung mit derartigen Struktur-Wirkungs-Beziehungen ausgehend von natürlichen Vorbildern zur Entwicklung ganzer Arzneistoffklassen geführt hat. In der Regel wurden zunächst nur einzelne funktionelle Gruppen chemisch modifiziert und erst später — oft in Zusammenhang mit Versuchen zur Totalsynthese — wurde auch das Grundgerüst verändert.

Bei den essentiellen Wirkstoffen werden chemische Variationen auch unter dem Gesichtspunkt vorgenommen, *Antagonisten* zu entwickeln, die bei der Aufklärung der biochemischen Rolle der natürlichen Wirkstoffe sowie als Arzneimittel große Bedeutung haben. Strukturelle Analoga der essentiellen Metabolite (Purin-, Pyrimidinbasen, Aminosäuren, Vitamine, Hormone) werden als *Antimetabolite* bezeichnet (Fildes).

Die Antimetabolite konkurrieren bei Stoffwechselvorgängen mit den natürlichen Stoffwechselprodukten, wodurch der Ablauf biochemischer Reaktionen fehlgeleitet oder unterbunden wird.

Bei klassischen Antimetaboliten ist die Struktur nur geringfügig verändert. Oft ist nur ein Atom oder eine funktionelle Gruppe ausgetauscht. Antimetabolite mit größeren strukturellen Veränderungen am ursprünglichen Molekül werden als nicht-klassisch bezeichnet (Baker). Sie wirken meist als Enzyminhibitoren. Bei den Vitamin- und Hormon-Antagonisten spricht man meist von Antivitaminen bzw. Antihormonen.

Die strukturellen Analoga der natürlichen Neurotransmitter werden bei gleicher Wirkung wie das natürliche Vorbild als -mimetica, bei antagonistischer Wirkung als -lytica bezeichnet (Sympathicomimetica, Sympathicolytica, Parasympathicomimetica, Parasympathicolytica).

a) Lokalanaesthetica:

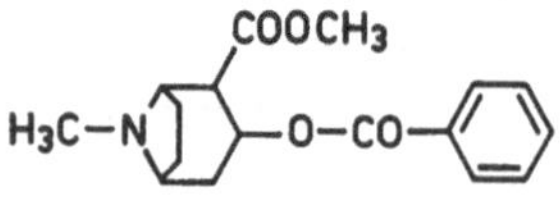

Cocain

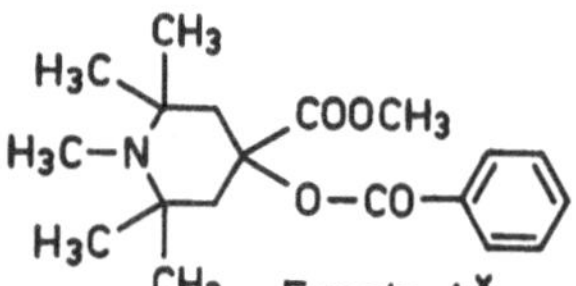

Eucain A[x]

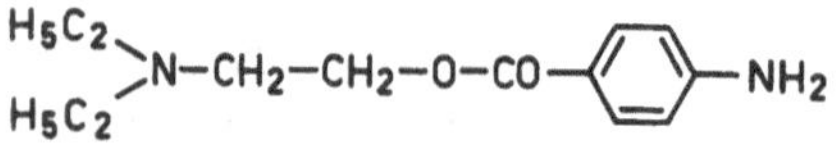

Procain

b) Malariamittel:

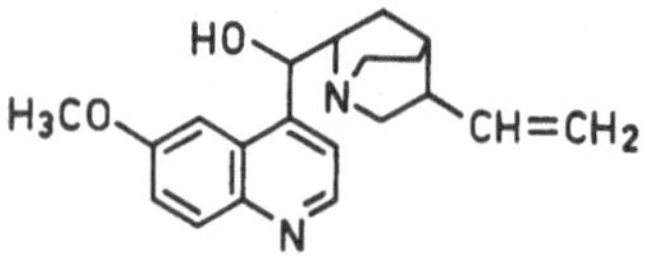

Chinin

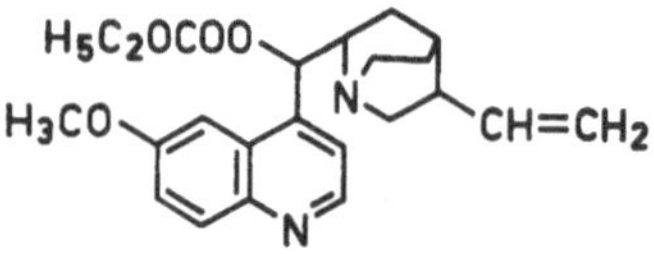

Euchinin[x]

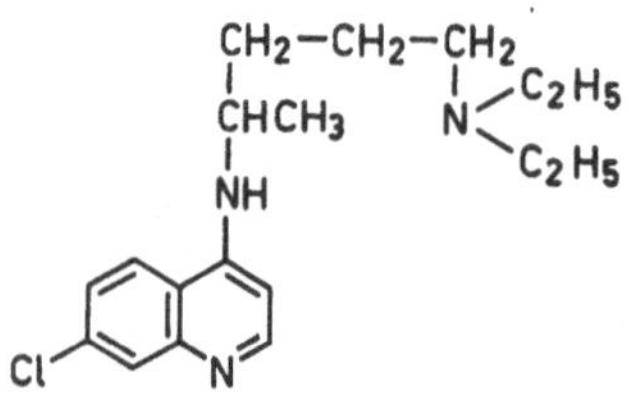

Chlorochin

c) Analgetica:

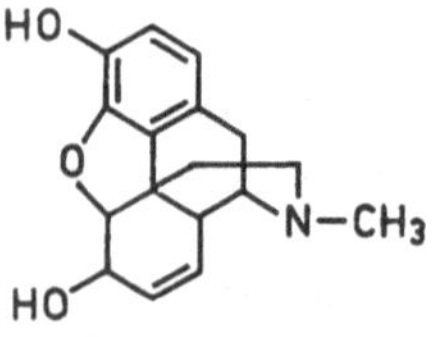

Morphin

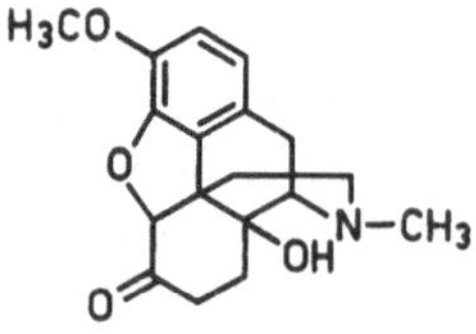

Oxycodon

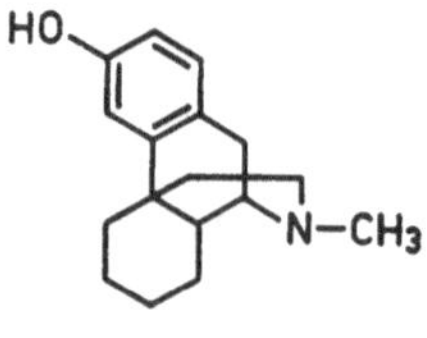

Levorphanol

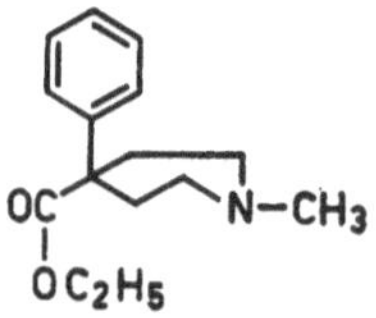

Pethidin

d) Muskulotrope Spasmolytica:

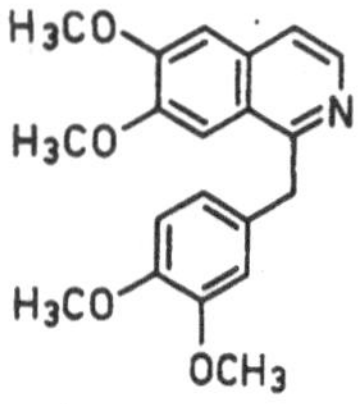

Papaverin

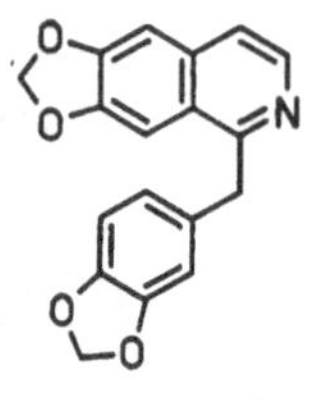

Eupaverin[x]

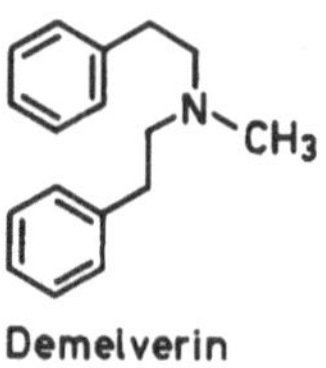

Demelverin

Formelübersicht 1–2

Naturstoffe als Leitbilder für die Entwicklung synthetischer Arzneimittel.

*) Keine therapeutische Bedeutung mehr.

Natürlich vorkommende Antimetabolite werden zu den Antibiotica gezählt. Die wichtigsten Antimetabolite sind in der Tab. 1–5 zusammengefaßt. Antimetabolite mit ausreichend selektiver Wirkung werden als Arzneimittel eingesetzt.

Tabelle 1–5
Antimetabolite

Metabolit	Antimetabolit	Bemerkungen
L-Glutamin	Azaserin	natürlicher klassischer Antimetabolit, S. 572
D-Alanyl-D-alanin	Penicillin	natürlicher nicht-klassischer Antimetabolit, Antibioticum, S. 572
Pyrimidinbasen bzw. -nucleotide	5′-Desoxy-5′-iodthymidin, 6-Azauracil, 5-Halogenuracile	synthetische klassische Antimetabolite, hemmen Enzyme oder werden in DNS bzw. RNS eingebaut, S. 282
Purinbasen bzw. -nucleotide	6-Mercaptopurin, 8-Azaguanin, 2-Aminopurin	synthetische klassische Antimetabolite, hemmen Enzyme oder werden in DNS bzw. RNS eingebaut, S. 282
	Puromycin, Cordycepin, Tubericidin, Psicofuranin	natürliche klassische Antimetabolite, Antibiotica, S. 587
Hypoxanthin	Allopurinol	synthetischer klassischer Antimetabolit, hemmt Xanthin-Oxidase, S. 286
p-Aminobenzoesäure	Sulfonamide	synthetische semi-klassische Antimetabolite, verhindern Folsäuresynthese bei Bakterien, S. 353
Folsäure	Aminopterin, Methotrexat	synthetische klassische Antimetabolite, hemmen Dihydrofolsäure-Reduktase, S. 353
	Pyrimethamin	synthetischer nicht-klassischer Antimetabolit, S. 353
Pyridoxin	4-Desoxypyridoxin	synthetischer klassischer Antimetabolit (Antivitamin), S. 359
Riboflavin	6-Chlor-7-methyl-9-ribitylisoalloxazin	synthetischer klassischer Antimetabolit (Antivitamin), S. 356
Dopa	α-Methyldopa	synthetischer klassischer Antimetabolit, hemmt Dopa-Decarboxylase, S. 435
Testosteron	Cyproteronacetat	synthetisches Antihormon, S. 422

1.6. Molekulare Evolution

Die Entstehung und Entwicklung des Lebens muß eng mit einer Evolution der Kohlenstoffverbindungen verbunden gewesen sein. Bei dieser molekularen Evolution unterscheidet man zweckmäßig zwischen einer präbiotischen chemischen Evolution und einer nach Entstehung des Lebens im Rahmen der biologischen Evolution stattfindenden biochemischen Evolution (Abb. 1–10). Die ältesten Mikrofossilien konnten in präkambrialen Sedimenten Südafrikas nachgewiesen werden, für die ein Alter von ca. 3,4 Milliarden Jahre ermittelt wurde.

Der Nachweis fossiler Verbindungen eindeutig biochemischen Ursprungs gelang erstmals TREIBS, der aus Erdöl und Ölschiefern Porphyrine isolieren konnte. Die natürlichen organischen Verbindungen unterliegen während der geologischen Zeiträume langsamen chemischen Umwandlungen (Diagenese), mit deren Untersuchung sich die organische Geochemie beschäftigt.

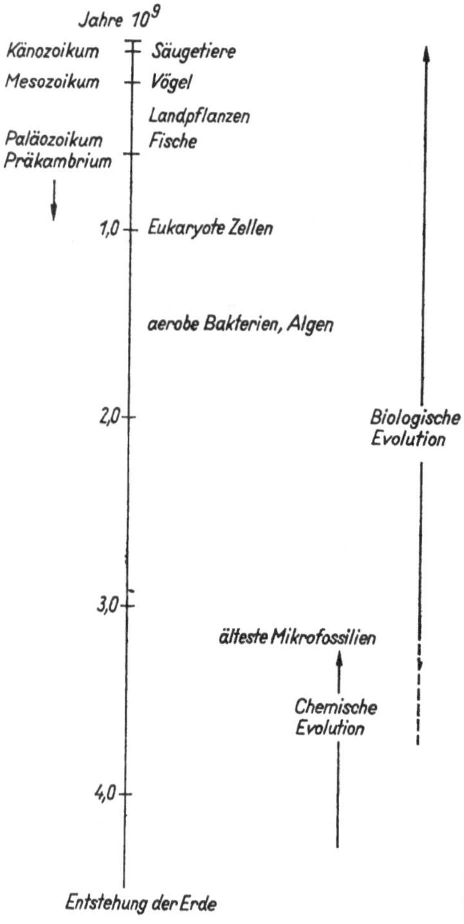

Abb. 1–10
Geologische Zeittafel

So wird Chlorophyll während der Diagenese in verschiedene Porphyrine wie Vanadyl-desoxy-phylloerythroätioporphyrin (*4*) und die Kohlenwasserstoffe Phytan und Pristan umgewandelt, die sich in vielen Fossilien und Sedimenten nachweisen lassen.

In einigen Fällen ist es auch gelungen, unveränderte biogene Substanzen in Sedimenten nachzuweisen. So konnten aus einer 25 Millionen Jahre alten Braunkohle die pflanzlichen Triterpene Friedelin und Betulin isoliert werden.

Allgemein bezeichnet man fossile organische Verbindungen eindeutig biogener Herkunft als „biologische Marker“. Das Vorkommen von Porphyrinen sowie Phytan und Pristan in Erdöl, Asphalten und Ölschiefern ist z. B. ein wichtiger Hinweis auf den biologischen Ursprung dieser wichtigen Rohstoffe.

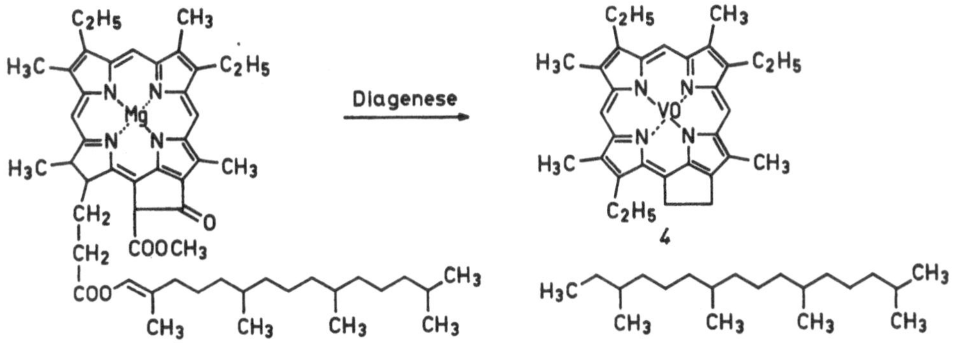

Chlorophyll a

4

Phytan

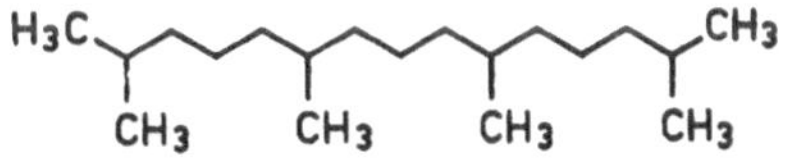

Pristan

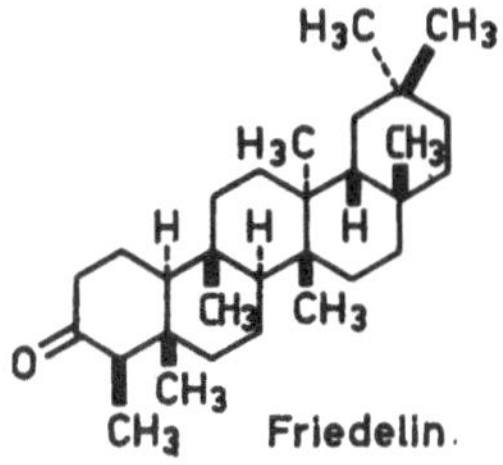

Friedelin

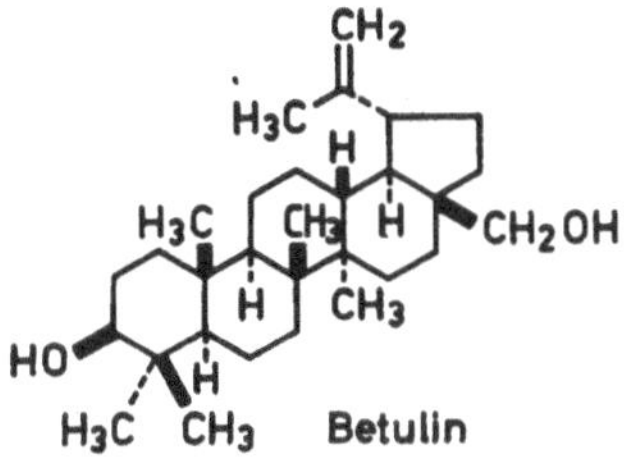

Betulin

Durch Veresterung, gaschromatographische Trennung und anschließende Massenspektrometrie konnten in einem kalifornischen Erdöl neben anderen Carbonsäuren Steroid-C_{22}-Säuren (z. B. 5α-Pregnan-20-ξ-carbonsäuren) nachgewiesen werden, die durch die trans-Verknüpfung der Ringe *A*/*B* auf eine tierische Herkunft hinweisen.

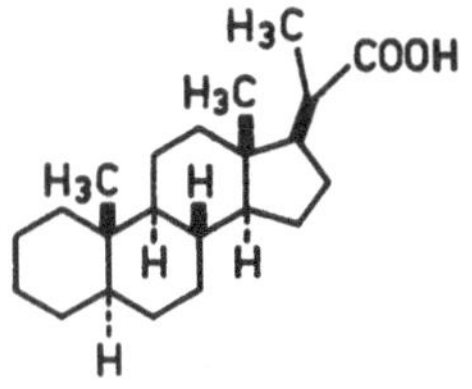

5α-Pregnan-20-ξ-carbonsäuren

Die Entwicklung der modernen physikalischen Methoden, insbesondere der Gaschromatographie und der Massenspektrometrie, ermöglichte es in den letzten Jahren verstärkt, organische Substanzen in Sedimenten und Fossilien nachzuweisen und in ihrer Struktur aufzuklären.

Allerdings sind nur etwa 10% der organischen Substanzen der Sedimente mit organischen Lösungsmitteln extrahierbar. Die restlichen 90% werden als Kerogen bezeichnet. Kerogen ist ein in seiner Struktur unbekanntes, hochkondensiertes Polymer.

1.6.1. Chemische Evolution

Seit dem Erscheinen (1924) des aufsehenerregenden Buches von OPARIN über „*Die Entstehung des Lebens auf der Erde*“, das vom Standpunkt des Dialektischen Materialismus die naturwissenschaftlichen Grundlagen der Entstehung des Lebens zusammenfaßt, haben sich immer mehr Forschungsgruppen mit der Frage der präbiotischen Synthese der Grundbausteine der Organismen beschäftigt. OPARIN unterscheidet in seinen neueren Veröffentlichungen mehrere Etappen in der Evolution der Kohlenstoffverbindungen auf der Erde:

1. das Auftreten von Kohlenwasserstoffen und Cyaniden während der Bildung der Erdkruste und Atmosphäre,
2. die abiogene Synthese komplizierterer organischer Verdindungen (Biomonomere: Aminosäuren, Nucleinsäurekomponenten, Fette, Porphyrine; Biopolymere: Proteine, Nucleinsäuren) in der „Ursuppe“,
3. die Entwicklung individueller offener Systeme, sog. protobionts durch Selbstorganisation der Polymeren (self assembly) und
4. die weitere Evolution dieser „protobionts“ durch präbiotische Selektion zu den ersten primitiven Organismen.

Dieses Forschungsgebiet wird auch unter dem Namen Biogenetik zusammengefaßt (KAPLAN).

Ausgehend von der Thermodynamik offener Systeme wurde von EIGEN eine Theorie der Selbstorganisation und damit eine physikalisch-mathematische Grundlage der DARWINschen Evolutionstheorie geliefert. Wesentliche Beiträge zur irreversiblen Thermodynamik und ihrer Anwendung auf biologische Phänomene wurden von PRIGOGINE geliefert.

Gezielte experimentelle Untersuchungen zur Aufklärung der präbiotischen Synthese setzten Kenntnisse über die Zusammensetzung der Atmosphäre der Erde vor Entstehung des Lebens voraus. Heute gibt es keine Zweifel daran, daß die Erdatmosphäre jener Zeit wasserstoffreich und damit im Unterschied zur gegenwärtigen reduzierend war. Daraus ergibt sich, daß die für die Bildung der Grundbausteine der Organismen so wichtigen Elemente C, N und O als Methan, Ammoniak und Wasser vorlagen. Als Energiequellen für die präbiotische Synthese kommen vor allem die Lichtenergie, elektrische Entladungen sowie thermische Energie in der Nähe von Vulkanen in Frage. Nach energiereicher Bestrahlung einer Mischung von Methan, Ammoniak, Wasser und Wasserstoff konnte MILLER 1953 im Reaktionsgemisch die Aminosäuren Alanin, β-Alanin, Aspartinsäure und α-Aminobuttersäure nachweisen. Daneben waren einfache organische Säuren wie Ameisen-, Essig-, Propion-, Milch- und Bernsteinsäure nachweisbar, die im Zellstoffwechsel eine große Rolle spielen.

Ein wichtiges Ausgangsprodukt für die abiogene Synthese N-haltiger Verbindungen ist dabei ohne Zweifel HCN, das u. a. auf folgenden Reaktionswegen gebildet werden kann:

$$CH_4 + NH_3 \rightarrow HCN + 3\,H_2$$

$$CO + NH_3 \rightarrow HCN + H_2O$$

MILLER nimmt als Zwischenprodukte für die Bildung der Aminosäuren Cyanhydrine an, deren Ausgangsprodukte (Aldehyde und HCN) in seinem System nachweisbar sind.

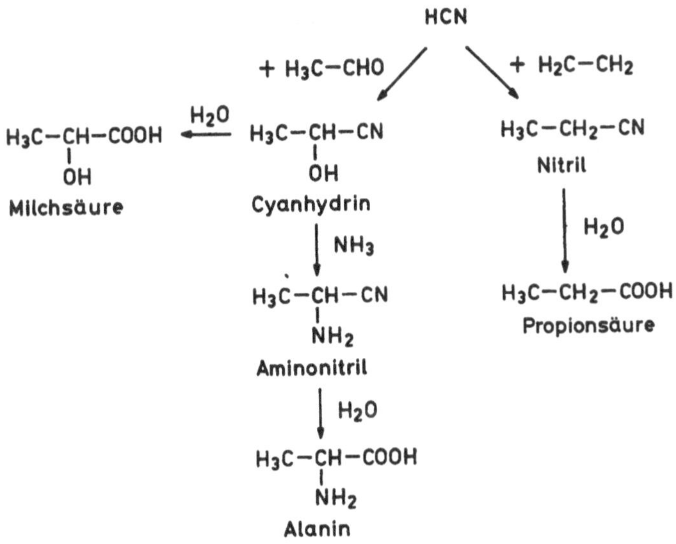

Cyanwasserstoff wird auch als Ausgangsprodukt für die abiogene Synthese der Nucleinsäurebasen angesehen. So entsteht durch UV-Bestrahlung einer verdünnten HCN-Lösung Adenin neben anderen Purinen. Adenin und Guanin werden auch durch Reaktion von HCN mit 4-Amino-5-cyanoimidazol gebildet, das in wäßrigen Lösungen von HCN und NH_3 entsteht.

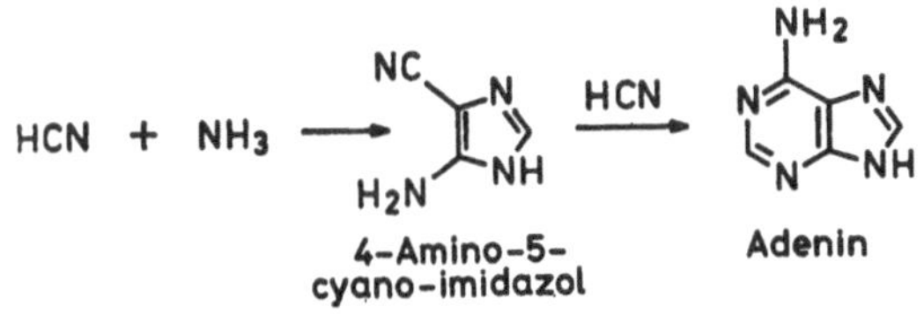

Durch entsprechende Experimente mit der sog. Uratmosphäre konnte inzwischen die Bildung von 15 der 20 an der Bildung der Proteine beteiligten Aminosäuren sowie 4 der 5 Nucleinsäurebasen nachgewiesen werden. Ebenso konnte prinzipiell die Bildung von Monosacchariden (S. 173), Nucleosiden und Nucleotiden, Fettsäuren und Porphyrinen beobachtet werden.

Die Synthese der lebenswichtigen Biopolymere (Proteine, Nucleinsäuren, Polysaccharide) erfordert den Ablauf einer Kondensationsreaktion. Eine derartige Kondensation könnte unter weitgehend wasserarmen Bedingungen durch Erhitzen in der Nähe von Vulkanen sowie in verdünnter wäßriger Lösung in der sog. Ursuppe erfolgt sein. So konnte Fox durch Erhitzen trockener Aminosäuremischungen auf 150–200 °C ein proteinähnliches Polymer erhalten, das er als *Proteinoid* bezeichnete. Diese Proteinoide haben eine Molmasse von mehreren Tausend, geben eine positive BIURET-Reaktion, lassen sich wieder zu Aminosäuren hydrolysieren und werden durch proteolytische Enzyme angegriffen. Bemerkenswert ist ferner, daß sie – wenn auch schwach – katalytisch wirksam sind.

Die Kondensation kann ferner durch Kondensationsreagentien erreicht werden. In verdünnten wäßrigen Lösungen konnte die Bildung von Peptiden bei Raumtemperatur aus Aminosäuren in Gegenwart von Dicyandiamid, einer in Experimenten mit der „Uratmosphäre" sich bildenden Verbindung, nachgewiesen werden.

Auch die ähnlich gebauten Carbodiimide (S. 127) bewirken Kondensationsreaktionen wie die Umsetzung von Glucose mit Phosphorsäure zu Glucose-6-phosphat oder die Umsetzung von Adenosin mit Phosphorsäure zu Adenosinmonophosphat.

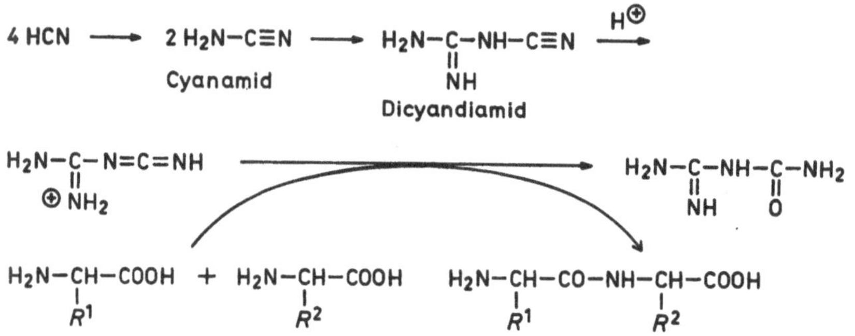

Als Kondensationsreagentien kommen neben weiteren Verbindungen auch Polyphosphate der Struktur *5* in Frage. Ein Polyphosphat (*ATP*) wird auch von der lebenden Zelle als Kondensationsmittel genutzt.

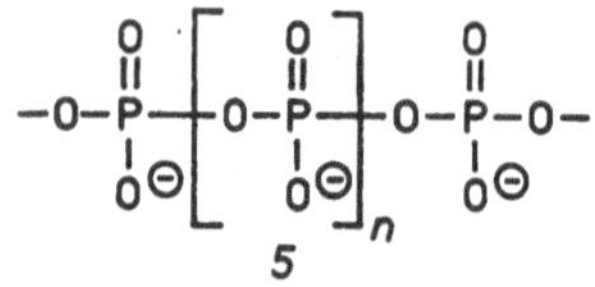

5

Sowohl bei den Aminosäuren als Bestandteile der Proteine als auch bei den Monosacchariden als Bestandteile der Nucleinsäuren und Polysaccharide handelt es sich um chirale Verbindungen, von denen jeweils nur ein bestimmter optischer Antipode natürlich vorkommt. Während es für die Aufklärung der präbiotischen Synthese der Biomonomere und Biopolymere schon zahlreiche aussagekräftige Experimente gibt, ist die Herkunft der optischen Aktivität noch weitgehend spekulativ, obwohl es auch hierzu einleuchtende Theorien gibt (Kuhn), die davon ausgehen, daß die optische Aktivität im Verlaufe der Evolution durch Selektion entstanden ist.

1.6.2. Biochemische Evolution

Zur Klassifikation der Organismen wird der Grad der Ähnlichkeit in ihren anatomischen und morphologischen Merkmalen herangezogen. Eine anatomische oder morphologische Evolution muß sich aber letzten Endes auch auf der molekularen Ebene widerspiegeln, was die Grundlage einer chemischen oder besser biochemischen Taxonomie ist. Für die Verfolgung der biochemischen Evolution ist es wichtig, zwischen homologen, isologen und analogen Verbindungen zu unterscheiden. Nach *Florkin* versteht man unter Homologie eine gemeinsame Abstammung auf biomolekularer Ebene (gleiche Biosynthese), unter Isologie eine chemische Verwandtschaft und unter Analogie eine ähnliche biochemische Aktivität der Biomoleküle in verschiedenen Gruppen von Organismen. Diese Begriffe werden allerdings nicht immer in obigem Sinne gebraucht.

Analoge Verbindungen sind z. B. die verschiedenen sauerstoffübertragenden Chromoproteine oder die Luciferine.

Zu den *sauerstoffübertragenden Chromoproteinen* (vgl. Kap. 6.4.5.2.) gehören sowohl Eisen- (Hämoglobin, Hämerythrin) als auch Kupfer-Komplexe (Hämocyanin) mit (Hämoglobin) oder ohne Porphyrine (Hämerythrin, Hämocyanin) als prosthetische Gruppen.

Als *Luciferine* bezeichnet man die für die Biolumineszenz verantwortlichen Substanzen. Von Biolumineszenz spricht man, wenn Licht als Folge einer enzym-katalysierten Reaktion ausgestrahlt wird. Biolumineszenz ist für das Leuchten vieler niederer Organismen (Bakterien, Pilze, Hohltiere, Würmer, Insekten) verantwortlich. Biolumineszierend sind vor allem niedere Salzwassertiere.

Als Luciferin wird allgemein die reduzierte Form einer Verbindung bezeichnet, die in Gegenwart des Enzyms Luciferase zu einem aktivierten Oxyluciferin oxidert wird, das dann unter Lichtabgabe ein Oxyluciferin bildet.

$$\text{Luciferin} \xrightarrow{O_2,\ \text{Luciferase}} \text{Oxyluciferin}^* \rightarrow \text{Oxyluciferin} + h\nu$$

Als Zwischenprodukte werden 1,2-Dioxetane (α-Peroxylactone) angenommen (Formelübersicht 1–3). Unter den Luciferinen bekannter Struktur (Formelübersicht 1–3) können zwei Strukturtypen unterschieden werden. Bei dem Luciferin unserer Leuchtkäfer (Glüh- oder Johanniswürmchen, Fam.: Lampyridae) handelt es sich um ein Benzthiazolderivat (*6*), dessen Carboxylgruppe mit ATP aktiviert wird und das unter Abgabe von Licht und CO_2 in Gegenwart von Sauerstoff und Luciferase zu dem Oxyluciferin *6a* oxidiert wird. Die Luciferine des Seestiefmütterchens (*Renilla*) und der Muschelkrebse (*Cypridina*) sind dagegen Imidazolopyrazine (7), die in die Oxyluciferine *7a* übergehen. Ein ähnliches Oxyluciferin wird auch von der *Meduse Aequorea* gebildet. Die Lumineszenz dieses Aequorins ist Ca^{2+}-abhängig.

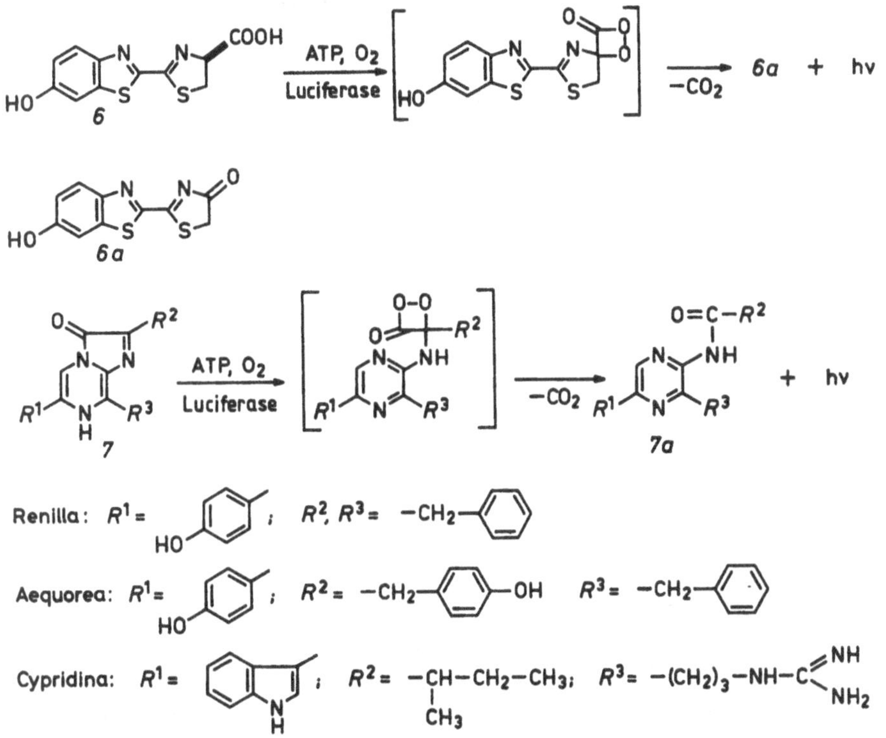

Formelübersicht 1–3

Luciferine bekannter Struktur.

Ein Hinweis auf gleiche evolutionäre Herkunft, also auf Homologie ist eine enge chemische Verwandtschaft der entsprechenden Verbindungen. Solche isologen Verbindungen müssen jedoch nicht unbedingt homolog sein. Insbesondere bei niedermolekularen, sekundären Naturstoffen, die häufig für chemotaxonomische Untersuchungen von Pflanzen herangezogen werden, wird eine chemische Ähnlichkeit oder sogar Identität oft durch völlig verschiedene Stoffwechselwege hervorgerufen.

So werden z. B. Anthrachinonderivate (Kap. 9.5.1.) von Pilzen nach dem Polyketid-Weg, von höheren Pflanzen dagegen nach dem Shikimisäure-Weg synthetisiert. Für Naphthochinonderivate (Kap. 6.2.3.2.) sind innerhalb der höheren Pflanzen zahlreiche Biosynthesewege aufgedeckt worden (Formelübersicht 1–4).

Für Schlußfolgerungen über eine phylogenetische Verwandtschaft der diese Verbindungen produzierenden Organismen ist also nicht nur die Kenntnis der Struktur der Inhaltsstoffe, sondern auch die der Biosynthese erforderlich. Auf der anderen Seite ist es auch möglich, daß bestimmte Formen der gleichen Spezies sich in ihren biosynthetischen Leistungen unterscheiden können.

So sind bei den Mikroorganismen oft nur ganz bestimmte Rassen einer Spezies antibiotica-produzierend.

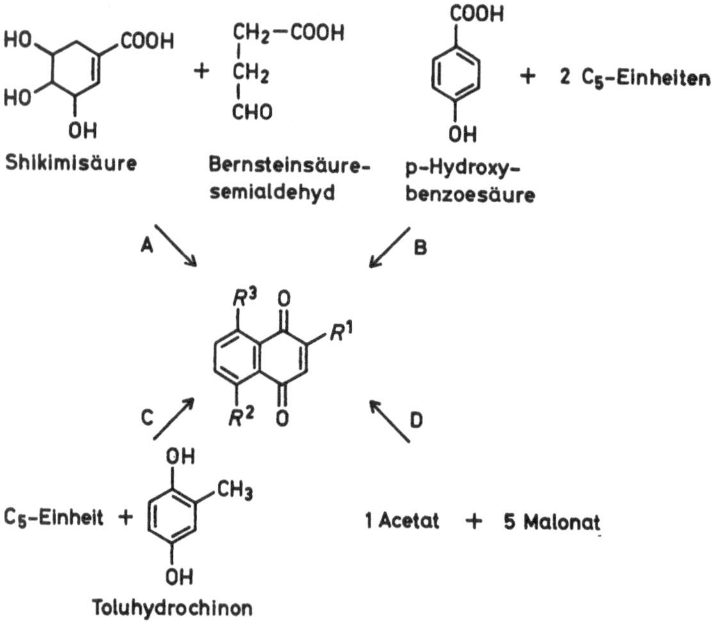

Formelübersicht 1–4
Biosynthesewege für Naphthochinonderivate in höheren Pflanzen (nach ZENK).

A: Shikimisäure-Weg, z. B. Biosynthese von Juglon (R^1, R^2 = H; R^3 = OH)
B: p-Hydroxybenzoesäure-Weg, z. B. Biosynthese von Plumbagin (R^1 = CH_3; R^2 = OH; *R* = H) bei Drosera
C: Toluhydrochinon-Weg, z. B. Biosynthese von Chimaphilin (R^1 = CH_3; R^2, R^3 = H)
D: Polyketid-Weg, z. B. Biosynthese von Alkannin (R^1 = $-CHOH-CH_2-CH=C(CH_3)_2$; R^2,R^3 = OH) bei Boraginaceen.

Vom Baum *Eucalyptus dives* sind z. B. drei chemische Rassen bekannt, deren ätherisches Öl entweder Piperiton, α-Phellandren oder Cineol enthält.

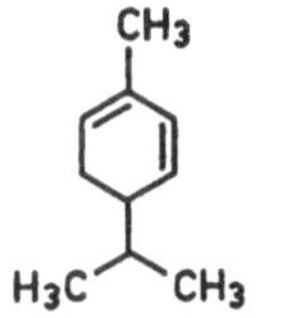

α-Phellandren

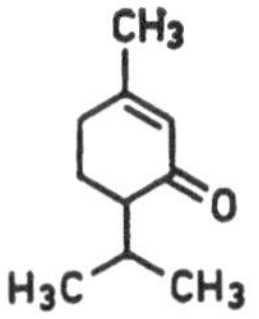

Piperiton

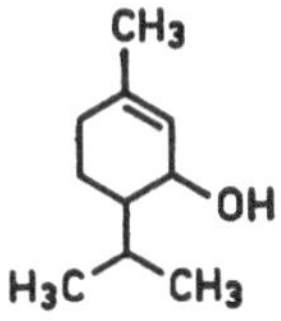

Cineol

Mutationen (Veränderungen der Strukturgene, vgl. Kap. 4.3.) und Selektionen sind wesentliche Voraussetzungen der Evolution. Zur Aufklärung von Veränderungen an Naturstoffen sind die Proteine besonders geeignet, da sie aufgrund ihrer Biosynthese (Kap. 4.3.) indirekt Veränderungen der Gene widerspiegeln und in den Stoffwechselprozessen als Enzyme, Regulatoren oder Transportproteine eine zentrale Rolle spielen. Die Vergleiche basieren gegenwärtig noch auf Zusammenhängen zwischen Primärstruktur und biologischer Wirkung, da Raumstrukturen meist noch unbekannt sind. Veränderungen der Sequenz des Proteins können auf verschiedenartige Veränderungen des Strukturgens zurückgeführt werden.

Eine Punktmutation (S. 277) am Strukturgen kann beim Protein zum Austausch einer Aminosäure durch eine andere führen. Wesentlich seltener als solche Substitutionen sind dagegen Verlängerungen (Insertionen) oder Verkürzungen (Deletionen) der Polypeptidkette des Proteins. Durch Genduplikation können sich aus einem Stamm-Molekül zwei Proteinlinien ausbilden (vgl. Hypophysenhinterlappenhormone, S. 406). Möglich sind auch partielle interne Duplikationen während der Evolution, die z. B. wahrscheinlich für die Ausbildung der verschiedenen Segmente der Immunoglobuline verantwortlich sind (vgl. Kap. 2.6.2.). Schließlich kann es durch Verschmelzung zweier Gene zur Bildung von Hybridgenen kommen.

Für die Aufklärung evolutionärer Veränderungen geeignete Proteine müssen sich über einen möglichst großen Bereich innerhalb des taxonomischen Systems verfolgen lassen.

Sie dürfen ferner ihre Funktion im Verlaufe der Phylogenese nicht verändert haben (sog. orthologe Proteine).

Besonders geeignet sind innerhalb der Wirbeltiere das Cytochrom c, die α- und β-Ketten des Hämoglobins, die Serin-Proteasen und Fibrinopeptide sowie verschiedene Peptid- und Proteohormone (Kap. 7.2.1.2.1.). Cytochrom c ist ein orthologes Protein (zur Funktion vgl. Kap. 6.4.5.3.), das sowohl aus Wirbeltieren als auch aus niederen Tieren, Pflanzen und Mikroorganismen isoliert wurde.

Tabelle 1–6

Anzahl (n) der angenommenen Punktmutationen bei Proteinen, bezogen auf 100 Reste und 100 Mill. Jahre

Proteine	n
Fibrinopeptide	90
Wachstumshormon	37
Immunoglobuline	32
Hämoglobin-Ketten	14
Insulin	4
Cytochrom c	3
Histon IV	0,06

Bei den einzelnen Proteinen kann die Geschwindigkeit der Substitution allerdings sehr verschieden sein (Tab. 1–6). Einige Proteine, wie z. B. die im Chromatin (S. 253) vorkommenden Histone scheinen derart optimal an ihre Funktion angepaßt zu sein, daß Änderungen in der Struktur kaum ohne Funktionsverlust möglich sind.

Derartige Vergleiche ließen erkennen, daß homologe Proteine in ihrer Primärstruktur um so ähnlicher sind, je näher verwandt die sie bildenden Organismen sind. Für einzelne Proteine wurden phylogenetische Stammbäume aufgebaut (DAYHOFF, vgl. Abb. 1–11), die mit seltenen Ausnahmen mit den nach klassischen Methoden aufgestellten Stammbäumen der Organismen übereinstimmen.

Abb. 1–12 zeigt die während der Evolution unveränderten Positionen in der Polypeptidkette des Cytochroms c. Das sind immerhin ca. 1/3 aller Aminosäuren. Aufgrund der bekannten Tertiärstruktur dieses globulären Proteins wurde festgestellt, daß sich etwa 2/3 aller Substitutionen an der Oberfläche des Proteinmoleküls abspielen. Dagegen bleiben die im Inneren befindlichen hydrophoben Aminosäuren im wesentlichen unverändert. Tab. 1–7 läßt die hohe Substitutions-

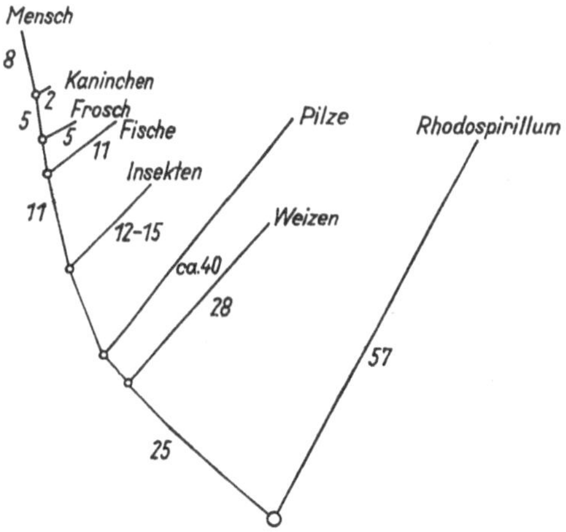

Abb. 1–11

Stammbaum von Cytochrom c.

Die Zahlen geben die Anzahl der veränderten Aminosäuren pro 100 an (nach DAYHOFF).

-8 . . . 1
— — — — — — — — Gly — — — — Gly — — —

10 . . . Häm . . . 20
Phe — — — Cys — — Cys His — — — — — — — — — Lys —

30 . . . 40
Gly Pro — Leu — Gly — — — Arg — — Gly — — — Gly — — Tyr

50 . . . 60
— — Ala Asn — — — — — — — Trp — — — — — — — — Tyr Leu

70 . . . 80
— Asn Pro Lys Lys Tyr Ile Pro Gly Thr Lys Met — Phe — Gly —

90 . . . 104
— Lys — — — Arg — — — — — — — — — — — — — —

Abb. 1–12

Unveränderliche Positionen der bisher bekannten Cytochrome c (nach SMITH).

Tabelle 1–7

Aminosäurereste des Pferde-Cytochrom c im Vergleich mit den Cytochromen von 28 anderen Arten (nach DICKERSON)

Art der Reste	insg.	unveränderlich	konservativ substituierbar	vollständig substituierbar
sauer (Asp, Glu)	12	0	1	11 (92%)
basisch (Lys, Arg)	21	7	1	13 (62%)
ambivalent (Asn, Gln, Ser, Thr, His, Tyr, Trp, Cys, Ala)	34	11	13	10 (30%)
hydrophob (Val, Leu, Ile, Met, Phe, Pro)	25	9	10	6 (24%)
Gly	12	8	3	1 (8%)
insgesamt	104	35	28	41

rate bei den polaren Aminosäuren und die auffallend niedrige bei den apolaren Aminosäuren erkennen. Wenn es bei den apolaren Aminosäuren zu einem Austausch kommt, dann handelt es sich meist um einen konservativen Austausch, d. h. um einen Austausch innerhalb dieser apolaren Aminosäuren.

Grundbausteine der Organismen

2. Aminosäuren, Peptide und Proteine

2.1. Aminosäuren

Aminosäuren spielen als Bestandteile der Peptide und Proteine sowie als Ausgangsprodukte für die Biosynthese einer Vielzahl stickstoffhaltiger Naturstoffe eine zentrale Rolle im Stoffwechsel der Organismen.

2.1.1. Struktur

Bei den natürlich vorkommenden Aminosäuren handelt es sich mit wenigen Ausnahmen um Carbonsäuren mit der Aminogruppe in α-Stellung (α-Aminosäuren). Die natürlich vorkommenden ω-Aminosäuren (β-Aminopropionsäure = β-Alanin, β-Aminoisobuttersäure, γ-Aminobuttersäure) werden aus den α-Aminosäuren durch Decarboxylierung gebildet.

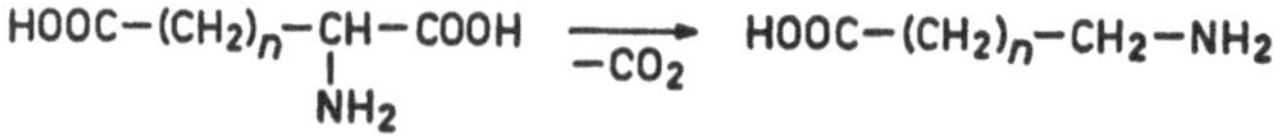

β-Amino-propionsäure ($n = 1$)
γ-Amino-buttersäure ($n = 2$)

Die wichtigsten Aminosäuren sind in Tab. 2–1 zusammengefaßt.

Stereochemie

Durch die α-Stellung der Aminogruppe sind die Aminosäuren bis auf das erste Glied (Glycin) chiral. Die natürlich vorkommenden Aminosäuren gehören fast alle der L-Reihe an.

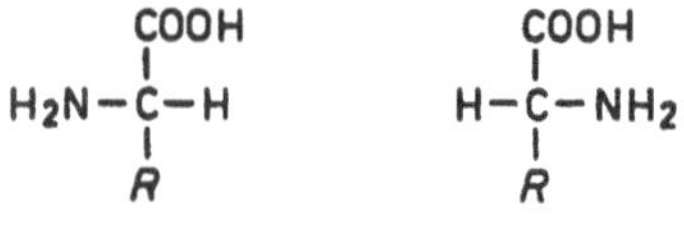

L-Reihe D-Reihe

In Peptiden der Mikroorganismen kommen daneben auch D-Aminosäuren vor (Peptid-Antibiotica, Bestandteile der bakteriellen Zellwand). Als Precursoren für die Biosynthese dieser Peptide wirken jedoch nicht diese D-Aminosäuren, sondern die entsprechenden L-Aminosäuren. Die D-Aminosäuren werden in den Mikroorganismen enzymatisch (Racemasen) aus den L-Aminosäuren gebildet (vgl. Formelübesicht 6–6, S. 359). Charakteristisch ist, daß die Biosynthese der D-Aminosäuren-enthaltenden Peptide nicht durch eine RNS gesteuert wird (vgl. S. 578).

Tabelle 2–1

Proteinogene Aminosäuren, die im genetischen Code verankert sind

Name	Abkürzung*)		Struktur
Aliphatische Aminosäuren:			
Glycin	Gly	G	$CH_2(NH_2)COOH$
Alanin	Ala	A	$H_3C-CH(NH_2)COOH$
Valin	Val	V	$H_3C-CH-CH(NH_2)COOH$ │ CH_3
Leucin	Leu	L	$H_3C-CH-CH_2-CH(NH_2)COOH$ │ CH_3
Isoleucin	Ile	I	$H_3C-CH_2-CH-CH(NH_2)COOH$ │ CH_3
Aliphatische Aminosäuren mit zusätzlichen funktionellen Gruppen:			
Serin	Ser	S	$HOCH_2-CH(NH_2)COOH$
Threonin	Thr	T	$HOCH_2-CH_2-CH(NH_2)COOH$
Cystein	Cys	C	$HSCH_2-CH(NH_2)COOH$
Methionin	Met	M	$H_3CS-CH_2-CH_2-CH(NH_2)COOH$
Aspartinsäure (Asparaginsäure)	Asp	D	$HOOC-CH_2-CH(NH_2)COOH$
Asparagin	Asn	N	$H_2NOC-CH_2-CH(NH_2)COOH$
Glutaminsäure	Glu	E	$HOOC-CH_2-CH_2-CH(NH_2)COOH$
Glutamin	Gln	Q	$H_2NOC-CH_2-CH_2-CH(NH_2)COOH$
Lysin	Lys	K	$H_2N-CH_2-CH_2-CH_2-CH_2-CH(NH_2)COOH$
Arginin	Arg	R	$H_2N-C-NH-CH_2-CH_2-CH_2-CH(NH_2)COOH$ ‖ NH
Aromatische Aminosäuren:			
Phenylalanin	Phe	F	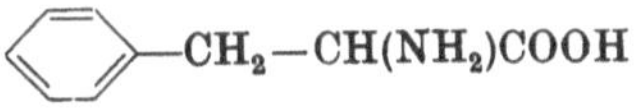 $-CH_2-CH(NH_2)COOH$
Tyrosin	Tyr	Y	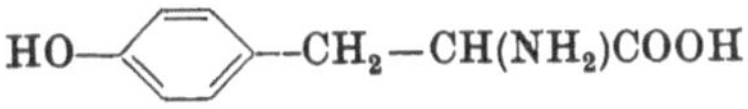 HO–…$-CH_2-CH(NH_2)COOH$
Tryptophan	Trp	W	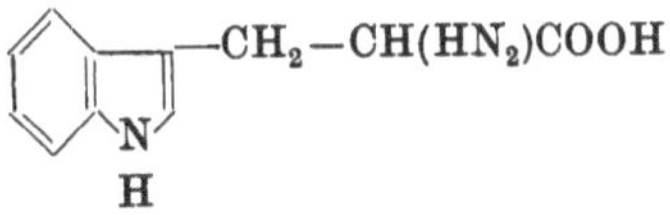 $-CH_2-CH(HN_2)COOH$
Heterocyclische Aminosäuren:			
Prolin	Pro	P	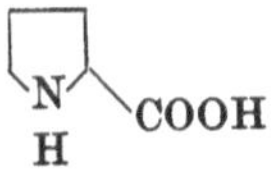
Histidin	His	H	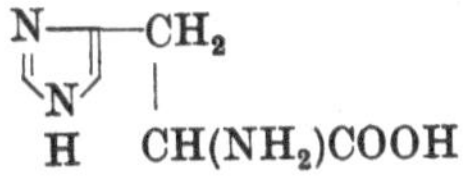

*) Drei- und Ein-Buchstaben-Symbole nach IUPAC-IUB. Der Einsatz der Ein-Buchstaben-Symbole soll auf die vergleichende Darstellung langer Sequenzen in Tabellen beschränkt bleiben.

L-Aminosäuren können in Gegenwart starker Basen, aber auch im Neutralen bei Temperaturerhöhung racemisieren. Als Zwischenstufe wird dabei höchstwahrscheinlich ein Carbanion (1) durchlaufen, dessen Elektronenpaar die Konfiguration nicht ausreichend stabilisieren kann.

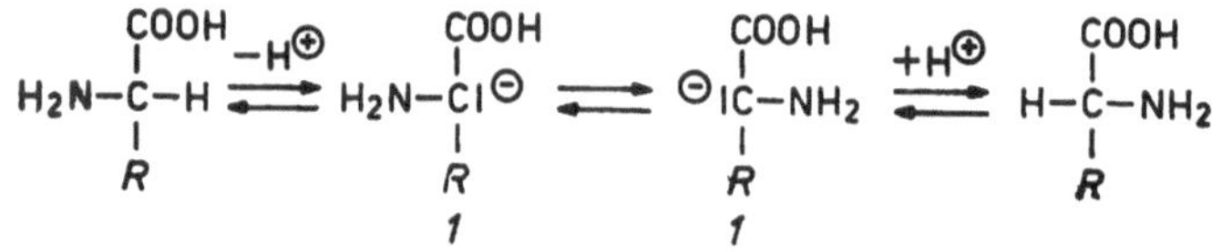

Ein besonderes Problem stellt die Racemisierung während der Peptidsynthese dar. So kann die Abspaltung eines Protons und damit die Racemisierung durch elektronenziehende Substituenten an der Aminogruppe wie Acylgruppen, die als Schutzgruppen eingesetzt werden, erleichtert werden.

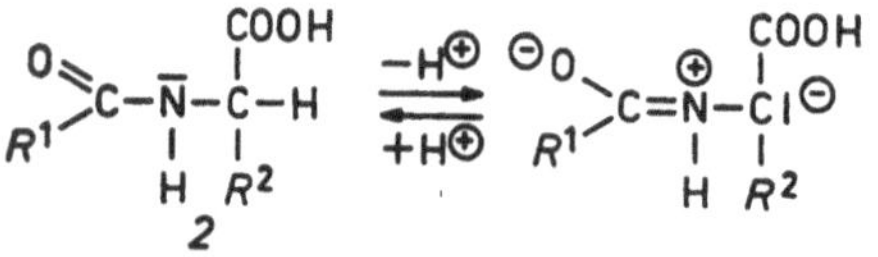

Die Carbanionen der bei der Peptidsynthese häufig eingesetzten N-Alkoxy-carbonylaminosäuren sind dagegen durch Mesomerie stabilisiert, so daß eine Racemisierung schwerer erfolgt.

N-Acylaminosäuren (*2*) können darüber hinaus über die Bildung von Azlactonen (Oxazolinonen, *3*) racemisiert werden.

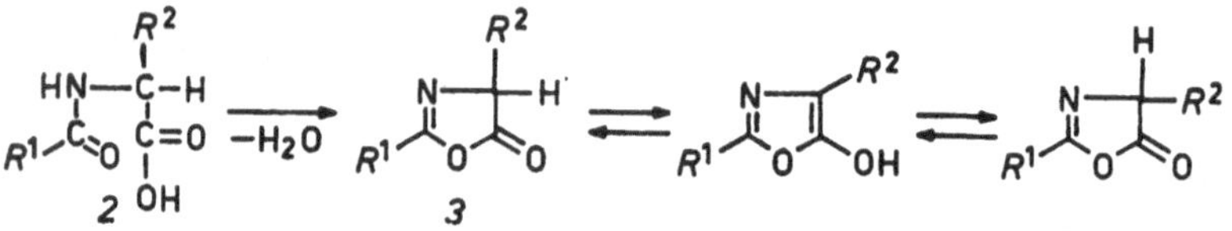

Eine Racemisierung der L-Aminosäuren kann nicht nur in wäßriger Lösung, sondern auch im festen Zustand erfolgen. Diese zeit- und temperaturabhängige Racemisierung kann zur Bestimmung des Alters von Fossilien bzw. bei bekanntem Alter zur Ermittlung der durchschnittlichen Temperatur herangezogen werden. Die Altersbestimmung anhand des Racemisierungsgrades der Aminosäuren kann auch dann eingesetzt werden, wenn das Material für eine Altersbestimmung mit Hilfe der ^{14}C-Methode zu alt ist (> 40000 Jahre).

2.1.2. Nomenklatur

Die meisten Aminosäuren haben Trivialnamen (Tab. 2–1). Zur Bezeichnung der Aminosäuren in Peptiden und Proteinen dienen nach den IUPAC-IUB-Empfehlungen Drei-Buchstaben-Symbole (ein Großbuchstabe gefolgt von zwei Kleinbuchstaben), die meist aus den ersten drei Buchstaben des Trivialnamens gebildet werden. Zur Vereinfachung kann bei den L-Aminosäuren eine Konfigurationsangabe unterbleiben. Ausschließlich für die Angabe der Aminosäuresequenz von Proteinen können Ein-Buchstaben-Symbole benutzt werden.

Höhere Homologe der verbreitetsten Aminosäuren werden durch ein dem Trivialnamen der Bezugs-Aminosäure vorgestelltes *Homo-* (z. B. Homoserin, Hse), niedere Homologe durch das Präfix *Nor-* (z. B. Norleucin, Nle) bezeichnet.

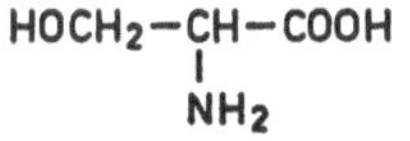

Serin

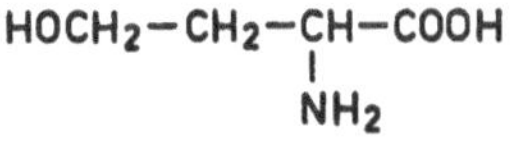

Homoserin

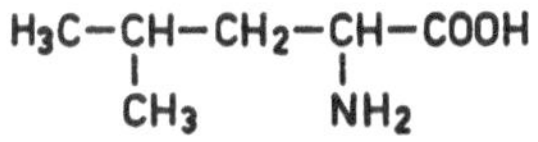

Leucin

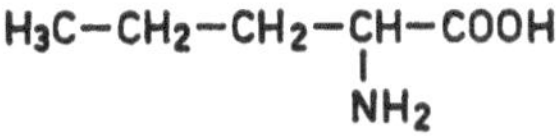

Norleucin

Zur Bezeichnung von unverzweigten Aminosäuren ohne eingeführte Trivialnamen beginnt das Drei-Buchstaben-Symbol mit A bei Monoamino- und A_2 (D sollte nicht gebraucht werden) bei Diaminosäuren. Es folgt der auf zwei Kleinbuchstaben abgekürzte Name der entsprechenden Carbonsäure (z. B. A_2pm[3] für 2,2'-Diaminopimelinsäure, S. 210).

Die Angabe zusätzlicher Substitutionen geht aus den nachfolgenden Beispielen hervor:

5-Hydroxylysin: 5Hyl oder Lys(5OH)
4-Hydroxyprolin: 4Hyp oder Pro(4OH)
N-Methylglycin (= Sarcosin): MeGly oder Sar
N-Methylvalin: MeVal
N-Acetylglycin: Ac-Gly
Alaninmethylester: Ala-OMe

2.1.3. *Vorkommen*

Grundbausteine der Proteine sind die 20 der im genetischen Code verankerten Aminosäuren der Tab. 2–1, die auch als proteinogene Aminosäuren bezeichnet werden. Darüber hinaus kommen in allen Organismen noch einige weitere Aminosäuren als Bestandteile von Proteinen oder als Stoffwechselzwischenprodukte vor. Zu letzteren gehören z. B. die Aminosäuren Ornithin (vgl. Formelübersicht 2–2) oder Homoserin (vgl. Formelübersicht 2–3).

Die Aminosäurereste der Proteine können in einigen Fällen durch Hydroxylierung (Vorkommen von 4-Hydroxyprolin und 5-Hydroxylysin in Kollagenen, S. 113), N-Methylierung oder Iodierung (s. Biosynthese der Schilddrüsenhormone, Formelübersicht 7–1, S. 412) nachträglich verändert werden. In Mollusken wurden einige halogenierte Aminosäuren gefunden.

Neben proteinogenen Aminosäuren konnten mit Hilfe der modernen analytischen Verfahren aus Pflanzen und Mikroorganismen über 200 weitere, nicht in Proteinen vorkommende Aminosäuren isoliert werden. Viele von ihnen leiten sich durch Hydroxylierung oder Methylierung von den proteingebundenen Aminosäuren ab oder sind Homologe dieser.

Solche Aminosäuren sind z. B. in den Peptid-Antibiotica oder verschiedenen Toxinen (z. B. Toxine des Knollenblätterpilzes) enthalten. Etliche wirken als Aminosäure-Antagonisten (vgl. Azaserin und D-Cycloserin, S. 571). Auf das Vorkommen von D-Aminosäuren in den Zellwänden der Bakterien und als Bestandteile einiger Antibiotica wurde bereits hingewiesen.

In höheren Pflanzen werden ungewöhnliche Aminosäuren vor allem in Zeiten besonderer Stoffwechselaktivitäten gebildet. Zahlreiche nicht-proteinogene Aminosäuren wurden aus Pflanzen aus der Familie der Fabaceen isoliert.

Einige dieser seltenen Aminosäuren der höheren Pflanzen wirken toxisch. Dazu gehören das aus Canavalia-Arten (*Fabaceae*) isolierte Canavanin, das aus Mimosa-Arten isolierte Mimosin oder das in Sapindaceen vorkommende 2-Methylencyclopropylglycin. Diese Aminosäuren wirken als Antagonisten der ihnen strukturell nahe verwandten Aminosäuren Arginin, Phenylalanin und Tyrosin bzw. Leucin.

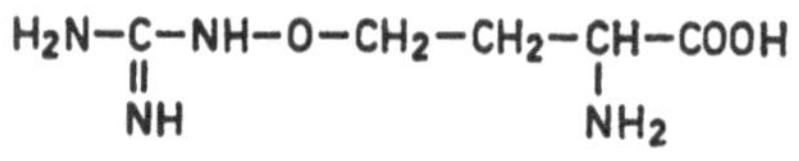

Canavanin

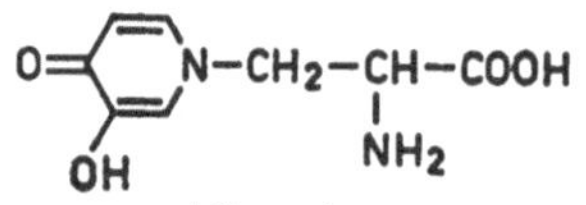

Mimosin

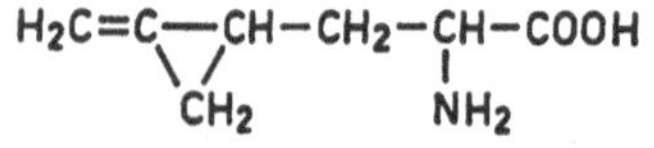

2-Methylencyclopropyl-glycin

2.1.4. *Synthesen*

2.1.4.1. *Biosynthesen*

Nur Mikroorganismen und Pflanzen können alle benötigten Aminosäuren selbst synthetisieren. Durch Fütterungsversuche wurde festgestellt, daß Tiere einige Aminosäuren nicht synthetisieren können. Diese sog. *essentiellen Aminosäuren* müssen mit der Nahrung zugeführt werden. Essentielle Aminosäuren sind beim Menschen und den untersuchten Tieren die Aminosäuren Valin, Leucin, Isoleucin, Threonin, Methionin, Lysin, Phenylalanin und Tryptophan. Bei verschiedenen Tieren (Insekten, Fische) sind daneben noch die Aminosäuren Arginin und Histidin essentiell.

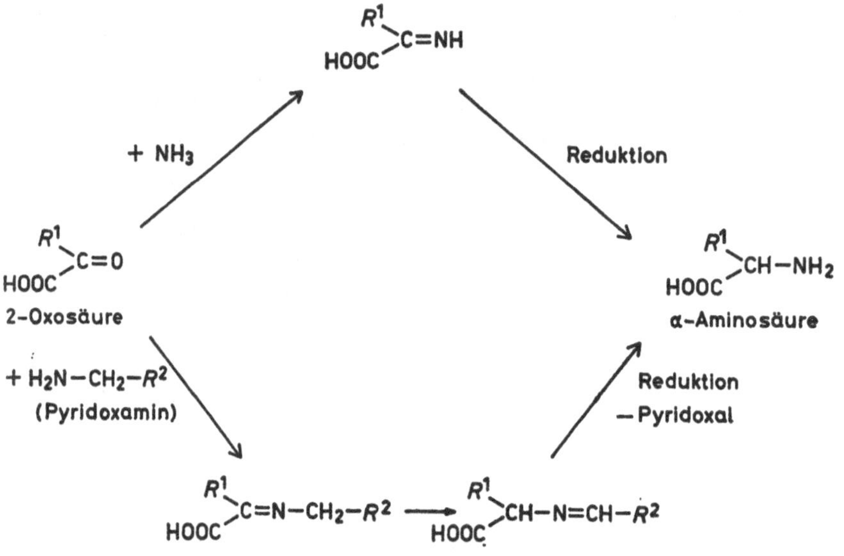

Formelübersicht 2–1

Einführung der α-Aminogruppe in Aminosäuren.

R^1 = Aminosäurerest; R^2 = 3-Hydroxy-5-hydroxymethyl-2-methyl-pyrid-4-yl, Aminogruppe stammt von anderer Aminosäure, s. Formelübersicht 6–6. S. 359

Die Untersuchungen über die Biosynthese der Aminosäuren wurden vorzugsweise an Mikroorganismen vorgenommen.

Die α-Aminogruppe der Aminosäuren wird — ausgehend von einer 2-Oxosäure — meist durch Übertragung der Aminogruppe von einer anderen Aminosäure (Transaminierung in Gegenwart Pyridoxalphosphat-haltiger Enzyme, Kap. 6.3.5.), bei Mikroorganismen auch durch Ammoniak eingeführt (Formelübersicht 2–1).

Das C-Grundgerüst der Aminosäuren stammt vor allem von Komponenten des Citronensäurecyclus (Oxalessigsäure, 2-Oxoglutarsäure, Fumarsäure) oder Produkten des Kohlenhydratstoffwechsels (Erythrose-4-phosphat, Phosphoenolpyruvat, Phosphoglycersäure, Ribose-5-phosphat).

Viele Aminosäuren haben ähnliche Biosynthesewege. So werden Glutaminsäure, Aspartinsäure und Alanin durch Transaminierung aus den entsprechenden 2-Oxocarbonsäuren (2-Oxoglutarsäure, Oxalessigsäure bzw. Brenztraubensäure, vgl. Formelübersicht 2–1) gebildet. Dieser Syntheseweg trifft auch für die verzweigten Aminosäuren Valin, Leucin und Isoleucin zu. Während der Biosynthese der entsprechenden 2-Oxosäuren tritt eine Alkylwanderung ein. Glutaminsäure und Aspartinsäure dienen als Ausgangsprodukte für die Synthese weiterer Aminosäuren (Formelübersicht 2–2 und 2–3).

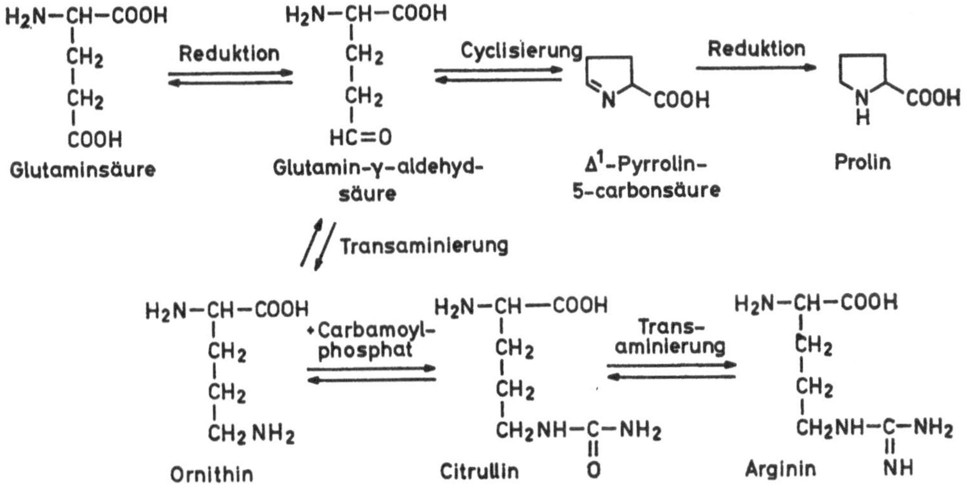

Formelübersicht 2–2
Von Glutaminsäure ausgehende Aminosäuresynthesen.

Phosphoglycersäure dient als Ausgangspunkt für die Biosynthese von Serin, aus dem wiederum Glycin und Cystein gebildet werden (Formelübersicht 2–4).

Die aromatischen Aminosäuren Phenylalanin, Tyrosin und Tryptophan entstehen nach dem Shikimisäure-Weg (Kap. 9.1.2.). Die Biosynthese des Histidins geht aus von 1-(5-Phosphoribosyl)-adenosinmonophosphat (Formelübersicht 2–5). Das C-Atom 2 und das N-1 des Imidazolringes vom Histidin stammen vom Purinylrest, alle anderen C-Atome von der Ribose.

2.1.4.2. *Chemische Synthesen*

Aminosäuren werden heute in großem Maßstab industriell produziert. Bereits seit langem dient Mononatriumglutamat als Speisewürze. Einige Aminosäuren werden zur Aufwertung von Nahrungs- und Futtermitteln eingesetzt, so u. a. Methionin und Lysin

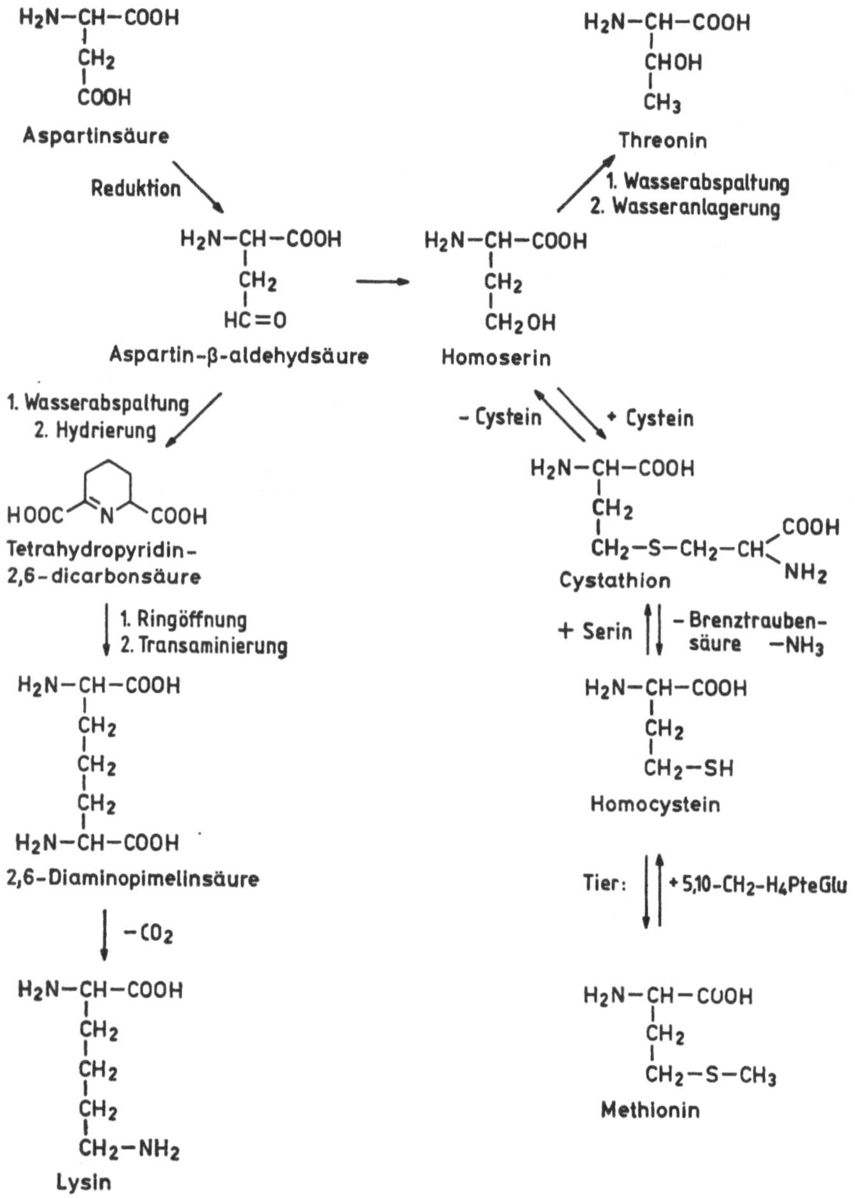

Formelübersicht 2–3
Von Aspartinsäure ausgehende Aminosäuresynthesen.

in der Tierproduktion. Medizinisch dienen Aminosäuren u. a. zur Bereitung von Nährlösungen (Infusionen).

Eine *Gewinnung* der Aminosäuren aus den Proteinhydrolysaten (S. 77) lohnt sich nur dann, wenn das betreffende, leicht zu beschaffende Protein besonders reich an einer bestimmten Aminosäure ist oder wenn sich eine Aminosäure besonders gut isolieren

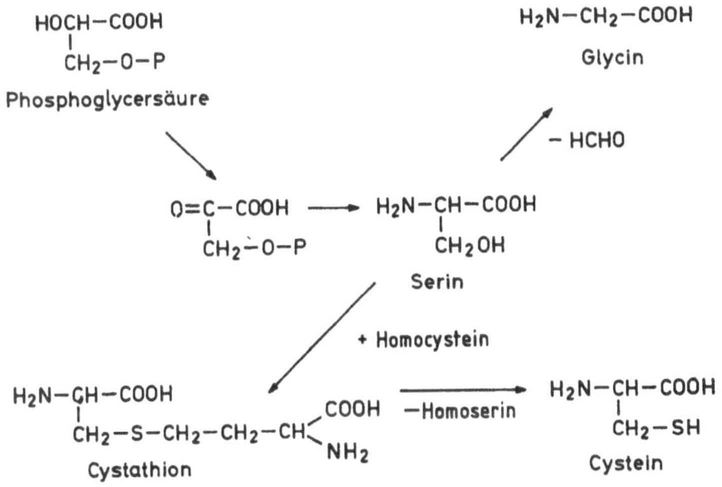

Formelübersicht 2–4
Von Phosphoglycersäure ausgehende Aminosäuresynthesen.

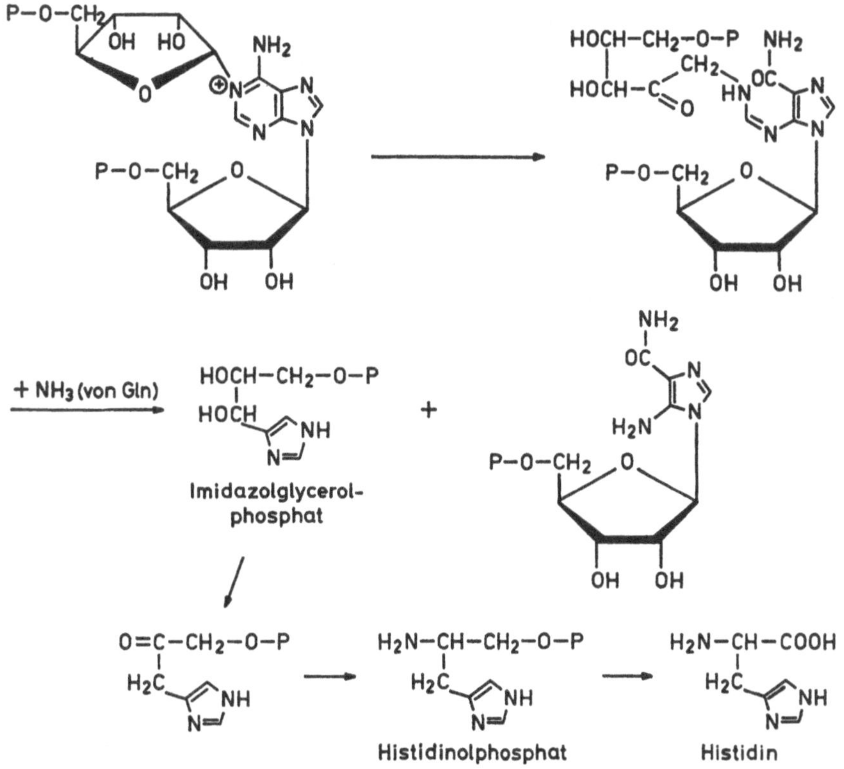

Formelübersicht 2–5
Biosynthese des Histidins.

läßt, wie das z. B. bei der Glutaminsäure der Fall ist, die im sauren Milieu sehr schwer in Wasser löslich ist. Aufgrund ihrer schwereren Löslichkeit lassen sich auch Cystin und Tyrosin aus Proteinhydrolysaten gewinnen. Aus Gelatinehydrolysaten wird vor allem Hydroxyprolin isoliert.

Die meisten Aminosäuren werden mikrobiologisch mit Wildtypen und vor allem Mutanten gewonnen (Fermentation). Daneben werden Aminosäuren auch mit Hilfe immobilisierter Mikroorganismen (z. B. L-Aspartinsäure in Japan) oder isolierter mikrobieller Enzyme produziert.

Durch Totalsynthese werden Glycin, die D,L-Aminosäuren sowie die L-Aminosäuren Alanin, Methionin, Phenylalanin, Serin, Tryptophan und Tyrosin in beträchtlichen Mengen produziert. Im Unterschied zu den aus Proteinhydrolysaten und durch mikrobiologische Verfahren gewonnenen Aminosäuren fallen bei der Totalsynthese die Racemate an, so daß die synthetischen Verfahren Racemattrennung und anschließende Racemisierung des D-Isomeren einschließen.

Die *Racemattrennung* erfolgt über die Bildung diastereomerer Salze bzw. durch enzymatische Methoden. Als diastereomere Salze haben sich die Salze der freien Aminosäuren mit optisch aktiven Säuren (z. B. Camphersäure, Weinsäure) und die der acylierten Aminosäuren mit optisch aktiven Basen (z. B. Brucin, Strychnin) bewährt. Unter den enzymatischen Methoden hat vor allem der Einsatz von Aminoacylasen Bedeutung erlangt, die Racemate acylierter Aminosäuren ($R^1 = CH_3$, CH_2Cl) stereospezifisch hydrolysieren:

$$R^1\text{-CO-NH-}\underset{\substack{|\\ R^2}}{\text{CH}}\text{-COOH} \xrightarrow{\text{Aminoacylasen}} R^1\text{-COOH} + H_2N\text{-}\underset{\substack{|\\ R^2}}{\text{CH}}\text{-COOH}$$

Für die Totalsynthese racemischer Aminosäuren sind zahlreiche Verfahren ausgearbeitet worden, von denen hier nur die wichtigsten ausgewählt werden können.

Eine Gruppe von Synthesen geht von α-Halogencarbonsäuren aus. Der nucleophile Austausch des Halogenatoms kann unmittelbar mit Ammoniak oder besser noch mit Phthalimid-Kalium (GABRIEL-Synthese) vorgenommen werden.

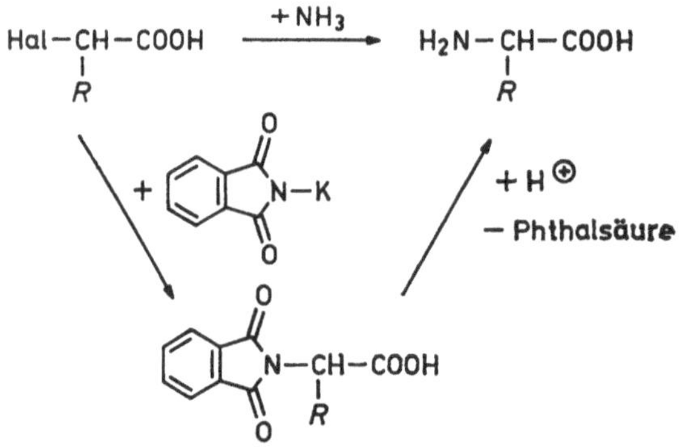

Ausgehend von Brommalonsäureester kann gleichzeitig noch die Seitenkette eingeführt werden.

Bei der STRECKERschen Synthese wird von einem Aldehyd mit der gewünschten Seitenkette der Aminosäure ausgegangen. Die Aldehydgruppe dient zur Einführung von

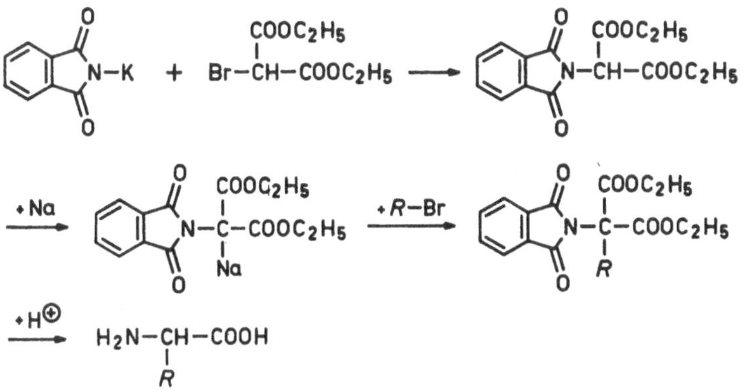

Amino- und Carboxylgruppe. Das als Zwischenprodukt anfallende α-Aminonitril (*4*) wird durch Umsetzen des Aldehyds mit Ammoniak und Cyanwasserstoff erhalten.

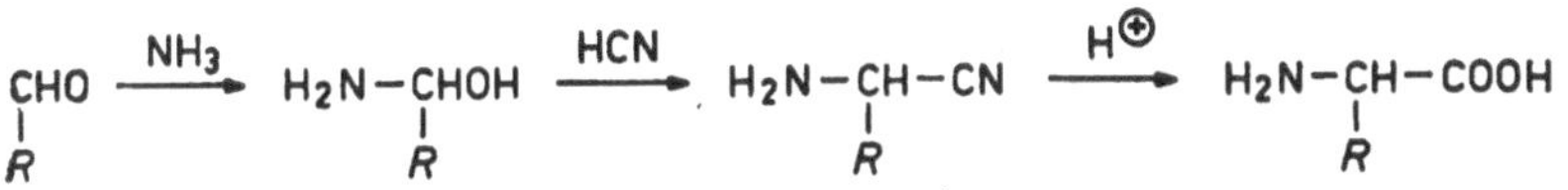

4

Die ERLENMEYER-Synthese geht von der Aminosäure Glycin aus. Die Seitenkette wird in einer KNOEVENAGEL-Kondensation durch Reaktion eines Aldehyds mit der aktiven Methylengruppe des aus N-Acylglycin (Acetyl, Benzoyl) erhaltenen Azlactons eingeführt.

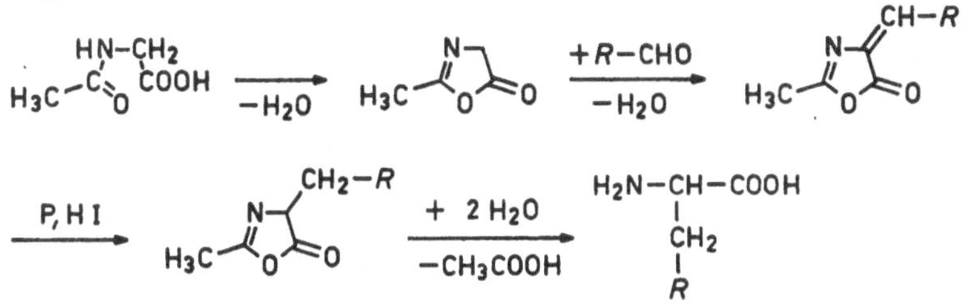

2.2. Peptide und Proteine

2.2.1. Peptidbindung

Peptide und Proteine entstehen durch wiederholte amidartige Verknüpfung der α-Aminogruppe einer Aminosäure mit der Carboxylgruppe einer anderen Aminosäure. Das Rückgrat (back bone) einer derartigen Peptidkette wird also durch die sich wiederholende Gruppierung $-NH-CO-\underset{\underset{R}{|}}{CH}-$ gebildet. Lediglich die α-Aminogruppe der ersten Aminosäure (N-terminale Aminosäure) und die Carboxylgruppe der letzten Aminosäure (C-terminale Aminosäure) liegen fast immer in freier Form vor.

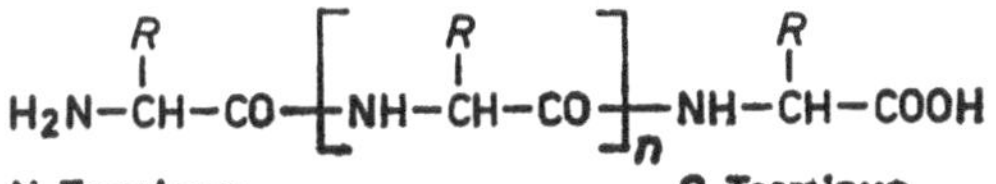

Die Eigenschaften der Peptide werden weitgehend durch die Amidgruppen bestimmt. Bei der Amidgruppe steht das Elektronenpaar am N-Atom in Konjugation zur Carbonylgruppe. Die dadurch ermöglichte Mesomerie bedingt den partiellen Doppelbindungscharakter der Amidgruppe. Das äußert sich im Bindungsabstand zwischen C- und N-Atom, der 0,132 nm beträgt, also in der Nähe des einer C=N-Bindung (0,125 nm; N—C-Einfachbindung: 0,147 nm) liegt. Der partielle Doppelbindungscharakter bedingt auch eine Behinderung der freien Drehbarkeit um die C—N-Achse der Amidguppe. Im allgemeinen ist die trans-Form stabiler als die cis-Form. Die Energiedifferenz ist größer als 8 kJ/Mol. Eine Ausnahme machen Peptidbindungen, die von N-substituierten Aminosäuren (Prolin, Hydroxyprolin) ausgehen. Hier besitzen beide Formen etwa gleiche Stabilität. Bei den meisten Peptiden und Proteinen liegt die Amidgruppe in der trans-Form vor.

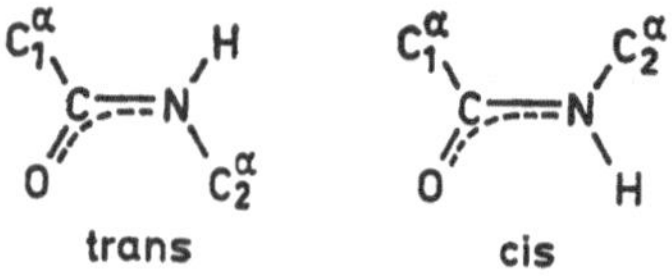

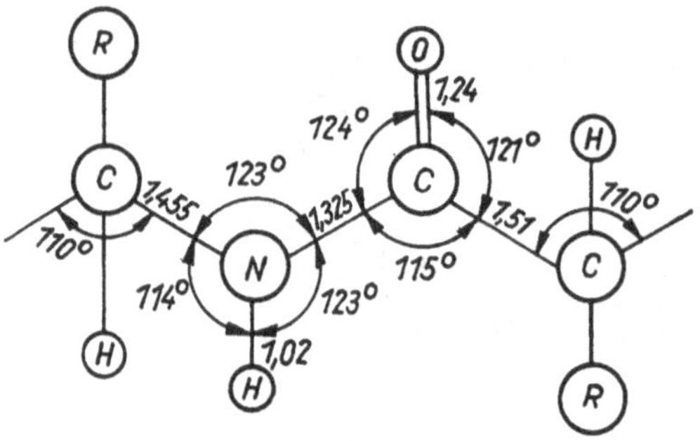

Abb. 2-1
Bindungslängen (in Å) und Bindungswinkel der Peptidbindung.

Cis- und trans-Form einer Amidgruppe lassen sich z. B. mit Hilfe der IR-Daten unterscheiden (Tab. 2–2).

Tabelle 2–2
IR-Banden einer cis- und trans-ständigen Amidgruppe und der Einfluß der Deuterierung [cm^{-1}]

	NH-Valenz-Schwingung	Amidbanden		
		I	II	III
cis-CO—NH	3180—3195	1670—1690	1440—1455	1305—1345
trans-CO—NH	3350	ca. 1650	ca. 1550	—
cis-CO—ND	2250—2350	ca. 1650	1230—1250	1305—1345
trans-CO—ND	2450	ca. 1650	ca. 1450	—

Bei homodeten Peptiden ist eine Cyclisierung zu kleineren Ringsystemen nur möglich, wenn alle oder zumindest ein Teil der Peptidgruppen in der cis-Form vorliegen. Bei cyclischen Dipeptiden (2,5-Dioxopiperazine) liegen alle Peptidbindungen in der cis-Form vor. Cyclische Tetrapeptide enthalten 2 cis- und 2 trans-Peptidgruppen.

An der Bildung der natürlich vorkommenden Peptide und Proteine sind die 20 der durch den genetischen Code programmierten Aminosäuren beteiligt. Deren unterschiedliche Reste *R* bedingen die Variabilität der Peptide und Proteine. Bei einer Peptidkette aus 100 Aminosäuren ergeben sich bereits 20^{100} Möglichkeiten der Verknüpfung.

2.2.2. Nomenklatur

Nach der Anzahl der Aminosäureeinheiten lassen sich die Peptide in *Oligopeptide* (2–10 Aminosäuren), *Polypeptide* und *Proteine* einteilen. Die Grenze zwischen den Polypeptiden und den Dialysemembranen nicht mehr passierenden Proteinen liegt bei einer Molmasse von ca. 10000 (ca. 80–90 Aminosäuren).

Peptide, deren Rückgrat nur von Aminosäuren gebildet wird, werden als *homöomere Peptide* bezeichnet. *Heteromere Peptide* sind aus Aminosäuren und Pseudoaminosäuren aufgebaut. Zu den heteromeren Peptiden gehören z. B. die Depsipeptide, die neben Aminosäuren Hydroxycarbonsäuren enthalten. Cyclische Depsipeptide werden auch als Peptolide bezeichnet.

Nach der Art der Bindungen in den Peptiden werden *homodete* und *heterodete Peptide* unterschieden. Homodete Peptide enthalten nur Amidbindungen, heterodete Peptide daneben auch andere Bindungen. Eine besondere Bedeutung besitzt dabei die Disulfidbrücke.

Lineare Peptide sind unverzweigt. *Verzweigtkettige Peptide* können durch Reaktionen der Seitenketten gebildet werden. Innerhalb der *cyclischen Peptide* unterscheidet man teilcyclische und mono-, di- bis polycyclische Peptide, von denen nachfolgend einige Beispiele aufgeführt sind. Ein polycyclisches Peptid ist die Ribonuclease S (S. 133).

Val-Orn-Leu-D-Phe-Pro-Val-Orn-Leu-D-Phe-Pro
monocyclisch (Gramicidin S)

H-Amt-Leu-D-Glu-Ile-Lys-D-Orn-Ile-D-Phe-His-Asp-D-Asp-NH_2
teilcyclisch, homodet-homöomer (Bacitracin)

H-Cys-Tyr-Ile-Gln-Asn-Cys-Pro-Leu-Gly-NH_2
teilcyclisch, heterodet-homöomer (Oxytocin)

Die natürlichen Polypeptide und Proteine sind Biopolymere, die alle 20 oder doch zumindest zahlreiche proteinogene Aminosäuren in einer bestimmten Reihenfolge (Sequenz) enthalten.

Synthetisch sind Polymere zugänglich, die aus einer oder nur wenigen Aminosäuren aufgebaut sind. Als Homopolymere bezeichnet man Polymere einer einzigen Aminosäure. Copolymere enthalten zwei oder mehr polymere Grundbausteine. Die Monomere können statistisch (statistische Copolymere) oder regelmäßig verteilt sein (alternierende Copolymere, sequentielle Polypeptide). Blockpolymere sind lineare Polymere, die zwei oder mehr Blöcke, d. h. distinkte Bereiche innerhalb des Polymers, enthalten. Bei Pfropfpolymeren sitzen die Blöcke an funktionellen Gruppen der Seitenketten der Aminosäuren. Pfropfpolymere sind also verzweigt.
Beispiele für die Nomenklatur synthetischer Polypeptide (nach IUPAC-IUB):

Poly(Ala) oder $(Ala)_n$	Homopolymer
Poly(DL Ala, Lys) oder $(DL\ Ala, Lys)_n$	lineares Copolymer mit statistischer Verteilung

Poly(DL Ala-Lys) oder $(\text{DL Ala-Lys})_n$	lineares Copolymer mit alternierender Verteilung
Poly(Glu-Lys_2-Tyr) oder $(\text{Glu-Lys}_2\text{-Tyr})_n$	lineares Copolymer mit sich wiederholender Sequenz (sequentielles Polypeptid)
Poly(Glu^{56})-poly(Lys^{44}) oder $(\text{Glu}^{56})_n$-$(\text{Lys}^{44})_m$	Blockpolymer
Poly(Ala)-poly(Tyr)-poly(DL Ala,Lys) oder $(\text{Ala})_n$-$(\text{Tyr})_m$ (DL Ala, Lys)$_n$	Pfropfpolymer

Konjugierte Proteine (Proteide) enthalten außer Aminosäuren noch andere Bausteine, die an die Seitenketten der Aminosäuren gebunden sind (Kap. 2.8.).

2.3. Chemische Eigenschaften und Analytik

2.3.1. Reaktionen funktioneller Gruppen der Aminosäuren

Aminosäuren sind polyfunktionelle Verbindungen, die als reaktionsfähige Gruppen außer der α-Amino- und der Carboxylgruppe noch Substituenten in der Seitenkette enthalten können. Zahlreiche Aminosäurederivate dienen als Ausgangsprodukte für die Peptidsynthese (vgl. Kap. 2.9.). Viele Reaktionen der Aminosäuren lassen sich zum Nachweis und zur Bestimmung der Aminosäuren und ihrer Derivate (Peptide, Proteine) sowie zur chemischen Modifizierung von Proteinen (Kap. 2.9.2.) ausnutzen.

2.3.1.1. Reaktionen der Aminogruppe

Die α-Aminogruppe der Aminosäuren sowie die ε-Aminogruppe des Lysins geben die typischen Reaktionen der primären aliphatischen Amine. Mit *salpetriger Säure* werden die Aminosäuren zu den entsprechenden Hydroxycarbonsäuren umgesetzt. Der dabei entstehende Stickstoff läßt sich volumetrisch erfassen. Diese Reaktion ist Grundlage der Aminogruppenbestimmung nach VAN SLYKE.

$$H_2N-\underset{\displaystyle R}{\underset{|}{C}H}-COOH + HONO \longrightarrow HO-\underset{\displaystyle R}{\underset{|}{C}H}-COOH + N_2 + H_2O$$

Eine große Bedeutung haben die *Reaktionen* der Aminogruppe *mit Carbonylverbindungen.*

In Form einer Additionsreaktion lassen sich die Aminogruppen mit Aldehyden unter Bildung SCHIFF*scher Basen* (Azomethine) umsetzen. Im Unterschied zu den Aminen sind die SCHIFFschen Basen kaum basisch (vgl. Titrationskurve 2, Abb. 2–12). SCHIFFsche Basen sind nicht sehr stabil und bilden protonenkatalysiert leicht wieder die Ausgangsprodukte. Als SCHIFFsche Basen sind nativ zahlreiche Verbindungen an die ε-Aminogruppe der Lysinreste von Proteinen gebunden (z. B. Retinal S. 329, Pyridoxal S. 359). SCHIFFsche Basen spielen auch als Zwischenprodukte bei der Biosynthese der Kollagenfasern eine Rolle (S. 114).

$$R^1-C\!\!\begin{array}{l}\nearrow O\\ \searrow H\end{array} + H_2N-\underset{\displaystyle R^2}{\underset{|}{C}H}-COOH \rightleftharpoons R^1-CH{=}N-\underset{\displaystyle R^2}{\underset{|}{C}H}-COOH + H_2O$$

Wesentlich instabiler als die Additionsprodukte der Amine mit Aldehyden sind die Reaktionsprodukte mit 1,2-Diketonen, die unter Abspaltung der Carboxylgruppe der Aminosäuren ablaufen. Ein Spezialfall dieser Reaktion ist die *Ninhydrin-Reaktion* der Aminosäuren. Ninhydrin (hydratisiertes Triketohydrinden) bildet zunächst eine leicht decarboxylierende Schiffsche Base. Nach Abspaltung des Aminosäurerestes als um ein C-Atom verkürzter Aldehyd entsteht durch Reaktion mit einem zweiten Molekül Ninhydrin ein indigoider, blauvioletter Farbstoff ($\lambda_{max} = 570$ nm), der zur quantitativen Bestimmung sowie zum Nachweis der Aminosäuren z. B. auf dem Papierchromatogramm herangezogen werden kann. Eine andere Struktur besitzen die Reaktionsprodukte des Ninhydrins mit Prolin und — bei Umsetzen in stark saurer Lösung — mit Tryptophan.

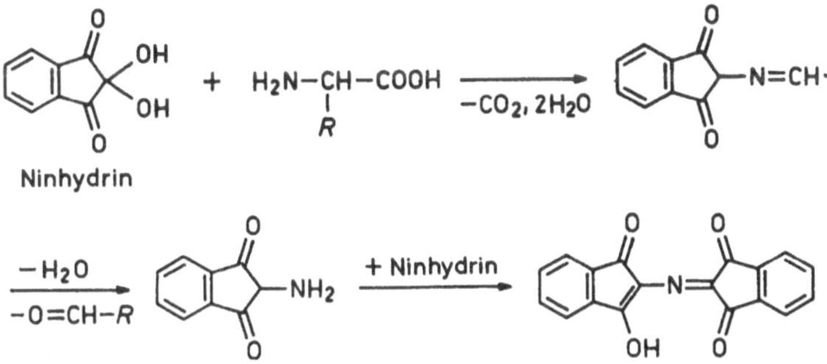

Der Angriff der nucleophilen Aminogruppe an einer aktivierten Carboxylgruppe führt zur Ausbildung eines *Amides*. Diese Reaktion ist Grundlage der Peptidsynthese (Kap. 2.9.).

Die ε-Aminogruppe der Lysinreste eines Proteins lassen sich unspezifisch acylieren — eine Reaktion, die häufig zur chemischen Modifizierung eines Proteins herangezogen wird.

Die Umsetzung der endständigen Aminogruppe eines Proteins mit einem Isothiocyanat ist Grundlage der Sequenzanalyse eines Proteins nach Edman (S. 79).

Die Anwesenheit der stark nucleophilen Aminogruppe neben einer Carbonylgruppe ist Anlaß für zahlreiche *Cyclisierungen*.

Durch Angriff der nicht protonierten Aminogruppe an der Carbonylgruppe von Aminosäureestern werden *2,5-Dioxopiperazine* gebildet. Dioxopiperazine wurden erstmals durch E. Fischer synthetisiert. Sie reagieren nicht mit Ninhydrin. Einige der natürlich vorkommenden Dioxopiperazine besitzen antibiotische Wirkung.

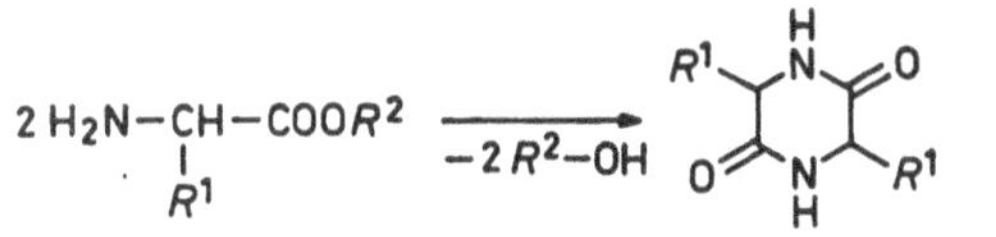

2,5-Dioxopiperazine

Ein intramolekularer Angriff der α-ständigen Aminogruppe endständiger Glutaminsäureester an der γ-Carbonylgruppe führt zu Derivaten des Pyrrolid-5-carbonsäure-2-on (Pyroglutaminsäure, <Glu). Endständige Pyroglutaminsäurereste wurden u. a. in verschiedenen Hormonen (Thyroliberin, Gastrin, Caerulin, Eledoisin, Physalaemin) gefunden.

Durch intramolekulare Cyclisierung von N-Benzyloxycarbonylaminosäurehalogeniden entstehen *Aminosäure-N-carbonsäure-Anhydride* (Oxazolidin-2,5-dione, *6*), die nach ihrem Entdecker auch als LEUCHSsche Anhydride bezeichnet werden.

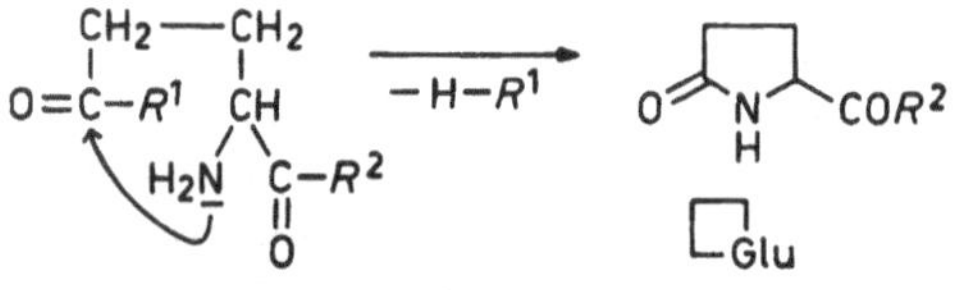

R^1 = NH_2, O-Alkyl(Ester)
R^2 = Proteinrest

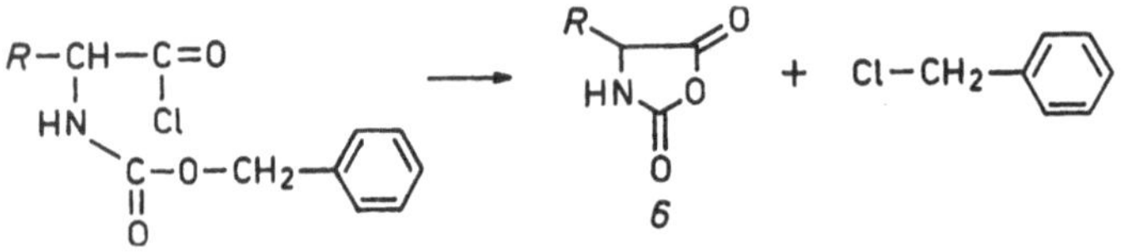

Durch besonders reaktionsfähige Verbindungen lassen sich die Aminogruppen arylieren. Eine besondere Bedeutung hat die Umsetzung mit 2,4-Dinitro-fluorbenzen erlangt Diese Umsetzung ist Grundlage der Endgruppenbestimmung nach SANGER (S. 78). An den ε-Aminogruppen der Lysinreste dinitrophenylierte Proteine dienen für immunologische Untersuchungen (Dinitrophenylrest als Hapten).

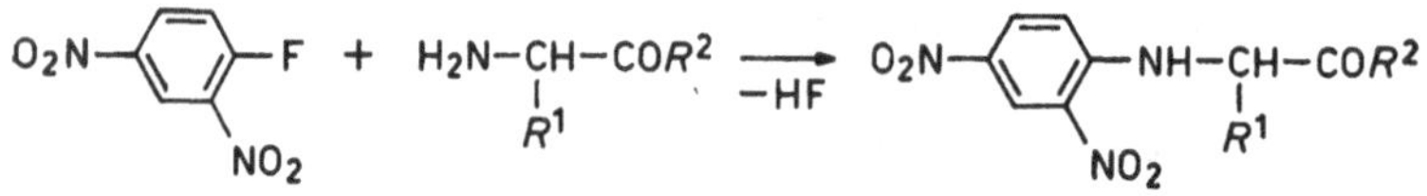

Die Arylierung mit 2,4,6-Trinitrobenzensulfonsäure (HABEEB, 1966) oder Naphtho-1,2-chinon-4-sulfonsäure (Aminosäurereagens nach FOLIN) erfolgt über die Bildung von MEISENHEIMER-Komplexen unter Abspaltung von Hydrogensulfit.

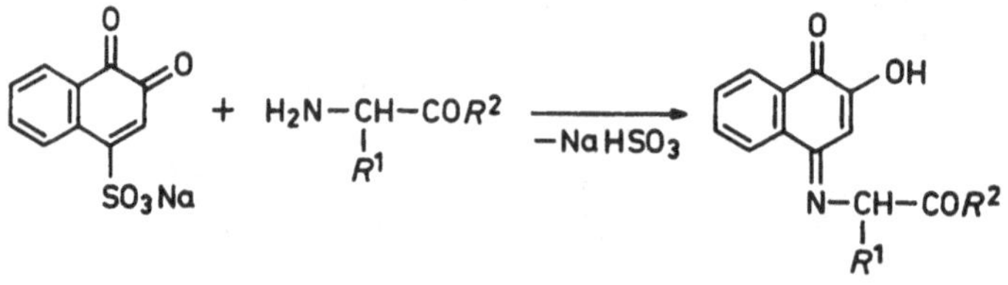

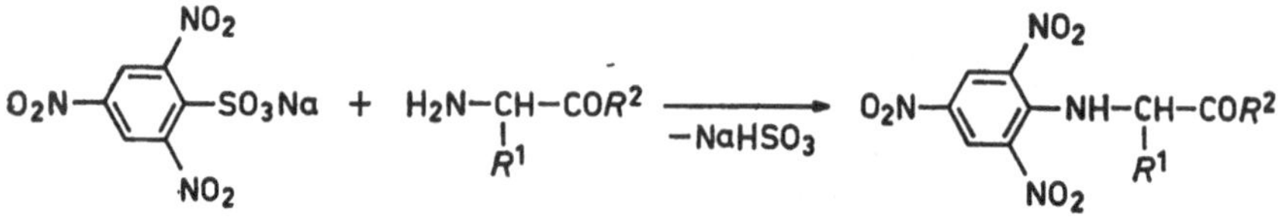

2.3.1.2. Reaktionen der Carboxylgruppe

Aminosäuren lassen sich wie andere Carbonsäuren verestern. Bei der Veresterung mit Alkohol in Gegenwart von HCl werden die stabilen protonierten Aminosäureester gebildet. Im Unterschied zu diesen Hydrochloriden sind die freien Aminosäureester oft nicht stabil. So werden z. B. bei der Destillation 2,5-Dioxopiperazine gebildet. An der Aminogruppe geschützte Alkanolester können als Ausgangsprodukte für die Synthese der entsprechenden Hydrazide und Azide eingesetzt werden.

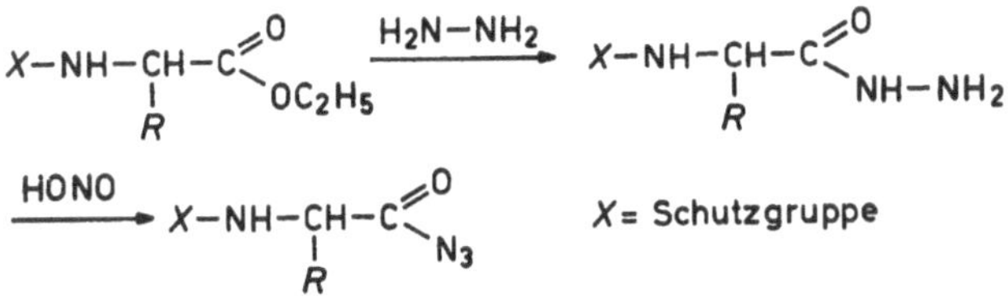

Aktivierte Ester, Azide, Anhydride und in sehr begrenztem Umfange auch Halogenide der an der Aminogruppe geschützten Aminosäuren werden als aktivierte Carboxylderivate bei der Peptidsynthese (S. 125) eingesetzt.

2.3.1.3. Reaktionen weiterer funktioneller Gruppen

Schwefelhaltige Gruppen

Die Mercaptogruppe des Cysteins läßt sich leicht oxidieren und alkylieren.

Durch milde Oxidationsmittel erfolgt eine Oxidation zum Disulfid (Cystin). Stärkere Oxidationsmittel wie Perameisensäure oxidieren zum Cystinmonosulfon (*7*) bzw. noch weiter zur Cysteinsäure (*8*).

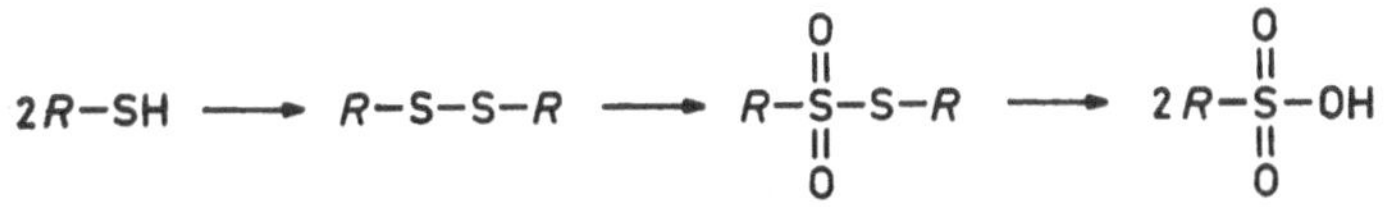

7 8

Die Oxidation der Methylthiogruppe des Methionins führt zum Sulfoxid und weiter zum Sulfon.

Die Disulfidbindung des Cystins läßt sich durch Thiole wieder reduzieren. Dabei kommt es zu einem *Disulfid-Austausch.*

$$R^1{-}S{-}S{-}R^1 + R^2{-}SH \rightleftharpoons R^1{-}S{-}S{-}R^2 + R^1{-}SH$$

$$R^1{-}S{-}S{-}R^2 + R^2{-}SH \rightleftharpoons R^2{-}S{-}S{-}R^2 + R^1{-}SH$$

Auf dieser Reaktion beruht die Aufspaltung der Disulfidbrücken von Proteinen durch einen Überschuß an

Mercaptoethanol ($HS-CH_2-CH_2-OH$),

Thioglykolsäure ($HS-CH_2-COOH$) oder

2,3-Dihydroxy-1,4-dimercaptobutan (Dithiothreitol bzw. Dithioerythritol, Clelands Reagens; $HS-CH_2-CHOH-CHOH-CH_2-SH$).

Zur Aufspaltung aller Disulfidbrücken ist meist eine Zerstörung der Tertiärstruktur des Proteins durch denaturierende Agentien wie Harnstoff erforderlich. Ein Disulfidaustausch kann auch durch Reaktion eines Disulfides mit einem Cysteinrest desselben Proteins erfolgen.

Mercaptogruppen lassen sich durch Umsetzen mit quecksilberorganischen Verbindungen (z. B. *9*) oder durch Alkylierung blockieren.

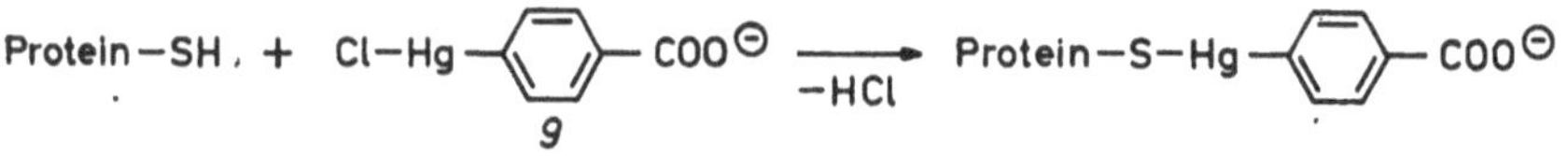

9

Bei der chemischen Modifizierung von Proteinen dienen zur Alkylierung vorzugsweise Halogenessigsäurederivate (*10*).

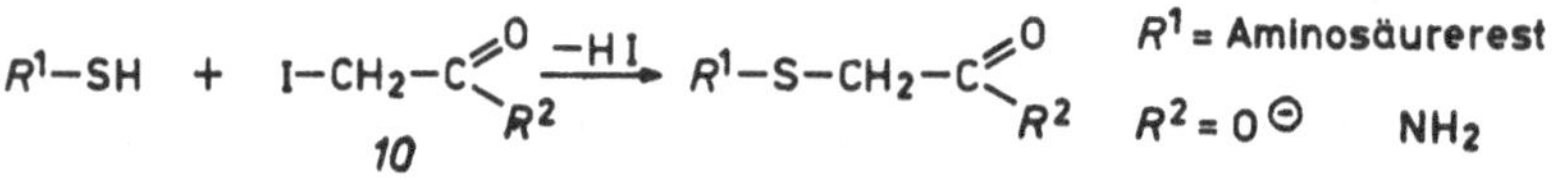

10

Maleinimide (*11*) reagieren mit Mercaptogruppen unter Addition.

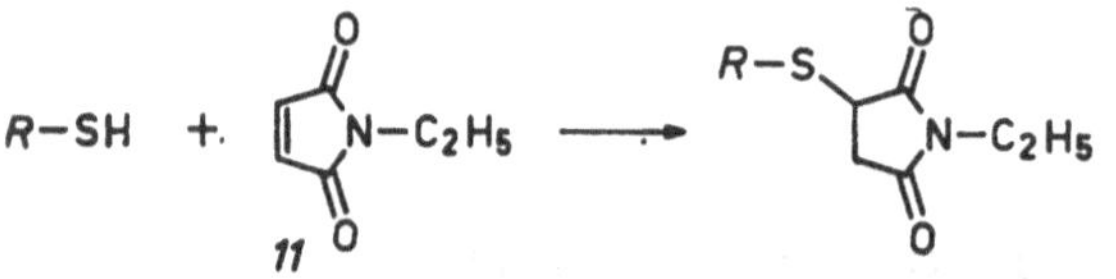

11

β-Methylthiogruppen dienen als Ausgangsprodukte für die chemische Synthese von Dehydroaminosäuren bzw. Dehydropeptiden.

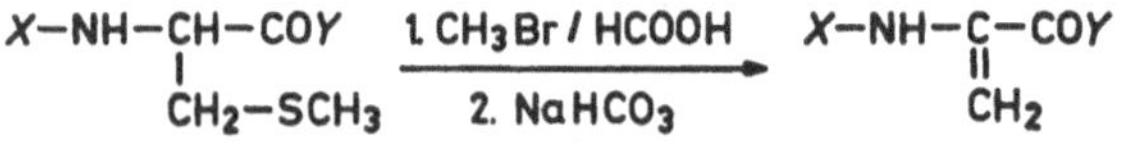

Auch andere *β*-ständige Substituenten können unter Eliminierung abgespalten werden (vgl. Eliminierung von Zuckerresten bei Kohlenhydrat-Protein-Verbindungen, S. 205). Dehydroaminosäuren und Dehydropeptide kommen in Pilzen und anderen Pflanzen vor. Über sie soll auch die Biosynthese der Penicilline, Cephalosporine und Peptidalkaloide erfolgen.

Guanidinrest des Arginins

Der SAKAGUCHI-Nachweis der Proteine beruht auf der Reaktion des Guanidinrestes in alkalischer Lösung mit *α*-Naphthol in Gegenwart von Hypobromit. Es wird ein roter Farbstoff der Struktur *12* gebildet.

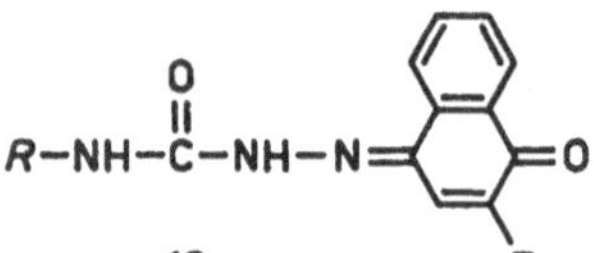

12

Der Guanidinrest des Arginins reagiert ferner mit stark elektrophilen Reagentien wie 1,2- und 1,3-Dicarbonylverbindungen (z. B. Butan-2,3-dion, Phenylglyoxal) unter Bildung heterocyclischer Kondensationsprodukte.

Indolrest des Tryptophans

Die Reaktionen des Tryptophans gehen auf die Reaktivität des Wasserstoffatoms in 2-Stellung des Indolrestes zurück.

Ein elektrophiler Angriff (E^+) erfolgt entweder direkt am C-2 oder in der nucleophileren 3-Stellung. Anschließend erfolgt dann eine intramolekulare Wanderung.

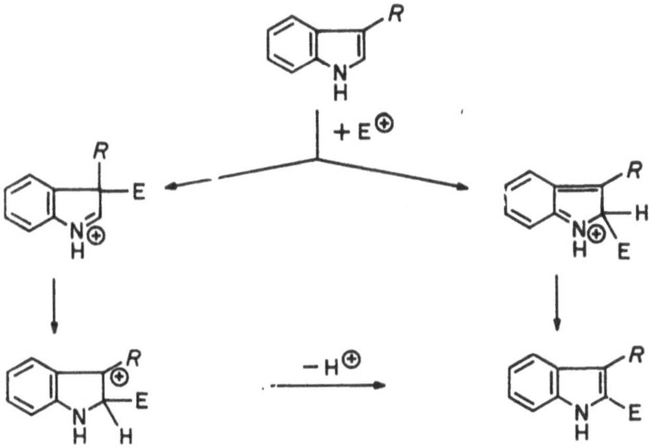

Als elektrophile Reagentien können z. B. Aldehyde reagieren. Der bekannteste Nachweis des Tryptophans beruht auf der Umsetzung mit Glyoxalsäure (*13*) in Gegenwart von konzentrierter Schwefelsäure (Hopkins, Cole). Der durch Oxidation aus einer Leuko-Verbindung (*14*) entstehende Farbstoff (*15*) absorbiert bei 545 nm.

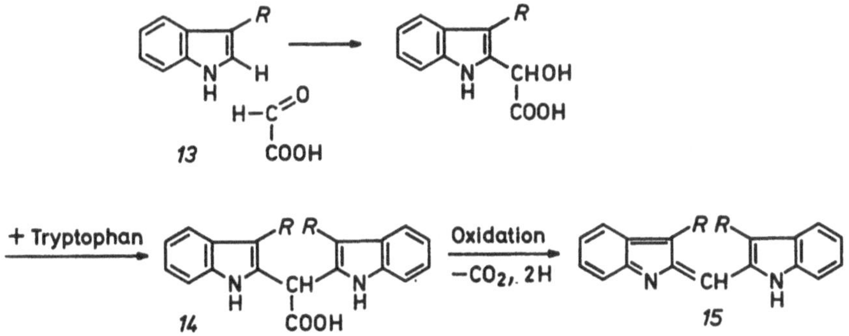

Ein ähnlich gebauter Farbstoff (*16*) wird durch Reaktion mit 4-Dimethylaminobenzaldehyd gebildet. Diese Reaktion kann auch für die quantitative Bestimmung herangezogen werden.

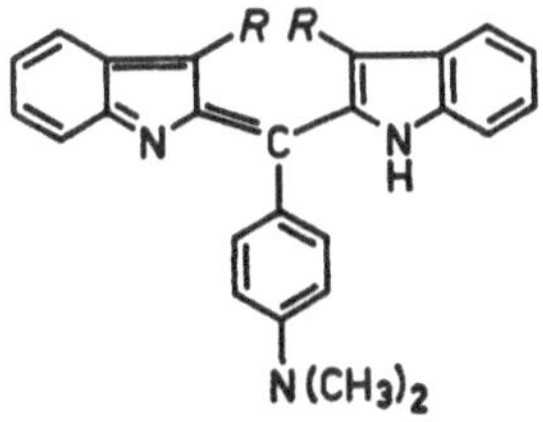

16

Zur selektiven Modifizierung und quantitativen Bestimmung von Tryptophanresten dient die Umsetzung mit 2-Hydroxy-5-nitrobenzylbromid (Koshlands-Reagens, *17*).

Als Hauptprodukt der Umsetzung dieses Reagens' mit Tryptophan konnte die Verbindung *18* nachgewiesen werden. Etwas langsamer als Tryptophanreste reagieren Mercaptogruppen.

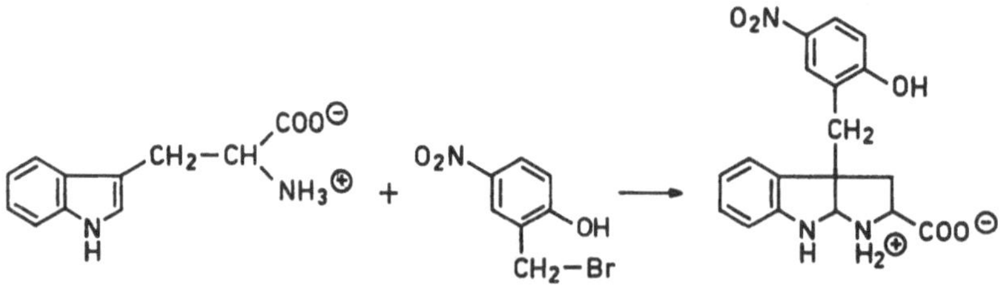

17 *18*

Für die Modifizierung von Tryptophan und Cystein unter milden, schwach sauren Bedingungen können auch Sulfenylhalogenide herangezogen werden. Am gebräuchlichsten ist 2-Nitrophenylsulfenylchlorid (*19*), das mit Tryptophan einen Farbstoff (*20*) ergibt, der bei 365 nm absorbiert und für die quantitative Bestimmung geeignet ist.

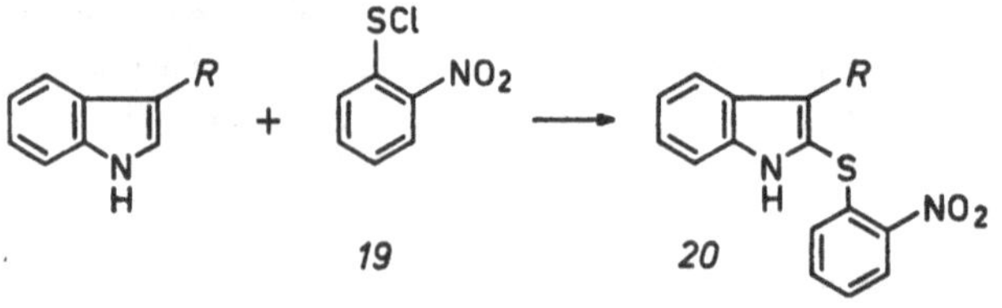

19 *20*

Tryptophanreste sind leicht oxidativ angreifbar. Als Oxidationsprodukte werden je nach Oxidationsmittel Oxindolylalanine bzw. Dioxindolylalanine oder Kynurenin-Derivate (vgl. S. 563) gebildet.

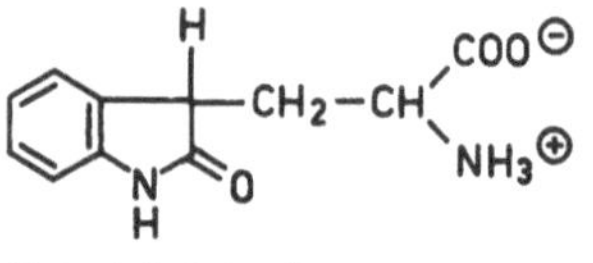

Oxindolylalanin

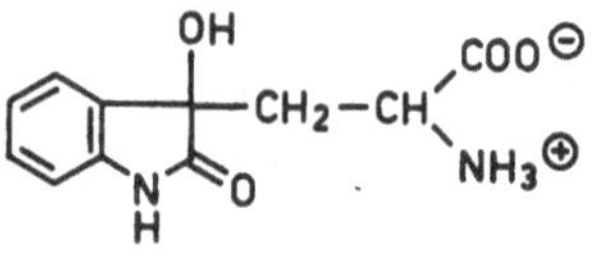

Dioxindolylalanin

Mit Peressigsäure bei 0 °C wird ein Pyrrolidinoindolenin (*21*) gebildet (vgl. Alkaloide, S. 559). Auf einer Oxidation beruht auch die Umsetzung von Tryptophanresten mit N-Bromsuccinimid zu Spirolactonen (S. 74).

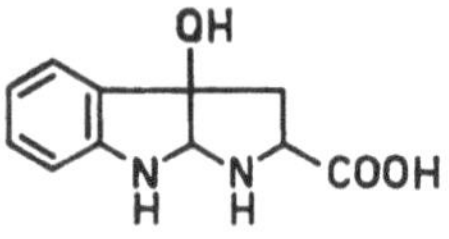

21

Unter den Bedingungen der säurekatalysierten Hydrolyse von Peptiden werden Tryptophanreste zerstört.

Der Indolring der Tryptophanreste ist ein π-Überschuß-System, das als Donator Charge-Transfer-Komplexe eingehen kann.

Elektrophile Substitutionen an aromatischen bzw. heteroaromatischen Seitenresten

Elektrophil substituierbar sind vor allem die Tyrosin- und Histidinreste.

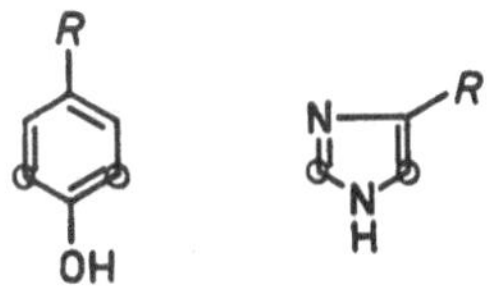

Bei der Behandlung von Proteinen mit konzentrierter Salpetersäure erfolgt eine Gelbfärbung (*Xanthoprotein-Reaktion*), die auf eine Nitrierung von Tyrosin- und Phenylalaninresten zurückzuführen ist.

Stark elektrophile Reagentien sind die Diazoniumsalze, die u. a. zur chemischen Modifizierung von Proteinen eingesetzt werden können. Auf der Bildung von Azofarbstoffen (*22*) durch Umsetzen der Aminosäuren Tyrosin und Histidin mit diazotierter Sulfanilsäure beruht die Proteinfärbung nach PAULY.

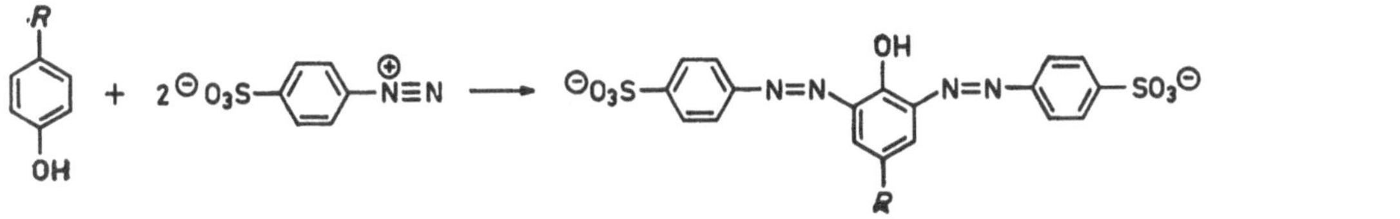

22

Auch die Iodierung des Tyrosins ist eine elektrophile Reaktion. Zur *radioaktiven Markierung von Proteinen* mit ^{125}I oder ^{131}I wird das tyrosinhaltige Protein mit dem entsprechenden Iodid in Gegenwart von Chloramin T (*23*) als Oxidationsmittel umgesetzt.

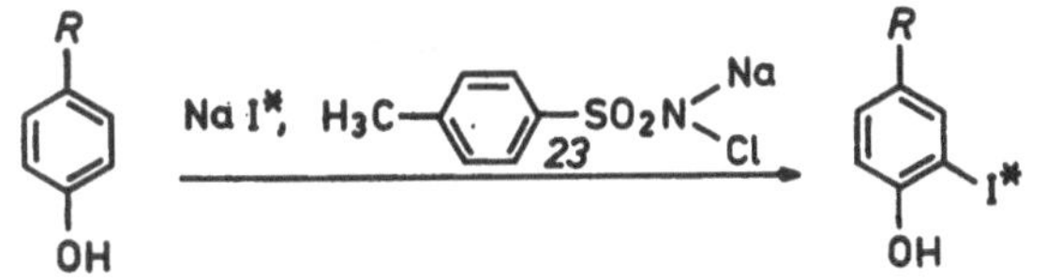

2.3.2. Spaltung der Peptidbindung

Spaltungen von Peptidbindungen führen zum Abbau der Peptide und Proteine. Auf der hydrolytischen Spaltung beruht die Wirkung der proteolytischen Enzyme (Peptidasen) z. B. beim Verdauungsvorgang. Eine chemische oder enzymatische Spaltung eines Proteins ist Voraussetzung für die Aufklärung seiner Primärstruktur (Kap. 2.4.1.).

2.3.2.1. *Nicht-enzymatische Methoden*

Die Amidgruppe ist gegenüber Alkali relativ beständig. Längeres Erhitzen z. B. mit 6 N $Ba(OH)_2$-Lösung im Autoklaven führt zu vollständig racemisierten Aminosäuren.

Eine wesentlich größere Bedeutung hat dagegen die *säurekatalysierte Hydrolyse.* Die einzelnen Peptidbindungen unterscheiden sich etwas hinsichtlich ihrer Stabilität in Abhängigkeit vom Rest *R* der an der Bindung beteiligten Aminosäuren. Zuerst werden Aminosäuren gespalten, an denen Aspartinsäure, Asparagin, Serin oder Threonin beteiligt sind. Am schwersten lassen sich dagegen die Peptidbindungen von Isoleucin, Leucin oder Valin spalten. Die säurekatalysierte Hydrolyse läßt sich also partiell, aber dennoch recht unspezifisch durchführen. Die Bedingungen lassen sich aber so auswählen, daß hauptsächlich Oligopeptide entstehen. Bei der säurekatalysierten Hydrolyse der Proteine wird Tryptophan meist zerstört.

Für eine *selektive Spaltung* der Peptide wurden spezielle chemische Methoden entwickelt (vgl. Abb. 2–2). So wird durch *Bromcyan* im sauren Milieu bei Raumtemperatur die Peptidbindung hinter Methionin spezifisch gespalten. Bromcyan reagiert zunächst mit dem Schwefelatom der Methylthiogruppe unter Bildung einer Sulfoniumverbindung (*24*). Die durch Abspaltung von CH_3SCN und Cyclisierung entstandene Iminoverbindung *25* wird dann leicht hydrolytisch gespalten. Bei höherer Temperatur reagiert in ähnlicher Weise wie Bromcyan auch *Iodacetamid,* $I{-}CH_2{-}CONH_2$, mit Methionin.

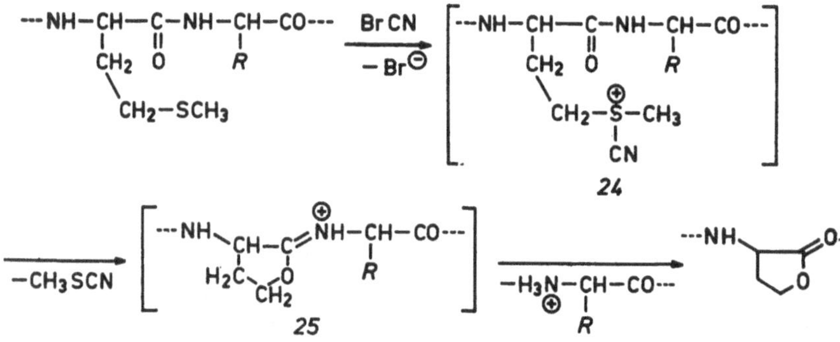

Durch oxidative Bromierung mittels *N-Brom-succinimid* lassen sich die Peptidbindungen hinter Tryptophan und langsamer hinter Tyrosin und Histidin spalten. Auch hier erfolgt die Lockerung der Bindung zwischen den Aminosäuren über eine durch Cyclisierung entstandene Iminoverbindung (*26*).

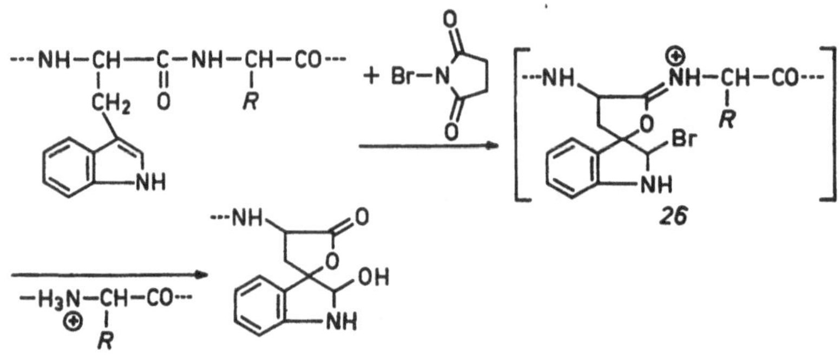

2.3.2.2. Enzymatische Methoden

Enzymatisch können entweder terminale Peptidgruppen (Exopeptidasen) oder Peptidgruppen im Inneren der Peptidkette (Endopeptidasen) hydrolytisch gespalten werden.

Die *Exopeptidasen* haben Bedeutung für den schrittweisen Abbau eines Peptids, der entweder am N-Terminus (Aminopeptidasen wie Leucinaminopeptidase) oder am C-Terminus (Carboxypeptidasen A und B) erfolgen kann.

Der Abbau durch *Endopeptidasen* führt zu Bruchstücken. Pepsin, Papain und Subtilisin sind relativ unspezifische Endopeptidasen. Zum selektiven Abbau der Proteine dienen vor allem Trypsin, Chymotrypsin sowie Thermolysin.

Trypsin spaltet die meisten Peptidbindungen nach den basischen Aminosäuren Arginin und Lysin. Durch Chymotrypsin werden vorzugsweise die Peptidbindungen nach den aromatischen Aminosäuren Tyrosin, Tryptophan, Phenylalanin, daneben aber auch von Leucin und anderen Aminosäuren gespalten. Das bakterielle Enzym Thermolysin spaltet die Amidbindungen von Leucin und Isoleucin (Abb. 2–2).

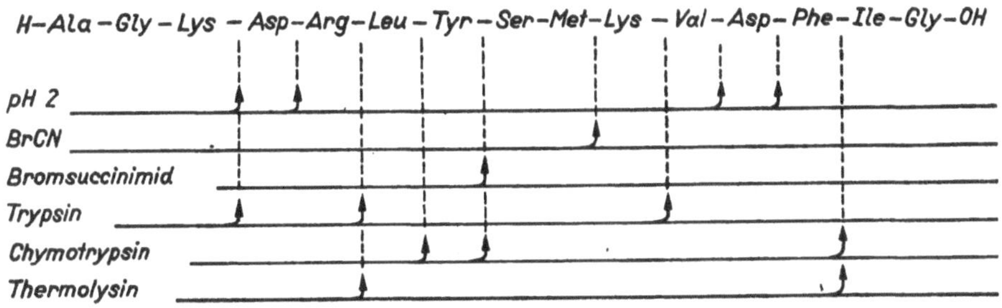

Abb. 2–2

Beispiele für selektive Spaltungen eines Polypeptides.

2.3.3. Analytik

Allgemeine Nachweismethoden für Proteine (Tab. 2–3) beruhen auf der Denaturierung, die z. B. durch Erhitzen (Hitzekoagulation zum Nachweis von Eiweiß im Harn nach DAB 7 (D.L.) — DDR) oder durch Zusatz von Säuren erreicht werden kann. Die Messung der durch Sulfosalicylsäure hervorgerufenen Trübung einer Proteinlösung wird in der klinischen Chemie für eine sehr empfindliche, aber relativ wenig spezifische Bestimmung herangezogen.

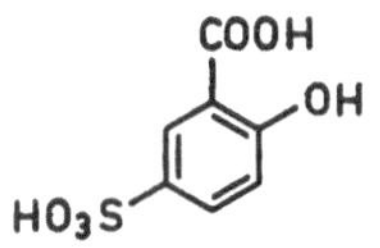

Sulfosalicylsäure

Eine allgemein anwendbare Bestimmungsmethode ist die Stickstoffbestimmung nach Kjeldahl, bei der der in den Proteinen enthaltene Stickstoff zu NH_3 „mineralisiert" wird. Unter Einsatz von Umrechnungsfaktoren entsprechend dem unterschiedlichen N-Gehalt kann auf den Proteingehalt geschlossen werden.

Von allen Proteinen wird die BIURET-Reaktion gegeben. Die Bestimmung beruht auf der Messung des in alkalischer Lösung mit $CuSO_4$ sich bildenden Komplexes.

Zum Anfärben der Proteine auf Elektropherogrammen dienen saure (z. B. Amidoschwarz) oder basische (z. B. Methylenblau) Farbstoffe, die mit entsprechenden Gruppen der Proteine Salzbildung eingehen. Der nicht gebundene Farbstoff wird wieder ausgewaschen.

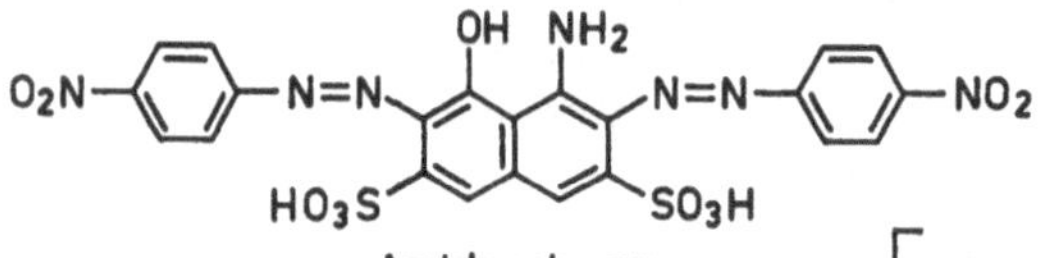

Amidoschwarz

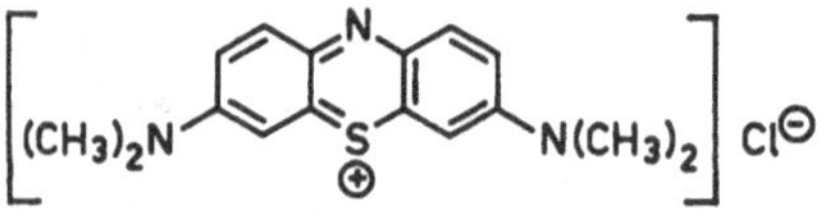

Methylenblau

Weitere Nachsweisreaktionen beruhen auf spezifischen Reaktionen bestimmter Aminosäuren (Tab. 2–3).

Tabelle 2–3

Nachweis- und Bestimmungsmethoden von Proteinen

Methode	Reagens	Angriffspunkt	Einsatz
KJELDAHL	konz. H_2SO_4	Stickstoffbestimmung als NH_3	Proteinbestimmung
Biuret*)	$CuSO_4$ in alkalischer Lösung	Peptidbindung	Proteinbestimmung
Säurefällung	z. B. Sulfosalicylsäure**)	Denaturierung	empfindl. Nachweis und Bestimmung
Färbetechnik	saure oder basische Farbstoffe	Salzbildung mit basischen oder sauren Gruppen	Nachweis auf Elektropherogrammen
UV-Spektrophotometrie.		aromatische Aminosäuren	Bestimmung
HOPKIN-COLE	Glyoxalsäure in Schwefelsäure	Tryptophan (S. 71)	Nachweis
SAKAGUCHI	α-Naphthol und Hypobromit	Arginin (S. 70)	Nachweis
Xanthoprotein-Reaktion	HNO_3	Tyrosin, Phenylalanin (S. 73)	Nachweis
PAULY	diazotierte Sulfanilsäure	Tyrosin, Histidin (S. 73)	Nachweis
LOWRY	Cu-phosphomolybdat	Komplexe mit Tryptophan, Tyrosin, Cystein	Nachweis

*) Methode des DAB 7 (D. L.) — DDR zur Bestimmung von Eiweiß im Serum

**) Methode des DAB 7 (D. L.) — DDR zur Bestimmung von Eiweiß im Harn und Liquor cerebrospinalis

Zur quantitativen Bestimmung bestimmter funktioneller Gruppen der Seitenketten der Proteine (vgl. auch Aminosäureanalyse, Kap. 2.4.1.1.) eignen sich die Reaktion mit Ninhydrin (S. 67) bzw. Trinitrobenzensulfonsäure (S. 68) für Aminogruppen, die Reaktion nach SAKAGUCHI (S. 70) für Guanidinreste, die Reaktion mit 4-Dimethylaminobenzaldehyd (S. 71) bzw. 2-Hydroxy-4-nitrobenzylbromid (S. 71) für Indolreste oder die Reaktion mit Mercuribenzoat (S. 20) für die Mercaptogruppen.

2.4. Strukturebenen der Proteine

Bei den Proteinen werden mehrere Strukturebenen unterschieden. Unter *Primärstruktur* wird die Reihenfolge (Sequenz) der Aminosäurereste der Peptidkette verstanden. Diese Definition schließt andere kovalente Bindungen als die Amidbindung nicht mit ein, erfaßt also keine Disulfidbindungen.

Durch Wechselwirkung der Amidgruppen und der Seitenreste der Aminosäuren werden bestimmte Konformationen bevorzugt. Die Mikrokonformation bestimmter Teile der Polypeptidkette wird als *Sekundärstruktur* bezeichnet. Die Sekundärstruktur ist die lokale räumliche Anordnung der Atome der Polypeptidhauptkette. Die Definition erfaßt nicht die Konformation der Seitenketten und Wechselwirkungen mit anderen Segmenten.

Unter *Tertiärstruktur* wird die Makrokonformation der gesamten Polypeptidkette verstanden. Durch Bildung von Assoziaten kommt es zur Ausbildung der *Quartärstruktur* eines Proteins. Die Quartärstruktur umschreibt die räumliche Anordnung von Untereinheiten und deren Wechselwirkungen.

2.4.1. Primärstruktur

Für die Aufklärung der Primärstruktur eines Proteins sind folgende Schritte erforderlich:

Isolierung eines homogenen Proteins	→	Molmassenbestimmung Aminosäureanalyse
↓		
gegebenenfalls Spaltung in Einzelketten und deren Isolierung, Reduktion der Disulfidbrücken, Blockierung der Mercaptogruppen	→	Aminosäureanalyse Endgruppenbestimmung
↓		
Selektive Spaltung der Ketten, Isolierung der Fragmente	→	Aminosäureanalyse Endgruppenbestimmung Sequenzanalyse

2.4.1.1. Aminosäureanalyse

Für eine qualitative und quantitative Ermittlung der Aminosäurezusammensetzung ist die vollständige Hydrolyse des Proteins erforderlich. Die Hydrolyse erfolgt säurekatalysiert, wobei wegen der unterschiedlichen Stabilität der einzelnen Amidbindungen verschieden lange Hydrolysierzeiten gewählt werden (z. B. 24, 48, 72 Stunden). Unter diesen Bedingungen erfolgt gleichzeitig eine Umwandlung von Asparagin in Aspartinsäure und Glutamin in Glutaminsäure sowie eine Zerstörung von Tryptophan, Serin und Threonin.

Die Auftrennung des nach der Hydrolyse anfallenden Aminosäuregemisches erfolgt für quantitative Bestimmungen durch Ionenaustauschchromatographie (MOORE und STEIN, 1948) oder nach Derivatisierung durch Gaschromatographie. Zur quantitativen Bestimmung im automatischen Aminosäureanalysator (Abb. 2–3) dient die Ninhydrin-Methode. Die kolorimetrische Bestimmung erfolgt bei 440 und 570 nm.

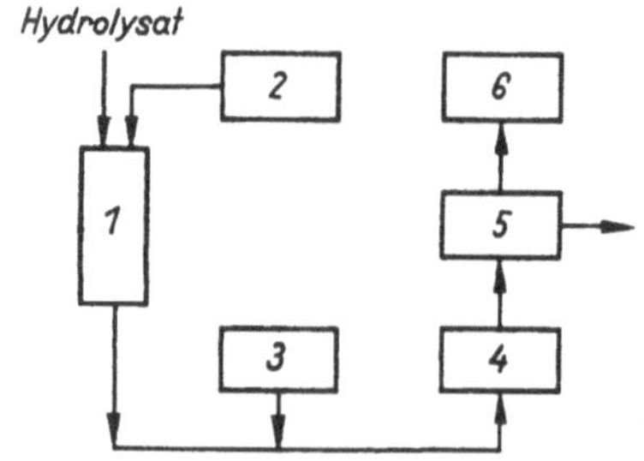

Abb. 2–3

Schematischer Aufbau eines automatischen Aminosäureanalysators.

1: Austauschersäule; *2:* Vorratsgefäß und Pumpe für Puffer; *3:* Vorratsgefäß und Pumpe für Ninhydrinlösung; *4:* Reaktionsgefäß; *5:* Spektrophotometer mit Durchflußküvette; *6:* Registriereinrichtung.

2.4.1.2. Endgruppenbestimmung

Die Lokalisation der einzelnen Aminosäuren in der Peptidkette beginnt mit der Identifizierung der endständigen Aminosäuren. Allgemein ist es dabei erforderlich, die endständigen Aminosäuren chemisch so zu charakterisieren, daß sie nach vollständiger Hydrolyse des Peptides chromatographisch von den anderen Aminosäuren unterschieden werden können.

Zur Identifizierung der N-terminalen Aminosäure setzt man deren nucleophile, α-ständige Aminogruppe zu leicht identifizierbaren Aryl- oder Arylsulfonyl-Derivaten um. Die erste bedeutende Methode war die von SANGER (1945) entwickelte *Dinitrophenyl-Methode* (DNP-Methode). Die endständige Aminosäure wird mit 2,4-Dinitrofluorbenzen in die entsprechende DNP-Aminosäure übergeführt (S. 68), die nach vollständiger Hydrolyse des Peptides chromatographisch identifiziert werden kann. Eine etwa 100fache Empfindlichkeit kann mit der *Dansyl-Methode* (GRAY und HARTLEY, 1963) erreicht werden. Die durch Umsetzen des Peptides mit 1-Dimethylaminonaphthalen-5-sulfonsäurechlorid (Dansylchlorid) und anschließende Hydrolyse der Peptidgruppen erhaltenen Dansyl-Aminosäuren (S. 34) fluoreszieren bereits in geringsten Konzentrationen.

Das wichtigste chemische Verfahren zur Bestimmung der C-terminalen Endgruppe ist die Methode nach AKABORI. Nach dieser Methode wird das Peptid mit wasserfreiem Hydrazin umgesetzt. Dabei werden alle Peptidbindungen unter Bildung der entsprechenden Säurehydrazide gespalten, die sich als SCHIFFsche Basen abtrennen lassen. Lediglich die C-terminale Aminosäure bleibt unverändert (Formelübersicht 2–6).

2.4.1.3. Sequenzanalyse

Die erste Aufklärung der Primärstruktur eines Proteins gelang SANGER 1955. Nach 10jähriger Arbeit konnte er mit Hilfe der DNP-Methode die vollständige Primärstruktur des Rinder-Insulins angeben. Die Sequenzanalyse erfolgte durch wiederholte Endgruppenbestimmung der einzelnen bei der säurekatalysierten und später auch enzymatischen Hydrolyse anfallenden Oligopeptide, deren Sequenzen sich gegenseitig überlappten. Die Gesamtsequenz ergab sich durch mosaikartiges Zusammensetzen der erhaltenen Informationen.

1950 veröffentlichte Edman das Grundprinzip des nach ihm benannten schrittweisen Abbaus eines Peptides. Beim Edman-Abbau wird die endständige Aminosäure mit Phenylisothiocyanat zu einem Phenylthioharnstoff-Derivat umgesetzt. Dieser Phenylthioharnstoff cyclisiert in Gegenwart von Säure zu einem Thiazolinon-Derivat (*27*) unter gleichzeitiger Spaltung der Amidgruppierung. Das dabei mit anfallende Restpeptid steht dann für eine erneute Umsetzung mit Phenylisothiocyanat zur Verfügung. In wäßrigem Milieu wird das instabile Thiazolinon-Derivat über eine offenkettige Phenylthiocarbamoylaminosäure (*28*) zu einem 3-Phenyl-2-thio-imidazolin-4-on (3-Phenyl-2-thio-hydantoin-aminosäure, PTH-Aminosäure, *29*) umamidiert, das identifiziert wird Formelübersicht 2–7).

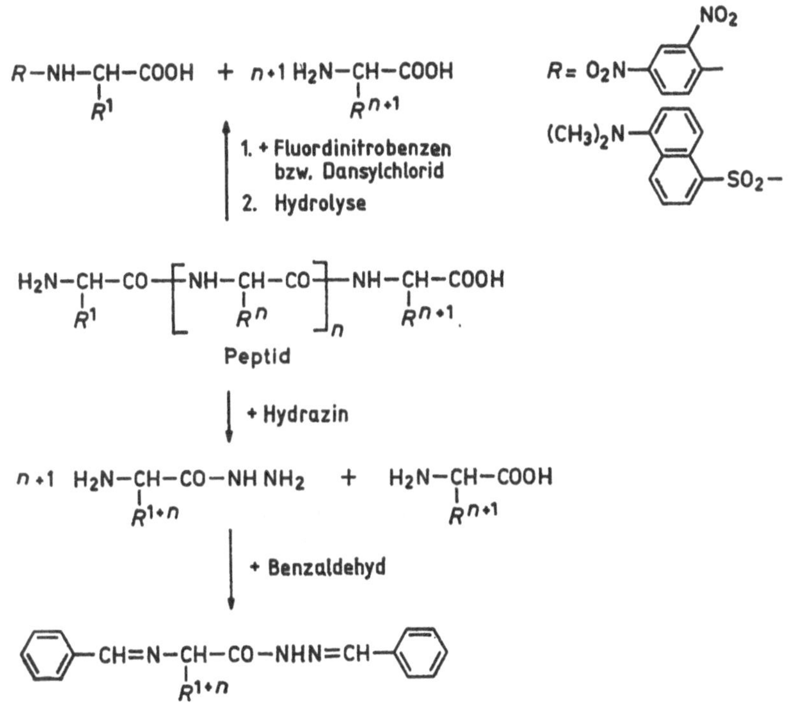

Formelübersicht 2–6
Methoden der Endgruppenbestimmung.

Diese Umsetzung bot die Möglichkeit, eine Aminosäure nach der anderen vom Peptid abzuspalten, zu isolieren und zu identifizieren. Voraussetzung eines derartigen wiederholten Abbauvorganges ist natürlich, daß bei der Bildung und Abspaltung des Aminosäurederivates die Peptidgruppen des Restpeptides unversehrt bleiben.

1967 wurde von Edman und Begg der erste automatische Protein-Sequenator beschrieben, durch den der Substanzbedarf und der Zeitaufwand für eine Sequenzanalyse wesentlich reduziert werden konnten. Entscheidend für die Anzahl der möglichen Abbauschritte ist die maximal erreichbare Ausbeute pro Schritt. Bei einer durchschnittlichen

Ausbeute von 98% konnten EDMAN und BEGG vom Myoglobin des Buckelwales die Sequenz der ersten 60 N-terminalen Aminosäuren aufklären. Die Ausbeuten werden jedoch progressiv mit fortschreitendem Abbau geringer, so daß längere Peptidketten vorher selektiv chemisch oder enzymatisch gespalten werden müssen. In der Regel werden Proteinsequenzen von maximal 20—40 Aminosäuren analysiert. Aus den sich überlappenden Partialsequenzen muß dann auf die Gesamtsequenz des Peptides ge-

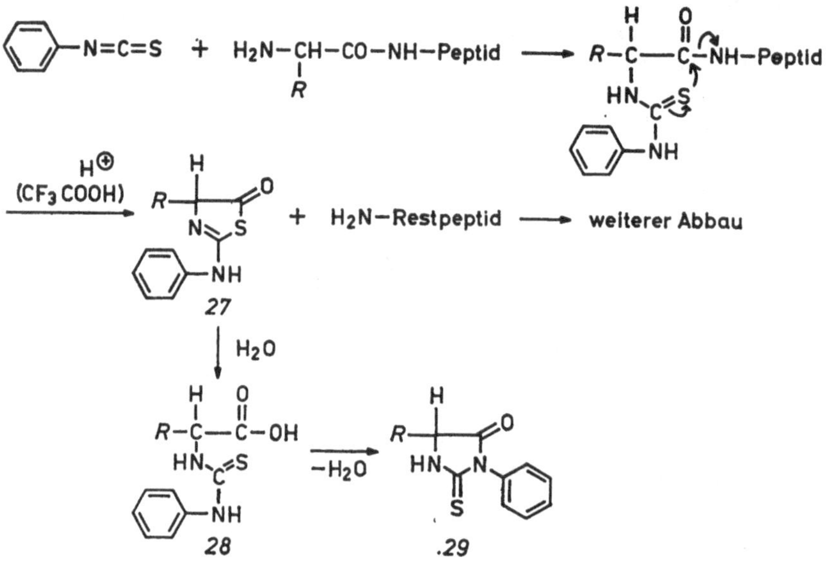

Formelübersicht 2–7
EDMAN-Abbau von Polypeptiden.

schlossen werden. Für die Ermittlung der Sequenz einer Kette des IgM aus 576 Aminosäuren mußten dazu fast 600 Peptidfragmente untersucht werden. Für die Sequenzanalyse eines Proteins mit ca. 200 Aminosäuren werden bereits mehrere Jahre benötigt.

Eine zunehmende Bedeutung gewinnt in letzter Zeit die *massenspektrometrische Sequenzanalyse.*

Zur Massenspektrometrie werden flüchtige Peptid-Derivate wie z. B. die N-Trifluoracetylpeptidmethylester (*30*) benötigt. Die Aufklärung der Sequenz erfolgt anhand des Molekülions und charakteristischer Sequenzionen (S_1 bis S_4, Formelübersicht 2–8), die allerdings neben zahlreichen anderen Ionen anfallen. Die Massenspektren lassen sich durch Reduktion der Carbonylgruppen zu $-CH_2$- bzw. $-CD_2$-Gruppen vereinfachen. Die silylierten Polyaminoalkohole (*31*) sind darüber hinaus besser flüchtig.

Diese Methode ist allerdings nur bei kleineren Peptiden (Di- bis Hexapeptide) einsetzbar, da größere Peptide zu viel Bruchstücke bei der Massenspektrometrie liefern. Polypeptide müssen daher zuvor durch säurekatalysierte Hydrolyse, deren optimale Bedingungen ermittelt werden müssen, in möglichst viel Oligopeptide gespalten werden. Die Trennung dieser Oligopeptide erfolgt zweckmäßig nach Derivatisierung (z. B. zu *30* oder *31*) durch Gaschromatographie. Die Gesamtsequenz des Polypeptides läßt sich dann nach dem „Domino-Prinzip" unter Einsatz von Computer-Programmen aus den ermittelten Sequenzen der nach der Hydrolyse erhaltenen Oligopeptide zusammensetzen (Abb. 2–4).

Im „*Atlas of Protein Sequence and Structure*" (Hrsg.: M. D. DAYHOFF) werden seit 1966 jährlich die aufgeklärten Primärstrukturen von Proteinen veröffentlicht. Das bisher größte in seiner Primärstruktur aufgeklärte globuläre Protein ist ein monoklonales IgM-Immunoglobulin mit einer Molmasse von 935000 (HILSCHMANN). Die rasche Entwicklung der Nucleinsäure-Sequenzanalyse (Kap. 4.2.3.) ermöglichte 1980 bereits eine Aufklärung der Primärstruktur von Proteinen über die Primärstruktur der geklonten, sie codierenden Nucleinsäure.

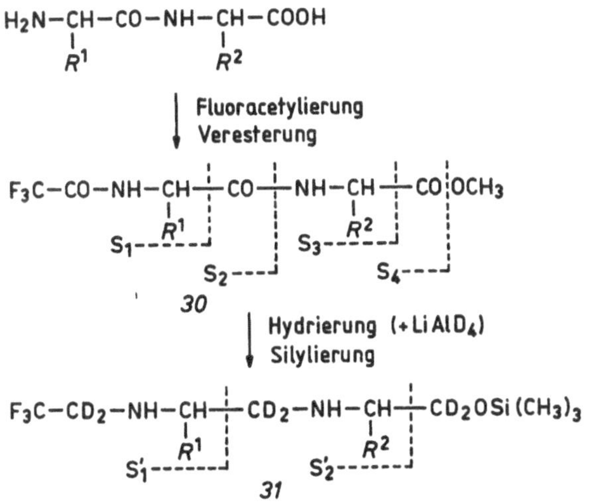

Formelübersicht 2–8

Bildung flüchtiger Peptid-Derivate für die massenspektrometrische Sequenzanalyse.

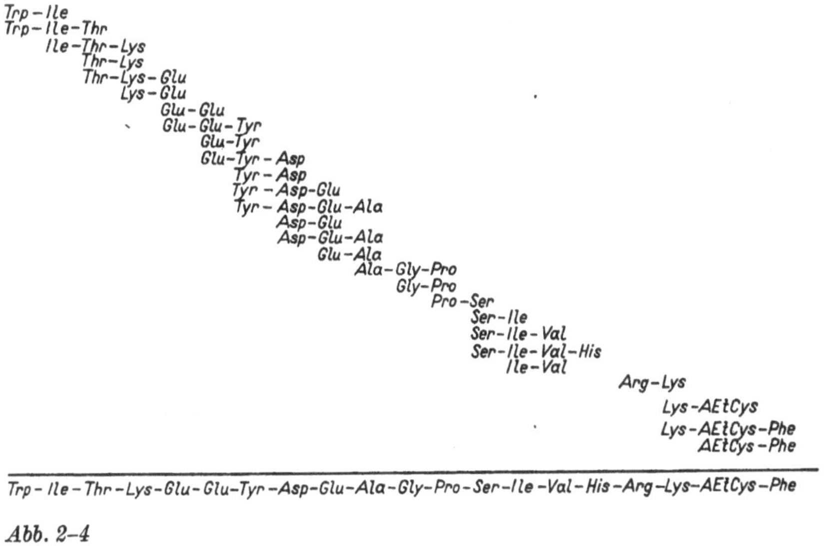

Abb. 2–4

Ermittlung der Sequenz des C-terminalen Eikosapeptides von Actin durch Kombination von Gaschromatographie und Massenspektrometrie aus den Partialsequenzen sich überlappender Oligopeptide (nach NAU, KELLEY und BIEMANN).

2.4.2. Sekundärstrukturen

Während die CO—NH-Bindung aufgrund ihres partiellen Doppelbindungscharakters im wesentlichen planar ist, können die C^{α}—C- und die N—C^{α}-Bindung im Prinzip frei um ihre Achse rotieren. Diese Drehbarkeit ermöglicht eine Vielzahl von Konformationen einer Peptidkette. Der Rotationswinkel um die C^{α}—C-Bindung wird als Psi (Ψ), der um die N—C-Bindung als Phi (Φ) und der um die N—C-Bindung als Omega (ω) bezeichnet. Ψ und Φ sind 0, wenn die beiden planaren Amidgruppen in einer Ebene liegen.

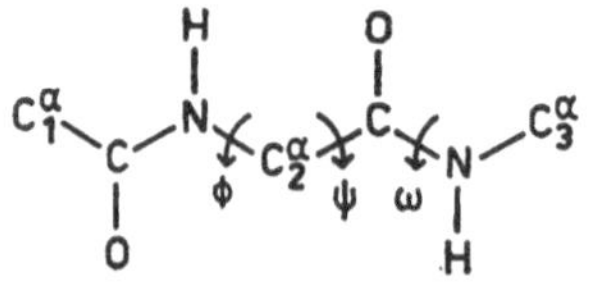

Aus sterischen Gründen sind jedoch nicht alle Winkeleinstellungen möglich. Darüber hinaus können durch nichtkovalente Bindungen, insbesondere Wasserstoffbrücken, bestimmte Anordnungen stabilisiert werden.

Eine Polypeptidkette kann daher außer in einer ungeordneten Struktur (statistisches Knäuel, random coiled structure) noch in räumlich geordneten Konformationen vorliegen.

Aus Röntgenbeugungsuntersuchungen und Modellbetrachtungen entwickelten PAULING und COREY als geordnete Strukturen mit maximaler Stabilisierung durch Wasserstoffbrücken das ***Helixmodell*** und die ***Faltblattstruktur***.

RAMACHANDRAN und sein Arbeitskreis haben alle möglichen Konformationen eines Peptides durchgerechnet. Die RAMACHANDRAN-Diagramme (Abb. 2–5), die durch Auftragen von Φ gegen Ψ erhalten werden, lassen Bereiche erkennen, in denen unter Berücksichtigung noch tolerierbarer Abstände zwischen nicht miteinander verbundenen Atomen sich die wichtigsten geordneten Strukturen befinden.

Die Torsionswinkel der wichtigsten geordneten Strukturen sind der Tab. 2–4 zu entnehmen.

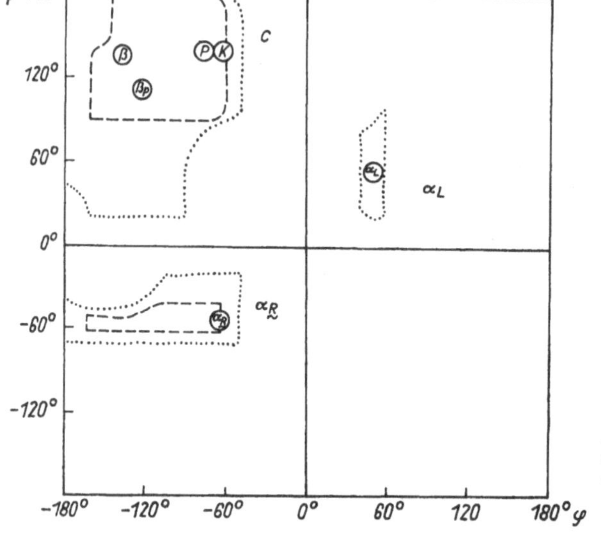

Abb. 2–5

RAMACHANDRAN-φ,ψ-Diagramm (nach EDSALL, FLORY, KENDREW, LIQUORI, NEMETHY, RAMACHANDRAN und SCHERAGA).

α_R rechtsgängige α-Helix
α_L linksgängige α-Helix
P Polyprolin-Helix
β antiparalleles Faltblatt
β_P paralleles Faltblatt
K Kollagen-Tripelhelix

Tabelle 2–4

Torsionswinkel (in °) der wichtigsten geordneten Strukturen der Polypeptidketten

Sekundärstruktur	Φ	Ψ	ω
rechtsgängige α-Helix	−57	−47	+180
linksgängige α-Helix	+57	+47	+180
Poly(L-Prolin) I	−83	+158	0
Poly(L-Prolin) II	−79	+149	+180
antiparalleles β-Faltblatt	−139	+135	−178
paralleles β-Faltblatt	−119	+113	+180
Tripelhelix des Kollagen	−51	+153	+180
	−76	+127	+180
	−45	+148	+180

Nur eine einzige Wasserstoffbrücke wird von der *Haarnadelbiegung* gebildet, die Knickstellen — meist an der Oberfläche der Proteine — bilden.

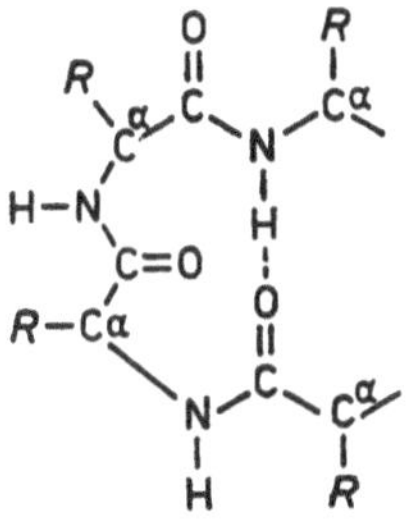

Haarnadelbiegung

In manchen Proteinen liegen etwa 75% der Aminosäuren in Form dieser Sekundärstrukturen vor. Tab. 2–5 informiert über die vorherrschenden Sekundärstrukturen einiger globulärer Proteine. In ihrer reinen Form treten die Sekundärstrukturen nur bei den fibrillären Proteinen auf, deren wichtigste Vertreter die Skleroproteine (Kap. 2.7.) sind

Tabelle 2–5

Vorherrschende Sekundärstrukturen einiger globulärer Proteine (nach SCHULZ)

Sekundärstruktur	Proteine
überwiegend α-Helix	Myoglobin, Hämoglobin, Hämerythrin, Bacteriorhodopsin
überwiegend antiparalleles Faltblatt	Immunoglobuline, Superoxid-Dismutase, Concanavalin, Präalbumin, Chymotrypsin, Bacteriochlorophyll-Protein
zentrales, meist paralleles Faltblatt mit umgebenden Helices	Malat-Dehydrogenase, Lactat-Dehydrogenase, Adenylat-Kinase, Phosphoglycerat-Kinase, Triose-phosphat-Isomerase, Carboxypeptidase, Enzyme der Glykolyse
keine Bevorzugung bestimmter Sekundärstrukturen	Ribonuclease, Lysozym, Ferredoxin

Vollständige Analysen der räumlichen Struktur sind ausschließlich röntgenographisch an kristallinen Proteinen möglich. Allein die Röntgenstrukturanalyse liefert die Information, welcher Sekundärstruktur eine bestimmte Aminogruppe angehört. Relativ genaue Hinweise auf das Vorliegen bestimmter Sekundärstrukturen in gelösten Proteinen lassen sich jedoch durch chiroptische Methoden gewinnen (S. 32).

Unter Berücksichtigung der benachbarten Aminosäuren wurden statistische Methoden entwikkelt, um die Sekundärstruktur in ihrer Sequenz bekannter Proteine vorauszusagen. Diese und durch Hinzuziehen weiterer physikalischer Daten verbesserte Methoden haben sich jedoch nur als relativ treffsicher bei der Voraussage von Helixstrukturen erwiesen.

2.4.2.1. Helixstrukturen

Die Spiralstruktur der Helix (Abb. 2–6 und 2–7) kommt dadurch zustande, daß die Winkel Φ und Ψ das gleiche Vorzeichen und für jedes C^{α}-Atom bei einem Helixtyp jeweils den gleichen Wert besitzen. Eine Helix wird durch die Zahl n_r charakterisiert, wobei n die Zahl der Aminosäureeinheiten pro Spiralgang und r die Anzahl der Atome des durch die Wasserstoffbrücke gebildeten Ringes ist. Die intrachenaren Wasserstoffbrücken werden z. B. zwischen der 1. und 3. ($3{,}0_{10}$-Helix), 1. und 4. ($3{,}6_{13}$-Helix) oder 1. und 5. Peptidbindung ($4{,}4_{16}$-Helix) ausgebildet. Die Höhe h der Spirale pro Windung ergibt sich aus $n \cdot d$, dem Anstieg der Spirale pro Aminosäurerest. Diese Steighöhe pro Windung beträgt bei der $3{,}6_{13}$-Helix 0,54 nm.

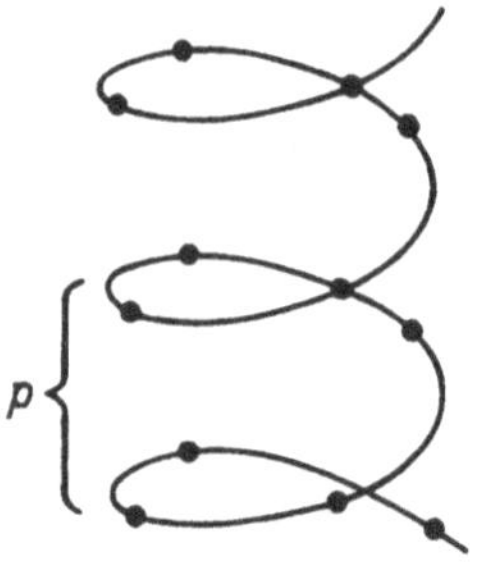

Abb. 2–6
Rechtsgängige Helix mit $n = 4$.

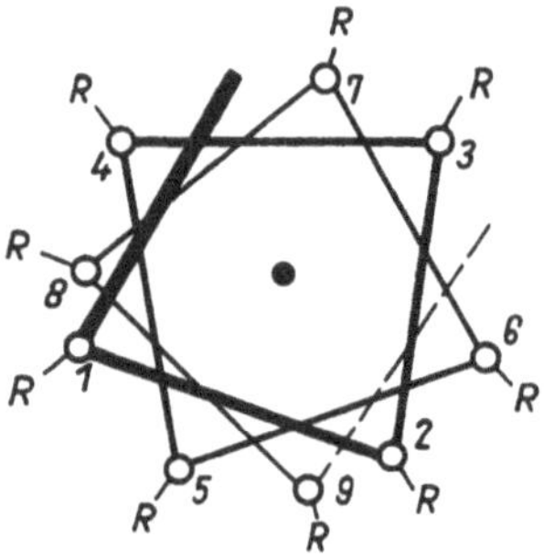

Abb. 2–7
Aufsicht auf eine α-Helix.
○ C^{α}-Atome, die Striche zwischen ihnen stellen die Peptidbindung dar;
R Seitenketten;
● Achse der Spirale.

Eine Helix kann sowohl von Peptiden aus L- als auch von solchen aus D-Aminosäuren, nicht dagegen von Peptiden mit D- und L-Aminosäuren gebildet werden.

Die Seitenketten der Aminosäuren stehen nach außen, radial zur Achse der Schraube. Eine Helix kann rechts- oder linksgängig sein. Die Parameter der wichtigsten Helixtypen sind in der Tab. 2–4 zusammengefaßt. Am verbreitetsten ist die linksgängige α-Helix ($3{,}6_{13}$-Helix). Die Tendenz zur α-Helix-Bildung hängt wesentlich von der Seitenkette der Aminosäure ab. Nach Scheraga lassen sich die Aminosäuren in

helixbildende (Val, Gln, Ile, His, Ala, Trp, Met, Leu, Glu),
indifferente (Lys, Tyr, Asp, Thr, Arg, Cys, Phe) und
helixbrechende Aminosäuren (Gly, Ser, Pro, Asn)

einteilen. Insbesondere durch Prolin wird eine α-Helix-Struktur durch einen Knick in der Peptidkette unterbrochen.

In den fibrillären Proteinen der Kollagengruppe (Kap. 2.7.1.) sind die Polypeptidketten in Form einer *Tripelhelix* angeordnet. Diese Helix gehört wie die Doppelhelix der Nucleinsäuren zu den mehrsträngigen oder Superhelices. Bei der Tripelhelix winden sich drei linksgängige Polypeptidketten um eine gemeinsame Achse und bilden eine rechtsgängige Superhelix (Abb. 2–8). Die Tripelhelix ähnelt in ihren Parametern der Polyprolin-Helix (vgl. Tab. 2–4). Wie bei der einsträngigen Helix ragen die Seitenketten der Aminosäuren der Tripelhelix nach außen. Aus Abb. 2–8 ist ersichtlich, daß für die Aminosäure im Inneren der Tripelhelix (jede 3. Position der Kollagen-Tripelhelix) kein Platz für Seitenketten ist. Diese Position muß also von Glycin eingenommen werden. Entsprechend enthält auch das Kollagen ca. 33% Glycin.

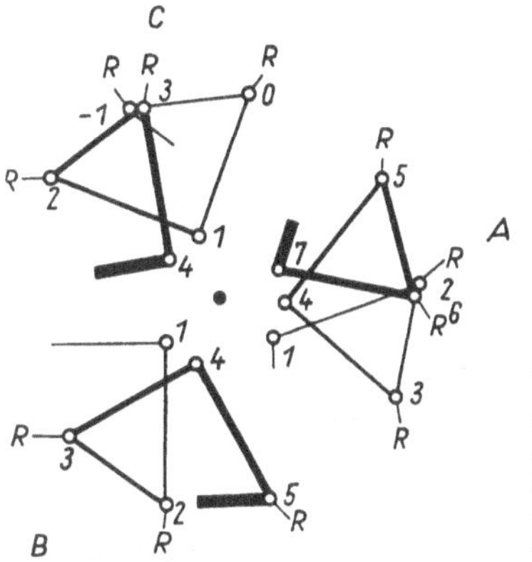

Abb. 2–8
Aufsicht auf eine Tripelhelix (Kollagen).
o C^{α}-Atome, die Striche zwischen ihnen stellen die Peptidbindung dar
R Seitenketten
• zentrale Achse
A, *B*, *C* Bezeichnung der drei Ketten

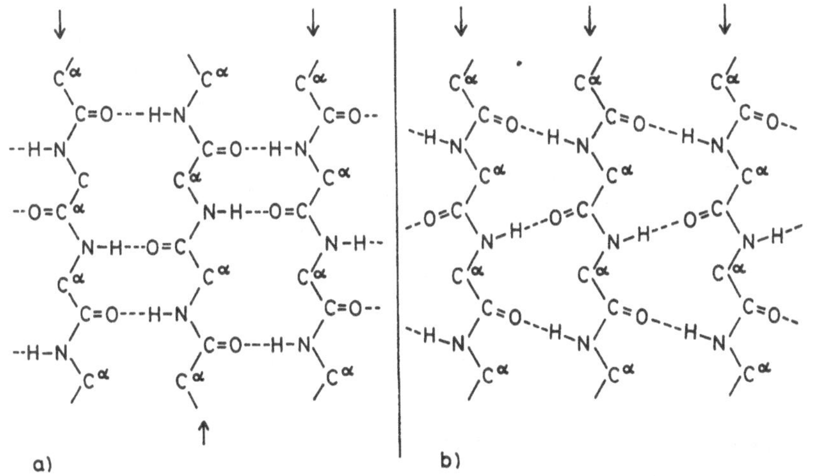

Abb. 2–9
Parallele (*a*) und antiparallele (*b*) Faltblattstruktur (nach Pauling und Corey).

2.4.2.2. Faltblattstrukturen

Bei der Faltblattstruktur (pleated sheet, β-Konformation) werden die Polypeptidketten durch senkrecht zu den Ketten stehende Wasserstoffbrücken zusammengehalten. Die Winkel Φ und Ψ besitzen entgegengesetzte Vorzeichen (Tab. 2–4). Die Ebenen der Peptidgruppen sind daher faltblattartig angeordnet. Die Ketten können parallel oder antiparallel nebeneinander angeordnet sein. Die Faltblattstrukturen sind nicht flach, sondern rechtsgängig verdrillt.

Bemerkenswert ist, daß die Aminosäuren bevorzugt Faltblattstrukturen ausbilden, die eine geringe Tendenz zur Helixbildung zeigen (Gly, Ser, Asp).

Faltblattstrukturen können innerhalb einer Polypeptidkette oder auch zwischen verschiedenen Polypeptidketten ausgebildet werden.

2.4.3. *Tertiär- und Quartärstrukturen*

Die native, biologisch aktive dreidimensionale Struktur einer Peptidkette bezeichnet man als Tertiärstruktur. Die Zusammenlagerung mehrerer Polypeptidketten zu Assoziaten führt zur Ausbildung der Quartärstruktur eines Proteins.

Nach ihrer äußeren Gestalt lassen sich die Proteine in faserförmige (fibrilläre) und kugel- oder ellipsoidförmige (globuläre) Proteine einteilen.

Die *fibrillären Proteine* weisen einen hohen und meist einheitlichen Ordnungsgrad auf. Sie sind dadurch meist sehr schwer löslich und dienen vor allem im tierischen Organismus als Strukturbildner (Skleroproteine, Kap. 2.7.).

Die meisten Proteine, darunter alle Enzyme, gehören zu den *globulären Proteinen.* Die Polypeptidketten der globulären Proteine werden sich in wäßriger Lösung so anordnen, daß möglichst viel Wechselbeziehungen zwischen hydrophoben Aminosäureresten eingegangen werden können. Die großen apolaren Gruppen der Aminosäuren Valin, Leucin, Isoleucin, Prolin und Phenylalanin werden sich also bevorzugt im Inneren des Moleküls, die polaren Gruppen aber außen anordnen. Bei den meisten globulären Proteinen haben etwa 40% der Aminosäurereste hydrophobe Seitenketten. Bei den globulären Proteinen erfolgt also zunächst eine intramolekulare Stabilisierung durch Faltung der Polypeptidkette. Wegen ihrer heterogenen Aminosäuresequenz können Abschnitte mit geordneten Strukturen (Helices oder Faltblattstrukturen, Typen: $\alpha\alpha$, $\beta\beta$, $\beta\alpha\beta$) und solche mit ungeordneten Strukturen abwechseln.

Nach der „thermodynamischen Hypothese“ soll die dreidimensionale Struktur eines nativen globulären Proteins in seinem normalen physiologischen Milieu (Lösungsmittel, pH-Wert, Ionenstärke, Temperatur, Gegenwart anderer Komponenten) die Konformation des gesamten Systems mit der niedrigsten GIBBSschen Freien Energie sein (ANFINSEN). Die durch Faltung der Peptidkette gebildete dreidimensionale Struktur eines Proteins wird von der Gesamtheit der Wechselwirkungen der Aminosäurereste, also von der Aminosäuresequenz determiniert. Die Aufstellung dieser Hypothese geht im wesentlichen auf Untersuchungen der Rückfaltung von Proteinen nach völliger Denaturierung zurück.

Als Wechselwirkungskräfte spielen beim Aufbau der dreidimensionalen Struktur außer den Wasserstoffbrücken (s. Sekundärstruktur) auch andere Dipolkräfte zwischen polaren Gruppen, VAN-DER-WAALS-Kräfte zwischen unpolaren Gruppen und hydrophobe Wechselwirkungen eine Rolle.

Die Tertiärstruktur einiger globulärer Proteine soll an einigen gut untersuchten Beispielen demonstriert werden.

Das erste globuläre Protein, das in seiner Struktur durch Röntgenstrukturanalyse aufgeklärt wurde, war das Myoglobin (PERUTZ und KENDREW, 1959). Myoglobin enthält 8 Helixbereiche, die mit großen Buchstaben (*A–H*, Abb. 2-10) bezeichnet werden. Eine bestimmte Aminosäure in diesen Bereichen wird mit einem Index angegeben, z. B. His F8 als Ligand der prosthetischen Gruppe. Die einzelnen Helixbereiche werden entweder durch einen Knick an einer Aminosäure oder durch nichthelikale Bereiche abgetrennt. Die prosthetische Gruppe ist zwischen zwei Helixbereichen eingebaut (*E* und *F*). In diese „Hämtasche" ragen besonders viel hydrophobe Aminosäurereste. Einzelne, kürzere Helixbereiche entsprechen in ihren Parametern nicht mehr denen einer reinen α-Helix. In anderen globulären Proteinen finden sich dagegen kaum helikale Bereiche. Das ist z. B. bei den Immunoglobulinen der Fall.

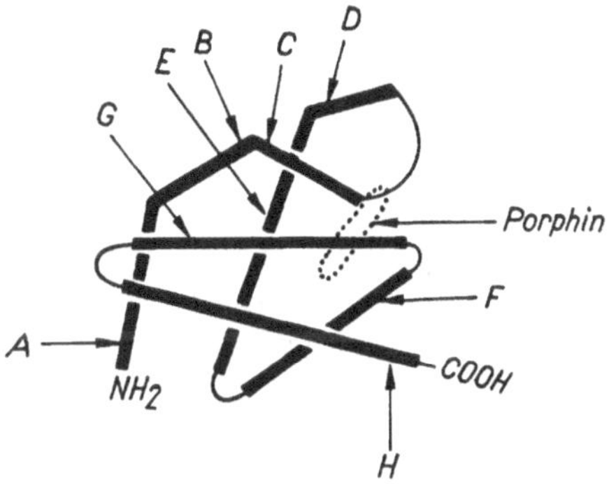

Abb. 2-10
Schematische Darstellung der Tertiärstruktur des Myoglobin mit helikalen (fettgedruckt) und nicht-helikalen Abschnitten und Bezeichnung der helikalen Bereiche (zur Primärstruktur vgl. Tab. 6-6).

Ein sehr gut durch Röntgenstrukturanalyse untersuchtes Protein ist die *Carboxypeptidase A*. Dieses Enzym ist ein Zn-haltiges Metallprotein. Charakteristisch für dieses globuläre Protein ist, daß Helixstrukturen an der Oberfläche und ein größeres Faltblatt aus 8 Elementen im Inneren des Moleküls ausgebildet werden (Abb. 2-11). Auch andere Enzyme wie Lysozym oder Ribonuclease enthalten solche Faltblattstrukturen.

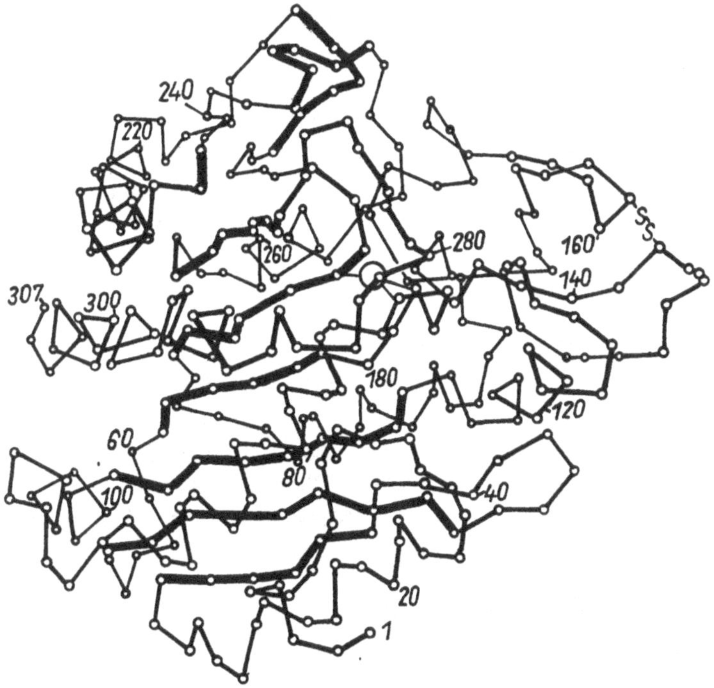

Abb. 2-11
Anordnung der Polypeptidkette der Carboxypeptidase A (nach LIPSCOMB).
Die Faltblattstrukturen sind durch Fettdruck hervorgehoben.

Bei größeren Proteinen mit Ketten aus mehr als 150 Aminosäuren kann es innerhalb der Ketten noch zur Ausbildung von *Domänen* kommen. Darunter versteht man bestimmte Bereiche innerhalb der Peptidkette mit autonomer Sekundärstruktur und spezifischen Funktionen (vgl. Immunoglobuline).

So enthalten die H-Ketten der Immunoglobuline die Domänen v_H, c_H^1, c_H^2 und c_H^3, die L-Ketten die Domänen v_L und c_L (vgl. Abb. 2–20, S. 105).

Die native Konformation eines globulären Proteins kann sich weiter durch Zusammenlagern mehrerer Moleküle sowie durch Metallionen oder prosthetische Gruppen stabilisieren. Die Assoziation unter Ausbildung der Quartärstruktur kann durch Zusammenlagerung von gleichen oder aber in ihrer Größe bzw. Funktion verschiedenen Proteinmolekülen (Untereinheiten, Subunits) eintreten. Häufig versteht man unter einer Untereinheit auch ein Dissoziationsprodukt eines Proteins, das aus mindestens zwei Polypeptidketten besteht. Proteine mit ungleichen Untereinheiten werden auch als heteropolymere, solche aus gleichen, meist geradzahligen Untereinheiten als homopolymere Proteine bezeichnet. Dazu gehören vor allem die allosterischen Enzyme, daneben aber auch verschiedene aus Haptomer- und Effektomerprotein bestehende Toxine (vgl. S. 108).

Im allgemeinen bestehen alle Proteine mit einer Molmasse über 100000 aus Untereinheiten. In diese Gruppe gehört die Mehrzahl der Proteine. Die Anzahl der Untereinheiten kann zwischen 2 und über 2000 (Tabakmosaikvirus-Protein: 2130) schwanken. Durch geeignete Dissoziationsbedingungen läßt sich häufig die Quartärstruktur ohne Zerstörung der Tertiärstruktur abbauen.

Die isolierten Untereinheiten sind meist inaktiv. Durch Rekombination können die Untereinheiten aber wieder spontan zur biologisch aktiven Quartärstruktur assoziieren Es sind zahlreiche Beispiele bekannt, daß auch Untereinheiten verschiedener Oligomerer zu biologisch aktiven *Hybriden* vereinigt werden können. Die Wirkung solcher Hybride wurde besonders eingehend bei verschiedenen Hormonen untersucht (S. 401).

Weitere Beispiele dieser Art sind aus Untersuchungen über die enzymatische Aktivität von Hybridenzymen bekannt. So konnten in ihrer Aminosäuresequenz beträchtlich abweichende Untereinheiten von gleichen Enzymen verschiedener Arten miteinander zu biologisch aktiven sog. Enzymchimären kombiniert werden.

2.5. Physikalisch-chemische Eigenschaften

2.5.1. *Ampholytcharakter*

Die Aminosäuren sind Ampholyte. Sie liegen daher im kristallinen Zustand als Zwitterionen vor. In wäßriger Lösung hängt ihre Ladung vom pH-Wert ab. Am isoelektrischen Punkt sind gleiche Mengen Anionen und Kationen vorhanden, d. h. die Aminosäure liegt als Zwitterion vor.

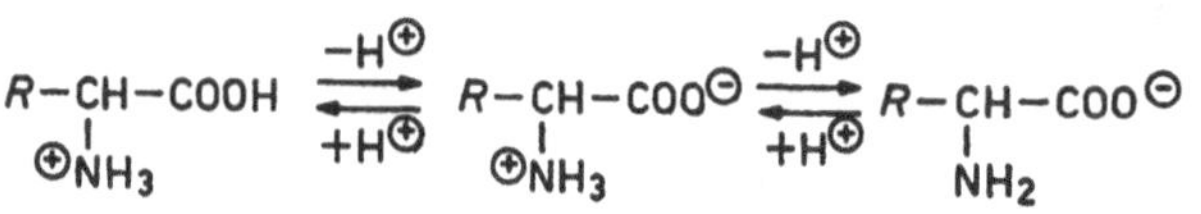

Die Titrationskurve des Glycins (Abb. 2–12, Kurve 1) läßt erkennen, daß die Aminosäuren schwache Elektrolyte sind, die zwei verschiedene Pufferbereiche besitzen. Die Basizität der Aminogruppe kann durch Umsetzen mit Formaldehyd stark zurückgedrängt werden (Abb. 2–12, Kurve 2). Das ist Grundlage der Formoltitration der Aminosäuren.

Nach ihrem Dissoziationsverhalten kann man zwischen neutralen, sauren (zusätzliche Carboxylgruppen: Asp, Glu) und basischen Aminosäuren (zusätzliche Aminogruppen, Guanidinreste: Lys, Arg) unterscheiden (vgl. pK-Werte, Tab. 2–6). Die unterschiedliche Ladung der einzelnen Aminosäuren bei einem bestimmten pH-Wert ist Ursache für ihre unterschiedliche Wanderung im elektrischen Feld. Das wird bei der Elektrophorese ausgenutzt.

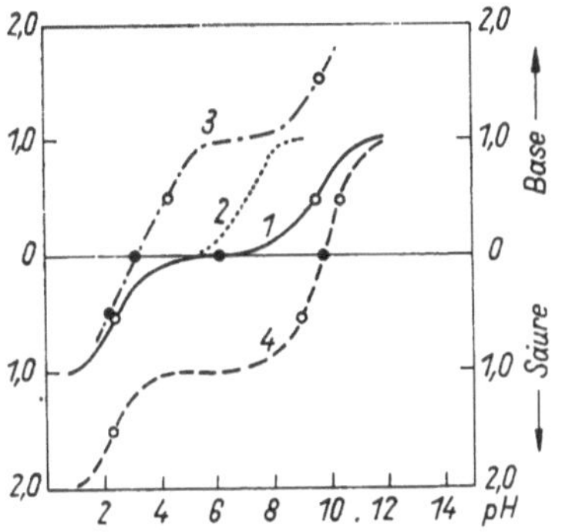

Abb. 2–12
Titrationskurve von Glycin (*1*), Formyl-Glycin (*2*), Glutaminsäure (*3*) und Lysin (*4*).
• pI-Wert; ○ pK-Wert.

Die Ladung eines Proteins wird durch dessen Gehalt an sauren und basischen Gruppen und den pH-Wert der Lösung bestimmt. Der isoelektrische Punkt der Proteine kann daher beträchtlich schwanken (Tab. 2–7).

Die Proteine wirken wie die Aminosäuren als Puffer und lassen sich elektrophoretisch trennen.

2.5.2. *Löslichkeit*

Aminosäuren sind als Zwitterionen relativ gut in Wasser, aber schlecht in organischen Lösungsmitteln löslich (Tab. 2–6). Die Löslichkeit der Aminosäuren und Proteine ist am isoelektrischen Punkt am geringsten.

Nach ihren Seitenresten lassen sich die Aminosäuren in polare und apolare Aminosäuren einteilen. Ausgesprochen apolare Aminosäuren sind Valin, Leucin, Isoleucin, Prolin und Phenylalanin. Zu den polaren Aminosäuren gehören neutrale (Serin, Threonin) sowie die sauren und basischen Aminosäuren.

Die Proteine werden nach ihrer Löslichkeit in *Albumine*, *Globuline* und *Histone* eingeteilt (Tab. 2–8). Daneben unterscheidet man noch die stark basischen *Protamine*, die aufgrund ihrer Molmasse (ca. 5000) zu den Polypeptiden gerechnet werden müssen, sowie eine kleinere Gruppe von pflanzlichen Proteinen, die *Gluteline*, *Gliadine* und *Prolamine*, die vorwiegend in Getreidekörnern vorkommen.

Die Löslichkeit eines Proteins wird durch den pH-Wert und die Salzkonzentration bestimmt.

2.5.3. *Hydratation*

Die Polypeptidketten der Proteine sind in ihrer natürlichen wäßrigen Umgebung so angeordnet, daß die polaren Aminosäuren an der Oberfläche sitzen (vgl. Tertiärstruktur, Kap. 2.4.3.). Die polaren Gruppen, darunter vor allem die ionogenen, treten in Wechsel-

Tabelle 2–6

Dissoziationskonstanten (pK), isoelektrische Punkte (pI) und Löslichkeit der Aminosäuren

Aminosäuren	pI	pK der sauren Gruppen	pK der basischen Gruppen	Löslichkeit in Wasser bei 25 °C in g/100 ml
Asp	2,8	1,88 (α) 3,65 (β)	9,60	0,5
Glu	3,2	2,19 (α) 4,25 (γ)	9,67	0,8
Cys	5,0	2,01	8,71	
Asn	5,4	2,02	8,80	3,11
Phe	5,5	1,83	9,13	2,97
Thr	5,6	2,15	9,12	20,5
Gln	5,7	2,17	9,13	3,6
Tyr	5,7	2,20 10,07 (OH)	9,11	0,05
Ser	5,7	2,21	9,15	5,0
Met	5,7	2,28	9,21	3,35
Trp	5,9	2,38	9,39	1,14
Ile	5,9	2,26	9,62	4,12
Val	6,0	2,32	9,62	8,85
Ala	6,0	2,34	9,69	16,54
Gly	6,0	2,34	9,60	24,99
Leu	6,0	2,36	9,60	2,19
Pro	6,3	1,99	10,60	162,3
His	7,6	1,78	8,97 5,97 (Imidazol)	4,29
Orn	9,7	1,94	8,65 10,76 (δ-NH_2)	
Lys	9,7	2,20	8,90 10,28 (ε-NH_2)	sehr gut
Arg	10,9	2,18	9,09 13,2 (Guanidin)	sehr gut

Tabelle 2–7

Isoelektrischer Punkt (pI) einiger Proteine

Protein	pI
Thymohiston	10,8
Serumalbumin	4,7–4,9
γ_1-Globulin (Mensch)	5,8
Fibrinogen	5,5–5,8
Keratin	3,7–5,0
Gelatine	4,7–5,0
Insulin	5,35
Pepsin	ca. 1,0

Tabelle 2–8
Einteilung der globulären Proteine nach ihrer Löslichkeit

Gruppe	Löslichkeit	Beispiele
Albumine	leicht löslich in dest. Wasser oder Salzlösungen, Fällung durch Sättigen der Lösung mit $(NH_4)_2SO_4$	Albumin des Blutplasmas, Ovalbumin
Globuline	nicht löslich in dest. Wasser, aber in verd. Salzlösungen, Fällung durch Halbsättigen mit $(NH_4)_2SO_4$	Immunoglobuline, Thyroglobulin
Histone	basische Proteine (viel Arg), löslich in Wasser und Säuren	

beziehungen mit dem Wasser, wobei jede Aminosäure durchschnittlich 3 Moleküle Wasser bindet. Es bilden sich dadurch verschiedene Hydratschichten um das Proteinmolekül, deren Wasser unterschiedlich stark gebunden ist. Dieses gebundene Wasser unterscheidet sich in seinen thermodynamischen Eigenschaften von dem normalen „freien" Wasser der Umgebung. Die unterschiedliche Beweglichkeit des gebundenen und „freien" Wassers läßt sich anhand der Relaxationszeiten *NMR*-spektroskopisch verfolgen. Man rechnet durchschnittlich mit einer Hydrathülle von 0,2—0,6 g Wasser pro g Protein. Diese Hydrathülle bleibt auch im kristallinen Zustand erhalten. Durch hohe Salz- oder Wasserstoffionen-Konzentration wird die Hydrathülle teilweise abgebaut, da die Elektrolyte selbst Wasser binden. Es kommt zum Ausfällen der Proteine infolge Aggregation (*Aussalzeffekt*). Auch die durch Ionenbeziehungen zusammengehaltenen Nucleoproteine enthalten nur wenig Wasser.

2.5.4. Denaturierung

Unter einer Denaturierung versteht man die Veränderung der nativen Struktur eines Proteins, die erkennbar ist an Veränderungen der biologischen Aktivität, der optischen Eigenschaften (Lichtstreuung, chiroptische Parameter, *IR*-Banden) sowie des hydrodynamischen Verhaltens. Bei der reversiblen Denaturierung werden nicht-kovalente Bindungen gelöst, bei der irreversiblen Denaturierung daneben auch kovalente Bindungen (Disulfidbrücken). Durch die Lösung der nicht-kovalenten Bindungen wird das Protein mehr oder weniger vollständig in die random-coiled-Struktur übergeführt. Die Denaturierung kann physikalisch oder chemisch erfolgen. Physikalisch läßt sich eine Denaturierung z. B. durch Hitze erzielen. Durch Aggregation der denaturierten Proteinmoleküle kann die Hitzedenaturierung irreversibel werden (Hitzekoagulation). Chemisch lassen sich die nicht-kovalenten Bindungen durch Veränderung des pH-Wertes (Lösen von Ionen-Beziehungen, insbesondere durch Säure), Zugabe von Verbindungen, die selbst starke Wasserstoffbrücken ausbilden (Lösen von Wasserstoffbrücken der Proteine z. B. durch Harnstoff oder Guanidin in hohen Konzentrationen) oder Zugabe von organischen Lösungsmitteln (Lösen von hydrophoben Wechselwirkungen durch Aceton oder Alkohole) denaturieren. Von großer praktischer Bedeutung sind ferner Detergentien wie Natrium-Dodecylsulfat (SDS).

$H_3C-(CH_2)_{10}-CH_2-O-SO_2-O\,Na$

Natrium-Dodecylsulfat

Die bei der reversiblen Denaturierung erfolgende Konformationsänderung der globulären Proteine entspricht einem Übergang von einer geordneten in eine weniger geordnete Phase. Dieser Phasenübergang (vgl. auch S. 271), der durch Änderung der Temperatur, des pH-Wertes oder des Druckes ausgelöst wird, kann durch Verfolgen spektroskopischer Parameter, aber auch der Viskosität, der spezifischen Wärme oder anderer physikalischer Parameter verfolgt werden (Abb. 2–13).

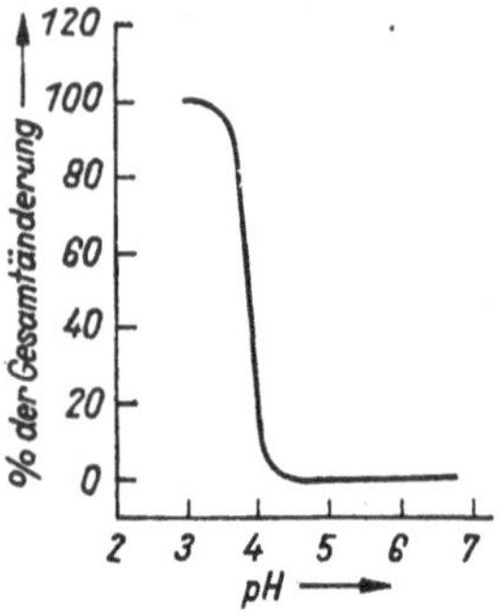

Abb. 2–13

Durch Veränderung des pH-Wertes ausgelöste sprunghafte Veränderung der reduzierten Viskosität und der molaren Elliptizität bei 220 nm eines Proteins (Nuclease) (nach SCHLECHTER, EPSTEIN und ANFINSEN).

2.5.5. Spektroskopie

Die Elektronenspektren ergeben nur bei den aromatischen Aminosäuren Absorptionsmaxima im allgemein auswertbaren Meßbereich. Für Proteinbestimmungen haben nur die Absorptionsmaxima des Tryptophans und Tyrosins Bedeutung. Abb. 2–14 läßt erkennen, daß das Absorptionsspektrum des Tyrosins pH-abhängig ist. Der Extinktionskoeffizient des Phenylalanins ist gegenüber dem des Tyrosins und Tryptophans außerordentlich gering, so daß dessen Extinktion keinen nennenswerten Beitrag liefert.

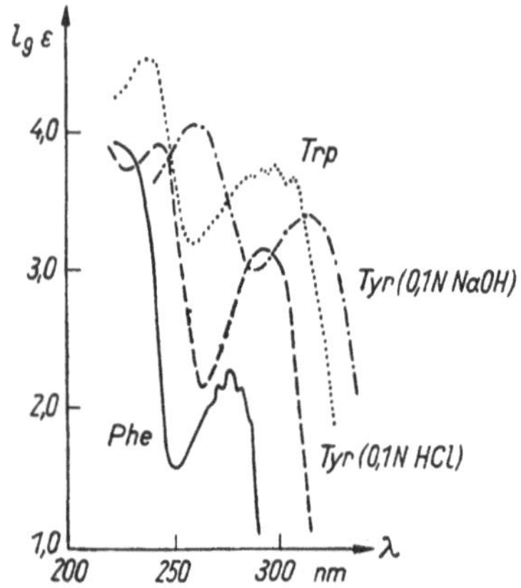

Abb. 2–14

UV-Spektren einiger aromatischer Aminosäuren (Tryptophan, Phenylalanin, Tyrosin in 0,1 N NaOH und 0,1 N HCl).

Längerwellige Absorptionen bei Proteinen sind auf die Anwesenheit bestimmter prosthetischer Gruppen zurückzuführen.

Bei Proteinen wird die Extinktion bei 280 nm und einer Konzentration von 1 mg/m*l* angegeben.

Die Peptidbindung absorbiert bei 190 nm. Auf sie gehen die zwischen 190—220 nm auftretenden Anomalien in der *CD*- bzw. *ORD*-Kurve der Polypeptide und Proteine zurück. Diese Absorptionen hängen sehr stark von der räumlichen Anordnung der Peptidbindungen ab und können daher zur Ermittlung der Sekundärstruktur herangezogen werden (Abb. 2–15). Daneben treten bei höheren Wellenlängen wesentlich schwächere COTTON-Effekte auf, die auf die Aminosäuren Tyrosin, Tryptophan, Phenylalanin und Cystin zurückzuführen sind.

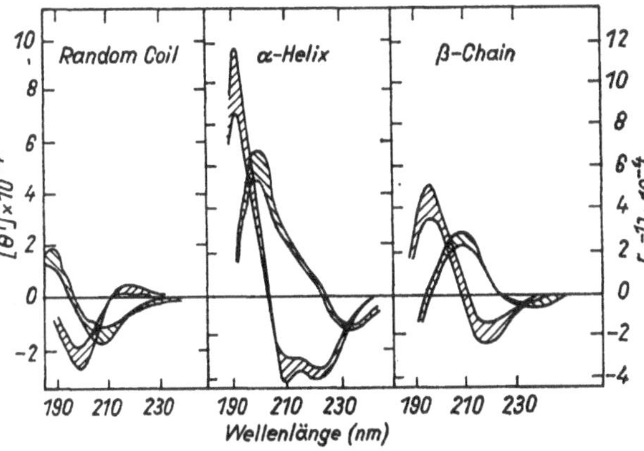

Abb. 2–15

CD- und ORD-Kurve eines Homopolypeptides als statistisches Knäuel sowie in der α-Helix- und Faltblattstruktur (nach J. H. PERRIN und P. A. HART, J. pharmac. Sci **59** (1970), 431).

2.6. Biologisch aktive Peptide und Proteine

Die Proteine haben eine Vielzahl lebensnotwendiger Funktionen zu erfüllen. An erster Stelle ist hier ihre Funktion als Biokatalysatoren (Enzyme, Kap. 2.6.1.) zu nennen, die sie allein oder zusammen mit Cofaktoren (Metalle, Coenzyme) ausüben. Proteine wirken ferner als intra- und interzelluläre Regulationsstoffe. Zu ersteren gehören z. B. Proteine, die bestimmte DNS-Abschnitte temporär blockieren können (Repressoren) oder solche, die die DNS-Replikation regulieren (Initiationsproteine, DNS-Bindungsproteine). Auf interzelluläre Regulationsstoffe wird ausführlich in Kap. 7. eingegangen. Zahlreiche Peptide spielen eine Rolle bei neurobiologischen Prozessen. Das Protein *Calmodulin* moduliert die intrazelluläre Ca^{2+}-Konzentration. Die Immunoglobuline (Kap. 2.6.2.) dienen bei Wirbeltieren zur Abwehr körperfremder Stoffe. Aus der Gruppe der *Lymphokine*-Substanzen, die im Verlaufe von Immunreaktionen von Zellen abgegeben werden — sei das Tetrapeptid *Tuftsin* (Thr-Lys-Pro-Arg) erwähnt, das die Phagozytose stimuliert. Zahlreiche Proteine ermöglichen den Transport und die Speicherung von Metallen (S. 120) oder Sauerstoff (sauerstoffübertragende Chromoproteine, Kap. 4.5.2.). Strukturgebundene Membranproteine dienen für den aktiven Transport durch die biologische Membran. Fibrilläre Proteine haben vor allem in Wirbeltieren Stütz- und Schutzfunktionen zu erfüllen (Skleroproteine, Kap. 2.7.). Bestimmte Peptide üben eine toxische Wirkung auf andere Organismen aus. Dazu zählen verschiedene tierische (Schlangen- oder Bienengift, Kap. 2.6.4.), mikrobielle (z. B. Peptid-Antibiotica, Kap. 11.2.) oder pflanzliche Toxine (Pilzgifte, Kap. 2.6.4.; Lectine, Kap. 2.6.3.; Peptid-Alkaloide).

Peptid-Wirkstoffe werden häufig aus inaktiven Vorstufen (*Zymogene*) durch enzymatische Spaltung gebildet (sog. Protein-Processing oder Reifung, vgl. Aktivierung von Enzymen, S. 96; Prohormone, S. 397). Bei den meisten Peptid-Wirkstoffen konnten bestimmte Bereiche der Peptidkette als aktives Zentrum (auch Effektomer), andere Bereiche als bindendes Zentrum (auch Haptomer) erkannt werden. Proteine, die von der Zelle nach außen abgegeben werden (sekretorische Proteine: z. B. Albumin, best. Hormone und Enzyme) sollen nach der „Signalhypothese" als *Präproproteine* (z. B. Präproalbumin, Präproinsulin) die Assoziation an und den Transport durch die Membran mit Hilfe N-terminaler *Signalpeptide* bewerkstelligen. Diese Signalpeptide enthalten einen N-terminalen Methioninrest und sehr viel hydrophobe Aminosäuren (85–95%).

2.6.1. Enzyme

Enzyme sind biologische Katalysatoren, die wie anorganische Katalysatoren die Geschwindigkeit einer chemischen Reaktion beschleunigen, ohne die Lage des Gleichgewichtes zu beeinflussen. Die Wechselzahl, d. h. die Anzahl Mole umgesetztes Substrat pro aktives Zentrum des Enzyms, kann bis zu 10^5 sec^{-1} betragen. Die große Spezifität der Enzyme gegenüber einem bestimmten Substrat veranlaßte E. Fischer 1894 zu seinem bekannten Schlüssel-Schloß-Vergleich. Die Untersuchung der Enzyme und ihrer Wirkmechanismen gehört wegen der grundsätzlichen Bedeutung für die Aufklärung der Organisation des Lebens, für die Aufklärung und Beeinflussung pathologischer Erscheinungen z. B. des menschlichen Organismus und in zunehmendem Maße auch wegen ihrer Bedeutung für industrielle Stoffumwandlungen zu den wichtigsten Teilgebieten der Biochemie.

2.6.1.1. Klassifizierung

Die Enzyme werden nach ihrer Funktion in verschiedene Klassen eingeteilt (Tab. 2–9). Das von der Enzymkommission (E. C.) der IUB aufgestellte Klassifizierungssystem sieht für jedes Enzym eine vierziffrige Code-Nummer, die durch Punkte abgetrennt ist, vor. Diese Code-Nummer enthält die Hauptklasse (vgl. Tab. 2–9), die Unterklasse, die Unter-Unterklasse sowie die Serie, der das Enzym angehört. Neben dieser eindeutigen Kennzeichnung durch die Code-Nummer sind für die Enzyme noch Trivialnamen mit dem Suffix *-ase* gebräuchlich. Die meisten Namen enthalten Hinweise auf das Substrat, das Cosubstrat sowie der Art der katalysierenden Reaktion (Hauptgruppe des Klassifizierungssystems).

2.6.2.1. Bau der Enzyme

Die Enzyme sind globuläre Proteine. Sie können von einer Polypeptidkette gebildet werden oder auch aus mehreren gleichen oder verschiedenen Untereinheiten aufgebaut sein. Zu letzterer Gruppe gehören die *Multienzym-Komplexe*, bei denen mehrere Enzyme als Untereinheiten in einem konstanten Mengenverhältnis eine geordnete Quartärstruktur bilden. Hierbei handelt es sich häufig um Enzyme, die aufeinanderfolgende Reaktionsschritte katalysieren (z. B. Pyruvat-Dehydrogenase-Komplex), Fettsäure-Synthetase-Komplex). Die Ausbildung von Multienzym-Komplexen bietet offensichtlich Vorteile gegenüber einem einzelnen globulären Enzym. So wird vermutet, daß die enzymatisch aktive Konformation der einzelnen Untereinheiten im Komplex stabilisiert wird.

Multifunktionelle Enzyme üben wie die Multienzym-Komplexe mehrere katalytische Funktionen aus, bestehen aber im Unterschied zu diesen aus nur einem Polypeptidstrang.

Tabelle 2–9

Klassifikation der Enzyme

Hauptklasse (Nr.)	Funktion	Beispiele (Nr.)
Oxidoreduktasen (1)	katalysieren Redox-Reaktionen	auf CHOH-Gruppen einwirkend: Alkohol-Dehydrogenase (1.1.1.1.) Monamino-Oxidase (1.4.3.4.) Cytochrom-Oxidase (1.9.3.1.) 21-Steroid-Hydroxylase (1.9.1.11.)
Transferasen (2)	katalysieren intermolekulare Gruppenübertragungen	C_1-Gruppen übertragend: Carboxyltransferasen (2.1.3.) Acyltransferasen: Cholinacetyltransferase (2.3.1.6.) Glykosyltransferasen (2.4.) N-haltige Gruppen übertragend: Aminotransferasen (2.6.1.) P-haltige Gruppen übertragend: Hexokinase (2.7.1.1.) Thiamin-Pyrophosphatase (2.7.6.2.) Ribonuclease (2.7.7.16.)
Hydrolasen (3)	katalysieren hydrolytische Spaltungen	Ester hydrolysierend: Lipase (3.1.1.3.) Acetylcholinesterase (3.1.1.7.) Thymidylat-5'-Phosphatase (3.1.3.35.) Glykoside hydrolysierend: Amylase (3.2.1.1.) Lysozym (3.2.1.17.) Amide hydrolysierend: Trypsin (3.4.21.4.) Pepsin A (3.4.23.1.) Carboxypeptidase A (3.4.12.2.) Penicillinase (3.5.2.6.) Anhydride hydrolysierend: ATPase (3.6.1.3.)
Lyasen (4)	katalysieren nicht-hydrolytische Spaltungen	C—C-Lyasen: Pyruvat-Decarboxylase (4.1.1.1.) Fructose-biphosphat-Aldolase (4.1.2.13.) C—O-Lyasen: Carbonat-Dehydratase (4.2.1.1.) C—N-Lyasen: Ammoniak-Lyasen (4.3.) P—O-Lyasen: Adenylat-Cyclase (4.6.1.1.)
Isomerasen (5)	katalysieren intramolekulare Wanderungen	Racemasen und Epimerasen: Alanin-Racemase (5.1.1.1.) UDPglucose-4-Epimerase (5.1.3.2.) cis-trans-Isomerasen: Retinal-Isomerase (5.2.1.3.) intramolekulare Oxidoreduktasen: Triosephosphat-Isomerase (5.3.1.1.) Steroid-$\Delta^{4,5}$-Isomerase (5.3.3.1.)

Tabelle 2–9 (Fortsetzung)

Hauptklasse (Nr.)	Funktion	Beispiele (Nr.)
Ligasen (6)	katalysieren Zusammenlagerungen zweier Moleküle (synthetische Reaktionen)	C—O-Bindungen: Tyrosyl-tRNS-Synthetase (6.1.1.1.) C—S-Bindungen: Acetyl-CoA-Synthetase (6.2.1.1.) C—N-Bindungen: NAD-Synthetase (6.3.1.5.) C—C-Bindungen: Carboxylasen (6.4.1.)

Die Enzyme können gelöst oder strukturgebunden (membrangebunden) vorliegen. Zu den strukturgebundenen Enzymen gehören die Enzyme der Mitochondrien und der Chloroplasten.

Das aktive Enzym kann am Wirkungsort aus einer inaktiven Vorstufe gebildet werden. *Aktivierungsvorgänge* haben eine besondere Bedeutung bei den proteolytischen Enzymen, da dadurch eine Selbstverdauung verhindert wird.

So wird das im Pankreassekret enthaltene Chymotrypsin B erst im Duodenum in die aktive Form durch Spaltung der Peptidbindungen *A*—*D* (Abb. 2–16) umgewandelt.

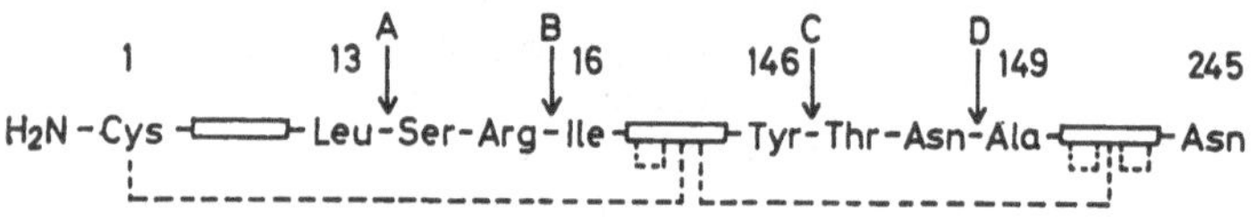

Abb. 2–16
Aktivierung des Chymotrypsins (... Disulfidbrücken).

Die proteolytische Aktivität tritt bereits nach Spaltung der Bindung *A* auf (π-Chymotrypsin mit N-terminalem Isoleucinrest). Beim α-Chymotrypsin sind die Bindungen *A*—*D* gespalten. Die drei Peptidketten werden durch Disulfidbrücken zusammengehalten. Durch diese Spaltungen wird offensichtlich eine für die Aktivität benötigte Konformationsänderung ermöglicht. Beim Pepsin erfolgt der Aktivierungsvorgang durch die Protonen des Magensaftes (Pepsinogen $\rightarrow$ Pepsin). Pepsin gehört zu den sauren Proteasen. Es enthält ungewöhnlich viel Aminosäuren mit Carboxylgruppen. Vier basischen Resten im Molekül stehen 36 Carboxylgruppen gegenüber.

Innerhalb eines Individuums kommen Enzyme mit identischer Funktion, aber Unterschieden in ihrer Sequenz vor. Diese multiplen Formen eines Enzyms bezeichnet man als *Isoenzyme.* Auf der anderen Seite aber ist auffallend, daß in der Nähe des aktiven Zentrums eines Enzyms enge strukturelle Beziehungen zwischen Enzymen verschiedener Spezifität und Herkunft bestehen. Als *aktives Zentrum* eines Proteins (Enzyms, Proteohormons, Immunoglobulins, Toxins) wird der Teil des Moleküls verstanden, der unmittelbar an der biologischen Funktion beteiligt ist. Die an der Bildung des aktiven Zentrums beteiligten Aminosäuren müssen nicht unbedingt unmittelbar miteinander verbunden sein, sondern können auch durch entsprechende Faltung in der aktiven Struktur räumlich benachbart sein. Strukturelle Ähnlichkeiten am aktiven Zentrum sind besonders gut bei den Hydrolasen untersucht worden.

Die Hydrolasen lassen sich nach ihrer Struktur am aktiven Zentrum in folgende vier Gruppen einteilen:

1. Hydrolasen mit einem aktiven Serinrest:
   Carboxylesterasen (Acetylcholinesterase)
   Proteasen der Tiere (Chymotrypsin, Trypsin, Thrombin, Plasmin) und bestimmter Bakterien (Subtilopeptidase)
2. Hydrolasen mit einem aktiven Cysteinrest:
   pflanzliche Proteasen
3. Hydrolasen mit einem bivalenten Metallion:
   Exopeptidasen (Carboxypeptidase)
4. Proteasen mit einem Wirkungsoptimum bei sehr niedrigem pH-Wert (saure Proteasen):
   Pepsin.

Die Serin-Hydrolasen sind charakterisiert durch eine ungewöhnlich starke Nucleophilie der Hydroxylgruppe eines Serinrestes. Im Unterschied zu anderen Serinresten reagiert diese aktive Hydroxylgruppe mit aktivierten Phosphorsäureestern wie Diisopropylfluorophosphat (DFP). Durch Phosphorylierung kommt es zu einer Inaktivierung des Enzyms.

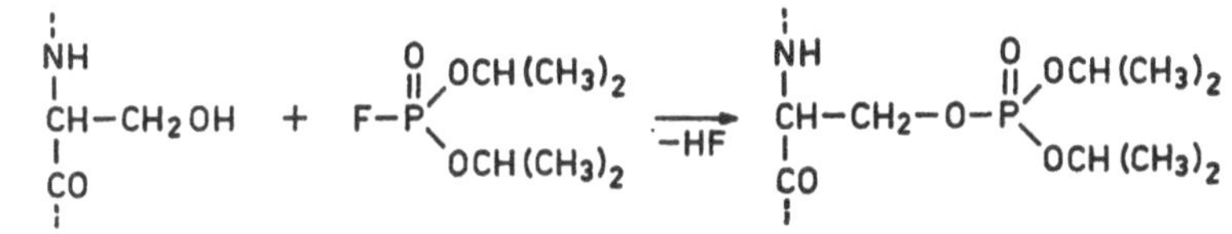

Serin-Hydrolase DFP inaktivierte Serin-Hydrolase

Viele Serin-Hydrolasen ähneln sich in ihrer Sequenz am aktiven Zentrum, also in unmittelbarer Nähe dieses Serinrestes (Tab. 2–10), so daß für diese Enzyme eine evolutionäre Entwicklung von einem gemeinsamen „Urenzym“ angenommen wird.

Bei den meisten Veränderungen handelt es sich um einen konservativen Austausch (vgl. dazu S. 53).

Tabelle 2–10

Enzym	Sequenz		
Trypsin	-Cys-Gln-Gly-Asp	193 Ser	Gly-Gly-Pro-Val-Val-Cys-
Chymotrypsin B	-Cys-Met-Gly-Asp	Ser	Gly-Gly-Pro-Leu-Val-Cys-
Elastase	-Cys-Gln-Gly-Asp	Ser	Gly-Gly-Pro-Leu-His-Cys-
Thrombin	-Cys-Glu-Gly-Asp	Ser	Gly-Gly-Pro-Phe-Val-Met-
Plasmin	-Cys-Gln-Gly-Asp	Ser	Gly-Gly-Pro-Leu-Val-Cys-
Butyrylcholin-esterase	-Phe-Gly-Glu	Ser	Ala-Gly-
Acetylcholin-esterase	-Glu	Ser	Ala
Carboxylesterase	-Gly-Glu	Ser	Ala-Gly-Gly-

Zahlreiche Enzyme enthalten außer der Proteinkomponente, dem sog. *Apoenzym*, noch *Cofaktoren* (Metallionen, Coenzyme, Phospholipide). Eine enzymatische Aktivität wird erst in Verbindung mit diesen Cofaktoren, als *Holoenzym*, entfaltet. Als katalysierend wirkende Metalle kommen bei den Enzymen vor allem die Übergangselemente Mn, Fe, Co, Cu und Zn vor. Ungefähr 1/3 aller Enzyme benötigen für die Entfaltung ihrer optimalen Aktivität die Anwesenheit von Metallionen. Innerhalb der *metallhaltigen Enzyme* werden zwei Haupttypen unterschieden, die ineinander übergehen können.

1. Die Metalloenzyme, bei denen das Metallion integraler Bestandteil ist, der in einem bestimmten molaren Verhältnis zum Protein vorkommt. Die Metallionen dissoziieren unter physiologischen Verhältnissen praktisch nicht. Nach ihrer Entfernung geht die enzymatische Aktivität verloren. Es handelt sich vor allem um $Fe^{2\oplus}$ bzw. $Fe^{3\oplus}$ (Oxidoreduktasen), $Cu^{2\oplus}$ (Oxidasen), $Zn^{2\oplus}$ (Dehydrogenasen, Hydrolasen), $Mo^{2\oplus}$ (Xanthin-Oxidase, Nitrat-Reduktase), $Mn^{2\oplus}$ (Pyruvat-Carboxylase) und $Ca^{2\oplus}$ (α-Amylase).
2. Die Metallionen-aktivierten Enzyme, bei denen das Metallion nur relativ locker gebunden ist und während der Isolierung des Enzyms verlorengehen kann. Die Metallionen werden für die Entwicklung der maximalen Aktivität des Enzyms benötigt. Es handelt sich vor allem um die Elemente Zn (Acylase), Mg (Hexokinase, Adenosin-Triphosphatase, Carboxylase), Ca, Na und K.

Ca. 50% aller Enzyme benötigen ein Coenzym für die Entwicklung ihrer Aktivität. Auf die Coenzyme wird ausführlich im Kapitel 6. eingegangen.

2.6.1.3. *Mechanismus der Enzymkatalyse*

Durch eine Katalyse wird die freie Aktivierungsenthalpie einer Reaktion gegenüber der nicht-katalysierten Reaktion erniedrigt. Bei der Umwandlung eines Substrates (S) in ein Produkt (P) in Gegenwart des Enzyms (E) können im allgemeinen folgende Teilschritte unterschieden werden:

$$E + S \leftrightharpoons ES \leftrightharpoons EP \leftrightharpoons E + P$$

1. die Bindung des Substrates an das Enzym unter Bildung eines Enzym-Substrat-Komplexes,
2. den eigentlichen katalytischen Prozeß, der in die Aktivierung dieses Komplexes durch Umlagerung seiner Struktur und die Umwandlung des Substrates in das Produkt unterteilt werden kann und
3. die Dissoziation des Enzym-Produkt-Komplexes unter Regenerierung des biologischen Katalysators.

Die Geschwindigkeit einer enzymatischen Reaktion wird in der Regel durch die Konformationsänderung des Proteins und die Freisetzung des Produktes begrenzt.

Innerhalb des aktiven Zentrums des Enzyms werden der bindende Teil (binding site) und der eigentlich katalysierend wirkende aktive Teil (active site) unterschieden. Beide Bezirke können jedoch auch zusammenfallen.

Bezüglich des Mechanismus der enzymatischen Katalyse können zwei Typen unterschieden werden:

1. eine Katalyse durch Modifizierung der Reaktanten (Katalyse durch Säuren oder Basen) und
2. eine Katalyse durch Eingehen eines anderen Reaktionsweges (alternative pathway catalysis; nucleophile Katalyse).

Bei den beiden Typen kann das Substrat bzw. Produkt sowohl nicht-kovalent als auch kovalent an das Enzym gebunden werden. Einige gut untersuchte Beispiele sollen im folgenden vorgestellt werden, wobei darauf hingewiesen sei, daß auf Reaktionen, an denen Coenzyme beteiligt sind, in Kapitel 6. näher eingegangen wird.

Die Wirkung des *Lysozyms* kann auf eine säurekatalysierte Spaltung einer glykosidischen Bindung zurückgeführt werden.

Lysozym (auch Muramidase oder N-Acetylmuramylglykanohydrolase) ist das erste Enzym, das in seiner Tertiärstruktur aufgeklärt werden konnte (PHILIP, NORTH, BLAKE und Mitarb., 1967). Lysozym ist eine Glykosidase, die in den meisten Körpersekreten (Tränen, Nasenschleim), im Hühnereiweiß sowie in vielen tierischen und pflanzlichen Materialien vorkommt. Durch Lysozym werden spezifisch bestimmte Polysaccharide der Bakterienzellwand gespalten. Die Spaltung erfolgt zwischen N-Acetylglucosamin und N-Acetylmuramsäure.

Abb. 2–17 zeigt die Vorstellungen zum Wirkungsmechanismus am aktiven Zentrum des Lysozyms, an dem die Aminosäuren Glu[35] und Asp[52] beteiligt sind.

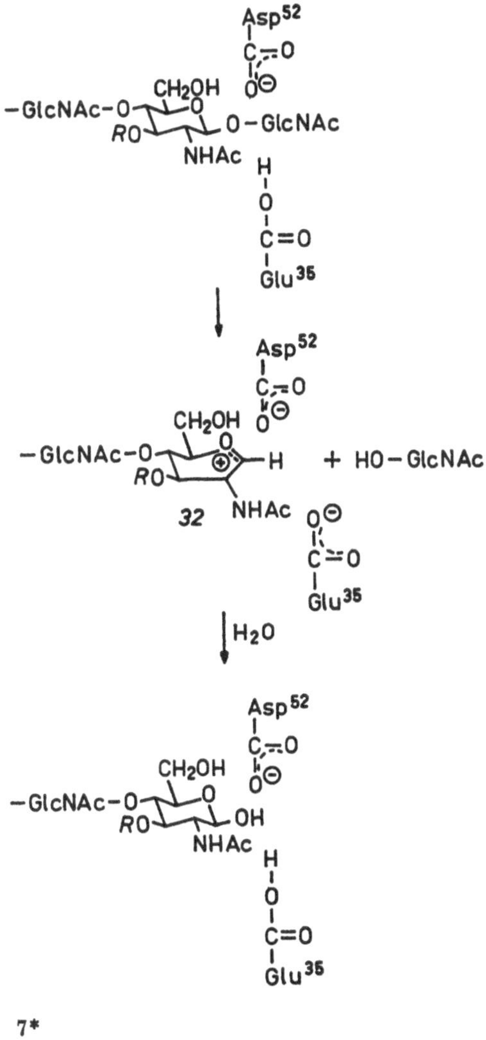

Abb. 2–17
Wahrscheinlicher Wirkungsmechanismus am aktiven Zentrum des Lysozyms.

Die Glykosidbindung wird durch einen Angriff des Protons der Carboxylgruppe von Glu^{35} am glykosidischen Sauerstoffatom geschwächt. Die Spaltung wird noch dadurch unterstützt, daß der Tetrahydropyranrest infolge der Bindung des Substrates an das Enzym in eine Halbsesselkonformation gedrängt wird. Aus dem Oxoniumsalz bildet sich durch Abspalten des N-Acetylglucosaminrestes ein Carbeniumion (*32*), das durch den geladenen Asp^{52}-Rest stabilisiert wird.

Am Beispiel der gut untersuchten *Carboxypeptidase A* soll der Einfluß eines Metallions demonstriert werden. Der wahrscheinliche Wirkungsmechanismus ist in Abb. 2–18 zusammengefaßt. Er beruht im wesentlichen auf Ergebnissen der Röntgenstrukturanalyse.

Danach wird die Peptidbindung durch Angriff der Carboxylgruppe des Glu^{270} mit Unterstützung der Hydroxylgruppe des Tyr^{248} gespalten. Intermediär bildet sich ein Anhydrid Die Mitwirkung des Zn-Ions scheint vor allem darin zu bestehen, daß es die Carbonylgruppe der zu spaltenden Verbindung stärker polarisiert und damit nucleophil leichter angreifbar macht.

Der Mechanismus der *Serin-Hydrolasen* soll am Beispiel des Chymotrypsins beleuchtet werden (Abb. 2–19).

Neben dem Ser^{195} sind an der katalytischen Hydrolyse noch die Reste His^{57} und Asp^{102} beteiligt. Die Spaltung des Substrates (Amid) erfolgt durch einen nucleophilen Angriff der Hydroxygruppe des Serinrestes unter Bildung eines Serinesters als Intermediat. Solche Acyl-Enzyme konnten bei

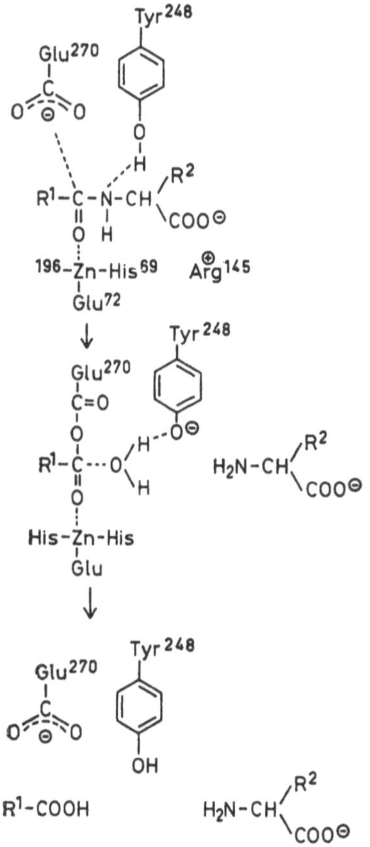

Abb. 2–18

Wahrscheinlicher Wirkungsmechanismus am aktiven Zentrum der Carboxypeptidase A (nach Lipscomb).

tiefen Temperaturen (zwischen −20 und −70 °C) röntgenographisch erfaßt werden. Die besondere Reaktivität der Hydroxylgruppe des Serinrestes wird durch den Einfluß der negativen Ladung des Carboxylats von Asp^{102}, die über den Imidazolrest des His^{57} übertragen wird, erklärt. Die Deacylierung des Serinrestes erfolgt säurekatalysiert durch den Asp-His-Komplex.

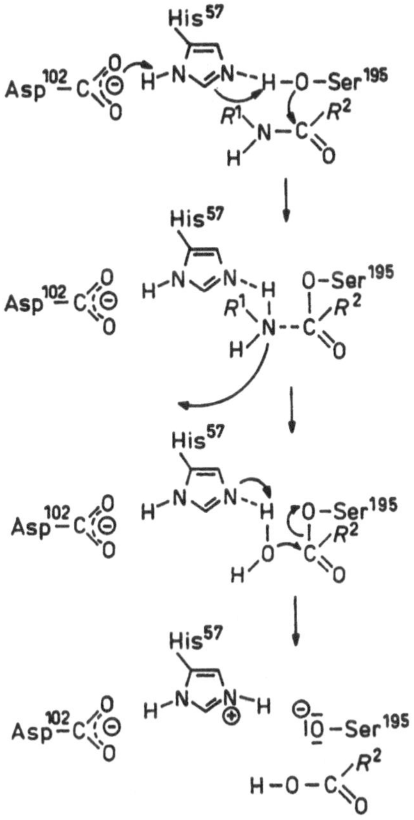

Abb. 2-19
Wahrscheinlicher Wirkungsmechanismus am aktiven Zentrum des Chymotrypsins.

Die Spezifität der verschiedenen Serinproteasen kommt im wesentlichen durch unterschiedliche Substratbindungsstellen zustande.

Die Reaktionsgeschwindigkeit und die Spezifität der Enzyme wird durch Wechselbeziehungen mit Metaboliten oder anderen Enzymen reguliert. Bei den *allosterischen Enzymen*, die außer einem aktiven noch ein regulatorisches Zentrum besitzen, wird die Aktivität durch in der Reaktionskette oft wesentlich weiter hinten stehende Produkte gehemmt oder gefördert. Nach dem von Monod vorgeschlagenen Modell induziert dieses rückkoppelnde Substratmolekül eine Konformationsänderung, die durch Kooperativität innerhalb des Enzymmoleküls weitergegeben wird und zu Änderungen der Affinität an Bindungsstellen in anderen Untereinheiten führt.

2.6.1.4. Enzyminhibitoren

Verbindungen, die mit einem Enzym unter Verringerung der Enzymaktivität reagieren, werden als *Inhibitoren* bezeichnet. Es wird zwischen einer irreversiblen und reversiblen Hemmung und bei letzterer wiederum zwischen einer kompetitiven und nicht-kompetitiven Hemmung unterschieden.

Irreversible Inhibitoren reagieren mit Bestandteilen des aktiven Zentrums unter Ausbildung einer kovalenten Bindung. Beispiele dafür sind die Reaktion der Serinhydrolasen mit Diisopropylfluorophosphat oder anderen Phosphorsäureestern (vgl. S. 433). In einigen Fällen gelingt es durch Zugabe eines starken Nucleophils, diese kovalente Bindung wieder zu lösen und das Enzym zu reaktivieren (vgl. Acetylcholinesterase, S. 433). Ein reversibler Inhibitor wird dagegen durch nicht-kovalente Bindung an das Enzym gebunden. Kompetitive Inhibitoren konkurrieren mit dem natürlichen Substrat um die Bindungsstellen am Enzym. Sie sind meist dem Substrat strukturell sehr ähnlich.

Nicht-kompetitive Inhibitoren werden an anderen Stellen des Enzyms gebunden und konkurrieren deshalb auch nicht mit dem Substrat um die Bindung an das Enzym. Beide Inhibitortypen können durch kinetische Untersuchungen unterschieden werden.

Unter den natürlichen Enzyminhibitoren haben vor allem Proteinase-Inhibitoren Bedeutung. Es wurden aber auch natürliche Inhibitoren gegenüber anderen Enzymen wie Lipase, Phospholipase, Amylase, Ribo- und Desoxyribonuclease isoliert, in den letzten Jahren vor allem mit Hilfe der Affinitätschromatographie.

Proteinase-Inhibitoren sind aus pflanzlichem und tierischem Material sowie aus Kulturflüssigkeiten von Mikroorganismen isoliert worden. Proteinase-Inhibitoren pflanzlicher Herkunft wurden u. a. in den Samen von Fabaceen (Sojabohnen und anderen Bohnen), in Getreide oder Kartoffeln, tierische Inhibitoren in bestimmten Organen (Trypsin-Kallikrein-Inhibitor in Parotis, Leber, Lunge und Pankreas des Rindes), Sekreten (u. a. im Säugetiersperma) oder Eiern gefunden. Der Rinder-Trypsin-Kallikrein-Inhibitor (Trasylol®, Contrykal®) wird therapeutisch eingesetzt. Natürliche Proteinase-Inhibitoren sind verantwortlich für die Widerstandsfähigkeit der Nematoden gegenüber den Verdauungsenzymen der Wirtsorganismen.

Von besonderem Interesse ist die Hemmung der Endopeptidase Thrombin des Blutplasmas, die zu einer Hemmung der Blutgerinnung führt. Thrombininhibitoren werden von blutsaugenden Tieren produziert, so das Hirudin vom medizinischen Blutegel (Hirudo medicinalis), das Tabanin von Bremsen (Tabanidae) oder das Reduviin von Raubwanzen (Reduviiden).

Die Inhibitoren pflanzlicher und tierischer Herkunft sind fast ausschließlich Polypeptide mit einer Molmasse > 5000. Auffallend ist die Homologie in der Aminosäuresequenz vor allem in

Tabelle 2–11

Primärstruktur der Protease-Inhibitoren Trypsin-Kallikrein-Inhibitor (Kunitz) vom Rind (A) und Isoinhibitor K aus Schnecken (B)

1 ... 10 ... 20

A: Arg-Pro-Asp-Phe-Cys-Leu-Glu-Pro-Pro-Tyr-Thr-Gly-Pro-Cys-Lys-Ala-Arg-Ile-Ile-Arg-

B: Glu-Arg-Pro-Ser-Phe-Cys-Asn-Leu-Pro-Ala-Glu-Thr-Gly-Pro-Cys-Lys-Ala-Ser-Phe-Arg-Gln-

30 ... 40

A: Tyr-Phe-Tyr-Asn-Ala-Lys-Ala-Gly-Leu-Cys-Gln-Thr-Phe-Val-Tyr-Gly-Gly-Cys-Arg-Ala-

B: Tyr-Tyr-Tyr-Asn-Ser-Lys-Ser-Gly-Gly-Cys-Gln-Gln-Phe-Ile-Tyr-Gly-Gly-Cys-Arg-Gly-

50

A: Lys-Arg-Asn-Asn-Phe-Lys-Ser-Ala-Gln-Asp-Cys-Met-Arg-Thr-Cys-Gly-Gly-Ala

B: Asn-Gln-Asn-Arg-Phe-Asp-Thr-Thr-Gln-Gln-Cys-Gln-Gly-Val-Cys-Val der Nähe des aktiven Zentrums bei Inhibitoren sehr unterschiedlicher Herkunft wie z. B. dem Trypsin-Kallikrein-Inhibitor (KUNITZ) vom Rind und dem Isoinhibitor K der Schnecke *Helix pomatia* (Tab. 2–11). In Kulturfiltraten von Mikroorganismen vorkommende Enzyminhibitoren entstammen verschiedenen Substanzgruppen. Zahlreiche synthetische Enzyminhibitoren werden als Pharmaka eingesetzt. Dazu gehören verschiedene Antimetabolite (S. 282).

2.6.1.5. Trägergebundene Enzyme

Es ist verständlich, daß die große Spezifität der Enzyme die Chemiker außerordentlich gereizt hat, diese so hochproduktiven Katalysatoren auch für industrielle Stoffumwandlungen einzusetzen. Bereits seit langem werden Enzyme industriell eingesetzt, so zur Bier- und Käsebereitung, zur Herstellung von Glucose aus Stärke, zur Gewinnung einiger Aminosäuren (S. 62) oder bei der Lederherstellung. Ein breiter Einsatz war jedoch bisher dadurch eingeschränkt, daß nur in wäßriger Lösung gearbeitet und die Enzyme nach der Umsetzung nicht wieder zurückgewonnen werden konnten. Von großer praktischer Bedeutung sind deshalb Enzyme, die an unlösliche Träger gebunden sind, ohne dadurch ihre Aktivität eingebüßt zu haben. Diese trägergebundenen Enzyme können nach der Reaktion unverändert wieder abgetrennt werden. Die höchste Aktivität des Enzyms wird erreicht, wenn das Enzym an den Träger über eine flexible Brücke, einen Spacer, gebunden ist.

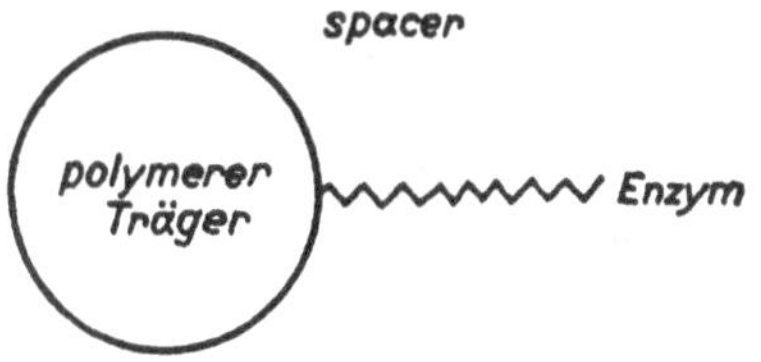

Als Träger werden vor allem Polysaccharide, synthetische Polymere und Silikatglas eingesetzt.

Zur Bindung des Enzyms an *Polysaccharide* muß das Polysaccharid aktiviert werden (vgl. Kap. 3.2.4.2.1.). Das kann durch Überführung in ein Säureazid erfolgen, das aus dem Carboxymethylpolysaccharid gebildet werden kann.

$$\mathrm{Cellulose{-}O{-}CH_2{-}COOH}$$
$$\downarrow$$
$$\mathrm{Cellulose{-}O{-}CH_2{-}COOCH_3}$$
$$\downarrow$$
$$\mathrm{Cellulose{-}O{-}CH_2{-}CONH{-}NH_2}$$
$$\downarrow$$
$$\mathrm{Cellulose{-}O{-}CH_2{-}CON_3 + H_2N\text{-}Enzym}$$
$$\downarrow$$
$$\mathrm{Cellulose{-}O{-}CH_2{-}CONH\text{-}Enzym}$$

Die Bindung der Enzyme an Aminoalkylcellulose erfolgt mit Hilfe bifunktioneller Reagentien. Von Bedeutung ist z. B. Glutaraldehyd, durch den gleichzeitig ein Spacer gebildet wird. Durch Hydrierung der SCHIFFschen Base kann die Bindung stabilisiert werden.

Eine direkte Bindung von Enzymen an Polysaccharide wie Cellulose oder Agarose kann nach Aktivierung der Polysaccharide mit Bromcyan oder nach der Triazin-Methode (vgl. S. 189) erfolgen.

Unter den *synthetischen Polymeren* sind vor allem Polymerisate oder Copolymerisate von Maleinsäureanhydrid interessant, die mit der Anhydrid-Gruppierung über eine reaktive Gruppe verfügen, die mit dem Enzym reagieren kann (R = polymere Kette):

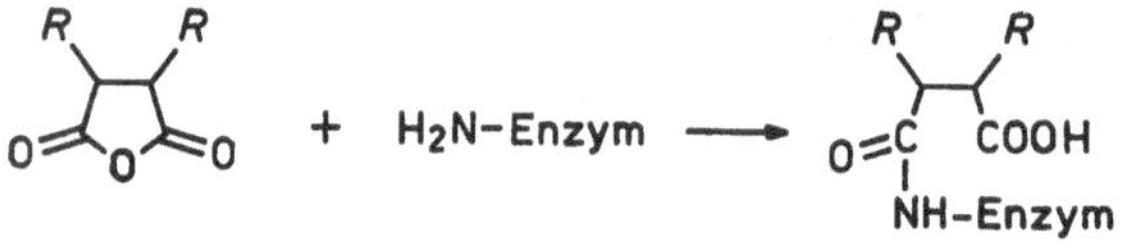

Zur Bindung an *Glas* werden die Glaspartikel zunächst mit einem Silan mit primärer aliphatischer Aminogruppe (z. B. *33*) umgesetzt. An diese Aminogruppe läßt sich das Enzym dann in der schon erwähnten Weise mit Glutaraldehyd oder nach Einführung einer Diazoniumgruppe binden. Dazu wird die Aminogruppe mit p-Nitrobenzoylchlorid umgesetzt. Anschließend wird reduziert und diazotiert.

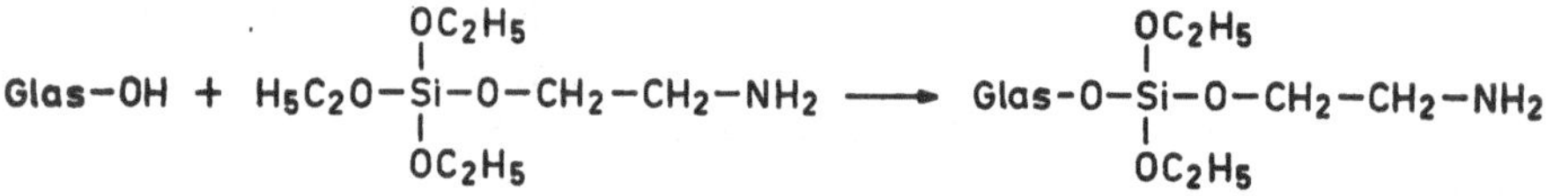

33

Unlösliche (immobilisierte) Enzyme lassen sich ferner durch Quervernetzung der Enzyme mit bifunktionellen Reagentien oder durch Mikroverkapselung, d. h. Einhüllen in Polymere, gewinnen. Einige immobilisierte Enzyme haben bereits praktische Anwendung gefunden. So wird eine trägergebundene L-Aminosäure-Acylase, die die Hydrolyse acetylierter Aminosäuren katalysiert, zur Trennung racemischer Aminosäuren (S. 62) eingesetzt. An Bentonitpartikel gebundene Penicillin-Amidase dient zur Gewinnung von 6-Aminopenicillansäure als Ausgangsprodukt für die Herstellung partialsynthetischer Penicilline (S. 574).

Um die hohe Spezifität und katalytische Aktivität der Enzyme auch industriell und präparativ in größerem Maße ausnutzen zu können, arbeitet man gegenwärtig außer an trägergebundenen Enzymen auch an der Entwicklung polymerer Katalysatoren mit enzymähnlichen Eigenschaften. Im Mittelpunkt stehen hierbei synthetische Polymere mit chiralen Hohlräumen, z. B. auf der Basis von Kronenethern (host guest chemistry). Eine praktische Bedeutung haben derartige *synthetische Enzymmodelle* jedoch noch nicht erlangt.

2.6.2. Immunoglobuline

Immunität ist die spezifische Antwort des Körpers auf das Eindringen körperfremder Substanzen. Die Substanzen, die die Immunantwort auslösen, bezeichnet man als *Antigene*.

Als Antigene wirken in der Regel nur makromolekulare Verbindungen, wobei die erforderliche Mindestmolmasse stark von der Struktur abhängt. Synthetische Polypeptide wirken schon von einer Molmasse > 4—5000 an immunogen.

Es läßt sich jedoch auch eine Immunantwort gegen niedermolekulare Verbindungen auslösen, wenn diese an ein Makromolekül gebunden werden. Diese meist kovalent gebundenen niedermolekularen Verbindungen bezeichnet man als *Haptene* (s. S. 68). Gegen die Antigene werden im Organismus entweder spezifisch reagierende lösliche Proteine, die Antikörper,

(humorale Immunantwort) oder aber

spezifisch reagierende Zellen mit plasmamembranständigen Antikörpern, die sog. sensibilisierten Lymphozyten (zelluläre Immunantwort), gebildet.

Die Gruppen des Antigenmoleküls, die die spezifische Bindung an die Antikörper oder antikörperähnlichen Strukturen an der Oberfläche der Lymphozyten bewirken, bezeichnet man als *determinante Gruppen.*

Die *Antikörper* (Immunoglobuline) sind Glykoproteine mit einer Molmasse über 150000. Der Proteinanteil gehört zur Gruppe der Globuline.

Erste Hinweise auf die Struktur der Immunoglobuline konnten durch selektive Spaltungen erzielt werden. 1958 konnten Rodney und Porter das Immunoglobulin G enzymatisch mit Papain in zwei Fragmente spalten, die im Molverhältnis 1:2 anfielen. Das eine Fragment war kristallisierbar (*Fc*), das andere noch antigen-bindend (*Fab*). Edelman gelang eine Spaltung des IgG durch Reduktion der Disulfidbrücken in Gegenwart denaturierender Agentien wie Harnstoff. Bei dieser reduktiven Spaltung wurden zwei leichte (*light*) und zwei schwere (*heavy*) Ketten (*L*- und *H*-Ketten) gebildet.

IgG

enzymatische Spaltung ↙ ↘ reduktive Spaltung

2*Fab* + *Fc* 2*H*- und 2*L*-Ketten

Die chemische Heterogenität der Antikörper verhinderte aber zunächst eine Aufklärung der Primärstruktur. Weitere Fortschritte konnten erst erreicht werden, als man erkannte, daß bei bestimmten krebsartigen Erkrankungen des lymphoretikulären Systems chemisch homogene, monoklonale Immunglobuline gebildet werden, die zur IgG- oder IgA-Klasse (*Myeloma-Proteine*) oder IgM-Klasse (Waldenström-*Proteine*) gehören. In beiden Fällen können im Urin überschüssige L-Ketten (Bence-Jones-*Proteine*) auftauchen. Die Aufklärung der Primärstruktur dieser Proteine führte zur Aufstellung der vollständigen Struktur der Antikörper (vgl. Abb. 2–20).

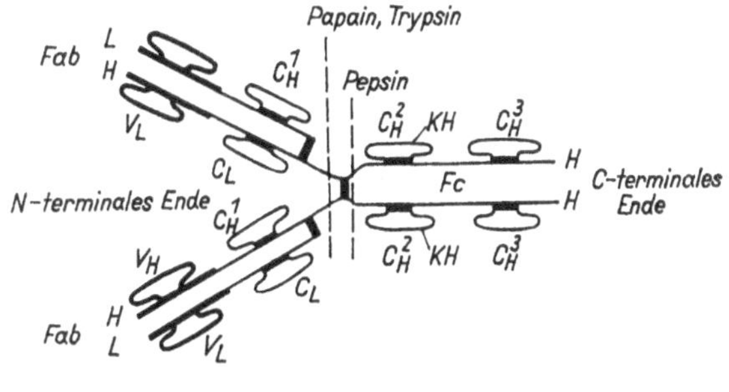

Abb. 2–20

Schematische Darstellung der Struktur eines menschlichen IgG (Myelomprotein Eu).

H: schwere Ketten; *L*: leichte Ketten; fettgedruckt: variable Region (v_H und v_L); *c*: konstante Regionen der schweren und leichten Ketten; ▬: Disulfidbrücken; *KH*: Kohlenhydratreste.

Nach ihren schweren Ketten werden die Immunoglobuline in fünf Klassen eingeteilt (Tab. 2–12). Die einzelnen Ketten lassen sich in verschiedene Domänen aufteilen, die untereinander homolog sind. Die leichten Ketten bestehen aus einer in ihrer Aminosäurezusammensetzung variablen und einer konstanten Region, die schweren aus einer

Tabelle 2–12
Immunoglobulinklassen

Klasse	Zusammensetzung*)	Molmasse	Kohlenhydratanteil %
IgG	$(\gamma_2\varkappa_2)$ oder $(\gamma_2\lambda_2)$	143000–149000	2,5
IgA	$(\alpha_2\varkappa_2)$ oder $(\alpha_2\lambda_2)$	158000–162000	5–10
IgM	$(\mu_2\varkappa_2)_5$ oder $(\mu_2\lambda_2)_5$	800000–950000	5–10
IgD	$(\delta_2\varkappa_2)$ oder $(\delta_2\lambda_2)$	175000–180000	10
IgE	$(\varepsilon_2\varkappa_2)$ oder $(\varepsilon_2\lambda_2)$	185000–190000	12

*) schwere Ketten: γ, α, μ, δ, ε
leichte Ketten: $\varkappa$, λ

variablen und drei konstanten Regionen. Die variablen Regionen befinden sich am N-terminalen Ende der Ketten. Am N-Terminus der H-Ketten befindet sich ein Pyroglutaminsäurerest.

Durch Vergleich der Primärstruktur der Immunoglobulinketten von Wirbeltieren wurde wahrscheinlich gemacht, daß die μ-Kette vor etwa 400 Millionen Jahren entstanden ist. Die γ-Kette soll vor etwa 300 Millionen Jahren, die α-Kette vor etwa 200 Millionen Jahren von der μ-Kette abgegrenzt worden sein.

Im Unterschied zu den übrigen Immunoglobulinen liegt das IgM der Säuger als Pentamer (Abb. 2–21), das niederer Tiere (Fische) als Tetramer vor.

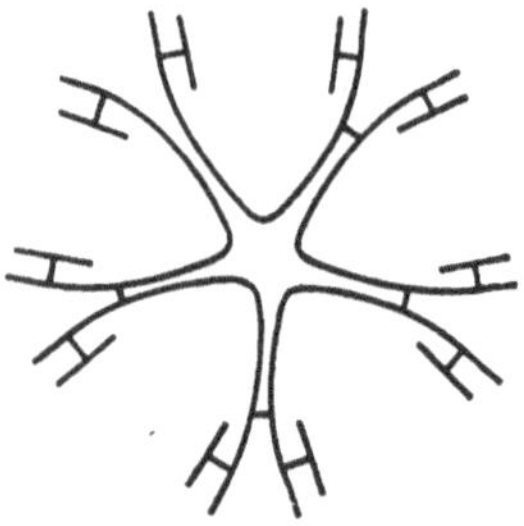

Abb. 2–21
Schematische Darstellung des pentameren IgM.

Bestimmten Strukturelementen des Immunoglobulin-Moleküls konnte man bestimmten biochemischen Eigenschaften des Gesamtmoleküls zuordnen. Verantwortlich für die Bindung des Antigens sind die variablen Teile der L- und H-Ketten, die zu den Fab-Fragmenten gehören. Die Variabilität dieser Regionen erklärt die Anwesenheit der 10^5 bis 10^6 gegen die verschiedensten Antigene gerichteten Ideotypen der Immunoglobuline. Der *Fc*-Teil des Moleküls ist dagegen für die Komplementaktivierung verantwortlich. ***Komplement***, ein System von mindestens 11 Proteinen, wird von IgG und IgM aktiviert und führt zur Lyse korpuskulärer (zellulärer) Antigene. Diese Komplementaktivierung spielt eine besondere Rolle bei der Abwehr bakterieller Infektionen und bei der Immunzytolyse.

Zwischen den einzelnen Immunoglobulinklassen gibt es weitere Unterschiede in ihren biochemischen Eigenschaften. Lediglich das IgG ist in der Lage, die Placentaschranke zu passieren. Das IgM, das phylogenetisch älteste Immunoglobulin, ist für die frühe Immunantwort verantwortlich. IgA kommt in Sekreten (z. B. Tränenflüssigkeit, Speichel) vor und schützt dort lokal vor Infektionen. Das IgE spielt als Reagin eine besondere Rolle bei allergischen Erkrankungen.

Verallgemeinert kann man sagen, daß Antikörper gegen Proteine hauptsächlich der *G*-Klasse, solche gegen Polysaccharide der M-Klasse und solche gegen Viren der *A*-Klasse angehören.

2.6.3. Lectine

Lectine sind Proteine vorwiegend pflanzlicher Herkunft, die spezifisch bestimmte Kohlenhydrate in freier Form oder als Glykosid binden können, aber weder eine gegen diese Kohlenhydrate gerichtete enzymatische Aktivitität aufweisen, noch immunologischer Herkunft sind (Tab. 2–13). Da die meisten Lectine Erythrozyten agglutinieren, wurden sie früher auch als Phytohämagglutinine bezeichnet.

Tabelle 2–13
Spezifität einiger Lectine

Zuckerspezifität	Blutgruppenspezifität (S. 315)	Herkunft des Lectins
α-D-Man, α-D-Glc (GlcNAc)	—	Canavalia ensiformis*) (Schwert- oder Madagaskarbohne) Pisum sativum (Erbse) Lens culinaris (Linse)
α-L-Fuc	0	Tetragonolobus purpureus (Spargelerbse) Ulex europaeus (Stechginster)
β-D-Gal	—	Ricinus communis Phaseolus vulgaris (Gartenbohne) Arachis hypogaea (Erdnuß)
α-D-Gal	B	Bandeiraea simplicifolia
α-D-GalNAc	A	Glycine max (Sojabohne) Phaseolus lunatus (Limabohne) Helix pomatia (Weinbergschnecke) Dolichos biflorus (Helmbohne)
α-Neu	—	Limulus polyphemus (Pfeilschwanzkrebs)
L-Rha	B	Streptomyces 27 S 5

*) Name des Lectins: Concanavalin A)

Die Lectine besitzen eine große Bedeutung für die Untersuchung dynamischer Prozesse der Zelloberfläche. Durch die Bindung der Lectine an die Lymphozytenoberfläche werden Mitose und Immunoglobulinproduktion induziert. Für die Untersuchungen mit den Lectinen bedient man sich vor allem der Label-Technik, d. h. an die Lectine werden spektroskopisch aktive Gruppen oder radioaktive Atome gebunden.

In höheren Pflanzen sind Hunderte von Lectinen gefunden worden, die sich in ihrer Struktur, ihrer Spezifität gegenüber bestimmten Kohlenhydraten und ihrer biologischen Aktivität unterscheiden.

Lectinhaltig sind viele Fabaceen wie Bohne, Erbse, Linse, Erdnuß, Sojabohne oder Paternostererbse (Abrin). Die Lectine sind hier vor allem in den Samen lokalisiert. Agglutinierende Proteine kommen jedoch auch in Pilzen, Schnecken, Fischeiern und Amphibien vor.

Am längsten bekannt ist das *Ricin*, das bereits 1888 aus Ricinus-Samen isoliert werden konnte. Das erste Lectin, dessen Sequenz und räumliche Struktur aufgeklärt werden konnte, ist das *Concanavalin A*.

Unter physiologischen Bedingungen existiert Concanavalin A als Tetramer (Abb. 2–22), bei einem pH < 6 vorzugsweise als Dimer. Jede Untereinheit besteht aus 237 Aminosäuren, besitzt eine Molmasse von 25500 und enthält je ein $Mn^{2\oplus}$-, $Ca^{2\oplus}$-Ion und eine bindende Stelle für Kohlenhydrate. Aus Röntgenfeinstrukturuntersuchungen bei einer Auflösung von 0,2 nm und chiroptischen Messungen ist bekannt, daß jede Untereinheit zwei Regionen mit Faltblattstrukturen besitzt, die mehr als die Hälfte der gesamten Aminosäuren enthalten.

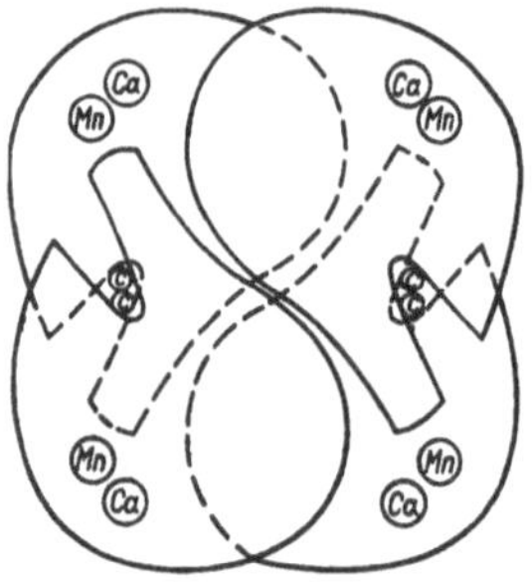

Abb. 2–22
Schematische Darstellung der tetrameren Struktur des Concanavalin A (nach Edelman).
C: Kohlenhydratbindende Stellen

Die meisten Lectine sind Glykoproteine mit ein oder meist mehreren Polypeptidketten. Charakteristisch ist der hohe Anteil an Aspartinsäure, Asparagin, Serin und Threonin. Einige Lectine enthalten Metallionen.

Zu den Lectinen gehören auch die toxischen Glykoproteine Ricin und Abrin.

Ricin wurde aus den Samen des Rizinus (*Ricinus communis*) isoliert. Es besteht aus zwei Untereinheiten (*A*: Molmasse 30000 und *B*: Molmasse 35000), die über eine Disulfidbrücke miteinander verbunden sind. Die als Haptomer bezeichnete Untereinheit *B* ist für die Anlagerung an bestimmte galaktosehaltige Glykosidreste an der Zelloberfläche verantwortlich. Dadurch wird es der Untereinheit *A* (Effektomer) ermöglicht, in die Zelle einzudringen und dort die Proteinsynthese zu blockieren. Neben dem toxischen Ricin ist im Rizinussamen noch ein ähnlich gebautes, aber untoxisches Lectin, das Rizinus-Agglutinin (RCA I) enthalten.

Das aus den Paternostererbsen (*Abrus precatorius*) isolierte *Abrin* ähnelt in seiner Struktur sehr dem Ricin.

A-Kette	—S—S—	*B*-Kette
Effektomer		Haptomer

2.6.4. Toxine

2.6.4.1. Schlangengifte

Die Schlangengifte enthalten neben Enzymen Peptide mit neurotoxischen und cardiotoxischen Wirkungen. Die Ähnlichkeit der Sequenz der Neurotoxine und Cardiotoxine läßt vermuten, daß sich beide Gruppen aus einem gemeinsamen Vorläufer-Protein entwickelt haben. Chemisch verwandt mit den Cardiotoxinen sind die Gifte der Skorpione.

Am toxischsten sind die Neurotoxine. Nach ihrem Angriffspunkt lassen sich postsynaptische (α-Typ) und präsynaptische (β-Typ) Neurotoxine unterscheiden.

Die α-Neurotoxine greifen am Acetylcholin-Rezeptor an. Besonders gut sind die Neurotoxine des α-Typs untersucht, zu denen die Toxine der Giftnattern (Elapidae) gehören. Bei den α-Neurotoxinen, die einen N-terminalen Isoleucin- oder Methionin-Rest enthalten, werden aufgrund von Unterschieden in der chemischen Struktur wiederum zwei Typen (I und II) unterschieden (TU, YANG).

Neurotoxine vom Typ I sind Polypeptide der Molmasse 6700 bis 7000, die 61—62 Aminosäuren mit 4 Disulfidbrücken enthalten, Neurotoxine vom Typ II besitzen eine Molmasse > 7800. Sie bestehen aus 71—74 Aminosäuren mit 5 Disulfidbrücken. In einer australischen Giftnatter wurde daneben noch ein Neurotoxin aufgefunden, das aus 119 Aminosäuren aufgebaut ist.

Seeschlangen (*Hydropheidae*) enthalten nur Neurotoxine vom Typ II. Die Peptidgifte der Nattern (*Colubridae*) und Ottern (*Viperidae*) besitzen höhere Molmassen (16000 bis 21000).

Neurotoxine der Typen I und II verschiedener Tierspezies und verschiedener geographischer Herkunft ähneln sich sehr in ihrer Struktur. Obwohl beim Typ II zwei zusätzliche Cysteinreste vorhanden sind, ist die Lage der anderen Cysteinreste bei Vertretern beider Typen nahezu identisch Abb. 2–23).

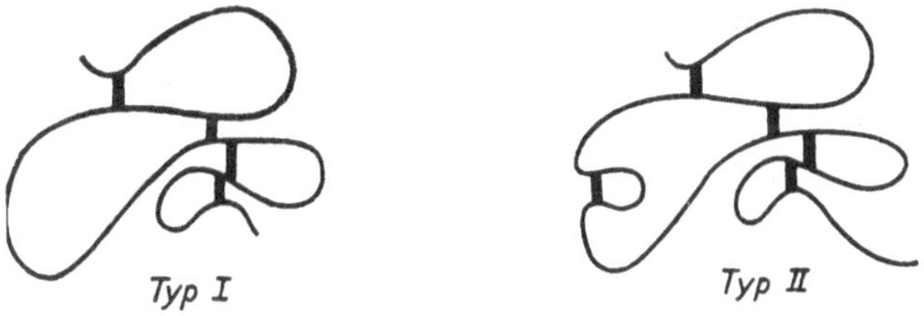

Abb. 2–23
Schematische Darstellung der α-Neurotoxine

Die *β-Neurotoxine* besitzen eine größere Molmasse (20000—22000) als die α-Neurotoxine. N-terminal befindet sich ein Aspartinsäure- oder Asparagin-Rest.

Die sehr giftige Schlange *Bungarus multicinctus* (*Formasan elapid*) produziert sowohl ein α- als auch ein β-Neurotoxin (α- und β-Bungarotoxin). α-Bungarotoxin besitzt die nachfolgende Primärstruktur (S. 110).

2.6.4.2. Bienengift

Das Bienengift enthält verschiedene Enzyme (Hyaluronidase, Phospholipase A) sowie als Hauptbestandteil das basische Polypeptid *Melittin*. Die Primärstruktur des Melittins läßt erkennen, daß vier von fünf basischen Aminosäuren am C-terminalen Ende und die meisten Aminosäuren mit hydrophoben Seitenketten zentral bzw. am N-terminalen Ende lokalisiert sind. Durch diese ungleichmäßige Verteilung der Aminosäuren besitzt Melittin den Charakter einer oberflächenaktiven Verbindung, die Erythrozyten hämolysieren kann.

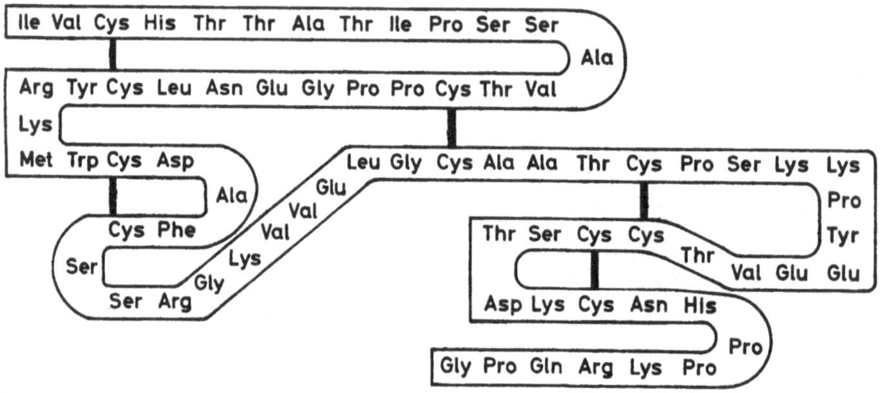

Primärstruktur des α-Bungarotoxins

1 10
H-Gly-Ile-Gly-Ala-Val-Leu-[Lys]-Val-Leu-Thr-Thr-Gly-Leu-Pro-

20 26
Ala-Leu-Ile-Ser-Trp-Ile-[Lys]-[Arg]-[Lys]-[Arg]-Gln-Gln-NH_2

[ ] basische Aminosäuren

2.6.4.3. Gifte des Grünen Knollenblätterpilzes

Bei den Giften des gefürchteten grünen Knollenblätterpilzes (*Amanita phalloides*) handelt es sich um abnorm gebaute bicyclische Oligopeptide, deren Biosynthese anders als die der normalen Peptide erfolgt. Aus *Amanita phalloides* wurden, insbesondere durch die Arbeitsgruppen um H. und Th. Wieland, zahlreiche Giftstoffe, biologisch inerte Cyclopeptide und ein gegen das Gift Phalloidin wirkendes Cyclodecapeptid (*Antamanid*) isoliert. Die relativ lipophilen Cyclopeptide lassen sich durch Gelchromatographie an Sephadex LH-20[R] auftrennen.

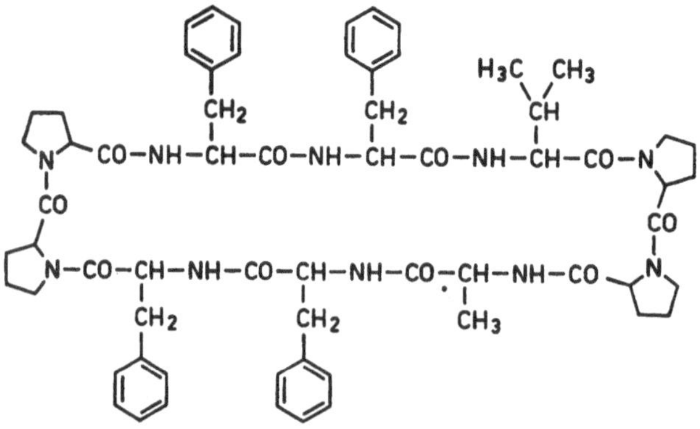

Antamanid

Die Toxine können in zwei Gruppen aufgeteilt werden, die sich hinsichtlich ihrer biologischen Wirkung und ihrer chemischen Struktur unterscheiden.

Die eine Gruppe stellen die nach relativ kurzer Zeit (bei Mäusen nach 2—3 Stunden) wirkenden *Phallotoxine* dar, die andere Gruppe die erst nach Tagen wirkenden *Ama-*

toxine (bei Mäusen in 2—6 Tagen). Hauptvertreter dieser Gruppe ist das α-Amanitin Die Phallotoxine zerstören das endoplasmatische Reticulum der Leberzellen, die Amatoxine hemmen die DNS-abhängige RNS-Polymerase.

Chemisch handelt es sich bei den Toxinen um bicyclische Hepta- (Phallotoxine) bzw. Octapeptide (Amatoxine). Charakteristisch ist das Vorkommen einer Sulfidbrücke, die durch Kupplung der Mercaptogruppe des Cysteins mit dem Indolrest des Tryptophans gebildet wird. Bei den Amatoxinen ist das S-Atom zum Sulfoxid oxidiert. Wesentlich für die Wirkung der Amatoxine ist die Anwesenheit von γ-hydroxyliertem Isoleucin. Amanullin z. B. ist ungiftig.

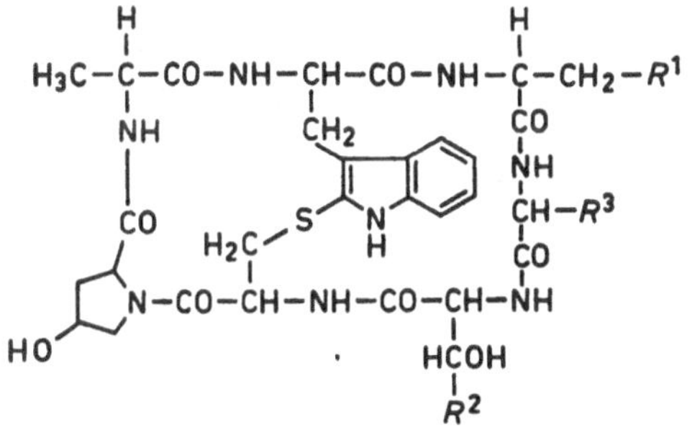

Phallotoxine

Name	R^1	R^2	R^3
Phalloin	$C(OH)-CH_3$ / CH_3	CH_3	CH_3
Phalloidin	$C(OH)-CH_2OH$ / CH_3	CH_3	CH_3
Phallisin	$(COH)-CH_2OH$ / CH_2OH	CH_3	CH_3
Phallacidin	$(COH)-CH_2OH$ / CH_3	COOH	$CH(CH_3)_2$

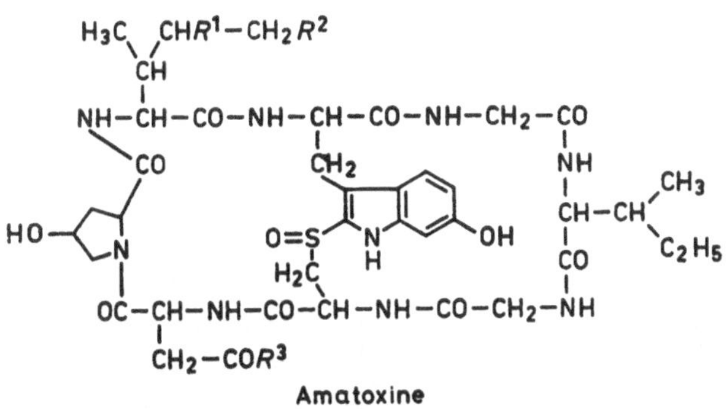

Amatoxine

Name	R^1	R^2	R^3
α-Amanitin	OH	OH	NH_2
β-Amanitin	OH	OH	OH
γ-Amanitin	OH	H	NH_2
Amanullin	H	H	NH_2

2.6.4.4. Bakterielle Toxine

Die bakteriellen Toxine werden in Endo- und Exotoxine eingeteilt. Die *Endotoxine* enthalten ihre toxische Wirkung erst nach dem Absterben oder der Autolyse der Bakterien. Es handelt sich bei ihnen um die Lipopolysaccharide der äußeren Zellwand gramnegativer Bakterien (Kap. 3.2.4.5.2.). Für die toxische Wirkung ist die Lipid-A-Komponente verantwortlich.

Im Unterschied zu den Endotoxinen werden die *Exotoxine* (auch Entero- oder Ektotoxine) von den Bakterien in die Umgebung (Kulturmedium, Gewebe) abgegeben. Es handelt sich um toxische Proteine, die vor allem von gram-positiven Bakterien produziert werden. Häufig entstehen die eigentlichen Toxine erst nach der Einwirkung proteolytischer Enzyme auf Protoxine (z. B. bei den Typen *A*, *B* und *E* der Botulinustoxine von *Clostridium botulinum*). Zu den Exotoxinen gehören u. a. das Tetanustoxin (Molmasse 150000) von *Clostridium tetani*, das Diphtherietoxin (Molmasse 62000) von *Corynebacterium diphtheriae* oder die Enterotoxine (Molmasse 25000 bis 30000) von *Staphylococcus aureus*.

Diphtherietoxin besteht aus nur einer Polypeptidkette, die durch proteolytische Enzyme leicht in zwei Fragmente (A: 24000; B: 38000; A für aktiv, B für bindend) gespalten wird. Diphtherietoxin hemmt die Proteinsynthese in der Zelle.

Eine interessante Struktur besitzt das Cholera-Enterotoxin. Das Protein (Molmasse 84000) besteht aus drei verschiedenen Peptidketten (α, β, γ) und weist die Zusammensetzung $\alpha\gamma\beta_n$ ($n = 4$ bis 6) auf. Die Peptidketten α und γ sind über eine Disulfidbrücke zur Untereinheit *A* verbunden, die β-Ketten nicht-kovalent zur Untereinheit *B*. Die Zusammensetzung der Untereinheit *B* hängt vom pH-Wert, von der Ionenstärke oder der Temperatur ab. Für die Auslösung der Cholerasymptome, die über eine Aktivierung der Adenylat-Cyclase erfolgt, ist die α-Kette verantwortlich. Die Untereinheit *B* ist das Haptomer (auch als Choleragenoid bezeichnet). Die Bindung des Choleratoxins erfolgt auch an Rezeptoren verschiedener Glykoprotein-Hormone. In diesem Zusammenhang ist bemerkenswert, daß die β-Kette des Cholera-Enterotoxins (103 Aminosäuren) bei den ersten 42 N-terminalen Aminosäuren Gemeinsamkeiten mit der α-Kette von Glykoprotein-Hormonen aufweist.

Durch Behandeln der Exotoxine mit Formaldehyd geht die toxische, nicht aber die immunogene Wirkung verloren. Derartige Toxoide werden deshalb als Impfstoffe eingesetzt. Auf antibiotisch wirkende mikrobielle Peptide (Peptidantibiotica) wird in Kap. 11.2. eingegangen.

2.7. Skleroproteine

Die Skleroproteine oder Gerüsteiweiße gehören zu den fibrillären Proteinen. Sie haben vor allem im tierischen Organismus wichtige Schutz- und Stützfunktionen zu erfüllen. Der hohe Ordnungsgrad unter Bevorzugung der Längsrichtung (Faserbildner) bedingt die geringe Löslichkeit dieser Proteine. Das wird noch dadurch verstärkt, daß in vielen Fällen die Polypeptidketten durch Disulfidbrücken (Keratine), Amidgruppen der Seitenketten (Fibrin) oder verschiedene Strukturen, die von Lysinresten ausgehen (Formelübersicht 2–9, Kollagen), quervernetzt sind. Die typischen Skleroproteine (Kollagengruppe, Keratine) sind enzymatisch sehr schwer abbaubar. Die meisten Skleroproteine weichen in ihrer Aminosäurezusammensetzung deutlich von anderen Proteinen ab. So können die Keratine bis zu 20% Cystein (Keratin der Haare) enthalten. Kollagen ist besonders reich an Glycin (27%), Prolin (15%) und Hydroxyprolin (14%) und das Fibroin der Seide besteht hauptsächlich aus Glycin, Alanin und Serin.

Nach der vorherrschenden Sekundärstruktur bzw. ihren röntgenographischen Identitätsperioden lassen sich die Skleroproteine in drei Gruppen einteilen:

	Identitätsperiode	Sekundärstruktur
Kollagen-Gruppe	0,28–0,29 nm	Tripelhelix
α-Keratin, Myosin, Fibrinogen, Epidermin	0,51–0,54 nm	α-Helix, z. T. als Superhelix
β-Keratin, Seiden-Fibroin	0,65–0,70 nm	Faltblattstruktur

2.7.1. *Kollagen-Gruppe*

Kollagen und das ähnlich aufgebaute *Elastin* sind die Grundbausteine des tierischen Bindegewebes. Daneben enthält das Bindegewebe noch verschiedene Proteoglykane (vgl. Kap. 3.2.4.5.1.).

Beim Kollagen bilden drei Polypeptidketten, von denen mindestens zwei identisch sind, eine Tripelhelix (S. 85). Häufig wiederkehrende Sequenzen dieser Polypeptidketten sind $-(\text{Gly-AS-Pro})_n-$ und $-(\text{Gly-AS-4Hyp})_n-$.

Dieses Tropokollagen lagert sich zu Protofibrillen aneinander. Durch Überlappung der Protofibrillen (Abb. 2–24) entstehen in regelmäßigen Abständen Zwischenräume, die nach Anfärben mit Phosphorwolframsäure im Elektronenmikroskop sichtbar gemacht werden können. Diese Fibrillen sind relativ fest und steif, einmal durch die Wasserstoffbrücken innerhalb der Tripelhelix und zum anderen durch Quervernetzungen, die gegen Ende der Biosynthese eintreten.

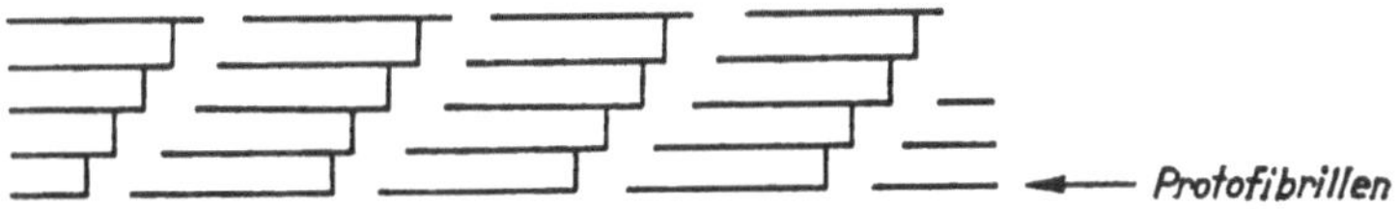

Abb. 2–24
Fibrillenbildung des Kollagens durch Quervernetzung der Protofibrillen.

Die Quervernetzungen kommen dadurch zustande, daß Lysinreste im nicht kristallinen, terminalen Bereich zu Aldehyden oxidiert werden und mit anderen Lysinresten zunächst zu SCHIFFschen Basen (*34*) und weiter zu stabileren Strukturen reagieren, von denen einige in der Formelübersicht 2–9 aufgeführt sind. Einige 5-Hydroxylysinreste tragen Kohlenhydratketten (s. S. 205). Die Kollagene können aus drei gleichen oder auch aus verschiedenen Peptidketten bestehen.

Kollagen wird durch Erwärmen mit Wasser denaturiert und dann enzymatisch abbaubar. Durch längeres Kochen wird *Gelatine* gebildet. Gelatine ist ein als Nahrungsmittel ungeeignetes Protein, da die essentiellen Aminosäuren fehlen. Gelatine bildet in Konzentrationen über 0,4% in der Kälte ein Gel, das durch die Ausbildung lokaler Tripelhelix-Strukturen (*junction zones*) zustande kommt. Beim Erwärmen geht das Gel in eine viskose Lösung über.

2.7.2. *Keratine*

Die Keratine bilden bei den Wirbeltieren die Grundbausteine der Haare, Wolle, Hörner oder Federn. Es werden Keratine vom α- und β-Typ unterschieden. Keratine des α-Typs liegen vorwiegend als Helices, β-Keratine in Faltblattstrukturen vor. Beide Typen

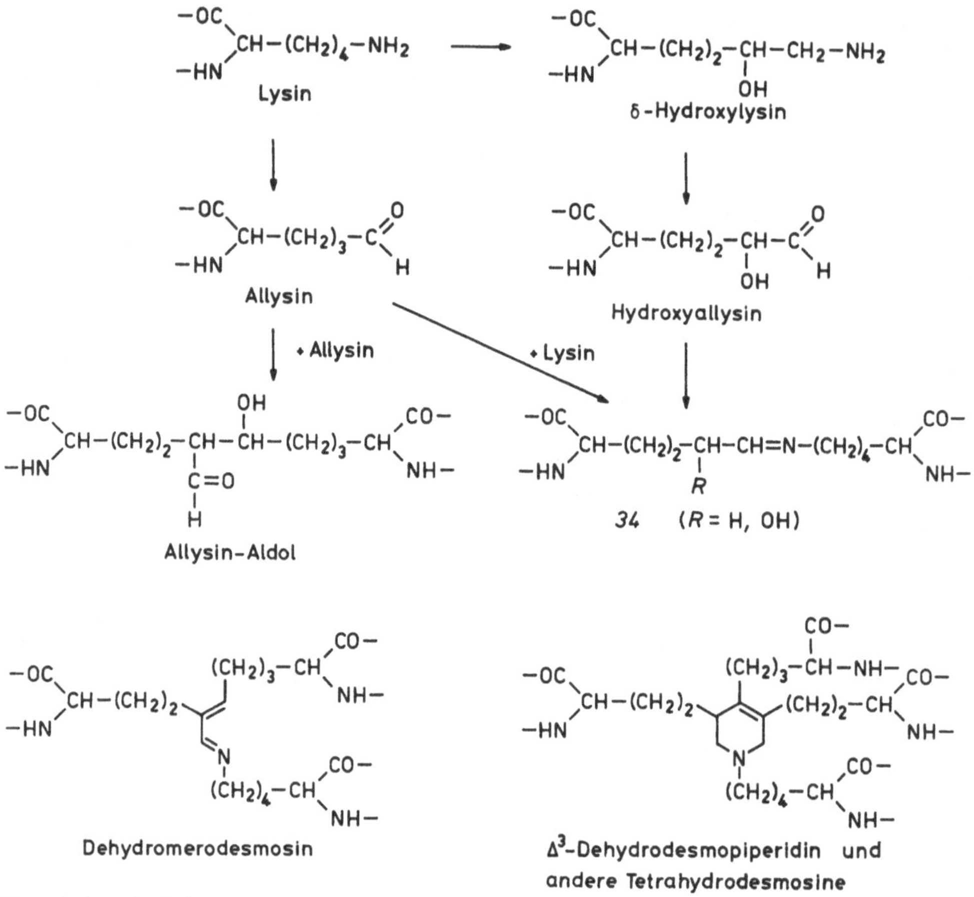

Formelübersicht 2–9

Strukturen, die an der Quervernetzung von Kollagen und Elastin beteiligt sind.

können ineinander übergehen, wie das z. B. beim Dehnen des Haares der Fall ist (α-Keratin → β-Keratin). Die β-Keratine werden auch als harte Keratine bezeichnet. Zu ihnen gehören die Keratine der Nägel, Federn und Schuppen.

Zu den α-Keratinen gehört das α-Keratin der Wolle. Die aus α-Helices gebildeten Fasern sind bis auf ihre doppelte Länge dehnbar und ungewöhnlich elastisch, reißen aber relativ rasch. Mehrere α-Helices des Wollkeratins bilden eine Protofibrille. Aus 9 + 2 solcher Protofibrillen sind dann die Mikrofibrillen zusammengesetzt, von denen viele eine Makrofibrille bilden (Abb. 2–25).

2.7.3. *Fibrilläre Proteine der Muskelzellen*

Die Myofibrillen der Muskelzellen enthalten in Wasser unlösliche Proteine, die sich aufgrund ihrer unterschiedlichen Löslichkeit in Salzlösungen in Myosin, Actin und Tropomyosin auftrennen lassen.

My*osin* ist ein fibrilläres Protein, das aus zwei identischen Polypeptidketten besteht. Jede Kette wird aus ca. 1800 Aminosäuren gebildet und besitzt eine Molmasse von ca.

225000. Es handelt sich damit um die längsten bekannten Polypeptidketten. Die Ketten liegen als α-Helix vor, die beide zusammen eine Superhelix bilden. Das Ende des Moleküls ist globulär. Die charakteristische biochemische Eigenschaft des Myosins ist die ATPase-Aktivität.

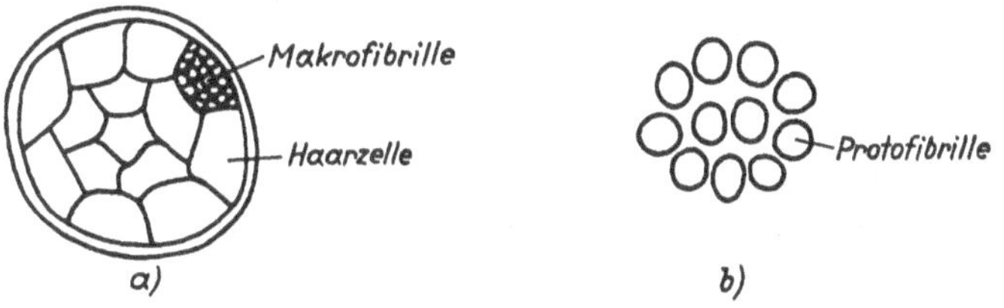

Abb. 2–25
Aufbau eines Haares (*a*) und einer Mikrofibrille (*b*)

Actin liegt in zwei Formen, als G-Actin (globuläres Actin) und F-Actin (fibrilläres Actin) vor. F-Actin ist ein Polymer des G-Actins und geht einen Komplex mit dem Myosin ein (Actomyosin).

Actomyosin ist das eigentlich kontraktile Protein des Muskels. In Gegenwart von ATP tritt eine Verkürzung der Actinomyosin-Fäden ein.

2.7.4. Seiden-Fibroin

Die typischsten Vertreter der Skleroproteine in der Faltblattstruktur sind die Fibroine der Seiden. Der kristalline Teil des Seidenfibroins besteht aus sich wiederholenden Hexapeptideinheiten der Struktur

—(Gly-Ser-Gly-Ala-Gly-Ala)$_n$—,

die eine antiparallele Faltblattstruktur ausbilden. Die Abstände zwischen den Schichten qetragen 0,57 bzw. 0,35 nm, je nachdem, ob die Glycin- oder Alanin- bzw. Serinreste zusammenliegen (Abb. 2–26).

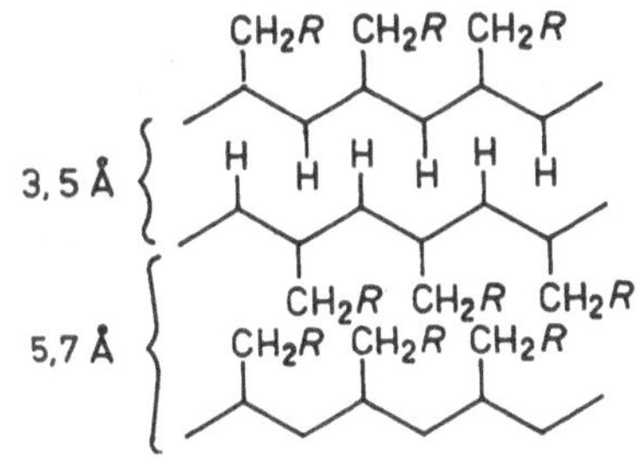

Abb. 2–26
Faltblattstruktur des Seidenfibroins.
(Stark gezogene Striche entsprechen der Gruppe C—CO—NH—C; *R*=H, OH).

Durch diese Faltblattstruktur sind die Seiden sehr reißfest, aber nur wenig dehnbar. Die einzelnen Seiden unterscheiden sich in der Größe ihrer kristallinen Bereiche. Bei der bekannten Seide des Maulbeerseidenspinners (*Bombyx mori*) liegen etwa 60% des Proteins in der Faltblattstruktur vor.

2.7.5. Fibrinogen-Fibrin

Im Verlaufe der Blutgerinnung geht das fadenförmige Plasma-Protein Fibrinogen in ein unlösliches polymeres Proteingel, das Fibrin, über.

Fibrinogen ist ein lösliches Protein der Molmasse 340000. Es wird aus drei Paaren nicht identischer Polypeptidketten (α, β, γ) gebildet. Die Umwandlung des zu 3—4% im Blutplasma enthaltenen Fibrinogens in das Fibrin wird durch eine Protease, das Thrombin, hervorgerufen. Der erste Schritt ist die Thrombin-katalysierte Verkürzung zweier Polypeptidketten des Fibrinogens unter Abspaltung der Fibrinopeptide *A* und *B*. Das Fibrinogen besitzt also die allgemeine Struktur $[(\alpha A)\ (\beta B)\ \gamma]_2$. Die Bildung der Fibrinopeptide *A* und *B* erfolgt durch Spaltung der Bindung Arg-Gly des Fibrinogens. Die Fibrinopeptide besitzen 13—21 Aminosäurereste bei den Säugetieren und 40—45 Reste bei niederen Wirbeltieren.

Das durch Abspaltung der Fibrinopeptide aus dem Fibrinogen entstandene Fibrin ist frisch gebildet noch löslich (z. B. in 5 M Harnstofflösung). Bei diesem Fibrin werden die Fibrinmonomeren durch Wasserstoffbindungen zu regelmäßig quergestreiften Fibrinfasern zusammengehalten. Sie enthalten einen hohen Grad an α-Helixstrukturen. Fibrinähnliche Strukturen werden auch ohne Abspaltung der Fibrinopeptide, z. B. durch Hinzufügen stöchiometrischer Mengen an Protaminsulfat, gebildet.

Die letzte Phase der Blutgerinnung ist die Quervernetzung der Fibrinmonomeren. Diese erfolgt durch den aktivierten Faktor XIII (=XIIIa). Dieser Faktor XIIIa ist eine Aminoacyltransferase, die die Bildung einer verbindenden Amidgruppe aus der ε-Aminogruppe eines Lysinrestes und der Amidgruppe eines Glutaminrestes unter Abspaltung von Ammoniak katalysiert.

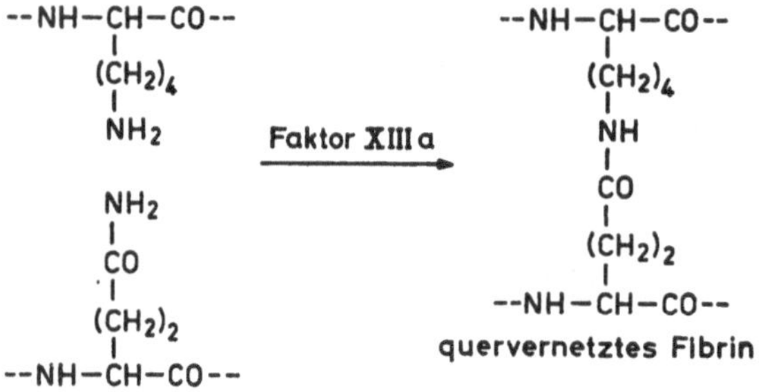

Das für die Umwandlung Fibrinogen → Fibrin erforderliche Thrombin entsteht aus einer Vorstufe, dem Prothrombin, unter Beteiligung verschiedener Blut- und Gewebeaktivatoren (Faktor XII, XI, IX, VIII, V und VII) (Abb. 2-27). Die meisten dieser Faktoren sind in ihrer aktivierten Form Serinproteasen.

Prothrombin besteht aus einer Polypeptidkette, Thrombin dagegen aus zwei Ketten (*A*-Kette: 49 Aminosäuren, *B*-Kette: 259 Aminosäuren), die über eine Disulfidbindung miteinander ver-

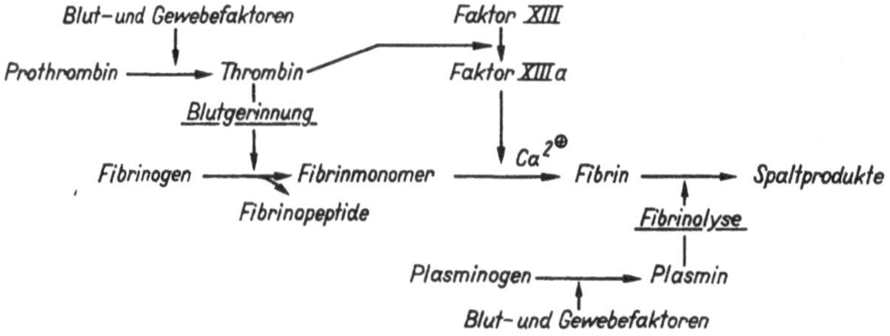

Abb. 2-27

Schematische Darstellung der Blutgerinnung und Fibrinolyse.

bunden sind. An der Aktivierung des Prothrombins, insbesondere an der Bindung von $Ca^{2\oplus}$, ist das Vitamin K beteiligt, das auch die Bildung anderer Faktoren beeinflußt.

Bei der Fibrinolyse wird das Fibrin enzymatisch zu Polypeptiden und Aminosäuren abgebaut. Dieser Abbau erfolgt durch die Protease Plasmin, die in ähnlicher Weise wie das Thrombin durch verschiedene Blut- und Gewebeaktivatoren aus dem Plasminogen gebildet wird. Die Fibrinolyse wird durch ε-Aminocapronsäure gehemmt.

2.8. Konjugierte Proteine (Proteide)

Einige Proteine enthalten kovalent oder nicht-kovalent gebunden noch nicht-aminosäureartige Bausteine, die für die biologische Aktivität dieser Proteine essentiell sind. Diese Proteine werden als konjugierte Proteine oder Proteide bezeichnet (Tab. 2–14).

Tabelle 2–14
Konjugierte Proteine

Gruppe	Nichtprotein-Bestandteil	Bindung	
Phosphoproteine	Phosphorsäure	kovalent an Hydroxy-, Carboxyl- oder Imidazolreste	Kap. 2.8.1.
Metalloproteine	Metalle	Ionenbeziehungen, Komplexbindung	Kap. 2.8.2.
Glykoproteine	Kohlenhydrate	N- oder O-glykosidisch	Kap. 3.2.4.5.1.
Nucleoproteine	Nucleinsäuren	Ionenbeziehungen	S. 253
Lipoproteine	Lipide	nicht-kovalent	Kap. 2.8.3,
Chromoproteine	verschiedene Chromophore	verschieden	Sehpigmente (S. 329) Flavoproteine (S. 355) Hämoglobine (S. 376) Cytochrome (S. 379) Carotenoide (S. 468) Phycobiliproteine (S. 389)

2.8.1. Phosphoproteine

Zahlreiche Proteine, Glykoproteine und Lipoproteine enthalten kovalent gebundene Phosphorsäure oder Pyrophosphorsäure. Es lassen sich drei verschiedene Bindungstypen unterscheiden:

eine esterartige Bindung von Phosphorsäure oder Pyrophosphorsäure an Hydroxylgruppen, insbesondere des Serins (*35*),

eine amidartige Bindung der Phosphorsäure an die Imidazolreste des Histidins (*36*) sowie gemischte Anhydride zwischen der Phosphorsäure und Carboxylgruppen der Seitenreste (*37*).

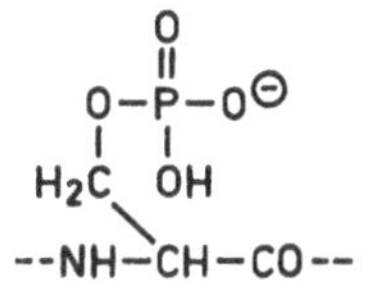
35

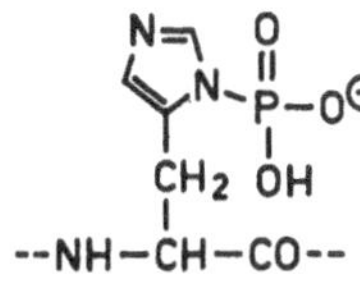
36

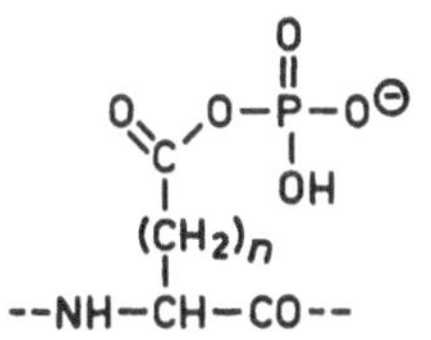
37

Die Bindungen sind relativ leicht spaltbar. Die Serinester (*35*) werden im Alkalischen leicht unter β-Eliminierung gespalten.

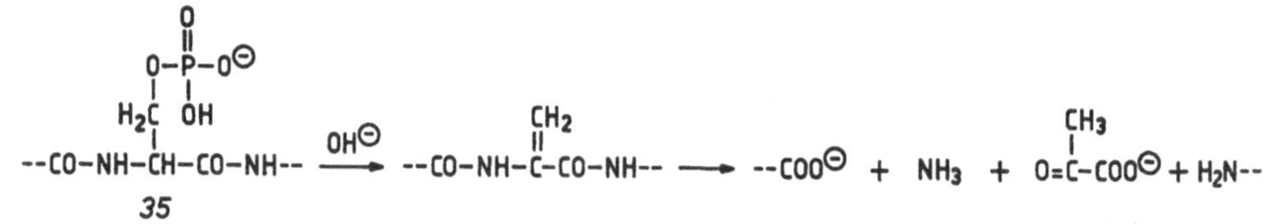

In den Phosphoproteinen der Eier und der Milch liegt der Bindungstyp *35* vor. Im Hühnereiweiß kommt vor allem *Ovalbumin* und *Phosvitin*, ein Phosphoglykoprotein, vor. Phosvitin enthält mehrere (Ser-P)$_n$-Sequenzen ($n < 8$). Bei den *Caseinen* (α, β, $\varkappa$-Caseine) der Milch handelt es sich ebenfalls um Phosphoglykoproteine.

Von besonderer Bedeutung sind die Phosphoenzyme. Zu dieser Gruppe gehören vorwiegend Phosphoryl-Transfer-Enzyme, bei denen intermediär Phosphorsäure kovalent an das aktive Zentrum gebunden wird. Als phosphorylierende Gruppe wirkt der Bindungstyp *35* (alkalische Phosphatase, Phosphoglucomutase), *36* (saure Phosphatase, Glucose-Phosphatase, Phosphoglyceromutase, Succinyl-CoA-Synthetase, Nucleosiddiphosphokinase) oder *37* (Phosphoglyceratkinase).

Die Phosphorylierung und Dephosphorylierung von Proteinen scheint auch für die Regulierung der Genexpression sowie für die Regulierung der physikalisch-chemischen Eigenschaften der biologischen Membran (integrale Membranproteine) von entscheidender Bedeutung zu sein.

2.8.2. *Metalloproteine*

Zahlreiche Proteine, darunter viele Enzyme (vgl. S. 98) enthalten Metalle, die für die biologische Aktivität essentiell sind (Tab. 2–15). Die Metalle sind mehr oder weniger stark komplexartig gebunden. Viele dieser Metalloproteine haben recht ungewöhnliche physikalische Eigenschaften (Elektronenspektren, magnetische Eigenschaften), die auf eine veränderte Geometrie (außergewöhnliche Bindungslängen und -winkel) dieser Komplexe zurückgeführt werden (vgl. Abb. 2–28).

Als Liganden der komplexbildenden Metalle wirken funktionelle Gruppen der Aminosäuren wie die Mercaptogruppe des Cysteins, der Imidazolrest des Histidins oder Carboxyl- und Aminogruppen sowie nicht-proteinartige Komponenten wie Porphinderivate

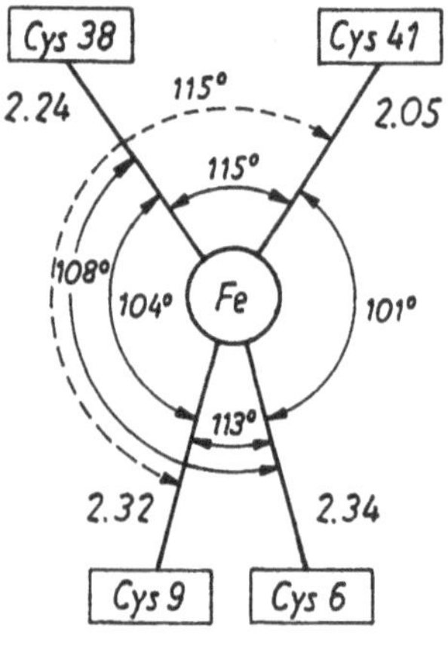

Abb. 2–28

Geometrie des Fe(III) in Rubredoxin aus Peptococcus aerogenes, Bindungslängen in Å (aus Mason und Zubieta, Angew. Chem. 85 (1973), 392)

(Kap. 6.4.4.) oder sog. labiler Schwefel. Solcher „labiler" Schwefel liegt z. B. in Eisen-Schwefel-Proteinen vor, zu denen die *Ferredoxine* gehören.

Ferredoxine sind Proteine mit einer geraden Anzahl von Eisen- und „labilen" Schwefelatomen (2, 4, 6 oder 8 Atome). Sie dienen in Pflanzen und Bakterien als Elektronenüberträger z. B. bei der Stickstoffixierung oder der Photosynthese (S. 383). Die Ferredoxine haben ein niedriges Redox-Potential (—0,3 bis —0,5 V bei pH 7) und ein charakteristisches *EPR*-Spektrum. Für die Fe_2S_2-Ferredoxine wird die Struktur *38a* diskutiert, wobei die Bindung des Eisens an das Protein durch je zwei Cysteinreste erfolgen soll. Die biologische Aktivität wird durch die Reduktion eines Fe(III)-zu einem Fe(II)-Atom erklärt. Bei den Fe_4S_4-Ferredoxinen liegt die (-Cys-S-Fe)$_4$S$_4$-Gruppe cubanartig vor (*38b*).

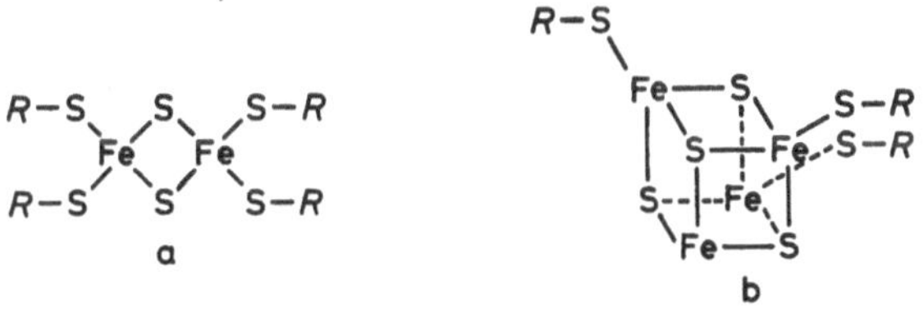

38 (*R* = Cysteinrest des Proteins)

Viele Metalloenzyme (S. 98) sind Redoxidasen, so verschiedene Fe-($Fe^{II} \rightleftharpoons Fe^{III}$), Mo-($Mo^{III} \rightleftharpoons Mo^{VI}$) und Mn-haltige ($Mn^{II} \rightleftharpoons Mn^{IV}$) Enzyme (Tab. 2–15). Die Anwesenheit der Metalle in den aktiven Zentren der Enzyme erklärt auch in vielen Fällen die essentielle Rolle dieser Spurenelemente.

Andere Metalloproteine dienen als Speicher- oder Transportformen für bestimmte Metalle.

Speicherformen für Eisen sind *Ferritin* und *Hämosiderin.*

Ferritin ist wasserlöslich und kristallisierbar und kommt in Leber, Milz und Knochenmark von Säugetieren vor, wurde aber auch in Invertebraten und Pflanzen gefunden. Es enthält 17—23% Eisen, das im Inneren des Proteins in Form von Micellen angeordnet ist. Das eisenfreie Apoferritin besitzt eine Molmasse von ca. 400000. Hämosiderin ist wasserunlöslich und enthält etwas mehr Eisen (30—40%). Es kommt in den Zellen des retikuloendothelialen Systems vor.

Ein spezifisches Eisen-Transportprotein des Blutplasmas ist das *Transferrin* (auch Siderophilin). Ein Transferrinmolekül kann 2 Atome Eisen als Fe(III) binden. Ähnlich gebaut ist das *Conalbumin,* das Eisen oder Kupfer binden kann.

Caeruloplasmin, Hepatocuprein und *Cerebrocuprein* sind Transport- und Speicherformen der Säugetiere für Kupfer. Caeruloplasmin kommt im Plasma vor und ist intensiv blau gefärbt (λ_{max} 605—610 nm).

Eine besondere Bedeutung haben Metalloproteine als Sauerstoffüberträger (vgl. Kap. 6.4.5.2.).

Die essentielle Rolle der Metalle für die biologische Aktivität vieler Proteine kann auch auf einer Beeinflussung der Sekundär- oder Tertiärstruktur (z. B. bei der Glutamin-Synthetase) bzw. Quartärstruktur der Proteine (z. B. bei der Alkohol-Dehydrogenase) beruhen.

2.8.3. Lipoproteine

Lipid-Protein-Wechselwirkungen spielen eine besondere Rolle in den *biologischen Membranen* (Kap. 5.5.2.).

Membrangebundene Enzyme sind häufig nur bei Anwesenheit von Lipiden biologisch

Tabelle 2–15
Metalloproteine

Metalle	Metalloprotein	Funktion
Fe	Häm-Proteine:	O_2-Transport
	Hämoglobin, Myoglobin	
	Peroxidasen, Cytochrome, Cytochrom-Oxidase	Enzyme (Redoxidasen)
	Nicht-Häm-Proteine:	O_2-Transport bei Invertebraten
	Hämerythrin	
	Ferritin, Hämosiderin	Fe-Speicher
	Transferrin	Fe-Transport
	Ferredoxine	Elektronenüberträger
	Nitrogenase	Enzym (N_2-Fixierung)
Cu	Hämocyanin, Cytocyanin	O_2-Transport bei Invertebraten
	Caeruloplasmin, Hepatocuprein, Cerebrocuprein	Cu-Transport und -Speicher
	Plastocyanin	Elektronenüberträger in Pflanzen
	Azurin	Elektronenüberträger in Bakterien
	Tyrosinase	Enzym (Phenoloxidation)
	Lysin-Oxidase	Enzym (führt zur Quervernetzung von Kollagen)
Zn	Carboxypeptidase, Thermolysin, Carboanhydrase, Alkohol-Dehydrogenase, Phosphoglyceraldehyd-Dehydrogenase	Enzyme
Co	Vit. B_{12}-enthaltende Enzyme (Kap. 6.4.7.), β-Hydroxybutyrat-Dehydrogenase	Enzyme
Mo	Nitrogenase (auch Fe), Nitrat-Reduktase, Xanthin-Oxidase, Aldehyd-Oxidase	Enzyme
Mn	Photosyntheseenzyme, Malat-Enzym	Enzyme
	Isocitrat-Dehydrogenase	
	Concanavalin A (auch Ca)	Lectin

aktiv. Die von Lipiden durch Detergentien, Lipasen oder organischen Lösungsmitteln befreiten Enzyme zeigen oft keine Aktivität mehr, können aber durch Zugabe von Lipiden wieder aktiviert werden. Das ist z. B. bei der β-Hydroxybutyrat-Dehydrogenase der Fall. Die Membranlipide sind also gewissermaßen essentielle Cofaktoren dieser Enzyme. Wahrscheinlich bewirken die Lipide die Ausbildung einer bestimmten, für die biologische Aktivität erforderlichen räumlichen Struktur dieser Proteine.

Bemerkenswert ist, daß für die membrangebundene ($Ca^{2\oplus}$—$Mg^{2\oplus}$)-ATPase des sarcoplasmatischen Reticulums eine Abhängigkeit der biologischen Aktivität vom Phasenübergang der gebundenen Phospholipide festgestellt wurde.

Ein wichtiger Risikofaktor bei der Ausbildung der Atherosklerose ist eine Hyperlipidämie, d. h. eine zu hohe Konzentration von Lipiden (Triacylglycerole, Cholesterol) im Blut. Diese Lipide sind im Blutplasma an bestimmte Proteine gebunden. Die *Plasma-Lipoproteine* dienen zum Transport der Lipide.

Trotz des relativ hohen Gehaltes an hydrophoben Lipiden sind die Plasma-Lipoproteine im Wasser löslich. Es wird angenommen, daß die weniger polaren Lipide (Triacylglycerole, Cholesterolester) einen inneren, hydrophoben Bereich mit Teilen des Proteins bilden, während die hydrophileren Bereiche des Proteins oder hydrophile Gruppierungen der Lipide an der Oberfläche angeordnet sind.

Die menschlichen Plasma-Lipoproteine sind in 5 Hauptklassen aufgeteilt worden (Chylomicron, very-low-density-Lipoprotein, low-density-Lipoprotein, high-density Lipoprotein und very-high-density-Lipoprotein). Jede Klasse stellt ein heterogenes, polydisperses System dar.

Eine vollständige Delipidisierung, z. B. mit einem Ethanol/Ether-Gemisch, führt zu wasserunlöslichen Apolipoproteinen.

Der Lipidspiegel läßt sich beim Menschen durch bestimmte synthetische Aryloxyalkansäuren (z. B. Klofibrinsäure) senken, die selbst eine große Affinität zu diesen Proteinen aufweisen. Diese Verbindungen werden als Antisklerotica eingesetzt.

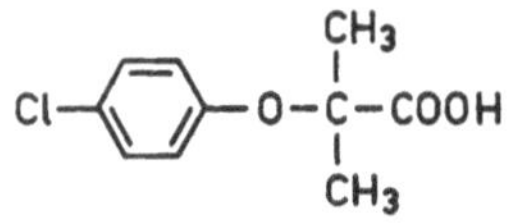

Klofibrinsäure

Ein großer Teil der Phospholipide der Eidotter ist ebenfalls an Proteine gebunden Aus dem Dotter der Hühnereier sind Lipoproteinfraktionen mit hoher (high density) und niedriger Dichte (low density) isoliert worden. Die high-density-Lipoproteine (α- und β-Lipovitellin) enthalten etwa 20% Phospholipide.

2.9. Peptidsynthesen

Die Biosynthese der Peptide findet unter Beteiligung von Nucleinsäuren statt und wird deshalb erst in Kap. 4.3. abgehandelt. Hier soll nur auf die Totalsynthese von Peptiden und auf partialsynthetische Veränderungen von Seitenketten der Proteine (chemische Modifizierung) eingegangen werden. Bei der Protein-Semisynthese geht man von natürlichen Proteinen bzw. von deren Fragmenten aus, die z. B. durch Kettenverlängerungen zu Proteinen neuartiger Strukturen umgewandelt werden.

2.9.1. Totalsynthese von Peptiden

2.9.1.1. Allgemeine Probleme

Ziel der Peptidsynthese ist die wiederholte Knüpfung einer Amidbindung aus der α-Aminogruppe einer Aminosäure mit der Carboxylgruppe einer anderen Aminosäure. Die Bildung der Amidgruppe wird durch einen nucleophilen Angriff der Aminogruppe am C-Atom der Carbonylgruppe der anderen Aminosäure eingeleitet und verläuft nach einem Additions-Eliminierungs-Mechanismus.

Der elektrophile Charakter des C-Atoms der Carbonylgruppe wird wesentlich beeinflußt durch den Substituenten X. So ist die Reaktivität der Carboxylgruppe und noch ausgeprägter der Carboxylatgruppe zu gering, da die für die Reaktivität verantwortliche Polarität der Carbonylgruppe ganz (Carboxylat) oder weitestgehend ausgeglichen wird. Die umzusetzende Carboxylgruppe ist also durch geeignete Substitutenten zu aktivieren.

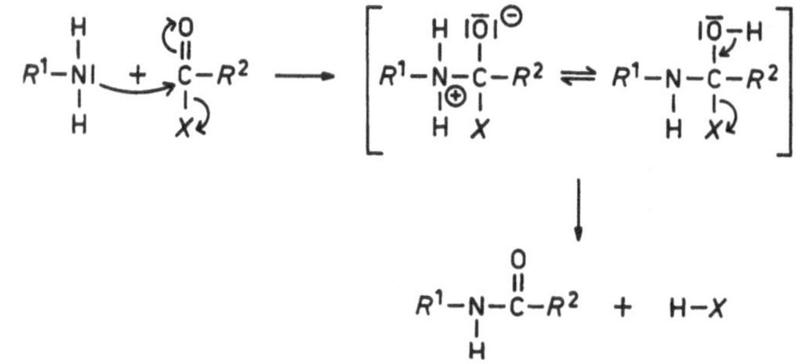

Bei der Biosynthese der Proteine wird die Reihenfolge der Aminosäuren der Polypeptidkette durch den in der DNS verankerten genetischen Code (vgl. Proteinbiosynthese S. 272) festgelegt. Das große Problem der chemischen Peptidsynthese ist es nun, diese Eindeutigkeit in der Reihenfolge der einzelnen Aminosäuren dadurch zu erreichen, daß alle Substituenten, die nicht an der oben angeführten Reaktion teilnehmen, durch geeignete Schutzgruppen blockiert werden.

Diese Schutzgruppen für Carboxyl-, α-Aminogruppen und die funktionellen Gruppen der Seitenreste müssen so ausgewählt werden, daß sie

- unter den Bedingungen der Aktivierung der Carboxylgruppe und der Synthese der Amidbindung erhalten bleiben,
- ohne Racemisierung der Aminosäuren eingeführt werden können und auch unter den Synthesebedingungen nicht zu Racemisierungen Anlaß geben und
- nach beendeter Synthese leicht und selektiv ohne Angriff der Amidbindungen wieder entfernt werden können.

Selektiv abgespalten werden müssen die Schutzgruppen, die nur zum vorübergehenden Schutz einer α-Amino- oder Carboxylgruppe dienen.

Eine Petidsynthese verläuft daher im allgemeinen in drei Stufen:

1. Einführung der Schutzgruppen,
2. Aktivierung und Kupplungsreaktion sowie
3. Abspaltung der Schutzgruppen.

2.9.1.2. Schutzgruppen

Schutzgruppen für Aminosäuren

Die von Bergmann und Zervas 1932 eingeführte und zu Ehren von Zervas mit *Z* abgekürzte Benzyloxycarbonylgruppe (*39*, früher Carbobenzoxygruppe) ist nach wie vor die gebräuchlichste Schutzgruppe. Ihre Synthese erfolgt durch Umsetzen der Aminkomponente mit Chlorkohlensäurebenzylester, der aus Benzylalkohol und Phosgen erhältlich ist.

Die Benzyloxycarbonylgruppe kann als Urethan relativ leicht wieder entfernt werden. Besondere Bedeutung hat die Entfernung durch katalytische Hydrierung oder durch säurekatalysierte Hydrolyse. Unter alkalischen Bedingungen, wie sie z. B. für die Entfernung von Carboxylschutzgruppen (Methyl-, Ethylester) erforderlich sind, sind die Urethane stabil.

Noch leichter durch säurekatalysierte Hydrolyse als die Benzyloxycarbonylgruppe ist die tert.-Butyloxycarbonylgruppe (Boc) abspaltbar. Diese Gruppe kann bereits unter

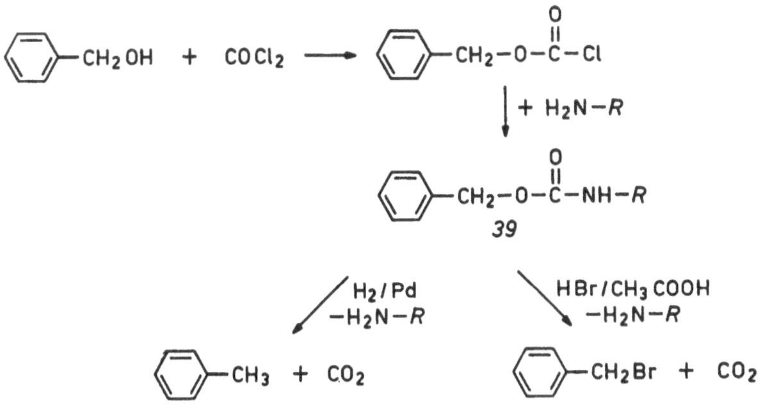

Bedingungen abgespalten werden, unter denen die Benzyloxycarbonylgruppe noch erhalten bleibt. Auf diese Weise kann z. B. Z an der permanent zu schützenden ε-Aminogruppe des Lysins verbleiben, während Boc als temporäre Gruppe nach jedem Reaktionsschritt von den Aminogruppen entfernt werden kann. Beide Alkyloxycarbonylgruppen haben den Vorteil, daß praktisch keine Racemisierung auftritt.

Die von WEYGAND 1952 eingeführte *Trifluoracetylgruppe* kann infolge des starken -*I*-Effektes der Fluoratome bereits unter sehr milden Bedingungen alkalisch abgespalten werden.

Die *p-Toluensulfonylgruppe* (Tosylgruppe) ist leicht durch Umsetzen der Aminkomponente mit p-Toluensulfonsäurechlorid einzuführen. Sie läßt sich allerdings relativ schwer wieder entfernen (Natrium in flüssigem Ammoniak, DU VIGNEAUD, 1937) und dient höchstens noch zum Schutz der ε-Aminogruppe des Lysins.

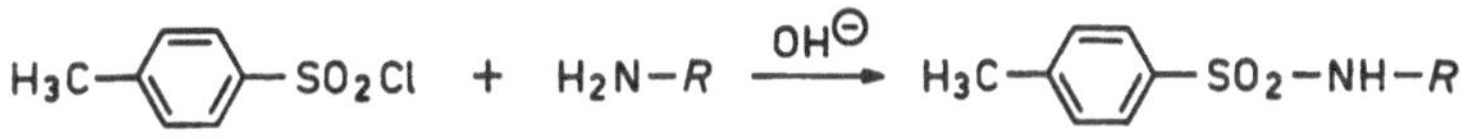

N-Carbonsäureanhydride (Oxazolidindione, LEUCHSsche Anhydride, *40*) entstehen aus den Säurechloriden der N-Alkoxycarbonyl-aminosäuren (*41*) bzw. bei der Umsetzung von Aminosäuren mit Phosgen. Sie besitzen sowohl eine geschützte Aminogruppe als auch eine aktivierte Carboxylgruppe. N-Carbonsäureanhydride wurden von LEUCHS bereits zur Synthese von Polyaminosäuren eingeführt und von HIRSCHMANN in größerem Umfange zur Synthese der Fragmente der Ribonuclease eingesetzt (1967).

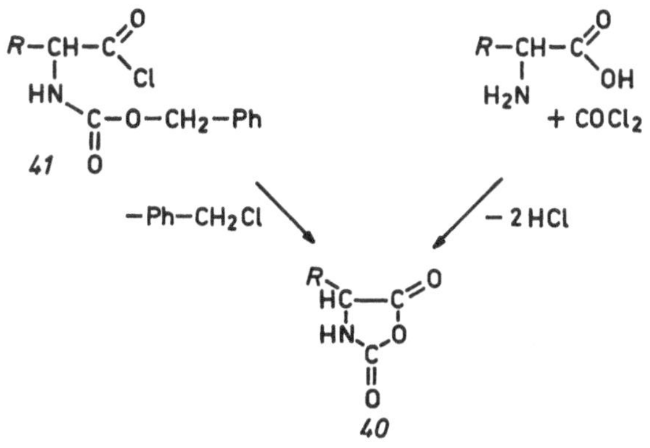

Schutzgruppen für Carboxylgruppen

Die Hauptaufgabe dieser Schutzgruppen besteht nicht so sehr im eigentlichen Schutz der Carboxylgruppe, sondern darin, durch Substitution an der Carboxylgruppe die Zwitterionenstruktur der an der Aminogruppe umzusetzenden Aminosäure aufzuheben und dadurch die Reaktion zu ermöglichen. Als einfachste „Schutzgruppe" kann daher schon die Salzbildung an der Carboxylgruppe bezeichnet werden.

Als Schutzgruppen kommen nur Substituenten in Frage, die nicht zu einer Aktivierung der Carboxylgruppe führen, auf der anderen Seite aber auch relativ leicht wieder abgespalten werden können. Praktische Bedeutung haben daher nur verschiedene Ester erhalten (vgl. Tab. 2–16).

Tabelle 2–16

Schutzgruppen für die Peptidsynthese

zu schützende Gruppe	Schutzgruppe	Abkürzung	Entfernung
$-COOH$	$-COOCH_3$, $-COOC_2H_5$ Methyl-, Ethylester	OMe, OEt	alkalische Hydrolyse
	$-COOC(CH_3)_3$ tert.-Butylester	OBu^t	säurekatalysierte Hydrolyse
	$-COO-CH_2-$  Benzylester	OBzl	katalytische Hydrierung
$-NH_2$	 $-CH_2-O-CO-NH-$ Benzyloxycarbonyl-	Z, Cbz	katalytische Hydrierung, HF, HBr/Eisessig
	$(CH_3)_3C-O-CO-NH-$ tert.-Butyloxycarbonyl-	Boc	CF_3COOH
	$CF_3-CO-NH-$ Trifluoracetyl	CF_3CO-	milde alkalische Hydrolyse
	H_3C-  $-SO_2-NH-$ p-Toluensulfonyl-(Tosyl-)	Tos	Na/NH_3
$-NH-C-NH_2$ ‖ NH	$-NH-C-NH-NO_2$ ‖ NH Nitroguanidin		katalytische Hydrierung, elektrolytische Reduktion
$-SH$	$-S-CH_2-$  Benzylthio	SBzl	Na/NH_3

Schutzgruppen funktioneller Gruppen der Seitenketten

Diese Schutzgruppen sollen meist einen permanenten Schutz während der gesamten Peptidsynthese gewähren.

Die stark basische *Guanidinogruppe des Arginins* läßt sich bereits durch Protonierung schützen. Der basische Charakter der Guanidinogruppe kann durch Überführung in die Nitroguanidinogruppe reduziert werden, die die Struktur *42* oder *43* hat.

Der *Imidazolrest des Histidins* wird gewöhnlich nicht geschützt, bereitet jedoch wegen seiner Basizität und Acylierbarkeit häufig Schwierigkeiten. Ebenso werden die *Hydroxylgruppen* des Serins und Threonins meist nicht geschützt.

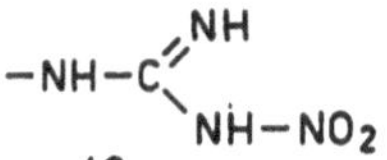

42

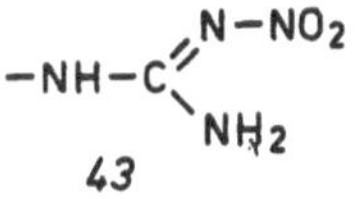

43

Von besonderer Bedeutung ist der Schutz der *Mercaptogruppe des Cysteins.* Diese Gruppe ist stark nucleophil und leicht zu oxidieren. Schutzgruppe der Wahl ist die Benzylthiogruppe (DU VIGNEAUD, 1930), die durch Natrium in flüssigem Ammoniak abgespalten werden kann. Diese drastische Methode führt jedoch auch zu teilweiser Aufspaltung von Peptidbindungen. Insbesondere durch die Probleme, die durch die Synthese polycyclischer heterodoter Peptide (Insulinsynthese, Abb. 2–34) auftraten, wurden über 40 Schutzgruppen für die Mercaptogruppe in die Peptidsynthese eingeführt, so die Trityl-, Benzhydryl-, Benzoyl- oder Acetaminomethylgruppe (*44*).

$$-S-CH_2-NH-CO-CH_3$$

44

2.9.1.3. *Aktivierung der Carboxylgruppe, Methoden zur Knüpfung der Peptidbindung*

Unter den Methoden, die eine racemisierungsarme Aktivierung der Carboxylgruppe und Knüpfung der Peptidbindung ermöglichen, hat sich besonders der Einsatz von Aziden, aktivierten Estern, gemischten Anhydriden und die Carbodiimid-Methode bewährt.

Azid-Methode

Die Azid-Methode ist die älteste Methode, die eine racemisierungsarme Peptidsynthese ermöglicht (CURTIUS, 1902).

Säureazide sind relativ leicht über die Hydrazide erhältlich und werden deshalb häufig. eingesetzt.

$$X-(AS)_n-OCH_3 \xrightarrow{H_2N-NH_2} X-(AS)_n-NH-NH_2 \xrightarrow{HONO} X-(AS)_n-N_3$$

Nachteilig ist, daß Säureazide thermisch nicht so stabil wie z. B. aktivierte Ester sind nud zu Nebenreaktionen führen können. So lagern sich Säureazide leicht zu Isocyanaten um, die wiederum mit den Aminosäuren reagieren können.

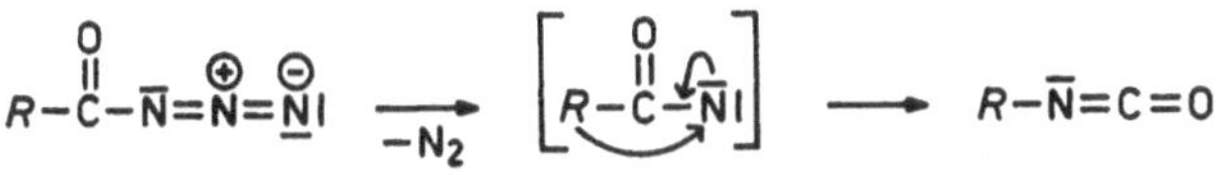

Da mit wachsender Kettenlänge des Peptides die Umsetzungsgeschwindigkeit des Esters mit dem Hydrazin immer geringer wird, wird in diesen Fällen mit einem vorher eingeführten, geschützten Hydrazidrest gearbeitet (backing-off-Verfahren).

Aktivierte Ester

Die Reaktivität der Carbonylgruppe einer Estergruppierung läßt sich durch elektronenziehende bzw. leicht polarisierbare Gruppen in der Alkohol- oder Phenolkomponente des Esters bedeutend erhöhen. Die aktivierten Ester können dann durch Aminolyse leicht in die entsprechenden Amide überführt werden.

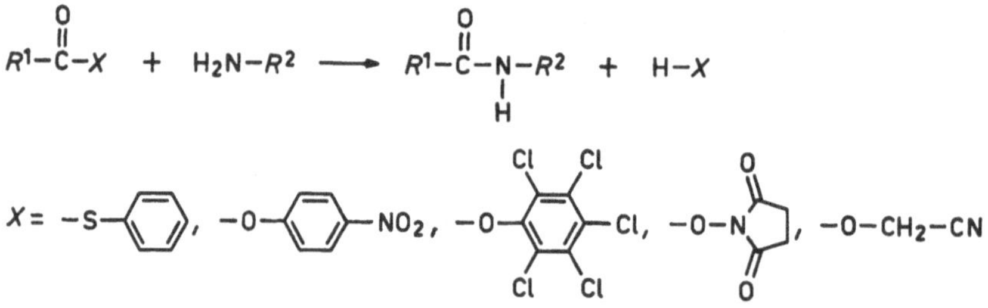

Diese Kupplungsmethode wurde mit den Thiophenylestern durch Th. Wieland 1951 in die Peptidsynthese eingeführt. Bedeutung in der Peptidsynthese haben neben S- und Se-Arylestern verschiedene O-Arylester (z. B. 4-Nitrophenylester, Np, oder Pentachlorphenylester), O-Alkylester (Cyanomethylester) oder Hydroxylaminderivate (N-Hydroxysuccinimidester) erlangt. Der Vorteil des Einsatzes aktivierter Ester besteht darin, daß diese aktivierten Carboxylderivate isoliert und gereinigt werden können und kaum mit schwach nucleophilen Gruppen wie den Hydroxylgruppen reagieren.

Methode der gemischten Anhydride

Gemischte Anhydride lassen sich durch Umsetzen der Carbonsäuren mit Chlorameisensäureester in Gegenwart eines tertiären Amins darstellen.

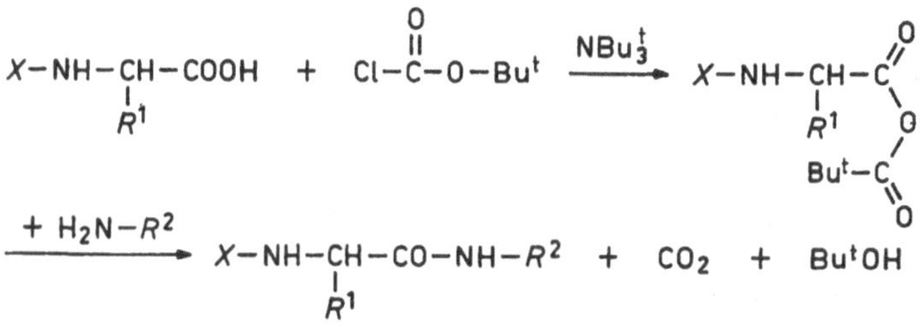

Der Angriff der Aminkomponente (H_2N—R^2) erfolgt an dem C-Atom des Anhydrids, das die geringste Elektronendichte besitzt und sterisch am wenigsten gehindert ist. Der Vorteil dieser sowohl bei der Peptidsynthese als auch bei der chemischen Modifizierung von Proteinen viel angewandten Methode (Th. Wieland, Boissonnas, Vaughan, 1951) ist die Entstehung leicht entfernbarer Nebenprodukte.

Carbodiimid-Methode

Die Carbodiimid-Methode wurde von Sheehan und Hess 1955 in die Peptidsynthese eingeführt. Mit dem Reaktionsmechanismus beschäftigte sich eingehend Khorana.

Danach bildet sich zunächst aus dem Carbodiimid (*45*) und der Carbonsäure ein reaktionsfähiger O-Acyl-isoharnstoff (*46*), der entweder direkt mit der Aminkomponente reagiert (Weg *A*) oder zunächst mit einem weiteren Molekül Carbonsäure ein symmetrisches Anhydrid bildet (Weg *B*), das dann mit dem Amin zum Amid reagiert. Nach beiden Wegen wird als Nebenprodukt der entsprechende Harnstoff (*47*) gebildet. Unerwünscht ist die Umlagerung des O-Acyl-isoharnstoffs zum Acyl-harnstoff (*48*), der nicht mehr acylierend wirkt. Die Abtrennung der Nebenprodukte *47* und *48* bereitet oft Schwierigkeiten. Ein Nachteil dieser Methode ist ferner, daß Aktivierungs- und Reaktionsschritt nicht getrennt werden können.

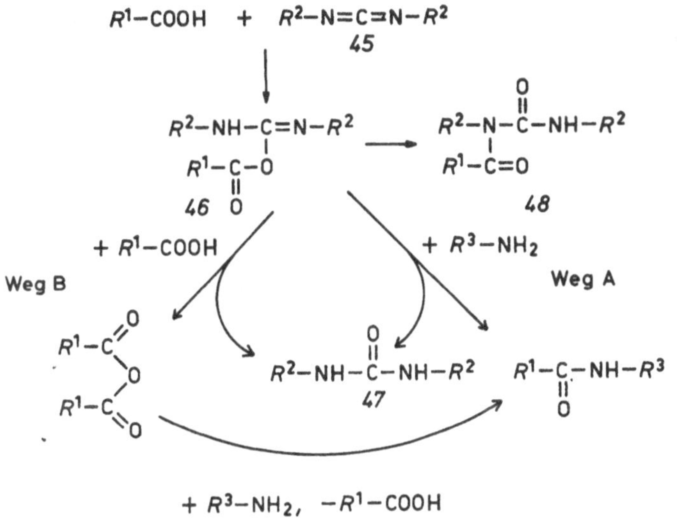

Zum Einsatz bei der Peptidsynthese kommen meist Dicyclohexylcarbodiimid (*45a*, DCC). Für Umsetzungen in wäßrigen Lösungsmitteln, z. B. für die chemische Modifizierung von Proteinen, werden wasserlösliche Carbodiimide wie N-Ethyl-N'-3-dimethyl-amino-propyl-carbodiimid-hydrochlorid (*45c*) oder N-Cyclohexyl-N'-[2-(N-methyl-morpholino)ethyl]carbodiimid-p-toluensulfonat (*45b*) verwendet.

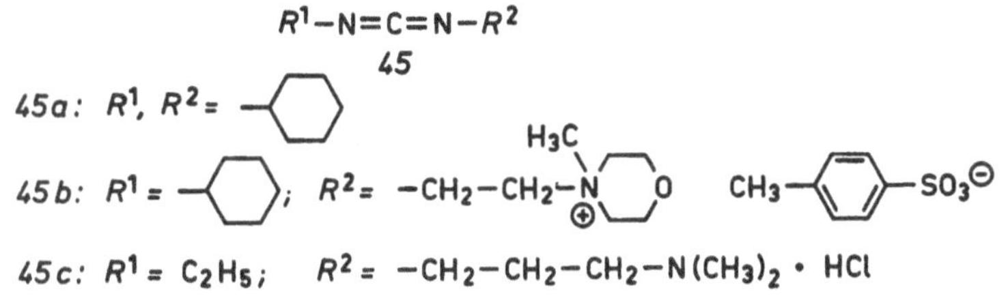

Durch gleichzeitigen Zusatz von Dicyclohexylcarbodiimid und sog. *Additiven* läßt sich oft der Racemisierungsgrad herabsetzen und die Ausbeute erhöhen. Als Additiv wirken z. B. N-Hydroxysuccinimid und 1-Hydroxybenzotriazol.

2.9.1.4. *Taktik und Strategie*

Unter *Taktik* der Peptidsynthese versteht man die Auswahl der optimalen Schutzgruppen und Kupplungsmethoden.

Temporäre Schutzgruppen dienen zum vorübergehenden Schutz einer α-Amino- bzw. Carboxylgruppe. Sie müssen nach jedem Kupplungsschritt wieder selektiv entfernt werden.

Daneben muß es Schutzgruppen geben, die die funktionellen Gruppen während der ganzen Peptidsynthese blockieren und erst am Ende entfernt werden. Diese *permanenten Schutzgruppen*, z. B. für die ε-Aminogruppe des Lysins, müssen aber ebenfalls unter Bedingungen zu entfernen sein, die eine Racemisierung oder Spaltung der Peptidbindung ausschließen. So können z. B. säurelabile Gruppen als temporäre Schutzgruppen für die α-Aminogruppe und säurestabile Gruppen für den permanenten Schutz von ε-Aminogruppen eingesetzt werden. Die Wahl der Schutzgruppen stellt das wichtigste Problem für eine erfolgreiche Peptidsynthese dar.

In einigen Fällen ist es auch möglich, daß eine Carboxylschutzgruppe nach chemischer Veränderung gleich zur Kupplung mit der Aminokomponente eingesetzt werden kann. Als Schutzgruppe für dieses *backing-off-Verfahren* sind verschiedene Ester sowie an der Aminogruppe geschützte Hydrazide (S. 125) geeignet.

Unter den für die Peptidsynthese entwickelten *Strategien* kann man zunächst zwischen dem

stufenweisen Aufbau der Peptidkette und der
Fragmentkondensation nach stufenweisem Aufbau
dieser Fragmente unterscheiden.

Stufenweise Synthese	Fragmentkondensation	
A	A B + C D E F G	oder
A B	A B C + D E F G	oder
A B C	A B C D E + F G	...
A B C D		
A B C D E		
A B C D E F		

↘ ↙

A B C D E F G
Oligopeptid

Die Synthese erfolgt dabei — im Unterschied zur Biosynthese — fast ausschließlich vom C-terminalen Ende her. Die Synthese kann in *homogener* (konventionelle Synthese) oder in *heterogener Phase* (z. B. MERRIFIELD-Strategie) durchgeführt werden.

Eine Übersicht über die wichtigsten Strategien gibt die Tab. 2–17.

Abb. 2–29 zeigt in einer gebräuchlichen schematischen Darstellung eine stufenweise Synthese und eine Fragmentkondensation am Beispiel der Synthese des Peptidhormons Oxytocin.

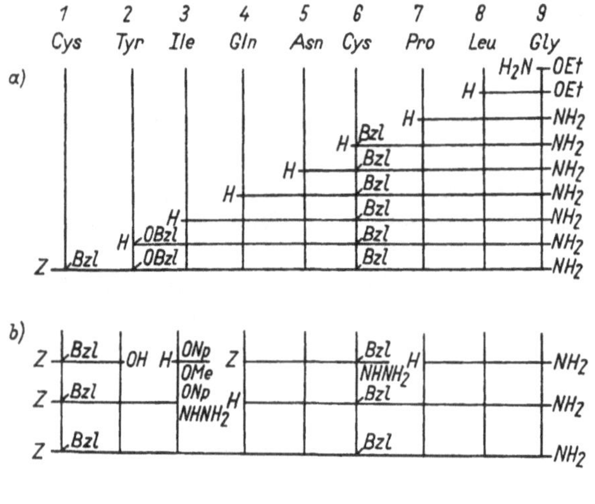

Abb. 2–29

Schematische Darstellung *a*) einer stufenweise Synthese (nach BODANSZKY und DU VIGNEAUD) und *b*) einer Synthese durch Fragmentkondensation nach der Variante 3 + (3 + 3) (nach BOISSONNAS) des geschützten acyclischen Oxytocin.

Tabelle 2–17
Wichtigste Strategien zur Synthese von Peptiden (nach WÜNSCH)

Strategie	Charakteristika	Vorteile	Nachteile
1. Konventionelle Synthese mit globaler Schutzgruppen-Technik			
1.1. BODANSZKY-Strategie	stufenweiser Aufbau	eindeutiger Verlauf der Synthese, Möglichkeit der Reinigung nach jedem Schritt	sehr aufwendig, nicht automatisierbar, durch Schutzgruppen Verringerung der Löslichkeit mit steigender Peptidkette
1.2. SCHWYZER-WÜNSCH-Strategie	Fragment-Kondensation	wie 1.1.	wie 1.1., günstigere Gesamtausbeute
2. Konventionelle Synthese mit Minimum an Schutzgruppen			
HIRSCHMANN-Strategie	Fragment-Kondensation	bessere Löslichkeit der Fragmente als nach 1., wie 1.1.	nicht so nebenproduktfrei wie nach 1., Beschränkung auf Azid-Methode
3. Synthese unter Einsatz polymerer Träger			
3.1. MERRIFIELD-Strategie	Verwendung unlöslicher Träger (solid phase), stufenweiser Aufbau oder Fragment-Kondensation	Abtrennung des wachsenden Peptids durch Filtration, dadurch automatisierbar	da Ausbeute < 100% Bildung von Fehl- und Rumpfsequenzen ohne Möglichkeit der Reinigung, Probleme bei Abspaltung vom Träger
3.2. BAYER-Strategie	Verwendung hochmolekularer löslicher Träger (liquid phase)	im Unterschied zu 3.1. Umsetzung in homogener Phase, Trennung durch Ultrafiltration oder Kristallisation	wie 3.1.
4. Synthese unter Einsatz polymerer Reagentien			
KATCHALSKI-WIELAND-FRANKEL-Strategie		physikalische Abtrennung des Peptids wie bei 3., Möglichkeit der Reinigung des Peptids wie bei 1.1.	Grenzen aufgrund sterischer Behinderung

Um Nebenreaktionen an den funktionellen Gruppen der Seitenketten weitestgehend einzuschränken, sieht die *globale Schutzgruppentechnik* einen möglichst umfassenden Schutz vor.

Bei der konventionellen Synthese nach dieser Technik treten mit steigender Kettenlänge der Peptide Probleme auf, die vor allem dadurch hervorgerufen werden, daß sich die Löslichkeit der Peptide durch die Schutzgruppen immer weiter verringert und die raumfordernde Peptidkette die weitere Reaktion sterisch behindert. Aus diesem Grunde ist auch die Gesamtausbeute nach der Fragmentkondensation höher als nach der stufenweisen Synthese. Die Grenzen beider Methoden liegen daher beim stufenweisen Aufbau bei ca. 20—30 Aminosäuren und bei der Fragmentkondensation bei ca. 40—50 Aminosäuren. Bei der schrittweisen Synthese kommt erschwerend hinzu, daß die Unterschiede zwischen den analytisch erfaßbaren Eigenschaften der Peptide der einzelnen Reaktionsstufen mit steigender Kettenlänge immer geringer werden. Die schrittweise Methode wird daher vor allem zur Synthese der für die Fragmentkondensation erforderlichen Partialsequenzen herangezogen.

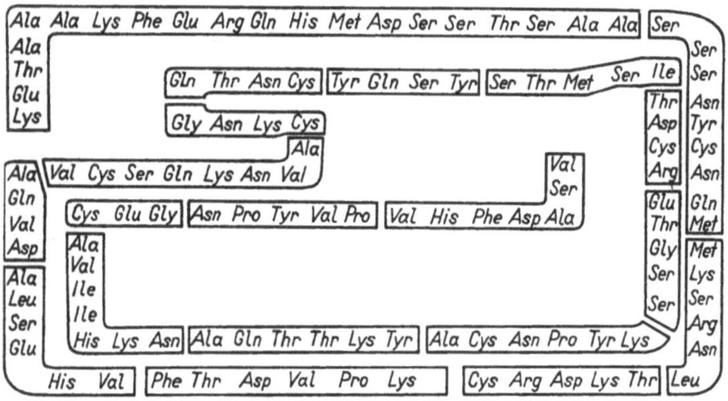

Abb. 2–30

Von Hirschmann ausgewählte Fragmente zur Synthese der Rinderpankreas-Ribonuclease (vgl. Abb. 2–32, S. **133**).

Zur Synthese von Polypeptiden hat Hirschmann seine Taktik des minimalen Schutzes der funktionellen Gruppen der Seitenketten entwickelt, durch die die Löslichkeit der Fragmente erhöht werden sollte. Es gelang nach dieser Methode, das erste Enzym, die Ribonuclease S, durch Fragmentkondensation (Abb. 2–30) zu synthetisieren.

Die Synthese der Fragmente erfolgte weitgehend unter Einsatz der Aminosäure-N-Carbonsäure-Anhydride sowie der N-Hydroxysuccinimid-Ester. Die Verknüpfung der Fragmente erfolgte nach der Azid-Methode. Geschützt wurden lediglich die ε-Aminogruppe des Lysins und die Mercaptogruppe des Cysteins. Der sparsame Einsatz der Schutzgruppen und die Beschränkung auf die Azid-Methode bieten allerdings die Möglichkeit für störende Nebenreaktionen.

Der Nachteil der konventionellen Methode besteht darin, daß sich die Synthese nicht automatisieren läßt und daß nach jedem Reaktionsschritt eine aufwendige Trennung des geschützten Peptides von Ausgangs- und Nebenprodukten erfolgen muß.

Diese Probleme lassen sich umgehen, wenn der Aufbau des Peptides an einem hochmolekularen unlöslichen (*Solid-Phase-Methode*, Festkörpersynthese) oder löslichen

(*Liquid-Phase-Methode*) Träger vorgenommen wird. Die *Festkörpersynthese* wurde 1963 von MERRIFIELD in die Peptidsynthese eingeführt. Nach der MERRIFIELD-Strategie wird die erste Aminosäure kovalent an einen Träger gebunden. An diese Aminosäure werden dann schrittweise in heterogener Phase die weiteren Aminosäuren gekuppelt. Die Kupplung erfolgt gewöhnlich in Lösungsmitteln mit hoher Dielektrizitätskonstante wie Dimethylformamid oder Methylenchlorid mit Carbodiimid oder nach der Methode der aktivierten Ester. Nach jedem Reaktionsschritt wird das am Träger gebundene Peptid abfiltriert und gewaschen. Zum Schluß wird das fertige Peptid vom Träger gelöst. Als günstigster Träger hat sich ein mit Divinylbenzen quervernetztes Polystyren erwiesen, das am Benzenrest chlormethyliert war. Die Bindung der Aminosäure an den so aktivierten Träger kann durch längeres Kochen mit der Acylaminosäure in Gegenwart von Triethylamin erfolgen. Danach wird die Schutzgruppe von der Aminosäure abgespalten.

Nach der eigentlichen Peptidsynthese wird das fertige Peptid durch Behandeln mit HBr in Trifluoressigsäure vom Träger gelöst.

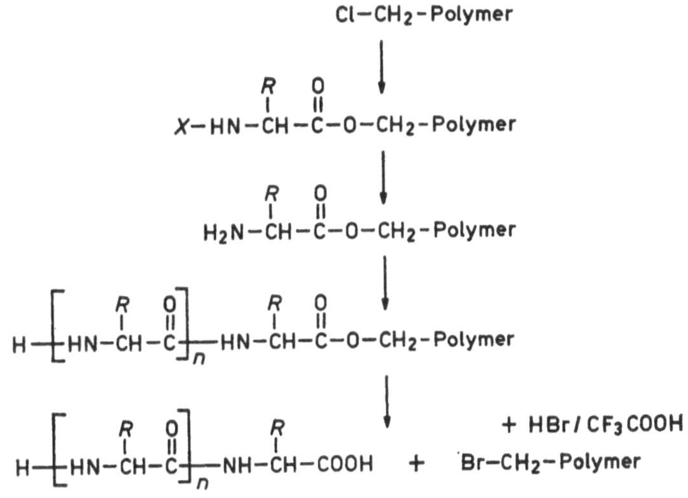

Die Voraussetzung für eine als erfolgreich zu bezeichnende Synthese nach dieser Methode ist eine quantitative Kupplungsreaktion. Bei einer nicht 100%igen Umsetzung am polymeren Träger und nicht vollständigen Deblockierungs-Reaktionen kommt es zur Bildung von Rumpf- und Fehlsequenzen.

gewünschte Sequenz:	A B C D E F
Rumpfsequenzen:	A B C D
	A B C D E
Fehlsequenzen:	A – C D E F
	A B – D E F
	A B – D E

Die Gesamtausbeute hängt daher stark von der Einzelausbeute nach jedem Reaktionsschritt ab. Die MERRIFIELD-Synthese wird daher meist zur Synthese von Oligopeptiden (bis Decapeptide) eingesetzt, für die nicht zu hohe Anforderungen an die Reinheit gestellt werden.

Im Unterschied zur MERRIFIELD-Synthese werden bei der *Liquid-Phase-Methode* lösliche hochmolekulare Träger eingesetzt (ŠEMJAKIN, BAYER). BAYER arbeitet meist mit Polyethylenglykolen als Träger, an deren Hydroxylgruppe die Carboxylgruppe der C-terminalen Aminosäure gebunden wird. Die restlichen Hydroxylgruppen des Polymers können blockiert werden. Zur Kupplung wird meist Dicyclohexylcarbodiimid eingesetzt. Die Entfernung überschüssiger Komponenten erfolgt durch Ultrafiltration oder auch Kristallisation des Polymer-Peptidesters. Neben polymeren Trägern für das aufzubauende Peptid wurden in die Peptidsynthese auch unlösliche polymere Reagentien eingeführt. Zum Einsatz kamen z. B. polymere aktive Ester (*49*) oder Carbodiimide (*50*).

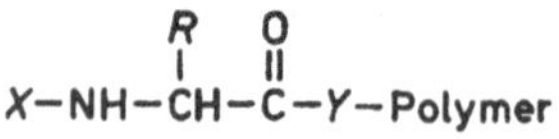

49 (*Y* = O, S)

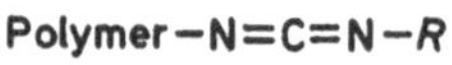

50

2.9.1.5. Synthese von cyclischen Peptiden

Die Synthese cyclischer Peptide erfordert nach dem Aufbau des entsprechenden linearen Peptides noch eine Cyclisierungsreaktion.

Bei der Synthese homodeter Peptide kommt es darauf an, daß die Reaktion der α-Aminogruppe mit der Carboxylgruppe intramolekular und nicht intermolekular unter Bildung längerer Peptide erfolgt. Die intramolekulare Reaktion wird durch hohe Verdünnung (10^{-3} bis 10^{-4} M) begünstigt. Die Aktivierung der Carboxylgruppe und die eigentliche Cyclisierung werden daher getrennt durchgeführt. Zur Aktivierung dienen meist die aktivierten Ester oder die Azide (Abb. 2–31).

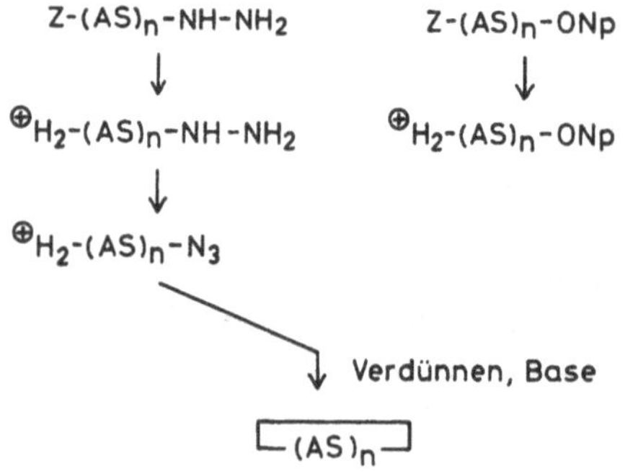

Abb. 2–31
Synthese von homodeten Peptiden
(*Np* = 4-Nitrophenyl).

Wesentlich größere Bedeutung hat die Ausbildung der Disulfidbrücken zur Synthese heterodeter Peptide. Zunächst werden am linearen Peptid die Schutzgruppen an den Mercaptogruppen der Cysteinreste abgespalten. Die Cyclisierung erfolgt dann in ca. 10^{-3} M-Lösung durch Oxidation der Mercaptogruppen zum entsprechenden Disulfid. Als Oxidationsmittel dienen Luftsauerstoff, Hexacyanoferrat(III), Iod oder Diiodethan.

Relativ einfach noch ist die Bildung der Disulfidbrücke bei Peptiden mit nur zwei Cysteinresten (Synthese des Oxytocin). Nach Abspaltung der Schutzgruppen werden die

Mercaptogruppen oxidiert. Das gewünschte Disulfid entsteht dabei in der letzten Stufe der Oxytocin-Synthese in ca. 20—40% Ausbeute neben Dimeren und Polymeren (intermolekulare Reaktion). Wesentlich komplizierter kann dagegen die Cyclisierung hete-

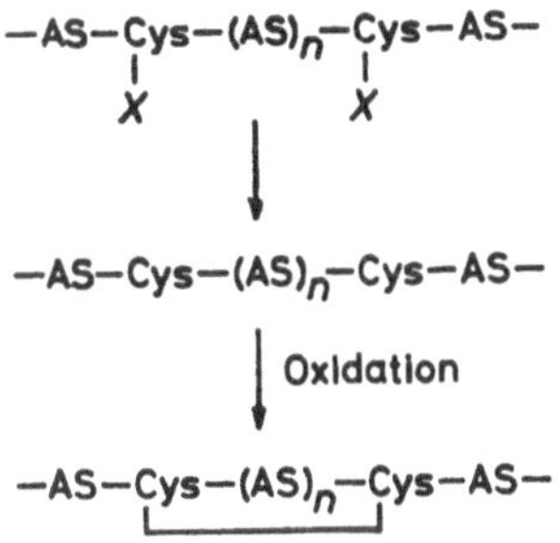

rodeter Peptide mit mehreren Disulfidbrücken sein. Bei Proteinen, die aus einer Peptidkette bestehen und mehrere Disulfidbrücken enthalten, wird die richtige oxidative Verknüpfung der Cysteinreste im wesentlichen von der nativen Konformation der Peptidkette bestimmt. Grundlegende Untersuchungen dazu wurden von ANFINSEN an der Rinderpankreas-Ribonuclease durchgeführt. Dieses Enzym verfügt über 8 Cysteinreste, die über 4 Disulfidbrücken miteinander verbunden sind (Abb. 2–32).

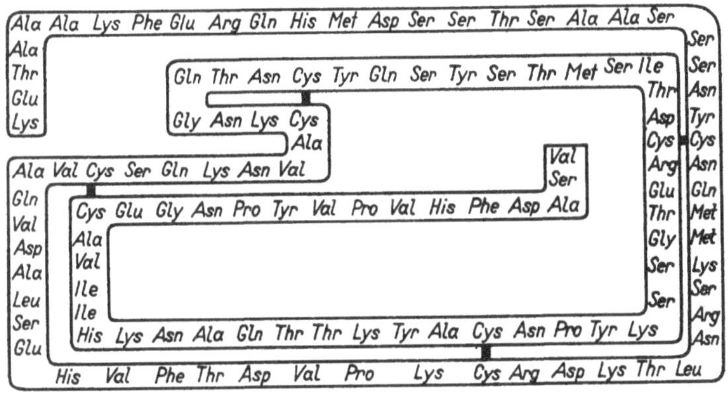

Abb. 2–32

Struktur der Rinderpankreas-Ribonuclease.

Die reduktive Spaltung dieser 4 Disulfidbrücken unter völliger Denaturierung des Enzyms und die anschließende Oxidation ergaben ein regeneriertes Produkt mit voller Aktivität. Das bedeutet, daß von den theoretisch möglichen 105 Paarungsmöglichkeiten der 8 Mercaptogruppen zu den 4 Disulfidbrücken nur eine realisiert wird.

Im Unterschied zur Ribonuclease besteht jedoch das Insulin (S. 408) aus zwei Ketten, die über zwei Disulfidbrücken miteinander verbunden sind. Die *A*-Kette enthält zusätzlich noch eine weitere Disulfidbrücke. In diesem Falle erfolgt die Oxidation der 6 Mercaptogruppen statistisch. Neben Insulinisomeren mit falscher Stellung der Disulfidbrücken entstehen intramolekulare Disulfide der *A*- sowie der *B*-Kette (Abb. 2–33).

Das von ZAHN erhaltene totalsynthetische Insulin (Abb. 2–34) enthielt daher nur ca. 1% wirksames Insulin.

Bei der Biosynthese wird die für die richtige Verknüpfung der Mercaptogruppen erforderliche Lage dadurch erreicht, daß die beiden Ketten über ein Zwischenglied miteinander verbunden sind (vgl. S. 409).

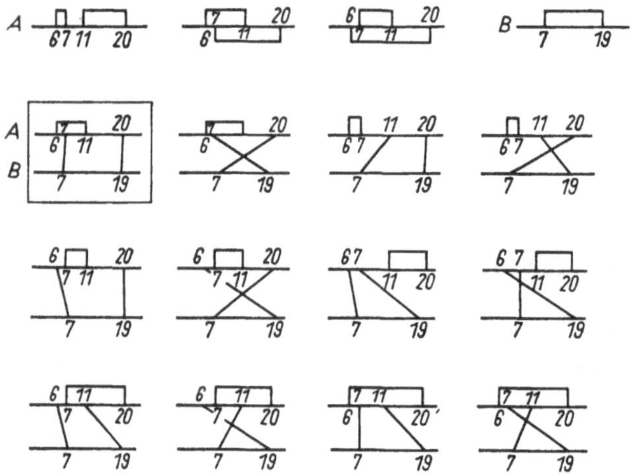

Abb. 2–33

Produkte der Oxidation einer äquimolaren Mischung der A- und B-Kette des Insulins (nach KLOSTERMEYER und HUMBEL).

Das eingerahmte Produkt stellt das natürliche Insulin dar.

2.9.1.6. Synthese von Polyaminosäuren und sequentiellen Polypeptiden

Anstelle der sehr aufwendig zu synthetisierenden Polypeptide mit definierter Reihenfolge vieler Aminosäuren können für viele Untersuchungen einfacher zu synthetisierende homo- (*51*) oder copolymere Aminosäuren (*52* bzw. *53*) eingesetzt werden. Diese Polyaminosäuren dienen z. B. als Modellantigene oder Modellverbindungen für physikalisch-chemische Untersuchungen.

$(AS)_n$	$(AS^1{}_n, AS^2{}_n)$	$(AS^1-AS^2-AS^3)_n$
51	*52*	*53*

Die gebräuchlichste Methode zur Darstellung von Homopolymeren ist die Polykondensation von Aminosäure-N-carbonsäure-Anhydriden (S. 68). Die Reaktion wird durch Alkohole oder Amine eingeleitet. Durch Polykondensation verschiedener Aminosäure-N-carbonsäure-Anhydride entstehen Copolymere mit einer statistischen Verteilung der Aminosäuren. Allerdings hängt die Verteilung von der Reaktivität der eingesetzten Anhydride ab.

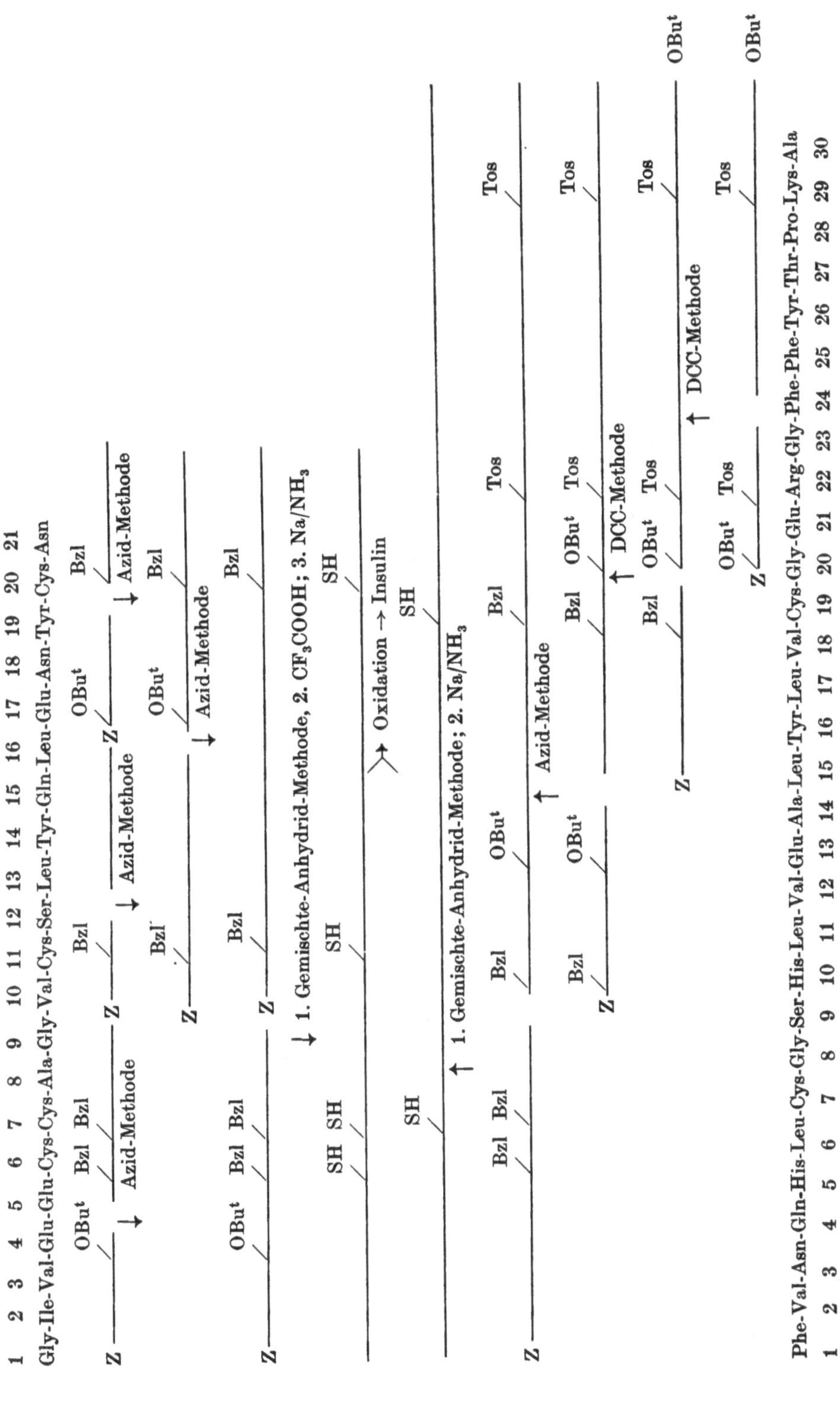

Abb. 2–34
Schematische Darstellung der Insulinsynthese nach ZAHN.

Eine Polykondensation der freien Aminosäuren durch Erhitzen führt zu proteinähnlichen Verbindungen (Proteinoide, S. 47). Erste Sequenzpolymere wurden bereits von E. FISCHER durch Kondensation von Tripeptid-alkylestern erhalten.

Sequenzpolymere mit den höchsten Molmassen werden durch Kondensation von Oligopeptid-pentachlorphenylestern erhalten. Eine mögliche Cyclisierung wird eingeschränkt, wenn in einem polaren Lösungsmittel bei relativ hoher Konzentration und in Gegenwart einer organischen Base gearbeitet wird.

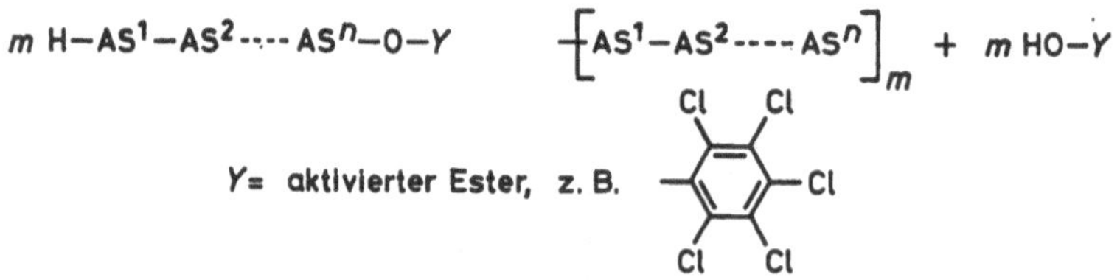

2.9.2. *Chemische Modifizierung von Proteinen*

Unter einer chemischen Modifizierung versteht man Substitutionen an den Seitenketten der Aminosäuren von Proteinen. Natürlich vorkommende chemisch modifizierte Proteine entstehen z. B. durch die Bindung von Cofaktoren an Proteine (Coenzyme, Kap. 6., Retinal, Kap. 6.2.1.) und liegen in verschiedenen konjugierten Proteinen (Kap. 2.8.) vor.

Durch die Substitution an den Seitenketten können die physikalischen und biologischen Eigenschaften der Proteine verändert werden.

Bei vielen chemischen Modifizierungen kommt es durch Reaktion an basischen (Aminogruppen) oder sauren (Carboxylgruppen) Aminosäureresten zu Veränderungen der Ladung des Moleküls, die wiederum meist zur Verminderung der Löslichkeit und zu einer Beeinflussung der Konformation und Aggregation des Proteins führen können. Solche Ladungsveränderungen treten z. B. durch Acylierung der besonders reaktionsfähigen ε-Aminogruppen der Lysinreste auf. Die entstehenden Amide sind im Unterschied zu den Aminen nicht mehr basisch.

$$\text{Protein—}\overset{\oplus}{N}H_3 \underset{}{\overset{-H^{\oplus}}{\rightleftharpoons}} \text{Protein—NH}_2 \xrightarrow{+R\text{—COX}} \text{Protein—NH—CO—}R$$

Durch Umsetzen mit Bernsteinsäureanhydrid lassen sich die basischen Aminogruppen in saure Carboxylgruppen umwandeln.

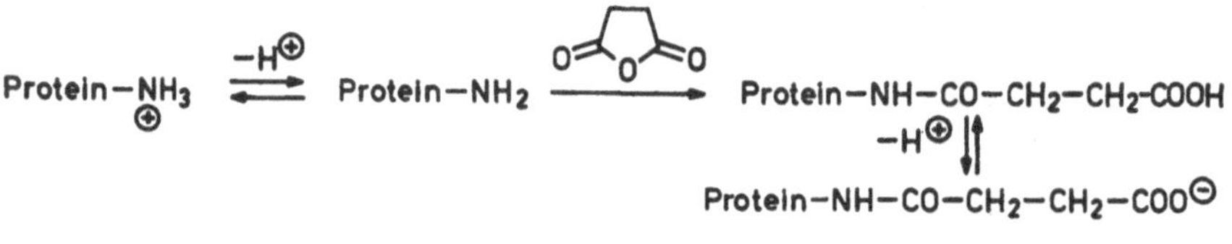

Die Löslichkeit der Proteine wird durch Einführen hydrophober Reste herabgesetzt und gleichzeitig die Neigung zur Aggregation erhöht. In vielen Fällen ist man an einer Herabsetzung der Löslichkeit unter Erhalt der biologischen Aktivität interessiert, z. B. bei der Herstellung trägergebundener Enzyme (S. 103).

Die kovalente Bindung von Verbindungen mit besonderen physikalischen Eigenschaften (z. B. Fluoreszenz wie beim Dansylrest, Radioaktivität wie bei bestimmten Iodisotopen, Resten mit Radikalcharakter wie bei stabilen N-Oxiden) ermöglicht den Einsatz besonderer physikalischer Untersuchungsmethoden, die sonst bei Proteinen nicht anwendbar wären (Label-Technik, S. 34).

Die Substitutionen können auch die biologische Aktivität der Proteine verändern. Eine spezifische Blockierung bestimmter Aminosäurereste des aktiven Zentrums (SH-, OH-Gruppen von Enzymen und anderen Proteinen) kann Aufklärung über den molekularen Mechanismus am aktiven Zentrum liefern. Zur spezifischen Reaktion mit SH-Gruppen sind quecksilberorganische Verbindungen wie p-Chlormercuribenzoat (S. 70) geeignet. Unter bestimmten Bedingungen kann die Umsetzung mit Iodacetat (S. 70) relativ spezifisch für Histidin gestaltet werden. Weniger spezifisch sind dagegen Reaktionen, die die Aminogruppen eingehen (Acylierungen, Alkylierungen). Mit diesen Reagentien reagieren meist auch Cystein, Histidin, Tyrosin, Serin und Threonin. Eine reversible Blockierung der ε-Aminogruppe des Lysins kann durch Umsetzen mit Maleinsäureanhydrid erfolgen.

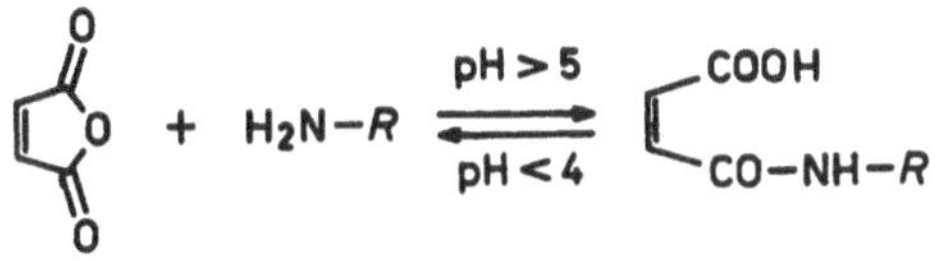

Zur relativ spezifischen Blockierung von Tyrosinresten ist die Umsetzung mit Tetranitromethan geeignet, die zu 3-Nitrotyrosinresten führt.

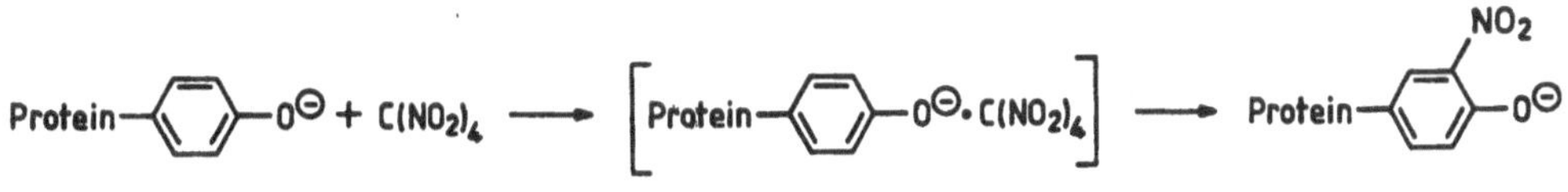

Substitutionen können ferner den enzymatischen Abbau der Proteine erschweren, was z. B. bei den Peptidhormonen oft erwünscht ist, um die Wirkungsdauer zu verlängern.

In zahlreichen Fällen wird das Protein nur als makromolekularer Träger für biologisch aktive Verbindungen wie Pharmaka oder Haptene benötigt. Grundlegende Erkenntnisse in der Immunologie konnten z. B. mit Hilfe von DNP-Proteinen (vgl. S. 68) gewonnen werden. In den letzten Jahren haben immunologische Methoden eine immer größere Bedeutung für die quantitative Bestimmung körpereigener (z. B. Hormone) und körperfremder (Pharmaka) Stoffe erlangt. Der *Radioimmunoassay* gehört zu den empfindlichsten Bestimmungsmethoden in Körperflüssigkeiten. Für die Bestimmung werden Antikörper gegen die zu erfassenden Verbindungen benötigt, die aufgrund der meist zu niedrigen Molmasse dieser Verbindungen (S. 104) nur durch vorherige kovalente Bindung an ein Protein ausgebildet werden. Als Methoden für die Bindung der niedermolekularen Substanzen an das Protein kommen besonders das Gemischte-Anhydrid-Verfahren (S. 126) sowie das Carbodiimid-Verfahren (S. 126) zum Einsatz. In vielen Fällen muß das Hormon oder Pharmakon erst in ein reaktionsfähiges Derivat umgewandelt werden (vgl. Formelübersicht 2–10).

Die Reaktion bestimmter körperfremder Substanzen mit Proteinen ist auch für die Entstehung einer Allergie verantwortlich. Bekanntestes Beispiel einer Arzneimittel-Allergie ist die Penicillin-Allergie, deren molekulare Basis weitgehend aufgeklärt ist (S. 574).

Besondere Einsatzgebiete eröffnen bifunktionelle Reagentien, die intra- oder intermolekular reaktive Gruppen der Aminosäuren miteinander verbinden können. Der Einsatz solcher Reagentien kann die Tertiärstruktur stabilisieren, Hinweise auf den Abstand zwischen den reaktiven Gruppen oder Modelle für das Studium von Protein-Protein-Wechselwirkungen liefern. Ein seit langem eingesetztes bifunktionelles Reagens ist der Glutaraldehyd, der zu Quervernetzungen führt.

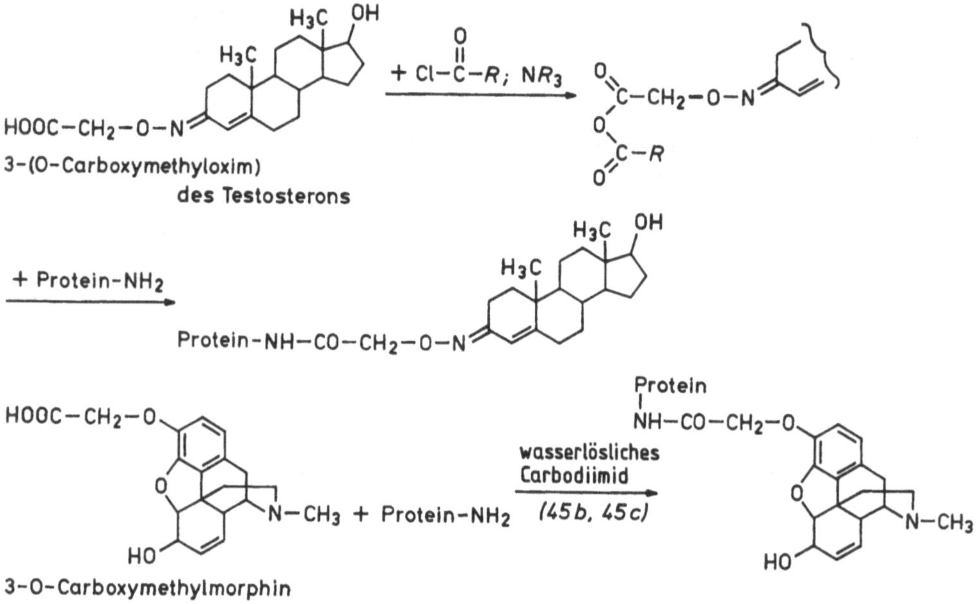

Formelübersicht 2–10
Kovalente Bindung von Testosteron und Morphin an Protein-Träger wie Serumalbumin.

Glutaraldehyd liegt im Sauren als Polymer des cyclischen Hemiacetals (*54*), im Neutralen in der polymeren Form *55* vor, die durch Aldolreaktion gebildet wird. Aldehydgruppen von *55* können mit Aminogruppen des Proteins SCHIFFsche Basen bilden.

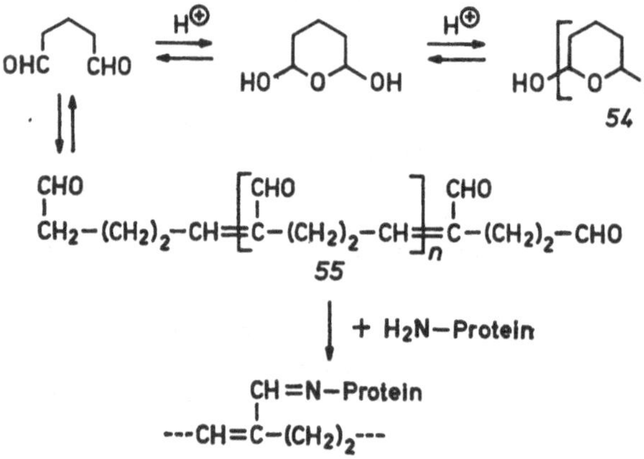

3. Kohlenhydrate

3.1. Monosaccharide

3.1.1. Struktur und Vorkommen

3.1.1.1. Nomenklatur

Monosaccharide sind Oxidationsprodukte mehrwertiger Alkohole. Durch Oxidation einer primären Hydroxygruppe kommt man formal zu Polyhydroxyaldehyden, den Aldosen, durch Oxidation einer sekundären Hydroxygruppe zu Polyhydroxyketonen, den Ketosen. Nach der Anzahl der C-Atome teilt man die Monosaccharide in Triosen, Tetrosen, Pentosen, Hexosen oder Heptosen ein. Die einfachsten Monosaccharide sind die Aldotriose Glyceraldehyd und die Ketotriose Dihydroxyaceton.

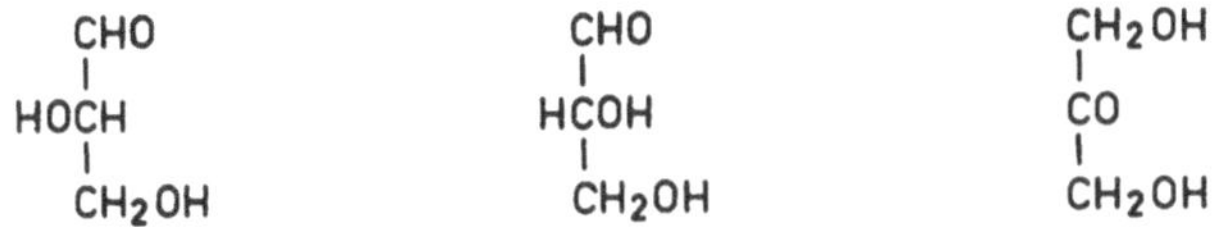

L-Glyceraldehyd (S)-Glyceraldehyd — D-Glyceraldehyd (R)-Glyceraldehyd — Dihydroxyaceton

Für die Triosen, Tetrosen, Pentosen und Hexosen sind Trivialnamen gebräuchlich (Formelübersicht 3–1).

Die Monosaccharide besitzen, mit Ausnahme des Dihydroxacetons, Chiralitätszentren. Es sind also jeweils verschiedene optische Isomere möglich.

Die Bezeichnung der Konfiguration geht auf die grundlegenden Untersuchungen von E. FISCHER zur Struktur der Monosaccharide zurück. Nach der Projektion von FISCHER wird das Monosaccharid so gezeichnet, daß die C—C-Bindungen der übereinander angeordneten C-Atome hinter die Zeichenebene zeigen, die rechts und links angeordneten Substituenten aber vor der Zeichenebene liegen. Das Atom mit der höchsten Oxidationsstufe steht oben. Die Zuordnung zur D- oder L-Reihe richtet sich nach der Stellung der Hydroxylgruppe an dem von der Carbonylgruppe am entferntesten stehenden chiralen C-Atom.

Die Bezeichnung der relativen Konfiguration der einzelnen Hydroxylgruppen leitet sich von den Trivialnamen der Monosaccharide ab.

In Abhängigkeit von der Anzahl der chiralen C-Atome sind folgende Präfixe gebräuchlich:

1: *glycero*
2: *erythro, threo*
3: *ribo, arabino, xylo, lyxo*
4: *allo, altro, gluco, manno, gulo, ido, galakto, talo.*

Bei Monosacchariden mit mehr als vier chiralen C-Atomen (z. B. Heptosen, Octosen) werden zwei oder mehr Präfixe zur Bezeichnung der Konfiguration herangezogen. Das zuerst stehende Präfix dient zur Bezeichnung des Restes, der für die Konfigurationsreihe (D oder L) entscheidend ist, also am unteren Ende steht. Zur Bezeichnung der Ketosen dient das Suffix *-ul*. Davor erfolgt bei den systematischen Namen die Angabe der Konfiguration. Beispiele für die systematische Bezeichnung der Monosaccharide sind in der Tab. 3–1 und der Formelübersicht 3–2 zu finden.

Tabelle 3–1

Systematische Namen einiger weit verbreiteter Monosaccharide

Trivialname	systematischer Name	Abkürzung
Ribose	ribo-Pentose	Rib
Glucose	gluco-Hexose	Glc
Galaktose	galakto-Hexose	Gal
Mannose	manno-Hexose	Man
Fructose	arabino-2-Hexulose	Fru
Ribulose	erythro-2-Pentulose	

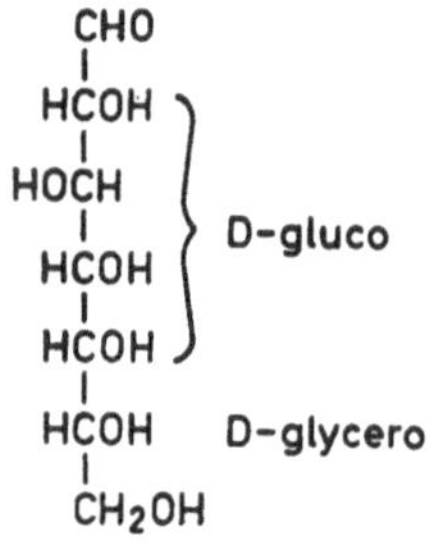

D-glycero-D-gluco-Heptose

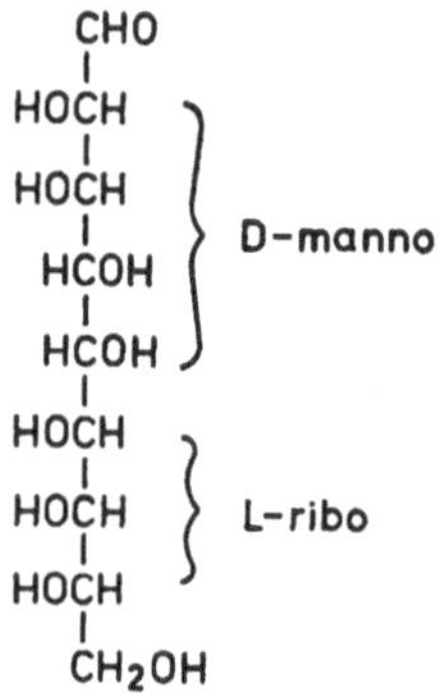

L-ribo-D-manno-Nonose

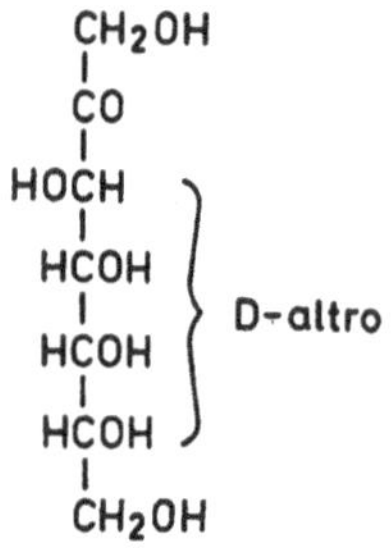

D-altro-Heptulose
(Sedoheptulose)

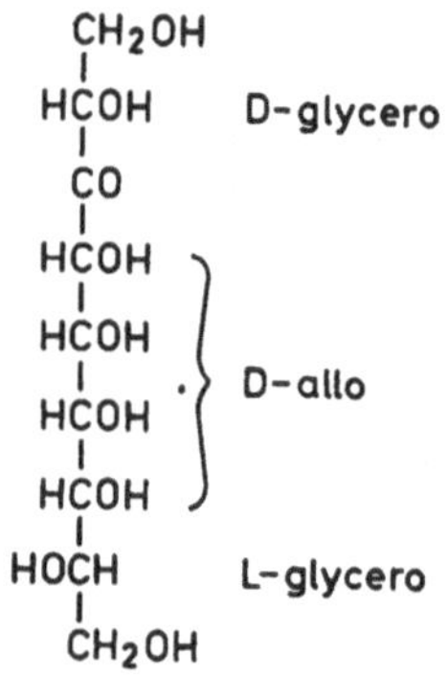

L-glycero-D-allo-
D-glycero-3-Nonulose

Formelübersicht 3–2

Beispiele für die Bildung systematischer Namen bei Monosacchariden.

3.1.1.2. Struktur der Monosaccharide in Lösung

Monosaccharide zeigen in einigen Fällen ein von Aldehyden oder Ketonen abweichendes Verhalten. So besitzen die Carbonylbanden im *IR*-Spektrum nur eine geringe Intensität, und einige typische Reaktionen der Aldehyde treten nicht auf (Addition von $NaHSO_3$, Reaktion mit fuchsinschwefliger Säure). Die Ursache hierfür ist in einem intramolekularen nucleophilen Angriff einer in sterisch günstiger Stellung stehenden Hydroxygruppe an der Carbonylgruppe unter Bildung eines Halbacetals zu suchen (TOLLENS).

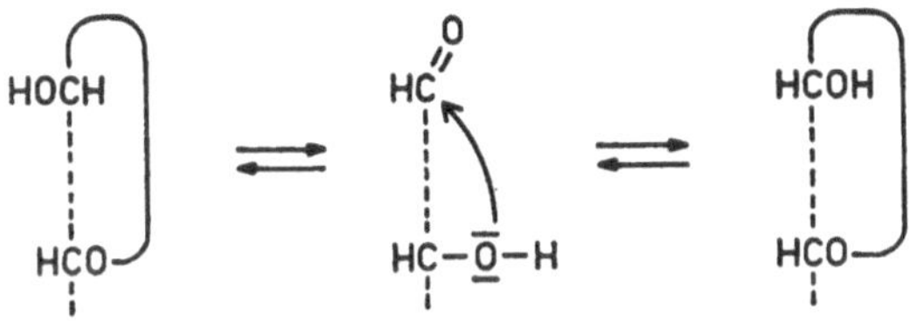

Dieses Gleichgewicht zwischen offenkettiger und cyclischer Form wird als *oxo-cyclo-Tautomerie* bezeichnet. Das sp^2-hybridisierte C-Atom der Carbonylgruppe geht dabei in ein sp^3-hybridisiertes C-Atom über, das ein neues Chiralitätszentrum bildet. Die zur entstandenen Halbacetalgruppierung gehörende Hydroxygruppe wird anomere oder glykosidische Hydroxygruppe genannt. Die beiden Diastereomeren (Anomere) werden als α- und β-Form bezeichnet, deren Umwandlung über die offenkettige Form als *Anomerisierung*. Die Verbindung, bei der die anomere Hydroxygruppe und die für die Zuordnung zur D- oder L-Reihe nach FISCHER herangezogene Hydroxygruppe die gleiche Konfiguration besitzt, wird als α-Form, die andere als β-Form bezeichnet. Je nach der sich ausbildenden Ringgröße unterscheidet man Pyranosen (Derivate am C-1: Pyranosyl- bzw. Pyranoside) und Furanosen (Furanosyl- bzw. Furanoside).

UV-spektroskopische Messungen zeigten, daß in neutraler wäßriger Lösung die Konzentration der Monosaccharide mit acyclischer Struktur und freier Carbonylgruppe sehr gering ist. Kristallin liegen die Zucker ausschließlich als Halbacetale vor. D-Glucose z. B. kristallisiert aus wäßrigem Ethanol als α-D-Glucopyranose.

Das in wäßriger Lösung beim Lösen eines Zuckers zu beobachtende Gleichgewicht, dessen Grundlage die Anomerisierung und gegebenenfalls ein Ringwechsel ist, wird als *Mutarotation* bezeichnet. Da sich die spezifische Drehung der Anomeren unterscheidet (D-Glucose: α-Pyranose: $[\alpha]_D$ +111°; β-Pyranose: $[\alpha]_D$ +19°), kann die Einstellung dieses Gleichgewichtes polarimetrisch verfolgt werden. Der bei der Glucose auftretende Endwert von +52° entspricht einem Anteil von 64% β-Pyranose und 36% α-Pyranose. Beim Auftreten von mehr als zwei Komponenten spricht man von einer komplexen Mutarotation, wie sie z. B. bei der Ribose (20% α-Pyranose, 56% β-Pyranose, 6% α-Furanose, 18% β-Furanose), Galaktose oder Arabinose auftritt.

Diese Gleichgewichtsreaktion wird sowohl durch Säuren als auch durch Basen katalysiert.

In Lösung werden bestimmte Konformationen bevorzugt, die sich besonders gut mit Hilfe der *NMR*-Spektroskopie ermitteln lassen. Bei den Pyranosen werden die Sesselformen, die als C1 und 1C-Konformation (REEVES) bezeichnet werden, gegenüber den flexiblen Formen (z. B. der Wannenform) bevorzugt.

Gebräuchlich für die Bezeichnung der Konformation ist auch die Angabe der Ringatome, die ober- und unterhalb der Ringebene stehen. Die C1-Konformation wird dann als $^4C_1$, die 1C-Konformation als $^1C_4$ angegeben. Die wichtigsten physikalischen Methoden

Fischer-Projektion:

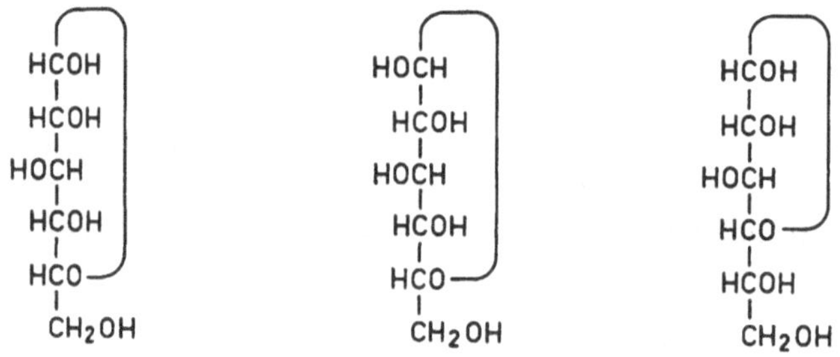

α-D-Glucopyranose
α-D-Glucose-(1,5)

β-D-Glucopyranose
β-D-Glucose-(1,5)

α-D-Glucofuranose
α-D-Glucose-(1,4)

Haworth-Darstellung:

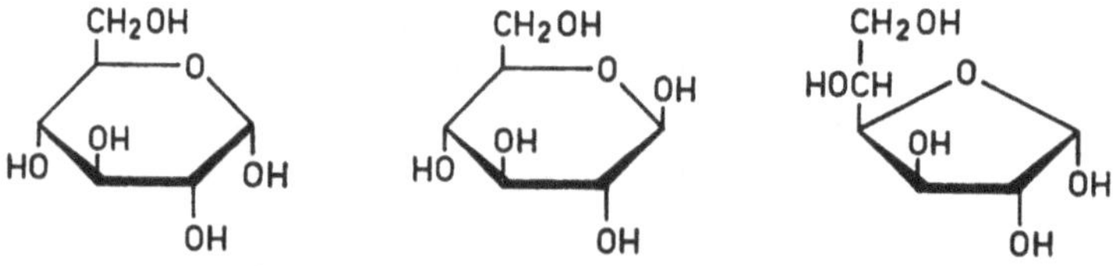

α-D-Glucopyranose

β-D-Glucopyranose

α-D-Glucofuranose

Formelübersicht 3–3

Schreibweise von Cyclo-Formen der Glucose.

Vereinfachend werden die Wasserstoffatome am Tetrahydropyran- und Tetrahydrofuranring in der HAWORTH-Darstellung weggelassen.

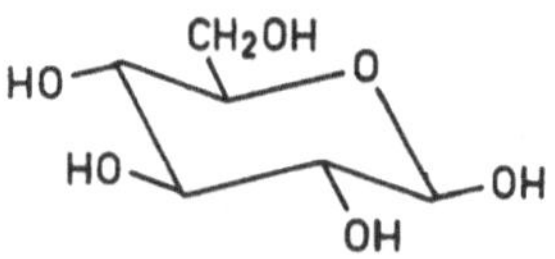

C1-Konformation der
α-D-Glucopyranose

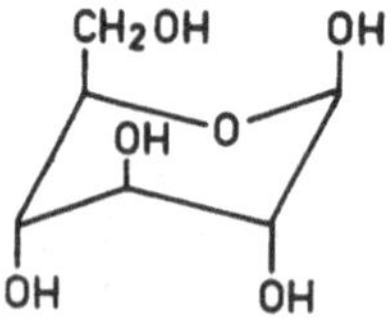

C1-Konformation der
β-D-Glucopyranose

zur Untersuchung der Konfiguration und Konformation sind die Röntgenstrukturuntersuchung, die *NMR*-Spektroskopie und chiroptische Methoden.

Die Mehrzahl der Pyranosen liegt in der C1-Konformation vor, bei der sich z. B. im Falle der gluco-Konfiguration sowohl alle Hydroxygruppen als auch die CH_2OH-Gruppe in der bevorzugten äquatorialen Lage befinden. Die Konformation der Zucker wird daneben aber noch von weiteren Faktoren beeinflußt. So bevorzugen polare Gruppen wie Alkoxy-, Acyloxygruppen oder

Halogene, nicht aber Hydroxygruppen, die axiale Orientierung, was als *anomerer Effekt* bezeichnet wird. Der anomere Effekt sinkt in der Reihenfolge Br > Cl > OCO*R* > OCH_3 > OH.

Der Furanosering bildet keine so stabilen Konformationen, da hier die Substituenten nicht völlig gestaffelt angeordnet sein können. Man unterscheidet je 10 Briefumschlag- und Twist-Formen, deren trennende Energieschwellen relativ klein sind. Bei der Briefumschlag-Form (*Envelope conformation*) liegen 4 Atome in der Ringebene, während sich bei der Twist-Form drei Atome in der Ringebene befinden. Es werden wiederum die Atome angegeben, die sich ober- und unterhalb der Ringebene befinden, z. B. ^{1}E, E_4, $^{0}T_4$ oder $^{3}T_4$. Bei kristallographischen Angaben sind noch die Bezeichnungen *endo*, wenn sich das Atom auf derselben Seite des Ringes befindet wie das C-5 und *exo*, wenn es auf der entgegengesetzten Seite liegt, gebräuchlich.

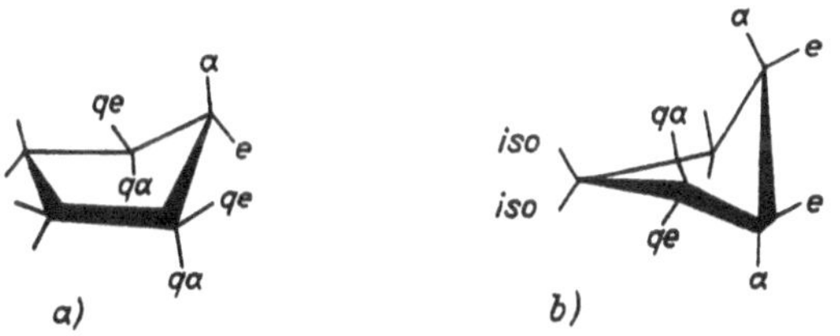

Abb. 3–1

Briefumschlag- (a) und Twist-Form (b) des Cyclopentans.

a: axial; *e*: äquatorial; *qa*: quasiaxial; *qe*: quasiäquatorial; *iso*: isoklinal.

3.1.1.3. Vorkommen

Am verbreitetsten sind Aldohexosen und -pentosen und aus dieser Gruppe wiederum die D-Glucose.

D-Glucose spielt eine zentrale Rolle im Kohlenhydratstoffwechsel der Organismen und ist deren wichtigster Energielieferant. Die Glucosekonzentration des menschlichen Blutes beträgt ca. 0,1%. Dieser Wert darf nicht wesentlich unterschritten werden, da es sonst zum hypoglykämischen Schock kommt.

Die Regulation obliegt den Peptidhormonen Insulin und Glucagon. In freier Form kommt die D-Glucose in hoher Konzentration in verschiedenen Früchten vor (Traubenzucker). Als Baustein der Reservepolysaccharide Stärke und Glykogen und des Gerüstpolysaccharides Cellulose stellt die D-Glucose die verbreitetste organische Substanz auf der Erde dar.

Die anderen Aldosen kommen nur selten in freier Form vor. *Galaktose* ist der einzige Zucker, der in Form von Derivaten in beiden enantiomeren Formen in größeren Mengen natürlich vorkommt. D-Galaktose ist Bestandteil einiger Oligosaccharide (Lactose, Melobiose, Raffinose), verschiedener Glykoside (Cerebroside) und Polysaccharide (Pektinsubstanzen, Galaktane). Sie kann leicht durch Hydrolyse von Milchzucker erhalten werden. L-Galaktose ist in Polysacchariden enthalten (Agar, verschiedene Schleime). In einigen Polysacchariden kommen sogar beide Enantiomere vor (Agarose).

Die anderen Aldohexosen sind Bausteine von Polysacchariden. Von den Aldopentosen spielt die *D-Ribose* als Bestandteil der Ribonucleinsäuren eine besondere Rolle. *D-Xylose* und *L-Arabinose*, die vor allem in Polysacchariden vorkommen, sind in Pflanzen relativ weit verbreitet.

Von den Ketosen hat nur die *D-Fructose* eine größere Bedeutung. Sie kommt frei in einigen Früchten (Äpfel) vor und ist Bestandteil des weitverbreiteten Disaccharides

Saccharose sowie der Fructane. Zusammen mit der D-Glucose ist D-Fructose im Honig als Invertzucker enthalten.

Einige weitere Ketosen wie die D-Seduheptulose, D-Ribulose und D-Xylulose (Formelübersicht 3-1) spielen als Zwischensubstrate im Kohlenhydratstoffwechsel eine Rolle.

Verzweigtkettige Zucker

Die bisher erwähnten Monosaccharide sind in der C-Kette unverzweigt. Daneben kommen in Mikroorganismen und Pflanzen als glykosidische Bestandteile von Antibiotica, phenolischen Verbindungen oder als Zellwandbestandteile auch verzweigtkettige Zucker vor. Dazu gehören methyl-verzweigte (z. B. Cladinose und Mycarose der Macrolid-Antibiotica, Garosamin des Aminoglykosid-Antibioticums Sisomycin) oder hydroxymethyl- bzw. formyl-verzweigte Zucker (D-Apiose des Flavonglykosids Apiin der Petersilie, L-Streptose des Antibioticums Streptomycin) und Zucker mit Hydroxyethyl- oder Glykoloyl-Verzweigungen. Die Biosynthese dieser verzweigtkettigen Zucker erfolgt ausgehend von den unverzweigten Monosacchariden durch C-1- oder C-2-Übertragung bzw. Umlagerung.

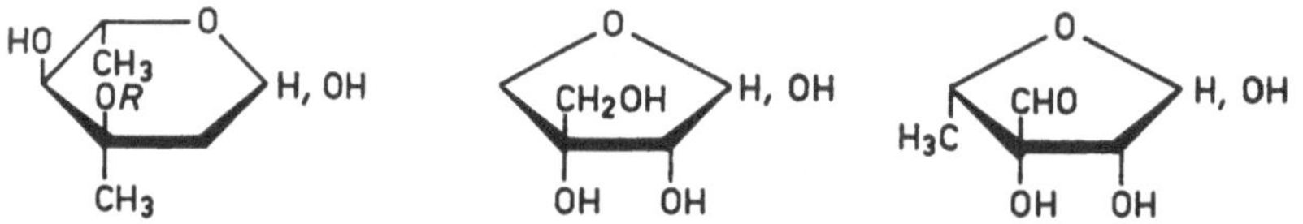

Cladinose ($R = CH_3$)
Mycarose ($R = H$)

D-Apiose

L-Streptose

Verzweigtkettige Zucker sind auch in der Formose (S. 174) enthalten.

Desoxyzucker

Als Desoxyzucker werden Monosaccharide bezeichnet, denen eine oder seltener auch mehrere Hydroxygruppen fehlen. Bei den natürlich vorkommenden Desoxyzuckern handelt es sich meist um Desoxyaldosen. Die Desoxyzucker kommen in der Regel nicht frei, sondern glykosidisch gebunden vor. Zahlreiche Desoxyzucker wurden von Reichstein und Mitarb. als Bestandteile der herzwirksamen Glykoside (S. 478) aufgefunden.

Den Monosacchariden kann sowohl die primäre als auch eine sekundäre Hydroxygruppe fehlen (Tab. 3–2).

Zur ersten Gruppe gehören die *6-Desoxyzucker*, die auch als Methylosen oder Methylpentosen bezeichnet werden. Der häufigste 6-Desoxyzucker ist die L-Rhamnose (6-Desoxy-L-mannose), die glykosidisch gebunden in zahlreichen Heterosiden und Heteropolysacchariden enthalten ist.

L-Fucose (6-Desoxy-L-galaktose) ist u. a. in den Blutgruppensubstanzen enthalten.

Neben den Methylosen kommen auch deren Methylether natürlich vor. Ein Vertreter dieser Gruppe ist die in herzwirksamen Glykosiden enthaltene *D-Digitalose* (6-Desoxy-3-O-methyl-D-galaktose).

Der wichtigste Desoxyzucker mit einer fehlenden sekundären Hydroxygruppe ist als Bestandteil der Desoxyribonucleinsäuren die *2-Desoxy-D-ribose* (2-Desoxy-D-erythro-pentose). Bei den 2-Desoxyzuckern fehlt die zur glykosidischen Hydroxygruppe benachbarte Hydroxygruppe. 2-Desoxyzucker und ihre Derivate sind deshalb chemisch reaktionsfähiger als normale Zucker. Die Glykoside werden leichter gespalten, die freien Zucker in der Hitze durch Säure rascher zersetzt. Auch die Mutarotation verläuft schneller.

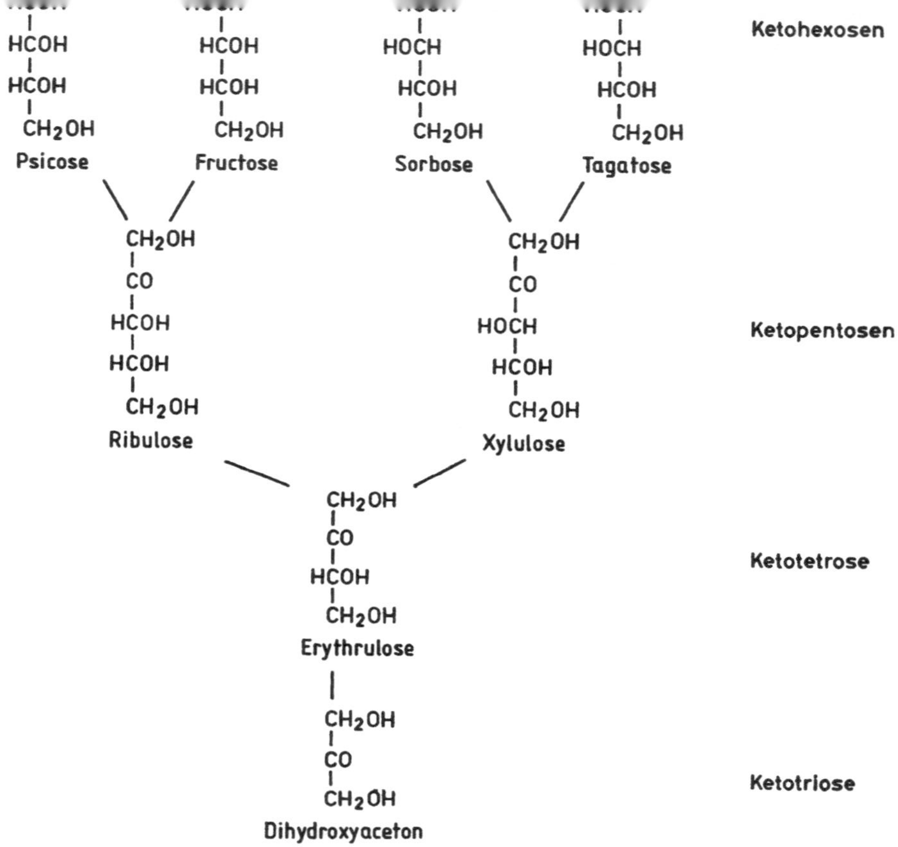

Formelübersicht 3–1
D-Reihe der Monosaccharide.

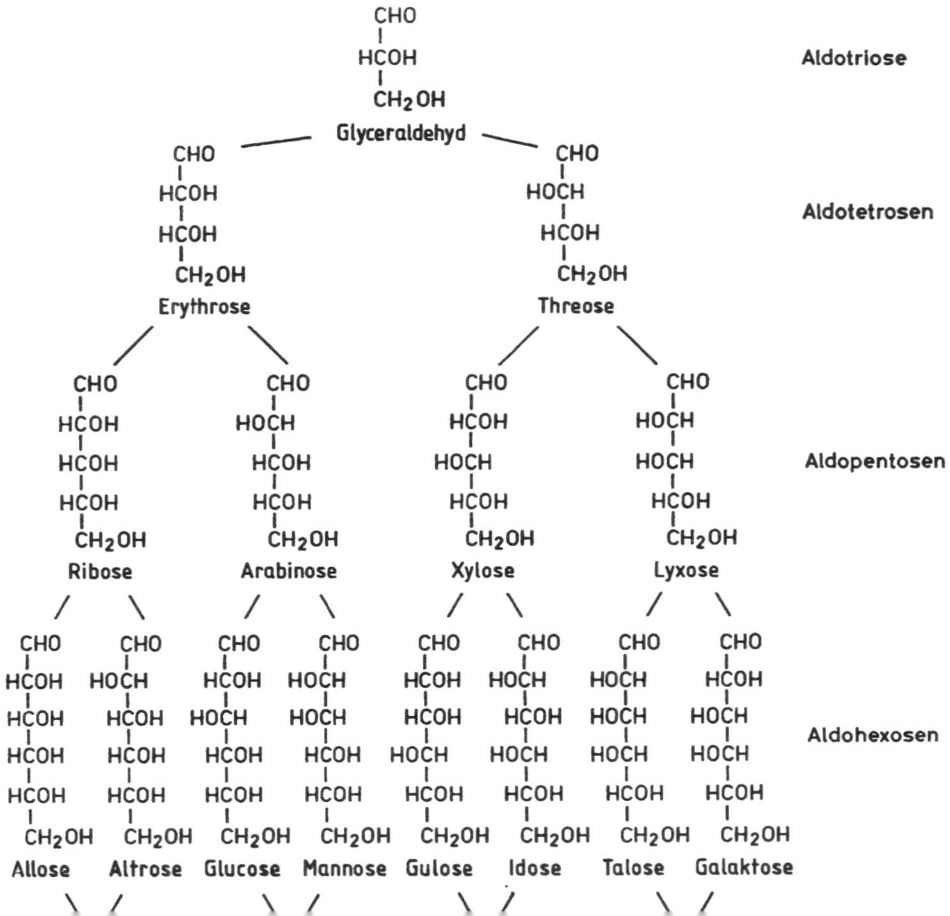
Aldotriose
Glyceraldehyd
Aldotetrosen
Erythrose
Threose
Aldopentosen
Ribose
Arabinose
Xylose
Lyxose
Aldohexosen
Allose
Altrose
Glucose
Mannose
Gulose
Idose
Talose
Galaktose

Tabelle 3–2
Natürlich vorkommende Desoxyzucker

Trivialname	Stellung der C-Atome					
	1	2	3	4	5	6
2-Desoxyribose	CHO	CH_2	H–C–OH	H–C–OH	CH_2OH	
L-Rhamnose*)	CHO	H–C–OH	H–C–OH	HO–C–H	HO–C–H	CH_3
L-Fucose	CHO	HO–C–H	H–C–OH	H–C–OH	HO–C–H	CH_3
D-Quinovose	CHO	H–C–OH	HO–C–H	H–C–OH	H–C–OH	CH_3
D-Antiarose	CHO	H–C–OH	H–C–OH	HO–C–H	H–C–OH	CH_3
D-Digitalose*)	CHO	H–C–OH	CH_3O–C–H	HO–C–H	H–C–OH	CH_3
L-Thevetose*)	CHO	HO–C–H	H–C–OCH_3	HO–C–H	HO–C–H	CH_3
L-Acotriose	CHO	H–C–OH	H–C–OCH_3	HO–C–H	HO–C–H	CH_3
L-Acovenose*)	CHO	H–C–OH	H–C–OCH_3	H–C–OH	HO–C–H	CH_3
D-Digitoxose*)	CHO	CH_2	H–C–OH	H–C–OH	H–C–OH	CH_3
D-Biovinose*)	CHO	CH_2	H–C–OH	HO–C–H	H–C–OH	CH_3
D-Cymarose*)	CHO	CH_2	H–C–OCH_3	H–C–OH	H–C–OH	CH_3
D-Diginose*)	CHO	CH_2	CH_3O–C–H	HO–C–H	H–C–OH	CH_3
D-Sarmentose*)	CHO	CH_2	H–C–OCH_3	HO–C–H	H–C–OH	CH_3
L-Oleandrose*)	CHO	CH_2	H–C–OCH_3	HO–C–H	HO–C–H	CH_3
D-Tyvelose	CHO	HO–C–H	CH_2	H–C–OH	H–C–OH	CH_3
D-Abequose	CHO	H–C–OH	CH_2	HO–C–H	H–C–OH	CH_3
D-Paratose	CHO	H–C–OH	CH_2	H–C–OH	H–C–OH	CH_3
L-Colitose	CHO	HO–C–H	CH_2	H–C–OH	HO–C–H	CH_3
L-Ascarylose	CHO	H–C–OH	CH_2	HO–C–H	HO–C–H	CH_3

*) Bestandteile der herzwirksamen Glykoside

Neben diesen Monodesoxyzuckern wurden noch zahlreiche *Didesoxyzucker* gefunden. In herzwirksamen Glykosiden vorkommende 2,6-Didesoxyaldohexosen bzw. deren Methylether sind die D-Digitoxose, D-Cymarose, D-Diginose und L-Oleandrose. Wesentlich seltener sind 3- oder 4-Desoxyzucker. Einige 3,6-Didesoxyaldohexosen (Tyvelose, Abequose, Paratose, Colitose, Ascarylose) wurden als Bestandteile der Lipopolysaccharide der Mikroorganismen gefunden.

Desoxyzucker werden synthetisch meist durch Wasseranlagerung an Doppelbindungen gewonnen. So läßt sich 2-Desoxy-D-glucose aus D-Glucal gewinnen.

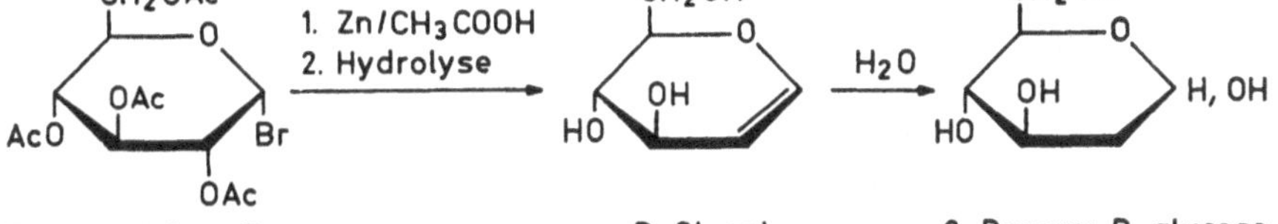

Tetraacetyl-α-D-glucopyranosylbromid — D-Glucal — 2-Desoxy-D-glucose

Die wichtigste Synthese der 2-Desoxy-D-ribose geht aus von 3-O-Mesyl-D-glucose, die in alkalischer Lösung Formiat (C-1) und Mesylat abspaltet.

Zum Nachweis und auch zur quantitativen Bestimmung der herzwirksamen Glykoside (Kap. 8.3.3.3.) wird die Farbreaktion mit Xanthydrol herangezogen, die auf der Anwesenheit von 2-Desoxyzuckern (z. B. Digitoxose bei Digitoxin) beruht.

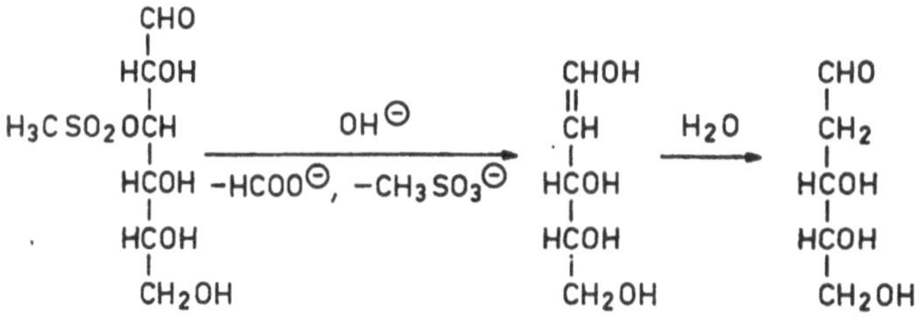

3-O-Mesyl-D-glucose 2-Desoxy-D-ribose

Aminozucker

Aminozucker leiten sich von den normalen Zuckern durch den Ersatz einer oder seltener auch mehrerer alkoholischer Hydroxygruppen durch Aminogruppen ab. Aminozucker kommen glykosidisch gebunden als Bestandteile zahlreicher Antibiotica (Tab. 3–3) bzw. in Form ihrer nicht mehr basisch reagierenden N-Acetyl- oder seltener N-Sulfuryl-Derivate als Bestandteile von Polysacchariden und vor allem Kohlenhydrat-Protein-Verbindungen vor. Aus diesen Derivaten können sie nach Hydrolyse mit Salzsäure in Form ihrer meist gut kristallisierenden Hydrochloride isoliert werden.

Die verbreitetsten Aminozucker sind *D-Glucosamin* (2-Amino-2-desoxy-D-glucose, GlcN), *D-Galaktosamin* (2-Amino-2-desoxy-D-galaktose, GalN) und *D-Mannosamin* (2-Amino-2-desoxy-D-mannose, ManN).

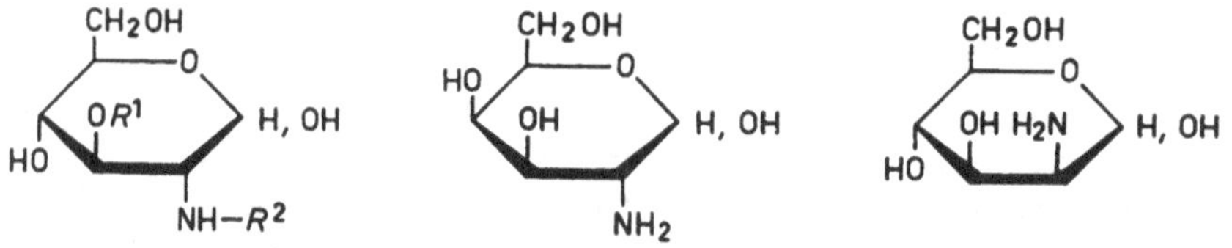

D-Glucosamin (R^1, R^2= H) D-Galaktosamin D-Mannosamin
N-Acetyl-D-glucosamin (R^1 = H, R^2 = $COCH_3$)
Muraminsäure [R^1 = CH(COOH)-CH_3, R^2 = H]

N-Acetyl-D-glucosamin (GlcNAc) ist der monomere Baustein des Gerüstpolysaccharides Chitin. Der Milchsäureether des N-Acetyl-D-glucosamins, die N-Acetylmuramsäure (N-Acetylmuraminsäure, MurAc, 2-Acetamido-3-O-[1-(S)-carboxyethyl]2-desoxy-D-glucose) ist Bestandteil der Zellwände gram-positiver Bakterien. In höheren Pflanzen werden Aminozucker kaum gefunden.

Die freien Aminozucker reagieren als aliphatische Amine relativ stark basisch und sind nicht sehr stabil. 2-Amino-2-desoxyaldohexosen werden sehr leicht unter Bildung N-freier Aldosen mit verkürzter Kette oxidiert. So wird z. B. aus D-Glucosamin D-Arabinose erhalten.

Beim Behandeln von Glucosaminglykosiden mit salpetriger Säure entsteht nicht die zu erwartende 2-Hydroxyverbindung, sondern ein 2,5-Anhydroderivat, das als Chitose bezeichnet wird.

Tabelle 3–3

In Antibiotica vorkommende Aminozucker

Aminozucker	Antibioticum	Stellung der C-Atome					
		1	2	3	4	5	6
2-Amino-2-desoxy-D-glucose (Paromamin)	Gentamycin A Paromomycine	CHO	H—C—NH_2	HO—C—H	H—C—OH	H—C—OH	CH_2OH
2-Desoxy-2-methylamino-L-glucose	Streptomycin	CHO	H_3CNH—C—H	H—C—OH	HO—C—H	HO—C—H	CH_2OH
3-Amino-3-desoxy-D-glucose (Kanosamin)	Kanamycin Tobramycin	CHO	H—C—OH	H_2N—C—H	H—C—OH	H—C—OH	CH_2OH
6-Amino-6-desoxy-D-glucose	Kanamycin	CHO	H—C—OH	HO—C—H	H—C—OH	H—C—OH	CH_2NH_2
2,6-Diamino-2,6-didesoxy-D-glucose (Neosamin C)	Neomycin C Paromomycin II	CHO	H—C—NH_2	HO—C—H	H—C—OH	H—C—OH	CH_2NH_2
3-Desoxy-3-dimethylamino-D-glucose (Mycaminose)	Carbomycin	CHO	H—C—OH	$(CH_3)_2N$—C—H	H—C—OH	H—C—OH	CH_2OH
3-Dimethylamino-3,4,6-tri-desoxy-D-glucose (Desosamin, Picrocin)	Erythromycin Oleandomycin	CHO	H—C—OH	CH_3NH—C—H	CH_2	H—C—OH	CH_3
3-Amino-3,6-didesoxy-D-mannose (Mycosamin)	Nystatin Amphothericin	CHO	HO—C—H	H_2N—C—H	H—C—OH	H—C—OH	CH_3
2,6-Diamino-2,6-didesoxy-L-idose (Paromose, Neosamin B)	Neomycin B Paromomycin I	CHO	H—C—NH_2	HO—C—H	HO—C—H	HO—C—H	CH_2NH_2
3-Amino-2,3,6-tridesoxy-L-galaktose (Daunosamin)	Anthracyclin-Antibiotica	CHO	CH_2	H—C—NH_2	H—C—OH	HO—C—H	CH_3
2,6-Diamino-2,3,4,6-tetra-desoxyhexosen	Gentamycin C	CHO	H—C—NH_2	CH_2	CH_2	H—C—OH	$CH(CH_3)NH_2$ bzw. $CH(CH_3)NHCH_3$
2,6-Diamino-2,3,4,6-tetra-desoxy-D-glycero-hex-4-enose	Sisomycin	CHO	H—C—NH_2	CH_2	HC═══	═══COH	CH_2NH_2
3-Desoxy-3-methylamino-D-xylose (Gentosamin)	Gentamycin	CHO	H—C—OH	H_2N—C—H	H—C—OH	CH_2OH	
3-Amino-3-desoxy-D-ribose	Puromycin	CHO	H—C—OH	H—C—NH_2	H—C—OH	CH_2OH	

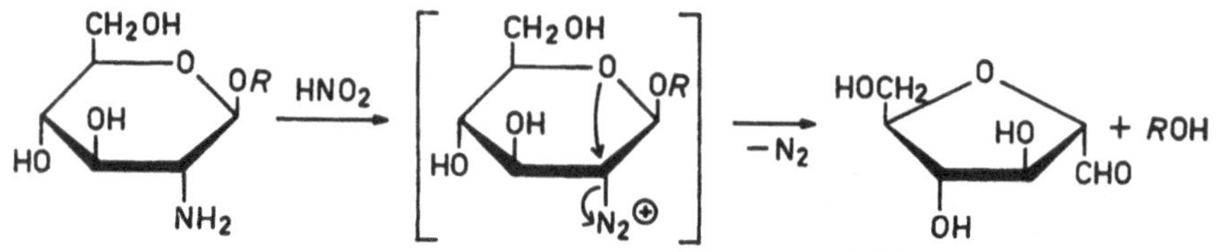

2,5-Anhydro-D-mannose (Chitose)

Dieses Umlagerungsprodukt wird durch intramolekularen Angriff des Ring-Sauerstoff-Atoms gebildet. Als Zwischenprodukte treten Carbokationen auf.

Acetylierte Derivate der Aminozucker zersetzen sich im alkalischen Milieu unter Bildung von Reaktionsprodukten, die mit 4-Dimethylaminobenzaldehyd in saurer Lösung eine violette Färbung ergeben (Morgan-Elson-Methode zur quantitativen Bestimmung). Eines der sich aus N-Acetyl-D-glucosamin bildenden und mit 4-Dimethylaminobenzaldehyd reagierenden Chromogene konnte als 3-Acetamido-5-(1,2-dihydroxy-ethyl)furan (*1*) identifiziert werden.

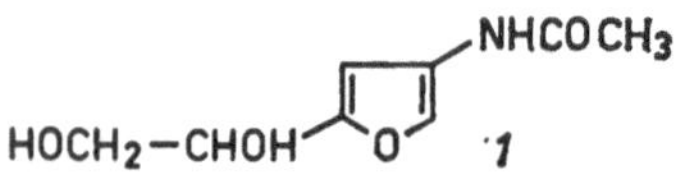

1

Sialinsäuren, Neuraminsäure

Grundkörper der Sialinsäuren ist die *Neuraminsäure* (Abk.: Neu), 5-Amino-3,5-didesoxy-D-glycero-D-galakto-2-nonulosonsäure.

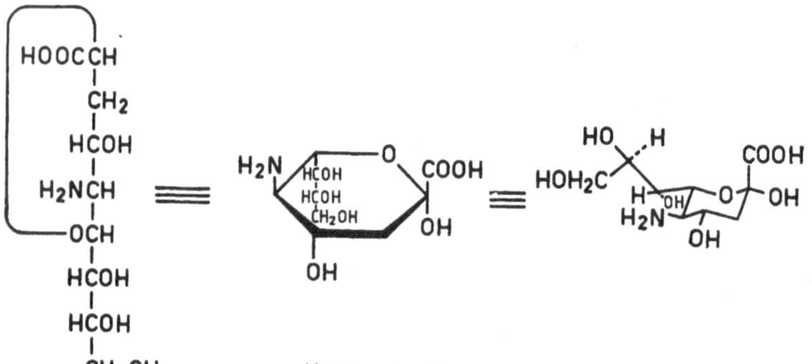

Neuraminsäure

Die freie Neuraminsäure kommt nicht natürlich vor. Sie cyclisiert sofort durch intramolekularen Angriff der Aminogruppe an der Carbonylgruppe in 2-Stellung zur 4-Hydroxy-5-(1,2,3,4-tetrahydroxybutyl)Δ^1-pyrrolin-2-carbonsäure.
Acylierte Neuraminsäuren, die *Sialinsäuren* (Abk.: Sia), kommen als Bestandteile von Glykoproteinen und Glykolipiden (Ganglioside) in Tieren und einigen Mikroorganismen, nicht aber in Pflanzen vor. Im allgemeinen stehen die glykosidisch gebundenen Sialinsäuren am Ende der Oligosaccharidketten. Im Unterschied zu der freien N-Acetylneuraminsäure, die in der β-Form vorliegt, sind die Sialinsäuren α-glykosidisch gebunden.

Die Biosynthese der N-Acetylneuraminsäure geht aus von Phosphoenolpyruvat und N-Acetylmannosamin-6-phosphat.

Die terminal gebundenen Sialinsäuren spielen eine große Rolle bei zahlreichen biologischen Vorgängen, insbesondere Wechselwirkungen zwischen Zellen sowie Zellen mit biologisch aktiven Molekülen. Sialinsäure findet sich z. B. an der Oberfläche von Zellen und verhindert durch ihre negative Ladung ein Zusammenklumpen der Erythrozyten und Thrombozyten. Sie spielt ferner eine Rolle bei Erkennungsvorgängen zwischen Zellen. Auffallend ist, daß bei Krebszellen membrangebundene Glykolipide gefunden wurden, denen diese endständigen Sialinsäurereste fehlen.

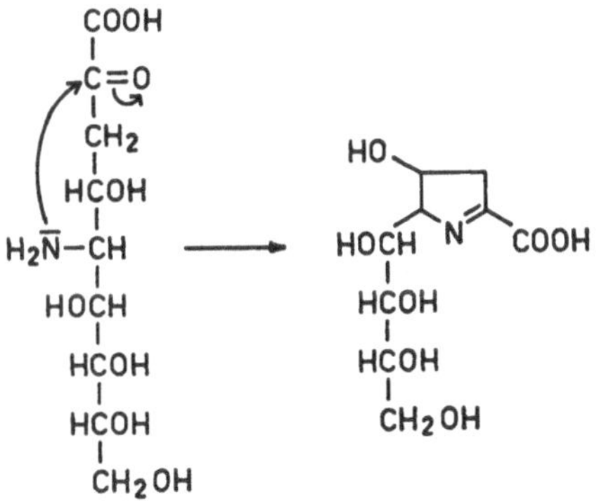

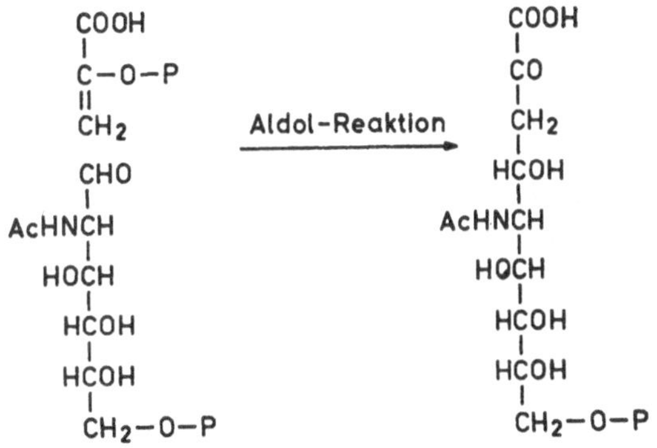

Phosphoenolpyruvat + N-Acetylmannosamin-6-phosphat — **N-Acetylneuraminsäure-9-phosphat**

Sialinsäuren finden sich ferner in den Rezeptoren für Viren an der Erythrozytenoberfläche sowie für biologisch aktive Moleküle (Serotonin-Rezeptor, S. **313**). Auch das Eindringen der Spermatozoen in die Eizelle ist an die Anwesenheit der Sialinsäure gebunden. Diese und andere biologische Funktionen gehen verloren, wenn die Sialinsäurereste enzymatisch mit Hilfe der Neuramidase abgespalten werden.

3.1.2. Physikalisch-chemische Eigenschaften der Monosaccharide

Optische Aktivität

Monosaccharide besitzen mehrere Chiralitätszentren, sie sind also optisch aktiv. Einige empirisch gefundene Zusammenhänge zwischen Struktur (Konfiguration) und optischem Drehvermögen sind in den HUDSONschen Regeln zusammengefaßt worden. Nach der 1. Regel ist das α-Anomer in der D-Reihe stärker rechtsdrehend als das β-Anomer. Die 2. Regel besagt, daß das Drehvermögen durch den Übergang von der cyclischen Halbacetalform des Monosaccharides zum Glykosid kaum beeinflußt wird.

Diese Regeln wurden auf der Basis der Isorotationsregeln (S. 33) aufgestellt. Das molare Drehvermögen eines Anomers ergibt sich danach aus dem Drehvermögen der Komponente A mit dem Chiralitätszentrum C-1 und dem der Komponente B mit den restlichen Chiralitätszentren, also

$$[M]_\alpha = +A + B \quad \text{und} \quad [M]_\beta = -A + B.$$

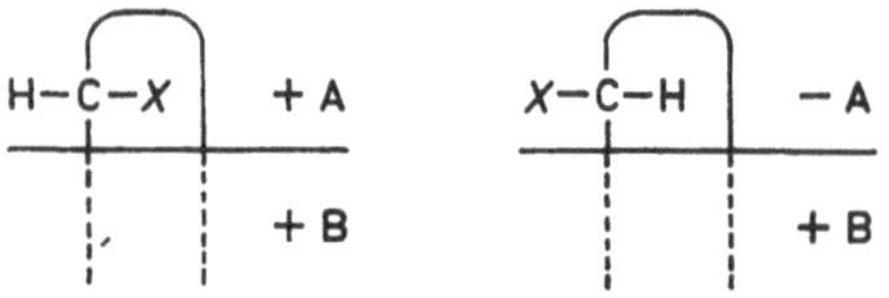

α-Anomer β-Anomer

Die Differenz $[M]_\alpha - [M]_\beta = +A + B + A - B = 2A$ und damit nahezu unabhängig von der Konfiguration der übrigen C-Atome. Die HUDSONschen Regeln spielten bei der Konfigurationsermittlung zahlreicher Zuckerderivate eine entscheidende Rolle. Die 1. Regel wird nicht von den natürlichen Pyrimidinnucleosiden erfüllt.

Die Monosaccharide zeigen im üblichen Meßbereich über 200 nm kein Absorptionsmaximum und dementsprechend auch keinen COTTON-Effekt. COTTON-Effekte treten aber bei Zuckerderivaten mit chromophoren Gruppen auf. Dazu zählen einige Monosaccharid-Metall-Komplexe. 1,2-Diole mit nicht zu großen Diederwinkeln zwischen den Hydroxylgruppen bilden Komplexe mit $[Cu(NH_3)_4]^{2\oplus}$ (REEVES). Hydroxylgruppen in *a*/*a*-Stellung reagieren nicht.

Bei einem pH-Optimum von 5,5 werden von Monosacchariden Molybdat-Komplexe mit dem Ion $[HMoO_4]^{\ominus}$ gebildet, mit deren Hilfe die absolute Konfiguration an den C-Atomen 2 und 3 von Zuckern bestimmt werden kann.

Chromophore Gruppen besitzen auch zahlreiche Glykoside wie die Pyrimidin- und Purinnucleoside (Kap. 4.1.3.5.) oder die Flavonglykoside.

NMR-Spektroskopie

Eine wesentliche Rolle bei der Ermittlung der Konformation und Konfiguration der Monosaccharide und ihrer Derivate spielt die Protonenresonanzspektroskopie, vor allem aufgrund der Abhängigkeit der Kopplungskonstanten vom Diederwinkel der miteinander koppelnden Protonen (KARPLUS-Gleichung).

Abb. 3–2 zeigt die Projektionsformeln der in C1-Konformation vorliegenden β- und α-D-Glucopyranosylreste, die durch die ^{1}H-*NMR*-Spektren leicht unterschieden und

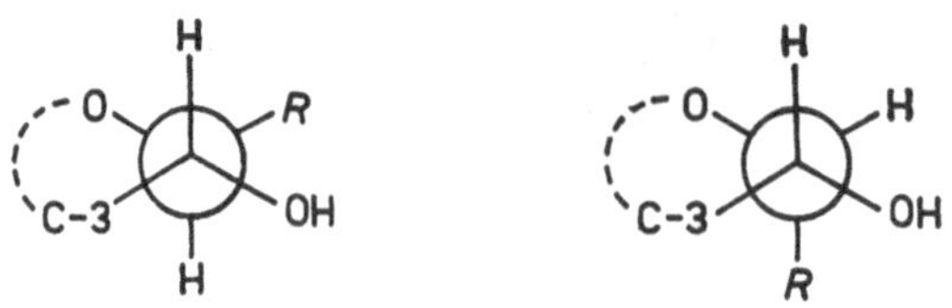

	β-D-Glucopyranosyl	α-D-Glucopyranosyl
Diederwinkel N-C-1/H-C-2:	180°	60°
Kopplungskonstante J:	7-12 Hz	2-3 Hz

Abb. 3–2

NEWMAN-Projektion in Richtung C-2/C-1 von Glucopyranosiden in der C1-Konformation.

zugeordnet werden können. Bei Kohlenhydraten wurde auch erstmals beobachtet, daß äquatoriale Protonen im allgemeinen bei tieferem Felde absorbieren als axiale Protonen. Grundlegende ^{1}H-*NMR*-spektroskopische Untersuchungen wurden von Lemieux durchgeführt.

3.1.3. Reaktionen der Monosaccharide

Die Monosaccharide sind polyfunktionale Verbindungen, die durch die potentielle Aldehyd- (bzw. Keto-) Gruppe und die primären und sekundären Hydroxygruppen zahlreiche Reaktionen eingehen können (Tab. 3–4).

Tabelle 3–4
Wichtigste Reaktionen der Monosaccharide

Reagierende Gruppe	Reagens	Produkt
$-\mathrm{C}\begin{matrix}\diagup\!\!\diagup \mathrm{O}\\ \diagdown \mathrm{H}\end{matrix}$	Hydroxylamin	Oxim
	Arylhydrazin	Osazon
	Alkohol	Halbacetal (intramolekular) Acetal (Glykosid)
	Thiol	Thioacetal
	Reduktionsmittel	Hydroxygruppe (Cyclitol)
	Oxidationsmittel	Carboxylgruppe
$\mathrm{H}-\overset{\vert}{\underset{\vert}{\mathrm{C}}}-\mathrm{OH}$, $-CH_2OH$	Acylierungsmittel	Ester
	Alkylierungsmittel	Ether
$\mathrm{H}-\overset{\vert}{\underset{\vert}{\mathrm{C}}}-\mathrm{OH}$ $\mathrm{H}-\overset{\vert}{\underset{\vert}{\mathrm{C}}}-\mathrm{OH}$	Periodat	oxidative C—C-Spaltung (Aldehyd bzw. Ameisensäure)
$-CH_2OH$	Oxidationsmittel	Carboxylgruppe

3.1.3.1. Einwirkung von Basen und Säuren

In wäßrigem alkalischen Milieu finden Umlagerungen der Monosaccharide statt, deren Grundlage die basenkatalysierte Ausbildung eines von der Carbonylgruppe ausgehenden Tautomeriegleichgewichtes ist. Zwischenprodukt der Umlagerung ist ein instabiles Endiol mit einem sp^2-hybridisierten C-2-Atom.

Diese Umlagerung wurde eingehend am System Glyceraldehyd-Dihydroxyaceton von Lobry de Bruyn und van Eckenstein untersucht. Die Umlagerung Glyceraldehyd $\rightleftharpoons$ Dihydroxyaceton wird als Lobry de Bruyn-van Eckenstein-Umlagerung bezeichnet.

Man unterscheidet Isomerisierung und Epimerisierung. Unter *Isomerisierung* versteht man in der Kohlenhydratchemie die Umlagerung

Aldose $\rightleftharpoons$ Ketose

(z. B. Glyceraldehyd $\rightleftharpoons$ Dihydroxyaceton oder Glucose $\rightleftharpoons$ Fructose).

Als *Epimerisierung* wird die Veränderung der Konfiguration am zur Carbonylgruppe benachbarten C-Atom verstanden (C-2 der Aldosen). Epimere Zucker (Glucose-Mannose) geben das gleiche Osazon (S. 159).

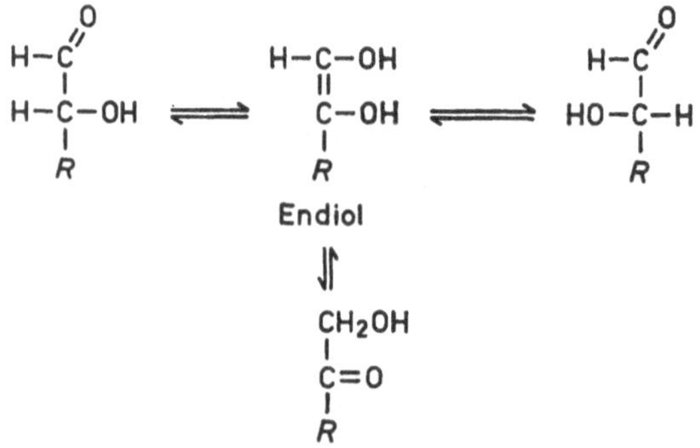

Bei der Einwirkung von wäßrigem verdünnten Alkali auf D-Glucose konnten als Ergebnis von Isomerisierung und Epimerisierung 63,5% Glucose, 2,5% Mannose, 31,0% Fructose und 3% andere Produkte (u. a. Psicose) gefunden werden. In Gegenwart von Pyridin als Base findet vorwiegend die Umwandlung Glucose ⇌ Fructose statt.

Enzymatisch katalysierte Isomerisierungen und Epimerisierungen spielen im Kohlenhydratstoffwechsel eine große Rolle (Umlagerung Arabinose ⇌ Ribulose, Ribulose ⇌ Xylulose).

Besonders leicht erfolgen Epimerisierungen in der Reihe der Aldonsäuren.

Bei den enzymatischen „Epimerisierungen" handelt es sich meist um einen Konfigurationswechsel am C-4 (Glucose ⇌ Galaktose), weniger häufig um einen Wechsel am C-2 oder C-5. Bei etlichen Epimerasen wurde nachgewiesen, daß sie NAD^+ erfordern. Es handelt sich also wahrscheinlich bei diesen Epimerisierungen um Redox-Reaktionen, bei denen die in Frage kommende Hydroxygruppe zunächst zu einer Carbonylgruppe mit sp^2-hybridisiertem C-Atom oxidiert und anschließend stereospezifisch wieder reduziert wird (vgl. S. 172). Bei diesen Umsetzungen sind die Monosaccharide an Nucleosiddiphosphate gebunden (S. 214).

Unter der Einwirkung von starkem Alkali in der Hitze lagern sich die Aldosen zu *Saccharinsäuren* um. Dabei handelt es sich um eine intramolekulare Umlagerung, nach der Reaktionsprodukte mit der gleichen Anzahl von C-Atomen wie die Ausgangsverbindungen entstehen. Die D-Glucose ergibt neben anderen Produkten α-D-Glucosaccharinsäure. Die Saccharinsäuren sind 2-C-Methylaldonsäuren.

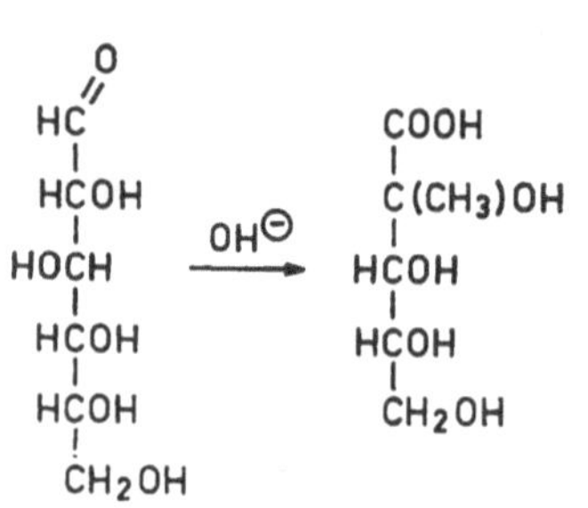

Gegenüber verdünnten Mineralsäuren sind die Monosaccharide bei Raumtemperatur relativ beständig. Durch konz. Mineralsäuren kommt es zu Wasserabspaltungen unter

Bildung von Furanderivaten. Aldopentosen ergeben Furfural, Aldohexosen 5-Hydroxymethyl-furfural und 6-Desoxyaldohexosen 5-Methylfurfural. Eine Unterscheidung von Pentosen und Hexosen beruht darauf, daß Furfural im Unterschied zu Hydroxymethylfurfural mit Wasserdämpfen flüchtig ist.

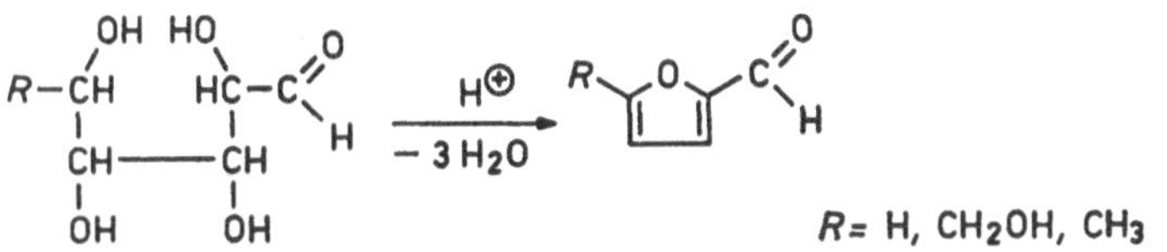

Die Bildung der Furfuralderivate erfolgt bei Ketosen noch leichter. Als Sekundärprodukte treten bei der Behandlung von Monosacchariden mit konzentrierten Säuren noch Spaltprodukte wie Lävulinsäure und Ameisensäure auf.

3.1.3.2. Ester

Die Monosaccharide und ihre Derivate mit freien Hydroxygruppen lassen sich wie Alkohole verestern, wobei die verschiedenen Hydroxygruppen eine unterschiedliche Reaktivität aufweisen. Besonders reaktionsfähig ist die glykosidische Hydroxygruppe. Eine primäre alkoholische Hydroxygruppe ist reaktionsfähiger als die verschiedenen sekundären Hydroxygruppen, die sich je nach ihrer Konfiguration und Konformation geringfügig unterscheiden können.

Ester anorganischer Säuren

Von den Estern anorganischer Säuren haben die *Phosphorsäureester* (Phosphate) eine besondere Bedeutung für biochemische Prozesse. Bei den natürlich vorkommenden Phosphorsäuremonoestern, die Zwischenprodukte des Kohlenhydratstoffwechsels darstellen, sind die endständigen Hydroxygruppen verestert. Beispiele dafür sind Glucose-1-phosphat, Glucose-6-phosphat, Fructose-6-phosphat, Fructose-1,6-bis(phosphat). Die Phosphorsäuremonoester verfügen noch über zwei dissoziierbare Wasserstoffatome.

Die Monosaccharid-phosphate sind stärker sauer ($pK_1 = 0{,}84$ bis $1{,}25$; $pK_2 = 5{,}7$ bis $6{,}1$) als die Orthophosphorsäure ($pK_1 = 1{,}57$; $pK_2 = 6{,}82$; $pK_3 = 12$). Sie sind als Monoalkylphosphate gegenüber Alkali stabil, da das sich im Alkalischen bildende Anion die Annäherung des nucleophilen Hydroxidions erschwert. Dagegen werden die neutralen Phosphorsäuretriester sehr leicht zu Diestern gespalten. Zuckerphosphorsäureester mit freier Aldehyd- oder Ketogruppe werden dagegen sowohl anaerob als auch aerob durch Alkali gespalten.

Gegenüber Säuren sind die Phosphorsäureester empfindlich. Die Spaltbarkeit hängt von der Stellung der Estergruppierung ab. Die Phosphorsäureester primärer Hydroxygruppen sind relativ stabil (z. B. Glucose-6-phosphat). Dagegen sind die Phosphorsäureester glykosidischer Hydroxygruppen (z. B. Glucose-1-phosphat) sehr labil. Die Stabilität der Aldose-1-phosphate wird in gleicher Weise wie die der Glykoside (Kap. 3.1.3.7.) von der Struktur des Zuckers beeinflußt. Die Aldose-1-phosphate sind noch leichter spaltbar durch Säuren als die entsprechenden Pyrophosphate bzw. deren Ester („Zucker-Nucleotide“).

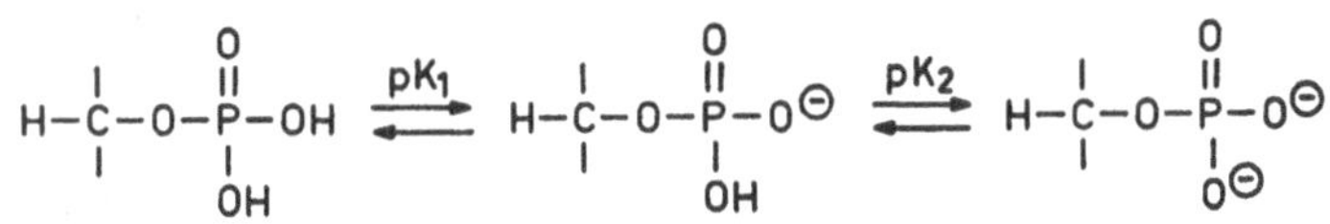

Die Rolle der Zuckerphosphate im Stoffwechsel klärten vor allem HARDEN, YOUNG, EMBDEN, MEYERHOF, NEUBERG, LOHMANN, CORI und LIPMANN auf.

Als Ausgangsprodukte für die Biosynthese von Glykosiden, Oligo- und Polysacchariden dienen die sog. Zucker-Nucleotide (S. 214).

Von besonderer Bedeutung sind ferner die Nucleotide, die Phosphorsäureester der Nucleoside. Neben den Estern der Orthophosphorsäure kommen noch Ester primärer Hydroxygruppen mit wasserärmeren Phosphorsäuren vor, die als Derivate von Säureanhydriden sehr reaktionsfähige, energiereiche Verbindungen darstellen (S. 227).

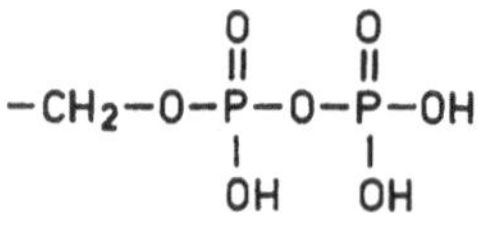
Diphosphate

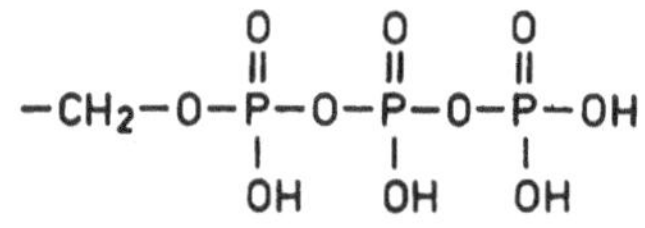
Triphosphate

Die Phosphorsäureester können als Ba-Salze durch Fällen mit Alkohol isoliert werden.

Die enzymatische Phosphorylierung erfolgt durch Phosphotransferasen (Kinasen), die die Phosphorylgruppe von Nucleosidtriphosphaten (*NTP*) auf Akzeptoren (*A*) wie Monosaccharide übertragen. Die Aktivierung dieser Phosphotransferasen erfolgt durch zweiwertige Kationen (z. B. Mg^{2+}).

$$\mathrm{NTP} + A \xrightleftharpoons{Mg^{2\oplus}} \mathrm{NDP} + A\text{—P}$$

Ebenfalls sauer wie die Phosphorsäuremonoester reagieren die *Monoschwefelsäureester*. Schwefelsäureestergruppierungen sind z. B. in den sauren Mucopolysacchariden (S. 206), den Sulfatiden (S. 312) oder einigen Galaktanen der Algen (S. 199) enthalten. Auch diese Ester sind wegen ihres sauren Charakters gegenüber Alkali relativ beständig.

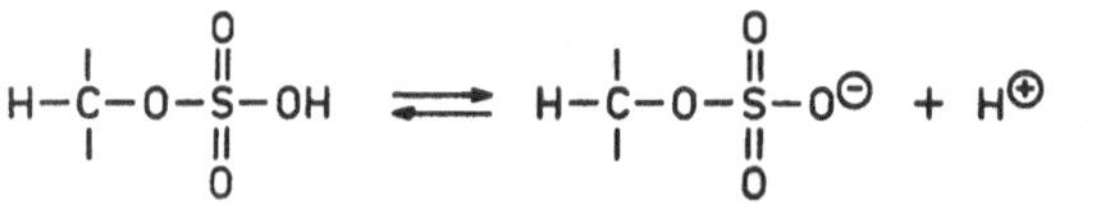

Am C-1 (z. B. durch Glykosidierung) geschützte Schwefelsäureester können allerdings im Alkalischen Anhydrozucker (S. 158) bilden.

Ester organischer Carbonsäuren

Von den *Estern organischer Säuren* kommen natürlich vor allem Essigsäureester (z. B. in den herzwirksamen Glykosiden), Fettsäureester (z. B. in bestimmten Lipopolysacchariden) und Gallussäureester (hydrolisierbare Gerbstoffe) vor. Ester organischer Säuren haben eine große Bedeutung als Schutzgruppen sowie als Ausgangsprodukte für zahlreiche synthetische Abwandlungen von Zuckerderivaten.

Die *Essigsäureester* (Acetate, Ac) lassen sich durch Umsetzen der Monosaccharide bzw. ihrer Derivate mit Essigsäureanhydrid in Gegenwart von Pyridin erhalten. Die Abspaltung des Acetylrestes erfolgt leicht unter Einwirkung von wenig Alkali. Gebräuchlich ist vor allem eine Abspaltung durch Umesterung in Methanol unter Anwesenheit katalytischer Mengen von Na-methylat.

Durch Acetylieren von D-Glucose wird die gut kristallisierende 1,2,3,4,6-Penta-O-acetyl-β-D-glucopyranose (*2*) erhalten, deren besonders reaktionsfähige Acetoxygruppe in 1-Stellung unter WALDEN-Umkehr durch ein Halogenid ausgetauscht werden kann. Mit HBr erhält man das für Glykosidsynthesen wichtige 2,3,4,6-Tetra-O-acetyl-α-D-glucopyranosylbromid (*3*).

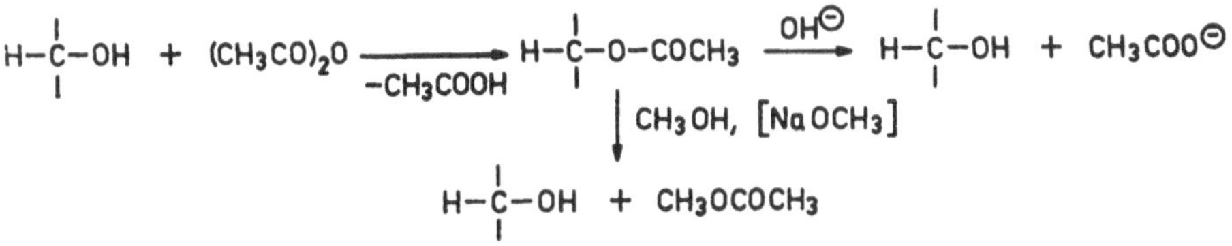

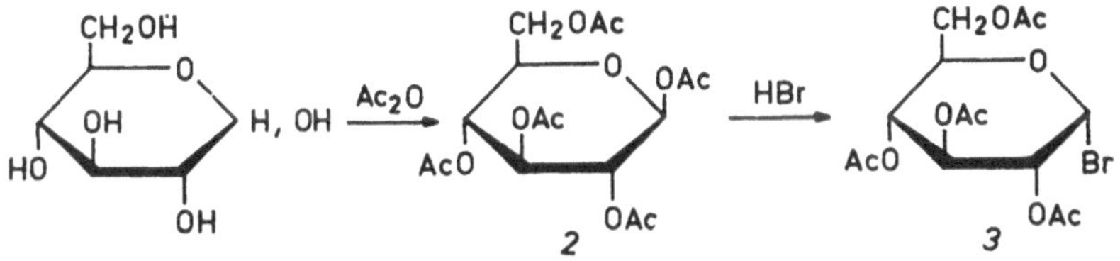

Nachbargruppenbeteiligung

Bei zahlreichen Austausch- und Umlagerungsreaktionen in der Kohlenhydratchemie wurde festgestellt, daß sie unter Beteiligung von Nachbargruppen über cyclische Zwischenprodukte ablaufen. So bildet sich bei den unter S_N1-Bedingungen von Tetra-O-acetyl-α-D-glucopyranosylbromid ($R^1 = CH_3$) ausgehenden Glykosidsynthesen zunächst ein Acyloxoniumion (Dioxolanyliumion).

Diese Acyloxoniumionen können als Salze mit nicht-polarisierbaren Anionen wie $SbCl_6^{\ominus}$ oder $BF_4^{\ominus}$ stabilisiert werden. Acyloxoniumionen sind ambidente Kationen, die mit nucleophilen Reagentien nach zwei verschiedenen Wegen reagieren können:

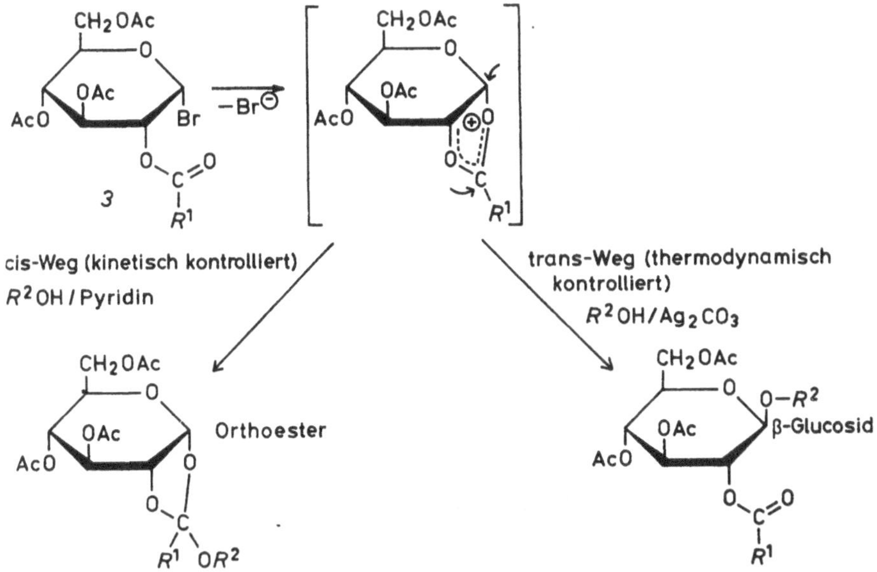

Der bei Glykosidsynthesen eingeschlagene trans-Weg ist der Grund für die bevorzugte Bildung von β-Glykosiden.

Bei partiell acylierten Monosaccharidderivaten kommt es relativ leicht zu einer Acylgruppenwanderung, bei der als Zwischenprodukte „saure“ Orthoester gebildet werden. Analoge Wanderungen finden auch bei Estern anorganischer Säuren und Sulfonsäureestern statt.

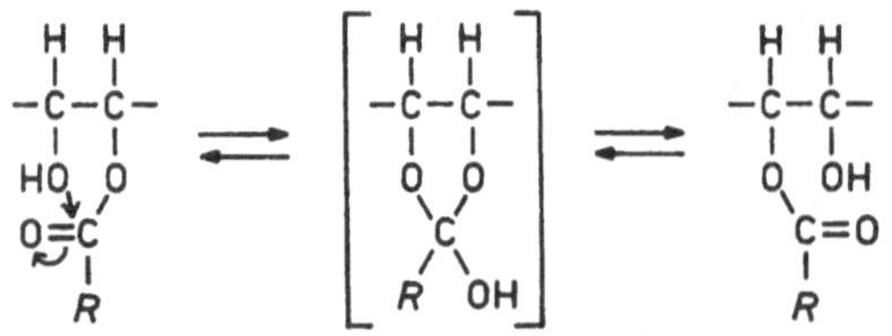

Sulfonsäureester

Sulfonsäureester haben eine besondere Bedeutung als Schutzgruppen und Ausgangsprodukte für zahlreiche Austauschreaktionen. Sulfonsäureester lassen sich relativ leicht durch Umsetzen der Alkoholkomponente mit Sulfonsäurechloriden in Gegenwart von Pyridin (SCHOTTEN-BAUMANN-Verfahren) erhalten. Eingesetzt werden vor allem in 4-Stellung substituierte Benzensulfonsäureester wie die p-Toluensulfonsäureester (Tosylrest, *Tos*) sowie Methansulfonsäureester (Mesylrest, *Mes*).

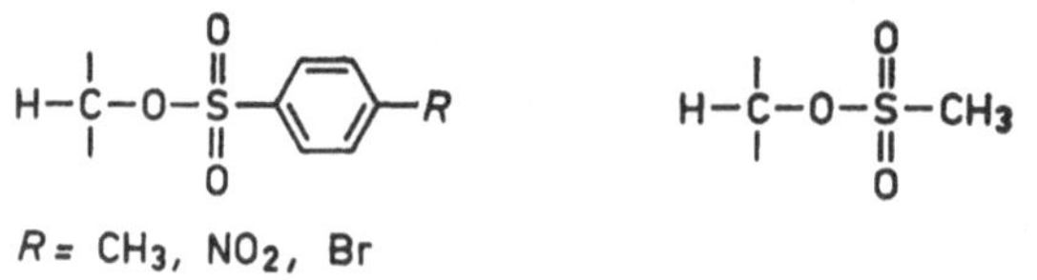

Im Unterschied zu den Estern organischer Carbonsäuren wird bei den Sulfonsäureestern wie auch bei den Schwefelsäureestern unter nucleophilem Angriff die Bindung —C—O— gespalten:

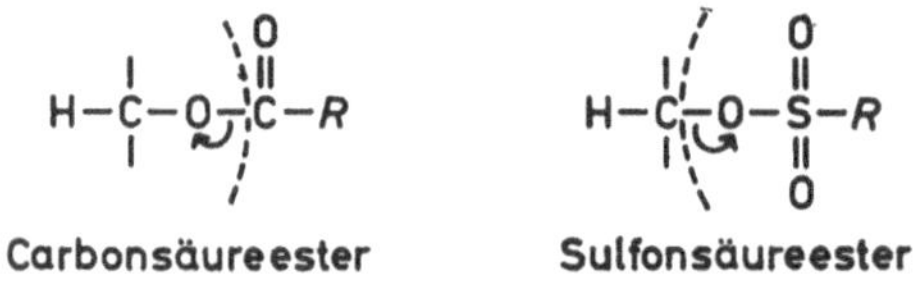

Diese Art der Spaltung läßt sich für die Synthese zahlreicher Zuckerderivate ausnutzen, so zur Synthese von Desoxy-, Amino- oder halogensubstituierten Zuckern (Formelübersicht 3–4).

Tosylgruppen sind bei diesen Austauschreaktionen etwas reaktiver als Mesylgruppen. Bei Reaktionen an einem chiralen C-Atom (sekundäre Sulfonsäureester) erfolgt dabei i. d. R. ein Konfigurationswechsel (WALDEN-Umkehr).

3.1.3.3. Acetale und Ketale

Kohlenhydrate mit cis-Diol-Gruppierung können mit Aldehyden bzw. Ketonen unter Wasseraustritt zu cyclischen Acetalen bzw. Ketalen reagieren. Die Kondensation mit Aceton wurde von E. FISCHER 1895 in die Kohlenhydratchemie eingeführt. In Gegenwart von Säure läßt sich D-Glucose mit Aceton zu 1,2:5,6-Di-O-isopropyliden-α-D-glucofuranose (*4*) umsetzen. Die Isopropylidenverbindungen (Acetonzucker) sind leicht

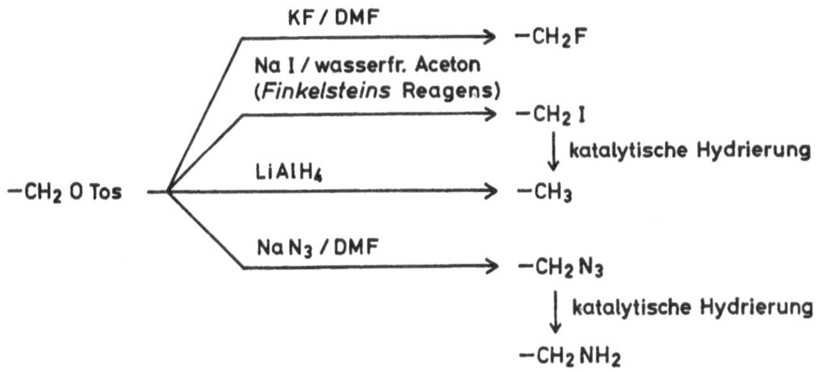

Formelübersicht 3–4
Tosylgruppen als Ausgangsprodukte für die Einführung verschiedener funktioneller Gruppen.

destillierbar und als Ketale stabil gegenüber Alkali. Sie werden dagegen leicht durch verdünnte Säure hydrolysiert.

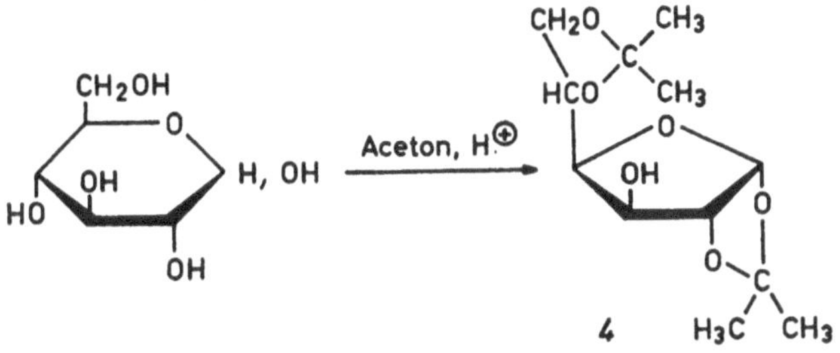

4

Isopropyliden- sowie die durch Umsetzen mit Benzaldehyd erhältlichen Benzylidenverbindungen sind gebräuchliche Schutzgruppen in der Kohlenhydratchemie (vgl. Nucleosid-, Vitamin C-Synthese).

3.1.3.4. *Ether*

Von den Ethern haben die *Methylether* die größte Bedeutung. Partiell methylierte Desoxyzucker kommen natürlich in zahlreichen pflanzlichen Glykosiden vor (S. 145). Von praktischer Bedeutung sind die Methylether der Monosaccharide für die Strukturaufklärung der Oligo- und Polysaccharide (Kap. 3.2.2.2.1.). Da die Methylether unzersetzt flüchtig sind, eignen sie sich auch für gaschromatographische und massenspektrometrische Untersuchungen. Die Methylether der Monosaccharide sind i. d. R. flüssig und schmecken bitter. Für Synthesen sind die Triphenylmethylether (Tritylether, Trt) als Schutzgruppen für primäre Hydroxygruppen wichtig. Zur Darstellung der Tritylether wird das Zuckerderivat mit primärer Hydroxygruppe in Gegenwart von Pyridin mit Tritylchlorid (Triphenylmethylchlorid) umgesetzt. Tritylchlorid liegt praktisch als Carbokation vor und ähnelt in seiner Reaktivität Säurechloriden. Sekundäre Hydroxygruppen reagieren wesentlich schwerer. Der Tritylrest läßt sich durch milde Säurehydrolyse oder hydrogenolytisch wieder abspalten.

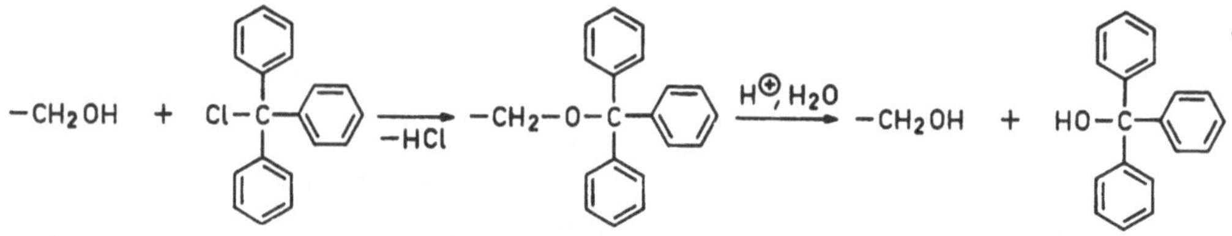

Als unzersetzt flüchtige Kohlenhydratderivate haben sich die Trimethylsilylether bewährt, die durch Umsetzen alkoholischer Hydroxylgruppen mit Trimethylchlorsilan erhalten werden können.

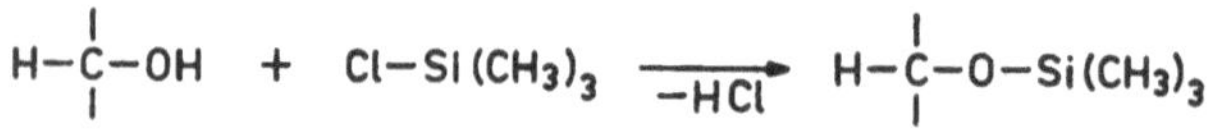

3.1.3.5. Intramolekulare Ether (Anhydrozucker) und Acetale (Zuckeranhydride)

Intramolekulare Wasserabspaltung führt zur Bildung von Zuckeranhydriden (alkoholische und glykosidische Hydroxygruppe) bzw. Anhydrozuckern (zwei alkoholische Hydroxygruppen).

Der bekannteste Vertreter der *Zuckeranhydride* ist die 1,6-Anhydro-D-glucopyranose, die auch als Lävoglucosan wegen ihrer optischen Drehung bezeichnet wird. 1,6-Anhydro-D-glucopyranose entsteht bei der trockenen Destillation von Stärke oder Cellulose. Das günstigste Herstellungsverfahren ist die Umsetzung von Tetraacetylglucosylbromid (*3*) mit Trimethylamin und die anschließende Behandlung des quaternären Ammoniumsalzes mit $Ba(OH)_2$.

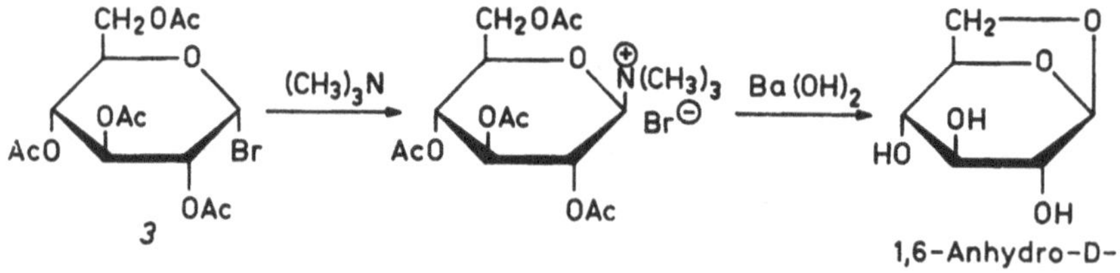

3

1,6-Anhydro-D-glucopyranose

Bei den meisten *Anhydrozuckern* erfolgt der Wasseraustritt unter Bildung von Drei- (Ethylenoxide, Oxirane) oder Fünfringen (Tetrahydrofurane). Ausgangsprodukte für die Bildung der Anhydrozucker sind Halogenverbindungen oder noch besser die Sulfonsäureester. Wenn sich die Sulfonsäureestergruppe an einem chiralen C-Atom befindet. erfolgt WALDEN-Umkehr wie z. B. bei der Bildung des folgenden 2,3-Anhydrozuckers,

Die Bildung der in verschiedenen Galaktanen vorliegenden 3,6-Anhydro-L-galaktopyranose-Resten erfolgt ausgehend von den sauren Schwefelsäureestern, die meist auch vergesellschaftet in diesen Polysacchariden vorkommen (S. 199).

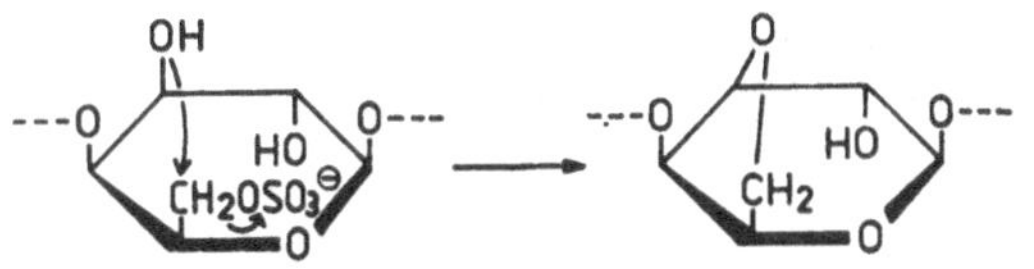

L-Galaktose-6-sulfat-Rest — 3,6-Anhydro-L-galaktose-Rest

3.1.3.6. Osazone

Die meisten Monosaccharide bilden mit einem Mol Phenylhydrazin bei pH 4–5 Phenylhydrazone. Bei etwas höherem pH-Wert reagieren Aldosen und Ketosen mit 3 Mol Phenylhydrazin unter Bildung der gut kristallisierenden Osazone. Epimere Zucker ergeben das gleiche Osazon. Die Osazone spielten aufgrund ihres scharfen und charakteristischen Schmelzpunktes eine große Rolle bei der Identifizierung und Strukturaufklärung der Monosaccharide (E. FISCHER). Die Osazongruppierung liegt in einer durch Wasserstoffbrücken ermöglichten, intramolekularen cyclischen Struktur vor, die durch Mesomerie stabilisiert ist. Sie sind Derivate der acyclischen Form der Monosaccharide.

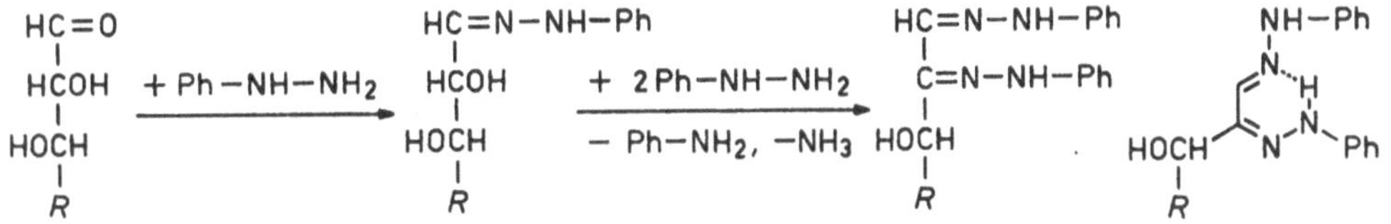

Phenylhydrazon — Osazon

3.1.3.7. Glykoside

Glykoside sind Derivate der cyclischen Form der Zucker, bei denen die glykosidische Hydroxygruppe mit einer nucleophilen Gruppe eines anderen Moleküls unter Wasserabspaltung reagiert hat. Sie sind also gemischte Acetale. Als *Holoside* werden Glykoside bezeichnet, bei denen das nucleophile Reagens eine Hydroxylgruppe eines anderen Zuckers ist (vgl. Oligo- und Polysaccharide). Bei den *Heterosiden* ist der Zucker glykosidisch mit einer Nicht-Kohlenhydrat-Komponente, dem Aglykon oder Genin, verbunden. Je nachdem, ob das bindende Atom ein O-, S- oder N-Atom ist, spricht man von O-, S- oder N-Glykosiden. Der chemische Name eines Heterosids enthält folgende Angaben: Aglykon – Konfiguration am C-1 des Zuckers – D- oder L-Reihe – Name des Zuckers – Ringweite des Zuckers (also Methyl-α-D-glucofuranosid oder 4-Hydroxyphenyl-β-D-glucopyranosid).

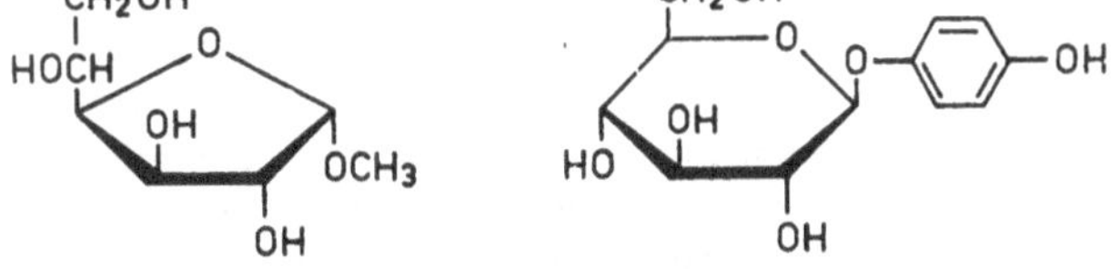

Methyl-α-D-glucofuranosid — 4-Hydroxyphenyl-β-D-glucopyranosid (Arbutin)

Glykoside sind als Derivate von Acetalen im allgemeinen gegenüber Alkali relativ stabil. Eine Ausnahme machen hier Glykoside von Alkoholen, die in β-Stellung eine elektronenziehende Gruppe besitzen und dadurch zur β-Eliminierung neigen (S. 205) sowie Glykoside von Phenolen. Bei der alkalischen Spaltung von Phenolglucosiden entsteht als Spaltprodukt 1,6-Anhydro-glucopyranose.

Natürlich vorkommende Glykoside

Die Monosaccharide liegen natürlich fast ausschließlich glykosidisch gebunden in Form von Holosiden und Heterosiden (Tab. 3–5) vor. Glykosidiert sind dabei alkoholische oder phenolische Hydroxygruppen sowie N-Atome von Heterocyclen (Nucleoside) oder Amidgruppen (bestimmte Kohlenhydrat-Protein-Verbindungen). D-Zucker kommen i. d. R. β-glykosidisch, L-Zucker (z. B. L-Arabinose) dagegen α-glykosidisch gebunden vor.

Bis auf die ubiquitär vorkommenden Glykolipide und die Kohlenhydrat-Protein-Verbindungen sind die meisten O-Heteroside sekundäre Stoffwechselprodukte höherer Pflanzen oder Mikroorganismen. Letztere enthalten meist seltenere Zuckerkomponenten wie Amino- oder Desoxyzucker.

In verschiedenen Pflanzenarten der Brassicaceen, Capparaceen und Resedaceen kommen Glykoside der 1-Thio-D-glucose vor.

Diese sog. *Senfölglykoside* (*Glucosinolate*) werden relativ leicht durch in der Pflanze anwesende Enzyme gespalten. Durch eine Art LOSSEN-Umlagerung (eigentlich Umlagerung Hydroxamsäure → Isocyanat) wird dabei ein Isothiocyanat (Senföl) gebildet. Allylsenföl, das aus dem Glykosid Sinigrin entsteht, bewirkt den scharfen Geschmack des Senfs (Stammpflanze: Brassigra nigra). Entstehen bei der enzymatischen Hydrolyse Isothiocyanate mit einer Hydroxygruppe in β-Stellung, dann cyclisieren diese sofort zu Oxazolidin-2-thionen.

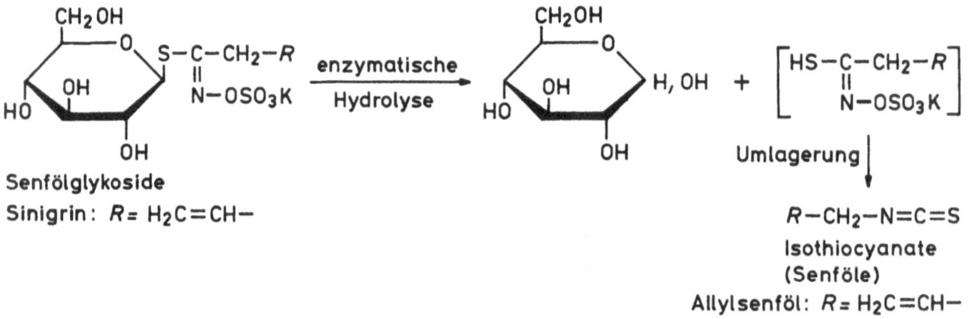

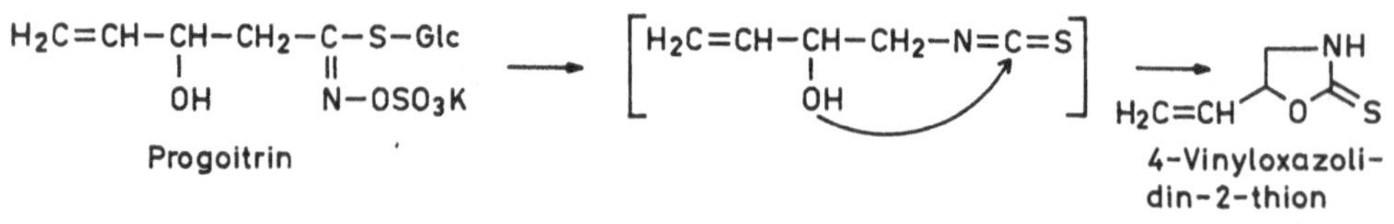

Weit verbreitet in höheren Pflanzen sind die *cyanogenen Glykoside*, deren Aglykone, die Cyanhydrine, in vivo aus Aminosäuren gebildet werden. Aus den cyanogenen Glykosiden entstehen durch enzymatische Spaltung Cyanhydrine, die sehr schnell in Blausäure und die entsprechende Verbindung mit Carbonylgruppe zerfallen. In den vegetativen Pflanzenteilen vieler Rosaceen kommt Prunasin, in den Samen Amygdalin vor. Bittere Mandeln (*Semen Amygdalae amarae*) enthalten etwa 3–5% Amygdalin.

Hydrolytische Spaltung

Glykoside können säurekatalysiert und enzymatisch (s. Kap. 3.2.2.1.2.) gespalten werden. Die säurekatalysierte Hydrolyse wird ähnlich wie die Spaltung von Acetalen

Tabelle 3–5

Natürlich vorkommende Glykoside (Heteroside)

Gruppe	glykosidierte Gruppierung des Aglykons	Aglykon	Beispiele
O-Glykoside	alkoholische Hydroxygruppe	Steroide	herzwirksame Glykoside (S. 478)
			Saponine (S. 484)
		Terpene	Saponine
		Hydroxyaminosäuren	Glykoproteine (S. 204)
		Hydroxynitrile	cyanogene Glykoside (S. 160)
		Stoffwechselprodukte von Mikroorganismen	Aminoglykosid-Antibiotica (S. 583)
			Macrolid-Antibiotica (S. 594)
		Diglyceride, Ceramide	Glykolipide (S. 311)
	enolische oder phenolische Hydroxygruppen	Phenole	Phenolglykoside (Arbutin, Phlorizin) (S. 507)
			Cumarylalkoholglucosid (S. 502)
			o-Cumarsäureglucosid (S. 501)
			Auronglykoside (S. 507)
			Hydroxyanthrachinonglykoside
		Flavonoide	Flavonolglykoside (Rutin) (S. 507)
			Anthocyane (S. 507)
S-Glykoside	Mercaptogruppe	Thiohydroxamsäureester	Senfölglykoside (S. 160)
N-Glykoside	Amidgruppe	Asparagin	Glykoproteine (S. 204)
	N-Atome von Heteroaromaten	Purine, Pyrimidine	Nucleoside (S. 219)
			Nucleosid-Antibiotica (S. 587)
		Benzimidazol	Vitamin B_{12} (S. 385)
		Nicotinsäureamid	Pyridinnucleotide (S. 362)

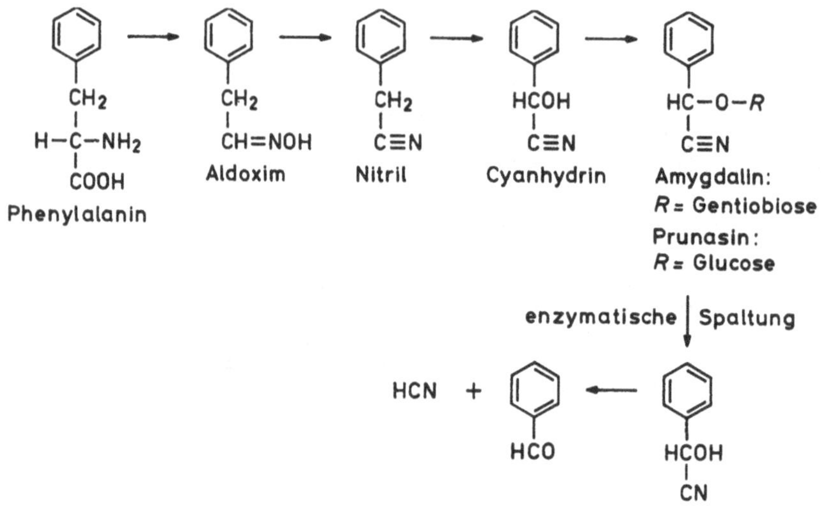

und Ethern durch eine Protonierung des glykosidischen O-Atoms eingeleitet. Von der konjugierten Säure wird dann im langsamsten Reaktionsschritt der glykosidierte Rest abgespalten (Formelübersicht 3–5).

Die Reaktionsgeschwindigkeit der säurekatalysierten Hydrolyse hängt von der Struktur des Zuckers, der des Aglykons und von der Konfiguration ab.

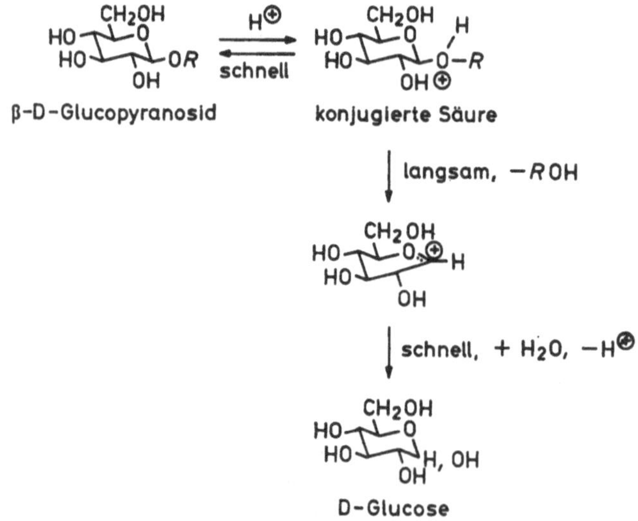

Formelübersicht 3–5

Angenommener Reaktionsmechanismus für die säurekatalysierte Hydrolyse von Glykosiden.

Äquatoriale Glykosidreste werden schneller abgespalten als axiale. Daher werden β-D-Glucopyranoside schneller gespalten als α-D-Glucopyranoside. Weiter konnte ermittelt werden, daß die Spaltgeschwindigkeit von

Pyranosiden < Furanosiden,
Hexopyranosiden < Pentopyranosiden

Glucosiden < Galaktosiden
Glucopyranosiden < Fructopyranosiden < Fructofuranosiden

ist. Extrem labil gegenüber der Einwirkung von Säure sind 2-Desoxyglykoside, während die Glykoside von 2-Aminozuckern, nicht aber von 2-Acetamidozuckern, außerordentlich stabil gegenüber Säure sind. Säurelabil sind auch glykosidierte Uronsäuren (Aldobiouronsäuren), wie z. B. die bei der Hydrolyse von Arabansäure anfallende 6-O-(β-Glucopyranuronyl)-D-galaktose (*5*). Es wird eine intramolekulare Stabilisierung der konjugierten Säure angenommen.

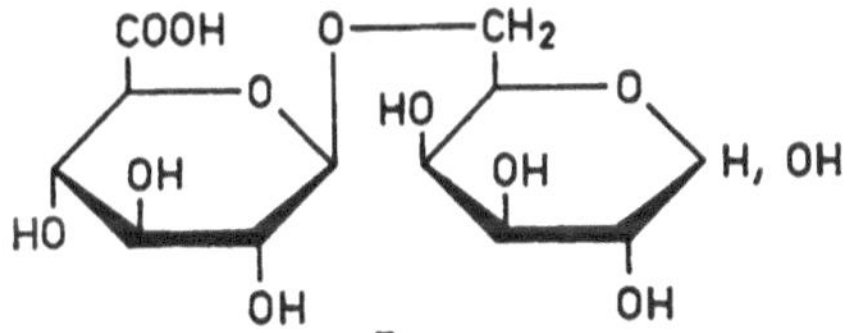

5

Glykosidsynthesen

Die Glykosidsynthesen beruhen darauf, daß ein Substituent am C-1 der Aldosen gegen den einzuführenden Rest (Aglykon bei den Heterosiden, Hydroxygruppe von Kohlenhydraten bei den Holosiden) nucleophil ausgetauscht wird. Der Bindungsbruch zwischen dem C-1 und dem zu ersetzenden Rest wird um so leichter möglich sein, je energieärmer der sich ablösende Rest ist. Das Hydroxidion, das bei einer direkten Glykosidierung eines unsubstituierten Monosaccharides substituiert werden müßte, ist so energiereich, daß eine anionische Verdrängung im Verlauf einer Substitutionsreaktion nicht möglich ist. In saurer Lösung verläuft dagegen die nucleophile Reaktion über die protonierte Hydroxylgruppe ab. Aus dem durch Protonierung gebildeten Oxoniumsalz wird das energiearme Wasser abgespalten. Diese Reaktion ist Grundlage der *Glykosidsynthese* nach E. Fischer, der die Monosaccharide in Gegenwart von HCl mit dem entsprechenden Alkohol umsetzte. Die Umsetzung von D-Glucose mit Methanol ergibt nach dieser Methode Gemische der α- und β-Anomeren von Methyl-D-glucopyranosid und Methyl-D-glucofuranosid. Die Methode hat heute nur noch Bedeutung zur Synthese der sonst schwer zugänglichen α-D-Glucopyranoside, die sich aus den anfallenden Gemischen abtrennen lassen.

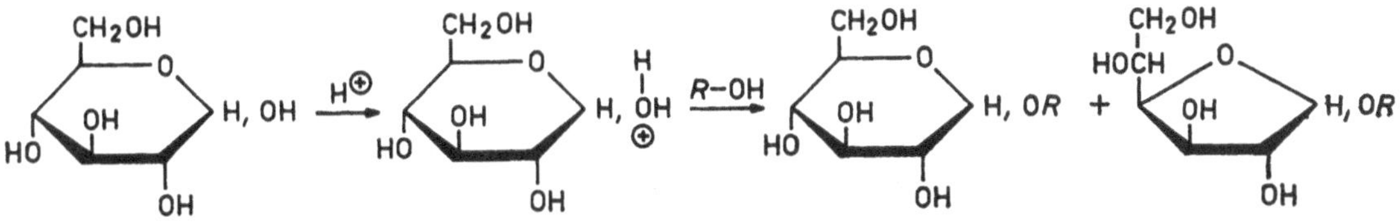

Vorteilhafter ist der Austausch der glykosidischen Hydroxygruppe durch einen energiearmen Rest.

Derartig aktivierte Monosaccharidderivate sind bei der *Biosynthese* von Glykosiden die Aldose-1-phosphate bzw. deren Derivate, die „Zucker-Nucleotide" (vgl. Synthese von Oligo- und Polysacchariden, S. 215). Das sich ablösende Phosphat hat eine sehr niedrige Energie, da die negative Ladung über einen größeren Raum delokalisiert ist.

Zur chemischen Synthese der Glykoside dienen meist die Acylhalogenzucker (Halogenosen), i. d. R. die Acylbrom- bzw. -chlorverbindungen. Der bei der Reaktion entstehende

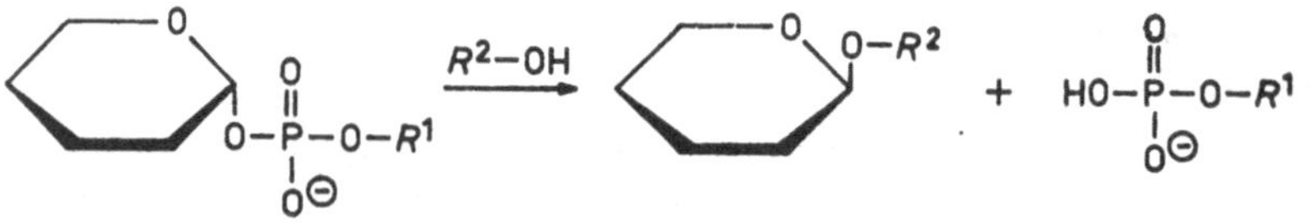

Halogenwasserstoff muß abgefangen werden. Das kann durch die Bildung von unlöslichen Silbersalzen erfolgen. Nach der KOENIGS-KNORR-*Synthese* wird z. B. Tetra-O-acetyl-α-D-glucopyranosylbromid (*3*) mit einem Alkohol in Gegenwart von Silbercarbonat oder Silberoxid umgesetzt. Anschließend werden die Acetylreste entfernt.

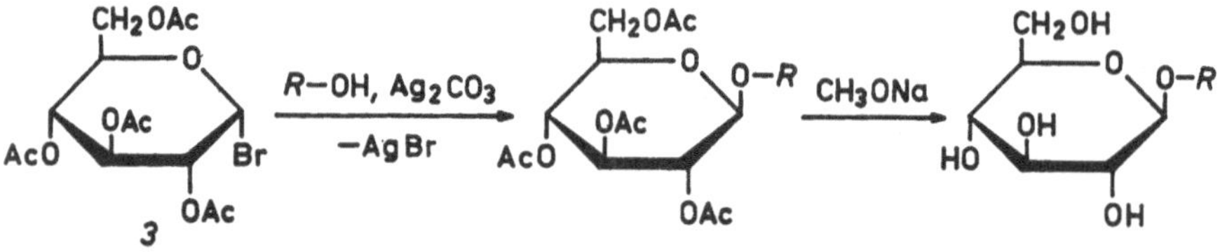

3

Die Reaktion verläuft unter Konfigurationsumkehr am C-1 (vgl. S. 155). Für die Synthese von aromatischen Glykosiden werden die Phenole zur Entfernung des Bromwasserstoffs in Gegenwart von Alkalihydroxiden umgesetzt (MICHAEL-*Synthese*). Spezielle Methoden sind für die Synthese von Nucleosiden (Kap. 4.1.1.3.) sowie Oligo- und Polysacchariden (Kap. 3.2.5.2.) erarbeitet worden.

Nach der Umsetzung von aromatischen Aminen mit D-Glucose erhielt AMADORI anstelle der zu erwartenden N-Glucoside (N-Arylglucosylamine) N-haltige Verbindungen, die er als SCHIFFsche Basen ansah. Diese Produkte konnten KUHN und WEYGAND als N-Aryl-Derivate von 1-Amino-1-desoxy-2-ketosen identifizieren. Sie entstehen bei der Behandlung von N-Aryl-aldosylaminen durch Erwärmen bzw. säure- oder basenkatalysiert. Die Umlagerung N-substituierter Aldosylamine in N-substituierte 1-Amino-1-desoxy-2-ketosen wird allgemein als AMADORI-*Umlagerung* bezeichnet.

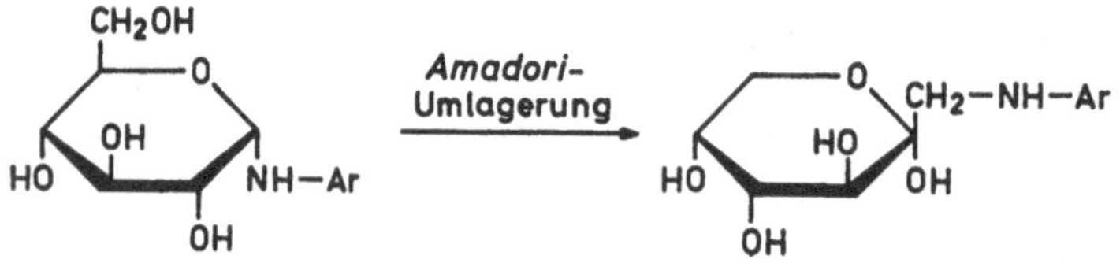

N-Aryl-α-D-glucopyranosylamin — N-Aryl-1-amino-1-desoxy-D-fructopyranose

Die AMADORI-Umlagerung erfolgt in ähnlicher Weise wie die Isomerisierung (S. 151) über ein Enol. Im Unterschied zur Isomerisierung ist die AMADORI-Umlagerung irreversibel. Eine AMADORI-Umlagerung spielt auch bei der MAILLARD-Reaktion eine Rolle, die auf der Reaktion von reduzierenden Zuckern mit Aminosäuren beruht.

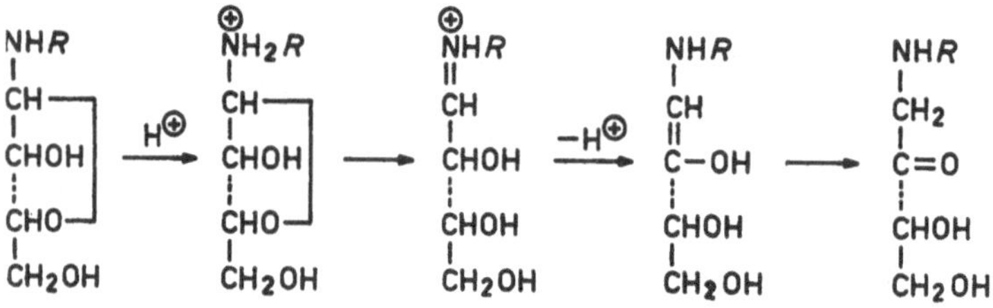

3.1.3.8. C-Glykosyl-Verbindungen

Bei den C-Glykosyl-Verbindungen ist das C-1 einer Aldose unmittelbar mit einem C-Atom des „Aglykons" verbunden. In der Natur kommen C-Glykosyl-Verbindungen von aromatischen (Anthracen-Derivate, z. B. Barbaloin; Flavone, z. B. Vitexin, Orientin) und heterocyclischen Ringsystemen (Pseudouridin, Showdomycin, S. 589) vor.

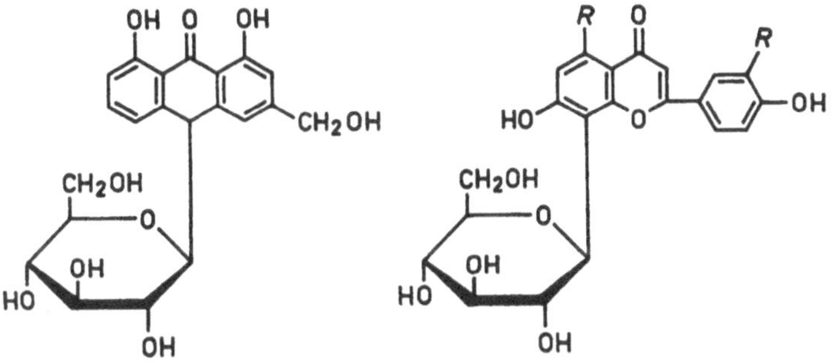

Barbaloin

Vitexin (R = H)
Orientin (R = OH)

Die erste in ihrer Struktur aufgeklärte Verbindung dieser Reihe war das aus Aloe isolierte Barbaloin. Der Glykosylrest kann von diesen „Aglykonen" nur schwer entfernt werden. Während z. B. Flavonoid-O-glykoside innerhalb kurzer Zeit in wäßrig-alkoholischer Lösung von 2N HCl bei 100 °C gespalten werden, bleiben die entsprechenden C-Glykosyl-Verbindungen (z. B. Vitexin oder Orientin) unter diesen Bedingungen stabil.

Pseudouridin (abgek. *ψrd*) ist 5-β-D-Ribofuranosyluracil. Der Strukturbeweis wurde durch Überführen in 5-Hydroxymethyluracil nach alternierender Periodatoxidation und Reduktion der entstandenen Aldehyde mit Borhydrid geführt.

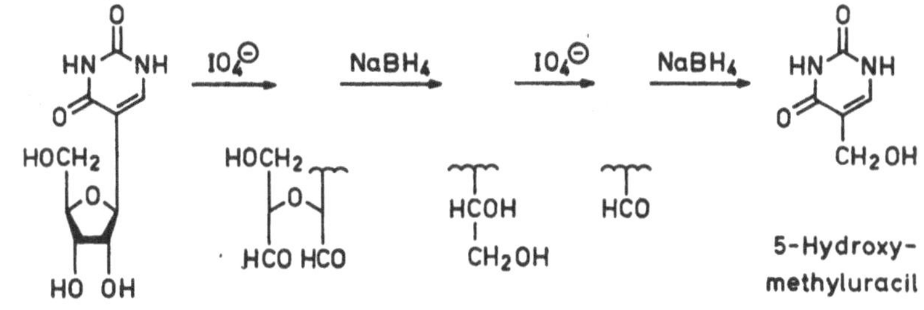

Pseudouridin

Pseudouridin lagert sich säurekatalysiert relativ leicht um. Es entsteht ein Gemisch der beiden Anomeren des 5-Ribofuranosyl- und 5-Ribopyranosyl-uracils.

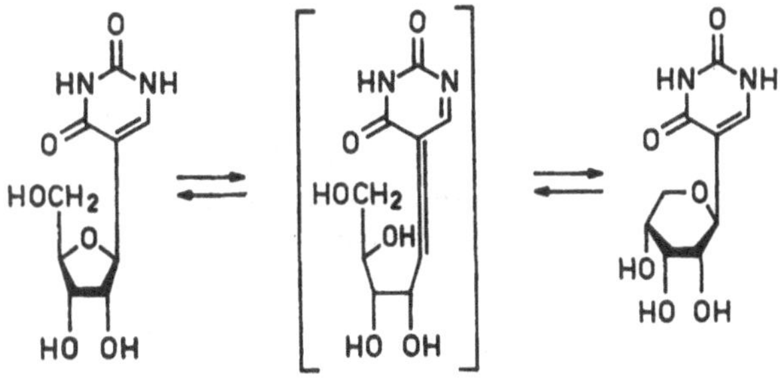

3.1.3.9. Oxidationsprodukte

Die Monosaccharide enthalten als oxidierbare Gruppen die Aldehydgruppe sowie primäre und sekundäre Hydroxygruppen. Die wichtigsten Oxidationsprodukte, die ohne Spaltung einer C—C-Bindung entstehen, sind die Aldonsäuren, Uronsäuren und Aldarsäuren (Formelübersicht 3-6).

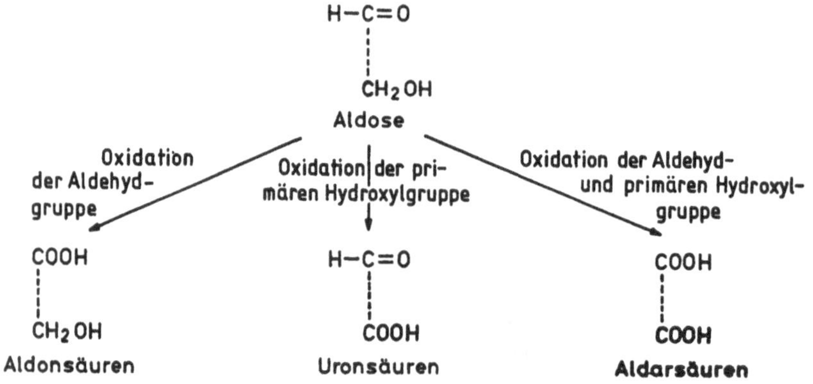

Formelübersicht 3-6
Oxidationsprodukte der Aldosen.

Unter Spaltung von C—C-Bindungen verläuft u. a. die Oxidation der Kohlenhydrate mit Periodat (S. 179).

Aldonsäuren

Durch Oxidation der Aldehydgruppe von Monosacchariden mit milden Oxidationsmitteln wie Bromwasser werden Aldonsäuren erhalten. Die freien Aldonsäuren bilden durch nucleophilen Angriff einer Hydroxygruppe sehr leicht Lactone. Das Gleichgewicht liegt weitgehend auf der Seite der Lactone, bei der D-Gluconsäure (Abk.: GlcA) auf der Seite des Glucono-1,4-lactons. Die Lactonbildung erfolgt in wäßriger Lösung sehr schnell, so daß die Isolierung der freien Aldonsäuren Schwierigkeiten bereitet.

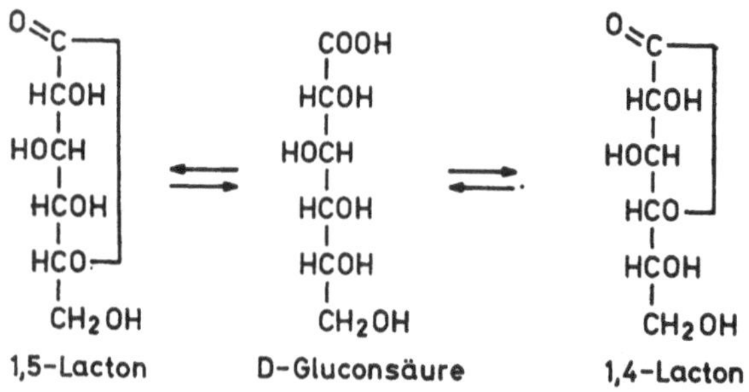

Aldonsäuren kommen frei oder gebunden nur selten natürlich vor. Verschiedene Pilze und Bakterien enthalten Glucose-Oxidasen, die D-Glucose zu D-Gluconsäure oxidieren können. Diese enzymatische Reaktion wird zum Nachweis und zur Bestimmung der D-Glucose herangezogen.

Ascorbinsäure (Kap. 6.3.1.) ist ein Derivat einer Ketoaldonsäure.

Uronsäuren

Uronsäuren entstehen rein formal durch Oxidation der endständigen Hydroxygruppe zu einer Carboxylgruppe. Die Oxidation der primären Hydroxygruppe ist jedoch nur möglich, wenn zuvor die Aldehydgruppe geschützt wird. Bei der Biosynthese erfolgt der Schutz durch Veresterung mit UDP.

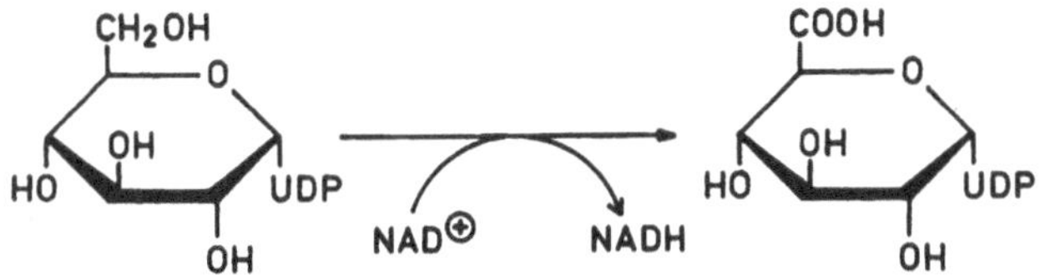

Als Ausgangsprodukte für chemische Synthesen kommen Glykoside, Acetate, Acetale und Ketale mit freier primärer Hydroxygruppe in Frage: Als Oxidationsmittel werden Permanganat oder Stickstoffdioxid eingesetzt.

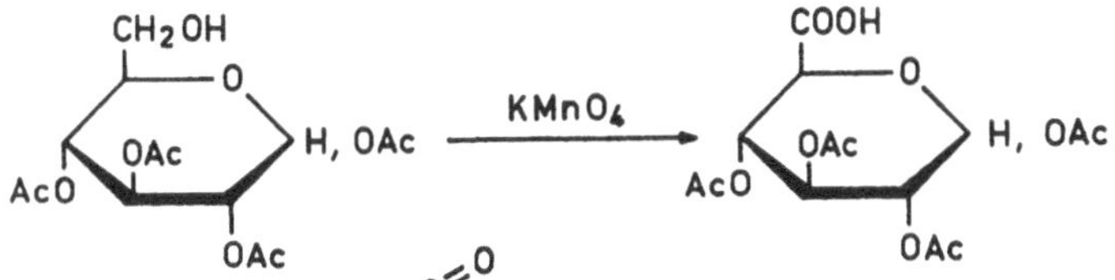

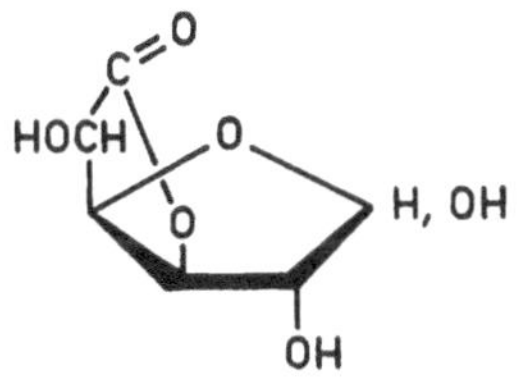

Glucuronsäure-3,6-lacton

Eine Isolierung aus Polysacchariden ist schwierig, da die glykosidische Bindung der Uronsäuren sehr stabil ist und in 4-Stellung glykosidierte Uronsäurederivate zur β-Eliminierung neigen (S. 182).

Uronsäuren liegen als Pyranosen oder Furanosen vor. Sie können sehr leicht am C-5 epimerisieren. Wenn es sterisch möglich ist, bilden die Uronsäuren Lactone. So wird Glucuronsäure meist als 3,6-Lacton (Glucuron) isoliert.

Uronsäuren sind Bestandteile von Polysacchariden (Glykuronane, saure Mucopolysaccharide).

Die Glucuronsäure (Abk.: GlcUA) dient im Organismus der Säugetiere als Konjugationspartner für körperfremde und körpereigene Substanzen. Als Konjugation in diesem Sinne wird die Umsetzung einer Fremdsubstanz mit geeigneten funktionellen Gruppen mit einer körpereigenen Substanz zu einem hydrophilen, durch die Niere ausscheidbaren Produkt verstanden. Die Konjugation mit Glucuronsäure stellt die weitestverbreitete Art der Biotransformation dar. Die Reaktion geht aus von UDP-Glucuronsäure. Die entsprechenden Glykoside (Glucuronide) entstehen durch nucleophilen Angriff einer Hydroxygruppe (Alkohole, Phenole), Mercaptogruppe (Thiole) oder

Aminogruppe (aromatische Amine) am C-1. Mit Carboxylgruppen vor allem aromatischer Säuren entstehen Ester (*6*). Auf diese Weise werden z. B. die Estrogene ausgeschieden.

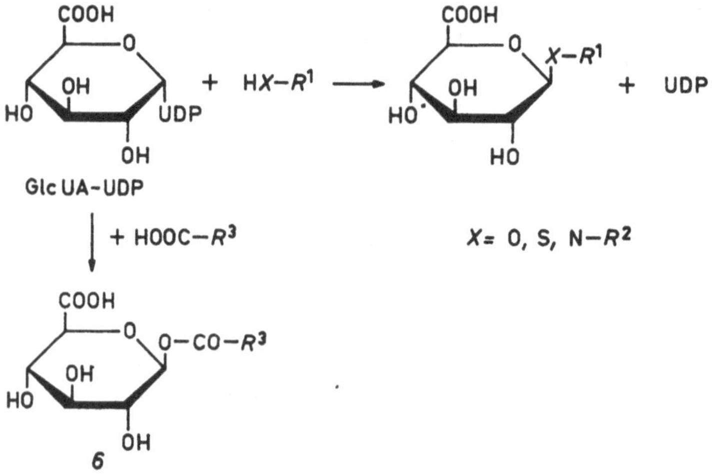

3.1.3.10. Reduktionsprodukte

Alditole (Zuckeralkohole)

Durch Reduktion der Carbonylgruppe der Monosaccharide werden die Alditole (Zuckeralkohole) erhalten. Die Reduktion wird zweckmäßig im neutralen Medium durchgeführt, z. B. mit Amalgamen oder katalytisch, da im Alkalischen vor der Reduktion Umlagerungen der Monosaccharide stattfinden können. Bei den Ketosen werden durch die Ausbildung eines neuen Chiralitätszentrums zwei isomere Alkohole gebildet.

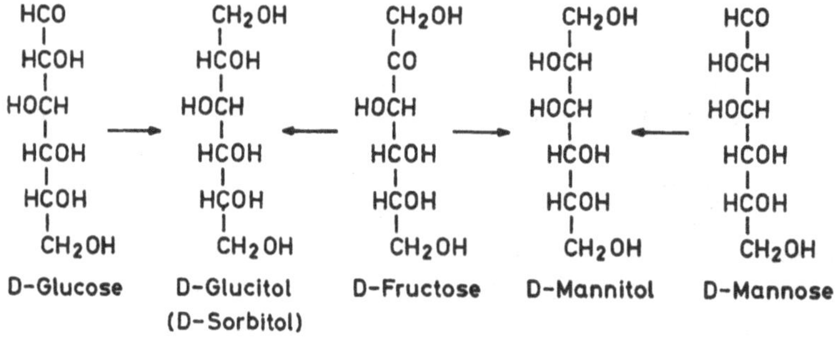

Die Anzahl der möglichen Isomere der Alditole ist gegenüber der der Aldosen geringer, da z. B. aus D-Glucose und L-Gulose der gleiche Alkohol entsteht.

Alditole schmecken süß. Die alkoholischen Hydroxygruppen geben die gleichen Reaktionen wie die der Monosaccharide. Sie lassen sich z. B. verestern und verethern.

D-Glucitol (D-Sorbitol) ist in größerer Menge in den Früchten der Vogelbeere (*Sorbus aucuparia, Rosaceae*) enthalten. Glucitol wird durch Reduktion von D-Glucose synthetisch hergestellt und dient aufgrund seines süßen Geschmackes als Diabetikerzucker sowie als Ausgangsprodukt für die Vitamin-C-Synthese. *D-Mannitol* kommt in Pilzen, Algen und höheren Pflanzen (Manna-Esche) vor.

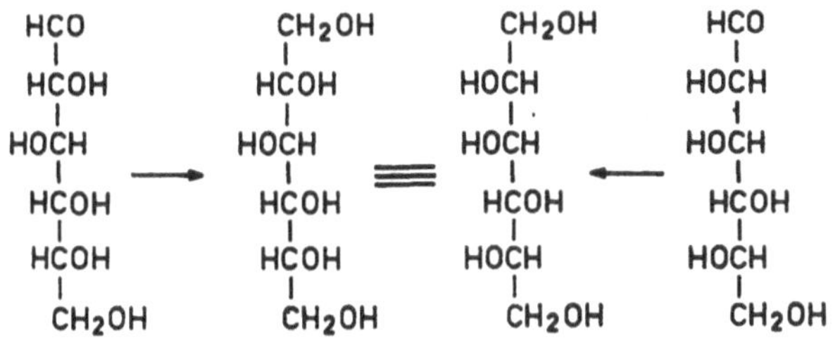

D-Glucose D-Glucitol L-Gulose

Cyclitole

Eng verwandt sowohl hinsichtlich ihrer physikalischen und chemischen Eigenschaften als auch in bezug auf ihre Biosynthese mit den Alditolen sind die Cyclitole. Darunter werden Cycloalkane verstanden, die mehr als drei Hydroxygruppen enthalten. Am verbreitetsten sind die Hexahydroxycyclohexane (*Inositole*) und von diesen wiederum das myo-Inositol (meso-Inositol). Bis auf ein Paar (1D-chiro- und 1L-chiro-Inositol) sind alle anderen Inositole meso-Formen.

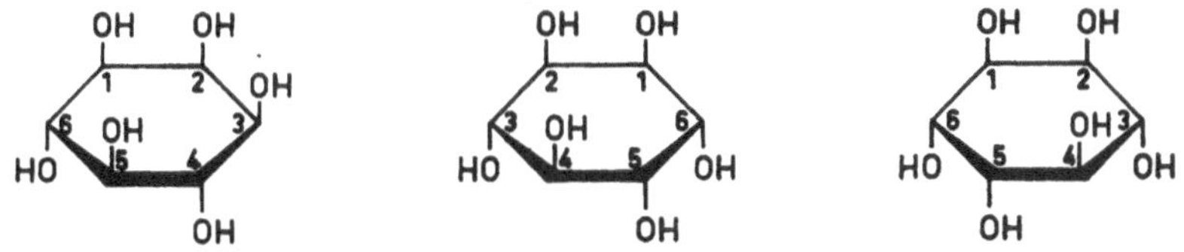

myo-Inositol
(1, 2, 3, 5/4, 6)-Inositol[1)]

1 D-chiro-Inositol
(1, 2, 4/3, 5, 6)-Inositol
(+)-Inositol

1 L-chiro-Inositol
(1, 2, 4/3, 5, 6)-Inositol
(-)-Inositol

Myo-Inositol kommt frei und gebunden in tierischen Organen, u. a. als Phosphatidylinositol, vor. In der Pflanze dient der Hexakis-phosphorsäureester (Phytinsäure) als Phosphatreserve. Myo-Inositol ist für Hefen und andere Mikroorganismen ein Wuchsstoff. Der Vitamincharakter beim Menschen ist umstritten.

Die Biosynthese des myo-Inositol-1-phosphats geht aus von Glucose-6-phosphat.

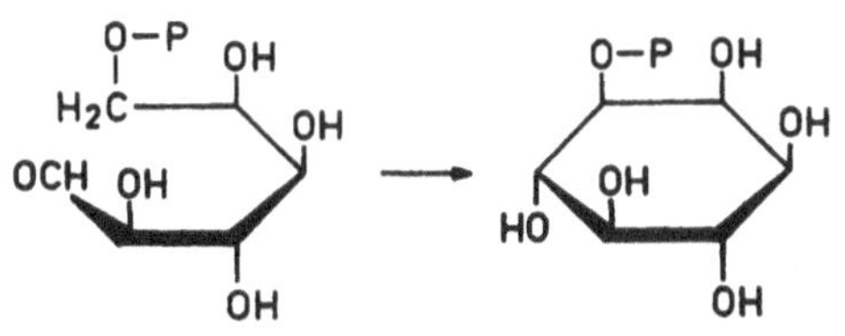

Glucose-6-phosphat myo-Inositol-1-phosphat

---

1) Hydroxygruppen bzw. andere Gruppen (Aminogruppen) ober- und unterhalb der Ebene des Ringes werden durch einen Schrägstrich abgetrennt

Die *Inosamine* leiten sich von den Inositolen durch den Austausch einer oder mehrerer Hydroxygruppen durch Aminogruppen ab (Aminodesoxyinositole). Sie sind Bestandteile der Aminoglykosid-Antibiotica.

(+)-*Quercitol* ((1L-1,3,4/2,5)-Cyclohexanpentol) erhielt seinen Namen durch das Vorkommen in der Eiche (*Quercus*). Von größerer Bedeutung sind noch Cyclitolcarbonsäuren wie die in Pflanzen weit verbreitete (−)-*Chinasäure* (1L-1(OH),3,4/5-Tetrahydroxycyclohexancarbonsäure, vgl. Kap. 9.1.2.).

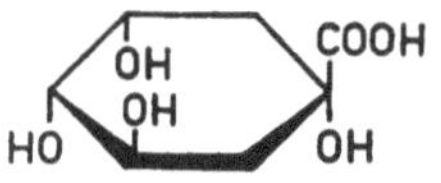

(-)-Chinasäure

3.1.3.11. *Nachweis und Bestimmung der Kohlenhydrate*

Zur Identifizierung werden die in freier Form oder nach enzymatischer bzw. säurekatalysierter Hydrolyse von Holosiden oder Heterosiden vorliegenden Monosaccharide chromatographisch getrennt (Papier-, Dünnschichtchromatographie). Die Methylether, die bei der Methylierungsanalyse anfallen (S. 157), und Trimethylsilylether (S. 158) eignen sich für eine gaschromatographische Trennung und anschließende Identifizierung durch Massenspektrometrie.

Reduktion von Metallionen

Als relativ unspezifischer Nachweis ist die Reduktion einiger Schwermetallionen, meist in Form ihrer Komplexe, im alkalischen Milieu geeignet (Tab. 3–6).

Tabelle 3–6
Zuckernachweis durch Reduktion von Metallionen

Metall	Reagens	Name der Probe
Cu(II) → Cu(I)	$CuSO_4$/Tartrat, $OH^{\ominus}$	Fehling-Probe
	$CuSO_4/OH^{\ominus}$	Trommer-Probe
	$CuSO_4$/Citrat, $OH^{\ominus}$	Benedict-Probe
Ag(I) → Ag	$[Ag(NH_3)_2]^{\oplus}$	Tollens-Probe
Bi(III) → Bi	Bi(III)/Tartrat, $OH^{\ominus}$	Nylander-Probe
Fe(III) → Fe(II)	$K_3[Fe(CN)_6]$	Hagedorn-Jensen-Probe

Die Aldosen werden wie Aldehyde zu Säuren und weiteren Oxidationsprodukten durch Spaltung von C—C-Bindungen oxidiert. Durch Isomerisierung im alkalischen Milieu werden auch Ketosen erfaßt. Diese Reduktionsproben werden insbesondere zum Nachweis von Glucose in Körperflüssigkeiten eingesetzt. Einige eignen sich auch bei Einhaltung bestimmter Bedingungen zur quantitativen Bestimmung der Glucose (Bestimmung nach Hagedorn-Jensen, Fehling).

Farbreaktionen, die über die Bildung von Furfuralderivaten ablaufen

Zahlreiche Farbreaktionen beruhen auf der Umsetzung der bei der Behandlung der Zucker mit Säure entstehenden Furfuralderivate (Tab. 3–7).

Tabelle 3–7
Farbreaktionen von Zuckern über Furfuralderivate

Reaktive Partner der Furfurale	Reagens	Probe
aktive Methylengruppen	Anthron/H_2SO_4	Anthron-Reaktion
Phenole	Orcinol/HCl, $Fe^{3\oplus}$	BIAL-Reaktion
	α-Naphthol/H_2SO_4	MOLISCH-Reaktion
SH-Verbindungen	Cystein/H_2SO_4	DISCHE-Reaktion
arom. Amine	Anilinphthalat	

Einige dieser Reaktionen konnten für bestimmte Monosaccharide spezifisch gestaltet werden. Die Farbreaktionen dienen insbesondere zur Bestimmung von Monosacchariden, die durch säurekatalysierte Hydrolyse aus Glykosiden, z. B. Kohlenhydrat-Protein-Verbindungen, in Freiheit gesetzt werden.

Furfural reagiert in Gegenwart von Säure mit der aktiven Methylengruppe des Anthrons unter Wasseraustritt, wobei ein blaugrüner Farbstoff, wahrscheinlich der Struktur *10*, entsteht.

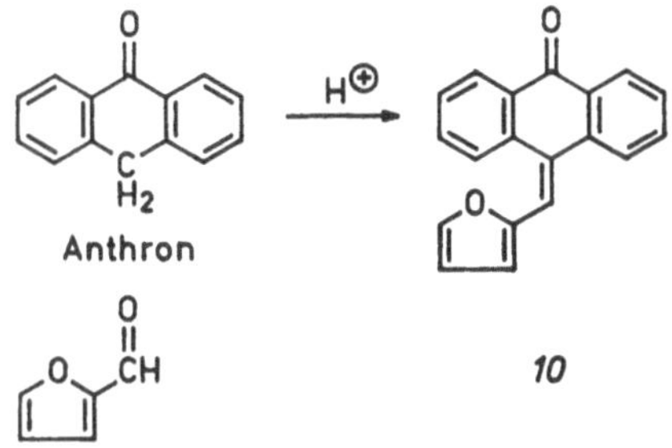

10

Die Farbreaktion mit Phenolen ist ein Spezialfall der allgemeinen Reaktion Aldehyd-Phenol-Säure, die zu Diphenylmethanfarbstoffen führt.

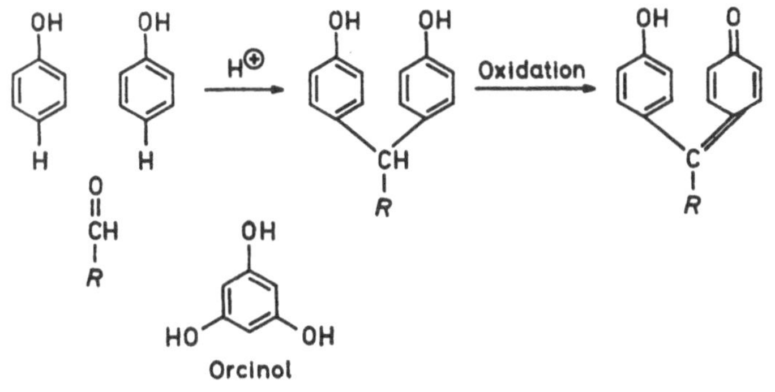

Die Reaktion mit primären Aminen dient insbesondere zum Nachweis von Zuckern auf dem Papier- oder Dünnschichtchromatogramm. Der histochemische Nachweis der Zucker beruht meist auf einer Oxidation des Zuckers zu einem Aldehyd, z. B. mit Hilfe von Periodat (S. 179), und dessen Nachweis mit fuchsinschwefliger Säure (SCHIFFS Reagens) oder anderen Aldehydreagentien.

3.1.4. Synthesen

3.1.4.1. Biosynthesen

Der Kohlenhydratstoffwechsel nimmt im Gesamtstoffwechsel der Zelle eine zentrale Stellung ein. Im Mittelpunkt steht die D-Glucose, aus der durch Isomerisierungen und Epimerisierungen die anderen Hexosen (Abb. 3–3) gebildet werden.

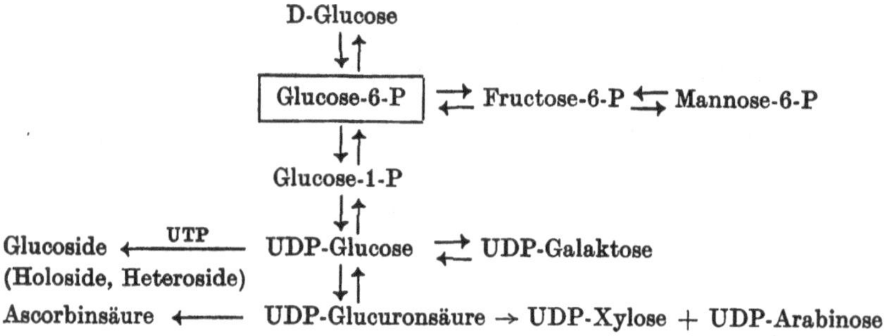

Abb. 3–3

Biogenetische Umwandlung der Hexosen.

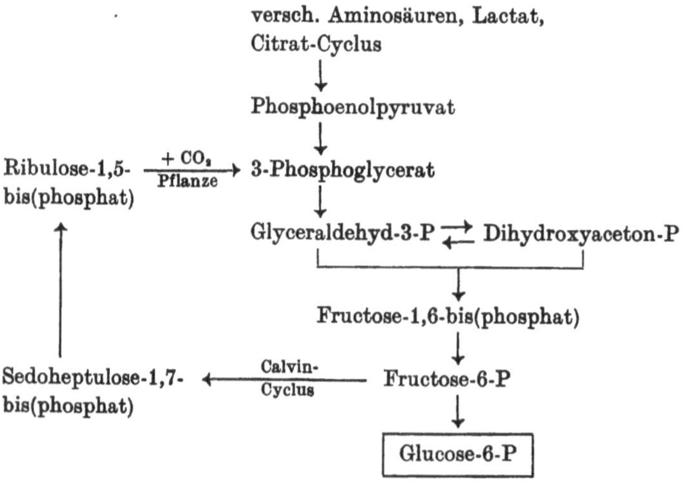

Abb. 3–4

Biosynthesewege von Glucose-6-phosphat.

Die Biosynthese der Glucose erfolgt in allen Organismen ausgehend von Intermediaten des Citrat-Cyclus (Abb. 3–4). Hierbei handelt es sich um die sog. Gluconeogenese, da Glucose natürlich auch aus Polysacchariden (z. B. Glykogen) oder anderen Zuckern entstehen kann. Die Umkehrung der Gluconeogenese ist die Glykolyse. Bei der Glykolyse wird Glucose anaerob über Glyceraldehyd-3-phosphat und Dihydroxyacetonphosphat zu Milchsäure abgebaut. Nur in autotrophen Organismen, also den photosynthetisierenden Pflanzen, findet eine Neubildung der Glucose durch Reduktion von CO_2 nach der Summenformel

$$6CO_2 + 6H_2O \rightarrow C_6H_{12}O_6 + 6O_2$$

statt. Substrat für die Fixierung des CO_2 ist D-Ribulose-1,5-bis(phosphat), das über den Calvin-Cyclus gebildet wird (Abb. 3–4).

Nach beiden Wegen erfolgt die Bildung der Hexose durch eine Aldolreaktion zwischen Glyceraldehyd-3-phosphat und Dihydroxyaceton-phosphat.

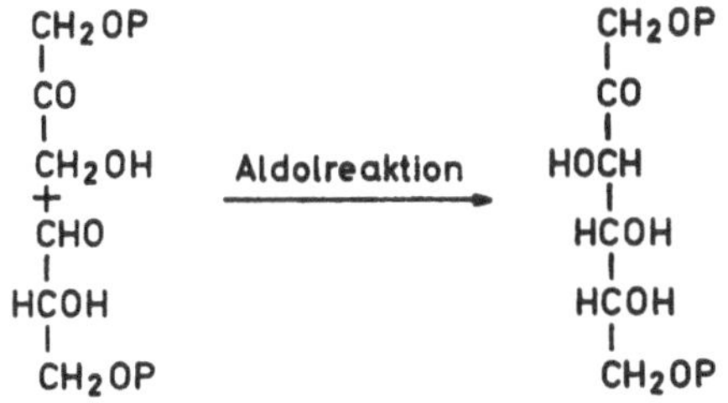

Dihydroxyaceton-phosphat + Glyceraldehyd-3-phosphat — Fructose-1,6-bis(phosphat)

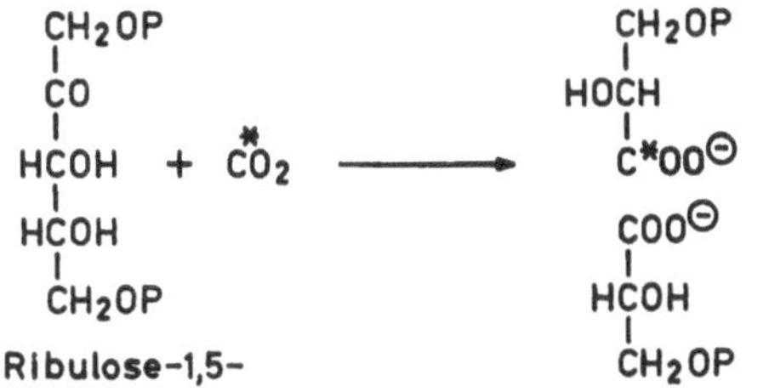

D-Ribulose-1,5-bis(phosphat) — 2 x 3-Phosphoglycerat

3.1.4.2. *Abiogene Synthese*

Von Bedeutung für das Verständnis der abiogenen Synthese von Kohlenhydraten ist die *Formose-Reaktion*. Butlerow stellte bereits 1861 fest, daß bei der Einwirkung von Alkali auf Formaldehydlösung ein Zuckergemisch entsteht, das später als Formose bezeichnet wurde. In diesem Gemisch konnte E. Fischer D,L-Glucose und Arabinose nachweisen.

Primärreaktion der Formose-Reaktion ist die Selbstreaktion von Formaldehyd zu Glykolaldehyd. Die eigentliche Formosebildung stellt einen Spezialfall einer basisch katalysierten Aldolreaktion dar. Durch gleichzeitig auftretende Isomerisierungen und Epimerisierungen wird ein Gemisch gerad- und verzweigtkettiger Monosaccharide der verschiedensten Konfigurationen erhalten.

Geht man bei dieser Aldolreaktion von größeren Bausteinen aus, dann läßt sich die Zahl der möglichen Isomeren einschränken. So wird bei der Umsetzung von D-Glyceraldehyd mit Dihydroxyaceton in 0,01 M Bariumhydroxid-Lösung neben einem verzweigten Zucker eine Mischung von D-Fructose und D-Sorbose erhalten. Die Hydroxygruppen an den neugebildeten Chiralitätszentren (C-3 und C-4 der Ketohexosen) sind in beiden Fällen trans-ständig angeordnet.

Auf die zahlreichen Methoden, die zur Verlängerung oder Verkürzung der C-Kette von Monosacchariden ausgearbeitet wurden, soll hier nicht eingegangen werden, da sie keine allzu große Bedeutung mehr haben.

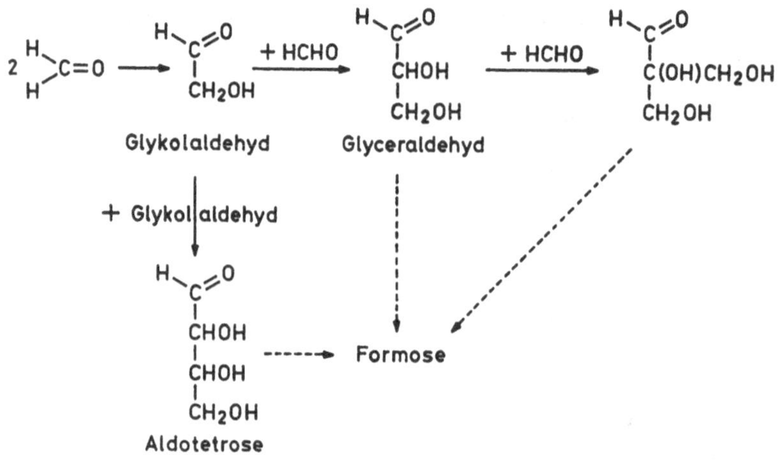

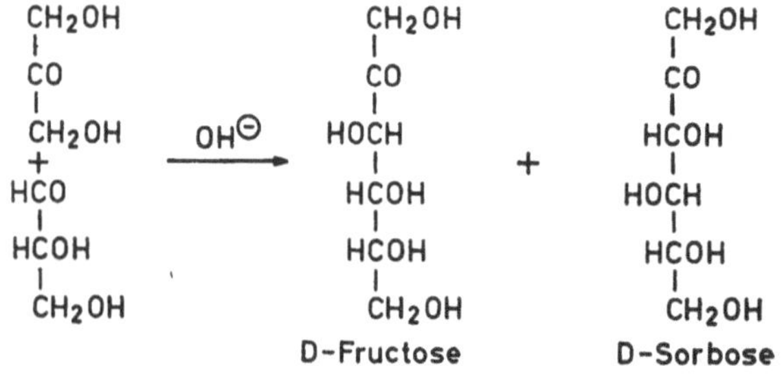

3.2. Oligo- und Polysaccharide

3.2.1. *Bindungstypen*

Oligo- und Polysaccharide sind Holoside. Nach der Anzahl der glykosidisch miteinander verbundenen Monosaccharideinheiten unterscheidet man Oligosaccharide (2 bis ca. 7 Monomere) und Polysaccharide. Im Unterschied zu den hochmolekularen Polysacchariden entsprechen die Oligosaccharide in ihren Eigenschaften noch weitgehend denen der Monosaccharide.

Die Mannigfaltigkeit der Oligo- und vor allem Polysaccharide wird außer durch die verschiedene Struktur der am Aufbau beteiligten Monosaccharide durch die unterschied-

Tabelle 3–8
Wichtigste Bindungstypen von Disacchariden aus zwei Molekülen D-Glucose

Typ	Formel	systematischer Name (Trivialname)
Dicarbonyl-bindung	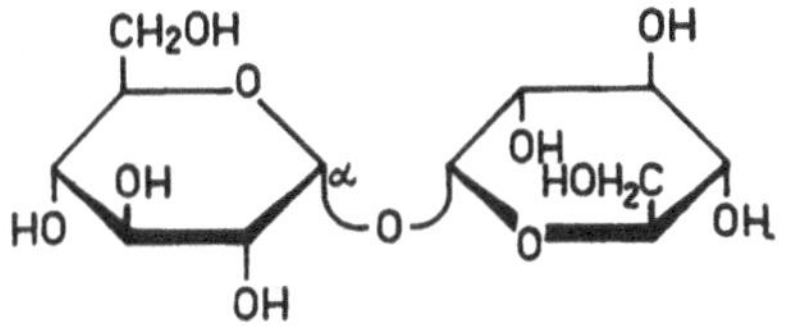	α-D-Glucopyranosyl-α-D-glucopyranosid (Trehalose)
α(1 → 4)	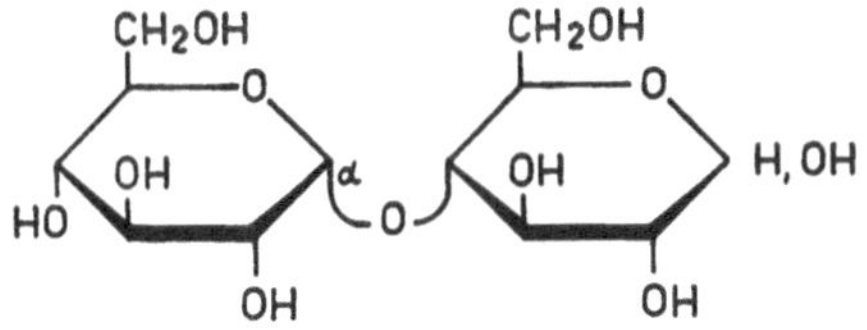	4-(α-D-Glucopyranosyl)-D-glucopyranose (Maltose)
β(1 → 4)	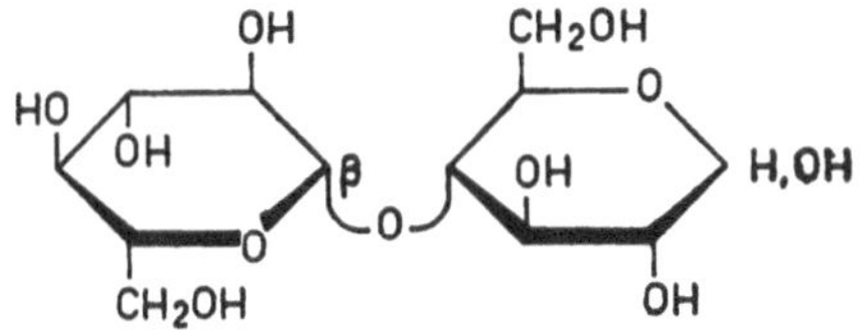	4-(β-D-Glucopyranosyl)-D-glucopyranose (Cellobiose)
α(1 → 6)	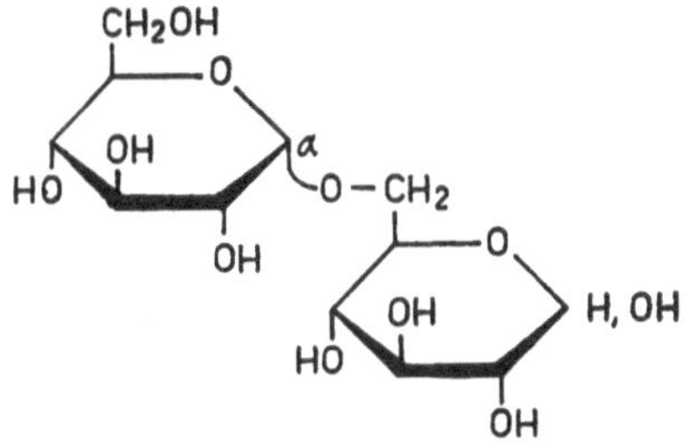	6-(α-D-Glucopyranosyl)-D-glucopyranose (Isomaltose, Brachiose)
β(1 → 6)	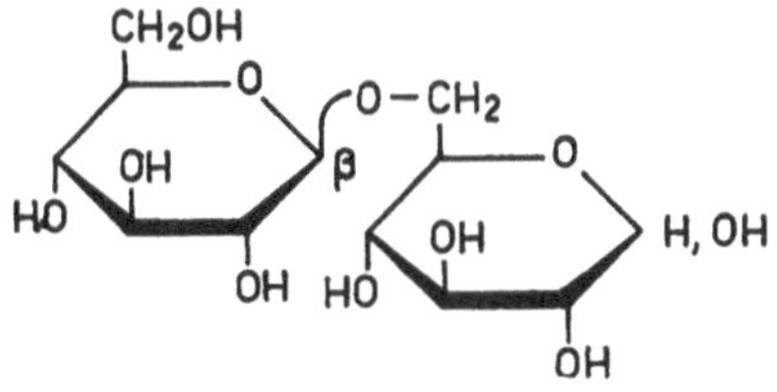	6-(β-D-Glucopyranosyl)-D-glucopyranose (Gentiobiose)

liche Verknüpfung dieser Monomeren hervorgerufen. Diese Verknüpfung kann sich durch die Konfiguration am glykosidischen C-Atom der einen Komponente (α- oder β-Stellung) sowie durch die Stellung der an der Glykosidbildung beteiligten Hydroxygruppe der anderen Komponente (z. B. Hydroxygruppe in Position 2, 3, 4 oder 6). Tab. 3–8 zeigt die wichtigsten Bindungstypen am Beispiel der Disaccharide aus zwei Molekülen Glucose.

Die zur Glykosidbildung führende Kondensationsreaktion kann zwischen zwei glykosidischen Hydroxygruppen (Dicarbonylbindung) oder zwischen einer glykosidischen und einer alkoholischen Hydroxygruppe (Monocarbonylbindung) erfolgen. Der erste Bindungstyp hat nur bei Oligosacchariden Bedeutung. Verbindungen dieses Typs besitzen keine glykosidische Hydroxygruppe mehr und wirken daher auch nicht mehr reduzierend. Außer der in der Tab. 3–8 aufgeführten Trehalose gehört hierher vor allem der Rohrzucker (Saccharose). Da beide glykosidische Hydroxygruppen substituiert sind, endet beim systematischen Namen auch die Bezeichnung mit *-id*. Zur Bezeichnung der durch Monocarbonylbindung entstandenen Oligosaccharide werden die an der glykosidischen Hydroxygruppe substituierten Monosaccharide mit der Endung *-osyl* dem reduzierenden Monosaccharid mit der Endung *-ose* vorangestellt.

Am häufigsten ist an der Glykosidbindung die Hydroxygruppe in 4-Stellung beteiligt. Weniger häufig ist eine (1 → 6)-, (1 → 3)- oder gar (1 → 2)-Verknüpfung. Zu Verzweigungen kommt es, wenn zwei alkoholische Hydroxygruppen glykosidiert sind. Verzweigungen treten bei vielen Polysacchariden auf.

3.2.2. *Methoden der Strukturaufklärung*

Die Aufklärung der Primärstruktur der Polysaccharide und analog auch der Oligosaccharide umfaßt

die Analyse der am Aufbau beteiligten Monosaccharide,
die Ermittlung des Bindungstyps (Konfiguration und Verknüpfungsstelle) sowie
die Analyse der Sequenz der am Aufbau beteiligten Zuckerreste.

Vor allem bei der Strukturaufklärung der komplexen Polysaccharide spielen immunochemische Methoden eine Rolle. Die klassischen Methoden der Strukturaufklärung beruhen auf einer unspezifischen oder meist mehr oder weniger spezifischen Fragmentierung des Polysaccharides. Die Fragmentierung kann chemisch oder enzymatisch und am nativen oder selektiv modifizierten Polysaccharid erfolgen.

3.2.2.1. *Fragmentierung nativer Polysaccharide*

3.2.2.1.1. *Chemische Methoden*

Oligo- und Polysaccharide sind als Glykoside säurekatalysiert hydrolysierbar. Diese Hydrolyse gehört zu den wichtigsten Fragmentierungsmethoden.

Durch alkalische Hydrolyse werden dagegen nur die Glykoside von Phenolen und Enolen gespalten, so daß diese Reaktion für die Strukturaufklärung keine Bedeutung hat. Im Alkalischen werden aber reduzierende Endgruppen verändert und vorhandene Ester gespalten. Bei Uronsäuren und den Glykosiden von Serin und Threonin (S. 205) treten im Alkalischen β-Eliminierungen auf.

Die *säurekatalysierte Hydrolyse* kann mit Mineralsäuren, organischen Säuren oder Ionenaustauschern (Polystyrensulfonsäuren) durchgeführt werden.

Einige Zucker werden allerdings bereits unter Bedingungen, die für eine vollständige Hydrolyse erforderlich sind, zersetzt, so z. B. 3,6-Anhydrozucker oder Sialinsäure. Außerdem ist es möglich, daß säurekatalysiert bereits abgespaltene Monosaccharide wieder zu Disacchariden in anderer Kombination oder Verknüpfung reagieren.

Die durch die Spaltung erhaltenen Mono- und Oligosaccharide müssen dann chromatographisch aufgetrennt und identifiziert werden. Aufgrund der unterschiedlichen Stabilität der glykosidischen Bindung (S. 162) gelingt es in einigen Fällen auch, native Polysaccharide säurekatalysiert selektiv zu spalten und so anhand der auftretenden Fragmente Informationen über die Verknüpfung zu erhalten. Es wurde allerdings festgestellt, daß die bei niedermolekularen Glykosiden erhaltenen Ergebnisse der Stabilitätsuntersuchungen nicht immer auf Polysaccharide übertragen werden können.

(1 → 6)-Bindungen lassen sich säurekatalytisch schwerer als z. B. (1 → 4)-Bindungen lösen. Zu einer bevorzugten Spaltung dieser (1 → 6)-Bindungen kommt es bei der *Acetolyse*. Die Spaltung erfolgt hierbei mit Schwefelsäure in Gegenwart von Essigsäureanhydrid und führt zu acetylierten Oligosacchariden.

Die reduzierenden Endgruppen der Oligo- und Polysaccharide können durch Methanolyse in die Methylglykoside bzw. durch Mercaptolyse in die Thioacetale umgewandelt und so geschützt werden.

Die unter den Bedingungen der säurekatalysierten Hydrolyse instabilen 3,6-Anhydrozucker lassen sich mit Methanol in das Dimethylacetal oder mit Ethanthiol in das Diethylthioacetal überführen. Auf diese Weise konnten die Disaccharidderivate *11* als Spaltprodukte der Agarose isoliert und so der Nachweis für die Anwesenheit der 3,6-Anhydro-L-galaktose geführt werden.

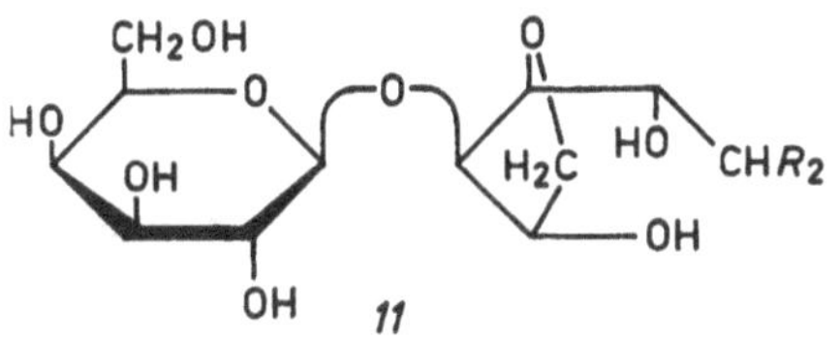

11

R = OCH_3, SC_2H_5

3.2.2.1.2. Enzymatische Methoden

Zur enzymatischen Fragmentierung werden Glykosid-Hydrolasen eingesetzt (Tab. 3–9). Diese Enzyme können spezifisch sein in bezug auf

den Bindungstyp,
den Partner, der an der Bindung mit der glykosidischen Hydroxygruppe und
den Partner, der an der Bindung mit der alkoholischen Hydroxygruppe (z. B. Aglykon) beteiligt ist.

Ähnlich wie bei anderen Enzymen, die an Biopolymeren angreifen, kann zwischen Exo- und Endo-Hydrolasen unterschieden werden, je nachdem, ob der Abbau vom Rand oder von der Mitte des Moleküls erfolgt.

Allgemein sind für die Strukturaufklärung von Polysacchariden Enzyme mit höherer Spezifität besser geeignet als solche mit sehr geringer Spezifität. Zum Beispiel ist nach einer Spaltung mit der β-D-Glucosidase des Emulsins nur sicher, daß β-D-gebundene Monosaccharide sich am nichtreduzierenden Ende befinden. Unklar ist der Bindungstyp [(1 → 2), (1 → 3), (1 → 4) oder (1 → 6)] und die relative Konfiguration des Zuckers (gluco-, galakto- oder xylo-Reihe). Eine zu starke Spezifität, die sich z. B. auf ein bestimmtes Polysaccharid beschränkt, engt allerdings den Einsatz vieler Enzyme außerordentlich ein.

Tabelle 3–9
Oligo- und polysaccharidspaltende Hydrolasen

Enzym	Funktion	Vorkommen
α-Amylase	Endo-Hydrolase, spaltet stärkeähnliche Polysaccharide zu Maltose und D-Glucose	Gerstemalz, Speichel, Pankreas, Mikroorganismen
β-Amylase	Exo-Hydrolase, spaltet vom nichtreduzierenden Ende stärkeähnlicher Polysaccharide Maltose ab	Pflanzen (z. B. Sojabohnen)
Glucoamylase	Exo-Hydrolase, spaltet vom nichtreduzierenden Ende stärkeähnlicher Polysaccharide D-Glucose ab	Mikroorganismen, Leber
Debranching enzymes	spalten α(1 → 6)-Bindungen stärkeähnlicher Polysaccharide	R-Enzym, (Kartoffeln) Pullulanase (Bakt.) Isoamylase (Mikro.) (Glucosid-Transferase) (Säugetiere, Hefe)
α-Glucosidase	spaltet vom nichtreduzierenden Ende von Oligosacchariden α-D-Glucose ab	weit verbreitet, u. a. in Hefe, Darm
Dextranasen	meist Endo-Hydrolasen, spalten Dextrane zu Isomalto- und anderen Oligosacchariden	Mikroorganismen, (Bakterien, Schimmelpilze)
β(1 → 4)-Glucanasen (Cellulase)	viele spalten Cellobiose-Reste vom nicht-reduzierenden Ende	meist von Schimmelpilzen
β(1 → 3)-Glucanasen		Pflanzen und Mikroorganismen
β-D-Glucosidasen	spalten Oligosaccharide relativ unspezifisch	im Emulsin der bitteren Mandeln

3.2.2.2. Fragmentierung selektiv modifizierter Polysaccharide

3.2.2.2.1. Methylierung

Diese sehr wichtige Methode beruht darauf, daß alle freien Hydroxygruppen des Oligo- oder Polysaccharides methyliert werden und anschließend das permethylierte Saccharid säurehydrolytisch gespalten wird. Die entstehenden, partiell methylierten Monosaccharide erlauben Rückschlüsse auf Ringgröße (Furanosid oder Pyranosid) und Verknüpfungstyp. Die Methode geht auf Haworth zurück. Die Permethylierung wird heute meist mit Methyliodid in Gegenwart von Silberoxid durchgeführt. Formelübersicht 3–7 zeigt die bei dem bereits weiter vorn als Beispiel benutzten Glucan anfallenden Methylierungsprodukte. Durch Spaltung mit Methanol und trockenem HCl fallen die Methylglykoside an. Die Trennung und Identifizierung der methylierten Zucker kann durch Flüssigchromatographie oder noch besser durch Gaschromatographie (Methylglykoside) in Verbindung mit der Massenspektrometrie erfolgen.

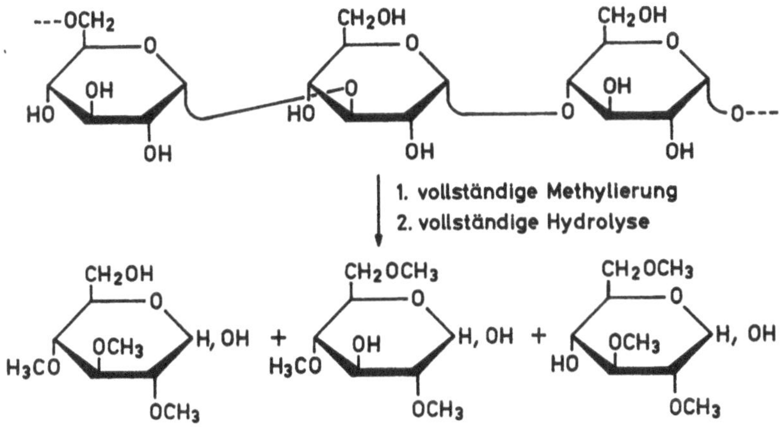

Formelübersicht 3–7
Fragmentierung nach vollständiger Methylierung.

3.2.2.2.2. Periodatoxidation

Eine der aussagekräftigsten Methoden ist die Oxidation vicinaler Hydroxygruppen mit Periodat. Bei der Periodatoxidation werden 1,2-Diole bzw. 1-Amino-2-ole (Aminozucker) zu Dialdehyden oxidiert. Die mittelständige sekundäre Hydroxygruppe von 1,2,3-Triolen wird zu Ameisensäure oxidiert, die titriert werden kann und so bereits Informationen über die Anzahl von Zuckerresten mit 1,2,3-Triol-Gruppierung liefert. Formelübersicht 3–8 zeigt die Reaktionsprodukte eines Glucans mit $\alpha(1 \rightarrow 6)$, $\alpha(1 \rightarrow 3)$- und $\alpha(1 \rightarrow 4)$-Bindungen, wie sie z. B. im Dextran vorliegen.

Die Aldehydgruppen der entstehenden Oxidationsprodukte liegen nicht in freier Form vor. Sie reagieren mit Hydroxygruppen zu Halbacetalen.

Das oxidierte Polysaccharid wird dann nach verschiedenen Methoden fragmentiert und die entstehenden Produkte analysiert. Die Barry-*Spaltung* des periodatoxidierten Polysaccharids erfolgt durch Behandeln mit Phenylhydrazin in verdünnter Essigsäure. Es entstehen aus den oxidierten Monosaccharid-Resten Bis-phenylhydrazone (*12*). Aus den nichtoxidierten Monosacchariden werden Phenylosazone (*13*) gebildet.

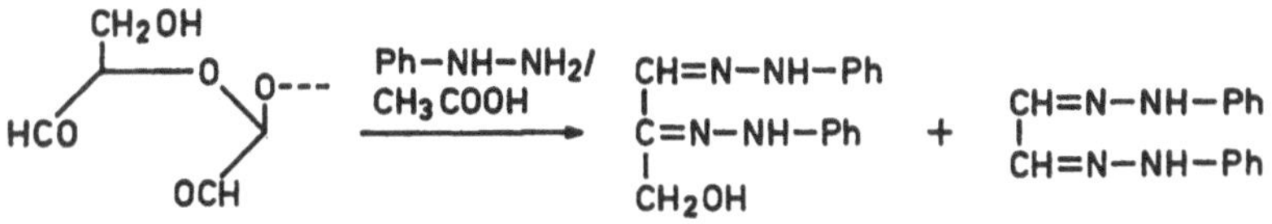

13 *12*

Da die Aldehydgruppen sehr reaktionsfreudig sind, ist es vorteilhaft, vor weiteren Umsetzungen diese Aldehyde zu Alkoholen zu reduzieren. Die entstehenden Polyalkohole (*14*) lassen sich dann leicht säurekatalysiert spalten. Als Spaltprodukte werden neben Glucose Glycerol, Glykolaldehyd und Erythritol erhalten. Eine Modifizierung stellt die Smith-*Spaltung* dar, bei der die Polyalkohole (*14*) partiell hydrolysiert werden (verdünnte Säure bei Raumtemperatur). Es entstehen dabei aus den nichtoxidierten Zuckern Glucoside z. B. des Erythritols (*15*). Anhand dieser Spaltprodukte lassen sich Informationen über die Verknüpfungstypen und nach der Modifizierung von Smith über die Reihenfolge der Monosaccharideinheiten gewinnen.

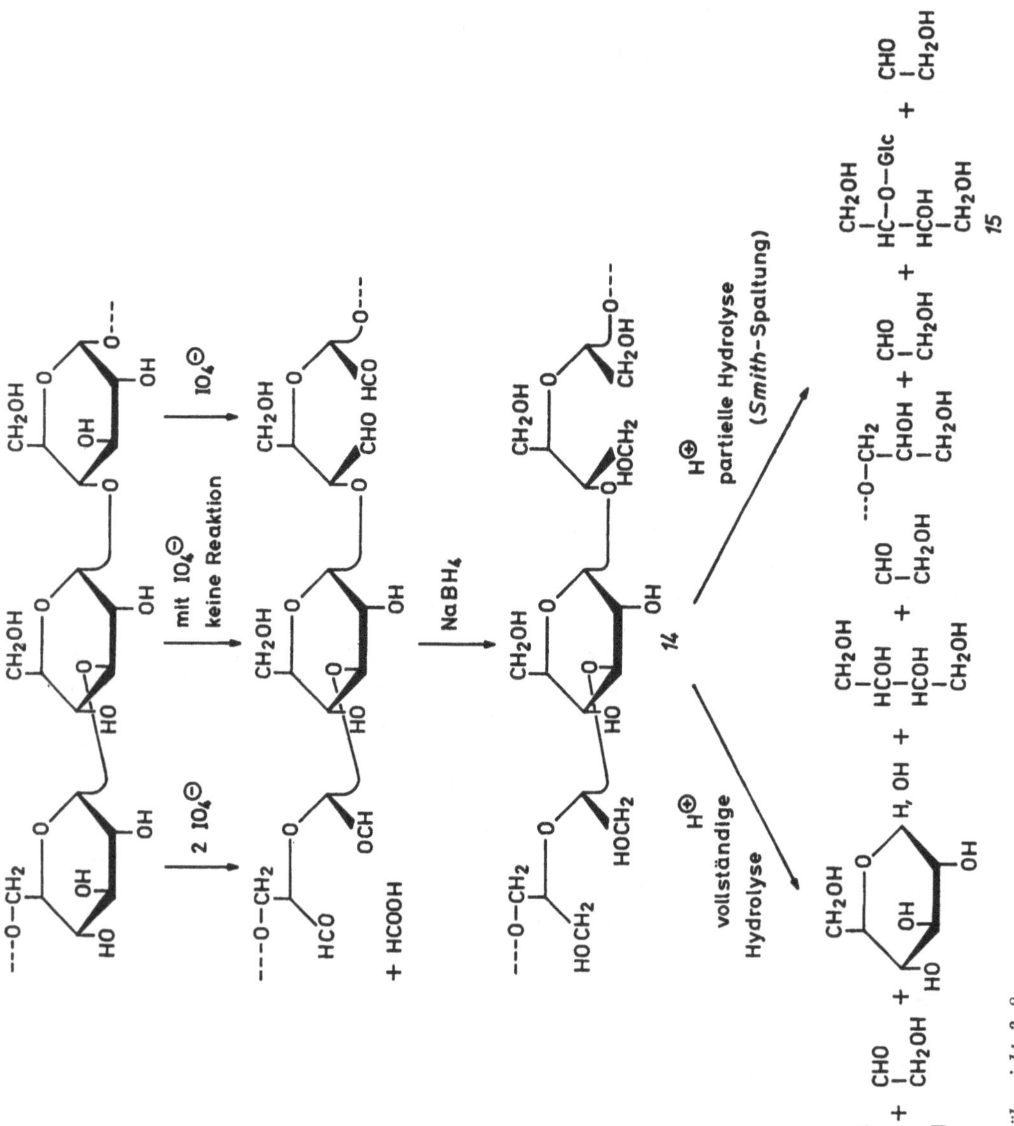

Formelübersicht 3–8
Periodatoxidation von Polysacchariden.

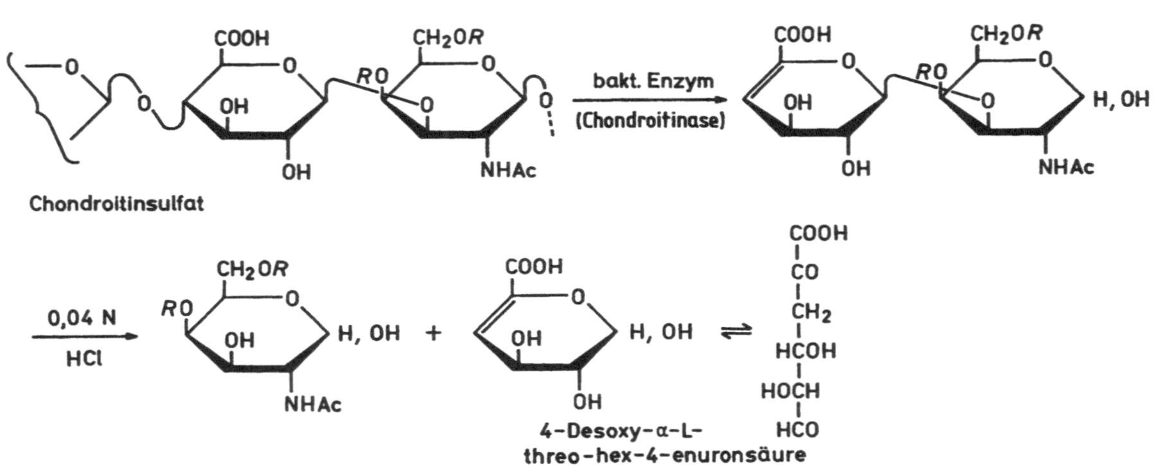

Formelübersicht 3–9

Spaltung saurer Mucopolysaccharide.

(R = H, SO_3H)

3.2.2.2.3. Substitutionen in 2- und 6-Stellung von Glykopyranosiden

Meist genügen die Unterschiede bei der säurekatalysierten Hydrolyse nicht, um anhand der anfallenden Fragmente Aufschlüsse über die Verknüpfung der Monosaccharideinheiten zu erlangen. In vielen Fällen ist es möglich, die Stabilität der glykosidischen Bindung durch selektive Modifizierung bestimmter Monosaccharideinheiten zu beeinflussen.

Die Stabilität der Glykopyranoside gegenüber Säure wird vor allem durch die Substituenten in 2- und 6-Stellung beeinflußt. Sehr resistent gegenüber der säurekatalysierten Hydrolyse sind Bindungen von Uronsäure- und 2-Amino-2-desoxyzucker-Resten. 2-Amino-2-desoxyzucker liegen in den Polysacchariden meist in Form ihrer N-Acetyl-Derivate vor. Diese Acetylgruppen können mit Natrium- oder Bariumhydroxid bzw. Hydrazin entfernt werden.

Uronsäurehaltige Polysaccharide werden durch säurekatalysierte Hydrolyse oft nur bis zu Disacchariden, den Aldobiouronsäuren (S. 163) gespalten. In Gegenwart bestimmter bakterieller Enzyme erfolgt bei Polymeren mit einem Glykosylrest in β-Stellung zur Carboxylgruppe eine β-Eliminierung. Die anfallenden Spaltprodukte zeigen aufgrund der Doppelbindung ein Absorptionsmaximum zwischen 220 und 240 nm. Formelübersicht 3–9 zeigt die durch β-Eliminierung einiger saurer Mucopolysaccharide anfallenden Spaltprodukte.

Durch chemische Veränderung der Carboxylgruppen kann die Stabilität der Glykuronane beeinflußt werden. So konnte der Nachweis von D-Mannuron- und L-Guluronsäure in der Alginsäure (S. 202) durch vollständige Methylierung, Reduktion der Estergruppierungen mit $LiAlH_4$ und nachfolgende Hydrolyse der jetzt leichter spaltbaren glykosidischen Bindung geführt werden (Hirst und Rees).

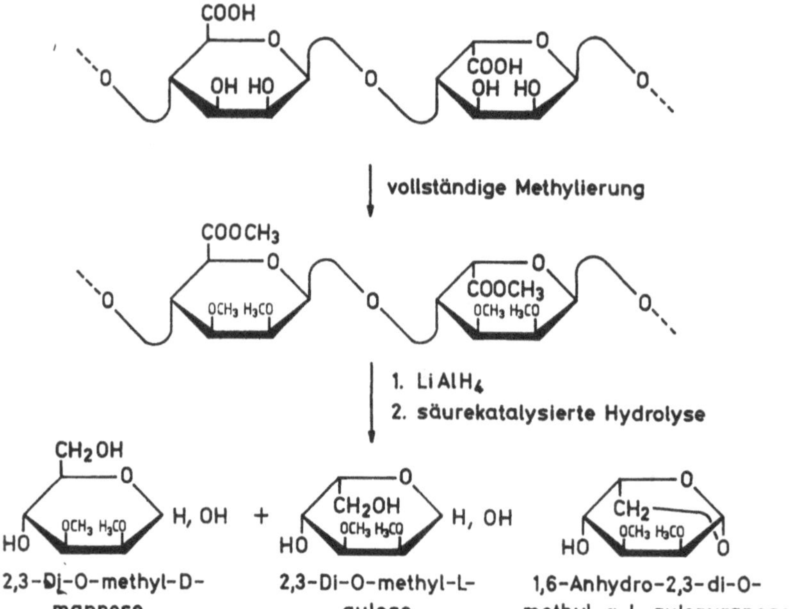

2,3-Di-O-methyl-D-mannose + 2,3-Di-O-methyl-L-gulose; 1,6-Anhydro-2,3-di-O-methyl-α-L-gulopyranose

Eine andere Methode zum Abbau uronsäurehaltiger Polysaccharide beschrieb Kochetkov. Grundlage der selektiven Modifizierung ist die Umwandlung der Carboxylgruppe in eine Säureamidgruppe. Ein HOFMANN-Abbau des Amids führt zu einem sehr instabilen Zwischenprodukt *16*, das sofort gespalten wird.

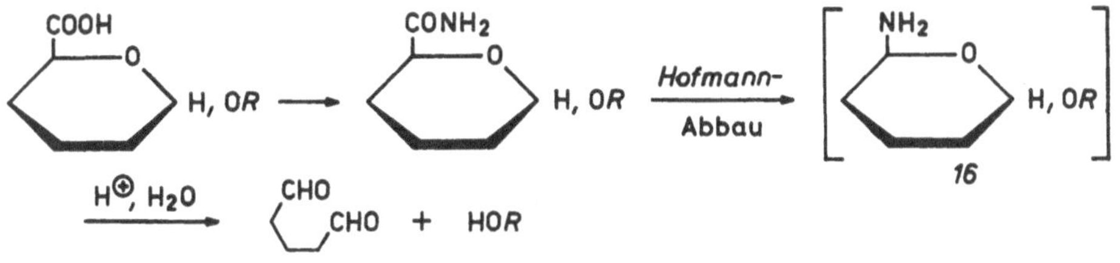

Die Bestimmung von Zahl und Länge der Seitenketten des Dextrans war möglich nach selektiver Modifizierung freier Hydroxygruppen (LINDBERG und LANDSTRÖM). Die Modifizierung erfolgte durch Tosylierung der primären Hydroxygruppe und anschließendem nucleophilen Austausch des Tosylrestes durch Iodid. Durch Umsetzen dieser Iodalkylverbindung mit Natrium-p-toluensulfinat wurde ein Sulfon (*17*) erhalten, dessen glykosidische Bindung sehr leicht unter β-Eliminierung gespalten wird.

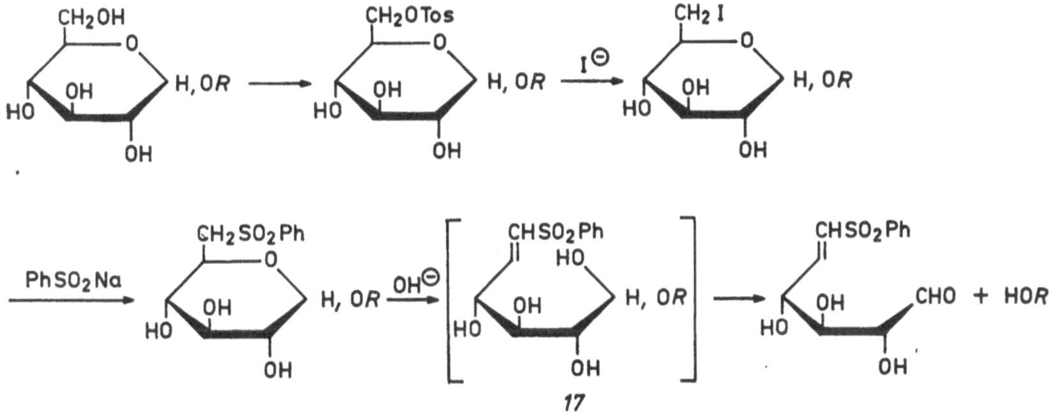

3.2.3. *Oligosaccharide*

Oligosaccharide wurden in freier Form vor allem aus Pflanzen, dagegen kaum aus tierischen Quellen isoliert. Die meisten Oligosaccharide wurden durch partielle Hydrolyse von Polysacchariden erhalten. Die in freier Form natürlich vorkommenden Oligosaccharide enthalten meist Hexosen, seltener Pentosen oder stickstoffhaltige Zucker (wie z. B. in der menschlichen Milch). Die wichtigsten Oligosaccharide sind in der Tab. 3–10 aufgeführt.

Als tierische Quellen kommen vor allem Milch und Honig in Betracht. In der Kuhmilch ist fast ausschließlich Lactose enthalten, aus der menschlichen Milch sind außer Lactose noch allo-Lactose sowie stickstoffhaltige und fucosehaltige Oligosaccharide isoliert worden. Honig kann außer Saccharose und Maltose noch zahlreiche, von der Nahrungsquelle der Bienen abhängige Oligosaccharide enthalten. In zahlreichen Insekten kommt Trehalose vor. Die verbreitetsten nicht-reduzierenden Oligosaccharide sind Saccharose, Trehalose und Raffinose.

Saccharose (Rohrzucker, Sucrose) ist das häufigste Oligosaccharid, das aus sehr vielen Pflanzen, vor allem aus Früchten isoliert wurde. Den höchsten Saccharosegehalt weisen

Tabelle 3–10
Wichtigste Oligosaccharide

Trivialname	chemische Bezeichnung
Saccharose (Rohrzucker, Sucrose)	β-D-Fructofuranosyl-α-D-glucopyranosid
Trehalose	α-D-Glucopyranosyl-α-D-glucopyranosid
Maltose	4-(α-D-Glucopyranosyl)-D-glucopyranose
Isomaltose (Brachiose)	6-(α-D-Glucopyranosyl)-D-glucopyranose
Cellobiose	4-(β-D-Glucopyranosyl)-D-glucopyranose
Gentiobiose	6-(β-G-Glucopyranosyl)-D-glucopyranose
Sophorose	2-(β-D-Glucopyranosyl)-D-glucopyranose
Lactose	4-(β-D-Galaktopyranosyl)-D-glucopyranose
Raffinose	α-D-Galaktopyranosyl-(1 → 6)-α-D-glucopyranosyl-(1 → 2)-β-D-fructofuranosid
allo-Lactose	6-(β-D-Galaktopyranosyl)-D-glucopyranose
Nigerose	3-(α-D-Glucopyranosyl)-D-glucopyranose
Kojobiose	2-(α-D-Glucopyranosyl)-D-glucopyranose
Melibiose	6-(α-D-Galaktopyranosyl)-D-glucopyranose
Gentianose	O-β-D-Fructofuranosyl-(2 → 1)-α-D-glucopyranosyl-(6 → 1)-β-D-glucopyranosid

Zuchtformen des Zuckerrohres (Saccharum officinarum: 14—16%) und der Zuckerrübe (*Beta vulgaris var. altissima*: 16—20%) auf, die deshalb für die Saccharosegewinnung angebaut werden. Die Entdeckung von Saccharose in der Zuckerrübe geht auf MARGGRAF (1747) zurück. Saccharose ist der wichtigste natürliche Süßstoff.

Befriedigende Zusammenhänge zwischen chemischer Struktur und Geschmack konnten noch nicht entdeckt werden. So schmecken neben Saccharose und anderen Zuckern (besonders süß schmeckt z. B. 1′,6,6′-Trichlor-saccharose) auch in ihrer Struktur völlig abweichende Synthetica wie Aspartam (α-L-Aspartyl-L-phenylalanin-methylester), Saccharin, Cyclamat oder Oxathiazindioxide stark süß.

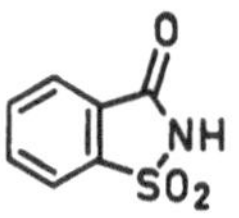

Saccharin

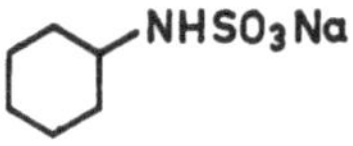

Cyclamat

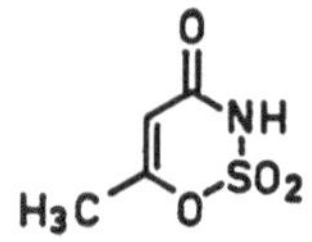

6-Methyl-oxathiazin-4-on-2,2-dioxid

Eine Lösung von Saccharose dreht den polarisierten Lichtstrahl nach rechts ($[\alpha]_D = +66{,}5°$). Durch säurekatalysierte Hydrolyse entsteht daraus eine äquimolare Mischung aus Glucose ($[\alpha]_D = +52{,}7°$) und Fructose ($[\alpha]_D = -92{,}4°$), die den polarisierten Lichtstrahl nach links dreht. Diese Mischung wird daher auch als Invertzucker bezeichnet. Sie ist Bestandteil des Kunsthonigs.

Ein durch Copolymerisation von Saccharose mit Epichlorhydrin erhaltenes hochmolekulares (Molmasse ca. 400000) synthetisches Polymer mit verzweigter Struktur (*Ficoll*®) wird wegen seiner guten Wasserlöslichkeit, des geringen osmotischen Druckes, der hohen Viskosität der Lösung und seiner Unfähigkeit, Membranen zu durchdringen, in der biologischen Forschung eingesetzt. Ficoll wird bei der Isolierung von Zellen eingesetzt oder dient zur Einengung wäßriger Lösungen durch Dialyse.

Trehalose kommt außer in Insekten in jungen Pilzen und anderen niederen Pflanzen vor.

Das verbreitetste Trisaccharid ist die *Raffinose*. Raffinose kommt in zahlreichen höheren Pflanzen vor und kann aus Zuckerrübenmelasse gewonnen werden. Raffinose ergibt bei der säurekatalysierten Hydrolyse je ein Mol D-Glucose, D-Galaktose und D-Fructose, in schwächer saurem Milieu wird D-Fructose und Melibiose erhalten. Emulsin spaltet Raffinose in D-Galaktose und Saccharose.

Gentianose ist aus Gentiana-Arten isoliert worden. Durch säurekatalysierte Hydrolyse werden äquimolare Mengen D-Fructose und Gentiobiose, durch Spaltung mit Emulsin D-Glucose und Saccharose erhalten.

Das Disaccharid Gentiobiose kommt kaum in freier Form vor, ist aber glykosidisch gebunden in Amygdalin und anderen Glykosiden enthalten.

Milchzucker (Lactose) ist in der Kuhmilch zu 4—5%, in der Frauenmilch zu 5,5—7,5% enthalten. Lactose wird aus Molke gewonnen.

3.2.4. Polysaccharide

Polysaccharide sind ubiquitär verbreitete Makromoleküle, die zahlreiche biologische Funktionen zu erfüllen haben. Viele Polysaccharide dienen als Reservestoffe von Tieren (Glykogen), Pflanzen (Stärke, Fructane) und Mikroorganismen.

Durch die Anreicherung von Stärke in Getreidekörnern oder Kartoffeln haben die pflanzlichen Reservepolysaccharide eine grundlegende Bedeutung für die menschliche Ernährung. Polysaccharide dienen ferner als Strukturelemente von Zellen oder Organismen. Sie bilden die Grundmatrix der Zellwände, die die Plasmamembran von Bakterien und Pflanzenzellen umgibt. Tierische Zellen dagegen besitzen keine Zellwände. Der wichtigste Zellwandbestandteil der Pflanze ist die Cellulose, die bei einigen Grünalgen (*Chlorophyta*) wie Valonia-Arten in sehr reiner Form als Cellulose I vorkommt. Neben der Cellulose enthalten die pflanzlichen Zellwände noch andere Polysaccharide wie Pektine und Hemicellulosen. In verschiedenen Algen wurden ferner Mannane sowie ein $\beta(1 \rightarrow 3)$-Xylan als Strukturpolysaccharid aufgefunden. Die Zellwände der Pilze (*Fungi*) sowie das Exogerüst verschiedener niederer Tiere bestehen im wesentlichen aus Chitin.

Die Zellwände der Bakterien werden von komplexen Polysacchariden gebildet.

Bestimmte Polysaccharid-Fragmente spielen eine besondere Rolle als immunologische Determinanten, so die Blutgruppensubstanzen, die Lipopolysaccharide gram-negativer Bakterien oder die Phagenrezeptoren und sind so für interzelluläre Wechselwirkungen von Bedeutung.

Die wichtigsten Bausteine der Polysaccharide sind

die Hexosen D-Glucose, D-Mannose, beide enantiomere Formen der Galaktose sowie D-Fructose,

die Pentosen L-Arabinose und D-Xylose,

die 6-Desoxyzucker L-Fucose und L-Rhamnose,

die Aminozucker D-Glucosamin und D-Galaktosamin und

die Uronsäuren D-Glucuron-, D-Galakturon-, D-Mannuron- und L-Iduronsäure.

Bis auf die Fructose- und Arabinosereste liegen alle Zucker in der Pyranoseform vor.

Bei einigen Polysacchariden können die Hydroxylgruppen verestert oder methyliert sein. Esterartig ist vor allem die Schwefelsäure gebunden.

Polysaccharide mit Aminozuckern kommen meist nur in Tieren vor. Dazu gehört als einziges Homopolysaccharid das Chitin sowie verschiedene Proteoglykane (s. Komplexe Polysaccharide). Die Aminogruppen dieser Polysaccharide sind acetyliert (Chitin) oder auch durch Schwefelsäure blockiert (Heparin).

Zahlreiche native oder chemisch modifizierte Polysaccharide besitzen als Zusätze zu Nahrungsmitteln, Pharmaka oder Kosmetika bzw. in der Textilindustrie industrielle Bedeutung. Sie werden meist aus pflanzlichen Materialien isoliert. Einige Polysaccharide werden auch mikrobiologisch gewonnen. Es handelt sich dabei um Polysaccharide, die von bestimmten Mikroorganismen aus niedermolekularen Substraten (Glucose, Fructose, Saccharose) gebildet und in die Fermentationsbrühe abgegeben werden. Zu diesen extrazellulären Polysacchariden mikrobieller Herkunft gehören u. a. Dextran, Levan, Pullulan oder Xanthan. Auch Alginsäuren, die sonst aus Braunalgen gewonnen werden (S. 202) und eine große kommerzielle Bedeutung besitzen, konnten mit Hilfe der Bakterien Pseudomonas aeruginosa und Azotobacter vinelandii produziert werden.

3.2.4.1. Nomenklatur

Die Polysaccharide können aus nur einem (*Homopolysaccharide*) bzw. aus zwei oder mehr Monosaccharidtypen (*Heteropolysaccharide*) bestehen. Nach der Bezeichnung der Monomeren spricht man von Glucanen, Glucuronanen, Mannanen, Fructanen bzw. Arabinoxylanen, Glucomannanen usw. Zur Bezeichnung der Verknüpfungstypen dient die in Tab. 3–8 angewandte Schreibweise.

In einem Polysaccharid können ein oder mehrere Bindungstypen vertreten sein. Bei Polysacchariden mit mehreren Bindungstypen können ausgehend von einer Hauptkette mit reduzierendem Terminus kammartige oder baumartige Verzweigungen auftreten (Abb. 3–5). Verzweigte Glykane werden auch als Isoglykane bezeichnet.

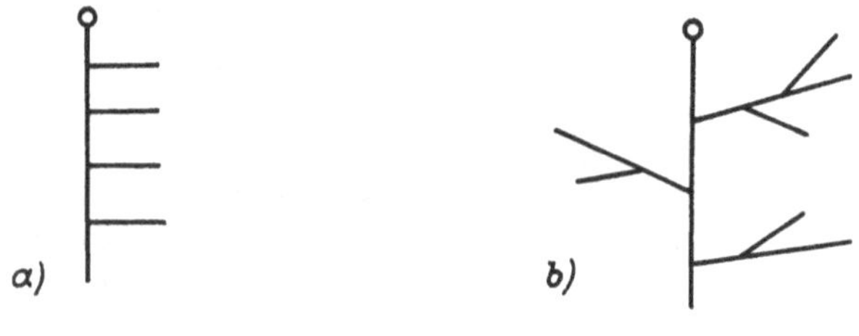

Abb. 3–5
Verzweigungstypen von Polysacchariden.
a: kammartig; *b*: baumartig; o: reduzierende Endgruppe.

Bei Heteropolysacchariden, an deren Bildung nur zwei Monosaccharidtypen beteiligt sind, kann ein Typ die Hauptkette und der andere die Seitenketten bilden.

Komplexe Polysaccharide enthalten noch Proteine (vgl. Kohlenhydrat-Protein-Verbindungen, S. 203) oder Lipide (vgl. Lipopolysaccharide, S. 211) kovalent gebunden.

3.2.4.2. Eigenschaften

3.2.4.2.1. Chemische Eigenschaften

Chemische Modifizierung

Chemisch modifizierte Polysaccharide haben schon längere Zeit als Ausgangsstoffe für synthetische Fasern, Sprengstoffe, bei der Textilfärbung oder in der Lebensmittelindustrie eine große praktische Bedeutung erlangt. In letzter Zeit haben wasserunlösliche Polysaccharidderivate neue Anwendungsgebiete in der biologischen Forschung erschlossen, so bei der Gelchromatographie, der Affinitätschromatographie, der Immunoadsorption oder zur Herstellung unlöslicher Enzyme.

In Abhängigkeit von den eingeführten Substituenten verändern sich die Eigenschaften der Polysaccharide: kleinere Substituenten erhöhen die Viskosität und Stabilität wäßriger Lösungen (Methyl-, Carboxymethylether), längere Substituenten (Stearoyl-, Palmitoylester) führen zu wasserunlöslichen, aber in organischen Lösungsmitteln löslichen Polymeren. Bei den meisten Polysaccharidderivaten handelt es sich um Ether oder Ester organischer oder anorganischer Säuren.

Die Umwandlung der Polysaccharide in die Methylether und deren anschließende hydrolytische Spaltung dient zur Strukturaufklärung der Polysaccharide (Kap. 3.2.2., dort auch weitere Beispiele für chemische Modifizierungen).

Alkylether der Cellulose dienen als Verdickungsmittel oder Bindemittel für Klebstoffe. Sie werden durch Umsetzen der Alkalicellulose mit den entsprechenden Alkylhalogeniden dargestellt. Besondere Bedeutung haben Methyl- und Ethyl-Cellulose.

Hydroxyalkylether lassen sich durch Umsetzen von Polysacchariden mit Oxiranen darstellen. Die Oxirane reagieren allerdings nicht nur mit Hydroxygruppen der Monosaccharidderivate, sondern auch mit denen der gebildeten Hydroxyalkylreste, so daß Polyoxyalkyl-Seitenketten, $-O{\left[CH_2-\underset{\underset{R}{|}}{CH}-O\right]}_n-H$ entstehen.

$$\text{Polysaccharid}-OH + \underset{\diagdown O \diagup}{CH_2-CH}-R \rightarrow \text{Polysaccharid}-O-CH_2-\underset{\underset{OH}{|}}{CH}-R$$

R = H, Alkyl

Bedeutung als Verdickungsmittel besitzen die O-(2-Hydroxyethyl)- und die lipophilere O-(2-Hydroxypropyl)-Cellulose. Durch Einführen saurer oder basischer Gruppen lassen sich Polysaccharide mit Ionenaustauscher-Eigenschaften herstellen. So wird O-Carboxymethyl-Cellulose durch Umsetzen von Alkalicellulose mit Chloressigsäure hergestellt.

$$\text{Cellulose}-ONa + Cl-CH_2-COOH \rightarrow \text{Cellulose}-O-CH_2-COOH$$

Sie wird vor allem als Verdickungsmittel, Tapetenleim sowie in der Papier- und Textilindustrie eingesetzt.

Als basische Gruppen dienen *Aminoalkyl-* und *Alkylaminoalkylether* (z. B. *18*), die für die Trennung und Reinigung von Nucleinsäuren und Proteinen eingesetzt werden können.

$$\text{Polysaccharid}-O-CH_2-CH_2-N(R)_2 \qquad (R = \text{H, Alkyl})\ \textit{18}$$

Der Diethylaminoethylrest läßt sich durch Umsetzen der Alkalicellulose mit Diethylaminoethylchlorid einführen. Als Ionenaustauscher dienen die O-(2-Diethylaminoethyl)-Cellulose (DEAE-Cellulose), die ECTEOLA-Cellulose (Epichlorhydrin-Triethanolamin-Cellulose) sowie O-(2-Diethylaminoether)-Derivate quervernetzter Dextrane (DEAE Sephadex). Letztere lassen sich durch zusätzliches Einführen von Hydroxypropylresten auch für den lipophilen Ionenaustausch einsetzen.

Von den *Estern* dient der Salpetersäureester der Cellulose schon seit sehr langer Zeit als Explosivstoff (Nitro-Cellulose). Nitro-Cellulose wird ferner zur Herstellung von Nitrolacken eingesetzt.

Polysaccharide lassen sich relativ leicht acetylieren. Durch Überführung in die Acetate gelingt z. B. die Abtrennung der Agarose aus dem Agar (S. 199). Celluloseacetat dient als Ausgangsprodukt für die Herstellung von Chemiefasern, Folien, Filmen und Lacken. Amyloseacetat bildet helikale Strukturen an Wasser/Luft-Schichten.

Neben Agarose dienen für die Gelchromatographie (S. 28) vor allem *quervernetzte Dextrane*. Dazu werden partiell hydrolysierte Dextrane mit Epichlorhydrin umgesetzt. Ein Handelspräparat ist das *Sephadex®*, das mit verschiedenem Vernetzungsgrad geliefert wird. Das Gel kommt durch die Ausbildung eines dreidimensionalen Netzwerkes der durch Glyceroletherbrücken kovalent verknüpften Dextranketten zustande.

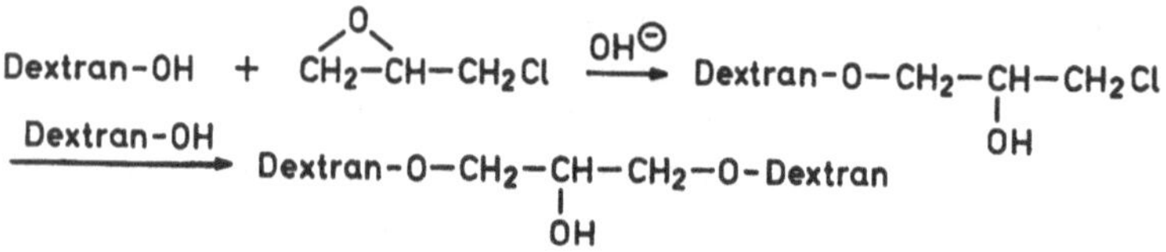

Ein für die Gelfiltration in organischen Lösungsmitteln geeignetes Gel stellt der Hydroxypropylether dieses quervernetzten Dextrans dar (Sephadex LH-20[R]).

Eine große Bedeutung bei der Isolierung biologisch aktiver Moleküle hat die Affinitätschromatographie (S. 26) erlangt. Zur kovalenten Bindung der Liganden muß der Polysaccharidträger in ein reaktionsfähiges Derivat überführt werden. Diese Aktivierung kann durch Behandeln mit Bromcyan erfolgen. Dabei werden reaktionsfähige *Iminokohlensäurediester* (*19*) gebildet, die dann mit Aminen reagieren können.

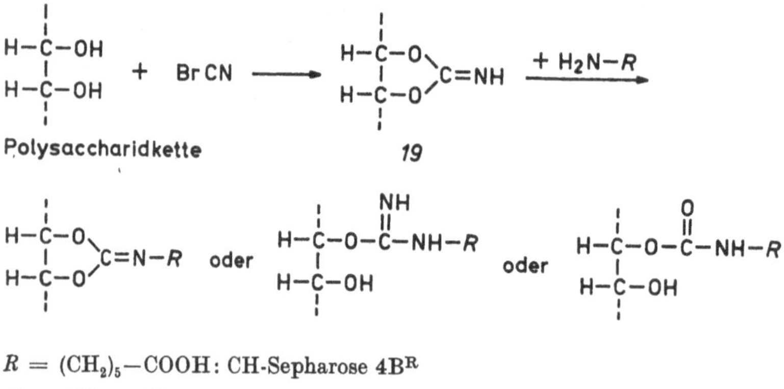

$R = (CH_2)_5{-}COOH$: CH-Sepharose 4B[R]

$R = (CH_2)_5{-}NH_2$: AH-Sepharose 4B[R]

Auf diese Weise erhält man durch Umsetzen mit 6-Aminohexansäure oder 1,6-Diaminohexan Sepharose-Derivate, die für die Durchführung der Affinitätschromatographie mit einem Liganden mit Amino- bzw. Carboxylgruppe in Gegenwart eines Carbodiimids umgesetzt werden können (Formelübersicht 3–10). Die bromcyanaktivierte Sepharose kann auch durch direkte Umsetzung mit einem Protein (ε-Aminogruppen von Lysinresten) zur Darstellung unlöslicher Enzyme eingesetzt werden.

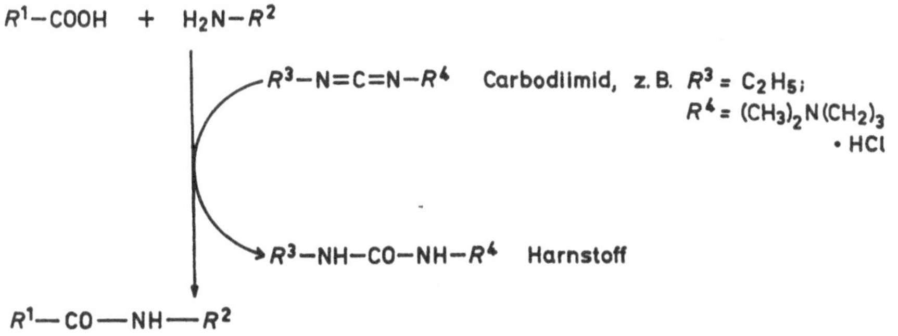

Formelübersicht 3–10

Bindung von Liganden an CH-Sepharose $4B^R$ (R^1 = Sepharose-Derivat) oder AH-Sepharose $4B^R$ (R^2 = Sepharose-Derivat)

Polysaccharide sind wegen ihrer hydrophilen Eigenschaften recht gut geeignet für die Herstellung trägergebundener Enzyme (S. 103). Auch hier müssen erst wieder reaktive Reste an das Polysaccharid gebunden werden. Zur kovalenten Bindung der Enzyme wird u. a. von den Iminokohlensäureestern sowie von Säureaziden, diazotierbaren Derivaten oder Triazinderivaten ausgegangen.

Die reaktiven Azide werden ausgehend von den Estern der Carboxylderivate der Polysaccharide über die Hydrazide dargestellt.

$$\text{Cellulose}-O-CH_2-COOCH_3 \xrightarrow{+\,H_2NNH_2} \text{Cellulose}-O-CH_2-CONHNH_2$$

$$\xrightarrow{+\,HNO_2} \text{Cellulose}-O-CH_2-CON_3 \xrightarrow{+\,H_2N\text{-Enzym}} \text{Cellulose}-O-CH_2-CONH\text{-Enzym}$$

Als diazotierbare Reste dienen z. B. 4-Aminobenzyl- oder -benzoyl-Reste, deren Diazoniumsalze mit dem Enzym reagieren können.

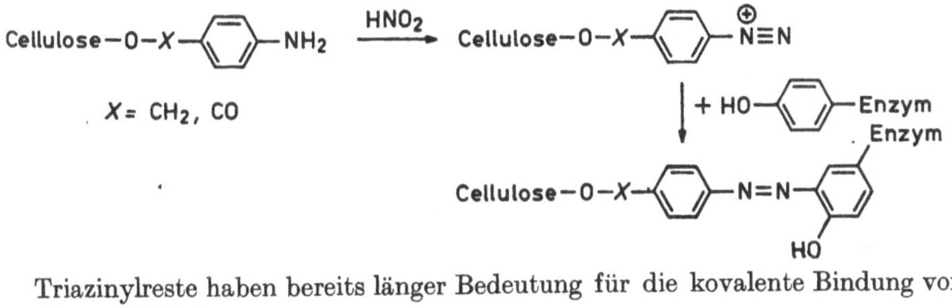

Triazinylreste haben bereits länger Bedeutung für die kovalente Bindung von Farbstoffen an Cellulose.

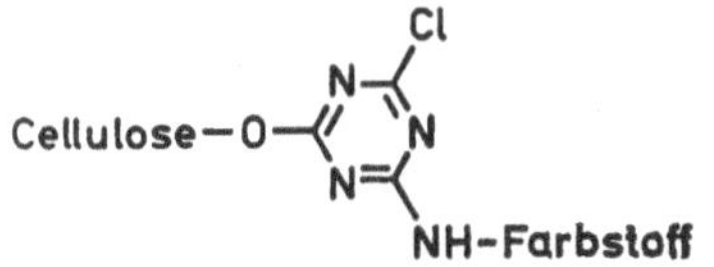

Zur Bindung von Proteinen wird das Polysaccharid zunächst mit Trichlor-s-triazin umgesetzt, dessen drei Chloratome sich in ihrer Reaktivität stark unterscheiden. Die kovalente Bindung des Proteins erfolgt dann durch nucleophilen Austausch des zweiten Chloratoms.

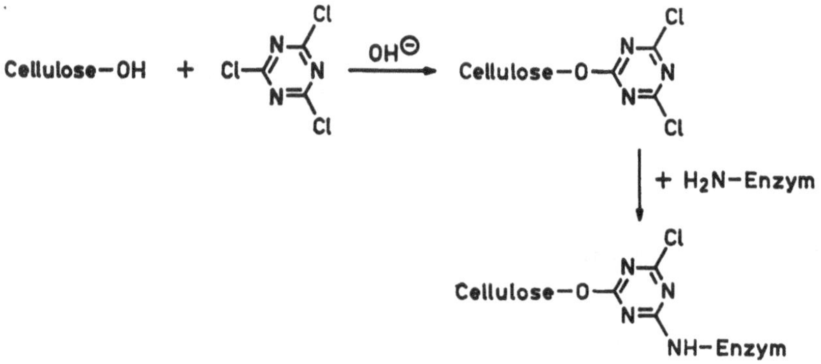

3.2.4.2.2. Physikalisch-chemische Eigenschaften

Sekundär- und Tertiärstruktur von Polysacchariden

Bei den Polysacchariden werden die gleichen Organisationsstufen unterschieden wie bei anderen Biopolymeren (Proteine, Nucleinsäuren). Die entscheidenden Kräfte für die Bildung geordneter Strukturen sind bei den Polysacchariden Wasserstoffbrücken sowie Dipolkräfte und Ionenbeziehungen, die von geladenen Gruppen der Polysaccharide ausgehen. Die Überstrukturen werden bei den Polysacchariden im allgemeinen durch intermolekulare Wechselwirkungen hervorgerufen. Voraussetzung für die Ausbildung übergeordneter Strukturen ist, daß in der Polysaccharidkette Abschnitte mit sich regelmäßig wiederholenden Sequenzen vorliegen. Eine Unterbrechung dieser regelmäßig gebauten Bereiche durch eine Verzweigung oder den Einbau eines anderen Zuckers führt zu einem Abbruch der geordneten Assoziation. Der Ordnungsgrad hängt weitgehend von der Anzahl und Stärke der Wasserstoffbrücken ab und damit von der Primärstruktur des Polysaccharides.

Der höchste Ordnungsgrad wird bei einer maximalen Ausbildung von Wasserstoffbrücken zwischen ideal gestreckten Polysaccharidketten erreicht. Solche Ketten liegen bei Polysacchariden mit β-D-gluco-Struktur vor (Cellulose, Chitin). Diese Polysaccharide bilden im festen Aggregatzustand Fasern (Bänder). Die Zuckerreste liegen bei diesen fibrillären Polysacchariden in der C1-Konformation vor (HERMANS- oder bent chain-Konformation), bei der die Substituenten äquatorial angeordnet sind.

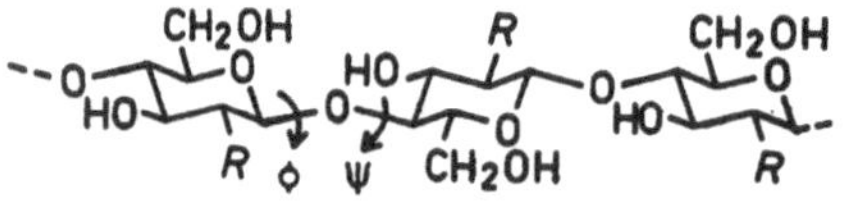

Cellulose: R = OH

Chitin: R = NHAc

Im festen Aggregatzustand werden solche hochgeordneten Strukturen („Kristalle") nur von linearen Homo- und sequentiellen Heteropolysacchariden sowie regelmäßig verzweigten Homopolysacchariden gebildet. Können sich durch den Bindungstyp (z. B. α-D-gluco-Konfiguration, Verzweigungen) oder die relative Konfiguration der Zuckerreste nur wenig zwischenmolekulare Bindungen ausbilden, dann entstehen Strukturen mit wesentlich geringerer Ordnung und kautschukähnlichen Eigenschaften. Hochverzweigte Polysaccharide „kristallisieren" nicht.

Neben den bandartigen Strukturen von Cellulose, Chitin oder auch Mannanen wurden bei Polysacchariden im festen Zustand Helixstrukturen gefunden (s. Amylose).

Zahlreiche Polysaccharide liegen im festen Aggregatzustand in mehreren Modifikationen vor (vgl. Cellulose, Amylose).

In Lösung liegen die meisten Polysaccharide wahrscheinlich ungeordnet als statistische Knäuel (*random coil*) vor. Für einige Polysaccharide wurden jedoch auch helikale bzw. bandartige Sekundärstrukturen wahrscheinlich gemacht. Meistens kommt es bei diesen Polysacchariden gleichzeitig zu starken intermolekularen Wechselwirkungen, also zur Ausbildung höherer Ordnungszustände. So wurden zwei- oder mehrsträngige Assoziationen von Helices oder Bändern oder von Helices mit Bändern beschrieben (Rees).

Für Carragenane und Agarose werden in Lösungen und Gelen Doppelhelices angenommen. Polysaccharide mit 3,6-Anhydro-D-galaktose sollen dreizählige rechtsgängige, solche mit 3,6-Anhydro-L-galaktose dreizählige linksgängige Helices ausbilden. Im Bereich dieser Helices wird die Beweglichkeit der Monosacharidreste stark eingeschränkt, was u. a. durch die Abnahme der Spin-Spin-Relaxationszeit bei ^{13}C-NMR-Experimenten und die damit verbundene starke Verbreiterung der Signale nachweisbar ist. Verschiedene Einzelhelixkonformationen wurden in sauren Mucopolysacchariden nachgewiesen.

Bei Alginaten und Pektinen lagern sich in Lösung oder Gelen längere Kettensegmente unter Bildung gestreckter Bänder zusammen. Eine charakteristische Assoziationsform der in den Alginsäuren vorliegenden Polyguluronsäuresequenzen ist das sog. Eierkarton-Modell (Rees, vgl. Abb. 3–12, S. 202). Ähnlich scheint auch die Gelbildung von Pektinen mit niedrigem Methylestergehalt in Gegenwart von Kationen zu erfolgen.

Löslichkeit

Ein Polysaccharid ist dann in Wasser löslich, wenn bestehende starke zwischenmolekulare Wechselwirkungen des Polysaccharides durch die Hydratation der Hydroxygruppen der Zuckerreste weitgehend unwirksam werden. Bei hochgeordneten Strukturen wie dem β-D-Glucan Cellulose ist das nicht der Fall. Cellulose ist in Wasser praktisch unlöslich und quillt nur unerheblich. Der Zusammenhalt zwischen den Polysaccharidketten kann aber durch Substitutionen an den Hydroxygruppen verringert werden. Die Löslichkeit der Cellulose läßt sich durch den Substitutionsgrad beeinflussen. So werden methylierte Cellulosen mit einem Substitutionsgrad von 1—2 in Wasser löslich, da sich die Anzahl der intermolekularen Wasserstoffbrücken verringert.

Bei einem höheren Substitutionsgrad steigt die Löslichkeit in organischen Lösungsmitteln durch die Anwesenheit der hydrophoben Etherreste. Auch Salze können Wasserstoffbrücken zerstören und damit die Löslichkeit von Polysacchariden verbessern. In vielen Fällen kommt es bei Polysacchariden nur zu einer Hydratation in Bereichen mit schwächeren zwischenmolekularen Wechselwirkungen (Quellung).

In relativ konzentrierten Lösungen können vor allem bei linearen oder geringer verzweigten Polysacchariden dynamische Wechselbeziehungen zwischen den Ketten eintreten. Es entstehen stark viskose Lösungen. Die Viskosität steigt mit Vergrößerung der Molmasse, wie sich z. B. an Dextranen unterschiedlicher Molmasse nachweisen läßt.

Gelbildung

Charakteristisch für viele Polysaccharide ist, daß sie in Gegenwart von Wasser Gele bilden. Das in Lösung vorliegende Polysaccharid (Sol) geht dabei von einem random coil in eine netzwerkähnliche Struktur (Gel) über. Dieses Netzwerk wird durch permanente Wechselbeziehungen zwischen den Polysaccharidmolekülen gebildet. Das Gel besteht also aus amorphen Regionen mit Kettensegmenten in der random-coil-Konformation und Regionen, in denen Kettensegmente hochgeordnete Strukturen aufweisen (Abb. 3–6).

Solche hochgeordneten Strukturen lassen sich z. B. durch Röntgendiffraktionsmessungen nachweisen.

Der Übergang Sol ⇌ Gel mit der Bildung bzw. Zerstörung der bindenden Bereiche erfolgt bei einer bestimmten Temperatur und ist vergleichbar mit den Phasenumwandlungen in den Lipidschichten oder bei der Denaturierung der Proteine. Besonders ausgeprägt ist bei den Sol-Gel-Übergängen eine ***Hysterese.***

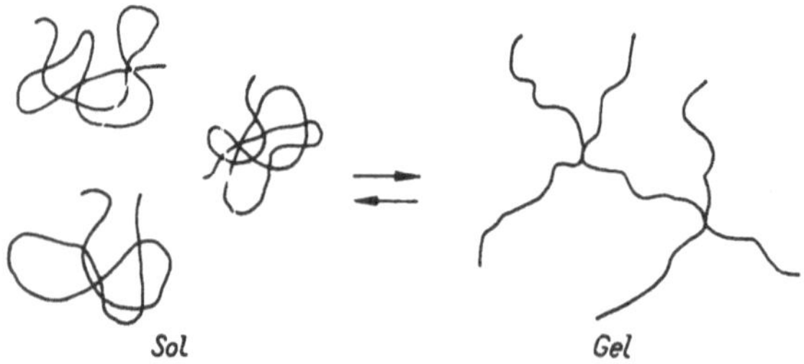

Abb. 3–6
Schematische Darstellung der Gelierung von Polysacchariden (nach REES).

Darunter versteht man, daß Hin- und Rückreaktion reproduzierbar bei einer unterschiedlichen Temperatur stattfinden. So „schmilzt" ein Agargel beim Erwärmen auf ca. 90 °C, bildet sich aber beim Abkühlen erst wieder bei ca. 40 °C.

Für die Struktur der bindenden Bereiche (*junction zones*) werden verschiedene Möglichkeiten diskutiert (REES).

Bei den Carrageenanen (Galaktan-Schwefelsäureestern) ist die Bildung von Doppelhelices in diesen Bereichen wahrscheinlich gemacht worden. Die Gelbildung dieser Polysaccharide erfordert die Anwesenheit von 3,6-Anhydrogalaktose-Resten. Wahrscheinlich spielt die Ausbildung von Helixstrukturen auch bei der Gelierung von Agar eine Rolle. In Gegenwart von $Ca^{2\oplus}$ bilden Algin- und Pektinsäuren (Glykuronane) Gele, deren bindende Zonen Mischkristalle (sog. Eierkarton-Modell, Abb. 3—12) sein sollen. Mikrokristallite werden auch bei Pektin-Saccharose-Gelen diskutiert.

Die gelbildenden Polysaccharide kommen vor allem in der Wand junger Pflanzenzellen, in tierischen Flüssigkeiten und Bindegeweben sowie in der Bakterienkapsel vor. Alginsäuren, Pektine und Agar werden in der Lebensmittelindustrie eingesetzt. Im Laboratorium haben die Gelbildner Bedeutung für die Kultur von Mikroorganismen (Agargel), als Träger für die Elektrophorese sowie bei der Gelfiltration. Für die Gelfiltration werden insbesondere synthetische Gele eingesetzt wie die quervernetzten Dextrane (S. 188). Die bindenden Zonen kommen hier durch kovalente Bindungen zustande.

Molmassenbestimmung

Die Polysaccharide sind meist Gemische von Molekülen, deren Molmassen sich über einen relativ großen Bereich erstrecken. Aus diesem Grunde werden meist Durchschnittspolymerisationsgrade (*DP*) angegeben. Als Polymerisationsgrad wird der Quotient Molmasse des Polymers/Molmasse des monomeren Bausteins bezeichnet.

Die Molmassenbestimmung kann physikalisch (z. B. durch Viskositätsbestimmung, Messung des osmotischen Druckes, der Lichtstreuung oder des Sedimentationsverhaltens oder chemisch (durch Endgruppenbestimmung) erfolgen. Die Endgruppenbestimmung beruht auf einer quantitativen Erfassung der reduzierenden terminalen Zucker. Diese Bestimmung kann durch Methylierungsanalyse oder Periodatoxidation erfolgen.

3.2.4.3. *Homopolysaccharide*

Die wichtigsten Homopolysaccharide sind in der Tab. 3–11 zusammengefaßt.

Tabelle 3–11
Wichtigste Homopolysaccharide

Typ	Polysaccharid	Bindung	Vorkommen
β-D-Glucan	Cellulose	1 → 4	ubiquitär in Pflanzen
	Laminaran	1 → 3, 1 → 6	Phaeophyta, insb. Laminaria-Arten
	Lichenan	1 → 3, 1 → 4	Cetraria islandica
	Pustulan	1 → 6	Flechte Umbilicaria pustulata
α-D-Glucan	Amylose	1 → 4	ubiquitär in Pflanzen
	Amylopektin	1 → 4, 1 → 6	ubiquitär in Pflanzen
	Glykogen	1 → 4, 1 → 6	ubiquitär in Tieren
	Dextran	1 → 6, 1 → 3 1 → 4, 1 → 2	Leuconostoc-Arten
	Pullulan	1 → 4, 1 → 6	Pullularia pullulans
	Nigeran	1 → 3, 1 → 4	Aspergillus niger
	Isolichenan	1 → 3, 1 → 4	Cetraria islandica
β-D-Aminoglucan	Chitin	1 → 4	Insekten, Krebse, niedere Pflanzen (Pilze, Grünalgen)
β-D-Fructane*)	Inulin	2 → 1	Asteraceae
	Levan	2 → 6	Bakterien, Poaceae
β-D-Mannane		1 → 4	Landpflanzen
Galaktane	Agarose	α-L (1 → 3) β-D (1 → 4)	Rhodophyta (Gracilaria, Gelidium)
	Carrageenane	α-D (1 → 3), β-D (1 → 4)	Rhodophyta (Chondrus crispus, Gigartina stellata)
α-L-Arabinane*)		1 → 5, 1 → 3	in zahlreichen Pflanzen
β-D-Xylane		1 → 4	in Hemicellulosefraktion von Landpflanzen, Zellwandbestandteil von Rhodophyta

*) als Furanoside

3.2.4.3.1. *Glucane*

Die verbreitetsten Polysaccharide sind die Glucane. Zu den *β-D-Glucanen* gehört vor allem die Cellulose (S. 194).

β-D(1 → 3)-Glucane kommen in Pilzen, Algen und höheren Pflanzen vor. Am besten untersucht ist das Laminaran der Braunalge *Laminaria*, das noch durch β(1 → 6)-Bindungen verzweigt ist. (1 → 3)- und (1 → 4)-Bindungen enthält das Lichenan der Flechte *Cetraria islandica* (Isländisch

Moos). Die getrockneten Thalli (*Lichen islandicus*) dieser Pflanze werden als Schleimdroge pharmazeutisch verwendet.

Ein $\beta(1 \rightarrow 2)$-Glucan wird als extrazelluläres Polysaccharid von dem pflanzenpathogenen Mikroorganismus *Agrobacteria* produziert. Das $\beta(1 \rightarrow 6)$-Glucan Pustulan wird von der Flechte *Umbilicaria pustulata* gebildet.

Die wichtigste Gruppe der *α-D-Glucane* sind die stärkeähnlichen Polysaccharide (Amylose, Amylopektin, Glykogen) (S. 197).

Zu den α-D-Glucanen gehören ferner verschiedene extrazelluläre Polysaccharide von Mikroorganismen wie die Dextrane (S. 198) und das Pullulan. Pullulan wird von Kulturen von *Pullularia pullulans* produziert, hefeähnlichen Pilzen, die mit Saccharose als C-Quelle wachsen. Es enthält regulär verteilte $(1 \rightarrow 4)$- und $(1 \rightarrow 6)$-Bindungen.

····Glc-α$(1 \rightarrow 6)$-Glc-α$(1 \rightarrow 4)$-Glc-α$(1 \rightarrow 4)$-Glc-α$(1 \rightarrow 6)$ -Glc-α$(1 \rightarrow 4)$-····

Teilsequenz des Pullulan

Weitere α-D-Glucane sind das Nigeran sowie das neben dem Lichenan in *Cetraria islandica* vorkommende Isolichenan.

Cellulose

Als wichtigstes Gerüstpolysaccharid der höheren Pflanzen ist die Cellulose die verbreitetste organische Substanz. Jährlich werden von den Pflanzen etwa 10 Billionen t Kohlenstoff als Cellulose gebunden.

Eine nahezu reine Cellulose ist in verschiedenen Textilrohstoffen enthalten. Baumwolle besteht zu ca. 98% des Trockengewichtes aus Cellulose. Einen hohen Prozentsatz an Cellulose enthalten auch Flachs, Hanf, Ramie und Jute. Die bedeutendste Cellulosequelle aber ist das Holz. Die verholzte Zellwand der höheren Pflanze enthält etwa 40 bis 50% Cellulose. Der Rest besteht zu etwa 1/3 aus Hemicellulosen und 2/3 aus Lignin.

Zur Entfernung der Nichtcellulose-Bestandteile des Holzes sind verschiedene Verfahren ausgearbeitet worden. Die nach industriellem Holzaufschluß (Sulfit-Verfahren, alkalischer Aufschluß, vgl. S. 506) erhaltene Cellulose wird als α-Cellulose bezeichnet. Sie enthält meist noch Hemicellulosen. Methylierte Cellulose ergibt als Spaltprodukt zu über 90% 2,3,6-Tri-O-methyl-D-glucose. Säurekatalytisch läßt sich die Cellulose partiell zu Cellobiose und anderen Oligosacchariden hydrolysieren. Aus diesen und anderen Untersuchungen ging hervor, daß Cellulose ein unverzweigtes β-D$(1 \rightarrow 4)$-Glucopyran ist.

Cellulose wird enzymatisch durch Enzyme der Verdauungssäfte von Insekten und Mollusken gespalten. In Säugetieren sind dagegen keine Enzyme enthalten, die Cellulose zu spalten vermögen. Die Spaltung der Cellulose im Magen-Darm-Trakt der Wiederkäuer erfolgt durch die Cellulasen der dort vorkommenden Bakterien.

Cellulose ist aufgrund ihres hohen Ordnungs- und Polymerisationsgrades in Wasser praktisch unlöslich. Unter der Einwirkung von Alkalilauge quillt die Cellulose. Bei dieser Alkalicellulose ist das ursprünglich vorliegende Kristallgitter verändert. Durch mechanische Bearbeitung der gequollenen Cellulose erhält man die verschiedenen Verarbeitungsformen der Hydratcellulose wie Papier, Vulkanfiber oder Pergamentpapier.

Mit $[Cu(NH_3)_4](OH)_2$ (SCHWEITZERs Reagens, Cuproxam) geht Cellulose unter Ausbildung von Kupfer-Chelat-Komplexen in Lösung. Aus diesen Komplexen kann durch Ausfällen Kupferseide oder Cellophan erhalten werden. Eine regenerierte Cellulose kann aus chemisch modifizierter Cellulose z. B. durch Verseifen von Celluloseacetat oder Behandeln von Cellulosexanthogenat mit Säure (Viskoseseide) gewonnen werden.

Cellulose tritt in verschiedenen kristallinen Modifikationen auf. Cellulose I ist eine native Cellulose, wie sie in Baumwolle, Holz und vielen anderen pflanzlichen Quellen enthalten ist. Eine andere kristalline Modifikation, die Cellulose II, ist in der Hydratcellulose oder in den ausgefällten, regenerierten Cellulosen enthalten.

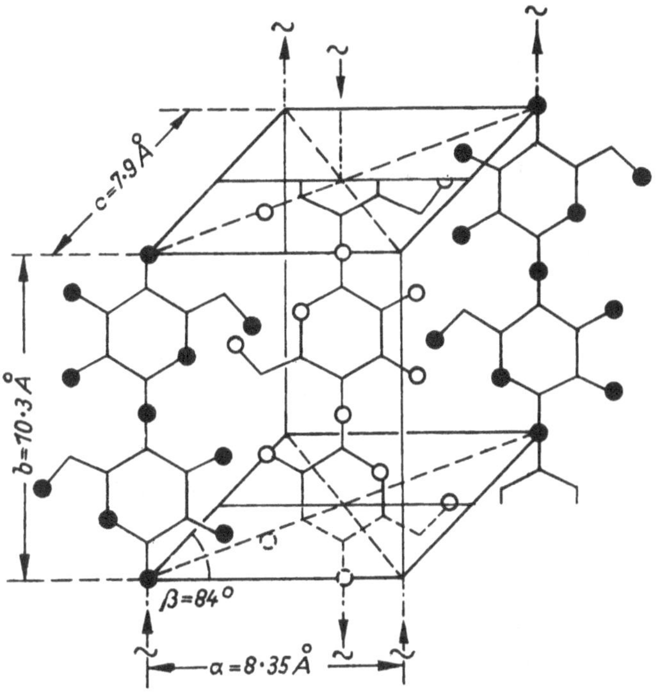

Abb. 3-7
Strukturmodell der Cellulose nach Liang und Marchessault.

In der Elementarzelle der kristallinen Cellulose (Abb. 3-7) wird eine anti-parallele Anordnung der Ketten angenommen, da u. a. beide Enden der sog. Mikrofibrillen Silberionen reduzieren. Die beiden Ketten werden durch Wasserstoffbrücken zusammengehalten. Neben einer intramolekularen Wasserstoffbrücke zwischen dem Sauerstoffatom des Tetrahydropyranringes und der Hydroxygruppe am C-3 des nächsten Restes werden noch 7 intermolekulare Wasserstoffbrücken ausgebildet, deren genaue Lage noch nicht geklärt ist. Die Faserperiode (Identitätsperiode) beträgt 1,03 nm, was der Länge einer Cellobiose-Einheit entspricht.

Die Polysaccharidketten der Cellulose lagern sich zu Elementarfibrillen (auch Protofibrillen) von ca. 3,5 nm Durchmesser zusammen. Diese Elementarfibrillen könnten aus etwa 36 Polysaccharidketten gebildet werden. Aus den Elementarfibrillen werden dann Mikrofibrillen von ca. 5—10 nm Durchmesser und 50—60 nm Länge gebildet. Diese Mikrofibrillen lassen sich nach der Entfernung amorpher Begleitkohlenhydrate mit dem Elektronenmikroskop erkennen.

Bei der nativen Cellulose sind neben größeren hochgeordneten Abschnitten auch solche mit geringerer Ordnung (amorphe Bereiche) vorhanden (Abb. 3–8). Für native Cellulose wurde etwa 70% Kristallinität gemessen. In der sekundären Zellwand der Pflanzen sind die Cellulosefibrillen in eine Matrix aus anderen Polysacchariden (Hemicellulosen, Pektine) und Lignin eingebettet.

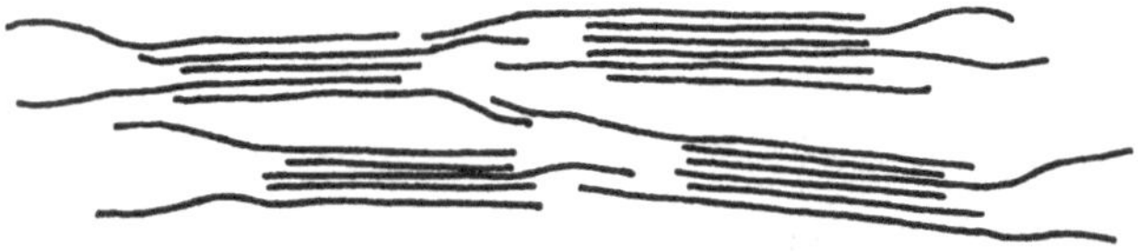

Abb. 3–8
Schematischer Aufbau der Cellulose-Mikrofibrillen.

Der durchschnittliche Polymerisationsgrad der nativen Cellulose liegt nach der Methode der chemischen Endgruppenbestimmung bei ca. 1000. Die Ultrazentrifugation sowie Viskositäts- oder Trübungsmessungen ergaben Werte zwischen 5000 und 10000. Der Polymerisationsgrad hängt allerdings sehr von der Behandlung der Probe ab. Bei vielen Aufbereitungsverfahren kommt es bereits zu einer deutlichen Erniedrigung des Polymerisationsgrades und zu Veränderungen des Ordnungsgrades.

Durch nasses Mahlen werden die Cellulosefasern zu Fibrillen aufgespalten. Trockenes Mahlen zerstört ebenfalls übergeordnete Strukturen und führt zu Kettenverkürzungen. Durch Behandeln der Cellulose mit 1N Salzsäure tritt eine hydrolytische Spaltung bevorzugt in den weniger geordneten Bereichen ein. Vor allem die letztere Methode dient zur Darstellung der „mikrokristallinen" Cellulosen, die u. a. in der Arzneimitteltechnologie, z. B. bei der Tablettierung, eingesetzt werden.

Chitin

Chitin ist das einzige Homopolysaccharid, das aus einem Aminozucker (N-Acetyl-D-glucosamin) aufgebaut ist. Chitin dient im Pflanzen- und Tierreich als Gerüstsubstanz. Bei Pilzen und Grünalgen ist es Bestandteil der Zellwand, bei Insekten und Krebsen Hauptbestandteil des Exogerüstes.

Chitin läßt sich am vorteilhaftesten aus Hummern- oder Krabbenschalen isolieren. Es ist in Wasser und auch in SCHWEITZERs Reagens unlöslich, löst sich aber in konzentrierten Säuren. Aufgrund seiner sehr schweren Löslichkeit läßt sich Chitin sehr schlecht methylieren. Enzymatisch, z. B. durch *Aspergillus*-Auszüge oder die Verdauungsenzyme der Weinbergschnecke, entsteht als einziges Spaltprodukt N-Acetyl-D-glucosamin. Durch vollständige Hydrolyse wird ein äquimolares Gemisch von Glucosamin und Essigsäure erhalten. Die Acetylreste lassen sich durch partielle Hydrolyse unter teilweiser Aufspaltung der Polysaccharidkette abspalten.

Es entsteht ein Polysaccharid mit freien Aminogruppen, das als Chitosan bezeichnet wird. Chitosan ist in verdünnten Säuren löslich und wirkt als Ionenaustauscher.

Verschiedene synthetische Acylharnstoffe wie Diflubenzuron sowie Antibiotica der Polyoxin-Gruppe verhindern die Chitinbildung während der Häutungsvorgänge der Insekten und sind aus diesem Grunde als neuartige Insektizide interessant geworden.

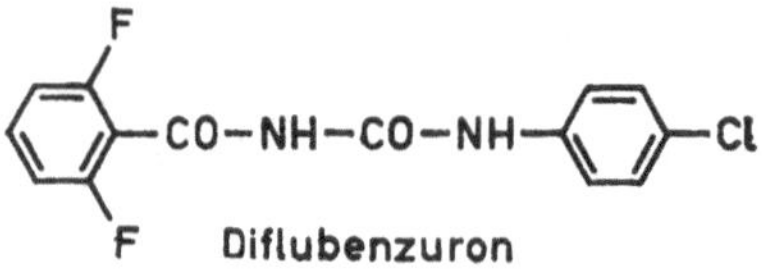

Diflubenzuron

Stärkeähnliche Polysaccharide

D-Glucose wird von den meisten höheren Pflanzen als *Stärke* gespeichert. Dieses Reservepolysaccharid wird in Form wasserunlöslicher Körner (Granula) abgelagert, deren Form charakteristisch für eine bestimmte Pflanzenart sein kann (z. B. Kartoffelstärke). In den Granula gibt es neben kristallinen auch amorphe Regionen. Die kristallinen Regionen sind gegenüber einer säurekatalysierten oder enzymatischen Hydrolyse widerstandsfähiger.

Stärke ist ein Gemisch zweier Polysaccharide, die sich durch ihre Löslichkeit in Wasser, ihre Molmasse und ihre Färbung mit Iodlösung unterscheiden. Stärke besteht zu 15 bis 25% aus Amylose und 75–85% aus Amylopektin. Beide Fraktionen ergeben bei der säurekatalysierten Hydrolyse D-Glucose. Eine enzymatische Hydrolyse der Stärke durch α-Amylase, die nicht in der Lage ist, $\alpha(1 \rightarrow 6)$- und endgruppenbenachbarte $\alpha(1 \rightarrow 4)$-Bindungen zu lösen, führt zu den *α-Dextrinen*. Als *Dextrin* wird das aus Kartoffelstärke durch partielle säurekatalysierte Hydrolyse erhaltene Polysaccharidgemisch bezeichnet.

Amylose besteht im wesentlichen aus $\alpha(1 \rightarrow 4)$-verknüpften linearen D-Glucopyranoseresten. Daneben finden sich in wesentlich geringerer Menge auch β-glykosidische Bindungen in Verzweigungen.

Im Unterschied zu den $\beta(1 \rightarrow 4)$-Glucanen kommen die α-verknüpften Glucane nicht als Fibrillen vor. Modellbetrachtungen zeigen, daß durch die α-glykosidische Bindung eine schraubenförmige Anordnung der Glucosereste möglich wird. Die Amylose war das erste Biopolymer, für das eine Helixkonformation postuliert wurde (Bear, 1942). Tatsächlich konnte für die sog. *V*-Form der Amylose, die durch Fällen mit Alkoholen erhältlich ist, eine Helix mit 6 oder weniger häufig 7 Glucoseresten pro Windung wahrscheinlich gemacht werden (Abb. 3–9).

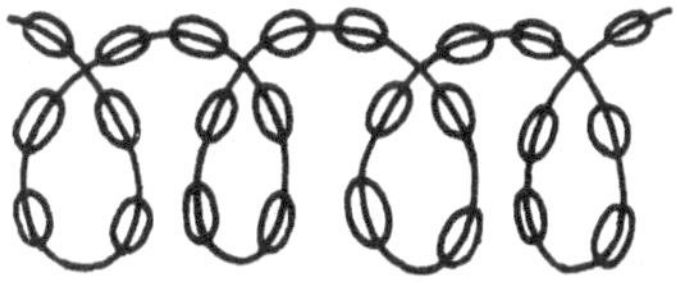

Abb. 3–9
Helikale Konformation der Amylose.

In die so gebildete röhrenartige Struktur können sich Moleküle passender Größe einlagern. Derartige Einschlußverbindungen kann z. B. Iod bilden. Die Farbe dieser Iodeinschlußverbindungen kommt durch Wechselwirkung der Elektronenhülle des Iods mit den Hydroxygruppen der Amylose zustande. Das Absorptionsmaximum dieser Komplexe hängt von der Anzahl der reagierenden Glucosereste ab (Tab. 3–12). Der

Tabelle 3–12
Abhängigkeit des Absorptionsmaximums der Iod-Glucan-Komplexe von der Anzahl der Glucosereste

Anzahl der Glucosereste	λ_{max} (nm)
12	490
30	537
> 80	610

Amylose-Iod-Komplex enthält 19,5% Iod und ist kräftig blau gefärbt (λ_{max} = 660 nm). Er dient zum Nachweis von Stärke bzw. Iod.

Durch eine Amylase aus *Bacillus macerans* wird die Amylose zu ringförmigen Oligosacchariden (SCHARDINGER-*Dextrine*) mit 6—8 Monosaccharideinheiten abgebaut. Diese Cyclodextrine entstehen durch Verknüpfung der helikalen Windungen der Amylose. α-Cyclodextrin (Cyclohexaamylose) bildet in wäßriger Lösung leicht Einschlußverbindungen mit hydrophilen und hydrophoben Verbindungen. Cyclodextrine sind weiterhin von Interesse, weil sie Hydrolysen zu katalysieren vermögen und so als Modell-Enzyme geeignet sind.

Amylopektin ist im Unterschied zur Amylose stark verzweigt und besitzt eine wesentlich höhere Molmasse (ca. 10^7). Die starke Verzweigung wird durch die 4—6% α(1 → 6)-Bindungen hervorgerufen. Die α(1 → 4)-verknüpften Seitenketten bestehen aus 20 bis 25 Glucoseresten. Am wahrscheinlichsten ist eine baumartige Verzweigung (Abb. 3–10).

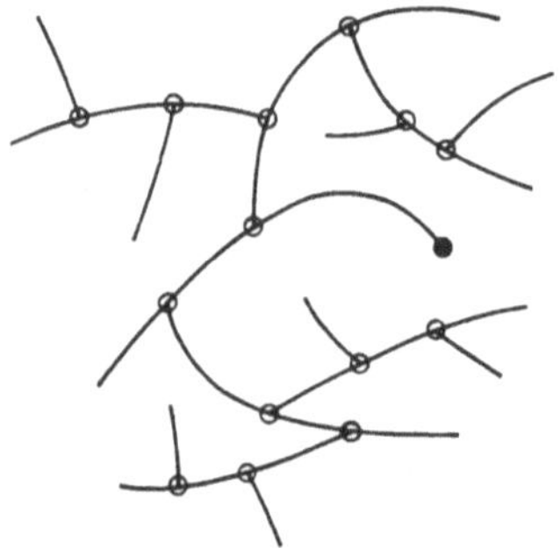

Abb. 3–10
Struktur des Amylopektin (nach MEYER und BERNFELD).
• reduzierende Gruppe; ○ α(1 → 6)-Verzweigung.

Amylopektin ergibt in Wasser eine kolloidale, viskose Lösung (Stärkekleister). Es reagiert mit Iod unter Rotfärbung (λ_{max} = 540 nm). Dieser Iodkomplex enthält 0,5 bis 0,8% Jod.

Glykogen ist die Speicherform der D-Glucose im tierischen Organismus. Es ist in den meisten tierischen Zellen, besonders reichlich in der Leber, aber auch in den Zellen von Invertebraten und Protozoen enthalten. Die Glykogenfraktionen der einzelnen Zellen (z. B. Leber- und Muskelzellen) unterscheiden sich etwas. Glykogen entspricht in seiner Primärstruktur etwa dem Amylopektin. Allerdings ist es stärker verzweigt und die Seitenketten sind kürzer (10—14 Glucoseeinheiten). Trotz der hohen Molmasse (1—4 Mill.) ist Glykogen noch gut wasserlöslich.

Im Maiskorn ist ein α-Glucan enthalten, das in seinen Eigenschaften dem Glykogen ähnelt und das deshalb als Phytoglykogen bezeichnet wird.

Dextrane

Zu den wichtigsten mikrobiellen extrazellulären Polysacchariden gehören die *Dextrane*, die von Bakterien, vor allem von *Leuconostoc*-Arten, mit Saccharose oder Raffinose als Substrat produziert und in die Kulturflüssigkeit abgegeben werden. Nach vollständiger Methylierung und anschließender Hydrolyse wird als Hauptprodukt 2,3,4-Trimethylglucose erhalten. Es handelt sich also beim Dextran um ein α(1 → 6)-verknüpftes Glucan, das außerdem α(1 → 4)-, α(1 → 3)- und weniger häufig α(1 → 2)-Verzweigungen enthält. Die Molmasse der Dextrane kann sehr hoch sein (bis 100 Mill.). Die Viskosität der Lösungen steigt mit wachsender Molmasse.

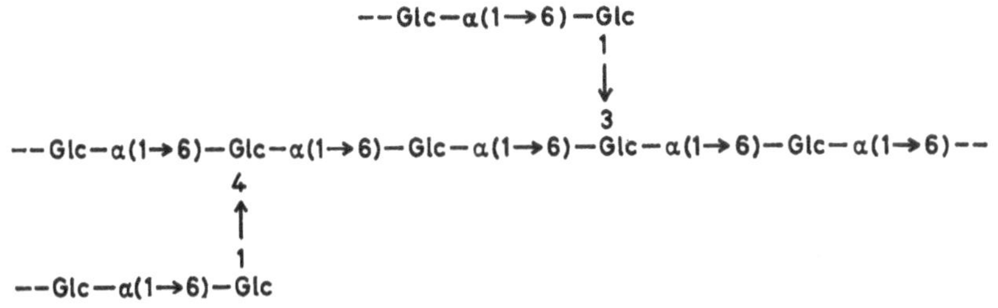

Teilsequenz des Dextrans.

Hydrolytisch abgebaute Dextrane werden als Blutplasmaersatz (Plasmaexpander) eingesetzt. Im Gegensatz zu den Levanen (S. 200), ebenfalls mikrobiellen extrazellulären Polysacchariden, drehen die Dextrane in Lösung den polarisierten Lichtstrahl nach rechts. Die Dextrane der einzelnen *Leuconostoc*-Arten unterscheiden sich im Grad der Verzweigung und im Verzweigungstyp.

Der Dextranfilm, den die Bakterien des Mundraumes aus der mit der Nahrung zugeführten Saccharose bilden, spielt eine wesentliche Rolle bei der Ausbildung der Caries. Dieser Dextranfilm erleichtert die Kolonisation von cariogenen Bakterien und dient diesen außerdem als Nahrungsquelle. Die Bildung unlöslicher, hochmolekularer Dextrane kann verantwortlich für das Verstopfen von Filtern und Rohrleitungen in der zuckerverarbeitenden Industrie sein.

3.2.4.3.2. Galaktane

Ein Prototyp für Gelsysteme von Polysacchariden ist *Agar*. Agar-Lieferanten sind verschiedene Rotalgen (*Rhodophyta*), insbesondere Gracilaria- und Gelidium-Arten. Agar ist ein Gemisch von Polysacchariden, das u. a. zur Bereitung von Kulturmedien für Mikroorganismen oder als Träger für die Gelelektrophorese eingesetzt wird. 1—2%ige Lösungen bilden bei Raumtemperatur stabile Gele.

Die Komponente mit der größten Quellungstendenz ist die Agarose. Sie läßt sich von den anderen Komponenten, insbesondere dem Agaropektin, durch Unterschiede in der Löslichkeit der Acetate trennen. *Agarose* ist ein lineares Polysaccharid, das alternierend 3-O-substituierte D-Galaktopyranose und 4-O-substituierte 3,6-Anhydro-L-galaktopyranose enthält, an die in geringer Menge Schwefelsäure esterartig gebunden ist.

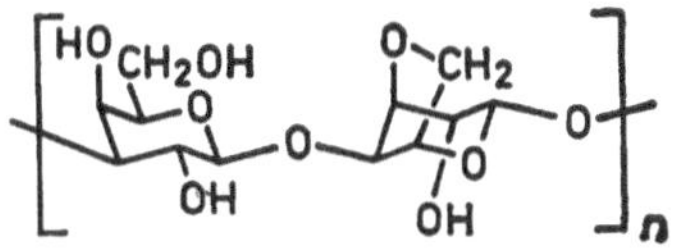

Teilsequenz der Agarose.

Agarosegels zeigen eine Porenstruktur, wobei die verbindenden Zonen durch die teilweise Ausbildung von Doppelhelix-Strukturen zustande kommen (Abb. 3–11).

Kommerzielle, für die Gelchromatographie von Proteinen, Nucleinsäuren, Viren oder hochmolekularen Polysacchariden geeignete Präparate sind unter dem Namen *Sepharose*[R] oder *Sagarose*[R] im Handel. Chemisch modifizierte Derivate dienen zur Affinitätschromatographie.

Ähnlich gebaut wie Agarose ist *Porphyran*, das ebenfalls von Rotalgen gebildet wird.

Eine andere Gruppe von Polysacchariden der Rotalgen sind die *Carrageenane*, die u. a. von *Chondrus crispus* und *Gigartina stellata* gebildet werden. Sie besitzen ebenfalls Galaktostruktur, enthalten aber anstelle von 3,6-Anhydro-L-galaktose das entsprechende D-Isomere. Am besten untersucht sind ϰ- und λ-Carrageenan. ϰ-Carrageenan enthält hauptsächlich alternierend 3-O-substituiertes β-D-Galaktopyranose-4-sulfat und 4-O-substituierte 3,6-Anhydro-α-D-galaktopyranosereste, λ-Carrageenan 3-O-substituiertes β-D-Galaktopyranose-2-sulfat und 4-O-substituiertes α-D-Galaktopyranose-2,6-disulfat.

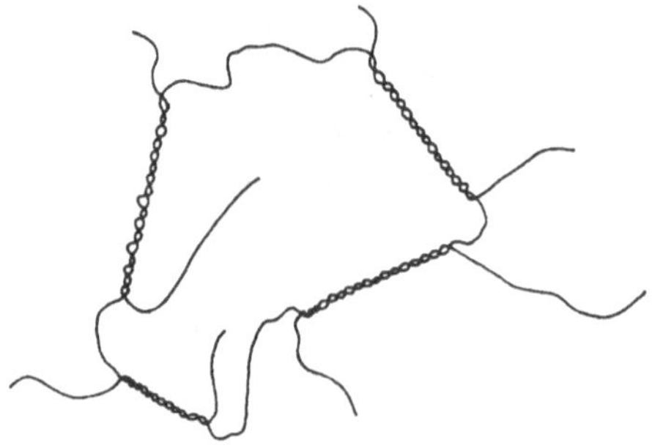

Abb. 3–11
Schematische Darstellung eines Agarosegels (nach Rees).

3.2.4.3.3. *Fructane*

Fructane sind als Reservepolysaccharide weit verbreitet in Pflanzen, insbesondere in Poaceen und Asterales. Fructane (Levane) werden daneben auch von einigen Mikroorganismen gebildet.

Die bekannten Fructane bestehen aus β-D-Fructofuranoseresten, die durch (2 → 1)-(Inulingruppe) oder (2 → 6)-Bindung (Levangruppe) miteinander verknüpft sind. Daneben gibt es noch stark verzweigte Fructane mit beiden Bindungstypen.

Inulin kommt in Asterales vor und läßt sich leicht aus Dahlienknollen isolieren. *Levane* werden von Poaceen sowie von verschiedenen Bakterien (*Bacillus subtilis*, *Aerobacter levanicum*) produziert. Diese bakteriellen Levane besitzen sehr hohe Molmassen (> 1 Mill.).

Der Fructangehalt der Gräser ist zur Zeit der Heuernte im Mai am höchsten.

3.2.4.4. *Heteropolysaccharide*

Sehr viele Polysaccharide der Pflanzen sind aus mehr als einem Monosaccharid aufgebaut. Sie lassen sich chemisch nach der Struktur des Monomers in Glykane, Glykuronane und Glykanoglykuronane einteilen.

3.2.4.4.1. *Glykane*

Eine in höheren Pflanzen sehr weit verbreitete Gruppe der Glykane sind die *Glykanoxylane*, die die Hauptkomponente der cellulosebegleitenden, alkalilöslichen Polysaccharide (Hemicellulosen) der verholzten Zellwand ausmachen. Die Glykanoxylane der Liliatae enthalten Seitenketten aus L-Arabinofuranose, manchmal auch aus D-Glucuronsäure. 20—30% des Trockengewichtes des Strohs besteht aus diesen Arabinoxylanen.

An das Xylangrundgerüst der Magnoliatae sind 4-O-Methyl-D-glucuronsäurereste gebunden. Gymnospermen-Xylane besitzen einen höheren Gehalt an 4-O-Methyl-D-glucuronsäure neben L-Arabinofuranoseresten. Sie werden von *Glucomannanen* begleitet. Glucomannane dienen in Liliatae als Reservekohlenhydrate.

Galaktomannane sind in den Samen von Fabaceen enthalten. Arabinogalaktane wurden aus Sojabohnen und Hölzern von Pinadeen isoliert.

Xanthan ist ein extrazelluläres Polysaccharid, das von dem Bakterium Xanthomonas campestris produziert wird. Es handelt sich um ein hochverzweigtes Heteropolysaccharid, an dessen Hauptkette, einem β-D-Glucan, Trisaccharid-Einheiten gebunden sind. Am terminalen Mannoserest der Seitenketten ist Brenztraubensäure ketalartig gebunden. Xanthan bildet eine fünfzählige Einzelhelix.

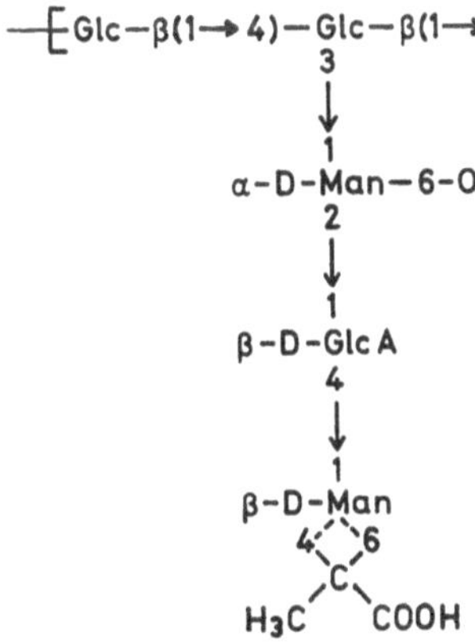

Xanthan

3.2.4.4.2. Glykuronane

Glykuronane (auch Polyuronide) sind Polysaccharide, deren Ketten hauptsächlich aus Glykuronsäuren bestehen. Das ist nur bei der Pektin- und Alginsäure der Fall. Daneben gibt es aber zahlreiche Heteropolysaccharide (Glykanoglykuronane) und komplexe Polysaccharide (Mucopolysaccharide), die geringere Mengen an Uronsäuren enthalten.

Pektinsubstanzen

Als Pektinsubstanzen wird eine Gruppe komplizierter gebauter Polysaccharide bezeichnet, die vor allem in der primären Zellwand und der Interzellulärschicht sowie in den Säften von Landpflanzen, aber auch in bestimmten Algen vorkommen. Grundbaustein ist eine α(1 → 4)-verknüpfte D-Galaktopyranuronsäure. In diese Kette können neutrale Zucker wie L-Rhamnose eingebaut sein. An das Galakturonan sind Galaktane, Arabinane, Galaktoxylane oder Xylofucane gebunden.

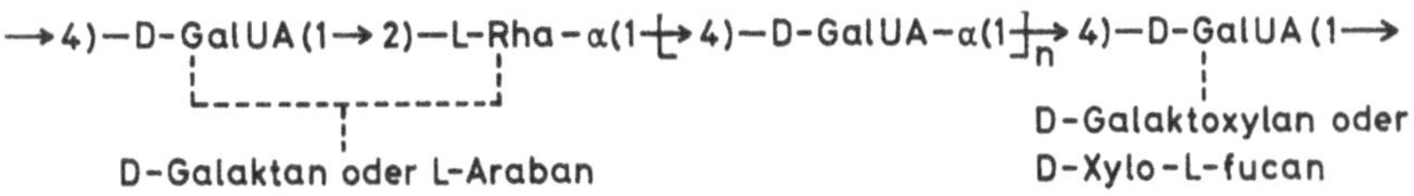

Schematischer Aufbau der Pektinsäuren.

Bei den Pektinsäuren liegen die Carboxylgruppen der Galakturonsäurereste in freier Form vor, bei den Pektinen sind sie mit Methanol verestert.

In neutralem oder alkalischem Milieu depolymerisieren Pektinsubstanzen unter β-Eliminierung (S. 182).

Die Pektinsäuren bilden in der Pflanze in Gegenwart von Ca- und Mg-Ionen einen unlöslichen, hochmolekularen Komplex, der als Protopektin bezeichnet wird und über dessen Struktur wenig bekannt ist. Durch enzymatische Methylierung, wie sie insbesondere in reifen Früchten stattfindet, entsteht daraus lösliches Pektin. Lösliches Pektin bildet in Gegenwart von Zuckern bei schwach saurem pH-Wert stabile Gele. Diese Pektine sind für die Gelierung von Fruchtsäften verantwortlich. Die Pektine finden daher in der Lebensmittelindustrie, z. B. bei der Marmeladenbereitung, Verwendung.

Alginsäure

Während in allen höheren Pflanzen als Bestandteile der Zellwand die galakturonsäurehaltigen Pektinsubstanzen vorkommen, enthalten Braunalgen (*Phaeophyta*) als Polyuronide der Zellwand die Alginsäuren.

Alginsäure besteht aus homopolymeren Blöcken von $\beta(1 \rightarrow 4)$-verknüpfter D-Mannopyranuronsäure bzw. $\alpha(1 \rightarrow 4)$-verknüpfter L-Gulopyranuronsäure von verschiedener Länge und Blöcken mit alternierender Sequenz beider Uronsäuren.

Alginsäure wird für kommerzielle Zwecke meist aus Braunalgen der Gattung *Laminaria* isoliert. Das lineare Glykuronan liegt in den Algen als Ca-Salz vor. Die Alkali- und Magnesiumsalze bilden hochviskose Lösungen. Beim Ansäuern fällt die Alginsäure als gelatinöser Niederschlag aus. Durch Zusammenlagern zweier Polyguluronsäuresegmente entstehen Hohlräume zwischen den beiden Ketten, in die gerade ein Calciumion hineinpaßt. Dieses Kation liegt als Chelatkomplex (Carboxylat- und Hydroxygruppen) vor. Abb. 3–12 zeigt ein derartiges „Eierkarton"-Modell.

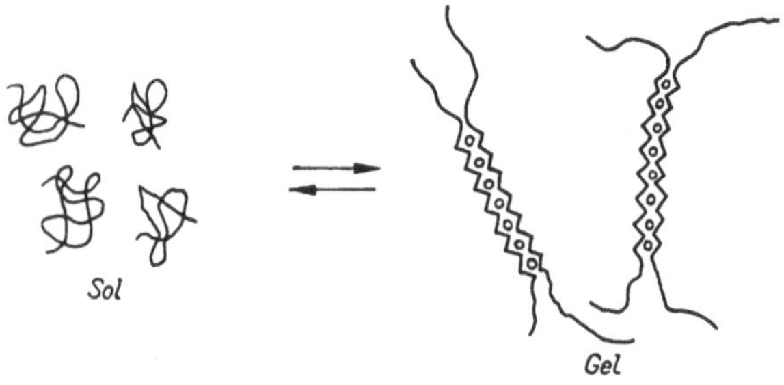

Abb. 3–12
„Eierkarton"-Modell für paarige Polyguluronatabschnitte mit komplex gebundenen Calciumionen nach REES ($\circ = Ca^{2\oplus}$).

Das Natriumsalz oder der 2-Hydroxypropylester der Alginsäure finden Verwendung als Verdickungsmittel in der Lebensmittelindustrie (z. B. für Eiscremes) sowie in der pharmazeutischen Technologie (Tablettensprengmittel).

Teilsequenz der Alginsäure.

3.2.4.4.3. Glykanoglykuronane

Polysaccharide dieser Gruppe sind hinsichtlich der Struktur ihrer Monomeren, der Bindungstypen sowie der Art der Verzweigungen sehr variabel aufgebaut.

Zu den Glykanoglykuronanen gehören die meisten Gummen und Schleime der Pflanzen. Als Schleime werden Polysaccharide bezeichnet, die meist in der Zellwand der Pflanze vorkommen und hochviskose, kolloidale Lösungen bilden. Die festen, klebrigen Gummen werden dagegen erst nach Verletzung gebildet und ausgeschieden. Sie kommen vor allem in Bäumen der Fabales vor. Beide Gruppen können oft nicht scharf getrennt werden.

Die Gummen kommen natürlich als Ca- oder Mg-Salze vor. Einige Gummen wie *Gummi arabicum* oder *Tragacantha* werden als Verdickungsmittel und zur Stabilisierung von Emulsionen in der pharmazeutischen Technologie sowie in der Lebensmittelindustrie verwendet.

In der Struktur am besten bekannt ist *Gummi arabicum*, das von verschiedenen *Acacia*-Arten gebildet wird. Die salzfreie Arabinsäure ist ein Glykuronogalaktan, das zusätzlich noch L-Arabinose und L-Rhamnose enthält.

Das Rückgrat wird von $(1 \rightarrow 3)$- und $(1 \rightarrow 6)$-verknüpften D-Galaktopyranosylresten gebildet, an die L-arabinofuranosyl- und manchmal auch L-rhamnopyranosylhaltige Seitenketten gebunden sind. In terminaler Nähe befinden sich D-Glucuronsäurereste und deren 4-O-Methylether.

Traganth (*Tragacantha*) wird von verschiedenen *Astragalus*-Arten Kleinasiens gebildet. Die Hauptkomponente ist die Tragacanthsäure, deren Hauptkette $\alpha(1 \rightarrow 4)$-verknüpfte D-Galakturonsäurereste enthält.

3.2.4.5. Komplexe Polysaccharide

3.2.4.5.1. Kohlenhydrat-Protein-Verbindungen

Kohlenhydrat-Protein-Verbindungen sind Makromoleküle, die aus einer oder mehreren Polypeptidketten bestehen, an die kovalent Oligo- oder Polysaccharide gebunden sind. Zu dieser Gruppe gehört eine Vielzahl von in Mikroorganismen, Pflanzen und Tieren weitverbreiteten Verbindungen, die je nach ihrem Kohlenhydratgehalt (von $> 80\%$ bis $< 1\%$) in ihren physikalischen Eigenschaften Polysacchariden oder Proteinen entsprechen können.

In Tieren weit verbreitet sind sialinsäurehaltige Glykoproteine (Sialoglykoproteine), die vor allem Bestandteile von Schleimstoffen und des Glykocalyx der Zelloberfläche sind. Man teilt diese Verbindungsklasse in *Proteoglykane* (auch Proteopolysaccharide, Mucopolysaccharide oder Mucosubstanzen) und *Glykoproteine* ein. Proteoglykane und Glykoproteine enthalten — zumindest in ihren Subeinheiten — eine Polypeptidkette als Rückgrat, an die kovalent bei den

> Proteoglykanen unverzweigte Polysaccharidketten mit alternierenden Hexuronsäure- oder Hexose- und Aminohexoseresten (Abb. 3–13a) und bei den
> Glykoproteinen Hetero-Oligosaccharide (Abb. 3–13b)

gebunden sind, wobei bei vergleichbarer Proteingröße die Anzahl der Polysaccharidketten bei den Proteoglykanen größer ist als die Anzahl der Oligosaccharidreste bei den Glykoproteinen. Neben den Proteoglykanen und Glykoproteinen kommen noch *Kohlen-*

hydrat-Protein-Komplexe vor, bei denen beide Komponenten nicht kovalent, sondern ionogen gebunden sind.

Die Strukturaufklärung vieler Kohlenhydrat-Protein-Verbindungen ist durch deren Unlöslichkeit sowie durch die Anwesenheit geladener Gruppen sehr erschwert. Vor dem proteolytischen Abbau des Peptidanteils müssen vorhandene Sialinsäurereste enzymatisch abgespalten werden (Neuramidase). Probleme treten weiter bei der hydrolytischen

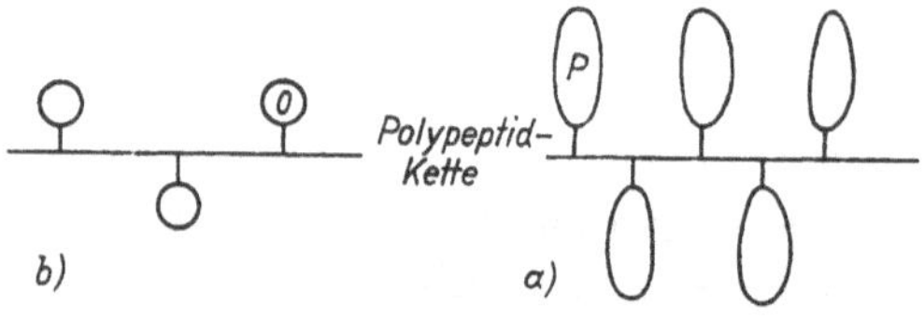

Abb. 3–13
Schematischer Aufbau der Proteoglykane (*a*) und Glykoproteine (*b*).
P Polysaccharidkette; O Oligosaccharidrest.

Fragmentierung des Kohlenhydratanteils durch die Anwesenheit von Aminozuckern und Uronsäuren auf. Die bei der säurekatalysierten Hydrolyse anfallenden Spaltprodukte der Kohlenhydrat-Protein-Verbindungen können sekundär miteinander reagieren (Maillard-Reaktion von Kohlenhydraten mit Aminosäuren bzw. Bildung von Oligosacchariden durch säurekatalysierte Resynthese).

Bindungstypen

Die Kohlenhydrate sind an die Aminosäure Asparagin bzw. an die Hydroxyaminosäuren Serin, Threonin, 5-Hydroxy-lysin und in Kollagenen sowie pflanzlichen Zellwandglykoproteinen auch 4-Hydroxy-prolin gebunden. Verbreitet sind insbesondere folgende Bindungsarten, wobei nur bestimme Monosaccharide direkt an die Aminosäure gebunden sind. In einem Makromolekül können mehrere dieser Bindungsarten vorhanden sein.

I. β-N-glykosidische Bindung des Zuckers (Acetyl-D-glucosamin) an Asparagin:

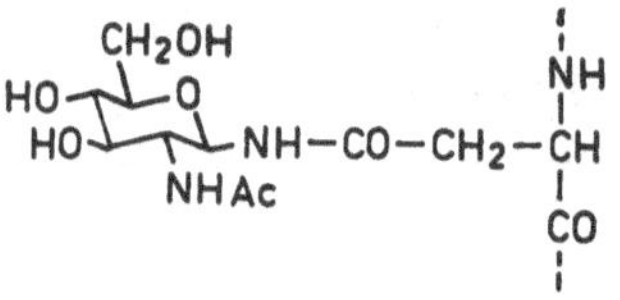

Diese Bindungsart ist relativ stabil gegenüber Säure und Lauge Sie tritt u. a. bei verschiedenen Plasmaproteinen (z. B. Immunoglobulinen), Thyroglobulin, einigen Enzymen, Keratansulfat, Eialbumin sowie bei strukturgebundenen Membranglykoproteinen auf.
Bei der säurekatalysierten Hydrolyse wird Glucosamin, Ammoniak und Aspartinsäure erhalten.

II. O-glykosidische Bindung des Zuckers an Hydroxyaminosäuren:
Verbreitet sind insbesondere die

IIa. α-glykosidische Bindung von Acetyl-D-galaktosamin an Serin ($R = H$) oder Threonin ($R = CH_3$) (bei submaxillären Glykoproteinen, Immunoglobulinen und Zellmembranbestandteilen)

IIb. β-glykosidische Bindung von D-Xylopyranose an Serin (bei Proteopolysacchariden wie Heparin oder Chondroitin)

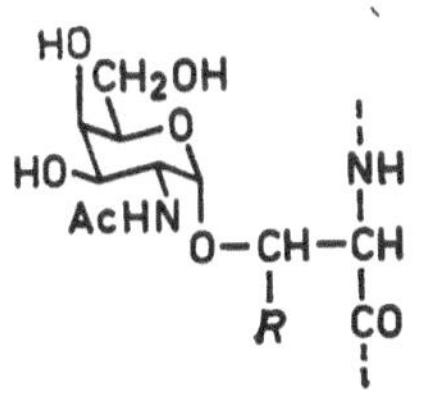

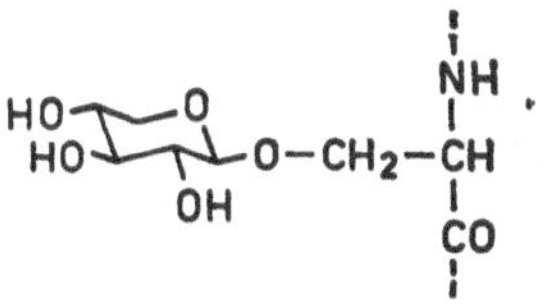

IIc. β-glykosidische Bindung von D-Galaktopyranose an 5-Hydroxy-L-lysin (bei Kollagenen).

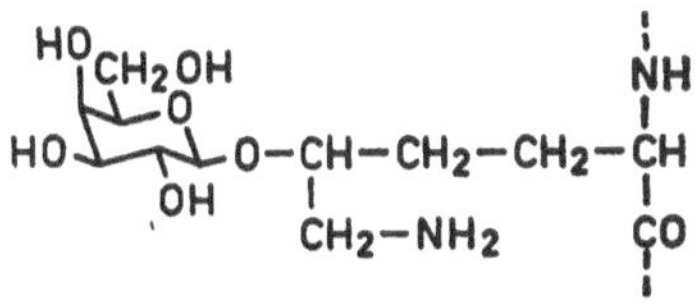

Die O-glykosidische Bindung an Serin oder Threonin ist sehr leicht durch Alkali unter β-Eliminierung zu spalten, wobei ein 2-Aminoacryl- oder -crotonsäurerest in der Peptidkette entsteht:

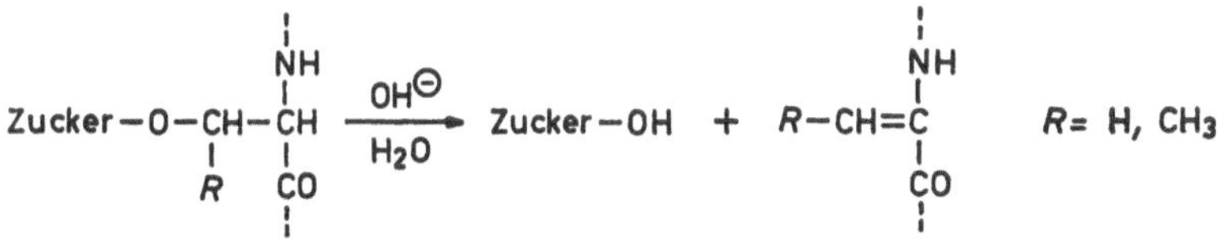

α,β-ungesättigte Aminosäuren lassen sich durch ihr Absorptionsmaximum bei 241 nm nachweisen.

Die O-Glykoside des Hydroxylysins sind dagegen wesentlich stabiler gegen Alkali.

Der Nachweis der O-glykosidischen Bindung an Serin bzw. Threonin erfolgte u. a. durch alkalikatalysierte β-Eliminierung unter reduzierenden Bedingungen und anschließende Hydrolyse (Formelübersicht 3–11).

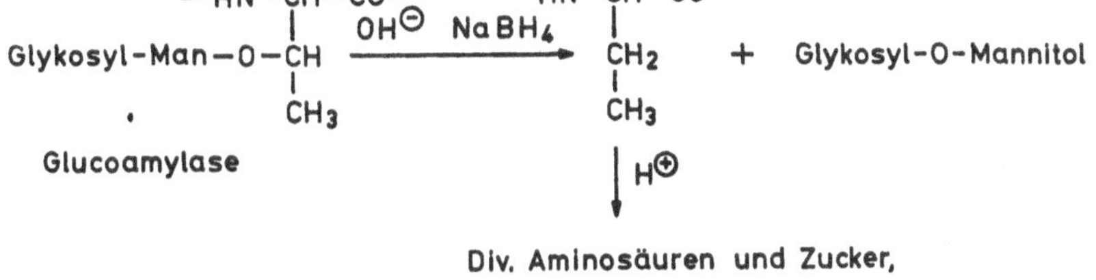

Formelübersicht 3–11

Nachweis der glykosidischen Bindung von Mannose an Threonin bei einem Glykoenzym (Glucoamylase).

Proteoglykane

Nach ihrer Reaktion werden die Proteoglykane in saure und neutrale Mucopolysaccharide eingeteilt. Beide Gruppen zeichnen sich durch ihre schleimige Beschaffenheit aus.

Die *sauren Mucopolysaccharide* enthalten als Kohlenhydratkomponenten neben verschiedenen Hexosen acetylierte Aminozucker (D-Glucosamin, D-Galaktosamin) und Uronsäuren (D-Glucuron-, L-Iduronsäure). Die saure Reaktion kommt durch die Carboxylgruppen der Uronsäuren und vor allem durch Schwefelsäurereste zustande, die an Hydroxygruppen oder auch Aminogruppen der Aminozucker gebunden sind. Die Formel zeigt die sich wiederholende Disaccharideinheit von Chondroitin bzw. dessen Sulfaten.

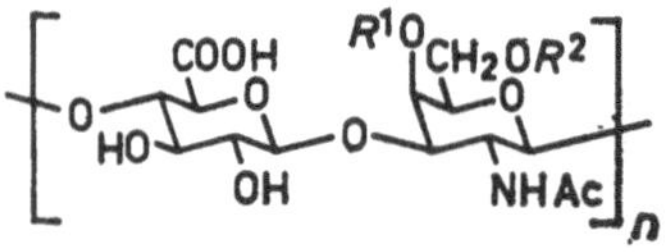

Disaccharideinheit von Chondroitin R^1, R^2 = H), Chondroitin-4-sulfat (R^2 = H; R^1 = SO_3H) und Chondroitin-6-sulfat (R^2 = SO_3H; R^1 = H).

Die wichtigsten sauren Mucopolysaccharide und deren Zusammensetzung sind der Formelübersicht 3–12 zu entnehmen, wobei die Struktur von Heparin und Keratan weniger eindeutig definierbar ist.

Bei den meisten Verbindungen liegen alternierend (1 → 3)- und (1 → 4)-Bindungen vor. Durch Röntgenbeugung konnten in den Fasern etlicher Mucopolysaccharide verschiedene Helixstrukturen nachgewiesen werden.

Chondroitin — [GalNAc–β(1→4)–GlcUA–β(1→3)]$_n$

Chondroitin-4-sulfat (Chondroitinsulfat A), **Chondroitin-6-sulfat (Chondroitinsulfat C)** — [GalNAc(4 bzw. 6 – $SO_3^{\ominus}$)–β(1→4)–GlcUA–β(1→3)]$_n$

Dermatansulfat (Chondroitinsulfat B, β-Heparin) — [GalNAc(4 – $SO_3^{\ominus}$)–β(1→4)–L-IdoUA–α(1→3)]$_n$

Heparin — [GlcNAc–α(1→4)–GlcUA–α(1→4)–GlcNAc–α(1→4)–L-IdoUA–α(1→4)]$_n$

Heparinsulfat (α-Heparin) — [GlcNAc(6 – $SO_3^{\ominus}$)–α(1→4)–GlcUA–α(1→4)–(GlcNAc(6 – $SO_3^{\ominus}$)–α(1→4)–L-IdoUA–α(1→4)]$_n$

Hyaluronsäure — [GlcNAc–β(1→4)–GlcUA–β(1→3)]$_n$

Keratansulfat — [GalNAc(6 – $SO_3^{\ominus}$)–β(1→4)–GlcNAc(6 – $SO_3^{\ominus}$)–β(1→3)]$_n$

Formelübersicht 3–12

Zusammensetzung der Polysaccharidkomponente von sauren Mucopolysacchariden. Alle Monosaccharide liegen in der Pyranosidform vor.

Die sauren Mucopolysaccharide haben insbesondere als Matrixbildner des Bindegewebes Bedeutung. Sie bilden zusammen mit den unlöslichen Kollagenfibrillen ein dreidimensionales Netzwerk.

Hyaluronsäure läßt sich in reiner Form aus dem Glaskörper des Auges oder aus Nabelschnüren leicht gewinnen. Sie kann enzymatisch durch in Bakterien, Blutegeln oder Spermatozoen vorkommende Hyaluronidasen gespalten werden, die an verschiedenen Stellen des Moleküls angreifen (Abb. 3–14). Die bakterielle Hyaluronidase spaltet im Unterschied zu den anderen Enzymen die glykosidische Bindung unter β-Eliminierung und Bildung eines Disaccharides mit Doppelbindung (*20*).

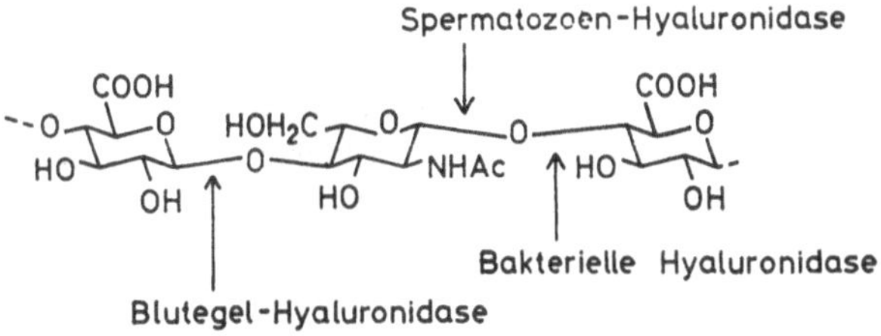

Abb. 3–14
Enzymatische Spaltung der Hyaluronsäure.

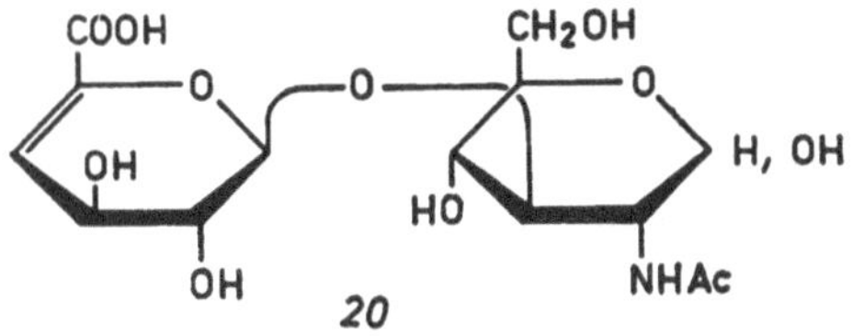

20

Heparinsulfat wird technisch aus Lungen von Schlachttieren gewonnen. Es ist relativ stark sauer und bildet salzartige Verbindungen mit Proteinen. Die stark saure Reaktion kommt durch die Schwefelsäure zustande, die esterartig an Hydroxygruppen, insbesondere in 6-Stellung oder amidartig an die Aminogruppe des Glucosaminrestes gebunden ist.

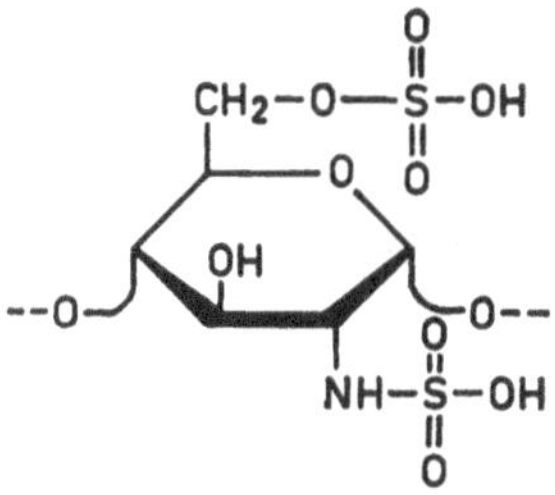

Bindung der Schwefelsäure an Glucosaminreste des Heparinsulfats.

Die Schwefelsäureamidbindung wird sehr leicht hydrolytisch gespalten. Durch die dadurch frei werdenden Aminogruppen und die ferner vorhandenen Carboxylgruppen ist Heparin gegenüber Säuren sehr beständig.

Die bindende Region zum Peptid besitzt die Struktur

-Gal-β(1 $\rightarrow$ 3)-Gal-β(1 $\rightarrow$ 4)-Xyl-β(1 $\rightarrow$ Ser).

Partielle Hydrolyse bei pH 1,55 ergibt als Spaltprodukte

Gal-β(1 $\rightarrow$ 4)-Xyl-β(1 $\rightarrow$ Ser) und Xyl-β-Ser.

Heparin hat therapeutische Bedeutung, da es mit Thrombin als Angriffspunkt die Blutgerinnung verhindert (S. 116).

Die sog. *neutralen Mucopolysaccharide* enthalten weder Uronsäuren noch Schwefelsäure. Zu dieser Grupe gehört u. a. der Bifidus-Faktor (der Wachstumsfaktor für *Lactobacillus bifidus* in der Frauenmilch). Auch die Blutgruppensubstanzen (S. 313) wurden den neutralen Mucopolysacchariden zugerechnet.

Terminale Kohlenhydratstrukturen an der Zelloberfläche (z. B. von Blutgruppensubstanzen) lassen sich mit pflanzlichen Glykoproteinen, den Lectinen, nachweisen, die spezifisch in der Art einer Antigen-Antikörper-Reaktion mit bestimmten Kohlenhydratstrukturen reagieren (S. 107).

Glykoproteine

Glykoproteine wurden hauptsächlich in höheren Tieren, seltener in Pflanzen und Mikroorganismen gefunden. Zu den Glykoproteinen gehören die meisten Plasmaproteine, zahlreiche Enzyme und Proteohormone (Gonadotropine, Thyrotropin, Thyroglobulin), Milch- und Eiproteine sowie Lectine. Viele Glykoproteine sind Polymere von Subeinheiten. Charakteristisch ist, daß Glykoproteine weniger empfindlich gegenüber proteolytischen Enzymen und Denaturierung als andere Proteine sind.

Als Kohlenhydratkomponente enthalten die Glykoproteine vor allem D-Mannose und 2-Acetamino-2-desoxy-D-glucose. Einige häufig vorkommende Kohlenhydratsequenzen sind in Abb. 3–15 zusammengefaßt.

Der Kohlenhydratgehalt der Immunoglobuline kann zwischen 2–3 (IgG) und 10–12% (IgM) schwanken (S. 106). Die Kohlenhydratkomponente spielt wahrscheinlich eine Rolle beim Transport der intrazellulär synthetisierten Immunoglobuline in den Extrazellulärraum.

Viele Glykoproteine enthalten mehr als eine Kohlenhydratkette. Diese Ketten können sich in ihrer Struktur und Bindungsstelle unterscheiden. So sind die Kohlenhydratreste der H-Ketten des IgG der Ratte zu ca. 65% nach dem Bindungstyp I und 35% nach dem Bindungstyp IIa gebunden.

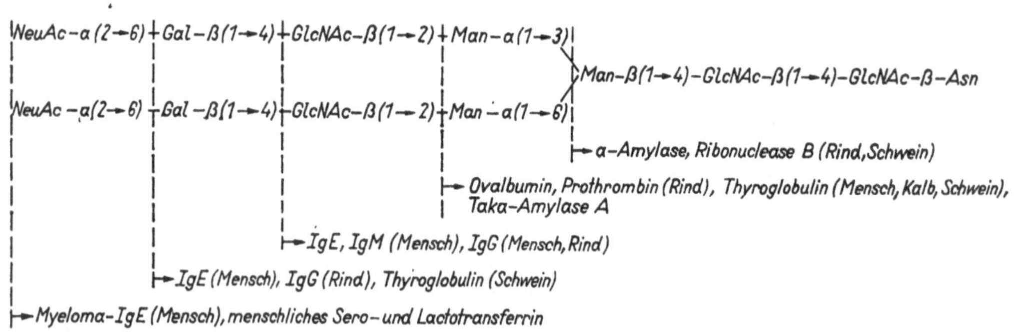

Abb. 3–15

Struktur von Kohlenhydratsequenzen einiger Glykoproteine.

Die meisten Glykoenzyme gehören zur Gruppe der Hydrolasen (z. B. Glucoamylase, Ribonuclease, Rinder-Pankreas-Desoxyribonuclease, Rattenleber-β-D-Glucosidouronase).

Relativ einfach gebaute Glykoproteine (AFGP) wirken in Fischen der Arktis als „Frostschutzmittel".

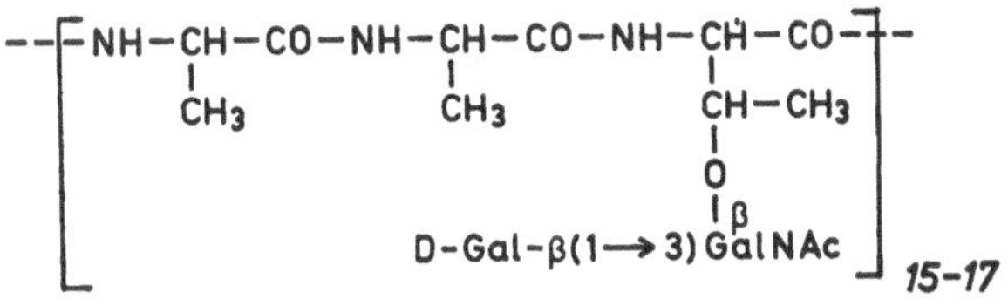

AFGP

3.2.4.5.2. Strukturelemente der bakteriellen Zellwand

Die Plasmamembran (vgl. Kap. 5.2.) ist bei den Bakterien von einer elastischen Zellwand umgeben. Aufgrund des unterschiedlichen Verhaltens dieser äußeren Zellwand bei der Gramfärbung lassen sich die Bakterien in zwei Gruppen einteilen. Bei den *gram-positiven Bakterien* bleibt der Farbkomplex mit Karbolgentianaviolett und Iodlösung nach dem Behandeln mit Alkohol bestehen, bei den *gram-negativen Bakterien* wird dieser Komplex dagegen zerstört. Dieses unterschiedliche Verhalten ist auf Unterschiede im Aufbau der Zellwand beider Bakterientypen zurückzuführen.

Den schematischen Aufbau der Zellwand gram-positiver und gram-negativer Bakterien zeigt Abb. 3–16. Die Zellwände gram-negativer Bakterien bestehen aus einer äußeren und einer inneren, membrannahen Schicht. Die äußere Schicht ist durch die Anwesenheit von Phospholipiden und Lipopolysacchariden lipophil. Die Zellwand gram-positiver Bakterien ist dagegen hydrophiler.

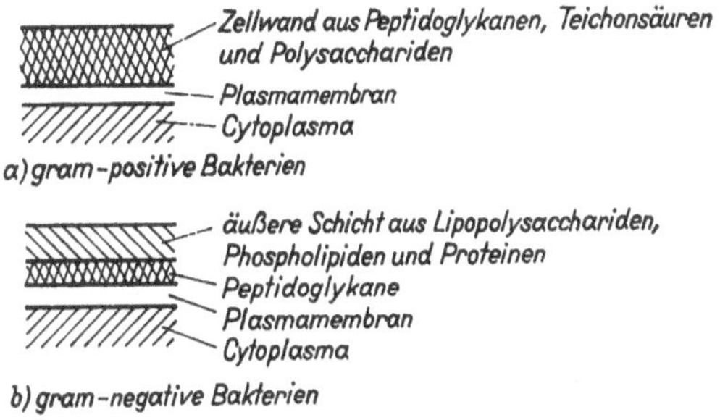

Abb. 3–16
Schematischer Aufbau der Bakterienzellwand.

Peptidoglykane

Die feste Matrix der bakteriellen Zellwand besteht aus Peptidoglykanen, dem *Murein*. Die Peptidoglykane machen bei den gram-positiven Bakterien etwa 50%, bei den gram-negativen Bakterien dagegen nur etwa 10% des Trockengewichtes der Zellwand aus. Das Netzwerk des Peptidoglykans wird aus linearen Glykansträngen gebildet, die durch Peptidketten quervernetzt sind (Abb. 3–17).

Das Glykan ist ein Blockpolymer aus $\beta(1 \rightarrow 4)$-verknüpftem N-Acetylglucosamin und N-Acetyl-3-O-lactylglucosamin (N-Acetylmuramsäure). Jeder Glykanstrang enthält 10 bis 50 derartiger Disaccharideinheiten. Die Zusammensetzung dieser Glykanstränge kann etwas variieren. Von taxonomischer Bedeutung ist z. B. das Vorkommen von N-Glykolylmuramsäure bei *Mycobacrium* und *Nocardia*.

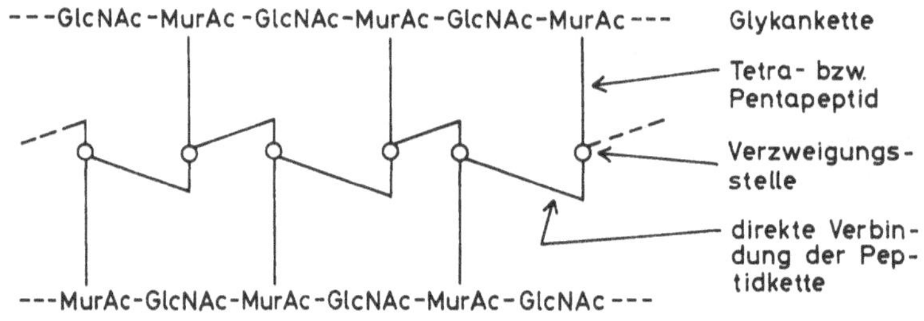

Abb. 3–17

Schematischer Aufbau eines Peptidoglykans.

An die Carboxylgruppe der Muramsäurereste ist amidartig ein Tetra- oder seltener Pentapeptid gebunden, bei dem D- und L-Aminosäuren alternieren. MurAc-Ala-D-iGl ist für die Adjuvansaktivität bakterieller Zellwandpräparationen verantwortlich. Unmittelbar an der Muramsäure sitzt meist L-Alanin, am Ende des Oligopeptids D-Alanin. Nach der Art der Quervernetzung werden zwei Gruppen von Peptidoglykanen unterschieden. Bei der Gruppe A kommt die Quervernetzung durch eine Diaminosäure zustande, deren ω-Aminogruppe direkt (bei gram-negativen Bakterien) oder über eine weitere Peptidkette (gram-positive Bakterien) mit dem D-Alaninrest der nächsten Einheit verbunden ist. Bei der Diaminosäure handelt es sich um L-Lysin oder 2,2'-Diaminopimelinsäure (A_2pm^3). Mit am besten untersucht sind die Peptidoglykane von *Staphylococcus aureus*-Stämmen (vgl. Abb. 3–18).

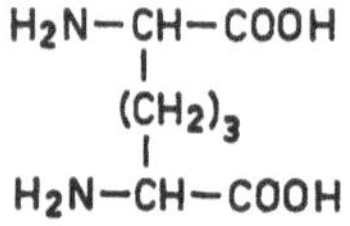

2,2'-Diaminopimelinsäure

Bei den Peptidoglykanen der Gruppe *B* kommt die Verzweigung durch D-Glutaminsäure zustande, deren α- und γ-Carboxylgruppe Peptidbindungen eingehen. Diese Peptidoglykane kommen bei Corynebakterien vor.

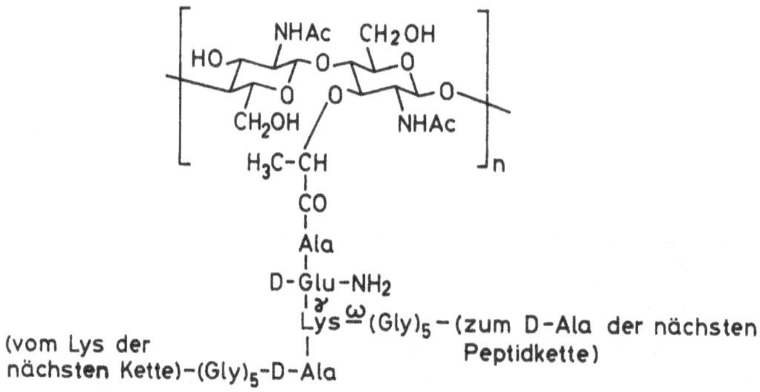

Abb. 3–18

Struktur des Peptidoglykans von *Staphylococcus aureus*.

Enzymatisch werden die Glykanstränge durch die in zahlreichen tierischen und pflanzlichen Materalien vorkommenden Lysozyme (S. 99) gespalten.

Die Wirkung einiger Antibiotica kommt durch eine Hemmung der Biosynthese des Peptidoglykans zustande (vgl. Abb. 3—20, S. 215).

Teichonsäuren

Als Teichonsäuren werden Polymere bezeichnet, die in der Hauptkette Glycerol- oder Ribitolphosphat-Einheiten enthalten und an deren freien Hydroxygruppen esterartig D-Alanin und glykosidisch Zuckerreste (insbesondere bei den Ribitol-Teichonsäuren) gebunden sein können. Die Bindung des Alanins ist relativ alkalilabil und kann durch Behandeln mit verdünntem Ammoniak oder Hydroxylamin gelöst werden. Bei den Teichonsäuren von *Micrococcus*-Arten sind N-Acetyl-D-glucosamin-Reste unmittelbar in die polymere Kette eingebaut.

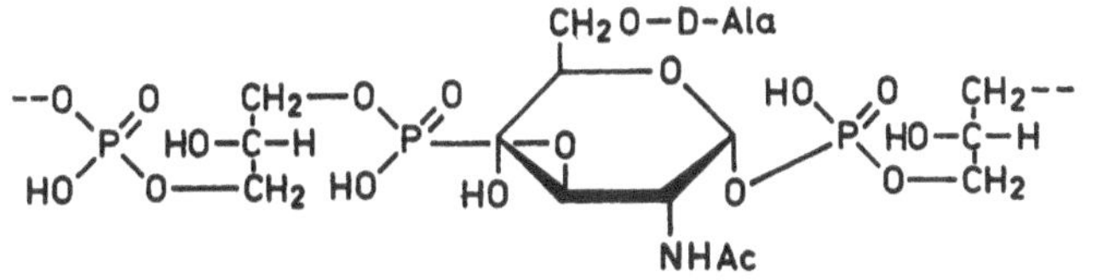

Teichonsäure von Micrococcus-Arten

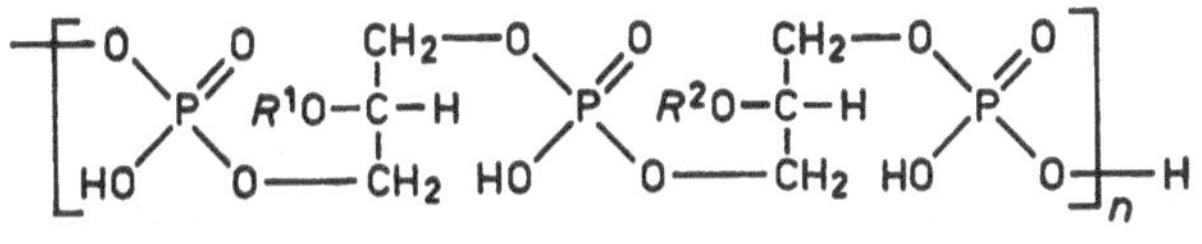

Glycerol-Teichonsäure von Bacillus stearothermophilus
(R^1 = α-D-Glucopyranosyl; R^2 = D-Ala)

Die Teichonsäuren sind mit dem N-terminalen Phosphorsäurerest an das Peptidoglykan gebunden. Sie können aufgrund der dissoziierbaren Phosphorsäurediester-Strukturen Kationen binden und spielen dadurch bei der Ionenpermeabilität und der Regulierung der Enzymaktivität membrangebundener Enzyme eine Rolle.

Glycerol-Teichonsäuren können auch unmittelbar an die Membran gebunden sein (Lipoteichonsäuren). Teichuronsäuren enthalten uronsäurehaltige Polysaccharide.

Lipopolysaccharide

Die äußere Schicht der Zellwand von Salmonella-Arten und anderen gram-negativen Bakterien enthält Lipopolysaccharide, die die Oberflächeneigenschaften dieser Zellen, u. a. die serologische Klassifizierbarkeit, bedingen. Lipopolysaccharide können beim Menschen und bei Versuchstieren (Kaninchen) nach einer Injektion hohes Fieber auslösen (pyrogener Effekt). Lipopolysaccharide machen etwa 1—5% des Trockengewichtes gram-negativer Bakterien aus. Besonders gut untersucht sind die Lipopolysaccharide von Salmonella-Arten durch die Züchtung von Mutanten, deren Nachkommen genetisch einheitlich sind (Westphal, Lüderitz). Die Lipopolysaccharide sind die O-Antigene dieser Bakterien, daneben hochwirksame Endotoxine (Pyrogene) und Rezeptoren für Bakteriophagen.

Die Lipopolysaccharide der gram-negativen Bakterien lassen sich mit 45prozentigem wäßrigen Phenol bei 65 °C extrahieren (Westphal).

Bei den Lipopolysacchariden der Salmonella-Arten werden drei Bauelemente unterschieden: die aus sich wiederholenden Oligosaccharideinheiten bestehende O-spezifische Kette, das Kernpolysaccharid und das Lipid-A, wobei das Kernpolysaccharid bei nahe verwandten Arten identisch sein kann.

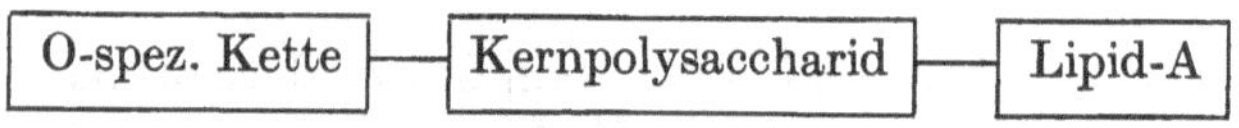

Schema eines Lipopolysaccharides aus Salmonella

Das Kernpolysaccharid enthält einige Kohlenhydrate, die ausschließlich in bakteriellen Lipopolysacchariden vorkommen. Die immunologische Spezifität ist auf die *O-spezifische Kette* zurückzuführen, deren Sequenz und Bindung spezifisch für jedes Lipopolysaccharid ist.

Diese O-spezifische Kette besteht meist aus Oligosaccharidblöcken, die 3—6 Monosaccharid-Einheiten enthalten.

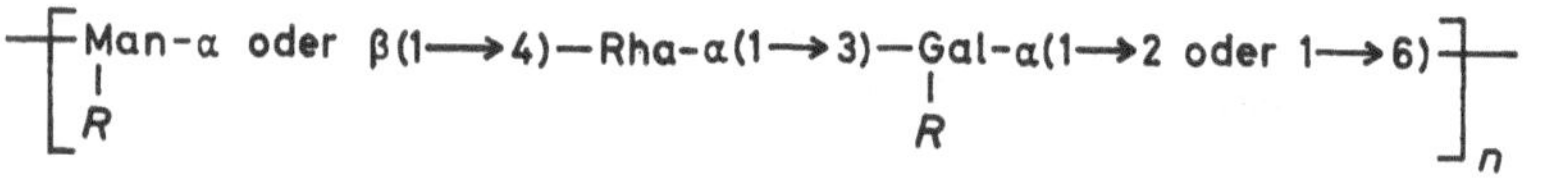

Oligosaccharidblock einer O-spezifischen Kette (R = H, Glucose oder die selteneren Zucker Paratose. Acetylabequose bzw. Tyvelose).

Am Ende des Kernpolysaccharids stehen Heptose-Reste (L-Glycero-D-mannoheptose). Der terminale Zucker ist eine Ketose, die 3-Desoxy-2-oxo-D-manno-octonsäure (KDO), an die die Lipid-A-Komponente gebunden ist. Die Struktur und Verknüpfung der Heptose konnte durch deren Abbau zu D-Mannopyranose (Periodatoxidation der vicinalen Hydroxygruppen und nachfolgende Reduktion mit Borhydrid) aufgeklärt werden. Diese Ketose besitzt in ihrer chemischen Struktur eine gewisse Ähnlichkeit zur Neuraminsäure.

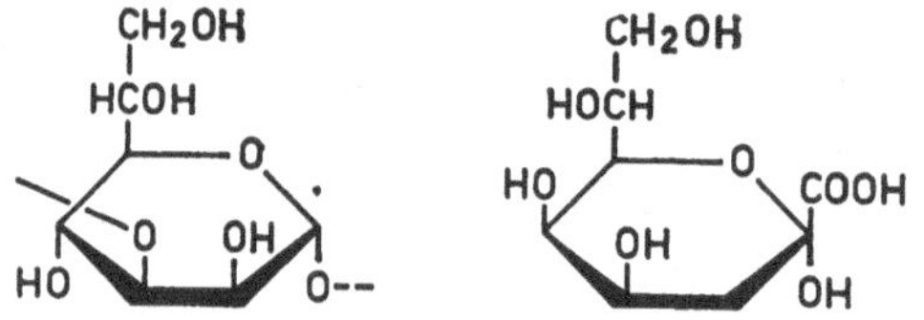

L-glycero-D-manno-Heptose KDO

KDO ist glykosidisch an den endständigen D-Glucosaminrest der Lipid-A-Komponente gebunden. Diese Ketosidbindung kann durch milde säurekatalysierte Hydrolyse aufgespalten und auf diese Weise die Lipid-A-Komponente abgespalten werden. Die Lipid-A-Komponente enthält Disaccharidblöcke, die aus 2 Molekülen D-Glucosamin gebildet werden und über Phosphorsäurediesterbrücken miteinander verbunden sind. Die Fettsäuren sind esterartig an die Hydroxygruppen oder amidartig (D-β-Hydroxymyristinsäure) an die Aminogruppe der Glucosamin-Einheiten gebunden.

Die bakteriellen Lipopolysaccharide enthalten oft ganz spezifische langkettige und auch verzweigte Fettsäuren.

Von besonderem Interesse sind die Bestandteile der Zellwände der Mykobakterien (Ordnung Actinomycetales), zu denen zahlreiche Krankheitserreger, u. a. der Tuber-

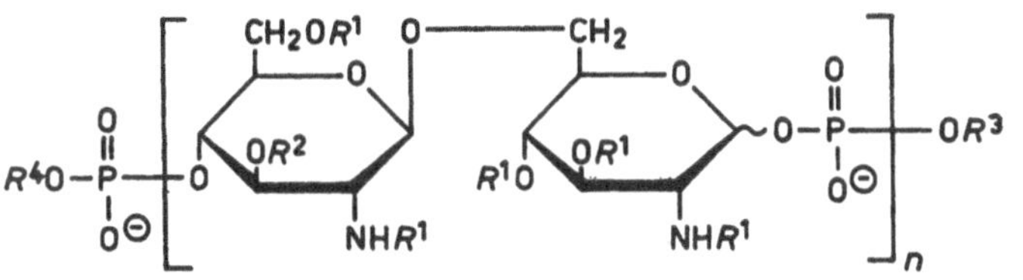

R^1 = D-3-Hydroxymyristoyl u.a. Fettsäurereste
R^2 = H, KDO des Kernpolysaccharids
R^3 = H, Phosphoethanolamin
R^4 = H, 4-Amino-4-desoxy-L-arabinose

Strukturschema einer Lipid-A-Komponente

kulose, gehören. Diese Bakterien sind durch das Vorhandensein wachsartiger Lipopolysaccharid-Komplexe säurefest. Bei den Lipopolysacchariden sind sog. Mykolsäuren esterartig an die primären Hydroxygruppen eines Arabinogalaktans gebunden, das wiederum über Phosphorsäure an ein Peptidoglykan gebunden ist.

Mykolsäure-Arabinogalaktan-Phosphorsäure-Peptidoglykan
Lipopolysaccharid von Mykobakterien

Beim Wachs D des menschlichen Stammes von *M. tuberculosis* sind die Mykolsäuren mit den Hydroxygruppen eines Heteropolysaccharids verestert. Der an Hexosamin amidartig gebundene Peptidrest dieses Peptidolipopolysaccharides ist insbesondere für die Eignung abgetöteter Mykobakterien zur leichteren Immunisierung ansonsten schwer immunisierbarer Antigene verantwortlich (FREUNDsches *Adjuvans*).

Kapsel-Polysaccharide

Zur Gattung *Streptococcus* der *Eubacteriales* gehören zahlreiche Erreger von Entzündungen und Eiterungen. Nach ihren spezifischen Kapsel-Polysacchariden lassen sich die Streptokokken in verschiedene serologische Gruppen einteilen. Relativ gut untersucht sind die Kapsel-Polysaccharide von *Streptococcus pneumoniae* (auch *Diplococcus pneumoniae*), dem Erreger der Lungenentzündung des Menschen. Diese Polysaccharide bestehen aus sich wiederholenden Einheiten von Di- bis Hexasacchariden. Einige dieser Kapsel-Polysaccharide ähneln in ihrer Struktur den Teichonsäuren. Die Oligosaccharid-Einheiten sind hier über Glycerol- oder Ribitolphosphat miteinander verbunden. Ein Beispiel für diese Gruppe ist das S34-Kapsel-Polysaccharid.

$$\rightarrow 3)\text{–GalfAc–}\beta(1\rightarrow 3)\text{–Glcp–}\alpha(1\rightarrow 2)\text{–Galf–}\beta(1\rightarrow 3)\text{–Galp–}\alpha(1\rightarrow 2)\text{–Ribitol–}(5\text{–O–}\underset{\displaystyle O^{\ominus}}{\overset{\displaystyle O}{\overset{\|}{\underset{|}{P}}}}\text{–O–}$$

S34-Kapsel-Polysaccharid.
(f = furanosyl; p = pyranosyl)

3.2.5. Synthesen

3.2.5.1. Biosynthesen

Die Biosynthese der Oligo- und Polysaccharide erfolgt durch Übertragung aktivierter Monosaccharidreste auf die wachsende Saccharidkette als Akzeptor. Dieser Transfer der Glykosylgruppe wird durch Enzyme katalysiert. Als aktivierte Formen der Monosaccharide (Donatoren) dienen Glykosylester von Nucleosidpyrophosphaten („Zuckernucleotide"), wie z. B. Uridindiphosphoglucose (UDPG).

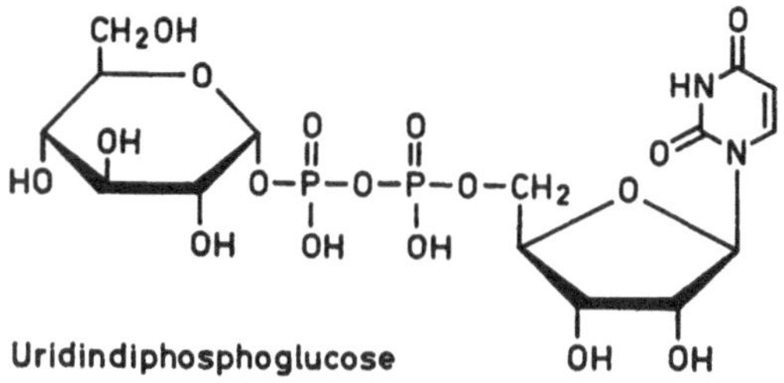

Uridindiphosphoglucose

Die Bildung der Zuckernucleotide geht von Glucose-1-phosphat aus (Abb. 3–19).

Einige für die Synthese von Polysacchariden dienenden Zuckernucleotide sind der Tab. 3–13 zu entnehmen. Zuckernucleotide sind auch Glykosyldonatoren für die Biosynthese von Glykosiden, Glykolipiden und Kohlenhydrat-Protein-Verbindungen.

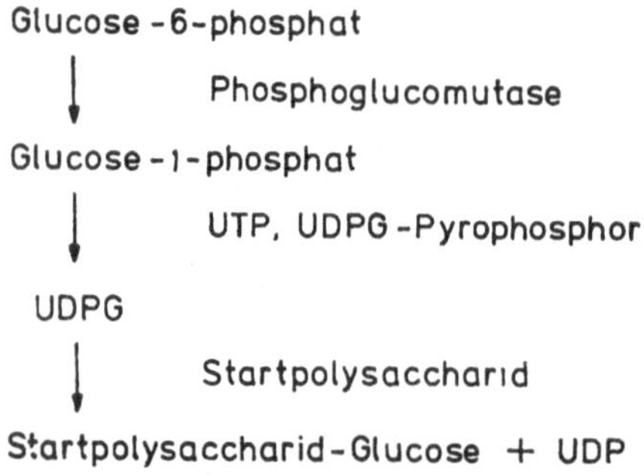

Abb. 3–19.
Biosynthese von Polysacchariden.

Tabelle 3–13
Zuckernucleotide als Glykosyldonatoren
Glyk-P-P-Rib-Base

Base	Glyk	Glykosyldonator für
Uracil	D-Glucose	Glykogen der Tiere, Saccharose
	2-Acetamido-2-desoxy-D-glucose	Chitin (Insekten)
	D-Galaktose	Glykopeptide
	Muramsäurepentapeptide	Peptidoglykane der Bakterien
Cytosin	L-Ribitol	Ribitol-Teichonsäuren
	Glycerol	Glycerol-Teichonsäuren
Adenin	D-Glucose	Glykogen der Bakterien, Stärke
Guanin	D-Glucose	Cellulose

Für bestimmte Bakterien der Gattung *Micrococcus* wurde nachgewiesen, daß an der Synthese eines Mannans ein alkalistabiles, säurelabiles „Lipid"-Derivat als Glykosylüberträger beteiligt ist. Als „Lipid" konnte ein C_{55}-Terpen, das Undecaprenol, identifiziert werden, an dessen Hydroxygruppe über Phosphorsäure die Mannose gebunden ist. Lipophile Glykosyldonatoren sind auch an der Biosynthese der Peptidoglykane (Abb. 3–20) sowie der Lipopolysaccharide der Bakterien beteiligt. Wahrscheinlich bietet die Bildung lipophiler Intermediate die Möglichkeit der Passage durch die Membranen. Die Struktur einiger an der Glykosylübertragung beteiligten Polyprenole geht aus der Formelübersicht 3–13 hervor.

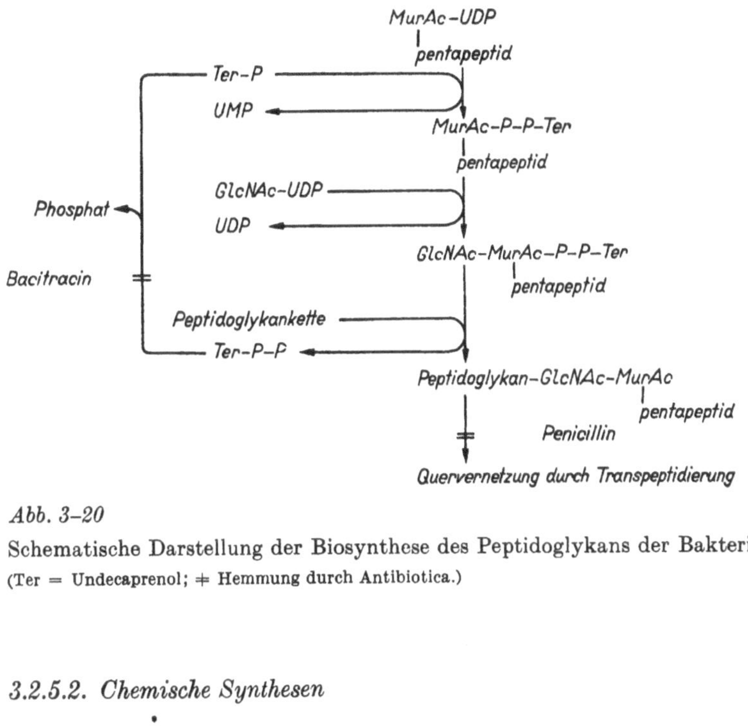

Abb. 3–20

Schematische Darstellung der Biosynthese des Peptidoglykans der Bakterienzellwände.
(Ter = Undecaprenol; ⫲ Hemmung durch Antibiotica.)

3.2.5.2. Chemische Synthesen

Im Verhältnis zu den anderen Biopolymeren, den Polypeptiden und Polynucleotiden, für die brauchbare in-vitro-Synthesen entwickelt wurden, tauchen bei der Synthese von Oligo- und Polysacchariden einige zusätzliche Probleme auf. Enzymatische Methoden, die sich z. B. bei der Polynucleotidsynthese so erfolgreich erwiesen haben, sind bei der Synthese von Polysacchariden kaum sinnvoll anwendbar, da die entsprechenden Polymerasen meist so spezifisch sind, daß keine Abweichungen von der nativen Struktur erreicht werden können. Bei der rein chemischen Synthese ist erschwerend, daß die monomeren Bausteine der Polysaccharide durch die vielen Hydroxygruppen polyfunktionell sind und zahlreiche stereochemische Probleme durch die Konfiguration und die konformative Beweglichkeit auftreten.

Eine Polykondensation ungeschützter Monosaccharide in Gegenwart von Katalysatoren wie HCl, HF, H_2SO_4, P_2O_5, PCl_3, PCl_5 u. a. führt zu stark verzweigten Polymeren mit nicht allzu hohem Polymerisationsgrad ($n < 15$). Ein höherer Polymerisationsgrad wurde mit Polyphosphorsäureestern als Kondensationsmittel erreicht. Solche in ihrer

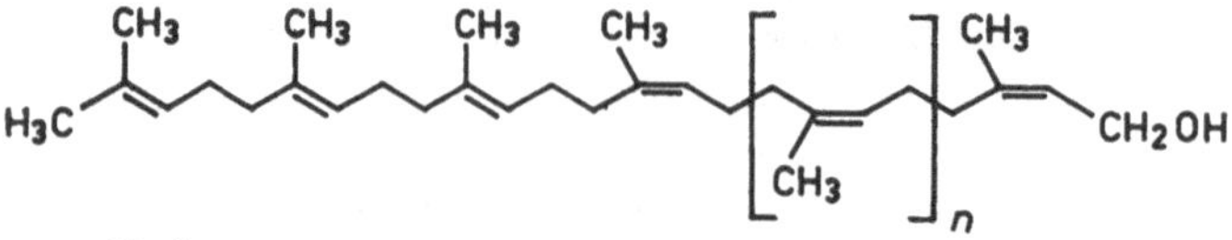

Undecaprenol ($n = 6$) aus Bakterien
Betulaprenole ($n = 1$–4) aus höheren Pflanzen

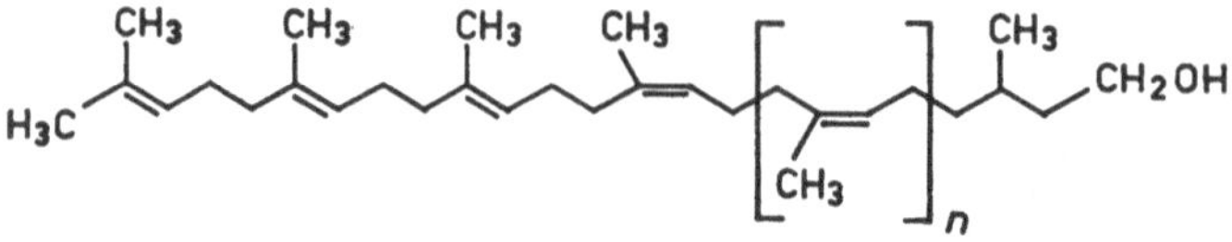

Dolichole ($n = 12$–16) aus Hefe und Säugetierzellen

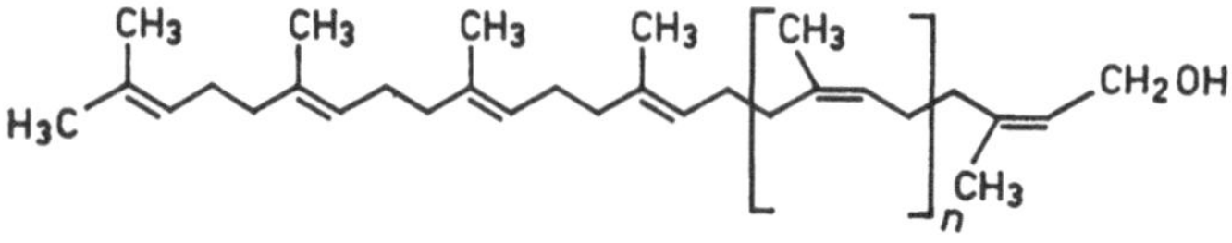

Ficaprenole ($n = 4$–8) aus Pflanzen

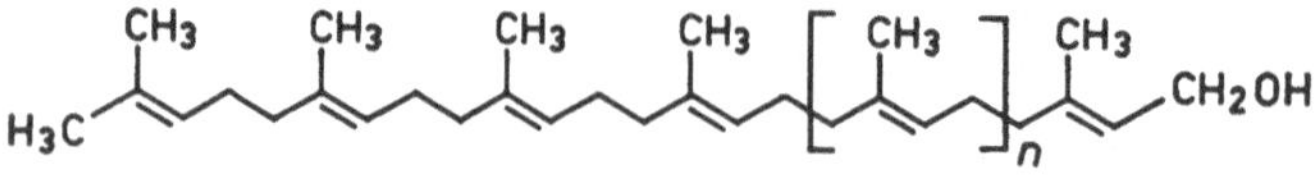

Solanesol ($n = 4$) aus Pflanzen

Formelübersicht 3–13
Am Glykosyltransfer beteiligte Polyprenole.

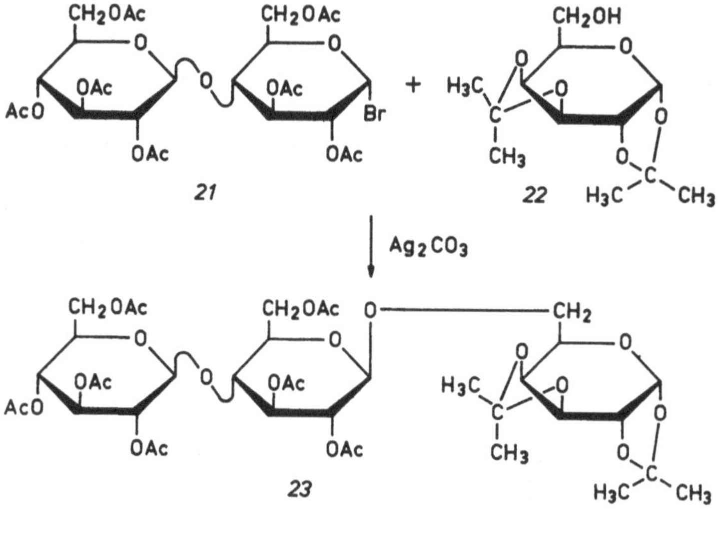

Struktur nicht genau definierten Polymere werden im Unterschied zu den natürlichen Polysacchariden als *Polyglykosen* bezeichnet.

Als aktivierte Monosaccharidderivate werden für die Synthese von Oligo- und Polysacchariden die Acylhalogenzucker bzw. aus diesen dargestellte Acyloxoniumionen und Zuckeranhydride eingesetzt.

Die verbreitetste Methode zur Synthese niederer Oligosaccharide ist die KOENIGS-KNORR-Synthese. Dabei werden Acetylglykosylbromide mit einem wegen des eindeutigen Verlaufes selektiv geschützten Zuckerderivat umgesetzt. So führt die Umsetzung von Hepta-O-acetyl-α-cellobiosylbromid (*21*) mit 1,2:3,4-Di-O-isopropyliden-D-galaktose (*22*) in Gegenwart von Silbercarbonat zu einem Derivat der 6-O-β-Cellobiosyl-D-galaktose (*23*).

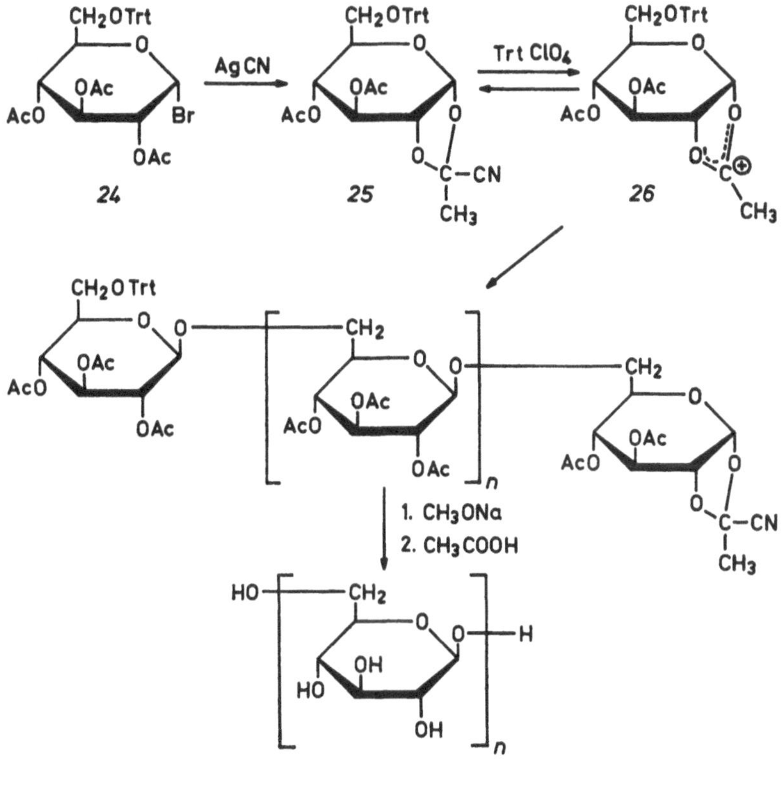

Der schrittweise Aufbau von Polysacchariden ist nach dieser Methode wegen der immer niedriger werdenden Ausbeuten und der sehr aufwendigen Umwandlung der zu verlängernden Oligosaccharide in entsprechende Acetobromzucker kaum möglich. Auch eine Polymerisierung von Acetohalogenosen mit freier Hydroxygruppe ist wegen der Instabilität dieser Verbindungen nicht möglich.

Eine Polymerisation bis zu einem Polymerisationsgrad von 50—60 ist ausgehend von Acyloxoniumsalzen gelungen. Dazu wurde zunächst 2,3,4-Tri-O-acetyl-6-O-trityl-α-D-glucopyranosylbromid (*24*) in ein FLETCHERsches Nitril umgewandelt (*25*), das mit Tritylperchlorat das Acyloxoniumsalz (*26*) bildet.

Als aktivierte Monosaccharidderivate wurden ferner ungeschützte und geschützte Zuckeranhydride eingesetzt. So führt die Behandlung von 1,6-Anhydro-2,3,4-tri-O-benzyl-β-D-glucopyranose in Dichlormethan bei −78 °C mit PF_5 als Katalysator zu einem polymeren Produkt mit einem Polymerisationsgrad von 97−178.

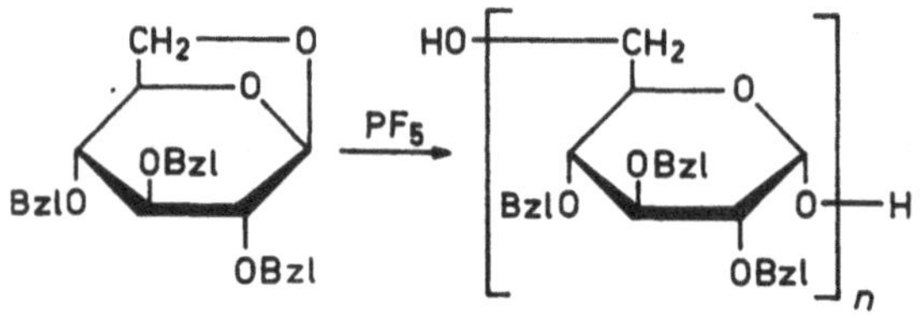

4. Nucleoside, Nucleotide und Nucleinsäuren

4.1. Bausteine der Nucleinsäuren

4.1.1. Nucleoside

4.1.1.1. Struktur

Als Nucleoside wurden ursprünglich nur die als Bestandteile der Nucleinsäuren vorkommenden N-Riboside und N-2′-Desoxyriboside von Pyrimidin- und Purinderivaten bezeichnet.

Im erweiterten Sinne versteht man heute unter Nucleosiden N-Glykoside heterocyclischer Systeme. Zu den natürlichen Nucleosiden gehören außer den Nucleinsäurekomponenten die Nucleosid-Antibiotica (Kap. 11.4.) sowie verschiedene Bausteine von Vitaminen und Coenzymen (Benzimidazolribosid des Vitamin B_{12}, Nicotinamidribosid).

Als Aglykone kommen in den Ribonnucleinsäuren die Pyrimidinderivate Uracil und Cytosin sowie die Purinderivate Adenin und Guanin vor. In den Desoxyribonucleinsäuren tritt an die Stelle des Uracils das Thymin (Formelübersicht 4–1 und Tab. 4–1).

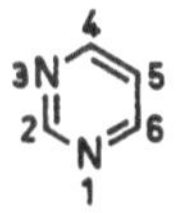

Pyrimidin

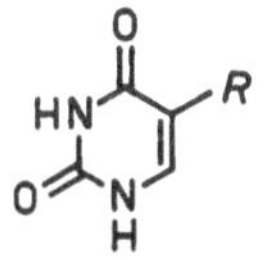

Uracil: *R* = H
Thymin: *R* = CH_3

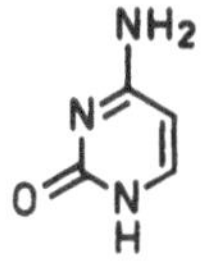

Cytosin

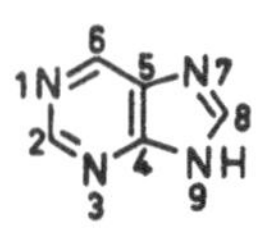

Purin

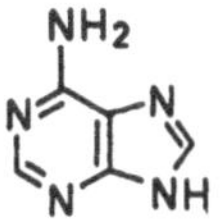

Adenin

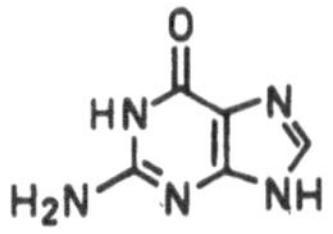

Guanin

Formelübersicht 4–1

Pyrimidin- und Purinbasen der Nucleinsäuren.

Neben der angegebenen ist noch eine andere Bezifferung des Pyrimidins gebräuchlich, die mit der des Pyrimidinanteils des Purinringsystems übereinstimmt.

Zwischenprodukte bei der Biosynthese der Nucleotide (Kap. 4.1.2.2.) sind Derivate der Pyrimidinbase Orotsäure sowie der Purinbasen Hypoxanthin und Xanthin.

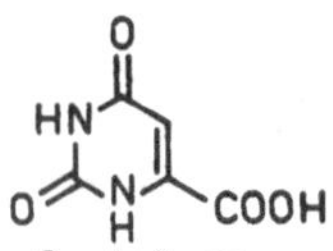

Orotsäure

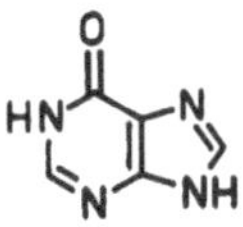

Hypoxanthin

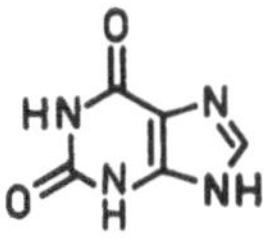

Xanthin

Neben den sog. Hauptbasen Uracil bzw. Thymin, Cytosin, Adenin und Guanin kommen sowohl in den Ribo- als auch in den Desoxyribonucleinsäuren noch zahlreiche seltene Basen (*Nebenbasen*) vor (Tab. 4–2). Dabei handelt es sich vor allem um in 5-Stellung substituierte Pyrimidinderivate sowie methylierte Derivate der Pyrimidine (in 3-Stellung sowie an der exocyclischen Aminogruppe) und der Purine (in 1- und 7-Stellung sowie an der exocyclischen Aminogruppe). Einige 6-Alkylaminoderivate der Purine wie das N(6)-Isopentenyladenin besitzen Cytokinin-Aktivität (Kap. 7.3.2.2.). Bemerkenswert ist ferner das Vorkommen der C-Glykosyl-Verbindung Pseudouridin (s. 165) sowie thionierter Pyrimidinderivate wie des 4-Thiouracil.

Besonders reich an Nebenbasen ist die tRNS. Sie enthält bis zu 10% seltene Nucleoside mit den Basen 4-Thiouracil, Dihydrouracil oder cytokininaktiven Basen. Diese Nebenbasen kommen an bestimmten Stellen des Moleküls vor (S. 269). Nebenbasen kommen aber auch in der ribosomalen und chromosalen RNS vor. Pseudouridin ist in der tRNS und rRNS enthalten.

Tabelle 4–1

Namen und Abkürzungen (nach IUPAC-IUB) der wichtigsten Nucleinsäurebasen und Nucleoside

Basen		Nucleoside (Riboside)*)		
Name	Abk.	Name	Abk.**)	
Adenin	Ade	Adenosin	Ado	A
Guanin	Gua	Guanosin	Guo	G
Xanthin	Xan	Xanthosin	Xao	X
Hypoxanthin	Hyp	Inosin	Ino	I
unbekannte Purinbase	Pur	Purinnucleosid	Puo	R
Thymin	Thy	Ribosylthymin	Thd	T***)
Cytosin	Cyt	Cytidin	Cyd	C
Uracil	Ura	Uridin	Urd	U
Orotsäure	Oro	Orotidin	Ord	O
		Pseudouridin	ψrd	ψ oder Q
		Dihydrouridin		D
unbekannte Pyrimidinbase	Pyr	Pyrimidinnucleosid	Pyd	Y
unbekannte Base,	Base	Nucleosid	Nuc	N

*) Desoxyriboside werden durch ein vorgesetztes d gekennzeichnet, also 2′-Desoxyadenosin = dAdo bzw. dA; Thymidin (2′-Desoxyribosylthymin) = dThd bzw. dT.
**) Einbuchstabensymbole für Oligo- und Polynucleotide. Ein verbindender Strich bedeutet 3′,5′-Phosphorsäurediesterbindung zwischen den Nucleosiden
***) nicht Thymidin!

Die Purin- und Pyrimidinbasen sind N-β-D-glykosidisch an Ribose (Riboside als Bausteine der Ribonucleinsäure) bzw. 2-Desoxyribose (2-Desoxyriboside als Bausteine der Desoxyribonucleinsäure) gebunden. Der Zuckerrest steht bei den Pyrimidinen in 1-Stellung, bei den Purinen in 9-Stellung.

Die Strukturaufklärung geht im wesentlichen auf Untersuchungen der Arbeitsgruppen um Levene zu Beginn der dreißiger Jahre und Todd Mitte der vierziger Jahre zurück. Basen und Zuckerkomponente konnten nach der säurekatalysierten Hydrolyse (S. 242) identifiziert werden. Die relativ große Stabilität insbesondere der Pyrimidinnucleoside

Tabelle 4–2
Seltene Basen der Nucleinsäuren

Derivate von	RNS	DNS
Uracil:	5-Methyluracil (Thymin), 3-Methyl-, 5,6-Dihydro-, 5-Hydroxy-, 5-Carboxymethyl-, 5-Hydroxymethyluracil, 4-Thiouracil, 5-Carboxymethyl-2-thiouracil, 5-Methylaminomethyl-2-thiouracil, Pseudouridin	
Cytosin:	5-Methyl-, 3-Methyl-, N(4)-Methyl-, 5-Hydroxymethyl-, N(4)-Acetyl-, 2-Thiocytosin	5-Methylcytosin
Adenin:	1-Methyl-, 7-Methyl-, N(6)-Methyl-, N(6)-Dimethyl-, N(6)-Isopentenyladenin, Hypoxanthin, 1-Methylhypoxanthin	N(6)-Methyladenin
Guanin:	1-Methyl-, N(2)-Methyl-, N(2)-Dimethyl-, 7-Methylguanin	1-Methyl-, 7-Methyl-, N(2)-Dimethylguanin

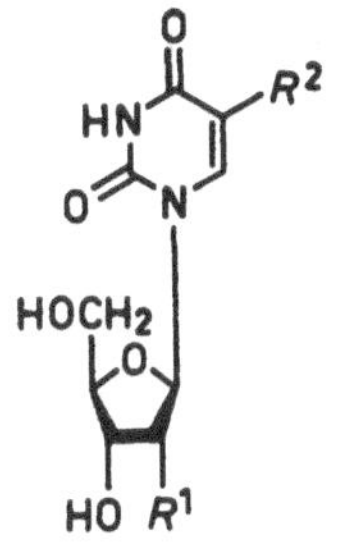

R^1 = H; R^2 = CH_3:
1-β-D-2'-Desoxyribofuranosylthymin (Thymidin)
R^1 = OH; R^2 = H:
1-β-D-Ribofuranosyluracil (Uridin)

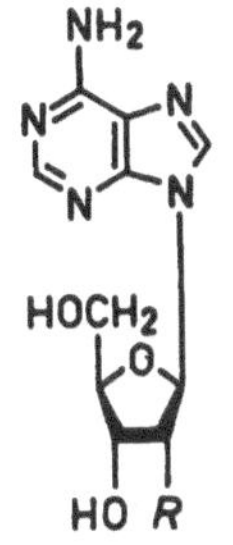

R = H: 9-β-D-2'-Desoxyribofuranosyladenin (2'-Desoxyadenosin)
R = OH: 9-β-D-Ribofuranosyladenin (Adenosin)

gegenüber der säurekatalysierten Hydrolyse schloß eine O-glykosidische Bindung des Zuckerrestes aus. Durch die erfolgreiche Desaminierung von Cytidin, Adenosin und Guanosin mit salpetriger Säure (S. 241) ohne Zerstörung der Nucleosidstruktur kam auch die exocyclische Aminogruppe nicht für die Bindung des Zuckerrestes in Frage. Der Substitutionsort an der heterocyclischen Base ergab sich durch Methylierung der Nucleoside und anschließende Isolierung der methylierten Basen nach der säurekatalysierten Hydrolyse (vgl. Formelübersicht 4–2) sowie einem Vergleich der *UV*-Spektren der Methylierungsprodukte der Basen mit denen der Nucleoside. Die Furanosidstruktur ging aus dem Verhalten gegenüber Periodat hervor.

Der endgültige Strukturbeweis gelang Todd und Mitarb. durch die Synthese.

Die Zuordnung zur α- oder β-Reihe war erst später möglich anhand der Röntgenstrukturanalyse (1950) sowie durch die Bildung von Cyclonucleosiden (Todd, 1957). Die Cyclonucleoside (Formelübersicht 4–3) können nur bei der in der β-Konfiguration

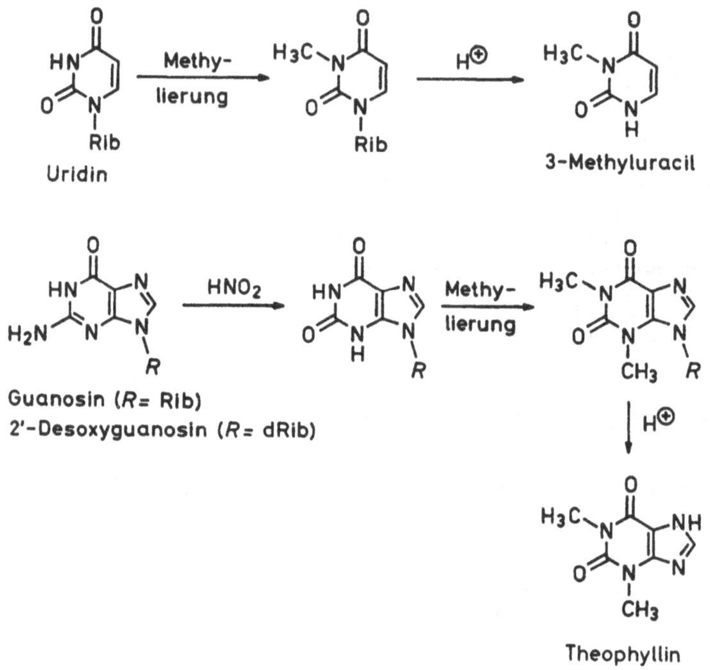

Formelübersicht 4–2
Chemische Abbaureaktionen von Uridin und Guanosin.

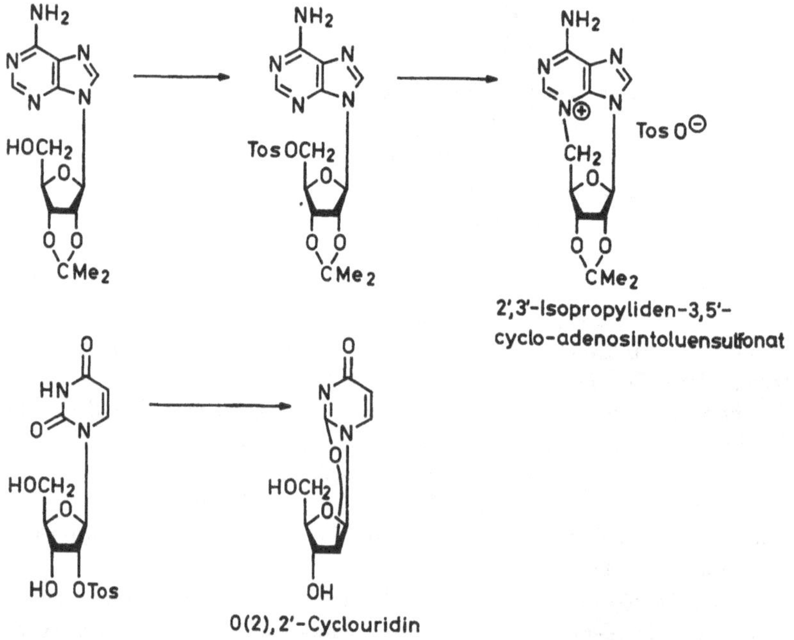

Formelübersicht 4–3
Bildung von Cyclonucleosiden.

vorliegenden Anordnung der Substituenten gebildet werden. Heute werden für die Konfigurationsbestimmung von Nucleosiden spektroskopische Methoden wie die *NMR*-Spektroskopie und vor allem chiroptische Methoden herangezogen.

4.1.1.2. Synthese der Basen

Eine allgemein anwendbare Synthese von Pyrimidinen beruht auf der Kondensation eines Amidins (z. B. Guanidin, Harnstoff, Thioharnstoff) mit einer entsprechend substituierten Dreikohlenstoffkomponente in Gegenwart starker Basen wie Hydroxid oder Alkoholaten (PINNER, TRAUBE). So lassen sich z. B. Uracil und 5-substituierte Uracilderivate wie Thymin oder 5-Fluoruracil durch Umsetzen von Alkylisothioharnstoff mit Formylessigsäure (R = H) bzw. entsprechend substituierten Derivaten (R = CH_3, F) und anschließender Entschwefelung der zunächst entstehenden 2-Alkyl-Derivate durch Hydrolyse mit Salzsäure erhalten.

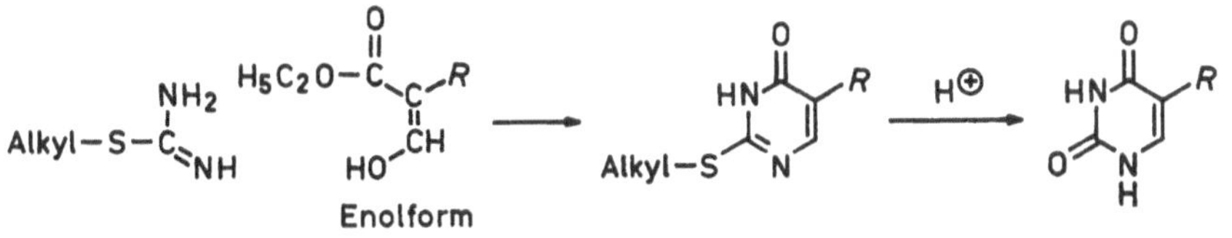

Cytosin kann aus Uracil über die 2,4-Dithio-Verbindung gebildet werden:

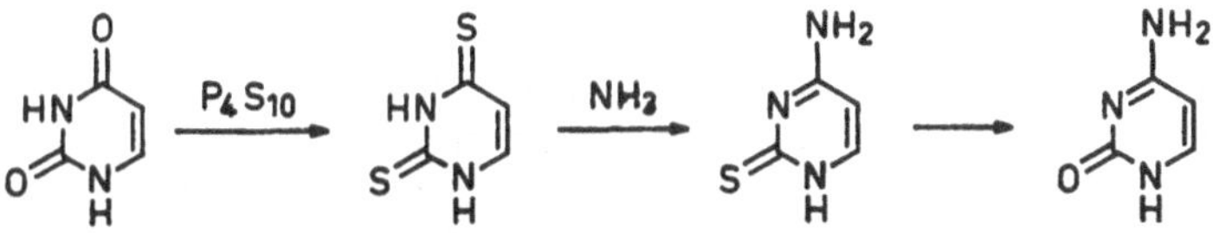

Die verbreitetste Methode zur Synthese des Purinringsystems beruht auf der Cyclisierung von 5,6-Diaminopyrimidinen (*1*) mit Ameisensäure (TRAUBE). Das Ringsystem kann jedoch auch – ähnlich wie bei der Biosynthese (S. 229) – durch Cyclisierung eines entsprechenden Imidazolderivates (*2*) mit Ameisensäure (X = OH, R^2 = H) oder Harnstoff (R^2, X=NH_2) aufgebaut werden.

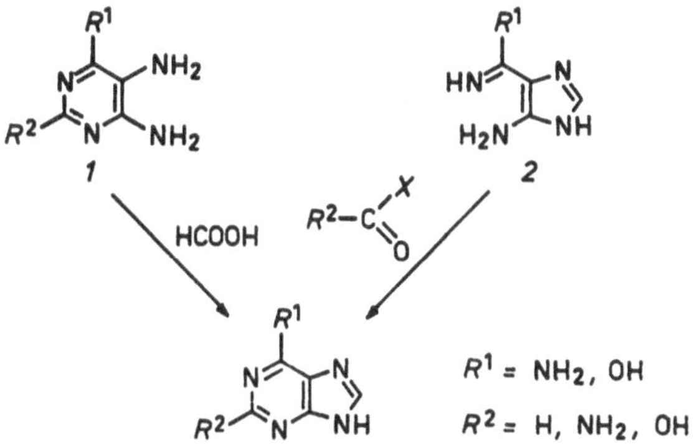

Bei der Guanin-Synthese nach TRAUBE wird zunächst der Pyrimidinring durch Umsetzen von Guanidin mit Cyanessigsäureester gebildet. Mit salpetriger Säure entsteht die

5-Nitroso-Verbindung, die durch Hydrierung in die zur Cyclisierung benötigte 5,6-Diamino-Verbindung überführt werden kann. Die zweite für die Cyclisierung zum Purinring erforderliche Aminogruppe kann durch Hydrierung der Nitroso- oder Phenyldiazo-Gruppe eingeführt werden.

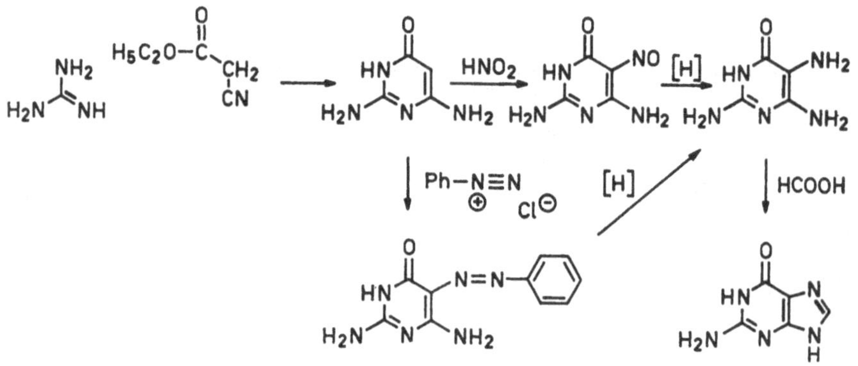

4.1.1.3. Nucleosidsynthesen

Nucleoside entstehen rein formal durch eine Kondensationsreaktion zwischen der Hydroxylgruppe am C-1 einer Aldose und dem entsprechenden Wasserstoffatom der Base. Als aktivierte Form des Zuckers werden bei den Nucleosidsynthesen fast ausschließlich Halogenosen eingesetzt, deren Hydroxygruppen durch Veresterung oder Veretherung geschützt sind. Diese Schutzgruppen (vgl. Tab. 4–6, S. 246) müssen nach erfolgter Nucleosidsynthese wieder durch Verseifung oder Hydrogenolyse abgespalten werden. Meist eingesetzte Halogenosen sind 2,3,5-Tri-O-benzoyl-ribofuranosylchlorid (*3*) für die Synthese von Ribosiden, 3,5-Di-O-toluyl-2-desoxyribofuranosylchlorid (*4*) für die Synthese von Desoxyribosiden und 2,3,5-Tri-O-benzyl-arabinofuranosylchlorid (*5*) für die Synthese der als Antimetabolite bedeutenden Arabinoside.

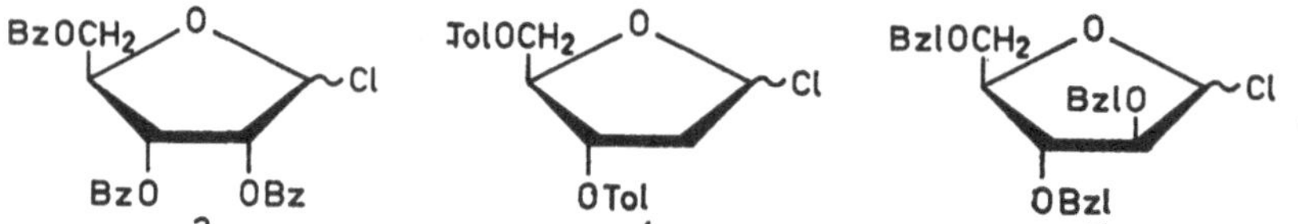

3 *4* *5*

Die Basen werden als Schwermetallsalze (Ag- oder Hg-Salze) bzw. als Ether (Alkyl- oder Trimethylsilylether) eingesetzt. Eine Aminogruppe würde die Reaktion als nucleophile Gruppe stören. Aminogruppen der Basen werden daher z. B. durch Benzoylierung geschützt. Der Benzoylrest wird nach erfolgter Nucleosidsynthese wieder abgespalten.

Der Einsatz von *Schwermetallsalzen* der Aglykone zur Nucleosidsynthese geht auf E. FISCHER zurück, der die Silbersalze von Purinen und Pyrimidinen mit Halogenosen umsetzte. Bei Einsatz der Silbersalze von Pyrimidinen wurden dabei die sehr labilen O-Glykoside erhalten.

Die Umsetzungen werden in einem wasserfreien Lösungsmittel wie Toluen durchgeführt. Chlormercuri-Verbindungen ergaben bei den Purinen meist bessere Ausbeuten als die Silber-Salze. Die Pyrimidinbasen (Pyr) bilden drei verschiedene Hg-Salze: Pyr–HgCl, $(Pyr)_2Hg$ und Pyr=Hg.

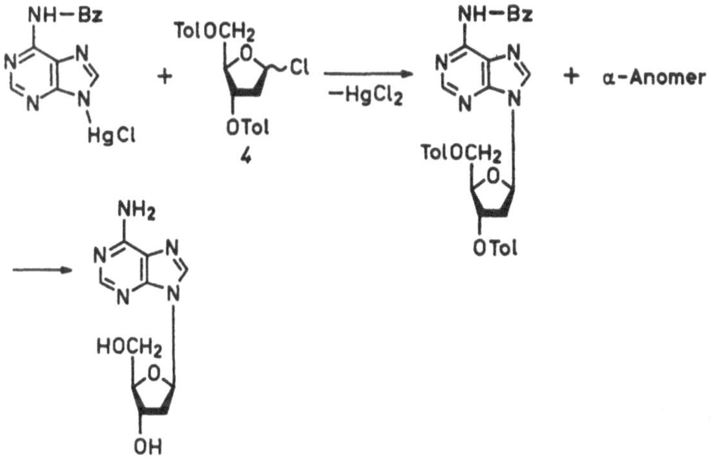

Zur Synthese der Pyrimidinnucleoside werden meist *Ether* der Pyrimidine eingesetzt. Nach der HILBERT-JOHNSON-Synthese werden Dialkoxypyrimidine (*6*) mit Halogenosen umgesetzt (Weg A). Diese Methode benutzte TODD zur ersten Synthese von Cytidin.

Wesentlich bessere Ausbeuten werden beim Einsatz der Trimethylsilylether erhalten (*7*), die relativ leicht durch Erhitzen der Pyrimidinbasen mit Hexamethyldisilazan oder einem anderen Silylierungsmittel unter Rückfluß gebildet werden können. Die Trimethylsilylether reagieren dann in hoher Ausbeute in Gegenwart von Katalysatoren wie $AgClO_4$ mit der Halogenose (Weg *B*).

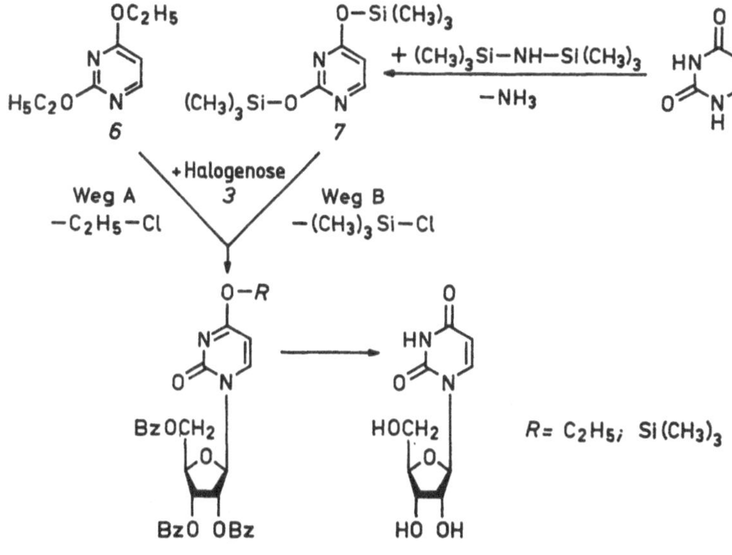

Die Umsetzung der Hg-Salze als auch die der Ether mit der Halogenose erfolgen unter S_N1-Bedingungen, so daß beide Anomere des Nucleosids entstehen könnten. Bei der Synthese der Riboside fallen jedoch bevorzugt die β-Anomeren an. Das wird auf eine Beteiligung des Acyloxyrestes in 2-Stellung der Halogenose zurückgeführt (*trans-*

Regel von BAKER). Bei der Synthese der 2-Desoxyribofuranoside werden dagegen sowohl α- als auch β-Anomere gebildet.

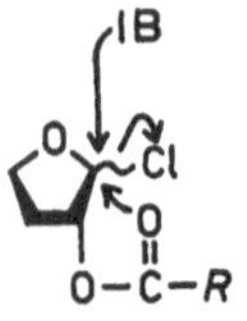

4.1.2. Mononucleotide

4.1.2.1. Struktur

Nucleotide sind die Phosphorsäureester der Nucleoside. Nach der Anzahl der Nucleosidkomponente unterscheidet man Mono-, Di-, Tri-, Oligo- und Polynucleotide.

Bei den Mononucleotiden sind eine oder mehrere Hydroxygruppen mit Phosphorsäure verestert. Riboside können die Phosphorsäure in 2-, 3- oder 5-Stellung, 2-Desoxyriboside nur in 3- oder 5-Stellung des Zuckerrestes tragen.

Am längsten bekannt sind die 5'-Phosphate. Inosin-5'-phosphat (IMP, Inosinsäure) wurde bereits 1847 von LIEBIG aus Rindfleischextrakt isoliert, Adenosin-5'-phosphat (Adenylsäure, AMP) 1927 aus Muskelgewebe.

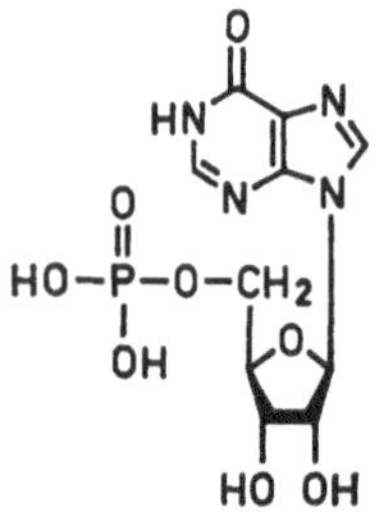

Inosin-5'-phosphat

In schwach saurer oder alkalischer Lösung tritt eine intramolekulare Phosphatwanderung zwischen den Hydroxygruppen in 2'- und 3'-Stellung ein, die über ein Cyclophosphat verläuft.

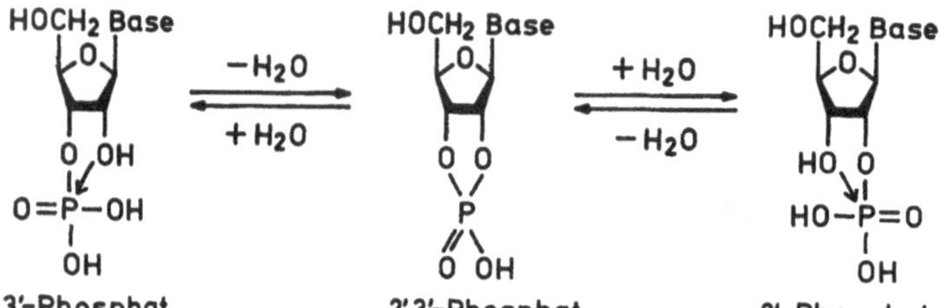

3'-Phosphat **2',3'-Phosphat** **2'-Phosphat**

5'-Phosphate der Riboside können von 2'- bzw. 3'-Phosphaten durch ihre unterschiedliche Reaktion mit Periodat unterschieden werden. Lediglich die 5'-Phosphate werden als cis-Diole oxidativ aufgespalten, 2'- und 3'-Phosphate reagieren nicht mit Periodat.

Die Monophosphate dissoziieren in zwei Stufen. Die pK_s-Werte liegen bei 1 und 6. Der pK_s-Wert der zweiten Dissoziationsstufe ist bei den 3'-Phosphaten etwas kleiner als bei den 2'- und 5'-Phosphaten. Dieser Unterschied reicht für eine Trennung dieser Nucleotide mittels Ionenaustauschchromatographie aus.

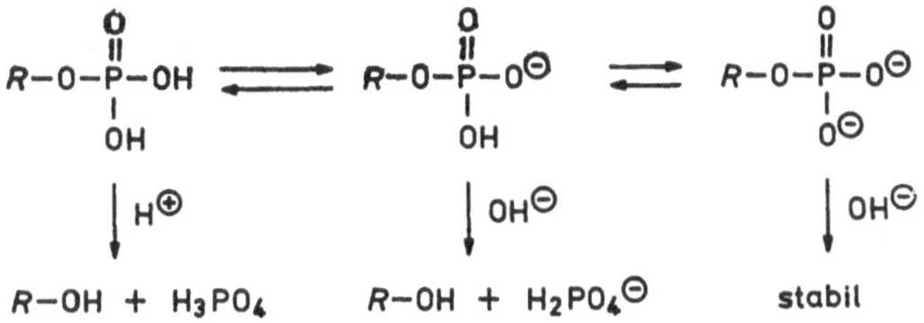

Wie andere Phosphorsäureester sind die Nucleotide gegenüber Alkali stabil. Sie werden aber relativ leicht durch Säuren gespalten. Unter diesen Bedingungen wird auch die glykosidische Bindung gespalten.

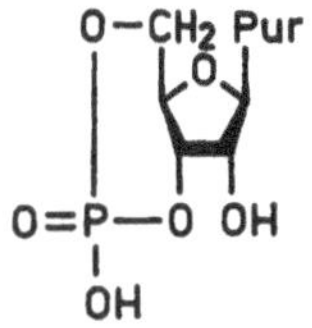

cAMP: Pur = Ade
cGMP: Pur = Gua

Von großer biologischer Bedeutung sind 3',5'-Nucleotide. *Adenosin-3',5'-phosphat* (cyclo-AMP, cAMP) und Guanosin-3',5'-phosphat (cGMP) spielen eine Rolle als Modulatoren der Peptidhormonwirkung (Kap. 7.2.1.1.2.). Adenosin-3',5'-phosphat wird im Organismus rasch abgebaut und ist nicht in der Lage, die Zellmembran zu passieren. Unter den membrangängigen cAMP-Derivaten ist besonders das an der 6-Amino- und 2'-Hydroxygruppe acylierte Dibutyryl-cAMP zu erwähnen.

cAMP läßt sich durch Behandeln des Triethylammoniumsalzes von AMP mit Dicyclohexylcarbodiimid in Pyridin erhalten.

Adenosin-3',5'-bis(phosphat) und Adenosin-2',5'-bis(phosphat) sind Bestandteile der Coenzyme CoA bzw. NADP (vgl. Kap. 6).

Die 5'-Phosphate können mit Säuren Anhydride bilden. Eine besondere Rolle spielen die Anhydride mit Phosphorsäure und Pyrophosphorsäure, die Di- und Triphosphate.

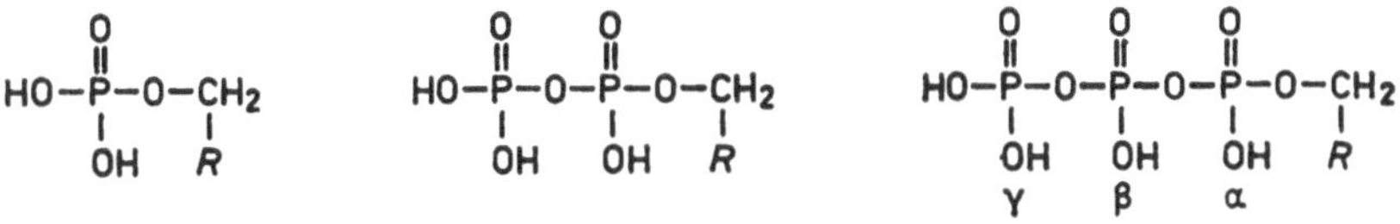

Monophosphat (MP) Diphosphat (DP) (Pyrophosphat) Triphosphat (TP)

Die Anhydridbindungen sind sehr energiereich. Adenosintriphosphat (ATP) ist der wichtigste Energiespeicher und Phosphatüberträger (Lohmann). Im Neutralen beträgt die bei der hydrolytischen Spaltung der terminalen Phosphatgruppe freiwerdende Energie 28—32 kJ/Mol. Im Alkalischen liegt dieser Wert höher (pH 9: ca. 40 bis 44 kJ/Mol).

Durch die Anhydridbildung mit 5'-Phosphaten werden in der Zelle auch andere Säuren aktiviert. Gemischte Anhydride mit Zucker-1-phosphaten, Schwefelsäure, Carbonsäuren oder Aminosäuren dienen zur Übertragung dieser Reste auf entsprechende Substrate.

Die Anhydride mit Zucker-1-phosphaten (sog. Zuckernucleotide, S. 214) wie UDP-Galaktose oder -Glucose, GDP-Mannose, dienen als Glykosylüberträger z. B. bei der Polysaccharidsynthese. CDP-Cholin überträgt den Cholinrest bei der Phospholipidsynthese. Der Schwefelsäurerest von Adenosin-3'-phosphat-5'-phosphosulfat (PAdoPS, sog. aktives Sulfat) wird auf Hydroxygruppen von Kohlenhydraten oder Phenolen übertragen.

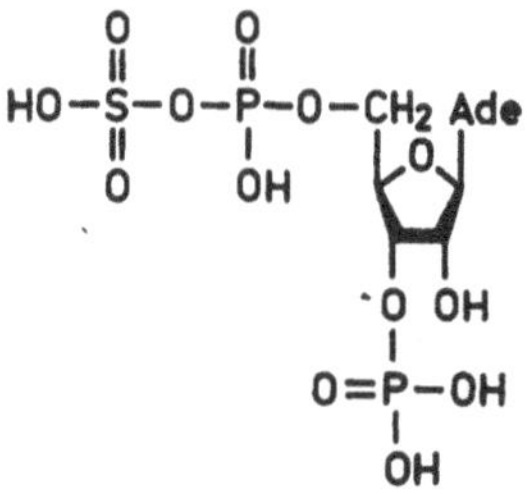

Adenosin-3'-phosphat-5'-phosphosulfat

Die Carbonsäure-Phosphorsäureester-Anhydride sind wesentlich hydrolyseempfindlicher als Phosphorsäure-Phosphorsäureester- oder Schwefelsäure-Phosphorsäureester-Anhydride. Gemischte Anhydride von Carbonsäuren mit AMP werden als Zwischenprodukte bei der Übertragung von Acylresten auf das Coenzym A in Gegenwart von ATP als Co-Substrat gebildet.

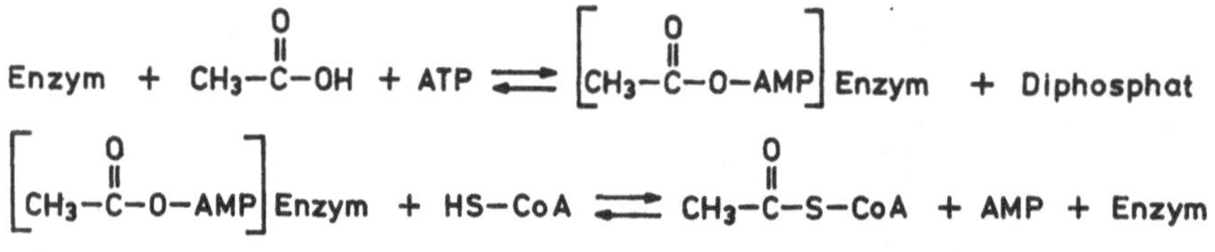

4.1.2.2. Biosynthesen und Abbau

Die Biosynthese der Nucleotide verläuft bei Mikroorganismen, Pflanzen und Tieren auf ähnlichem Wege. Die de-novo-Synthesen gehen von acyclischen Precursoren aus.

Bei den Pyrimidinnucleotiden erfolgt zunächst der Aufbau des Pyrimidinringes und anschließend dessen Glykosidierung durch Reaktion mit 5-Phosphoribosyl-pyrophosphat. Erstes Pyrimidinnucleotid ist das Orotidin-5'-phosphat, aus dem durch Decarboxylierung UMP entsteht, von dem sich alle anderen Pyrimidinnucleotide ableiten (Formelübersicht 4–5). Im Unterschied zu den Pyrimidinnucleotiden wird bei den Purinderivaten das heterocyclische Ringsystem unmittelbar am Riboserest aufgebaut. Die Biosynthese geht aus von 5-Phosphoribosyl-pyrophosphat. Zunächst wird der Imidazolring gebildet (Formelübersicht 4–4). Erstes Purinnucleotid ist Inosin-5'-phosphat, aus dem die anderen Purinnucleotide entstehen.

Die reduktive Umwandlung der Riboside in die 2-Desoxyriboside erfolgt auf der Stufe der Diphosphate (z. B. CDP → dCDP). Bei den Pyrimidinen werden die Triphosphate (UTP → CTP), bei den Purinen die Monophosphate aminiert (IMP → AMP, XMP → GMP). Uracil wird als Desoxyribosid-monophosphat in Gegenwart des Enzyms Thymi-

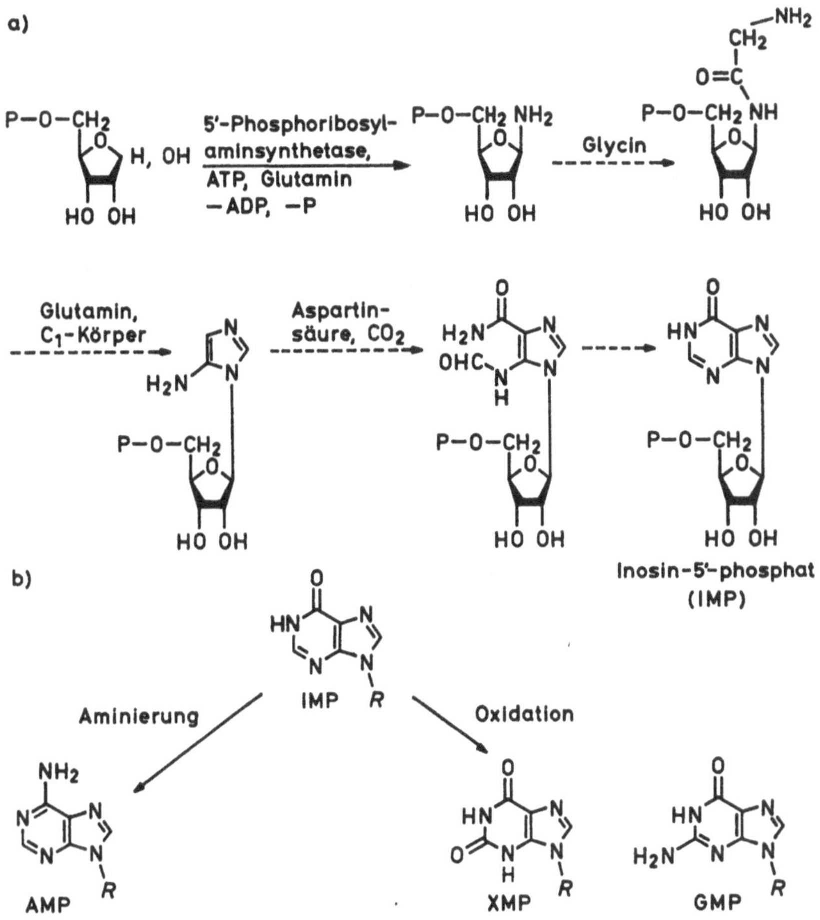

Formelübersicht 4–4
Schematische Darstellung der Biosynthese (*a*) und Umwandlung (*b*) von Inosin-5'-phosphat (R = ribosyl-5'-phosphat).

dylatsynthetase methyliert (dUMP → dTMP). Für den Einbau in die Nucleinsäuren werden die Triphosphate benötigt, die durch Phosphorylierung in Gegenwart von Kinasen gebildet werden.

Die Purinnucleotide werden im tierischen Organismus oxidativ abgebaut. Die Oxidation zu *Harnsäure* erfolgt durch die Xanthinoxidase. Harnsäure ist das hauptsächliche Ausscheidungsprodukt stickstoffhaltiger Verbindungen bei Reptilien und Vögeln und das Endprodukt des Purinabbaus bei den Primaten. Die übrigen Säugetiere bauen die Harnsäure weiter durch das Enzym Uricase zum Allantoin ab (Formelübersicht 4–6).

Die Xanthinoxidase wird durch das Syntheticum Allopurinol (S. 285) gehemmt. Dieses Pyrazolopyrimidin wird therapeutisch bei Gicht eingesetzt, bei der es zu einer Ablagerung von Harnsäure kommt.

Bei einigen höheren Pflanzen ist Xanthin das Ausgangsprodukt für die Biosynthese der *Purin-Alkaloide*. Die Purin-Alkaloide Coffein (1,3,7-Trimethylxanthin), Theophyllin (1,3-Dimethylxanthin) und Theobromin (3,7-Dimethylxanthin) sind Methylierungsprodukte des Xanthins.

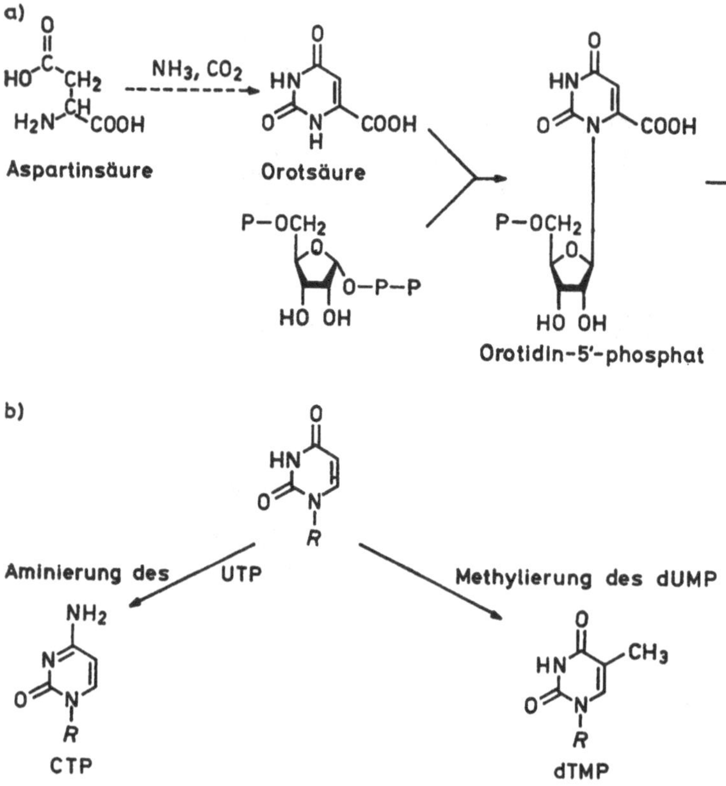

Formelübersicht 4–5

Schematische Darstellung der Biosynthese (*a*) und Umwandlung (*b*) von Uridin (R = ribosyl-5'-triphosphat bzw. 2'-desoxyribosyl-5'-phosphat).

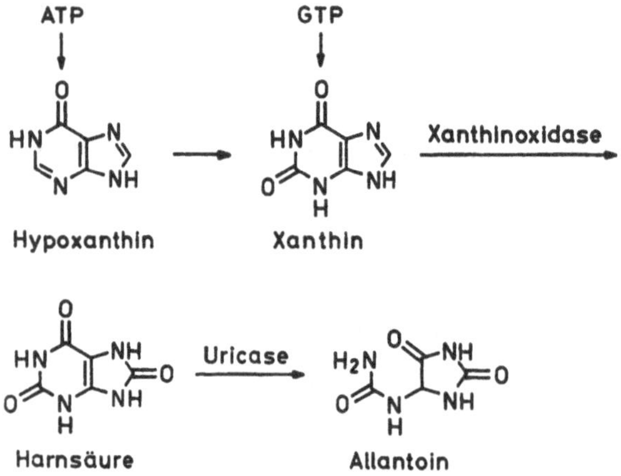

Formelübersicht 4–6

Abbau der Purinnucleotide.

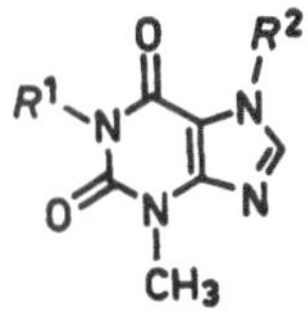

	R^1	R^2
Coffein	CH_3	CH_3
Theophyllin	CH_3	H
Theobromin	H	CH_3

Die Kaffeebohnen (Samen von *Coffea arabica*) enthalten ca. 1% Coffein neben 3—4% Chlorogensäure. In den Teeblättern (Stammpflanze: *Camellia sinensis*) sind neben wenig Theophyllin 1 bis 5% Coffein enthalten. In den Colanüssen, den Samen von *Cola nitida* und *acuminata*, kommen bis zu 2% Coffein vor. Aus dem Extrakt dieser Nüsse werden die Cola-Getränke bereitet. Die Kakaosamen (Stammpflanze: *Theobroma cacao*) enthalten ca. 2% Theobromin neben wenig Theophyllin und Coffein. Diese Drogen werden wegen der zentral erregenden Wirkung des in ihnen enthaltenen Coffeins in großen Mengen als Genußmittel verwendet. Theophyllin und Theobromin wirken diuretisch und erweitern die Gefäße der glatten Muskulatur. Ein Purinderivat ist auch das von Protozoen gebildete und in Miesmuscheln enthaltene *Saxitoxin*. Dieses 3,4,6-Trialkyltetrahydropurin-Derivat ist ein stark wirkendes Toxin, das ähnlich wie Tetrodotoxin (S. 566) an Membranen die Bildung von Aktionspotentialen blockiert. Es enthält eine Hemiketal-Struktur.

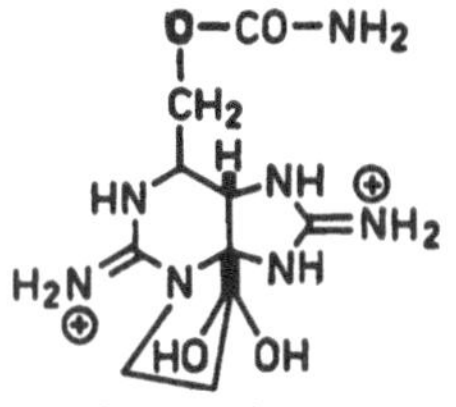

Saxitoxin

4.1.2.3. *Mononucleotidsynthesen*

Die chemische Synthese von Mononucleotiden erfolgt fast ausschließlich durch Phosphorylierung entsprechend geschützter Nucleoside (vgl. S. 224). Das zuerst eingesetzte *Phosphorylierungsreagens* war das bereits in den dreißiger Jahren (LEVENE und TIPSON) zur Synthese von Ribonucleotiden herangezogene Phosphorylchlorid, durch das allerdings aufgrund der drei reaktionsfähigen Chloratome zu viel Nebenprodukte anfallen. Ein wichtiges Phosphorylierungsreagens ist das von TODD eingeführte Dibenzylphosphorsäurechlorid. Als Beispiel sei die Synthese eines 5'-Ribonucleotids angeführt.

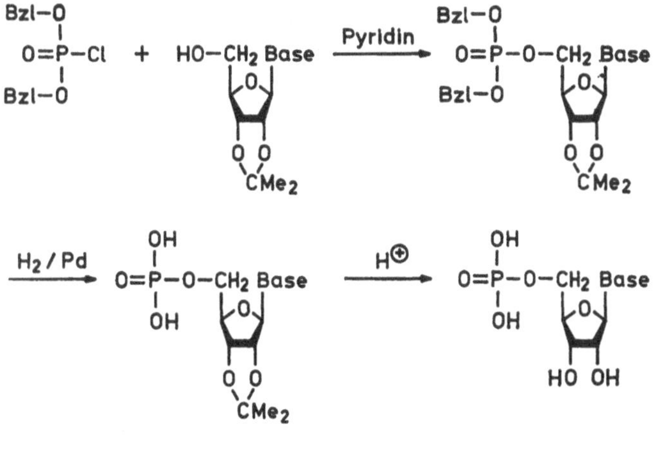

Die Benzylreste lassen sich durch katalytische Hydrierung relativ leicht abspalten. Abschließend wird der Isopropylidenrest durch Behandeln mit verdünnter Salzsäure entfernt. In einigen Fällen war Dibenzylphosphorsäurechlorid für die Phosphorylierung nicht geeignet, so für die Umsetzung von Isopropylidenguanosin sowie von 3'-Hydroxygruppen in 5'-Stellung geschützter Nucleoside. Als weitere Phosphorylierungsmittel wurden deshalb Phosphorsäureester eingeführt, die durch ein Kondensationsmittel (z. B. DCC, s. S. 127) aktiviert werden müssen. Von besonderer Bedeutung ist das β-Cyanoethylphosphat, das durch Umsetzen von β-Cyanoethanol mit Phosphorylchlorid bzw. Phosphorsäure in Gegenwart von Trichloracetonitril erhalten werden kann.

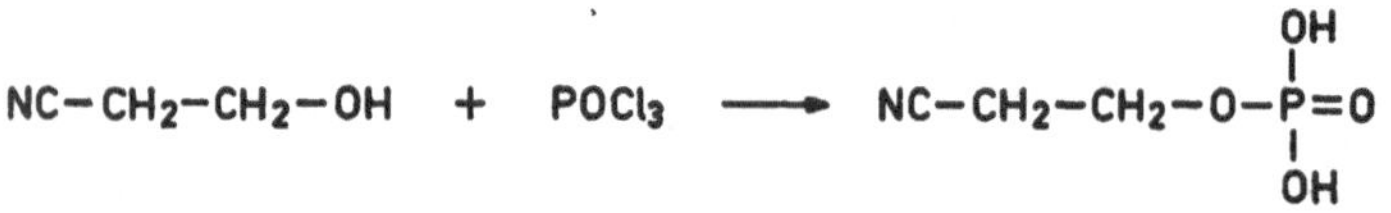

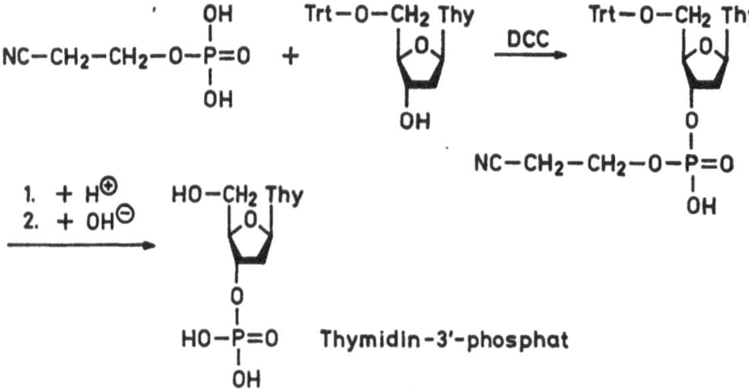

Die Synthese von 5'-Triphosphaten kann durch Umsetzen des 5'-Phosphomorpholids (*8*) mit Tributylammoniumpyrophosphat in Gegenwart von DCC erfolgen (Moffatt und Khorana).

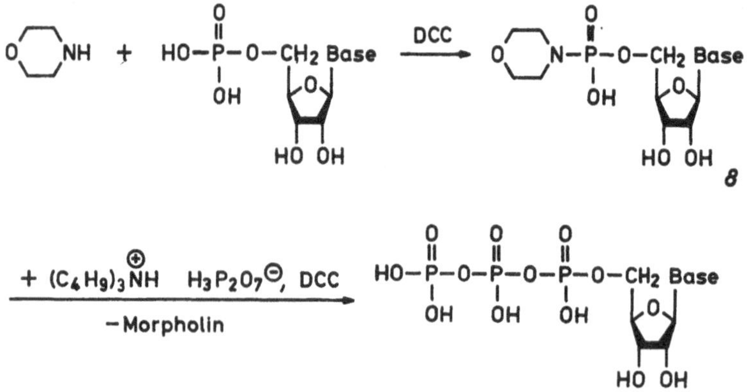

Im Unterschied zur chemischen Synthese werden bei der enzymatischen Synthese von Nucleotiden keine Schutzgruppen benötigt. Die enzymatische Synthese ist allerdings meist nur für die Herstellung geringer Mengen geeignet.

4.1.3. Physikalisch-chemische Eigenschaften

4.1.3.1. Tautomerie

Die Pyrimidin- und Purinbasen sowie deren Nucleoside und Nucleotide können in verschiedenen tautomeren Formen vorliegen. Die Lage des Gleichgewichtes dieser Lactam-Lactim- bzw. Imino-Amino-Tautomerie ist von außerordentlicher Bedeutung für die Ausbildung von Wasserstoffbrücken und damit für die Struktur der Nucleinsäuren.

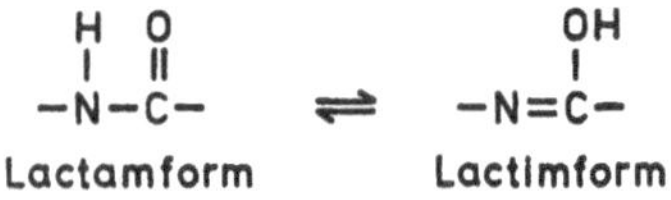

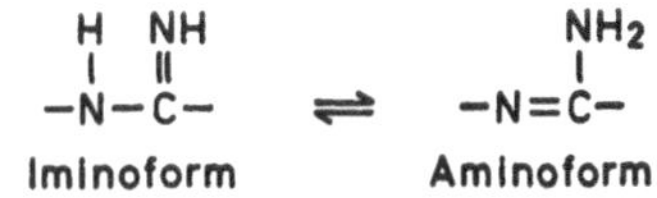

Die bevorzugte Struktur kann durch Vergleich der *UV*-, *IR*- oder *NMR*-Spektren der Verbindungen mit denen ihrer methylierten Derivate ermittelt werden, bei denen eine tautomere Form fixiert ist (z. B. Uracil: Methylderivate *9* und *10*).

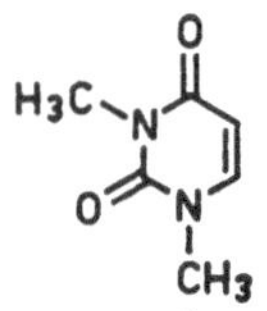
9

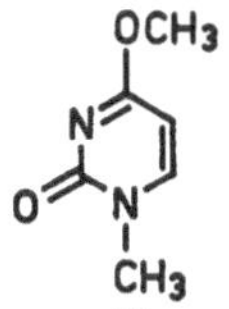
10

Aus diesen Untersuchungen ging hervor, daß in wäßriger Lösung bei pH 7 die Lactam- und Aminoform eindeutig bevorzugt werden. Die Menge der anderen tautomeren Form liegt nach *IR*-, *UV*- und thermodynamischen Messungen unter 1%. Bei thionierten Verbindungen wie 4-Thiouracil ist im Neutralen die Thionform gegenüber der Thiolform bevorzugt. Die experimentell gefundene Lage der Tautomeriegleichgewichte wird auch durch Berechnung der Resonanzenergien im Grundzustand bestätigt. Im ersten angeregten Zustand aber, der z. B. mit energiereicher Strahlung gebildet wird, sind Amino- und Iminoform etwa gleichberechtigt. Die Iminoform des Cytosins könnte somit Anlaß für eine andere Basenpaarung (S. 264) und damit für Mutationen (S. 277) sein.

4.1.3.2. Dissoziation

Die Nucleinsäurebasen sowie deren Nucleoside und Nucleotide verfügen vor allem mit der Amino- bzw. Lactamgruppe über Strukturen, die mit Säuren bzw. Basen reagieren können.

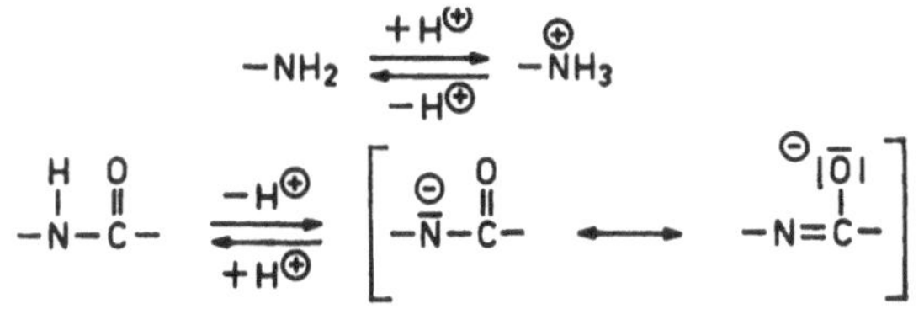

Die pK_s-Werte der Aminogruppen liegen bei 2,5—4,3, die der Lactamgruppe bei ca. 9,5 (vgl. Tab. 4–3). Nach Röntgenstrukturanalysen werden Adenosin am N-1, Guanosin am N-7, Cytidin am N-3 und Uridin am O(4) protoniert.

Bei den Nucleotiden und Nucleinsäuren kommt zusätzlich noch die Dissoziation der Phosphorsäureestergruppe hinzu.

Tabelle 4–3

pK_s-Werte der Basen, Nucleoside und Nucleotide

	Dissoziation im Sauren*)		Dissoziation im Alkalischen			
	Base	Nucleosid	Base	Nucleosid	Phosphorsäureestergruppe der 5'-Phosphate pK_1	pK_2
Adenin	4,1	3,5 3,8	9,7**)		0,9	6,1
Guanin	3,3	1,6—2,5	9,4***)	9,2	0,7	6,1
Uracil			9,5***)	9,2—9,3	1,0	6,4
Thymin			9,8***)	9,8		
Cytosin	4,5	4,2—4,3	—	—	0,8	6,3

*) Aminogruppe **) Imidazol-NH ***) Lactamgruppe

Durch den Glykosylrest wird der pK_s-Wert etwas verringert. Riboside besitzen einen etwas geringeren pK_s-Wert als Desoxyriboside (z. B. pK_s-Wert von Uracil = 9,45; 2'-Desoxyuridin = 9,3 und Uridin = 9,17).

Die Unterschiede in den pK_s-Werten werden für die Trennung der Nucleinsäurebausteine ausgenutzt. Die wichtigsten Methoden sind die Elektrophorese und die Ionenaustauschchromatographie. Bei der elektrophoretischen Fraktionierung von Nucleotiden, Polynucleotiden und Nucleinsäuren ist der pH-Wert optimal, bei dem die Ladung der zu trennenden Komponenten unterschiedlich ist. Die Chromatographie an Kationenaustauschern wird zur Trennung von Mischungen von Nucleosiden und Nucleotiden herangezogen. Zur Fraktionierung von Nucleotiden und Nucleinsäuren dient die Chromatographie an Anionenaustauschern (S. 27).

4.1.3.3. *Konformation*

Geometrie der Basen

Die Purin- und Pyrimidinbasen sind heteroaromatische Ringsysteme, die im wesentlichen planar gebaut sind. Die aus Röntgenstrukturanalysen ermittelten Atombindungslängen und -winkel sind der Abb. 4–1 zu entnehmen.

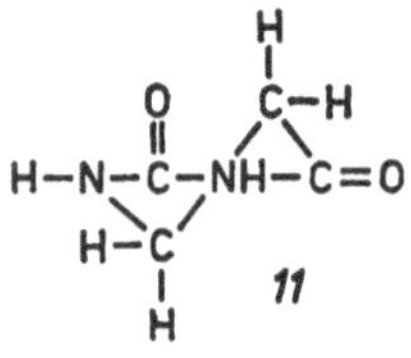

11

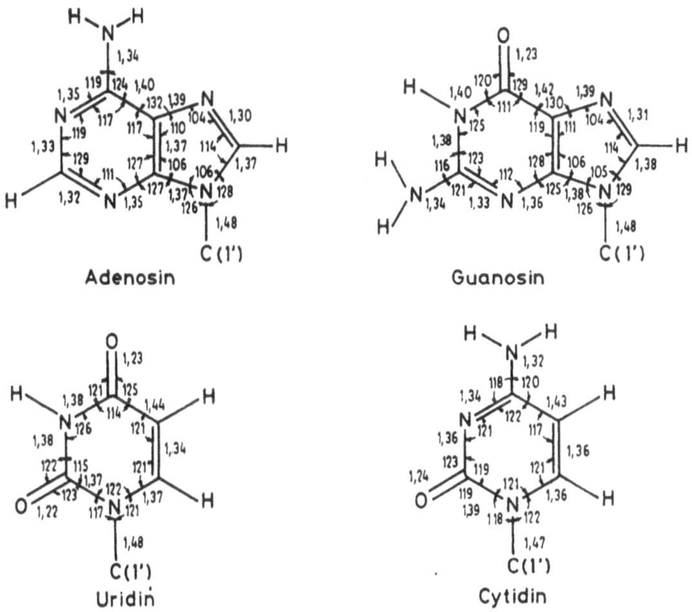

Abb. 4–1
Atombindungslängen (in Å) und -winkel (in °) der Nucleoside (nach VOET und RICH).

Dagegen bevorzugt 5,6-Dihydrouracil, das als Nebenbase z. B. in bestimmten Abschnitten der tRNS (S. 268) vorkommt, eine Halbsessel-Konformation (*11*).

Konformation des Zuckerrestes

Der Furanosering des Ribosid- oder 2-Desoxyribosidrestes liegt in flexiblen Briefumschlag- oder Halbsessel-Konformationen vor (vgl. Kap. 3.1.1.3.). Röntgenstrukturanalysen haben ergeben, daß bei Nucleosiden Konformationen bevorzugt werden, bei denen die C-Atome 2′ und 3′ etwa 0,05 nm ober- bzw. unterhalb der Ebene der restlichen Ringatome stehen. Bei Ribosiden wird die C(3′)-endo-Konformation bevorzugt (*12*).

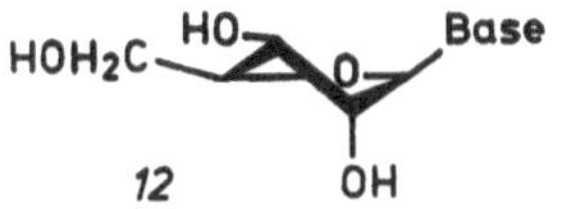

12

Rotation um die glykosidische Bindung

Die Rotation der Base um die N-glykosidische Bindung (C-1′/N) ist bei den Nucleosiden und deren Derivaten vor allem durch das Proton am C-2′ behindert. Die beiden durch diese Rotationsbarriere ermöglichten Konformationen werden als *syn-* und *anti-Konformation* bezeichnet. Die Stellung der Base wird dabei durch den Diederwinkel $\varkappa$ angegeben, der bei den Pyrimidinnucleosiden zwischen den Atomen O(1′)-C(1′)-N(1)-C(2), bei den Purinnucleosiden zwischen den Atomen O(1′)-C(1′)-N(9)-C(4)- gebildet wird (Abb. 4–2). Die Hauptnucleoside der Nucleinsäuren liegen im kristallinen Zustand sowie in Lösung in der anti-Konformation vor, die bei den Ribosiden offensichtlich durch Wasserstoffbrücken zwischen der Hydroxy-Gruppe am C-2′ und dem N-3 des Purinringes bzw. der C-2-Carbonylgruppe begünstigt wird.

Durch sperrige Substituenten in 8-Stellung der Purinnucleoside bzw. 6-Stellung der Pyrimidinnucleoside (z. B. beim Orotidin, 6-Methyluridin) wird die syn-Konformation erzwungen. Die 5′-

Phosphate dieser Nucleoside sind aufgrund ihrer veränderten Konformation keine Substrate mehr für Nucleotid-Polymerasen.

4-Thiouridin liegt kristallin in der syn-Konformation, in Lösung jedoch in der anti-Konformation vor.

Hinweise auf die Konformation der Nucleoside in Lösung liefern vor allem *NMR*-spektroskopische (u. a. durch Abschirmung bestimmter Protonen oder den Kern-OVERHAUSER-Effekt) und chiroptische Untersuchungen (S. 32).

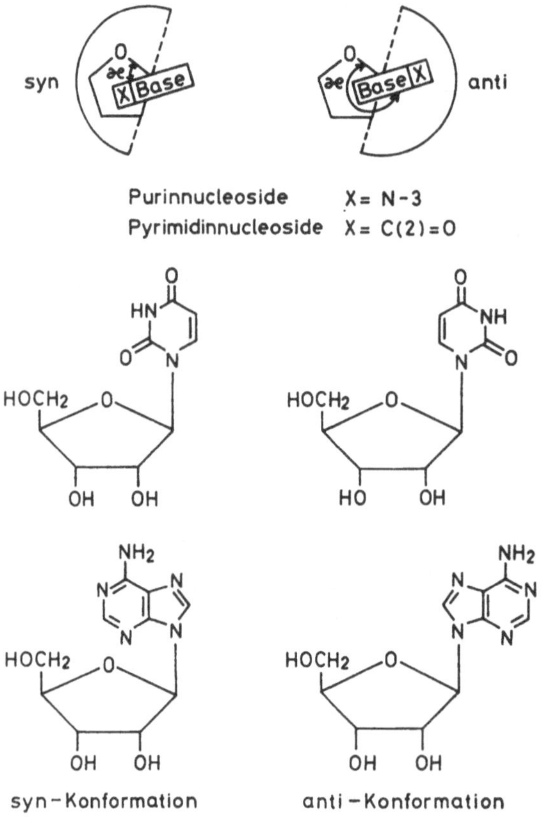

Abb. 4–2
syn- und anti-Konformation von Purin- und Pyrimidinnucleosiden

4.1.3.4. Elektronenspektren

Pyrimidine mit Lactamgruppierung zeigen oberhalb 200 nm $\pi \rightarrow \pi^*$-Banden bei 210 bis 220 und 260—270 nm. Säurezusatz verändert die Lage der Banden nicht, dagegen erfolgt beim Übergang zu pH-Werten > 7 bei den Pyrimidinbasen eine bathochrome Verschiebung (Tab. 4–4). Durch Substitution am N-Atom (Nucleoside) wird das Maximum bathochrom verschoben, die pH-Abhängigkeit geht weitgehend verloren bzw. äußert sich nur noch in einer signifikanten Erniedrigung der Extinktion bei Übergang zu höheren pH-Werten. Durch Thionierung (4-Thiouracil) werden beide Pyrimidinbanden stark bathochrom verschoben [$\lambda_{max}(\varepsilon) = 249$ nm (2400), 330 nm (15500)].

Während Adeninderivate ein langwelliges Maximum bei 260 nm besitzen, wird diese Bande bei den Guaninderivaten aufgespalten (Abb. 4–3).

Tabelle 4–4

Langwellige Maxima der Elektronenspektren von Nucleosiden

Verbindung	pH der wäßrigen Lösung	λ_{max}	$\varepsilon \cdot 10^{-3}$
Uracil	2	259	8,2
	12	284	6,2
Uridin	2	262	10,2
	12	262	8,5
Thymidin	2	267	9,6
	12	267	7,4
Cytidin	2	280	13,4
	14	272	9,2
Adenosin	2	257	14,6
	12	260	14,9
Guanosin	1	278	8,3*)
	11	267	11,2

*) Intensivste Bande liegt wie bei Adenosin bei 257 nm (pH 1: $\varepsilon = 12200$; pH 11: $\varepsilon = 11200$)

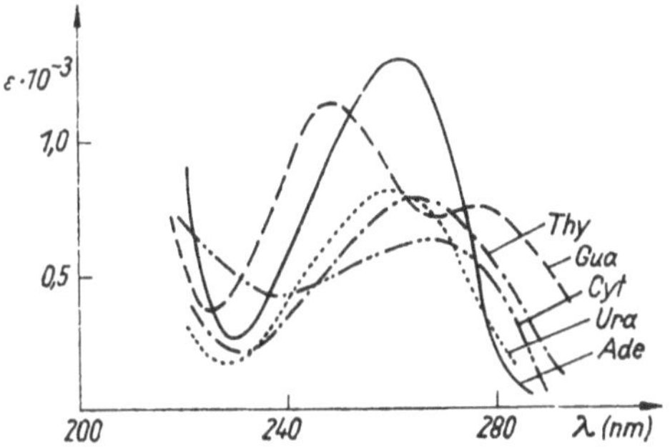

Abb. 4–3

Elektronenspektren der Purin- und Pyrimidinbasen in Wasser bei pH 7.

Die Elektronenspektroskopie der Nucleinsäurebausteine gestattet nicht nur Rückschlüsse auf die Struktur der Verbindungen (z. B. Lage des Tautomeriegleichgewichtes), sondern dient vor allem zur Identifizierung und quantitativen Bestimmung der Nucleinsäurekomponenten z. B. nach chromatographischer Fraktionierung.

4.1.3.5. Chiroptische Eigenschaften

Die Nucleoside und Nucleotide besitzen in der Zuckerkomponente mehrere Chiralitätszentren. Nucleoside und Nucleotide sind also optisch aktiv. Gegenüber anderen Zuckerderivaten werden allerdings von den meisten Pyrimidinnucleosiden die HUDSONschen Isorotationsregeln nicht befolgt. Verbindungen der β-D-Reihe drehen also im Unterschied zu den Purinnucleosiden und den meisten anderen Zuckerderivaten den polarisierten Lichtstrahl nach rechts, Verbindungen der α-D-Reihe nach links.

Der Pyrimidin- bzw. Purinrest der Nucleoside bzw. Nucleotide zeigt im *UV*-Bereich Absorptionsmaxima (vgl. vorstehendes Kap.). Dadurch ergeben Nucleoside bzw. Nucleotide gut auswertbare *ORD*- oder *CD*-Kurven. Im allgemeinen geben in der β-D-Reihe Pyrimidinnucleoside positive und Purinnucleoside negative COTTON-Effekte.

Das Vorzeichen der langwelligen COTTON-Effekte hängt außer von der Konfiguration am C-1' (α- oder β-Reihe) auch von der Konformation um die glykosidische Bindung (syn- oder anti-Konformation) ab. Letzteres konnte ULBRICHT an Cyclonucleosiden zeigen, bei denen der Pyrimidinring einen bestimmten Winkel zum Fünfring einnehmen muß (Formelübersicht 4–6).

Uridin oder 5-Methylpyrimidinnucleoside zeigen positive COTTON-Effekte wie das in der anti-Konformation vorliegende Cyclonucleosid *13*, 6-Methylcytidin oder 6-Methyluridin zeigen dagegen negative COTTON-Effekte wie das in der syn-Konformation vorliegende Cyclonucleosid *14*.

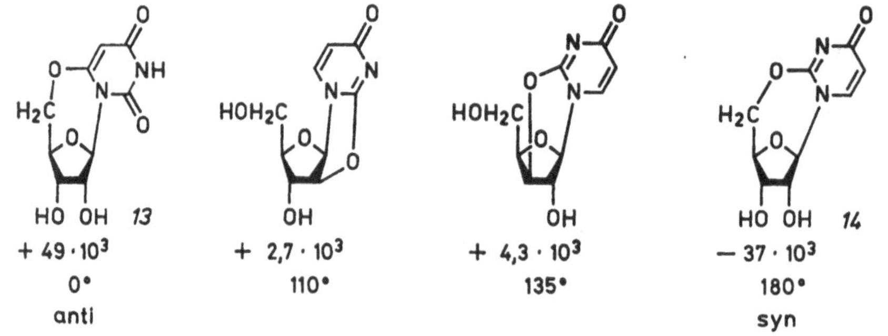

Formelübersicht 4–6

Amplitude (obere Zahl) und Winkel um die glykosidische Bindung einiger Cyclonucleoside (nach ULBRICHT).

4.1.4. *Chemische Reaktivität*

Das Verständnis der chemischen Reaktivität der Nucleinsäurebasen wird durch die Kenntnis der Elektronendichteverteilung erleichtert. Aus Abb. 4–4 geht hervor, daß unter den substituierbaren C-Atomen bei den Pyrimidinderivaten das C-5 und bei den Purinderivaten das C-8 die höchste Elektronendichte aufweisen.

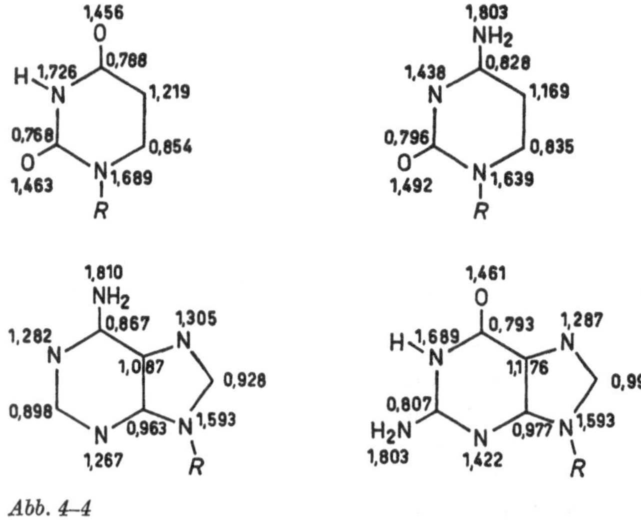

Abb. 4–4

Molekular-Diagramme der Nucleinsäurebasen (MO-Berechnungen unter Benutzung gleichförmiger Parameter).

4.1.4.1. Einwirkung elektrophiler Reagentien

Durch elektrophile Reagentien können die Basen an C-Atomen sowie an cyclischen und exocyclischen N-Atomen angegriffen werden.

Obwohl Pyrimidin zu den π-Mangel-N-Heteroaromaten gehört, sind vor allem bei Anwesenheit elektronenspendender Amino- oder Hydroxygruppen elektrophile Substitutionen möglich. Elektrophile Reagentien greifen bevorzugt am C-5 an.

Besondere Bedeutung hat die Halogenierung, die z. B. zur Synthese von Nucleosid-Antimetaboliten dient (Kap. 4.4.5.).

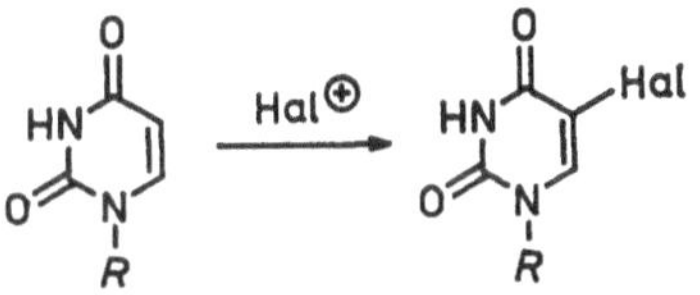

Die Bromierung erfolgt bereits unter sehr milden Bedingungen. 2′-Desoxyuridin läßt sich in Dioxan-Lösung mit Iod in Gegenwart von Salpetersäure iodieren.

Eine elektrophile Substitution ist auch die biogene Bildung der 5-Hydroxymethylpyrimidine. Der Hydroxymethylrest läßt sich in vitro durch Kochen der Pyrimidinnucleoside mit Formaldehyd in Gegenwart von 0,1 M Salzsäure einführen.

Auch bei Purinen wird die Reaktivität gegenüber elektrophilen Reagentien durch Amino- oder Hydroxygruppen erhöht. Die Substitution erfolgt bevorzugt am C-8. Durch elektrophile Substitution lassen sich 8-Halogenverbindungen darstellen. In 8-Stellung erfolgt auch der Angriff von Diazoniumsalzen.

Alkylierung

Pyrimidin- und Purinnucleoside sowie deren Derivate lassen sich relativ leicht alkylieren. In 1-Stellung substituierte Pyrimidine werden in 3-Stellung alkyliert, z. B. mit Diazomethan oder Dimethylsulfat in Gegenwart von Lauge.

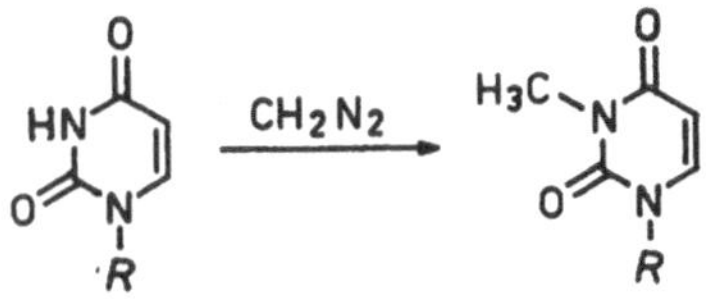

Von den Purinnucleosiden werden am leichtesten die Guanin-Derivate alkyliert. Die Alkylierung erfolgt beim Nucleosid in 3- und vor allem 7-Stellung. In der DNS werden die N-Atome, die an Wasserstoffbrücken beteiligt sind, weniger angegriffen. Hier erfolgt der Angriff bevorzugt am N-7 der Guanosinreste.

Die durch Alkylierung am N-7 gebildete quaternäre Verbindung (*15*) ist recht unbeständig. Bei den Desoxyribosiden erfolgt die Spaltung am leichtesten an der N-glykosidischen Bindung.

Bei den Ribosiden wird im Alkalischen der Imidazolring aufgespalten. Unter wesentlich härteren Bedingungen erfolgt eine Spaltung des Imidazolringes auch schon bei der nicht alkylierten Verbindung.

Viele alkylierende Substanzen sind stark toxisch und wirken durch Alkylierung der DNS mutagen oder cancerogen (vgl. Kap. 4.4.2.).

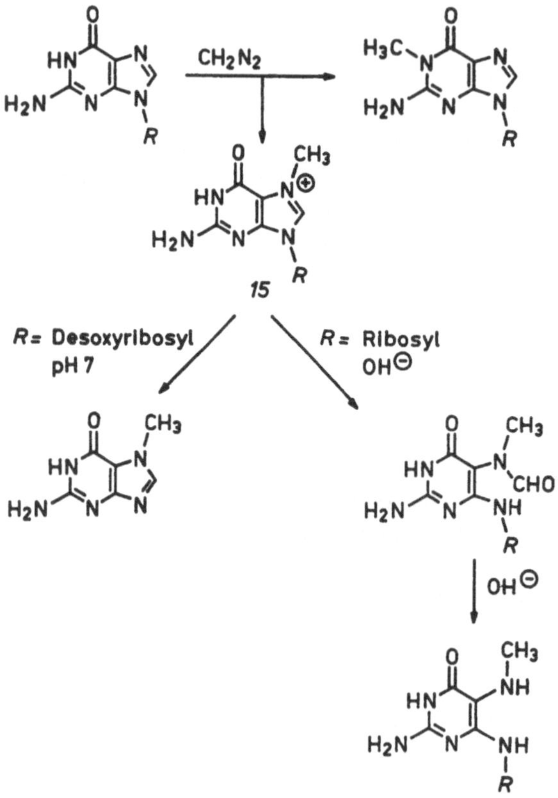

Einwirkung von Aldehyden

Die Einwirkung von Formaldehyd kann zu einer Reaktion mit exocyclischen Aminogruppen, zur Hydroxymethylierung von N—H-Gruppen sowie unter drastischen Bedingungen zur Hydroxymethylierung in 5-Stellung des Pyrimidinringes führen. Eine Hydroxymethylierung am heterocyclischen Ring tritt bei Uracil-, Thymin- und Hypoxanthin-Derivaten auf. Sie erfolgt wie Alkylierungen in 3-Stellung der Pyrimidinbasen.

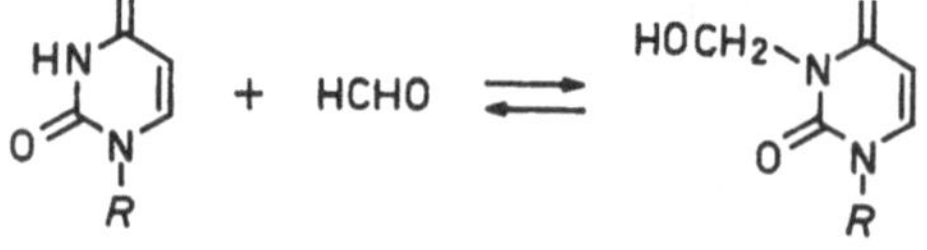

Bei Cytidin, Guanosin und Adenosin erfolgt der elektrophile Angriff des Formaldehyds an der exocyclischen Aminogruppe, zunächst unter Bildung einer Hydroxymethylaminogruppe, die dann mit einem weiteren Mol Amin zu Verbindungen der Struktur *16* reagieren kann.

$$R{-}NH_2 + HCHO \rightleftharpoons R{-}NH{-}CH_2OH \xrightarrow{+R-NH_2} R{-}NH{-}CH_2{-}NH{-}R$$

16

Die Reaktion mit Formaldehyd hat praktische Bedeutung zur Inaktivierung infektiöser Virus-RNS sowie zur histochemischen Fixierung von Nucleinsäuren. Die Reaktion tritt praktisch nicht bei doppelsträngigen Nucleinsäuren ein, da hier die reagierenden Gruppen durch Wasserstoffbrücken blockiert sind und kann daher zur Untersuchung der Sekundärstruktur eines Polynucleotids herangezogen werden. Die Umsetzung von Nucleinsäuren mit anderen Aldehyden stellt eine Möglichkeit für die chemische Modifizierung von Nucleinsäuren dar.

Einwirkung von salpetriger Säure

Die primären Aminogruppen der Nucleoside können in schwach saurer Lösung mit Nitrit in die entsprechenden Hydroxyverbindungen umgewandelt werden. Auf diese Weise lassen sich Cytosin- in Uracilreste, Adenin- in Hypoxanthinreste und Guanin- in Xanthinreste überführen.

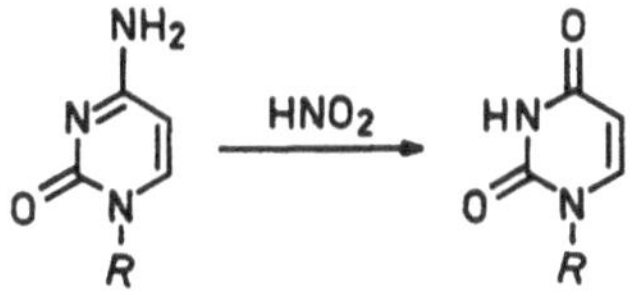

Die Austauschgeschwindigkeit sinkt in der Reihenfolge Guanosin > Adenosin > Cytidin sowie in Abhängigkeit von Substituenten im Zuckeranteil in der Reihenfolge Cytidin > Cytidin-5'-monophosphat > Poly(C).

4.1.4.2. *Einwirkung nucleophiler Reagentien*

Stark nucleophile Reagentien können zu einem Austausch von Substituenten (z. B. der Aminogruppe) sowie zu einer Öffnung des heterocyclischen Ringes führen. Pyrimidinderivate sind leichter als Purinderivate durch nucleophile Reagentien angreifbar. Eine Öffnung des Imidazolringes der Purinnucleoside tritt z. B. bei der Einwirkung von Alkali ein (vgl. 240). Eine besondere Bedeutung hat die Einwirkung von Hydrazin und Hydroxylamin.

Im neutralen oder schwach sauren Milieu führt die Einwirkung von Hydrazin oder seinen Derivaten bzw. Hydroxylamin zu einem Austausch der Aminogruppe des Cytosins durch nucleophile Substitution.

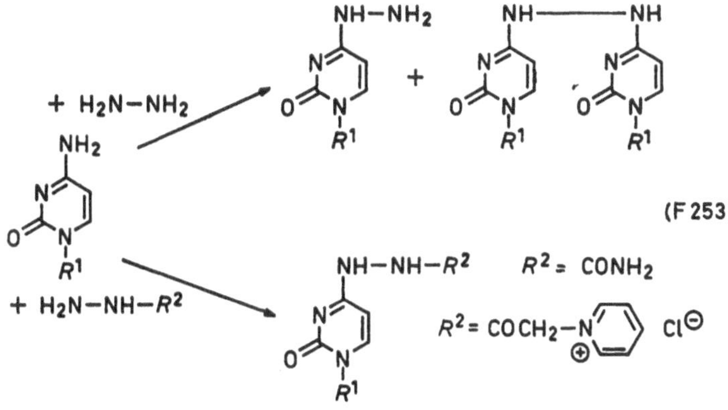

(F 253)

Die Reaktion läßt sich unter Bedingungen durchführen, unter denen nur die Aminogruppe von Cytosinresten ausgetauscht wird. Die Umsetzung mit Hydrazin, Hydrazinderivaten oder Hydroxylamin kann zur selektiven chemischen Modifizierung von Cytosinresten in Nucleinsäuren herangezogen werden.

Bei der Einwirkung von Hydroxylamin auf Cytosin erfolgt zunächst eine nucleophile Substitution am C-6. C-5-Methyl- oder Hydroxymethylderivate reagieren langsamer. Ausgehend von Cytosin, Cytidin oder 2'-Desoxycytidin werden Bis-Hydroxylamin-Derivate gebildet.

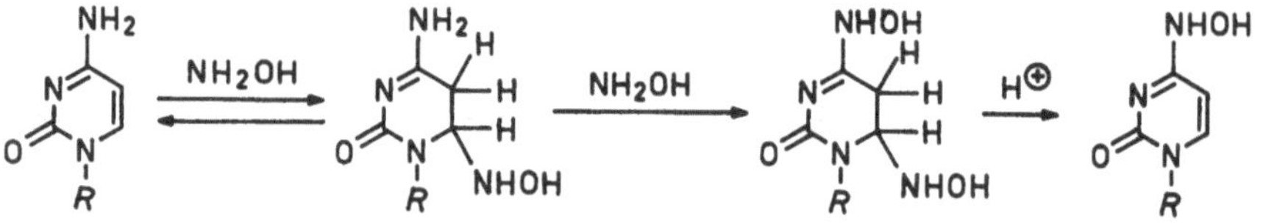

Im Alkalischen erfolgt dagegen unter der Einwirkung von Hydrazin bzw. Hydroxylamin eine Spaltung des Pyrimidinringes. Eine erneute Cyclisierung führt zur Bildung von Pyrazol-3-onen (*17*, *18*) bzw. Isoxazol-5-onen (*19*, *20*).

Bei längerer Einwirkung von Hydrazin bzw. Hydroxylamin auf die Ureido-Verbindungen *17* bzw. *19* werden Glykosylhydrazin bzw. -hydroxylamin gebildet. Die selektive Spaltung der Pyrimidinbasen kann zur Darstellung sog. Apyrimidin-DNS herangezogen werden (S. 263).

Die Pyrimidinbasen reagieren mit Hydrazin in der Reihenfolge Uracil > Cytosin > Thymin.

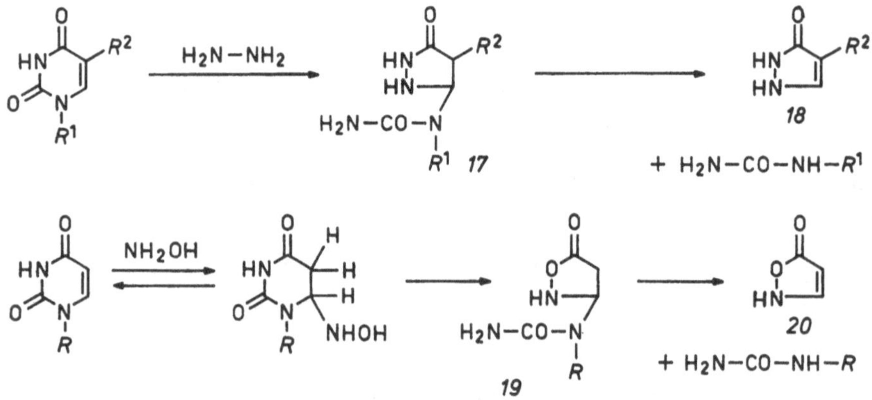

4.1.4.3. Hydrolytische Spaltung der N-glykosidischen Bindung

Die Nucleoside werden als N-Glykoside säurekatalysiert gespalten, wenn auch wesentlich langsamer als O-Glykoside. Die Spaltgeschwindigkeit hängt sowohl von der Struktur der Base als auch von der der Zuckerkomponente ab (Tab. 4–5).

Purinnucleoside werden 100 bis 1000mal schneller als entsprechende Pyrimidinnucleoside hydrolysiert. Guaninderivate sind geringfügig labiler als Adeninderivate. Bei der DNS lassen sich daher die Purinreste selektiv durch säurekatalysierte Hydrolyse entfernen (Bildung sog. *Apurinsäuren*). Die Stabilität der Purinnucleoside wird noch wesentlich verringert durch eine Alkylierung am N-7. 7-Methyl-2'-desoxyguanosin-Derivate sind bereits um pH 7 bei 37 °C in relativ kurzer Zeit hydrolysierbar (S. 263).

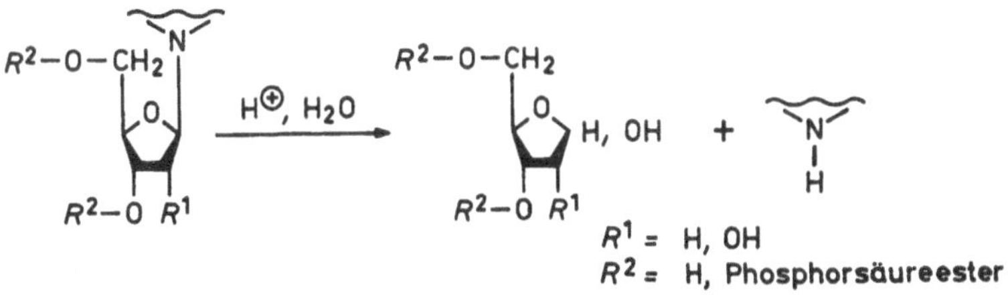

Pyrimidinnucleoside werden unter Bedingungen gespalten, die bereits zu einer weitgehenden Zersetzung des Zuckers führen. Die Stabilität der Pyrimidinnucleoside kann aber durch Hydrierung der Doppelbindung in 5,6-Stellung des heteroaromatischen Pyrimidinrestes wesentlich verringert werden. Derartige Hydrierungen können z. B. mit Rhodium- oder Palladiumkatalysatoren durchgeführt werden.

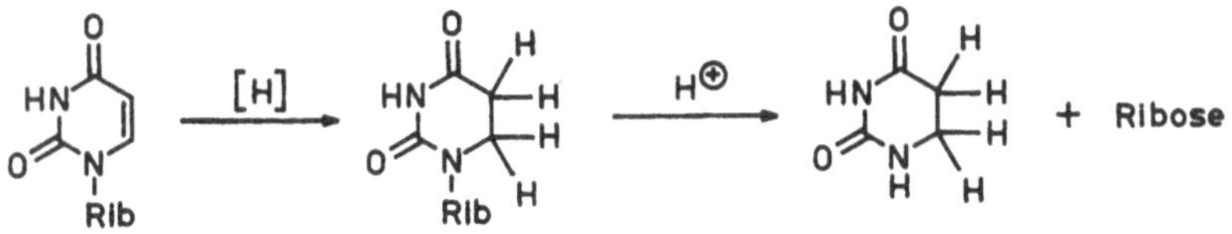

Tabelle 4–5

Geschwindigkeitskonstanten der hydrolytischen Spaltung von Nucleosiden bei pH 1 und 37 °C (nach VENNER)

Base	k [sec^{-1}]	
	Riboside	2-Desoxyriboside
Uracil	10^{-9}	10^{-7}
Cytosin	10^{-9}	$1{,}1 \times 10^{-7}$
Adenin	$3{,}6 \times 10^{-7}$	$4{,}3 \times 10^{-4}$
Guanin	$9{,}4 \times 10^{-7}$	$8{,}3 \times 10^{-4}$

Desoxyriboside sind um den Faktor 10^2 bei den Pyrimidin- und 10^3 bei den Purinderivaten leichter spaltbar als die entsprechenden Riboside. Die leichte Spaltbarkeit der N-glykosidischen Bindung der DNS wird zum histochemischen Nachweis nach der FEULGEN-Reaktion herangezogen. Bei der säurekatalysierten Spaltung anfallende Aldehyde werden dann mit SCHIFFS Reagens nachgewiesen.

Durch Phosphorylierung wird die Hydrolyserate nur unbedeutend beeinflußt. Die Nucleotide sind meist etwas stabiler als die entsprechenden Nucleoside.

Nach Öffnung des Tetrahydrofuranringes durch Periodatspaltung lassen sich die Basen sehr leicht abspalten (S. 259).

4.1.5. Oligo- und Polynucleotide

4.1.5.1. Allgemeine Struktur und Nomenklatur

Die als Bausteine der Nucleinsäuren dienenden Oligonucleotide werden durch Verknüpfung der Phosphorsäureestergruppierung in 5′-Stellung der einen Nucleotidkomponente mit der 3′-Hydroxygruppe der benachbarten Nucleotidkomponente gebildet (vgl. *21*).

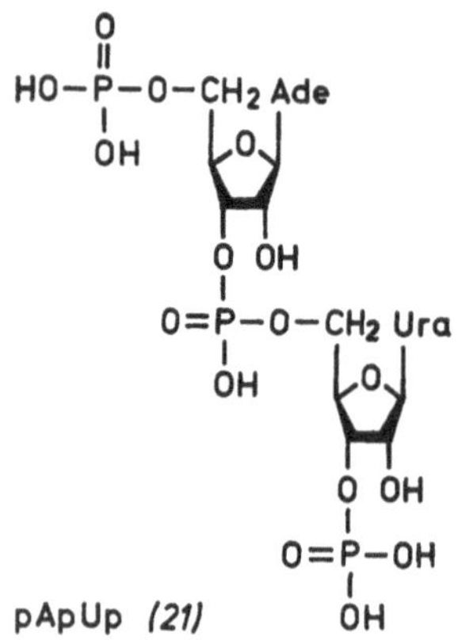

pApUp *(21)*

Eine andere Gruppe von Dinucleotiden oder Dinucleotid-ähnlichen Verbindungen kommt in einigen Coenzymen vor. Bei den Coenzymen werden die Dinucleotide durch eine Anhydridbindung zwischen zwei 5'-Phosphaten gebildet. Beispiele hierfür sind die Coenzyme Nicotinsäureamid-Adenin-Dinucleotid (NAD, S. 363) und Flavin-Adenin-Dinucleotid (FAD, S. 355).

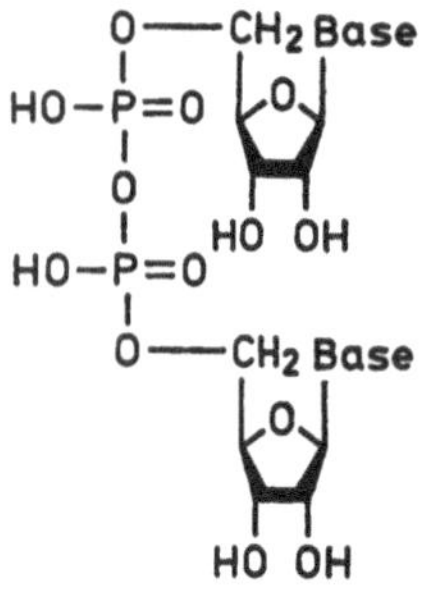

Teilstruktur von NAD

Synthetische Oligo- und Polynucleotide haben die Aufklärung wesentlicher Probleme der Proteinbiosynthese, so der Kopier- und Übersetzungsvorgänge oder der Wirkungsweise beteiligter Enzyme ermöglicht. Die Aufklärung des genetischen Codes gelang z. B. nach der Synthese der 64 möglichen Trinucleotide der in der DNS vorkommenden Basen und deren Polymerisation zu Sequenz-Homopolymeren. Neben der Bearbeitung molekularbiologischer Probleme dienen Oligo- und Polynucleotide als Nucleinsäure-Modelle zur Klärung physikochemischer Fragestellungen wie der Helix-Fadenknäuel-Übergänge sowie zum Studium des Wirkungsmechanismus von Pharmaka, die an der DNS angreifen (vgl. Kap. 4.4.).

Synthetische Polynucleotide sind ferner als *Interferon-Induktoren* interessant geworden. Der am besten untersuchte, aber leider zu toxische Interferon-Induktor ist das doppelsträngige Polyribonucleotid Poly(I) · Poly(C). *Interferone* (Isaacs und Lindemann, 1957) sind Art-spezifische Proteine, die von Wirbeltieren nach Kontakt mit Viren gebildet werden und wegen ihrer potentiellen Antivirus- und Antitumor-Wirkung interessant geworden sind. Die Primärstruktur des menschlichen Leukozyten- (IFN-α) und Fibroblasten-Interferons (IFN-β) zeigt beträchtliche Übereinstimmung (29% der Aminosäuren). Inzwischen ist die Produktion von Human-Interferon durch gentechnologisch manipulierte *Escherichia coli*-Stämme gelungen.

Nomenklatur

Zur Kurzbezeichnung der Oligonucleotide dienen Ein-Buchstaben-Symbole (Tab. 4–1, S. 220). Die Phosphatgruppe wird mit *p* abgekürzt. Eine Phosphatgruppe in 5'-Stellung wird als p vor dem Großbuchstaben des Nucleosids, eine in 3'-Stellung als p nach dem Großbuchstaben angegeben. Das Dinucleotid der Struktur *21* kann also in der Kurzform als pApUp bezeichnet werden. Bei längeren Sequenzen (Polynucleotiden) wird das p durch einen Bindestrich ersetzt. Ein Komma zwischen den Großbuchstaben bedeutet, daß die Reihenfolge nicht genau bekannt ist. Die Nucleotide von Tripletts des genetischen Codes (S. 275) brauchen nicht durch Satzzeichen getrennt zu werden.

Synthetische Polynucleotide [Poly(N)] werden in analoger Weise wie Polypeptide bezeichnet. Beispiele (nach IUPAC-IUB):

Polyadenylat oder Poly(A) für ein lineares Polynucleotid aus Polyadenylsäure,
Poly(Adenylat-Cytidylat) oder Poly(A—C) für ein lineares Polymer mit dem sich wiederholendem Block A—C,
Poly(Adenylat, Cytidylat) oder Poly(A, C) für ein lineares Polymer mit statistischer Verteilung.

Die Anzahl der sich wiederholenden Einheiten wird durch einen Index angegeben, also $(A-C)_{50}$.

Zwei oder mehrere Polynucleotidketten,

- die nicht assoziiert sind, werden durch Plus getrennt, also Poly(dC) + Poly(dT);
- die nicht-kovalent verbunden sind, werden durch einen Punkt getrennt, also Poly(A)·Poly(U) oder Poly(A)·2 Poly(U);
- bei denen Informationen über Bindungen fehlen, werden durch ein Komma getrennt, also Poly(A), Poly(A, U).

4.1.5.2. Oligo- und Polynucleotidsynthesen

Die in vitro-Verknüpfung von Mononucleotiden bzw. Oligonucleotiden über eine 3',5'-Phosphorsäurediester-Gruppierung zu Oligo- bzw. Polynucleotiden kann nicht-enzymatisch oder enzymatisch erfolgen.

Schutzgruppen

Bei der nicht-enzymatischen Synthese sind alle nicht umzusetzenden nucleophilen Gruppen durch Schutzgruppen zu blockieren. Diese Schutzgruppen müssen nach erfolgter Synthese wieder entfernt werden. Zu schützen sind primäre und sekundäre Hydroxygruppen der Zuckerreste, Aminogruppen der Basen Adenin, Guanin und Cytosin sowie gegebenenfalls Phosphorsäuremonoestergruppierungen, um die Bildung von Pyrophosphaten oder Verzweigungen zu verhindern. In Tab. 4–6 sind einige der gebräuchlichsten Schutzgruppen zusammengestellt.

Hydroxygruppen werden durch Überführung in Ester, Ether oder Ketale bzw. Acetale geschützt. Als Schutzgruppen für primäre Hydroxygruppen dienen vor allem der Triphenylmethylrest (Tritylrest) bzw. die etwas leichter zu entfernenden Mono- oder Di-p-methoxytritylreste.

Jede p-ständige Methoxygruppe am Tritylrest erhöht die Säurelabilität jeweils um den Faktor 10. Das ist vor allem von Bedeutung, wenn diese Schutzgruppen von den säureempfindlichen Purindesoxyribonucleotiden entfernt werden müssen.

Die vicinalen Hydroxygruppen der Riboside werden meist durch Überführung in die Ketale (Isopropylidenrest) geschützt. Zum Schutz der Phosphorsäuremonoestergruppierung dienen Benzylreste bzw. leicht durch alkalische Hydrolyse zu entfernende β-substituierte Alkylreste wie die β-Cyanoethylgruppe.

Tabelle 4–6
Schutzgruppen bei Nucleosid- und Nucleotidsynthesen

zu schützende Gruppe	Schutzgruppe			
	Name	Abkürzung	Einführung	Entfernung
$-CH_2OH$	Trityl	tr	Triphenylmethylchlorid (Tritylchlorid)	säurekatalysierte Hydrolyse
	Mono- bzw. Di-p-methoxytrityl	mmt dmt	Mono- bzw. Di-p-methoxytritylchlorid	milde säurekatalysierte Hydrolyse
$>CHOH$	Acetyl Benzoyl	ac bz	Essigsäureanhydrid/Pyridin Benzoylchlorid/Pyridin	alkalische Hydrolyse alkalische Hydrolyse
$-CHOH$ | $-CHOH$	Isopropyliden	$=CMe_2$	Aceton/Orthoameisensäureester	säurekatalysierte Hydrolyse
$-NH_2$ der Basen	Anisoyl	an	Anisoylchlorid/Pyridin	alkalische Hydrolyse
$=CHOH$, $-NH_2$	Pivaloyl (Trimethylacetyl)	Piv	Pivaloylchlorid	milde alkalische Hydrolyse (NH_3)
$-O-PO_3H_2$	Cyanoethyl	CNEt	β-Cyanoethylphosphat, DCC	milde alkalische Hydrolyse

Kondensationsmittel

Die Verknüpfung eines Phosphorsäuremonoesters (Mono- bzw. Oligonucleotid mit geschützten nucleophilen Gruppen) mit der gewünschten Hydroxygruppe der anderen Komponente ist eine Kondensationsreaktion, die nur nach Aktivierung des Phosphorsäuremonoesters erfolgt. Für die nicht-enzymatische Synthese wurden dafür sog. Kondensationsmittel entwickelt, die über eine Zwischenreaktion diese Aktivierung bewirken.

Als Kondensationsmittel haben sich in der Nucleotidsynthese vor allem Carbodiimide (S. 126) wie das von KHORANA und TODD eingeführte Dicyclohexylcarbodiimid (DCC) sowie sterisch gehinderte Sulfonsäurechloride wie Mesitylensulfonylchlorid (MS) oder Triisopropylbenzensulfonsäurechlorid (TPS, KHORANA) bewährt, die auch zur Peptid- und Phospholipidsynthese eingesetzt werden.

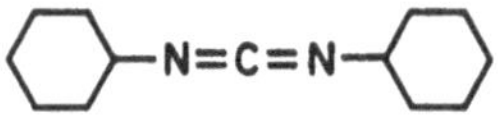

DCC

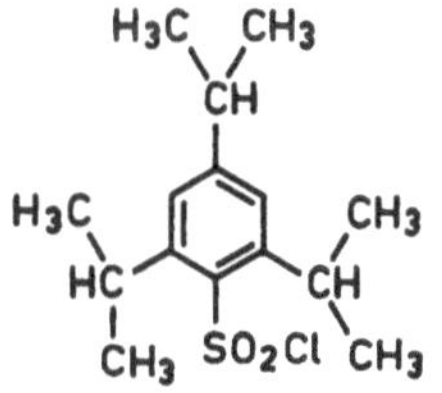

TPS

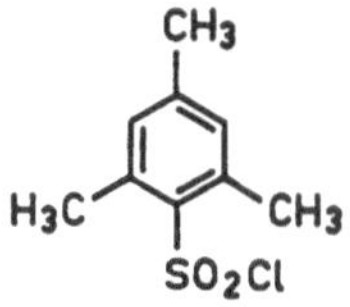

MS

Das eigentlich phosphorylierend wirkende Agens ist das entsprechende Metaphosphat:

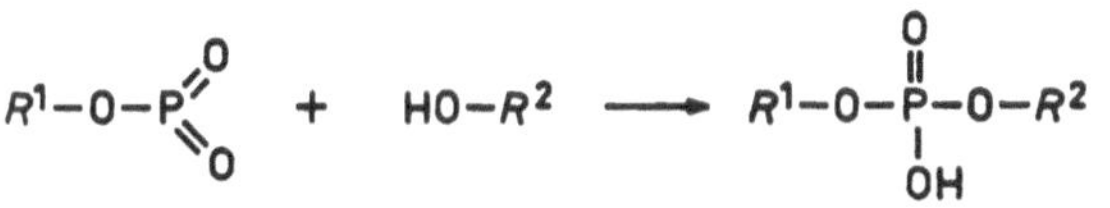

Metaphosphat Internucleotidbindung

Die Bildung dieses Metaphosphates erfolgt bei den Sulfonsäurechloriden wahrscheinlich über ein gemischtes Anhydrid (Formelübersicht 4–7) bzw. in Anwesenheit von Pyridin über einen Pyridin-Komplex, beim Carbodiimid über ein Isoharnstoffderivat (*22*). DCC geht dabei in ein relativ schwer lösliches Harnstoffderivat über, das gut abgetrennt werden kann.

Nicht-enzymatische Synthesen

Die nicht-enzymatische *Synthese der Internucleotidbindung* erfolgt fast ausschließlich durch Umsetzen eines geschützten 5'-Nucleotids mit der 3'-Hydroxygruppe eines geschützten Nucleosids bzw. Mono- oder Oligonucleotids in Gegenwart der Kondensationsmittel DCC, MS oder TPS.

Die Synthese von Oligoribonucleotiden ist bedeutend schwieriger als die der 2'-Desoxyribonucleotide, da hierbei zusätzlich noch die 2'-Hydroxygruppe zu schützen ist, die sich in ihrer chemischen Reaktivität kaum von der in 3'-Stellung unterscheidet. Bei der Synthese von Oligonucleotiden mit 5'-Phosphatgruppe ist eine Schutzgruppe für die Phosphorsäuremonoestergruppe erforderlich.

Die *Reinigung* der durch die Synthese anfallenden Produkte erfolgt meist durch chromatographische Trennung vor allem an DEAE-Cellulose oder anderen Ionenaustauschern. Durch Einführen stark lipophiler Gruppen kann die Reinigung auch durch Lösungsmittelextraktion vorgenommen werden.

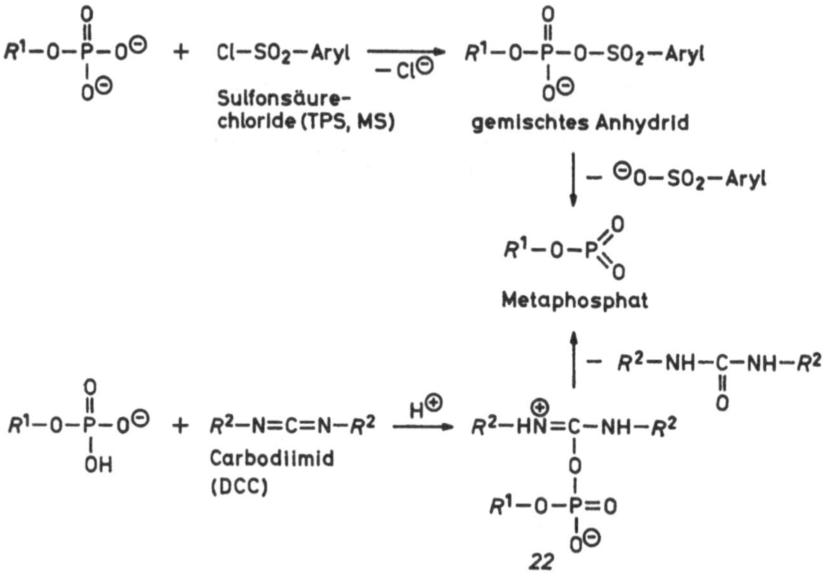

Formelübersicht 4–7

Angenommene Reaktionswege für die Bildung von Metaphosphat durch Arylsulfonsäurechloride und Carbodiimide.

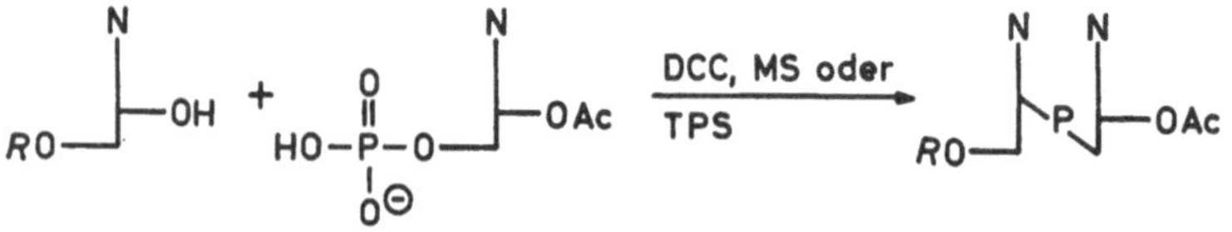

R = Schutzgruppe der primären Hydroxygruppe (tr, mmt, dmt), Phosphatrest mit Schutzgruppe oder Oligonucleotidrest

Von Bedeutung ist z. B. das Phosphoroamidat *23*, das durch Umsetzen der 5′-Nucleotide mit p-(Triphenylmethyl)-anilin in Gegenwart von DCC erhältlich ist. Die Abspaltung dieser lipophilen Phosphatschutzgruppe erfolgt durch Isoamylnitrit.

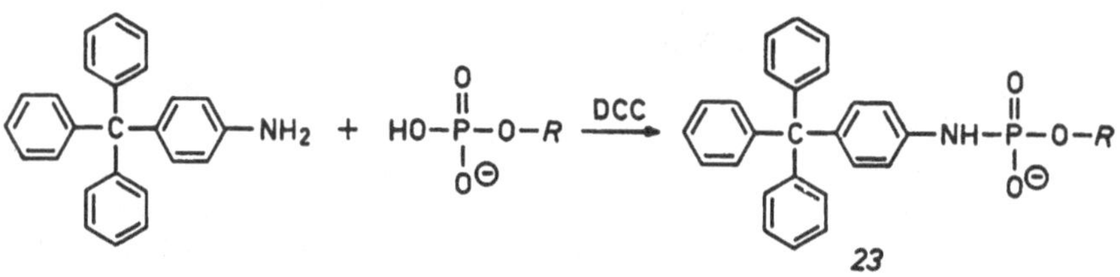

Bei der *Polynucleotidsynthese* unterscheidet man mehrere Strategien:

1. Polymerisation zu Homopolymeren
2. Schrittweise Synthese
3. Block-Kondensation vorgebildeter Oligonucleotide und
4. Synthese an makromolekularen Trägern.

1. Polymerisation zu Homopolymeren

Homopolymere lassen sich durch Behandeln der 5'-Nucleotide mit Kondensationsmitteln wie DCC und anschließende chromatographische Trennung der anfallenden Gemische erhalten. Auf diese Weise wurden z. B. Poly(dT), Poly(dA), Poly(dG) oder Poly(dC) synthetisiert. Solche Homopolymere eignen sich u. a. als Templates (S. 274) für die DNS-Polymerase.

2. Schrittweise Synthese

Die schrittweise Synthese beruht auf der wiederholten Umsetzung der Phosphorsäuremonoestergruppe von 5'-Mononucleotiden mit der 3'-Hydroxygruppe der wachsenden Oligonucleotidkette. Als Beispiel sei die Synthese eines geschützten Trinucleotids herausgegriffen.

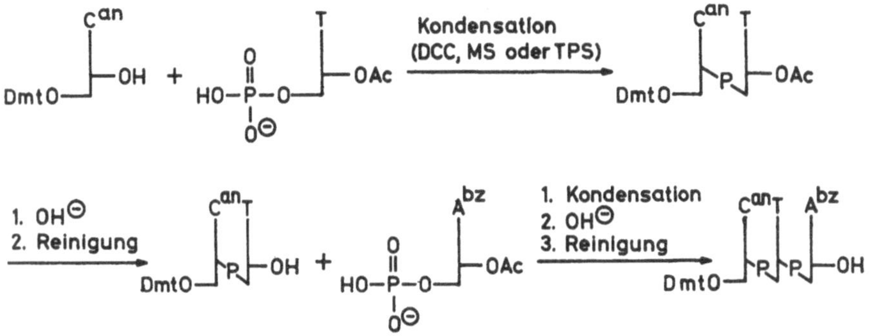

3. Block-Kondensation

Die durch schrittweise Synthese dargestellten Oligonucleotide können durch Block-Kondensation zu Polynucleotiden umgesetzt werden. Die Kondensationsmittel sind die gleichen wie bei den anderen chemischen Methoden. Obwohl die Ausbeuten bei der Kondensation von Blöcken geringer sind als bei der Anknüpfung eines Mononucleotids, wird diese Methode viel eingesetzt, da die Reinigung der Syntheseprodukte relativ leicht ist.

4. Synthese an makromolekularen Trägern

Nach der erfolgreichen Synthese von Polypeptiden an polymeren Trägern durch MERRIFIELD (S. 131) bemühte man sich auch um die Ausarbeitung einer ähnlichen Methode für die Synthese von Polynucleotiden. Grundsätzlich war mit den gleichen Vor- und Nachteilen wie bei der Polypeptidsynthese zu rechnen.

Als unlöslicher Träger (Festkörper-Synthese) dient meist Polystyren. Die Bindung des ersten Nucleosids an den Träger kann z. B. über Tritylchloridgruppen erfolgen, die kovalent an den Träger gebunden sind.

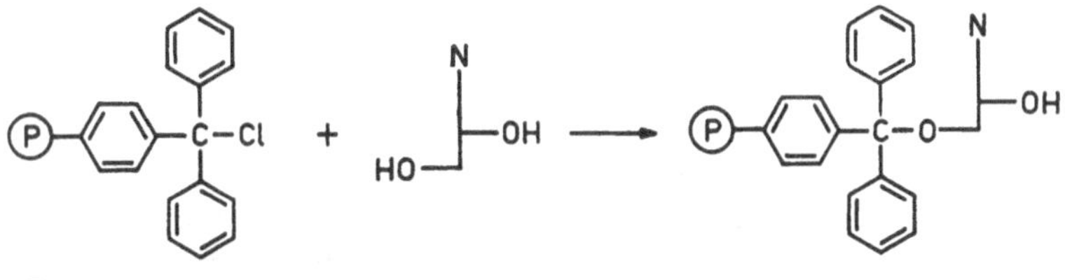

(P): Polymerer Träger (Polystyren)

Nach erfolgten Syntheseschritten zur Verlängerung der Nucleotidkette kann das Produkt durch säurekatalysierte Hydrolyse wieder vom Träger getrennt werden. Diese Methode ist nur sinnvoll einsetzbar, wenn sich die Ausbeuten 100% weitgehend annähern. Erste Oligonucleotid-Synthesizer sind bereits auf dem Markt. Die Synthese an löslichen Polymeren (Liquid-Phase-Methode, Bayer u. Mitarb.) arbeitet im Unterschied zur heterogenen Festkörpersynthese in homogener Phase. Die Abtrennung niedermolekularer Verbindungen erfolgt hier durch Ultrafiltration. Als Träger kann z. B. ein Polyethylenglykol mit endständiger Aminogruppe dienen. an die das erste Nucleotid über eine Phosphoramidbindung gebunden ist (Abb. 4–5).

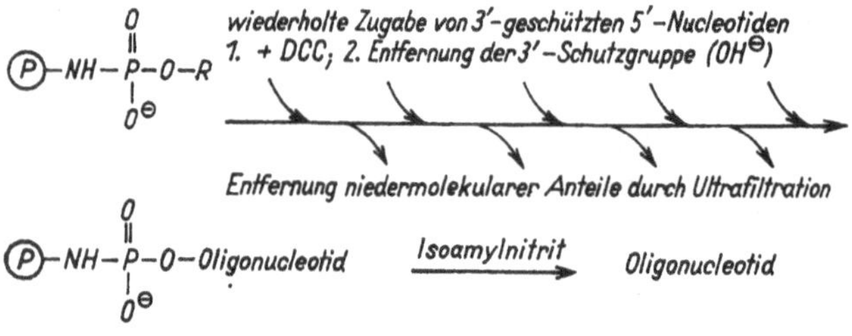

Abb. 4–5
Schematische Darstellung der Liquid-phase-Methode (nach Bayer).

Synthesen unter Einsatz von Enzymen

Der Einsatz Polynucleotid-synthetisierender Enzyme (S. 273) hat die Möglichkeiten der gezielten Synthese von Polynucleotiden wesentlich erweitert. Enzymatische Reaktionsschritte haben den großen Vorteil, daß aufgrund der Spezifität der Enzyme auf Schutzgruppen verzichtet werden kann. Aus praktischen Gründen können aber meist nur Mengen unter 1 mg synthetisiert werden.

1. Einsatz polymerisierender Enzyme zur Synthese von Sequenz-Polymeren

Die von Kornberg zuerst aus *Escherichia coli* isolierte DNS-Polymerase I synthetisiert in vivo in Anwesenheit der Triphosphate aller vier Desoxyribonucleotide und eines Keims (Primer) einsträngiger DNS doppelsträngige DNS.

Unter bestimmten Bedingungen kann die DNS-Polymerase auch die Synthese künstlicher Polydesoxyribonucleotide — allerdings mit wesentlich geringerer Geschwindigkeit — synthetisieren. Das erste künstliche DNS-Analogon, Poly(dA-dT), wurde 1960 von Schachman und Mitarbeiter aus dATP und dTTP als Substrate erhalten.

$$\text{dATP} + \text{dTTP} \xrightarrow{\text{DNS-Polymerase I, Primer}} \text{Poly(dA-dT)}$$

Khorana und Mitarb. gelang es 1965, ausgehend von chemisch synthetisierten Di-, Tri- oder Tetranucleotiden, doppelsträngige Polydesoxyribonucleotide mit sich wiederholenden Oligonucleotideinheiten zu synthetisieren, wobei allerdings mit steigender Oligonucleotidsequenz die Reaktionsgeschwindigkeit ab- und die erforderliche Primer-Konzentration zunahm.

2. Einsatz von Polynucleotid-Ligase [Polynucleotid-Synthetase (ATP)] zur Synthese von Polydesoxyribonucleotiden mit definierter Sequenz

Polynucleotid-Ligasen ermöglichen die Verknüpfung synthetisch hergestellter Oligonucleotid-Segmente. Durch Einsatz der T4-Polynucleotid-Ligase gelang KHORANA und Mitarb. 1970 die Totalsynthese des Gens für die Alanin-spezifische tRNS aus Hefe.

Dabei wurde nach folgender Strategie vorgegangen (Abb. 4–6):

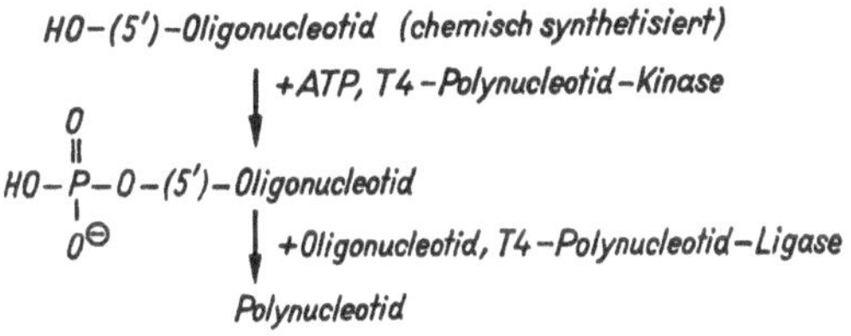

Abb. 4–6

Schematische Darstellung einer enzymatischen in vitro-Synthese eines Polynucleotids mit definierter Sequenz.

a) Chemische Synthese von Oligodesoxyribonucleotiden mit 8—12 Nucleotideinheiten und endständigen freien 3'- und 5'-Hydroxygruppen nach bekannten Verfahren. Die Segmente wurden so gewählt, daß sich Überlappungen ergaben (Abb. 4–7).

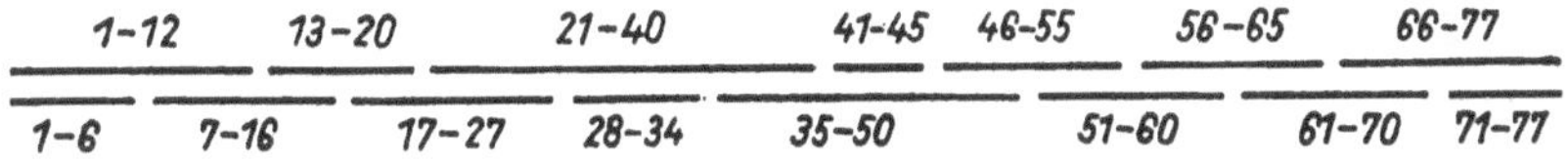

Abb. 4–7

Schematische Darstellung der zur Synthese der Alanin-spezifischen tRNS durch Polynucleotid-Ligase miteinander verknüpften Oligonucleotid-Einheiten (nach KHORANA).

b) Phosphorylierung der endständigen 5'-Hydroxygruppe der Segmente mit ATP in Gegenwart von T4-Polynucleotid-Kinase.

c) Kopf-Schwanz-Verknüpfung der Segmente durch T4-Polynucleotid-Ligase.

4.2. Nucleinsäuren

4.2.1. Einführung

Das Rückgrat der Nucleinsäuren wird aus den über 3',5'-Phosphorsäurediesterbrücken miteinander verbundenen Zuckerresten (Ribose bzw. Desoxyribose) gebildet, an denen die entsprechenden Basen sitzen.

Durch säurekatalysierte Hydrolyse der Nucleinsäuren wird vorzugsweise die Phosphorsäureestergruppierung mit der primären Hydroxygruppe (5') gespalten. Primär entstehen also die 3'-Phosphate. Enzymatische Spaltung der Nucleinsäuren ergibt je nach dem Angriffspunkt der nucleinsäurespaltenden Enzyme (Nucleasen) 5'- oder 3'-Phosphate (vgl. Tab. 4–9, S. 261).

Das größte Problem bei der *Isolierung* der Nucleinsäuren ist die Abtrennung von

Proteinen ohne Denaturierung oder Spaltung derN ucleinsäuren. Zur ersten Deproteinisierung wird das biologische Material mit Detergentien (Natrium-Dodecylsulfat) in Verbindung mit Phenol oder bestimmten Lösungsmitteln (Chloroform) behandelt. Die dadurch denaturierten Proteine werden dann durch Extraktion oder Präzipitation entfernt. Zur Fraktionierung der entproteinisierten und meist wiederholt präzipitierten Nucleinsäuren dienen vor allem die präparative Ultrazentrifugation, die Ionenaustauschchromatographie und die Trägerelektrophorese.

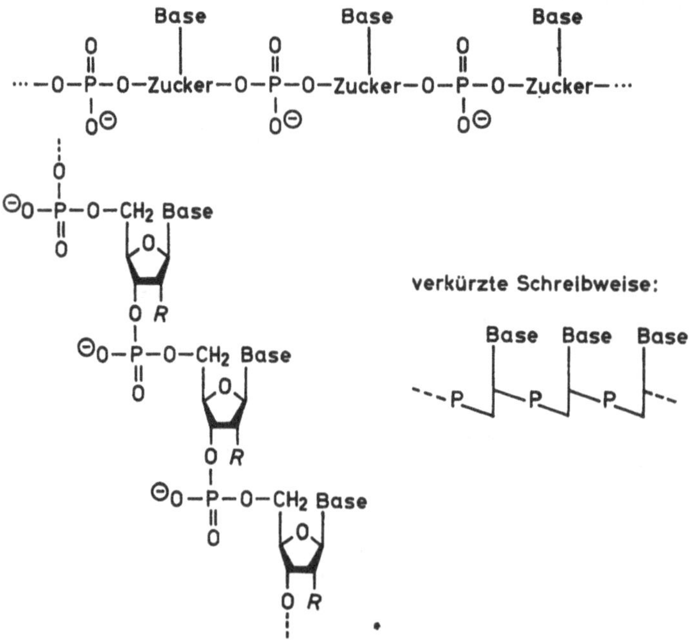

Desoxyribonucleinsäure (DNS, *R* = H)
Ribonucleinsäure (RNS, *R* = OH)

Die quantitative Bestimmung der Nucleinsäuren erfolgt durch Elektronenspektroskopie im *UV*-Bereich (S. 236) bzw. verschiedene Farbreaktionen. Die meisten Farbreaktionen beruhen auf der Reaktion der Zuckerreste (vgl. Kap. 3.1.3.11). Am weitesten verbreitet sind die Reaktion mit Orcinol (nach Bial) oder Diphenylamin (nach Dische). Auf Trägergelen können die Nucleinsäuren mit Farbstoffen wie Toluidinblau oder Methylenblau angefärbt werden.

Die einzelnen Nucleinsäuren unterscheiden sich bezüglich ihrer chemischen Struktur durch

- den Zuckerrest (Ribo- oder Desoxyribonucleinsäuren),
- Besonderheiten der Primärstruktur (Vorkommen von Nebenbasen, ungewöhnliche terminale Sequenzen),
- die Länge der Polynucleotidkette (Unterschiede in den Molmassen) sowie in
- ihrer räumlichen Struktur (langgestreckt oder kugelförmig, einzel- oder doppelsträngig, acyclisch oder cyclisch, vgl. Sekundärstruktur).

4.2.2. Vorkommen und Primärstruktur der Nucleinsäuren

4.2.2.1. Desoxyribonucleinsäuren (DNS)

Die Hauptmenge der DNS ist im Kern (eukaryote Zelle[1])) bzw. im Kernäquivalent (Nucleoid der prokaryoten Zelle[1])) lokalisiert. Von dieser chromosomalen DNS wird die sog. Satelliten-DNS unterschieden, die im Cytoplasma vorkommt. Zur *Satelliten-DNS* gehören die DNS von Zellorganellen wie der Chloroplasten der pflanzlichen Zellen oder Mitochondrien der tierischen Zellen sowie die *Plasmide* der Bakterien. Die Plasmide sind ringförmige DNS-Moleküle, die in den Bakterien als extrachromosomale Informationsträger dienen und u. a. an der Ausbildung der Resistenz gegen bestimmte Antibiotica beteiligt sind (vgl. S. 569). Die Satelliten-DNS unterscheidet sich von der chromosomalen DNS in ihrer Dichte. Die Unterschiede in der Dichte gehen vor allem auf Unterschiede im G/C-Gehalt zurück.

Die natürliche DNS ist an Basen (basische Proteine oder biogene Amine) assoziiert. So enthält das aus dem Zellkern der Eukaryoten isolierbare Material, das *Chromatin*, neben DNS noch basische Proteine, die Histone, sowie RNS und Nichthistonproteine. Die Histonmoleküle ordnen sich dabei um stark gefaltete (sog. supercoil) DNS-Abschnitte an (Nucleosomen). Etwa 90% des genetischen Materials ist durch die Proteine blockiert. Die DNS der Spermatozoen und Phagen-Köpfe ist an Polyamine wie Spermin, Spermidin oder Putrescin gebunden.

Über die Isolierung einer noch proteinhaltigen DNS, die als Nuclein bezeichnet wurde, berichtete 1871 MIESCHER. Aber erst 1944 konnte die DNS als Träger der genetischen Information erkannt werden (AVERY, McLEOD znd McCARTY).

Aufgrund der Schwierigkeiten, die bei der Sequenzanalyse der DNS zunächst auftraten, hatten Methoden, die Teilinformationen über die Struktur liefern, eine besondere Bedeutung. Dazu gehören vor allem die Analyse des Basenverhältnisses und die Nachbarschaftsanalyse. Einen wesentlichen Beitrag zur Strukturaufklärung hat CHARGAFF durch die *Analyse des Basenverhältnisses* der 4 Hauptnucleotide von DNS verschiedener Herkunft (Tab. 4–7) geliefert. Die von ihm 1950 aufgestellten Regeln besagen, daß in der DNS Carbonyl- und Aminogruppen sowie Purin- und Pyrimidinreste mit gleicher Häufigkeit auftreten.

Das Basenverhältnis kann durch Hydrolyse der Nucleinsäuren, chromatographische Trennung und Bestimmung der Monomeren ermittelt werden. Bei sehr kleinen Nucleinsäuremengen kann für orientierende Angaben auch die Dichtebestimmung oder die Bestimmung der Phasenumwandlungstemperatur herangezogen werden, die beide vom G/C-Gehalt abhängen.

Bei der *Nachbarschaftsanalyse* (*nearest-neighbour-frequency analysis*) wird die Häufigkeit bestimmt, mit der ein Nucleotid einem anderen Nucleotid in 5'-Richtung benachbart ist.

Dazu wird zunächst aus den 4 Nucleosid-triphosphaten, von denen ein Nucleotid radioaktiv am ersten Phosphorsäurerest markiert ist, mit Hilfe von DNS-Polymerase (DNS-Nucleotidtransferase) bzw. RNS-Polymerase (RNS-Nucleotidtransferase) die DNS bzw. RNS synthetisiert. An-

---

[1]) Die Eukaryoten haben im Unterschied zu den Prokaryoten einen Zellkern, der durch eine Membran von der übrigen Zelle abgetrennt ist. Zu den Prokaryoten gehören Bakterien und Blaualgen, zu den Eukaryoten Einzeller (Grünalgen, Protozoen) sowie alle höheren Tiere und Pflanzen.

Tabelle 4–7

Relativer Nucleotidgehalt der DNS verschiedener Herkunft (in Mol-%, nach CHARGAFF)

DNS	Adenin	Guanin	Cytosin	Thymin	5-Methylcytosin
Kalbsthymus	28,2	21,5	21,2	27,8	1,3
Heringssperma	27,9	19,5	21,5	28,2	2,8
Weizenkeime	27,3	22,7	16,8	27,1	6,0
Hefe	31,3	18,7	17,1	32,9	
Escherichia coli	26,0	24,9	25,1	23,9	
Mycobacterium tuberculosis	15,1	24,9	35,4	14,6	
Phage ΦX 174	24,3	24,5	18,2	32,3	

schließend wird unter Bildung von 3′-Nucleotiden emzymatisch mit einer entsprechenden Nuclease hydrolysiert. Der radioaktiv markierte Phosphatrest „wandert“ auf diese Weise von der 5′-Stellung des Ausgangsnucleotids zur 3′-Stellung des benachbarten Nucleotids (Abb. 4–8).

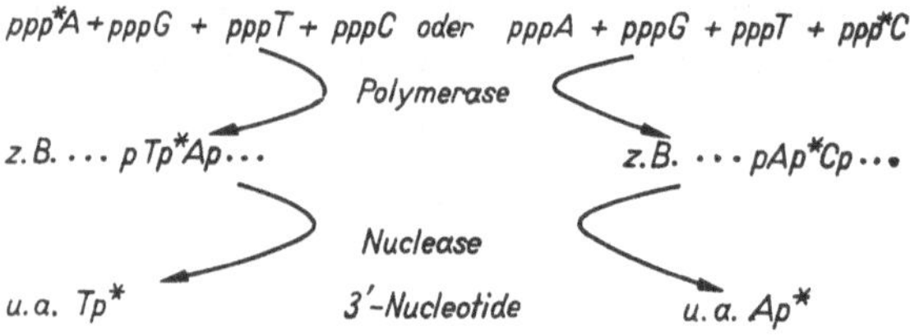

Abb. 4–8

Schematische Darstellung einer Nachbarschaftsanalyse.
(p*: radioaktiv markierter Phosphatrest.)

4.2.2.2. Ribonucleinsäuren (RNS)

Im Unterschied zu den Desoxyribonucleinsäuren sind die Ribonucleinsäuren gegenüber Alkali labil. Diese ungewöhnliche Eigenschaft von Phosphorsäurediestern ist durch die 2′-Hydroxygruppe bedingt, die die Ausbildung von 2′,3′-Phosphaten ermöglicht.

An den 3′- und 5′-Enden der Ribonucleinsäuren können sich entweder Hydroxygruppen oder Phosphorsäuremonoestergruppen befinden, so daß folgende 4 Typen unterschieden werden können:

pNpN .... pNpN
pNpN .... pNpNp
NpN .... pNpNp
NpN .... pNpN

In einigen Fällen kann am 5′-Terminus auch ein Di- oder Triphosphatrest (Virus-RNS) sitzen.

Bis zu 25% des Trockengewichtes einer Zelle kann aus Ribonucleinsäure bestehen.

Bei den Ribonucleinsäuren können nach Vorkommen bzw. Funktion mehrere Hauptgruppen unterschieden werden:

ribosomale (rRNS), Transfer- (tRNS), Messenger-(mRNS) und virale RNS.

Daneben findet sich noch Ribonucleinsäure im Zellkern (Kern- oder nucleare RNS, nRNS, ein Vorläufer der mRNS) sowie in den Mitochondrien.

Ribosomale RNS (rRNS)

Etwa 80% der gesamten RNS der Zelle sind in den Ribosomen lokalisiert.

Ribosomen sind Nucleinsäure-Protein-Komplexe, die etwa 50—60% RNS enthalten. Sie besitzen ein Partikelgewicht von $2{,}8 \cdot 10^6$ (70S) bei den Bakterien bzw. $4{,}1 \cdot 10^6$ (80S) bei den Säugetieren. Die Ribosomen können unter bestimmten Bedingungen in zwei ungleiche Untereinheiten dissoziieren mit Sedimentationskoeffizienten von 50S und 30S bei den Bakterien bzw. 60 und 40S bei den Säugetieren. Die kleinere Untereinheit enthält eine (16S bei den Bakterien, 18S bei den Säugetieren), die größere zwei RNS-Komponenten (Bakterien: 23S und 5S; Säugetiere 28S und 5S).

Die Basenzusammensetzung der RNS-Komponenten hängt von der Herkunft der rRNS. ab Das Verhältnis G + C/A + U schwankt bei den Tieren zwischen 0,5 bis 2,0, bei den Pflanzen zwischen 0,8 und 1,6. Der niedrigere Wert wurde bei niederen Pflanzen (Hefen, Algen), der höhere bei Liliatae (1,4—1,6) und Magnoliatae (ca. 1,3—1,4) gefunden. Im allgemeinen ist der G + C-Anteil bei höher entwickelten Organismen größer als bei niederen Arten. Bei den höchstentwickelten Organismen, also den Liliatae und Säugetieren, ist der G + C-Anteil der großen ribosomalen Untereinheit höher als der der kleinen.

Transfer-RNS (tRNS)

Nächst der rRNS ist die Transfer-RNS mit ca. 15% der Gesamt-RNS der Zelle am häufigsten. Ihren Namen hat sie aufgrund ihrer Funktion als Aminosäuretransporter bei der Proteinsynthese (Kap. 4.3.) erhalten. Sie kommt in der löslichen Cytoplasmafraktion der Zellen vor und wurde deshalb auch als lösliche RNS (Soluble RNS, sRNS) bezeichnet. Die tRNS besitzt die kleinste Molmasse der Nucleinsäuren. Sie ist deshalb auch die Nucleinsäure, über deren Primär-, Sekundär- und auch Tertiärstruktur (vgl. Kap. 4.2.4.5.) die detailliertesten Kenntnisse vorhanden sind.

Alle tRNS enthalten am 3'-Terminus die Sequenz —C—C—A. Am 5'-Terminus befindet sich ein G- oder C-Rest. Die Basenzusammensetzung der tRNS ist durch das Vorkommen von Nebenbasen charakterisiert. Die Nebenbasen sind häufig in bestimmten Regionen des Moleküls lokalisiert, so Dihydrouracil und Pseudouridin in nach ihnen benannten Schleifen. Sie unterscheiden sich durch ihre Lichtabsorption von den normalen Purin- und Pyrimidinbasen.

In einigen tRNS (von Mikroorganismen, Pflanzen und Tieren) wurde in der ersten Position des Anticodons das in seiner Struktur ungewöhnliche *Nucleosid „Q“* gefunden, bei dem es sich um ein Cyclopentenderivat handelt.

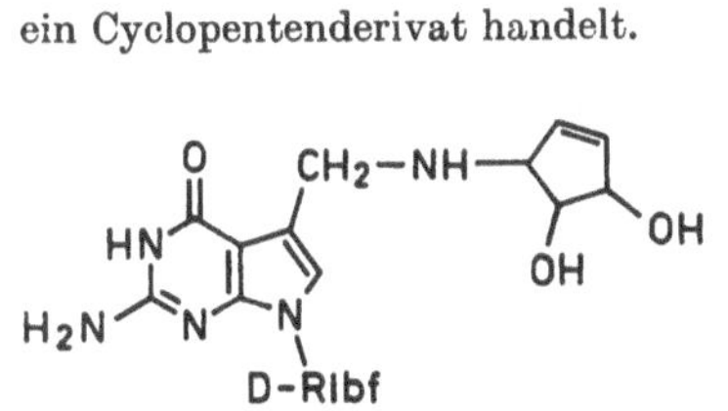

Nucleosid „Q“

Boten- oder Messenger-RNS (mRNS)

Die Messenger-RNS übernimmt die genetische Information von der DNS (Replikation) und wirkt als Matrize für die Proteinsynthese. Aufgrund ihrer Biosynthese (S. 275) entspricht ihre Basenzusammensetzung der der DNS. Lediglich Thymin wird durch Uracil ersetzt. Die Molmasse liegt zwischen 300000 und 500000.

Die mRNS gehört zu den Ribonucleinsäuren mit der geringsten metabolischen Stabilität. Sie macht etwa 2% der Gesamt-RNS der Zelle aus.

Die mRNS eukaryotischer Zellen besitzt charakteristische Endgruppen. Am 3'-Ende befindet sich ein langer Schwanz von Polyadenylsäure, während am 5'-Ende ein 7-Methylguanosinrest über eine ungewöhnliche 5',5'-Triphosphatbrücke sowie 2'-O-methylierte Nucleoside (vgl. Struktur *24*) gebunden sind. Prokaryotische mRNS beginnen am 5'-Terminus mit pppNp.

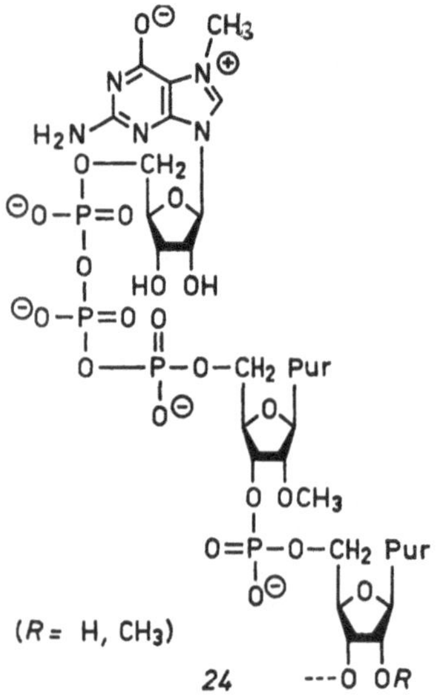

(*R* = H, CH_3)

24

4.2.2.3. Virale Nucleinsäuren

Viren sind Nucleinsäure-Protein-Komplexe, die sich in einer lebenden Zelle vermehren können. Sie werden definiert als Teilchen,

- die aus einem oder mehreren Molekülen von RNS oder DNS bestehen und meistens von Proteinen umhüllt sind,
- die imstande sind, den Enzymapparat des Wirts zum Zwecke ihrer intrazellulären Replikation auszunutzen, indem ihre Information die des Wirts verdrängt,
- die gelegentlich die Fähigkeit haben, ihr Genom in reversibler Weise in das des Wirts zu integrieren und dadurch kryptisch zu werden oder die Eigenschaften der Wirtszelle zu transformieren (Fraenkel-Conrat).

Die Viren können klassifiziert werden nach der Art der von ihnen befallenen Zellen (Tab. 4–8) oder nach ihren chemischen und physikalischen Eigenschaften. Nach der Art der Nucleinsäurekomponente können DNS- und RNS-Viren unterschieden werden.

Die DNS der kleinsten Phagen ist einzelsträngig und cyclisch, die aller mittelgroßen und großen Viren doppelsträngig. Die RNS ist meist einzelsträngig. Reo-Viren und Insekten-Viren enthalten doppelsträngige RNS.

Tabelle 4–8
Klassifizierung der Viren

Befallene Zellen	RNS-Viren	DNS-Viren
Bakterien*)	MS2 von Escherichia coli	große Phagen: T-, P-Phagen, λ, Φ 80 kleine Phagen: $\Phi\varkappa$ 174, S 13, fd
Pflanzen	nahezu alle Pflanzen-Viren (z. B. Tabakmosaik, Kartoffel-X)	Blumenkohlmosaik-Virusgruppe
Arthropoden (vor allem Insekten)	zytoplasmatische Polyederviren	Kapselviren, nucleäre Polyederviren (Gelbsucht der Seidenraupe, Wipfelkrankheit der Nonne)
Wirbeltiere	Picorna-Viren (Poliomyelitis, Maul- und Klauenseuche) Reo-Viren Myxo-Viren Paramyxo-Viren (Masern, Mumps, Staupe, Rinderpest) Rhabdo-Viren (Tollwut) Toga-Viren (Schweinepest, Röteln, Gelbfieber) Onkogene Viren	Adeno-Viren (Erkrankungen der Atemwege) Herpes-Viren (Herpes simplex, Fischpocken) Pox-Viren (Pocken)

*) Viren, die Bakterien befallen, werden als Phagen bezeichnet.

Schon länger ist bekannt, daß die endständigen Nucleotide der RNS nicht an der Codierung von Aminosäuren beteiligt sind. Das trifft z. B. zu für das 5'-Ende (pppG—G) von Phagen oder das 3'-Ende (—C—C—C—A) von Phagen und Pflanzen-Viren. Genauere Vorstellungen konnten nach einer vollständigen Strukturaufklärung eines Virus-Genoms, der RNS des Phagen MS2, entwickelt werden. Dieses Genom (Abb. 4–9) besteht aus

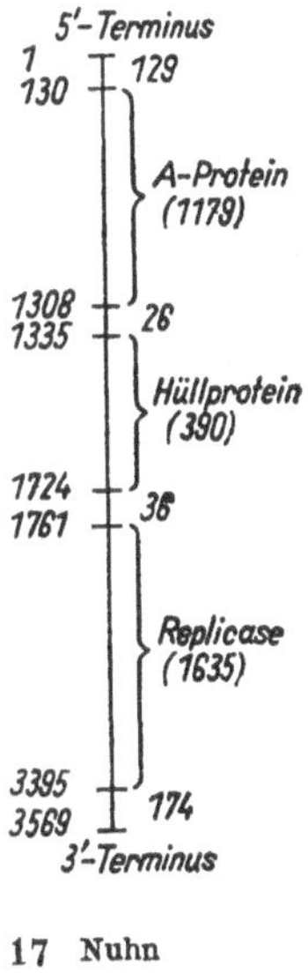

Abb. 4–9
Schematische Darstellung des Genoms des RNS-Phagen MS2 mit Angabe der Anzahl der Nucleotide.

3 Genen mit den Informationen für das Hüllprotein, das *A*-Protein, das für die richtige Zusammensetzung des Virus aus seinen Teilen und den Infektionsprozeß verantwortlich ist, und der Replicase, die für die Vermehrung des Virus in der Zelle benötigt wird. Endständig sowie zwischen den Genen befinden sich nichtcodierende Nucleotidsequenzen.

4.2.3. Methoden der Sequenzanalyse

Die Sequenzanalyse der Nucleinsäuren bereitete gegenüber der der Proteine eine Reihe zusätzlicher Probleme, so daß die erste Sequenzanalyse, die der alaninspezifischen tRNS aus Hefe (1965: HOLLEY und Mitarb.), erst 12 Jahre nach der ersten Sequenzanalyse eines Proteins abgeschlossen werden konnte. Die Schwierigkeiten liegen darin begründet, daß die Nucleinsäuren im wesentlichen nur aus 4 verschiedenen Monomeren aufgebaut sind, die Molmassen insbesondere bei den DNS außerordentlich hoch sind und lange Zeit zumindest für die DNS spezifisch spaltende Enzyme unbekannt waren. Die Sequenzanalysen beschränkten sich zunächst auf die relativ niedermolekularen tRNS. Bis 1973 wurde die Primärstruktur von über 60 tRNS, vorwiegend aus niederen Organismen, aufgeklärt.

Eine Zusammenfassung der aufgeklärten Nucleinsäuresequenzen erfolgt im "*Handbook of Nucleic Acid Sequences*" (Hrsg.: BARREL und CLARK). Das größte Aufsehen erregte die 1976 abgeschlossene Sequenzanalyse eines RNS-Virus-Genoms, des aus 3 Genen und insgesamt 3569 Nucleotiden bestehenden Genoms des Bakteriophagen MS 2-RNA (FIERS). Ein Jahr später wurde von SANGER und Mitarb. die vollständige Nucleotid-Sequenz des DNS-Bakteriophagen ΦX 174 veröffentlicht.

4.2.3.1. Sequenzanalyse der RNS

Bei der Sequenzanalyse von RNS wird nach folgender Strategie vorgegangen:

1. Reinigung der RNS vor allem an Ionenaustauschern,
2. Ermittlung bzw. Markierung der terminalen Sequenzen (Endgruppenbestimmung),
3. Fragmentierung des Moleküls nach mehreren Methoden zu sich überlappenden Oligonucleotiden,
4. Isolierung der Oligonucleotide und Ermittlung von deren Sequenz,
5. Ermittlung der Gesamtsequenz aus den sich überlappenden Teilsequenzen.

Endgruppenbestimmung

Die Markierung und Ermittlung der Endgruppen erfolgt meist über die Einführung radioaktiver Isotope wie ^{32}P, ^{14}C oder ^{3}H. Eine Methode zur Markierung des 5'-Terminus beruht darauf, daß zunächst ein evtl. vorhandener Phosphatrest am 5'-Terminus enzymatisch entfernt und die freie primäre 5'-Hydroxygruppe anschließend mit radioaktiv markiertem ATP in Gegenwart des Enzyms Polynucleotid-5'-hydroxyl-Kinase aus *Escherichia coli* phosphoryliert wird.

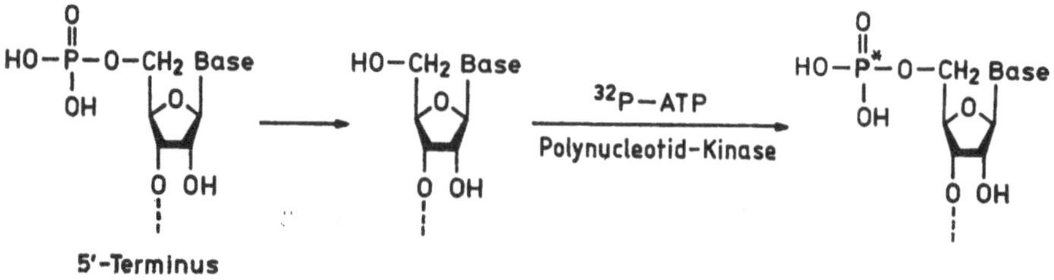

Eine weitere Möglichkeit besteht in der Umsetzung des 5'-Terminus mit ^{14}C-Methylphosphomorpholid (*25*):

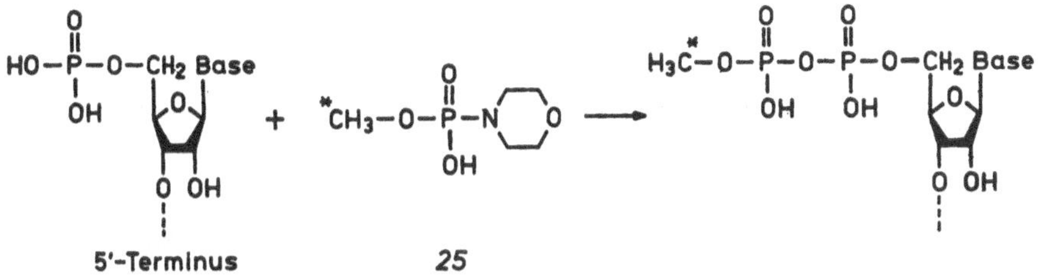

Für die Markierung des 3'-Terminus wird die vicinale Diolgruppierung zunächst mit Periodat zum entsprechenden Dialdehyd oxidiert. Dieser Dialdehyd läßt sich dann durch Reduktion mit tritiummarkiertem $NaBH_4$ oder Umsetzen mit ^{14}C-Semicarbazid relativ stabil markieren. Durch Überführen z. B. in die Dianilino-Verbindung (*26*), deren glykosidische Bindung außerordentlich labil ist, läßt sich diese Methode auch zum stufenweisen Abbau vom 3'-Terminus her heranziehen.

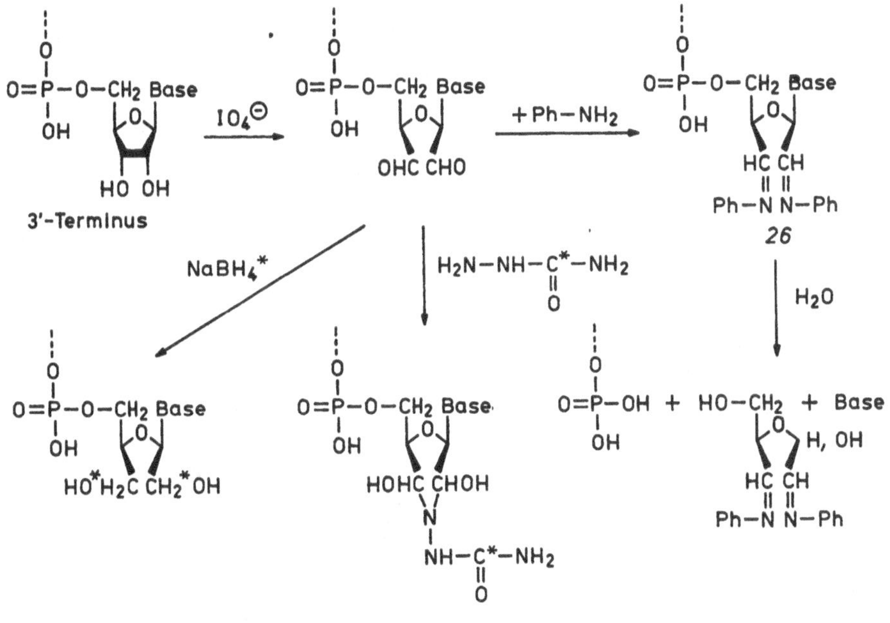

Fragmentierung

Zur Fragmentierung der Nucleinsäuren werden meist enzymatische Methoden herangezogen, da eine chemische Fragmentierung zu wenig spezifisch ist. Am verbreitetsten ist der Einsatz der Endonucleasen Ribonuclease I und Guanyloribonuclease oder anderer Enzyme vergleichbarer Spezifität. Internucleotidbindungen mit Basen, die in Doppelhelix-Strukturen eingebaut sind, werden langsamer gespalten als solche von einzelsträngigen Abschnitten (Abb. 4–10).

Die Auftrennung der Oligonucleotide erfolgt durch Ionenaustauschchromatographie oder in letzter Zeit bevorzugt in Form endständig radioaktiv markierter Fragmente

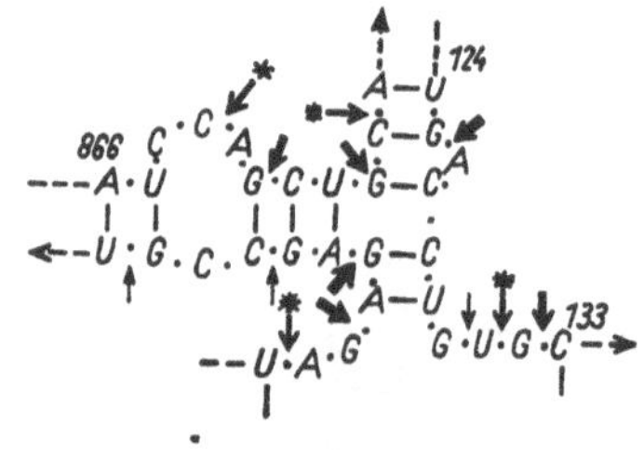

Abb. 4–10

Fragmentierung eines Teilabschnittes der Region am 5'-Terminus des MS-2-RNA-Virus-Genoms, das das A-Protein codiert (nach FIERS).

Fragmentierung mit Guanyloribonuclease (•→) und Ribonuclease I (→); die Stärke der Pfeile gibt die unterschiedliche Reaktivität, durchgezogene Striche geben Basenpaarungen wieder.

durch Polyacrylamidgel-Elektrophorese mit autoradiographischer Auswertung. Als Beispiel für die Sequentierung der Oligonucleotide sei der 5'-Terminus der alaninspezifischen tRNS der Hefe herausgegriffen, der durch Guanylribonuclease und Ribonuclease I in folgender Weise fragmentiert wird:

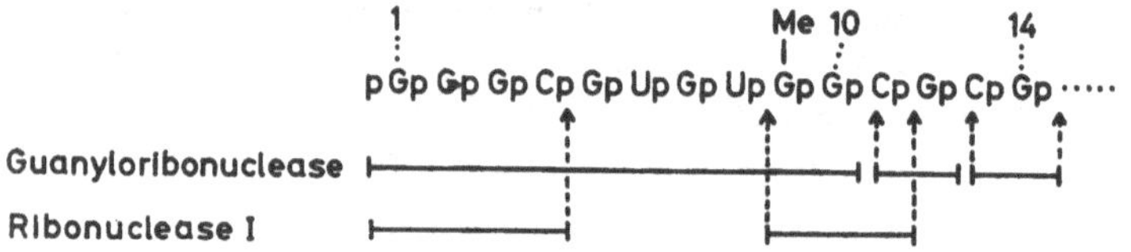

Die beiden Dinucleotide liefern nach der Hydrolyse mit $OH^{\ominus}$ Gp und Cp, die durch Cochromatographie mit Vergleichssubstanzen identifiziert werden können. Da beide Dinucleotide durch Spaltung mit Guanyloribonuclease gebildet wurden, ergibt sich aus der Spezifität dieses Enzyms die Sequenz CpGp. Das größere Fragment muß zur Sequenzanalyse noch weiter gespalten werden, z. B. enzymatisch mit Exonucleasen. Die mit Ribonuclease I gebildeten Oligonucleotide liefern nach der vollständigen alkalischen Hydrolyse nur Gp bzw. MeGp und Cp. Da das Enzym nach Pyrimidinnucleosiden spaltet, muß Cp am 3'-Terminus stehen. Die Reihenfolge für das Trinucleotid ergäbe sich z. B. durch Spaltung mit Schlangengift-Phosphodiesterase, bei der pCp, pG und MeG anfallen würde.

Die enzymatische Fragmentierung kann durch chemische Veränderungen bestimmter Basen modifiziert werden. 7-Methylguanosinreste, die durch Methylierung mit Dimethylsulfat gebildet werden können, sind resistent gegenüber Guanyloribonuclease. Nach einer chemischen Modifizierung von Uracilresten durch Umsetzen mit Carbodiimid (z. B. *27*) erfolgt die Spaltung mit Ribonuclease I ausschließlich nach C-Resten. Mit Carbodiimid reagieren außer Uracilresten auch andere Basen mit einem pK-Wert um 9 wie z. B. Guaninreste. Vorteilhaft ist, daß sich der die enzymatische Resistenz bedingende Rest unter relativ milden Bedingungen wieder entfernen läßt.

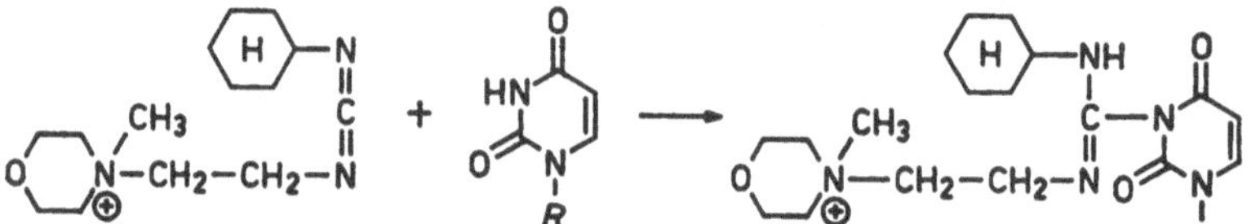

27

4.2.3.2. Sequenzanalyse der DNS

Relativ rasche und einfache Methoden der Sequenzanalyse der DNS konnten erst nach der Entdeckung der sog. Restriktionsenzyme entwickelt werden.

Restriktionsenzyme sind in Bakterien weitverbreitete Sequenz-spezifische DNS-Endonucleasen. Die Erkennungssequenzen der Restriktionsenzyme werden von 4—6 Basenpaaren gebildet. Der Bruch

Tabelle 4-9

Nucleinsäure-spaltende Enzyme (Nucleasen)
(Es können Ribo- und Desoxyribonucleasen (RNasen, DNasen) unterschieden werden. Phosphodiesterasen spalten unabhängig von der Struktur des Zuckers. Endonucleasen spalten Phosphorsäurediester im Inneren, Exonucleasen am Ende (3'- oder 5'-Terminus) der Polynucleotidkette. E. c. = Escherichia coli.)

Enzym	Substrat	Angriff	Produkte
Schlangengift-Phosphodiesterase	einzelsträngige Polynucleotide (DNS, RNS)	exo, vom 3'-Terminus	5'-Phosphate
Milz-Phosphodiesterase	einzelsträngige Polynucleotide (DNS, RNS)	exo, vom 5'-Terminus	3'-Phosphate
Ribonuclease I	bevorzugt einzelsträngige RNS	endo, nach Pyrimidinnucleotiden	Oligonucleotide mit 3'-terminalen Pyrimidinnucleotiden
Guanyloribonuclease (RNase T1)	RNS	endo, nach Gp	Oligonucleotide mit 3'-terminalem Gp
Exodesoxyribonuclease I (E. c.)	einzelsträngige DNS	exo, vom 3'-Terminus	5'-Phosphate
Exodesoxyribonuclease III (E. c.)	doppelsträngige DNS	exo, vom 3'-Terminus	5'-Phosphate
Desoxyribonuclease I	doppelsträngige DNS	endo, zwischen pdApdT, pdApdC, pdGpdT, pdGpdC	5'-Mononucleotide, Di- und Trinucleotide
bakterielle Restriktions-enzyme	DNS	endo, je nach Herkunft unterschiedlich	Polynucleotide
Bakteriophage T4-Endonuclease IV	DNS	endo, TpC-Sequenzen	Polynucleotide

des DNS-Doppelstranges erfolgt innerhalb der Erkennungssequenz. Beispiele sind die Erkennungssequenz *28* für das Enzym Eco-RI aus *Escherichia coli* KY 13 und *29* für Bsu I aus *Bacillus subtilis.*

5′ ... G AATTC ... 3′	5′ ... GG CC ... 3′
3′ ... CTTAA G ... 5′	3′ ... CC GG ... 5′
28	*29*

Je nach der Häufigkeit der Erkennungssequenz in der zu untersuchenden DNS wird die DNS durch das Restriktionsenzym in verschiedene Restriktionsfragmente gespalten. Die Reihenfolge der Restriktionsfragmente kann durch Einsatz mehrerer Restriktionsenzyme ermittelt werden (Aufstellung einer sog. Restriktionskarte).

Die beiden wesentlichen Methoden zur Sequenzanalyse der Restriktionsfragmente sind die Plus-Minus-Methode von Sanger und Coulson und die Dimethylsulfat-Hydrazin-Methode von Maxam und Gilbert.

Mit Hilfe der *Plus-Minus-Methode* gelang die Sequenzanalyse des Coli-Phagen ΦX 174, die zur Entdeckung sich „überlappender" Gene führte (S. 276). Diese cyclische, einsträngige DNS enthält 5375 Nucleotide, die 9 Proteine (A—B—C—D—E—J—F—G—H) codieren (vgl. Abb. 4–22, S. 276).

Nach der Plus-Minus-Methode werden zunächst von der zu untersuchenden doppelsträngigen DNS ein vollständiger Einzelstrang als Template (Matrize, S. 274) sowie ein doppelsträngiges

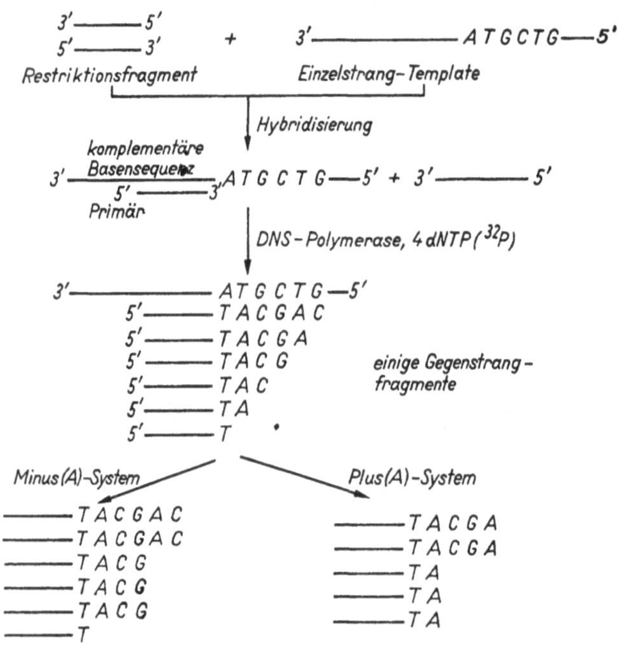

Abb. 4–11

Schematische Darstellung der Plus-Minus-Methode zur DNS-Sequenzanalyse (nach Sanger und Coulson).

Restriktionsfragment zusammengegeben. Durch Denaturierung und anschließende Renaturierung lagert sich an den kompletten Einzelstrang der komplementäre Teil des Doppelstrang-Fragments an (Hybridisierung), der nun als Primer (S. 274) wirkt. Durch Zugabe von DNS-Polymerase und aller 4 Nucleosidtriphosphate, von denen eines ^{32}P-markiert ist, wird dieser Primer am 3′-Terminus zu einer Mischung verschieden langer, radioaktiv markierter Gegenstrangfragmente verlängert. Nach Entfernen der überschüssigen Triphosphate werden die noch hybridisierten Gegenstrangfragmente im Minus-System wiederum in Gegenwart von DNS-Polymerase aber mit nur 3 Nucleosidtriphosphaten bis zu der Stelle verlängert, an der das fehlende Nucleosid vorkommt. Im Plus-System dagegen werden die gleichen Gegenstrangfragmente durch die Exonuclease-Aktivität der zugesetzten Polymerase (aus mit Bakteriophagen T4-infizierten Escherichia coli) und unter Zusatz des im entsprechenden Minus-System fehlenden Nucleosidtriphosphats bis zu der Stelle abgebaut, an der das dem Plus-System zugesetzte, aber im Minus-System fehlende Nucleotid vorkommt. Die erhaltenen Desoxyribooligonucleotide werden dann nach Abtrennen des DNS-Templates elektrophoretisch aufgetrennt und durch Autoradiographie sichtbar gemacht (^{32}P-markiert!). Aus dem so erhaltenen Bandenmuster läßt sich die Position der Nucleotide ermitteln. Die Sequenz ergibt sich durch Kombination aller vier möglichen Minus- und Plus-Systeme. Die Methode erlaubt die Analyse von Fragmenten mit 150—200 Nucleotiden.

Die *Dimethylsulfat-Hydrazin-Methode* basiert auf chemischen Fragmentierungsmethoden, die entweder an Pyrimidin- oder Purinbasen angreifen. Durch Umsetzen mit Dimethylsulfat (S. 239) werden 7-Methylguanosin und 3-Methyladenosin gebildet. Bei pH 7 und 90 °C erfolgt die Spaltung der modifizierten Guanosinreste schneller als die der Adenosinreste, mit 0,1 N HCl und bei 0 °C die der Adenosinreste schneller als die der Guanosinreste (zur Spaltung vgl. S. 242). Von Hydrazin werden unter Bildung von Ureido-Verbindungen und Hydrazonen (vgl. S. 242) spezifisch die Pyrimidinbasen angegriffen. In Gegenwart von 1 M NaCl reagiert Cytosin vor Thymin. Die Abspaltung der modifizierten Basen und damit die Fragmentierung erfolgt mit Piperidin unter Bildung sog. Piperidone (*30*) als Zwischenprodukte.

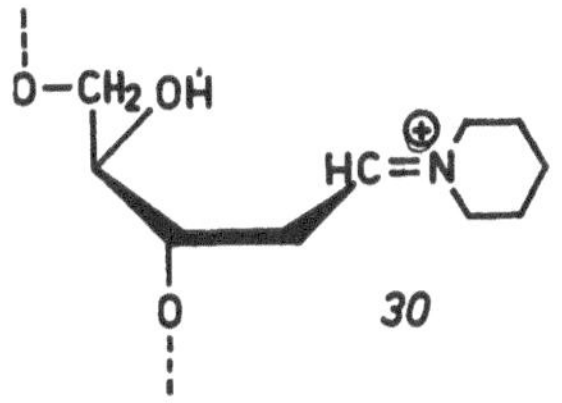

30

Auch bei der Dimethylsulfat-Hydrazin-Methode wird von Restriktionsfragmenten ausgegangen, die am 5′-Terminus radioaktiv markiert werden. Diese Fragmente werden dann mit Hilfe der chemischen Methoden weiter zerlegt. Die erhaltenen Oligonucleotide werden elektrophoretisch aufgetrennt und die vom 5′-Terminus ausgehenden Fragmente autoradiographisch nachgewiesen. Das erhaltene Bandenmuster der Oligonucleotide erlaubt die Aufklärung der Sequenz unter Berücksichtigung der unterschiedlichen Spezifität der chemischen Methoden.

4.2.4. *Konformationen*

4.2.4.1. *Stereochemie der Bindungen*

Im Vergleich zu den Polypeptiden besitzen die Polynucleotide wesentlich mehr Bindungen, die durch mehr oder weniger eingeschränkte Rotation um ihre Achse die konformative Flexibilität der Polynucleotidkette beeinflussen können. Allein in der Internucleotidbindung bestimmen die 5 Torsionswinkel Φ', ω', ω, Φ und Ψ die Stereochemie der Kette (Abb. 4–12).

Weitere Faktoren sind die konformative Flexibilität des Tetrahydrofuranringes (S. 143) sowie die Rotation um die glykosidische Bindung (S. 235). Energiekalkulationen sowie die Ergebnisse der Röntgendiffraktion an Nucleosiden und Nucleotiden ergaben, daß die Torsionswinkel $\Phi' \sim 240°$, $\omega' \sim 290°$, $\omega \sim 290°$, $\Phi \sim 180°$ und $\Psi \sim 60°$ betragen (ohne Berücksichtigung der Wasserstoffbrücken zwischen den Basen).

Es wird angenommen, daß die konformative Flexibilität der Nucleïnsäuren, z. B. die Entspiralisierung der DNS-Doppelhelix während der Nucleinsäuresynthese, vor allem durch die Rotation um P—O-Bindungen hervorgerufen wird.

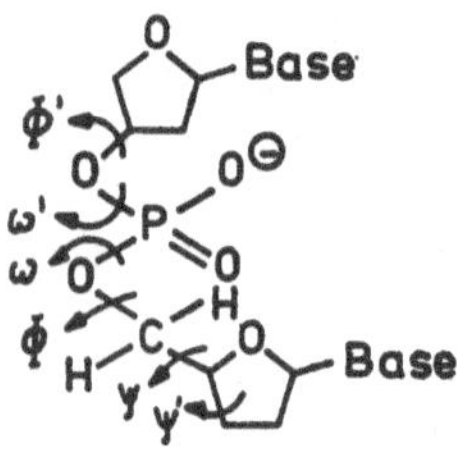

Abb. 4–12
Torsionswinkel der Polynucleotidkette.

Zu den Faktoren, die die Einstellung bestimmter Konformationen der Polynucleotide bestimmen, gehören

— Wasserstoff-Bindungen zwischen den Basen (Basenpaarung),
— hydrophobe Wechselwirkungen zwischen den Basen (Basenstapelung),
— sowie die negativen Ladungen der Phosphorsäurediester-Gruppen.

4.2.4.2. Basenpaarungen

In Zusammenhang mit der Aufstellung des Modells der DNS-Doppelhelix nahmen Watson und Crick als bindende Kräfte zwischen den beiden Polynucleotidsträngen Wasserstoffbrücken an. Aus Gründen des Raumbedarfs innerhalb der Doppelhelix kamen nur Wasserstoffbrücken zwischen einer Pyrimidin- und Purinbase in Frage. Entsprechende Paarungen gingen aus den Untersuchungen von Chargaff und Mitarb. (1950) hervor, die zeigten, daß die Basen *A* und *T* sowie *G* und *C* in DNS verschiedener Herkunft in gleicher Menge vorliegen (Tab. 4–7).

Die Watson-Crick-Paarungen (Abb. 4–13) postulieren für das Paar A/T zwei, für das Paar G/C drei Wasserstoffbrücken. Später wurde festgestellt, daß die Wechselwirkung G/C etwa 100 mal stärker ist als die A/T bzw. A/U.

Die Watson-Crick-Paarungen sind jedoch nicht die einzig möglichen Strukturen. Weitere Paarungen sind unter Einbeziehung des N-7 vom Imidazolrest der Purine (Hoogsteen-Paarungen) sowie durch Drehung der Pyrimidinbase („umgekehrte" Paarungen) möglich (Abb. 4–13). Eine Hoogsteen-Paarung findet statt bei der Cokristallisation von Mischungen der Nucleoside von Adenin und Thymin. Eine umgekehrte Hoogsteen-Paarung tritt bei Komplexen ein, an deren Bildung 5-Bromuracil beteiligt ist (vgl. S. 282). Für das Paar *G/C* wurde bisher nur eine Watson-Crick-Paarung nachgewiesen. Die Beteiligung anderer tautomerer Formen der Nucleotidbasen (A^x, C^x, G^x, vgl. Kap. 4.1.3.1.) an Basenpaarungen wie A^x/C, A/C^x, G^x/C oder G/C^x dient zur Erklärung von Punktmutationen.

4.2.4.3. Basenstapelung

Eine konzentrierte wäßrige Lösung von GMP wird bei pH 4—5 sehr viskos. Diese Viskositätserhöhung geht auf eine Wechselwirkung zwischen den Basen zurück, die zu einer stapelförmigen Anordnung der planaren Basen führt. Dieses Verhalten der Mono-

und Oligonucleotide könnte bei der präbiotischen Evolution eine Rolle gespielt haben. Die Basenstapelung läßt sich durch verschiedene physikalische Methoden nachweisen, z. B. durch eine Verschiebung der *NMR*-Signale oder anhand der Dampfdruckerniedrigung. Am bedeutendsten sind aber die Auswirkungen auf die optischen Eigenschaften

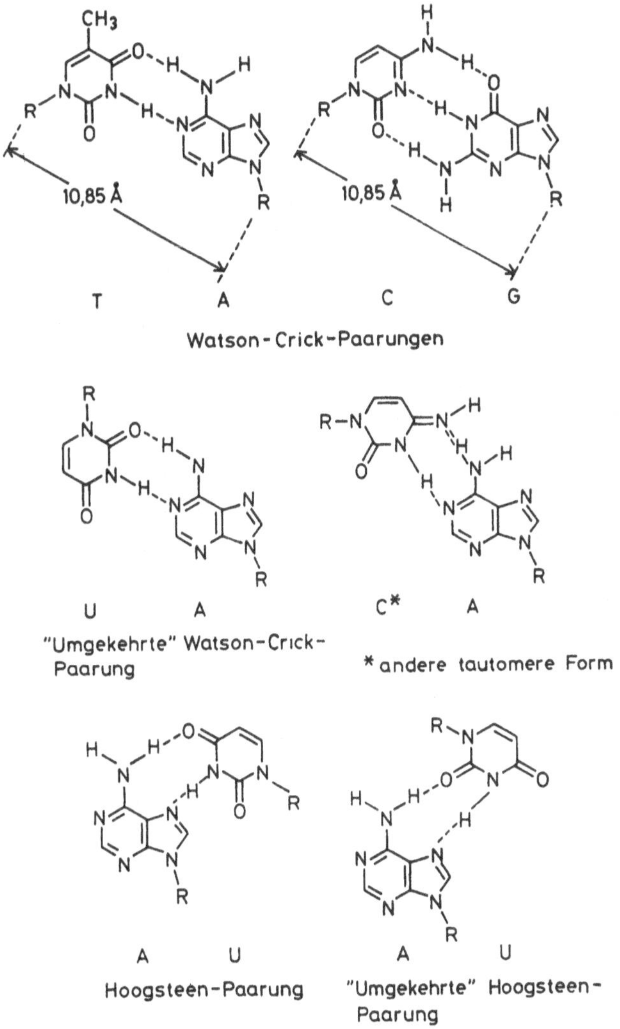

Abb. 4–13
Wichtigste Basenpaarungen.

der Nucleinsäuren. So ist die optische Aktivität der Nucleinsäuren wesentlich gegenüber der der Nucleotide erhöht. Durch *ORD*-Messungen von Poly(A) konnte die Basenstapelung erstmals nachgewiesen werden (Holcomb und Tinoco, 1965).

Die Wechselwirkung zwischen den Basen wirkt sich ferner auf die *UV*-Absorption aus. Bei der Hydrolyse der Nucleinsäuren steigt die Absorption bei 260 nm. Die Summe der Absorption der Nucleotide ist größer als die Absorption der Nucleinsäure. Die Stapelung der Basen ruft also einen *hypochromen Effekt* hervor. Auf der anderen Seite steigt die Absorption beim Übergang geordneter in weniger geordnete Strukturen. Dieser hyperchrome Effekt wird zur Ermittlung der „Phasenübergangstemperatur“ der Nucleinsäuren (Übergang von nativer in denaturierte Nucleinsäure, S. 270) herangezogen. Die Hyperchromizität, definiert als

$$\text{Hyperchromizität} = \frac{\text{Absorption der Monomeren}}{\text{Absorption der Nucleinsäure}} - 1,$$

beträgt bei der hoch geordneten DNS 60–70%, bei der weniger hoch geordneten RNS 25 bis 45%.

4.2.4.4. Konformationen der DNS

DNS-Doppelhelix

Das Doppelhelix-Modell der DNS wurde 1953 von Watson und Crick auf der Grundlage der Röntgenuntersuchungen von Wilkins und Franklin sowie der Chargaffschen Regeln aufgestellt.

DNS läßt sich aus ihrer wäßrigen, stark viskosen Lösung mit organischen Lösungsmitteln wie Ethanol in Form von Fäden ausfällen. Diese fadenförmige DNS kann je nach ihrem Wassergehalt in zwei Konformationen, der *A*- und *B*-Form, vorliegen. Die kristalline *A*-Form enthält 70–80%, die semikristalline *B*-Form über 90% Wasser. In dieser Form liegt die DNS in wäßriger Lösung vor, wie aus *CD*-Messungen und der Röntgenstreuung hervorgeht.

Die Röntgenaufnahmen der *B*-Form zeigten Röntgenreflexe, die auf sich wiederholende Strukturelemente in Abständen von 0,34 bzw. 3,4 nm hinwiesen. Aus den Untersuchungen von Chargaff ging wiederum hervor, daß Purin- und Pyrimidinbasen in gleicher Menge vorliegen. Watson und Crick entwickelten daraus ihr Doppelhelix-Modell, wonach die DNS aus zwei antiparallel angeordneten Polynucleotidketten mit komplementären Basen aufgebaut ist, die durch Wasserstoffbrücken zusammengehalten werden. Modellbetrachtungen zeigten, daß die Basenpaarung nur bei einer Doppelhelix möglich ist. Der Abstand der Basenpaare beträgt bei der B-Form 0,34 nm, die Stufenhöhe der Helix 3,4 nm (Abb. 4–14). Diese Hypothese von Watson und Crick konnte inzwischen vielfach bestätigt werden. Allerdings stammt die Energie, die die beiden Polynucleotidstränge zusammenhält, weniger aus den Wasserstoffbindungen, sondern hauptsächlich von der Basenstapelung. Die Basenpaare sind leicht zueinander gedreht (Tab. 4–10).

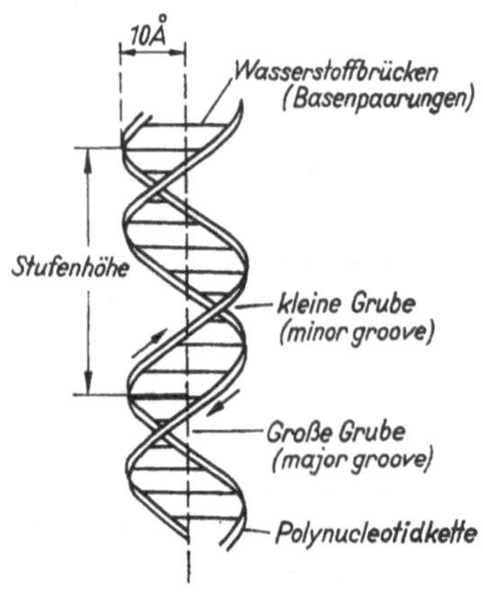

Abb. 4–14 DNS-Doppelhelix.

Tabelle 4–10

Strukturparameter von Nucleinsäure-Doppelhelices (nach YANG und SAMEJIMA)

Nucleinsäure	Basen/ Windung	Stufenhöhe (nm)	Neigung der Basen zum Helixdurchmesser
A-Form der DNS	11	2,8	20°
B-Form der DNS	10	3,4	2°
doppelsträngige RNS	10—11	3,05	15°

In Übereinstimmung mit den Röntgenbeugungsdaten steht auch ein Alternativmodell der DNS, das ein reißverschlußartiges Aneinanderlegen der beiden DNS-Stränge mit Paarungen zwischen den komplementären Basen vorsieht (side-by-side-Modell, *Rodley*).

Ringförmige DNS

In den Mitochondrien der tierischen Zellen finden sich zwei cyclische DNS-Formen. Die verbreitetste Form ist eine ringförmige Doppelhelix. Durch die Cyclisierung hat die DNS-Kette weniger Drehungen als eine offenkettige DNS. Es kommt daher bei der ringförmigen Doppelhelix zu zusätzlichen Verdrillungen (hypertwistet), Abb. 4–15a. Daneben kommen noch sehr große, miteinander verschlungene Ringe vor (Catenanstruktur, Abb. 4–15b).

Abb. 4–15

DNS-Form der Mitochondrien tierischer Zellen.

a) Ringförmige hyperspiralige Form, b) Catenan

Bei den Plasmiden der Bakterien und der DNS der Chloroplasten handelt es sich ebenfalls um ringförmige DNS, die etwa gleich groß ist wie die der Mitochondrien.

Eine ausgefallene Struktur besitzt die DNS des lysogenen Phagen λ. Dessen DNS-Ketten besitzen am 5′-Ende Segmente aus 12 Nucleotiden, die antiparallel eine komplementäre Sequenz aufweisen. Durch Basenpaarung wird dadurch Ringschluß möglich.

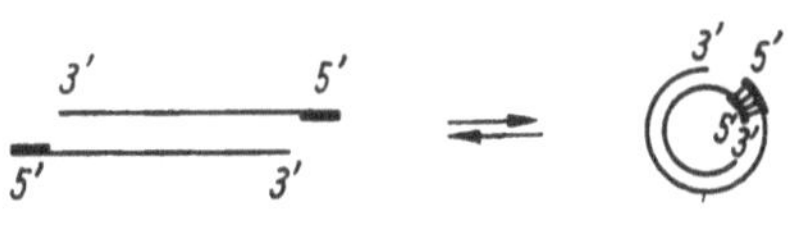

4.2.4.5. Konformationen der RNS

Während die DNS durch die Ausbildung der Doppelhelix stäbchenförmige Moleküle bildet, liegt die RNS in geknäuelter Form vor, wie aus hydrodynamischen Untersuchungen hervorgeht. In dieser geknäuelten Form befinden sich die Basen jedoch nur selten ohne eine bevorzugte Orientierung zueinander. Eine amorphe Form tritt nur bei bestimmten synthetischen Polynucleotiden [z. B. Poly(U)] oder bei hohen Temperaturen (nach der Denaturierung) auf. Im allgemeinen bilden sich bei den Polyribonucleotiden Zustände verschiedenen Ordnungsgrades durch Wechselwirkungen zwischen den Basen heraus. Auf solche Wechselwirkungen kann man aus den optischen Eigenschaften schließen.

Einzelsträngige Helix-Strukturen

Unterhalb des Phasenübergangs (S. 270) liegen viele Polynucleotide wie Poly(A) in einer einfachen helikalen Struktur vor, die durch Wechselwirkungen zwischen benachbarten Basen möglich wird. Es kommt zu einer Basenstapelung ohne Basenpaarung mit Ringebenen senkrecht zur Helixachse. Diese Struktur ist wie die amorphe Form noch weitgehend flexibel. Die optischen Eigenschaften dieser einfachen Helix unterscheiden sich jedoch infolge der Basenstapelung von denen der amorphen Form.

Einzelsträngige Doppelhelix-Strukturen (Haarnadel-Strukturen)

Die größte Bedeutung für die Ausbildung bestimmter RNS-Konformationen haben Basenpaarungen innerhalb einer Polynucleotidkette. Durch Zurückfalten des Stranges kommt es zu Wechselwirkungen zwischen komplementären Basen. Es entstehen auf diese Weise partiell doppelhelikale Strukturen, die von Schleifen (Abb. 4–16) unterbrochen werden. Solche Strukturen werden charakterisiert durch die Zahl der Basen pro Schleife, die Zahl der ungepaarten Basen pro Schleife und die Zahl der ungepaarten Basen, die die Schleifen miteinander verbinden.

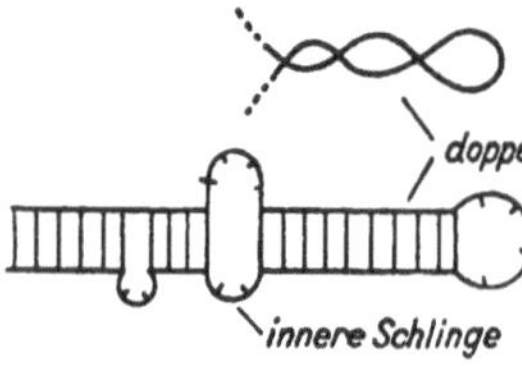

Abb. 4–16

Schematische Darstellung einzelsträngiger Doppelhelix-Strukturen.

Derartige Strukturen sind um so stabiler, je mehr Basenpaarungen möglich sind.

Am besten untersucht sind die tRNS. Alle in ihrer Primärstruktur aufgeklärten tRNS können trotz Unterschieden in der Sequenz und der Länge der Kette unter Berücksichtigung von Watson-Crick Paarungen (anstelle von *T* tritt *U*) in einer „Kleeblatt"-Anordnung formuliert werden (Abb. 4–17), wobei vier basengepaarte Bereiche und 3 bis 4 Schleifen unterschieden werden können. Die genaue räumliche Struktur konnte jedoch erst durch Röntgenstrukturanalyse aufgeklärt werden, nachdem es 1968 gelungen war, die Phenylalanin-tRNS aus Hefe zu kristallisieren. Die erste Aufklärung der Tertiärstruktur einer tRNS (1973 und 1975, Röntgenstrukturanalyse mit einer Auflösung von 0,25 nm) sicherte eine *T*-förmige Gestalt des Moleküls (Abb. 4–18). An der Ausbildung dieser Struktur sind nicht nur Wasserstoffbrücken zwischen den Basen, sondern auch die 2'-Hydroxygruppe und Phosphatgruppen beteiligt. Weiterhin wurde festgestellt, daß es durch die Anwesenheit eines *G*/*U*-Paares mit nur zwei Wasserstoffbrücken zu einer Deformation der Helix kommt.

RNS-Doppelhelix

Einige tierische und pflanzliche Viren enthalten doppelsträngige RNS. Die zwei antiparallel angeordneten Ketten werden durch Watson-Crick-Basenpaarungen zusammengehalten. Die so gebildete Doppelhelix ist der *A*-Form der DNS-Doppelhelix sehr ähnlich (Tab. 4–10). Doppelhelices werden auch von synthetischen Polyribonucleotiden wie Poly(A).Poly(U) oder Poly(I).Poly(C) gebildet. Bestimmte homopolymere Polyribonucleotide, z. B. Komplexe zwischen Poly(A) und Poly(U), können außer als Doppel-

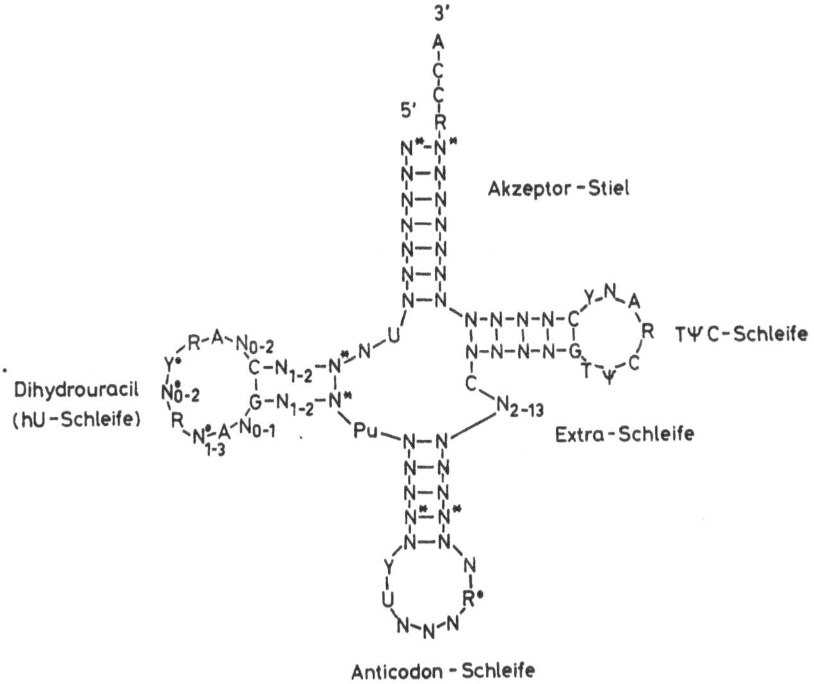

Abb. 4–17

Schematische Darstellung der tRNS-Struktur (Kleeblatt-Struktur).

N*: G/C-Paare; •: Meist 1–3 Dihydrouracil-Reste; R•: meist modifiziertes Purin.

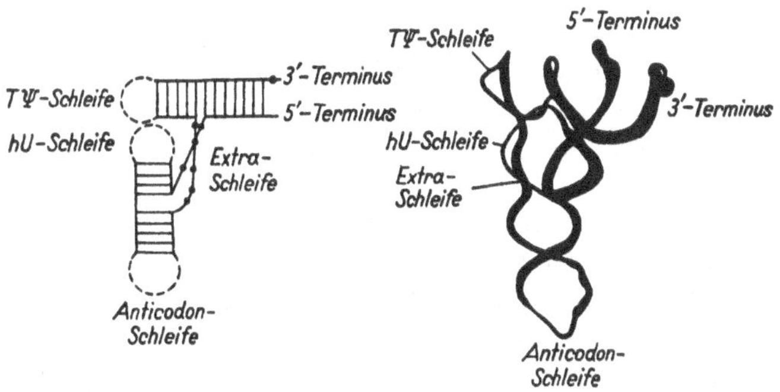

Abb. 4–18

Tertiärstruktur von Phenylalanin-tRNS aus Hefe (nach Kim, Quigley, Duddath, McPherson, Sueden, Weinzierl und Rich).

a) Schematische Darstellung; die Querstriche symbolisieren Basenpaare *b*) Raumstruktur helix mit WATSON-CRICK-Paarungen Tripelhelices (z. B. Poly(A).2 Poly(U)] mit der in Abb. 4–19 dargestellten Basenpaarung bilden.

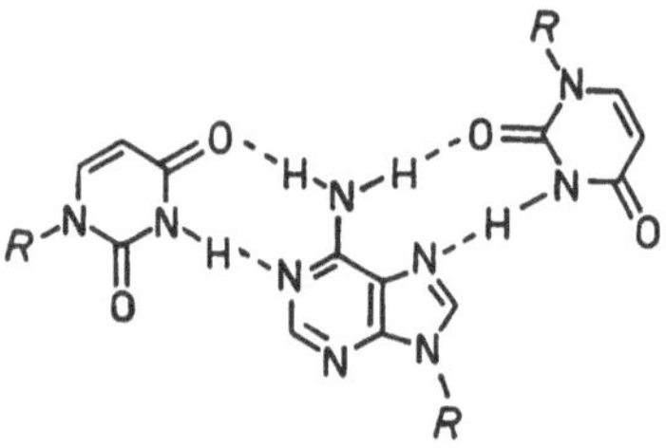

Abb. 4–19

Basenpaarung in der Poly(A).2Poly(U)-Tripelhelix.

Kovalent geschlossene RNS-Ringe aus ca. 360 Nucleotiden liegen in den Viroiden vor. *Viroide* sind hüllproteinfreie RNS-Moleküle, die als Krankheitserreger für höhere Pflanzen wirken. Das am besten untersuchte PSI-V (potato spindle tuber viroid) ist ein stäbchenförmiges Molekül, in dem kurze durch Watson-Crick-Paarungen gebildete doppelhelikale und kurze ungepaarte Bereiche (endständige Haarnadeln oder interne Schleifen) abwechseln.

4.2.5. Physikalisch-chemische Eigenschaften

Denaturierung

Ähnlich wie bei den Proteinen wird eine Veränderung der nativen Sekundärstruktur der Nucleinsäuren als Denaturierung bezeichnet. Bei der Denaturierung geht die helikale Struktur in eine kompaktere random-coil-Konformation, also eine weniger geordnete Struktur über. Dieser Übergang entspricht einem Phasenübergang. Man spricht deshalb auch von einem Schmelzen der Nucleinsäuren. Der Phasenübergang kann ausgelöst werden durch Erhöhung der Temperatur, drastische Veränderung des pH-Wertes ($>$ 11 oder $<$ 4) oder Zusatz organischer Lösungsmittel (z. B. Alkohole, Dimethylformamid, Phenole). Der Phasenübergang kann durch sprunghafte Veränderungen der hydrodynamischen (z. B. Abfall der Viskosität, Erhöhung der Dichte bei der Dichtegradientenzentrifugation) oder optischen Eigenschaften (z. B. Erniedrigung der optischen Aktivität, Erhöhung der *UV*-Absorption: hyperchromer Effekt) nachgewiesen werden. So zeigt Poly(A).Poly(U) eine hohe optische Aktivität. Durch Temperaturerhöhung sinkt die Drehung drastisch infolge des Zerbrechens der Helix. Dagegen weist Poly(U) (Helixgehalt praktisch Null) bei' Raumtemperatur nur eine sehr geringe Drehung
Der Phasenübergang findet bei den höher geordneten DNS innerhalb von 5° statt.
auf.

Die Phasenübergangstemperatur (auch Schmelztemperatur) ist u. a. abhängig von der Basenzusammensetzung der Nucleinsäure sowie von der Ionenstärke und dem pH-Wert der Lösung. Die Phasenübergangstemperatur ist dem *G*/*C*-Gehalt der DNS direkt proportional. Durch Interkalation (S. 281) wird sie nach höheren Werten verschoben.

Die thermische Denaturierung ist durch die Möglichkeit der Schleifenbildung durch Basenpaarungen zwischen anderen Regionen der DNS nur teilweise reversibel.

Die Phasenübergangstemperatur der RNS-Doppelhelix liegt bei ähnlicher Basenzusammensetzung um etwa 10° höher als die der DNS. Die doppelsträngigen cyclischen DNS der Viren können praktisch nicht denaturiert werden, da sie sofort wieder renaturieren. Der Phasenübergang der einzelsträngigen RNS zieht sich über einen größeren Temperaturbereich hin als der der doppelsträngigen DNS.

Die durch Denaturierung getrennten Nucleinsäurestränge können wieder rekombiniert werden. Die Rekombination von Mischungen denaturierter Nucleinsäuren erlaubt die Isolierung von DNS-DNS- oder DNS-RNS-Hybriden (*Hybridisierung*).

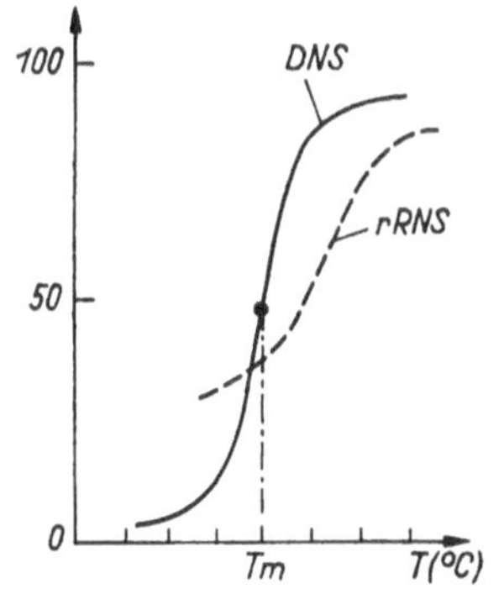

Abb. 4–20
Phasenübergang der DNS (T_m = Phasenübergangstemperatur).

Löslichkeit

Die Phosphorsäurediestergruppierungen der Nucleinsäuren (pK_s = 1,0) sind im physiologischen Bereich praktisch vollständig dissoziiert. Wegen ihres relativ stark sauren Charakters werden die Nucleinsäuren meist als Na-, K- oder NH_4-Salze isoliert.

Die Nucleinsäuren unterscheiden sich durch ihre Löslichkeit in Salzlösungen. Durch konzentrierte NaCl-Lösung wird hochmolekulare RNS, nicht aber DNS oder niedermolekulare RNS gefällt. Wie die Proteine werden die Nucleinsäuren auch durch organische Lösungsmittel ausgefällt. Sie bilden ferner mit mehrwertigen Metallionen schwerlösliche Niederschläge. Schwerlösliche, recht feste Komplexe werden von den Nucleinsäuren auch mit Proteinen eingegangen. Solche *Nucleinsäure-Protein-Komplexe* werden auch als Nucleoproteine bezeichnet. Desoxyribonucleoproteine (mit den basischen Histonen) sind das Chromatin des Zellkerns (S. 253). Ribosomen lassen sich als Ribonucleoproteine auffassen (S. 255). Auch die Viren (S. 256) sind Nucleinsäure-Protein-Komplexe. Die Zerstörung der Proteinkomplexe und die Abtrennung der Proteine sind Voraussetzungen für die Isolierung reiner Nucleinsäuren (S. 251). Wechselwirkungen zwischen Nucleinsäuren und Proteinen spielen auch bei der Wirkung der Enzyme während der Nucleinsäure- und Proteinsynthese eine entscheidende Rolle.

Molmassen

Nucleinsäuren sind Makromoleküle. Die Molmassen schwanken in einem sehr weiten Bereich (Tab. 4–11). Im allgemeinen haben die RNS niedrigere Molmassen als die DNS. Die kleinsten Moleküle sind die tRNS mit nur 75—85 Nucleotideinheiten. Sehr große Molmassen besitzt die chromosomale DNS mit einer Nucleotidzahl von 10^7 und einer Länge von über 1 mm.

Die Molmassenbestimmung der Nucleinsäuren bereitet außerordentliche Schwierigkeiten, da die sehr großen DNS-Moleküle bereits beim Rühren und Pipettieren zerbrechen können und die RNS sehr schnell durch die RNasen zersetzt werden. Zur Molmassenbestimmung dienen vor allem die Sedimentation mit der Ultrazentrifuge oder Streulichtmessungen. Die Aussagen beider Methoden hängen aber u. a. sehr stark von der räumlichen Gestalt der Moleküle ab (DNS: stäbchenförmig; RNS: sphärisch). Die

Molmassenbestimmung der langen DNS-Moleküle kann auch durch eine Längenmessung erfolgen. Bei kleineren Nucleinsäuren kann die Bestimmung der Endgruppen zur Molmassenbestimmung herangezogen werden (S. 258). Die Molmasse ergibt sich dann aus dem Verhältnis von Endgruppen, z. B. in Form von radioaktivem Phosphat, zur Gesamtnucleotidzahl (in Form des Gesamtphosphats).

Tabelle 4–11

Molmassen verschiedener Nucleinsäuren

Nucleinsäure	Molmasse
RNS:	
tRNS	$3 \cdot 10^4$
mRNS	10^5–10^6
rRNS	$3{,}5 \cdot 10^4$; $6 \cdot 10^5$; $1{,}2 \cdot 10^6$
einzelsträngige RNS von Viren	10^6
DNS:	
DNS der kleinsten Viren	$1{,}7 \cdot 10^6$
mitochondriale DNS	$1 \cdot 10^7$
doppelsträngige DNS der größten DNS-Viren	$1{,}75$–$1{,}92 \cdot 10^8$
chromosomale DNS	$2{,}5 \cdot 10^9$

4.3. Biosynthese der Nucleinsäuren und Proteine

Bei der Biosynthese der Nucleinsäuren und Proteine müssen zwei miteinander gekoppelte Prozesse unterschieden werden:

1. die eigentliche Synthesereaktion in Gegenwart entsprechender Enzyme und
2. die Einhaltung einer bestimmten Reihenfolge der Nucleotide bei den Nucleinsäuren bzw. der Aminosäuren bei den Proteinen.

Die Synthesereaktion beruht bei den Nucleinsäuren auf dem nucleophilen Angriff der durch das Enzym (Tab. 4–12) aktivierten Hydroxygruppe in 3'-Stellung am α-Phosphoratom des entsprechenden, sehr energiereichen 5'-Triphosphats. Die Aktivierung des anzuknüpfenden Mononucleotids erfolgt also durch die Säureanhydridbindung der entsprechenden Triphosphate.

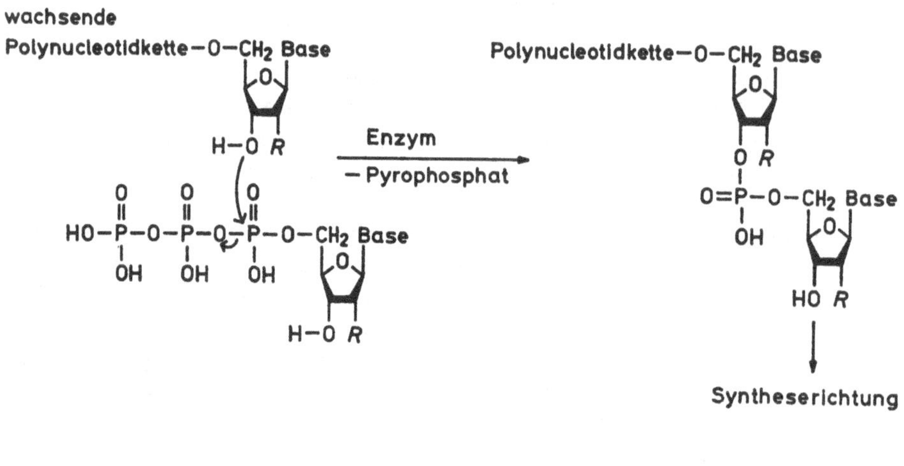

Die Synthese der Nucleinsäuren erfolgt damit in 5' → 3'-Richtung.

Bei der Proteinsynthese werden die Carboxylgruppen der Aminosäuren zunächst durch Überführung in ein gemischtes Anhydrid aktiviert. Das erfolgt mit ATP in Gegenwart der Enzyme Aminoacyl-tRNS-Synthetase.

Tabelle 4–12

Polynucleotid-synthetisierende Enzyme

Enzym	Substrat	Produkt
Polynucleotid-Phosphorylase aus Mikroorganismen (Polyribonucleotid-nucleotidyltransferase)	Ribonucleotid-5'-phosphate Oligonucleotide als Primer	Polyribonucleotide mit statistischer Sequenz
DNS-abhängige DNS-Polymerase I (KORNBERG-Enzym)	alle 4 Desoxyribonucleosid-triphosphate, Mg^{2+}, DNS als Primer und Template	DNS, Template-DNS bestimmt Sequenz
DNS-abhängige RNS-Polymerase	alle 4 Ribonucleosidtriphosphate, Mg^{2+}, DNS als Template	einzelsträngige RNS, DNS-Template bestimmt Sequenz
Polynucleotid-Ligase (Polynucleotid-Synthetase)	DNS-Segmente (z. B. DNS mit Einzelstrangbrüchen)	doppelsträngige DNS ohne Brüche

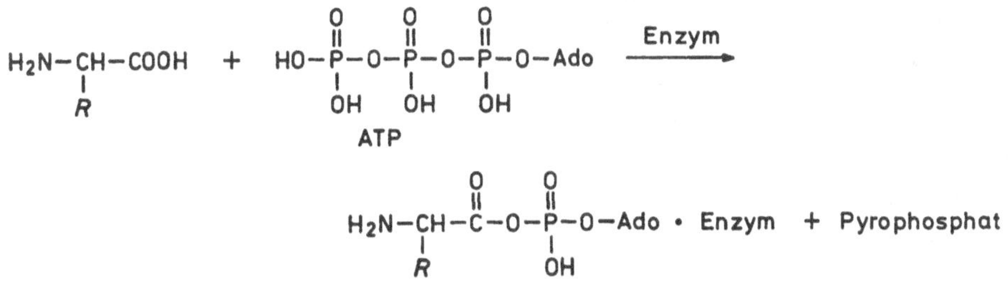

Das enzymgebundene gemischte Anhydrid reagiert dann mit der 3'-Hydroxylgruppe des terminalen Adenosinrestes der aminosäurespezifischen tRNS. Es kann jedoch primär auch zunächst zu einer Reaktion mit der Hydroxygruppe in 2'-Stellung kommen, bevor die Bindung in 3'-Position erfolgt.

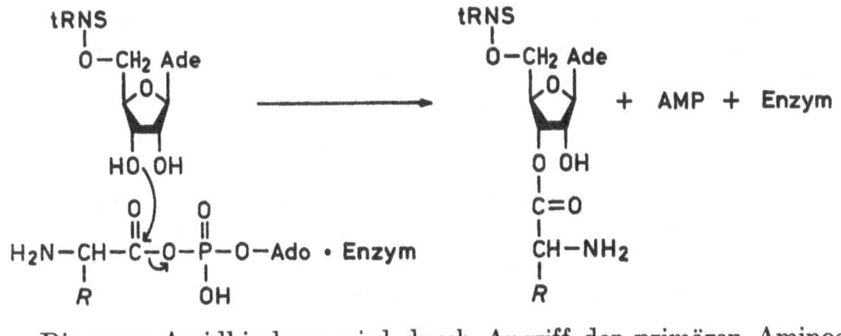

Die neue Amidbindung wird durch Angriff der primären Aminogruppe der hinzutretenden Aminoacyl-tRNS an der Estergruppierung der Polypeptidyl-tRNS gebildet.

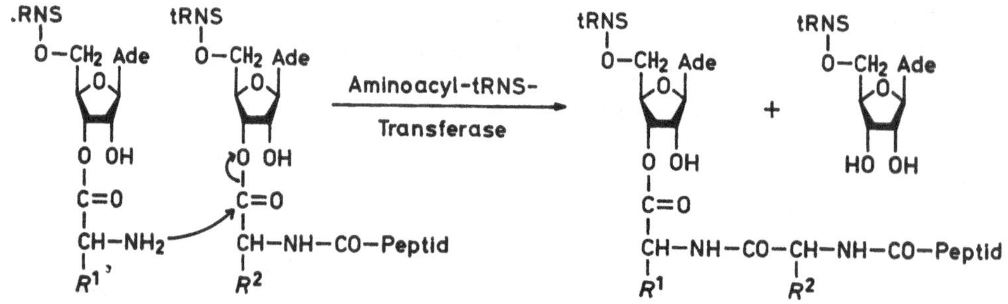

Die Proteinsynthese erfolgt damit vom C- zum N-Terminus der Polypeptidkette.

Nucleinsäure- und Proteinsynthese hängen nun dadurch eng zusammen, daß die DNS der gemeinsame Informationsträger für die Reihenfolge der monomeren Bausteine der Nucleinsäuren und Proteine ist. Damit stellt die DNS die molekulare Basis der Erbanlagen (Gene) dar. Die Weitergabe der in Form einer bestimmten Basensequenz in der DNS gespeicherten Information erfolgt durch eine fehlerfreie Basenpaarung, wobei folgende Prozesse unterschieden werden können (Abb. 4–21):

1. die DNS-Synthese durch Verdoppelung der DNS-Moleküle (DNS-Replikation),
2. die Weitergabe der Information von der DNS zur mRNS, die Transkription, und
3. die Übertragung der Information von der RNS auf das Protein, die Translation.

Im Unterschied zu allen Zellen kann bei RNS-Viren die RNS Träger der genetischenInformation sein. Mit Hilfe des Enzyms Transkriptionsrevertase wird bei diesen Viren zunächst eine DNS ausgehend von der viralen RNS als Informationsträger synthetisiert.

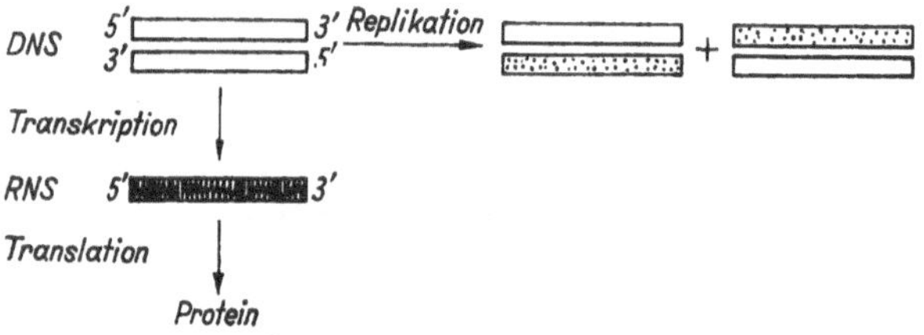

Abb. 4–21
Schematische Darstellung der Beziehungen zwischen Protein- und Nucleinsäuresynthese.

Bei der *Replikation* dient jeweils ein Strang der doppelsträngigen Eltern-DNS als Matrize (Template) für die Synthese der Tochter-DNS. Die Sequenzen der doppelsträngigen Tochter-DNS sind durch die komplementäre Basenpaarung mit denen der Eltern-DNS homolog. Nach der Replikation stammt ein DNS-Strang der Tochter-DNS vom DNS-Eltern-Molekül, der andere ist neu synthetisiert (semikonservative Replikation). Das ist die molekulare Grundlage der MENDELschen Vererbungsgesetze. Gegenwärtig ist noch ungeklärt, wodurch die Entspiralisierung der DNS-Matrize während des Synthesevorganges erfolgt und wie beide Stränge gleichzeitig synthetisiert werden können, obwohl es bisher nur Hinweise auf eine Synthese in 5' → 3'-Richtung gibt.

Für die DNS-Synthese sind außer der Matrize (*Template*) noch ein Nucleinsäurestrang als Starter (*Primer*) sowie das entsprechende Enzym (DNS-Nucleotidtransferase) und natürlich die vier Nucleosidtriphosphate erforderlich. Primer-unabhängige Synthesen werden als de-novo-Synthesen bezeichnet. Die Replikation ist eine notwendige Voraussetzung für jede Zellteilung. Deren Hemmung wird also auch Zellteilungen verzögern (vgl. Kap. 4.4.).

Bei der *Transkription* dient ein DNS-Strang als Matrize für die Synthese der RNS. Die Synthese erfolgt in Gegenwart des Enzyms RNS-Nucleotidtransferase (DNS-abhängige RNS-Polymerase). Die Sequenz der RNS ist damit komplementär zu der des DNS-Stranges.

Während der *Translation* muß die Sequenz der RNS, genauer der mRNS, in eine genau festgelegte Sequenz des Proteins übertragen werden. Da bei dieser Übersetzung den 4 Nucleotiden der mRNS 20 Aminosäuren der Proteine gegenüberstehen, muß jede Aminosäure durch mehr als ein Nucleotid codiert werden.

Die Aufklärung des *genetischen Codes* gelang u. a. KHORANA, NIRENBERG und OCHOA mit Hilfe synthetischer Oligo- und Polynucleotide. Danach wird jede Aminosäure durch drei Nucleotide codiert; das ergibt $4^3 = 64$ Möglichkeiten (Tab. 4–13).

Tabelle 4–13

Genetischer Code in der Darstellungsweise von CRICK
(Die Angabe der Tripletts bezieht sich auf die mRNS in 5' → 3'-Richtung)

erster Buchstabe	zweiter Buchstabe: U	C	A	G	dritter Buchstabe
U	Phe	Ser	Tyr	Cys	U
	Phe	Ser	Tyr	Cys	C
	Leu	Ser	ocker	opal	A
	Leu	Ser	amber	Trp	G
C	Leu	Pro	His	Arg	U
	Leu	Pro	His	Arg	C
	Leu	Pro	Gln	Arg	A
	Leu	Pro	Gln	Arg	G
A	Ile	Thr	Asn	Ser	U
	Ile	Thr	Asn	Ser	C
	Ile	Thr	Lys	Arg	A
	Met	Thr	Lys	Arg	G
G	Val	Ala	Asp	Gly	U
	Val	Ala	Asp	Gly	C
	Val	Ala	Glu	Gly	A
	Val	Ala	Glu	Gly	G

Für den genetischen Code gelten folgende Grundprinzipien:

1. 61 der 64 Tripletts dienen zur Codierung der 20 Aminosäuren, d. h. jede Aminosäure wird durch mehr als ein Triplett codiert. Man spricht deshalb von einem degenerierten Code.
2. Die restlichen 3 Tripletts sind sog. Nonsens-Tripletts, die zur Terminierung des Translationsprozesses dienen (Terminator-Codons). Sie werden mit Trivialnamen nach der Farbe bestimmter Bakterienmutanten bezeichnet (amber, ocker, opal).
3. Der genetische Code ist universal, d. h. die Translation erfolgt bei allen Organismen nach demselben Code.
4. Die einzelnen Tripletts werden hintereinander, d. h. kommafrei und nicht überlappend angeordnet.

Dieses „molekulargenetische Dogma" ist inzwischen allerdings etwas modifiziert worden, nachdem sich herausgestellt hat, daß bei den Mitochondrien Abweichungen von der Universalität des genetischen Codes auftreten, bei Eukaryoten unterbrochene Gene und bei Bakteriophagen überlappende Gene (Abb. 4–22) vorkommen.

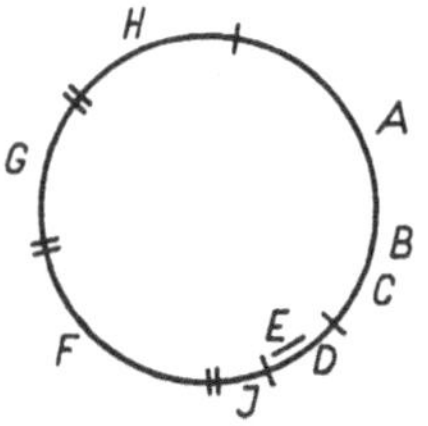

Abb. 4–22

Gen-Karte der ringförmigen DNS des Bakteriophagen ΦX 174, die die Proteine in der Reihenfolge A–B–C–D–E–J–F–G–H codiert. Die Proteine D und E werden im gleichen DNS-Abschnitt codiert.

Ort der *Proteinsynthese* sind die Ribosomen. Träger des genetischen Codes ist die mRNS. Den Transport der entsprechenden Aminosäuren zur mRNS übernimmt die aminosäurespezifische tRNS. Die Erkennung erfolgt wiederum durch antiparallele Basenpaarung zwischen dem Codon der mRNS und dem sog. Anticodon der tRNS (Abb. 4–23b). Bemerkenswert ist, daß im Triplett des Anticodons als 3. Bestandteil seltene Nucleoside mit modifiziertem Basen- oder Riboserest wie Inosin oder 2'-O-Methylguanosin vorkommen. Bei der Codon-Anticodon-Wechselwirkung spielen deshalb auch nicht-klassische Basenpaare (sog. wobble-Paare nach CRICK) eine Rolle. Inosin vermag sich z. B. mit *U*, *C* oder *A* zu paaren (vgl. Abb. 4–23b). Auf der anderen Seite ist auch die 3. Base bei den meisten Codons (Tab. 4–13) austauschbar, ohne daß dadurch die Zuordnung zu einer Aminosäure verändert wird.

Als einzelne Schritte werden bei der Proteinsynthese die Initiation, Elongation (Verlängerung) und Termination unterschieden.

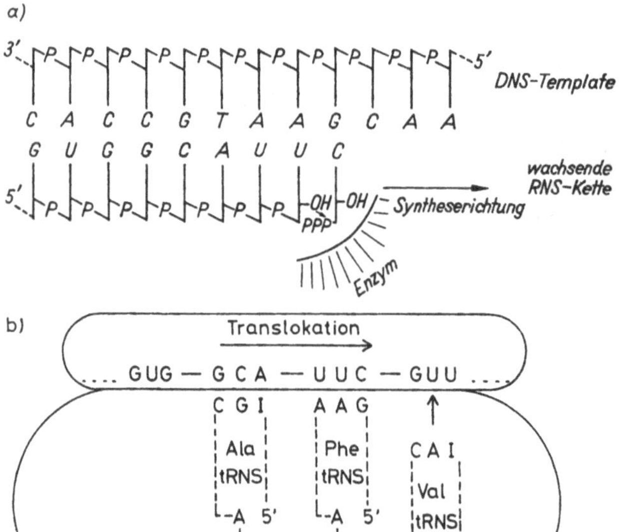

Abb. 4–23

Schematische Darstellung.

a) der RNS-Synthese (Transkription); Enzym = RNS-Nucleotid-Transferase

b) der Proteinsynthese (Translation) am Beispiel der Anknüpfung von Ala, Phe und Val an eine wachsende Peptidkette mit der nach *a*) synthetisierten mRNS.

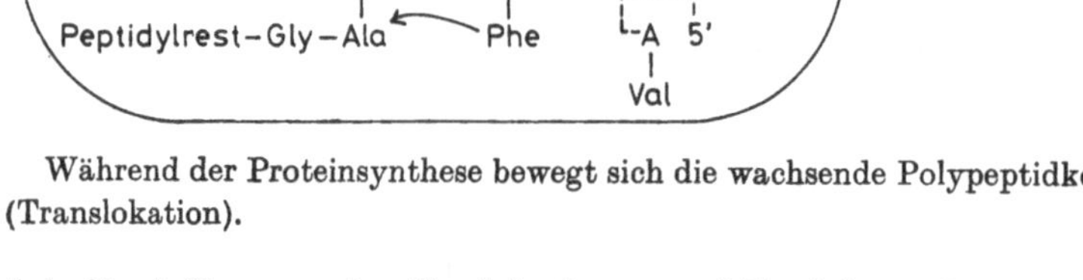

Während der Proteinsynthese bewegt sich die wachsende Polypeptidkette relativ zum Ribosom (Translokation).

4.4. Beeinflussung der Nucleinsäure- und Proteinsynthese

Chemische oder physikalische Faktoren, die die Funktion der Nucleinsäuren beeinflussen, stellen wesentliche Eingriffe in die Lebensprozesse dar, die entweder sofort zum Tode der Zelle (letaler Effekt), zu bleibenden DNS-Veränderungen (mutagener Effekt) oder zu einem Wachstumsstillstand (cytostatischer Effekt) führen. Letztere Wirkung kann bei der Bekämpfung von Viren (Virostatica), zur Hemmung des Wachstums von Krebszellen (Cancerostatica) oder immunkompetenten Zellen (Immunsuppressiva) erwünscht sein. Immunsuppressiva werden z. B. zur Verzögerung der Abstoßreaktionen nach Organtransplantationen eingesetzt. Die Vorgänge, die mit einer chemisch induzierten Veränderung der DNS und ihren Auswirkungen zusammenhängen, werden auch als Genotoxikologie zusammengefaßt (DRUCKREY), die außer der Mutagenese und Cancerogenese auch Aspekte der Teratogenese[1]) und Krebs-Chemotherapie umfaßt.

Mutationen sind bleibende Veränderungen der DNS, also des genetischen Materials. Hierbei kann es sich um submikroskopische Veränderungen nur weniger Nucleotide (Punktmutationen) oder um Chromosomenmutationen mit mikroskopisch nachweisbaren Veränderungen handeln. Die molekularen Ursachen sind nur bei den Punktmutationen näher bekannt.

Bei den molekularen Mechanismen der Punktmutationen kann es sich um Verschiebungen der genetischen Information (frameshifts) bzw. um einen Basenaustausch (*base-pair substitution*) handeln. Eine Verschiebung kann durch Ausfall (Deletion) einer Base nach vorn bzw. durch eine Addition (z. B. durch Einschub = Interkalation) nach hinten erfolgen. Bei der Substitution wird unterschieden zwischen einem Austausch innerhalb der Purin- bzw. Pyrimidinbasen (Transition) und einem Austausch Pyrimidin-Purinbase bzw. Purin-Pyrimidinbase (Transversion). Die Zelle ist oft in der Lage, durch enzymatische *Reparaturprozesse* diese strukturellen Veränderungen wieder rückgängig zu machen.

Mutationen sind die Triebkräfte der evolutionären Veränderungen. Zur künstlichen Erzeugung bakterieller Mutanten, z. B. als Antibiotica-Produzenten (vgl. Adriamycin, S. 593), werden Mutagene wie N-Methyl-N-nitroso-N'-nitroguanidin oder energiereiche Strahlen eingesetzt.

Viele Verbindungen (Präcarcinogene, Prämutagene) werden erst im Organismus durch Biotransformation in die eigentlichen Carcinogene bzw. Mutagene umgewandelt. Solche Präcarcinogene sind die polycyclischen aromatischen Kohlenwasserstoffe (Kap. 4.4.3.), aromatische Amine oder Nitrosamine. Eines der am besten untersuchten Beispiele ist das 2-Acetylaminofluoren, das nach Biotransformation zum N-Hydroxy-Derivat cancerogen wirkt.

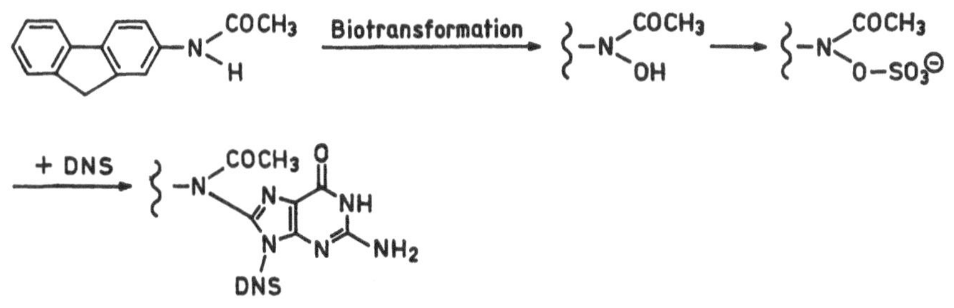

Natürlich vorkommende Cancerogene sind u. a. die Aflatoxine (Kap. 9.5.3.) und Pyrrolizidin-Alkaloide (Kap. 10.5.).

Cocancerogene sind verschiedene Inhaltsstoffe des Crotonöls (S. 462). Zu den Cancerogenen gehören ferner Alkylantien (Kap. 4.4.2.), polycyclische Aromaten (Kap. 4.4.3.), N-Nitrosamine (z. B. N-Methyl-N-nitrosoharnstoff, N-Methyl-N-nitrosonitroguanidin), aromatische Amine (Benzidin, β-Naphthylamin, 4-Aminostilben) und Azoverbindungen (z. B. 4-Dimethylaminoazobenzen). Häufig handelt es sich bei den Cancerogenen, Mutagenen und Teratogenen sowie oft auch Cytostatica um die gleichen Substanzgruppen.

---

[1]) Teratogenese: Schädigungen des Embryos oder Feten, die sich in Mißbildungen äußern.

Die Eingriffe in die Nucleinsäure- oder Proteinsynthese können vor allem erfolgen durch

1. chemische Veränderungen der Nucleinsäuren, hervorgerufen
   a) an der ruhenden Nucleinsäure durch
      physikalische Einflüsse (energiereiche Strahlung), chemische Reagentien, die meist an den Nucleinsäurebasen angreifen (z. B. Alkylantien) oder
   b) während der Replikation durch
      Einschub von Reagentien zwischen die Basen (Interkalation),
      Einbau falscher Basen (Antimetabolite), der zu anderer Basenpaarung führen kann;
2. Hemmung von Enzymsystemen, die bei der Nucleinsäuresynthese benötigt werden, durch
   natürlich vorkommende (Nucleosidantibiotica) oder synthetisch erhaltene Analoga der natürlichen Basen oder Nucleoside (Antimetabolite);
3. Hemmung der Proteinsynthese durch
   Beeinflussung verschiedener Vorgänge während der Translation durch zahlreiche Antibiotica (S. 571).

4.4.1. Strahleninduzierte Veränderungen

Bereits seit langem ist bekannt, daß ultraviolette und ionisierende Strahlen zu lokalen Verbrennungen sowie zur Abtötung von Mikroorganismen führen können. Die *UV*-Bestrahlung von Mikroorganismen wird experimentell zur Erzeugung von Mutanten herangezogen. Eine besonders gefährliche Strahlenquelle stellen die Explosionen nuklearen Materials dar. Verantwortungsvolle Wissenschaftler, unter ihnen PAULING, haben auf die gefährliche Zunahme genetischer Defekte als Folge der Atombombenexplosionen von Hiroshima und Nagasaki und der Atombombenversuche hingewiesen.

Untersuchungen an Nucleinsäuren und ihren Bausteinen haben ergeben, daß *UV*-Strahlen zu photochemischen Veränderungen an der Doppelbindung in 5,6-Stellung des Pyrimidinringes führen. Durch energiereichere Strahlen werden auch Purinnucleoside angegriffen.

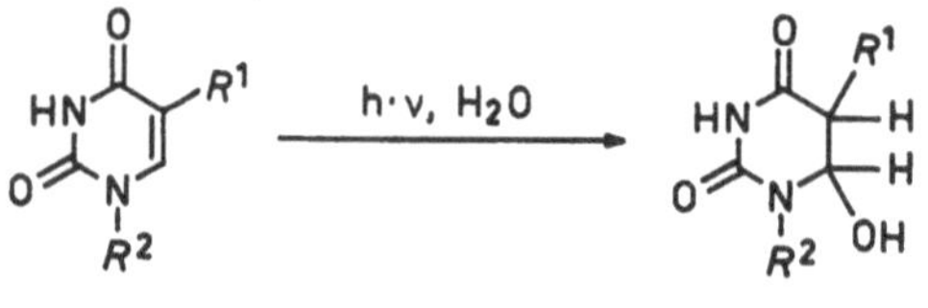

Bei der Einwirkung von *UV*-Licht auf die Pyrimidinbasen konnte in den meisten Fällen die Bildung eines reversiblen Bestrahlungsproduktes mit 6-Hydroxydihydropyrimidin-Struktur nachgewiesen werden, das durch Addition von Wasser an die 5,6-Doppelbindung des Pyrimidinringes gebildet wird. Die Bildung dieser Hydratationsprodukte hängt allerdings stark vom Substituenten am N-1 des Pyrimidins ab, so daß Nucleinsäuren durch Wasserstoffbrücken, sterische Abschirmung oder elektrostatische Wechselwirkungen anders als ein Nucleosid reagieren können.

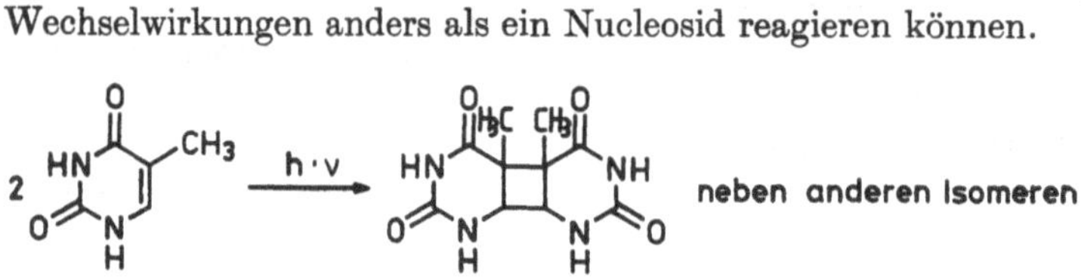

Neben dieser Wasseranlagerung kommt es noch zu einer photochemischen Cycloaddition. Bei der Bestrahlung von Thymin in gefrorener wäßriger Lösung, aber auch bei der Bestrahlung von DNS werden Dimere mit Cyclobutanstruktur gebildet.

4.4.2. Alkylantien

Alkylierende Verbindungen wie Diazomethan, Schwefelsäureester (Dimethylsulfat), Sulfonsäureester, Ethylenoxide (Oxirane), Aziridine oder Loste sind außerordentlich toxische Verbindungen. Unter der Einwirkung dieser Reagentien kommt es zu einer Alkylierung der Nucleinsäuren, daneben aber auch von Membrankomponenten. Diese Alkylierungen lassen sich durch Einwirkung radioaktiv markierter Alkylantien, Isolierung der Nucleinsäuren, Messung der „gebundenen" Radioaktivität und gegebenenfalls Isolierung der alkylierten Basen nach Hydrolyse nachweisen. Die Alkylierung erfolgt vorwiegend in 7-Stellung der Guaninreste. Dadurch wird die glykosidische Bindung geschwächt (S. 242) und die Elektronenverteilung der Base verändert. Die 7-Alkylreste können anstelle mit Cytosinresten eine Basenpaarung mit Thyminresten eingehen. Verschiedene Nitrosomethyl-Derivate wie Nitrosomethylharnstoff sind potentielle Diazomethanbildner und führen ebenfalls zu Alkylierungen.

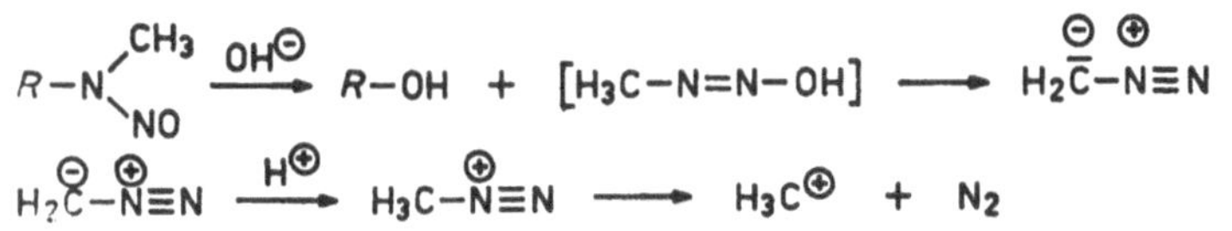

Durch N-Nitroso-Verbindungen kommt es auch zu einer O(6)-Alkylierung des Guanins in der DNS. Das ist wahrscheinlich der Grund für eine anomale Basenpaarung während der Replikation dieser DNS.

Allgemein konnten neben 7-Alkylguanin (DNS, RNS) aus alkylierten Nucleinsäuren auch 3-Alkyladenin (DNS), 1-Alkyladenin (RNS) sowie 3-Alkylcytosin (RNS, DNS) isoliert werden. Ferner kommt es zu Alkylierungen der Phosphorsäurediestergruppierungen.

Cytotoxischer als die monofunktionellen Alkylantien sind bifunktionelle Verbindungen, die zu Quervernetzungen der Nucleinsäureketten untereinander bzw. mit Proteinen führen können. Zu diesen Verbindungen gehören Bis-Sulfonsäureester (Busulfan) und vor allem Alkylhalogenide mit einem O-, S- oder N-Atom in β-Stellung (Loste).

$$H_3C-SO_2-O-CH_2-CH_2-CH_2-CH_2-O-SO_2-CH_3$$

Busulfan

Durch den Nachbargruppeneffekt des in β-Stellung befindlichen einsamen Elektronenpaares kann ein sehr reaktionsfähiges, mesomeriestabilisiertes Kation gebildet werden, das auch für die alkylierende Wirkung der Aziridine verantwortlich ist.

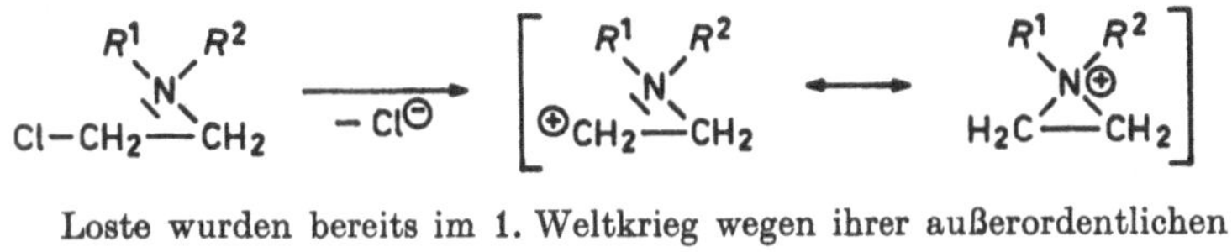

Loste wurden bereits im 1. Weltkrieg wegen ihrer außerordentlichen Toxizität als chemische Kampfstoffe eingesetzt.

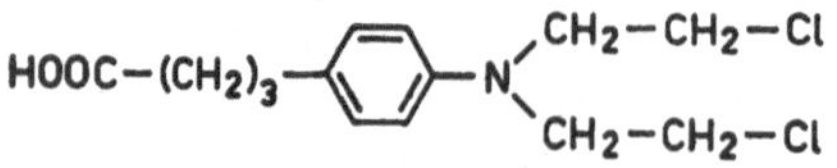

Chlorambucil

Als cytostatisch wirkende Arzneimittel zur Behandlung von malignen Geschwülsten und zur Immunsuppression haben N-Lost-Derivate Bedeutung erlangt, deren Toxizität durch elektronenziehende Substituenten am N-Atom herabgesetzt wurde. Solche Substituenten sind Phenylreste wie beim Chlorambucil oder der Phosphorylrest beim Cyclophosphamid. Das Cyclophosphamid ist das brauchbarste Cytostaticum dieser Gruppe. Es ist in vitro praktisch unwirksam und wird erst im Organismus in biologisch aktive Formen wie *31* oder *32* umgewandelt.

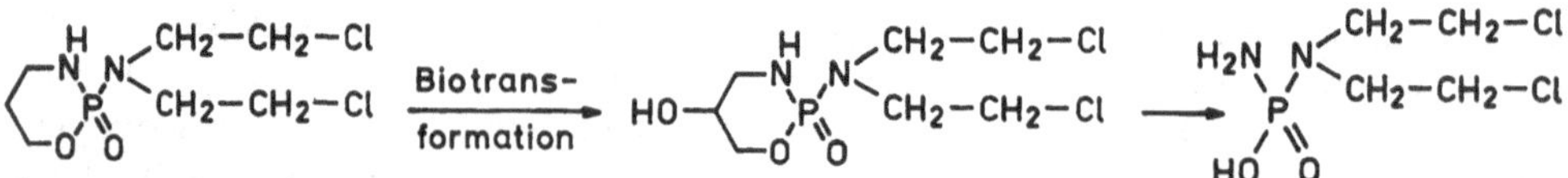

Cyclophosphamid *31* *32*

Diese Loste besitzen zwei reaktionsfähige Chloratome, so daß es zu Quervernetzungen (*cross inking*) zwischen zwei Polynucleotidsträngen der DNS kommen kann.

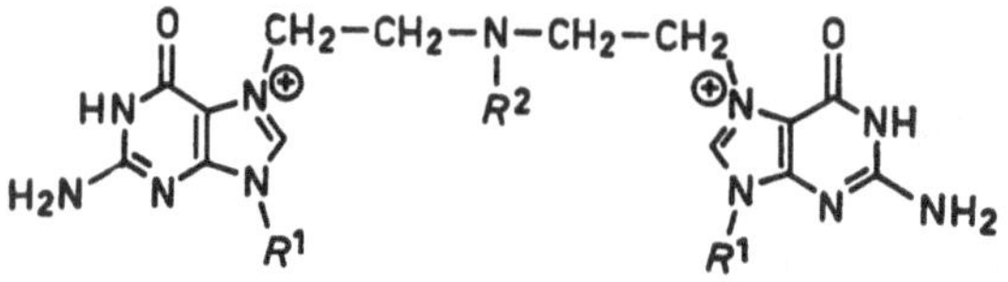

R^1 = Polynucleotidkette
R^2 = Substituent der Lostderivate

Die Alkylantien werden zur Therapie von krebsartigen Geschwülsten (Cyclophosphamid, Chlorambucil) bzw. der Leukämie (Busulfan), zur künstlichen Erzeugung von Mutanten (Nitrosamine) oder auch zur Luftentkeimung eingesetzt (Ethylenoxid). Neben den bisher erwähnten Synthetica besitzen auch einige Naturstoffe alkylierende Aktivität, so das Nitrosamin Streptozotocin, die Antibiotica der Mitomycin-Gruppe (S. **599**) oder die Aflatoxine (S. **518**). Letztere gehören zu den wirksamsten Cancerogenen.

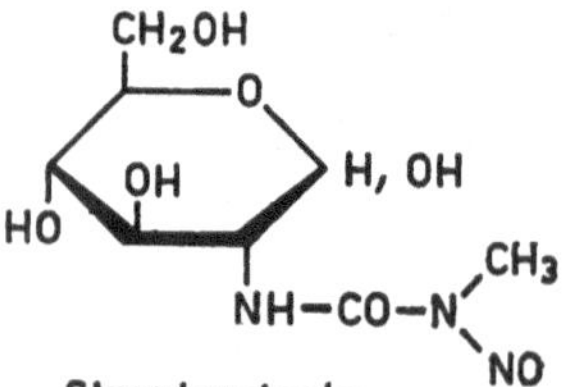

Streptozotocin

4.4.3. Polycyclische aromatische Kohlenwasserstoffe

Die krebserzeugende Wirkung polycyclischer aromatischer Kohlenwasserstoffe wie Benzo[a]anthracen, Benzo[a]pyren, Dibenzo[c, g]carbazol oder 7,12-Dimethylbenzo[a]-anthracen ist schon länger bekannt. Diese Kohlenwasserstoffe wurden z. B. für die Entstehung des sog. Schornsteinfegerkrebses verantwortlich gemacht. Die chemischen Grundlagen der carcinogenen Wirkung sind allerdings noch nicht eindeutig geklärt. Quantenchemische Berechnungen — die ersten Anwendungen der MO-Theorie auf bioorganischem

Gebiet (A. und B. PULLMAN) — ließen vermuten, daß für die carcinogene Wirkung der Olefincharakter der K-Region (*K* = Krebs) und die geringe Reaktivität der L-Region von Kohlenwasserstoffen wie Benzo[a]anthracen verantwortlich sind.

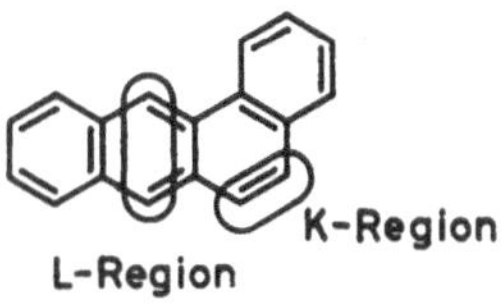

Benzo[a]anthracen

Vor allem in den Leberzellen werden diese Kohlenwasserstoffe durch Hydroxylasen enzymatisch umgewandelt. Die Oxidation verläuft über Epoxide als Zwischenstufen (*33*), die alkylierend wirken können.

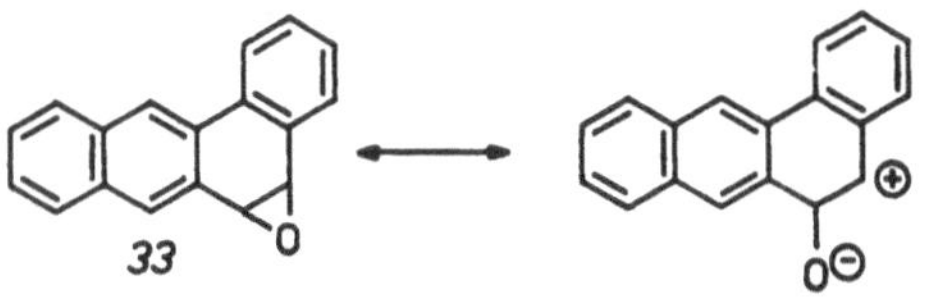

33

Damit steht in Übereinstimmung, daß direkte Beziehungen zwischen der carcinogenen Aktivität und der Reaktivität der Kohlenwasserstoffe in der K-Region, aber auch zu ihrer Hydrophobizität und ihrer Fähigkeit, Charge-Transfer-Komplexe zu bilden, bestehen. Es wird daher auch eine nichtkovalente Wechselwirkung mit der DNS in Form einer Interkalation (vgl. Kap. 4.4.4.) diskutiert.

Nach Reaktion von 7,12-Dimethylbenzo[a]anthracen-5,6-dioxid mit Polyguanylsäure wurden vier Komponenten (*34* und *35* sowie deren Diastereomere) erhalten, bei denen der aromatische Kohlenwasserstoff an die Aminogruppe in 2-Stellung des Guanosins gebunden ist.

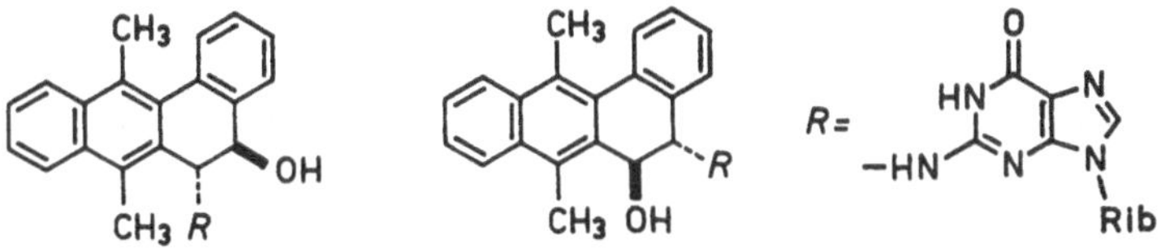

34 *35*

4.4.4. *Einschubreagentien*

Unter Einschubreagentien versteht man Verbindungen, die sich zwischen die gestapelten Basenpaare der DNS-Doppelhelix einschieben können. Dieser Vorgang wird auch als *Interkalation* bezeichnet. Durch den Einschub kommt es zu einer Streckung des DNS-Moleküls ohne Zerstörung der Wasserstoffbrücken zwischen den Basenpaaren (Abb. 4–23).

Dadurch werden die hydrodynamischen und optischen (λ und ε des Elektronenspektrums) Eigenschaften der DNS verändert. Die Phasenübergangstemperatur der Nucleinsäure steigt durch die Interkalation.

Strukturelle Voraussetzungen für ein Einschubreagens ist ein flaches, planares carbocyclisches oder heterocyclisches Ringsystem mit einer Fläche von mindestens 2,8 nm² und einer Höhe von maximal 0,34 nm. Durch zusätzliche hydrophobe Bindungen zwischen diesem Ringsystem und Basen der DNS kommt es zu einer Stabilisierung der Helixstruktur der DNS, was deren teilweise Entfaltung während der Replikation erschwert. Substituenten wie Aminogruppen stabilisieren die Bindungen durch zusätzliche elektrostatische Wechselwirkungen mit den sauer reagierenden Phosphorsäurediestergruppierungen oder Wasserstoffbrücken.

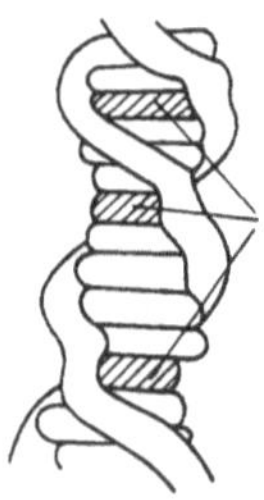

Abb. 4–24
Schematische Darstellung der Interkalation in die DNS-Doppelhelix.

Die wichtigsten Einschubreagentien sind basisch substituierte Chinolin-, Acridin-, Phenanthridin-, Phenoxazon-, Anthrachinon- oder Fluorenon-Derivate (Formelübersicht 4–8) sowie planare polycyclische Kohlenwasserstoffe. Bezüglich ihrer Wirkung gehören zu den Einschubreagentien Antibiotica (Actinomycine, Anthracyclin-Antibiotica), Antimalaria-Mittel (Chinin, Chlorochin, Mepacrin) sowie Verbindungen mit trypanozider (Acriflavin, Ethidiumbromid) oder antiviraler Wirkung (Tiloron). Das Verhältnis zwischen Einschubreagens/Basenpaar schwankt zwischen 1/40 bei Chinin, 1/12,5 bis 1/5,5 bei Actinomycinen und 1/ca. 2 bei Chlorochin oder Mepacrin. Mepacrin wird bevorzugt an A—T-Paare gebunden, Actinomycin D an G—C-Paare. Die stärkste Bindung wurde bei den Aminoacridinen mit 24—40 kJ/Mol festgestellt.

4.4.5. Antimetabolite

Die Nucleosid-Antimetabolite (Tab. 4–14) reagieren aufgrund ihrer strukturellen Ähnlichkeit mit den natürlichen Nucleosiden bzw. Basen als Inhibitoren von Enzymen, die bei der Nucleinsäuresynthese benötigt werden bzw. werden anstelle der natürlichen Nucleoside in die Nucleinsäuren eingebaut.

Besonders gut lassen sich diese zwei Wirkungsmechanismen bei den 5-Halogenuracilen verfolgen. Bei einem Austausch des Wasserstoffatoms in 5-Stellung durch ein Fluoratom, dessen Platzbedarf nur geringfügig größer als der des Wasserstoffatoms ist, wirkt die Verbindung (5-Fluoruracil) als Uracil-Analogon. Das Fluoratom verhindert die Methylierung in 5-Stellung zum Thyminderivat und hemmt das entsprechende Enzym, die Thymidylatsynthetase. Die Halogene Brom und Iod besitzen einen wesentlich größeren Platzbedarf, der etwa dem einer Methylgruppe entspricht. Sie wirken als Thymin-Analoga und werden anstelle von Thymin in die DNS eingebaut. Dadurch kommt es zu Funktionsstörungen der DNS. So kann der 5-Bromuracilrest durch die veränderte Elektronenverteilung im Ringsystem in der Enolform eine andere Basenpaarung eingehen (neben Bromuracil-Adenin auch Bromuracil-Guanin).

Die natürlichen (Nucleosid-Antibiotica, Kap. 11.4.) und synthetischen Antimetabolite können in ihrer Struktur von den natürlichen Nucleinsäurebestandteilen in der Basen- oder Zuckerkomponente abweichen (Formelübersicht 4–9). Erfolgreiche Veränderungen der Basenkomponente waren außer der Einführung der Halogenatome in 5-Stellung der Pyrimidine der Austausch von Sauerstoff gegen Schwefel (Thioverbindungen:

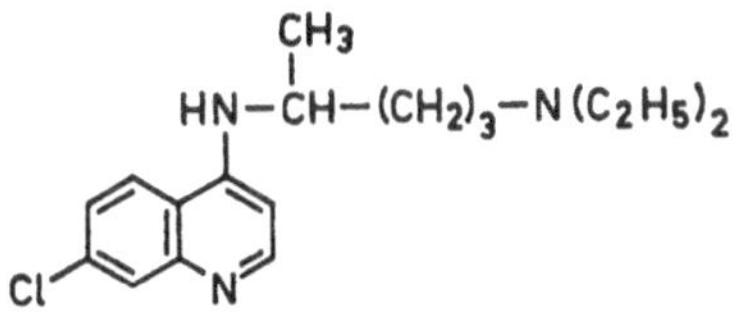

Chlorochin[x]

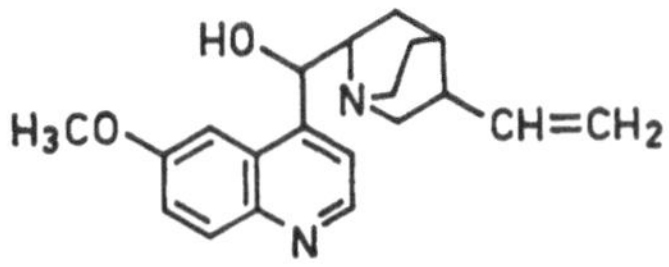

Chinin

Chinolin-Derivate

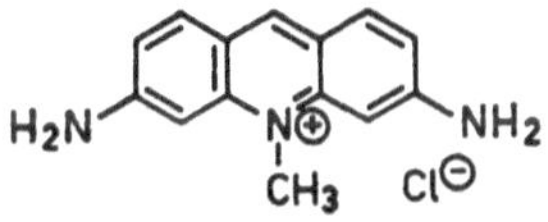

Acriflavin[x]

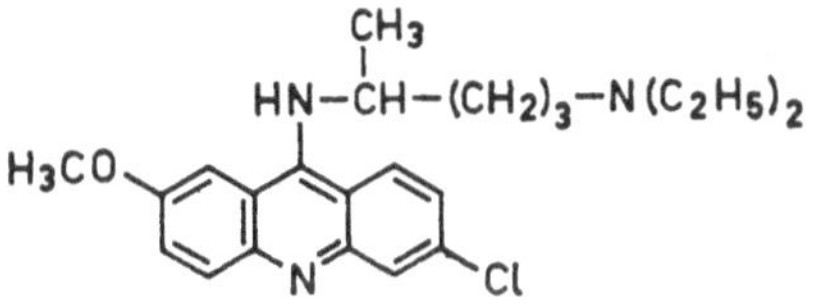

Mepacrin[x]

Acridin-Derivate

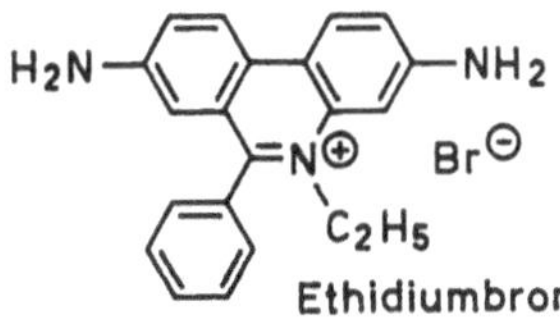

Ethidiumbromid[x]

Phenanthridin-Derivat

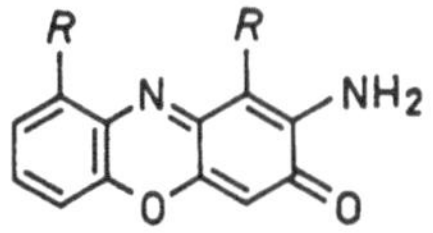

Actinomycine

Phenoxazon-Derivat

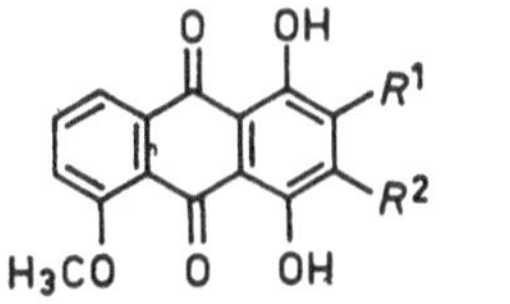

Anthracyclin-Antibiotica

Anthrachinon-Derivat

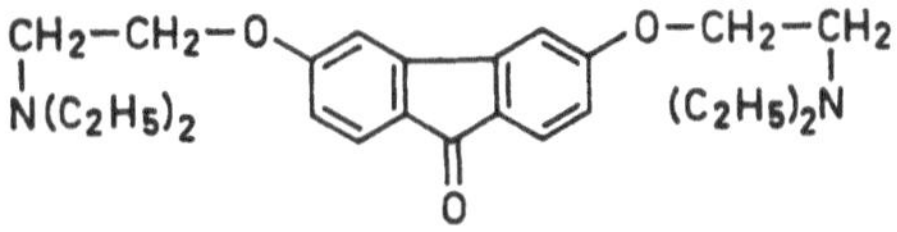

Tiloron[x]

Fluorenon-Derivat

Formelübersicht 4–8

Natürlich vorkommende und synthetische (*) Einschubreagentien.

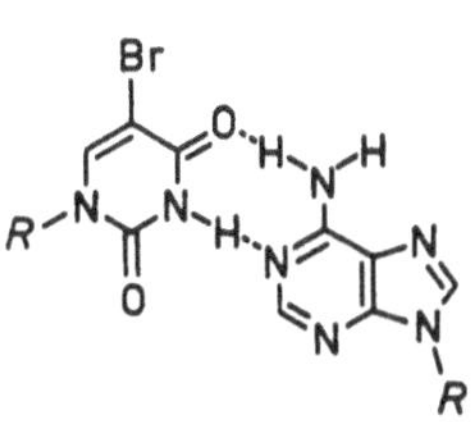

Brd Urd dAdo

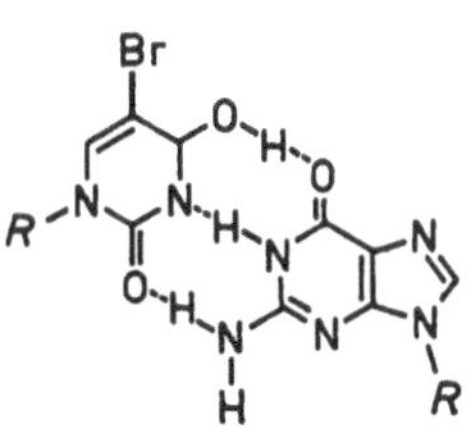

Brd Urd dGuo

Tabelle 4–14

Analoga der Nucleoside oder Nucleosidbasen (Antimetabolite)

Substanz	wirksame Form	Wirkungsmechanismus
6-Azauracil	6-Azauridin-5'-phosphat	hemmt Umwandlung von Orotidinphosphat zu Uridinphosphat, damit Hemmung der Pyrimidinnucleotidsynthese
5-Fluoruracil (FUra)	5-Fluordesoxyuridin-5'-phosphat	hemmt Methylierung von dUMP zu dTMP durch Thymidylatsynthetase, damit Unterdrückung der DNS-Synthese, Einbau in RNS, Störung der Funktion der mRNS
5-Bromuracil	5-Bromdesoxyuridin-5'-phosphat	Einbau in DNS, dadurch Veränderung der Basenpaarung und der UV-Empfindlichkeit
5-Ioddesoxyuridin (Idoxuridin)	5'-Phosphat	konkurriert mit dTMP um Einbau in virale DNS
2-Thiouracil	2-Thio-UMP	Einbau in RNS, Störung der Funktion der mRNS
Cytosinarabinosid (ara-C, Cytarabin)	5'-Phosphat	hemmt Reduktion von CDP zu dCDP, damit Hemmung der DNS-Synthese, Einbau in DNS, RNS
5'-Desoxy-5'-fluorothymidin	5'-Phosphat	hemmt Thymidin-5'-monophosphat-Kinase und damit DNS-Synthese
6-Mercaptopurin		Hypoxanthin-Analogon, hemmt Synthese von Adenosin und Guanosin
2-Aminopurin		Adenin-Analogon, durch Einbau in DNS Fehlpaarungen
8-Azaguanin	8-Azaguanosin-5'-phosphat	hemmt die 5'-Phosphoribosylamin-Synthetase, dem ersten Enzym der Biosynthese der Purine, Einbau in RNS, Störung der Funktion der mRNS
Puromycin		Aminoacyl-tRNS-Analogon, hemmt Proteinsynthese
Cordycepin	5'-Phosphat	hemmt Phosphorylierung von Ribose-5-Phosphat zu 5-Phosphoribosylpyrophosphat, damit Hemmung der Nucleotid-Synthese, Einbau in RNS, DNS, Störung der Template-Funktion der DNS
Tubercidin		hemmt Purin-Synthese
Psicofuranin		hemmt Aminierung von IMP zu GMP, Einbau in RNS und DNS, Störung der Template-Funktion der DNS
Allopurinol		Hypoxanthin-Analogon, hemmt Oxidation von Hypoxanthin durch Xanthin-Oxidase

6-Mercaptopurin und dessen Derivat Azathioprin, 2-Thiouracil), der Austausch eines Ring-C-Atoms gegen ein N-Atom (Azaverbindungen: 6-Azauracil, 8-Azaguanin) oder der Platzwechsel eines cyclischen (Allopurinol) oder exocyclischen N-Atoms (2-Aminopurin).

Pyrimidin-Antimetabolite:

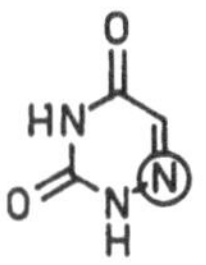

6-Azauracil

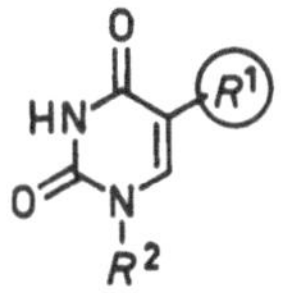

5-Fluoruracil: R^1= F; R^2= H
5-Bromuracil: R^1= Br; R^2= H
Idoxuridin: R^1 = I
R^2= Desoxyribosyl

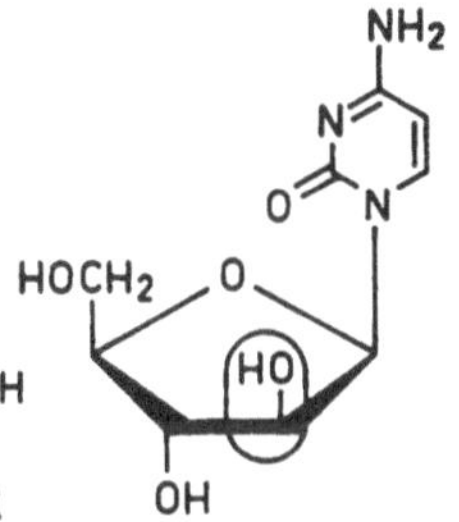

Cytarabin

Purin-Antimetabolite:

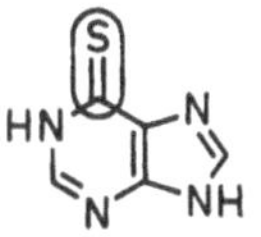

6-Mercaptopurin

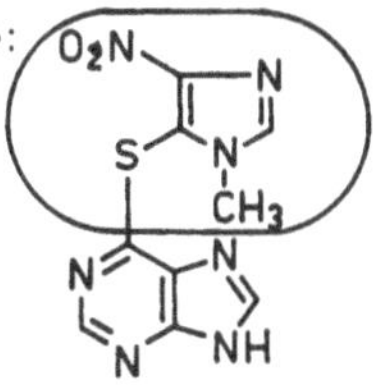

Azathioprin

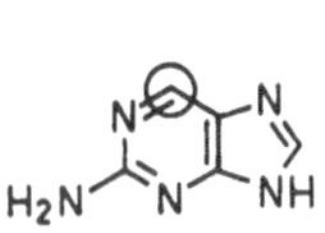

2-Aminopurin

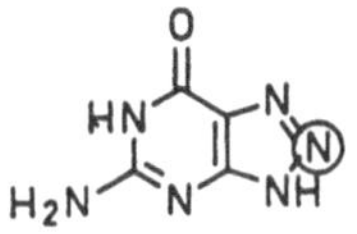

8-Azaguanin

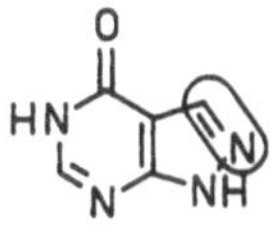

Allopurinol

Formelübersicht 4–9

Synthetische Antimetabolite von Nucleinsäurebausteinen. Strukturelle Veränderungen gegenüber den Metaboliten sind gekennzeichnet.

Zu den Abwandlungen der Zuckerkomponente gehört die Veränderung der Konfiguration, z. B. durch einen Übergang von der Ribose- zur Arabinose-Reihe (1-β-D-Arabinofuranosyl-cytosin = Cytarabin). Veränderungen in 5-Stellung der Zuckerkomponente verhindern die für den Einbau in die Nucleinsäuren erforderliche Phosphorylierung. Zu diesen Verbindungen gehört das Phosphonsäurederivat *36* (Austausch eines O-Atoms gegen eine CH_2-Gruppe) sowie das 5′-Desoxy-5′-fluorthymidin. Die Phosphonsäurederivate besitzen allerdings den Nachteil, daß sie nicht in die Zelle eindringen können.

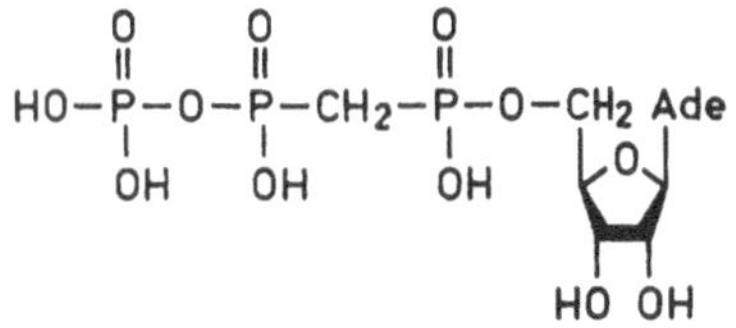

36

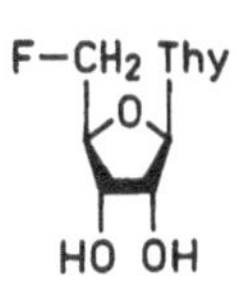

5′-Desoxy-5′-fluorthymidin

Therapeutisch werden die Nucleosid-Antimetabolite zur Tumorbehandlung (5-Fluoruracil, 6-Mercaptopurin, Azathioprin), zur Behandlung der Leukämie (Cytarabin), als Immunsuppressiva (6-Mercaptopurin, Azathioprin), als Virostatica (Idoxuridin bei Herpes-Keratis, einer Virus-Erkrankung des Auges) oder zur Behandlung der Psoriasis, einer Hauterkrankung mit gesteigerter Zellteilungsrate (6-Azauridin) eingesetzt. Allopurinol hemmt die Xanthinoxidase und damit die Harnsäurebildung und wird bei Gicht eingesetzt. In der Landwirtschaft wird 6-Azauracil zur Bekämpfung des Mehltaus, eines Kulturpflanzenparasiten, verwendet.

5. Lipide und Membranen

5.1. Allgemeine Einführung

Zu den Grundbausteinen aller Zellen gehören außer den Proteinen, Nucleinsäuren und Kohlenhydraten noch die Lipide. Unter dieser Bezeichnung sollen hier Derivate langkettiger aliphatischer Säuren, der Fettsäuren, verstanden werden. Bei den einfachen oder neutralen Lipiden (Wachse, Fette) sind die das gemeinsame Strukturelement der Lipide bildenden Fettsäuren esterartig an Alkohole gebunden. Die komplexen Lipide (Lipoide) enthalten außer den Fettsäuren und der Alkoholkomponente noch weitere Bausteine wie Phosphorsäure bzw. deren Ester (Phospholipide) oder Kohlenhydrate (Glykolipide).

Die wichtigsten Alkoholkomponenten der Lipide sind Glycerol (Glycerolipide), Aminoalkohole (Sphingolipide), Monosaccharide (Glykolipide), verschiedene Diole (Diollipide) und myo-Inositol. Vom Fettsäurestoffwechsel leiten sich die etherartig an Glycerol gebundenen Alkenylreste (Enolether des Hexadecanals oder Octadecanals, vgl. Plasmalogene) oder Alkylreste (Hexadecyl oder Octadecyl) ab. 1-O-Alkyl-2-acylglycerophospholipide und 1,2-Di-O-alkylglycerophospholipide sind in tierischen und bakteriellen Phospholipidfraktionen enthalten.

Im erweiterten Sinne werden als Lipide auch Verbindungen bezeichnet, die aus organischem Material durch unpolare Lösungsmittel (Ether, Benzine, Chloroform) extrahierbar sind. Dadurch werden einerseits strukturell ganz andersartige Verbindungen wie Terpene und Steroide in diese Gruppe mit einbezogen, während andererseits zahlreiche Glykolipide aufgrund stark hydrophiler Gruppierungen relativ gut wasserlöslich sind.

Während die Proteine, Nucleinsäuren und Polysaccharide durch Kondensationsreaktionen aus ihren Monomeren gebildet werden, lagern sich niedermolekulare Lipide mit hydrophilen und lipophilen Gruppen durch nicht-kovalente Bindungen zu Assoziaten zusammen. Diese bilden die Grundstruktur der biologischen Membranen.

Außer als Strukturbildner (komplexe Lipide) spielen Lipide vor allem als Reservestoffe (Fette, Wachse) eine Rolle. Daneben wirken verschiedene neutrale Lipide als Wärmeschutz bei Tieren sowie als wasserabstoßende Schicht bei Pflanzen (Wachse).

5.2. Fettsäuren

Die Fettsäuren bestimmen mit ihren Alkylresten die physikalischen und chemischen Eigenschaften der Lipide. Sie kommen in der Natur fast ausschließlich ester- oder amidartig gebunden vor.

5.2.1. Strukturen und Verbreitung

Die natürlichen Fettsäuren sind langkettige, meist unverzweigte, gesättigte oder ungesättigte Monocarbonsäuren. Die gerade Zahl der C-Atome erklärt sich aus der Biosynthese, die durch den Multienzymkomplex „Fettsäuresynthetase" erfolgt.

Die Fettsäuresynthetase der Hefe besteht aus einem den Säurerest tragenden Protein (Acyl-Carrier-Protein, ACP) und 6 Enzymen (Abb. 5–1). Prosthetische Gruppe des ACP ist bei Escherichia coli das Pantothein (S. 361), das über eine Phosphorsäureestergruppe an die Hydroxygruppe eines Serinrestes gebunden ist. Die wie beim CoA an die SH-Gruppe der prosthetischen Gruppe gebundene Fettsäure wird mit jedem Cyclus um 2 C-Atome verlängert. Dabei wird eine Carbonylgruppe schrittweise in eine CH_2-Gruppe übergeführt.

Endprodukt der Fettsäuresynthese ist bei Tieren die Palmitin- sowie in geringeren Mengen die Stearin- und Myristinsäure. Die ungesättigten Fettsäuren werden aus den gesättigten durch Dehydrierung mittels der Desaturasen und gegebenenfalls durch enzymatische Kettenverlängerung um jeweils eine C_2-Einheit gebildet.

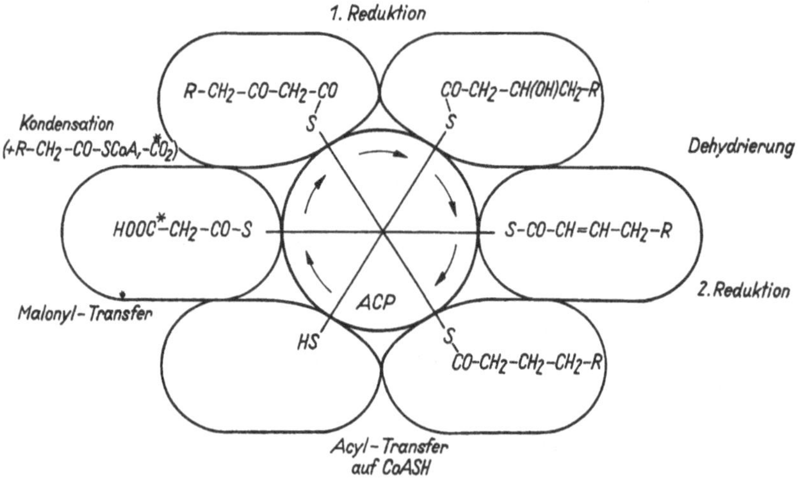

Abb. 5–1

Modell des Fettsäure-Synthetase-Komplexes (ACP = Acyl-Carrier-Protein).

Die durch Verseifung oder enzymatische Spaltung von Lipiden erhaltenen Fettsäuregemische (S. 298) lassen sich im einfachsten Falle durch Kristallisation reinigen. Zur Trennung der Fettsäuregemische eignen sich die Einschlußverbindungen der Fettsäuren mit Harnstoff oder Thioharnstoff. Das Fettsäuremolekül befindet sich dabei in einem durch Harnstoffmoleküle gebildeten Kanal. Die erforderliche Harnstoffmenge ist der Kettenlänge der Fettsäuremoleküle proportional. Auf diese Weise lassen sich unverzweigte und verzweigte, gesättigte und ungesättigte und n-Fettsäuren verschiedener Kettenlänge trennen. Von besonderer Bedeutung für die Trennung von Fettsäuregemischen sind chromatographische Methoden. Für Nachweis und Bestimmung auch geringer Mengen einer Fettsäure in einem Gemisch wird vor allem auch die Gaschromatographie herangezogen, wobei meist Fettsäureester eingesetzt werden.

Die wichtigsten *gesättigten Fettsäuren* sind in der Tab. 5–1 aufgeführt.

Kurzkettige Fettsäuren sind u. a. im Palmöl und Kokosfett sowie in den tierischen Milchfetten enthalten.

Myristinsäure hat ihren Namen nach den Vorkommen in der Muskatnuß, dem Samen von *Myristica fragans*, erhalten. Sie ist verbreiteter Bestandteil tierischer und pflanzlicher Fette. Die am häufigsten anzutreffenden Fettsäuren sind die Palmitin- und Stearinsäure. Sie sind in allen tierischen Fetten sowie in Phospho- und Glykolipiden zu finden. Arachinsäure ist im Erdnußöl (*Oleum Arachidis* von *Arachis hypogaea*) sowie in Fischtranen enthalten. Gesättigte Fettsäuren mit mehr als 24 C-Atomen kommen in den Wachsen vor.

Die natürlich vorkommenden *ungesättigten Fettsäuren* (Tab. 5–2) sind durch zwei Besonderheiten charakterisiert:

- die Doppelbindung ist in jedem Falle cis-ständig angeordnet,
- bei mehrfach ungesättigten Fettsäuren befindet sich zwischen jeder Doppelbindung eine CH_2-Gruppe (Divinylmethanrhythmus).

Die ungesättigten Fettsäuren besitzen die allgemeine Struktur

$$CH_3(CH_2)_x-(CH=CH-CH_2)_y-(CH_2)_z-COOH$$

wobei

$x = 1, 4, 5, 7$; $y = 1-6$ und $z = 2-7$ sein können.

Die größte Bedeutung haben ungesättigte Fettsäuren mit

$x = 7$ (Ölsäure-Reihe: Öl-, Eruca-, Nervonsäure),
$x = 4$ (Linolsäure-Reihe: Linol-, γ-Linolen-, homo-γ-Linolen-, Arachidonsäure) und
$x = 2$ (Linolensäure-Reihe: α-Linolensäure).

Die am meisten vorkommende ungesättigte Fettsäure ist die Ölsäure. Durch Einführung weiterer Doppelbindungen entstehen die mehrfach ungesättigten Fettsäuren. Die Richtung dieser weiteren Dehydrierung ist bei Tier und Pflanze verschieden. Beim

Tabelle 5–1
Gesättigte Fettsäuren

Anzahl der C-Atome	Trivialname	systematische Bezeichnung	Symbol
4	Buttersäure	n-Butansäure	
6	Capronsäure	n-Hexansäure	
8	Caprylsäure	n-Octansäure	
10	Caprinsäure	n-Decansäure	Dec
12	Laurinsäure	n-Dodecansäure	Lau
14	Myristinsäure	n-Tetradecansäure	Myr
16	Palmitinsäure	n-Hexadecansäure	Pam
18	Stearinsäure	n-Octadecansäure	Ste
20	Arachinsäure	n-Eicosansäure	Ach
22	Behensäure	n-Docosansäure	Beh
24	Lignocerinsäure	n-Tetracosansäure	Lig

Tabelle 5–2

Ungesättigte Fettsäuren

Anzahl der C-Atome	Trivialname	systematische Bezeichnung	Symbole	
16	Palmitölsäure	cis-9-Hexadecensäure	16:1	ΔPam
18	Ölsäure	cis-9-Octadecensäure	18:1(9)	Ole
18	Elaidinsäure	trans-9-Octadecensäure	trans-18:1(9)	
18	Vaccensäure	cis-11-Octadecensäure	18:1(11)	Vac
18	Linolsäure	all-cis-9,12-Octadecadiensäure	18:2(9,12)	Lin
18	α-Linolensäure	all-cis-9,12,15-Octadecatrien-säure	18:3(9,12,15)	αLnn
18	γ-Linolensäure	all-cis-6,9,12-Octadecatrien-säure	18:3(6,9,12)	γLnn
20	Di-homo-γ-Linolen-säure	all-cis-8,11,14-Eicosa-triensäure	20:3(8,11,14)	
20	Arachidonsäure	all-cis-5,8,11,14-Eicosatetraensäure	20:4(5,8,11,14)	Δ_4Ach
22	Erucasäure	cis-13-Docosensäure	22:1(13)	
24	Nervonsäure	cis-15-Tetracosensäure	24:1(15)	Ner

Tier wird eine weitere Doppelbindung zwischen der vorhandenen und der Carboxylgruppe, bei der Pflanze zwischen der vorhandenen und der Methylgruppe eingeführt. Tiere können also keine weiteren Doppelbindungen zwischen die in 9-Stellung befindliche Doppelbindung der Ölsäure und dem Methylende einführen. Sie sind aber in der Lage, ausgehend von Linol- und α-Linolensäure stärker ungesättigte Fettsäuren zu synthetisieren (Abb. 5–2). Ihren Namen haben beide Säuren nach dem Vorkommen im Leinöl. Linol- und α-Linolensäure sind für Tiere essentiell, d. h., sie müssen mit der Nahrung zugeführt werden. Sie werden daher auch als Vitamin F bezeichnet. Bei einem Mangel dieser Fettsäuren treten pathologische Veränderungen in der Haut sowie Wachstumsverzögerungen auf.

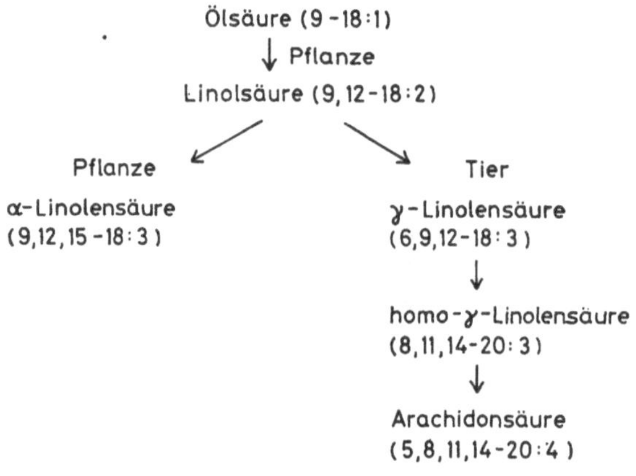

Abb. 5–2

Biosynthese mehrfach ungesättigter Fettsäuren.

Als wirksamste Fettsäure zur Zurückbildung der durch einen Mangel an essentiellen Fettsäuren hervorgerifenen Symptome erwies sich die Arachidonsäure, die im tierischen Organismus durch Kettenverlängerung und Dehydrierung aus Linolsäure gebildet wird (Abb.5 -2). Die essentielle Rolle dieser Fettsäuren konnte zumindest zum Teil geklärt werden, als man feststellte, daß aus der Arachidonsäure die Prostaglandine und Thromboxane synthetisiert werden (vgl. Kap. 7.2.1.4.).

In Fischleberölen kommen viel hochungesättigte Fettsäuren vor. Bakterien enthalten nur einfachungesättigte Fettsäuren. In einigen Pflanzen (insbesondere Asteraceen) sind Fettsäuren mit Dreifachbindungen enthalten.

Die natürlichen Fettsäuren sind im allgemeinen unverzweigt. Verzweigte Fettsäuren sind in geringer Menge in Lipiden tierischer Herkunft sowie vor allem in bakteriellen Lipiden enthalten. Besonders reich an verzweigten Fettsäuren sind die Mykobakterien.

So konnten z. B. aus dem Wachs von *Mycobacterium tuberculosis* 10-Methyloctadecansäure (Tuberculostearinsäure) und 3,13,19-Trimethyltricosansäure isoliert werden.

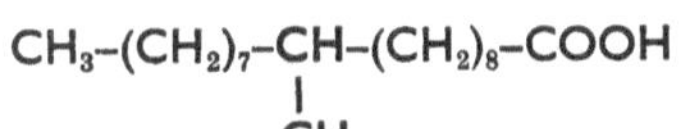

10-Methyloctadecansäure

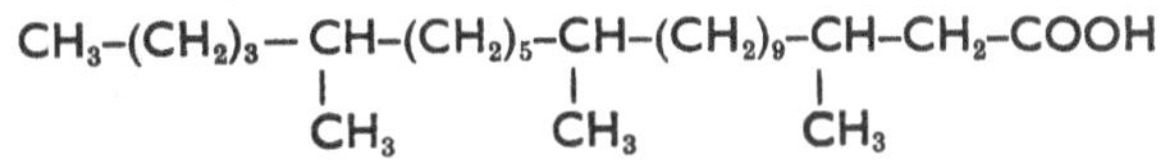

3,13,19-Trimethyltricosansäure

Bei der Verseifung der Lipopolysaccharide von *M. tuberculosis* wird u. a. die *Phthiensäure* erhalten, die nach intraperitonealer Injektion bei Tieren die Entwicklung von Tuberkuloseknötchen hervorruft.

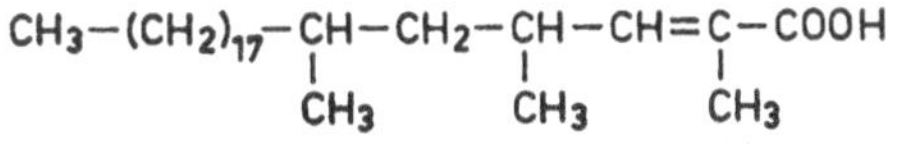

Phthiensäure

In dem Lipopolysaccharid-Komplex der Zellwände von Mykobakterien (Kap. 3.2.4.5.2.) sind die *Mykolsäuren* enthalten. Mykolsäuren sind gesättigte oder ungesättigte, α-verzweigte β-Hydroxyfettsäuren. Sie entstehen enzymatisch durch eine Art CLAISEN-Kondensation aus den „normalen“ Fettsäuren.

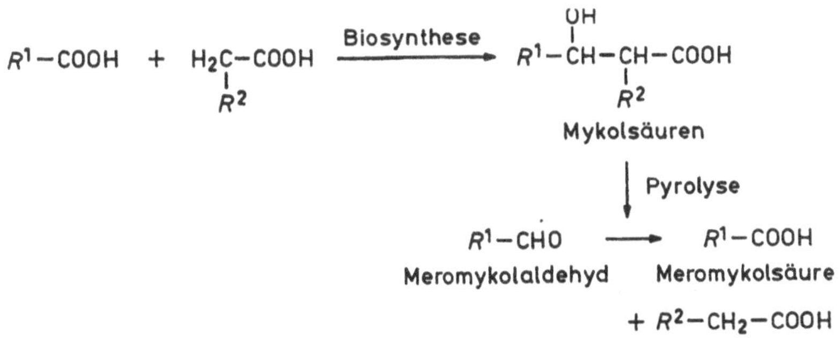

Durch Pyrolyse werden aus den Mykolsäuren Meromykolaldehyde gebildet, die durch anschließende Oxidation in Meromykolsäuren übergehen. In den Mykobakterien werden verschiedene Typen von Mykolsäuren unterschieden. Aus *M. tuberculosis* var. *hominis* wurden α-Mykolsäuren der allgemeinen Struktur *1* (l = 15,17,19; m = 12,14; n = 13,15,17) isoliert. β-Mykolsäuren enthalten eine Ketogruppe. Die Mykolsäuren der einzelnen Gattungen unterscheiden sich vor allem in der Anzahl der C-Atome (Corynebacteria: $C_{28}-C_{40}$; Nocardia: $C_{40}-C_{66}$; Mycobacterium: $C_{60}-C_{90}$).

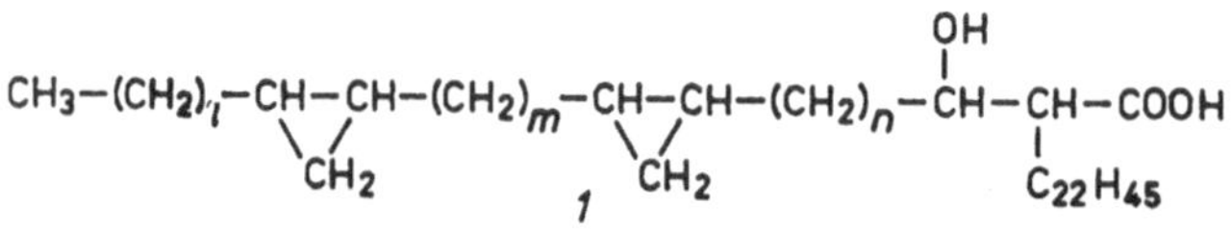

Im Chaulmoogra-Öl, dem Samenöl von *Hydnocarpus*-Arten, sind Glycerolester von *Cyclopentensäuren* (Hydnocarpus-, Chaulmoograsäure) enthalten. Diese Säuren sind für *Mycobacterium tuberculosis* und *M. leprae* toxisch. Das fette Öl wird daher zur Lepra-Behandlung eingesetzt.

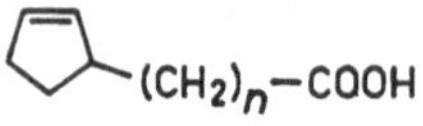

Hydnocarpussäure ($n = 10$)
Chaulmoograsäure ($n = 12$)

Hydroxyfettsäuren kommen in den Lipiden des Gehirns vor (s. Cerebroside, S. 313). Zu diesen Fettsäuren gehören die 2-Hydroxytetracosansäure (Cerebronsäure), 2-Hydroxyhexalosansäure, 2-Hydroxydocosansäure und 2-Hydroxy-15-tetracosensäure (Oxynervonsäure).

$CH_3-(CH_2)_n-CH(OH)-COOH$

2-Hydroxydocosansäure ($n = 19$)
2-Hydroxytetracosansäure
(Cerebronsäure, $n = 21$)
2-Hydroxyhexacosansäure $n = 23$

$CH_3-(CH_2)_7-CH=CH-(CH_2)_{12}-CH(OH)-COOH$

2-Hydroxy-15-tetracosensäure
(Oxynervonsäure)

Das Ricinusöl, das Samenöl von *Ricinus communis* (Euphorbiaceae), besteht vor allem aus Glycerolestern der Ricinolsäure (12-Hydroxyölsäure), die für die laxierende Wirkung dieses Öles verantwortlich sind.

$CH_3-(CH_2)_5-CH(OH)-CH_2-CH=CH-(CH_2)_7-COOH$

Ricinolsäure

Hydroxyfettsäuren sind außerdem auch in bakteriellen Lipiden enthalten.

5.2.2. Physikalisch-chemische Eigenschaften

Die physikalischen Eigenschaften der Fettsäuren und auch ihrer Derivate, der Lipide, hängen wesentlich von der *Konformation* der Alkylreste ab.

Bei den gesättigten Fettsäuren sind die C—C-Bindungen in fester Phase gestaffelt angeordnet, so daß der Alkylrest die Form einer langgestreckten Kette annimmt (Abb. 5–3).

Für die natürlich vorkommenden ungesättigten Fettsäuren ist charakteristisch, daß die Doppelbindungen cis-ständig angeordnet sind. Eine trans-ständige Doppelbindung wirkt sich nur wenig auf die Konformation der Alkylkette aus. Die Alkylkette bleibt langgestreckt. Von stärkerem Einfluß ist dagegen eine cis-ständige Doppelbindung, welche die quasi-Linearität der Kette verringert (Abb. 5–3).

Der unterschiedliche Raumbedarf von Fettsäuren mit cis- bzw. trans-ständigenDoppelbindungen konnte bei Phospholipid-Monoschichten auch experimentell bestätigt werden.

Der *kristalline Zustand* der Fettsäuren ist polymorph. Bei Kristallisation aus unpolaren Lösungsmitteln bildet sich die *A*- oder *B*-Modifikation, aus polaren Lösungsmitteln die *C*-Modifikation. Die *A*-Form ist triklinal, *B*- und *C*-Form sind orthorhombisch.

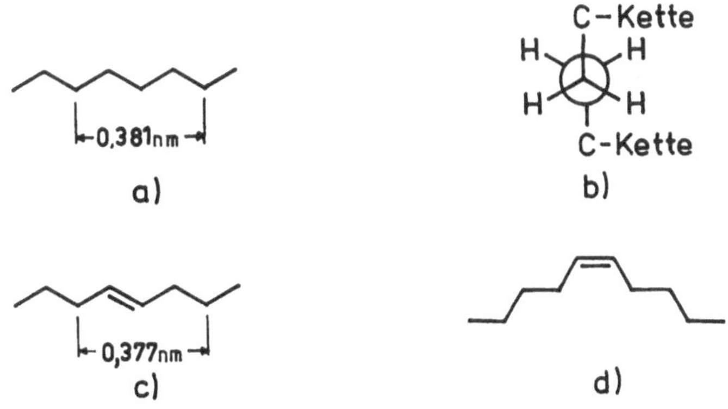

Abb. 5–3
Konformation der Alkylkette von *a*) gesättigten Fettsäuren, b) gesättigten Fettsäuren in NEWMAN-Projektion, *c*) ungesättigten Fettsäuren mit trans-Doppelbindung und *d*) ungesättigten Fettsäuren mit cis-Doppelbindung.

Der *Schmelzpunkt* der Fettsäuren hängt von der Anzahl der C-Atome und Doppelbindungen sowie von der Lage und Konfiguration der Doppelbindungen ab (Tab. 5–3). Allgemein besitzen die gesättigten Fettsäuren höhere Schmelzpunkte als die ungesättigten und die ungesättigten Fettsäuren mit trans-ständiger Doppelbindung höhere als die mit cis-ständiger Doppelbindung (Tab. 5–3). Sowohl die cis-Konfiguration als auch die Position der Doppelbindungen etwa in der Mitte des Moleküls und der Divinylmethanrhythmus der natürlich vorkommenden Fettsäuren führen zu einer Erniedrigung des Schmelzpunktes gegenüber vergleichbaren Isomeren. Die Unterschiede im Schmelzpunkt der Fettsäuren spiegeln sich auch in den Phasenübergängen der Lipide (vgl. S. 318) wider.

Die Alkalisalze der Fettsäuren (*Seifen*) bilden an der Grenze zwischen einer Wasser- und Lipidphase monomolekulare Schichten, wobei die hydrophile Carboxylatgruppe in die wäßrige Phase und der lipophile Alkylrest in die Lipidphase ragen. Diese Micellbildung (vgl. auch S. 317) ist für die Eignung der Seifen als Waschmittel verantwortlich. Mit zweiwertigen Kationen ($Ca^{2\oplus}$) bilden sich schwerlösliche Salze.

Tabelle 5–3
Schmelzpunkte einiger Fettsäuren

Fettsäure (Abkürzungssymbol)	Schmelzpunkt [°C]
16:0	63
18:0	69,5
20:0	76
18:1(9)	10 bis 11
trans-18:1(9)	44,5 bis 45,5
18:2(9,12)	−8 bis −9
18:2(11,14)	4,5 bis 5,5
18:2(9,11)	19 bis 20
18:2(11,15)	11

5.2.3. *Chemische Eigenschaften*

Fettsäuren mit trans-ständiger Anordnung der Doppelbindungen sind thermodynamisch stabiler als solche mit cis-ständiger Anordnung. *Cis-trans-Umlagerungen* lassen sich katalytisch z. B. mit Nitrit hervorrufen. Die Umlagerung der cis-ungesättigten Ölsäure in die entsprechende trans-Form, die als Elaidinsäure bezeichnet wird, läßt sich sehr gut am Schmelzpunkt verfolgen (Tab. 5–3). Dieser Vorgang wird unter dem Namen Elaidinprobe zum Nachweis ölsäurereicher Fette herangezogen, die durch Übergang in die Elaidinsäureester unter der Einwirkung von Nitrit bei Raumtemperatur erstarren.

Beim physiologischen Abbau der ungesättigten Fettsäuren im Organismus werden die cis-Doppelbindungen in trans-Doppelbindungen umgelagert, bevor die zum Abbau führende β-Oxidation einsetzt. Cis-trans-Umlagerungen finden auch während der partiellen Hydrierung ungesättigter Fette statt (Margarineproduktion).

Die Strukturaufklärung der Fettsäuren erfolgt heute meist durch Massenspektrometrie nach gaschromatographischer Auftrennung, und zwar in Form ihrer Methylester. Die Methylester unterliegen bei der Massenspektrometrie unter Abspaltung eines Olefins einer McLafferty-Umlagerung.

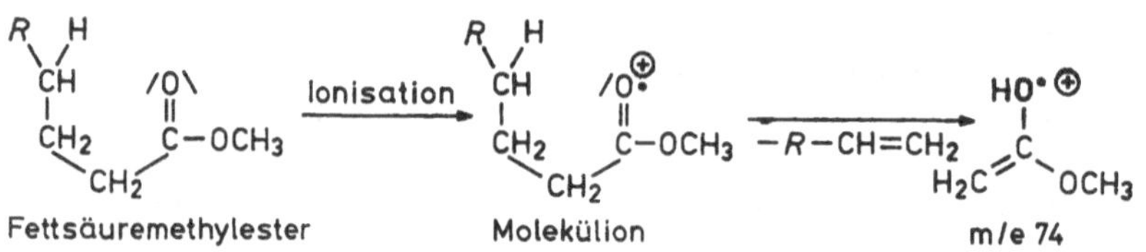

Die wichtigste chemische Methode zur Strukturaufklärung ungesättigter Fettsäuren ist die *Ozonspaltung* (Ozonolyse). Durch Behandlung mit Ozon bildet sich ein Ozonid (*2*), das dann durch oxidativen oder reduktiven Abbau gespalten werden kann. Die Spaltprodukte gestatten die Ermittlung der endständigen Doppelbindungen.

Permanganat spaltet die Doppelbindungen oxidativ auf (vgl. S. 298).

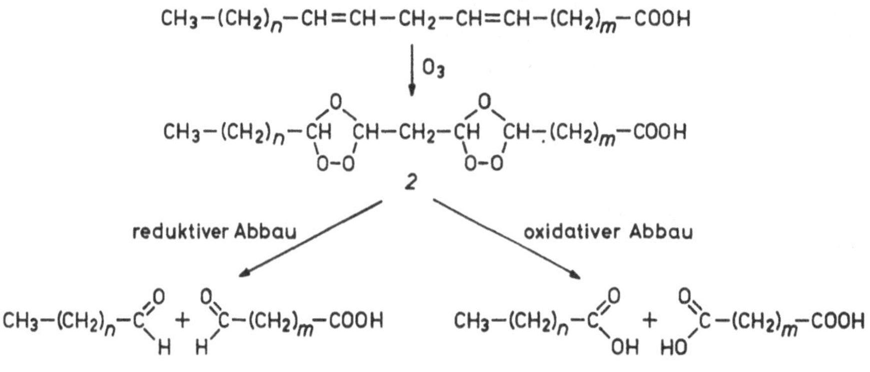

Durch Einwirkung von Luftsauerstoff auf mehrfach ungesättigte Fettsäuren erfolgt *Peroxidation*. Sie wurde am Beispiel der Linolsäureester genauer untersucht. Danach reagieren die durch Peroxidation gebildeten Radikale *3* mit Sauerstoff zu Peroxid-Radikalen (*4*), die durch Reaktion mit unverändertem Ester die Hydroperoxide *5a–c* ergeben. Unter Spaltung führen die Hydroperoxide zu den Aldehyden *6–8*, die noch weiter oxidiert werden können. Die Mischung der so gebildeten Spaltprodukte ist verantwortlich für den typischen Geruch ranziger Fette.

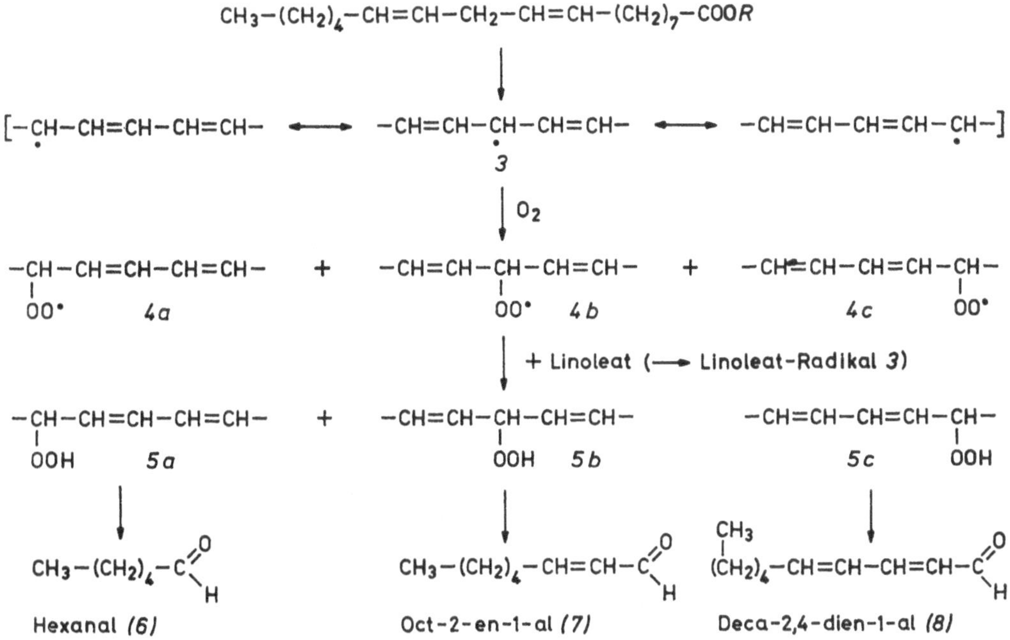

Phenole wirken als Radikalfänger und haben deshalb als Antioxidantien Verwendung gefunden. Von besonderer Bedeutung sind die Tocopherole (S. 336), die Nordihydroguajaretsäure (S. 501) sowie die Synthetica Butylhydroxyanisol (BHA) und Butylhydroxytoluen (BHT).

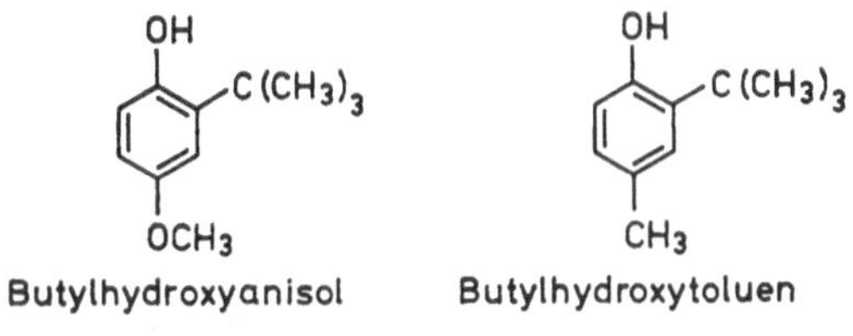

Die Peroxidation der Lipide in vivo soll u. a. beim Prozeß des Alterns von wesentlicher Bedeutung sein. Zur Erfassung peroxidierter Lipide dient die Thiobarbitursäure-Reaktion. Der als Spaltprodukt der peroxidierten Lipide anfallende Malonaldehyd liefert mit Thiobarbitursäure einen Farbstoff mit einem Absorptionsmaximum bei 532 nm.

Bei mehrfach ungesättigten Fettsäuren führt die Peroxidation zu hochmolekularen Polymerisaten. Fette Öle mit hohem Anteil an ungesättigten Fettsäuren (z. B. Leinöl) werden daher als „trocknende" Öle bezeichnet und dienen zur Bereitung von Ölfarben. Die Polymerisation wird durch zugesetzte Sikkative, die als Sauerstoffüberträger wirken, katalysiert.

Die *Fixation der biologischen Gewebe mit Osmiumtetroxid* beruht im wesentlichen auf der Reaktion der ungesättigten Fettsäurereste der Phospholipide biologischer Membranen. Unter Strukturerhaltung der Zellen bilden sich Os(VI)- sowie durch weitere Reduktion Os(IV)- und Os(III)-Verbindungen, die braun gefärbt sind und zu einer Kontrastierung des Gewebes im Elektronenmikroskop führen. Als Os(VI)-Verbindungen werden von den Doppelbindungen der Fettsäurereste herrührende cyclische Ester diskutiert (*9*—*11*).

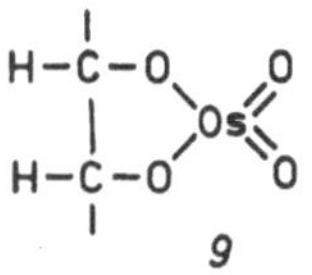
9

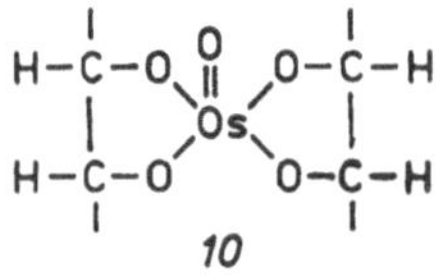
10

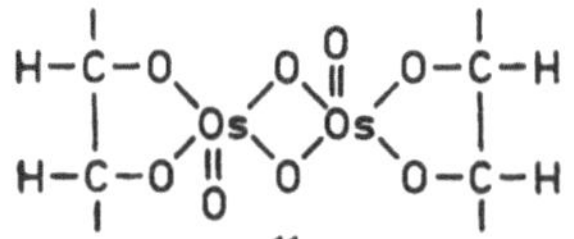
11

Die ungesättigten Fettsäuren geben ferner die typischen Reaktionen der Olefine. An die Doppelbindung läßt sich in Gegenwart von Schwermetallkatalysatoren Wasserstoff anlagern. Diese Reaktion nutzt man bei der Margarineproduktion aus, wobei die flüssigen pflanzlichen Öle durch Hydrierung in streichfähige Fette umgewandelt werden. Die Anlagerung von Halogenen an die Doppelbindung ist Grundlage der Iodzahlbestimmung von Lipiden (S. 300).

Im alkalischen Milieu isomerisieren die natürlichen mehrfach ungesättigten Fettsäuren vom Divinylmethan-Typ zu Fettsäuren mit konjugierten Doppelbindungen. Letztere geben charakteristische Absorptionen im *UV*-Bereich (isomerisierte Linolsäure bei 233 und 268 nm, isomerisierte Linolensäure bei 233, 268 und 315 nm).

$$-CH{=}CH{-}CH_2{-}CH{=}CH- \xrightarrow{OH^{\ominus}} -CH_2{-}CH{=}CH{-}CH{=}CH-$$

5.3. Einfache Lipide

Unter der Bezeichnung Einfache Lipide werden die Fettsäureester von Alkoholen zusammengefaßt. Die Alkoholkomponente wird entweder von Glycerol (Triacylglycerole: Fette) oder anderen Alkoholen (Wachse) gebildet.

5.3.1. Wachse

Als Wachse im erweiterten Sinne werden lipophile Substanzen von plastischer Konsistenz, sog. wachsartiger Beschaffenheit, bezeichnet. Im engeren Sinne allerdings versteht man unter einem Wachs nur die Fettsäureester von langkettigen oder cyclischen (Cholesterol) ein- oder zweiwertigen Alkoholen.

Die natürlich vorkommenden Wachse sind meist Gemische solcher Wachsester mit Paraffinen und freien Alkoholen.

Die meisten Wachse können wahrscheinlich nicht wieder in den Stoffwechsel einbezogen werden. Bei bestimmten Meerestieren können Wachse allerdings auch als Hauptlipide die wichtigsten Reservestoffe darstellen. Viele Wachse besitzen spezielle Funktionen wie beispielsweise das Bienenwachs als Strukturbildner für die Waben oder die schützenden Wachse der pflanzlichen Kutikula und der Bakterien.

Die langkettigen Alkohole der Wachse sind unverzweigt oder verzweigt mit einer primären oder sekundären Hydroxygruppe. Bei den Säugetieren sind die Ester des Cholesterols am weitesten verbreitet. In einigen Wachsen kommen langkettige 1,2-Diole (z. B. im Wollwachs der Schafe) oder α,ω-Diole (im Carnauba-Wachs) vor.

Die verzweigten Alkohole gehören vor allem zur iso- (*12*) oder anteiso-Reihe (*13*).

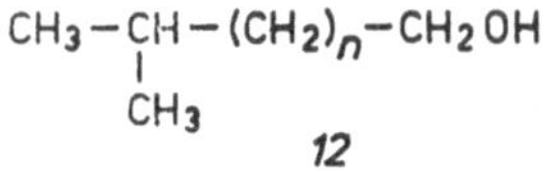

12

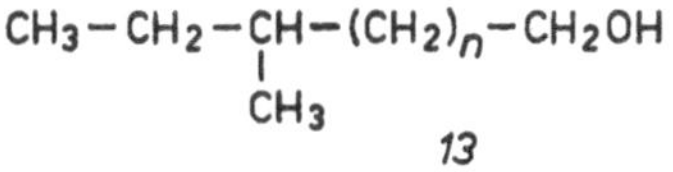

13

Die Anzahl der C-Atome ist bei den unverzweigten und iso-Alkoholen geradzahlig, bei den anteiso-Alkoholen aber meist ungeradzahlig. Sie schwankt innerhalb recht weiter Grenzen (14—36). Als Säuren treten neben Laurin-, Myristin- oder Palmitinsäure auch langkettige Säuren wie Cerotinsäure (26:0), Montansäure (28:0) oder Melissinsäure (30:0) auf. Die Wachse enthalten im Unterschied zu anderen Lipiden fast ausschließlich gesättigte Fettsäuren mit längeren Ketten. Häufig besitzen Alkohol- und Säurekomponente die gleiche Anzahl von C-Atomen. So ist der Hauptbestandteil des sich in bestimmten Hohlräumen des Pottwals ansammelnden Walrates (Cetaceum) Palmitinsäurecetylester, $C_{16}H_{33}O-CO-C_{15}H_{31}$. Im Unterschied zu den Fetten sind die Wachse aufgrund ihrer längerkettigen Alkohol- und Fettsäurekomponente schwerer hydrolysierbar.

Bei einigen pflanzlichen Wachsen bilden gesättigte unverzweigte und verzweigte (iso- und anteiso-Reihe) Alkane den Hauptbestandteil, so bei den Wachsen der Tabak- und Kohlblätter. In tierischen Wachsen sind Paraffine nur in geringer Menge enthalten.

5.3.2. Fette

Als Fette bzw. fette Öle werden die Trifettsäureester des Glycerols (Triacylglycerole, früher Triglyceride) bezeichnet. Mono- oder Difettsäureester (Mono- oder Diacylglycerole) treten nur in geringer Menge als Zwischenprodukte des Fettstoffwechsels auf.

Bei den Triacylglycerolen kann das Glycerol entweder nur mit einer Fettsäure (einfache Ester) oder mit verschiedenen Fettsäuren verestert sein (gemischte Ester).

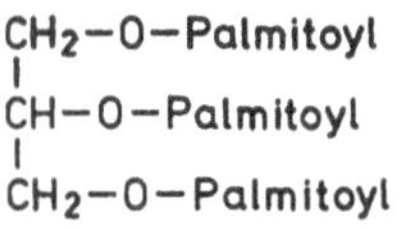

einfaches Triacylglycerol (Tripalmitoylglycerol, früher als Tripalmitin bezeichnet)

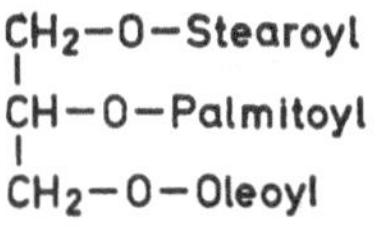

gemischtes Triacylglycerol (1-Stearoyl-2-palmitoyl-3-oleoyl-glycerol)

Die natürlichen Fette sind Mischungen gemischter Triacylglycerole, die mindestens 5, oft noch mehr Fettsäuren enthalten. Bei den gemischten Estern ist das C-2 chiral. Die natürlichen Fette sind aufgrund ihrer Biosynthese aus dem L-Glycerol-3-phosphat optisch aktiv (vgl. S. 301).

Die Fette sind die Hauptenergiereserven der Organismen. Depotfette kommen vor allem in verschiedenen pflanzlichen Samen oder im adipösen Gewebe der Tiere vor. Letzteres kann über 80% Fett enthalten. Eine Gewinnung der Fette aus diesen natürlichen Quellen erfolgt durch kaltes oder heißes Pressen, durch Ausschmelzen (tierisches Gewebe) oder durch Extraktion mit organischen Lösungsmitteln. Als weitere natürliche Quelle der Fette kommt die Milch der Säugetiere in Frage.

Aus den natürlichen Fetten lassen sich einzelne gemischte Triacylglycerole meist nicht isolieren, da deren Eigenschaften zu ähnlich sind. Die Strukturaufklärung erfolgt zunächst durch eine Identifizierung der in dem Fett enthaltenen Fettsäuren. Dazu müssen die Fettsäuren hydrolytisch abgespalten werden, was durch Lipasen oder im alkalischen Milieu (Verseifung der Fette) geschehen kann. Die Fettsäuren können nach dem Ansäuern mit Ether oder Benzin extrahiert werden. Selektiv werden die Fettsäurereste durch die Pankreas-Lipase entfernt, die spezifisch Fettsäurereste an primären Hydroxygruppen abspaltet.

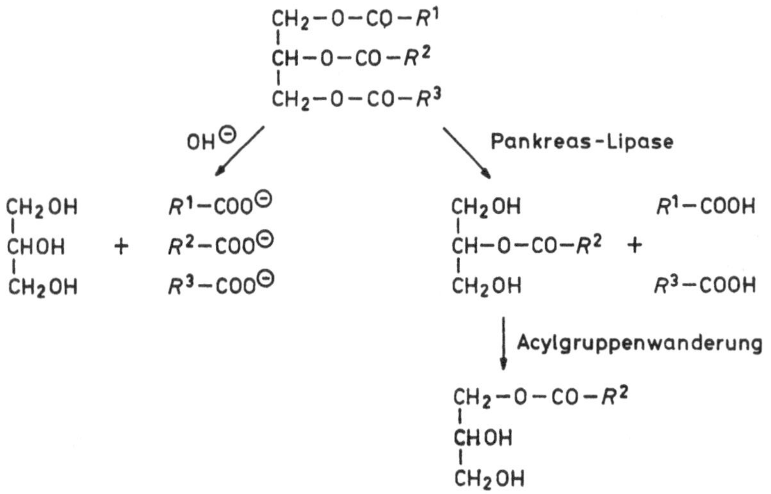

Das entstehende 2-Monoacylglycerol kann sich jedoch durch eine Acylgruppenwanderung über einen cyclischen Orthoester (vgl. S. 156) in das 1- bzw. 3-Monoacylglycerol umlagern, was die Strukturaufklärung erschwert.

Zur Ermittlung der Stellung der ungesättigten Fettsäuren werden die Doppelbindungen durch Permanganat oxidativ aufgespalten (HILDITCH-Methode). Es entstehen dabei aus den esterartig gebundenen ungesättigten Fettsäuren Halbester kurzkettiger Dicarbonsäuren. Solche gemischten Triacylglycerole lassen sich dann relativ gut abtrennen. Sie werden außerdem leichter als normale Ester durch Alkali gespalten.

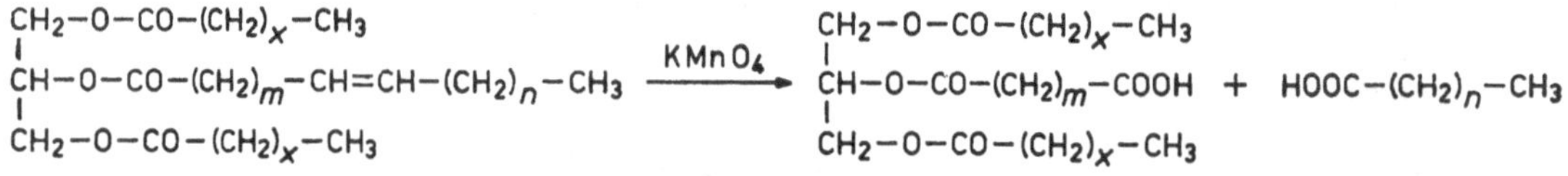

Durch diese und weitere Methoden konnte festgestellt werden, daß kurzkettige oder ungesättigte Fettsäuren gewöhnlich in 2-Stellung, längerkettige Fettsäuren dagegen meist in 1- oder 3-Stellung stehen.

Nach der Anzahl der gesättigten (*S*) bzw. ungesättigten (*U*) Fettsäuren lassen sich die Triacylglycerole (*G* = Glycerol) in die Typen GS_3, GS_2U, GSU_2 und GU_3 einteilen.

Die Zusammensetzung der Fette hängt sehr stark von der Herkunft ab (vgl. Tab. 5–4).

Pflanzliche Fette sind reich an ungesättigten Fettsäuren, wobei die Ölsäure überwiegt. Zahlreiche Samenfette enthalten oft spezielle Fettsäuren in relativ großer Menge, so z. B. Pflanzen der Familie der Lauraceen Laurinsäure, der Myristicaceen Myristin-

Tabelle 5-4
Fettsäurezusammensetzung einiger Fette (in Prozent der Gesamtfettsäuren)

Fett (Herkunft)	Fettsäuren				
	16:0	18:0	18:1	18:2	weitere
Olivenöl (*Olea europea sativa*)	7–20	0–3	65–86	5–15	
Leinöl (*Linum usitatissimum*)	5–9	4–7	13–36	10–25	18:3:30–67
Kokosfett (*Cocus nucifera*)	8–10	1–4	5–8	1–2	14:0:13–18, 12:0:44–51, 10:8:5–10, 8:0:5–9
Ricinusöl (*Ricinus communis*)	1–2		1–7		Hydroxysäuren:88–95
Chaulmoograöl (*Hydnocarpus Kurzi*)		4–15			Cyclische Säuren:81
Schweineschmalz	25–30	12–16	41–51	3–8	
Rindertalg	25–30	21–26	39–42	2	
Kuhmilchfett	25–32	8–13	27–34		gesättigte Fettsäuren C_4–C_{12}:10; 14:0:8–13

säure, der Sapindaceen Arachidonsäure und der Brassicaceen Erucasäure. Charakteristisch ist das Vorkommen von Hydroxyfettsäuren (S. 292) im Ricinusöl.

Die Zusammensetzung der Fette hängt ferner vom Klima ab, in dem die Pflanze aufgewachsen ist. Pflanzen wärmerer Gegenden enthalten meist feste Fette, solche gemäßigter oder kalter Zonen vorwiegend fette Öle.

Bei den tierischen Fetten muß zwischen Depot- und Milchfetten unterschieden werden. Milchfette besitzen einen größeren Anteil an kurzkettigen Fettsäuren. Die Zusammensetzung der Depotfette ist von der Tierart, dem Organ und der Nahrungsquelle der Tiere abhängig. Bei Landtieren überwiegen Palmitin- und Stearinsäure (Rindertalg). Fette von Meerestieren enthalten viel ungesättigte Fettsäuren mit 16–22 C-Atomen.

Da bei den Fetten i. d. R. keine genaue chemische Zusammensetzung angegeben werden kann, wurden zur Charakterisierung sowie zur Kennzeichnung und Gütesicherung in der Lebensmittelindustrie und Pharmazie sog. *Kennzahlen* eingeführt (Tab. 5-5). Normierte Vorschriften für die Durchführung dieser Bestimmungen sind z. B. im Arzneibuch der DDR, 2. Ausgabe enthalten.

5.4. Komplexe Lipide

Als komplexe Lipide (Lipoide) werden Lipide bezeichnet, die aus einer lipophilen und einer hydrophilen Komponente bestehen und als Bestandteile der Membranen eine bedeutende Rolle in allen Zellen spielen. Die lipophile Komponente wird von den Fettsäureresten gebildet, die ester- bzw. amidartig an Glycerol bzw. langkettige Aminoalkohole (Sphingosin) gebunden sind. Als hydrophile Gruppen (Kopfgruppen) treten Phosphorsäure bzw. deren Ester und Kohlenhydrate auf.

Die komplexen Lipide lassen sich entweder nach dem die Fettsäurereste tragenden Grundkörpern in Glycero- und Sphingolipide bzw. nach der hydrophilen Gruppe in Phospho- und Glykolipide einteilen.

Neben Glycerol und Sphingosin wurden noch zweiwertige Alkohole als Grundkörper von Lipiden aufgefunden wie Ethylenglykol, Propan-1,2-diol, Butan-1,4- und -2,3-diol sowie Pentan-1,5-diol. Diese sog. *Diol-Lipide* sind weitverbreitete Bestandteile der Lipidfraktionen und machen etwa 0,5–1,5% des Glycerolanteils aus. In größeren Mengen kommen sie in niederen Organismen vor. In ihren Eigenschaften ähneln die Diol-Lipide sehr denen der entsprechenden Glycerolipide.

5.4.1. Phospholipide

Bei den Phospholipiden ist eine primäre Hydroxygruppe der Alkoholkomponente (Glycerol, Sphingosin, Diole, myo-Inositol) mit Phosphorsäure oder Phosphorsäuremonoestern verestert. Die wichtigsten Esterkomponenten dieser Phosphorsäuremonoester sind Aminoethanol (Colamin), Cholin, Serin oder Glycerol.

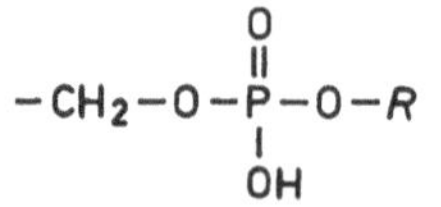

allgemeine Struktur eines Phospholipids

R = H
$CH_2-CH_2-NH_2$
$CH_2-CH_2-\overset{\oplus}{N}(CH_3)_3$
$CH_2-CH(NH_2)-COOH$
$CH_2-CH(OH)-CH_2OH$

Tabelle 5–5

Kennzahlen zur Charakterisierung oder Gütesicherung von Fetten

Kennzahl	zu erfassendes Strukturelement	Methode	Aussage
Esterzahl (*EZ*)	–O–CO–	Verseifung der Ester	Charakterisierung
Verseifungszahl (*VZ*)	–O–CO– und –COOH	Verseifung der Ester und Neutralisation freier Säure	Charakterisierung, evtl. Zersetzung bei zu hohem Wert
Säurezahl (*SZ*)	–COOH	Neutralisation	Charakterisierung bzw. Nachweis beginnender Hydrolyse
Iodzahl (*IZ*)	–CH=CH–	Addition von ICl oder Br_2	Menge an ungesättigten Fettsäuren
Peroxidzahl (*PZ*)	–O–O–	Oxidation von $2I^{\ominus}$ zu I_2	Primärprodukte der Autoxidation
Hydroxylzahl (*OHZ*)	–OH	Acetylierung	Menge an Hydroxyfettsäuren
Reichert-Meissl-Zahl (*RMZ*)*	–COOH	Neutralisation nach Wasserdampfdestillation	mit Wasserdampf flüchtige, wasserlösliche Säuren
Polenske-Zahl (*PoZ*)*	–COOH	Neutralisation nach Wasserdampfdestillation	mit Wasserdampf flüchtige, wasserunlösliche Säuren

*) vor allem zur Untersuchung von Milchfetten

In Abhängigkeit vom pH-Wert können die Phospholipide durch die Anwesenheit saurer $(-PO_3H_2; >PO_2H; -COOH)$ und basischer Gruppen $(-\overset{\oplus}{N}(CH_3)_3, -NH_2)$ in verschiedenen ionogenen Formen vorliegen.

5.4.1.1. Glycerophospholipide

Als Grundbausteine der biologischen Membranen sind die Glycerophospholipide am weitesten verbreitet. Die Mehrzahl der Glycerophospholipide leiten sich von 1,2-Diacylglycerol (Diglycerid) ab. 1,2-Diacylglycerophosphat wird als Phosphatidsäure, der Rest als Phosphatidyl (Ptd) bezeichnet.

Die wichtigsten Glycerophospholipide sind in der Tab. 5–6 zusammengestellt.

Die Glycerophospholipide sind in Aceton unlöslich. Im Unterschied zu den Phosphatidylethanolaminen und Phosphatidylserinen lösen sich die Phosphatidylcholine in Alkohol.

Tabelle 5–6
Wichtigste Glycerophospholipide

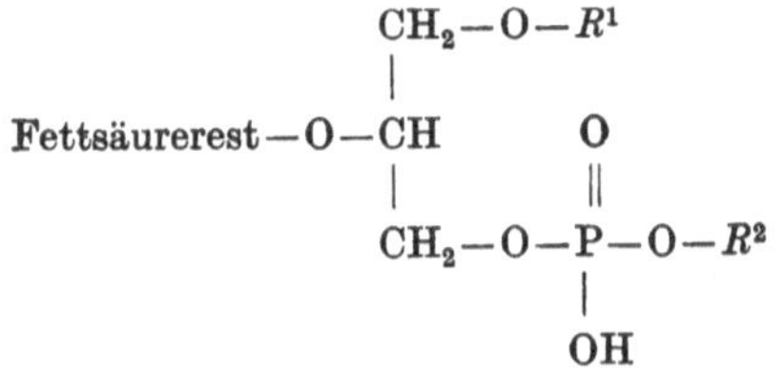

Glycerophospholipid	R^1	R^2
Phosphatidsäuren	Fettsäurerest	H
Phosphatidylcholine (Lecithine)	Fettsäurerest	Cholin
Phosphatidylethanolamine (Colaminkephaline)	Fettsäurerest	Ethanolamin (Colamin)
Phosphatidylserine (Serinkephaline)	Fettsäurerest	Serin
Phosphatidylinositole	Fettsäurerest	Inositol
Plasmalogene	1-Alkenylrest	Ethanolamin u. a.

Stereochemie

Die Glycerophospholipide besitzen mit dem mittleren C-Atom ein Chiralitätszentrum, sind also optisch aktiv.

Hinsichtlich der genauen Konfigurationsbezeichnung gibt es einige Probleme, da eine der Voraussetzungen der FISCHER-Projektion, daß das C-Atom mit der höchsten Oxidationsstufe oben steht, nicht anwendbar ist. Die Konfigurationszuordnung gelang BAER und FISCHER am natürlich vorkommenden Glycerolphosphat, dem Ausgangsprodukt für die Biosynthese der Glycerophospholipide. Die Oxidation und anschließende saure Hydrolyse ergab L-Glyceraldehyd. Das natürliche Glycerolphosphat wurde daher als L-α-Glycerinphosphat bezeichnet, was einem L-Glycerol-3-phosphat entspricht. Nach der IUPAC-Nomenklatur soll aber für die Zuordnung zur optischen

Reihe die niedrigere Zahl herangezogen werden, so daß diese Verbindung besser als D-Glycero-1-phosphat bezeichnet werden müßte. An diesem „Konfigurationswechsel" wird auch durch Anwendung des R/S-Systems nichts geändert. Aus diesem Grunde wird von der IUPAC-IUB-Kommission das stereospecific-numbering-System von HIRSCHMANN vorgeschlagen. Die stereospezifische Numerierung (Abk.: *sn*) beruht auf der Anwendung der Ordnungszahlen für die C-Atome nach CAHN und INGOLD. Wenn dabei die sekundäre Hydroxygruppe am C-2 des Glycerolphosphats in der FISCHER-Projektion nach links zeigt, wird das C-Atom darüber als C-1 und das darunter als C-3 bezeichnet, so daß die Verbindung als sn-Glycerol-3-phosphat zu bezeichnen ist. Die entsprechende enantiomere Form wäre das sn-Glycerol-1-phosphat. Nach der sn-Nomenklatur sind keine formalen Veränderungen der Konfiguration mehr möglich, wenn die Bindung am C-2 nicht gelöst wird.

sn-Glycerol-3-phosphat
L-Glycerol-3-phosphat
D-Glycerol-1-phosphat

sn-Glycerol-1-phosphat
D-Glycerol-3-phosphat
L-Glycerol-1-phosphat

Formelübersicht 5–1
Nomenklatur enantiomerer Glycerolipide.

Strukturen

Phosphatidsäure

Die Phosphatidsäuren sind die Ausgangsprodukte für die Biosynthese der Triacylglycerole und Glycerophospholipide.

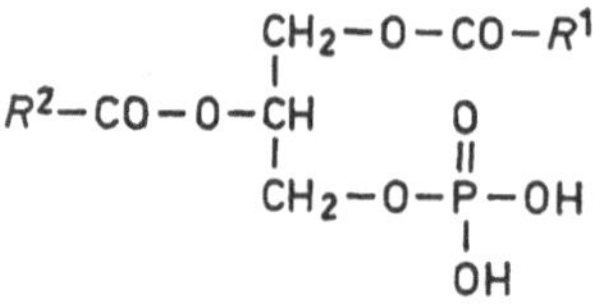

Sie machen etwa 1—5% der Gesamt-Phospholipide der Zellen aus. Phosphatidsäuren lassen sich vorteilhaft aus Kohl- und Spinatblättern bzw. dem Milchsaft der Kautschukpflanze isolieren. Bei den hier anfallenden Mengen handelt es sich um Artefakte, die durch die Einwirkung der in diesen Materialien anwesenden Phospholipase C, besonders auf Phosphatidylcholin, gebildet werden.

Phosphatidsäuren sind in Form ihrer Salze stabil, zersetzen sich aber in freier Form infolge ihres sauren Charakters relativ schnell unter Abspaltung von Acylresten und Wanderung des Phosphorsäurerestes.

Bei den meisten Glycerophospholipiden ist der Phosphorsäurerest nochmals mit Aminoalkoholen wie Cholin, Ethanolamin oder Serin bzw. Alkoholen wie Glycerol oder Inositol verestert.

Phosphatidylcholin

Phosphatidylcholine (Lecithine) sind die am häufigsten vorkommenden Phospholipide, die praktisch in allen Zellen enthalten sind. In Gehirn, Herzmuskel und Eidotter sind sie besonders angereichert.

Für die Isolierung von Phosphatidylcholin werden vor allem Eidotter („Eilecithin"), Sojabohnen, Hirn und Lunge herangezogen. Zunächst wird mit Lösungsmittelgemischen

(Chloroform/Methanol) eine Rohphospholipid-Fraktion extrahiert, die dann chromatographisch an Aluminiumoxid aufgetrennt werden kann. Neutralfette und Pigmente werden zuvor zweckmäßig durch Extraktion des natürlichen Materials mit Aceton entfernt. Wegen des Gehaltes an ungesättigten Fettsäuren müssen die natürlichen Phospholipide bereits während der Extraktion vor Autoxidation geschützt werden.

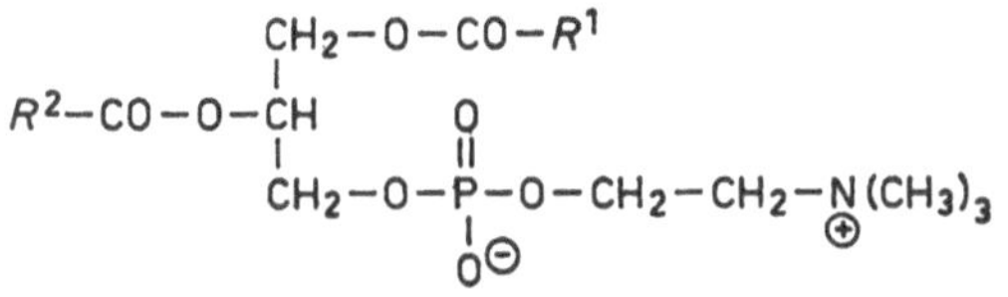

Die Phosphatidylcholine liegen in einem sehr großen pH-Bereich als Zwitterionen vor.

Durch säurekatalysierte oder alkalische Hydrolyse entsteht aus den Phosphatidylcholinen α-Glycerolphosphat. Die α-Verbindung ist stets durch Wanderung des Phosphatrestes an die sekundäre Hydroxygruppe (vgl. S. 226) mit dem β-Isomeren verunreinigt.

Phosphatidylcholine werden enzymatisch durch Phospholipasen hydrolysiert (Abb. 5–4). Phospholipase B spaltet Fettsäurereste in 1- oder 1- und 2-Stellung ab. Das so aus Phosphatidylcholin erhältliche sn-Glycerol-3-phosphocholin dient als Ausgangsprodukt für Partialsynthesen (S. 309). Cholinabspaltende Enzyme (Phospholipase D) sind in Blütenpflanzen, cholinphosphatabspaltende Enzyme (Phospholipase C) in bestimmten Bakterien enthalten. Durch die Einwirkung von Phospholipase D sind Phosphatidsäuren partialsynthetisch zugänglich.

Als *Lysophospholipide* (R-Acyl) werden Glycerophospholipide bezeichnet, bei denen ein Fettsäurerest entfernt ist. Im engeren Sinne versteht man allerdings unter Lysoverbindungen nur die Phospholipide mit freier sekundärer Hydroxygruppe, die z. B. durch Einwirkung der weit verbreiteten Phospholipase A_2 anfallen. Ihren Namen haben die Lysoverbindungen ihrer Fähigkeit zu verdanken, Erythrozyten zu hämolysieren. Ein Derivat eines Ether-Lysophospholipids, 1-Octadecyl-2-acetyl-sn-glycerophosphocholin, wird von Mastzellen nach Antigenstimulierung abgegeben und aktiviert Blutplättchen (PAF = platelet activating factor).

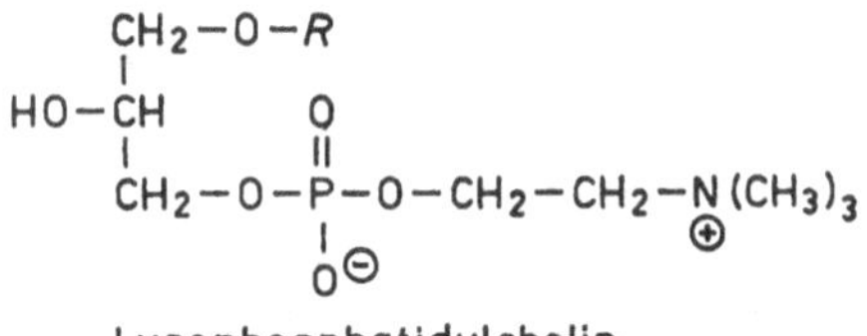

Lysophosphatidylcholin

Phosphatidylethanolamin

Vergesellschaftet mit Phosphatidylcholinen kommen in nahezu allen Geweben — in allerdings wesentlich geringerer Konzentration — Phosphatidylethanolamine (Colaminkephaline) vor.

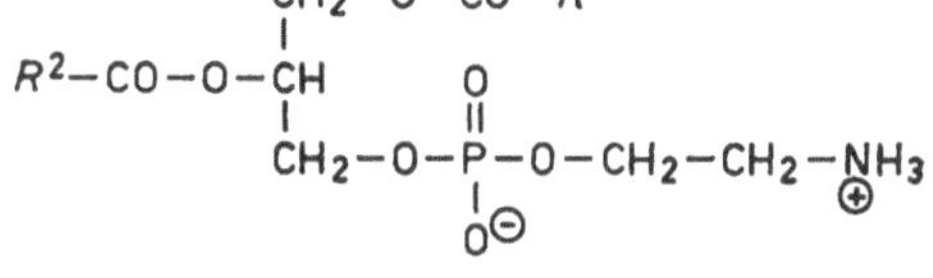

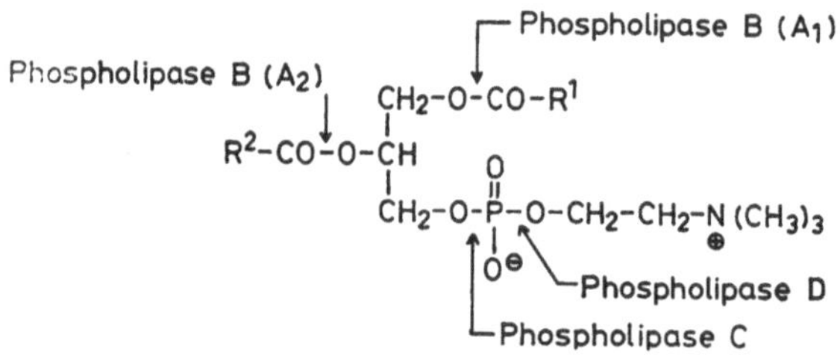

Abb. 5–4

Enzymatische Spaltung von Phosphatidylcholin.

Im Unterschied zu einem Tetraalkylammoniumhydroxid (Cholinhydroxid) ist ein primäres Amin (Ethanolamin) wesentlich schwächer basisch, so daß die Phosphatidylethanolamine nicht über einen so weiten pH-Bereich wie die Phosphatidylcholine als Zwitterionen vorliegen.

In Abhängigkeit vom pH-Wert können die ***Phosphatidylserine*** (Serinkephaline) in mehreren ionogenen Formen existieren. Phosphatidylserin ist bei Bakterien der Precursor für die Biosynthese von Phosphatidylethanolamin.

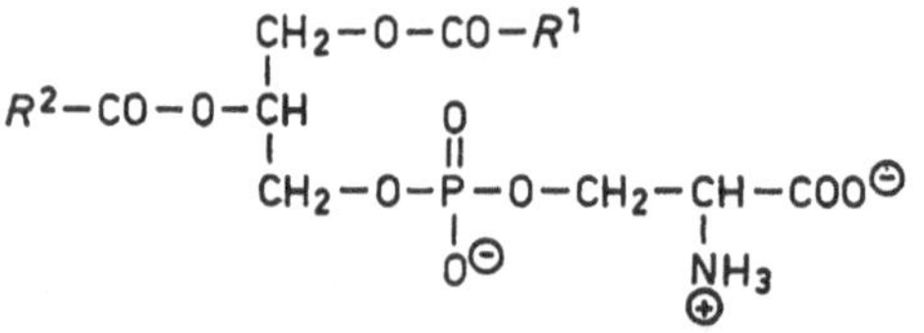

Phosphatidylinositole

Stickstofffreie Glycerophospholipide sind die Phosphatidylinositole, bei denen die Phosphorsäureestergruppierung der Phosphatidsäure mit myo-Inositol verestert ist. Sie sind in Wasser etwas löslich und bilden stabile Gele.

Aus Herzmuskel konnten Phosphatidyl-myo-inositole isoliert werden, die Fettsäuren, Glycerol, myo-Inositol und Phosphorsäure im Verhältnis 2:1:1:1 enthielten. Bei der alkalischen Hydrolyse dieser Phosphatidylinositole werden infolge einer Phosphatwanderung myo-Inositol-1-(*14*) und -2-phosphat (*15*) gebildet.

Im Gehirn kommen Phosphatidylinositole mit weiteren Phosphorsäureresten in 4- oder 4- und 5-Stellung des Inositols vor. Pflanzen und Mikroorganismen bilden komplexe Phosphatidylinositole, die noch Kohlenhydrate, Sphingosin, Amine oder Aminosäuren enthalten können, so z. B. die aus *Mycobacterium tuberculosis* isolierten Phosphatidylinositole mit einem oder mehreren D-Mannoseresten in 2-Stellung des myo-Inositols. Phosphatidylinositole stellen in den subzellulären Membranen etwa 2—10% der Gesamtlipide dar.

Phosphatidylglycerol-Derivate

Phosphatidylglycerol kommt in geringer Menge in den Chloroplasten der Pflanzen, in Bakterien und auch in Säugetieren vor. Bei der natürlichen Verbindung handelt es sich um 3-sn-Phosphatidyl-1'-sn-glycerol.

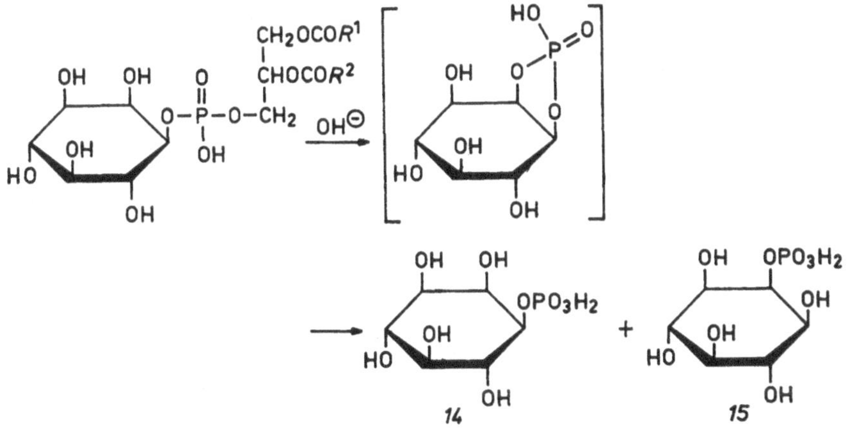

14 15

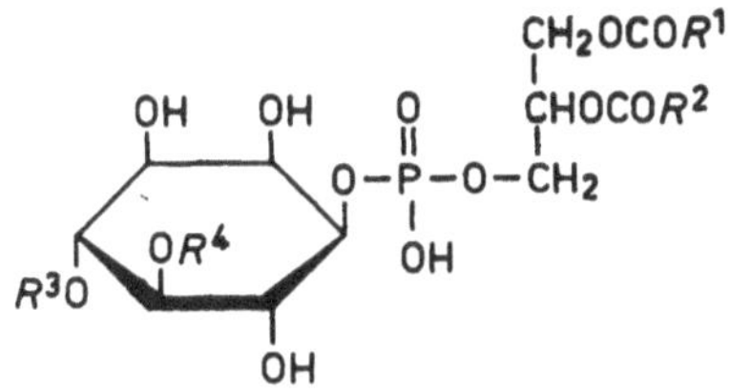

$R^3 = PO_3H_2$; $R^4 = H$
$R^3, R^4 = PO_3H_2$

Phosphatidylglycerol ist der Grundkörper einiger weiterer Glycerolipide.

Durch nochmaliges Anknüpfung eines Phosphatidylrestes entstehen *Cardiolipine.* Cardiolipine sind in Bakterien und in den Mitochondrienmembranen der Eukaryoten enthalten. In den Mitochondrien der Herzmuskelzellen besteht etwa 1/3 der Lipidfraktion aus Cardiolipin.

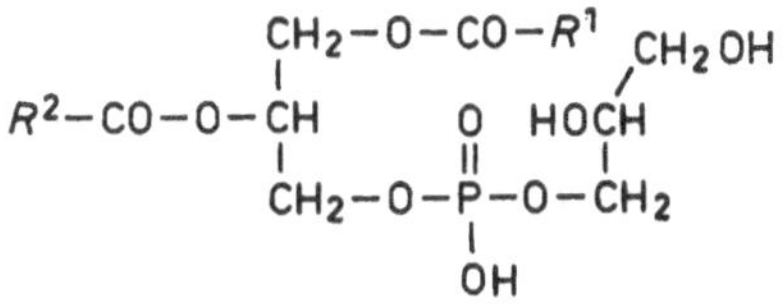

Da die Cardiolipine nur Membranbestandteile der Bakterien und Mitochondrien sind, wurde die Hypothese aufgestellt, daß die Mitochondrien Abkömmlinge von Bakterien sind, die in einer frühen Stufe der phylogenetischen Entwicklung von der heterotrophen Zelle aufgenommen wurden.

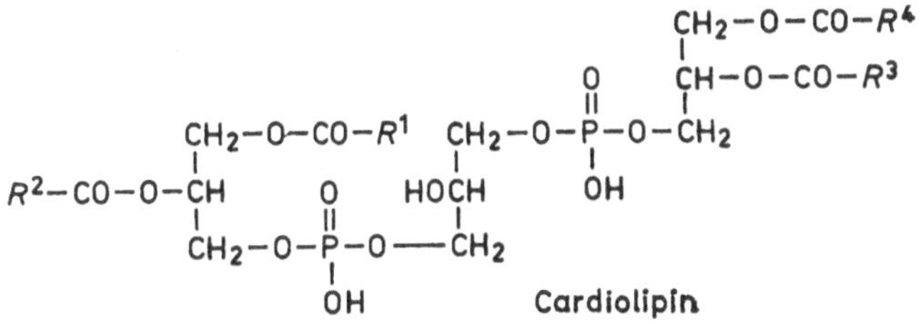

Cardiolipin

Bei weiteren Phosphatidylglycerol-Derivaten sind an eine Hydroxygruppe des Glycerolrestes esterartig Aminosäuren wie Alanin oder Lysin bzw. glykosidisch D-Glucosamin gebunden. Derartige Lipide kommen in Bakterien vor, die Aminosäureester hauptsächlich in gram-positiven Bakterien.

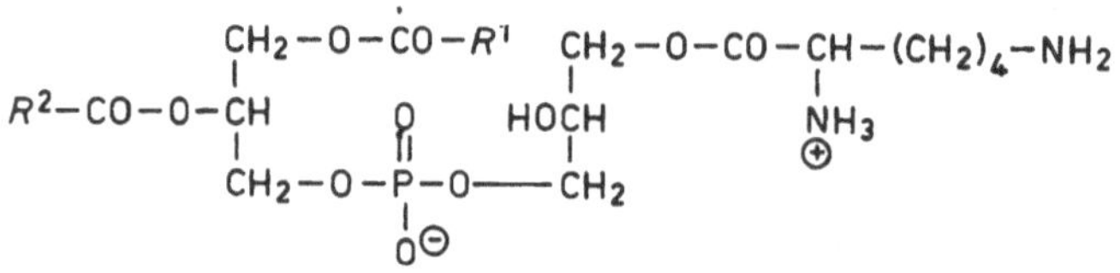

Lysylphosphatidylglycerol

Die Purpurmembran der Halobakterien (vgl. S. 330) enthält als Lipidkomponente hauptsächlich Etheranaloga von Phosphatidylglycerophosphat (*16*) und Glykolipide, bei denen die Hydroxygruppen mit dem Diterpenalkohol Dihydrophytol verethert sind. Etherlipide sind auch in den Membranen anderer Archaebakterien enthalten.

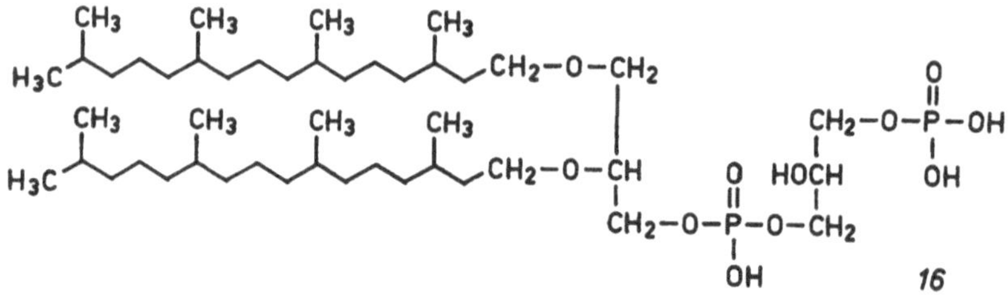

16

Plasmalogene

Während sich fast alle der bisher erwähnten Glycerophospholipide vom 1,2-Diacylglycerol ableiten, enthalten die Plasmalogene nur in 2-Stellung des Glycerols einen esterartig gebundenen Fettsäurerest. In 1-Stellung liegt eine cis-Enolethergruppierung vor, d. h., anstelle einer Fettsäure ist die Enolform eines Fettaldehyds (i. d. R. Hexadecanal oder Octadecanal) etherartig an die Hydroxygruppe des Glycerols gebunden. Derartige Enolether kommen in Pflanzen, Tieren und Mikroorganismen, vergesellschaftet mit den anderen Glycerophospholipiden, besonders reichlich in Gehirn und Muskeln vor.

In Analogie zu den Phosphatiden werden die Plasmalogene als Plasmenylserin oder Plasmenylethanolamin bezeichnet. Neben Phospholipiden wurden auch neutrale Plasmalogene (1-Alkenyl-2,3-diacylglycerole) isoliert.

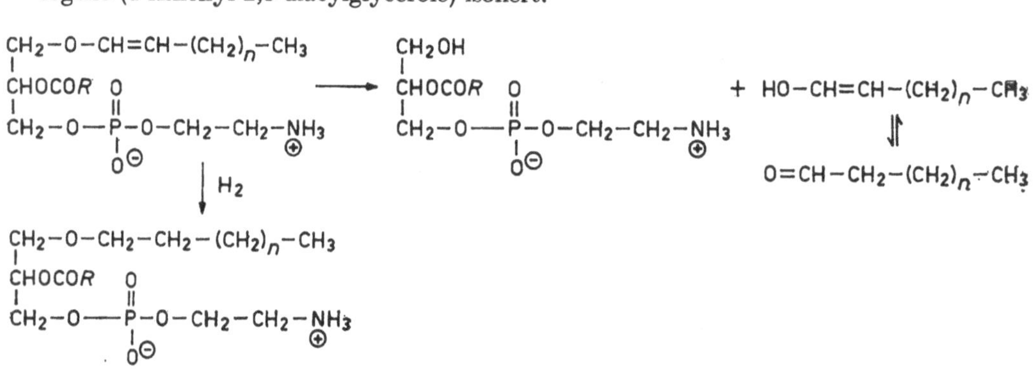

Auf die Anwesenheit dieser Glycerophospholipide wurde zuerst 1924 von FEULGEN hingewiesen, der bei der histochemischen Untersuchung des Zellkerns mit fuchsinschwefliger Säure eine auf Lipide zurückzuführende positive Reaktion beobachten konnte. Diese Plasmalreaktion ist auf die sehr leichte Spaltbarkeit der Enolethergruppierung bereits durch Säurespuren unter Freisetzung der Fettaldehyde zurückzuführen. Im neutralen oder alkalischen Medium sind die Enolether dagegen stabil. Zur Strukturaufklärung hat der negative Ausfall der Plasmalreaktion nach katalytischer Hydrierung beigetragen, bei der ein stabiler Glycerol-1-alkylether gebildet wird.

Phosphonolipide

Die bisher erwähnten Glycerophospholipide sind Ester der Orthophosphorsäure. Vor allem in niederen Tieren kommen jedoch auch Derivate von Phosphonsäuren vor. Im Unterschied zu den Phosphorsäureestern enthalten diese Phosphonolipide eine C—P-Bindung. Ein Phosphonolipid ist das aus Ciliaten (Wimpertierchen) isolierte Derivat der 2-Aminoethanphosphonsäure. Letztere wird auch als Ciliatin bezeichnet.

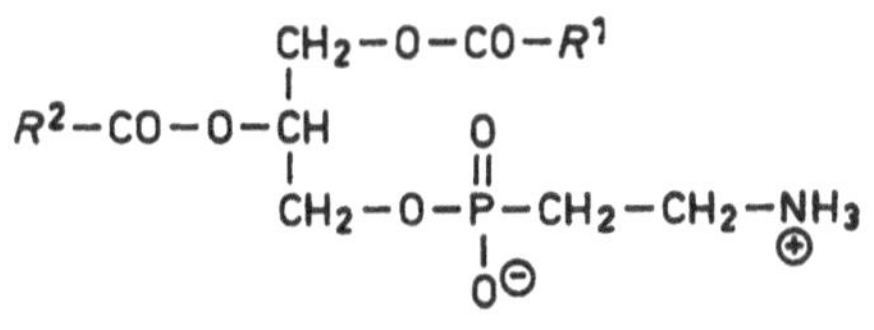

Synthesen

Biosynthesen

Die Biosynthese der Glycerolipide geht aus von L-Glycerol-3-phosphat. Die zur Acylierung erforderliche Aktivierung der Fettsäuren erfolgt durch Bindung an CoA (S. 361). Die Kopfgruppe wird durch Bindung an Pyrimidinnucleosiddiphosphate aktiviert. Eine Übersicht über die Reaktionswege gibt die Abb. 5–5a.

Totalsynthesen

Phosphatidylcholine lassen sich relativ leicht durch Isolierung aus natürlichem Material wie Eigelb oder Sojabohnen gewinnen (S. 302). Diese Phosphatidylcholine biogener Herkunft sind in ihrer Fettsäurekomponente sehr heterogen. Die Zusammensetzung hängt

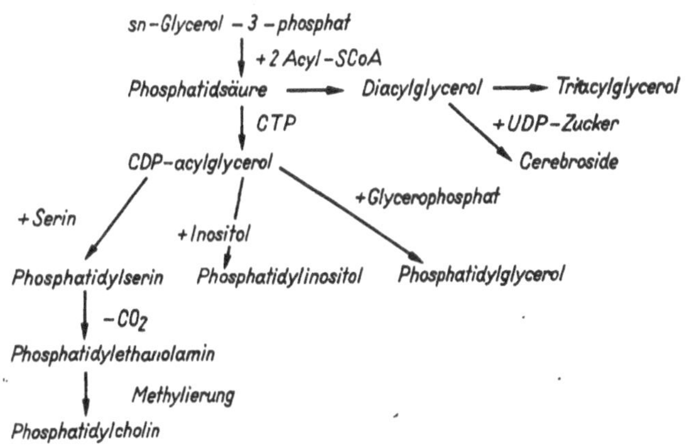

Abb. 5–5a
Biosynthese von Glycerolipiden.

außerdem von Umweltfaktoren, z. B. der Nahrung, ab. Phospholipide mit genau definierten Acylresten sind nur synthetisch zugänglich. Die Isolierung anderer Phospholipide in größerer Menge aus natürlichen Quellen ist außerordentlich schwierig. Glycerolipide mit definierter Zusammensetzung werden vor allem zur Bereitung von Modellmembranen benötigt, an denen durch Variation der Acylreste und der Kopfgruppe mit Hilfe physikalischer Methoden (z. B. Mikrokalorimetrie, *NMR*- und *ESR*-Spektroskopie) Informationen über dynamische Prozesse, Wechselwirkungen mit Ionen, biologisch aktiven Substanzen oder Proteinen gewonnen werden können (vgl. Kap. 5.5.).

Als Ausgangsprodukte für die Synthese von Glycerophospholipiden kommen

1,2-Diacylglycerol (*17*),
1,2-Diacylglycerol-3-iodhydrin (*18*) oder Phosphatidsäure (*21*)

n Frage.

Zur Synthese von Glycerophospholipiden aus 1,2-Diacylglycerol muß die primäre Hydroxygruppe phosphoryliert werden.

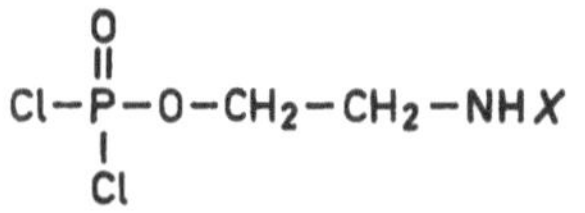

Wenig geeignet ist die Umsetzung mit Phosphoroxychlorid, da zahlreiche Nebenprodukte entstehen. Die günstigste Methode zur Darstellung von Phosphatidylcholin ist die Umsetzung von *17* mit 2-Bromethylphosphorsäuredichlorid (Hirt und Berchthold, Eibl) und anschließende nucleophile Substitution des Bromatoms mit Trimethylamin (Formelübersicht 5–2). Zur Synthese von Phosphatidylethanolamin wird von 2-Aminoethylphosphorsäuredichloriden mit geschützter Aminogruppe (vgl. Schutzgruppen für Amine, S. 122) ausgegangen, die nach der Phosphorylierung von *17* zu entfernen sind.

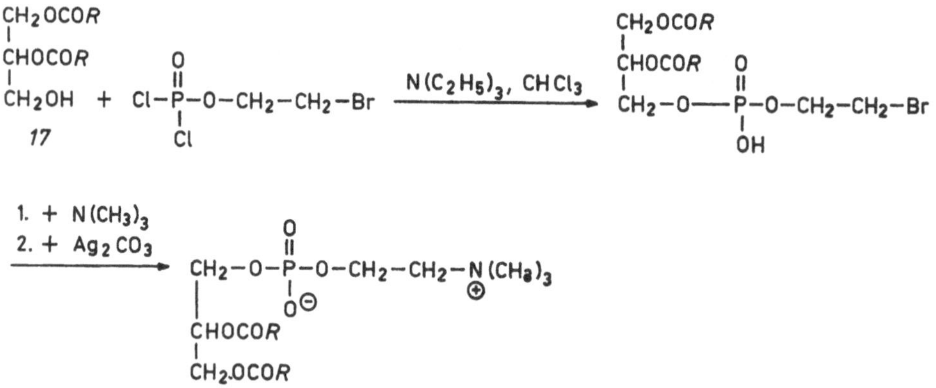

Formelübersicht 5–2
Synthese von Phosphatidylcholin (Hirt und Berchthold sowie Eibl).

Da die für diese Umsetzungen benötigten Phosphorsäureesterdichloride über zwei reaktionsfähige Chloratome verfügen, entstehen Nebenprodukte, die chromatographisch abgetrennt werden müssen.

Andere Methoden zur Synthese von Glycerophospholipiden gehen von 1,2-Diacylglycerol-3-iodhydrin (*18*, de Haas und van Deenen) aus, dessen Iodatom mit dem Silbersalz von Phosphorsäurediestern umgesetzt werden kann. Formelübersicht 5–3 zeigt die Wege zur Synthese von Phosphatidylcholin. Die Abspaltung eines Benzylrestes vom zunächst gebildeten Phosphorsäuretriester *19* erfolgt mit NaI oder BaI_2. Das Silbersalz *20* kann dann mit 2-Bromethyltrimethylammoniumsalz umgesetzt werden. Abschließend wird durch katalytische Hydrierung debenzyliert.

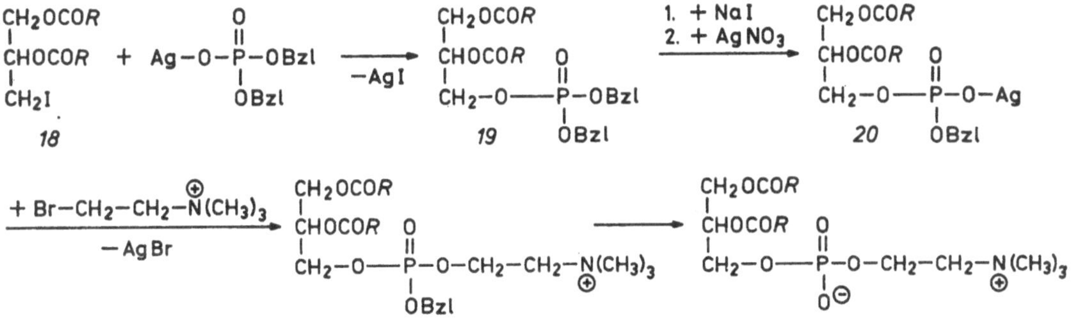

Formelübersicht 5–3
Synthese von Phosphatidylcholin (nach DE HAAS und VAN DEENEN).

Durch die Einführung von Carbodiimiden (DCC) und Triisopropylbenzensulfonsäurechlorid (TPS) als Kondensationsmittel (vgl. S. 247) wurden in zunehmendem Umfang auch Phosphatidsäuren als Ausgangsprodukte für die Synthese von Glycerophospholipiden herangezogen (Formelübersicht 5–4).

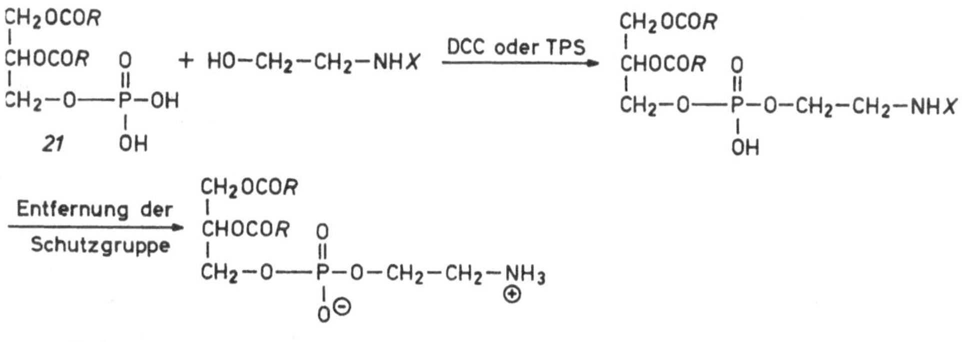

Formelübersicht 5–4
Synthese von Glycerophospholipiden aus Phosphatidsäuren.

Partialsynthesen

Partialsynthesen, die von den aus natürlichen Quellen isolierbaren Phosphatidylcholinen ausgehen, gewinnen zunehmend an Bedeutung.

So lassen sich durch Bariumhydroxid oder Phospholipase (S. 304) die Acylreste hydrolytisch abspalten. Das gebildete, optisch reine sn-Glycerophosphocholin (*22*) kann dann am vorteilhaftesten als $CdCl_2$-Addukt (BAER und BUCHNEA), mit Fettsäurechloriden in Gegenwart von Pyridin oder Fettsäureanhydriden neu zu Phosphatidylcholinen acyliert werden (Formelübersicht 5–5).

Zur Synthese von Phosphatidsäuren kann von sn-Glycerol-3-phosphat ausge-

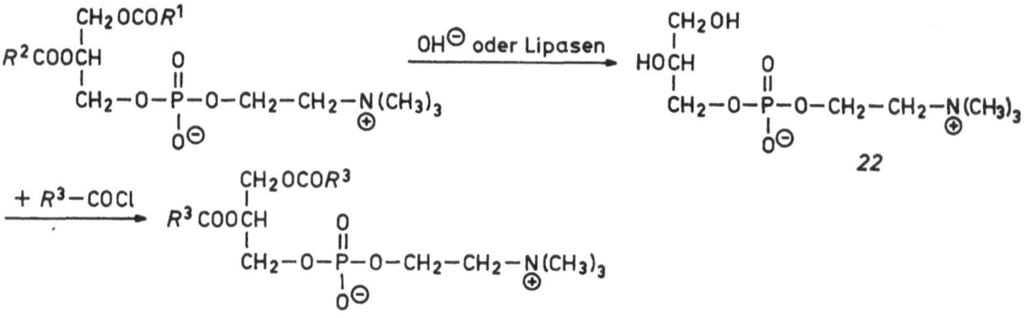

Formelübersicht 5–5
Partialsynthese von Phosphatidylcholinen.

gegangen werden, das mit Fettsäureanhydriden in Gegenwart von Tetraethylammoniumsalz acyliert werden kann. Der Zusatz des Ammoniumsalzes soll die Bildung von 2,3-Cyclophosphaten verhindern.

5.4.1.2. Sphingophospholipide

Grundkörper der Sphingolipide, an welche die Fettsäuren kovalent gebunden sind, sind langkettige Aminoalkohole, die als Sphingosin bezeichnet werden.

Sphingosin

Sphingosin wurde bereits 1880 durch hydrolytische Spaltung von Lipiden des menschlichen Gehirns erhalten. Gegenwärtig sind ca. 20 verschiedene natürliche Aminoalkohole dieser Gruppe bekannt, die u. a. durch gaschromatographische Isolierung der Trimethylsilylether und anschließende Identifizierung durch die Massenspektren in ihrer Struktur aufgeklärt werden konnten. Die Aminoalkohole leiten sich vom Sphinganin (D-erythro-2-Amino-octadecan-1,3-diol) ab. Als Sphingoide werden Homologe (z. B. Icosasphinganin oder Hexadecasphinganin), Stereoisomere sowie Hydroxy- und ungesättigte Derivate des Sphinganins bezeichnet.

Die Biosynthese geht aus von L-Serin und dem entsprechenden Fettaldehyd. Der in den Zoosphingolipiden verbreitetste Aminoalkohol 4-Sphingenin (früher Sphingosin) wird aus Hexadecanal (Palmitaldehyd) über Sphinganin (Dihydrosphingosin) gebildet.

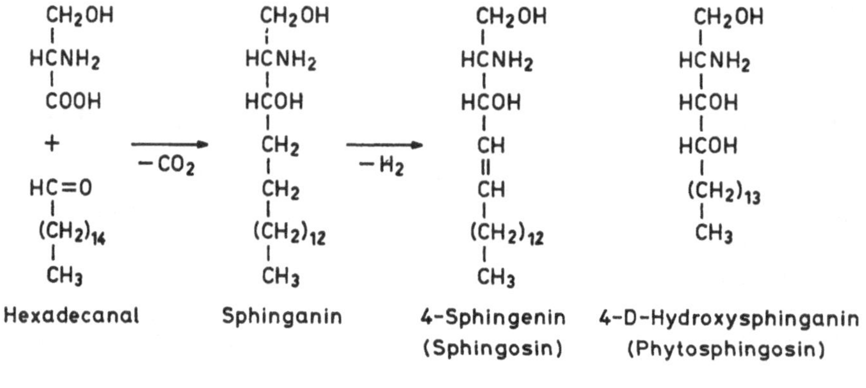

Sphingoide kommen in Tieren, Pflanzen und Mikroorganismen nicht in freier Form vor.

Bei allen Sphingolipiden ist die Fettsäure amidartig an die primäre Aminogruppe gebunden. Diese nicht mehr basisch reagierenden Derivate werden als *Ceramid* (*Cer*) bezeichnet.

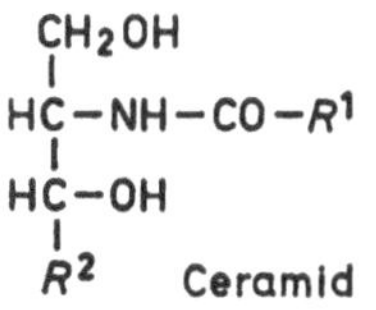

Ceramid

Ceramide entstehen durch alkalische Hydrolyse von Sphingomyelinen oder säurekatalysierte Hydrolyse von Cerebrosiden. Als N-Acylreste enthalten die Ceramide meist C_{24}-Säuren wie Lignocerinsäure (24:0) und Nervonsäure (24:1) sowie die entsprechenden α-Hydroxysäuren Cerebronsäure und Oxynervonsäure (Formel S. 292).

Bis auf die Sphingomyeline gehören die meisten Sphingolipide zu den Glykolipiden.

Die *Sphingomyeline* enthalten wie die Phosphatidylcholine einen esterartig über Phosphorsäure gebundenen Cholinrest. Im Unterschied zu jenen beträgt bei den Sphingomyelinen das Verhältnis N:P = 2:1.

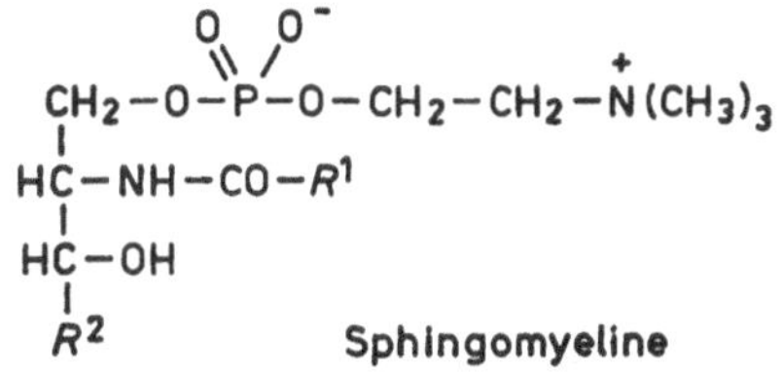

Sphingomyeline

In relativ hoher Konzentration sind die Sphingomyeline im Blutplasma enthalten (8–15% der Gesamtlipide).

5.4.2. *Glykolipide*

Glykolipide enthalten kovalent gebundene Kohlenhydratreste. Die Kohlenhydrate sind glykosidisch an die primäre Hydroxygruppe der Alkoholkomponente gebunden (Glyceroglykolipide, Sphingoglykolipide). Bei einigen bakteriellen Glykolipiden (Cord-Faktor, Lipopolysaccharide) ist die Fettsäure auch direkt mit der primären Hydroxygruppe des Kohlenhydratrestes verestert.

Die Glykolipide der äußeren Zellmembran spielen neben den Glykoproteinen eine wesentliche Rolle bei der Wechselwirkung der Zellen untereinander und mit biologisch aktiven Molekülen (z. B. als Bestandteil von Rezeptoren).

5.4.2.1. *Glyceroglykolipide*

Mono- und Diglykosyl-diacylglycerole wurden zunächst aus höheren Pflanzen, später aber auch aus Mikroorganismen und tierischem Gewebe isoliert.

In der Chloroplasten-Membran der höheren Pflanzen und der Algen sind neben Phosphatidylglycerol fast ausschließlich Monogalaktosyl-diacylglycerole, deren Sulfonsäureester („Sulfolipide") sowie Digalaktosyl-diacylglycerole enthalten. In den Tabakblättern z. B. bestehen über 70% der Gesamtlipide aus Mono- und Digalaktosyl-diacylglycerolen.

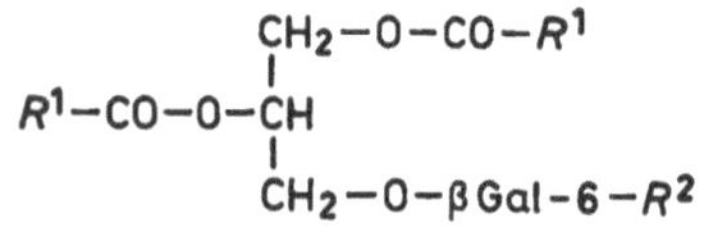

Pflanzliche Glyceroglykolipide
(R^1 = Alkyl)
R^2 = H: Monogalaktosyl-diacyl-glycerol
R^2 = SO_3H: „Sulfolipide"
R^2 = βGal: Digalaktosyl-diacyl-glycerol

Die Auftrennung der Glyceroglykolipide kann durch Dünnschichtchromatographie oder Gelchromatographie an Sephadex LH-20[R] erfolgen. Zur Synthese können Diacylglycerole nach der Koenigs-Knorr-Reaktion (S. 164) glykosidiert werden.

Während die gram-negativen Bakterien vorwiegend die wasserlöslichen Lipopolysaccharide (S. 211) bilden, kommen in gram-positiven Bakterien Glykolipide, vor allem Glyceroglykolipide, vor. Als Kohlenhydratkomponenten treten neben Galaktose auch Glucose und Mannose auf. Bakterien der Gattungen *Mycobacterium* und *Corynebacterium* bilden Glykolipide besonderer Strukturen (S. 315).

5.4.2.2. Sphingoglykolipide

Die meisten Sphingolipide gehören zur Gruppe der Glykolipide, bei denen die primäre Hydroxylgruppe der Ceramide Mono- oder Oligosaccharide glykosidisch gebunden enthält. Die Sphingoglykolipide weisen durch Unterschiede in Kettenlänge, Grad der Ungesättigtheit und Anwesenheit von Hydroxygruppen im Fettsäurerest und im Alkylrest des Aminoalkohols sowie durch Anzahl und Art der Zuckerreste eine große strukturelle Mannigfaltigkeit auf, wobei insbesondere die Zucker bei den Zoosphingoglykolipiden weniger variiert werden als bei den entsprechenden Phytolipiden.

Im Unterschied zu anderen Lipiden sind die Sphingoglykolipide in Wasser löslich. Die Löslichkeit ist allerdings stark abhängig von der Anzahl der gebundenen hydrophilen Monosaccharidreste sowie der Anwesenheit anionischer Komponenten wie Schwefelsäure-, Phosphorsäure- oder Neuraminsäurereste (saure Sphingoglykolipide).

Die Sphingoglykolipide lassen sich einteilen in neutrale Sphingoglykolipide:

Mono- und Oligoglykosylsphingoide,
Mono- und Oligoglykosylceramide sowie

saure Sphingoglykolipide:

Sulfoglykosylsphingolipide (früher als Sulfatide bezeichnet) und
Sialosylglykosylsphingolipide (Ganglioside).

Phyto- und Mucosphingoglykolipide enthalten auch esterartig gebundene Phosphorsäure.

1-Monoglykosylsphingoide werden als *Psychosin*, 1-β-Glykosylceramide als *Cerebroside* und Fucose enthaltende Sphingoglykolipide als *Fucolipide* bezeichnet.

Die Cerebroside des Gehirns sind meist D-Galaktopyranoside, die anderer Organe enthalten D-Glucopyranose, an die weitere Zucker gebunden sind. Bei den sauren Cerebrosiden des Gehirns ist in 3-Stellung Schwefelsäure esterartig gebunden („Sulfatide").

Die ersten Galaktocerebroside wurden bereits 1882 aus menschlichem Hirn isoliert und als Phrenosin (Cerebronsäure enthaltend) und Kerasin (Lignocerinsäure enthaltend) bezeichnet. Diese und weitere Galaktocerebroside wie Nervon (Nervonsäure) und Oxynervon (Oxynervonsäure) unterscheiden sich durch ihre Fettsäurereste (gesättigt oder ungesättigt, mit oder ohne α-Hydroxygruppe.)

Neben den Monoglykosylceramiden kommen auch Di-, Tri- und Tetraglykosylceramide vor, von denen die wichtigsten in Tab. 5–7 zusammengefaßt sind. Die an das Ceramid gebundenen Oligosaccharide werden als -biosen-, -triaosen, -tetraosen ... (das *a* dient zur Unterscheidung von Triosen, Tetrosen ...) bezeichnet.

Zu den Oligoglykosylceramiden gehören verschiedene Bestandteile der äußeren Zellmembran, die die serologische Spezifität der Zellen bedingen, so u. a. die *Blutgruppensubstanzen* an den Oberflächen der Erythrozyten. Die Blutgruppensubstanzen enthalten als essentielle Komponente L-Fucose. Die charakteristischen terminalen Oligosaccharidreste, die die Zuordnung zu den Blutgruppen A, B und 0 bestimmen (A-, B- bzw. H-aktive Glykolipide), sind in der Tabelle 5–8 aufgeführt. Die einzelnen Glykolipide konnten noch in verschiedene Typen aufgetrennt werden ($A^a - A^d$, B_{Ia}, B_{II}, $H_1 - H_3$), die sich in R unterscheiden. Beim Glykolipid A^a z. B. ist R = Gal-β(1 → 4)-Glc-Ceramid.

Die Reingewinnung und Strukturaufklärung dieser Oligoglykosylceramide sowie der Ganglioside war erst durch die Einführung fortgeschrittener analytischer Methoden seit Anfang der sechziger Jahre möglich geworden.

Die *Ganglioside* sind durch die Anwesenheit endständig gebundener Sialinsäure (S. 148) charakterisiert. Sie sind relativ gut löslich in Wasser oder Alkohol, dagegen wenig löslich in unpolaren Lösungsmitteln. In Wasser werden hochmolekulare Komplexe gebildet, die eine semipermeable Membran nicht passieren können.

Die einzelnen Ganglioside des Säugetierhirns variieren im Fettsäurerest (meist Stearinsäure) und Kohlenhydratanteil (vorwiegend Galaktose und Glucose), wobei die chemische Zusammensetzung auch altersabhängig ist. Die Ganglioside sind hauptsächlich in den Membranen der Nervenzellen lokalisiert und bilden spezielle Biomembranen, die wahrscheinlich eine essentielle Rolle in der Funktion des Nervensystems spielen. Die Ganglioside sind durch die Anwesenheit der Carboxylgruppe der Neuraminsäure negativ geladen. Sie dienen an der Zelloberfläche als Rezeptoren für biologisch aktive Substanzen wie Serotonin, Thyrotropin, Enterotoxine (Choleratoxin) oder Interferon. Am besten untersucht ist das Rezeptorgangliosid für Serotonin, das die Struktur

NeuAc(2 → 4)Galβ(1 → 4)GlcCer

besitzt. Die meisten Ganglioside des ZNS zeigen einen wesentlich komplizierteren Aufbau des Oligosaccharidanteils, wobei allerdings die Neuraminsäure immer endständig steht. Es können eine oder auch mehrere Neuraminsäurereste (bei Verzweigungen) gebunden sein. Die Molmassen der Ganglioside liegen zwischen 1500 und 3000.

Glykolipide wie die Ganglioside sollen auch eine wesentliche Rolle bei den Wechselwirkungen zwischen den Zellen (Erkennung, Adhäsion) spielen.

Die Sphingolipide werden im tierischen Organismus schrittweise enzymatisch abgebaut. Fehlen diese Enzyme infolge eines genetischen Defektes (Erbkrankheit), dann kommt es zu einer An-

Tabelle 5–7
Wichtigste Oligoglykosylsphingoide

Glykosphingolipid	Trivialname des Oligosaccharides	Abkürzung*)
Galα(1 → 4)-Galβ(1 → 4)-Glc-Cer	Globotriaose	$GbOse_3$
GalNAcβ(1 → 3)-Galα(1 → 4)-Galβ(1 → 4)-Glc-Cer	Globotetraose	$GbOse_4$
Galα(1 → 3)-Galβ(1 → 4)-Glc-Cer	Isoglobotriaose	$iGbOse_3$
GalNAcβ(1 → 3)-Galα(1 → 3)-Galβ(1 → 4)-Glc-Cer	Isoglobotetraose	$iGbOse_4$
Galβ(1 → 4)-Galβ(1 → 4)-Glc-Cer	Mucotriaose	$McOse_3$
Galβ(1 → 3)-Galβ(1 → 4)-Galβ(1 → 4)-Glc-Cer	Mucotetraose	$McOse_4$
GlcNAcβ(1 → 3)-Galβ(1 → 4)-Glc-Cer	Lactotriaose	$LcOse_3$
Galβ(1 → 3)-GlcNAcβ(1 → 3)-Galβ(1 → 4)-Glc-Cer	Lactotetraose	$LcOse_4$
Galβ(1 → 4)-GlcNAcβ(1 → 3)-Galβ(1 → 4)-Glc-Cer	Neolactotetraose	$nLlcOse_4$
GalNAcβ(1 → 4)-Galβ(1 → 4)-Glc-Cer	Gangliotriaose	$GgOse_3$
Galβ(1 → 3)-GalNAcβ(1 → 4)-Galβ(1 → 4)-Glc-Cer	Gangliotetraose	$GgOse_4$
Galα(1 → 4)-Gal-Cer	Galabiose	$GaOse_2$
Gal(1 → 4)-Galα(1 → 4)-Gal-Cer	Galatriaose	$GaOse_3$
GalNAc(1 → 3)-Gal(1 → 4)-Galα(1 → 4)-Gal-Cer	N-Acetylgalaktosaminylgalatriaose	GalNAc(1 → 3)-$GaOse_3$

*) (Die ersten zwei bzw. drei (i = Iso; n = Neo) Buchstaben sind die Abkürzungen für den Trivialnamen des Oligosaccharides. Ose_n = Anzahl (n) von Monosaccharid-Einheiten (Ose) im Oligosaccharid.)

Tabelle 5–8

Terminale Oligosaccharidreste von Blutgruppensubstanzen (nach MORGAN und KABAT). R = $(Glyk)_n$-Ceramid

Blutgruppe	terminale Oligosaccharide	
A	D-GalNAc-α(1 → 3) L-Fuc-α(1 → 2)	> D-Gal-β(1 → 3)-D-GlcNAc-β(1 → 3)-R
B	D-Gal-α(1 → 3) L-Fuc-α(1 → 2)	> D-Gal-β(1 → 3)-D-GlcNAc-β(1 → 3)-R
0	L-Fuc-α(1 → 2)	— D-Gal-β(1 → 3)-D-GlcNAc-β(1 → 3)-R

sammlung bestimmter Sphingolipide (Sphingolipidspeicherkrankheiten, Sphingolipidosen; vgl. Abb. 5–5b). Die Anhäufung der Sphingolipide erfolgt vor allem im Gehirn oder in der Niere und führt in den betroffenen Organen zu Störungen.

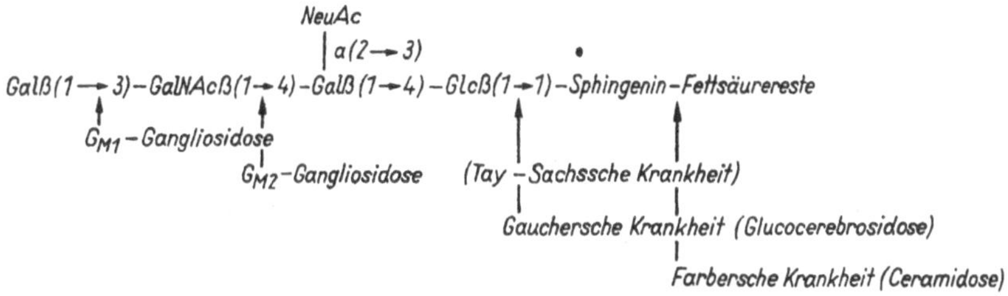

Abb. 5–5b

Zustandekommen einiger Sphingolipidosen am Beispiel des Abbaus von Gangliosid G_{M1}.

5.4.2.3. *Glykolipide von Mykobakterien und Corynebakterien*

In Bakterien der Gattungen Mycobacterium (z. B. *M. tuberculosis*) und Corynebacterium (z. B. *C. diphtheriae*) wurden Fettsäureester von Mono- und Disacchariden gefunden, die eine toxische Wirkung entfalten. Dazu zählt der aus virulenten Stämmen von *M. tuberculosis* isolierte *Cord-Faktor*. Durch hydrolytischen Abbau konnte dieser Cord-Faktor als Dimykolsäureester der Trehalose identifiziert werden. Cord-Faktoren anderer Bakterienstämme unterscheiden sich durch die Struktur der Mykolsäure. Dieses Glykolipid ist für Säugetiere sehr toxisch. Bereits geringste Mengen hemmen die Enzyme der weißen Blutkörperchen.

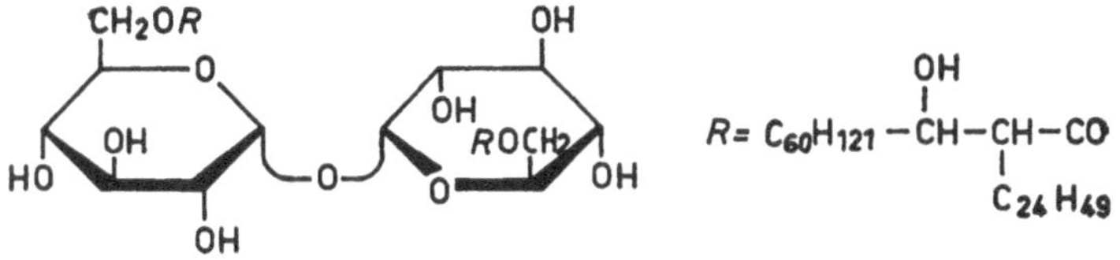

Cord-Faktor

Glykolipide besonderer Strukturen bestimmen den serologischen Typ der Mykobakterien. Diese *Mykoside* werden in verschiedene Gruppen eingeteilt. Mykoside der Gruppe C sind Glykolipidopeptide. Bei den Mykosiden der Gruppe B ist der Zuckerrest (2-O-Methyl-D-rhamnose) glykosidisch an die phenolische Hydroxygruppe eines langkettigen, mehrwertigen Phenylalkylalkohols gebunden, dessen alkoholische Hydroxygruppe mit Fettsäuren verestert bzw. mit Methanol verethert sind.

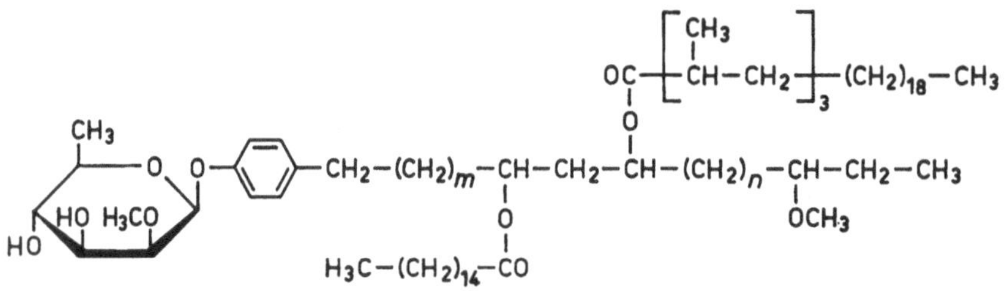

Mykosid B

5.5. Membranen

Eine wesentliche Voraussetzung für die Entstehung des Lebens war die Abgrenzung der lebenden, sich reproduzierenden Materie gegen die Umwelt. Diese Barrierewirkung hat die biologische Membran, die aber gleichzeitig auch einen Stoffaustausch (passiver Transport durch Diffusion oder erleicherter Transport mit Hilfe von Carriern) und Informationsaustausch (Träger der Erregbarkeit der Zelle; vgl. auch Hormonwirkung, Auslösung von Immunreaktionen) mit der Umgebung ermöglichen muß. Darüber hinaus ist die biologische Membran auch Träger von Enzymen. Das trifft besonders auf Membranen innerhalb der Zelle zu (Mitochondrienmembran).

5.5.1. Phospholipid-Aggregate

Strukturbestimmend für die meisten biologischen Membranen sind die Phospholipide, deren physikalische Eigenschaften die Funktion der Membranen weitgehend beeinflussen (Chapman, Wallach, van Deenen, Träuble). Die Phospholipide bestehen ebenso wie die mit diesen oft als komplexe Lipide zusammengefaßten Glykolipide aus einer lipophilen Komponente (Kohlenwasserstoffkette der Fettsäurereste bzw. des Sphingosins) und einer hydrophilen Gruppierung (bei den Phospholipiden Phosphorsäurerest bzw. Phosphorsäureester von Aminoalkoholen, bei den Glykolipiden Kohlenhydrate, die mit Schwefelsäure verestert sein können).

Bei den hydrophilen Gruppierungen der Phospholipide handelt es sich also um polare Gruppen, die je nach Struktur der sauren oder basischen Gruppierungen und pH-Wert des umgebenden Lösungsmittels verschiedene Ladungen tragen können.

Die Anwesenheit hydratisierbarer polarer und unpolarer lipophiler Gruppierungen (amphiphile Struktur) der Phospholipide ist der Grund für ihre Oberflächenaktivität und ihre Tendenz, sich in Gegenwart von Wasser zu geordneten, übermolekularen Strukturen zusammenzulagern. Diese Agggregate werden insbesondere durch hydrophobe Wechselwirkungen zusammengehalten. Die polaren Kopfgruppen ragen dabei in die wäßrige Phase.

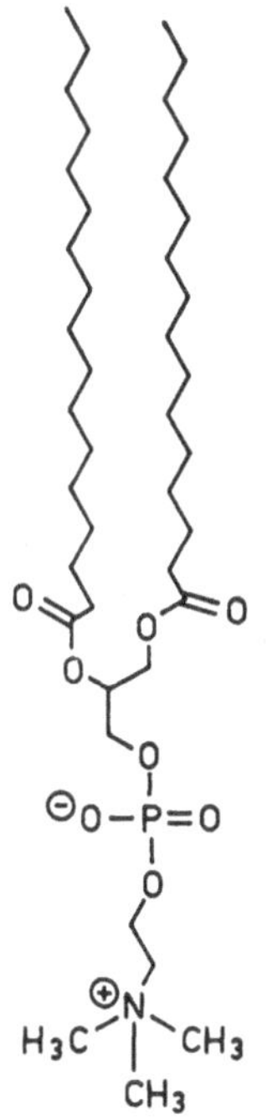

Glycerophospholipid
(Phosphatidylcholin)

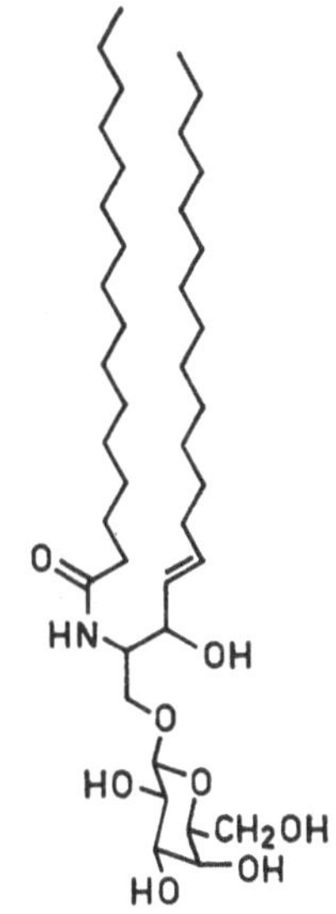

Sphingoglykolipid
(Galaktosylceramid)

Abb. 5–6 zeigt einige der wichtigsten mesomorphen Zustände, so den sich an Luft-Wasser-Grenzschichten ausbildenden monomolekularen Film (monolayer), die Micelle, die Lipid-Doppelschicht (bilayer) sowie geschlossene lamellare Vesikel (Liposomen). Die etwa 5 nm starke Lipid-Doppelschicht bildet das Grundgerüst der biologischen Membran. Liposomen eignen sich als einfache Membranmodelle z. B. zur Untersuchung der Permeabilität. Sie bilden sich bei der Behandlung von Phospholipid-Dispersionen mit Ultraschall.

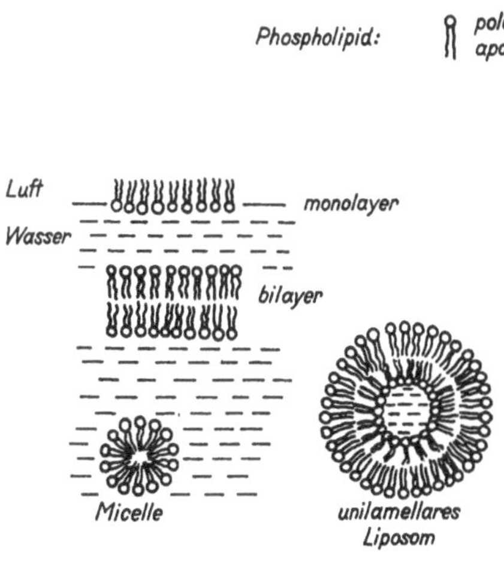

Abb. 5–6

Schematische Darstellung einiger mesomorpher Zustände amphiphiler Lipide.

Lyso-Phospholipide (S. 303), die im Unterschied zu den „normalen“ Phospholipiden pro hydrophile Kopfgruppe nur eine lipophile Alkylkette besitzen, bilden in Gegenwart von Wasser bei einer bestimmten Konzentration (kritische Micell-Konzentration, CMC) Micellen, die sich im schnellen Gleichgewicht mit den freien Monomeren befinden.

Von einigen Phospholipiden werden in Gegenwart von Calciumionen Nicht-Bilayer-Strukturen (z. B. hexagonale H_{II}-Phase, inverse Micelle) gebildet. Derartige lokale Nicht-Bilayer-Strukturen innerhalb der Bilayer-Membran von Mischsystemen werden in letzter Zeit zur Erklärung verschiedener Membranphänomene wie Fusionen, Exo- und Endocytosen sowie Ionenpermeabilitäten herangezogen. Die Annahme der Existenz von Phasenseparationen innerhalb der Membran ist Grundlage des von Cullis, De Kruijff u. Mitarb. aufgestellten „metamorphic mosaic“-Modells der biologischen Membran.

Für den Transport kleinerer Moleküle (z. B. Wasser) durch die Membran werden sog. *Kinken* verantwortlich gemacht (Träuble). Darunter versteht man die Ausbildung von Hohlräumen, die durch den Übergang der C-Atome der Alkylkette von der all-trans-Konformation in eine gauche-trans-gauche-Konformation (gtg) zustande kommen (verschiedene Rotationskonformere). Da diese Kinken entlang der Alkylkette beweglich sind, entstehen auf diese Weise wandernde Hohlräume.

Bei einer bestimmten Temperatur, der Phasenumwandlungstemperatur, gehen die Alkylketten geordneter Strukturen von der sog. Strecklage in eine beweglichere „Knautschlage“ über. Dieser Phasenübergang besitzt den Charakter einer kristallin $\rightleftharpoons$ flüssig-kristallinen Phasenumwandlung und läßt sich z. B. durch Mikrokalorimetrie oder *NMR*-Spektroskopie verfolgen.

Beim Übergang in die flüssig-kristalline Phase nimmt die Oberfläche aufgrund der größeren Beweglichkeit der lipophilen Reste um etwa 50% zu.

kristalline Phase (Gelzustand) Kohlenwasserstoffkette in „Strecklage“	Phasenübergang $\rightleftharpoons$	flüssig-kristalline Phase (fluider Zustand) Kohlenwasserstoffkette in „Knautschlage“

Die Phasenübergangstemperatur T_t (*transition temperature*) hängt außer vom Wassergehalt des Systems von

der Länge der Kohlenwasserstoffkette der Fettsäurereste,
dem Grad der Ungesättigtheit der Fettsäuren und
der Struktur der polaren Kopfgruppe

ab (vgl. Tab. 5–9).

Tabelle 5–9

Phasenübergangstemperaturen von Phospholipid-Wasser-Systemen in vollhydratisiertem Stadium [°C]

Dimyristoylphosphatidylcholin	24
Dipalmitoylphosphatidylcholin	41
Distearoylphosphatidylcholin	55
Dioleoylphosphatidylcholin	−22
Dipalmitoylphosphatidylethanolamin	83
Distearoylphosphatidylethanolamin	88

Im flüssig-kristallinen Zustand liegt eine weitgehend fluide Membran vor, bei der vor allem eine rasche laterale Diffusion (Transport in der Membranebene) stattfindet, daneben aber auch in gewissem Umfange ein flip-flop, d. h. ein Platzwechsel zwischen den beiden Hälften der Doppelschicht.

Neben der Temperatur wird der Phasenübergang auch von Ionen beeinflußt. Einwertige Kationen ($Na^{\oplus}$, $K^{\oplus}$ erniedrigen die Umwandlungstemperatur, d. h. machen die Membran fluider („Membranverflüssiger"); zweiwertige Kationen ($Ca^{2\oplus}$, $Mg^{2\oplus}$) erhöhen die Umwandlungstemperatur („Membranverfestiger"). Eine nur geringfügige Erhöhung des pH-Wertes vergrößert durch Dissoziation der Phosphatestergruppierung die Ladung pro Kopfgruppe und führt zu einer Erniedrigung der Umwandlungstemperatur.

5.5.2. Die biologische Membran

Die Lipid-Doppelschicht der natürlichen Membranen wird aus mehreren Lipiden gebildet (Tab. 5–10). Natürliche Membranen sind also Mehrkomponenten-Systeme. Der Phasenübergang der biologischen Membranen erstreckt sich dadurch über einen weiten Temperaturbereich (mind. 10 °C) und ist meist gar nicht meßbar.

An Zwei-Komponenten-Systemen konnte nachgewiesen werden, daß sich reine Mischsysteme in beiden Phasen nur bei sehr ähnlichen Lipiden bilden. Bereits bei Gemischen von Dioleoyl- und Distearoylphosphatidylcholin können in der kristallinen Phase getrennte kristalline Bereiche unterschieden werden. Bei Erhöhung der Temperatur beginnt die eine Komponente zu „schmelzen" (vgl. Tab. 5–9), so daß jetzt bestimmte Bereiche in der kristallinen und andere in der flüssig-kristallinen Phase vorliegen. Das läßt sich z. B. mit Hilfe der Gefrierätzelektronenmikroskopie nachweisen. Solche Phasentrennungen treten auch mit anderen Komponenten der biologischen Membran, z. B. Cholesterol, auf.

Interessant ist, daß bei Bakterien die Phasenübergangstemperatur der Lipide in der Nähe der Wachstumstemperatur dieser Organismen liegt. Bei Erhöhung der Wachstumstemperatur paßt sich die Phasenübergangstemperatur an durch Verlängerung der Fettsäureketten und verstärkten Einbau gesättigter Fettsäuren. Ebenso enthalten Meerestiere, die bei niedrigen Temperaturen leben, mehr ungesättigte Fettsäuren als solche, die bei höheren Temperaturen leben. In der Wachstums- und Vermehrungsperiode liegt die biologische Membran im flüssig-kristallinen Zustand vor.

Die Phospholipid-Doppelschicht stellt nur das Grundgerüst der biologischen Membran dar. Die biologische Membran enthält zusätzlich noch Glykolipide, Cholesterol und vor allem Proteine.

Cholesterol führt oberhalb der Phasenübergangstemperatur zu einer Einschränkung der Beweglichkeit der Fettsäurereste der Phospholipide und damit zu einer Erniedrigung der Permeabilität der Membran. Dieser „condensing effect" kommt wahrscheinlich dadurch zustande, daß beim Cholesterol die polare Hydroxygruppe nur einen kleinen Raumbedarf gegenüber dem stark raumfüllenden lipophilen Steroidrest hat, während die polaren, hydratisierten Kopfgruppen der Phospholipide ein wesentlich größeres Areal einnehmen.

Das erste Modell einer proteinhaltigen biologischen Membran geht auf Davson und Danielli (1935) zurück. Bei den in der Membran verankerten Proteinen unterscheidet man heute zwischen den nur lose angelagerten *peripheren Proteinen*, die relativ leicht abgelöst werden können, und den die Lipid-Doppelschicht durchdringenden *integralen*

Tabelle 5–10

Phospholipidzusammensetzung der Membranen von Rattenleberzellen (% Gesamt-Phospholipid), nach McMurray und Magee

Phospholipid	innere Mitochondrienmembran	Kernmembran	Endoplasmatisches Reticulum	Golgimembran	Plasmamembran
Phosphatidylcholin	45,4	61,4	60,9	45,3	34,9
Sphingomyelin	2,5	3,2	3,7	12,3	17,7
Phosphatidylethanolamin	25,3	22,7	18,6	17,9	18,5
Phosphatidylinositol	5,9	8,6	8,9	8,7	7,3
Phosphatidylserin	0,9	3,6	3,3	4,2	9,0
Phosphatidylglycerol	2,1				4,8
Diphosphatidylglycerol	17,4	0			0
Phosphatidsäure	0,7	1,0			4,4
Lysophosphatidylcholin		1,5	4,7	5,9	3,3
Lysophosphatidylethanolamin		0	0	6,3	

Proteinen, von denen größere Bereiche als α-Helix vorliegen. Die einzelnen Proteine können als strukturbildende Proteine auftreten oder auch darüber hinaus spezifische Funktionen erfüllen (Enzyme oder ganze Enzymsysteme, Rezeptoren, Carrier für den erleichterten Transport). Eine besondere Bedeutung für den Transport der Ionen besitzen die integralen Proteine. Als Membranmodell diskutiert man heute vorwiegend ein *„fluid-mosaic"-Modell* (Singer und Nicolson, Abb. 5–7), bei dem auf einer von integralen Proteinen durchsetzten Lipid-Doppelschicht in Abhängigkeit vom Phasenzustand der Lipide die funktionalen Proteine „schwimmen". Die laterale Mobilität dieser Proteine wird jedoch noch beeinflußt durch Proteine, die mit der zellinneren Membranschicht assoziiert sind.

Lipide und Proteine werden in den Membranen vorwiegend durch hydrophobe Wechselwirkungen zwischen den apolaren Seitengruppen der Polypeptidkette des Proteins und den Fettsäureresten der Lipide zusammengehalten. Zahlreiche membrangebundene Enzyme sind empfindlich gegenüber Veränderungen in der Lipidschicht. Einige Enzyme weisen nur in Gegenwart von Lipiden eine Aktivität auf, so daß man annehmen muß, daß durch die Lipide und deren Phasenzustand eine bestimmte, für die Aktivität erforderliche Konformation der Proteine erzwungen wird.

Integral gebundene Membranproteine enthalten eine größere Anzahl unpolarer Aminosäurereste als andere Proteine. Auch die Glykoproteine der Erythrozytenmembran besitzen einen hohen Gehalt an unpolaren Aminosäuren.

Tabelle 5–11

Zusammensetzung einiger Membranen (nach VEERKAMP und GUIDOTTI)

Herkunft	Protein [%]	Lipide [%]	Zusammensetzung*)	Fettsäuren	Verhältnis Cholesterol/ Phospholipid	Kohlenhydrate [%]
Myelin	20**)	80	C, PE, PC, S	18:0; 18:1; langkettige, α-Hydroxyfettsäuren	1,14	3
menschliche Erythrozyten	55	35	PE, PC, S	16:0; 18:0; 18:1; 18:2; 20:4	0,67	8
Rattenleber	60	40	PC, PE, S	16:0, 18:0; 18:1; 18:2; 20:4	0,69	5—10
Chloroplasten (Spinat)	70	30	GG	16:0; 18:1; 18:2; 18:3		(6)
gram-positive Bakterien***)	50—75	8—30	GG, PG, PE****) Cardiolipin, Sphingolipide, PA	auch verzweigte und cyclische, keine mehrfach ungesättigten Fettsäuren	ohne Cholesterol	(10)

*) C = Cerebroside; PE = Phosphatidylethanolamin; PC = Phosphatidylcholin; S = Sphingomyelin; GG = Glyceroglykolipide; PG = Phosphatidylglycerol; PA = Phosphatidsäure

**) keine Enzyme

***) gram-positive Bakterien enthalten mehr PE sowie dessen N-Methyl- und N-Dimethylderivate und Lipopolysaccharide

****) kein PC mit Ausnahme von Pseudomonadales und Rhisobiales

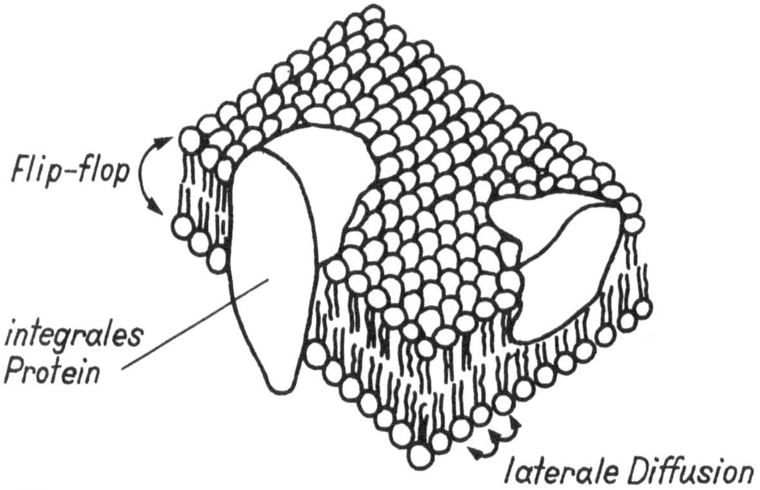

Abb. 5–7

Modell der biologischen Membran nach SINGER und NICOLSON.

Die Zusammensetzung der einzelnen Membranen kann je nach ihrer Herkunft ziemlich schwanken (Tab. 5–11). Das betrifft z. B. das Verhältnis Lipid/Protein. Membranen, die hauptsächlich als „Barrieren" wirken wie die als elektrische Isolatorschicht wirkende Myelinscheide der Nervenfasern, enthalten relativ viel Lipide. Dagegen enthalten vorwiegend „funktionale" Membranen wie die Mitochondrienmembran als Träger zahlreicher Enzymsysteme mehr Protein als Lipide. Plasmamembranen enthalten ca. 50% Proteine.

Weiterhin treten bei der biologischen Membran Unterschiede in der Zusammensetzung der zellinneren und äußeren Schicht auf. Die biologische Membran ist dadurch asymmetrisch. Nur in der äußeren Schicht befinden sich die Glykoproteine und Glykolipide, die mit ihren Kohlenhydratresten den Glykocalyx der Zellen bilden.

Die einzelnen Membranen weisen ferner Unterschiede im Cholesterolgehalt, in der Lipidzusammensetzung (Tab. 5–11) sowie in der Struktur der Fettsäuren auf. Das Verhältnis Cholesterol/polare Lipide beträgt z. B. beim schon erwähnten Myelin 1, bei der Plasmamembran 0,4 und bei intrazellulären Membranen unter 0,1. In den Bakterienmembranen fehlt Cholesterol völlig.

Essentielle, biologisch aktive Verbindungen

6. Vitamine, Coenzyme und Tetrapyrrole

6.1. Allgemeine Einführung

Zur Aufrechterhaltung des Lebens laufen im Organismus zahlreiche chemische Reaktionen ab. Diese biochemischen Prozesse erfordern die Anwesenheit von meist nur in geringer Konzentration vorliegenden Wirkstoffen. Zu diesen essentiellen Wirkstoffen gehören vor allem die Enzyme (Kap. 2.6.1.), die Vitamine sowie interzelluläre Regulationsstoffe (Hormone).

Die Enzyme sind biologische Katalysatoren, die die hohe Spezifität und Geschwindigkeit der in den Zellen ablaufenden Reaktionen bewirken. Über 50% der untersuchten Enzyme benötigen für ihre biologische Aktivität die Anwesenheit einer niedermolekularen, nicht-proteinartigen Verbindung, die als Coenzym oder auch prosthetische Gruppe bezeichnet wird. Die meisten Coenzyme werden im tierischen Organismus aus Vitaminen synthetisiert.

Bevor der Begriff der *Vitamine* erläutert wird, soll zunächst auf den wesentlichen Unterschied in der Ernährungsweise von Pflanze und Tier hingewiesen werden. Der überwiegende Teil der Pflanzen lebt autotroph, d. h. ernährt sich vorwiegend von anorganischen Stoffen, die am Standort gefunden werden. Im Unterschied zu den Pflanzen ernähren sich die Tiere heterotroph, also von organischen Verbindungen, die andere Organismen aufgebaut haben. Im Verlaufe der phylogenetischen Entwicklung sind bei der heterotrophen Ernährungsweise offensichtlich einige biosynthetische Leistungen verlorengegangen, so daß die tierische Zelle nicht mehr alle ihre Bausteine und Wirkstoffe selbst synthetisieren kann. Zu den Verbindungen, auf deren Zufuhr mit der Nahrung das Tier angewiesen ist, gehören die essentiellen Aminosäuren (S. 58), die essentiellen Fettsäuren (S. 290), die auch als Vitamin F bezeichnet werden, und zahlreiche, nur in sehr geringen Mengen erforderliche Verbindungen, die Vitamine.

Auf die Vitamine wurde man aufmerksam, als man sich zu Beginn des Jahrhunderts mit ernährungsbedingten Mangelerkrankungen des Menschen wie der in Indien auftretenden Beriberi und dem von den Seeleuten gefürchteten Skorbut beschäftigte und Mangelerkrankungen am Tier experimentell erzeugen konnte. Funk, auf den die Bezeichnung Vitamin zurückgeht, schrieb 1912:

> „*Die Krankheiten vom Typ der Beriberi und Skorbut haben ihren Ursprung nicht in einer Infektion oder Intoxikation, sondern in dem Mangel bestimmter Substanzen in der Nahrung, die unerläßlich für das Leben sind und bereits in unendlich kleinen Konzentrationen wirksam sind.*“

Etwas später wurde festgestellt, daß auch Mikroorganismen, die sich als Testorganismen besser eigneten, auf die Zufuhr solcher essentieller Wirkstoffe angewiesen sind, die man hier als *Wuchsstoffe* (auch Bios) bezeichnete. Diese Wuchsstoffe erwiesen sich meist als identisch mit den Vitaminen des tierischen Organismus. Im allgemeinen werden als Vitamine im Pflanzen- und Tierreich verbreitete Stoffe bezeichnet, die in der Nahrung nur in kleinen Mengen vorhanden sind und für das Wachstum und die Erhaltung des tierischen Körpers unentbehrlich sind (Hofmeister). Die synthetischen Leistungen der Tiere sind jedoch verschieden, so daß ein bestimmter Wirkstoff von der einen Tierart synthetisiert werden kann, von der anderen aber von außen zugeführt werden muß. Das ist bei Säugetieren z. B. der Fall bei der Nicotinsäure (S. 362) und dem Vitamin C. Während die meisten Säugetiere Vitamin C in ausreichender Menge selbst synthetisieren können, ist Mensch, Affe und Meerschweinchen auf eine Zufuhr mit der Nahrung angewiesen. Aus diesem Grund gab FOLKERS 1969 folgende Definition eines Vitamins:

"An organic substance of nutritional nature present in low concentration as a natural component of enzyme systems and catalyses required reactions and may be derived externally to the tissues or by intrinsic biosynthesis".

Bei dieser Definition werden jedoch die essentiellen Wirkstoffe ausgelassen, die höchstwahrscheinlich nicht als Coenzyme wirken, also die Gruppe der fettlöslichen Vitamine. Letztere dienen häufig als Vorstufen anderer biologisch aktiver Moleküle wie der Sehpigmente (Vitamin A) oder der hormonähnlich wirkenden 1α,25-hydroxylierten Calciferole (Vitamine D).

Zu dieser Gruppe gehören auch die u. a. als Ausgangsstoffe für die Biosynthese von Hormonen dienenden Steroide, die für die außerordentlich artenreiche Tierklasse der Insekten und für andere Wirbellose Vitamincharakter besitzen.

Die Vitamine der Säuger sind in der Tab. 6–1 aufgeführt. Der Vitamincharakter einiger Verbindungen ist umstritten, so der der Liponsäure, der Ubichinone, des Cholins, myo-Inositols, einiger Flavonoide oder des S-Methyl-methionins (Vitamin U).

Die Vitamine wurden zunächst nach ihrer spezifischen Wirkung benannt (z. B. antihämorrhagisches Vitamin für Vitamin K, Epithelschutz- oder Wachstumsvitamin für Vitamin E, Antidermatitis-Faktor für Vitamin B_6, Antiperniciosa-Faktor für Vitamin B_{12} oder Antineuritisches Vitamin für Vitamin B_1). Das Alphabet zur Bezeichnung wurde seit 1930 benutzt, wobei sich das Vitamin B später als Komplex erwies, dessen einzelne Komponenten Indices erhielten.

Die einzelnen Vitamine unterscheiden sich grundlegend in ihrer chemischen Struktur (vgl. Tab. 6–1). Zur Einteilung der Vitamine wird deshalb meist aus praktischen Gründen die Löslichkeit herangezogen. Zur Gruppe der fettlöslichen Vitamine, die sich z. B. aus dem unverseifbaren Anteil der fetten Öle isolieren lassen, gehören die Vitamine A, D, E und K. Die übrigen Vitamine gehören zur Gruppe der wasserlöslichen Vitamine.

Die Bestimmung des Vitamingehaltes in natürlichen Quellen hat eine große Bedeutung für die Beurteilung der menschlichen und tierischen Nahrungsmittel (Tab. 6–2). Die Vitaminbestimmungen werden heute meist mit chemischen oder physikalischen Methoden (Spektrophotometrie) durchgeführt. Biologische Methoden werden aufgrund ihrer zu hohen Kosten nur noch herangezogen, wenn andere Methoden nicht empfindlich oder spezifisch genug sind (z. B. zur Bestimmung von Vitaminen der B-Gruppe). Die Bestimmung erfolgt anhand der durch Trübung erkennbaren Wachstumsförderung bestimmter Teststämme (oft Defektmutanten) von Mikroorganismen.

Verbindungen, die die Wirkung der Vitamine in spezifischer Weise hemmen oder völlig unterdrücken, werden als *Antivitamine* bezeichnet. Es werden meist zwei Gruppen von Antivitaminen unterschieden.

Zur ersten Gruppe gehören Verbindungen, die die natürlichen Vitamine durch Spaltung oder Komplexbildung inaktivieren. Hierzu zählen verschiedene Enzyme wie

die z. B. in Fischdärmen vorkommende Thiaminase, die den Pyrimidinrest vom Thiazolrest des Thiamins abspaltet,

die in vielen Pflanzen vorkommende Ascorbinase,

die z. B. in Sojabohnen vorkommende Lipoxidase, die das Provitamin β-Caroten oxidativ abbaut und

das im Hühnereiweiß enthaltene Protein Avidin, das einen inaktiven Komplex mit dem Biotin bildet.

Tabelle 6–1
Vitamine der Säugetiere

Vitamine	Chem. Struktur	Funktion
Vitamin A	Diterpen-Derivat	als Retinal Cofaktor der Sehpigmente; beeinflußt Wachstum, Fortpflanzungsfähigkeit und Funktion der Haut
Vitamin D	9,10-Seco-Steroid	fördert Calcium- und Phosphat-Resorption und Entwicklung der Knochen; hydroxylierte Verbindungen mit hormonähnlicher Wirkung
Vitamin E	cyclisches Polyprenyl-Hydrochinon	Antioxidans; Mangel erzeugt bei Tieren Störungen der Geschlechtsfunktion und Muskeldystrophien
Vitamin K	Naphthochinon-Derivat	fördert Synthese von Proteinen, die an Blutgerinnungsvorgängen beteiligt sind
Vitamin C	Endiol	Redox-System; Fehlen führt zu Skorbut
Vitamin B_1	Thiazolium-Derivat	als Thiaminpyrophosphat Coenzym von Decarboxylasen und Transferasen; bei Mangel Störungen im Kohlenhydrat-Stoffwechsel sowie in Nerven- und Herzfunktion; Mangelerkrankung ist Beriberi
Vitamin B_2	Isoalloxazin-Derivat	als Flavinnucleotide (FMN, FAD) Bestandteil von Oxidoreduktasen (Flavoenzyme als Glieder der Atmungskette der Zelle)
Folsäure	Pteridin-Derivat	als Tetrahydropteroylglutaminsäure wichtige Rolle im Stoffwechsel von C_1-Körpern; bei Mangel Störungen vor allem der Blutbildung
Vitamin B_6	Pyridin-Derivate mit Alkohol-, Aldehyd- oder Aminogruppe	als Pyridoxalphosphat Bestandteil zahlreicher Enzyme des Aminosäure-Stoffwechsels (z. B. Aminotransferasen, Decarboxylasen)
Pantothensäure	Hydroxycarbonsäure	Bestandteil des Coenzym A, das am Acyl-Transfer der Zelle beteiligt ist
Nicotinsäureamid	Pyridin-Derivat	in Form der Pyridinnucleotide (NAD^+, $NADP^+$) Bestandteil von Oxidoreduktasen
Biotin	cyclisches Harnstoff-Derivat	als Coenzym an der Übertragung von CO_2 beteiligt (Kohlendioxidligasen, Carboxyltransferasen)
Vitamin B_{12}	Co-Corrinoid-Komplex	Bestandteil von Transferasen, Ligasen, Mutasen; Mangel führt zu perniciöser Anämie

Zur zweiten Gruppe gehören Verbindungen, deren chemische Struktur mehr oder weniger eng verwandt mit der der Vitamine ist und die um deren Bindungsstellen konkurrieren. Sie stellen also Antimetabolite (S. 282) dar. Synthetische Vitamin-Analoga mit Antivitamincharakter haben Bedeutung für die Aufklärung der Wirkungsweise von Vitaminen erlangt. Vitamin-Antimetabolite wie die Sulfonamide und andere Folsäure-Antimetabolite (S. 353) werden als Arzneimittel eingesetzt. Auf diese Verbindungen wird im einzelnen bei den entsprechenden Vitaminen eingegangen.

Tabelle 6-2

Wichtigste Vitamine; Tagesbedarf des Menschen und Vorkommen in einigen Lebensmitteln (IE = Internationale Einheit)

Vitamin	Tagesbedarf ca.	1 IE entspricht	Gehalt in 100 g	
A	1,5 mg	0,0003 mg Retinol bzw. 0,000344 mg Retinolacetat	Kalbsleber: Butter: Milch:	100000 IE 2500 IE 250 IE
D	0,01–0,025 mg D_2	0,000025 mg	Eidotter: Butter: Milch:	500 IE 300 IE 2 IE
E	10–25 mg α-T	1 mg rac. α-T	Weizenkeimöl: Sojaöl:	400 IE 100 IE
Ascorbinsäure	75–100 mg	0,05 mg	Zitronen: Tomaten: Kartoffeln:	50 mg 20 mg 15 mg
B_6	2–4 mg		Leber: Gemüse: Kartoffeln:	7 mg 4 mg 0,2 mg
B_{12}	0,0005–0,001 mg		Kalbsleber: Milch: Rindfleisch:	0,24 mg 0,0007 mg 0,0002 mg
Biotin	0,1–0,25 mg		Hefe: Gemüse:	0,05 mg 0,01 mg
Folsäure	1,5 mg		Leber: Spinat:	25 mg 0,8 mg
Nicotinsäureamid	15 mg		Fleisch: Kartoffeln: Milch:	10 mg 1 mg 0,2 mg
Pantothensäure	8–10 mg		Hefe: Eigelb:	25 mg 4 mg
Riboflavin	2–3 mg		Schwarzbrot: Milch: Fleisch:	0,25 mg 0,2 mg 0,08 mg
Thiamin	1,5–2 mg	0,003 mg Hydrochlorid	Schweinefleisch: Getreidekörner: Eigelb Milch:	1 mg 0,5 mg 0,3 mg 0,04 mg

Nicht-proteinartige Cofaktoren organischer Struktur der Enzyme bezeichnet man als *Coenzyme*. Im engeren Sinne werden als Coenzyme locker (nicht-kovalent) gebundene, z. B. durch Dialyse entfernbare Cofaktoren verstanden, während man fester (kovalent) gebundene als *prosthetische Gruppen* bezeichnet. Die Coenzyme sind unmittelbar am katalytischen Prozeß beteiligt. Sie sind vor allem Bestandteile von

Oxidoreduktasen:	Nicotinsäureamidnucleotide, Flavinnucleotide, Chinone, Porphyrin-Komplexe (Cytochrome);
Transferasen:	Coenzym A, Pyridoxalphosphat, Tetrahydropteroylglutaminsäure, Adenosylmethionin, Adenosintriphosphat;
Lyasen:	Thiaminpyrophosphat sowie
Ligasen:	Biotin, Cobamide.

Coenzyme können auch in Abwesenheit des entsprechenden Apoenzyms eine katalytische Wirkung entfalten.

6.2. Fettlösliche Vitamine

6.2.1. Vitamin A — Sehpigmente

Die bedeutendste Quelle für Vitamin A sind die Fischleberöle (Lebertrane). Aus dem unverseifbaren Anteil von Meeresfischleberölen wurde zu Beginn der dreißiger Jahre Vitamin A_1 als Alkohol (Retinol, Axerophthol) isoliert (KARRER). Retinol kommt in freier Form oder verestert vor allem mit Palmitinsäure in tierischem Gewebe, besonders reichlich in der Leber, vor. In Süßwasserfischen ist 3-Dehydroretinol (Vitamin A_2) die Hauptkomponente. Es besitzt eine geringere biologische Aktivität. Vitamin A ist in der Nahrung normalerweise in ausreichender Menge vorhanden. In Pflanzen kommt Vitamin A nicht vor, Pflanzen enthalten aber die entsprechenden Provitamine, die Carotenoide (S. 465). Das ergiebigste Provitamin ist das β-Caroten, aus dem durch Oxidation der mittelständigen Doppelbindung zwei Mol Retinol entstehen.

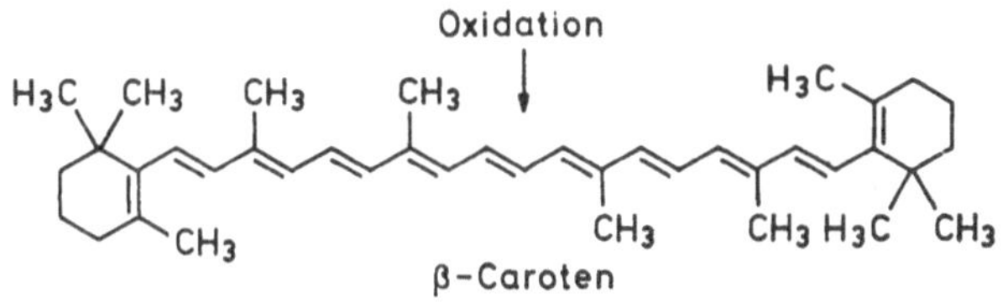

β-Caroten

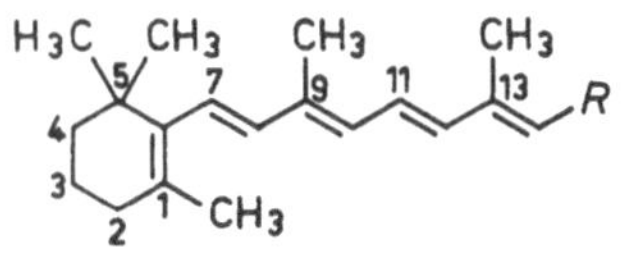

Vitamin A_1

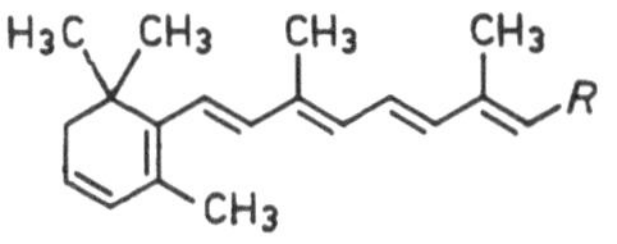

Vitamin A_2

$R = CH_2OH$: Retinol
$R = CHO$: Retinal
$R = COOH$: Retinoinsäure

Voraussetzung für eine Provitamin-Wirkung ist die Anwesenheit von mindestens einem β-Jononring.

Vitamin A wird heute synthetisch hergestellt. Eine industrielle Synthese (nach Isler) geht von β-Jonon aus, das zunächst in einer Darzens-Reaktion zu einem Aldehyd (*1*) umgesetzt wird, der dann mit einer Grignard-Verbindung auf die gewünschte Anzahl C-Atome gebracht werden kann.

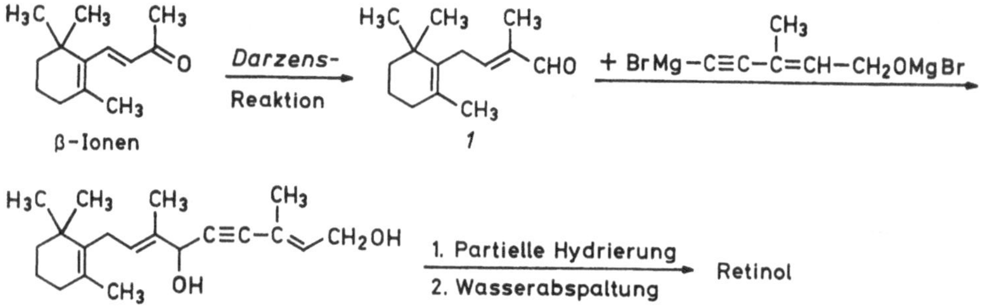

Vitamin A enthält vier Doppelbindungen in der Seitenkette, die in der cis- oder trans-Konfiguration vorliegen können. Am stabilsten ist die all-trans-Form. Unter den cis-Formen sind die 9-cis, 13-cis und 9,13-dicis-Derivate am stabilsten. Bei der 11-cis-Verbindung kommt es zu einer sterischen Hinderung zwischen dem Wasserstoffatom am C-10 und der Methylgruppe am C-13, so daß die Doppelbindung aus der Ebene der anderen herausgedrängt wird. Die 11-cis-Verbindung ist um ca. 4—6 kJ/Mol energiereicher als sterisch ungehinderte Isomere. 13-cis-Retinol (Neovitamin A) sowie 9-cis- und 9,13-dicis-Retinol wurden in geringen Mengen in Fischleberölen gefunden.

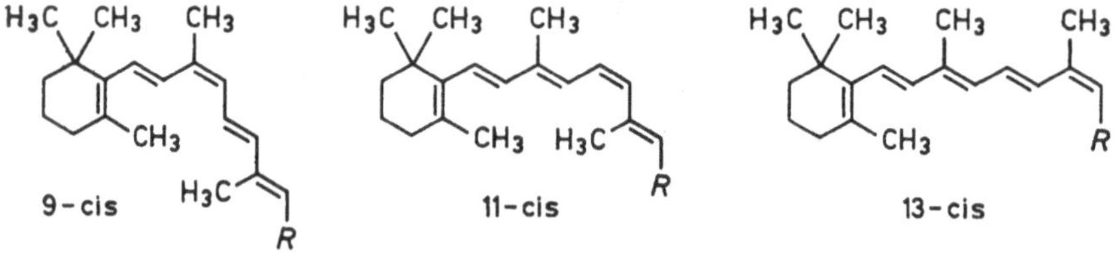

Durch die Doppelbindungen ist Vitamin A leicht oxidierbar. Die als Vitaminpräparate im Handel befindlichen Ester (Acetat, Palmitat) sind stabiler. Vitamin A ist ferner empfindlich gegenüber der Einwirkung von Säuren. Durch ethanolische HCl kommt es zu einer Wasserabspaltung unter Bildung von Anhydrovitamin A.

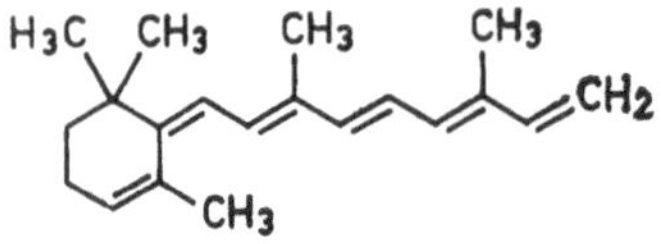

Anhydrovitamin A

Das all-trans-Retinol hat Absorptionsmaxima bei 310, 325 und 334 nm, die zur spektrophotometrischen Bestimmung z. B. in Lebertran (Oleum Jecoris) herangezogen werden können. Die wichtigste Bestimmungsmethode beruht auf der Blaufärbung mit Antimon(III)-chlorid (Carr-Price-Methode), wobei das konjugierte Doppelbindungssystem des Vitamin A als Lewis-Base reagiert. Carotenoide stören die Bestimmung.

Vitamin A wirkt beim Säugetier in zwei Richtungen:

1. Es ist von Bedeutung für die Fortpflanzungsfähigkeit und das Wachstum sowie für die Entwicklung verschiedener Zellarten, insbesondere der Epithelien. Ein Mangel führt u. a. zu Epithelschäden („Epithelschutzvitamin"). Hypervitaminosen, die beim Menschen kaum zu befürchten sind, führen zu Knochenschädigungen.
2. Es spielt eine Rolle beim Sehvorgang. Als Hypovitaminose tritt schon frühzeitig Nachtblindheit auf.

Lediglich die erste Wirkungsrichtung weist die *Retinoinsäure* (Vitamin-A-Säure) auf, die durch Oxidation des Retinal gebildet wird. Derivate der Retinoinsäure sind die Hauptprodukte des Vitamin-A-Abbaus im Menschen. Den Transport des Retinols von der Leber, in der die Hauptmenge enthalten ist, zu den Zielzellen, erfolgt durch ein spezifisches Carrierprotein, das Retinol-bindende Protein (*RBP*). Es gibt zahlreiche Hinweise, daß sich Retinol am Glykosyltransfer bei der Synthese von Glykosylverbindungen beteiligt (S. 215).

Die Rolle des Vitamins A beim *Sehvorgang* wurde sehr eingehend vor allem von Wald und Mitarb. untersucht.

Die Sehpigmente der Retina werden durch Reaktion des Retinals mit einer ε-Aminogruppe bestimmter Proteine, der Opsine, unter Ausbildung einer Schiffschen Base gebildet. Retinal entsteht durch enzymatische Dehydrierung aus dem Retinol.

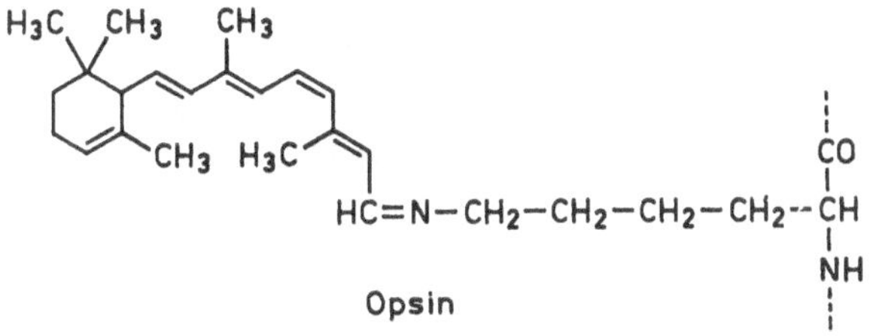

In den Augen der Vertebraten sind 4 verschiedene Sehpigmente verbreitet, die ausgehend von Retinal bzw. 3-Dehydroretinal gebildet werden. In jedem Auge kommen zwei Arten von Rezeptoren vor: Stäbchen für das Sehen in der Dämmerung und Zapfen für das Sehen im Hellen und das Farbsehen. Die verschiedenen Sehpigmente unterscheiden sich deutlich in ihren Absorptionsmaxima (Tab. 6–3). Das langwellige Absorptionsmaximum des all-trans-Retinal liegt bei 383 nm, das des Dehydroretinal bei 400 nm.

Tabelle 6–3

Photosensitive Pigmente

Retinal	Protein	Pigment	λ_{max} [nm]
11-cis-Retinal	Stäbchen-Opsin	Rhodopsin	510
11-cis-Retinal	Zapfen-Opsin	Jodopsin	562
3-Dehydro-11-cis-Retinal	Stäbchen-Opsin	Porphyropsin	522
3-Dehydro-11-cis-Retinal	Zapfen-Opsin	Cyanopsin	620
9-cis-Retinal	Stäbchen-Opsin	Iso-Rhodopsin	487
9-cis-Retinal	Zapfen-Opsin	Iso-Jodopsin	515
3-Dehydro-9-cis-Retinal	Stäbchen-Opsin	Iso-Porphyropsin	507
3-Dehydro-9-cis-Retinal	Zapfen-Opsin	Iso-Cyanopsin	575
13-cis-Retinal	Bacterio-Opsin	Bacterio-Rhodopsin	560

Der durch das Licht ausgelöste Primärvorgang besteht in einer Stereo-Isomerisierung des gebundenen Retinal-Anteils. Die dadurch hervorgerufene Konformationsänderung des Proteins löst den Sehvorgang aus.

Die Stereo-Isomerisierung beruht auf einer Umlagerung des 11-cis-Retinals in das all-trans-Retinal. Im Rhodopsin-System, dem Sehpigment der Stäbchen von Säugetieren, spielen sich also folgende Vorgänge ab (nach WALD, HONIG und KARPLUS):

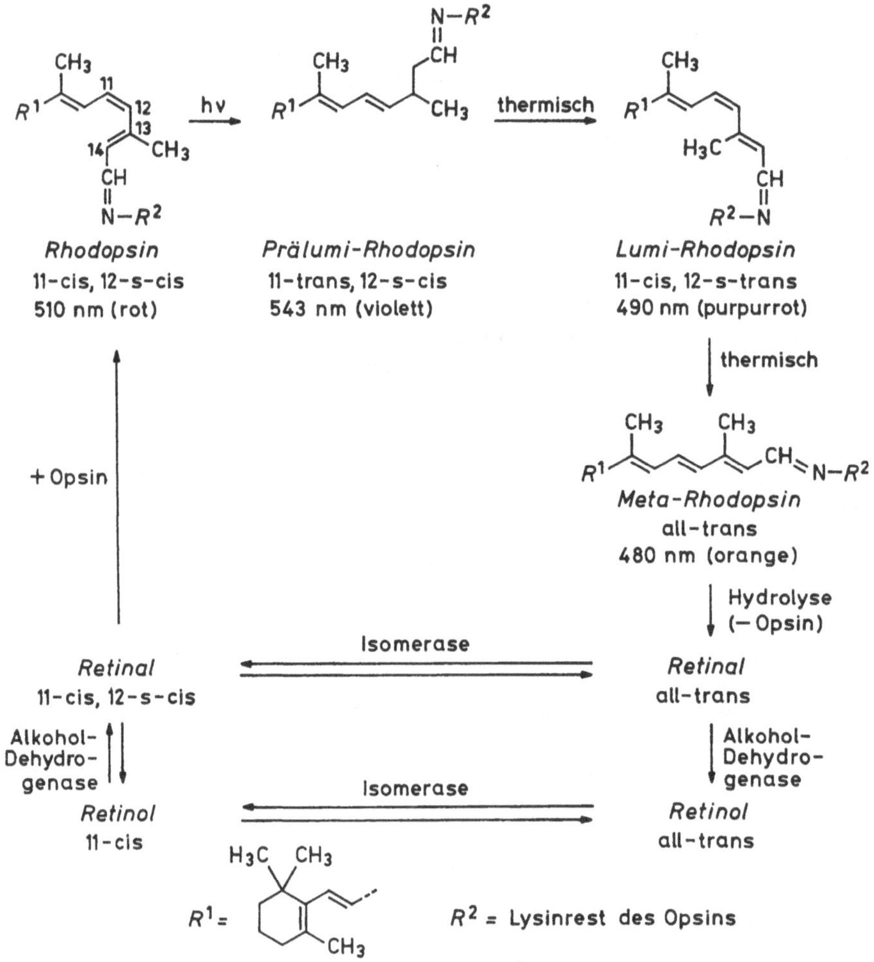

Unter physiologischen Bedingungen bilden die 9-cis-Isomere die ebenfalls photosensitiven Isopigmente (Tab. 6–3). In der Retina des Menschen sind nur etwa 0,005% der Gesamtmenge des Vitamin A enthalten.

Retinal-Protein-Pigmente wirken bei Tieren, die sehen können, als Lichtsensoren. Sie dienen aber bei bestimmten Bakterien, den auf Salzlösungen hoher Konzentration lebenden Halobakterien, auch als Licht-Energie-Wandler. Die aufgrund ihrer violetten Farbe als *Purpurmembran* bezeichnete Membranfraktion dieser Bakterien enthält das Pigment *Bacteriorhodopsin*, bei dem 13-cis-Retinal an Bacterio-Opsin gebunden ist. Durch Lichteinwirkung kommt es zu einem Protonentransport durch die Membran. Das dadurch gebildete elektrochemische Potential wird zur

Energiegewinnung in der Zelle genutzt. Die Purpurmembran ist weiterhin bemerkenswert, weil die in ihr zu etwa 25% enthaltenen Lipide anstelle von Fettsäuren etherartig gebunden den Diterpenalkohol Dihydrophytol enthalten (vgl. S. 306).

6.2.2. Vitamin D

Um 1920 wurde festgestellt, daß die Rachitis — eine Erkrankung der Kinder, die sich in einer ungenügenden Entwicklung und Verkalkung des Skeletts äußert — durch *UV*-Bestrahlung der Haut oder Verabreichung von Fischleberölen zu heilen ist. Die Strukturaufklärung des Vitamin D (Antirachitis-Faktor) wurde in den dreißiger Jahren durch die Gruppen um Heilbron und Windaus durchgeführt. Die Totalsynthese gelang 1960 (Inhoffen).

Die Vitamine D entstehen durch photochemische Öffnung des Ringes B von 5,7-Didehydrosterolen, sind also 9,10-Seco-Steroide. Die homoannularen Diene absorbieren bei 280 nm. Im tierischen Organismus ist 7-Dehydrocholesterol das Provitamin, das in der Leber aus Cholesterol gebildet wird. Weitere Provitamine sind Ergosterol und andere 5,7-Didehydrosterole. Durch Bestrahlung entsteht aus den Provitaminen zunächst ein Prävitamin, das thermisch zum eigentlichen Vitamin umgelagert wird. Photochemische Seitenreaktionen führen zu Tachysterol und Lumisterol, Überbestrahlung zu Toxisterol und den Suprasterolen (Windaus). Die einzelnen Vitamine D unterscheiden sich durch die Seitenkette am C-17. Als Vitamin D_1 wurde eine Mischung aus Vitamin D_2 und Lumisterol$_2$ bezeichnet.

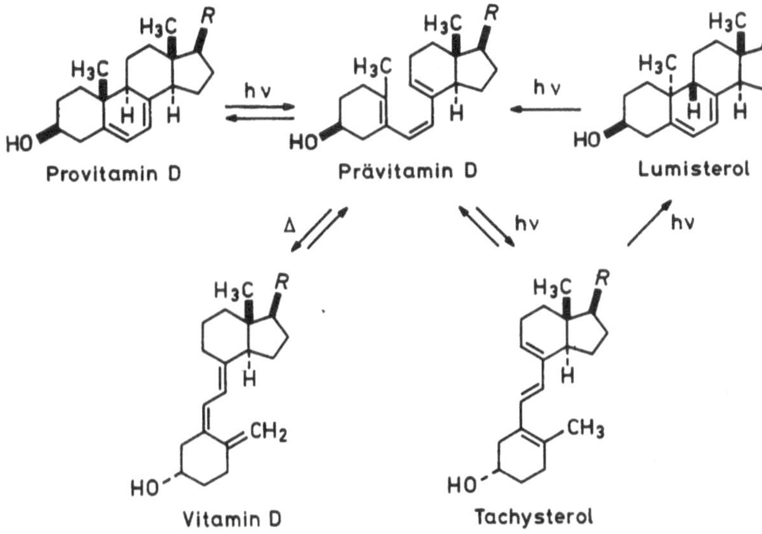

Ergocalciferol
Vitamin D_2
9,10-Seco-5,7,10(19), 22-ergostatetraen-3β-ol

Cholecalciferol
Vitamin D_3
9,10-Seco-5,7,10(19)-cholestatrien-3β-ol

Für die Strukturaufklärung waren u. a. die Ergebnisse des oxidativen Abbaus (Windaus, Heilbron) von entscheidender Bedeutung:

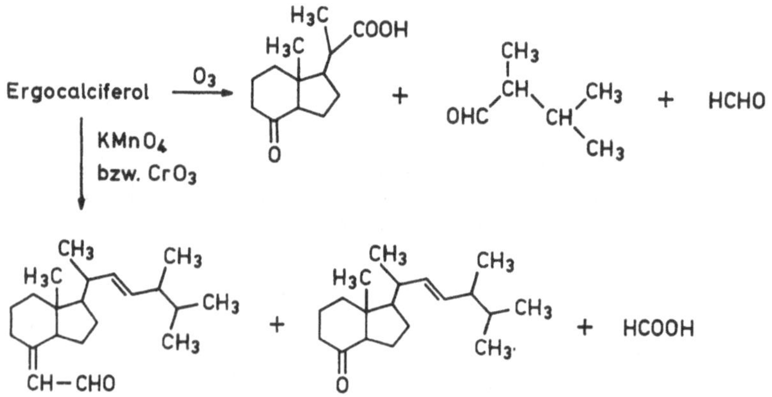

Die Lumisterole unterscheiden sich von den Provitaminen durch die Konfiguration am C-9 und C-10. Im Gegensatz zur Photoisomerisierung, die zu den Prävitaminen, Tachysterolen oder Lumisterolen führt, handelt es sich bei der Bildung der Überbestrahlungsprodukte um eine irreversible Photoisomerisierung.

Der Vitamin-D-Bedarf wird beim Menschen zum größten Teil durch die photochemische Umwandlung von 7-Dehydrocholesterol gedeckt. Pro cm^2 Hautoberfläche entstehen an einem Sonnentag durchschnittlich 1 IE (25 ng) Vitamin D_3. Chole- und Ergocalciferol besitzen etwa gleiche Aktivität.

Vitamin D erhöht die Calcium- und Phosphat-Resorption, fördert den Verknöcherungsprozeß und die Entwicklung der Knochen. Es spielt ferner eine Rolle als Wachstumsfaktor. Durch Vitamin D wird die Synthese spezieller Proteine (u. a. des Ca-bindenden Proteins) beeinflußt, die am Ca-Metabolismus des tierischen Organismus beteiligt sind.

An der Steuerung des Ca-Spiegels sind außer dem Vitamin D noch die Hormone Parathormon und Calcitonin beteiligt.

Eine Hypervitaminose äußert sich in einer Verkalkung der Niere und anderer Organe.

Vitamin D wird im Organismus in biologisch aktive Formen umgewandelt. In der Leber wird Cholecalciferol in 25-Stellung, in der Niere zusätzlich noch in 1-Stellung hydroxyliert. 1α,25-Dihydroxycholecalciferol (Calcitriol), die wirksamste Verbindung, konnte nach radioaktiver Markierung in den Zellkernen von Darmzellen nachgewiesen werden und wirkt wahrscheinlich auf die Proteinsynthese ein. Die Verbindung wird auch als Hormon angesehen (Loomis, Kodicek), dessen Anflutung durch die Niere reguliert wird.

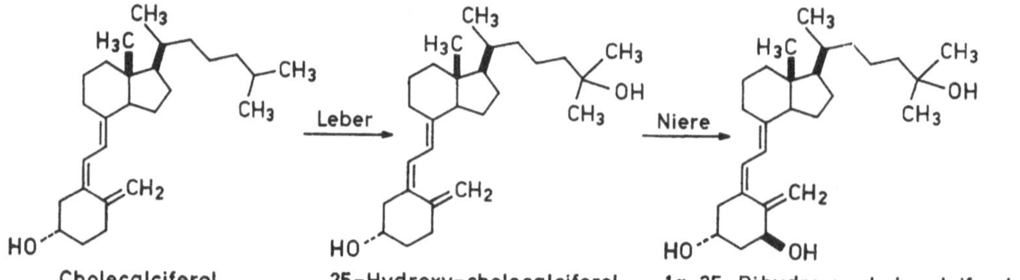

Cholecalciferol 25-Hydroxy-cholecalciferol 1α, 25-Dihydroxy-cholecalciferol

In relativ konzentrierten Lösungen läßt sich Vitamin D spektralphotometrisch bei 265 nm bestimmen. In Lebertran erfolgt die Bestimmung nach dünnschichtchromatographischer Abtrennung vom Vitamin A mit Antimon(III)-chlorid (BROCKMANN und CHEN), mit dem Vitamin A in gleicher Weise reagiert.

6.2.3. Chinone mit isoprenoider Seitenkette

In Mikroorganismen, Pflanzen und Tieren sind *p*-Chinone bzw. die entsprechenden Hydrochinone weit verbreitet. Dazu gehören Benzo-, Naphtho- und Anthrachinone.

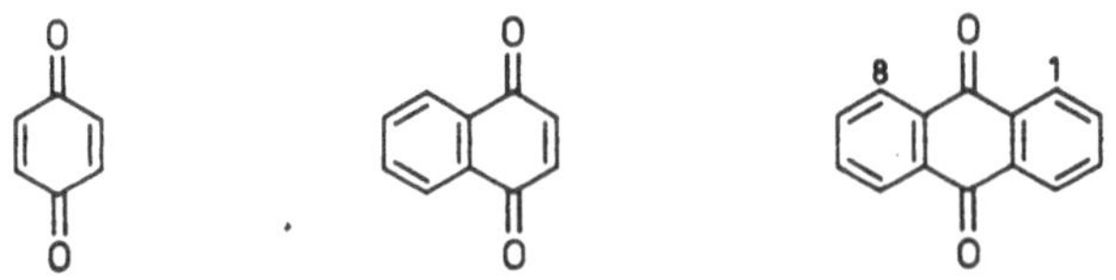

Benzo-1,4-chinon Naphtho-1,4-chinon Anthrachinon

Bei zahlreichen Vertretern dieser Substanzklasse, so den Anthrachinonen (S. 516) und vielen Naphthochinon-Derivaten, handelt es sich um typische sekundäre Naturstoffe, die vor allem von Pflanzen oder Mikroorganismen gebildet werden.

Dagegen spielen einige Chinone mit isoprenoider Seitenkette als Verbindungen mit Vitamincharakter (Vitamin E, Vitamin K) oder Coenzyme (Coenzym Q) eine essentielle Rolle in allen Zellen. Bei diesen Verbindungen können

methylsubstituierte Benzo-1,4-chinone (Tocochinon, Plastochinon),
methyl- und methoxysubstituierte Benzo-1,4-chinone (Ubichinon) und
Naphtho-1,4-chinone (Menachinon, Phyllochinon)

unterschieden werden. Als isoprenoide Seitenketten treten Multiprenyl- und Phytylreste[1]) auf (vgl. Tab. 6–4).

Die Hydrochinone können unter Beteiligung des ersten Gliedes der isoprenoiden Seitenkette zu Chromenolen bzw. Chromanolen cyclisieren. Ein Chromanolderivat ist das Vitamin E.

Tabelle 6–4
Chinone mit isoprenoider Seitenkette
(n = Anzahl der Isopren-Einheiten der Seitenkette.)

Chinon	isoprenoide Kette	weitere Substituenten	Name	Abk.
Benzo-1,4-chinon	Multiprenyl	2,3,5-Trimethyl	Tocochinon-n	
Benzo-1,4-chinon	Multiprenyl	2,3-Dimethyl	Plastochinon-n	PQ-n
Benzo-1,4-chinon	Multiprenyl	2,3-Dimethoxy-5-methyl	Ubichinon-n	Q-n
Naphtho-1,4-chinon	Multiprenyl	2-Methyl	Menachinon-n	MK-n
Naphtho-1,4-chinon	Phytyl	2-Methyl	Phyllochinon	K

[1]) Prenyl = 3-Methyl-buten-2-yl; Phytyl = (E)-(7R, 11E)-3,7,11,15-tetramethyl-hexadecen-2-yl

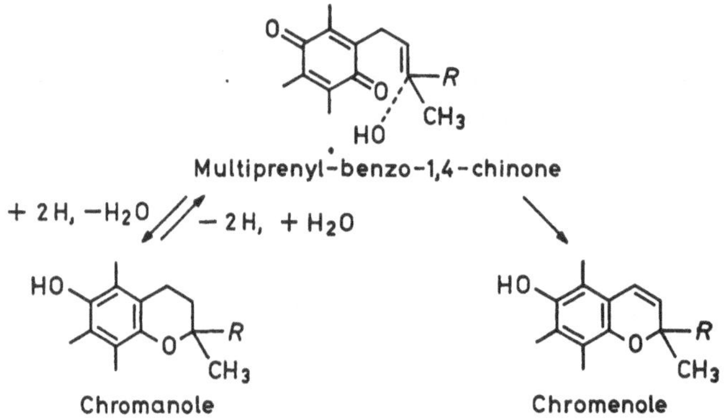

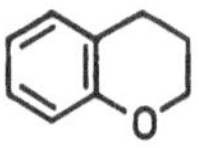

Chroman

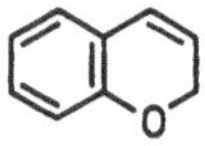

Chromen

Für die biochemische Funktion der Chinone mit isoprenoider Seitenkette spielt das Redox-Gleichgewicht Chinon $\underset{-2e}{\overset{+2e}{\rightleftarrows}}$ Hydrochinon eine entscheidende Rolle. Das als Zwischenprodukt auftretende Radikal (Semichinon) läßt sich durch Elektronenspinresonanz nachweisen. Die Normal-Redox-Potentiale sind bei den Benzo-1,4-chinonen etwas höher als bei den Naphtho-1,4-chinonen.

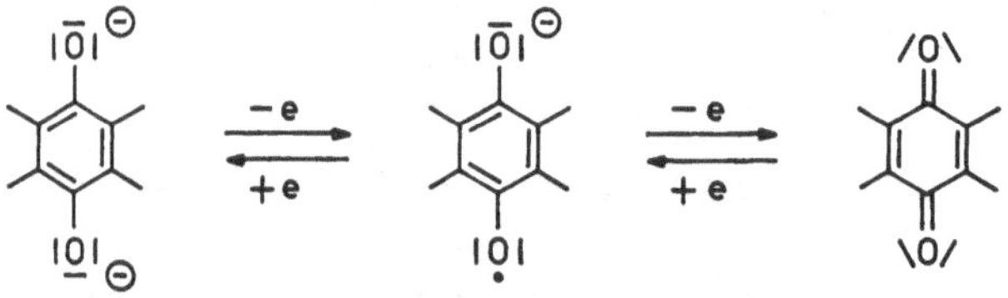

Hydrochinon-Dianion Hydrochinon-Radikal (Semichinon) 1,4-Benzochinon

6.2.3.1. Benzochinon-Derivate

Ubichinone

Die Ubichinone oder Coenzyme Q wurden um 1958 entdeckt (Morton u. a.). Es sind in pflanzlichen und tierischen Zellen weit verbreitete 2,3-Dimethoxy-5-methyl-benzo-1,4-chinone, die sich durch die isoprenoide Seitenkette in 6-Stellung unterscheiden. Zur Bezeichnung wird die Anzahl der Isopren-Einheiten (vgl. Tab. 6–4), früher auch die der C-Atome der Seitenkette (Ubichinon-n, $n = 4-10$) angegeben. Ubichinon-10 wurde in

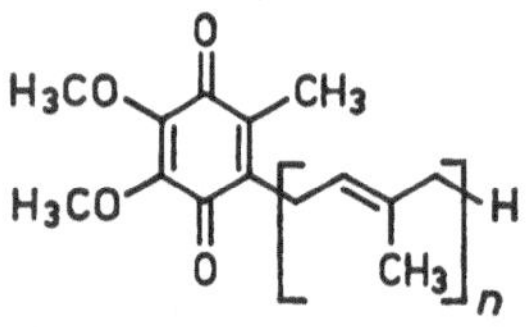

Ubichinone (n = 6–10)

Tieren und höheren Pflanzen, die kürzerkettigen Ubichinone in niederen Tieren und Pflanzen (z. B. Ubichinon-8 in Plasmodien, Ubichinon-6 in Hefe) aufgefunden. In aeroben Bakterien kommen keine Ubichinone, sondern Menachinone vor. Andere Bakterien enthalten Ubichinone und Menachinone.

Die Ubichinone spielen eine Rolle beim Elektronentransport (S. 381) und bei der oxidativen Phosphorylierung. Sie kommen innerhalb der Zelle in den Mitochondrien vor.

Ebenfalls weit verbreitet wie die Ubichinone sind deren durch Cyclisierung entstandene Isomere, die Ubichromenole, deren Funktion unklar ist.

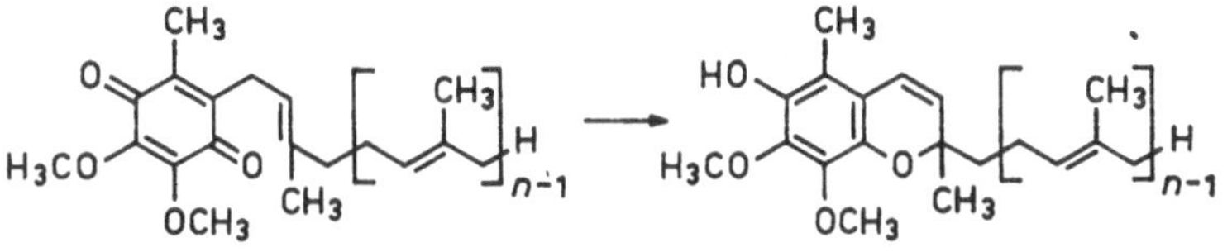

Ubichinone Ubichromenole

Plastochinon

Plastochinon (auch PQ-9) ist ähnlich gebaut wie die Ubichinone. Es wurde aus den Chloroplasten der Pflanzen isoliert und spielt eine Rolle als Redoxsystem bei der Photosynthese. Nahe verwandt mit dem Plastochinon sind die Plastochromenole und Plastochromanole. Ein Vertreter der Plastochromenole ist das aus Tabak isolierte Solanachromen ($n = 9$).

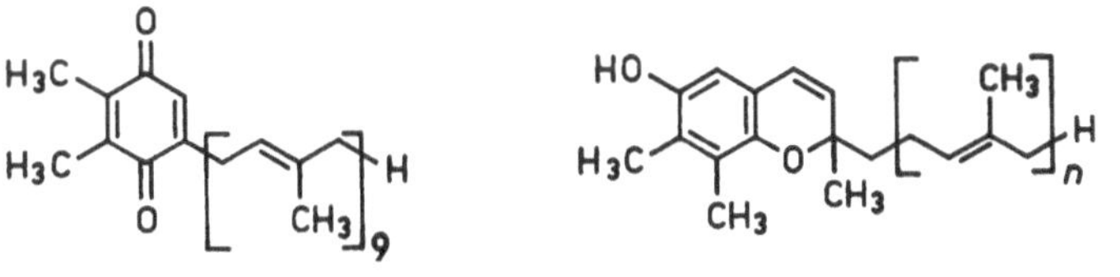

Plastochinon Plastochromenole

Vitamin E

Zu Beginn der zwanziger Jahre wurde festgestellt, daß bei Tieren, die mit einer künstlichen Diät ernährt wurden, Störungen der Geschlechtsfunktion (Evans) sowie Muskeldystrophien auftraten. Der fehlende Faktor wurde als Antisterilitäts-Vitamin oder Vitamin E bezeichnet. Dieser Faktor war im unverseifbaren Anteil vieler fetten Öle, besonders reichlich im Weizenkeimöl, enthalten. Die Isolierung einer reinen Substanz (α-Tocopherol) gelang erst 1938 (Evans, Emerson und Emerson) als Allophansäureester ($H_2N-CO-NH-COO-R$), was gleichzeitig das Vorliegen einer Hydroxygruppe bewies. Der Strukturbeweis gelang Karrer und Mitarb. 1938 durch die Synthese aus Trimethylhydrochinon und Phytylbromid.

Das natürliche (+)-Tocopherol besitzt die (2*R*,4'*R*,8'*R*)-Konfiguration.

Neben dem α-Tocopherol wurden etwas später noch weitere Tocopherole isoliert, die sich durch das Fehlen von Methylgruppen vom α-Tocopherol unterscheiden. Die größte Aktivität besitzt jedoch das α-Tocopherol. γ-Tocopherol ist wirkungslos. Eine

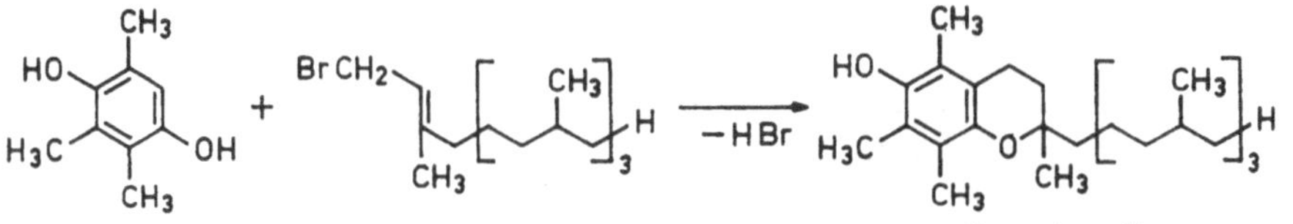

α-Tocopherol

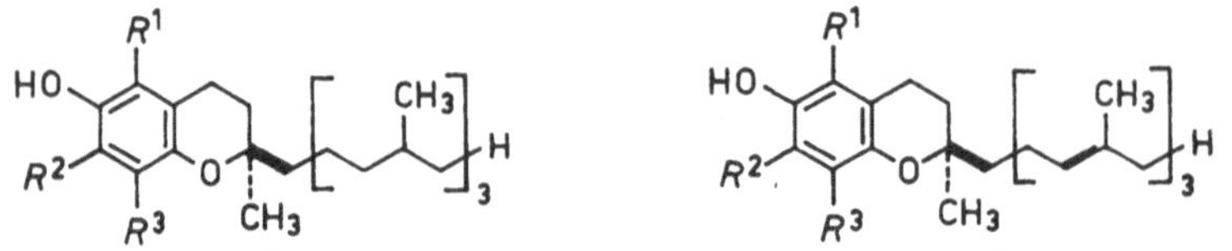

Tocol (R^1, R^2, R^3 = H)
Tocopherole (R^3 = CH_3)

Tocotrienol (R^1, R^2, R^3 = H)
Tocotrienole (R^3 = CH_3)

Tocopherole und Tocotrienole:

	α	β	γ	γ
R^1:	CH_3	CH_3	H	H
R^2:	CH_3	H	CH_3	H

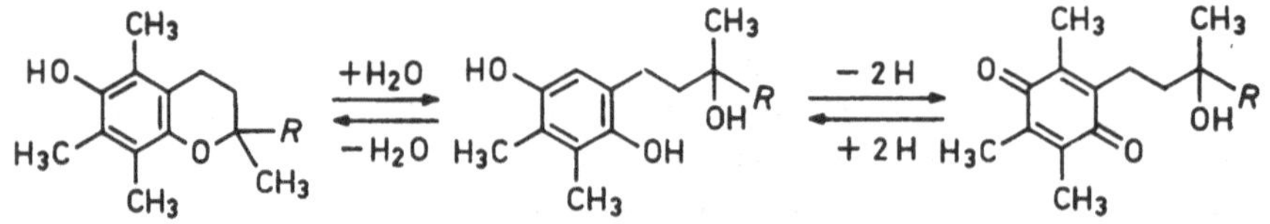

α-Tocopherol α-Tocopherol-Hydrochinon α-Tocopherolchinon

Verkürzung der isoprenoiden Kette führt zur Verminderung der Wirkung bzw. zum Wirkungsverlust.

Ab 1960 wurden aus Getreidepflanzen Verbindungen isoliert, deren isoprenoide Seitenkette im Unterschied zu den Tocopherolen (Tocolen) isoliert stehende Doppelbindungen enthalten und die als Tocotrienole (γ-Tocotrienol = Plastochroman-3-ol) bezeichnet wurden. Bei den Tocotrienolen handelt es sich wahrscheinlich um Intermediate der Tocopherol-Biosynthese.

Trotz zahlreicher Versuche ist die biologische Rolle des Vitamins E noch ungeklärt. Viele Vitamin-E-Mangelerscheinungen am Tier können durch Substanzen ganz anderer Struktur wie verschiedenen Antioxidantien oder Selen beseitigt werden. Beim Menschen waren bisher noch keine Mangelerscheinungen nachweisbar.

Eine wesentliche Rolle bei der biologischen Wirkung dürfte die leichte Oxidierbarkeit des durch hydrolytische Spaltung entstehenden Tocopherol-Hydrochinons spielen. Das Vitamin E wirkt als Antioxidans und schützt ungesättigte Lipide in biologischen Systemen vor Oxidation. Pharmazeutisch werden die nicht mehr oxidationsempfindlichen Ester (Acetat) verwendet, die im Organismus durch Esterasen verseift werden. Die durch Oxidation entstehenden Tocopherolchinone kommen neben den Tocopherolen in Pflanzen vor.

Auf der leichten Oxidierbarkeit der Tocopherole beruhen auch die meisten Nachweis- und Bestimmungsmethoden. Mit $Fe^{3\oplus}$ oder $Ce^{4\oplus}$ tritt eine Oxidation zu einem 1,4-Benzochinon-Derivat ein, während Salpetersäure zu einem rotgefärbten 1,2-Benzochinon (Tocopherolrot) oxidiert.

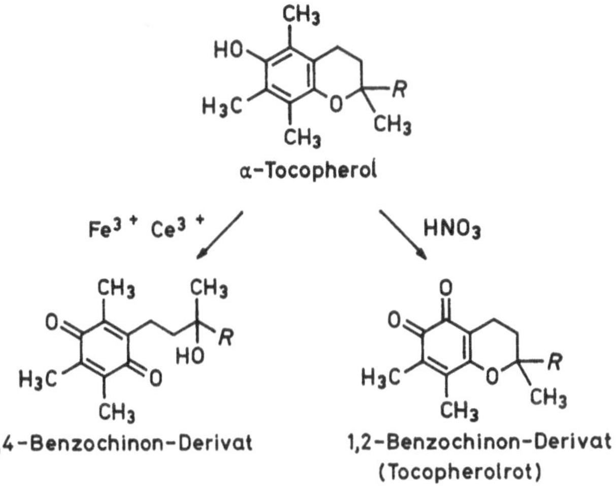

6.2.3.2. Naphthochinon-Derivate

Vitamin K

Als Vitamin K oder antihämorrhagisches Vitamin wurde ein Faktor bezeichnet, dessen Fehlen bei Tieren zu Störungen der Blutgerinnung führt (DAM, 1935). 1939 wurden dann zwei Substanzen mit Vitamin-K-Wirkung isoliert, das Vitamin K_1 (Phyllochinon) aus grünen Blättern (DAM, MCKEE, KARRER, FIESER) und das Vitamin K_2 aus verdorbenem Fischmehl (DOISY). Beide Vitamine K erwiesen sich als Naphthochinon-Derivate mit isoprenoider Seitenkette.

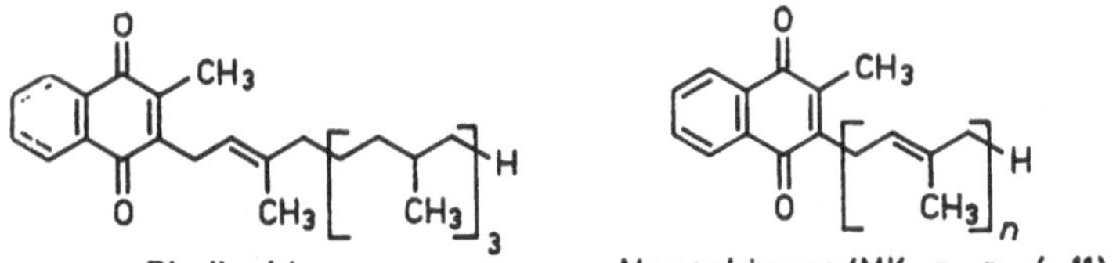

Phyllochinon Menachinone (MK-*n*, *n* = 4–11)

Phyllochinon, 2-Methyl-3-phytyl-naphtho-1,4-chinon, kommt in den Chloroplasten vor.

Das Vitamin K_2 gehört zu den Naphthochinonen mikrobieller Herkunft, die heute als *Menachinone* bezeichnet werden. Die einzelnen Menachinone (MK-*n*) unterscheiden sich durch die Anzahl der Isopren-Einheiten (*n*) der Seitenkette. Die Doppelbindungen der Seitenkette sind isoliert und liegen in der trans-Konfiguration vor. Neben dem Hexaprenyl-Menachinon (Vitamin K_2, MK-6) wurde später aus verdorbenem Fischmehl noch das Heptaprenyl-Menachinon (MK-7) isoliert. Von Mikroorganismen werden weitere Menachinone produziert. Ab 1965 wurden aus Mikroorganismen auch verschiedene Desmethyl-Menachinone (DMK-*n*) isoliert, bei denen die Methylgruppe in 2-Stellung des Naphthochinons fehlt. Daneben kommen noch partiell hydrierte Menachinone (MK-*n*-H_2) vor.

Die durch die Darmbakterien gebildeten Menachinone befriedigen normalerweise den Vitamin-K-Bedarf des Menschen. Die Substanzen mit Vitamin-K-Aktivität der menschlichen Leber bestehen zu 50% aus Phyllochinon, 30% aus MK-10 und MK-11 und 20% aus MK-7, MK-8 und MK-9, wobei der Anteil der einzelnen Komponenten in Abhängigkeit von der Nahrung variiert.

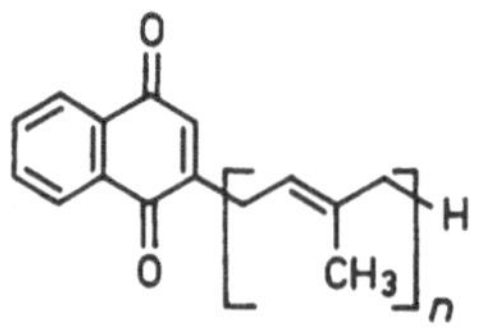

Desmethyl-Menachinone (DMK-*n*)

Die Polyprenyl-naphthochinone absorbieren bei 239, 242, 248, 260, 269 und weniger stark bei 325 nm.

Ähnlich wie die entsprechenden Benzochinon-Derivate können Multiprenyl-Naphthochinone zu Chroman-Derivaten cyclisieren. So geht Phyllochinon durch die Behandlung mit Zinn(II)-chlorid in die Verbindung *2* über, die als Naphthotocopherol bezeichnet wird.

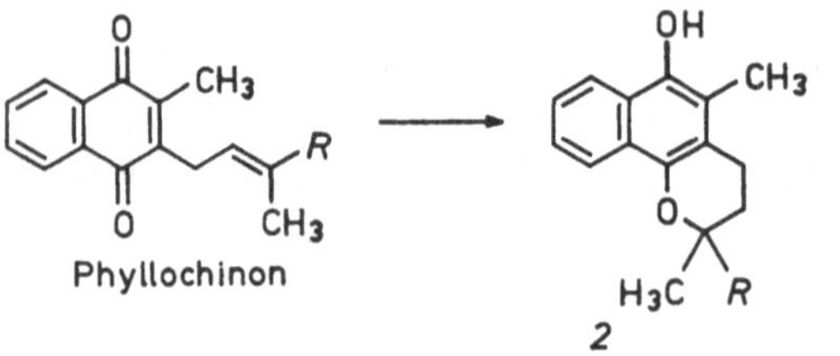

Phyllochinon

2

Die biochemische Funktion der einzelnen Multiprenyl-Naphthochinone ist verschieden. In einigen Mikroorganismen wie gram-positiven Bakterien und *Mycobacterium phlei* sind die Menachinone anstelle der Ubichinone normale Bestandteile der Elektronentransportkette. Phyllochinon ist als Redoxsystem unentbehrlicher Bestandteil des Photosyntheseprozesses. Ein eindeutiger Beweis für eine Beteiligung von Naphthochinonen am Elektronentransport gibt es bei Säugetieren noch nicht. Unter dem Einfluß von Vitamin K werden aber Proteine gebildet, die an der Blutgerinnung (S. 116) beteiligt sind (Prothrombin sowie die Faktoren VII, IX und X), so daß es beim Mangel an Vitamin K zu einer Verzögerung der Blutgerinnung kommt. Für diese Vitamin-K-Aktivität ist der Multiprenylrest nicht erforderlich. Wirksamer als die natürlichen Multiprenyl-naphthochinone sind Naphthochinone ohne aliphatische Seitenkette (Vitamine K_{3-7}), von denen das 2-Methyl-naphtho-1,4-chinon (Menadion, Vitamin K_3) die größte Bedeutung erlangt hat.

Wasserlösliche Derivate des Menadions sind das durch Anlagerung von Natriumhydrogensulfit an die Doppelbindung des Naphthochinons erhältliche Menadion-Natriumhydrogensulfit und das 2-Methyl-naphtho-1,4-hydrochinon-diphosphat (Menadiol-Natriumdiphosphat). Vitamin-K-Aktivität besitzen auch Verbindungen, die erst im Organismus in Naphthochinon-Derivate übergehen, wie die als Vitamin K_5 und K_6 bezeichneten Amine. Sie kommen wie das Menadion nicht natürlich vor.

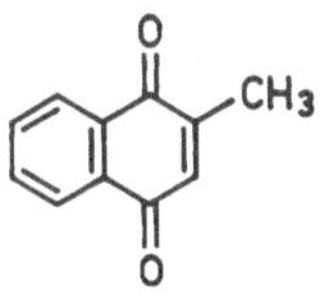

Menadion

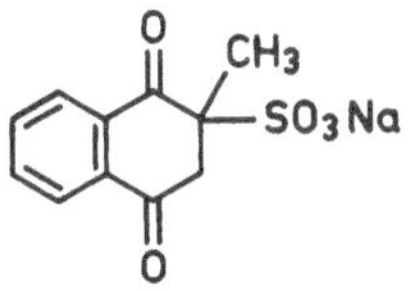

Menadion-Natrium-hydrogensulfit

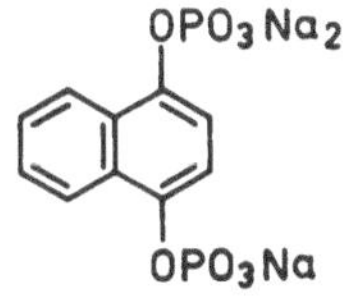

Menadiol-Natrium-diphosphat

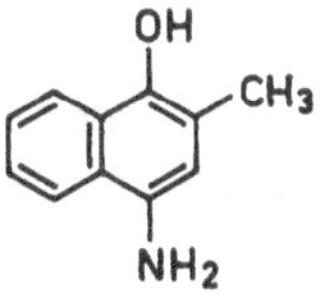

Vitamin K_5

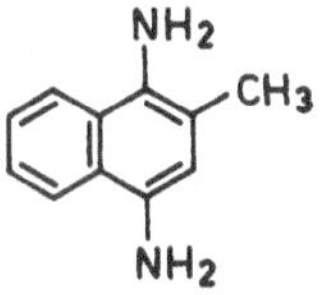

Vitamin K_6

Im Organismus wird Vitamin K_1 z. T. in das entsprechende Epoxid umgewandelt:

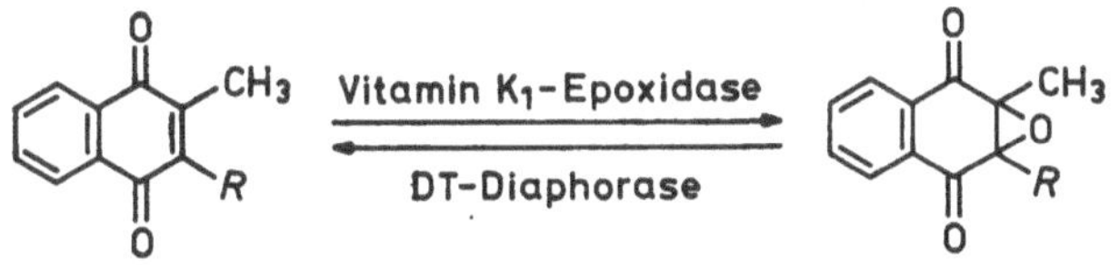

Vitamin K_1 Vitamin K_1-Epoxid

Als *Vitamin-K-Antagonisten* wirken zahlreiche synthetisch dargestellte Cumarine (z. B. Dicumarol und Warfarin) und Indandione. Dicumarol entsteht auch durch bakterielle Einwirkung auf die im Heu des Steinklees (*Melilotus alba*) enthaltenen glykosidischen Vorstufen.

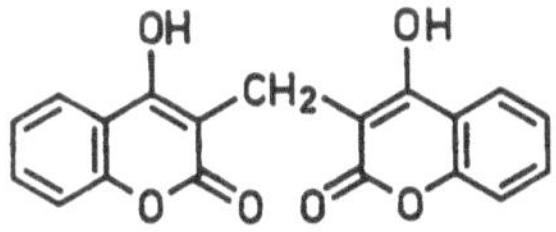

Dicumarol

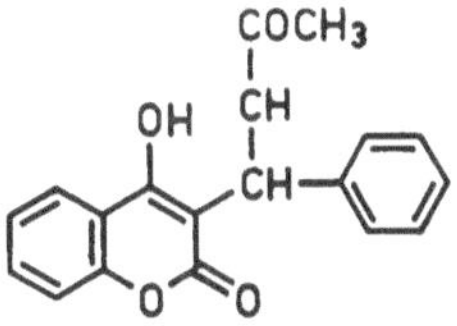

Warfarin

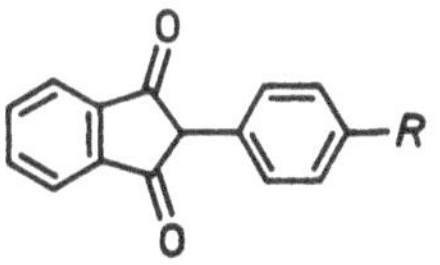

Indandione

Diese sog. indirekten *Antikoagulantien* werden therapeutisch zur Behandlung von Thrombosen und Embolien eingesetzt. Einige Vitamin-K-Antagonisten wie das Warfarin dienen zur Bekämpfung schädlicher Nagetiere, also als Rodenticide.

Die Warfarin-Wirkung kommt wahrscheinlich durch eine Hemmung der DT-Diaphrase zustande, die zu einer Verarmung an Vitamin K führt. Die Vitamin-K-Epoxidase wird u. a. durch die Chlorverbindung *3* und *4* gehemmt, was ebenfalls zu einer Verzögerung der Blutgerinnung führt.

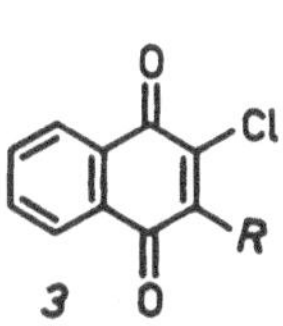

3

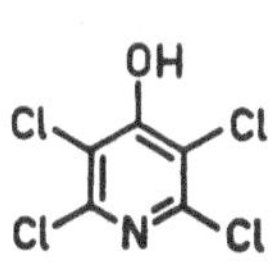

4

R = Phytylrest

6.3. Wasserlösliche Vitamine

6.3.1. Vitamin C

Schon seit Jahrhunderten war bekannt, daß der vor allem von den Seeleuten gefürchtete Skorbut — eine Erkrankung, deren erste Anzeichen Entzündungen des Zahnfleisches sind — durch den Verzehr von frischer pflanzlicher Kost geheilt werden kann. Dieser Anti-Skorbut-Faktor konnte 1928 von SZENT-GYÖRGYI aus verschiedenen Pflanzensäften isoliert werden und wurde als Ascorbinsäure bezeichnet. 1933 erfolgte die Strukturaufklärung, 1934 wurde die Struktur durch die Synthese bestätigt (HAWORTH, REICHSTEIN).

Die Ascorbinsäure kommt in vielen Pflanzen, vor allem in reifenden Früchten vor. Besonders reich an Ascorbinsäure sind die Hagebutten (250—1400 mg/100 g). Eine Haupt-Vitamin-C-Quelle sind die Kartoffeln.

Ascorbinsäure ist das γ-Lacton der 2-Oxo-L-gulonsäure.

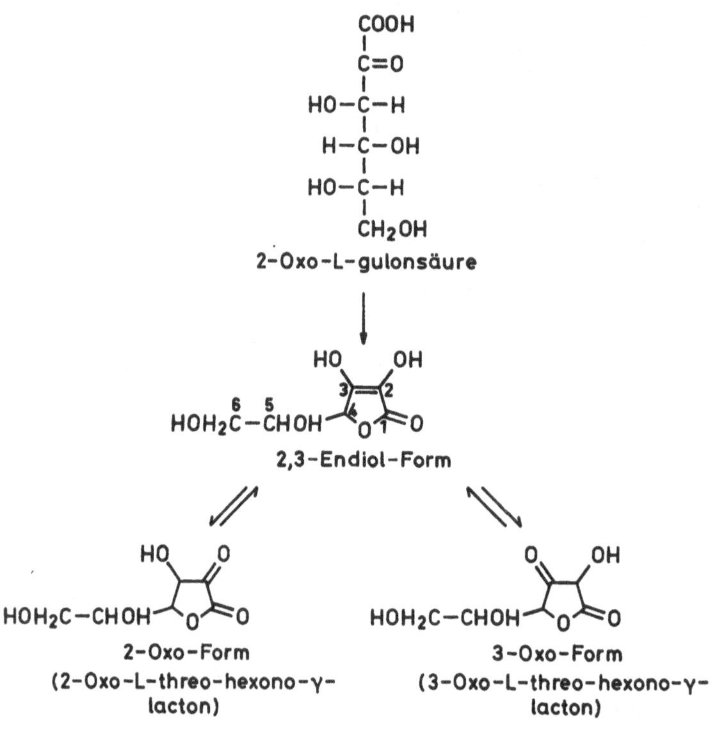

In wäßriger Lösung liegt die Ascorbinsäure vorwiegend in der durch intramolekulare Wasserstoffbrücken stabilisierten Endiol-Form vor. Diese Endiol-Struktur bedingt den sauren Charakter. Ascorbinsäure liegt zwischen pH 6 und 8 vorwiegend als Monoanion, bei höheren pH-Werten auch als Dianion vor. Das Absorptionsspektrum ist stark pH-abhängig.

Die Endiol-Form steht im prototropen Gleichgewicht mit zwei Oxo-Formen. Sie verfügt dadurch nur noch über zwei Chiralitätszentren (C-4 und C-5). Von den 4 möglichen

Isomeren kommt nur der L-threo-Ascorbinsäure (auch L-xylo-Ascorbinsäure) eine physiologische Wirkung zu.

Die Ascorbinsäure kann als Endiol sehr leicht zur Dehydroascorbinsäure oxidiert werden. Die Ausbildung dieses Redox-Systems ist wahrscheinlich auch für das Zustandekommen der physiologischen Wirkung der Ascorbinsäure verantwortlich. Im Unterschied zur Ascorbinsäure ist die Dehydroascorbinsäure neutral. Ascorbinsäure absorbiert bei 245 nm ($\varepsilon = 9400$), Dehydroascorbinsäure bei 300 nm ($\varepsilon = 1075$). Die Dehydroascorbinsäure liegt z. T. als intramolekulares Halbketal vor. In der Nahrungsmittelindustrie dient Ascorbinsäure als Antioxidans, z. B. um das Braunwerden und um Geschmacksveränderungen von Konserven zu verhindern.

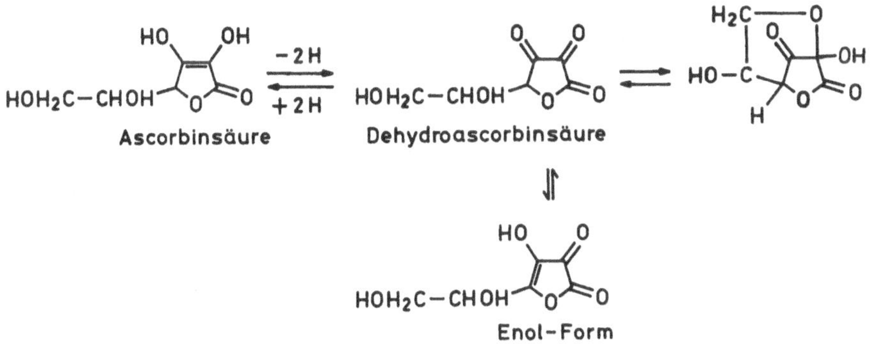

Die Ascorbinsäure ist am stabilsten bei pH 4. Sie kann aerob und anaerob relativ leicht zersetzt werden (vgl. Formelübersicht 6–1). In Lösung spielt die anaerobe Zersetzung eine größere Rolle. Während der Lactonring der Ascorbinsäure sehr stabil ist, wird er bei der Dehydroascorbinsäure im Neutralen oder Alkalischen leicht hydrolytisch geöffnet. Die so gebildete 2,3-Dioxo-L-gulonsäure ist Ausgangspunkt für die aerobe Zersetzung.

Vitamin C wird meist mit 2,6-Dichlorphenol-indophenol (TILLMANS' Reagens) bestimmt. Dieser Farbstoff wird durch Ascorbinsäure zur entsprechenden Leukoverbindung reduziert. Es stören Mercaptogruppen sowie andere in Pflanzen vorkommende α-Oxoendiole (Reduktone).

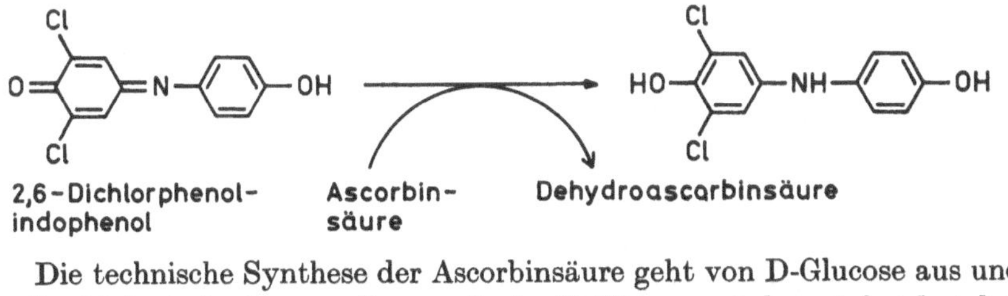

Die technische Synthese der Ascorbinsäure geht von D-Glucose aus und schließt eine mikrobiologische Umwandlung mit ein. D-Glucose wird zunächst katalytisch hydriert. Das gebildete D-Glucitol wird dann mikrobiologisch mit *Acetobacter suboxydans* zur L-Sorbose oxidiert, die nach Einführung einer Schutzgruppe chemisch weiter oxidiert wird. Die Schutzgruppe wird säurekatalysiert wieder abgespalten. Dabei geht die in Freiheit gesetzte 2-Oxo-L-gulonsäure sofort in die Ascorbinsäure über.

Die Biosynthese der Ascorbinsäure erfolgt bei Tieren und Pflanzen auf verschiedenen Wegen, geht aber in beiden Fällen von Glucose aus.

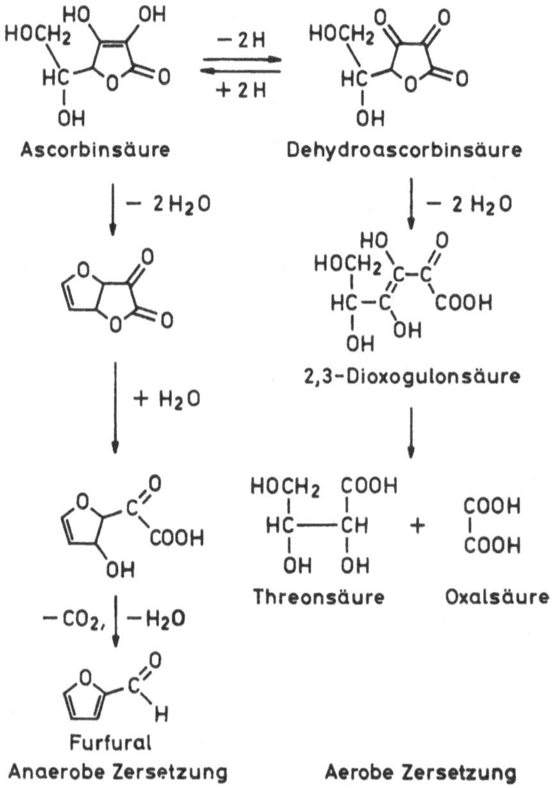

Formelübersicht 6–1
Anaerobe und aerobe Zersetzung der Ascorbinsäure.

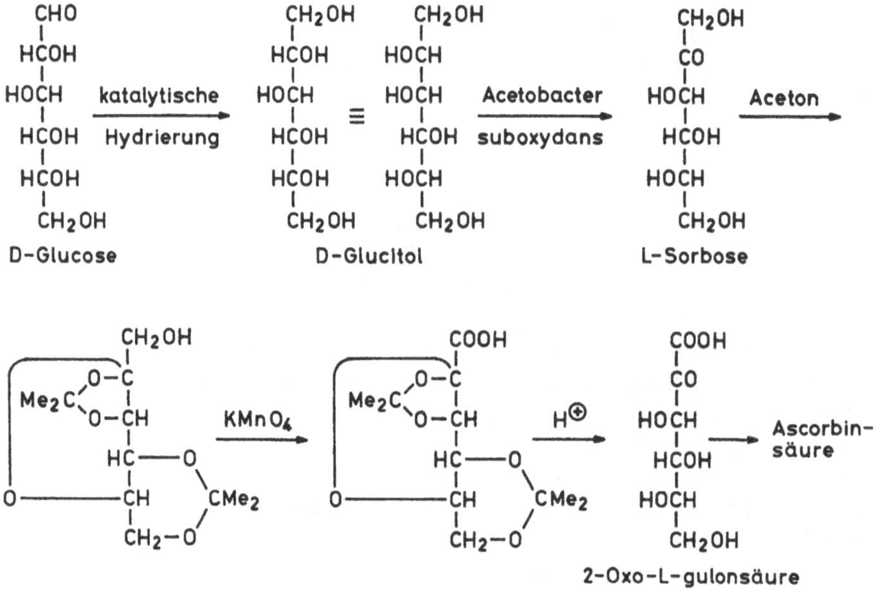

6.3.2. Vitamin B_1 — Thiaminpyrophosphat

Vitamin B_1 (Thiamin, Aneurin) gehört zu den Vitaminen, deren Wirkung am längsten bekannt ist. Bereits in den Jahren 1893—1895 gelang es dem holländischen Arzt EIJMAN durch Versuche an Tauben nachzuweisen, daß die in Indien verbreitete Beriberi durch Zufuhr von ungeschältem Reis heilbar ist. Später hat FUNK aus Reisschalen ein entsprechend wirksames Substanzgemisch (Vitamin B) isolieren können. Ein Mangel an Vitamin B_1, auf den Beriberi zurückzuführen ist, äußert sich vor allem in Störungen der Nervenfunktion — zunächst in Form einer Überempfindlichkeit an Beinen und Unterkörper, später auch als Lähmungen — sowie Störungen der Herztätigkeit. Ferner kommt es zu Störungen im Kohlenhydrat-Stoffwechsel.

Thiamin ist im pflanzlichen und tierischen Organismus weit verbreitet. Besonders reichlich ist es in Hefe, Brot, Reiskleie und Kartoffeln enthalten. Das zur Substitutionstherapie sowie zur Behandlung verschiedener Neuritiden benötigte Vitamin B_1 wird heute durch Totalsynthese gewonnen.

Das Thiamin enthält einen Pyrimidin- und einen Thiazolring, die über eine Methylengruppe miteinander verbunden sind. Durch die Methylengruppe ist das N-Atom des Thiazolringes quaternisiert.

Thiamin konnte mit Bariumpermanganat zu einem Aminomethylpyrimidinderivat und mit Natriumsulfit zu einem Pyrimidin- und einem Thiazolderivat abgebaut werden. Die Strukturaufklärung wurde 1937 mit der Totalsynthese abgeschlossen (WILLIAMS).

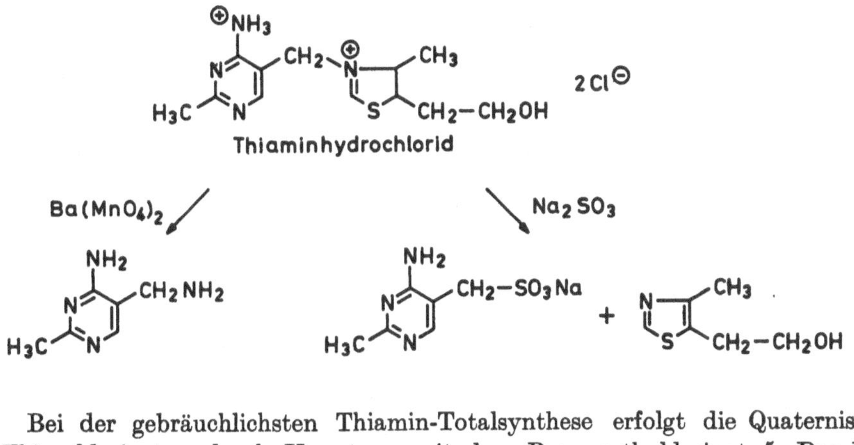

Bei der gebräuchlichsten Thiamin-Totalsynthese erfolgt die Quaternisierung des Thiazolderivates durch Umsetzen mit dem Brommethylderivat *5*. Das Pyrimidinderivat *5* wird aus Acetamidin und α-Formyl-β-ethoxypropionsäureethylester, das Thiazolderivat aus Thioformamid und α-Brom-γ-hydroxypropylmethylketon synthetisiert.

Bei der Biosynthese werden Pyrimidin- und Thiazolring getrennt gebildet. Die Quaternisierung des N-Atoms des Thiazolderivates erfolgt durch Umsetzen mit dem Pyrophosphat der Hydroxymethylpyrimidin-Verbindung.

Das Thiamin ist gegenüber Säure beständig. Es ist im Handel als Chlorid-Hydrochlorid, bei dem die Aminogruppe des Pyrimidinanteils protoniert ist. Als Thiazolium-

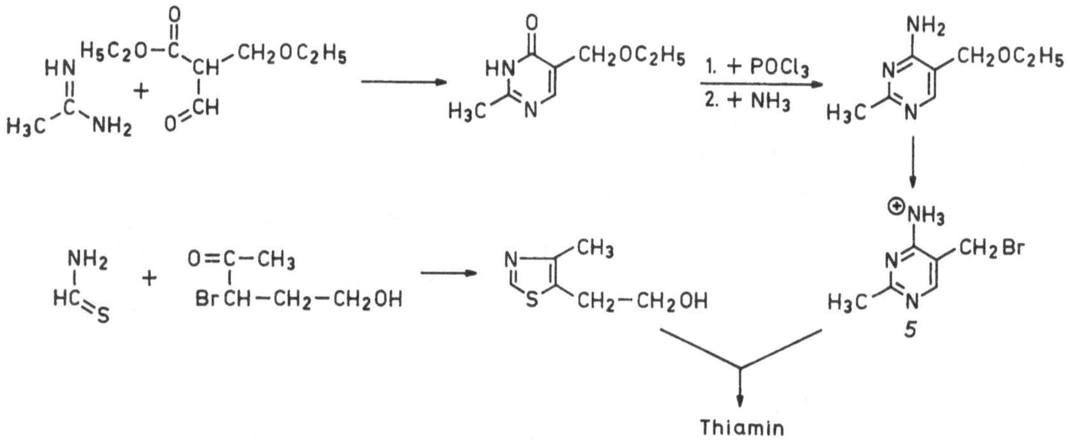

Verbindung ist Thiamin aber nicht sehr beständig in alkalischer Lösung. Das in alkalischer Lösung entstehende Thiol *6* läßt sich z. B. mit Iod zum Disulfid oxidieren, das fast so wirksam wie Thiamin ist.

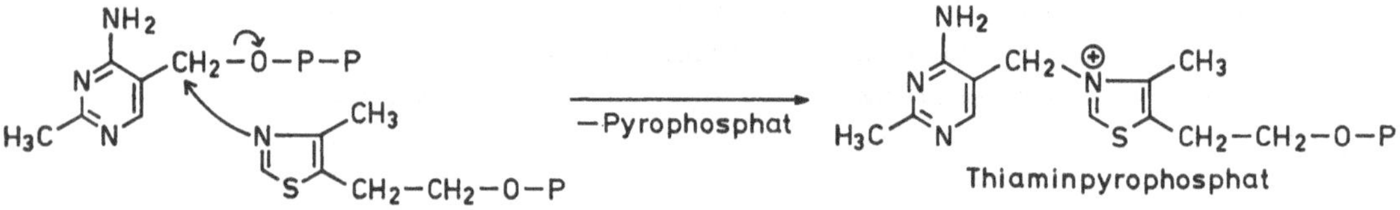

Auf der Oxidation des Thiamins mit $K_3[Fe(CN)_6]$ in alkalischer Lösung unter Bildung des Thiochroms beruht die gebräuchlichste Vitamin-B_1-Bestimmungsmethode. Das Thiochrom wird fluorimetrisch bestimmt. Thiochrom wurde auch aus Hefe isoliert.

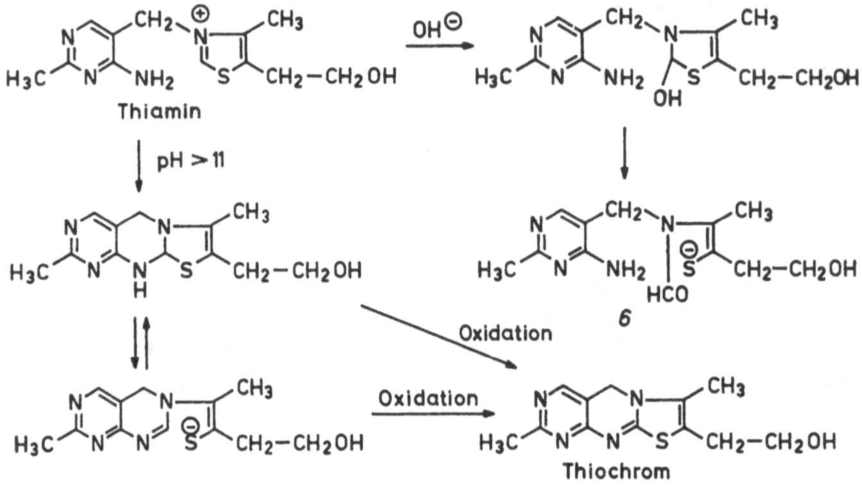

Bereits 1943 wurde festgestellt (LOHMANN und SCHUSTER), daß Vitamin B_1 in Form von Thiaminpyrophosphat (zunächst als Cocarboxylase bezeichnet) Coenzym der Pyruvat-Decarboxylase (Carboxylase) ist. Als weitere Thiaminpyrophosphat-abhängige

Enzyme wurden später u. a. die für die oxidative Decarboxylierung verantwortliche Pyruvatdehydrogenase, die Transketolase und die Phosphoketolase gefunden. Thiaminpyrophosphat spielt also eine bedeutende Rolle im Kohlenhydrat-Stoffwechsel der Zelle.

Die enzymatisch und nicht-enzymatisch durch Thiaminpyrophosphat katalysierten Reaktionen werden durch die Bildung eines Thiazoliumanions (*7*) ermöglicht. Das Wasserstoffatom in 2-Stellung des Thiazoliumrestes wird z. B. sehr leicht in D_2O gegen Deuterium ausgetauscht (Breslow). Das relativ stabile Thiazoliumanion, das in seiner

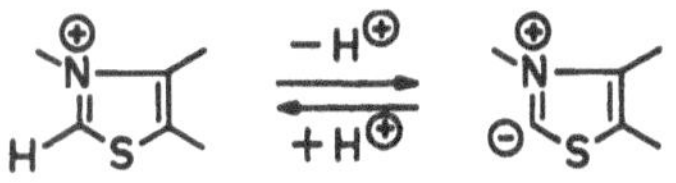

7

Struktur einem N-Ylid $\left(-\overset{|}{\underset{|}{N}}{}^{\oplus}-CH_2^{\ominus}\right)$ entspricht, wirkt gegenüber Carbonylverbindungen wie Pyruvat als nucleophiles Reagens. Das mit Pyruvat zunächst gebildete Produkt *8* spaltet sehr leicht CO_2 ab unter Bildung des mesomeriestabilisierten Decarboxylierungsproduktes *9* (Formelübersicht 6–2). *9* kann

- enzymatisch Acetaldehyd abspalten unter Rückbildung des Thiazoliumanions,
- nicht-enzymatisch wiederum nucleophil an einer Carbonylbindung (z. B. des Pyruvats) angreifen und auf diese Weise Acyloine (z. B. Acetolactat) bilden sowie
- in Gegenwart von Liponsäure zum Acetat oxidiert werden (oxidative Decarboxylierung, S. 347).

Da in Gegenwart des Apoenzyms die Bildung von Acetaldehyd gegenüber der Acyloin-Reaktion bevorzugt ist, wird das an das Apoenzym gebundene *10* auch als „aktiver Acetaldehyd" bezeichnet. Hydroxyethyl-thiaminpyrophosphat konnte als Reaktionsprodukt von Pyruvat und Pyruvatdecarboxylase isoliert werden.

Es sind zahlreiche Verbindungen synthetisiert worden, die als Thiamin-Antimetabolite wirken und von denen einige als Arzneimittel eingesetzt werden (Formelübersicht 6–3).

Oxythiaminpyrophosphat wird anstelle von Thiaminpyrophosphat in das Apoenzym eingebaut, der entsprechende „aktive Acetaldehyd" wird aber nicht weiter gespalten (Letalsynthese). Das spricht für eine Beteiligung der Aminogruppe des Pyrimidinrestes an der Freisetzung des Acetaldehyds. Pyrithiamin hemmt die Phosphorylierung des Thiamins. Ein Derivat des Pyrithiamins, das Amprolium, wird zur Behandlung der Coccidiose eingesetzt, einer Infektionserkrankung, die durch Protozoen hervorgerufen wird. Amprolium besitzt eine hohe Selektivität gegenüber Protozoen (Formeln s. S. 346).

6.3.3. Liponsäure

An der oxidativen Decarboxylierung ist außer Thiaminpyrophosphat noch ein weiteres Coenzym, die Liponsäure, beteiligt.

α-Liponsäure wurde zuerst als Wuchsstoff von Mikroorganismen entdeckt. Bis auf Bakterien und Protozoen scheinen alle anderen Organismen die Liponsäure selbst synthetisieren zu können.

Als α-Liponsäure wird das Disulfid der 6,8-Dithio-octansäure bezeichnet. Das entsprechende Dithiol oxidiert in vitro spontan zum Disulfid. Durch Entschwefelung mit

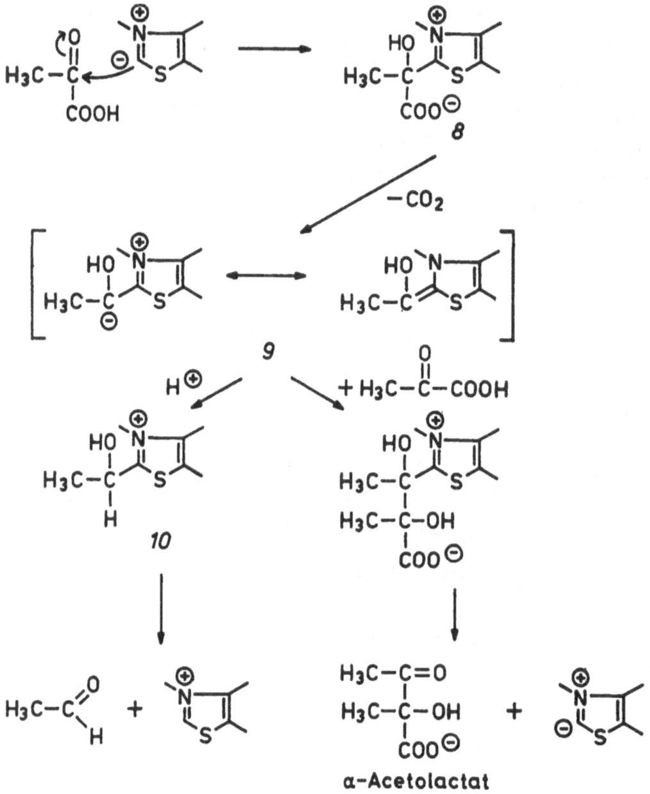

Formelübersicht 6–2
Thiaminpyrophosphat als Coenzym.

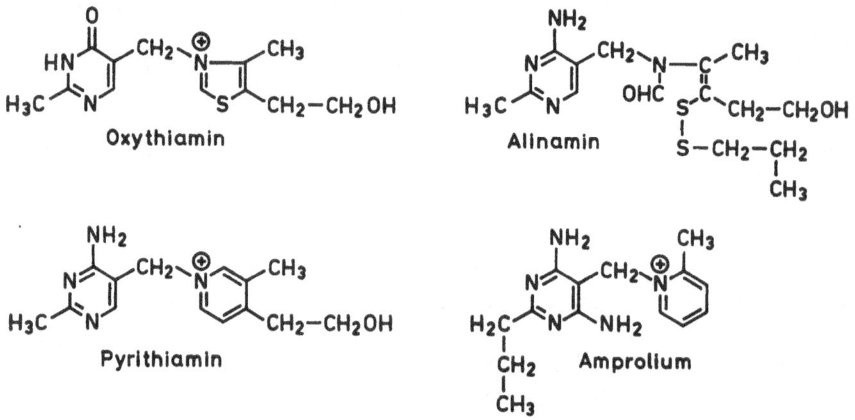

Formelübersicht 6–3
Thiamin-Antimetabolite.

RANEY-Nickel wurde n-Octansäure erhalten. Bei der Isolierung fällt häufig als Sekundärprodukt das entsprechende Sulfoxid, die β-Liponsäure, an.

Die α-Liponsäure ist nativ über eine Amidbindung an Proteine gebunden. Die Extraktion der lipophilen Liponsäure kann nach hydrolytischer Spaltung der Amidbindung mit 6N Mineralsäure erfolgen. Biologisch aktiv ist nur die (+)-Form.

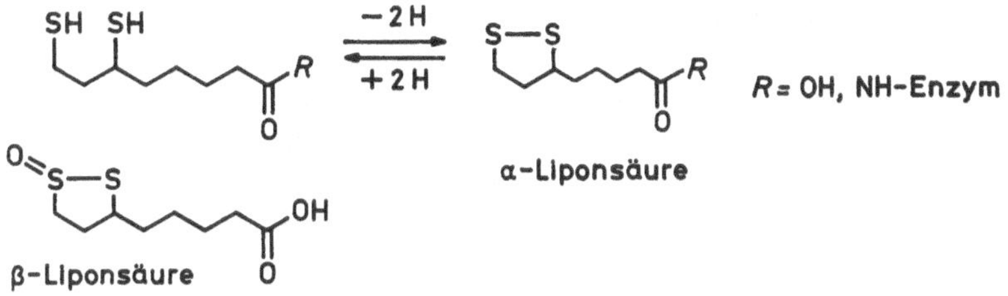

Durch die 4CH_2-Gruppen der Liponsäure und die Bindung an die ε-Aminogruppe der Lysinreste des Trägerproteins befindet sich die Disulfidgruppe am Ende einer langen flexiblen Kette. Die Liponsäure wirkt bei der oxidativen Decarboxylierung als Redox-System.

Unter Reduktion der Disulfidbrücke der Liponsäure wird der „aktive Acetaldehyd" zum Acetylrest oxidiert. Der Acylrest wird dann von der Liponsäure auf das Coenzym A übertragen (Formelübersicht 6–4).

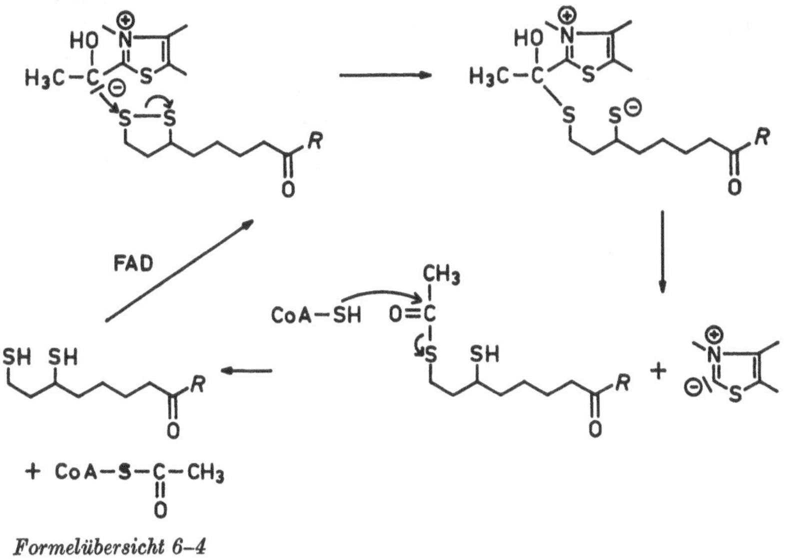

Formelübersicht 6–4

Rolle der α-Liponsäure bei der oxidativen Decarboxylierung.

6.3.4. Pteridin- und Benzopteridin-Derivate

6.3.4.1. Heterocyclische Grundkörper

Pteridin (Pyrazino[2,3-d]pyrimidin) unterscheidet sich vom Purin durch eine Ringerweiterung des Imidazolringes zu einem Pyrazinring. Derivate beider Ringsysteme ähneln sich sehr in ihren Eigenschaften. Auch bezüglich der Biosynthese gibt es zwischen

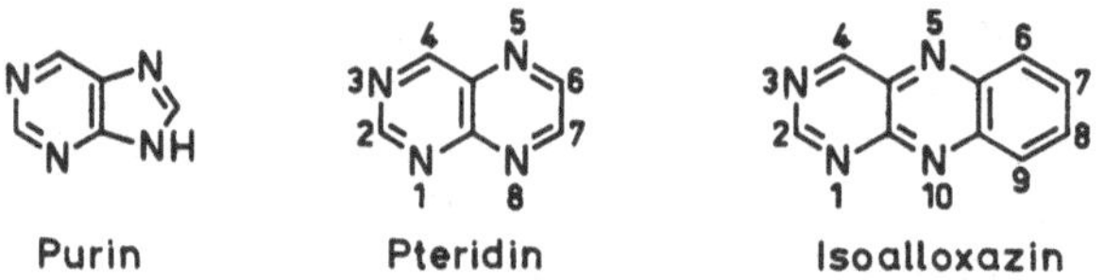

beiden Ringsystemen enge Verbindungen. Die Biosynthese des Pteridingrundgerüstes sowie die des Benzopteridin-Derivates Isoalloxazin geht bei Mikroorganismen von Purinderivaten aus. Durch Öffnung des Imidazolringes der Purine, z. B. des GTP, entsteht ein 4,5-Diaminopyrimidin (*11*), aus dem durch erneuten Ringschluß ein Pteridinring und durch weitere Reaktion ein Isoalloxazinderivat gebildet wird.

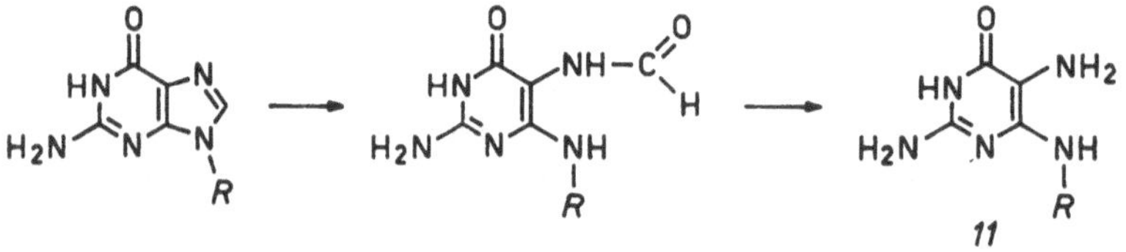

11

Chemisch lassen sich Pteridine durch Kondensation von 4,5-Diaminopyrimidinen mit 1,2-Dicarbonyl-Verbindungen darstellen (ISAY-Reaktion). Das sich vom Guanin ableitende 2-Amino-4-oxo-dihydropteridin wird auch als *Pterin* bezeichnet. Während das unsubstituierte Pteridin sehr leicht unter Ringöffnung angreifbar ist, sind die Pterine relativ stabil.

Pterine kommen ubiquitär in biologischem Material vor, allerdings meist nur in sehr geringen Mengen. Ein Vertreter dieser Pteridine ist das Biopterin [6-(L-erythro-1′,2′ Dihydroxypropyl)pterin]. Biopterin wirkt für viele Mikroorganismen als Wuchsstoff.

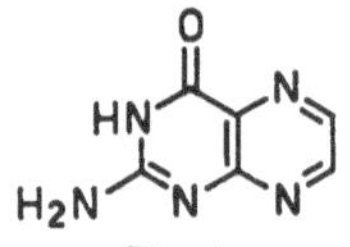

Pterin

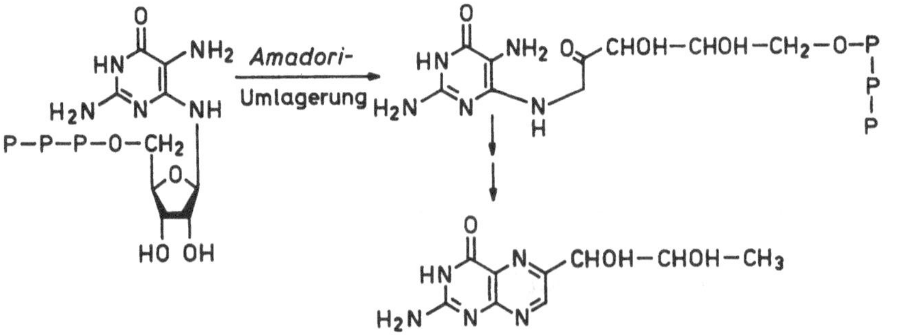

Der Dihydroxypropylrest sowie andere Hydroxy- und Oxo-propyl-Reste der natürlichen Pteridine leiten sich wahrscheinlich vom Riboseanteil der als Ausgangsprodukte für die Biosynthese dienenden Purinnucleotide her.

In größeren Mengen wurden Pteridine als Insektenpigmente in der Familie der Pieriden (Schmetterlinge) gefunden. Dazu gehören das von WIELAND und SCHÖPF aus den Flügeln des Kohlweißlings isolierte Leukopterin und das aus denen des Zitronenfalters isolierte Xanthopterin.

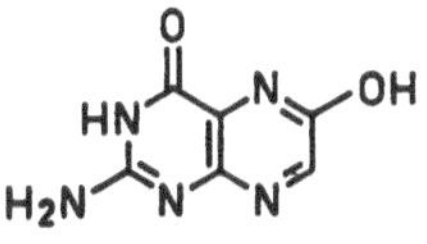

Leukopterin

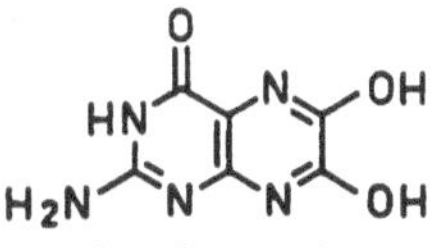

Xanthopterin

Vom Benzopteridin leitet sich das Alloxazin bzw. dessen tautomere Form, das Isoalloxazin ab.

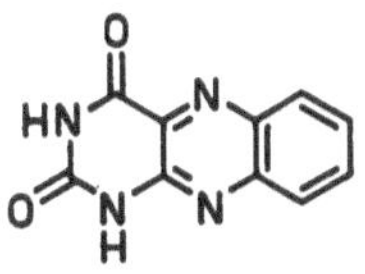

Alloxazin

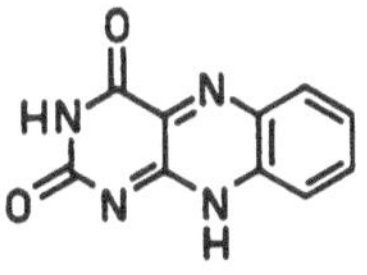

Isoalloxazin

Pteridine und Isoalloxazine können relativ leicht reduziert werden. Bei den Pteridinen kann dabei der Pyrazinring bis zum Tetrahydro-Derivat hydriert werden.

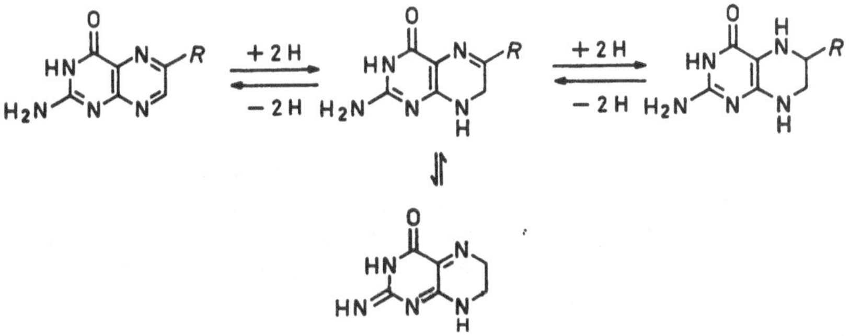

Das Standard-Redox-Potential für Tetrahydropteridin liegt mit +0,15 V in der Nähe des der Cytochrome. Partiell hydrierte Pteridine sind als Coenzyme von Oxidoreduktasen nachgewiesen worden, so hydriertes Biopterin als Coenzym der Phenylalanin-Hydroxylase.

$$\text{Phe} + O_2 \xrightarrow{\text{Phenylalanin-Hydroxylase}} \text{Tyr} + H_2O$$

Ferner wird eine Beteiligung der Pterine am zellulären Elektronentransport diskutiert. Die sich vom Isoalloxazin ableitenden Coenzyme sind durchweg Bestandteile von Oxidoreduktasen (Flavoenzyme).

Die natürlichen Pteridin- und Isoalloxazin-Derivate lassen sich durch ihre starke Fluoreszenz relativ leicht nachweisen. Die oxidierten und noch mehr die reduzierten

Formen der Pteridine und Isoalloxazine sind außerordentlich photolabil. Die photochemischen Veränderungen verlaufen vor allem unter teilweisem bzw. vollständigem Abbau der Seitenkette. Besonders gut wurde der photochemische Abbau des Riboflavins untersucht, der im Alkalischen zum 7,8,10-Trimethylisoalloxazin (Lumiflavin), im Sauren und Neutralen zum 7,8-Dimethylalloxazin (Lumichrom) führt. Das Riboflavin dient oft für andere photochemische Reaktionen als Sensibilisator.

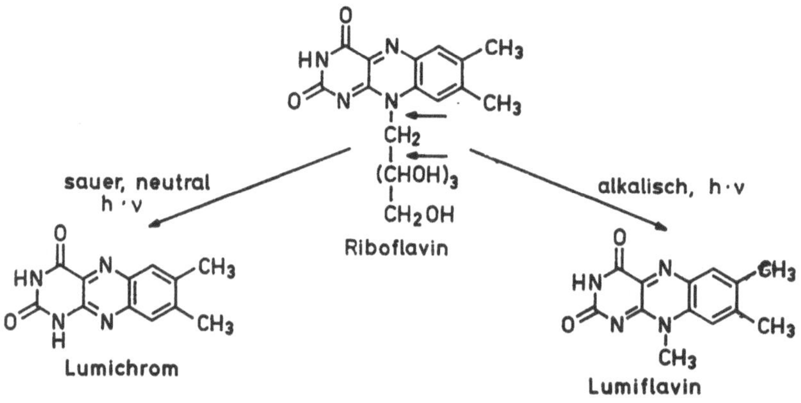

6.3.4.2. Folsäure

In den dreißiger Jahren wurden in Hefe und Leber Substanzen nachgewiesen, die bei der Blutbildung von Tieren eine Rolle spielen (Vitamin B_c bei der Kükenanämie, Vitamin M bei der Anämie der Macaca-Affen[1])). Sie erwiesen sich später ebenso wie verschiedene Wachstumsfaktoren von Bakterien (Norit-Eluat-Faktor, Leber-*Lactobacillus-casei*-Faktor, Citrovorum-Faktor[1])) als zur Folsäure-Gruppe gehörig. Eine einheitliche Verbindung, die als Folsäure bezeichnet wurde, konnte 1941 aus Spinatblättern isoliert werden. Die endgültige Strukturaufklärung gelang Angier und Wittle.

Die Folsäure besteht aus drei Komponenten: 2-Amino-4-oxo-dihydropteridin (Pterin), p-Aminobenzoesäure und L-Glutaminsäure. Heute dient der Name Folsäure als allgemeine Bezeichnung für die Vitamingruppe. Die Verbindung aus Pterin und p-Aminobenzoesäure wird als Pteroinsäure (Pte) und die Folsäure entsprechend als Pteroylglutaminsäure (PteGlu) bezeichnet.

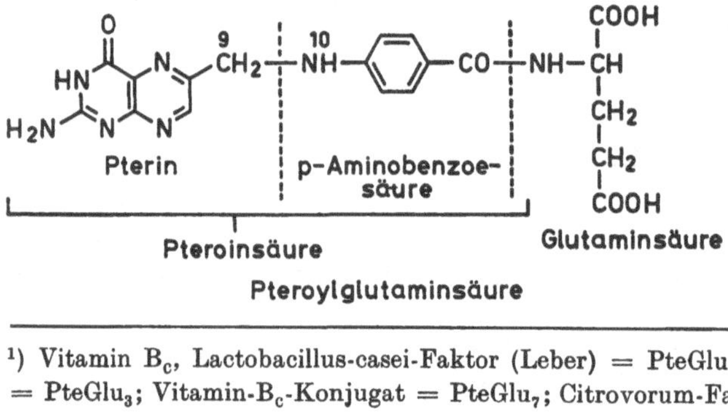

[1]) Vitamin B_c, Lactobacillus-casei-Faktor (Leber) = PteGlu; Lactobacillus-casei-Faktor (Hefe) = $PteGlu_3$; Vitamin-B_c-Konjugat = $PteGlu_7$; Citrovorum-Faktor = 5-HCO-H_4PteGlu.

Folsäure läßt sich synthetisch aus 2,5,6-Triamino-4-hydroxypyrimidin, α,β-Dibrompropionaldehyd und p-Aminobenzoyl-L-glutaminsäure bei pH 4 erhalten.

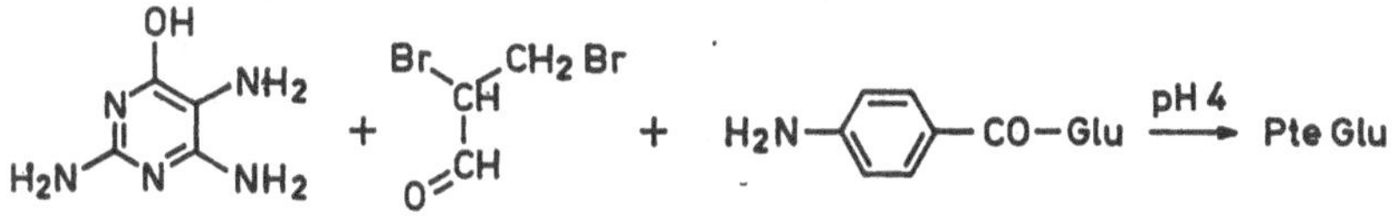

Neben der Pteroylglutaminsäure kommen sog. Konjugate vor, bei denen an die γ-Carboxylgruppe der Glutaminsäure noch bis zu 6 weitere Glutaminsäurereste amidartig gebunden sind ($PteGlu_n$). In vielen tierischen Geweben, insbesondere in der Leber von Säugetieren, sind spezifische Enzyme (Konjugasen) enthalten, die aus diesen Konjugaten Glutaminsäure abspalten. Anscheinend müssen die Konjugate in die Pteroylglutaminsäure übergeführt werden, um wirksam zu werden.

Die Folsäure spielt eine wichtige Rolle im Stoffwechsel der C_1-Körper. Das eigentliche Cosubstrat für die Übertragung der C_1-Körper ist die 5,6,7,8-Tetrahydropteroylglutaminsäure (H_4PteGlu), die durch Reduktion der 7,8-Dihydropteroylglutaminsäure (7,8-H_2PteGlu) durch das Enzym Dihydrofolsäure-Reduktase im Organismus gebildet wird. Als Cosubstrate dienen 10-Hydroxymethyl-tetrahydropteroylglutaminsäure (10-$HOCH_2$—H_4PteGlu, „aktiver" Formaldehyd), 10-Formyl-tetrahydropteroylglutaminsäure (10-HCO—H_4PteGlu, „aktive" Ameisensäure, Leucovorin) und 5,10-Methylentetrahydropteroylglutaminsäure (5,10-CH_2—H_4PteGlu) (vgl. Formelübersicht 6–5). Diese Tetrahydropteroylglutaminsäure-Derivate sind z. B. an der Synthese von Serin, der Methylierung von Desoxyuridinphosphat zu Thymidinphosphat oder der Cyclisierung zum Inosinphosphat beteiligt. Bei vielen dieser Umsetzungen wirkt Vitamin B_{12} mit.

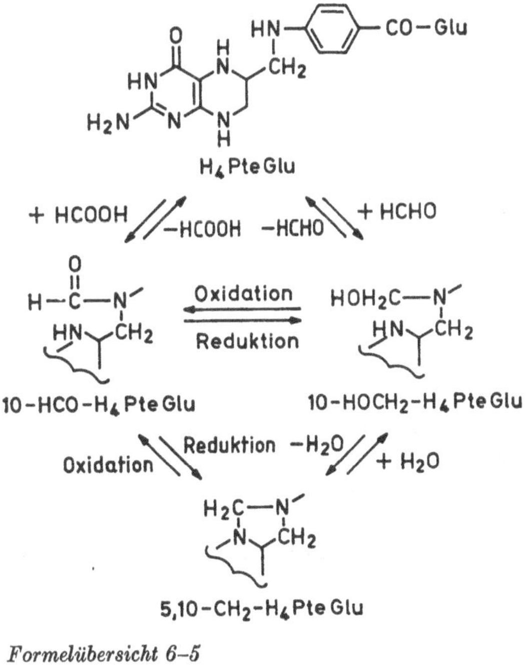

Formelübersicht 6–5

Tetrahydropteroylglutaminsäure-Derivate der Zelle.

Die Aufklärung der Position der Formylgruppe der Formyl-tetrahydropteroylglutaminsäure bereitete einige Probleme. Die native 10-HCO$-$H$_4$PteGlu lagert sich z. B. bei längerem Stehen oder im Alkalischen in das stabilere 5-Formyl-Derivat um. Die Behandlung der 5-Formyl-tetrahydropteroylglutaminsäure mit verdünnter Säure führt zu einem mesomeriestabilisierten Imidazolin-Ion (5,10-Methyliden-tetrahydropteroylglutaminsäure, 5,10-CH$=$H$_4$PteGlu, Anhydroformyl-tetrahydropteroylglutaminsäure), dessen langwelliges Absorptionsmaximum ($\lambda_{max} = 355$ nm) gegenüber der Ausgangsverbindung um 70 nm verschoben ist.

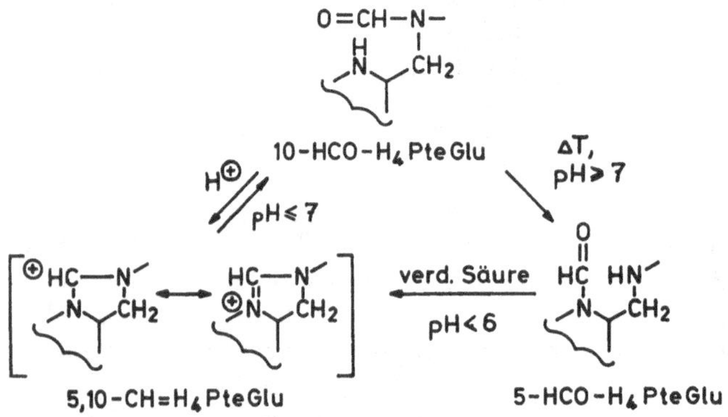

Pteroylglutaminsäure sowie deren Di- und Tetrahydroderivat können relativ leicht an der C-9/N-10-Bindung gespalten werden. Durch säurekatalysierte Spaltung der Pteroylglutaminsäure entstehen Dihydropterin-6-aldehyd und p-Aminobenzoylglutaminsäure. Das C-9 der Tetrahydropteroylglutaminsäure wird durch Luftsauerstoff zum Formaldehyd oxidiert. Alle Verbindungen der Folsäuregruppe können mit Permanganat zu Pterin-6-carbonsäure oxidiert werden, die fluorimetrisch bestimmt werden kann.

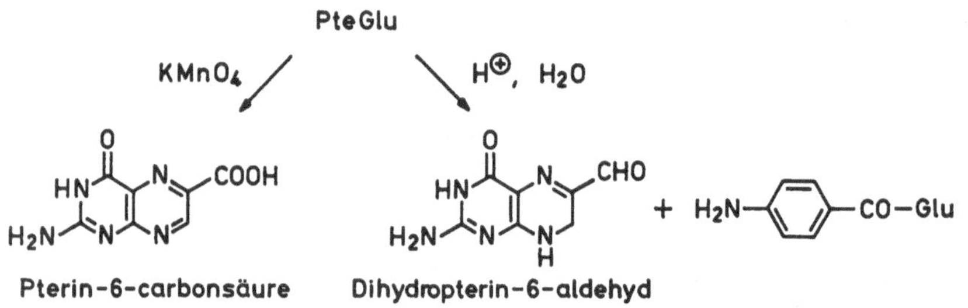

Säugetiere können Dihydropteroylglutaminsäure nicht synthetisieren und sind auf eine Zufuhr angewiesen. Der Bedarf des Menschen wird durch die Darmbakterien gedeckt. Bei einer Schädigung der Darmflora ist allerdings eine Zufuhr notwendig. Ein Mangel an Folsäure macht sich zunächst an den Blutzellen bemerkbar. Ein frühes Symptom ist die Leukopenie. Als Avitaminose tritt beim Menschen eine makrozytäre, hyperchrome Anämie auf. Bakterien können exogene Folsäure nicht verwerten. Sie benötigen für die Synthese der Folsäure die p-Aminobenzoesäure, die für Bakterien einen essentiellen Wachstumsfaktor darstellt.

Synthetisch erhaltene strukturelle Analoga der p-Aminobenzoesäure, die Sulfonamide, verhindern den Einbau der p-Aminobenzoesäure und blockieren auf diese Weise die Folsäuresynthese. Durch Sulfonamide kann eine selektive Hemmung des Bakterienwachstums auch im menschlichen

Organismus erreicht werden. Die Sulfonamide haben daher als *p-Aminobenzoesäure-Antimetabolite* eine große Bedeutung bei der Behandlung von Infektionserkrankungen.

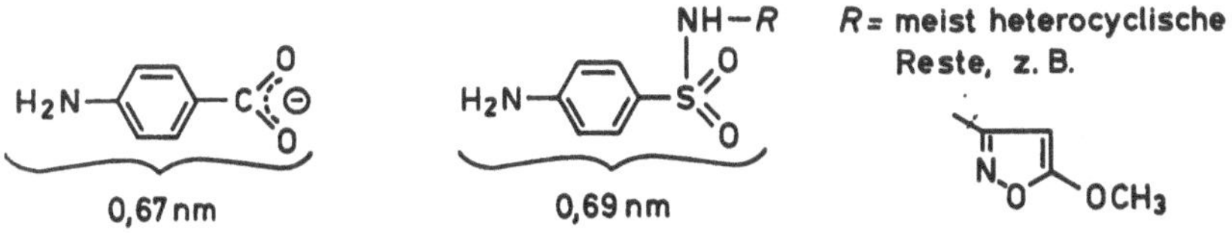

p-Aminobenzoat — Sulfonamide — (Sulfamethoxazol)

Ausgesprochene Folsäure-Antimetabolite, die über eine Hemmung der Tetrahydrofolat-Dehydrogenase wirken (Abb. 6–1), sind die Pteroylglutaminsäure-Derivate Methotrexat und Aminopterin. Beide werden als Cytostatica zur Krebsbehandlung eingesetzt. Sie dienen vor allem zur Behandlung der Leukämie. Beide Verbindungen besitzen eine starke teratogene Wirkung.

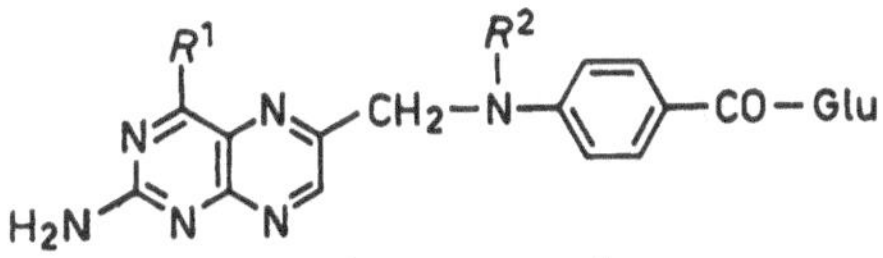

Methotrexat: $R^1 = NH_2$, $R^2 = CH_3$
Aminopterin: $R^1 = NH_2$, $R^2 = H$

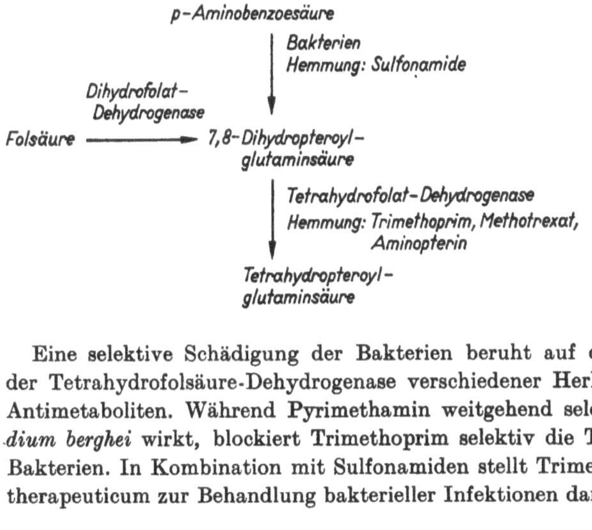

Abb. 6–1
Angriffspunkte von chemotherapeutisch wirksamen Antimetaboliten während der Folsäurebiosynthese

Eine selektive Schädigung der Bakterien beruht auf der unterschiedlichen Empfindlichkeit der Tetrahydrofolsäure-Dehydrogenase verschiedener Herkunft (Tab. 6–5) gegenüber Folsäure-Antimetaboliten. Während Pyrimethamin weitgehend selektiv auf den Malariaerreger *Plasmodium berghei* wirkt, blockiert Trimethoprim selektiv die Tetrahydrofolsäure-Dehydrogenase der Bakterien. In Kombination mit Sulfonamiden stellt Trimethoprim heute das wichtigste Chemotherapeuticum zur Behandlung bakterieller Infektionen dar.

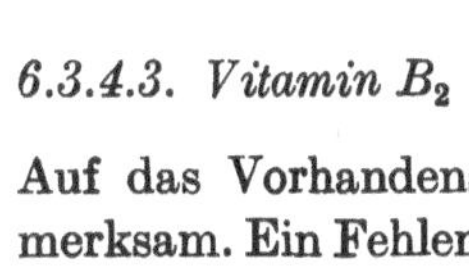

Pyrimethamin

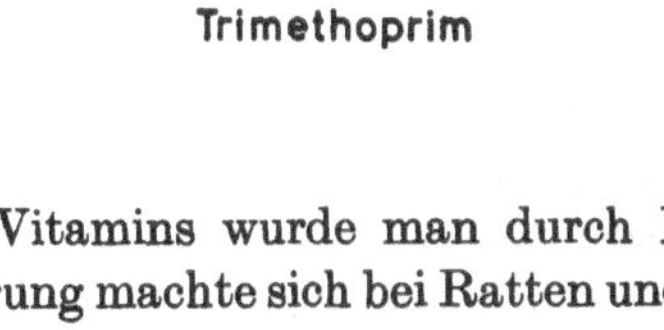

Trimethoprim

6.3.4.3. *Vitamin B_2*

Auf das Vorhandensein dieses Vitamins wurde man durch Fütterungsversuche aufmerksam. Ein Fehlen in der Nahrung machte sich bei Ratten und Hühnern durch Wachstumsstillstand und Hautveränderungen bemerkbar. Substanzen, die diese Mangel-

Tabelle 6–5

Konzentration von Folsäure-Antimetaboliten, die für eine 50%ige Hemmung der Tetrahydrofolsäure-Dehydrogenase verschiedener Herkunft erforderlich sind ($\times 10^8$ m)

Verbindung	Menschl. Leber	Plasmodium berghei	Escherichia coli
Pyrimethamin	180	0,05	2500
Trimethoprim	30000	7,0	0,5
Methotrexat	9	0,07	0,1

erscheinungen heilen konnten, wurden in Milch, Ei und Leber entdeckt (KUHN, WAGNER-JAUREGG, SZENT-GYÖRGYI). Sie wurden wegen ihrer gelben Farbe und nach ihrer Herkunft als Lact-, Ov- und Hepatoflavin bezeichnet. Später erhielt das Vitamin B_2 die Bezeichnung Riboflavin nach dem Bestandteil Ribitol.

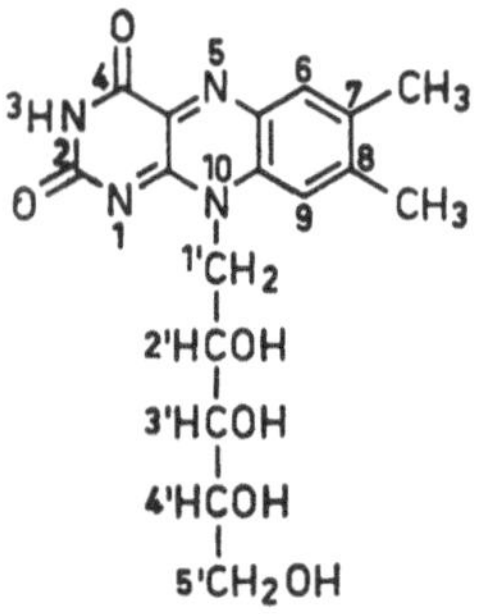

Riboflavin ist chemisch ein 7,8-Dimethyl-D-ribityl-isoalloxazin. Der Ribitolrest ist nicht glykosidisch gebunden, wird daher auch durch säurekatalysierte Hydrolyse nicht entfernt. Riboflavin und seine Derivate sind amphoter. Riboflavin wird am N-1 protoniert.

Auf die Lichtempfindlichkeit wurde bereits von WARBURG und CHRISTIAN 1932 in Zusammenhang mit der Entdeckung des „gelben Enzyms" hingewiesen. Unter pH 7 wird die Bindung N-10/C-1′, über pH 9 die Bindung C-1′/C-2′ photolytisch gespalten (S. 350).

Riboflavin kommt aufgrund seiner biochemischen Funktion in allen Zellen vor. Besonders reichlich ist es in Milch und Käse enthalten. Mangelerscheinungen beim Menschen sind äußerst selten.

Riboflavin wird heute durch Synthese gewonnen. Der Ribitolrest wird durch Umsetzen von 2,3-Dimethylanilin mit D-Ribose unter gleichzeitiger katalytischer Hydrierung eingeführt. Die für die Cyclisierung zum Pyrazinring erforderliche zweite Aminogruppe wird durch Umsetzen mit einem Diazoniumsalz und anschließende Reduktion erhalten. Der letzte Schritt ist eine Kondensation mit Alloxan oder Barbitursäure.

Riboflavin ist in den Zellen Bestandteil der *Flavinnucleotide*, die in über 60 Enzymen als prosthetische Gruppe enthalten sind. Als prosthetische Gruppen dienen Riboflavin-5′-phosphat (Flavinmononucleotid, FMN) und Flavin-Adenin-Dinucleotid (FAD).

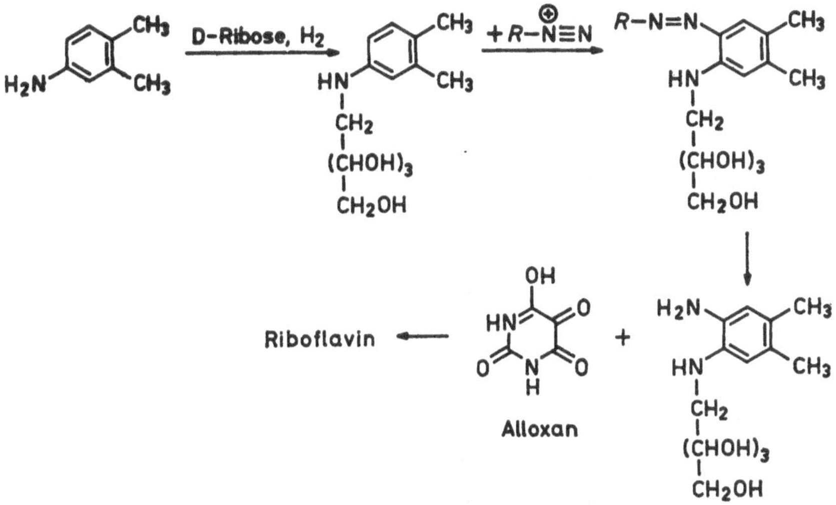

FAD besteht aus FMN und AMP, die über eine Pyrophosphatbindung miteinander verbunden sind. Die Flavine FAD und FMN sind Bestandteile der *Flavoenzyme*, die ohne oder mit Metallen (vor allem Fe, aber auch Mo) als Cofaktoren wirken. FMN ist Bestandteil des gelben Atmungsfermentes (WARBURG), der Cytochrom c-Reduktase und der L-Aminosäure-Oxidase. Die meisten Flavoenzyme enthalten FAD.

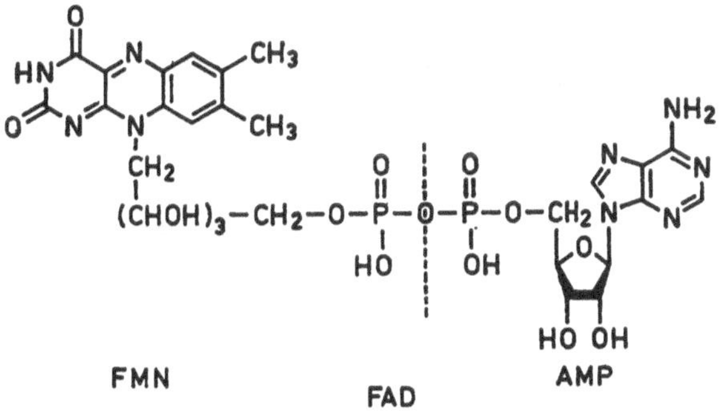

Die biochemische Funktion der Flavoenzyme beruht auf der Reaktion des Isoalloxazin-Anteils als Redox-System. Die Reaktion des Isoalloxazins mit Substraten erfolgt als Zweielektronenschritt oder zwei aufeinanderfolgende Einelektronenschritte, was sich in den nicht-dissoziierten Formen folgendermaßen formulieren läßt:

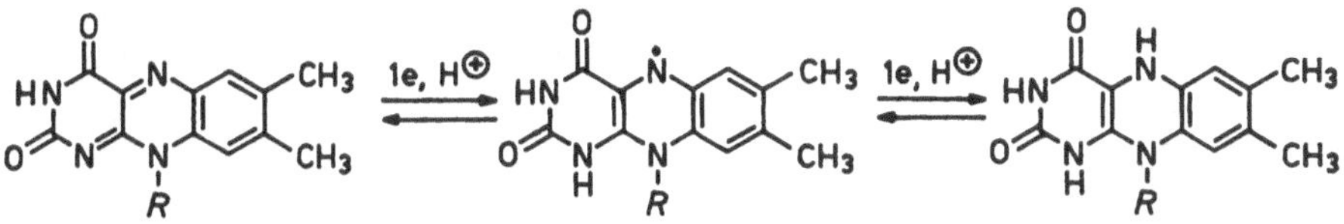

	oxidierte Form	Flavinradikal	reduzierte Form
	Flavochinon	Flavosemichinon	Flavohydrochinon
λmax in H_2O:	447 nm	622, 590 S, 570 nm	400 S, 280 S, 250 nm
	(S = Schulter)		

Als Intermediat wird ein Radikal (Flavosemichinon) gebildet, das sich *ESR*-spektroskopisch nachweisen läßt. Die einzelnen Verbindungen unterscheiden sich deutlich in ihren Absorptionsmaxima, die allerdings aufgrund des amphoteren Charakters der Verbindungen pH-abhängig sind. Das Riboflavin läßt sich photometrisch bestimmen. Das Flavosemichinon ist auch an Protein gebunden blau gefärbt. In konzentrierter wäßriger Lösung bilden sich vom Semichinon Assoziate (Flavochinhydron) mit einem Absorptionsmaximum > 800 nm. Hierbei handelt es sich praktisch um Charge-Transfer-Komplexe zwischen oxidiertem und reduziertem Flavin.

Das erste isolierte Flavoenzym war das von Warburg 1932 entdeckte gelbe Enzym der Hefe. Flavoenzyme sind Bestandteile der Atmungskette (S. 381). Dabei erfolgt ein Wasserstoffaustausch zwischen den Flavoenzymen und den Nicotinsäureamidnucleotiden.

Die Flavine können Charge-Transfer-Komplexe bilden. Von Bedeutung sind die Komplexe mit den Nicotinsäureamidnucleotiden. Die Komplexe $Flavin_{ox}$-NAD(P)H sind rot, die Komplexe $NAD(P)^+$-$Flavin_{red}$ grün gefärbt.

Zum Studium des Wirkungsmechanismus der Flavine wurden zahlreiche Flavinderivate synthetisiert. Verbindungen, bei denen die Methylgruppen in 7- oder 8-Stellung durch H, C_2H_5 oder Cl ausgetauscht wurden, wirken als Antagonisten. Viel untersuchte Flavinmodelle sind die Desazaflavine (5-Desazariboflavine) und Thiaflavine.

Inhibitoren der FAD- oder FMN-haltigen Oxidoreduktasen sind einige Malariamittel wie Chinacrin (Atebrin).

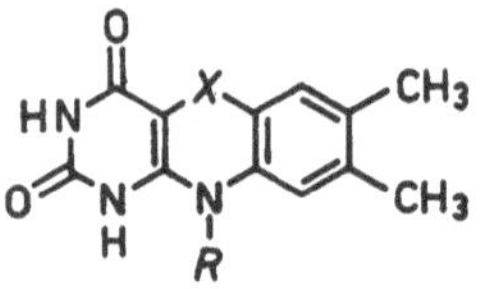

Desazaflavine: *X* = CH_2
Thiaflavine: *X* = S

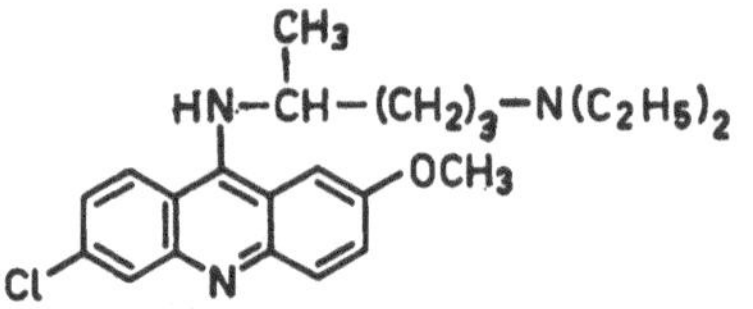

Chinacrin

Durch die Bindung der Flavine an das Apoenzym wird das Absorptionsmaximum des Flavins (447 nm in der oxidierten Form) bathochrom verschoben (altes gelbes Enzym: 464 nm).

Bei der Mehrzahl der Flavoenzyme läßt sich das Flavin nach Denaturierung des Proteins durch Behandeln mit Methanol, Wärme oder Säure mit geeigneten Lösungsmitteln (Chloroform) extrahieren. Es sind aber bereits über 10 Flavoenzyme aufgefunden worden, in denen das Flavin kovalent an das Protein gebunden ist. Zu diesen Flavoenzymen gehört die Succinat-Dehydrogenase. Nach Behandeln des Enzyms mit Trypsin/Chymotrypsin konnten Peptide erhalten werden, die kovalent gebundenes Flavin enthielten. Die Bestrahlung der Succinat-Dehydrogenase im Alkalischen (Lumiflavin-Reaktion S. 350) führte zu einem Derivat, das in Chloroform unlöslich war, bei dem also das photochemisch veränderte Flavin noch an das Protein gebunden war. Daraus ergab sich, daß das Protein nicht über die Position 10 des Riboflavins gebunden sein konnte.

Aus Untersuchungen mit synthetischen Flavinderivaten und Veränderungen der Elektronenspektren konnte schließlich sichergestellt werden, daß die Aminosäure Histidin an das C-8α des Riboflavinrestes gebunden ist (Struktur *12*). An anderen Enzymen konnten noch die Bindungstypen *13* und *14* (Thiohemiacetal) entdeckt werden, bei denen die kovalente Bindung über Cysteinreste erfolgt. Der Bindungstyp *13* liegt u. a. in der Monoamin-Oxidase vor.

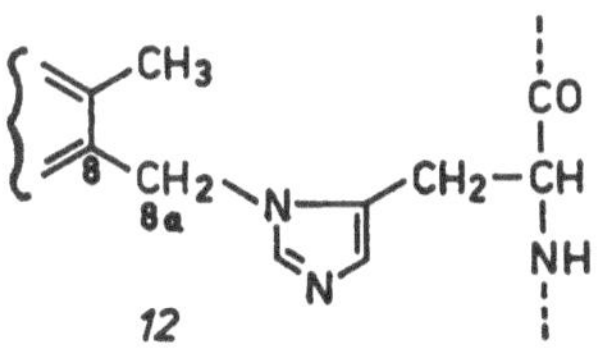

12

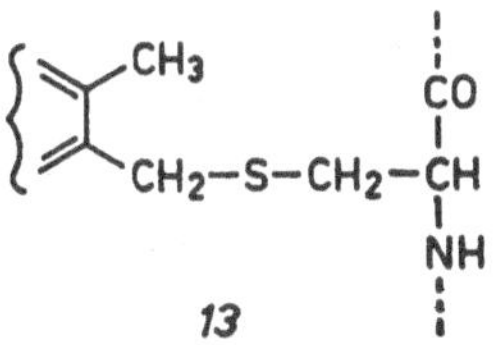

13

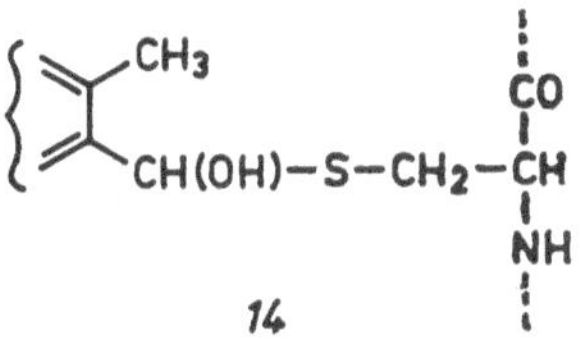

14

Das C-8 des Riboflavins ist ein Zentrum geringer Elektronendichte. Die Methylgruppe am C-8 ist daher schwach azid. Sie entspricht in ihrer Reaktivität der von Nitrotoluenen. Für das Zustandekommen der Bindung mit der Aminosäure könnten mesomer stabilisierte Radikale dieser Methylgruppe z. B. mit Mercaptogruppen als „Radikalfänger" in Frage kommen.

6.3.5. *Vitamin B_6 — Pyridoxalphosphat*

Als Vitamin B_6 wird eine Gruppe von strukturell sehr ähnlichen Pyridin-Derivaten bezeichnet, die im Organismus leicht ineinander übergeführt werden können. Zu dieser Gruppe gehören *Pyridoxol* (Pyridoxin), *Pyridoxal* und *Pyridoxamin*. Das zuerst isolierte Pyridoxol (1938: KUHN; KERESTHESY, LEPKOWSKY) wurde auch als Adermin bezeichnet, da ein Vitamin-B_6-Mangel bei Tieren Hauterkrankungen hervorruft. Beim Menschen tritt ein Vitamin-B_6-Mangel sehr selten auf.

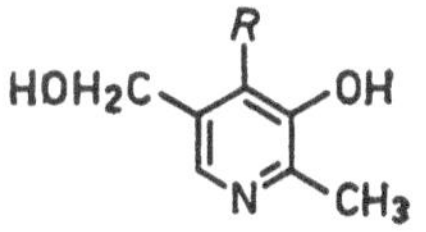

Pyridoxol: $R = CH_2OH$
Pyridoxal: $R = CHO$
Pyridoxamin: $R = CH_2NH_2$

Vitamin B_6 ist — meist an Protein gebunden — in Nahrungsmitteln pflanzlicher und tierischer Herkunft weit verbreitet. In pflanzlichem Material überwiegt Pyridoxin, in tierischem Pyridoxal und Pyridoxamin.

Der Vitamin-B_6-Bedarf hängt beim Säugetier von der Proteinzufuhr mit der Nahrung ab.

Das Pyridoxal liegt zum Teil als inneres Halbacatal (*15*) vor.

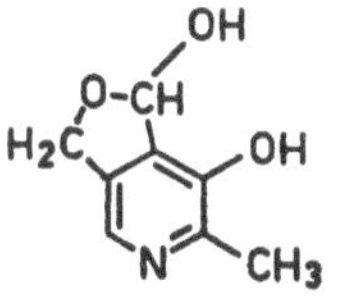

15

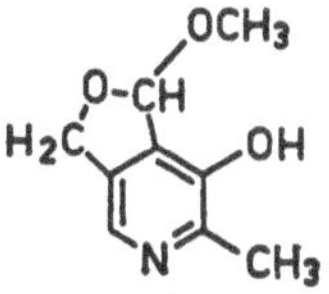

16

Aus diesem Grunde wird es vor dem chromatographischen Nachweis erst in das Methylacetal (*16*) übergeführt.

Vitamin B_6 läßt sich mit Hilfe chemischer oder physikalisch-chemischer bzw. mikrobiologischer Verfahren in pharmazeutischen Zubereitungen bzw. Nahrungsmitteln bestimmen. Die mikrobiologische Bestimmung beruht auf der Wachstumsförderung bestimmter Testkeime wie *Saccharomyces carlsbergensis, Streptococcus faecialis* oder *Lactobacillus helveticus.*

Das für therapeutische Zwecke benötigte Pyridoxin wird heute totalsynthetisch gewonnen. Das meist benutzte Verfahren nach HARRIS und FOLKERS geht aus von dem aus 1-Ethoxy-penta-2,4-dion und Cyanacetamid gewonnenen Pyridon *17*:

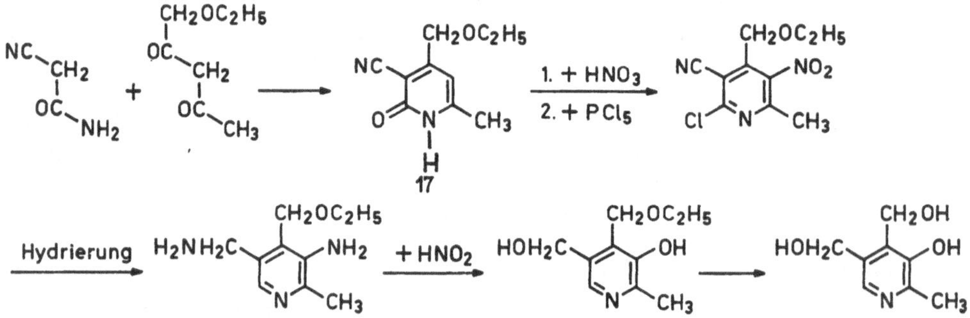

Vitamin B_6 ist als Pyridoxalphosphat Bestandteil zahlreicher Enzyme des Aminosäure-Stoffwechsels. Als Pyridoxalphosphat-abhängige enzymatische Reaktionen wurden u. a. Transaminierungen, Aminosäure-Decarboxylierungen und Aminosäure-Racemisierungen (bei Mikroorganismen) erkannt. Die Rolle des Pyridoxals wurde vor allem an nicht-enzymatischen Pyridoxal-katalysierten Reaktionen untersucht, nachdem SNELL 1945 beobachten konnte, daß Glutaminsäure in Gegenwart von Pyridoxal 2-Oxoglutarsäure bildet:

Pyridoxal + Glutaminsäure $\leftrightharpoons$ 2-Oxoglutarsäure + Pyridoxamin.

Primär wird bei dieser Transaminierung eine SCHIFFsche Base (vgl. Formelübersicht 6–6) gebildet. Die Aminogruppe der Aminosäure wird auf diese Weise auf das Pyridoxal unter Bildung des Pyridoxamins übertragen. Als Modellsystem für die Untersuchung der katalytischen Wirkung des Pyridoxals eignen sich auch andere o-Hydroxy-aryl-varbonyl-Verbindungen [SNELL, METZLER, BRAUNSTEIN, SHEMYAKIN). Die Geschwindigkeit der Reaktionen wird durch Metallionen wesentlich erhöht. Dem Metallkomplex wird die Struktur *18* zugeschrieben. Bei der enzymatischen Reaktion ist die Mitwirkung von Metallen umstritten. Eine Stabilisierung der SCHIFFschen Base könnte auch durch Wasserstoffbrücken (*19*) erfolgen.

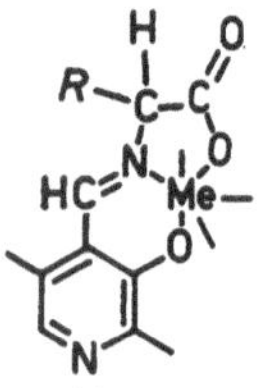

18

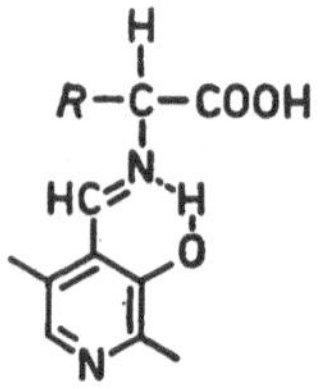

19

Die wichtigsten Reaktionsschritte der Pyridoxal-katalysierten Decarboxylierung, Transaminierung und Racemisierung sind in der Formelübersicht 6–6 wiedergegeben. Ein zentraler Vorgang ist die prototrope Umlagerung Aldimin C $\rightleftharpoons$ Ketimin E.

Neben den in der Formelübersicht aufgeführten Reaktionen können noch unter Einbeziehung des Restes *R* der Aminosäure β- und γ-Eliminierungen stattfinden.

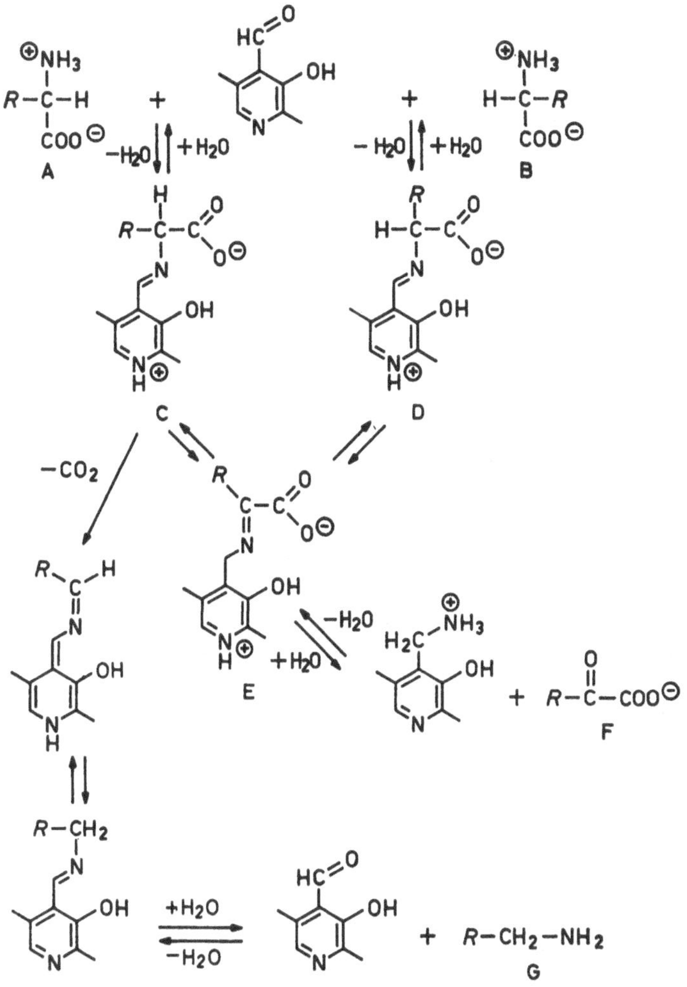

Formelübersicht 6–6

Pyridoxal-katalysierte Reaktionen:
$A \rightleftharpoons F$: Transaminierung; $A \rightleftharpoons G$: Decarboxylierung; $A \rightleftharpoons B$: Racemisierung

Das Pyridoxalphosphat ist als SCHIFFsche Base an die ε-Aminogruppe von Lysinresten des Enzyms gebunden.

Ein Austausch der Hydroxymethylgruppe in 4-Stellung des Pyridinrestes durch eine Methylgruppe (Desoxypyridoxin) führt zu einem sehr wirksamen Antivitamin. Die durch Desoxypyridoxin hervorgerufenen Vitamin-B_6-Mangelerscheinungen (u. a. Haut- und Nervenentzündungen) können durch Vitamin-B_6-Gaben schnell wieder beseitigt werden.

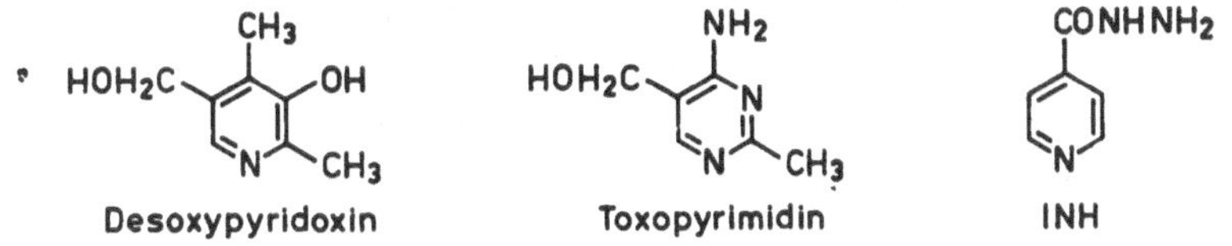

Als Vitamin-B_6-Antagonisten wirken auch 4-Amino-5-hydroxymethyl-2-methylpyrimidin (Toxopyrimidin) sowie das zur Behandlung der Tuberkulose eingesetzte Isonicotinsäurehydrazid (INH). INH wird auch als Antagonist des Nicotinsäureamids angesehen. Auf einen Vitamin-B_6-Antagonismus wird das Auftreten von Parästhesien und peripheren Neuritiden bei der Behandlung mit dem Antihypertonicum Dihydralazin zurückgeführt.

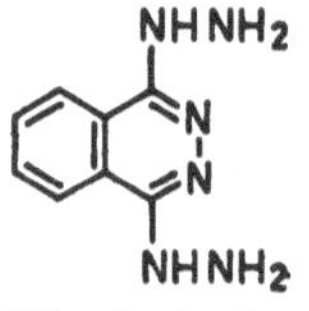

Dihydralazin

6.3.6. Pantothensäure — Coenzym A

Pantothensäure kommt als Baustein des Coenzym A praktisch in jeder Zelle vor. Bei der Pantothensäure ist die D-1,3-Dihydroxy-2-dimethylbuttersäure amidartig an β-Alanin gebunden. Die 1,3-Dihydroxy-2-dimethylbuttersäure wird auch als Pantosäure bezeichnet. Pantothensäure wird mit der Nahrung im wesentlichen als Coenzym A aufgenommen, das im Darm gespalten wird. Mangelerscheinungen sind beim Menschen unbekannt. Bei Küken treten pellagraähnliche Erscheinungen (Küken-Antidermatitis-Faktor), bei Ratten u. a. ein Grauwerden des Fells (Anti-Graue-Haare-Faktor der Ratte) auf.

Wirksam ist nur die D-Form. Für therapeutische Zwecke wird auch der entsprechende, synthetisch gewonnene Alkohol (Dexpanthenol, Pantothenol) eingesetzt, der im Organismus von Vögeln und Säugetieren zu Pantothensäure oxidiert wird. Bei Bakterien wirkt Pantothenol als Antivitamin.

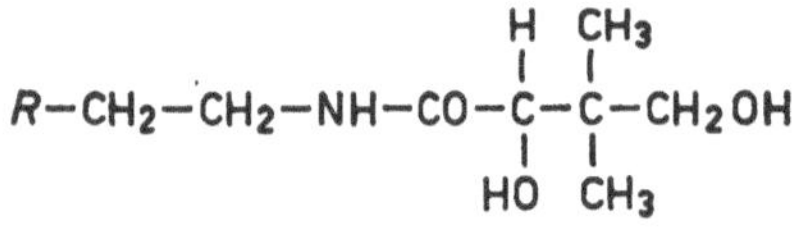

R=COOH: Pantothensäure
R=CH_2OH: Dexpanthenol

Pantoesäure bzw. Pantothensäure bilden in saurer Lösung leicht Pantolacton.

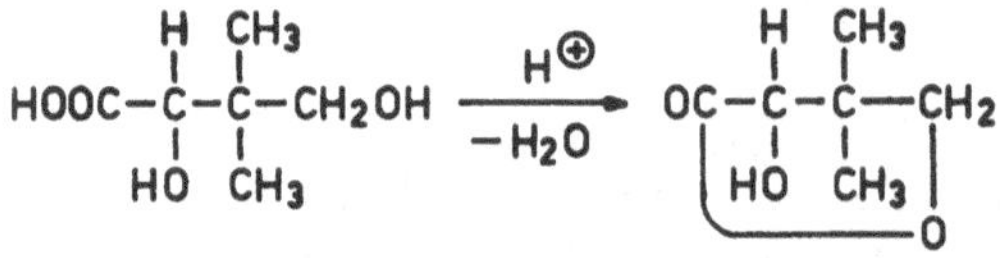

Pantolacton

Die natürliche Pantothensäure läßt sich durch Umsetzen von D-Pantolacton mit β-Alanin erhalten. Auf diesem Weg soll auch die Biosynthese verlaufen.

Der Einbau von Pantoesäure in Pantothensäure wird durch 2,2-Dichlorpropionsäure verhindert. Diese Säure wird zur Vernichtung einkeimblättriger Unkräuter (Gräser) in Kulturen von Magnoliaten (Luzerne, Rüben) eingesetzt.

Ein Ersatz des β-Alanins der Pantothensäure durch andere Aminosäuren ergab unwirksame Derivate (Alanin, β-Aminobuttersäure, Leucin) bzw. Antivitamine (Taurin).

Relativ unspezifische chemische Bestimmungsmethoden für Pantothensäure bzw. Dexpanthenol beruhen auf der Hydrolyse zu Pantoesäure und β-Alanin bzw. β-Alanol und anschließende Bestimmung dieser Spaltprodukte.

Die primären Amine β-Alanin bzw. β-Alanol können mit Naphtho-1,2-chinon-4-sulfonat (Aminosäurereagens nach Folin) bestimmt werden (S. 68).

Das in saurer Lösung entstehende Pantolacton kann als Hydroxamsäure kolorimetrisch bestimmt werden. Spezifischer als diese Methoden sind mikrobiologische Methoden.

Im *Coenzym A* ist die Pantothensäure amidartig an Cysteamin, einem Decarboxylierungsprodukt des Cysteins, gebunden. Dieses Pantothein ist über eine Pyrophosphorsäurebrücke mit Adenosin-3'-phosphat verknüpft.

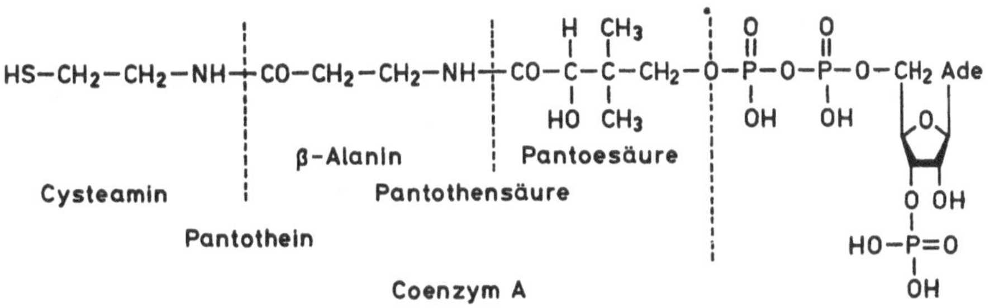

Coenzym A ist Bestandteil von Acyltransferasen. Die eigentlich reaktive Gruppe ist die endständige Mercaptogruppe, an die unter Bildung von Thioestern Säurereste gebunden werden. Diese S-Acylverbindungen sind wesentlich reaktionsfähiger als die entsprechenden Ester, da das S-Atom leichter polarisierbar ist. So werden bei der Hydrolyse von Thioestern 40—50 kJ/Mol, bei der normaler Ester dagegen nur ca. 12 kJ/Mol freigesetzt. Der Acylrest wird dadurch aktiviert und kann auf andere Gruppen (Akzeptoren) übertragen werden.

$$R{-}\overset{O}{\overset{\|}{C}}{-}S{-}CoA + H{-}A \rightleftharpoons R{-}\overset{O}{\overset{\|}{C}}{-}A + HS{-}CoA$$

Die Mercaptogruppe des Pantotheinrestes ist auch der Bindungsort der Fettsäurereste während der Fettsäuresynthese (S. 288). Während das Disulfid des Pantotheins, das Pantethin, wie Pantothensäure wirkt, verhält sich das (+)-Homopantethin als Antagonist.

$$\left[-S-(CH_2)_n-NH-CO-CH_2-CH_2-NH-CO-CH(OH)-C(CH_3)_2-CH_2OH\right]_2$$

Pantethin: $n = 2$

Homopantethin: $n = 3$

Die Mercaptogruppe des CoA kann mit 5,5'-Dithio-bis-nitrobenzoat (Ellmans Reagens) titriert werden. Disulfidgruppen von Proteinen reagieren nicht.

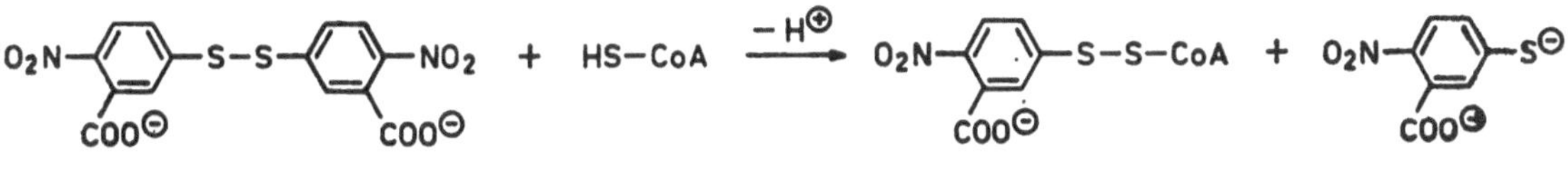

6.3.7. Nicotinsäureamid — Pyridinnucleotide

1934 wurde von WARBURG entdeckt, daß wasserstoffübertragende Enzyme Nicotinsäureamid enthalten. Vom Nicotinsäureamid (Niazin) und der Nicotinsäure war schon bekannt, daß sie die wichtigsten Symptome der Pellagra beseitigen können. Pellagra wird durch einen Mangel an Nicotinsäureamid und anderen Vitaminen der B-Gruppe

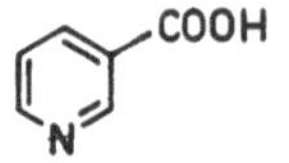

Nicotinsäure

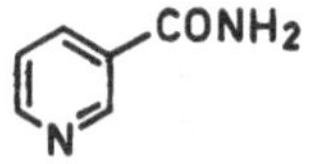

Nicotinsäureamid

hervorgerufen und äußert sich in Form von Hautveränderungen (u. a. Schuppen), Beeinträchtigungen der Verdauung (Diarrhoe) und der Nervenfunktion (Erregungen, Bewußtseinsstörungen). Nicotinsäureamid wurde deshalb auch als PP (pellagra-preventive)-Faktor bezeichnet. Auffallend war, daß die Pellagra vor allem in Ländern auftrat, wo die menschliche Nahrung sehr arm an Tryptophan ist, was bei Maisprodukten der Fall ist. Tryptophan erwies sich als ebenso wirksam wie Nicotinsäureamid. Das ist darauf zurückzuführen, daß der menschliche Organismus bei unzureichender Nicotinsäureamid-Zufuhr Nicotinsäure aus Tryptophan synthetisieren kann (Formelübersicht 6–7). Mikroorganismen und Pflanzen bilden die Nicotinsäure auf anderen Wegen.

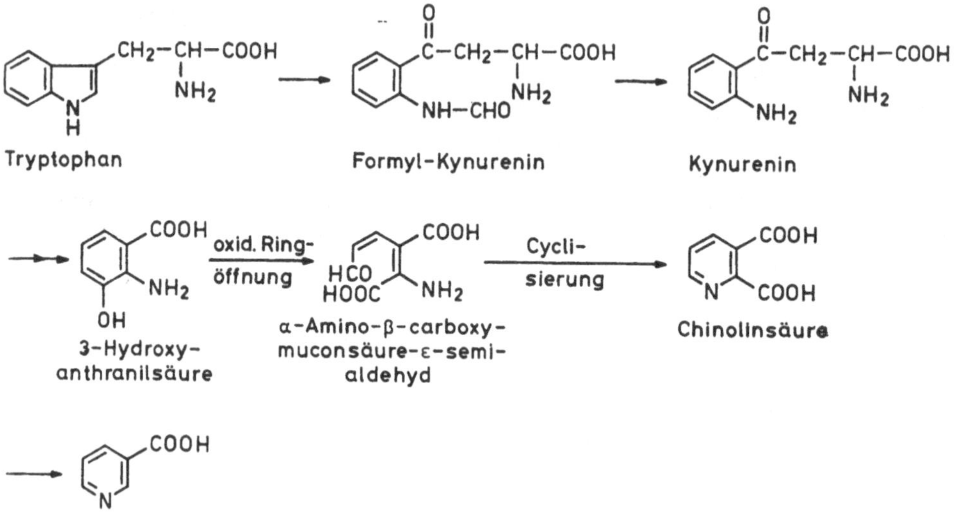

Formelübersicht 6–7

Biosynthese der Nicotinsäure aus Tryptophan.

Nicotinsäure wurde zuerst durch Oxidation des Alkaloids Nicotin (S. 534) mit Salpetersäure erhalten. Technisch können Nicotinsäure und Nicotinsäureamid aus 3-Cyanopyridin gewonnen werden:

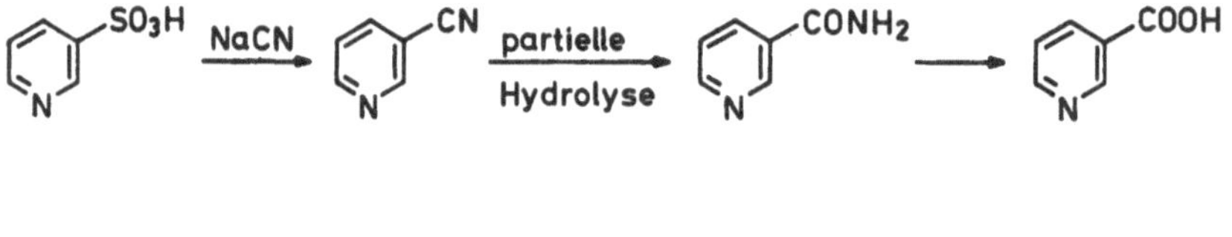

Aus Nicotinsäureamid bzw. Nicotinsäure werden im Organismus die *Pyridinnucleotide,* Nicotinsäureamid-Adenin-Dinucleotid (NAD^+) und Nicotinsäureamid-Adenin-Dinucleotid-Phosphat ($NADP^+$), gebildet, die Bestandteile von Oxidoreduktasen sind.

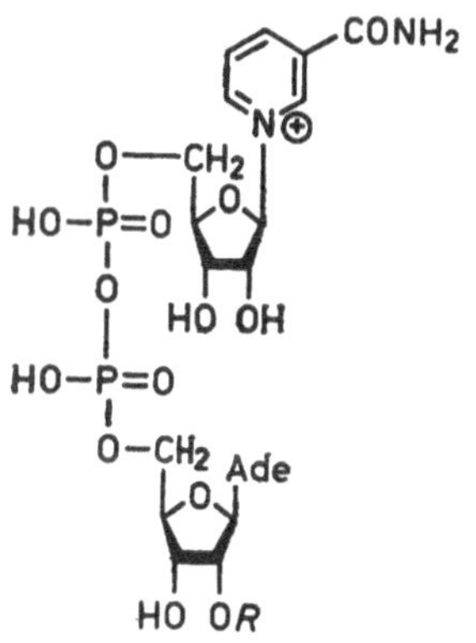

NAD^+: $R = H$
$NADP^+$: $R = PO_3H_2$

NAD^+ und $NADP^+$ sind Pyridinium-Verbindungen. Die Quaternisierung des N-Atoms erfolgt bei der Biosynthese durch Reaktion mit 5-Phosphoribosylpyrophosphat, bei der chemischen in vitro-Synthese durch Umsetzen mit einem geschützten Ribosylchlorid. Die katalytische Wirkung der Pyridinnucleotide ist auf das Redox-Gleichgewicht zwischen Pyridinium- und Dihydropyridin-Verbindung (Redox-Potential E_0 — 0,32 V) zurückzuführen:

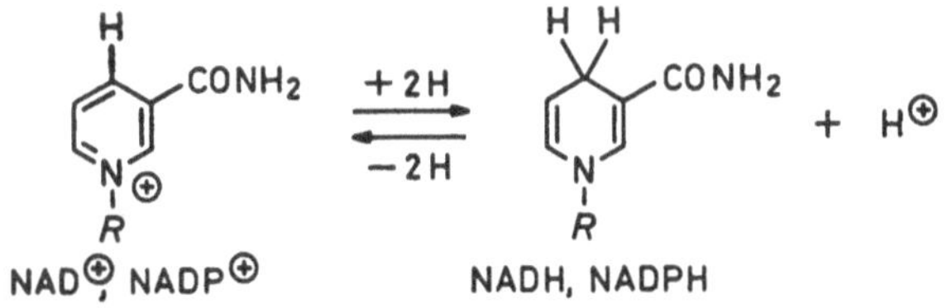

Nicotinamid selbst ist schwer hydrierbar (E_0 — 1,57 V), dagegen ist die entsprechende Pyridinium-Verbindung *20* relativ leicht in das Dihydropyridin-Derivat überführbar (E_0 — 0,27 V).

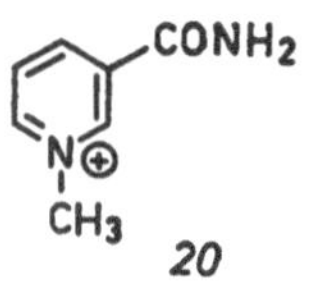

20

Durch den Übergang in das Dihydro-Derivat verändert sich das Elektronenspektrum der Pyridinnucleotide. Während die Pyridinium-Verbindungen bei 262 nm absorbieren, taucht bei den Dihydropyridin-Verbindungen NADH und NADPH ein zusätzliches Absorptionsmaximum bei 340 nm auf, das zur Bestimmung der reduzierten Formen herangezogen wird.

Durch die Reduktion des Pyridiniumringes wird das C-4 sp^3-hybridisiert und damit tetragonal. Mit Hilfe Deuterium-markierter Substrate (z. B. CH_3CD_2OH) konnte nachgewiesen werden, daß der Redox-Vorgang bei den Oxidoreduktasen stereospezifisch erfolgt. Das Substrat (S bzw. SD_2) nähert sich also dem planaren Pyridinring jeweils nur von einer Seite.

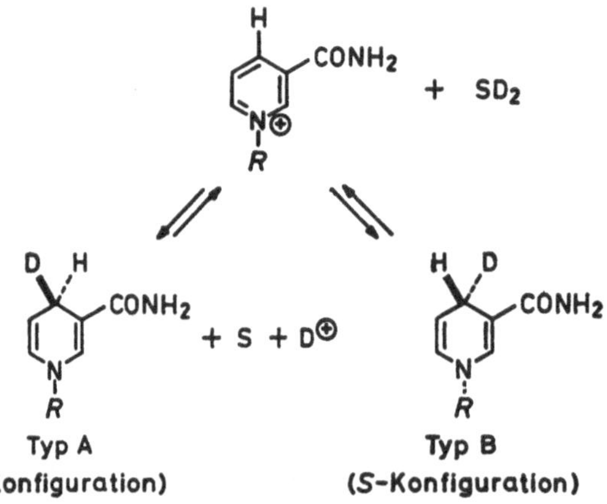

Die NAD⁺- bzw. NADP⁺-abhängigen Dehydrogenasen lassen sich aufgrund ihrer Stereospezifität in bezug auf das Substrat in Enzyme vom *A*- und *B*-Typ einteilen. Enzyme von *A*-Typ haben meist kleinere Substrate (z. B. Alkohol-Dehydrogenase, Lactat-Dehydrogenase) als Enzyme vom *B*-Typ (z. B. 3α-Hydroxysteroid-Dehydrogenase, Glucose-Dehydrogenase). Die Pyridinnucleotide sind die ersten Glieder der Atmungskette (S. 381), die den Wasserstoff unmittelbar vom Substrat bekommen.

Die Pyridinnucleotide werden durch die Bindung an das Apoenzym aktiviert. In Abwesenheit des Enzyms kann die reduzierte Form ihren Wasserstoff nicht auf das Substrat übertragen. Das Apoenzym bedingt auch die Spezifität der Dehydrogenase. Für die enzymatische Aktivität ist der Adeninrest unbedingt erforderlich. Zahlreiche physikalische Messungen (*NMR*, Fluoreszenz) deuten darauf hin, daß der Pyridin- und Purinring parallel übereinander liegen. Durch die Bindung der Pyridinnucleotide an das Apoenzym werden auch die optischen Eigenschaften verändert. Während NAD⁺ keine Fluoreszenz zeigt, fluoreszieren die NAD⁺ bzw. NADH-Dehydrogenasen bei 340 nm.

Zur chemischen Synthese von NAD⁺ werden die beiden Nucleotide entweder unmittelbar in Gegenwart von Dicyclohexylcarbodiimid in wäßrigem Pyridin oder nach geeigneter Aktivierung des einen Nucleotids miteinander umgesetzt. Die nach der ersten Methode als Nebenprodukte mit anfallenden symmetrischen Nucleotide lassen sich durch Ionenaustauschchromatographie abtrennen.

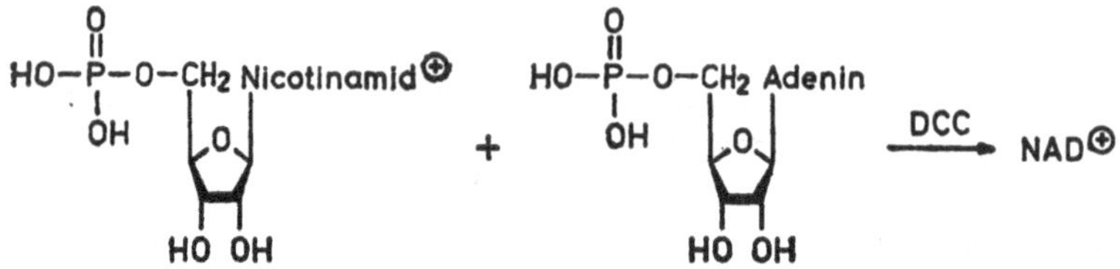

6.3.8. Biotin

Beim Fehlen des Biotin in der Nahrung kommt es zu Hautveränderungen, vor allem einer vermehrten Talgproduktion (Seborrhoe). Biotin wurde deshalb auch als Hautvitamin (Vitamin H) bezeichnet. Zu einem Mangel an Biotin kann es nach der reichlichen Aufnahme von rohen Eiern kommen, da das im Eiweiß enthaltene Protein *Avidin* eine hohe Affinität zum Biotin besitzt und es so dem Organismus entzieht.

Der Avidin-Biotin-Komplex ist selbst bei Temperaturen von 90–100 °C in wäßrigen Lösungsmitteln hoher Ionenstärke noch stabil. Avidin besteht aus 4 Polypeptidketten, besitzt eine Molmasse von ca. 70000 und enthält 4 Bindungsstellen für Biotin.

Biotin ist in allerdings sehr geringen Mengen praktisch ubiquitär in organischem Material verbreitet. Es konnte zuerst aus Eidotter (Kögl) und Leber (DuVigneaud) isoliert werden. In Leber, die zu den Biotin-reichsten natürlichen Quellen zählt, ist es nur zu etwa 0,00025% enthalten. Biotin ist ein Wuchsstoff für Mikroorganismen (Bakterien, Pilze).

Die Struktur des Biotins konnte 1942 von DuVigneaud aufgeklärt werden. Die Strukturaufklärung wurde vor allem durch die folgenden Abbaureaktionen ermöglicht:

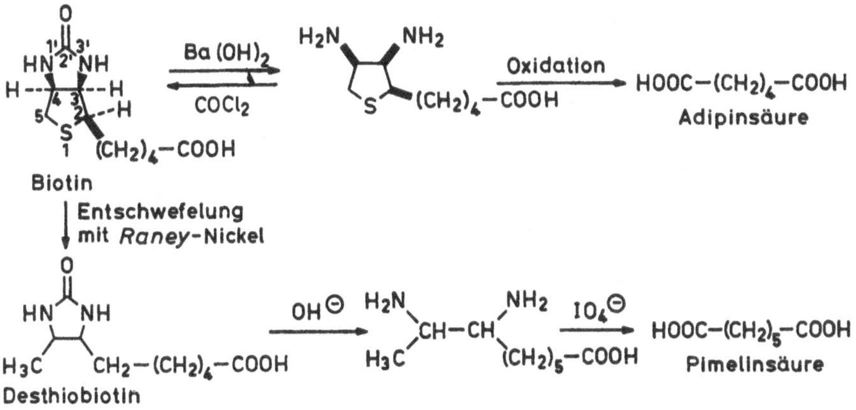

Die mikrobielle Biosynthese des Biotin geht von Cystein, Pimelinsäure und Carbamoylphosphat aus. In einigen Mikroorganismen wird ein *Desthiobiotin* gebildet, das in Biotin umgewandelt wird. Das synthetisch erhaltene *Oxybiotin* hat als Racemat etwa 1/4 der Wirksamkeit des natürlichen Biotins.

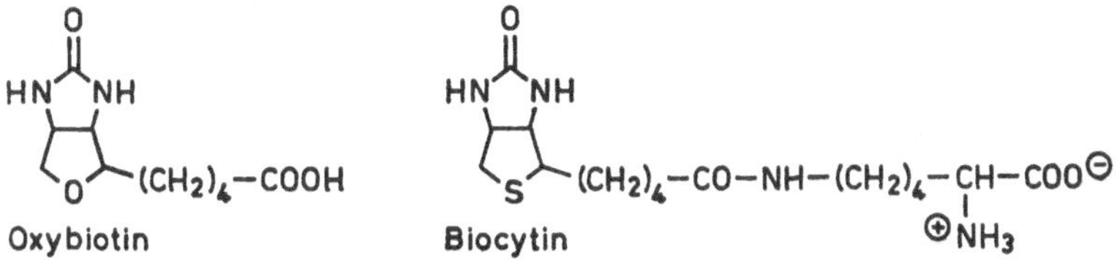

Durch vorsichtige Oxidation von Biotin mit Wasserstoffperoxid wird *Biotinsulfoxid* erhalten, das auch aus Milch isoliert werden konnte. Biotinsulfoxid besitzt ein chirales S-Atom. Nur die rechtsdrehende Form weist eine Biotin-Aktivität auf.

Verkürzungen (Norbiotin mit drei CH_2-Gruppen) und Verlängerungen (Homobiotin mit fünf CH_2-Gruppen) der Seitenkette des Biotins ergibt Inhibitoren.

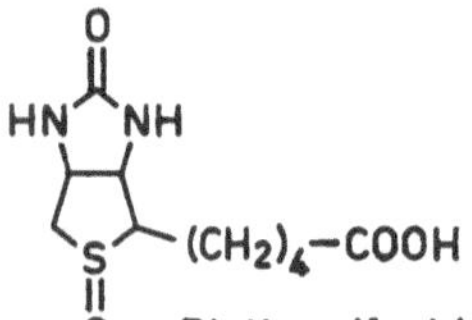

Biotinsulfoxid

Biotin wurde als Coenzym von Enzymen erkannt, die an der Übertragung von CO_2 beteiligt sind. Bei diesen Enzymen handelt es sich um Kohlendioxidligasen (Carboxylase):

$$\text{Biotin-Enzym} + \text{ATP} + \text{HCO}_3^{\ominus} \xrightleftharpoons{\text{Mg}^{2\oplus},\ \text{Mn}^{2\oplus}} \text{CO}_2^{\ominus}\text{-Biotin-Enzym} + \text{ADP} + \text{P}$$

$$\text{CO}_2^{\ominus}\text{-Biotin-Enzym} + A \rightleftharpoons \text{Biotin-Enzym} + A\text{-CO}_2^{\ominus}$$

und Carboxyltransferasen:

$$\text{Biotin-Enzym} + A\text{-CO}_2^{\ominus} \rightleftharpoons \text{CO}_2^{\ominus}\text{-Biotin-Enzym} + A$$

$$\text{CO}_2^{\ominus}\text{-Biotin-Enzym} + B \rightleftharpoons \text{Biotin-Enzym} + B\text{-CO}_2^{\ominus}$$

Das Biotin ist bei den Enzymen amidartig an die ε-Aminogruppe eines Lysinrestes gebunden. Das ε-N-Biotinyllysin wird auch als Biocytin bezeichnet.

Als Bindungsort für das CO_2 konnte das N-1′ des Biotins erkannt werden (Lynen). So konnte nach der Reaktion des $CO_2^{\ominus}$-Biotin-Enzym-Komplexes mit Diazomethan und anschließendem enzymatischen Abbau des Proteins ein relativ stabiler Carbamidsäureester (1′-N-Carbomethoxybiocytin) isoliert werden. Das „aktive CO_2“ (Carboxybiotin) wird offensichtlich durch einen nucleophilen Angriff des N-1′ des Biotins am C-Atom des Hydrogencarbonats gebildet.

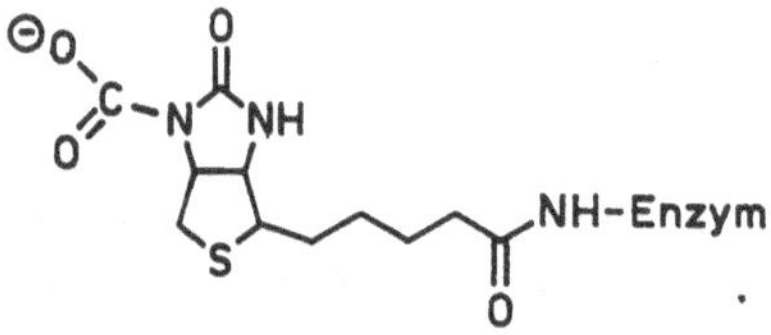

Carboxybiotin

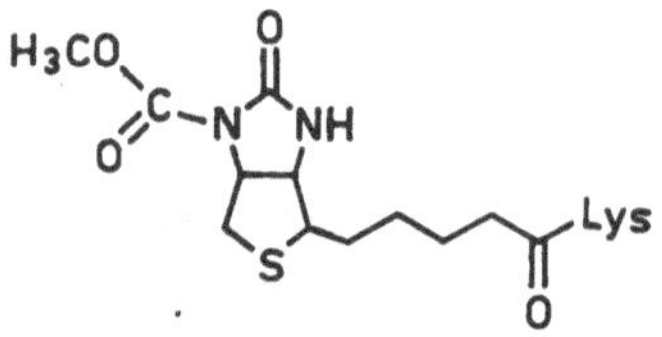

1′-Carbomethoxybiocytin

Zur quantitativen Bestimmung des Biotins eignen sich aufgrund der zu niedrigen Konzentrationen, in denen das Biotin in den Untersuchungsmaterialien vorkommt, nur mikrobiologische Verfahren. Als Testorganismen werden *Allescheria boydii* bzw. *Lactobacillus arabinosus* herangezogen.

6.3.9. *Siderochrome*

Unter dem Gruppennamen Siderochrome werden rotbraune (λ_{max} 420–440 nm) Eisentransport-Faktoren von Mikroorganismen zusammengefaßt. Die *Sideramine* sind Wuchsstoffe für verschiedene Mikroorganismen wie *Arthrobacter, Microbacterium lacticum, Mycobacterium paratuber-*

culosis oder *Pilobolus kleinii.* Die *Sideromycine* wirken dagegen antibiotisch. Siderochrome werden von aerob und fakultativ aerob lebenden Mikroorganismen (Bakterien, Hefen, Pilze) produziert bzw. benötigt. Nach ihrer chemischen Struktur lassen sich zwei Typen unterscheiden:

Typ I: Hydroxamsäure-Eisen(III)-Komplexe

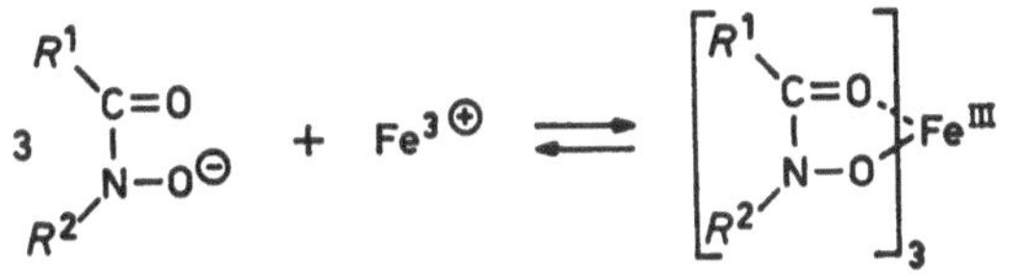

Innerhalb dieses Typs können wiederum mehrere Gruppen unterschieden werden. Die in Mikroorganismen weit verbreiteten Ferrichrome enthalten als Liganden ein cyclisches Hexapeptid mit einer ungewöhnlichen Tripeptid-Sequenz aus δ-N-Acyl-δ-N-hydroxy-ornithin. Die Eisenkomplexe sind in Wasser sehr gut löslich. Zu den Siderochromen des Typs I gehören ferner Coprogen, Aerobactin sowie Vertreter der Mykobactin-, Ferrioxamin, Fusarinin- oder Aspergillinsäure-Gruppe.

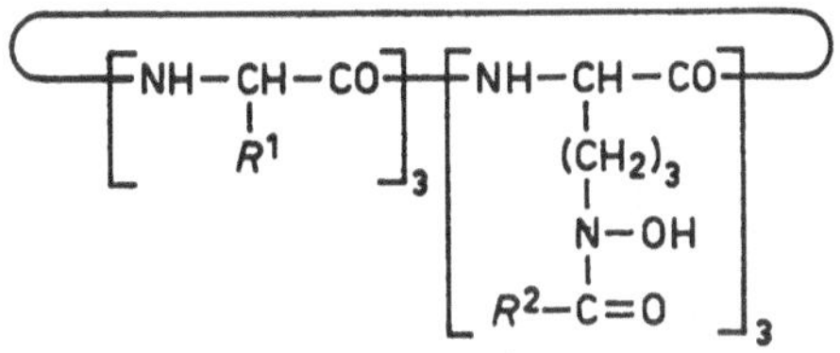

Ferrichrome
(Ferrichrom: $R^1 = H$; $R^2 = CH_3$)

Typ II: Phenol-Eisen(III)-Komplexe

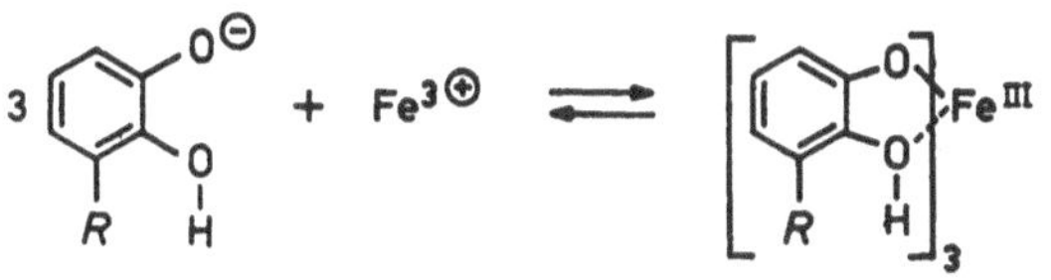

Während die Vertreter des Typs I überwiegend in Pilzen und Hefen gefunden wurden, kommen die des Typs II in Bakterien vor. Liganden des Eisens sind bei diesen Siderochromen Dihydroxybenzoesäurereste. 2,3-Dihydroxybenzoesäure ist amidartig an die Aminogruppen von Lysin-, Glycin- oder Serinresten gebunden. Als Beispiel sei das Enterobactin von *Salmonella typhimurium* herausgegriffen, bei dem die N-substituierten Serinreste esterartig miteinander verbunden sind.

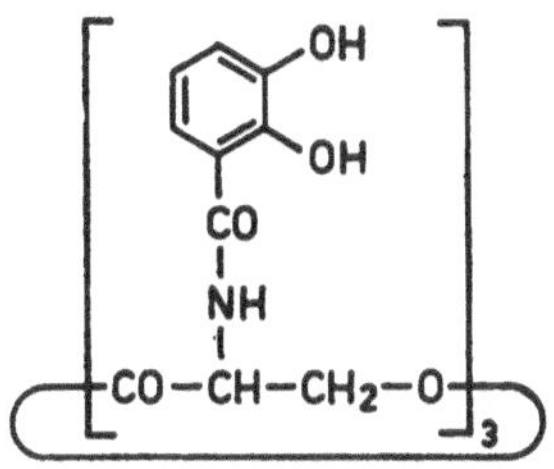

Ligand des
Enterobactin

6.4. Tetrapyrrole

6.4.1. Allgemeiner Aufbau der cyclischen Tetrapyrrole

Pyrrol ist ein fünfgliedriger Heteroaromat, der unsubstituiert die Struktur *21a* bevorzugt. Die tautomeren Formen 2H- und 3H-Pyrrol (α- und β-Pyrrolenin, *21b* bzw. *21c*) kommen nur in Form von Derivaten vor. Pyrrol reagiert aufgrund seines π-Überschuß-Charakters kaum noch basisch, ist aber in der Lage, den Wasserstoff am N-Atom als Proton abzuspalten. Pyrrol ist also eine schwache Säure.

21a

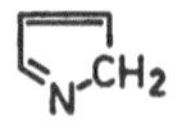

21b

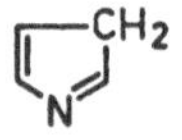

21c

Phylogenetisch sehr alt und engstens mit den Lebensvorgängen verbunden sind die Porphin-Derivate. Als *Porphin* bezeichnet man ein spannungsfreies Ringsystem mit vier Pyrrolringen, die z. T. als Pyrrolenine vorliegen und durch vier Methingruppen miteinander verbunden sind. Die Doppelbindungen dieses Ringsystems sind fortlaufend konjugiert. Das Porphin genügt der Hückel-Regel ($4n + 2\pi$-Elektronen) und ist ein planares, aromatisches Ringsystem, dessen langwellige Absorptionsmaxima aufgrund der vielen konjugierten Doppelbindungen im sichtbaren Bereich liegen. Alle Porphinderivate sind also stark gefärbt, i. d. R. tiefrot. Die scharfen, charakteristischen Absorptionsmaxima dienen zur Bestimmung und Identifizierung, insbesondere die bei allen Porphinderivaten vorhandene sog. Soret-Bande bei 400 nm, die nicht bei den ringoffenen Gallenfarbstoffen auftritt.

Porphin

Numerierung nach *H. Fischer* — Numerierung nach IUPAC-IUB (wird im Folgenden in den Kapiteln 6.4.1. bis 6.4.5. benutzt)

Aufgrund seines aromatischen Charakters ist das Porphin sowohl gegen Säure als auch gegen Wärme sehr beständig. Eine Zersetzung tritt erst oberhalb 360 °C ein, so daß dieses Ringsystem mit zu den hitzestabilsten organischen Verbindungen gehört. Porphine sind selbst unter den geologischen Bedingungen der Kohlebildung erhalten geblieben.

6.4.2. Nomenklatur

Über die Bezeichnung der Ringe und die Numerierung informieren die Strukturformeln.

Von einem im Ring D hydrierten Porphin (Dihydroporphin, *Chlorin*) leiten sich die Chlorophylle ab. Auch das Dihydroporphin ist noch ein aromatisches System, da für die durchgehende Konjugation insgesamt nur 9 Doppelbindungen benötigt werden. Tetrahydroporphine kommen in Bakterien vor: *Bacteriochlorin* als Grundkörper des Bacteriochlorophylls und *Isobacteriochlorin* als Grundkörper des Sirohydrochlorins von Sulfit-reduzierenden Bakterien. Hexahydroporphine (*Porphyrinogene*) treten als Zwischenprodukte bei der enzymatischen und chemischen Porphinsynthese auf. Vitamin B_{12} und dessen Derivate, die Corrinoide, leiten sich vom *Corrin* ab. Corrin ist ein partiell hydriertes cyclisches Tetrapyrrol, bei dem die Methingruppe zwischen den Ringen A und D fehlt (C-Atom 20).

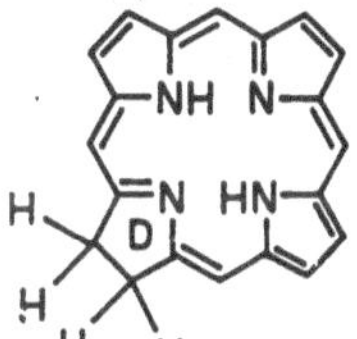

Chlorin
(Dihydroporphin)

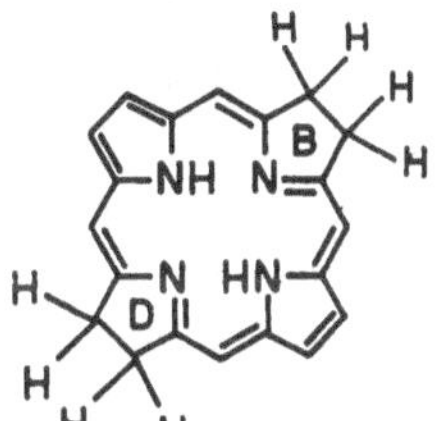

Bacteriochlorin
(Tetrahydroporphin)

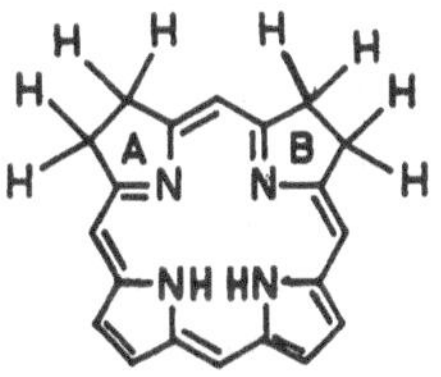

Isobacteriochlorin
(Tetrahydroporphin)

Porphyrinogen
(Hexahydroporphin)

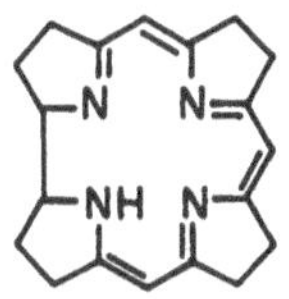

Corrin

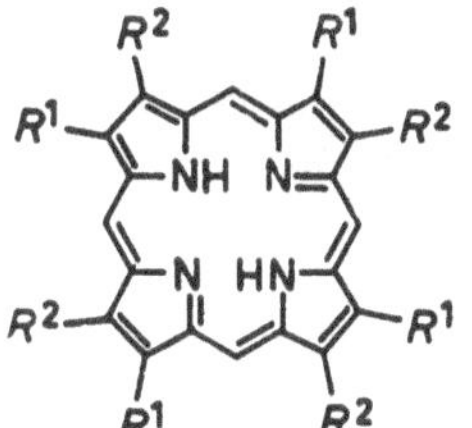

I

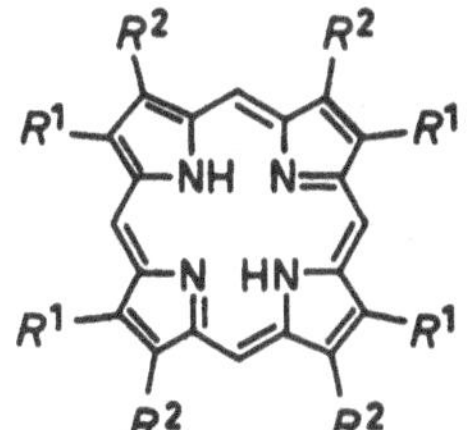

II

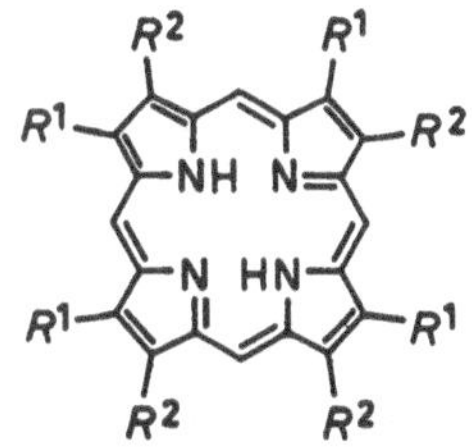

III

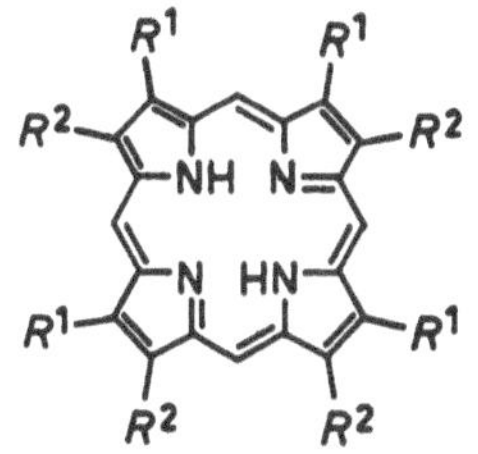

IV

	R^1	R^2
Ätioporphyrin	CH_3	C_2H_5
Uroporphyrin	CH_2COOH	C_2H_4COOH
Koproporphyrin	CH_3	C_2H_4COOH

Porphyrine sind Derivate des Porphins, die Substituenten in den Positionen 2, 3, 7, 8, 12, 13, 17 und 18 tragen. Die verschiedenen Isomeriemöglichkeiten der natürlichen Porphyrine wurden von H. FISCHER an einem Porphinderivat mit zwei verschiedenen Substituenten (Methyl- und Ethylgruppe) untersucht, das den Namen *Ätioporphyrin* bekam. Wenn jeder Pyrrolring des Ätioporphyrins beide Substituenten trägt, treten insgesamt vier Isomere auf, die als Typ I—IV bezeichnet werden. Die natürlichen Porphyrine besitzen als Substituenten Essigsäure- und Propionsäurereste (*Uroporphyrin*) bzw. Methyl- und Propionsäurereste (*Koproporphyrin*) und kommen meist als Typ III, seltener als Typ I vor.

Das verbreitetste Porphyrin ist ein Porphyrinderivat, das an den Ringen A und B Methyl- und Vinylreste trägt, an den Ringen C und D dagegen Methyl- und Propionsäurereste (Protoporphyrin). Von dieser Struktur sind insgesamt 15 Isomere möglich. Die natürlichen Derivate leiten sich vom *Protoporphyrin IX* ab.

Infolge der Carboxylgruppen sind die natürlichen Porphyrine amphoter. Der isoelektrische Punkt liegt zwischen 3 und 4,5.

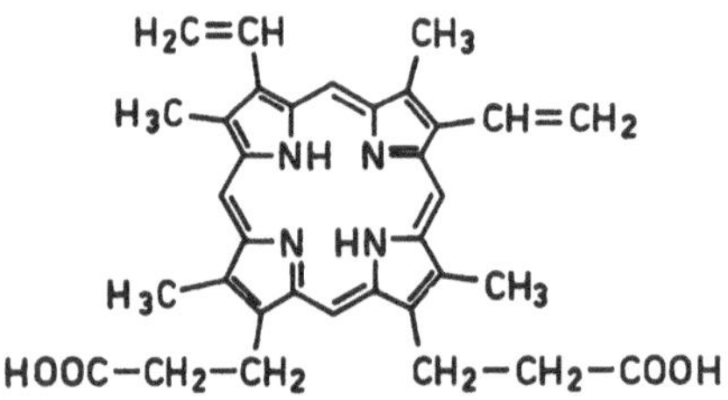

Protoporphyrin IX

6.4.3. *Synthesen*

Die einheitliche Art und Verteilung der Substituenten der natürlichen Porphinderivate (Porphyrine, Chlorine und auch Corrine) erklärt sich durch die *Biosynthese.*

Glycin + Succinyl-CoA
↓
δ-Aminolävulinsäure
↓
Porphobilinogen ⟶ Corrinoide (Vitamin B_{12})
↓
Uroporphyrinogen III
↓
Koproporphyrinogen III
↓
Protoporphyrinogen IX
↓
Protoporphyrin IX
↙ ↘
Protohäm-Derivate Chlorophylle

Die Bildung des Pyrrolringes kommt zustande durch die Kondensation von 2 Mol -δAminolävulinsäure zu *Porphobilinogen,* aus dem durch Cyclisierung von 4 Mol ein Hexahydroporphin-Derivat (Porphyrinogen), das Uroporphyrinogen III, gebildet wird.

Die weiteren Derivate werden durch enzymatische Umwandlung der Substituenten in Stellung 2, 3, 7, 8, 12 und 18 (Essigsäurerest → Methylgruppe; Propionsäurerest → Ethyl- oder Vinylgruppe) und anschließende Oxidation des Ringsystems zum Porphyrin gebildet.

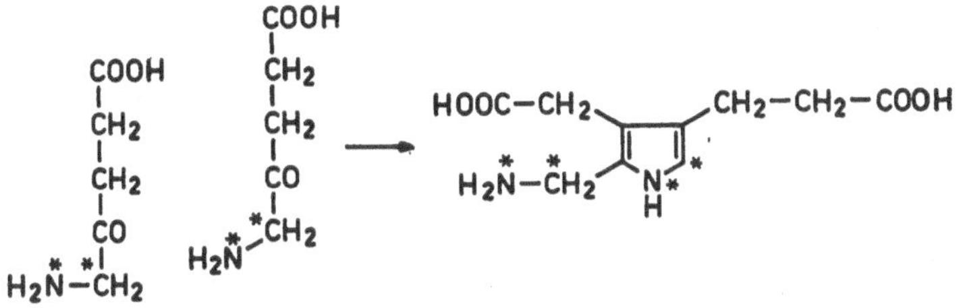

2 x δ-Aminolävulinsäure
*von Glycin

Porphobilinogen

Das Porphobilinogen kondensiert auch in vitro in Gegenwart von Säure in hoher Ausbeute zu Porphyrinogenen.

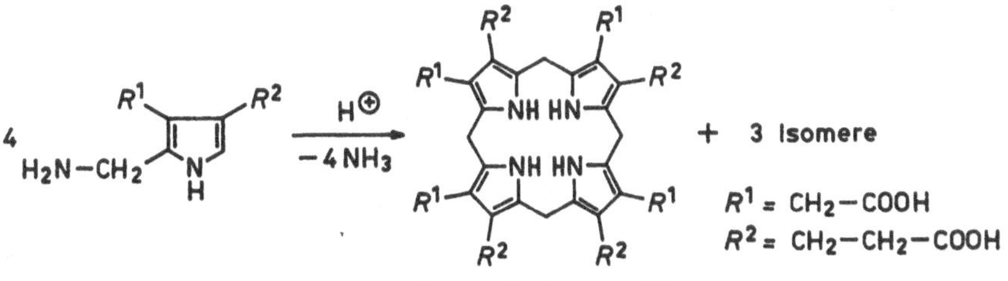

Uroporphyrinogen III
In vitro Cyclisierung

Die Struktur vieler natürlicher Porphyrine wurde durch die Synthese zweier Dipyrrylmethane oder -methene bewiesen (H. FISCHER, MACDONALD). Als Beispiel sei die Bildung von Deuteroporphyrin IX aus den bromierten Dipyrrylmethenen *22* und *23* herausgegriffen. Aus Deuteroporphyrin IX konnte durch weitere Reaktionsschritte Protohäm IX synthetisiert werden (H. FISCHER).

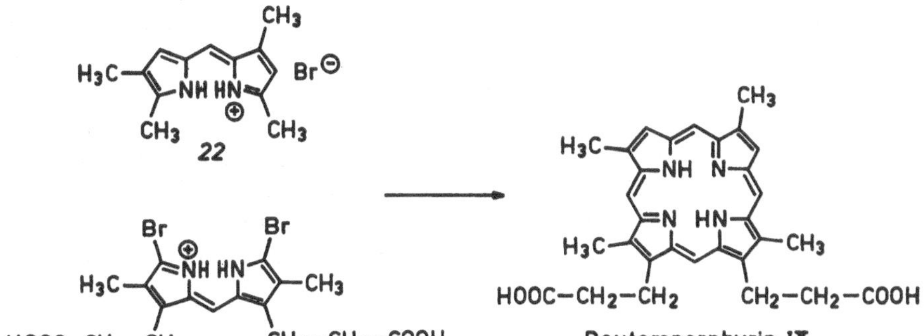

22

23

Deuteroporphyrin IX

Wesentlich größere Probleme traten aufgrund der Substituenten, der teilweisen Hydrierung und stereochemischer Probleme bei der Totalsynthese des Chlorophylls a (WOODWARD) und Vitamin B_{12} (1972: WOODWARD und ESCHENMOSER) auf.

Um die Reaktion zweier verschiedener Dipyrryleinheiten eindeutig zu gestalten, wurde zuerst bei der Chlorophyllsynthese von zwei durch eine Brücke verbundenen Dipyrryleinheiten ausgegangen, die dann in einer eindeutig verlaufenden intramolekularen Reaktion miteinander zum cyclischen Tetrapyrrol verbunden werden können (WOODWARD). Die durch eine SCHIFFsche Base überbrückten Dipyrrylmethane *24* gehen bei der Behandlung mit methanolischem HCl in das Dihydroporphyrin-(Phlorin-)Derivat *25* über, aus dem in weiteren Reaktionsschritten Chlorophyll a synthetisiert werden konnte.

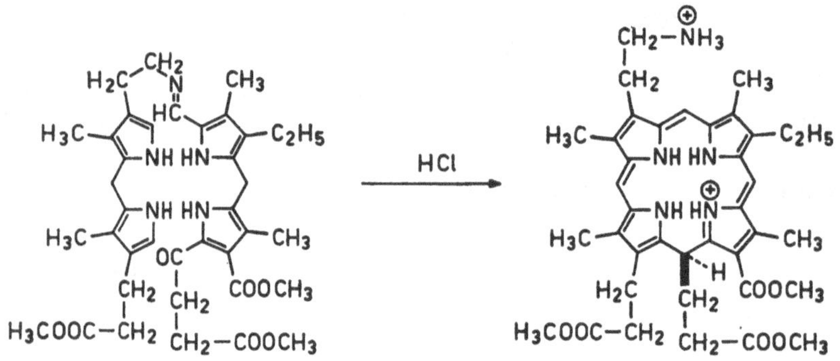

24 *25*

Noch größer waren die Probleme bei der Totalsynthese der Cobyrsäure, die bereits früher in Vitamin B_{12} übergeführt werden konnte. Cobyrsäure verfügt über nicht weniger als 9 Chiralitätszentren. In Zusammenhang mit der stereospezifischen, 37stufigen Synthese des A-D-Dipyrrylderivates von *26* konnten die WOODWARD-HOFFMANN-Regeln über die Erhaltung der Orbitalsymmetrie aufgestellt werden. Die Cyclisierung zum corrinoiden System *28* erfolgte ausgehend vom A-D-C-B-Fragment *26* nach der Sulfid-Kontraktionsmethode (WOODWARD, A/B-Variante) oder durch eine unter Argon bei Raumtemperatur mit sichtbarem Licht stattfindende Photocyclisierung, die vom A-B-C-D-Fragment *27* ausging (ESCHENMOSER, A/D-Variante).

Nach der Sulfidkontraktionsmethode werden die Ringe zunächst über eine Sulfidbrücke (*29*) miteinander verbunden, die dann durch Entschwefelung wieder entfernt wird.

6.4.4. *Metall-Komplexe* (Metalloporphyrine)

Porphinderivate sind in der Lage, mit verschiedenen Metallionen Metallkomplexe vom Chelattyp zu bilden. Die Stabilität der Metalloporphyrine hängt vom Metallion sowie von der Struktur des Porphinderivates ab. Während Mg(II)- oder Zn(II)-Komplexe schon durch verdünnte Säure gespalten werden können, lassen sich Fe(III)-, Cu(II)- oder Co(II)-Komplexe nur unter drastischen Bedingungen spalten. Bei diesen Komplexen ist die Stabilität oft so hoch, daß keine Stabilitätskonstanten angegeben werden können, da die Komplexe unter physiologischen Bedingungen nicht nachweisbar dissoziieren. Da Fe(II) weniger fest als Fe(III) gebunden ist, werden eisenhaltige Metalloporphyrine vor der Entfernung des Metalls zunächst reduziert. Die Stabilität der Komplexe entspricht etwa folgender Reihenfolge der Zentralatome:

Pt(II) > Ni(II) > Co(II) > Cu(II) > Fe(II) > Zn(II) > Mg(II)

Die Porphyrine bilden mit fast allen Metallen Komplexe. Von größter biologischer Bedeutung sind die sauerstoff- und elektronenübertragenden Fe-Komplexe, die Mg-Komplexe (Chlorophylle) und Co-Komplexe (Vitamin B_{12}). Cu-Porphyrin-Komplexe

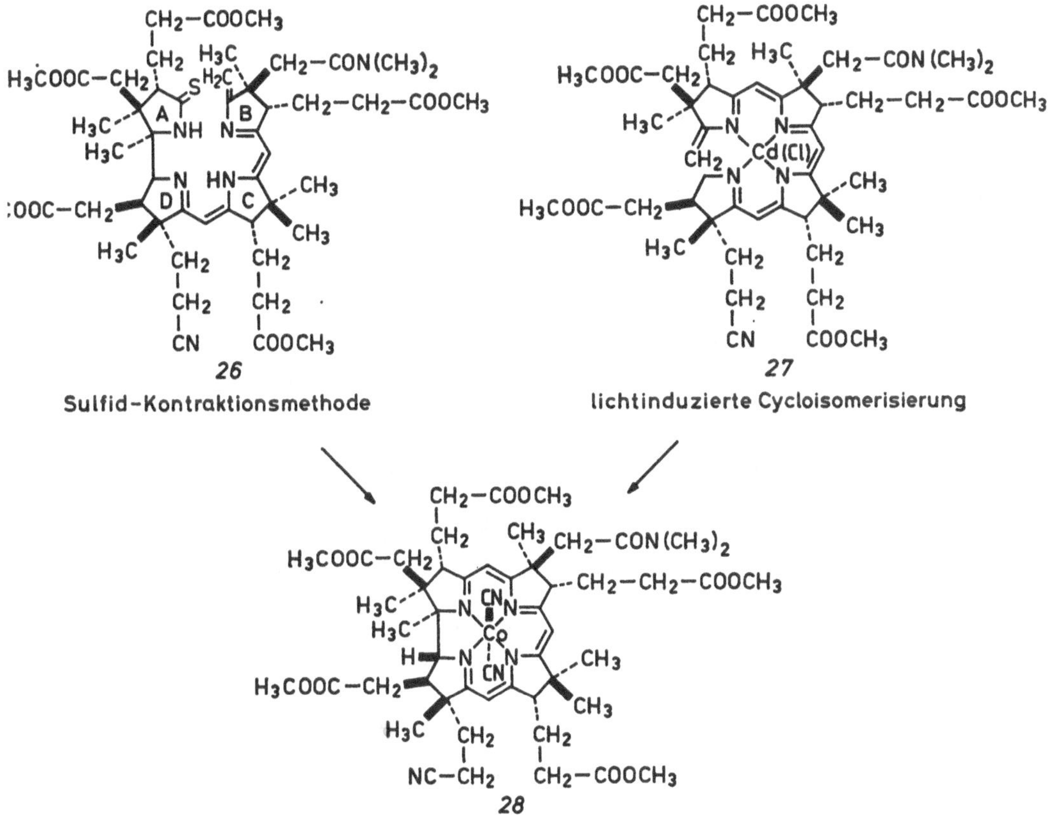

26 Sulfid-Kontraktionsmethode

27 lichtinduzierte Cycloisomerisierung

28

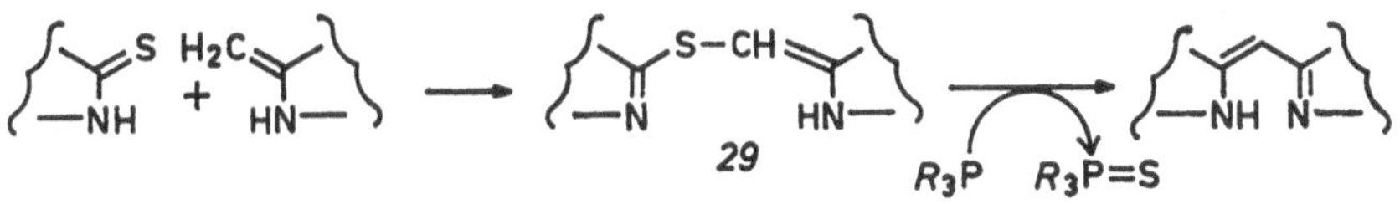

29

sind verantwortlich für die Farbe der Federn verschiedener tropischer Vögel, z. B. der Turaco.

Wesentlicher Schritt der Strukturaufklärung der Metalloporphyrine ist die Spaltung zu identifizierbaren monocyclischen Verbindungen unter gleichzeitiger Entfernung des Metallatoms und labiler Seitengruppen. Von Bedeutung ist die reduktive Spaltung, die zu Pyrrolderivaten führt (*30*), und die oxidative Spaltung, die zu Maleinsäure-

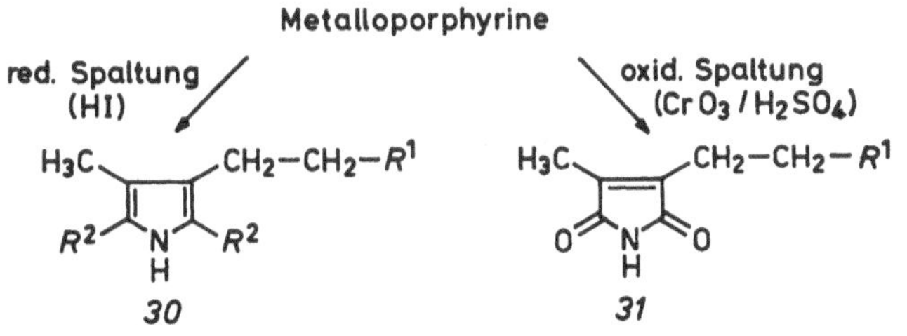

30 31

R^1 = H, COOH R^2 = H, CH_3

imiden (*31*) führt. Metall-Porphyrin-Komplexe bilden miteinander (vgl. S. 381) bzw. mit anderen Molekülen π-Komplexe, die sich durch geringfügige Veränderungen der Absorptionsmaxima unter Bandenverbreiterung sowie Verschiebung der *NMR*-Signale der Methinprotonen nachweisen lassen.

6.4.5. *Eisen-Porphyrin-Komplexe*

6.4.5.1. *Allgemeine Struktur*

Eisen-Porphyrin-Komplexe können sowohl von Fe(II) als auch von Fe(III) gebildet werden. Ein Eisen(II)-Porphyrin wird als Häm, dessen Derivate als Hämo-Verbindungen, ein Eisen(III)-Porphyrin als Hämin und dessen Derivate als Hämi-Verbindungen bezeichnet. Die Eisen-Porphyrin-Komplexe sind als prosthetische Gruppen an Proteine gebunden. In freier Form liegen sie nur in sehr geringer Konzentration vor.

Die Hämo- oder Hämi-Proteine dienen zum Sauerstofftransport (Hämoglobine) bzw. zur Sauerstoffspeicherung (Myoglobine) sowie als Oxidoreduktasen (Cytochrome, Katalasen, Peroxidasen). Die einzelnen Hämo- oder Hämi-Proteine können sich in ihrer Porphyrin- und Protein-Komponente unterscheiden. Bei den natürlichen Hämen werden vor allem drei Grundkörper unterschieden: Häm a, b und c. In Mikroorganismen wurden noch weitere Häme gefunden. Am verbreitetsten ist das Häm b (Protohäm). Es ist Bestandteil der Hämoglobine, der Cytochrome b sowie der Katalasen und Peroxidasen.

Die anderen Häme kommen nur bei den Cytochromen vor (Kap. 6.4.5.3.).

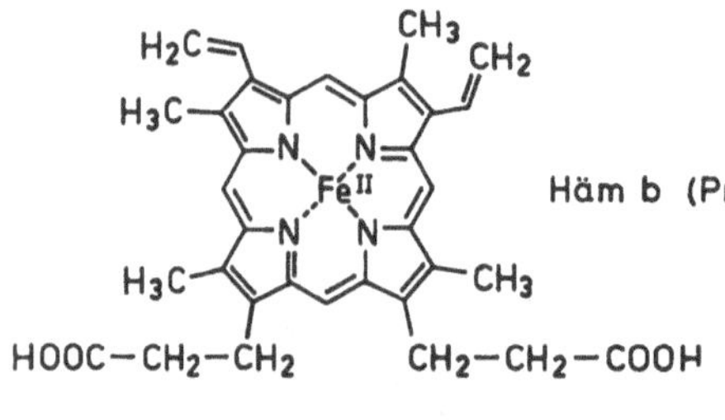

Häm b (Protohäm)

Bei den Eisen-Komplexen steht das Eisen im Zentrum des planaren Porphyrin-Ringsystems. Die Bindungen des Eisens zu den N-Atomen des Porphyrins sind gleichberechtigt (hybridisiert). Aufgrund der Koordinationszahl 6 des Eisens können noch zwei weitere Liganden gebunden werden, die senkrecht (axial) ober- bzw. unterhalb des Porphyrinringes angeordnet sind. Die Fe-Komplexe können vom High-spin- oder Low-spin-Typ sein. Beide Typen unterscheiden sich charakteristisch in ihren physikalisch-chemischen Eigenschaften (Absorptionsmaximum, Elektronenspinresonanz) sowie in ihrer Stereochemie.

Bei den High-spin-Komplexen sind ungepaarte *d*-Elektronen vorhanden, so daß der Komplex paramagnetisch und *EPR*-spektroskopisch aktiv ist. Die Liganden werden nicht-kovalent gebunden.

Die Low-spin-Komplexe enthalten doppelt besetzte *d*-Orbitale. Diese Komplexe sind diamagnetisch und *EPR* inaktiv. Die Bindung des Zentralatoms an die Liganden erfolgt kovalent. Fe^{3+} neigt mehr zur Bildung von Low-spin-Komplexen.

Die Low-spin-Komplexe wurden vor allem am Beispiel der Häme mit N-haltigen Basen als

Liganden untersucht. Als Ligand derartiger *Hämochrome* dient vor allem Pyridin. Low-spin-Komplexe werden außer mit diesen Basen auch mit O_2, CO oder NO gebildet.

In den High-spin-Komplexen ist das zentrale Fe-Atom um mindestens 0,03 nm außerhalb der Ebene der Pyrrolringe angeordnet.

6.4.5.2. Sauerstoffübertragende Hämoproteine

Sauerstoffübertragende Chromoproteine sind in fast allen Tieren enthalten, da die Löslichkeit der Sauerstoffs in Wasser zu gering ist, um die Atmung zu unterhalten. Diese Chromoproteine kommen gelöst im Blutplasma oder in bestimmten Zellen des Blutes (Erythrozyten) bzw. der coelematischen Flüssigkeit (bei höher entwickelten Metazoen) vor. Nach ihrer chemischen Struktur lassen sich drei Typen, Hämocyanin, Hämerythrin und die Hämoglobine, unterscheiden. Alle Sauerstoffträger liegen in ihrer aktiven Form als Polymere vor (intrazellulär als Oligomere, in Körperflüssigkeiten als höhere Polymere).

Hämocyanin (*Hcy*) ist im Blut verschiedener Weichtiere (*Cephalopoda, Gastropoda*) und Gliederfüßer (*Crustaceae, Limulus*) enthalten, von denen die meisten Meerestiere sind. Hämocyanin ist ein Metalloprotein mit einem Kupfergehalt von ca. 0,17% bei den Gliederfüßern und 0,25% bei den Weichtieren. Die sauerstofftragenden Hämocyanine (Oxyhämocyanine) sind kräftig blau gefärbt (langwelliges Absorptionsmaximum bei 580 nm), die sauerstofffreie Form ist farblos. Ein Sauerstoffatom wird von zwei komplex gebundenen Cu(I)-Atomen reversibel gebunden. Das biologisch aktive Hämocyanin der Gliederfüßer enthält 6 sauerstoffbindende Stellen (also 12 Untereinheiten), das der Weichtiere 90—100 bzw. 180—200.

Hämerythrin (*Hery*) ist ein Eisen(II)-Protein, das in einigen meeresbewohnenden Wirbellosen, so in den Zellen der Körperhöhlen von Spritzwürmern (*Sipunculida*), Priapswürmern (*Priapulida*) und einigen schloßlosen Armfüßern (der Familie der *Lingulaceae*), vorkommt. Das Hämerythrin-Molekül besteht aus 8 Untereinheiten. Jede Untereinheit enthält zwei Eisen-Atome und eine Peptidkette aus 113 Aminosäuren, deren Sequenz aufgeklärt ist. Das Eisen ist komplex an Seitenketten der Aminosäuren gebunden (z. B. von Cys, His, Tyr). Hämerythrin ist ohne Sauerstoff farblos, als Oxyhämerythrin aber blauviolett gefärbt.

Die sauerstoffübertragenden *Hämoglobine* sind Fe(II)-Porphyrin-Komplexe. Bei dem Häm handelt es sich meist um das Protohäm oder Häm b (Protohämoglobin, PrHb, meist einfach als Hämoglobin, Hb, bezeichnet). Lediglich im Blutplasma verschiedener Ringelwürmer (der Familien der Flabelligeridae, Serpulidae und Sabellidae) kommt *Chlorohämoglobin* (ChlHb, auch Chlorocruorin) vor. Das Chlorohäm unterscheidet sich vom Protohäm durch einen Austausch des Vinylrestes in Stellung 3 durch einen Formylrest (—CHO). Chlorohämoglobin ist im Unterschied zum roten Protohämoglobin gelbgrün gefärbt.

Protohämoglobine kommen u. a.

- in den Blutkörperchen von Wirbeltieren (*Vertebraten*) und Hufeisenwürmern (*Phoronidea*);
- im Blutplasma (extrazelluläre Hämoglobine oder Erythrocruorine) von Würmern (*Annelida*), verschiedenen Krebstieren (*Crustacea*) und einigen Rund- oder Fadenwürmern (*Nematoda*);
- in coelematischen Korpuskeln einiger Vielborster (*Polychaeta*), von Igelwürmern (*Echiurida*) und Seegurken (*Cucumaria, Caudina, Thyone*);
- in Muskelzellen (als Myoglobin bezeichnet) von Wirbeltieren, Daphnien, Weichtieren (*Gastropoda, Amphineura*), einigen Rund- oder Fadenwürmern und Vielborstern (der Familie der *Aphroditidae* und *Arenicolidae*)

sowie bei einigen niederen Tieren auch im Nervensystem oder anderen Zellen vor. Die intrazellulären *Myoglobine* dienen im Muskelgewebe — vor allem von Meerestieren — als Sauerstoffspeicher.

Jedes Hämmolekül ist bei den Hämoglobinen an eine Peptidkette gebunden. Der Proteinanteil des Hämoglobins kann durch Behandeln mit Säure abgespalten werden. Dabei wird gleichzeitig das Zentralatom oxidiert (Bildung von Hämin).

Durch Behandeln mit Ameisensäure kann das Zentralatom entfernt werden (Bildung von Protoporphyrin IX).

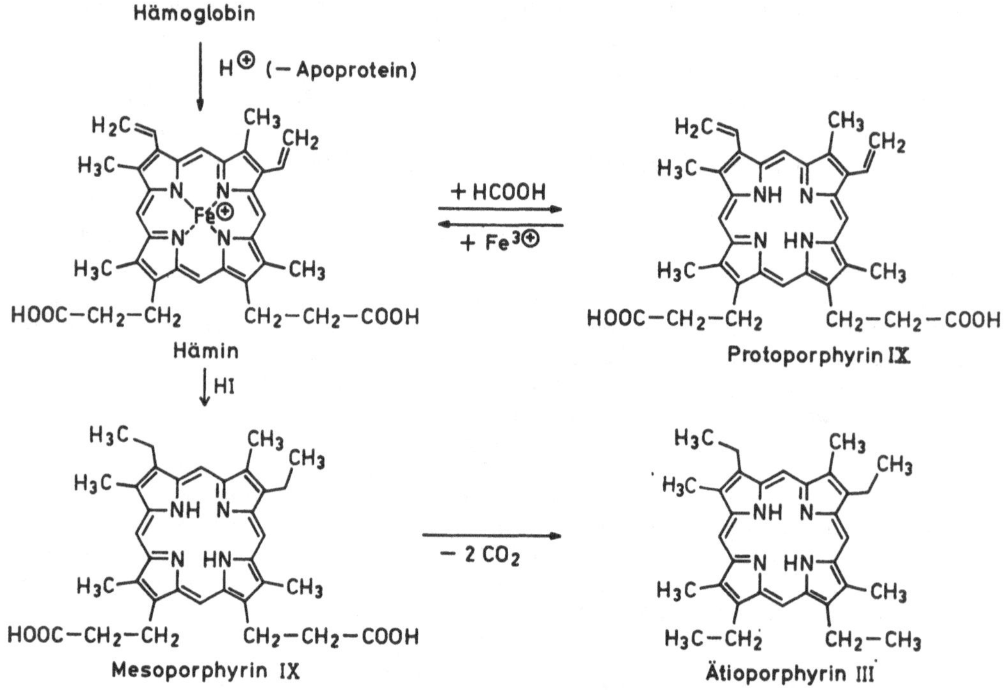

Proteinanteil

Das Myoglobin des Pottwals enthält 153 Aminosäuren. Charakteristisch für dieses Globin ist, daß Cystein fehlt (vgl. Tab. 6–6 S. 384/385). Im menschlichen Myoglobin fehlt eine Aminosäure in

Im Unterschied zu den Myoglobinen handelt es sich bei den *Hämoglobinen* der Säuger um Tetramere; sie bestehen also aus 4 Hämen und 4 Proteinketten. Die Peptidketten zweier Untereinheiten

Position 9.

heiten entsprechen sich jeweils. Sie werden bei den Säugetieren, Vögeln, Amphibien und Knochenfischen als α- (141 Aminosäuren) und β-Ketten (146 Aminosäuren) bezeichnet. In den Hämoglobinen sind zwar Cysteinreste vorhanden, sie werden aber nicht durch Disulfidbrücken miteinander verbunden.

Das Hämoglobin der ursprünglichsten, fischartigen Wirbeltiere ist einfacher gebaut. So enthält das der Inger (Myxine) zwei Polypeptidketten mit je einem Häm und das der Neunaugen (Lampetra) nur ein Häm.

Das Hämoglobin des erwachsenen Menschen besteht aus 97,5% Hämoglobin A_1 ($\alpha_2\beta_2$) und 2,5% Hämoglobin A_2 ($\alpha_2\delta_2$), in dem statt der β-Ketten δ-Ketten enthalten sind. Neben den Hämoglobinen A sind beim Menschen noch fötale bzw. embryonale Hämoglobine bekannt, die noch andere Ketten (γ- bzw. ε-Ketten) enthalten. Die Primärstruktur der α- und β-Kette des menschlichen HbA ist in der Tab. 6–6 angegeben. Anomale Hämoglobine des Menschen, deren Auftreten oft mit bestimmten Krankheitsbildern verbunden ist, unterscheiden sich von dem „normalen" Hämoglobin A durch Austausch oder Deletion von Aminosäuren. So ist bei dem sog. Sichelzellen-Hämoglobin Glutamin in Position 6 der β-Kette durch Valin ersetzt.

Die Strukturen von Myoglobin und Hämoglobin wurden sehr eingehend durch Röntgenstrukturanalyse untersucht (u. a. WATSON, KENDREW, PERUTZ).

Obgleich sich die Myoglobine und Hämoglobine weitgehend in ihrer Primärstruktur unterscheiden (vgl. Tab. 6–6), ist ihre Tertiärstruktur sehr ähnlich. Die Untereinheiten des Hämoglobin entsprechen in ihrer Tertiärstruktur weitgehend der des Myoglobins (vgl. Kap. 2.4.3., S. 87). Die vier Untereinheiten lagern sich zu einem globulären Molekül zusammen. Im Hämoglobin-Molekül treten einzelne Abschnitte der α- und β-Ketten miteinander in Kontakt. Ein enger Kontakt besteht zwischen 19 Aminosäuren (der *C*- und *G*-Helix sowie des nicht-helikalen Abschnittes *FG*) der Ketten $\alpha_1\beta_2$ und $\alpha_2\beta_1$. Die β-Ketten sowie — zumindest im HbO_2 — die α-Ketten stehen miteinander nicht in direktem Kontakt.

Das Eisenatom steht im Zentrum des Porphyrinringes. Die 5. Koordinationsstelle des Fe(II) ist bei den Myoglobinen und Hämoglobinen der Säuger mit dem N-Atom des Imidazolrestes von His F8 besetzt (proximale Seite des Häms). An der distalen Seite des Häms befindet sich beim Hämoglobin His E7, das allerdings für eine engere Bindung zu weit entfernt ist (High-spin-Komplex!), so daß an dieser Seite die Bindung von O_2 oder anderen Liganden erfolgen kann. Die Bindung des Häms wird vor allem aber durch hydrophobe Wechselwirkung mit hydrophoben Aminosäureresten im Inneren des Globin-Moleküls bewirkt.

Je Häm-Molekül, also je Eisen-Atom, kann von den Hämoglobinen ein O_2 reversibel unter Bildung von Oxyhämoglobin (HbO_2) gebunden werden. Durch die Bindung von O_2 gehen die paramagnetischen High-spin-Komplexe in diamagnetische Low-spin-Komplexe über. Das Protein ist für die reversible Bindung des Sauerstoffs essentiell. Das Fe(II) von nicht an Globin gebundenem Häm kann Sauerstoff nicht reversibel binden. Das Fe(II) wird unter diesen Bedingungen zum Fe(III) oxidiert. Im Hämoglobin ist das Häm in einer hydrophoben „Tasche" weitgehend abgeschirmt, so daß keine Oxidation stattfinden kann.

Die Sauerstoff-Affinität des Hämoglobins, nicht aber die der Untereinheiten und des Myoglobins, ist abhängig vom pH-Wert (BOHR-Effekt). Als allosterische heterotrope Effektoren wirken 2,3-Bis-phosphoglycerat (bei Säugetieren), ATP (bei Fischen) oder Inositolhexaphosphat (bei Vögeln).

Während sich das Fe(II)-Atom in den Hämoglobinen etwa 0,075 nm außerhalb der Ebene des Porphyrinringes in Richtung der proximalen Seite zu befindet, steht es bei den O_2-Komplexen nur 0,03 nm außerhalb dieser Ebene. Auf der proximalen Seite finden die wesentlichsten Strukturänderungen des Proteins statt. Durch die O_2-Bindung bewegt sich die F-Helix mit dem His F8 zum Häm zu und verengt dadurch die Schleife zwischen der G- und H-Helix (vgl. Abb. 6–2). Beim Hämoglobin wird der Sauerstoff kooperativ durch Wechselwirkung zwischen den Untereinheiten gebunden.

Hämoglobin ist orangerot, Oxyhämoglobin karmesinrot gefärbt. Hämoglobin zeigt eine langwellige Absorptionsbande bei 556—565 nm. Beim Oxyhämoglobin ist diese

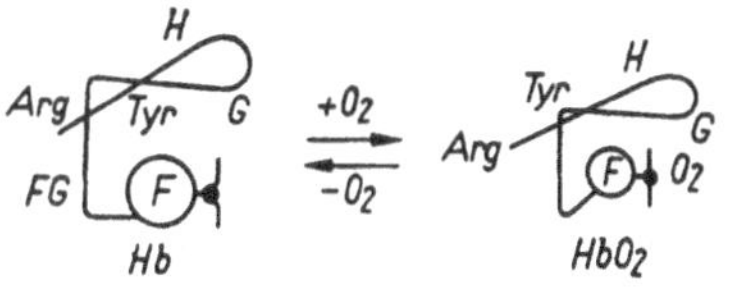

Abb. 6–2
Konformationsänderung der Untereinheit des Hämoglobins durch die O_2-Bindung (nach PERUTZ).

Bande in zwei Banden (α und β) aufgespalten, die bei 576—578 bzw. 539—545 nm liegen. Die SORET-Bande verschiebt sich von 414 auf 425 nm.

Für die Entwicklung von Blutersatzstoffen wären synthetische Sauerstoffträger von großer Bedeutung. Ein Versuch in dieser Richtung stellt die Synthese des Hämoderivates (*32*) dar (BAYER und HOLZBACH). Derartige Hämopolymere (*32*) sind gut wasserlöslich und mehrmals hintereinander in der Lage, Sauerstoff reversibel zu binden, bevor sie irreversibel zum Häminpolymer oxidiert werden. Gegenwärtig werden ferner Versuche unternommen, stark fluorierte Kohlenwasserstoffe, in denen Sauerstoff gut löslich ist, als Blutersatz einzusetzen (Fluosol).

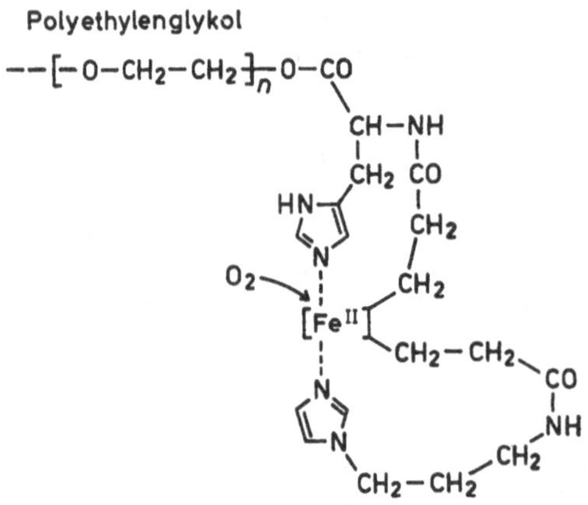

32[1]

[1]) Die eckige Klammer dient in Kapitel 6.4. als Symbol für cyclische Tetrapyrrol-Komplexe.

Außer O_2 kann Hämoglobin auch andere Liganden binden. Von toxikologischer Bedeutung ist vor allem die Bindung von CO und NO, wobei die Affinität in der Reihenfolge NO > CO > O_2 abnimmt. Die Affinität des Hämoglobins der Säuger für CO ist etwa 200mal höher als die für O_2. Die Bildung des CO-Hämoglobins ist Ursache der Giftigkeit des Stadtgases. Durch Oxidation des Fe(II) zu Fe(III) geht das Hämoglobin in Methämoglobin über, das Sauerstoff nicht mehr reversibel binden kann.

Hämoglobin wird im Organismus zu offenkettigen Tetrapyrrolen, den Gallenfarbstoffen, abgebaut (Kap. 6.4.8.).

6.4.5.3. *Elektronenübertragende Hämoproteine*

Wichtigste Vertreter dieser Gruppe sind die Cytochrome. Als *Cytochrome* werden Hämoproteine bezeichnet, die infolge eines Valenzwechsels des zentralen Eisenatoms am Elektronentransport in der Zelle beteiligt sind.

$$Fe^{2+} \underset{+e}{\overset{-e}{\rightleftarrows}} Fe^{3+}$$

Gegenwärtig sind über 30 Cytochrome bekannt. Sie werden nach ihrer prosthetischen Gruppe in vier Hauptgruppen unterteilt (Tab. 6–7).

Die Cytochrome b enthalten wie Hämoglobin und Myoglobin als prosthetische Gruppe das Protohäm. Die anderen prosthetischen Gruppen leiten sich vom Protohäm ab (Formel S. 374). Häm a wird durch Reaktion des Sesquiterpens Farnesylpyrophosphat

Tabelle 6–7
Cytochrome

Gruppe	prosthet. Gruppe	λ_α [nm] des Pyridin-Hämochroms	Vertreter
Cytochrome a	Häm a (Cytohäm a)	580–590	Cytochrom c-Oxidase der Mitochondrien*) (WARBURGsches Atmungsferment Cytochrom a + a_3), a_1 der Bakterien
Cytochrome b	Protohäm (Cytohäm b)	556–558	Cytochrom b der Atmungskette, b_{1-7}, b_3 (Pflanzen) und b_5 (Leber) in Ribosomen, o, P-450; b_6 in Chloroplasten
Cytochrome c	Häm c (Cytohäm c)	549–551	Cytochrom c und c_1 der Atmungskette, c_2, c_3
Cytochrome d	Cytohäm d	600–620	Cytochrom f (c_6) der Chloroplasten, d (a_2) der Mikroorganismen

*) Enthält zusätzlich noch Cu

mit der Vinylseitenkette in 3-Stellung des Protohäms und Oxidation der Methylgruppe in 18-Stellung zu einer Formylgruppe gebildet. Diese Formylgruppe kann mit einer ε-Aminogruppe des Träger-Proteins unter Bildung einer SCHIFFschen Base reagieren.

Die prosthetischen Gruppen der Cytochrome a, b und d können mit Aceton/HCl vom Protein getrennt werden. Die Häme sind in Ether löslich. Im Unterschied zu diesen Cytochromen ist das Häm beim Cytochrom c kovalent an das Protein gebunden. Die Bindung erfolgt durch Reaktion zweier Cysteinreste des Trägerproteins mit zwei Vinylseitengruppen des Häm c (Thioether). Röntgenstrukturanalysen (u. a. DICKERSON) ergaben, daß beim Ferricytochrom c des Pferdes die restlichen Koordinationsstellen des Zentralatoms durch die Thioethergruppe des Met^{80} und den Imidazolrest des His^{18} des Trägerproteins besetzt sind.

Die prosthetische Gruppe der Cytochrome d ist ein Dihydroporphyrin-Eisen-Komplex.

Zur Unterscheidung der einzelnen Gruppen der Cytochrome dienen die α-Banden des Elektronenspektrums der Pyridin-Hämochrome, die sich in der Reihenfolge

Formyl > Vinyl > substituiertes Ethyl

bzw. durch Anlagerung von zwei Wasserstoffatomen (Porphin → Chlorin bei den Cytochromen d) nach längeren Wellenlängen verschieben.

Die Cytochrome sind in allen Organismen weit verbreitet und spielen in der Atmungskette und bei den photosynthetischen Prozessen eine entscheidende Rolle beim Elektronentransport.

Je nach Substituenten am Porphinring und je nach Trägerprotein (zur Primärstruktur des Trägerproteins und dessen Evolution vgl. Kap. 1.6.2.) kommt es zu Unterschieden im Redoxpotential der einzelnen Cytochrome. Die Cytochrome sind meist mit anderen Oxidoreduktasen zu Funktionsketten wie der Atmungskette verknüpft, deren Funktion die stufenweise Oxidation des Wasserstoffs unter gleichzeitiger Bildung von ATP ist (Tab. 6–8).

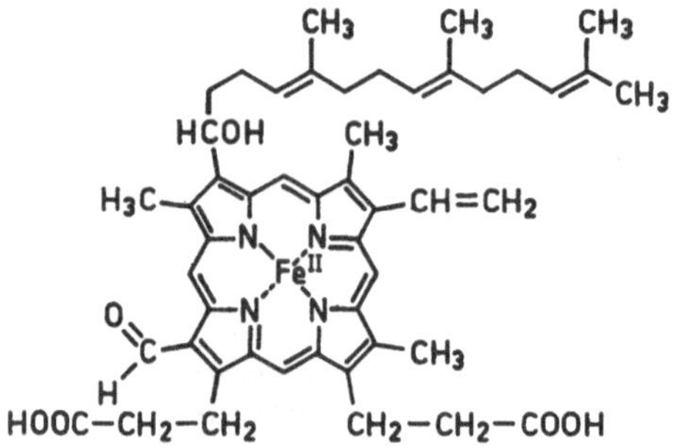

Häm a

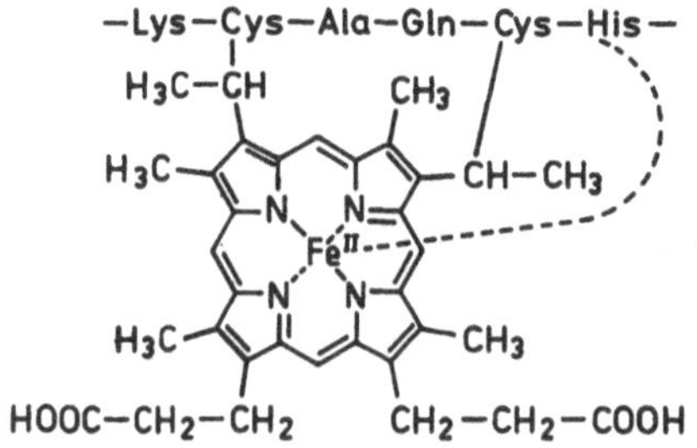

Häm c

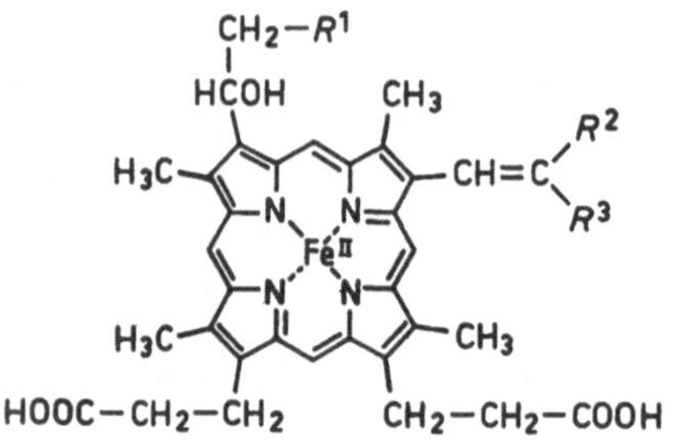

Cytohäm d (R^1, R^2, R^3 = H, Alkyl)

Außer bei den Cytochromen findet auch bei den Oxidoreduktasen *Katalase* und *Peroxidase* ein Valenzwechsel des Zentralatoms Eisen statt. Beide Enzyme enthalten Protohäm als prosthetische Gruppe.

6.4.6. *Chlorophylle*

Die Chlorophylle sind die primären Photorezeptoren in den photosynthetisch aktiven Organismen, also den Pflanzen. Sie kommen vergesellschaftet mit Carotenoiden vor.

Das verbreitetste Chlorophyll, das Chlorophyll a, ist in allen Pflanzen enthalten, die Sauerstoff durch die Photosynthese erzeugen. Es wird bei höheren Pflanzen und Grünalgen vom Chlorophyll b begleitet. In Diatomeen (Kieselalgen) und einigen Braunalgen (Phaephyta) des Meerwassers kommen neben dem Chlorophyll a noch die Chlorophylle c_1 und c_2, in einigen Rotalgen (Rhodophyta) des Meerwassers in geringer Menge das Chlorophyll d vor. Die grünen, photosynthetisch tätigen Bakterien (Chlorobacteriaceen) ent-

Tabelle 6–8

Schematische Darstellung der Atmungskette

E'_0 Komponenten:		
NAD	← Substrat-H_2	Wasserstoffübertragender Teil
↓	→ ATP	(Zweielektronen-Transport)
Flavoenzyme		
↓		
Ubichinon	→ $2H^+$	- - - - - - - - - - - - - - - -
↓		
Cytochrom b		
↓	→ ATP	Elektronenübertragender Teil
Cytochrom c_1		(Einelektronen-Transport)
↓		
Cytochrom c		
↓		
Cytochrom a		
↓		
Cytochrom a_3	→ ATP	
	↘ O_2	

halten die Chlorobiumchlorophylle. Das wichtigste Chlorophyll der roten Schwefelbakterien (Thiorhodaceen) ist das Bacteriochlorophyll (vgl. Formelübersicht 6–8).

Die Chlorophylle sind Mg(II)-Komplexe von Dihydro- bzw. Tetrahydroporphin-Derivaten. Die wichtigsten Chlorophylle besitzen im Gegensatz zu den Porphyrinen keine sauren Seitenketten. Eine Carboxylgruppe der Seitenkette ist mit Methanol verestert, die andere mit dem Diterpenalkohol Phytol. Die Anwesenheit dieses C_{20}-Alkohols bedingt auch die wachsartige Beschaffenheit der Chlorophylle. Charakteristisch für alle Chlorophylle ist die Anwesenheit des alicyclischen Ringes E mit einer Carbonylgruppe am C-9.

Durch vorsichtige Säurehydrolyse läßt sich das Magnesiumion entfernen. Es bilden sich die magnesiumfreien Phäophytine, die mit starker Säure unter Spaltung der beiden Esterbindungen in die stabilen Phäophorbide übergehen.

Im Alkalischen wird der Ring E aufgespalten.

Die Chlorophylle a und b besitzen drei chirale C-Atome (C-7, 8 und 9), sind also optisch aktiv. Durch die von der Carbonylgruppe am C-9 ausgehende Keto-Enol-Tautomerie kann allerdings das C-10 relativ leicht racemisieren. Die Totalsynthese des Chlorophylls a gelang 1960 WOODWARD und Mitarb.

Das Chlorophyll ist relativ lipophil. In nicht-wäßrigen Lösungsmitteln ist es oberflächenaktiv, da es aus einem apolaren (Phytylrest) und polaren Teil (Mg-Komplex) aufgebaut ist. Chlorophyll absorbiert den kurz- und langwelligen Anteil des Sonnenlichtes (Chlorophyll a: λ_{max} in Ether: 433 und 662 nm, vgl. Abb. 6–3).

Das Chlorophyll kann ferner Donator-Akzeptor-Komplexe bilden, in denen das Chlorophyll sowohl Donator (Carbonylgruppe am C-9) als auch Akzeptor (Zentralatom Mg) darstellt. Es liegt deshalb in Abwesenheit zusätzlicher Nucleophile als Oligomer, $(Chlorophyll_2)_n$, vor. Solche Oligomere werden für das Chlorophyll in den Photosynthese-Einheiten der Pflanze (Antennen-Chlorophyll) angenommen. Die Oligomere absorbieren bei höherer Wellenlänge (Chlorophyll a: 680 nm) als das in polaren Lösungs-

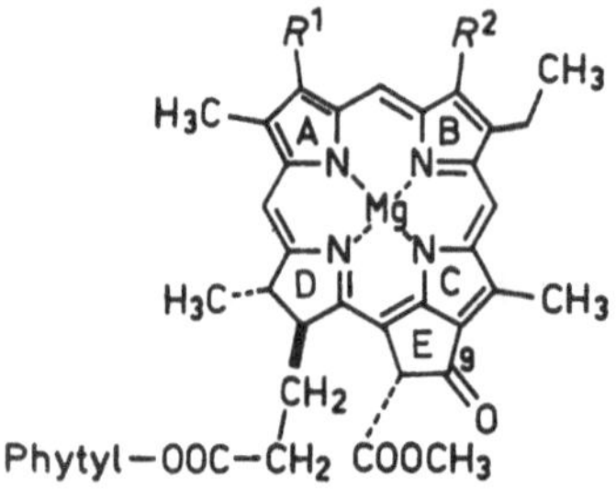

		R^1	R^2
	a	$CH{=}CH_2$	CH_3
Chlorophyll:	b	$CH{=}CH_2$	CHO
	d	CHO	CH_3

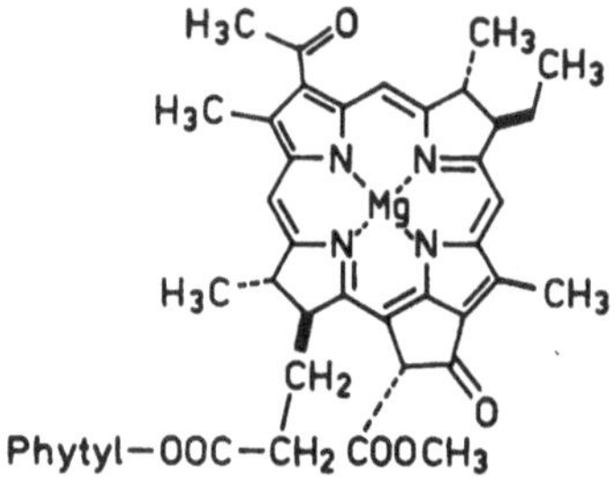

Bacteriochlorophyll a

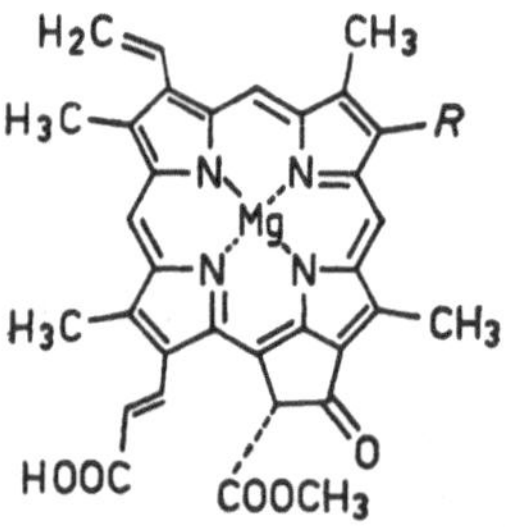

Chlorophyll:

c₁) $R = CH_2{-}CH_3$
c₂) $R = CH{=}CH_2$

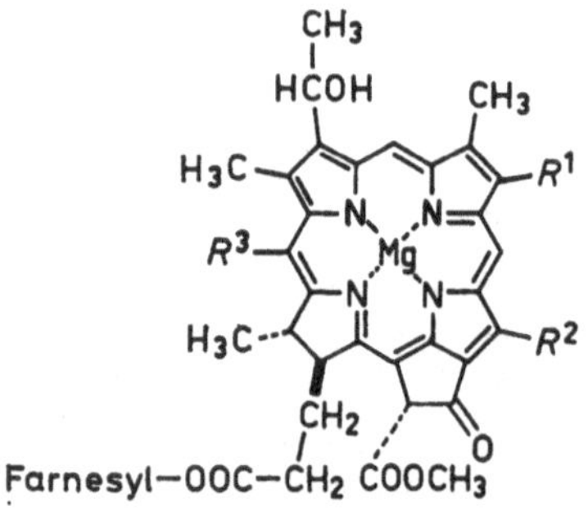

Chlorobiumchlorophyll

R^1 = Isobutyl, *n*-Propyl, Ethyl
R^2 = Ethyl, Methyl
R^3 = H, Methyl, Ethyl

Formelübersicht 6–8
Chlorophylle bekannter Struktur.

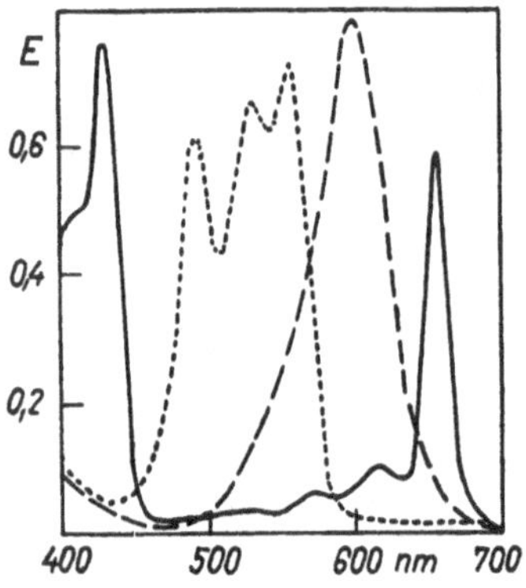

Abb. 6–3
Elektronenspektrum von Chlorophyll a in Ether. (——).
Als Vergleich Elektronenspektren von C-Phycocyanin (– – – –)
und R-Phycoerythrin (   ) (vgl. S. 389), beide in Phosphatpuffer, pH 7.

mitteln gelöste Chlorophyll (Chlorophyll a: 662 nm). Die Bildung der Oligomeren läßt sich in Kohlenwasserstoffen als Lösungsmittel *NMR*-spektroskopisch verfolgen.

In den funktionellen Einheiten der Chloroplasten — die kleinste funktionsfähige Photosyntheseeinheit wird als Quantasom bezeichnet — sind außer den Chlorophyllen noch Ferredoxin (S. 119), Cytochrome (Cyt f, Cyt b_6), Chinone (Plastochinon, Tocopherol, Phyllochinon), Plastocyanin (ein Cu-Protein) sowie ca. 50% Lipide (vor allem Glyceroglykolipide) enthalten. Die Porphyrinringe der Chlorophylle sind so angeordnet, daß ihre Ebenen parallel liegen und eine Energieübertragung durch induktive Resonanz erlauben.

Die Absorptionsspektren der einzelnen Chlorophyll-Populationen unterscheiden sich durch die Wechselwirkungen des Chlorophylls mit den benachbarten Molekülen. So absorbieren die einzelnen Chlorophyll a-Populationen im Photosystem I der höheren Pflanze bei 700, 705—720, 690, 685, 678, 670 bzw. 660 nm. Die Hauptmenge des Chlorophyll a absorbiert bei 678—685 nm.

Während bei den Eisen-Porphyrin-Komplexen das Metallatom das reaktive Zentrum darstellt, bestimmt bei den Chlorophyllen der Porphin-Ligand die Reaktivität des Moleküls.

Die während der *Photosynthese* absorbierte Lichtenergie wird durch induktive Resonanz in ein besonders langwellig absorbierendes Chlorophyll a (sog. Sammelfalle: Chlorophyll P 700 im Photosystem I, Chlorophyll P 680 im Photosystem II) geleitet. Das Chlorophyllmolekül wird dadurch angeregt, d. h. in den ersten Singulett-Anregungszustand gehoben. Das angeregte Elektron wird dann an ein Elektronenakzeptormolekül (*A*, Abb. 6–4) abgegeben. Dadurch wird das angeregte Chlorophyll (Chl*) zu einem Chlorophyll-Radikalkation ($Chl^{\oplus}$) oxidiert, das durch ein Donatormolekül (*D*) wieder zum Ausgangszustand reduziert wird.

In der höheren Pflanze sind zwei Photosysteme (I und II) durch eine Elektronentransportkette miteinander verbunden (Abb. 6–4).

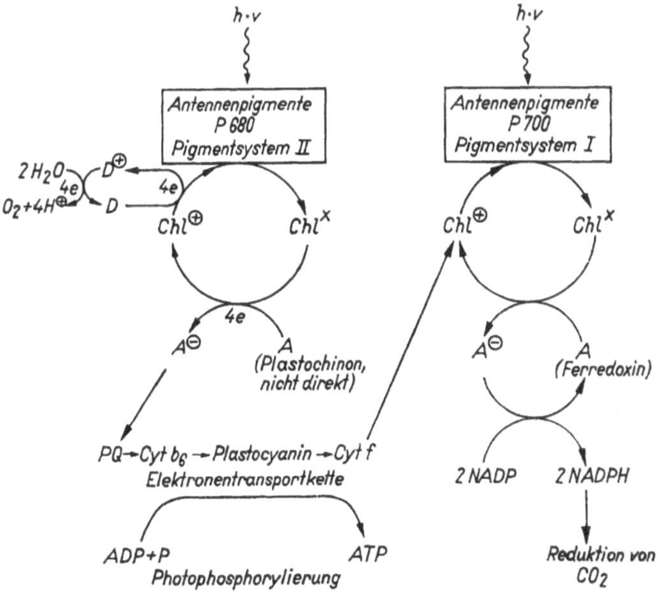

Abb. 6–4

Schematische Darstellung der Photosynthese der höheren Pflanze.

Chl*: angeregte, durch Resonanz gekoppelte Chlorophyllmoleküle; $Chl^{\oplus}$: Chlorophyllradikal; A: Elektronenakzeptor, D: Elektronendonator.

Die Primärreaktion der Photosynthese ist die photolytische Spaltung des Wassers:

$$2\,H_2O \xrightarrow{h\nu} O_2 + 4\,H^{\oplus} + 4e.$$

Die Elektronen dienen nach Passieren einer Elektronentransportkette zur Reduktion des NADP. Als Ergebnis dieser Lichtreaktion, bei der absorbierte Lichtenergie in chemische Energie umgewandelt wird, entsteht NADPH und ATP. Diese Primärprodukte der Photosynthese dienen dann in der Dunkelreaktion zur Reduktion des CO_2 unter Bildung von Glucose, wobei die Fixierung des CO_2 an Ribulose-1,5-bisphosphat (S. 173) erfolgt. Die Bilanz der Photosynthese lautet dabei:

$$6\,CO_2 + 6\,H_2O \xrightarrow{h\nu} C_6H_{12}O_6 + 6\,O_2.$$

Außer CO_2 dienen in bestimmten Organismen auch anorganische Oxide als Akzeptoren für die als Primärprodukt entstandenen Reduktionsäquivalente (NADPH), so z. B. Nitrit (Reduktion zu Ammoniak) bei Blaualgen. Gegenwärtig werden technische Nutzungen der Photosynthese diskutiert, die z. B. durch eine zelluläre oder auch zellfreie photosynthetische Wasserstoffproduktion denkbar wäre.

Zahlreiche, in der modernen Pflanzenproduktion eingesetzte Herbicide wirken als Hemmer des photosynthetischen Elektronentransportes (S. 443).

Chlorophyll wird im Verlaufe der Diagenese zu Vanadyl-Komplexen und den isoprenoiden Kohlenwasserstoffen Phytan und Pristan abgebaut (S. 45).

Außer den Chlorophyllen dienen in den Organismen noch andere Substanzen als Photorezeptoren, die zur Energiegewinnung (Bacteriorhodopsin, S. 330), zur Energieweitergabe an die Chlorophylle (Carotenoide, S. 465), Phycobiliproteine, S. 389) oder zur Informationsaufnahme (Sehpigmente, S. 229, Phytochrom, S. 390) dienen.

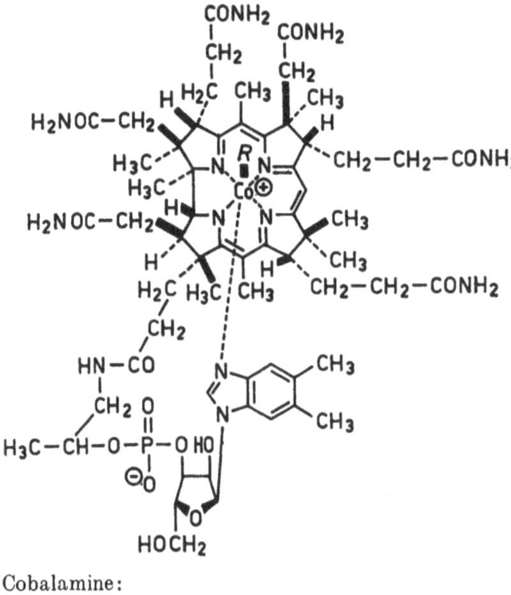

Cobalamine:

Cyano-cobalamin (Vitamin B_{12}): R = CN
Aqua-cobalamin (Vitamin B_{12a}): R = H_2O
Hydroxo-cobalamin (Vitamin B_{12b}): R = OH
5′-Desoxyadenosyl-cobalamin (Coenzym B_{12}): R = 5′-Desoxyadenosin

Tabelle 6–6

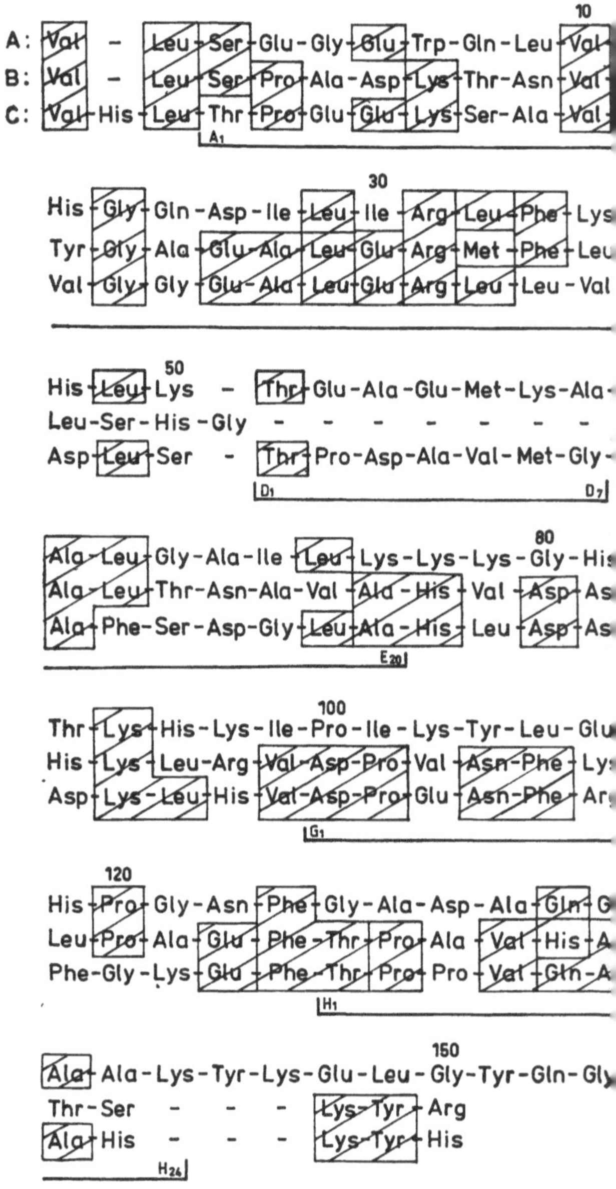
10
A: Val – Leu-Ser-Glu-Gly-Glu-Trp-Gln-Leu-Val
B: Val – Leu-Ser-Pro-Ala-Asp-Lys-Thr-Asn-Val
C: Val-His-Leu-Thr-Pro-Glu-Glu-Lys-Ser-Ala-Val
A1
30
His-Gly-Gln-Asp-Ile-Leu-Ile-Arg-Leu-Phe-Lys
Tyr-Gly-Ala-Glu-Ala-Leu-Glu-Arg-Met-Phe-Leu
Val-Gly-Gly-Glu-Ala-Leu-Glu-Arg-Leu-Leu-Val
50
His-Leu-Lys – Thr-Glu-Ala-Glu-Met-Lys-Ala
Leu-Ser-His-Gly - - - - - - -
Asp-Leu-Ser – Thr-Pro-Asp-Ala-Val-Met-Gly
D1 D7
80
Ala-Leu-Gly-Ala-Ile-Leu-Lys-Lys-Lys-Gly-His
Ala-Leu-Thr-Asn-Ala-Val-Ala-His-Val-Asp-As
Ala-Phe-Ser-Asp-Gly-Leu-Ala-His-Leu-Asp-As
E20
100
Thr-Lys-His-Lys-Ile-Pro-Ile-Lys-Tyr-Leu-Glu
His-Lys-Leu-Arg-Val-Asp-Pro-Val-Asn-Phe-Ly
Asp-Lys-Leu-His-Val-Asp-Pro-Glu-Asn-Phe-Ar
G1
120
His-Pro-Gly-Asn-Phe-Gly-Ala-Asp-Ala-Gln-G
Leu-Pro-Ala-Glu-Phe-Thr-Pro-Ala-Val-His-A
Phe-Gly-Lys-Glu-Phe-Thr-Pro-Pro-Val-Gln-A
H1
150
Ala-Ala-Lys-Tyr-Lys-Glu-Leu-Gly-Tyr-Gln-Gly
Thr-Ser - - - Lys-Tyr-Arg
Ala-His - - - Lys-Tyr-His
H24

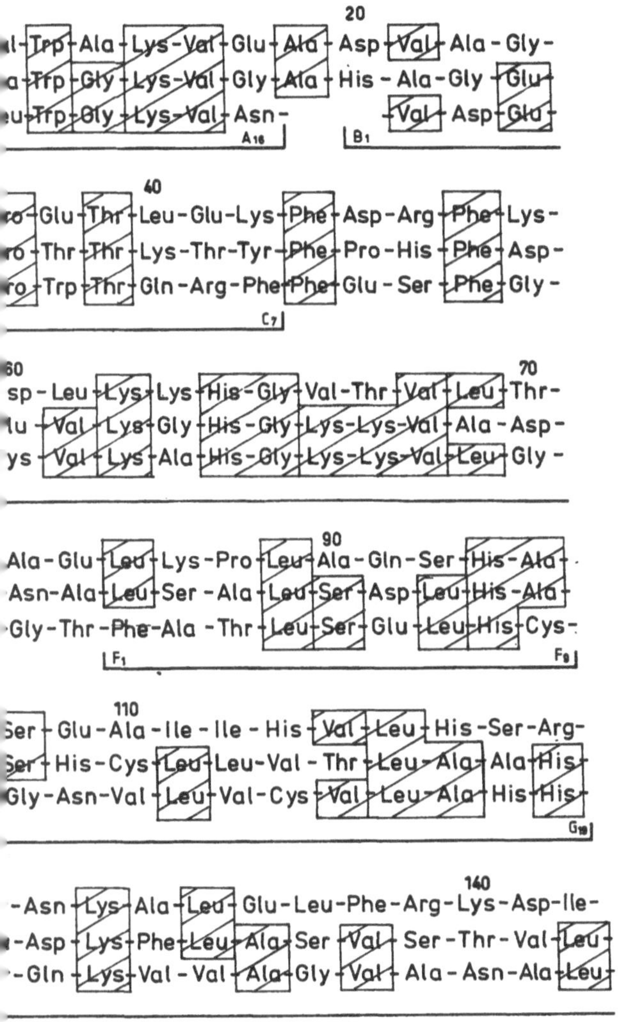
20
l-Trp-Ala-Lys-Val-Glu-Ala-Asp-Val-Ala-Gly-
a-Trp-Gly-Lys-Val-Gly-Ala-His-Ala-Gly-Glu-
eu-Trp-Gly-Lys-Val-Asn- -Val-Asp-Glu-
A16
B1
40
ro-Glu-Thr-Leu-Glu-Lys-Phe-Asp-Arg-Phe-Lys-
ro-Thr-Thr-Lys-Thr-Tyr-Phe-Pro-His-Phe-Asp-
ro-Trp-Thr-Gln-Arg-Phe-Phe-Glu-Ser-Phe-Gly-
C7
60
70
sp-Leu-Lys-Lys-His-Gly-Val-Thr-Val-Leu-Thr-
lu-Val-Lys-Gly-His-Gly-Lys-Lys-Val-Ala-Asp-
ys-Val-Lys-Ala-His-Gly-Lys-Lys-Val-Leu-Gly-
90
Ala-Glu-Leu-Lys-Pro-Leu-Ala-Gln-Ser-His-Ala-
Asn-Ala-Leu-Ser-Ala-Leu-Ser-Asp-Leu-His-Ala-
Gly-Thr-Phe-Ala-Thr-Leu-Ser-Glu-Leu-His-Cys-
F1
F9
110
Ser-Glu-Ala-Ile-Ile-His-Val-Leu-His-Ser-Arg-
Ser-His-Cys-Leu-Leu-Val-Thr-Leu-Ala-Ala-His-
Gly-Asn-Val-Leu-Val-Cys-Val-Leu-Ala-His-His-
G19
140
-Asn-Lys-Ala-Leu-Glu-Leu-Phe-Arg-Lys-Asp-Ile-
-Asp-Lys-Phe-Leu-Ala-Ser-Val-Ser-Thr-Val-Leu-
-Gln-Lys-Val-Val-Ala-Gly-Val-Ala-Asn-Ala-Leu-

6.4.7. *Corrinoide* (*Vitamin B_{12}*)

1925 wurde festgestellt, daß sich in roher Leber ein Faktor des Vitamin-B-Komplexes befindet, dessen Fehlen zur perniciösen Anämie führt. Dieser Antiperniciosa-Faktor (auch *animal protein factor, extrinsic factor*) erwies sich als identisch mit Faktoren, die von Bakterien (z. B. im Kuh- oder Hühnermist) produziert werden. 1948 gelang die Isolierung von kristallinem Vitamin B_{12}. Die Struktur konnte 1955 durch Röntgenstrukturanalysen aufgeklärt werden (CROWFOOT-HODGKIN, TODD, Abb. 6–5). Die Totalsynthese dieser äußerst kompliziert aufgebauten Verbindung konnte 1973 abgeschlossen werden (WOODWARD, ESCHENMOSER).

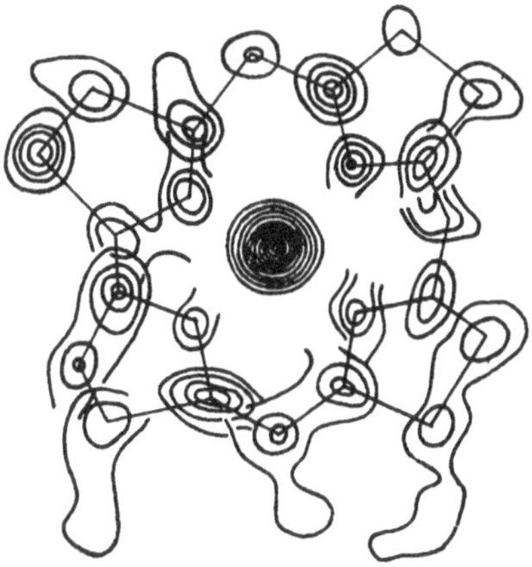

Abb. 6–5
Positionen der Atome des planaren Co-Corrin-Komplexes nach einer Röntgenstrukturanalyse des Cyanocobalamin (CROWFOOT und HODGKIN, Proc. Roy. Soc. [London] **242 A** (1957), 242)

Die Gewinnung des therapeutisch eingesetzten Vitamins B_{12} erfolgt heute ausschließlich aus dem Faul- oder Belebtschlamm bzw. als Nebenprodukt der mikrobiellen Antibioticaproduktion. Es wird dabei als Cyanocobalamin isoliert. In höheren Pflanzen wurde Vitamin B_{12} bisher nicht gefunden. Die Biosynthese erfolgt ausschließlich durch Mikroorganismen.

Die Resorption des Vitamin B_{12} (*extrinsic factor*) im Magen-Darm-Trakt erfordert die Mitwirkung eines im Magensaft befindlichen Glykoproteins (*intrinsic factor*, Apoerythrin), das über eine hohe Affinität zum Vitamin B_{12} verfügt.

Vitamin B_{12} ist der Co-Komplex eines cyclischen Tetrapyrrols, das als Corrin bezeichnet wird. Im Unterschied zu den Porphyrinen sind bei den Corrinoiden die Ringe *A* und *D* direkt miteinander verbunden. Die Anordnung der Essig- und Propionsäurereste entspricht der des Uroporphyrin III, allerdings enthalten die Corrinoide zusätzliche Methylgruppen.

Beim Vitamin B_{12} ist der 5. Ligand des Co(III) ein N-Atom des 5,6-Dimethylbenzimidazol-α-D-ribofuranosids, das über eine Phosphorsäurediester-Bindung an 1-Aminopropan-2-ol gebunden ist. Alle Carboxylgruppen der Essigsäure- und Propionsäurereste liegen als Amide vor. Über die Bezeichnung der wichtigsten Abbauprodukte des Vitamin B_{12} informiert die folgende schematische Darstellung:

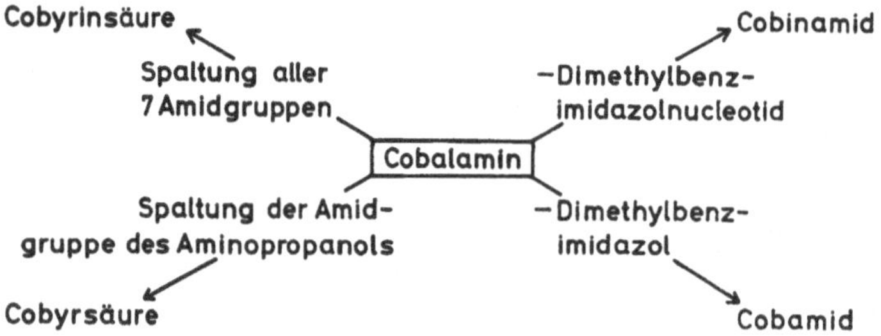

5,6-Dimethylbenzimidazol-Cobamine werden als Cobalamine bezeichnet. Ein Purin-Cobamid ist das Pseudovitamin B_{12}, das von einigen anaerob lebenden Mikroorganismen gebildet wird und Adenin als 5. Liganden enthält.

Die einzelnen Cobalamine unterscheiden sich durch den 6. Ligand (vgl. Formel). Ausgehend vom Aquacobalamin können verschiedene Komplexe gebildet werden, deren Stabilität in folgender Reihenfolge abnimmt:

$$CN^{\ominus} \gg SO_3^{2\ominus} > OH^{\ominus} > \text{Cystein, Histidin} \gg \text{Halogenide.}$$

Diese Liganden beeinflussen auch stark das Elektronenspektrum der Cobalamine.

In allen diesen Komplexen ist das Co-Atom oktahedral koordiniert, allerdings mit einiger Verzerrung. Es handelt sich um diamagnetische Low-spin-Komplexe.

In alkalischer Lösung können die Co(III)-Cobalamine durch Thiole reduziert werden.

Nach der IUPAC-IUB-Nomenklatur werden die Co-Komplexe allgemein als Coα-Aglykonyl-(Coβ-ligandyl)-cobamide bezeichnet, wobei α und β die gleiche Bedeutung wie in der Steroidreihe haben. Cyano-cobalamin ist demnach ein [Coα-(5,6-Dimethylbenzimidazolyl)]-Coβ-cyano-cobamid.

Aus dem Bakterium *Clostridium tetanomorphum* wurde 1961 ein lichtempfindliches Coenzym isoliert, das sich als Co-organische Verbindung (Coenzym B_{12}) erwies. Durch Belichtung geht das Coenzym B_{12} in reduziertes Vitamin B_{12} (Vitamin B_{12r}), ein Co(II)-cobalamin, über. Weitere Reduktion führt zu einem Co(I)-cobalamin (Vitamin B_{12s}). Das Zentralatom Cobalt kann in den Corrinoiden drei-, zwei- und einwertig vorliegen (nach SCHRAUZER):

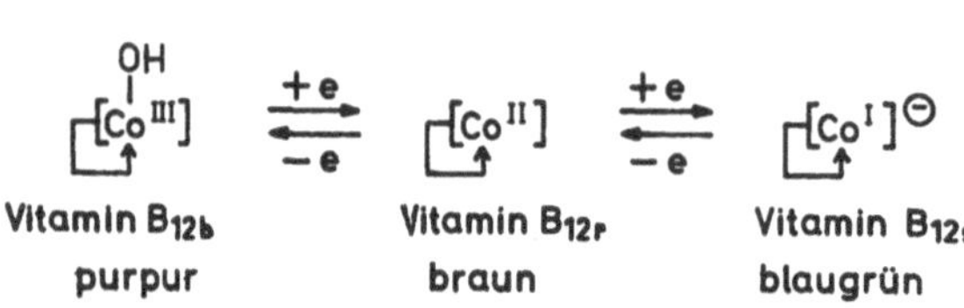

Vitamin B_{12s} kann leicht unter Bildung von Co-organischen Verbindungen alkyliert werden. Die Umsetzung mit Methyliodid führt zum Methylcobalamin, die mit 5′-Tosyl-2′,3′-isopropylidenadenosin zu einem 5′-Desoxyadenosylcobalamin (Coenzym B_{12}).

Derartige Co-Alkyl-Corrinoide lassen sich formal als Derivate von Co(III) mit einem Carbanion-Liganden auffassen. Durch Photolyse gehen diese Co(III)-Alkyl-cobalamine

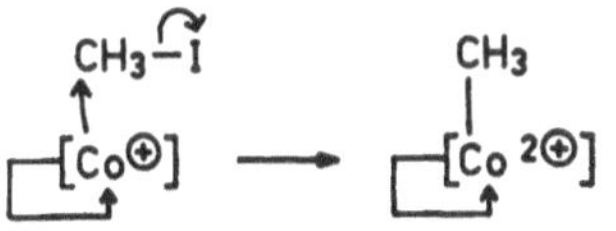

in das Co(II)-cobalamin und ein Radikal über, das sich *ESR*-spektroskopisch nachweisen läßt. Durch Säure wird Coenzym B_{12} zu Vitamin B_{12}, Adenin und 2,3-Dihydroxypentenal (*33*) als Abbauprodukt des Riboseanteils gespalten. Alkalische Hydrolyse ergibt Co(I)-cobalamin und 4′,5′-Anhydroadenosin (*34*).

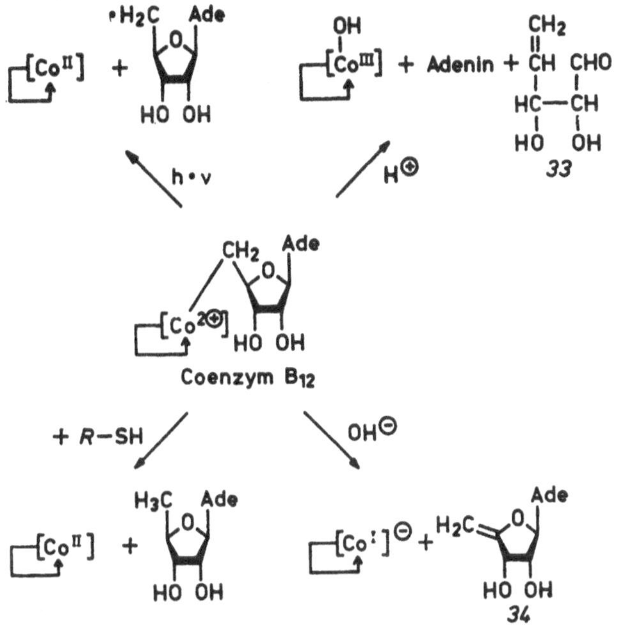

Bei den Corrinoid-abhängigen enzymatischen Reaktionen lassen sich zwei Typen unterscheiden:

1. Ein 1,2-Wasserstoff-Transfer bei gleichzeitiger Wanderung einer größeren Gruppe in entgegengesetzter Richtung unter Beteiligung von 5′-Desoxyadenosyl-cobalamin:

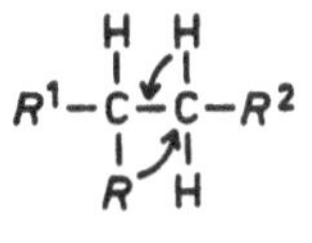

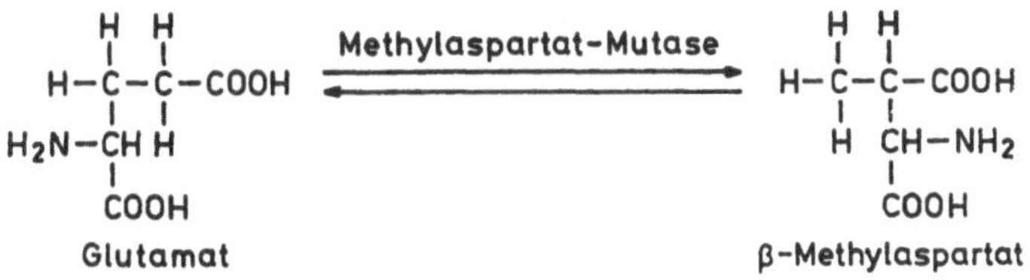

Beispiele für derartige Corrinoid-abhängige Enzyme sind die Methylaspartat-Mutase (vgl. Reaktionsgleichung), *β*-Lysin-5,6-Aminomutase, D-Lysin-5,6-Aminomutase oder Ornithin-4,5-Mutase. Diese Enzyme enthalten Coenzym B_{12}.

2. Ein Methyltransfer:

   Zu dieser Gruppe gehört u. a. die Methionin-Synthase. Diese Gruppe von Corrinoid-abhängigen Enzymen enthält Vitamin B_{12} als Cofaktor.

Die Mehrzahl der untersuchten Enzyme ist mikrobieller Herkunft. In Bakterien kommen auch metallfreie Corrinoide vor.

6.4.8. Offenkettige Tetrapyrrole

Die natürlichen offenkettigen Tetrapyrrole entstehen durch oxidative Ringöffnung der Porphyrine, überwiegend unter Entfernung der α-Methingruppe (C-5). Lediglich bei Lepidopteren erfolgt eine Oxidation an der γ-Methingruppe (C-15). Die natürlichen offenkettigen Tetrapyrrole leiten sich vom Protoporphyrin IX ab.

Offenkettige Tetrapyrrole mit endständigen Pyrrolresten kommen lediglich als Intermediate der Porphyrin-Biosynthese vor. Alle anderen natürlichen offenkettigen Tetrapyrrole besitzen endständige Pyrrolinonreste.

Das Tetrapyrrol, bei dem alle Fünfringe durch Methylengruppen verbunden sind, also keine Konjugation zwischen den Fünfringen besteht, wird als Bilan (Bilinogen) bezeichnet. Ein Bilen (Bilien) enthält 1, ein Biladien (Bilidien) 2 und ein Bilatrien (Bilitrien) 3 Methingruppen. Bei Bilenen und Biladienen wird die Stellung der Methingruppe mit *a*, *b* oder *c* angegeben. Biladiene(*a*, *c*) werden als *-rubin*, Bilatriene als *-verdin* bezeichnet.

Die Anzahl der in Konjugation stehenden Fünfringe bestimmt das Absorptionsmaximum der Verbindungen, wie die nachfolgenden langwelligsten Absorptionsmaxima der freien Basen zeigen:

Bilen(*a*): 400
Biladien(*a*, *b*): 555
Bilatrien: 640 nm.

Die Bilane sind entsprechend farblos, die Bilene gelb bis orange, die Biladiene rot und die Bilatriene grün oder blau gefärbt. Im Unterschied zu den cyclischen Tetrapyrrolen (Porphyrine) besitzen die offenkettigen Tetrapyrrole im sichtbaren Spektralbereich nur eine einzige Absorptionsbande.

In Säugetieren sind die offenkettigen Tetrapyrrole Abbauprodukte der Hämoglobine, die wegen ihrer Ausscheidung mit der Galle als *Gallenfarbstoffe* bezeichnet werden. Der Abbau des Hämoglobins kann schematisch wie folgt dargestellt werden:

Hämoglobin — oxidative Ringöffnung am α-CH
↓
Verdoglobin — (enthält noch Fe(III) und Globin)
↓ Abspaltung von Fe(III) und Globin
Bilatrien: Biliverdin
↓ Hydrierungen in Leber und Darm
Biladiene(*a*, *c*): Bilirubin, Mesobilirubin
↓ Hydrierungen im Darm
Bilane: Mesobilinogen, Stercobilinogen
↓ sekundäre Dehydrierungen (spontane Oxidation) im Darm
Bilene(*b*): Mesobilin, Stercobilin

Das primäre Abbauprodukt ist das *Biliverdin* (Biliverdin IXα), aus dem durch Sekundärreaktionen die anderen Gallenfarbstoffe entstehen. Der wichtigste Gallenfarbstoff ist das *Bilirubin*, das z. T. als Glucuronid vorliegt. Die durch spontane Oxidation entstandenen Bilene Mesobilin und Stercobilin sind für die Farbe des Kots verantwortlich.

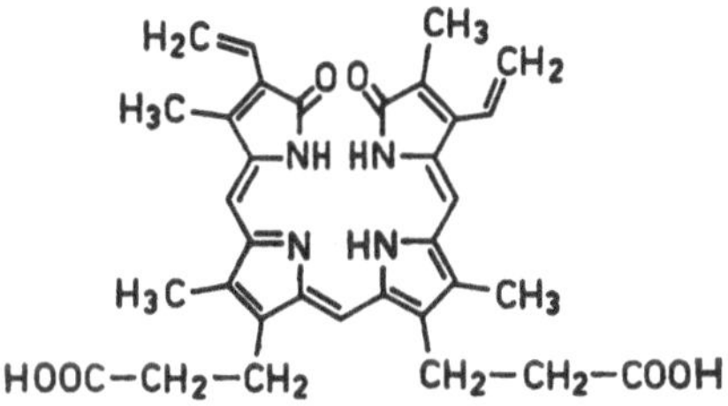

Biliverdin IXα

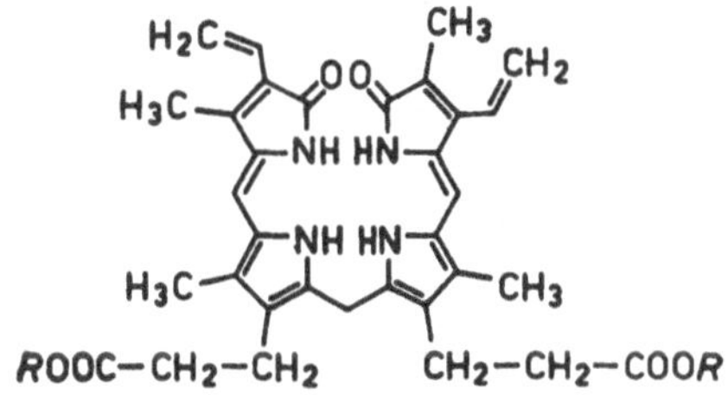

Bilirubin: *R* = H
Bilirubin-glucuronid:
R = H, Glucuronsäure

Zum Nachweis der Biladiene und Bilatriene kann die Farbreaktion mit nitrithaltiger Salpetersäure (GMELIN-Nachweis) herangezogen werden. Mit Diazo-Reagens reagieren Biladiene(*a*, *c*), nicht aber Biliverdin, unter Rotfärbung.

Bilirubin ist nicht-kovalent an Serumproteine gebunden. Die Bilirubin-Proteine stellen Transportformen des Bilirubins dar. Weitere Gallenfarbstoffe wurden in anderen Tierklassen gefunden, so in Insekten und Fischen.

Gallenfarbstoffe mit Ethylidengruppe kommen in zahlreichen Pflanzen als *Phycobiliproteine*, d. h. gebunden an Proteine, vor. In Rot- und Blaualgen sowie Cryptomonales kommen die an der Photosynthese beteiligten *Phycocyanine* und *Phycoerythrine* vor. Durch Behandeln mit konzentrierter Salzsäure entsteht aus diesen Phycobiliproteinen das rote Phycoerythrobilin bzw. das blaue Phycocyanobilin. Durch Spaltung der kovalenten Bindung mit dem Protein wird die Struktur der nativen Chromophore verändert. Für das native Phycoerythrin wird für den Ring *A* die Struktur *35* angenommen. Die Bindung an das Protein erfolgt also wie bei den Cytochromen c über eine Thioetherbrücke an einen Cysteinrest. Das konnte dadurch bewiesen werden, daß das entspre-

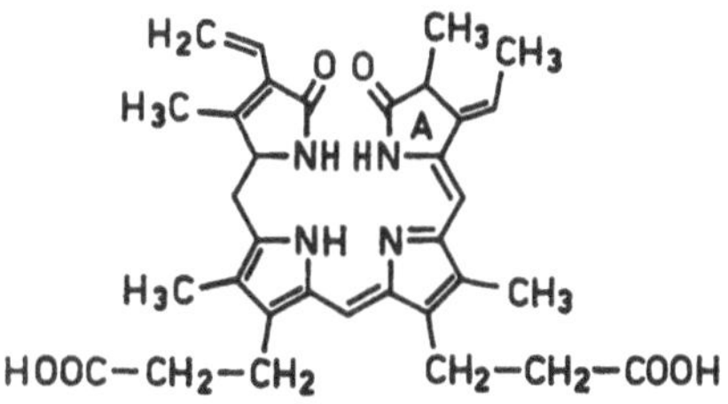

Phycoerythrobilin

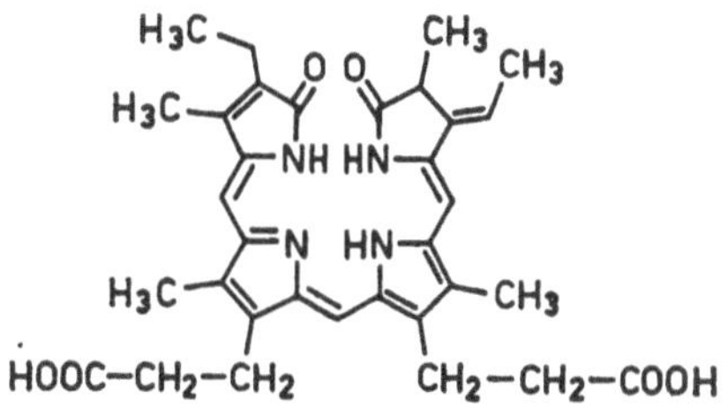

Phycocyanobilin

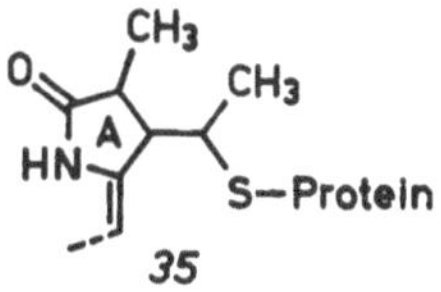

35

chende β-Phycoerythrin mit Pepsin abgebaut wurde und ein Chromopeptid isoliert werden konnte, das nur noch die Aminosäuren Cystein, Valin und Leucin enthielt.

Während vom Chlorophyll nur der kurz- und langwellige Anteil des Sonnenlichtes absorbiert wird (λ_{max} des Chlorophyll a in Ether bei 662 und 433 nm, vgl. Abb. 6–3, S. 382), liegen die Absorptionsbanden der Phycocyanine und Phycoerythrine zwischen diesen beiden Chlorophyllbanden. Durch die Anwesenheit der Phycobiliproteine können diese Pflanzen auch dann photosynthetisieren, wenn der Rotlichtanteil des sichtbaren Lichtes durch eine Wasserschicht absorbiert wird (Wasserpflanzen). In Grünlicht wird bei einigen Algen vorwiegend Phycoerythrin, in Rotlicht dagegen Phycocyanin gebildet (chromatische Adaptation).

Weit verbreitet im Pflanzenreich scheint das *Phytochrom* zu sein, das als Photorezeptor für die Regulation von Wachstum und Entwicklung der Pflanzen dient. Es sind zwei Formen bekannt, $P_{r(\text{red})}$ (λ_{max} = 724 nm) und $P_{fr\,(\text{far red})}$ (λ_{max} = 665 nm), die photochemisch ineinander überführbar sind:

$$P_r \underset{\text{dunkelrotes Licht}}{\overset{\text{hellrotes Licht}}{\rightleftarrows}} P_{fr}.$$

P_r ähnelt in seiner Struktur dem Phycocyanobilin. Die Struktur von P_{fr} ist noch nicht gesichert.

7. Interzelluläre Regulationsstoffe

7.1. Begriffserläuterungen

Chemische Substanzen können zur Kommunikation zwischen verschiedenen Organismen oder aber innerhalb eines Organismus dienen.

Exokrine Metaboliten, die zur Kommunikation zwischen gleichen oder verschiedenen Organismenarten dienen, werden als *Pheromone* bezeichnet. Diese Form der chemischen Informationsübermittlung findet sich sowohl bei niederen Organismen (z. B. Protozoen, Pilzen) als auch bei Säugetieren und stellt wahrscheinlich eine phylogenetisch sehr alte Form der Kommunikation dar.

Für vielzellige, höher organisierte Organismen ist eine Koordinierung der verschiedenen Zellarten, Gewebe und Organe innerhalb des Organismus lebenswichtig.

Bei dieser interzellulären Regulation kann rein schematisch zwischen Sender, einem Kanal zur Weiterleitung der Information (Nervenfortsätze bei der sog. nervalen Übertragung oder Körperflüssigkeiten bei der sog. humoralen Übertragung) und einem Empfänger (Zielzelle oder -gewebe) unterschieden werden. Am Prozeß der Weiterleitung sind chemische Überträgerstoffe beteiligt. Regulationsstoffe, bei denen der „Kanal“ nur sehr kurz ist, so daß Diffusion zur Überwindung des Weges zwischen Freisetzungs- und Wirkort ausreicht, werden als Diffusions-Aktivatoren (auch *Lokalhormone*) zusammengefaßt. Dazu gehören die Neurotransmitter sowie die sog. Gewebshormone.

Die nervale Informationsleitung erfolgt über Änderungen des Potentials der Nervenmembran. Lediglich an den Synapsen (Kontaktstellen Nervenzelle—Nervenzelle oder Nervenzelle—Effektorzelle) wird die Erregung chemisch durch nervale Überträgerstoffe (Neurotransmitter) weitergegeben.

Wesentlich langsamer als die nervale ist die humorale Informationsübertragung. Deren extrazelluläre Informationsträger (Signale) sind die Hormone. *Hormone* sind interzellulär wirkende chemische Boten, die in spezifisch differenzierten Zellen produziert werden und biologische Effekte auf andere Zellen desselben Organismus ausüben, indem sie entweder am Ort der Entstehung (d. h. als Lokalhormone) oder auf entfernte Effektorzellen (d. h. als systemische Hormone) wirken (Dörner). Hormone werden von Tieren sowie von Pflanzen gebildet. Hormone spielen eine besondere Rolle in Lebensabschnitten, in denen es zu durchgreifenden Veränderungen innerhalb des Organismus kommt, wie z. B. bei der Sexualreifung oder bei der Metamorphose.

Zum Hormonsystem als Regulationssystem gehören außer der Biosynthese der Hormone auch deren gesteuerte Freisetzung, das Vorhandensein entsprechender Rezeptoren an den Zielzellen sowie geeignete Methoden zur Inaktivierung der Hormone nach Reaktion mit dem Rezeptor. Die phylogenetische Entwicklung des Hormonsystems ist also ein typisches Beispiel für eine gleichzeitige oder aufeinanderfolgende Entwicklung verschiedener Stoffwechselprozesse (Coevolution).

Unter Hormonen wollte man zunächst nur anregende regulatorische Substanzen verstehen und prägte für hemmende Substanzen den Namen *Chalone*. Heute versteht man unter Chalonen Substanzen für die Kontrolle und Regulation der mitotischen Aktivität in proliferationsfähigen Organen und Geweben, Substanzen also, welche die Zellenzahl regulieren. Durch die Chalone kommt es zu einem Stillstand des Zellwachstums des entsprechenden Gewebes oder Organs. Bei den bisher aus verschiedenen Geweben (Haut, Blutzellen, Leber, Niere, Lunge, Fibroblasten) isolierten Chalonen handelt es sich um Glykoproteine, Polypeptide oder kleinere Proteine, die in ihrer Wirkung artspezifisch sind.

Nach ihrer chemischen Struktur lassen sich im wesentlichen zwei Gruppen von chemischen Informationsträgern unterscheiden:

1. Aminosäurederivate wie Peptide oder biogene Amine (Peptid- und Proteohormone, Neurotransmitter, Auxine) sowie
2. Isoprenoide Verbindungen wie Terpene und Steroide (Steroidhormone, Juvenilhormone, Pheromone, Gibberelline, Abscisinsäure).

Bei den meisten Regulationsstoffen hat es nicht an zahlreichen Versuchen gefehlt, durch Partial- oder Totalsynthesen Analoga zu erhalten, die

— Informationen über Struktur-Wirkungs-Beziehungen zu erlangen halfen,
— wirksamer oder länger wirksam sein oder bestimmte Wirkungskomponenten verstärkt bzw. abgeschwächt aufweisen sollten,
— eine antagonistische Wirkung entfalten sollten.

Von diesen Synthesen sind zahlreiche wesentliche Impulse für Peptid- und Steroidsynthesen ausgegangen. Mit dem Oligopeptidhormon Oxytocin wurde 1954 von Du Vigneaud das erste natürlich vorkommende Peptid synthetisiert. In Zusammenhang mit der Entwicklung von Steroidhormonanaloga oder -antagonisten wurden die wichtigsten Partial- und Totalsynthesen in der Steroidreihe ausgearbeitet. Auf diese Synthesen wird im Abschnitt Peptid- bzw. Steroidsynthesen eingegangen.

7.2. Regulationsstoffe der Tiere

7.2.1. Hormone

7.2.1.1. Allgemeine Einführung

7.2.1.1.1. Bildungsorte und Zusammenwirken der Hormone

Die Hormone werden in spezialisierten Zellen gebildet, die entweder an verschiedenen Stellen des Organismus delokalisiert sind (sog. *aglanduläre oder Gewebshormone*, Tabelle 7–2) oder aber zu besonderen endokrinen Drüsen zusammengefaßt sind (sog. *glanduläre Hormone*, Tabelle 7–1). Eine besondere Gruppe stellen die Regulationsstoffe dar, die von neurosekretorisch tätigen Nervenzellen (z. B. Hypothalamus) gebildet werden und entweder auf andere Zielorgane (*Neurohormone*) oder als Mediatoren der Informationsvermittlung (*peptiderge Neurotransmitter*) auf das Nervensystem einwirken[1]). Auch andere Hormone weisen neben ihrer eigentlichen hormonalen Funktion bestimmte Hirnfunktionen auf, von denen hier nur einige aufgeführt werden sollen.

---

[1]) Die Wechselbeziehungen zwischen Nervensystem und den endokrinen Drüsen untersucht die Neuroendokrinologie.

Tabelle 7–1

Wichtigste glanduläre Hormone der Wirbeltiere

Freisetzungsort	Hormon	Wirkung (Beispiele)	Struktur*)
Hypothalamus	Liberine und Statine**)	setzen entsprechende HVL-Hormone frei bzw. hemmen deren Freisetzung	Oligopeptide
Hypophysen-vorderlappen	Somatotropin	regt Wachstum und Stoffwechsel an	heterodet cyclisches Protein, 190 AS (Mensch)
	Corticotropin	regt Ausschüttung der NNR-Hormone an	lineares Polypeptid, 39 AS
	Thyrotropin	regt Schilddrüse an	Glykoprotein, 2 UE: 96 und 113 AS (Rind)
	Lipotropin	regt Lipidstoffwechsel an	lineare Peptide, 90(α) und 58(β) AS
	Prolactin	regt Milchdrüse an	heterodet cyclisches Protein, 198 AS (Schaf)
	Lutropin	regt Produktion der Estrogene bzw. Androgene an	Glykoprotein, 2 UE: 96 und 120 AS (Schaf, Rind)
	Follitropin	regt Spermatogenese bzw. Wachstum der Follikel an	Glykoprotein, 2 UE
	Melanotropin	regt Pigmentbildung und Farbwechsel an	lineare Polypeptide, 13(α) und 18 bzw. 22(β) AS
Hypophysen-hinterlappen	Oxytocin	wehenauslösend, uteruskontrahierend	heterodet cyclische Nonapeptide
	Vasopressin	antidiuretisch, blutdrucksteigernd	heterodet cyclische Nonapeptide
Pankreas β-Zellen	Insulin	blutzuckersenkend, antilipolytisch	heterodet cyclisches Polypeptid aus 2 Ketten (21 und 30 AS)
α-Zellen	Glucagon	Glycogenmobilisierung in der Leber	lineares Polypeptid, 29 AS
Schilddrüse	Thyroxin, Triiod-thyronin	Ausfall führt zu Wachstumsstillstand	iodiertes Thyronin
	Calcitonin	senkt Ca-Spiegel	heterodet cyclisches Polypeptid, 32 AS
Nebenschilddrüse	Parathyrin	erhöht Ca-Spiegel und erniedrigt Phosphatspiegel im Serum	lineares Polypeptid, 84 AS

Tabelle 7-1 (Fortsetzung)

Freisetzungsort	Hormon	Wirkung (Beispiele)	Struktur*)
Plazenta	Choriogonadotropin	regt Corpus luteum an	Glykoprotein, 2 UE: 92(α) und 147(β) AS (Mensch)
	Choriomammotropin	Wirkung wie Somatotropin und Prolactin	heterodet cyclisches Protein, 190 AS
Nebenniere			
Rinde	Glucocorticoide	stimulieren Gluconeogenese	C_{21}-Steroide
	Mineralocorticoide	regulieren Elektrolythaushalt	C_{21}-Steroide
Mark	Adrenalin, Noradrenalin		Catecholamine
Ovarien	Follikelhormone (Estrogene)	Entwicklung der weiblichen Sexualorgane	C_{18}-Steroide
Corpus luteum	Gestagene	fördern Schwangerschaft	C_{21}-Steroide
	Relaxin	erweitert Geburtskanal	heterodet cycl. Polypeptid aus 2 Ketten
Testes	Androgene	Entwicklung der männlichen Sexualorgane	C_{19}-Steroide

*) AS = Aminosäure; UE = Untereinheit
**) vgl. Tab. 7–5, S. 399

Corticotropin, Vasopressin und deren Abwandlungsprodukte (*behaviourally active peptides*) sowie die Sexualhormone beeinflussen das Verhalten. Substanz P und die Endorphine wirken als Neurotransmitter. Die Endorphine besitzen analgetische Eigenschaften. Oxytocin beeinflußt die sexuelle Aktivität. Aus Hautdrüsen des Frosches *Bombina* wurde ein Tetradecapeptid (Bombesin) isoliert, das eine starke Wirkung auf den Wärmehaushalt ausübt. Ähnlich, aber schwächer wirksam sind auch die Oligopeptide Neurotensin (aus dem Hypothalamus des Rindes) und Xenopin (aus der Haut des Frosches *Xenopus*) (Strukturen vgl. Tab. 7–12). Die Existenz sog. gedächtnisübertragender Peptide, deren Diskussion durch die Isolierung des Pentadecapeptides Scotophobin

Ser-Asp-Asn-Asn-Gln-Gln-Gly-Lys-Ser-Ala-Gln-Gln-Gly-Gly-Tyr-NH_2

Scotophobin

(UNGAR) ausgelöst wurde, wird heute bezweifelt. Dagegen ist unumstritten, daß bestimmte Hormone wie Vasopressin und Corticotropin sowie deren Abwandlungsprodukte Gedächtnisleistungen beeinflussen können (DE WIED). Aus dem Liquor von Kaninchen wurde das Nonapeptid

Try-Ala-Gly-Gly-Asp-Ala-Ser-Gly-Glu

isoliert, das im Elektroenzephalogramm die für den Schlafzustand typischen Signale hervorruft (delta sleep inducing peptide).

Tabelle 7–2
Wichtigste aglanduläre Hormone

Hormon	Wirkung	Struktur
Gastrin	stimuliert Magensaftproduktion	lineares Polypeptid, 17 AS
Secretin	stimuliert Pankreas	Lineares Polypeptid, 27 AS
Pancreozymin	regt Kontraktion der Gallenblase an	lineares Polypeptid, 33 AS
Bradykinin	stimuliert glatte Muskulatur: blutdrucksenkend	lineares Oligopeptid, 9 AS
Kallidin	blutdrucksenkend	lineares Oligopeptid, 10 AS
Substanz P	stimuliert glatte Muskulatur: blutdrucksenkend, darmerregend	lineares Oligopeptid, 11 AS
Angiotensin	blutdrucksteigernd	lineare Oligopeptide, 10 (I) bzw. 8 (II) AS
Poetine	stimulieren Differenzierung der Blutzellen	Polypeptide, Glykoproteine
Prostaglandine	wirken auf glatte Muskulatur ein, senken Blutdruck	ungesättigte Fettsäuren mit Cyclopentanring

Das Zusammenwirken und die wechselseitige Beeinflussung der einzelnen Hormone ist am besten bei den Säugetieren untersucht (Abbildung 7–1).

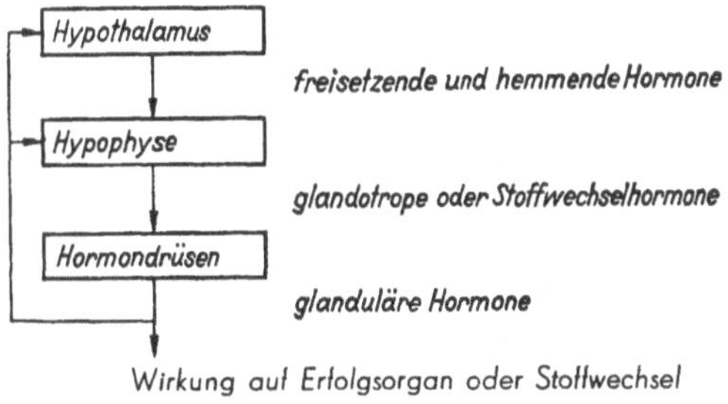

Abb. 7–1
Hierarchie der Hormone der Säugetiere.

An der Spitze der Hierarchie steht das Hypothalamus-Hypophysen-System. Die Steuerung der Hypophysenfunktion erfolgt durch die Regulationshormone des Hypothalamus, eines Teiles des Zwischenhirns. Die Hormone des Hypophysenvorderlappens sind meist übergeordnete (glandotrope) Hormone, welche die Hormonausschüttung der peripheren Hormondrüsen (Geschlechtsdrüsen, Bauchspeicheldrüse, Schilddrüse, Nebenschilddrüse, Nebenniere) beeinflussen.

Die Hormone der peripheren Drüsen schließlich regulieren die Funktion der entsprechenden Erfolgsorgane oder bestimmte Stoffwechselfunktionen (Schilddrüsenhormone, Pankreashormone).

Ein erhöhter Blutspiegel dieser peripheren Hormone hemmt dann wieder in Form eines Regelkreises die Produktion der übergeordneten Hormone.

7.2.1.1.2. Wirkungsmechanismus

Die Hormone reagieren an bzw. in der Zielzelle (target cell) mit hoher Spezifität und Affinität mit einem *Rezeptor*. Solche proteinartigen Rezeptormoleküle konnten mit Hilfe der Affinitätschromatographie isoliert werden. Bezüglich der Lokalisation lassen sich intrazelluläre und Zellmembran-gebundene Rezeptoren unterscheiden.

Mit *intrazellulären Rezeptoren* reagieren die Steroid- und Schilddrüsen-Hormone. Am besten untersucht sind die cytoplasmatischen Rezeptoren der Steroidhormone. Die lipophilen Steroidhormone gelangen durch die Zellmembran in das Cytoplasma und werden hier an den Rezeptor gebunden. Der Steroidhormon-Rezeptor-Komplex bewirkt nach einer Translokation im Zellkern — wahrscheinlich durch Bindung an ein Protein — eine Derepression, die über die Synthese einer mRNS zu einer verstärkten Proteinsynthese führt. Diese Hormone benötigen Stunden bis zum Eintritt der Wirkung. Die Peptid- und Proteohormone sowie die Neurotransmitter reagieren mit *Zellmembran-gebundenen Rezeptoren*. Der nicotinartige Acetylcholin-Rezeptor ist an einen Ionenkanal gekoppelt, der innerhalb von Millisekunden geöffnet wird und zu einer Änderung des Membranpotentials führt. Die anderen Rezeptoren reagieren langsamer (innerhalb von Sekunden). Die Wirkstoffe selbst gelangen nicht in die Zelle. Die Rezeptoren sind an Effektoren gekoppelt, die eine Konzentrationsänderung intrazellulärer, sekundärer Signale, der sog. second messenger, bewirken. Derartige "second messenger" sind die Cyclonucleotide cAMP und cGMP sowie Ca^{2+}. So sind die β-Rezeptoren von Noradrenalin und Adrenalin über eine regulatorische Komponente, das Guanylnucleotidbindende Protein (G-Protein mit GTPase-Aktivität), an die an der Innenseite der Membran befindliche Adenylat-Cyclase gekoppelt, die aus ATP den "second messenger" cAMP bildet (Abb. 7-2). cAMP löst dann über die Regulation der Phosphorylierung cAMP-abhängiger Kinasen den eigentlichen Hormoneffekt in der Zelle aus.

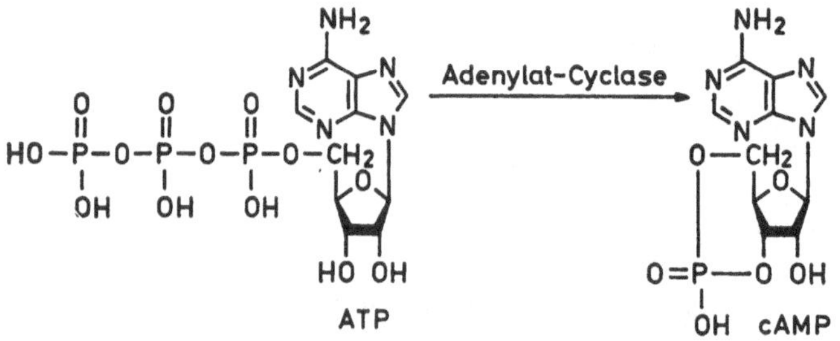

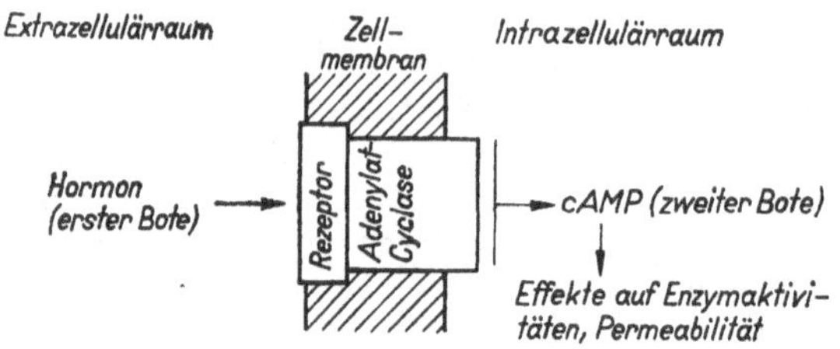

Abb. 7-2
Schematische Darstellung der Hormon-induzierten Bildung von cAMP.

7.2.1.2. Peptidhormone

7.2.1.2.1. Strukturelle Zusammenhänge

Die Peptidhormone sind ihrer chemischen Struktur nach Oligo- oder Polypeptide, Proteine oder Glykoproteine (vgl. Tab. 7–1 und 7–2). Die meisten Peptidhormone lassen sich zu den folgenden Hormonfamilien zusammenfassen:

- Glykopeptid-Hormone: Thyrotropin, Follitropin, Lutropin und Choriogonadotropin
- Somatotropin, Prolactin, Choriomammotropin
- Corticotropin, Melanotropin, Lipotropin, Endorphin
- Oxytocin, Vasopressin
- Insulin, Relaxin, Somatomedine (insulin-like growth factor)
- Glucagon, Secretin, Vasoaktives Intestinalpeptid
- Gastric Inhibitory Polypeptide
- Gastrin, Pancreozymin, Caerulein, Calcitonin.

Die Isologie, also chemische Verwandtschaft innerhalb der Gruppen deutet auf eine gemeinsame phylogenetische Abstammung dieser Hormone (vgl. Tab. 7–3, S. 400/401).

Für die meisten Peptidhormone wurde nachgewiesen bzw. wahrscheinlich gemacht, daß sie durch enzymatische Spaltung aus *Prohormonen* entstehen. Bei den Hormon-Precursoren unterscheidet man zwischen Prohormonen erster und zweiter Ordnung. Die Prohormone erster Ordnung besitzen keine nennenswerte eigene physiologische Wirkung (Proinsulin, Prohormone von Gastrin, Parathyrin, Corticotropin, Somatotropin oder Glucagon). Im Unterschied dazu sind die Prohormone zweiter Ordnung selbst biologisch aktiv. Zu dieser Gruppe gehören Corticotropin, β-Lipotropin oder die Hypophysenhinterlappen-Hormone. Beispiele für die Bildung von Hormonen aus Prohormonen sind

Corticotropin-Lipotropin-Prohormon → Corticotropin → α-Melanotropin
Corticotropin → Corticotropin like intermediate lobe peptide (CLIP)

Corticotropin-Lipotropin-Prohormon → β-Lipotropin → β-Melanotropin
β-Lipotropin → β-Endorphin → Met-Enkephalin
β-Lipotropin → γ-Lipotropin

Proinsulin → Insulin

Proparathyrin → Parathyrin

Kininogene → Kinine

Angiotensinogen → Angiotensin

Prohormone werden auch für Gastrin, Glucagon und die Hypophysenhinterlappen-Hormone angenommen. Als wahrscheinliche Vorläufer der Prohormone werden die höhermolekularen Präprohormone (z. B. Präproinsulin, Präprothyrin und Präprolactin) angesehen.

Die Peptidhormone werden innerhalb relativ kurzer Zeit in der Blutbahn enzymatisch abgebaut. Es hat dabei nicht an Versuchen gefehlt, durch Partial- oder Totalsynthese (insbesondere durch chemische Veränderung der Endgruppen) zu enzymatisch schlechter angreifbaren Derivaten (prodrugs) mit verlängerter Wirkung zu gelangen (s. S. 407).

7.2.1.2.2. Hypothalamus-Neurohormone

Der Hypothalamus ist ein Teil des Zwischenhirns. Die in den Nervenzellen des Hypothalamus produzierten Hormone (Neurohormone) steuern u. a. die Bildung der übergeordneten Hormone des Hypophysenvorderlappens (*HVL*). Man unterscheidet Liberine (freisetzende oder releasing Hormone bzw. Faktoren, *RH*, *RF*) und Statine (hemmende oder inhibiting Hormone bzw. Faktoren, *IH*, *IF*) (Tab. 7–4). Einige Hypothalamus-Hormone haben diagnostische Bedeutung zur Funktionsprüfung der Hypophyse erlangt.

Tabelle 7–4
Zusammenhänge zwischen Tropinen des Hypophysenvorderlappens und Hypothalamus-Neurohormonen

Liberine	Statine	Tropine
Corticoliberin		Corticotropin
Folliberin		Follitropin
Luliberin		Lutropin
Prolactoliberin	Prolactostatin	Prolactin (Lactotropin)
Somatoliberin	Somatostatin	Somatotropin
Thyroliberin		Thyrotropin
Melanoliberin	Melanostatin	Melanotropin

Die Entdeckung der Hypothalamushormone erfolgte erst relativ spät, da sie nur in Nanogramm-Mengen vorhanden sind. Zur Isolierung des ersten Hormons (Schafs-*LH-RH*) mußten die Zwischenhirne von ca. 300000 Schlachttieren aufgearbeitet werden. Die erhaltenen 40 µg reichten zur Strukturaufklärung aus.

Die Hypothalamus-Neurohormone sind Oligopeptide mit z. T. sehr niedriger Molmasse. In vielen Fällen sind die veröffentlichten Strukturvorschläge allerdings noch nicht bestätigt. In ihrer Struktur am längsten bekannt sind das Thyroliberin und das Gonadoliberin („Fruchtbarkeitshormon"), das zwei Tropine in der Hypophyse freisetzt.

Thyroliberin ist ein Tripeptid, das aus den Aminosäuren Glutaminsäure, Histidin und Prolin besteht. Trotz des relativ einfachen Baues gelang die Strukturaufklärung erst nach der Synthese verschiedener Vergleichssubstanzen, die in ihrer biologischen Aktivität verglichen wurden. Dabei wurde festgestellt, daß die N-terminale Glutaminsäure als Pyroglutaminsäure (Pyrrolid-2-on-5-carbonsäure) vorliegt und das C-terminale Prolin als Amid. Das erklärt auch die Stabilität gegenüber Carboxypeptidase.

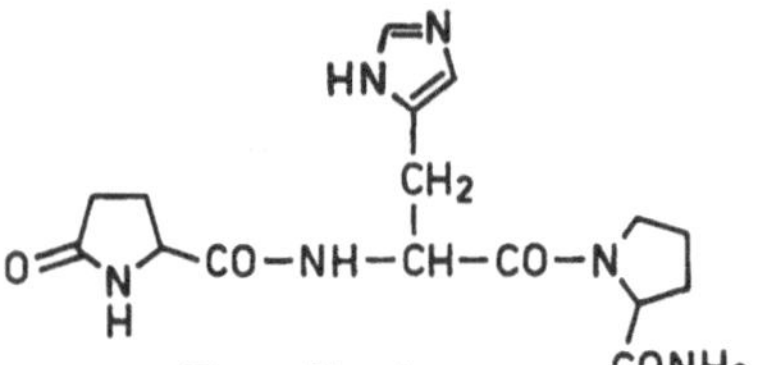

Thyroliberin

Ein Austausch der Pyroglutaminsäure durch andere Aminosäuren führt zu einer starken Verminderung der biologischen Aktivität, dagegen wird die Aktivität durch Methylierung in 3-Stellung

Tabelle 7–5
Namen und Struktur der Hypothalamus-Hormone

Bezeichnung nach IUPAC-IUB	weitere Namen	Struktur bzw. Strukturvorschlag (*)
Corticoliberin	Corticotropin-releasing factor**) (CRF, CRH)	Ac-Ser-Tyr-Cys-Phe-His-(Asn, Gln)-Cys-(Pro, Val)-Lys-Gly-NH_2 (Cys–Cys verbrückt)
Folliberin	Follicel-stimulating hormone releasing factor (FSH-RF, FSH-RH)	Glu-His-Trp-Ser-Tyr-Gly-Leu-Arg-Pro-Gly-NH_2 (Pyroglutamyl; für Folliberin und Luliberin)
Luliberin	Luteinizing hormone-releasing factor (LH-RF)	
Melanoliberin	Melanotropin-releasing factor (MRF)	Cys-Tyr-Ile-Asn-Cys
Prolactoliberin	Prolactin-releasing factor (PRF)	
Somatoliberin	Somatotropin-releasing factor (SRF), growth hormone-releasing factor (GH-RF)	Val-His-Leu-Ser-Ala-Gln-Gln-Lys-Glu-Ala* Glu-Ser-Gly-NH_2* (Pyroglutamyl)
Thyroliberin	Thyrotropin-releasing factor (TRF, TRH)	Glu-His-Pro-NH_2 (Pyroglutamyl)
Melanostatin	Melanotropin-release-inhibiting factor (MIF)	Pro-Leu-Gly-NH_2*
Prolactostatin	Prolactin release-inhibiting factor (PIF)	***)
Somatostatin	Somatotropin-release-inhibiting factor (GIH)	Ala-Gly-Cys-Lys-Asn-Phe-Phe-Trp-Lys-Thr-Phe-Thr-Ser-Cys (Cys–Cys verbrückt)

**) oder hormone

***) Es wird angenommen, daß Prolactostatin kein Peptid, sondern evtl. Dopamin oder Noradrenalin ist.

des Imidazolrestes erhöht. Wirksamer als das natürliche Hormon ist das Tripeptidamid-Derivat

Glu-His-Pro-NH-$(CH_2)_4$-CH_3.

Neben der Liberin-Wirkung besitzt das Thyroliberin noch eine antidepressive Wirkung.

Das *Gonadoliberin* (*Luliberin* und *Folliberin*) ist ein Decapeptid — ebenfalls ohne N-terminale Amino- und C-terminale Carboxylgruppe.

Da die Hypothalamus-Hormone nur sehr kurz wirken, wurden zahlreiche Versuche angestellt, die Wirkung durch Abwandlung der Struktur zu verlängern. Der enzymatische Abbau des Gonadoliberins wird z. B. verzögert durch Austausch des C-terminalen Glycinamids gegen Ethylamid. Synthetische Gonadoliberin-Inhibitoren hätten u. U. große praktische Bedeutung für die Hemmung der Ovulation.

Bei dem *Somatostatin* handelt es sich um ein Tetradecapeptid, das wahrscheinlich keine Speziesspezifität besitzt. Neben seiner Wirkung auf die Hypophyse hemmt es die Bildung der Pankreashormone Insulin und Glucagon sowie die des Gastrins. Ein Tetradecapeptid von der Struktur des Somatostatin wird auch im Pankreas gebildet.

Der Hypothalamus ist auch der Bildungsort der Hypophysenhinterlappen-Hormone Oxytocin und Vasopressin. Den Transport dieser Hormone zur Hypophyse übernehmen spezifisch wirkende Transportproteine, die *Neurophysine*, die wahrscheinlich zusammen mit den Hypophysenhinterlappen-Hormonen aus einem Proprotein entstehen.

7.2.1.2.3. Hypophysenvorderlappen-Hormone

Die Hypophyse ist ein innersekretorischer Hirnanhang und besteht aus dem Vorderlappen (Adenohypophyse), dem Hinterlappen (Neurohypophyse) und dem beim Menschen stark zurückgebildeten Mittellappen (*Pars intermedia*).

Zu den Hormonen des Hypophysenvorderlappens (*HVL*-Hormone) gehören die unmittelbar auf den Stoffwechsel der Körperzellen einwirkenden Stoffwechselhormone Somatotropin und Lipotropin sowie die glandotropen Hormone Thyrotropin, Corticotropin und die den Keimdrüsen übergeordneten Hormone (Gonadotropine).

Die Tätigkeit der Keimdrüsen (vgl. Kap. 7.2.1.3.1.) wird durch die gonadotropen Hormone reguliert, die entweder im Hypophysenvorderlappen (Follitropin, Lutropin, Prolactin) bzw. beim weiblichen Organismus nach der Befruchtung in der Plazenta (Choriogonadotropin, Choriomammotropin) produziert werden. Die Gonadotropine des Hypophysenvorderlappens sind geschlechtsunspezifisch.

Glykopeptid-Hormone: *Thyrotropin, Follitropin und Lutropin*

Thyrotropin (Thyreotropes Hormon, Thyreoidea-stimulierendes Hormon, *TSH*, Thyreotrophin) regt die Bildung und Ausschüttung der Schilddrüsenhormone an.

Follitropin (Follikelstimulierendes Hormon, *FSH*) stimuliert bei weiblichen Tieren das Wachstum der Follikel, bei männlichen die Spermatogenese. Die Produktion der peripheren Hormone (Estrogene bzw. Androgene) wird dagegen nicht angeregt.

Lutropin (Luteinisierungshormon, *LH*, identisch mit dem Interstitialzellen-stimulierenden Hormon, *ICSH*) fördert im weiblichen und männlichen Organismus die Produktion der peripheren Hormone (Estrogene bzw. Androgene), nachdem die entsprechenden Drüsen durch das Follitropin angeregt wurden.

Thyrotropin, Follitropin, Lutropin sowie das Plazentahormon Choriogonadotropin (*HCG*, S. 405) sind Glykopeptide, die durch verdünnte Säuren in zwei Untereinheiten

(α und β) gespalten werden können. Die Untereinheiten allein sind praktisch unwirksam. Sie lassen sich aber unter milden Bedingungen wieder zu fast voll wirksamen Hormonen rekombinieren.

α-LH von Rind, Schaf und Schwein besteht aus 96 Aminosäuren, das des Menschen aus nur 89. Kohlenhydratreste befinden sich an Asparaginresten in den Positionen 56 und 82 bzw. beim Menschen in Position 49 und 75. Das *α-LH* des Rindes bzw. Schafes unterscheidet sich in 23 Aminosäureresten von dem des Menschen. Die α-Untereinheiten des *TSH* und *HCG* sind in ihrer Primärstruktur sowie in der Plazierung der Kohlenhydratreste mit dem *α-LH* nahezu identisch. Das *α-HCG* besteht aus 92 Aminosäuren und ist bis auf einige Deletionen identisch mit dem *α-LH*. Das *α-TSH* des Rindes ist identisch mit dem entsprechenden *α-LH* und unterscheidet sich nur geringfügig vom *HCG*.

Im Unterschied zu den α-Untereinheiten zeigen die β-Untereinheiten dieser Hormone größere Abweichungen untereinander. Die β-Untereinheiten bedingen im wesentlichen die spezifische Wirkung dieser Hormone, wie aus Untersuchungen mit Hormon-Hybriden hervorgeht (PIERCE):

Kombinationen von

β-TSH mit *α-TSH*, *α-LH* oder *α-HCG* ergibt Hormone mit *TSH*-Aktivität,

β-FSH mit *α-FSH*, *α-LH* oder *α-HCG* ergibt Hormone mit *FSH*-Aktivität,

β-LH mit *α-LH*, *α-HCG*, *α-TSH* oder *α-FSH* ergibt Hormone mit *LH*-Aktivität,

β-HCG mit *α-HCG*, *α-LH*, *α-TSH* oder *α-FSH* ergibt Hormone mit *HCG*-Aktivität.

Das *β-TSH* vom Rind besteht aus 114 Aminosäuren und enthält 6 Disulfidbrücken. Nur 25% der Aminosäuren entsprechen denen des *β-LH*. Allerdings handelt es sich bei den Abweichungen häufig um einen konservativen Austausch. Das *β-HCG* besteht aus 145 bzw. 147, das *β-LH* des Menschen aus 115 Aminosäuren.

Aus Untereinheiten bestehende Glykopeptide mit Gonadotropin- und Thyrotropin-Aktivität wurden auch in Fischen und Reptilien gefunden. Die Gonadotropine entsprechen in ihrer Primärstruktur mehr dem *LH*, in ihrer biologischen Aktivität mehr dem *FSH* der Säugetiere.

Somatotropin und Prolactin

Bereits um 1900 wurde festgestellt, daß bei einer Hypophysektomie bei jungen Hunden Zwergwuchs auftrat. Diese und andere Beobachtungen führten dann zur Annahme eines Wachstumshormons.

Das *Somatotropin* (Wachstumshormon, somatotropes Hormon, *STH*, *GH*, *growth-hormone*) fördert das Knochenwachstum und den Proteinaufbau (anabole Wirkung). Neben dem Somatotropin spielen bei den Wachstumsvorgängen noch weitere Hormone, wie z. B. die Schilddrüsenhormone oder das Insulin, eine Rolle.

Zumindest ein Teil der peripheren Wirkungen des Somatotropins kommt wahrscheinlich durch die Ausschüttung von *Somatomedinen* zustande, die auch insulinähnlich wirken. Außer dem entsprechenden Liberin scheint auch die von Pilzen der Gattung *Fusarium* gebildete *Fusarsäure* Wachstumshormon freizusetzen. Fusarsäure senkt außerdem am Menschen den Blutdruck und hemmt die Dopamin-β-hydroxylase.

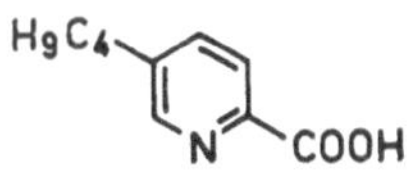

Fusarsäure

Prolactin (Mammotropes Hormon, Mammotropin, Lactotropes Hormon, Lactotropin, *PRL*, *LTH*) regt im weiblichen Organismus die Produktion der Gestagene an und wirkt zusammen mit den peripheren weiblichen Sexualhormonen auf die Milchdrüsen ein. Die Produktion des Prolactins wird durch das partialsynthetische Ergolin-Alkaloid Bromokryptin (S. 561) gehemmt.

Beim Menschen sind nur die Somatotropine von Primaten wirksam. Die Aufklärung der Primärstruktur des Somatotropins gelang 1966 bzw. nach kleineren Korrekturen 1971 (Li). Das menschliche Somatotropin enthält 190 Aminosäuren. Weniger als 2/3 der Aminosäuren sind identisch mit denen des Somatotropins des Rindes oder Schafes. Aus diesem Grunde ist auch das Somatotropin des Rindes beim Menschen unwirksam. Alle Säugetier-Somatotropine enthalten zwei Disulfidbrücken, die sich an denselben Stellen des Moleküls befinden.

Die Primärstruktur des Somatotropins ähnelt der des Prolactins sowie des Plazentahormons Choriomammotropin (S. 405). 85% der Aminosäuren des menschlichen Somatotropins sind identisch mit denen des Prolactins und Choriomammotropins, darunter auch die Stellung der beiden Disulfidbrücken (Abb. 7–3). Somatotropin, Choriomammotropin und Prolactin ähneln sich in ihrer Sekundärstruktur. Ca. 50% der Aminosäuren liegen als α-Helix vor.

Prolactin- und Somatotropin-ähnliche Hormone sind auch bei Vögeln, Reptilien und Amphibien gefunden worden.

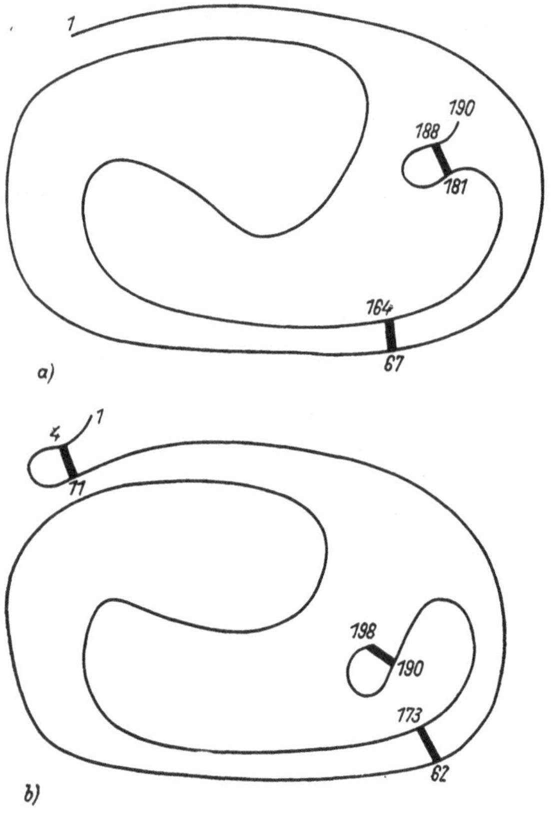

Abb. 7–3
Schematische Darstellung des Somatotropin bzw. Choriomammotropin (*a*) und des Prolactin (*b*).

Corticotropin, Melanotropin und Lipotropin

Corticotropin (Corticotrophin, Adrenocorticotropes Hormon, *ACTH*) regt die Nebenniere zur Produktion und Abgabe der Corticoide an. Corticotropin dient therapeutisch zur Anregung der Produktion dieser Steroidhormone bei sekundärer Nebennieren-Insuffizienz, verschiedenen allergischen Erkrankungen oder Verbrennungen. Die Anwendung setzt allerdings die Funktionstüchtigkeit der Nebenniere voraus.

Melanotropin (Melanozyten-stimulierendes Hormon, *MSH*) wird bei Tieren im Hypophysenmittellappen gebildet. Es reguliert die Pigmentbildung der Haut. Die Funktion beim Menschen ist noch ungeklärt. Beim Menschen erfolgt die Bildung im Hypophysenvorderlappen, da der Mittellappen weitgehend zurückgebildet ist. Ein Melanotropin-Antagonist ist das Melatonin (S. 437).

Fettmobilisierende (lipolytische) Hormone wurden erst in den letzten Jahren aus der Hypophyse gewonnen. Die *Lipotropine* (Lipotrope Hormone, *LPH*) regen die Bildung von Fettsäuren aus den Fetten an.

Corticotropin, Lipotropin, Melanotropin sowie die Endorphine (S. 404) gehören einer Hormon-Familie an, die sich von einem gemeinsamen Prohormon ableitet. Corticotropin wurde aus den Drüsen von Rind, Schwein, Schaf und Mensch isoliert und in der Primärstruktur aufgeklärt. Es handelt sich um ein stark basisches Polypeptid aus 39 Aminosäuren. Von besonderer Bedeutung für die biologische Wirkung sind die basischen Aminosäuren in den Positionen 15—18 (Lys-Lys-Arg-Arg), die wahrscheinlich für die Bindung des Hormons an den Rezeptor verantwortlich sind. Speziesunterschiede treten in den Positionen 25 bis 33 auf:

— Asn-Gly-Ala-Glu-Asp-Glu-Ser-Ala-Glu-	Mensch
— Asn-Gly-Ala-Glu-Asp-Glu-Leu-Ala-Glu-	Schwein
— Asp-Gly-Glu-Ala-Glu-Asp-Ser-Ala-Gln-	Rind
— Ala-Gly-Glu-Asp-Asp-Glu-Ala-Ser-Gln-	Schaf

Corticotropin (39 Aminosäuren) ist Prohormon des α-Melanotropin (Aminosäuren 1 bis 13) und Corticotropin like intermediate lobe peptide (CLIP, Aminosäuren 18—39). Die Totalsynthese des Corticotropins geht vor allem auf die Arbeitskreise um Schwyzer und Li zurück.

Corticotropin ist im Vergleich zu anderen Peptiden relativ säurestabil. Dagegen wird es durch Oxidation leicht inaktiviert. Der Wirkungsverlust geht auf die Oxidation eines Methioninrestes zurück:

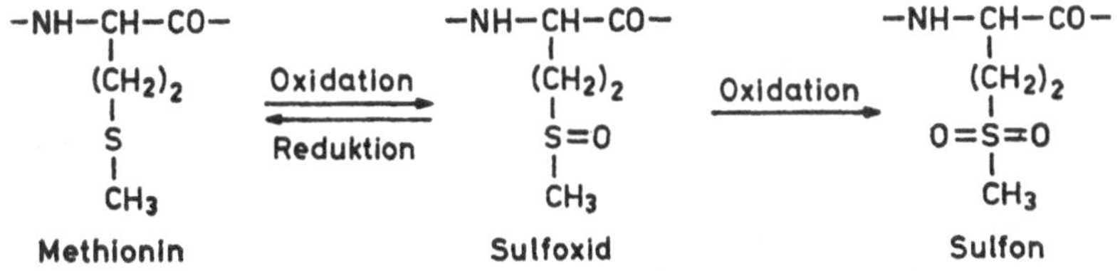

Für die biologische Aktivität ist nicht das vollständige Molekül erforderlich. Eine Wirkung tritt bereits vom N-terminalen Tridecapeptid an auf und steigt mit wachsender Peptidkette (Tab. 7-6). Ein synthetisches Peptid der 24 N-terminalen Aminosäuren, das die volle ACTH-Aktivität besitzt, wird therapeutisch eingesetzt.

Tosactid ist ein im Handel befindliches synthetisches Corticotropin mit den 28 N-terminalen Aminosäureresten.

Tabelle 7-6
Adrenocorticotrope Aktivität einiger N-terminaler Peptide

Peptid	Steroidogenesis [IE/mg]
ACTH-(1-15)-pentadecapeptid-amid	0,2—0,5
ACTH-(1-16)-hexadecapeptid-amid	1,4
ACTH-(1-17)-heptadecapeptid-amid	10,0
ACTH-(1-18)-octadecapeptid-amid	27,5
ACTH-(1-19)-nonadecapeptid-amid	ca. 100,0
α_h-ACTH	130

Die Wirkung synthetischer Peptide mit Corticotropin-Aktivität läßt sich verlängern, wenn durch Modifizierung endständiger Aminosäuren ein Angriff von Exopeptidasen erschwert wird.

Es konnten zwei verschiedene Melanotropine isoliert werden, die sich in ihrer Sequenz sehr ähneln. α-Melanotropin ist ein Tridecapeptid. Am N-Terminus steht N-Acetylserin, am C-Terminus Valinamid. Speziesunterschiede wurden nicht gefunden. Die α-Melanotropine von Schwein, Pferd, Schaf, Affe und Hundshai sind identisch. Beim β-Melanotropin wurden sowohl Speziesunterschiede in der Kettenlänge (Mensch: 22, Schwein: 18 Aminosäuren) als auch in der Sequenz gefunden.

Es gelang die Isolierung mehrerer linearer Peptide mit lipotroper Wirkung. β-Lipotropin von Schaf bzw. Schwein enthält 90 bzw. 91 Aminosäuren, α-Lipotropin 58 Aminosäuren. γ-Lipotropin entspricht der Sequenz 1—58 des β-Lipotropins. β-Lipotropin ist ferner Prohormon des β-Melanotropins (Aminosäuren 41—58) und β-Endorphins (Aminosäuren 61—91).

Beide Melanotropine, α- und β-Lipotropin sowie Corticotropin enthalten die Teilsequenz Met-Glu-His-Phe-Arg-Trp-Gly, die auch essentiell für die Beeinflussung des Verhaltens durch diese Neuropeptide bzw. deren Abwandlungsprodukte ist.

7.2.1.2.4. Endorphine

Unter Endorphinen („endogene Morphine") werden Peptide verstanden, die Schmerzrezeptoren des Zentralnervensystems in ähnlicher Weise wie das Analgeticum Morphin (S. 546) blockieren können. Diese Endorphine kommen im Gehirn vor. Wegen ihrer morphinähnlichen Wirkung werden sie auch als opiatähnliche Peptide bezeichnet, zumal sie auch Sucht erzeugen sollen und ihre Wirkung durch Morphinantagonisten (S. 547) aufgehoben werden kann.

Die ersten isolierten und in ihrer Struktur aufgeklärten Endorphine waren die Enkephaline (auch *MLF*: *morphin-like factor*). Die Enkephaline wurden zuerst aus Schweinehirn isoliert und erwiesen sich als Gemisch zweier Pentapeptide, die sich nur in ihrem C-terminalen Aminosäurerest unterscheiden (Met-Enkephalin und Leu-Enkephalin).

H-Tyr-Gly-Gly-Phe-Met-OH	Met-Enkephalin
H-Tyr-Gly-Gly-Phe-Leu-OH	Leu-Enkephalin

Am wirksamsten ist das Met-Enkephalin. Im Unterschied zum Schweinehirn enthält das Rinderhirn mehr Leu-Enkephalin als Met-Enkephalin.

Die Sequenz des Met-Enkephalins ist im β-Lipotropin enthalten (Position 61—65). Das β-Lipotropin selbst ist unwirksam. Das C-terminale β-Lipotropin-Fragment mit den Aminosäureresten 61—91 (β-Endorphin) zeigt die höchste Aktivität und ist wahrscheinlich das natürliche Endorphin. Das α-Endorphin besteht aus den Resten 61—76, das γ-Endorphin aus den Resten 61—77.

Endorphine kommen im Gehirn sowie im Darm von Säugetieren vor. α-Endorphin ist immunologisch auch in Schmetterlingen nachgewiesen worden.

Die Endorphine werden rasch abgebaut und sind wahrscheinlich nicht in der Lage, die Blut-Hirn-Schranke zu überwinden. Sie wirken also nur analgetisch, wenn sie in das Gehirn der Versuchstiere injiziert werden.

Das gemeinsame Strukturelement von Endorphinen und morphinähnlich wirkenden Analgetica scheint ein basisches N-Atom in einem geeigneten Abstand von einem Phenolrest zu sein (vgl. Formeln Morphin und Met-Enkephalin). Diese analgiphore Gruppe ist bei den Endorphinen der N-terminale Tyrosinrest. Das D-Tyrosin-Derivat ist unwirksam.

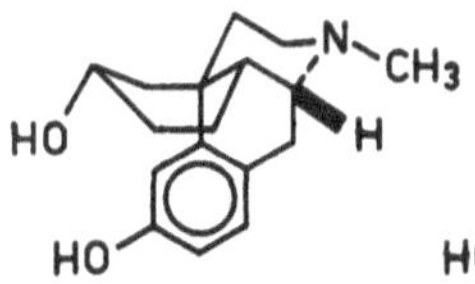

Morphin

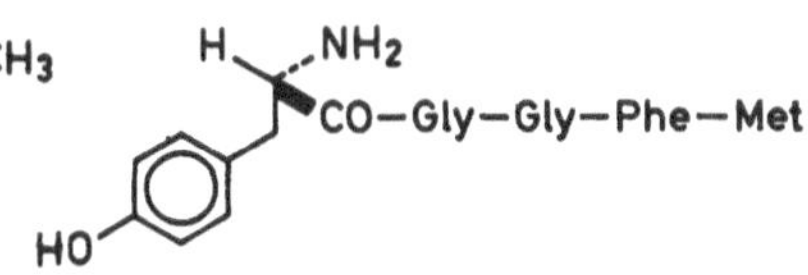

Met-Enkephalin

Es wird vermutet, daß die Endorphine eine Rolle bei der Reaktion des Organismus auf Streßreize spielen, wobei es zu einer Ausschaltung des Schmerzes kommt.

7.2.1.2.5. Plazenta-Hormone

Nach der Einbettung des befruchteten Eies beginnt die Plazenta mit der Produktion des *Choriogonadotropins* (*human chorionic gonadotropin, HCG*). Der Nachweis des Choriogonadotropins im Harn dient zur Schwangerschaftsdiagnose (Aschheim und Zondek). Choriogonadotropin hat etwa die Wirkung des Lutropins und Prolactins.

Das Choriogonadotropin ist ein Glykopeptid, das weitgehend den Hypophysenvorderlappen-Hormonen Thyrotropin, Follitropin und Lutropin ähnlich ist. Ein in der β-Kette synthetisch verändertes Choriogonadotropin wird als Empfängnisverhütungs-Impfstoff diskutiert.

Das *Choriomammotropin* (*human chorionic somatotropin, HCS, human placental lactogen, HPL*) wird gegen Ende der Schwangerschaft gebildet und besitzt etwa die Wirkungen des Somatotropins und Prolactins. Die Struktur entspricht weitgehend der des Somatotropins (vgl. S. 402).

Außer diesen beiden Peptidhormonen wird von der Plazenta noch das Steroidhormon Progesteron (S. 420) gebildet.

7.2.1.2.6. Hypophysenhinterlappen-Hormone

Im Hypophysenhinterlappen werden beim Menschen Oxytocin und Vasopressin freigesetzt. Beide Peptidhormone werden im Hypothalamus gebildet, sind also aufgrund ihres Bildungsortes Neurohormone.

Ihr Transport zur Hypophyse erfolgt über den Hypophysenstiel durch spezifische Transportproteine, die *Neurophysine*. Die Neurophysine I und II sind aus je 97 Aminosäuren aufgebaut und in ihrer Primärstruktur aufgeklärt.

Oxytocin und *Vasopressin* gehören zu einer Nonapeptidfamilie, deren Vertreter von allen Wirbeltierklassen gebildet werden (Tab. 7–7). Die enge Verwandtschaft dieser Hormone läßt auf eine evolutionäre Entwicklung aus einem Urpeptid schließen, aus dem durch Genduplikation die beiden Hormonlinien gebildet wurden, mit der eine Differenzierung der Wirkung dieser analogen Peptide einherging.

Tabelle 7–7

Evolutionäre Entwicklung der Hypophysenhinterlappen-Hormone

	1	2	3	4	5	6	7	8	9
Stamm-Molekül	Cys	Tyr	–	–	Asn	Cys	Pro	–	$Gly\text{-}NH_2$

(Disulfidbrücke zwischen Cys 1 und Cys 6)

Tiergruppe	Molekül-Linie A (3: Ile)			Molekül-Linie B (4: Gln)		
	Name	4	8	Name	3	8
Cyclostomata				Arg-Vasotocin	Ile	Arg
Knorpelfische						
Selachii	Valitocin	Gln	Val	Arg-Vasotocin	Ile	Arg
Batoidea	Glumitocin	Ser	Glu	Arg-Vasotocin	Ile	Arg
Chimaeriformes	Aspartocin	Asn	Leu	Arg-Vasotocin	Ile	Arg
Knochenfische						
Polypteriformes,	Isotocin	Ser	Ile	Arg-Vasotocin	Ile	Arg
Teleostei						
Crossopterygii	Mesotocin	Gln	Ile	Arg-Vasotocin	Ile	Arg
Amphibien, Vögel,	Mesotocin	Gln	Ile	Arg-Vasotocin	Ile	Arg
Reptilien	Mesotocin	Gln	Ile	Arg-Vasotocin	Ile	Arg
Säugetiere						
außer Schwein	Oxytocin	Gln	Leu	Arg-Vasopressin	Phe	Arg
Schwein	Oxytocin	Gln	Leu	Lys-Vasopressin	Phe	Lys

Die Hormone bewirken am Säugetier eine Kontraktion der glatten Muskulatur des Uterus (Oxytocin) oder der Gefäße (Vasopressin). Oxytocin stimuliert daneben die Milchdrüse zur Milchabgabe. Vasopressin wirkt antidiuretisch (daher die ältere Bezeichnung Adiuretin) durch Förderung der Rückresorption des Wassers in den Nierentubuli.

Die Strukturaufklärung und Synthese des Oxytocins erfolgte 1954 durch DuVigneaud (vgl. S. 128). Der relativ einfache Bau dieser Peptide hat zu zahlreichen Untersuchungen über Struktur-Wirkungs-Beziehungen Anlaß gegeben. Dabei wurde festgestellt, daß für die Vasopressin-Wirkung auf den Wasser- und Elektrolyt-Haushalt eine basische Aminosäure (Arginin oder Lysin) in 8-Stellung erforderlich ist. Aus Tab. 7–8 geht hervor, daß es weitgehend gelungen ist, die antidiuretische und antihypertensive Wirkung des Vasopressins durch gezielte Variation der Sequenz zu trennen. Ein synthetisch gewonnenes Phe^2, Lys^8-Vasopressin (Octapressin) dient zur Prophylaxe und Therapie parenchymatöser Blutungen. Als synthetisches, sehr stark und anhaltend wir-

Tabelle 7–8

Biologische Aktivität einiger Vasopressin-Analoga

Vasopressin	Biologische Aktivität [IE/mg] an der Ratte		
	Blutdruck	Antidiurese	Verhältnis Blutdruck/Antidiurese
[Arg⁸]	400	40	1:1
[MpS¹, Arg⁸]	350	1300	1:3,5
[D-Arg⁸]	4	110	1:28
[MpS¹, D-Arg⁸]	11	880	1:80
[Tyr(Me)², Lys⁸]	2,4	275	1:115
[D-Orn⁸]	0,24	60	1:250
[Orn⁸]	360	90	4:1
[Ile³, Orn⁸]	110	2,5	40:1
[Phe², Ile³, Orn⁸]	120	0,56	220:1

MpS = 3-Thiopropionyl

kendes Antidiureticum mit geringer uterotonischer Wirkung befindet sich 1-Desamino-D-Arg⁸-Vasopressin im Handel.

In der Oxytocin-Reihe konnte gezeigt werden, daß die cyclische Struktur für die Wirkung erforderlich ist. Eine Oxytocin-Wirkung besitzen jedoch auch die Mono- und Dicarba-Analoga *1* und *2*. Die Oxytocin-Wirkung wird durch Fehlen der terminalen Aminogruppe erhöht. Am wirksamsten war ein Desamino-1-seleno-Oxytocin (*3*). Ein langwirkender Inhibitor ist dagegen das Desamino-Tyr-O-methyl-Oxytocin. Thr⁴-Oxytocin besitzt eine erhöhte uterotonische Wirkung. Eine Verlängerung der Kette durch Glycinreste führt zu Depotformen, aus denen Exopeptidasen durch stufenweisen Abbau die wirksame Verbindung freisetzen.

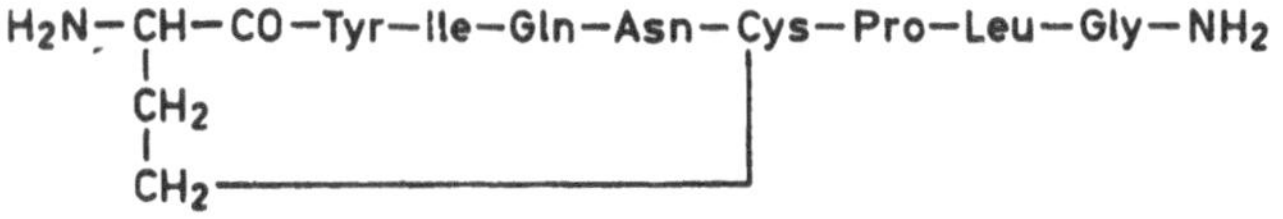

1

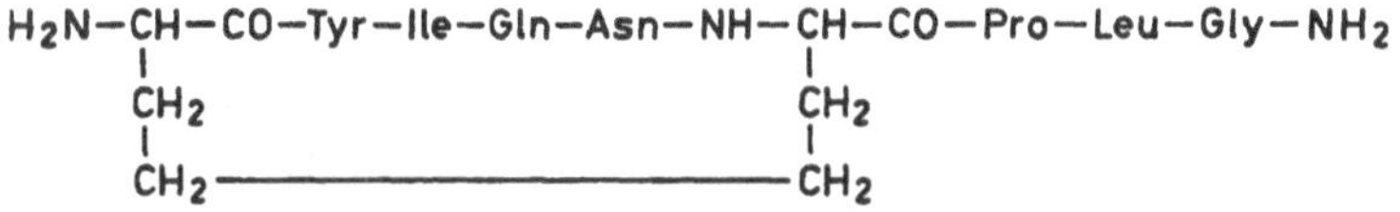

2

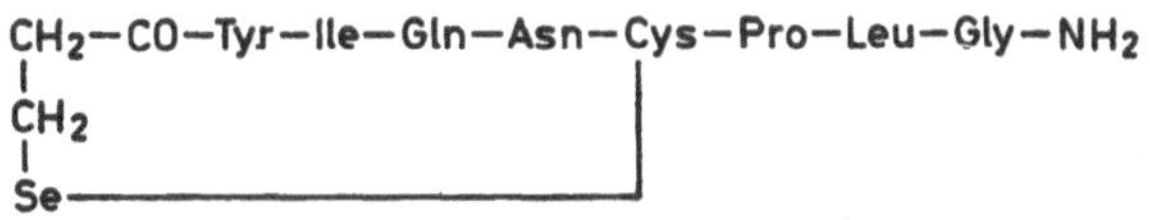

3

Stärker uterotonisch als Oxytocin wirkt das Derivat mit der fehlenden Aminogruppe am N-terminalen Cysteinrest (Desaminooxytocin, Demoxytocin), da es schwerer durch Serum-Peptidasen abgebaut wird als das Oxytocin. 2-O-Methyltyrosinoxytocin (Methyloxytocin) soll noch günstiger für den therapeutischen Einsatz als Oxytocin und Demoxytocin sein.

Oxytocin dient als Prohormon für das Melanostatin. Auch andere Fragmente der Hypophysenhinterlappen-Hormone sind biologisch aktiv (Tab. 7–9).

Tabelle 7–9

Biologische Aktivität einiger Fragmente von Oxytocin bzw. Vasopressin (nach WALTER)

Fragment	Wirkung
Pro-Leu-Gly-NH_2	Melanostatin-Aktivität antidepressiv
Cys-Tyr-Ile-Gln-Asn-Cys (Cys–Cys verbrückt)	Melanostatin-Aktivität
Cys-Tyr-Ile-Gln-Asn	Melanoliberin-Aktivität
Cys-Tyr-Phe-Gln-Asn-Cys-Pro-Lys (Cys–Cys verbrückt)	beeinflußt Verhalten und Gedächtnis
Cys-Tyr-Phe-Gln-Asn-Cys (Cys–Cys verbrückt)	Corticoliberin-Aktivität

7.2.1.2.7. Hormone des Pankreas

In der Bauchspeicheldrüse (Pankreas) wird der Pankreassaft gebildet, der vor allem wichtige Verdauungsenzyme (u. a. Trypsin, Chymotrypsin) enthält und dessen Absonderung durch das aglanduläre Hormon Secretin stimuliert wird. Inmitten des exkretorischen Gewebes befinden sich die innersekretorisch tätigen LANGERHANSschen Inseln, in deren β-Zellen das Insulin und in deren α-Zellen das Glucagon gebildet wird.

Insulin

Insulin senkt als einziges Hormon den Blutzuckerspiegel. Es stimuliert den Glucosetransport durch die Zellmembranen, fördert den Glucoseverbrauch und die Fettsynthese (lipogenetische Wirkung) und hemmt den Protein- und Aminosäureabbau (antikatabole Wirkung). Insulin hat indirekt einen stimulierenden Effekt auf die Proteinsynthese. Insulinmangel führt zur Zuckerkrankheit (Diabetes mellitus).

Ein Zusammenhang zwischen gestörter Pankreasfunktion und Zuckerkrankheit wurde schon 1788 von COWLEY erkannt. Insulin wurde 1922 durch BANTING und BEST aus dem Pankreas isoliert. 1952 konnte die Primärstruktur des Rinder-Insulins durch SANGER aufgeklärt werden.

1967 wurde festgestellt (STEINER), daß das Insulin aus einer einkettigen, wenig wirksamen Vorstufe, dem *Proinsulin,* entsteht. Enzymatisch wird dann durch Herausspalten eines Zwischengliedes (Verbindungspeptid, C-Peptid) das eigentlich wirksame Insulin gebildet. Die Spaltung erfolgt an Argininresten (vgl. Abb. 7–4). Das C-Peptid weist sowohl in der Aminosäureanzahl als auch in der Sequenz größere Speziesunterschiede auf als das Insulin. Ein biosynthetischer Vorläufer des Proinsulins ist das am N-Terminus um 23 Aminosäurereste verlängerte *Präproinsulin.* Dem Insulin in seiner Struktur sehr ähnlich ist das ebenfalls aus zwei Peptidketten (*A*- und *B*-Kette) bestehende Gelbkörperhormon Relaxin (S. 419, Struktur vgl. Tab. 7–3).

Die kleinste Einheit des Insulins (Molmasse ca. 6000) besteht aus zwei Ketten, die über zwei Disulfidbrücken miteinander verbunden sind. Die *A*-Kette (von *acidic*) enthält 21, die *B*-Kette (von *basic*) 30 Aminosäuren. Die Insuline verschiedener Tierarten unterscheiden sich trotz Abweichungen in der Primärstruktur kaum in ihrer biologischen Wirkung. Unterschiede treten vor allem im Bereich der Disulfidbrücke der *A*-Kette auf (Tab. 7–10). Die Insuline niederer Tiere zeigen mehr Abweichungen gegenüber dem menschlichen Insulin. So ist das Insulin des Kabeljaus in der *A*-Kette um 9 und in der *B*-Kette um 7 Positionen bei einer zusätzlichen Aminosäure am N-Terminus verändert. Dieses Insulin besitzt am Säugetier nur etwa 10% der Aktivität des Rinder-Insulins.

Tabelle 7–10

Speziesunterschiede einiger Insuline
(Positionen der Aminosäuren; Striche: gegenüber Rinderinsulin unverändert.)

Tierart	A-Kette			B-Kette			
	8	9	10	1	2	26	30
Rind	Ala	Ser	Val	Phe	Val	Tyr	Ala
Mensch	Thr	—	Ile	—	—	—	Thr
Schwein	Thr	—	Ile	—	—	—	Ser
Schaf	Thr	Gly	—	—	—	—	—
Huhn	His	Asp	Thr	Ala	Ala	Ser	—

Aus dem dreidimensionalen Modell des Insulins ist zu entnehmen, daß das Aminoende der *A*-Kette und das Carboxylende der *B*-Kette nur ca. 1 nm entfernt sind (vgl. Abb. 7–4). Das Insulinmonomere assoziiert in Abhängigkeit von pH-Wert, Temperatur, Ionenstärke, Konzentration und Fremdionen.

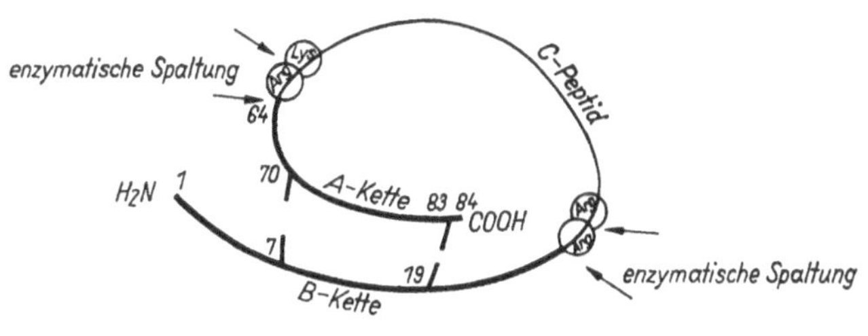

Abb. 7–4
Schematische Darstellung des Proinsulins.

Zwischen pH 2 und 4 liegt es als Dimeres vor. In Gegenwart von Zinkionen bilden hochaggregierte Produkte bei pH 5,6 bis 6,0 Kristalle. Dieses Hexamer enthält zwei Zinkionen, von denen jedes komplex an drei Imidazolreste (His^{10} der *B*-Kette) gebunden ist.

Das zur Behandlung des Diabetes benötigte Insulin wird aus frischen oder tiefgefrorenen Bauchspeicheldrüsen von Schlachttieren gewonnen. Die Extraktion erfolgt mit 60—80prozentigem Alkohol bei pH 1—3 zur Inaktivierung der Proteasen. Das dann anschließend gereinigte Handelsinsulin enthält ca. 2% Proinsulin, das u. a. für unerwünschte Immunreaktionen verantwortlich ist.

Insuline mit Depotwirkung zur Behandlung des Diabetes erhält man durch Zusatz von Zinksalzen und basischen Verbindungen wie Protamin, einem basischen Protein, oder Surfen®, einem basischen Chinolinderivat. Ferner werden Zink-Insulin-Kristall-Suspensionen eingesetzt.

Die erste erfolgreiche Insulinsynthese wurde 1963 von ZAHN beschrieben. Wenig später gelang die Synthese auch in den USA und der VR China. In allen Fällen wurden beide Ketten getrennt durch Verknüpfung kleinerer Fragmente synthetisiert. Ein besonderes Problem bei der Totalsynthese stellt die gezielte Verbindung der beiden Ketten über die Disulfidbrücken dar (S. 134). Während der Biosynthese werden die durch Disulfidbrücken zu verbindenden Cysteinreste dadurch in die richtige Position gebracht, daß beide Ketten durch das C-Peptid miteinander verbunden sind.

1980 ist über die erfolgreiche Synthese von Humaninsulin durch gentechnologisch manipulierte Bakterien (*Escherichia coli*) berichtet worden.

Die biologische Wirkung ist nicht auf Verbindungen mit interchenarer Disulfidbrücke beschränkt. Ein Austausch der Disulfidbrücke durch eine CH_2—S-Gruppe führt nicht zu einem völligen Wirkungsverlust. Verkürzungen oder Verlängerungen der *B*-Kette um eine Aminosäure reduzieren die Wirkung.
Bei einer Deletion am N-Terminus der *A*-Kette sinkt die Aktivität stark. Kein bisher bekanntes Insulinderivat besitzt eine größere Aktivität als Insulin selbst.
Ein Teil der nicht variierbaren Aminosäurereste befindet sich an der Oberfläche und bildet dort ein geschlossenes Areal, das man für die Bindung an den Rezeptor verantwortlich macht. Dazu gehören die Aminosäuren Gly^1, Gln^5, Tyr^{19} und Asn^{21} der *A*-Kette sowie Phe^{24}, Phe^{25}, Tyr^{26}, Val^{12} und Tyr^{16} der *B*-Kette. Die Region B22—26 ist für die biologische Aktivität von entscheidender Bedeutung.

Oral wirksame Antidiabetica (z. B. Tolbutamid) können mobilisierbares Insulin aus den β-Zellen und vermutlich auch an Plasmaproteine gebundenes Insulin freisetzen. Ihre Wirkung setzt rasch ein und erreicht nach 5—8 Stunden ihr Maximum.

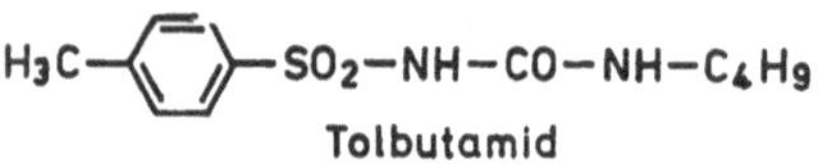

Tolbutamid

Eine insulinähnliche Wirkung besitzen auch die *Somatomedine*, die wahrscheinlich durch Somatotropin induziert in der Leber gebildet werden.
Insulin, Somatomedin und der Nervenwachstumsfaktor weisen viele Ähnlichkeiten in der Primärstruktur auf.

Glucagon

Neben dem Insulin werden im Pankreas noch weitere Hormone, insbesondere das Glucagon, gebildet. Glucagon wirkt als Insulinantagonist und mobilisiert das Glykogen in der Leber. Chemisch handelt es sich um ein lineares, relativ schwer lösliches Polypeptid, das aus 29 Aminosäuren besteht.
Charakteristisch für beide Hormone sind zahlreiche Serin- und Threoninreste, die u. a. die Synthese erschwerten. Die erste Synthese wurde 1967 beschrieben (WÜNSCH).
Im Unterschied zum Insulin treten beim Glucagon kaum Speziesunterschiede in der Struktur auf. Die Glucagone von Mensch, Schwein, Rind, Ratte und Kaninchen sind identisch. Die Glucagone anderer Wirbeltiere weichen nur geringfügig von diesem Glucagon in ihrer Primärstruktur ab, so das der Ente in zwei Positionen.

Es bestehen zahlreiche Ähnlichkeiten in der Primärstruktur zwischen dem Glucagon und den aglandulären Hormonen Secretin (S. 413), *Vasoactive Intestinal Peptide* (*VIP*) und *Gastric Inhibitory Polypeptide* (*GIP*).

7.2.1.2.8. Hormone der Schilddrüse und der Nebenschilddrüsen

Eine Überfunktion der Schilddrüse (*Glandula thyreoidea*) führt beim Menschen zur BASEDOWschen Krankheit. Bei angeborenem Fehlen der Schilddrüse kommt es zu Kretinismus, bei späterem Ausfall zum Myxödem. Sowohl bei Über- als auch bei Unterfunktion der Schilddrüse kommt es zur Ausbildung eines Kropfes. Neben der Schilddrüse liegen vier kleine Drüsen, die Nebenschilddrüsen (*Glandulae parathyreoideae*, Epithelkörperchen), deren Entfernung Tetanie hervorruft.

Schilddrüsenhormone

In der Schilddrüse werden beim Menschen die Hormone *Thyroxin* und *Triiodthyronin* gebildet. Beide Hormone beschleunigen Stoffwechselprozesse in sämtlichen Körperzellen, insbesondere durch Induktion der Atmungsenzyme. Sie bestimmen damit die Größe des Grundumsatzes. Bei Tieren (z. B. Amphibien) wird die Metamorphose beschleunigt. Therapeutisch werden die Schilddrüsenhormone zur Behandlung von allen Formen der Hypothyreosen eingesetzt.

Die Schilddrüsenhormone Thyroxin und Triiodthyronin sind iodhaltige Verbindungen. Sie leiten sich chemisch von der Aminosäure Thyronin ab. Die natürlichen Hormone besitzen aufgrund ihrer Synthese aus dem L-Tyrosin die L-Konfiguration. Sie enthalten 4 (Thyroxin: 3,5,3′,5′-Tetraiodthyronin, L-T_4) bzw. 3 Iodatome (3,5,3′-Triiodthyronin, L-T_3). Die Derivate der D-Form sind weniger wirksam.

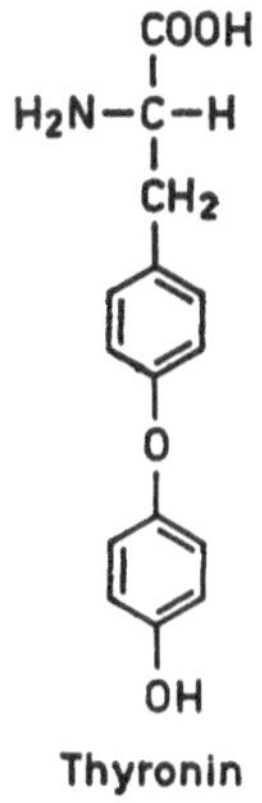

Thyronin

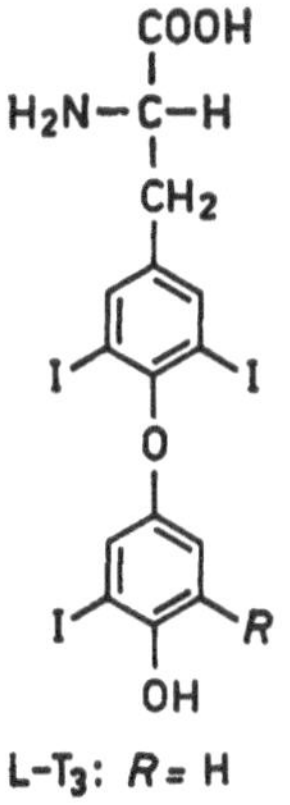

L-T_3: *R* = H
L-T_4: *R* = I

Für die Wirkung dieser Hormone ist offensichtlich ein sperriger Substituent in Nachbarstellung zum Phenylether-Sauerstoffatom erforderlich, der zu einem Abdrehen des zweiten Phenylringes aus der Ebene des ersten führt. Das entsprechende Nitroderivat des Thyroxins besitzt trotz des völlig anderen elektronischen Effektes dieses Substituenten etwa 1/100 der Wirksamkeit des Thyroxins. Das bei der Biosynthese in geringer Menge mit anfallende 3,3′-Diiodthyronin ist fast wirkungslos. L-T_4 wird im Unterschied zu L-T_3 relativ fest an ein spezifisches Transportprotein des Blutplasmas gebunden und wirkt relativ lange.

Die Biosynthese beider Hormone wird eingeleitet durch Iodierung von Tyrosinresten des Glykoproteins Thyroglobulin (Formelübersicht 7–1). Selbst in vitro wird Thyroxin in allerdings langsamer Reaktion aus Diiodtyrosin in alkalischer Lösung gebildet. Die Abspaltung der Aminosäurederivate T_3 und T_4 aus dem Thyroglobulin erfolgt dann enzymatisch. Die Biosynthese läßt sich dadurch hemmen, daß die Iodidaufnahme durch die Schilddrüse (z. B. durch Perchlorat oder Rhodanid) oder die Iodierung der Tyrosinreste (z. B. durch Thioverbindungen wie Methylthiouracil) verhindert wird.

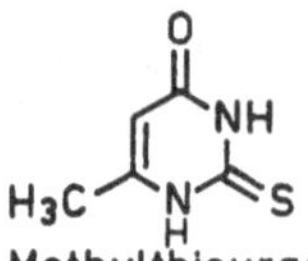

Methylthiouracil

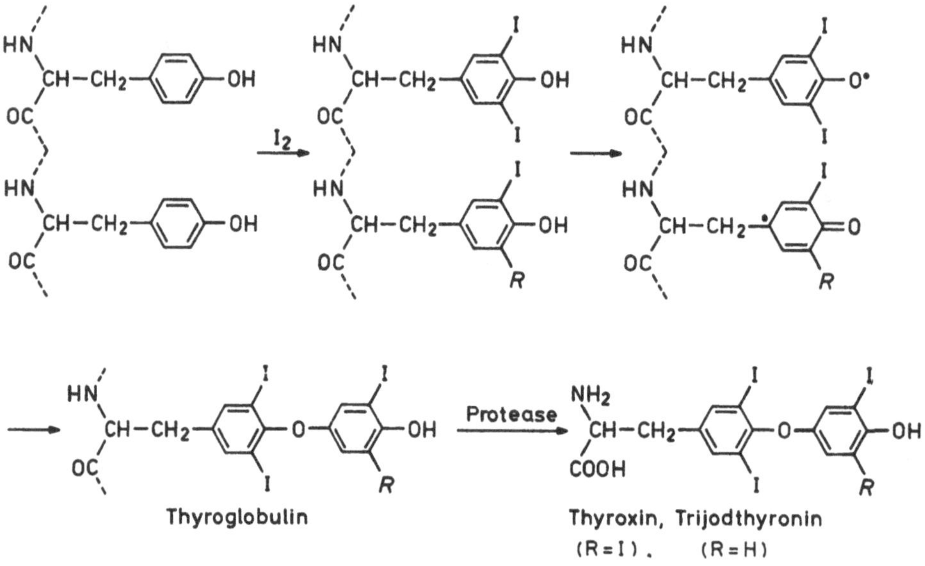

Formelübersicht 7–1

Bildung der Schilddrüsenhormone Thyroxin (R = I) und Triiodthyronin (R = H) im Organismus.

Thyroxin wird heute synthetisch gewonnen. Bei der Synthese geht man vom Tyrosin aus, das leicht iodiert werden kann. Diiodtyrosin läßt sich in mäßiger Ausbeute bei pH 9,5 in Gegenwart eines MnO_2-Kontaktes zum Thyroxin umsetzen.

Calcitonin

Neben den Aminosäurederivaten Thyroxin und Triiodthyronin wird in besonderen Zellen der Schilddrüse noch das Peptidhormon Calcitonin (Thyrocalcitonin) gebildet. Calcitonin wirkt hypocalcämisch, d. h. erniedrigt den Calciumspiegel im Plasma und stimuliert den Calciumeinbau in die Knochen.

Calcitonin ist ein heterodet cyclisches Polypeptid aus 32 Aminosäuren (Primärstruktur Tab. 7–3). In seiner Aminosäuresequenz sind gewisse Übereinstimmungen mit der des Pancreozymins erkennbar.

Parathyrin

Parathyrin (Parathormon, *PTH*) wird von der Nebenschilddrüse gebildet. Im Unterschied zum Calcitonin erhöht es den Ca-Spiegel im Plasma und führt zu einer Ca- und Phosphat-Mobilisierung aus den Knochen. Parathyrin ist ein Polypeptid aus 84 Aminosäuren, in dem Cysteinreste fehlen. Nach den Resten 25 und 51 folgt die stark basische Tripeptid-Sequenz Arg-Lys-Lys. Parathyrin wird in vivo aus einem Prohormon gebildet.

7.2.1.2.9. Aglanduläre Peptidhormone

Peptidhormone des Magen-Darm-Traktes (gastrointestinale Hormone)

Die gastrointestinalen Hormone werden in besonderen Zellen des Magen-Darm-Traktes gebildet und sind an der Regulation der Verdauungsvorgänge beteiligt. Die gastrointestinalen Peptide wurden auch im Gehirn, den Nervenfasern und Nervenendigungen nachgewiesen. Es handelt sich um Peptidhormone, die nach ihren Sequenzen in zwei Gruppen, die Hormone des Gastrin- und Secretintyps, eingeteilt werden.

Zu den *Hormonen vom Gastrintyp* gehören Gastrin und Pancreozymin sowie die Amphibien-Hormone Caerulein und Phyllocaerulein. Diese Hormone besitzen das gleiche C-terminale Pentapeptid Gly-Trp-Met-Asp-Phe.

Gastrin wird in der Magenschleimhaut gebildet und stimuliert die Magensaftproduktion. Es liegt in multiplen Formen vor. Gastrin I ist ein Heptadecapeptid. Ungewöhnlich sind die terminalen Aminosäuren. In Stellung 1 steht Pyroglutaminsäure, in Stellung 17 Phenylalaninamid. Beim Gastrin II wie auch beim Pancreozymin ist die phenolische Hydroxygruppe des Tyrosins mit Schwefelsäure verestert. Wirksam wie das Gastrin ist bereits das C-terminale Tetrapeptid H-Trp-Met-Asp-Phe-NH_2. Für Gastrin wird die Existenz eines Prohormons vermutet.

Pancreozymin (Cholecystokinin) stimuliert die Enzymsekretion des Pankreas und regt die Kontraktion der Gallenblase an. Der Sequenzabschnitt 16—23 ist in einigen Positionen dem entsprechenden Abschnitt des Calcitonins des Schweins identisch.

Die noch zu dieser Proteinfamilie gehörenden Peptide *Caerulein* und *Phyllocaerulein* wurden aus Hautextrakten des australischen Baumfrosches *Hyla caerula* bzw. des südamerikanischen Greiffrosches *Phyllomedusa sauvagi* isoliert. Beide Peptide besitzen eine lang anhaltende blutdrucksenkende Wirkung sowie gastrointestinale Wirkungen.

Zu den *Hormonen vom Secretintyp* gehören außer dem Secretin die erst vor kurzer Zeit entdeckten Hormone *GIP* (*gastric inhibitory hormon*) und *VIP* (*vasoactive intestinal polypeptide*).

Secretin wird in der Schleimhaut des Zwölffingerdarmes gebildet und stimuliert die Abgabe des Pankreassaftes. Es ist ein Heptakosapeptid, dessen Sequenz in 14 Positionen mit dem Pankreashormon Glucagon identisch ist. Der C-Terminus besteht aus Valinamid. Die Ähnlichkeit der Hormone vom Secretintyp wurde mit einer genetischen Verwandtschaft erklärt, deren Differenzierung zu getrennten Linien vor ca. 200 Mill. Jahren erfolgt sein müßte.

Das *vasoaktive Intestinalpeptid* (VIP) wird im Zwölffingerdarm gebildet, ist aber immunologisch auch in der Hirnrinde nachgewiesen worden. Es besteht aus 28 Aminosäureresten mit Aspartinamid als C-Terminus. Wie beim Secretin und Glucagon beginnt der N-Terminus mit His-Ser.

Obwohl nur etwa 1/3 der Aminosäuren mit denen des Glucagons identisch sind, besteht kein Zweifel an der Homologie.

GIP enthält **43** Aminosäuren. Der N-Terminus zeigt viele Ähnlichkeiten zum Glucagon.

Plasmakinine

Als Kinine bezeichnet man eine Gruppe von Peptiden, die die glatte Muskulatur kontrahieren. Sie wirken stark blutdrucksenkend durch Erweiterung der peripheren Gefäße. Die Kinine steigern die Kapillarpermeabilität und können alle Erscheinungen der Entzündung, einschließlich des Schmerzes, auslösen. Sie werden im Organismus aus inaktiven Vorstufen, den Kininogenen, gebildet. Diese Globuline werden durch Endopeptidasen, den *Kininogenasen* oder *Kallikreinen* zu den wirksamen niedermolekularen Kininen abgebaut. Ein Kallikrein wurde bereits 1925 von Frey im Harn entdeckt. Durch das Plasmakallikrein wird das Nonapeptid *Bradykinin* (Kinin-9), durch das Organkallikrein z. B. des Pankreas oder der Niere das Decapeptid *Kallidin* (Kinin-10) gebildet.

Daneben ist noch ein Kinin-11 (*Met-Lys-Bradykinin*) bekannt.

Kininogen
Plasmakallikrein ↙ ↘ Organkallikrein
Bradykinin Kallidin

Die Kinine werden durch Kininasen schnell abgebaut, so daß ihre Wirkung sehr kurz ist.

Kinine kommen auch in niederen Tieren vor. So wurde in der Haut von Amphibien Bradykinin nachgewiesen. Aus der Haut von Fröschen der Gattung *Phyllomedusa* wurde Phyllokinin, aus Wespen der Gattung *Polistes* das Octadecapeptid Polistes-Kinin isoliert (Tab. 7–11). Polistes-Kinin enthält am C-Terminus die Bradykinin-Sequenz.

Durch systematische Veränderung der Struktur des Bradykinins stellte man fest, daß die einzelnen Aminosäuren in der Reihenfolge $7{,}8 > 1 > 9 > 5 > 4 > 2 > 3 > 6$ die biologische Wirkung bestimmen.

Eine ähnliche Wirkung wie die Kinine besitzt die aus der Darmmuskulatur oder aus dem Gehirn isolierte *Substanz P*. Substanz *P* ähnelt sowohl in ihrer Struktur als auch in ihrer Wirkung den nicht zu den Kininen zählenden Unydecapeptiden *Physalaemin* und *Eledoisin* (Tab. 7–12). Physalaemin wurde aus Extrakten der Haut des Frosches *Physalaemus fuscumaculatus*, Eledoisin aus Kraken der Gattung *Eledone* (*Ocaena*) isoliert. Substanz *P* ist ein Antagonist des Endorphins und wirkt u. a. als Neurotransmitter.

Die Sequenz des wie Substanz *P* vasoaktiv wirkenden Neuropeptids *Neurotensin* ähnelt der des Xenopsins (S. 416, Tab. 7–12).

Angiotensin-System

Wie die Kinine entstehen auch die Angiotensine aus einer pharmakologisch inaktiven Vorstufe. Aus dem Angiotensinogen, einem Protein aus der α_2-Globulin-Fraktion, wird zunächst unter der Einwirkung der Protease Renin das noch unwirksame Proangiotensin (Angiotensin I) gebildet (Tab. 7–13).

Die Spaltung erfolgt an einer Leu-Leu-Bindung. Erst aus dem Proangiotensin wird dann durch ein sog. Umwandlungsenzym (converting enzyme der Lunge) das eigentlich

Tabelle 7–11

Primärstruktur der Kinine

Name	Struktur
Bradykinin	Arg-Pro-Pro-Gly-Phe-Ser-Pro-Phe-Arg
Kallidin	Lys-Arg-Pro-Pro-Gly-Phe-Ser-Pro-Phe-Arg
Met-Lys-Bradykinin	Met-Lys-Arg-Pro-Pro-Gly-Phe-Ser-Pro-Phe-Arg
Polistes-Kinin	Glu-Thr-Asn-Lys-Lys-Lys-Leu-Arg-Gly-Arg-Pro-Pro-Gly-Phe-Ser-Pro-Phe-Arg (Glu cyclisiert)
Phyllokinin A	Arg-Pro-Pro-Gly-Phe-Ser-Pro-Phe-Arg-Ile-Tyr(OSO_3H)

Tabelle 7–12

Primärstruktur einiger biologisch aktiver Oligopeptide

Name	Struktur
Substanz P	Arg-Pro-Lys-Pro-Gln-Gln-Phe-Phe-Gly-Leu-Met-NH_2
Physalaemin	Glu-Ala-Asp-Pro-Asn-Lys-Phe-Tyr-Gly-Leu-Met-NH_2
Eledoisin	Glu-Pro-Ser-Lys-Asp-Ala-Phe-Ile-Gly-Leu-Met-NH_2
Bombesin	Glu-Glu-Arg-Leu-Gly-Asn-Gln-Trp-Ala-Val-Gly-His-Leu-Met-NH_2
Neurotensin	Glu-Leu-Tyr-Glu-Asn-Lys-Pro-Arg-Arg-Pro-Tyr-Ile-Leu
Xenopsin	Glu-Gly-Lys-Arg-Pro-Trp-Ile-Leu

Tabelle 7–13

Primärstruktur von Verbindungen des Angiotensin-Systems des Menschen

Name	Struktur
Angiotensinogen*)	Asp-Arg-Val-Tyr-Ile-His-Pro-Phe-His-Leu-Leu-Val-Tyr-Ser-
Proangiotensin	Asp-Arg-Val-Tyr-Ile-His-Pro-Phe-His-Leu
Angiotensin	Asp-Arg-Val-Tyr-Ile-His-Pro-Phe

*) Teilsequenz

wirksame Angiotensin (Angiotensin II) unter Abspaltung von zwei C-terminalen Aminosäuren gebildet.

$$\text{Angiotensinogen} \xrightarrow{\text{Renin}} \text{Proangiotensin} \xrightarrow{\text{Umwandlungsenzym}} \text{Angiotensin}$$

Die Angiotensine des Pferde-, Schweine- und Humanplasmas enthalten in Position 5 einen Isoleucinrest. Aus Rinderplasma wurde ein Val^5-Angiotensin isoliert.

Angiotensin wirkt erregend auf die glatte Muskulatur von Darm, Uterus und Gefäßen. Es ist die stärkste blutdrucksteigernde Substanz. Angiotensin wird schnell enzymatisch inaktiviert.

Die erste Synthese der Angiotensine erfolgte bereits 1957/58. Seitdem wurden zahlreiche Versuche unternommen, um insbesondere zu Angiotensin-Hemmern zu gelangen, die bei der Behandlung des Bluthochdrucks Bedeutung erlangen könnten. Eine hemmende Wirkung besitzen z. B. Verbindungen, bei der die aromatischen Aminosäuren in den Positionen 4 und 8 vertauscht wurden sowie das sog. inverse Angiotensin (Asp^1, Phe^4, Tyr^8-Angiotensin).

Differenzierungs- und Wachstumsfaktoren

Zahlreiche Entwicklungsprozesse im Säugetier werden durch Faktoren reguliert, die hormonähnliche Wirkungen besitzen.

Der *Epithelwachstumsfaktor* (*epiderma growth factor, EGF*) wirkt mit bei der Reifung epithelialer Gewebe. Er ist ein Protein, das aus zwei großen (Molmasse je 30000) und zwei kleinen (Molmasse je 6500) Untereinheiten besteht. Am C-terminalen Ende befindet sich wie beim NGF die basische

Aminosäure Arginin, so daß angenommen wird, daß beide Faktoren aus Prohormonen durch die Einwirkung von Trypsin gebildet werden.

Die Differenzierung der Stammzellen des Knochenmarks zu den verschiedenen Blutzellen (Erythrozyten, Granulozyten, Monozyten, Thrombozyten, B-Lymphozyten) wird durch die *Poetine* (Erythropoetin, Granulopoetin, Monopoetin, Thrombopoetin bzw. B-Lymphopoetin) stimuliert. Thymopoietin (Thymin) ist ein Pentapeptid der Struktur Arg-Lys-Asp-Val-Tyr. Aus dem Gehirn von Säugern wurde ein Polypeptid isoliert, das als Wachstumsfaktor für Fibroblasten wirkt (*fibroblast growth factor, FGF*) und bei Amphibien die Regeneration amputierter Gliedmaßen ermöglicht.

7.2.1.3. *Isoprenoide Hormone*

7.2.1.3.1. *Steroidhormone der Wirbeltiere*

Die Steroidhormone leiten sich formal von dem tetracyclischen Kohlenwasserstoff Gonan (S. 470) ab. Im Verlaufe der Biosynthese, die vom Cholesterol ausgeht, wird die Seitenkette am C-17 weitgehend oder vollständig abgebaut. Nach der Anzahl der C-Atome lassen sich die Steroidhormone in

C_{21}-Steroide (Pregnanderivate): Gestagene und Corticoide
C_{19}-Steroide (Androstanderivate): Androgene
C_{18}-Steroide (Estranderivate): Estrogene

einteilen. Durch das Vorhandensein von Doppelbindungen im Ring *A* bzw. durch die trans-Verknüpfung der Ringe ist das Molekül bei den Steroidhormonen weitgehend eingeebnet. Die 17-Epi-Verbindungen sind bedeutend weniger wirksam.

Die Steroidhormone sind glanduläre Hormone, die in den Drüsen jeweils bei Bedarf produziert, aber nicht gespeichert werden. Die Drüsen kommen daher als Ausgangsquellen für die Gewinnung nicht in Frage. Die natürlichen Steroidhormone werden im Organismus relativ schnell abgebaut und sind oral nur sehr schlecht wirksam. Für therapeutische Zwecke und für die hormonelle Schwangerschaftsverhütung werden daher heute fast ausschließlich oral wirksame partial- oder auch schon totalsynthetisch gewonnene Derivate eingesetzt (vgl. Kap. 8.3.4.).

Weibliche Geschlechtshormone

Zu den weiblichen Geschlechtshormonen gehören die Estrogene und Gestagene. Nach ihren Hauptbildungsorten werden diese Hormone auch als Follikel- bzw. Gelbkörper-(*Corpus luteum*) Hormone bezeichnet. Sie werden jedoch auch in der Nebennierenrinde gebildet. Das Zusammenwirken dieser Hormone geht aus der Abb. 7–5 hervor.

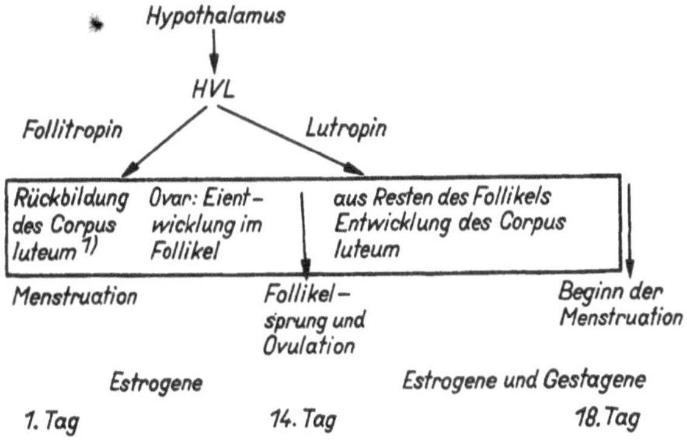

Abb. 7–5
Schematische Darstellung der Hormonregulation im weiblichen Organismus.

*) Bei Befruchtung des Eies Hypertrophie zu Corpus luteum graviditatis.

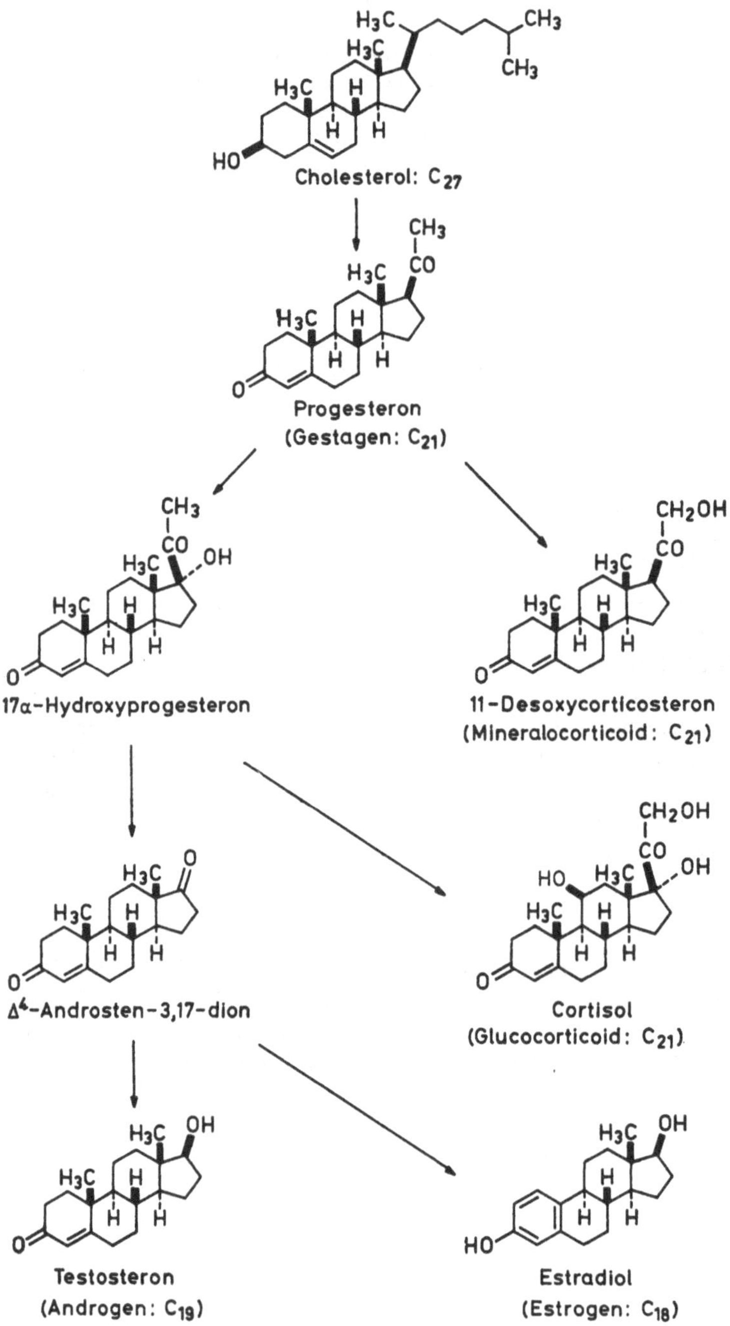

Formelübersicht 7–2

Biogenetische Zusammenhänge zwischen den Steroidhormonen.

Der Gelbkörper erwachsener Säugetiere produziert auch das Peptidhormon ***Relaxin***, das in seiner Struktur sehr dem Insulin ähnelt (Tab. 7–3). In Verbindung mit den Estrogenen ist es verantwortlich für die Erweiterung des Geburtskanals.

Die Estrogene sind verantwortlich für die Entwicklung der weiblichen Sexualorgane. Sie hemmen über den Hypothalamus die Follitropin-Ausschüttung des Hypophysenvorderlappens, regen aber die Lutropin-Ausschüttung an. Ferner stimulieren sie die Lipidsynthese.

Die Gestagene bewirken eine Umwandlung der Uterusschleimhaut von der Proliferations- in die Sekretionsphase. Nach der Befruchtung des Eies erhalten sie die Schwangerschaft, indem sie eine erneute Ovulation verhindern. Sie werden deshalb auch als Schwangerschaftshormone bezeichnet. Die Lutropin-Ausschüttung des Hypophysenvorderlappens wird gehemmt. Durch gleichzeitige Einnahme gestagener und estrogener Hormone tritt eine Ovulationshemmung ein, da Eireifung und Eisprung (Ovulation) verhindert werden. Kombinationen von oral wirksamen Gestagenen und Estrogenen werden deshalb als Kontrazeptiva eingesetzt.

Estrogene: Im menschlichen Organismus zirkulierende Estrogene (Östrogene) sind Estradiol, Estriol und Estron. Estron wurde 1929 aus Schwangerenharn (BUTENANDT, DOISY), Estradiol 1935 aus Ovarien isoliert.

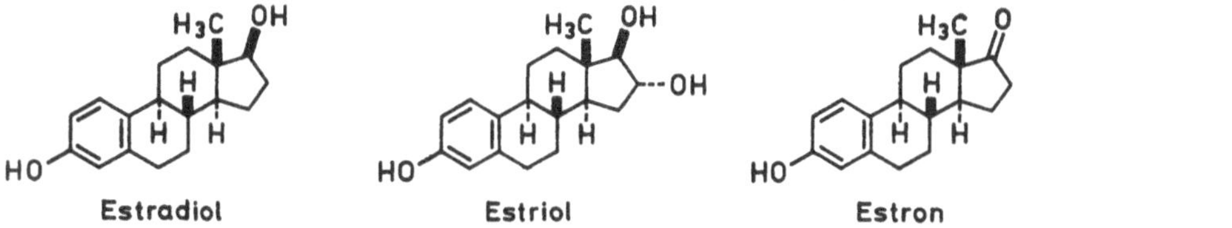

Charakteristisch für die Estrogene ist, daß der Ring *A* aromatisch ist. Dadurch fehlt bei den Estrogenen die Methylgruppe in 10-Stellung. Im Harn trächtiger Stuten wurden noch stärker ungesättigte Estrogene — Equilin, Equilenin und Estra-5,7,9-trien-3β-ol-17-on — nachgewiesen, im menschlichen Urin jedoch nicht. Lediglich Equilenin tritt in pathologischen Fällen auf. Diese Verbindungen besitzen eine geringere Aktivität als Estron.

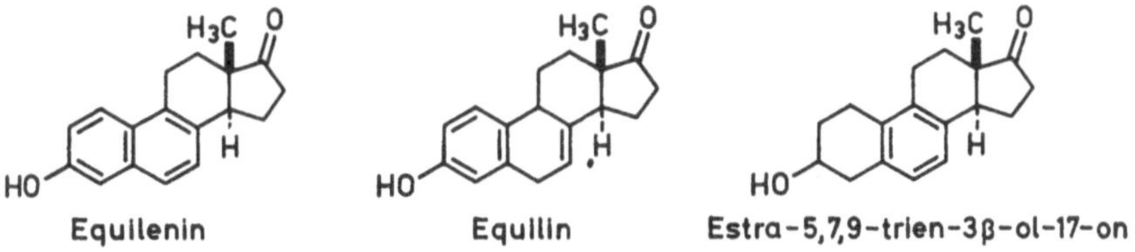

Im Harn werden die Estrogene als etherunlösliche Schwefelsäure- oder Glucuronsäure-Konjugate ausgeschieden, die sich mit Mineralsäuren spalten lassen.

Am wirksamsten von den Estrogenen ist das Estriol. Therapeutisch werden meist die länger wirksamen Ester (Benzoat, Valerianat) eingesetzt. Estra-1,3,5(10)-trien-3,16β,17α-triol (Epi-Estriol) wirkt als Antagonist. Das 17-Epimere des Estradiols (α-Estradiol) hemmt die Sekretion des Hypophysenvorderlappens.

Oral wirksame, synthetische Estrogene wurden auch durch Einführen einer Ethinylgruppe in 17α-Stellung erhalten. Von Bedeutung sind Ethinylestradiol und dessen Methylether Mestranol, die als estrogene Komponente in Ovulationshemmern enthalten sind.

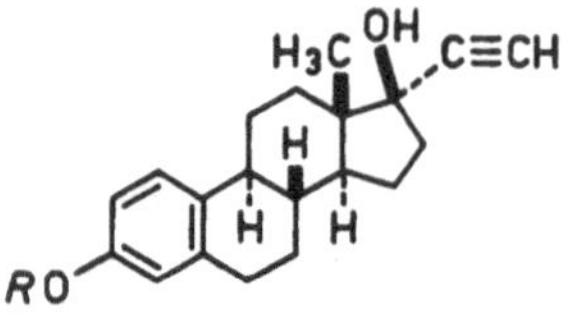

Ethinylestradiol: *R* = H
Mestranol: *R* = CH_3

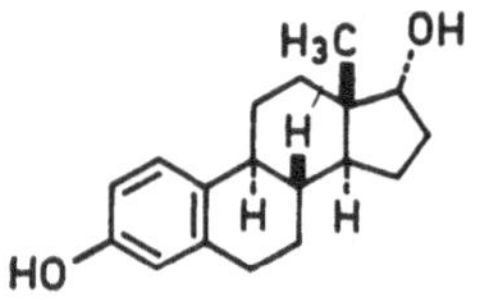

"α-Estradiol"

Strukturelle Voraussetzung für das Auftreten einer estrogenen Wirkung scheinen zwei Hydroxygruppen zu sein, die sich in einem bestimmten Abstand voneinander befinden müssen. Der Abstand zwischen den O-Atomen beträgt beim Estradiol 1,245 nm.

Der gleiche Abstand ist auch bei nicht-steroidartigen Verbindungen gegeben. So sind verschiedene natürlich vorkommende Stilben-Derivate (z. B. Rhaponticin, S. 500), Isoflavone (z. B. Genistein, S. 509) oder das therapeutisch eingesetzte Syntheticum Diethylstilbestrol (Stilbestrol) estrogen wirksam. Estrogene in verschiedenen Futterpflanzen wurden für das Auftreten von Fertilitätsstörungen bei Weidetieren verantwortlich gemacht. Estrogen wirksame Verbindungen sind auch im Moor sowie in Ölschiefern („Ichth-Estron") enthalten.
Verschiedene basisch substituierte synthetische Stilben-Derivate wirken als Antiestrogene. Dazu gehört das Nafoxidin.

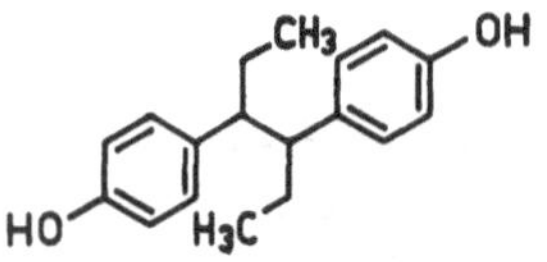

Stilbestrol

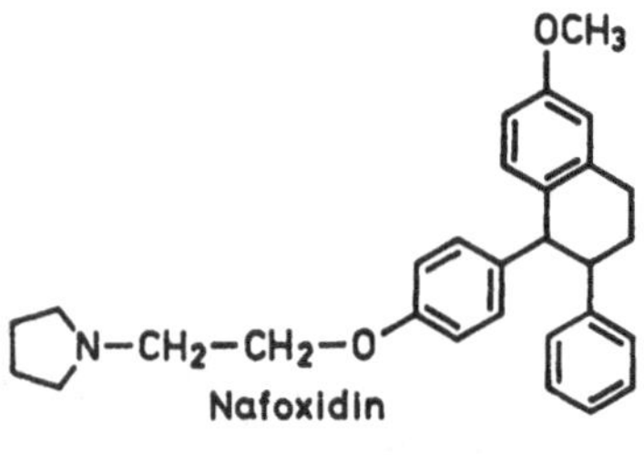

Nafoxidin

Gestagene: Das wichtigste körpereigene Gestagen ist das Progesteron (Pregn-4-en-3,20-dion). Es wird in der Leber zum Pregnandiol abgebaut, das als Glucuronid ausgeschieden wird.

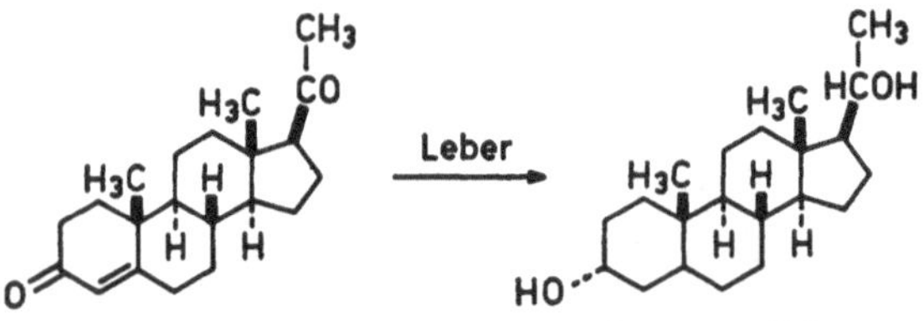

Progesteron Pregnandiol

Synthetische, oral wirksame Gestagene sind 17α-Acetoxyprogesterone bzw. 17α-Ethinyl-17β-hydroxy-19-nor-Steroide. Gestagen wirksam ist bereits das 17α-Ethinyltestosteron. Von Bedeutung als gestagene Komponente für die hormonale Kontrazeption ist z. B. das Chlormadinonacetat.

Androgene

Androgene sind Steroidhormone, die das Wachstum der männlichen Geschlechtsorgane und die Entwicklung der männlichen sekundären Geschlechtsmerkmale fördern. Neben dieser androgenen Wirkung stimulieren die natürlichen Hormone die Proteinsynthese,

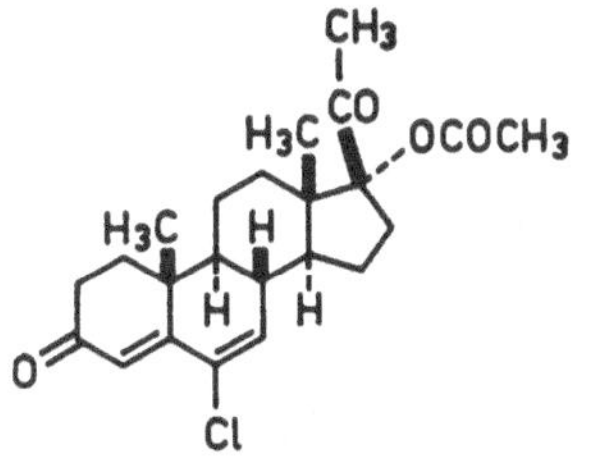

Chlormadinonacetat

sie besitzen also zusätzlich eine extragenitale anabole Wirkung. Dadurch wird die Stickstoffbilanz zur positiven Seite hin verschoben.

Das Haupt-Androgen des Organismus ist das *Testosteron*, ein 17β-Hydroxy-androst-4-en-3-on. Testosteron wird in den Interstitialzellen des Hodens (LEYDIGsche Zellen) freigesetzt. Es wurde 1935 aus Stierhoden isoliert (LAQUEUR). Das 17-Epi-Testosteron zeigt nur 3% der Wirksamkeit des Testosterons. *Androsteron* (3α-Hydroxy-5α-androstan-17-on) ist das wichtigste Ausscheidungsprodukt der Androgene. Es ist ebenso wie andere Abbauprodukte (z. B. Androstendion) ein 17-Ketosteroid. Androsteron wurde als erstes Androgen 1931 aus Männerharn isoliert (BUTENANDT).

In der Prostata wird Testosteron durch eine 5α-Reduktase in 5α-Dihydrotestosteron (17β-Hydroxy-5α-androstan-3-on) umgewandelt. 5α-Dihydrotestosteron ist das aktive Androgen in der Prostata. Estrogene hemmen die 5α-Reduktase-Aktivität und werden deshalb bei Prostatacarcinomen eingesetzt.

Während das weitgehend planare 5α-Dihydrotestosteron virilisierend und anabol wirkt, zeigt die entsprechende 5β-Verbindung (5β-Dihydrotestosteron) eine hämatopoetische Aktivität, d. h., es induziert die Häm-Synthese. Beim 5β-Dihydrotestosteron liegt die Ebene des Cyclohexanonringes senkrecht zur Ebene der anderen Ringe. Das Molekül ist also abgewinkelt.

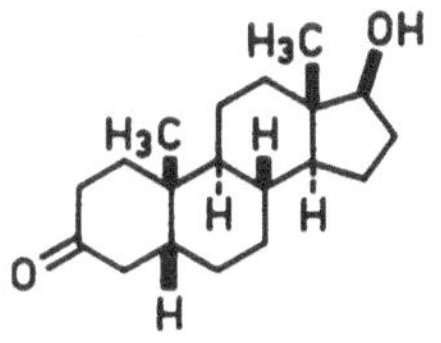

5β-Dihydrotestosteron

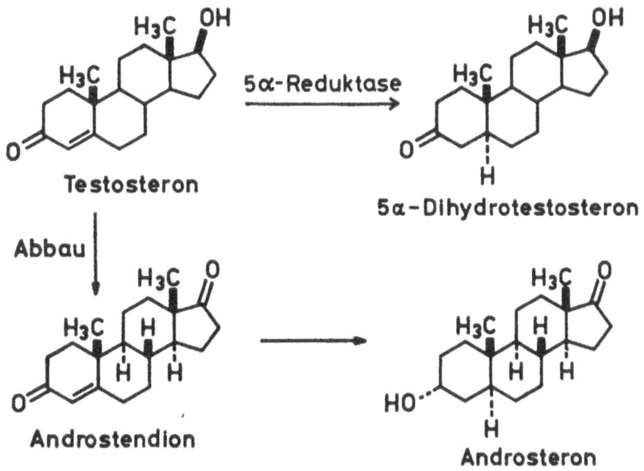

Testosteron ist oral nicht wirksam. Intramuskulär applizierbare Handelspräparate enthalten anstelle von Testosteron meist die länger wirksamen Ester (Oenanthat, Heptanoat, Propionat, Acetat).

Synthetische Abwandlungen des Testosterons hatten vor allem das Ziel,

- oral wirksame Androgene zu entwickeln,
- die anabole von der androgenen Wirkkomponente zu trennen und dadurch Anabolica zu entwickeln sowie
- Substanzen mit antiandrogener Wirkung zur Therapie von Prostata-Adenomen und -Carcinomen zu erhalten.

Oral wirksame synthetische Androgene sind Methyltestosteron und Mesterolon. Letzteres soll den Vorteil haben, daß es keine hemmende Wirkung auf die gonadotrope Funktion des Hypophysenvorderlappens besitzt.

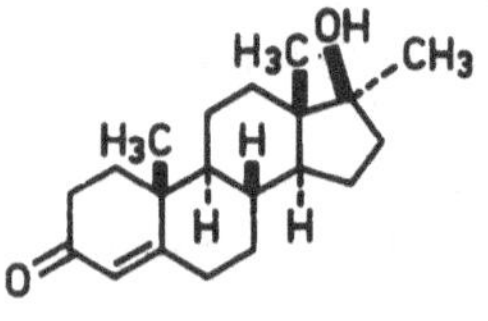

Methyltestosteron

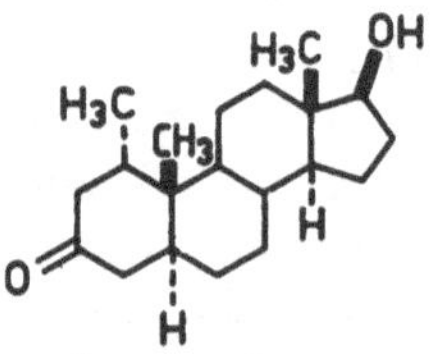

Mesterolon

Die meisten Substanzen mit erhaltener anaboler, aber stark reduzierter androgener Wirkung leiten sich strukturell unmittelbar vom Testosteron ab. Ein viel eingesetztes Anabolicum ist das 4-Chlortestosteronacetat.

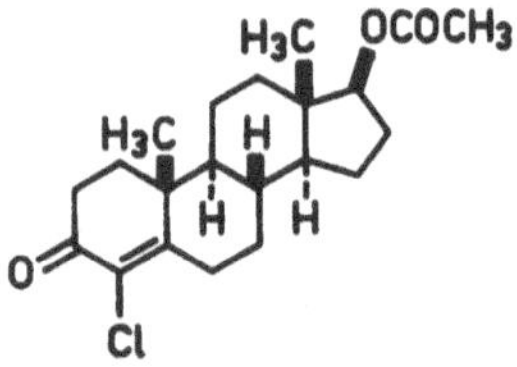

4-Chlortestosteronacetat

Ein wirksames Antiandrogen der Steroidreihe ist das Cyproteronacetat (6-Chlor-1α, 2α-methylen-17-acetoxy-pregna-4,6-dien-3,20-dion), das bei Patienten mit krankhaft gesteigerter Sexualität eingesetzt wird. Ein Antiandrogen ganz anderer Struktur, das aber ebenfalls an Androgen-Rezeptoren gebunden wird, ist das Flutamid.

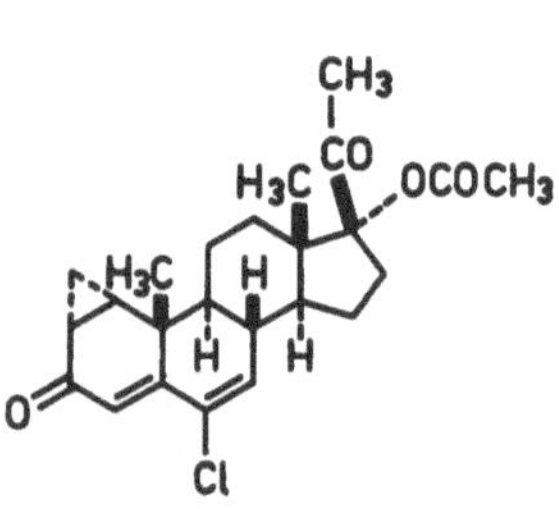

Cyproteronacetat

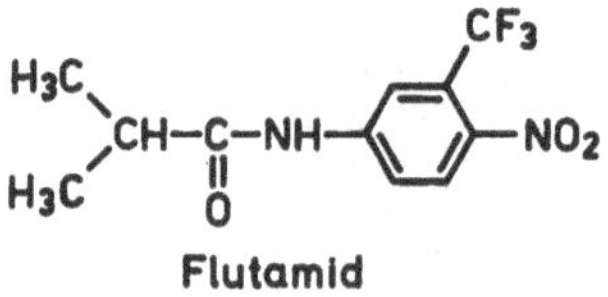

Flutamid

Corticoide (Nebennierenrinden-Hormone)

1927 zeigten Tierversuche, daß Extrakte von Nebennieren die Überlebenszeit von adrenalektomierten Tieren signifikant verlängern können. Derartige Extrakte wurden daraufhin zur Behandlung der ADDISONschen Krankheit eingesetzt, die durch eine Funktionsuntüchtigkeit der Nebenniere hervorgerufen wird. Mit der säulenchromatographischen Isolierung und Strukturaufklärung der Komponenten des Steroidgemisches (Cortin) der Nebennieren-Extrakte befaßten sich dann vor allem die Arbeitskreise um PFIFFNER, SWINGLE und VARS, MASON, MYERS und KENDALL sowie REICHSTEIN. Bis 1943 waren bereits 28 verschiedene Steroide aus diesen Extrakten isoliert worden, unter denen sich jedoch nur 6 wirksame Corticoide (Cortison, Cortisol, 11-Dehydrocorticosteron, Corticosteron, Cortexolon und Cortexon) befanden. Bei den anderen Verbindungen handelt es sich um Zwischenprodukte der Biosynthese oder Abbauprodukte. Corticosteron und Cortisol machen etwa 60—95% der Nebennierenrinden-Hormone aus.

Die Corticoide werden nach ihrer Hauptwirkung in Gluco- und Mineralocorticoide eingeteilt. Die Glucocorticoide beeinflussen den Kohlenhydrat- und Proteinstoffwechsel. Sie stimulieren die Gluconeogenese und erhöhen dadurch den Blutzuckergehalt. Die Mineralocorticoide regulieren den Elektrolythaushalt.

Alle Corticoide sind C_{21}-Steroide (Pregnan-Derivate). Sie unterscheiden sich vom Progesteron vor allem durch die zusätzliche Hydroxygruppe in 21-Stellung.

Die natürlichen *Glucocorticoide*

Corticosteron (11β,21-Dihydroxy-pregn-4-en-3,20-dion),
Cortisol (11β,17,21-Trihydroxy-pregn-4-en-3,20-dion),
11-Dehydrocorticosteron(21-Hydroxy-pregn-4-en-3,11,20-trion) und Cortison (17,21-Dihydroxy-pregn-4-en-3,11,20-trion)

haben alle Sauerstoffunktionen in 11-Stellung. Cortisol besitzt die stärkste glucocorticoide Aktivität. Corticosteron und 11-Dehydrocorticosteron zeigen bereits eine gewisse mineralocorticoide Wirkung.

Die Glucocorticoide sind vor allem wegen ihrer entzündungshemmenden, antirheumatischen und immunsuppressiven Wirkung von großer Bedeutung für die Therapie. Zahlreiche synthetische Abwandlungen der natürlichen Corticoide hatten das Ziel, die entzündungshemmende Wirkung von der in diesem Falle unerwünschten glucocorticoiden Wirkung zu trennen. Obwohl dieses Ziel nicht erreicht wurde, gelang es, Substanzen mit einer wesentlich stärkeren entzündungshemmenden Wirkung als die der natürlichen Hormone partialsynthetisch (vgl. Kap. 8.3.4.) zu gewinnen. Eine Verstärkung der gewünschten Wirkung erzielte man vor allem durch

Einführung einer zweiten Doppelbindung in den Ring *A* ($\Delta^{1,4}$-Diene),
Einführung eines Fluoratoms in 6- oder 9-Stellung und
Einführung einer α- oder β-ständigen Methyl- oder Hydroxygruppe in 16-Stellung.

Aus der Vielzahl der partialsynthetischen Glucocorticoide soll hier nur auf Prednisolon und Dexamethason hingewiesen werden.

Mineralocorticoide

Aus dem Cortin wurden zunächst zwei Corticoide mit Wirkung auf den Mineralhaushalt isoliert:

Cortexon (auch Desoxycorticosteron, 21-Hydroxy-pregn-4-en-3,20-dion) und
Cortexolon (17α,21-Dihydroxy-pregn-4-en-3,20-dion).

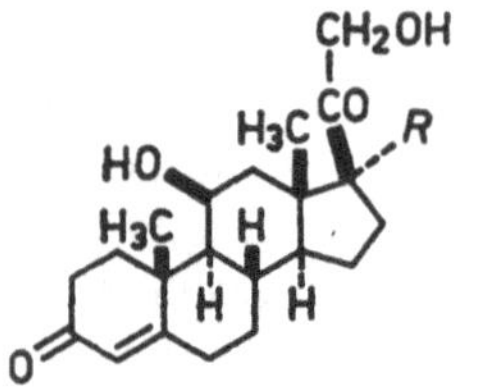

R = H: Corticosteron
R = OH: Cortisol
(Hydrocortison)

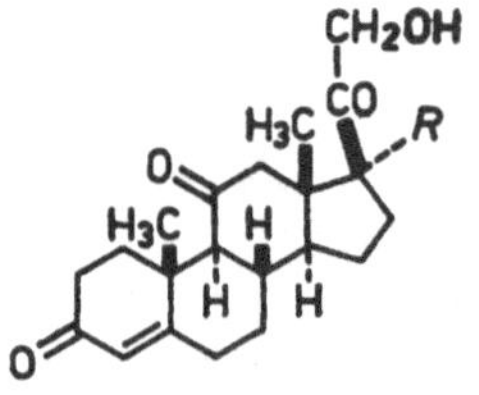

R = H: 11-Dehydrocorticosteron
R = OH: Cortison

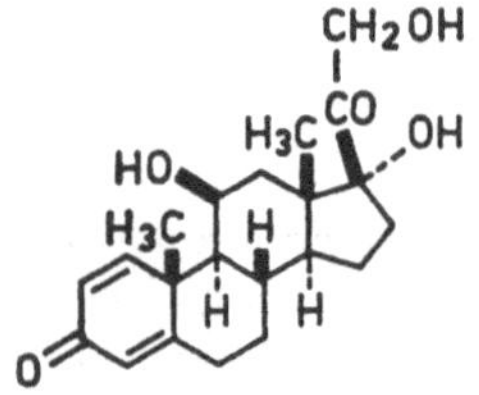

Prednisolon

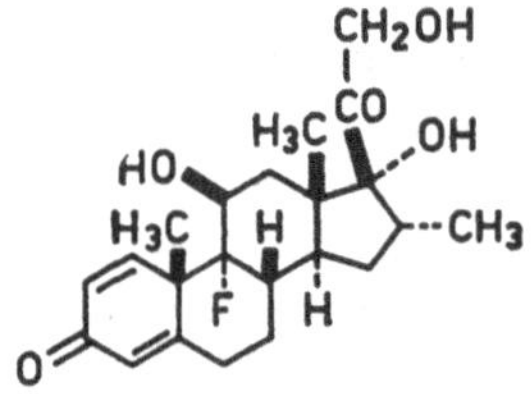

Dexamethason

Die Mineralocorticoide unterscheiden sich von den Glucocorticoiden durch die fehlende Sauerstoffunktion in 11-Stellung. Das wirksamste natürliche Mineralocorticoid ist jedoch das erst 1964 entdeckte *Aldosteron*. Die Aufarbeitung von 1000 kg Rindernebennieren ergab nur 56 mg Aldosteronacetat. Aldosteron ist ein Hemiacetal, das im Gleichgewicht mit der Hydroxyaldehyd-Form vorliegt. Aldosteron wird kompetitiv gehemmt durch das synthetisch gewonnene 17-Spirolacton *Spironolacton*. Spironolacton wirkt bei Hyperaldosteronismus deutlich diuretisch.

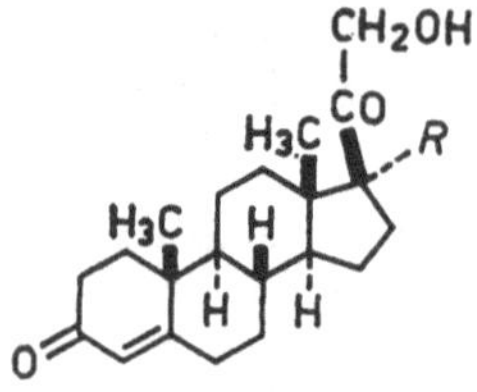

R = H: Cortexon (Desoxycorticosteron, DOCA)
R = OH: Cortexolon

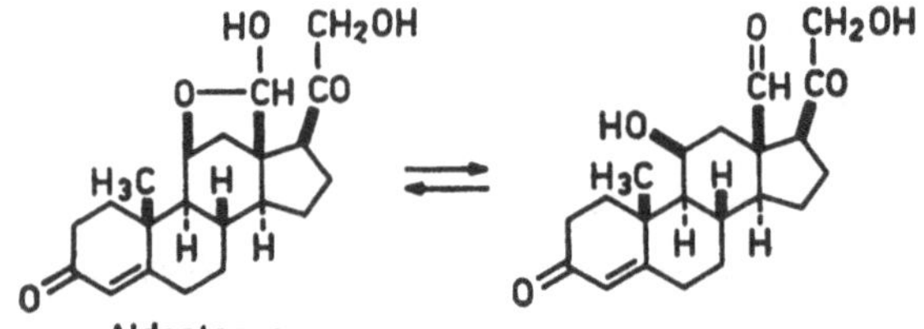

Aldosteron

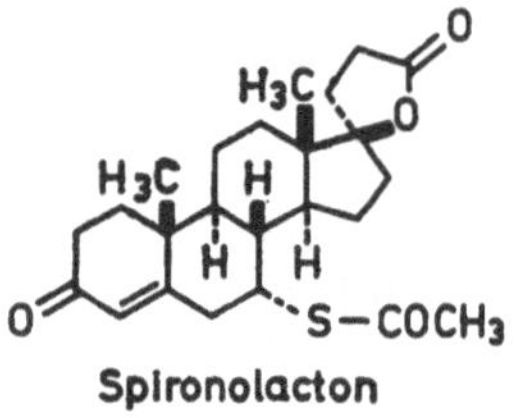

Spironolacton

7.2.1.3.2. Hormone der Wirbellosen

Unter den wirbellosen Tieren ist bisher am besten das Hormonsystem der Insekten und Krebse (Crustacea) untersucht worden.

Peptiderge Neurosekrete spielen bei Wirbellosen als Mediatoren der Informationsübermittlung eine große Rolle, wobei als Zielorgane neben dem Nervensystem auch innere Organe betroffen werden. Derartige Neurohormone steuern z. B. Entwicklungsprozesse (Aktivierungsfaktoren), Stoffwechselprozesse, die Herztätigkeit der Insekten (Neurohormon D), das Verhalten, insbesondere das Sexualverhalten, das Eiablage-Verhalten (bei Insekten, Mollusken, Echinodermen) oder das Vorschlupfverhalten (bei Insekten). Wahrscheinlich werden auch die Häutungsdrüsen (Prothorakaldrüsen) durch neurosekretorische Peptide (sog. Aktivationshormone) gesteuert. Im Unterschied zu den Wirbeltieren ist bei den Wirbellosen das System der Neurosekretion vielfältiger entwickelt (Gersch), ohne daß bisher genauere Angaben zur Struktur der Peptide gemacht werden können. In ähnlicher Weise wie bei den Wirbeltieren können auch bei Wirbellosen Oligopeptide als Neurotransmitter wirken, wie das mit dem Proctolin der Insekten wahrscheinlich gemacht werden konnte. Auch Endorphine wurden inzwischen in Insekten nachgewiesen.

Zu den glandulären Hormonen der Wirbellosen gehören die Juvenil- und die Häutungshormone. Die *Juvenilhormone* werden bei den Insekten von der am Kopf befindlichen Corpora allata ausgeschüttet. Diese auch als Jugendhormone bezeichneten Hormone fördern die Differenzierung der Larve, hemmen aber die der Imagines. Eine erhöhte Zufuhr in einer bestimmten Entwicklungsphase hat den Tod oder Sterilität zur Folge.

Aus der Gruppe der Juvenilhormone wurden aus Insekten Verbindungen isoliert, die sich von der Farnesolsäure ableiten.

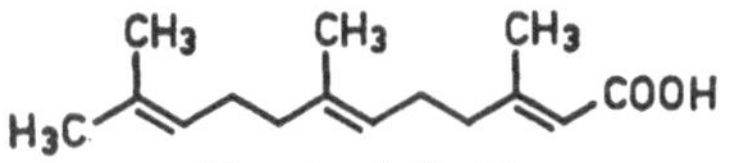

Farnesolsäure

Die biologische Wirkung synthetischer Analoga der Juvenilhormone wird gegenwärtig sehr intensiv untersucht, da man hofft, aus dieser Gruppe hochwirksame, für andere Tiere und den Menschen wenig toxische Insektizide entwickeln zu können. Starke Juvenilhormon-Aktivität bei Fliegen besitzt z. B. 2-Ethoxy-9-(p-isopropylphenyl)2,6-dimethylnonan.

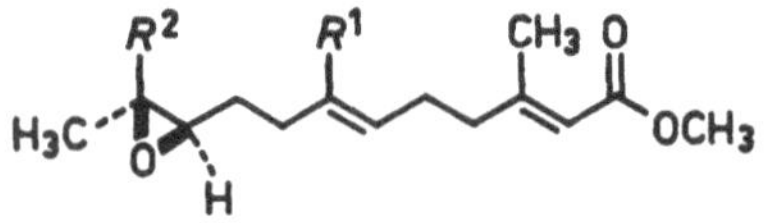

Juvenilhormone (JH)

$R^1R^2 = C_2H_5$: C_{18}–JH (aus *Hyalophora cecropia*)
$R^1 = CH_3$; $R^2 = C_2H_5$: C_{17}–JH (aus *Hyalophora cecropia*)
$R^1, R^2 = CH_3$: C_{16}–JH (aus *Manduca sexta*)

Die *Häutungshormone* (*moulting hormones*) werden bei den Insekten von den Prothorakaldrüsen ausgeschieden. Die Häutungshormone stimulieren das Wachstum während des Larvenstadiums und leiten die Metamorphose ein. Ihre Bildung wird von den Aktivationshormonen angeregt.

Das erste Häutungshormon, das *Ecdyson*, wurde 1954 von Butenandt und Karlson aus Seidenspinner-Puppen isoliert. Ähnlich gebaute Hormone sind inzwischen auch aus Krebsen und Wurmartigen gewonnen worden. Die Struktur des Ecdysons konnte erst 11 Jahre nach seiner Isolierung durch eine Röntgenstrukturanalyse als 2β,3β,14α, 22R,25-Pentahydroxy-5β-cholest-7-en-6-on aufgeklärt werden.

Bei den Häutungshormonen handelt es sich um Steroide, deren Seitenkette am C-17 in Länge und Verzweigung der des Cholesterols entspricht. Eine Verkürzung der Seitenkette führt zu inaktiven Verbindungen. Bemerkenswert ist die α-Hydroxygruppe in 14-Stellung. Die Ecdysone (*Ecdysteroide*) sind α,β-ungesättigte Ketone (Ring B). Sie gehören zur 5β-Reihe der Steroide.

Das Ecdyson (auch α-Ecdyson) ist das Häutungshormon vieler Insekten. β-Ecdyson (auch Crust-Ecdyson) wurde zunächst aus Krebsen, später auch aus verschiedenen Insekten (z. B. *Dociostaurus maroccanus*, *Manduca* oder *Calliphora stygia*) isoliert. Aus dem Tabakhornwurm konnte ein 20,26-Dihydroxy-ecdyson isoliert werden. Interessant ist, daß auch verschiedene pflanzliche Steroide eine Ecdyson-Wirkung besitzen (Phytoecdysteroide).

Inzwischen sind mehr als 30 Verbindungen mit Ecdyson-Aktivität aus Pflanzen isoliert worden. Bereits 1964 konnten aus der japanischen Conifere *Podocarpus nakai* 4 Ponasterone (z. B. Ponasteron A) mit Ecdyson-Aktivität isoliert werden. Während sich die Ponasterone wie das Ecdyson vom Cholestan ableiten, besitzt das aus *Podocarpus elatur* isolierte Podecdyson die Alkylkette der Phytosterole. Ecdyson-Aktivität weisen nur Steroide der 5β-Reihe auf.

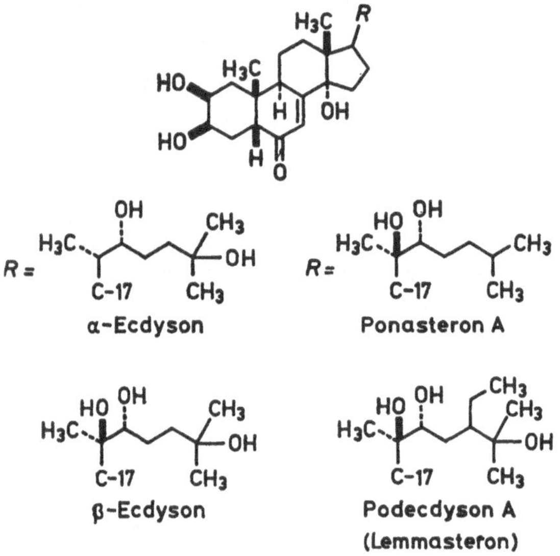

Insekten, Krebse und andere viel- und einzellige niedere Organismen sind nicht mehr in der Lage, das Steroidgrundgerüst selbst aufzubauen. Für sie sind die Steroide also Vitamine, auf deren Zufuhr sie angewiesen sind. Aus dem Cholesterol der Nahrung werden dann unter Erhalt der Seitenkette die Häutungshormone synthetisiert. Wie die Steroidhormone der Säugetiere beeinflussen auch die Häutungshormone die Proteinsynthese (S. 396).

7.2.1.4. Eicosanoide

Einige ungesättigte Fettsäuren (Arachidonsäure, Di-homo-γ-Linolensäure) sind für den Menschen essentielle, d. h. lebensnotwendige Verbindungen. Die biologische Rolle dieser essentiellen Fettsäuren läßt sich, zumindest z. T., dadurch erklären, daß diese Verbindungen im Organismus Vorstufen einer ganzen Gruppe von Regulationsstoffen sind. Zu diesen Eicosanoiden gehören außer den Derivaten der Prostansäure (Endoperoxide, Prostaglandine, Prostacyclin, Thromboxan) auch Derivate acyclischer Fettsäuren (mehrfach ungesättigte Hydroxyfettsäuren, Leukotriene). Prostaglandine kommen in nahezu allen Organen in allerdings sehr geringer Konzentration (0,01—1 γ/g) vor. Die höchste Konzentration erreichen sie in der Samenflüssigkeit (100—300 γ/g), aus der sie auch erstmals isoliert werden konnten (v. EULER, 1935). Prostaglandine sind auch in Korallen sowie in höheren Pflanzen nachgewiesen worden.

Die Strukturaufklärung konnte erst 1962 durch eine Kombination von Gaschromatographie, Massenspektrometrie und Röntgenstrukturanalyse erfolgen. Die Prostaglandine leiten sich von der Prostansäure, einem Cyclopentanderivat mit 20 C-Atomen ab.

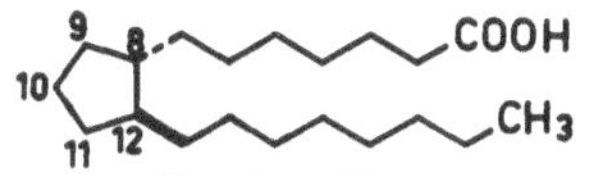

Prostansäure

Gegenwärtig sind über 20 verschiedene natürliche Prostaglandine (PG) bekannt, die sich durch ihre Sauerstoffunktionen (Hydroxy-, Carbonylgruppe) bzw. die Anzahl der Doppelbindungen unterscheiden. Nach der Struktur des Cyclopentanringes teilt man die Prostaglandine in die Gruppen *A* bis *H* ein. PGF_α und PGF_β unterscheiden sich durch die Konfiguration am C-9. Die Zahl der Doppelbindungen außerhalb des Cyclopentanringes wird durch einen Index angegeben (z. B. $PGF_{2\alpha}$).

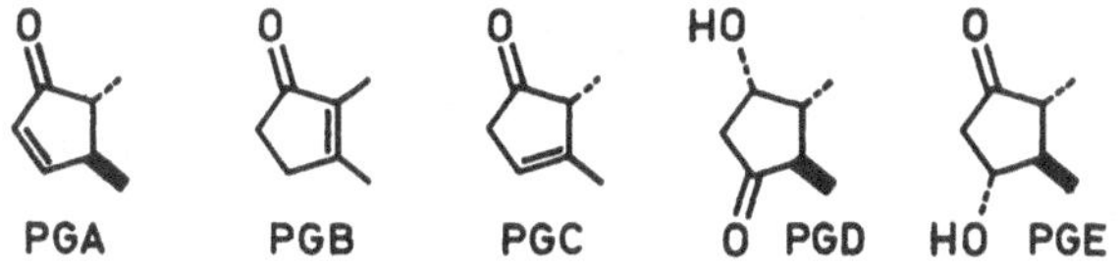

Die Doppelbindungen der Seitenketten sind cis-ständig angeordnet. Prostaglandine vom *E*-Typ sind als β-Hydroxyketone sehr empfindlich gegenüber Säure und Lauge.

Im Sauren und Alkalischen kommt es vor allem bei PGE zu Umlagerungen (Isomerisierungen zu PGA und PGB, Epimerisierungen am C–15 und C–8).

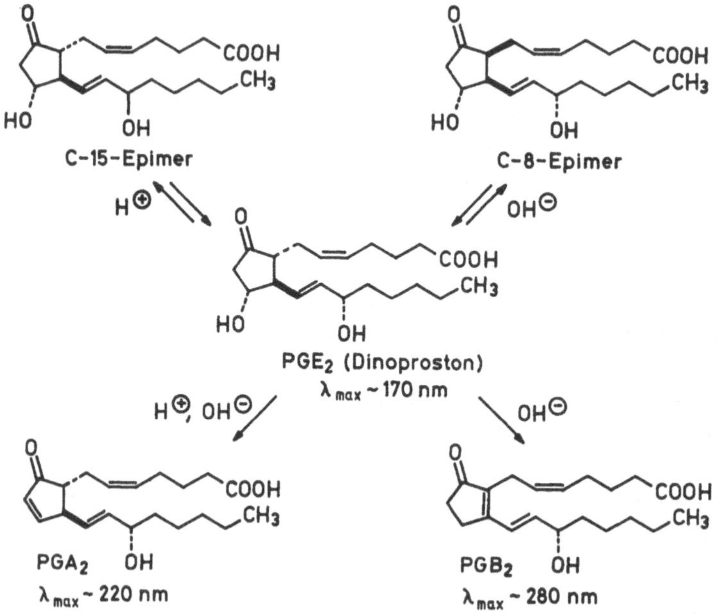

Die physiologische Wirkung der Prostaglandine ist sehr vielfältig. Prostaglandine wirken anregend auf die glatte Muskulatur. Therapeutisch können sie u. a. bei Herz- und Kreislauferkrankungen sowie in der Gynäkologie Anwendung finden. PGF_2 wird als Abortivum eingesetzt.

Die Biosynthese erfolgt ausgehend von mehrfach ungesättigten Fettsäuren, die aus den Phospholipiden durch Phospholipase A_2 in Freiheit gesetzt werden. Die PG_2-Reihe wird aus der Arachidonsäure gebildet, wobei zunächst in Gegenwart des Enzyms Cyclooxygenase zwei Moleküle Sauerstoff unter Bildung der cyclischen Endoperoxide (PGG_2) angelagert werden. Die Endoperoxide werden durch Wasser oder Alkohole bereits nach wenigen Minuten zersetzt. Die Cyclooxygenase wird durch die nichtsteroidalen Antiphlogistica (z. B. Acetylsalicylsäure, Indometacin) gehemmt. Aus den Endoperoxiden entstehen dann die klassischen Prostaglandine (PGE_2, $PGF_{2\alpha}$). In den Blutplättchen werden aus den Endoperoxiden die *Thromboxane* (A_2, daraus B_2) und in den Gefäßen das Protacyclin (PGI_2, daraus das unwirksame 6-Keto-PGF_1) gebildet. Während Thromboxan A_2 die Aggregation der Blutplättchen stimuliert, ist Prostacyclin ein starker Aggregationshemmer.

Durch Lipoxygenasen werden aus Arachidonsäure intabile, mehrfach ungesättigte Hydroperoxysäuren gebildet, aus denen ungesättigte Mono- oder Oligohydroxyfettsäuren entstehen (Monohydroxyeicosatetraensäure, HETE, sowie die entsprechenden Di- und Trihydroxyeicosatetraen- bzw. -triensäuren), die als extrazelluläre Mediatoren wirken (z. B. Stimulierung von Leukozyten, Chemotaxis). Ebenfalls durch Lipoxygenase entstehen aus Arachidonsäure die *Leukotriene.* Leukotriene sind Thioether der Arachidonsäure. Leukotrien C, der Glutathionether, gehört zu den bei der Stimulierung von Mastzellen freigesetzten Mediatoren (slow reacting substance of anaphylaxy = SRS-A).

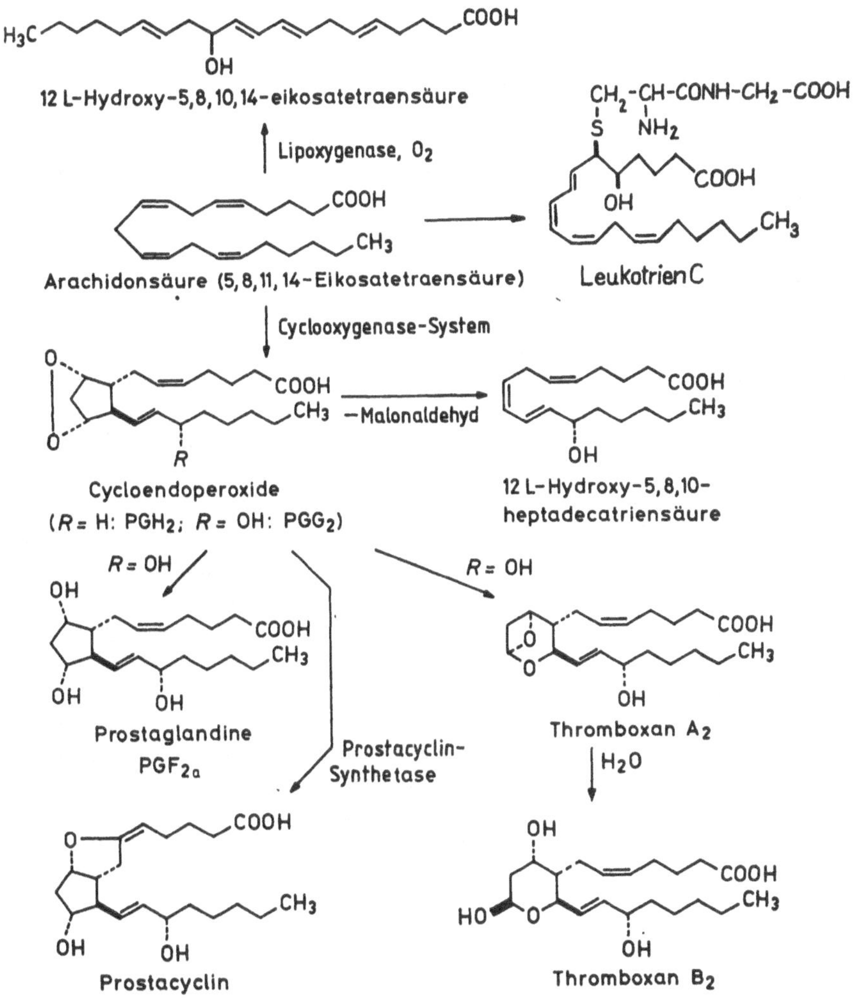

Formelübersicht 7–3
Biosynthese der Prostaglandine und Thromboxane.

2.2. Neurotransmitter

Die Neurotransmitter werden von einer Nervenzelle sezerniert, gelangen im synaptischen Spalt zur Empfängerzelle und lösen dort eine Reaktion aus. Die Auslösung der Wirkung bei der Zielzelle kommt nach der Bindung des Neurotransmitters an spezifische Rezeptoren der Zellmembran zustande. Durch diese Bindung kann dann ähnlich wie bei den Peptidhormonen (S. 396) die Konzentration intrazellulärer Signalträger (cAMP, cGMP, Ca^{2+}) über Effektorsysteme beeinflußt werden. Die Bindung von Acetylcholin an den nicotinartigen Rezeptor (vgl. S. 431) führt dagegen zur Öffnung von Ionenkanälen.

Für die am besten untersuchten Agonisten (Acetylcholin, Noradrenalin, Dopamin, Serotonin, Histamin) wurde die Existenz von mindestens zwei Rezeptortypen nachgewiesen, die sich durch Kopplung an verschiedene Effektorsysteme unterscheiden.

Nach der Reizung werden die Neurotransmitter rasch aus dem synaptischen Spalt entfernt, so daß eine erneute Reizung erfolgen kann. Dabei werden sie entweder durch membrangebundene Enzyme (z. B. Acetylcholin) gespalten oder von der präsynaptischen Zelle wieder aufgenommen (z. B. bei Noradrenalin, Serotonin, Histamin).

Als Neurotransmitter im peripheren und zentralen Nervensystem wurden biogene Amine bzw. deren Derivate (Acetylcholin, Catecholamine, Tryptamin, Serotonin, Histamin, Taurin, γ-Aminobuttersäure) sowie zahlreiche Aminosäuren (u. a. Glycin, L-Glutaminsäure, L-Aspartinsäure) und Peptide nachgewiesen. Zu den peptidergen Neurotransmittern gehören die Substanz P (S. 414), die Endorphine (S. 404) sowie wahrscheinlich auch das aus Insekten isolierte Pentapeptid Proctolin (Arg-Tyr-Leu-Pro-Thr).

Die biogenen Amine und ihre Alkylierungsprodukte sind als primäre oder sekundäre aliphatische Amine (pK ca. 10) oder quaternäre Ammoniumbasen (pK $>$ 13) schwach bzw. stark basisch. Zum Nachweis eignet sich die Fällung mit Quecksilbersalzen (z. B. MAYERS Reagens) oder die Bildung leicht kristallisierender, schwerlöslicher Salze wie der Pikrate, Pikronolate, Flavianate, Reineckate oder Tetraphenylborate. Diese Fällungen können auch zum histochemischen Nachweis (z. B. Nachweis von Cholin als Reineckat) herangezogen werden.

Zum Nachweis von Neurotransmittern mit primärer Aminogruppe ist die Umsetzung mit Fluordinitrobenzen oder Dansylchlorid (S. 78) und anschließende chromatographische Identifizierung der Derivate geeignet. Im Gewebe lassen sich diese Neurotransmitter durch Umsetzen mit Glutaraldehyd (S. 138) fixieren.

7.2.2.1. Acetylcholin

Acetylcholin entsteht im Organismus aus Cholin und Acetyl-S-CoA in Gegenwart der Cholinacetyltransferase.

$$CH_3CO-S-CoA + HO-CH_2-CH_2-\overset{\oplus}{N}(CH_3)_3$$

$$\xrightarrow{\text{Cholinacetyltransferase}} CH_3-\underset{\underset{O}{\|}}{C}-O-CH_2-CH_2-\overset{\oplus}{N}(CH_3)_3 + HS-CoA$$

Dieser Ester enthält in β-Stellung zur Estergruppierung mit dem quaternären N-Atom ein Oniumzentrum und ist dadurch sehr hydrolyseempfindlich. Acetylcholin wird in Wasser etwa 25mal schneller als vergleichbare Essigsäureester ohne Oniumzentrum gespalten. Bei pH 4 ist es am stabilsten. Als Grund für die Reaktivitätserhöhung wird neben dem induktiven Effekt des quaternären N-Atoms eine elektrostatische Wechselwirkung zwischen Oniumzentrum und dem Alkoxysauerstoff diskutiert (vgl. Abb. 7–6).

Als acyclische Verbindung ist Acetylcholin konformativ sehr flexibel, was wahrscheinlich auch seine Fähigkeit erklärt, mit mehreren Rezeptoren reagieren zu können. In wäßriger Lösung scheint nach *NMR*-spektroskopischen Untersuchungen die quasicyclische syn-clinale (gauche) gegenüber der anti-periplanaren (trans) Konformation bevorzugt zu sein (Abb. 7–6).

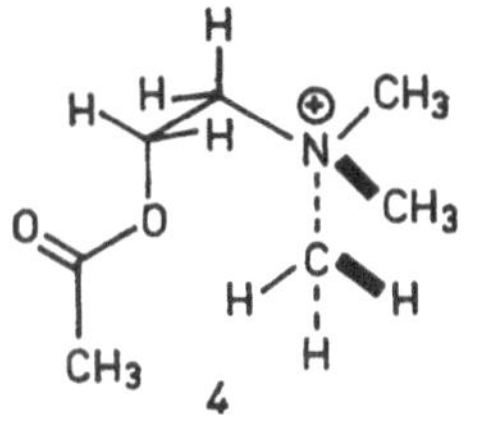

4 syn-clinal

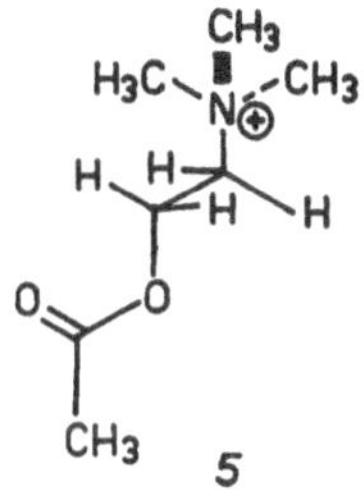

5 anti-periplanar

Abb. 7–6
Wichtigste Konformationen des Acetylcholins.

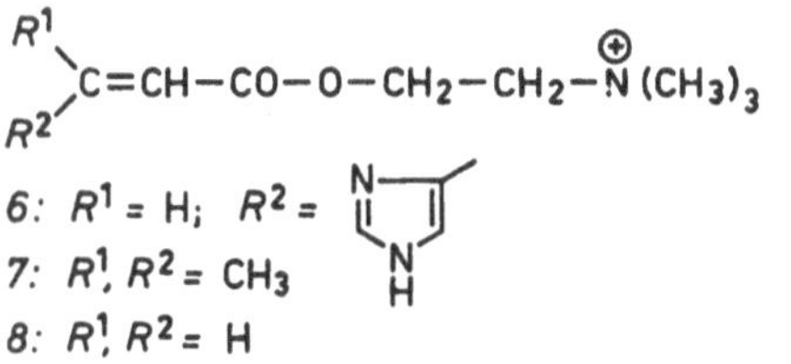

Acetylcholin ist in fast allen Tierstämmen nachweisbar, aber nur in sehr geringen Konzentrationen vorhanden. Es ist ferner auch in Pflanzen gefunden worden, so in den Brennhaaren der Brennessel. Acetylcholinähnliche Verbindungen wie Murexin (Urocanylcholin, *6*), Senecioylcholin (*7*) oder Acrylcholin (*8*) wurden in Drüsen bestimmter Schnekkenarten gefunden. Sie spielen wahrscheinlich als Giftstoffe beim Beutefang eine Rolle.

Die biologische Funktion des Acetylcholins hat sich im Laufe der Evolution gewandelt. Bei Pantoffeltierchen (*Protozoen*) beeinflußt es die Bewegungsorganellen. Bei verschiedenen Tierstämmen, z. B. den Insekten, ist die Funktion noch ungeklärt. Beim höher entwickelten Tier dient Acetylcholin als Überträgerstoff im peripheren und zentralen Nervensystem.

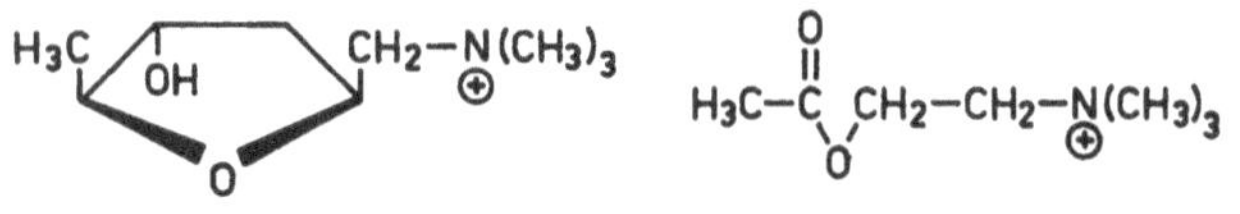

(+)-Muscarin Acetylcholin

Die Acetylcholin-Rezeptoren lassen sich durch die spezifischer wirkenden Verbindungen Muscarin, das in seiner Struktur dem Acetylcholin ähnelt, und Nicotin (S. 534) in zwei Rezeptortypen differenzieren. Die nicotinartigen Rezeptoren befinden sich z. B. an der motorischen Endplatte der quergestreiften Muskulatur. Ihre Stimulierung führt innerhalb von Millisekunden zu einer Permeabilitätsänderung der Plasmamembran (Depolarisation). Die Stimulierung der muscarinartigen Rezeptoren führt dagegen zur Abnahme des intrazellulären cAMP-Gehaltes und zu einem vermehrten Ca^{2+}-Einstrom. Es wird angenommen, das für die muscarinartige Aktivität des Acetylcholins das Konformere *4* und für die nicotinartige Aktivität des Acetylcholins das Konformere *5* verantwortlich ist. Zahlreiche biologisch aktive Verbindungen, von denen etliche auch für therapeutische Zwecke eingesetzt werden, beeinflussen die durch Acetylcholin ausgelösten biochemischen Prozesse. So wird die Freisetzung des Acetylcholins durch die Schlangen-Neurotoxine (S. 109) gehemmt. Im Unterschied zu dem Schlangengift Bungarotoxin, das irreversibel mit den Erkennungsstellen des nicotinartigen Acetylcholin-Rezeptors reagiert, werden die Froschgifte Histrionicotoxine (S. 535) reversibel an den Teil des Rezeptors gebunden, der für den Ionentransport verantwortlich ist. Die muskelerschlaffend wirkenden Curare-Alkaloide (S. 549 und 557) blockieren die nicotinartigen Acetylcholin-Rezeptoren ohne Depolarisation auszulösen. Andere bisquartäre Verbindungen wie das synthetisch erhaltene Decamethonium führen zu einer Blockade mit Depolarisation. Vorwiegend die peripheren und zentralen muscarinartigen Rezeptoren werden z. B. durch die Tropan-Alkaloide Atropin und Scopolamin (S. 537) blockiert, die deshalb auch als Parasympathicolytica (Antagonisten des Acetylcholins im parasympathischen Nervensystem) therapeutisch eingesetzt werden. Das sehr toxische Tetrodotoxin (S. 566) hemmt die $Na^{\oplus}$-Permeabilität der Plasmamembran.

$$(H_3C)_3\overset{\oplus}{N}-(CH_2)_n-\overset{\oplus}{N}(CH_3)_3$$

$n = 10$: Decamethonium

Voraussetzung für die Auslösung einer physiologischen Wirkung ist, daß der Rezeptor, mit dem das Acetylcholin reagiert, ständig neu gereizt wird. Acetylcholin wird daher sehr schnell wieder durch hydrolytische Spaltung in Gegenwart der *Acetylcholinesterase* entfernt.

$$CH_3CO-O-CH_2-CH_2-\overset{\oplus}{N}(CH_3)_3 \xrightarrow[\text{esterase}]{\text{Acetylcholin-}} CH_3COOH + HO-CH_2-CH_2-\overset{\oplus}{N}(CH_3)_3$$

Die Acetylcholinesterase verfügt im aktiven Zentrum über ein oder mehrere anionische Bindungsstellen sowie eine aus einer basischen und sauren Gruppe bestehende esteratische Bindungsstelle. Ein histochemischer Nachweis der Acetylcholinesterase und damit indirekt des Acetylcholins beruht darauf, daß Acetylthiocholin schneller als Acetylcholin durch das Enzym gespalten wird. Es entsteht Thiocholin, das mit $Cu^{2\oplus}$ reagiert. Dieses Cu-Salz läßt sich nach Einwirkung von H_2S lokalisieren.

$$CH_3CO-S-CH_2-CH_2-\overset{\oplus}{N}(CH_3)_3 \xrightarrow[\text{esterase}]{\text{Acetylcholin-}} HS-CH_2-CH_2-\overset{\oplus}{N}(CH_3)_3$$

$$\xrightarrow{Cu^{2\oplus}} Cu\,[S-CH_2-CH_2-\overset{\oplus}{N}(CH_3)_3]_2 \xrightarrow{H_2S} CuS$$

Propionylcholin wird wesentlich langsamer als Acetylcholin gespalten, Butyrylcholin kaum noch. Eine β-Methylgruppe am Acetylcholin verzögert die enzymatische Hydrolyse. Die relative Hydrolyserate von L-(+)-Acetyl-β-methylcholin ist gegenüber der des Acetylcholin auf etwa die Hälfte gesunken. D-(−)-Acetyl-β-methylcholin wirkt sogar als Inhibitor der Acetylcholinesterase.

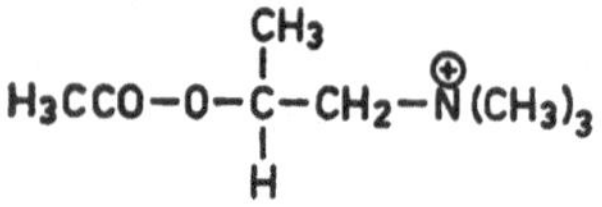

L-(+)-Acetyl-β-methylcholin

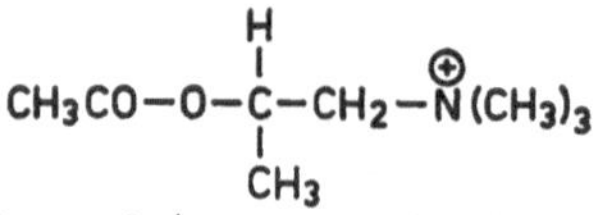

D-(−)-Acetyl-β-methylcholin

Acetylcholinesterase-Hemmer

Durch eine Hemmung der Acetylcholinesterase kommt es zu einer Anhäufung von Acetylcholin. Die Hemmung kann reversibel, z. B. durch das Alkaloid Physostigmin (S. 559) bzw. die Synthetica Neostigmin oder Pyridostigmin oder irreversibel durch organische Phosphorsäureester erfolgen.

Die Reaktion der *organischen Phosphorsäureester* mit der Acetylcholinesterase ist sehr genau untersucht worden. Acetylcholinesterase ist eine Serin-Esterase mit einer ungewöhnlich hohen Aktivität der Hydroxygruppe des Serinrestes im aktiven Zentrum. Diese Hydroxygruppe greift nucleophil am P-Atom von Phosphorsäurederivaten an, die durch elektronenziehende Substituenten (X) wie Fluor oder 4-Nitrophenyl aktiviert werden. Es entsteht eine sehr stabile Phosphorsäureester-Gruppierung am Enzym, die dieses inaktiv macht.

$$\text{Acetylcholinesterase}{-}\text{OH} + X{-}\overset{\displaystyle \text{O} \atop \displaystyle \|}{\underset{\displaystyle | \atop \displaystyle R}{\text{P}}}{-}R \rightarrow \text{Acetylcholinesterase}{-}\text{O}{-}\overset{\displaystyle \text{O} \atop \displaystyle \|}{\underset{\displaystyle | \atop \displaystyle R}{\text{P}}}{-}R$$

$R' =$ Alkyl, Alkoxy

Auch die anderen Serin-Hydrolasen (S. 97) werden durch Phosphorsäureester inaktiviert. Zur Inaktivierung dient für enzymatische Untersuchungen vor allem Diisopropylfluorophosphat (DFP).

Die außerordentlich hohe Toxizität dieser organischen Phosphorsäureester kommt also durch eine Acetylcholinvergiftung infolge der irreversiblen Blockade der Acetylcholinesterase zustande. Phosphorsäureester wie Sarin und vor allem die bereits in einer Menge unter 1 mg für den Menschen tödlichen V-Stoffe gehören zu den wirksamsten und gefährlichsten chemischen Kampfstoffen. Aufgrund der vielfach höheren Empfindlichkeit der Insekten gegenüber Cholinesterase-Hemmstoffen sind die Phosphorsäureester, z. B. Wofatox, sehr weit verbreitete Insekticide.

Als Antidot gegenüber Phosphorsäureester-Vergiftungen sind Verbindungen mit stark nucleophilen Gruppierungen geeignet, die den Phosphorsäureester des Enzyms wieder abspalten können. Entsprechende Verbindungen sind die Synthetica Pralidoxim (PAM) oder die binäre Pyridiniumverbindung Toxogonin. Die Pyridiniumgruppe dient zur Reaktion mit der anionischen Bindungsstelle des Enzyms.

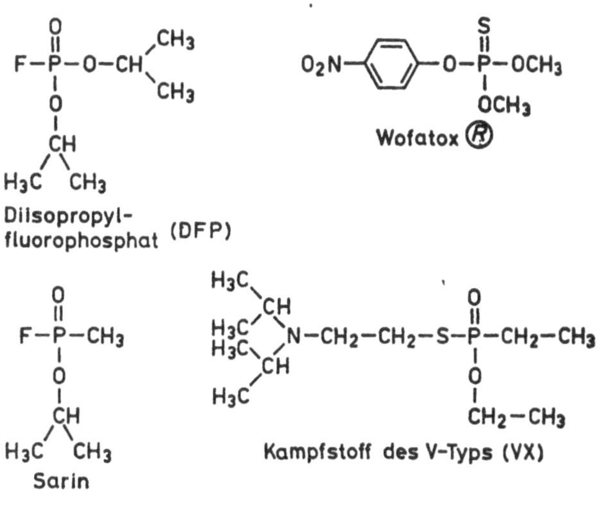

Formelübersicht 7–4
Organische Phosphorsäureester.

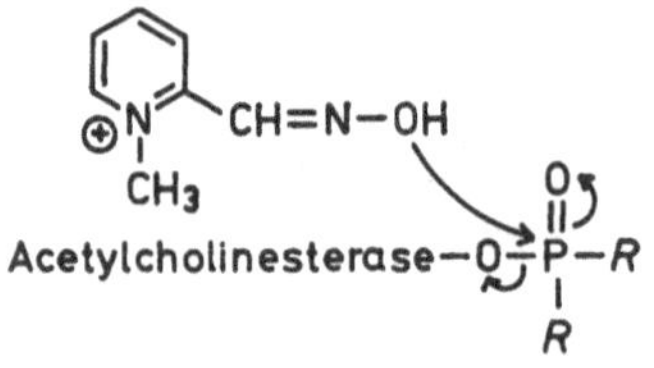

7.2.2.2. Catecholamine

Die Catecholamine sind eine Gruppe von Phenylethylaminen (S. 528), die am Phenylrest in 3- und 4-Stellung Hydroxygruppen tragen, also Brenzcatechin-(Catechol-)Derivate darstellen.

Die Biosynthese der Catecholamine, zu denen Dopamin, Noradrenalin und Adrenalin gehören, geht aus von der Aminosäure Tyrosin. Tyrosin wird zunächst zum 3,4-Dihydroxyphenylalanin (DOPA) oxidiert, bevor die Decarboxylierung erfolgt.

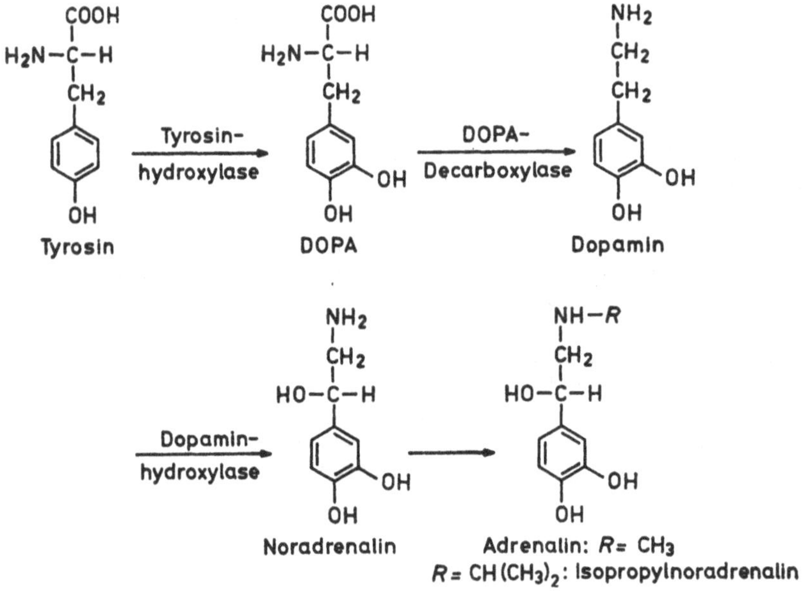

Die blutdrucksteigernde Substanz des Nebennierenmarkes wurde 1901 von TAKAMINE und ALDRICH isoliert und als Adrenalin bezeichnet. Die bereits 3 Jahre später erfolgte Synthese (STOLZ) war die erste Totalsynthese eines Hormons.

Zur Synthese läßt man Brenzcatechin mit Monochloressigsäure in Gegenwart von Phosphoroxychlorid reagieren. Das Chloracetyl-Derivat wird dann mit Methylamin zum Adrenalon umgesetzt, das nach Reduktion racemisches Adrenalin ergibt.

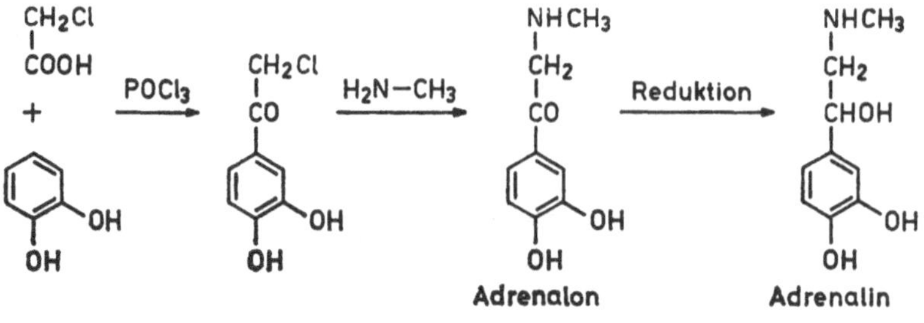

Adrenalin wird im tierischen Organismus von Noradrenalin begleitet. 1957 konnte festgestellt werden, daß auch Isopropylnoradrenalin natürlich vorkommt. Die natürlichen und wirksameren Verbindungen gehören der L(—)Reihe (*R*-Konfiguration) an. Catecholamine kommen nicht nur in Wirbeltieren vor, sondern treten auch bei Wirbellosen und Protozoen auf. Ihre Funktion ist hier jedoch noch ungeklärt.

Beim Wirbeltier wirken die Catecholamine als Neurotransmitter im zentralen und peripheren sympathischen Nervensystem.

Für die Catecholamine werden zwei Rezeptortypen (α, β) unterschieden (AHLQUIST). Noradrenalin wirkt praktisch nur auf die α-Rezeptoren. Durch Alkylierung der primären Aminogruppe nimmt die Affinität zu den β-Rezeptoren zu. Die α-Rezeptoren werden durch Mutterkorn-Alkaloide (S. 559), β-Rezeptoren durch verschiedene Synthetica wie Propranolol blockiert. Diese sog. β-Rezeptorenblocker werden bei Angina pectoris und Herzrhythmusstörungen eingesetzt.

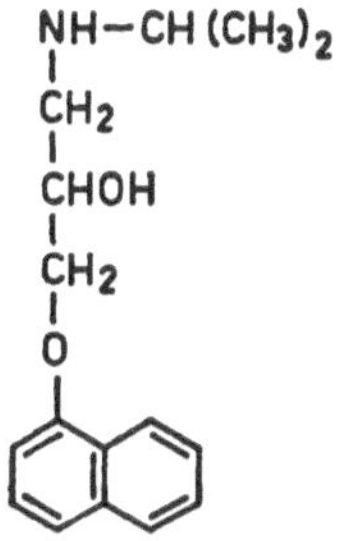

Propranolol

Adrenalin fördert außerdem den Glykogenabbau und erhöht dadurch den Blutzuckerspiegel.

Die Catecholamine werden im Organismus durch die Monoaminoxidase (MAO) abgebaut. Inhibitoren dieses Enzyms (MAO-Hemmer) wie das synthetisch erhaltene Iproniazid führen zu einem Anstieg der Catecholamin-Konzentration im Gewebe.

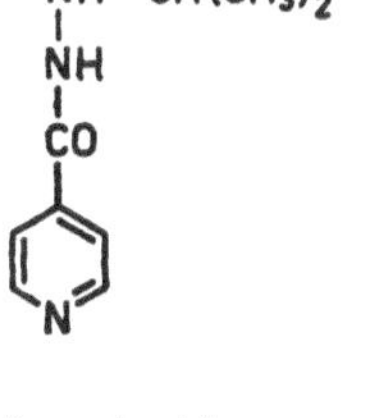

Iproniazid

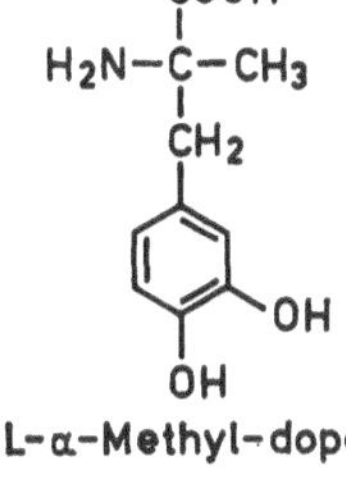

L-α-Methyl-dopa

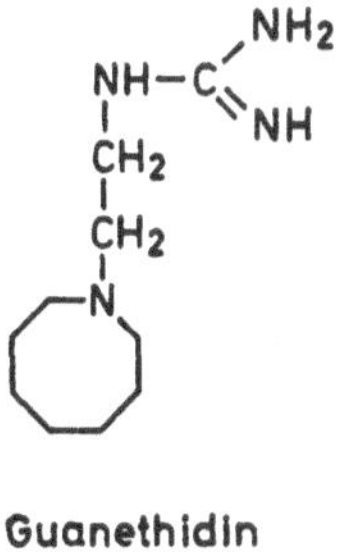

Guanethidin

Auch andere Verbindungen greifen in den Catecholamin-Stoffwechsel ein. Durch Bildung eines falschen Transmitters wirkt α-Methyldopa blutdrucksenkend. Cocain (S. 537) und das blutdrucksenkende Syntheticum Guanethidin verhindern die Freisetzung und Rückbindung der Catecholamine. Durch Reserpin (S. 555) kommt es zu einem Anstieg der Catecholamine im *ZNS*.

Die Catecholamine können als Brenzcatechinderivate sehr leicht zu o-Chinonen oxidiert werden. o-Chinone wirken als Elektronenakzeptoren und cyclisieren durch intramolekularen Angriff der nucleophilen Aminogruppe auch unter physiologischen Bedingungen zu Indol-Derivaten, den Leukochromen. Die Leukochrome können anaerob leicht weiter zu Farbstoffen, den Aminochromen (Dopaminchrom, Adrenochrom) oxidiert werden. Die aerobe Oxidation von Catecholaminen in Gegenwart von Polyphenol-Oxidasen führt zu makromolekularen Farbstoffen, den Melaninen (Kap. 9.7.).

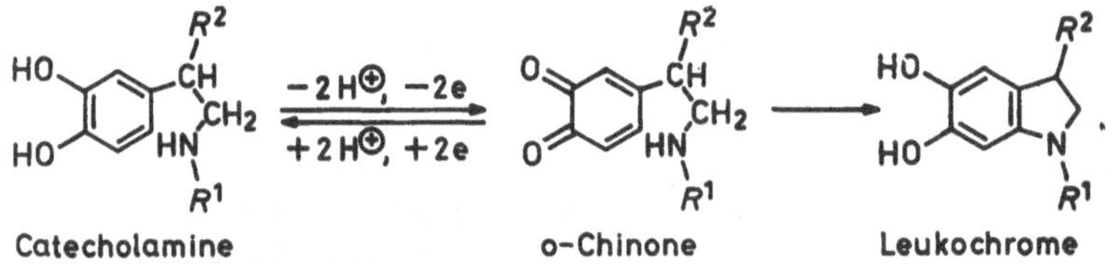

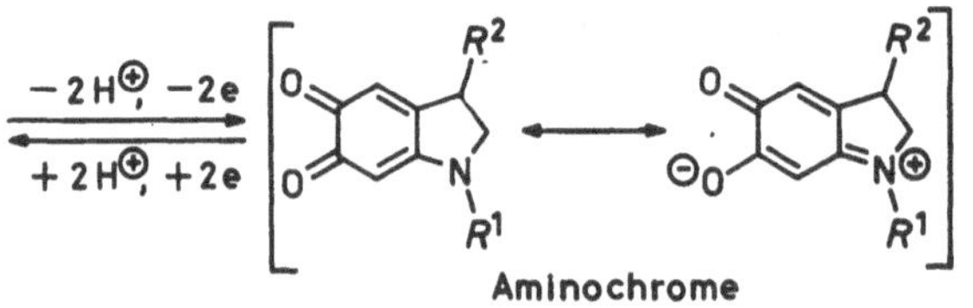

Aminochrome
(R^1, R^2 = H: Dopaminchrom;
R^1 = OH, R^2 = CH_3: Adrenochrom)

Anstelle der intramolekulare nAminogruppe können auch andere nucleophile Reagentien wie die Mercaptogruppe des Cysteins am o-Chinon angreifen. Eine derartige Reaktion wird für die kovalente Bindung der o-Chinone von Catecholaminen an Proteine im *ZNS* sowie für die Bildung der Phäomelanine (S. 520) diskutiert.

Die Catecholamine lassen sich im Gewebe durch fluoreszenzmikroskopische Methoden nachweisen. Dazu wird das Gewebe mit Formaldehyd bedampft. Es bildet sich unter Cyclisierung ein grün oder gelbgrün fluoreszierendes Dihydroisochinolin-Derivat (*9*, λ_{max} = 485 und 470 nm).

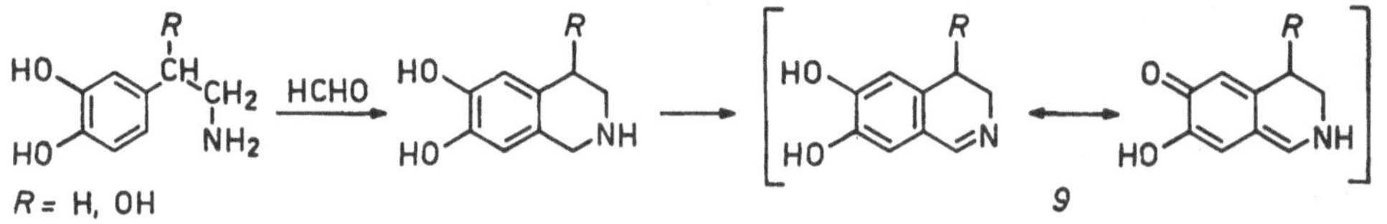

9

Eine lange bekannte Reaktion ist die Oxidation der Catecholamine mit Chromat, die über Adrenochrom zu melaninähnlichen Produkten führt. Die catecholaminhaltigen Gewebe (z. B. Nebennierenmark, sympathische Ganglien) werden wegen dieser Reaktion auch als *chromaffine Gewebe* bezeichnet.

7.2.2.3. Indolylethylamine

Die Indolylethylamine sind biogene Amine, die sich von der Aminosäure Tryptophan ableiten (vgl. Kap. 10.2.2.).

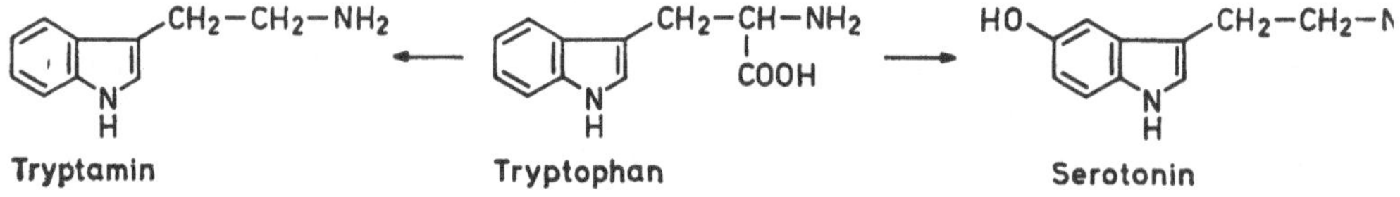

Tryptamin ist in Tieren, Pflanzen und Mikroorganismen aufgefunden worden. *Serotonin* (5-Hydroxytryptamin) ist bei Wirbellosen und Wirbeltieren weit verbreitet. In Pflanzen tritt es nur selten auf. Serotonin wurde zuerst aus Blut und Darmschleimhaut isoliert. Es kommt bei Wirbeltieren auch im *ZNS* vor, wo es als Transmitter wirkt. Zentralwirksame Serotoninantagonisten sind die Indolderivate *LSD* (S. 561) und Reserpin (S. 555). Wie die Catecholamine werden auch die Indolylethylamine durch die Monoaminoxidase abgebaut. Serotonin wirkt kontrahierend auf die glatte Muskulatur.

Ein Serotoninderivat ist das Epiphysenhormon *Melatonin*, das als Gegenspieler des Melanotropins (S. 403) z. B. bei Amphibien die Aufhellung der Haut bewirkt. 6-Methoxy-β-carbolin-3-carbonsäure, entstanden durch Cyclisierung von Methoxytryptophan, ist der endogene Ligand der Rezeptoren des ZNS, die spezifisch mit Psychopharmaka der Benzodiazepin-Gruppe in Wechselwirkung treten (sog. Benzodiazepin-Rezeptoren).

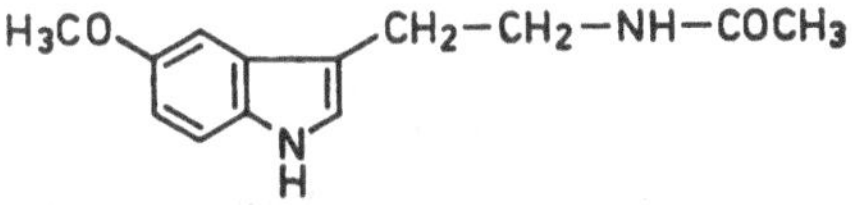

Melatonin

In ähnlicher Weise wie die Catecholamine lassen sich auch die Indolylethylamine nach Bedampfen mit Formaldehyd histochemisch nachweisen. Es werden dabei gelb fluoreszierende 3,4-Dihydro-β-carboline (*10*, λ_{max} = 390 und 520 nm) gebildet.

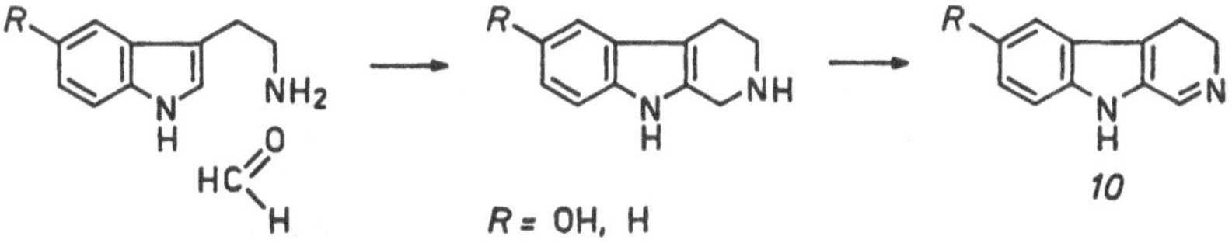

R = OH, H

10

7.2.2.4. *Histamin*

Histamin wurde bereits 1910 in tierischem Gewebe nachgewiesen (Ackermann). Es wirkt blutdrucksenkend, kontrahiert die glatte Muskulatur der Bronchien, des Darmes und Uterus und regt die Drüsensekretion an, insbesondere die Produktion des Magensaftes.

Histamin ist hautreizender Bestandteil vieler tierischer und pflanzlicher Gifte, die zur Ausbildung der sog. Histaminquaddel führen. In den Nessel- oder Stichgiften ist neben Histamin auch noch Acetylcholin und Serotonin enthalten. Bei vielen Giften wird durch den Histamingehalt die Resorption der eigentlichen Toxine erreicht. In anderen Giften, wie den Brennhaaren der Raupen, sind Histaminliberatoren enthalten, die die Freisetzung von Histamin aus inaktiven Komplexen bewirken.

Histamin ist das Decarboxylierungsprodukt der Aminosäure Histidin (vgl. Tab. 10–3, S. 528). Der Imidazolring ist in 2-Stellung elektrophil substituierbar. Zum Nachweis wird u. a. die Umsetzung mit diazotierter Sulfanilsäure herangezogen, die zur Bildung eines Azofarbstoffes führt.

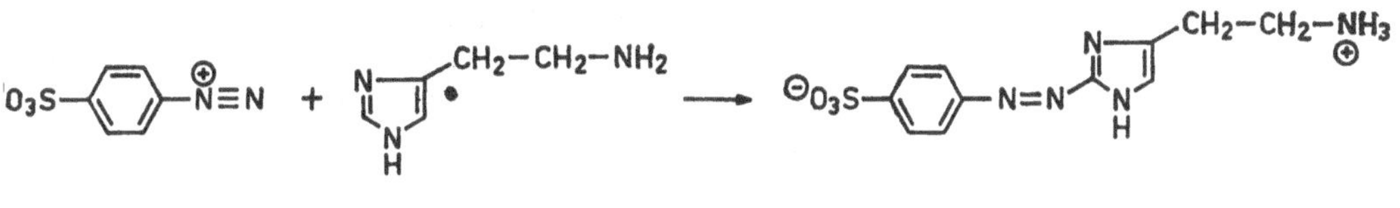

Mit synthetischen Blockern lassen sich zwei Histamin-Rezeptortypen (H_1 und H_2) unterscheiden. Die klassischen Antihistaminica (H_1-Rezeptorenblocker) haben vor allem zur Behandlung von Allergien Bedeutung. H_2-Rezeptorenblocker werden dagegen bei Magen- und Darmgeschwüren eingesetzt, da sie die durch Histamin ausgelöste Magensaftsekretion hemmen.

7.2.3. Pheromone

Während die Hormone die Kommunikation innerhalb eines Organismus über die Körperflüssigkeiten übernehmen, dienen die Pheromone (früher auch als Ektohormone bezeichnet) der chemischen Kommunikation zwischen Individuen einer Art. Der Begriff wurde 1959 von KARLSON, BUTENANDT und LÜSCHER geprägt.

Nach ihrer Wirkung lassen sich zwei Hauptgruppen unterscheiden: die oral wirkenden „Primer" mit langanhaltenden physiologischen Effekten sowie die sensorisch wirkenden „Releaser" (auch als Telomone bezeichnet) mit einer nur kurzen Verhaltensantwort (Alarm, Sexualverhalten u. a.).

Das erste in seiner Struktur aufgeklärte Pheromon war das Bombykol des Seidenspinners (*Bombyx mori*), das BUTENANDT nach über 20jährigen Arbeiten zur Anreicherung und Isolierung 1959 als 10-trans-12-cis-Hexadecadien-1-ol (*15*) identifizieren konnte. Inzwischen sind vor allem mit Hilfe der Gaschromatographie in Protozoen, Arthropoden, aber auch in höheren Tieren wie Fischen, Kriechtieren oder Säugetieren Pheromone nachgewiesen worden. Sie dienen diesen Organismen als Sexuallockstoffe, Aggregationsstoffe, Kastenerkennungsstoffe, Alarmstoffe oder Repellantien. Wahrscheinlich stammt zumindest ein Teil dieser Pheromone von den als Nahrung dienenden Pflanzen.

Es wird angenommen, daß der Einsatz exokriner Metabolite eine phylogenetisch sehr alte Form der Kommunikation darstellt. Zu den Pheromonen gehören terpenoide Verbindungen sowie biosynthetische Abkömmlinge von Fettsäuren (langkettige Alkohole, Aldehyde oder Ester).

Bei den Insekten dienen die terpenoiden Verbindungen als Spur- und Alarmpheromone der sozialen Insekten und Aggregationspheromone der Borkenkäfer. So besteht der Lockstoff des Borkenkäfers *Ips paraconfusus* aus drei Monoterpenalkoholen (Formelübersicht 7-5: *12—14*). Die Hauptkomponente des Markierungsduftes der Hummel *Bombus terrestris* ist 2,3-Dihydro-trans-farnesol. Es ist bemerkenswert, daß bei Insekten Farnesen-Derivate sowohl als Pheromone als auch als Juvenilhormone wirken können. Das gilt bei anderen Organismen auch für Steroide. Man nimmt an, daß die Pheromone als phylogenetisch ältere Substanzen funktionelle Vorläufer der Hormone sind.

Zahlreiche Pheromone sind langkettige Alkohole, Aldehyde oder Ester, deren Biosynthese wahrscheinlich von Fettsäuren ausgeht. Dazu gehören die meisten Sexualpheromone der weiblichen Nacht-Schmetterlinge wie das Bombykol des Seidenspinners (*15*), der Lockstoff der Traubenwickler-Art *Parolobesia viteana* [(Z)-9-Dodecenylacetat, (*16*) oder (Z)-9-Tetradecenylacetat (*17*)], eine Komponente des Sexualpheromons der Eulenfalter-Arten *Spodoptera frugiperda* und *Prodenia eridania* sowie mehrerer Obstwickler-Arten der Gattung *Adoxophyses*. Von diesen Verbindungen genügen oft schon einige Moleküle, um am Männchen eine Reaktion auszulösen. In diese Gruppe gehört auch die Königinnensubstanz der Honigbiene (*Apis mellifera*), die als (E)-9-Oxo-2-decensäure (*18*) identifiziert werden konnte.

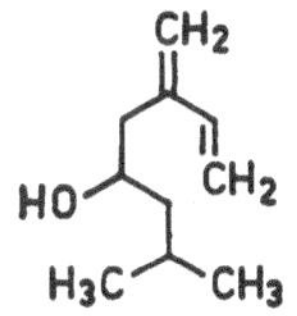

(−)-2-Methyl-6-methylen-7-octen-4-ol (Ipsenol)

12

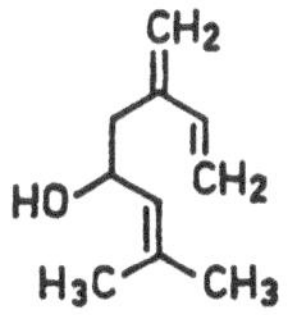

(+)-2-Methyl-6-methylen-2,7-octadien-4-ol (Ipsdienol)

13

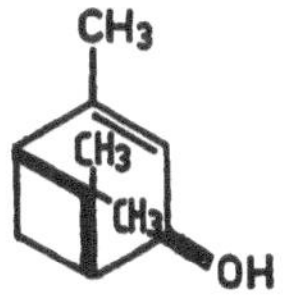

(+)-cis-Verbenol

14

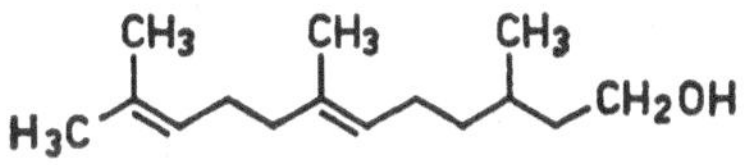

2,3-Dihydro-trans-farnesol

Formelübersicht 7–5

Terpenoide Insektenpheromone.

Synthetische Abwandlungsprodukte der Insektenpheromone könnten von großer Bedeutung für die Entwicklung umweltfreundlicher Schädlingsbekämpfungsmittel sein. Es hat sich jedoch herausgestellt, daß ein Massenfang von Insekten mit Pheromonen wahrscheinlich nicht möglich ist.

15

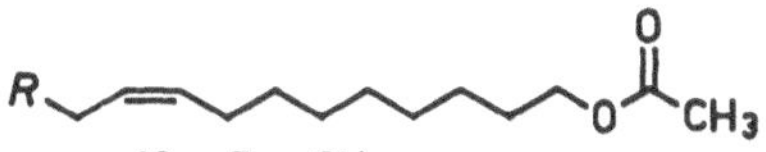

16 $R = CH_3$

17 $R = (CH_2)_2CH_3$

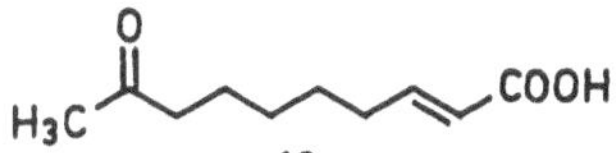

18

Die Untersuchungen der Pheromone von über 100 Schmetterlingen und Faltern hat ergeben, daß es sich bei den Pheromonen um Substanzgemische handelt. So enthält der Seidenspinner neben Bombykol noch den entsprechenden Aldehyd (Bombykal). Wahrscheinlich ist nur die Zusammensetzung der Mischung artspezifisch, während die einzelnen Komponenten auch in verschiedenen Arten vorkommen können.

In Danaiden, einer Familie der Schmetterlinge, wurden auch N-haltige Pheromone (z. B. Danaidon) gefunden, die allerdings nur gebildet werden, wenn die Schmetterlinge an bestimmte alkaloidführende (Senecio-Alkaloide, Kap. 10.5.) Pflanzen herankommen.

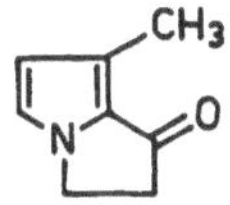

Danaidon

7.3. Regulationsstoffe der Pflanzen

7.3.1. Regulationsstoffe niederer Pflanzen

Aus niederen Pflanzen wurden vereinzelt Substanzen mit der Wirkung von Sexualpheromonen isoliert. Bezüglich ihrer Wirkung können die bisher bekannten Verbindungen in zwei Gruppen eingeteilt werden. Die eine Gruppe wird von Substanzen gebildet, die von weiblichen Gameten ausgeschieden werden und chemotaktisch die männlichen Gameten anlocken. Zu dieser Gruppe gehören die Gametenlockstoffe der Braunalgen und das Sirenin. Die zweite Gruppe umfaßt Substanzen, die von einem Organismus gebildet werden und beim Geschlechtspartner die Entwicklung von Sexualorganen bewirken. Zu dieser Gruppe gehören das Antheridiol und die Trisporsäure.

Nach ihrer chemischen Struktur lassen sich diese Sexualpheromone in terpenoide Verbindungen (Sirenin, Trisporsäure), Steroide (Antheridiol) und ungesättigte Kohlenwasserstoffe mit 8 bzw. 11C-Atomen (Gametenlockstoffe der Braunalgen) einteilen.

Das Sesquiterpen *Sirenin* wird von dem Flagellatenpilz *Allomyces* gebildet. Die *Trisporsäure* der Echten Pilze *Mucor* und *Blakeslea* gehört zu den C_{28}-Terpensäuren. Das Steroid *Antheridiol* wird von den weiblichen Hyphen des Algenpilzes *Achlya sexualis* ausgeschieden.

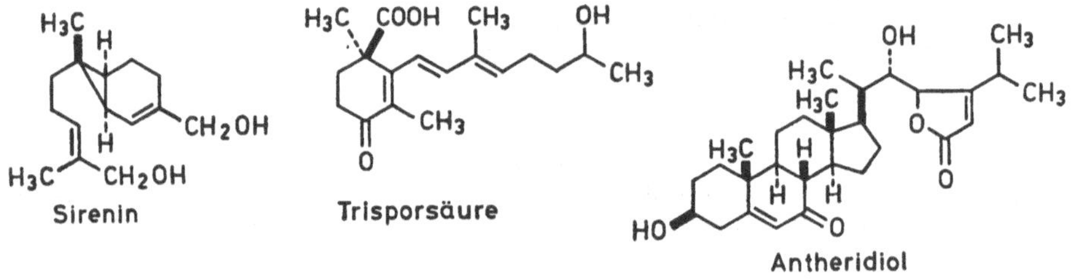

Formelübersicht 7–6

Terpenoide Sexualpheromone der Pilze.

Aus Braunalgen (*Phaeophyta*) konnten einige ungesättigte, acyclische oder cyclische Kohlenwasserstoffe isoliert werden. Dazu zählen die Sexualpheromone *Ectocarpen* aus *Ectocarpus siliculosus*, *Multifiden* und *Aucanten* aus *Cutleria multifida* und *Fucoserraten* aus *Fucus serratus*. Nahe verwandt mit diesen Sexualpheromonen sind die im ätheischen Öl der Meeresbraunalge *Dictopteris plagiogramma* enthaltenen *Dictopterene* Formelübersicht 7–7).

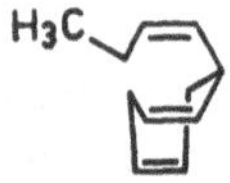

Ectocarpen

Ectocarpen [S(+)-(1-cis-Butenyl)cyclohepta-2,5-dien] ist ein optisch aktiver cyclischer Kohlenwasserstoff. Die Strukturaufklärung erfolgte durch *NMR*-Spektroskopie und Massenspektrometrie vor und nach der Hydrierung des ungesättigten Ringsystems. Die Doppelbindungen sind cis-ständig angeordnet. Die Struktur des Ectocarpens konnte durch Synthese gesichert werden.

7.3.2. Regulationsstoffe höherer Pflanzen

Aus höheren Pflanzen sind Stoffe mit Hormoncharakter isoliert worden (Phytohormone), welche die Stoffwechselintensität, die Streckung der Zellwände, die Entwicklung der Blätter, Blüten und Samen und andere Prozesse in der höheren Pflanze regulieren. Die

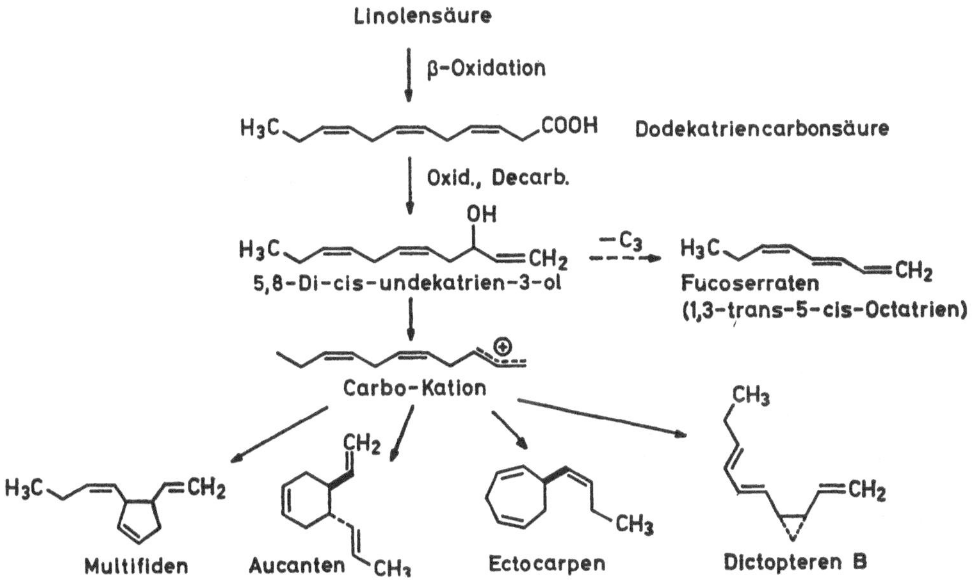

Formelübersicht 7–7
Angenommener Biosyntheseweg einiger Gametenlockstoffe (nach JAENICKE).

Phytohormone werden eingeteilt in

Pflanzenwachstumshormone (*plant growth hormones*):

Auxine, Gibberelline, Cytokinine und

Pflanzenwachstumsinhibitoren (*plant growth inhibitors*):

Abscisinsäure, Ethylen.

Die Kenntnis der Regulationsvorgänge in der Pflanze und deren gezielte Beeinflussung haben eine außerordentlich große volkswirtschaftliche Bedeutung durch eine mögliche Erhöhung der Erträge in der Pflanzenproduktion. Synthetische Wirkstoffe zur Steigerung der Produktivität von Kulturpflanzen werden auch als *Phytoeffektoren* bezeichnet. Dazu gehören Wirkstoffe, die Wachstum und Entwicklung der Pflanzen steuern (*Pflanzenwachstumsregulatoren*) und solche, die unerwünschtes Wachstum anderer Pflanzen bekämpfen (*selektive Herbizide*).

Zu den Phytoeffektoren gehören Derivate aliphatischer Carbonsäuren (z. B. Mono- und Trichloressigsäure, 2,2-Dichlorpropionsäure, N,N-Diallylchloracetamid), Derivate aromatischer Carbonsäuren, Phenoxyalkylcarbonsäuren (S. **443**), Carbamate und Thiocarbamate, Harnstoffderivate, aromatische Amine, Phenole, Maleinsäurehydrazid, Triazole und zahlreiche Triazine. Die Strukturen einiger Verbindungen sind in der Formelübersicht 7–8 zusammengefaßt.

6-Methyl-2,4-dinitro-phenol war das erste organische Herbizid, das praktisch eingesetzt wurde. Wichtige Herbizide sind die Carbamate und Thiocarbamate, substituierte Harnstoffe der allgemeinen Struktur $R{-}NH{-}CO{-}N(CH_3)_2$ und 3-Amino-triazol. 3-Amino-triazol ist ein rasch wirkendes systemisches Herbizid, das z.B. als Entblätterungsmittel für Baumwollpflanzen eingesetzt wird. N-Phenyl-isopropyl-carbamat wird als Kartoffelkeimhemmer verwendet.

Aus der Reihe der Triazine entstammen viele Herbizide hoher Selektivität gegenüber bestimmten Pflanzen. Die Derivate des s-Triazins werden ausgehend von Cyanursäurechlorid (*19*) synthetisiert (S. **189**). Bedeutung haben vor allem Bis-alkylamin-Derivate mit R^1 = Cl, O-Aryl und S-Alkyl erlangt.

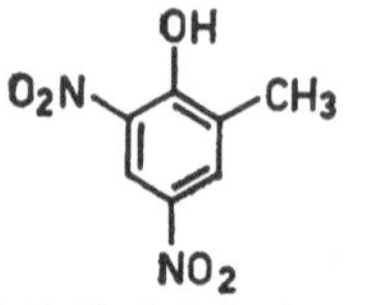

6-Methyl-2,4-dinitro-phenol (DNOC)

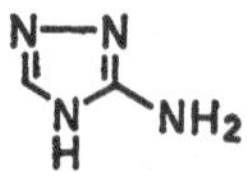

3-Amino-triazol

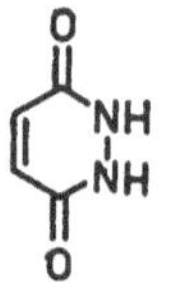

Maleinsäurehydrazid

Derivate aromatischer Carbonsäuren:

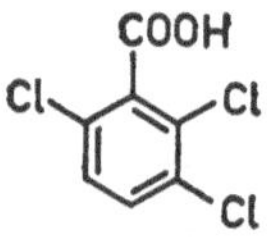

2,3,6-Trichlorbenzoesäure und andere 2,6-Halogen-substituierte Carbonsäuren

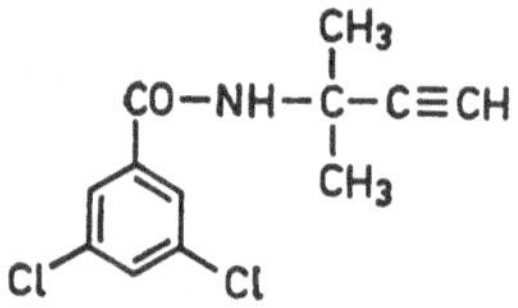

3,5-Dichlor-N-(1,1-dimethyl-2-propinyl)-benzamid (Kerb®)

Carbamate:

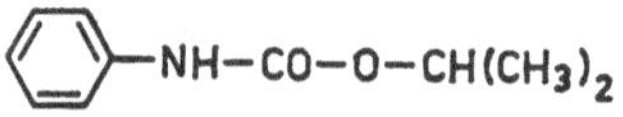

N-Phenyl-isopropyl-carbamat (IPC)

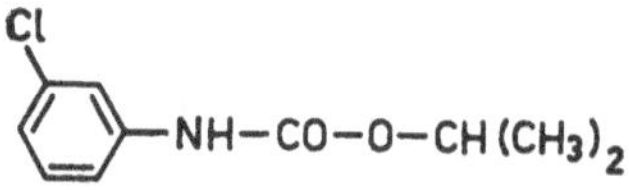

N-3-Chlorphenyl-isopropyl-carbamat (CIPC)

Harnstoffderivate:

$Cl_3C{-}CHOH{-}NH{-}CO{-}NH{-}CHOH{-}CCl_3$

1,3-Bis-(1-hydroxy-2,2,2-trichlor-ethyl)-harnstoff (DCU)

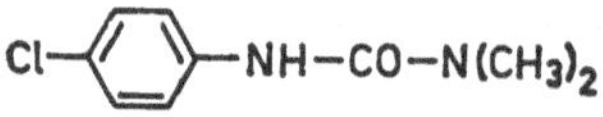

3-(4-Chlorphenyl)-1,1-dimethyl-harnstoff (CMU, Monuron®)

Aromatische Amine:

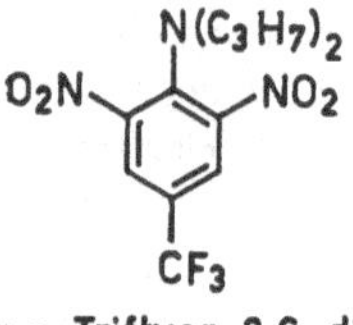

α,α,α-Trifluor-2,6-dinitro-N,N-dipropyl-p-toluidin (Trifluralin)

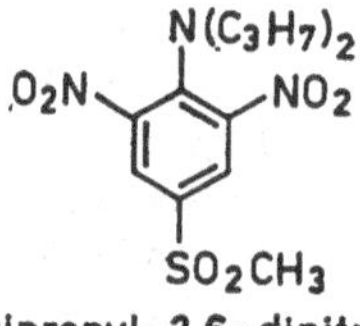

N-Dipropyl-2,6-dinitro-4-methyl-sulfoanilin (Nitralin)

Formelübersicht 7–8

Strukturen einiger synthetischer Phytoeffektoren.

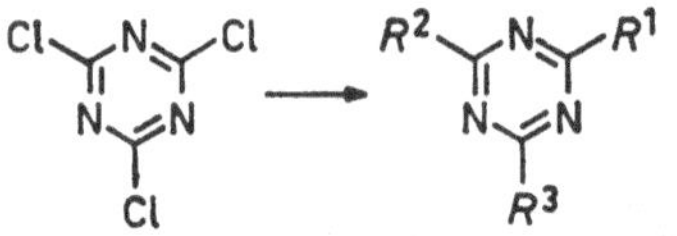

19

R^1 = Cl; R^2, R^3 = NHC_2H_5: Simazin

R^1 = Cl; R^2 = NHC_2H_5;

R^3 = NHC_3H_7: Atrazin

Die Chlorderivate besitzen eine langsam eintretende, aber starke und anhaltende Wirkung als Herbizid.

Wachstumsregulatoren mit geringer Herbizid-Aktivität sind verschiedene Fluorencarbonsäuren der Struktur *20*. Diese Verbindungen führen zu morphologischen Veränderungen an zweikeimblättrigen Pflanzen und werden daher auch als *Morphactine* bezeichnet.

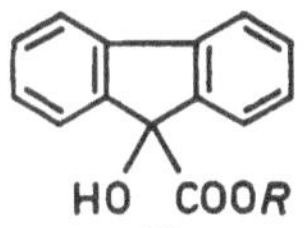

(*R* = H, Alkyl)

20

Der Wirkungsmechanismus der Phytoeffektoren ist unterschiedlich. Einige wirken wie die natürlichen Phytohormone bzw. als deren Antagonisten (s. u. und S. 446). Die Nitrophenole entkoppeln die oxidative Phosphorylierung. Andere Herbizide wie die Phenylharnstoffe oder die Triazine beeinflussen die Photosynthese, indem sie von verschiedenen Stellen der Elektronentransportkette Elektronen aufnehmen. Verbindungen dieser Art werden z. B. anstelle von NADP reduziert (sog. HILL-Reagentien). Die Triazine, Triazole und Maleinsäurehydrazid greifen in die Nucleinsäuresynthese ein.

7.3.2.1. *Auxine*

Auxine fördern in kleinen Dosen das Zellstreckungswachstum, die Zellteilung und die Wurzelbildung der Pflanze. Außerdem beeinflussen sie das Abwerfen von Blättern, Blüten und Früchten. In hohen Dosen hemmen sie das Zellstreckungswachstum.

Auxine kommen in allen Pflanzen vor, besonders reichlich im sich entwickelnden Keimling. Das wichtigste Auxin ist die β-Indolylessigsäure (Heteroauxin). Daneben kommen noch andere Indolderivate mit Auxinwirkung vor.

Wie die natürlichen Auxine wirken verschiedene Chlorphenoxysäuren. Von besonderer Bedeutung ist die 2,4-Dichlorphenoxyessigsäure (2,4-D, Falitox D). Unter der Einwirkung von 2,4-D kommt es zu einer wesentlichen Erhöhung des RNS-Gehaltes und damit zu einer verstärkten Proteinsynthese. Das führt zu erhöhter Wachstumsgeschwindigkeit, gleichzeitig aber auch zu einem vorzeitigen Altern der Pflanze. 2,4-D wirkt nur auf Dicotyledonen, so daß es zur Beseitigung von dicotyledonen Unkräutern in Getreidekulturen eingesetzt werden kann. Der durch 2,4-D ausgelöste vorzeitige Laubfall war Anlaß für einen großflächigen Einsatz dieser Substanz als Entlaubungsmittel durch die USA im Vietnam-Krieg.

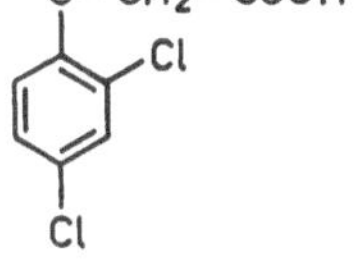

2,4-D

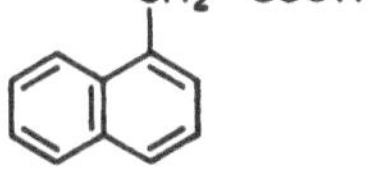

21

Die Entdeckung der Wirkung der β-Indolylessigsäure als Wuchsstoff hat eine intensive Synthesetätigkeit auf dem Gebiet der heterocyclisch substituierten Essigsäuren und der aromatischen Carbonsäuren ausgelöst. Eine Substanz mit starker Auxinwirkung ist die α-Naphthylessigsäure (*21*). Als Auxine wirken auch verschiedene Carbamate und Thiocarbamate.

Auxin-Aktivität besitzen ferner Indolylacetaldehyd, Indolylessigsäureethylester und Indolylbuttersäure.

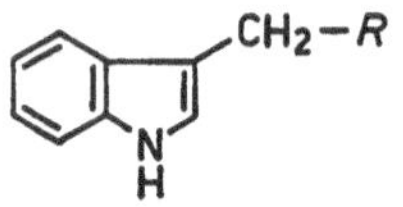

Indolylessigsäure	$R = COOH$
Indolylessigsäureethylester	$R = COOC_2H_5$
Indolylacetaldehyd	$R = CHO$
Indolylbuttersäure	$R = (CH_2)_2{-}COOH$

7.3.2.2. Cytokinine

Cytokinine sind Phytohormone, die Zellteilungen beschleunigen und Wachstums- und Differenzierungsvorgänge in der Pflanze beeinflussen.

Bei den bisher aufgefundenen Verbindungen mit Cytokinin-Aktivität handelt es sich um an der primären Aminogruppe substituierte Derivate des Adenins bzw. Adenosins. Die erste Substanz mit nachgewiesener Cytokinin-Aktivität war das Kinetin (5-Furfurylaminopurin), das bei der Hydrolyse von nucleinsäurehaltigem Material (Hefe) entsteht. Der Furfurylrest wird dabei aus dem Zuckerrest des Desoxyadenosins gebildet. Das erste natürliche Cytokinin, das trans-Zeatin des Maises, wurde erst 1964 entdeckt. Cytokinin-Aktivität besitzen ebenfalls einige der seltenen Purine der t-RNS (etwa 0,05 bis 0,1%), so das 6-(Isopent-2-enylamino)purin, das aus der tRNS von Mikroorganismen (Hefe, Bakterien) isoliert werden konnte. 6-(Isopent-2-enylamino)purin-ribosid ist gegen-

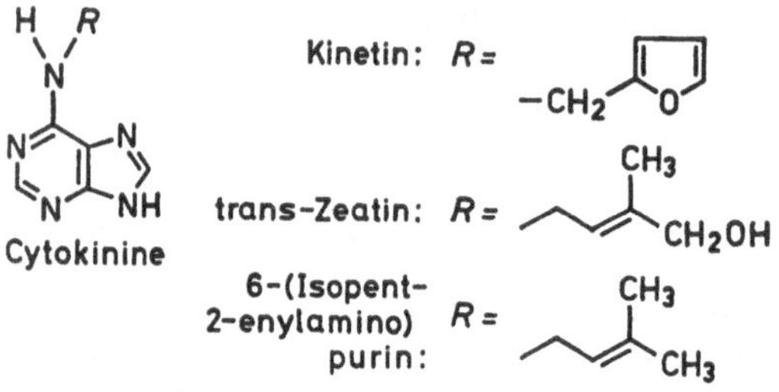

über Säuren relativ unbeständig. Es entsteht zunächst die hydratisierte Base, die bei längerer Einwirkung von Säure cyclisiert.

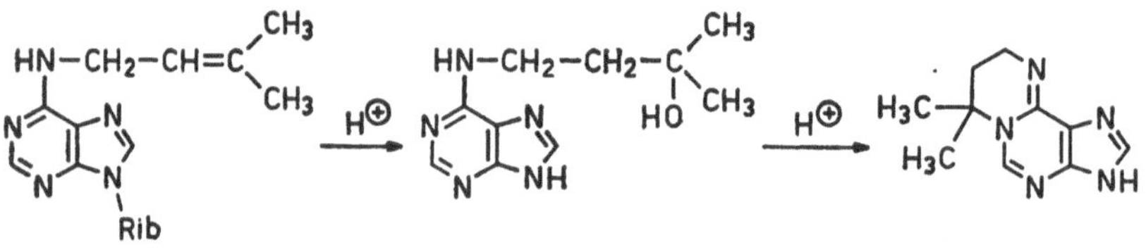

Cytokininartige Wirkung besitzen auch verschiedene Synthetica wie Benzimidazol oder N,N'-Diaryl-harnstoffe.

7.3.2.3. Gibberelline

Gibberelline führen zu einer Verlängerung der Internodien wachsender Pflanzen und fördern u. a. die Samenkeimung und Blütenbildung.

Das erste Gibberellin (Gibberellin A_3) wurde aus dem Pilz *Fusarium moniliforme*

(*Gibberella fujikuroi*) isoliert. Inzwischen sind Gibberelline in den meisten höheren Pflanzen nachgewiesen worden.

Gibberelline sind cyclische Diterpensäuren, deren Biosynthese ausgehend von Mevalonsäure über Geranylgeranylpyrophosphat erfolgt. Sie leiten sich chemisch von dem Kohlenwasserstoff Gibban ab und lassen sich nach der Anzahl der C-Atome in C_{19}- und C_{20}-Gibberelline (vgl. Gibberellin A_3 und A_{15} der Formelübersicht 7–9) einteilen. Zur Bezeichnung der zahlreichen isolierten Gibberelline dient ein Zahlenindex. Die Gibberelline werden unter Einsatz chromatographischer Methoden, insbesondere der Dünnschicht- und Gaschromatographie, isoliert. Am leichtesten zugänglich ist Gibberellin A_3, das auch als Gibberellinsäure bezeichnet wird. Gibberellinsäure wird kommerziell aus Fermentationsansätzen von *Fusarium moniliforme* gewonnen. Sie gehört zu den wenig stabilen Gibberellinen.

Die Zersetzung beginnt mit einer Aufspaltung der Lactongruppe. Anschließend wird die entstandene Hydroxygruppe eliminiert. In saurer Lösung führt die Wasserabspaltung bis zur Aromatisierung des Ringes *A*.

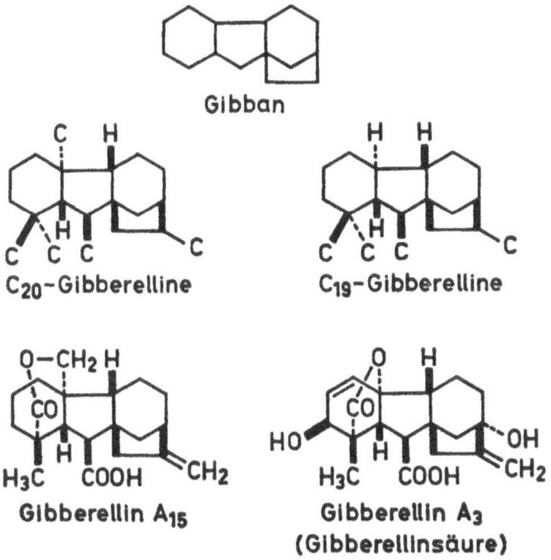

Formelübersicht 7–9
Gibberelline.

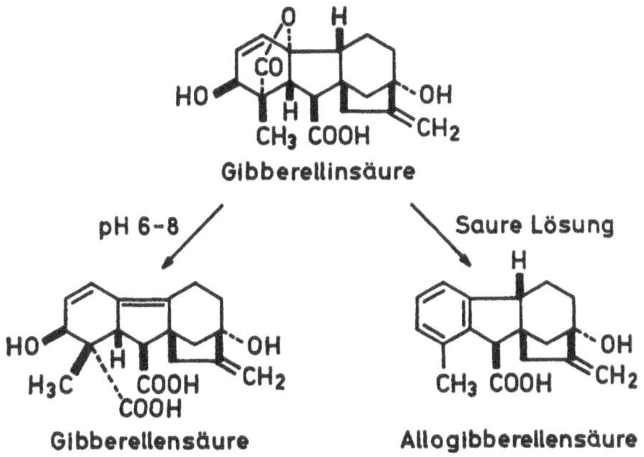

Unter den synthetischen Gibberellin-Antagonisten sei das Chlorcholinchlorid (CCC) hervorgehoben, das zu einer Reduzierung des Halmwachstums von Getreide führt und in der Pflanzenproduktion eingesetzt wird. CCC hemmt in vitro die Biosynthese der Gibberellinsäure.

$$(CH_3)_3\overset{\oplus}{N}-CH_2-CH_2-Cl\ Cl^{\ominus}$$

Chlorcholinchlorid

7.3.2.4. *Abscisinsäure*

Abscisinsäure ist ein natürlicher Wachstumsinhibitor. Sie ist an der Induzierung und Regulierung von Samen- und Knospenruhe, Laubfall, Blütenbildung, Keimung und Altern beteiligt. Diese Wirkungen kommen durch eine Hemmung der Zellteilung zustande.

Abscisinsäure gehört chemisch zu den monocyclischen Sesquiterpenen. Biologisch wirksam ist die Verbindung mit cis,trans-Anordnung der Doppelbindungen (auch als Abscisin II oder Dormin bezeichnet). Abscisinsäure ist ebenso wie das in seiner Struktur sehr ähnlich gebaute Vitamin A (S. 330) lichtempfindlich. Es erfolgt eine photochemische Umwandlung in das unwirksame trans-trans-Isomere.

Der Abscisinsäure in Struktur und Wirkung eng verwandt ist das Xanthoxin, das in Pflanzen unter der Einwirkung von Licht gebildet wird. Der wirksamste Precursor für die Bildung des Xanthoxins ist das Carotenoid Violaxanthin (S. 449).

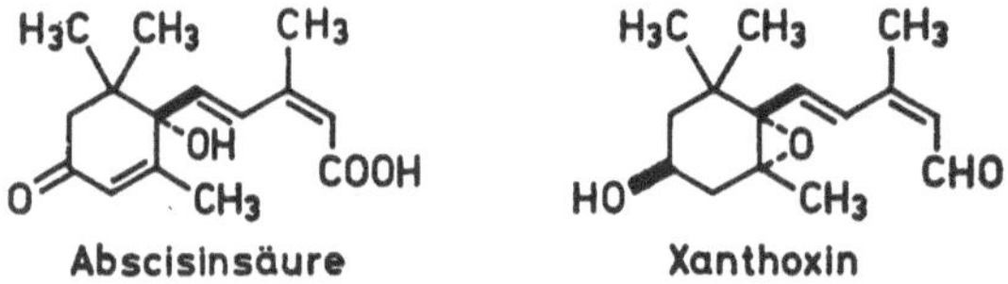

Abscisinsäure Xanthoxin

trans-2-Hexenal entsteht in Pflanzen durch Peroxidation von Linolensäure. Die Verbindung wirkt als Wachstumsregulator und schützt die Pflanze vor dem Befall mit Mikroorganismen.

Sekundäre Naturstoffe

8. Isoprenoide Verbindungen: Terpene und Steroide

8.1. Allgemeine Einführung

Zahlreiche Pflanzen enthalten in Blättern, Blüten und Früchten *ätherische Öle*, die sich durch Wasserdampfdestillation, Extraktion mit organischen Lösungsmitteln oder auch Pressen gewinnen lassen. Ätherische Öle werden schon seit langem als Zusatz zu Kosmetika sowie in der Lebensmittelindustrie (Aromastoffe) und Pharmazie eingesetzt. Die ätherischen Öle sind komplexe Mischungen acyclischer, alicyclischer, aromatischer und seltener auch heterocyclischer Verbindungen. Die einzelnen Komponenten der ätherischen Öle gehören überwiegend zur Gruppe der Terpene. Zahlreiche ätherische Öle enthalten jedoch auch aromatische Verbindungen (Phenylpropan-Derivate, S. 498) als Hauptkomponenten. In den ätherischen Ölen der Brassicaceen kommen verschiedene Senföle vor. Diese Isothiocyanate werden bei der Gewinnung der ätherischen Öle aus in der Pflanze vorliegenden S-Glucosiden gebildet (S. 160).

Bei den *Terpenen* fiel schon frühzeitig auf (WALLACH 1887, ROBINSON), daß sie sich formal als Polymerisationsprodukte des Kohlenwasserstoffs Isopren auffassen lassen.

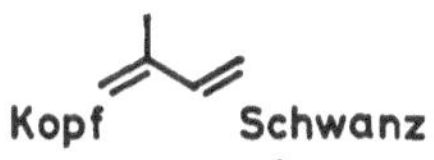

Isopren[1)]

Nach der Anzahl der Isopren-Reste (C_5-Einheiten) lassen sich die Terpene in Mono-, Sesqui-, Di-, Sester-, Tri-, Tetra- und Polyterpene einteilen. Die *Steroide* leiten sich von einer Gruppe von Triterpenen, den Methylsterolen, ab. Isoprenoide Bausteine werden auch als Bestandteile anderer Naturstoffe, wie verschiedener Alkaloide, Chinone oder der Chlorophylle gefunden.

Durch den Nachweis der isoprenoiden Kohlenwasserstoffe Phytan und Pristan (S. 45) in präkambrischen Sedimenten konnte wahrscheinlich gemacht werden, daß isoprenoide Verbindungen zumindest als Bausteine des Chlorophylls bereits vor ca. 3 Milliarden Jahren von Organismen synthetisiert werden konnten. Auch andere isoprenoide Verbindungen haben schon frühzeitig wichtige physiologische Funktionen in den Organismen übernommen, so als Pheromone oder Hormone (vgl. Kap. 7.), als Bestandteile von Membranen (Carotenoide, Sterole) oder als Vitamine bzw. Provitamine (Vitamine A, D, E und K). Einige Polyprenole spielen eine Rolle beim Glykosyltransfer (S. 216).

---

1) In Abweichung von den IUPAC-IUB-Empfehlungen werden in den Kapiteln 8.1. und 8.2. Methylgruppen oft nicht durch $-CH_3$, sondern nur durch einen Strich gekennzeichnet.

8.1.1. Ausgangsprodukte der Biosynthese

Ruzicka konnte 1953 seine biogenetische *Isopren-Regel* formulieren, nach der sich die natürlichen isoprenoiden Verbindungen von acyclischen Vorstufen — Geraniol (C_{10}), Farnesol (C_{15}), Geraniolgeraniol (C_{20}) und Squalen (C_{30}) — ableiten. Ausgangspunkt der Biosynthese ist die *Mevalonsäure*, die aus 3 Mol Acetyl-CoA gebildet wird.

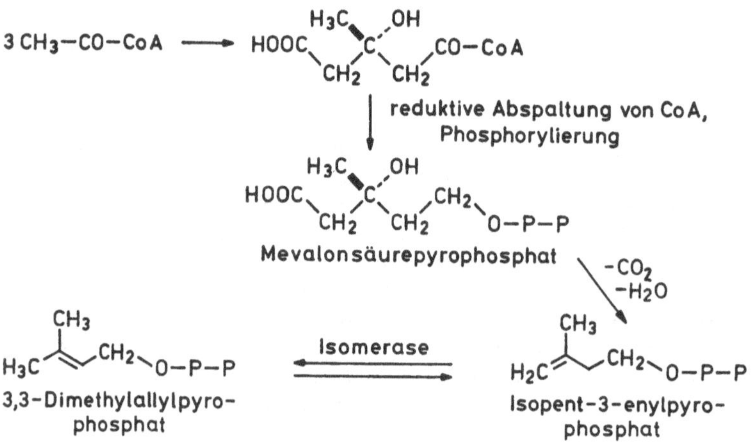

Mevalonsäure konnte 1956 als Wachstumsfaktor für *Lactobacillus acidophilus* entdeckt und als γ-Lacton isoliert werden.

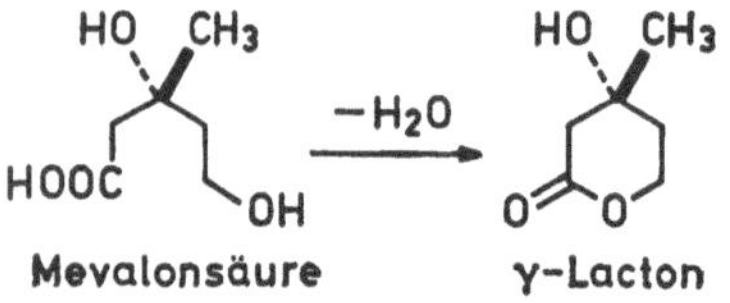

Durch Decarboxylierung und Eliminierung von Wasser entsteht aus dem Mevalonsäurepyrophosphat Isopent-3-enylpyrophosphat: („aktives Isopren"), das durch eine Isomerase in das stabilere 3,3-Dimethylallylpyrophosphat umgelagert wird. Der 3,3-Dimethylallylalkohol wird auch als *Prenol*, 2-Methyl-but-2-enyl entsprechend als Prenyl bezeichnet.

Von Allylestern ist bekannt, daß sie sehr leicht nucleophil substituierbar sind. Das bei einer S_N1-Reaktion aus Allylhalogeniden entstehende Carbeniumion (*1*) ist durch Mesomerie stabilisiert.

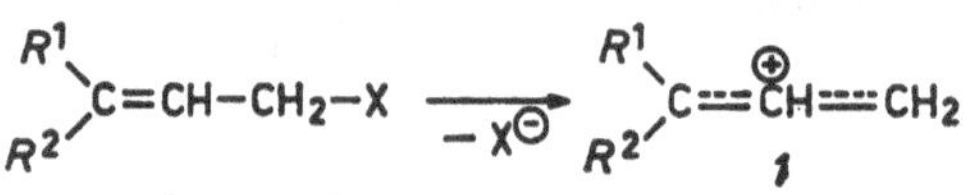

1

Beim 3,3-Dimethylallylpyrophosphat wird die Reaktivität noch durch die hohe Abgangstendenz des Pyrophosphatrestes erhöht.

8.1.2. Bildung acyclischer Precursoren

3,3-Dimethylallylpyrophosphat wirkt als stark elektrophiles Reagens und greift unter Addition an der als Nucleophil wirkenden Doppelbindung von Isopentenylpyrophosphat an (Kopf-Schwanz-Kondensation).

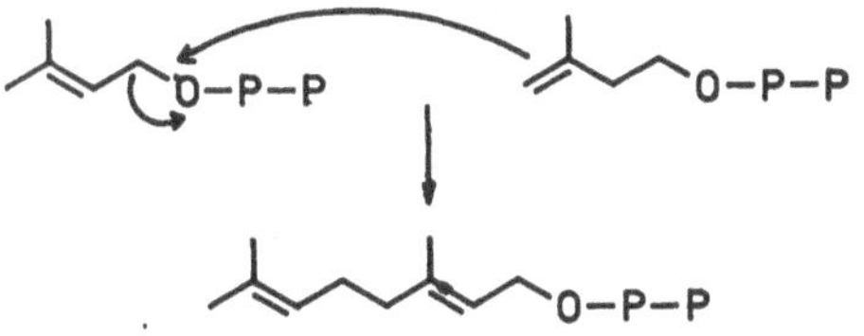

Geranylpyrophosphat

Durch diesen kombinierten Substitutions-Eliminierungs-Prozeß wird Geranylpyrophosphat gebildet, das wiederum als Allylderivat elektrophil an einem weiteren Molekül „aktives Isopren" angreifen kann. Auf diese Weise entstehen die acyclichen Precursoren der natürlichen isoprenoiden Verbindungen (Abb. 8–1). Die Doppelbindungen sind dabei trans-ständig angeordnet.

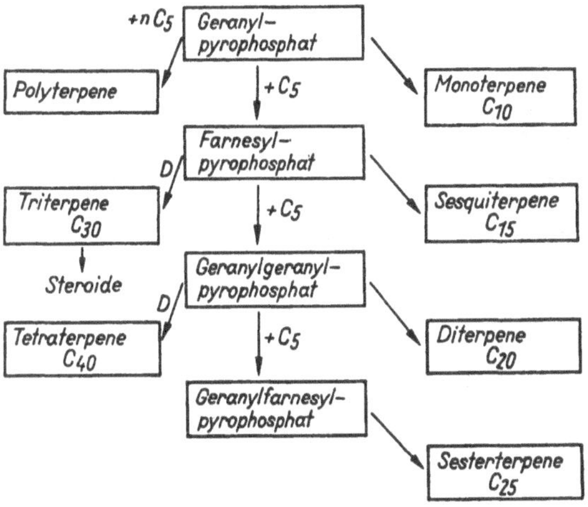

Abb. 8–1

Schematische Darstellung der Biosynthese der isoprenoiden Verbindungen.
D = Schwanz-Schwanz-Kondensation.

Neben dieser Kopf-Schwanz-Kondensation kann noch eine Schwanz-Schwanz-Kondensation erfolgen, die zu einer Dimerisierung führt (Bildung der Tri- und Tetraterpene).

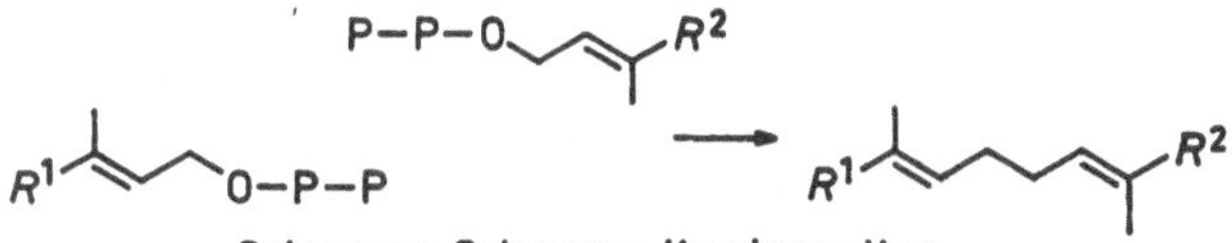

Schwanz-Schwanz-Kondensation

8.1.3. Intramolekulare Cycloadditionen

Der im vorigen Kapitel geschilderte Substitutions-Eliminierungs-Prozeß, der zur Bildung acyclischer Verbindungen führt, kann sich auch innerhalb eines Moleküls abspielen (*2*).

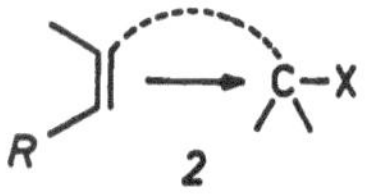

2

Die zahlreichen Möglichkeiten dieser intramolekularen Cycloaddition bedingen die Vielfalt der cyclischen Strukturen innerhalb der isoprenoiden Verbindungen. Bei den intramolekularen Cycloadditionen können im wesentlichen zwei Typen unterschieden werden.

Bei den Terpenen mit geringerer Anzahl von C-Atomen (Mono-, Sesquiterpene) greift eine Doppelbindung nucleophil an dem C-Atom an, das den Pyrophosphatrest (in *2*: X) trägt. Es kann dadurch zur Bildung 6- bis 11gliedriger Carbokationen als Intermediate kommen (Formelübersicht 8–1), die dann durch weitere Umwandlungen (Kap. 8.1.4.) die verschiedenen Grundstrukturen der Mono- und Sesquiterpene bilden können. Auf diese Weise werden bei den Monoterpenen z. B. monocyclische 6-Ringe, bei den Sesquiterpenen bis zu 10gliedrige Ringe (Germacrane) gebildet.

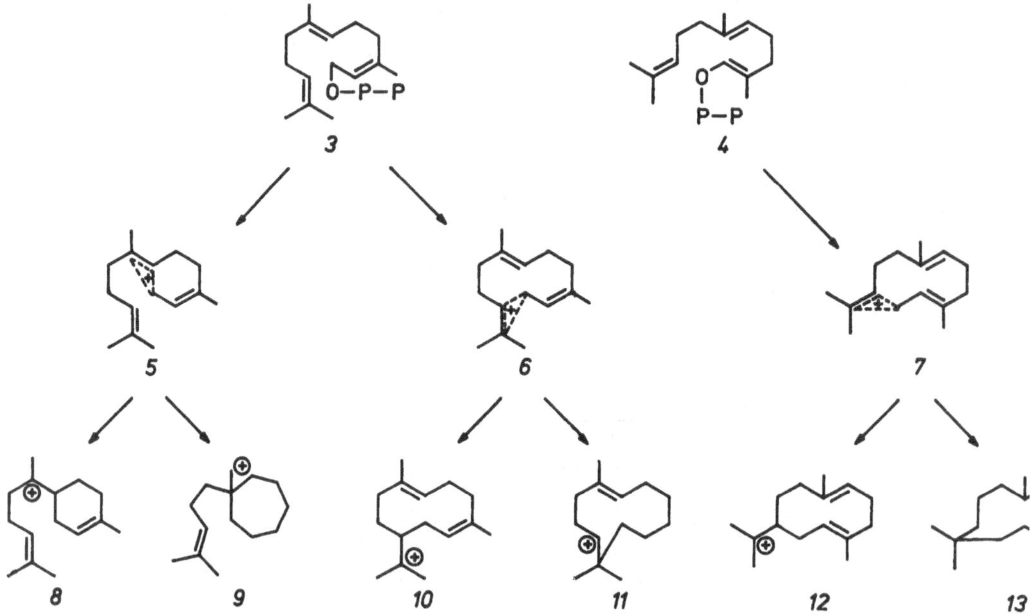

Formelübersicht 8–1

Angenommene Bildungsmöglichkeiten einiger Sesquiterpen-Grundgerüste.

Von den Diterpenen ab überwiegt dagegen eine andere Art der Cyclisierung, bei der die terminale, nicht phosphorylierte Isopropyliden-Einheit als kationisches Zentrum die Reaktion einleitet. Diese Art der Cyclisierung wurde zuerst zur Erklärung der Cyclisierung des Triterpen-Kohlenwasserstoffs Squalen im Verlaufe der Biosynthese tetracyclischer Triterpene (S. 464) angenommen. Die biosynthetische Reaktionskette wird eingeleitet durch die Bildung des Squalenoxids.

Es wird angenommen, daß dann durch Protonierung des Sauerstoffatoms dieser Epoxidgruppierung am C-2 ein kationisches Zentrum entsteht, welches durch die Doppelbindung in 6,7-Stellung angegriffen wird. Die weitere Cyclisierung kann man dann als

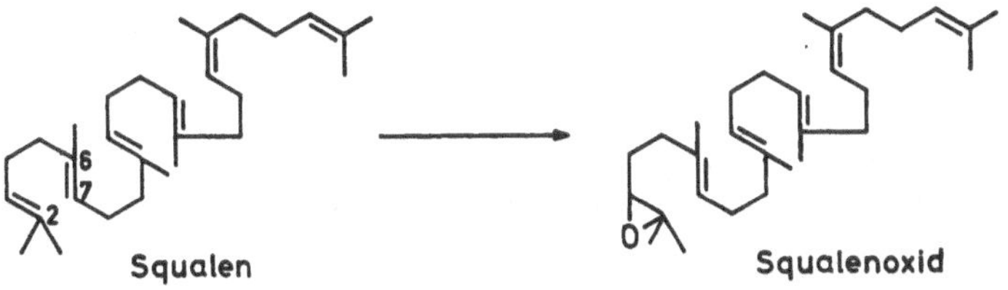

Sequenz erneuter elektrophiler Additionen an den sich bildenden kationischen Zentren auffassen. Bei transständigen Doppelbindungen ist eine trans-Verknüpfung der Ringe (vgl. Bildung des pflanzlichen Damaradienol aus Squalenoxid), bei cis-ständigen Doppelbindungen eine cis-Verknüpfung zu erwarten (STORK, ESCHENMOSER). Das bei der Cyclisierung von Squalen anfallende tetracyclische Ringsystem besitzt also eine trans-anti-trans-anti-trans-Geometrie (trans-ständige Verknüpfung der Ringe und anti-ständige Substituenten an den Positionen 9, 10 und 8, 14).

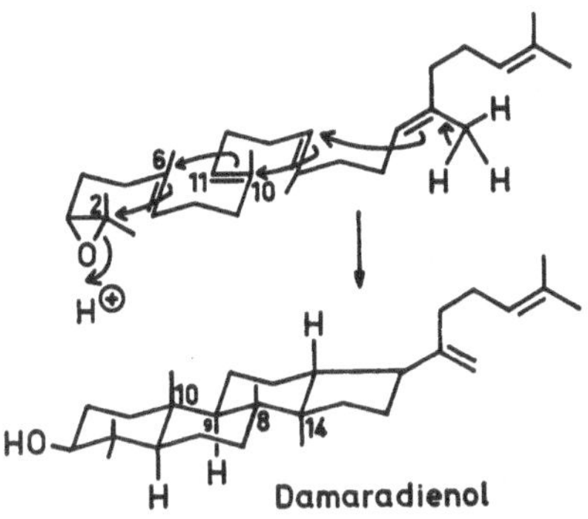

Auf diese Weise entstehen polycyclische Verbindungen durch stereospezifische Cycloadditionen acyclischer Verbindungen mit Doppelbindungen in 1,5-Stellung (Polyene).

Derartige Cyclisierungen können auch nicht-enzymatisch ablaufen und bieten so die Möglichkeit der Bildung mehrerer Ringe in einem Reaktionsschritt.

Für die nicht-enzymatische Initiation einer Cycloaddition ist ein kationisches Zentrum erforderlich, das auf verschiedenen Wegen gebildet werden kann. Eine allgemeine Methode besteht in der Ablösung einer Gruppe mit starker Abgangstendenz (Weg *A*), wie das beim Pyrophosphat der Fall ist. Dieser Weg wird bei der Biosynthese beschritten. Die Initiation kann ferner durch Protonierung eines Epoxids (Weg *B*, vgl. Squalenoxid, s. o.) bzw. einer Doppelbindung (Weg *C*) eingeleitet werden.

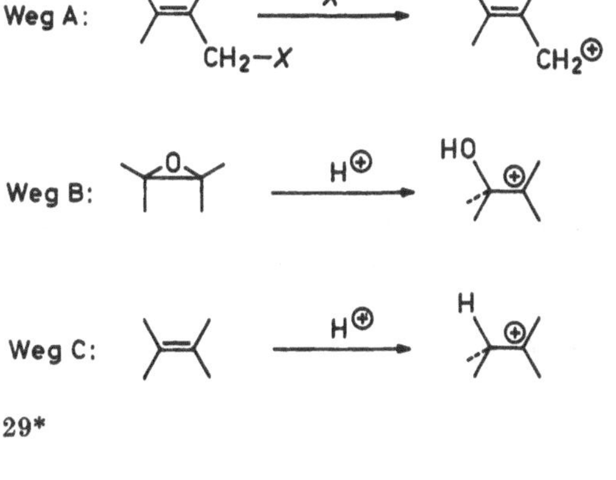

Bei der Protonierung eines Polyens zur Initiation einer biomimetischen Cyclisierung werden meist Reaktionsgemische erhalten, da der Angriff des Protons an verschiedenen Stellen erfolgen kann.

Als Ausgangsprodukte für biomimetische Cyclisierungen werden ferner Sulfonsäureester oder Acetale eingesetzt (vgl. Formelübersicht 8–2), aus denen durch Säuren oder Lewis-Säuren kationische Zentren gebildet werden.

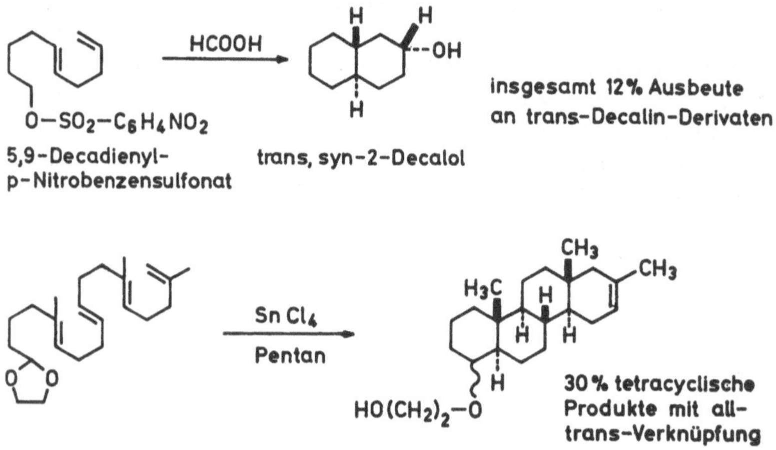

Formelübersicht 8–2

Beispiele für biomimetische Cyclisierungen von Polyenen.

8.1.4. Umlagerungen von Carbokationen

Als Intermediate bei der Biosynthese cyclischer Terpene und bei zahlreichen Umlagerungen in der Terpenchemie werden Carbokationen angenommen, d. h. Verbindungen, bei denen eine positive Ladung ganz oder teilweise an einem C-Atom lokalisiert ist.

Bei den Carbokationen werden Carbenium- und Carboniumionen unterschieden. Carbeniumionen besitzen ein dreibindiges C-Atom, Carboniumionen sind dagegen mit 5 Liganden koordinierte Carbokationen (Olah). Carboniumionen können in Carbeniumionen übergehen.

Charakteristisch für die trigonalen Carbeniumionen, die als Intermediate bei S_N1- oder *E1*-Reaktionen angenommen werden, ist, daß sie vor dem Eingehen weiterer Reaktionen wie einem elektrophilen Angriff an einer Doppelbindung, in stabilere Ionen umgelagert werden können. Die Stabilität der Carbeniumionen steigt in der Reihenfolge primäres, sekundäres und tertiäres Ion:

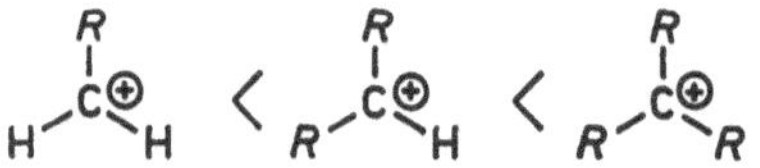

Die wichtigsten Umlagerungen der Carbeniumionen sind außer Cyclisierungen 1,2-Alkylwanderungen und 1,n-Hydrid-Verschiebungen. 1,2-Hydrid-Verschiebungen treten vor allem bei Di- und Triterpenen auf.

Eng zusammen mit der 1,3-Hydrid-Verschiebung hängt die 1,3-Wasserstoff-Elimi-

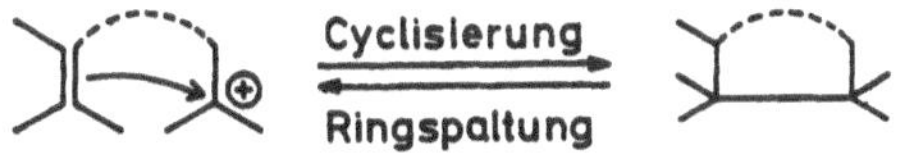

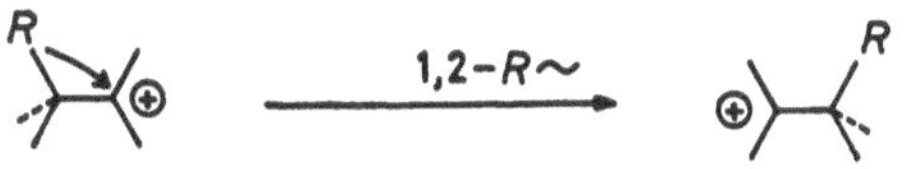

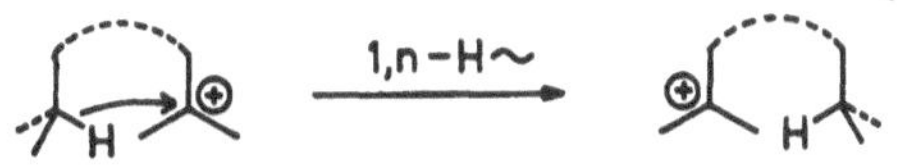

nierung, die zur Bildung eines Cyclopropanringes führt. Solche Cyclopropanderivate sind relativ weit verbreitet.

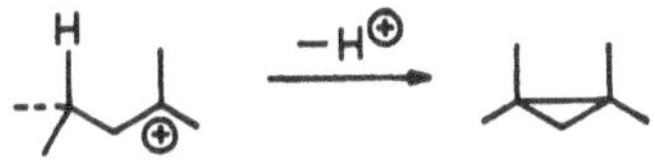

So erfolgt die Umlagerung des Carbeniumions *14* zum Ion *15* unter Wanderung eines Hydrid-Ions (*1,2-Hydrid-Verschiebung*).

$$\underset{14}{CH_3-CH_2-CH_2^{\oplus}} \longrightarrow \underset{15}{CH_3-\overset{\oplus}{C}H-CH_3}$$

Schneller als Hydrid-Verschiebungen erfolgen 1,2-Verschiebungen einer Alkylgruppe unter Bildung eines stabileren tertiären Carbeniumions (WAGNER-MEERWEIN-, NAMETKIN-Umlagerung).

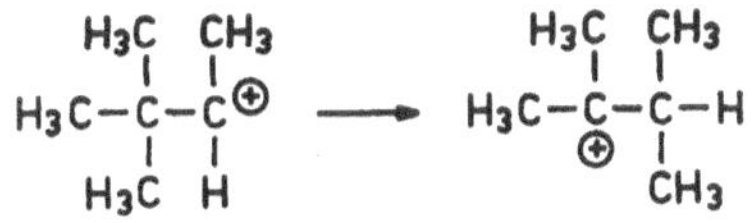

Bei der *Wagner-Meerwein-Umlagerung* ist der wandernde Alkylrest Teil eines Ringes. Derartige Umlagerungen spielen vor allem bei bicyclischen Monoterpenen eine Rolle. Als Beispiele sollen hier Umlagerungen angeführt werden, die im Verlaufe der technischen Campher-Synthese aus dem Monoterpen-Kohlenwasserstoff α-Pinen auftreten (Formelübersicht 8–3).

Bei dieser Synthese wird zunächst α-Pinen mit Chlorwasserstoff behandelt. Dabei bildet sich das Carbokation *16*, aus dem das wenig stabile Pinenhydrochlorid (2-Chlorpinen) entstehen kann. Das Carbokation *16* geht durch eine WAGNER-MEERWEIN-Umlagerung in das Ion *17* über, aus dem das stabile Bornylchlorid entsteht. Durch Erhitzen von Bornylchlorid mit Basen wird HCl abgespalten, wobei primär das Carbokation *17* entsteht, aus dem sich wiederum unter einer WAGNER-MEERWEIN-Umlagerung der Kohlenwasserstoff Camphen bildet. Durch Addition von Ameisensäure an die Doppelbindung des Camphen entsteht Isobornylformiat, das durch Verseifung Isoborneol ergibt. Isoborneol kann dann zu Campher, dem entsprechenden Keton, oxidiert werden.

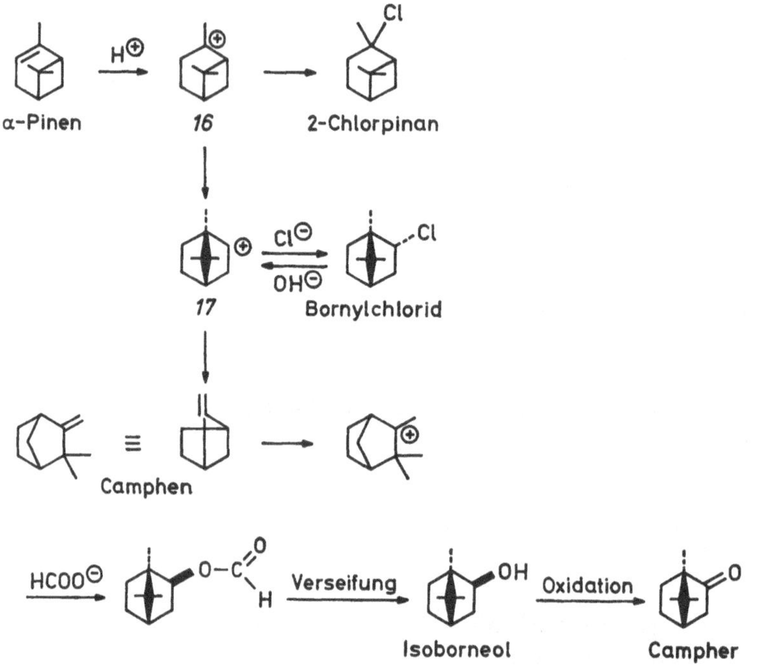

Formelübersicht 8–3

Synthese des Camphers aus α-Pinen. Es wurde nur ein Enantiomer ((−)-Bornylchlorid, (+)-Isoborneol, (−)-Campher) dargestellt, obwohl bei dieser Synthese die Racemate anfallen.

Als Zwischenprodukte der Biosynthese cyclischer Sesquiterpene und Triterpene werden Carboniumionen angenommen. Sie lassen sich als Additionsprodukte aus einem Carbeniumion an eine olefinische Doppelbindung auffassen:

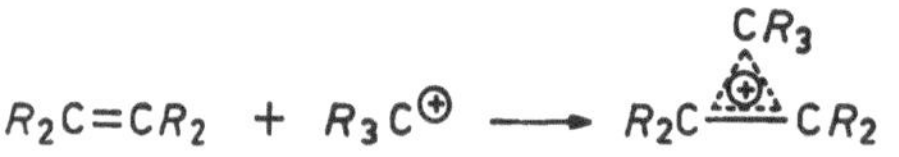

Es handelt sich um überbrückte, nicht-klassische Carbokationen. Die angenommene Bildung einiger Sesquiterpen-Grundgerüste über Carbonium- (*5*—*7*) und Carbeniumionen (*8*—*13*) als Intermediate der Biosynthese ist aus der Formelübersicht 8–1 ersichtlich. Die Bildung der Carboniumionen *5* und *6* läßt sich ausgehend von 2-cis-6-trans-Farnesylpyrophosphat (*3*), die des Carboniumions *7* ausgehend von 2-trans-6-trans-Farnesylpyrophosphat (*4*) erklären.

8.2. Terpene

Die isoprenoiden Verbindungen lassen sich in Terpene und Steroide einteilen.

8.2.1. Monoterpene

Die Monoterpene bilden die mit Wasserdampf flüchtigen Hauptkomponenten der ätherischen Öle. Einige Monoterpene liegen auch als Glykoside (Geraniol, Iridoide) oder Fettsäureester (Geraniol) vor und sind dann nicht mit Wasserdampf flüchtig.

Die Monoterpene können acyclisch, mono- oder bicyclisch sein. Formelübersicht 8–4 zeigt einige acyclische Monoterpene, die als Bestandteile von ätherischen Ölen von Bedeutung sind.

Die optisch aktiven Formen des Kohlenwasserstoffs *Limonen* sowie dessen Racemat (*Dipenten*) finden sich in zahlreichen ätherischen Ölen.

Linalool ist in freier Form und als Ester in zahlreichen ätherischen Ölen enthalten. Lavendelöl (*Oleum Lavandulae* von *Lavandula angustifolia*) enthält bis 50% Linalylacetat. Das ätherische Öl der Korianderfrüchte (*Fructus Coriandri* von *Coriandrum sativum*) besteht zu 60—70% aus Linalool.

In polaren Lösungsmitteln isomerisiert das Linalool säurekatalysiert zu Geraniol (Allylumlagerung).

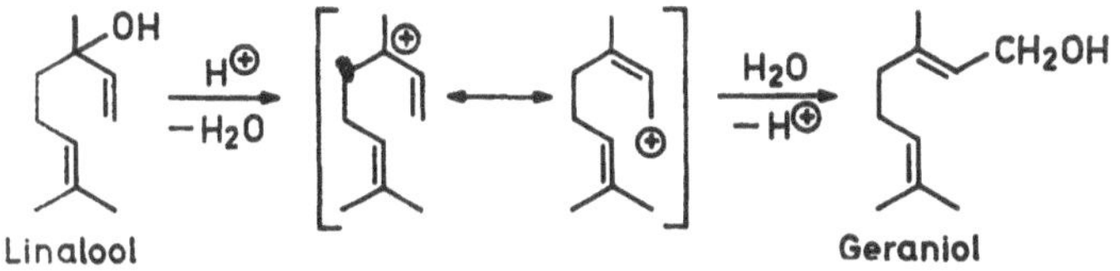

Linalool Geraniol

Geraniol ist häufiger Bestandteil von ätherischen Ölen. Im Rosenöl soll es zu mind. 20% enthalten sein. Zitronellöl (*Oleum Citronellae* von *Cymbopogon winterianus*) enthält ca. 35% Geraniol neben ca. 35% Citronellal.

Kohlenwasserstoffe:

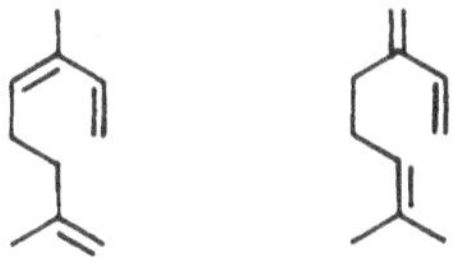

Ocimen Myrcen

Alkohole:

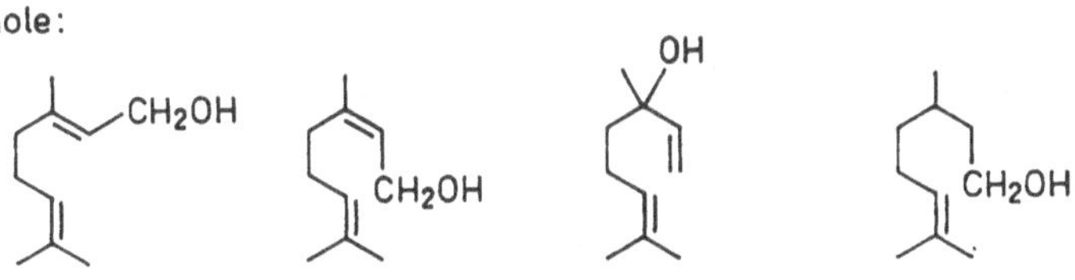

Geraniol Nerol Linalool Citronellol

Aldehyde:

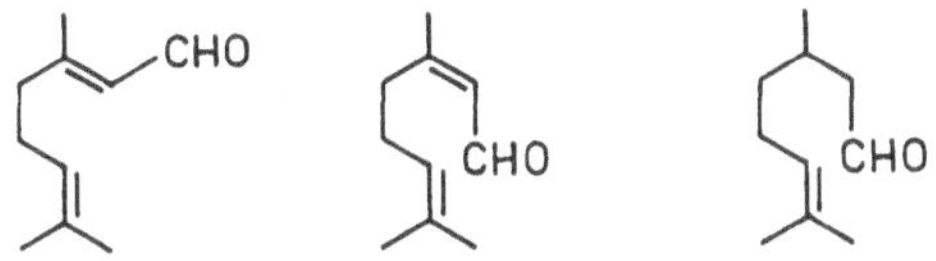

Geranial (Citral a) Neral (Citral b) Citronellal

Formelübersicht 8–4
Acyclische Monoterpene.

Biogenetisch leitet sich vom Geraniolpyrophosphat wahrscheinlich das *Iridodial* ab.

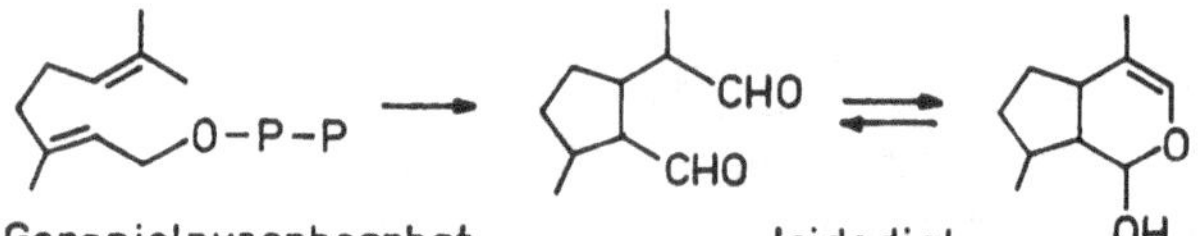

Geraniolpyrophosphat Iridodial

Iridodial ist der Grundkörper der *iridoiden Verbindungen*. Viele Iridoide sind Bitterstoffe, so das Loganin und Gentiopikrosid. Loganin ist im Bitterklee (*Menyanthes trifoliata*), Gentiopikrosid in der Wurzel des Enzians (*Gentiana*-Arten) enthalten. Beim Gentiopikrosid ist der Lactonring nach Öffnung des Cyclopentanringes gebildet worden.

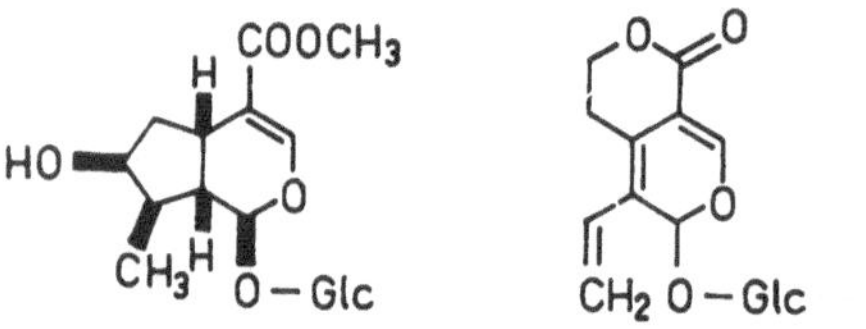

Loganin Gentiopikrosid

Citral ist in den ätherischen Ölen der Früchte vieler *Citrus*-Arten enthalten. Das Lemongrasöl besteht zu 70—80% aus Citral. Zitronenöl (*Oleum Citri* von *Citrus limon*) soll 2,8—5% Citral enthalten. Citral ist ein Gemisch der cis- (Citral a, Geranial) und trans-Form (Citral b, Neral) eines α,β-ungesättigten Aldehyds. Es zeigt ein charakteristisches *UV*-Absorptionsmaximum bei 235 nm ($\varepsilon = 40000$). Die katalytische Hydrierung ergibt zunächst die stereoisomeren Alkohole Geraniol und Nerol. Die weitere Reduktion führt zum Citronellol und schließlich zum Dihydrocitronellol.

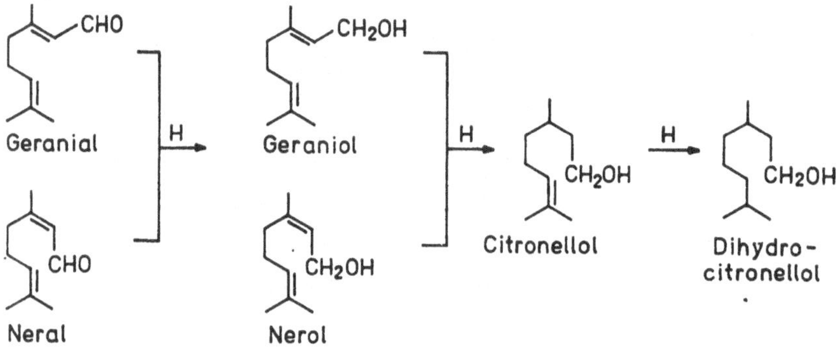

Die acyclischen Alkohole Geraniol und Nerol gehen durch Behandeln mit Säure in den monocyclischen Alkohol *α-Terpineol* über. Die Cyclisierung erfolgt beim Nerol schneller.

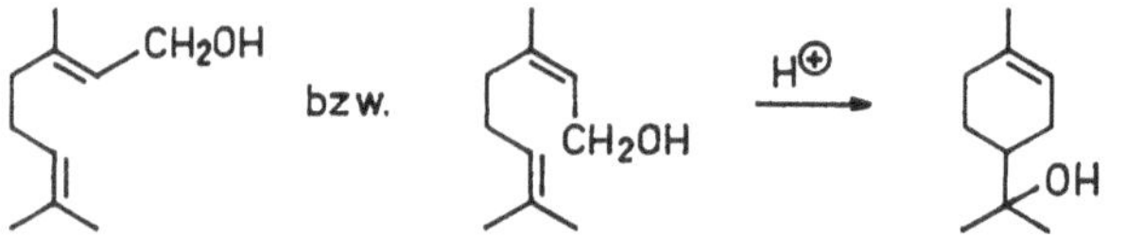

Geraniol Nerol α-Terpineol

α-Terpineol ist ein kristalliner tertiärer Alkohol, der u. a. im Kardamomenöl vorkommt und große Bedeutung in der Kosmetikaindustrie besitzt. Es läßt sich leicht aus dem α-Pinen des Terpentinöls oder dem Dipenten des Fichtennadelöls darstellen. Mit verdünnter Säure entsteht aus dem α-Terpineol das Hydrat des *1,8-Terpins.* 1,8-Terpin, von dem zwei stereoisomere Formen existieren, kann in Gegenwart von Säure unter Wasserabspaltung einen intramolekularen Ether, das *1,8-Cineol,* bilden, das zu 70—90% im Eukalyptusöl (*Oleum Eucalypti* von *Eucalyptus*-Arten) enthalten ist. Der Cyclohexanring liegt beim Cineol in der Wannenform vor.

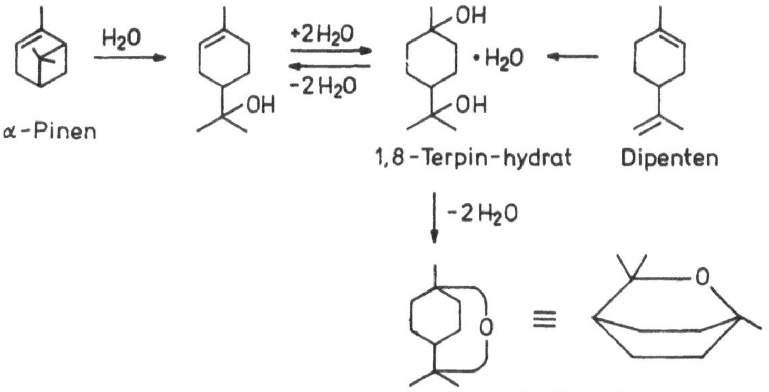

1,8-Cineol

Citral cyclisiert in Gegenwart von Säure zum aromatischen Kohlenwasserstoff p-Cymen. Die Cyclisierung erfolgt in anderer Weise, wenn die Sauerstoffunktion nicht mehr vorhanden ist. So geht das durch Aldolkondensation aus Geranial und Aceton erhältliche ψ-Ionon mit verdünnter Säure in ein Gemisch von α- und β-Ionon über. β-Ionon dient als Ausgangsprodukt für die Synthese des Vitamin A.

Die Ionone sind wegen ihres veilchenartigen Geruchs Bestandteil vieler Parfüms.

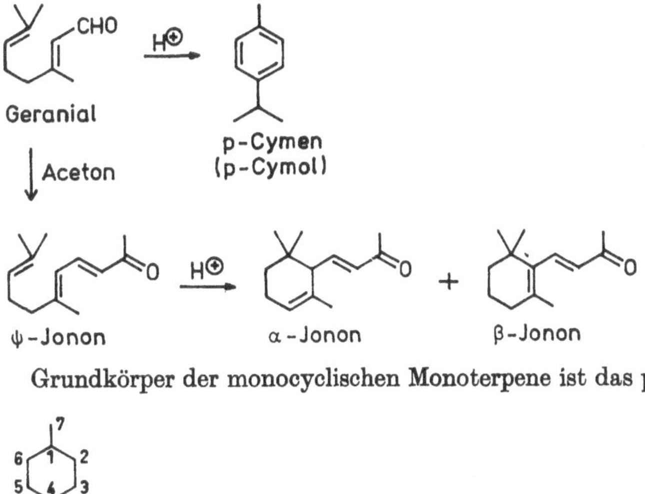

Grundkörper der monocyclischen Monoterpene ist das p-Menthan.

p-Menthan

Die wichtigsten monocyclischen Monoterpene sind in der Formelübersicht 8–5 enthalten.

Von großer Bedeutung ist der Alkohol *Menthol*, der in freier Form (35—45%) und als Acetat (3—20%) den Hauptbestandteil des Pfefferminzöls (*Oleum Menthae piperitae* von *Mentha piperita*) ausmacht und dessen charakteristischen Geruch bedingt. Menthol hat drei chirale C-Atome, so daß 4 Racemate existieren, die sich auch geringfügig im Geruch unterscheiden.

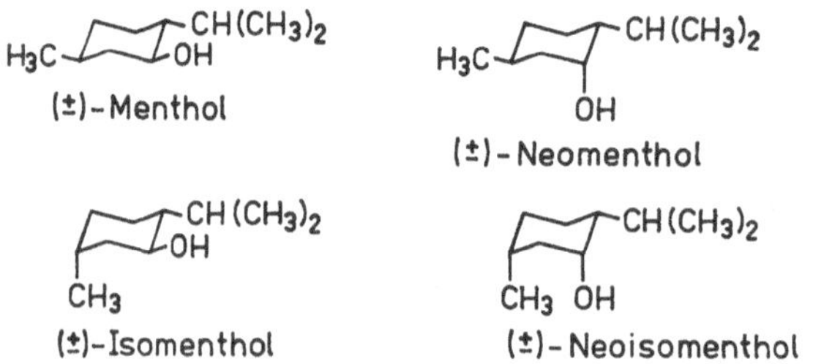

Menthol und Neomenthol gehen durch Oxidation in *Menthon* über, das zu etwa 20% im Pfefferminzöl enthalten ist. Das Keton *Carvon* ist der Hauptbestandteil des Kümmelöls (*Oleum Carvi* von *Carum carvi*), in dem es zu 45—60% vorkommt. Die Phenole *Thymol* und *Carvacrol*, die u. a. im ätherischen Öl des Thymians (*Oleum Thymi* von *Thymus vulgaris*) sowie im Dostenöl (*Oleum Origani* von *Origanum*-Arten) enthalten sind, haben als Desinfektionsmittel, z. B. in der Zahnmedizin, Bedeutung.

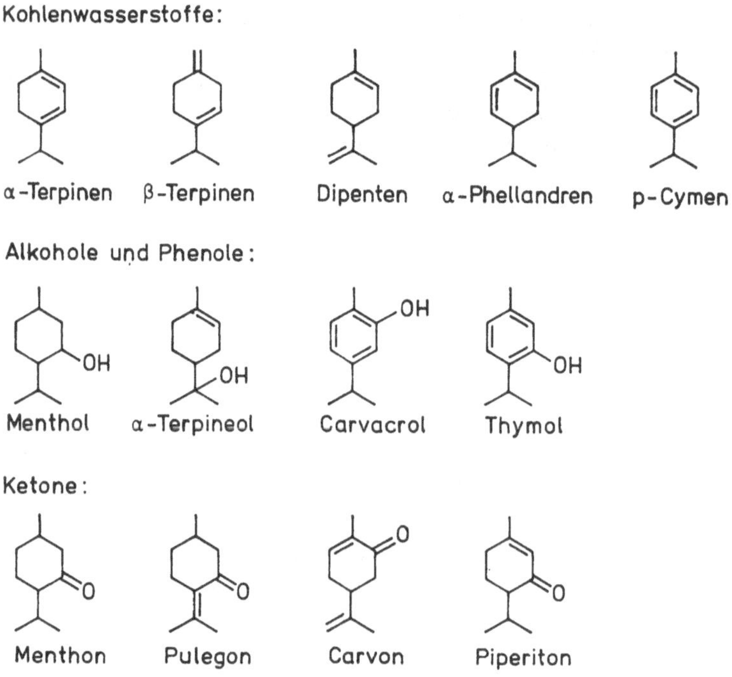

Formelübersicht 8–5
Monocyclische Monoterpene.

Ascaridol ist Hauptbestandteil des als Wurmmittel (Anthelminthicum) eingesetzten Chenopodiumöls (von *Chenopodium ambrosoides*). Ascaridol ist ein ungesättigtes Peroxid, das sich aus α-Terpinen in Gegenwart von Licht, Sauerstoff und Chlorophyll als Sensibilisator gewinnen läßt und durch Hydrierung in cis-1,8-Terpin übergeht.

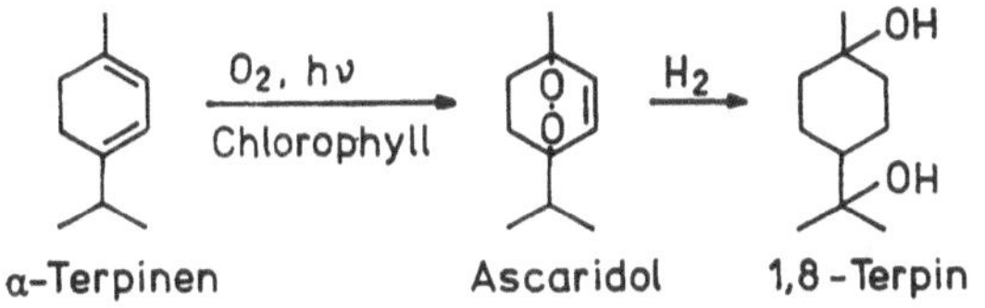

Die Grundkörper der bicyclischen Monoterpene sind Thujan, Caran, Pinan, Bornan (Camphan) und Isocamphan sowie Fenchan.

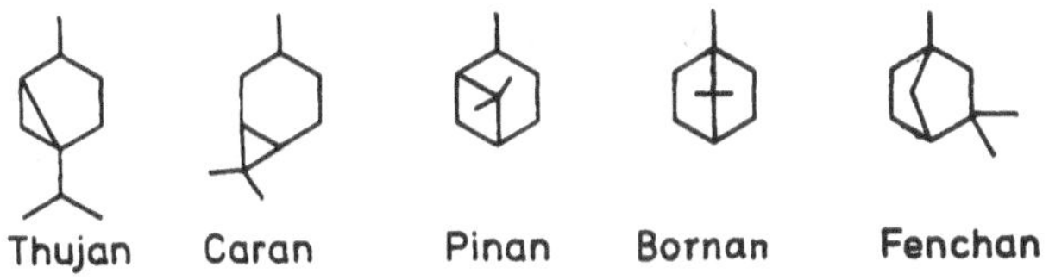

α-Pinen ist ein weit verbreiteter Kohlenwasserstoff, der u. a. in den ätherischen Ölen der Coniferen vorkommt. Es ist zu ca. 60% im Terpentinöl enthalten. α-Pinen ist Ausgangsprodukt für die Synthese des Camphers (vgl. Formelübersicht 8–3). *Campher* wurde früher aus dem ätherischen Öl des Campherbaumes (*Cinnamomum camphora*) durch Ausfrieren gewonnen und dient u. a. zur Herstellung von Celluloid.

Cantharidin ist ein Säureanhydrid, das in den „spanischen Fliegen“ (*Canthariden*), Käfern der Gattung *Mylabris*, enthalten ist. Es wirkt stark hautreizend.

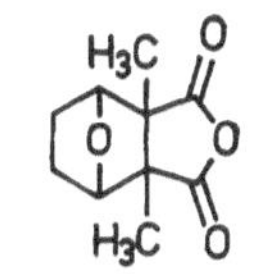

Cantharidin

Zu den Monoterpenen gehören auch die *Pyrethrine*. Sie werden aus den Blütenköpfen der in Ostafrika kommerziell angebauten Asteracee *Chrysanthemum cinerariaefolium* gewonnen. Die Pyrethrine sind sehr schnell wirkende Kontaktgifte für Insekten, wirken aber auf andere Tiere wenig toxisch. Die natürlichen Pyrethrine, Pyrethrin I (*18* + *20*) und II (*19* + *20*) sowie Cinerin I (*18* + *21*) und II (*19* + *21*) sind Ester der (+)-trans-Chrysanthemumsäure (*18*) oder der (+)-trans-Pyrethrinsäure (*19*) mit den Alkoholen (+)-Pyrethrolon (*20*) oder (+)-Cinerolon (*21*). Einige synthetische Derivate (*Pyrethroide*) sind noch wirksamer als die natürlich vorkommenden Verbindungen. Der praktische Einsatz ist durch den relativ hohen Preis und die schnelle Photooxidation begrenzt. Das partialsynthetische Bioresmethin ist ca. 50mal wirksamer gegen Stubenfliegen als das natürliche Pyrethrin. Biopermethin ist ein partialsynthetisches Derivat mit größerer Stabilität gegen Licht.

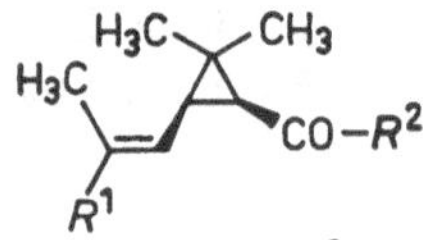

18: R^1= CH_3; R^2=OH
19: R^1= CH_2OCOCH_3; R^2=OH
Bioresmethin: R^1= CH_3; R^2= OCH_2–
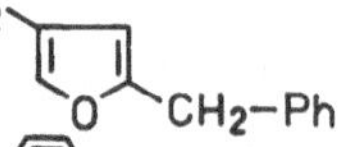

Biopermethin: R^1= CH_3; R^2= OCH_2–
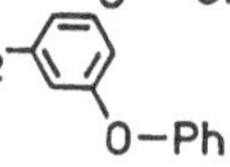

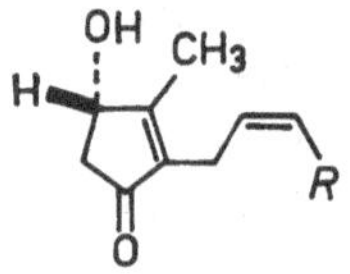

20: *R*= CH=CH_2
21: *R*= CH_3

8.2.2. Sesquiterpene

Etwa 25% aller Terpene gehören zur Gruppe der Sesquiterpene. Sie kommen überwiegend in höheren Pflanzen vor.

Unter den acyclischen Verbindungen (*Farnesane*) ist das 2-trans-6-trans-Farnesol relativ weit verbreitet.

Farnesane wirken als Insektenhormone (Juvenilhormone, S. 425) und Pheromone (S. 438).

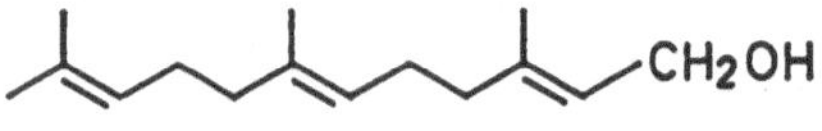

2-trans-6-trans-Farnesol

Die überwiegende Mehrzahl der Sesquiterpene besitzt jedoch mono-, bi-, tri- oder tetracyclische Grundgerüste (Formelübersicht 8–1). Zu den monocyclischen Vertretern des *Bisabolan-Typs* gehört u. a. das Sirenin, ein Sexualpheromon (S. 440).

Bisabolen ist ein in Pflanzen weit verbreiteter Kohlenwasserstoff, der u. a. im ätherischen Öl der Bergamotte und in Myrrhe, dem Gummiharz von *Commiphora*-Arten enthalten ist. Bisabolol ist bis zu 20% im ätherischen Öl der Kamille enthalten.

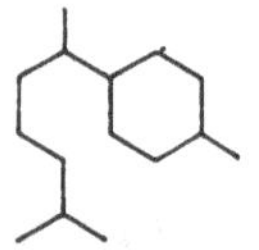

Bisabolan

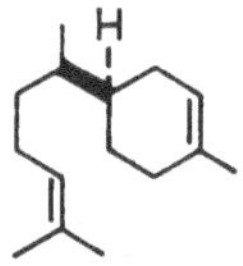

Bisabolen

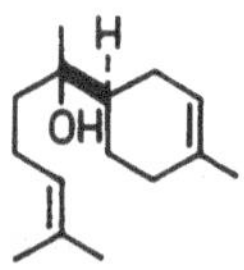

Bisabolol

In der Pflanzenfamilie der Asteraceen sind zahlreiche *Sesquiterpen-Lactone* enthalten. Die meisten gehören zur Gruppe der *Guajanolide*, bei denen die Carboxylgruppe mit der Hydroxygruppe in 8- oder 6-Stellung (8α, 8β oder 6-olide) verestert ist.

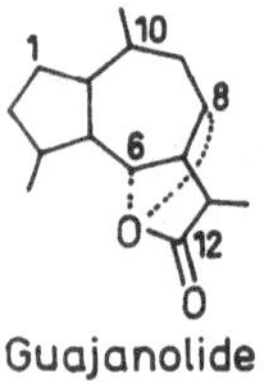

Guajanolide

Die Guajanolide gehen durch Dehydratisierung in Azulene über. Azulene sind nichtbenzoide Aromaten. Das nativ im ätherischen Öl der Kamille (*Matricaria chamomilla*) enthaltene *Matricin* geht bereits während der Wasserdampfdestillation in das Chamazulen über. Chamazulen bedingt die blaue Farbe dieses ätherischen Öles und wahrscheinlich auch dessen antiphlogistische Wirkung.

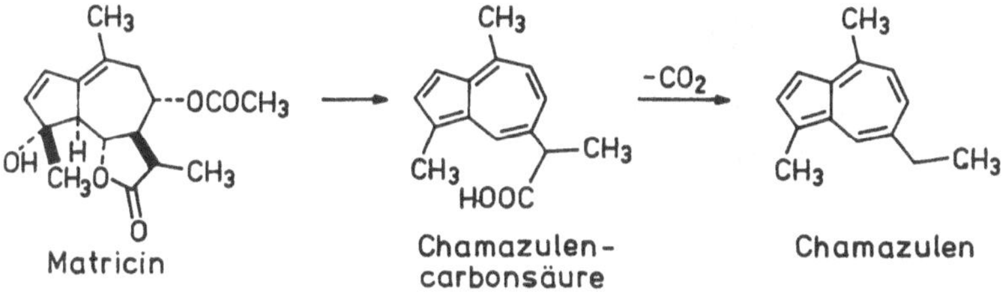

Ebenfalls ein Sesquiterpen-Lacton ist das *α-Santonin*, das bereits 1830 isoliert werden konnte. Santonin ist in den Blüten von *Artemisia cina* (Zitwerblüten, *Flores Cinae*) enthalten und wurde zur Bekämpfung von Spulwürmern eingesetzt. Das α,β-ungesättigte Keton absorbiert bei 236 nm ($\varepsilon = 11200$).

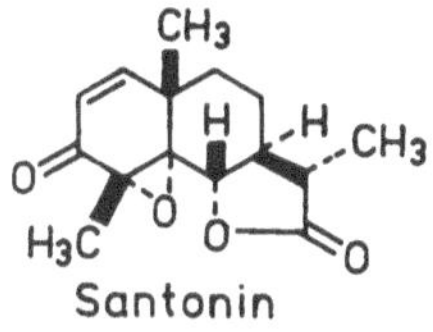

Von den Sesquiterpenen leitet sich das *Picrotoxin* ab. Picrotoxin ist Bestandteil der Coccelskörner, den Früchten der Menispermaceae *Anamirta cocculus*. Picrotoxin stellte sich über 100 Jahre nach der Isolierung als ein Gemisch der beiden γ-Lactone Picrotoxinin und Picrotin heraus. Picrotoxinin wirkt stark zentral erregend und besitzt eine gewisse therapeutische Bedeutung als Analepticum, insbesondere bei Schlafmittelvergiftungen. Das durch Wasseranlagerung an die Doppelbindung des Picrotoxinins entstandene Picrotin ist unwirksam.

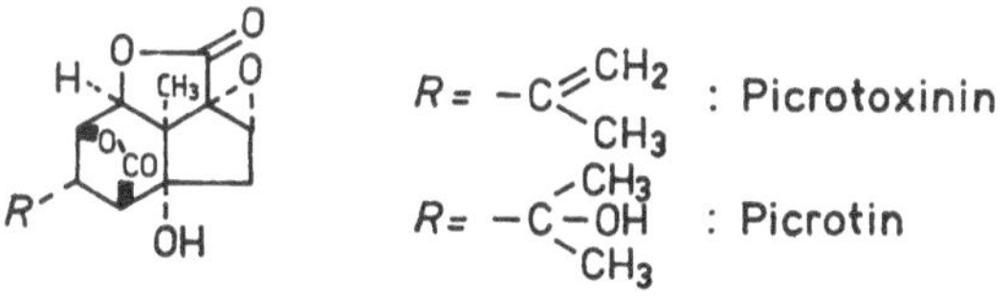

8.2.3. *Diterpene*

Die Diterpene sind vor allem in den höher siedenden Anteilen der ätherischen Öle und in den Harzen enthalten.

Von den acyclischen Diterpenen ist das *Phytol*, ein partiell hydrierter Diterpenalkohol, zu erwähnen. Phytol ist eine phylogenetisch sehr alte Substanz (vgl. S. 45). Es ist esterartig gebunden im Chlorophyll enthalten und bedingt dessen wachsartige Beschaffenheit. Außerdem ist Phytol Bestandteil der Vitamine K_1 und *E*.

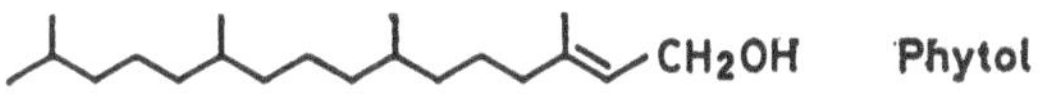

Die Mehrzahl der Diterpene ist cyclisch, wobei die meisten Perhydronaphthalen- bzw. Perhydrophenanthren-Derivate sind. Zur letzteren Gruppe gehören die in Harzen und Balsamen enthaltenen *Harzsäuren* wir die *Abietinsäure* — der Hauptbestandteil des Coniferenharzes (Kolophonium).

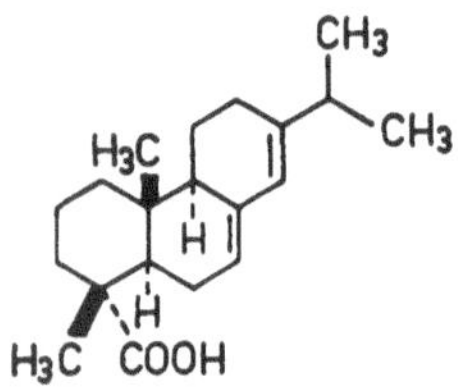

Abietinsäure

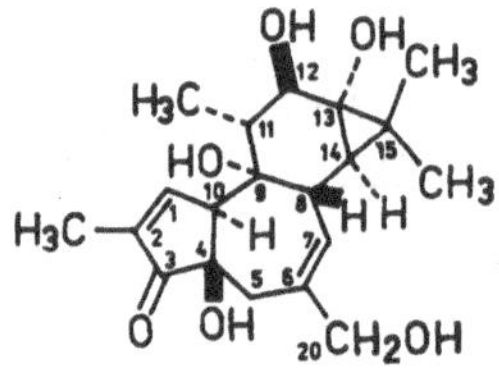

Phorbol

Im Samenöl von *Croton tiglium L.* (*Oleum Crotonis*) sind Ester des tetracyclischen Diterpenalkohols *Phorbol* enthalten.

Aus den 12,13,20-Triestern mit kurz- bzw. langkettigen Fettsäuren werden durch hydrolytische Abspaltung der Fettsäure in 20-Stellung stark reizende und als Cocarcinogene wirkende Diester gebildet. Zu den tetracyclischen Diterpenen gehören ferner auch die Gibberelline, eine Gruppe von Phytohormonen (S. 444).

8.2.4. *Sesterterpene*

Die Sesterterpene stellen eine kleine Gruppe von Terpenen dar, deren erste Vertreter 1965 entdeckt wurden. Sie wurden aus Schutzwachsen von Insekten und aus Pilzen isoliert. Die phytotoxisch wirkenden *Ophioboline* leiten sich von dem tricyclischen Grundgerüst Ophiobolan ab.

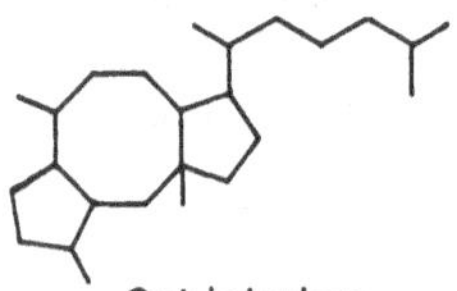

Ophiobolan

Die Ophioboline A, B, C und F (Formeln S. 463) werden von den pflanzenpathogenen Pilzen *Cochliobolus miyabeanus* bzw. *Helminthosporium oryzae* produziert.

8.2.5. *Triterpene*

Die Triterpene entstehen durch Dimerisierung von Farnesylpyrophosphat zum acyclischen Kohlenwasserstoff Squalen über ein Cyclopropan-Derivat (Präsqualen-pyrophosphat).

Squalen ist ein all-trans-Hexaen. Seinen Namen hat dieser Kohlenwasserstoff durch sein Vorkommen im Leberöl von Haifischarten (*Squalus*) erhalten. Kleinere Mengen von Squalen sind u. a. auch in Mutterkorn, Knollenblätterpilzen und Olivenöl enthalten.

Durch Cycloaddition geht Squalen über das Squalenoxid in die *Methylsterole* über. Darunter werden tetracyclische Verbindungen verstanden, die drei Methylgruppen mehr als die Sterole (Steroide) enthalten (vgl. Tab. 8–1).

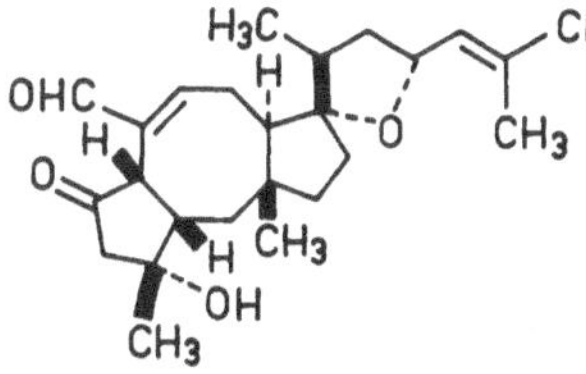

Ophiobolin A

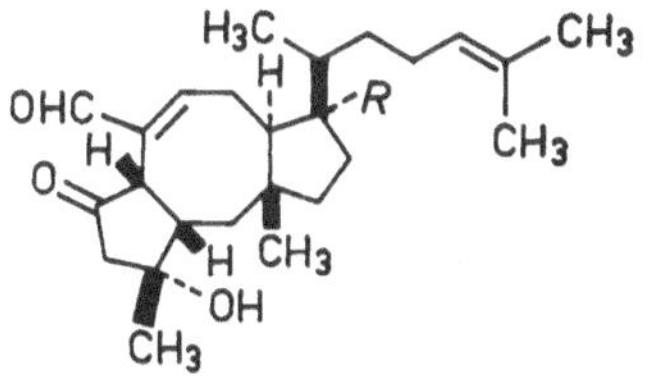

R = OH: Ophiobolin B
R = H: Ophiobolin C

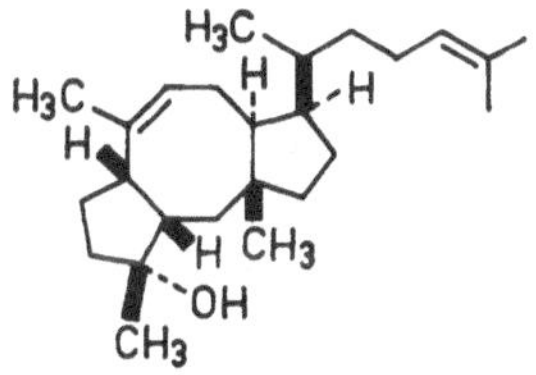

Ophiobolin F

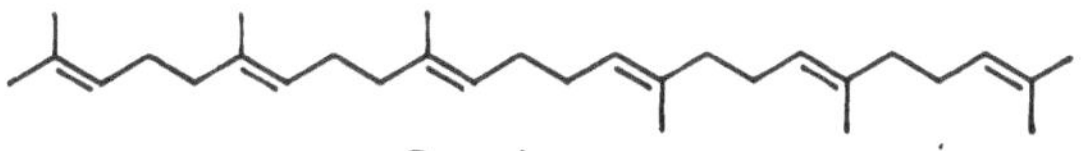

Squalen

Tabelle 8-1
Stellung der Methylgruppen bei verschiedenen tetracyclischen Triterpenen und Steroiden

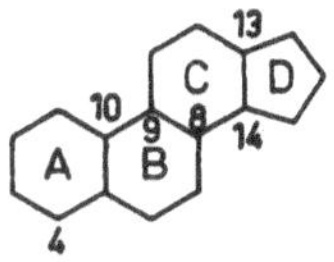

Verbindung	Stellung von Methylgruppen						Verknüpfung der Ringe		
	4	8	9	10	13	14	A/B	B/C	C/D
Protosterol	2	1	—	1	—	1	trans	trans	trans
Damaradienol	2	1	—	1	—	1	trans	trans	trans
Fusidinsäure	1	1	—	1	—	1	trans	trans	trans
Lanosterol	2	—	—	1	1	1	trans	×	trans
Cycloartenol	2	—	1	1	1	1	trans	cis	trans
Cucurbitane	2	—	1	—	1	1	×	cis	trans
Steroide	—	—	—	1	1	—	s. S. 472		

× = sp^2-hybridisierte C-Atome

Das Carboniumion *22* wird sowohl als Ausgangsprodukt für die Synthese tetra- als auch pentacyclischer Triterpene diskutiert. Die gleiche Stellung der Methylgruppen wie dieses angenommene Intermediat besitzen das aus *Cephalosporium caeruleus* isolierte *Protosterol* und das aus anderen Pflanzen isolierte Damaradienol (S. 451).

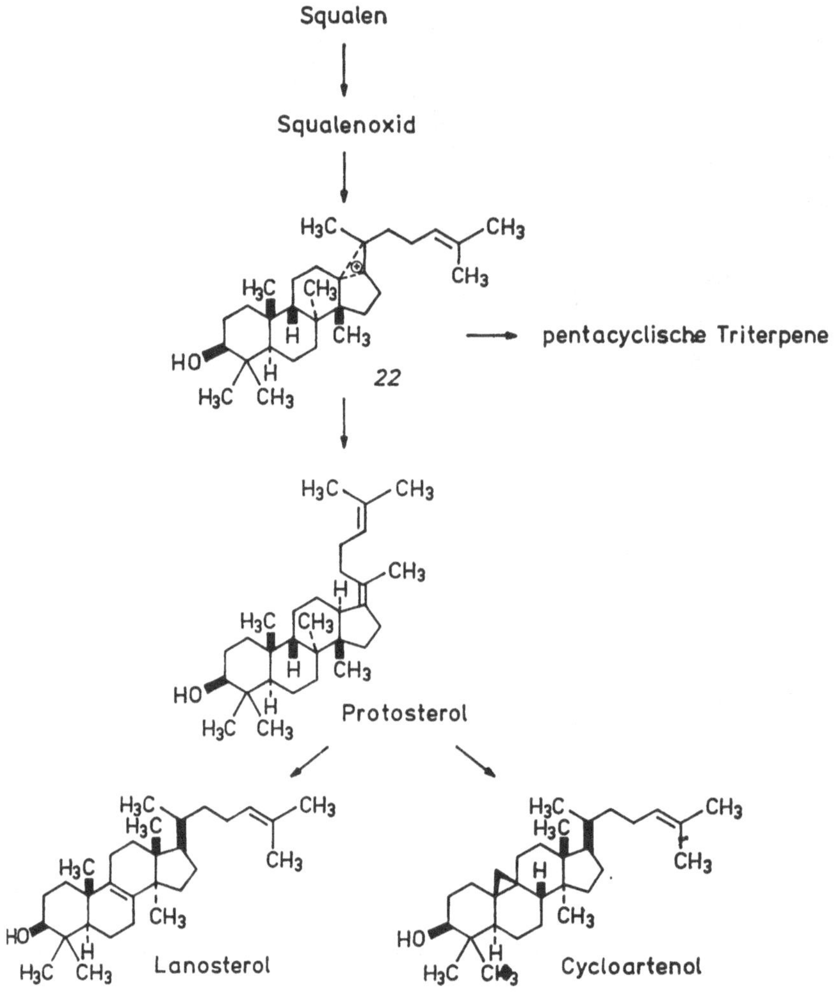

Als Derivate des Protosterols können auch die Antibiotica *Helvolsäure* (u. a. aus *Aspergillus-* und *Cephalosphorium*-Stämmen), ***Fusidinsäure*** (aus ***Fusidium coccineum***) und *Cephalosporin* P_1 (aus *Cephalosporium*-Stämmen, s. S. 576) aufgefaßt werden. Sie unterscheiden sich vom Protosterol durch das Fehlen einer Methylgruppe in 4-Stellung.

Durch Methylverschiebungen von 14- in 13- und 8- in 14-Stellung und gleichzeitige Hydridverschiebung entstehen aus den tetracyclischen Verbindungen mit Methylgruppen in 4,8,10- und 14-Stellung solche mit Methylgruppen in 4,10,13- und 14-Stellung (vgl. Tab. 8–1). Erstes stabiles cyclisches Produkt der Biosynthese ist bei Tieren und Pilzen das Lanosterol, bei höheren Pflanzen und Algen das Cycloartenol, ein Isomer des Lanosterols. Aus dem *Lanosterol* wird durch oxidative Abspaltung von drei Methylgruppen (Methylgruppen in 4- und 14-Stellung) das Cholesterol (S. 473) gebildet. Bei den *Cucurbitacinen* — stark bitteren Inhaltsstoffen von Cucurbitaceen, von denen einige eine cytotoxische Aktivität besitzen — steht diese Methylgruppe in 9-Stellung.

Pentacyclische Triterpene kommen als Glykoside in zahlreichen Pflanzen, vorwiegend

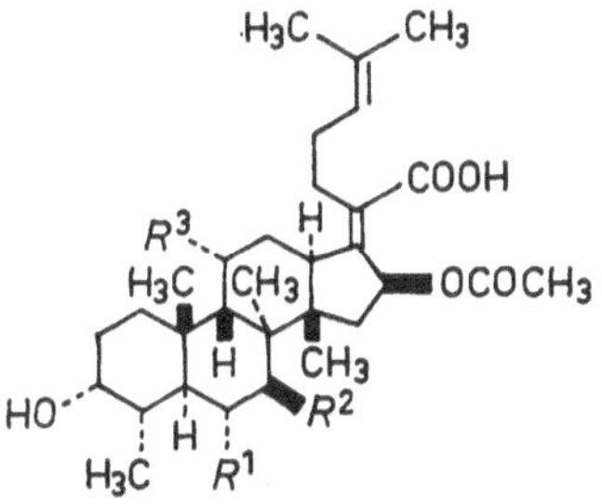

Fusidinsäure:
$R^1, R^2 = H$; $R^3 = OH$

Cephalosporin P_1:
$R^1 = OCOCH_3$; $R^2 = OH$; $R^3 = H$

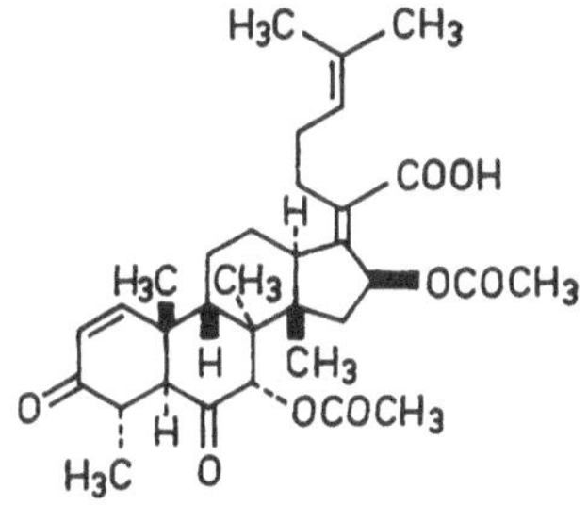

Helvolsäure

Dicotyledonen, vor. Sie gehören meist dem *β*-Amyrin-Typ an. Diese Triterpen-Glykoside gehören zu den Saponinen (S. 481). Wegen ihrer Carboxylgruppe werden sie auch als „saure Saponine“ bezeichnet. Zu diesen Sapogeninen gehören z. B. die in der Süßholzwurzel (*Radix Liquiritiae* von *Glycyrrhiza*-Arten) enthaltene Glycyrrhetinsäure sowie die in Saponinen von *Guajacum*-Arten oder des Efeus (*Hedera helix*) enthaltene Oleanolsäure. Oleanolsäure ist auch in verschiedenen Harzen sowie in Nelken enthalten.

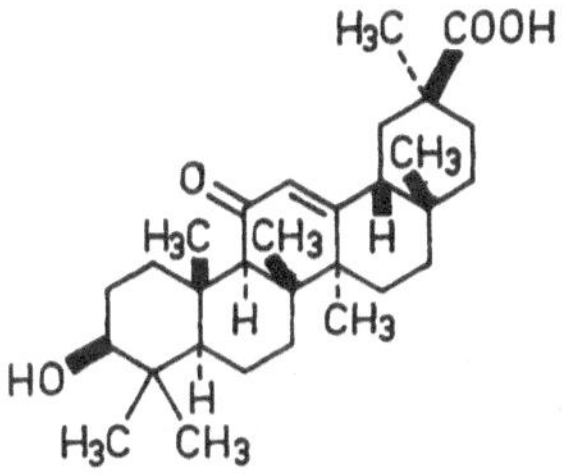

Glycyrrhetinsäure

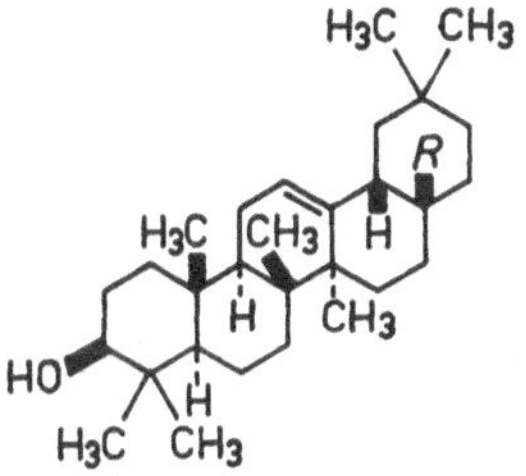

β-Amyrin: $R = CH_3$
Oleanolsäure: $R = COOH$

8.2.6. *Tetraterpene*

Die wichtigste Gruppe innerhalb der Tetraterpene bilden die Carotenoide.

Carotenoide

Der Name Carotenoid (Carotinoid) leitet sich vom Caroten (Carotin) ab, einem Gemisch ungesättigter Kohlenwasserstoffe, das bereits 1831 von Wackenroder aus Karotten isoliert werden konnte. Dieses Caroten konnte später mit Hilfe der von Tswett eingeführten Chromatographie in 3 Isomere, *α*-, *β*- und *γ*-Caroten, aufgetrennt werden (Kuhn, Lederer). An der Strukturaufklärung der Carotenoide waren vor allem Karrer, Kuhn und Zechmeister beteiligt.

Zu den Carotenoiden gehören Kohlenwasserstoffe (*Carotene*) und deren sauerstoffhaltige Derivate (*Xanthophylle*). Die Strukturaufklärung wurde vor allem ermöglicht nach Einführung einer Mikromethode zur Hydrierung (Kuhn) und der oxidativen Spaltung der Doppelbindungen mittels Permanganat (Karrer).

Die Carotenoide lassen sich aus dem biologischen Material durch Extraktion mit unpolaren Lösungsmitteln gewinnen. Die Trennung erfolgt durch Verteilung zwischen Lösungsmitteln wie Petrolether/90% Methanol und chromatographische Methoden. Die Namen der Kohlenwasserstoffe richten sich nach den Endgruppen, die acyclisch oder cyclisch sein können. Sie werden mit den griechischen Buchstaben β, ε, $\varkappa$, φ, χ und ψ bezeichnet.

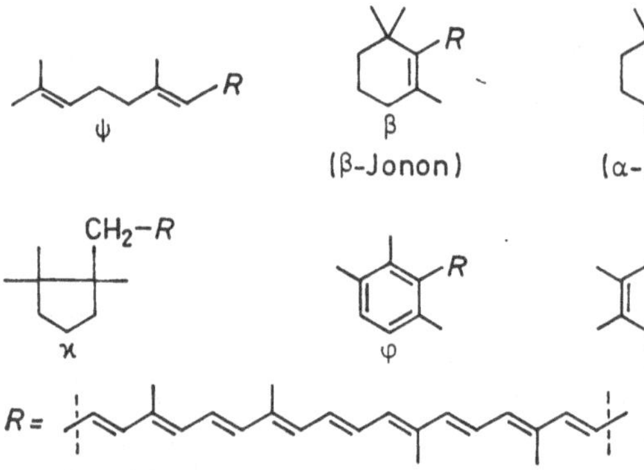

Als retro-Carotenoide werden Verbindungen bezeichnet, deren Polyenkette durch eine exocyclische Doppelbindung an den Cyclohexanring gebunden ist (z. B. *23*).

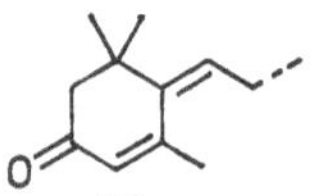

23

Charakteristisch für die Carotenoide sind zahlreiche konjugierte Doppelbindungen, die den Verbindungen eine gelbe bis rote Farbe verleihen. Die Wellenlänge der Absorptionsmaxima hängt von der Länge des absorbierenden Chromophors, d. h. von der Anzahl der konjugierten Doppelbindungen ab (Tab. 8–2). Spektroskopisch lassen sich cis- und trans-Isomere unterscheiden. Bei den Verbindungen mit cis-Konfiguration tritt eine neue Bande (cis-Peak) etwa 140—145 nm unterhalb der langwelligsten Bande auf. Cis-trans-Isomerisierungen werden z. B. durch Spuren von Iod katalysiert.

Tabelle 8–2

Langwellige Absorptionsmaxima einiger Carotenoide (in flüssigen Kohlenwasserstoffen)

Carotenoid	Anzahl der konj. Doppelbind.	λ_{max} [nm]		
Phytoen	3	275	285	296
Phytofluen	5	331	348	367
ζ-Caroten	7	378	400	425
Neurosporen	9	416	440	470
Lycopen	11	446	472	505
β-Caroten	11	425	451	482

Bei den Carotenoiden und den sich von ihnen ableitenden Verbindungen (Vitamin A, S. 327) können zwei Typen von cis-ständigen Doppelbindungen unterschieden werden (PAULING): Doppelbindungen mit ungehinderter und sterisch gehinderter cis-Konfiguration (Abb. 8–2). Die gehinderte cis-Konfiguration ist am energiereichsten.

Als Polyene verhalten sich die Carotenoide wie schwache Basen. Mit LEWIS-Säuren (z. B. Antimon(III)-chlorid bei der CARR-PRICE-Reaktion) oder starken Säuren (H_2SO_4) werden stark gefärbte Komplexe gebildet.

Die Carotenoide werden nur in höheren Pflanzen und Mikroorganismen (Bakterien, Algen, Pilze) synthetisiert. Die Biosynthese wurde vor allem bei dem Schlauchpilz *Neurospora crassa* untersucht. Sie geht aus von dem Tetraterpen-Kohlenwasserstoff Lycopersen, aus dem durch Dehydrierung das erste Caroten, Phytoen (15-cis-7,8,11,12, 7′,8′,11′,12′-Octahydro-ψ,ψ-caroten), gebildet wird. Das mittelständige Doppelbindungssystem des Phytoen wird dann um Doppelbindungen erweitert. In Dunkelkulturen von *Neurospora* häuft sich Phytofluen an.

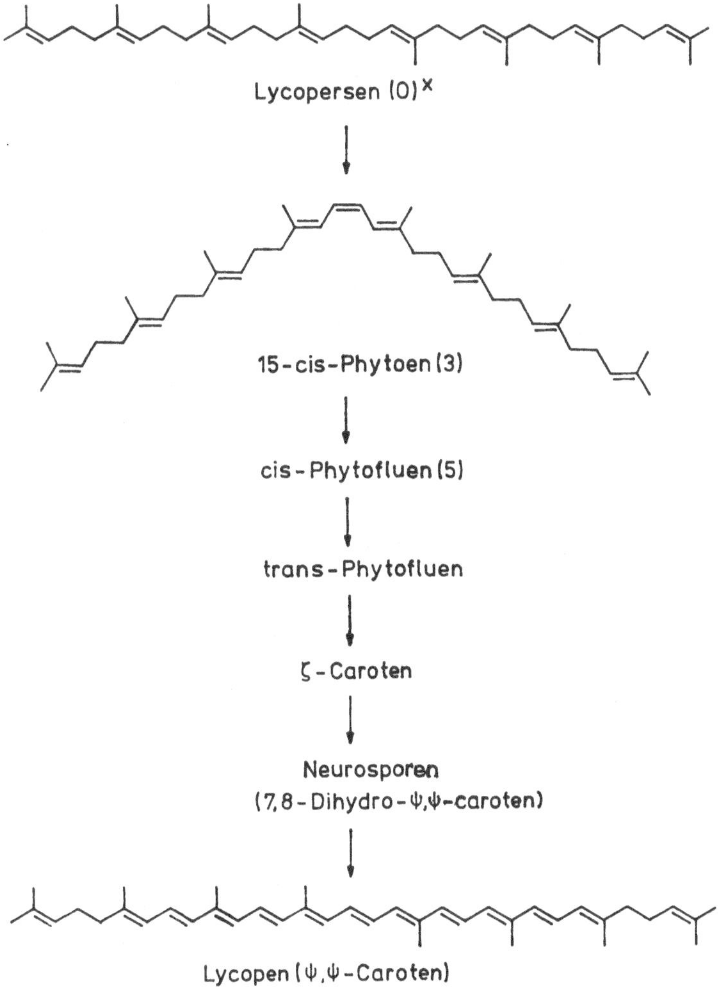

ˣ) in Klammer Anzahl der konjugierten Doppelbindungen

Vom Lycopen leiten sich dann die Carotene und Xanthophylle mit cyclischen Endgruppen ab.

Die Carotenoide gehören zu den verbreitetsten natürlichen Pigmenten. 1971 waren über 200 verschiedene Carotenoide bekannt.

In den Granula der Chloroplasten der höheren Pflanzen liegen sie in Form von Chromoproteinen vor. Nach Behandeln der Chromoproteine mit polaren Lösungsmitteln sind die Carotenoide jedoch bereits mit unpolaren Lösungsmitteln extrahierbar. Die Absorptionsspektren der in den Chromoproteinen gebundenen Carotenoide unterscheiden sich von denen der ungebundenen Carotenoide.

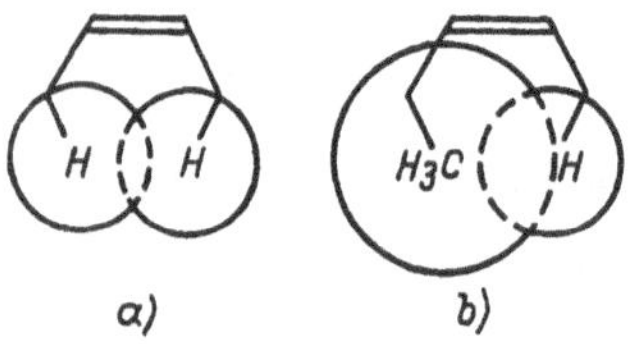

Abb. 8–2
Ungehinderte (*a*) und sterisch gehinderte cis-Konfiguration (*b*) bei Carotenoiden (nach PAULING).

Carotenoide sind auch in den Chloroplasten der Algen enthalten. In photosynthetisierenden Bakterien sowie außerhalb der Chloroplasten in den höheren Pflanzen kommen acyclische Carotenoide vor. Sie sind z. B. für die Farbe vieler Früchte verantwortlich wie das *Lycopen* der Tomate oder das *Capsanthin* des Paprikas. Das *Zeaxanthin* bewirkt die gelbe Farbe der Körner des Maises (*Zea mays*). Xanthophylle sind ferner die Pigmente gelber Blüten und für die Herbstfärbung der Blätter verantwortlich. Pilze enthalten Carotenoide mit endständigen Carboxylgruppen. Carotenoide kommen auch in Tieren wie Insekten oder Vögeln (u. a. Flamingos) vor.

In den Pflanzen beruht die *biologische Funktion* der Carotenoide vor allem auf ihrer Rolle als Begleitpigmente des Chlorophylls bei der Photosynthese (S. 383). Aufgrund ihrer Photosensibilität ermöglichen Carotenoide bei einigen höheren Pflanzen einen Phototropismus, bei Algen eine Phototaxis. Carotenoide können ferner Zellen vor Lichteinwirkung schützen.

Das in höheren Pflanzen und der Alge *Chlorella* enthaltene Epoxid-Xanthophyll *Violaxanthin* geht bei Belichtung über die Monoepoxid-Verbindung (Antheraxanthin) in das *Zeaxanthin* über (lichtabhängiger Xanthophyll-Zyklus). Im Dunkeln wird aus Zeaxanthin wieder Violaxanthin gebildet (Formelübersicht 8–6).

$$\text{Violaxanthin} \underset{\text{Dunkelreaktion}}{\overset{\text{Lichtreaktion}}{\rightleftarrows}} \text{Antheraxanthin} \underset{\text{Dunkelreaktion}}{\overset{\text{Lichtreaktion}}{\rightleftarrows}} \text{Zeaxanthin}$$

Einige Carotenoide wirken bei Tieren als Provitamine, aus denen Vitamin A gebildet wird (S. 327). Ebenso wie das Vitamin A ist auch das Phytohormon Abscisinsäure ein Abbauprodukt der Carotenoide (S. 446).

8.2.7. Polyterpene

In einigen Pflanzen kommen hochmolekulare Polyprene vor, deren Doppelbindungen cis- oder trans-ständig angeordnet sein können.

Von diesen Polyprenen hat der *Kautschuk* eine sehr große industrielle Bedeutung erlangt.

Die bedeutendste Kautschukquelle ist der Baum *Hevea brasiliensis*, der wild im Ama-

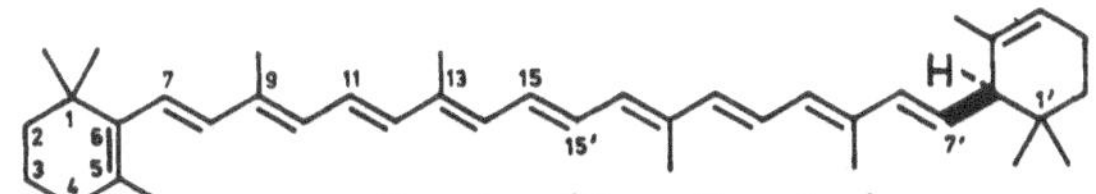

α-Caroten (β,ε-Caroten)

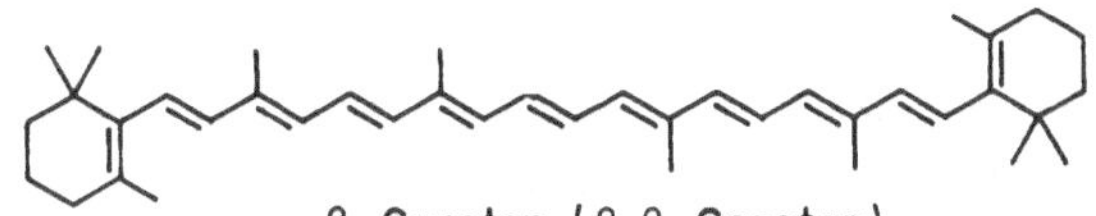

β-Caroten (β,β-Caroten)

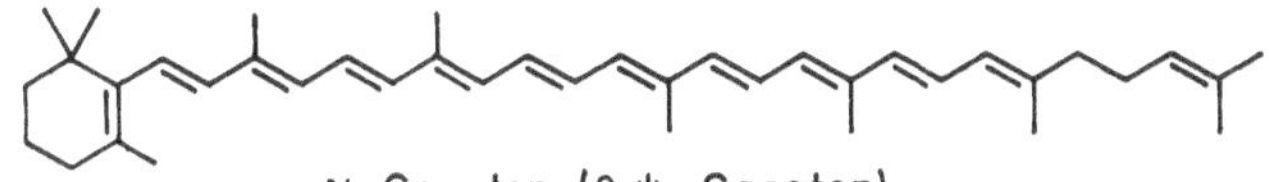

γ-Caroten (β,ψ-Caroten)

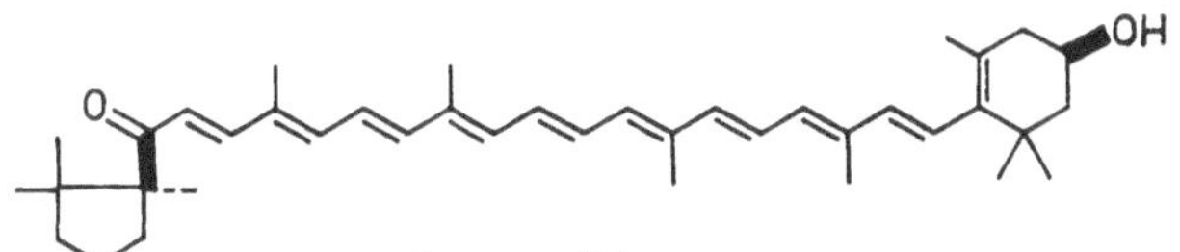

Capsanthin
(3*R*, 3'S, 5'*R*)-3,3'-Dihydroxy-β,κ-caroten-6'-on

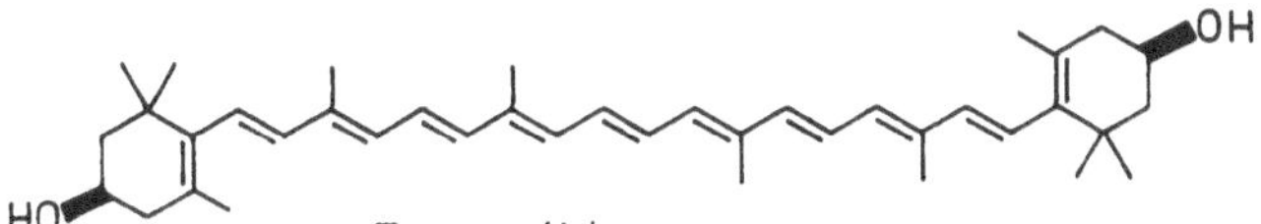

Zeaxanthin
(3*R*, 3'*R*)-β,β-Caroten-3,3'-diol

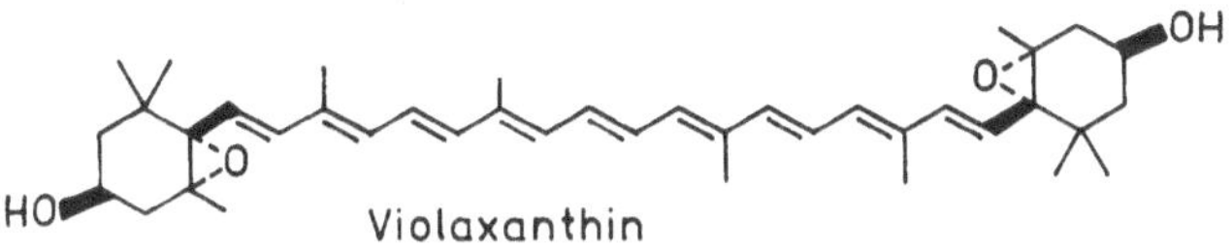

Violaxanthin

Formelübersicht 8–6
Wichtige Carotenoide.

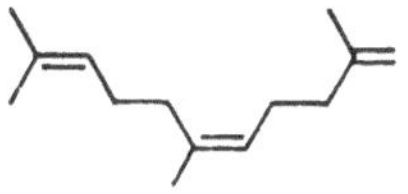

cis-Polypren

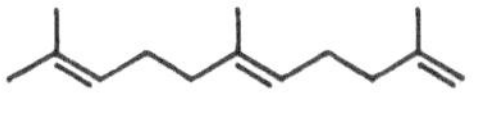

trans-Polypren

zonasbecken wächst. Zunächst wird eine milchige Suspension (Latex) erhalten, die mit verdünnter Säure zum festen Gummi koaguliert. Dieser Naturkautschuk der Summenformel $(C_5H_8)_n$ mit $n > 5000$ geht als vielfach ungesättigte Verbindung alle chemischen Reaktionen der Olefine ein. So lassen sich Wasserstoff, Halogenwasserstoffe oder Halogene addieren. Einige dieser Kautschukderivate haben industrielle Bedeutung. Die Reaktion mit Schwefel und schwefelhaltigen Verbindungen wird als Vulkanisation bezeichnet. Dabei erfolgt eine Addition an ca. 1–2% der Doppelbindungen.

Der Naturkautschuk neigt wie andere Olefine zur Autoxidation. Die Ozonolyse spielte eine wesentliche Rolle bei der Strukturaufklärung.

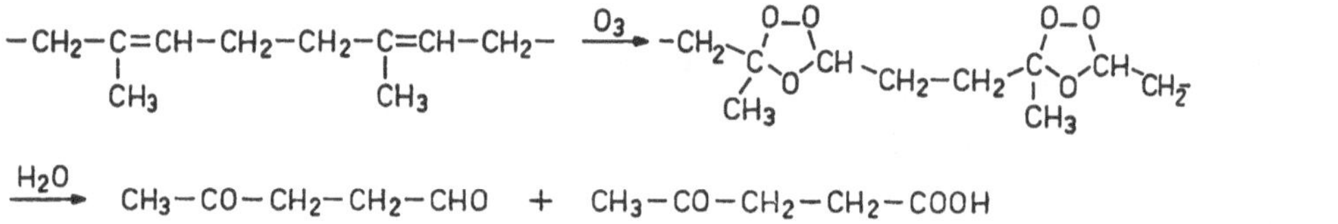

Wie stark die Konfiguration der Doppelbindungen die physikalischen Eigenschaften dieser Polyprene beeinflußt, zeigt ein Vergleich der Eigenschaften des Naturkautschuks (cis-Polypren) mit denen des zähen, nicht-elastischen trans-Polyprens *Guttapercha*. Guttapercha wird durch Eintrocknen des Milchsaftes der tropischen *Palaquium*-Bäume gewonnen. Die Molmasse liegt in der Größenordnung von 100000.

Auch bei synthetischen Polymeren hängt die Elastizität stark von der räumlichen Struktur ab. Während z. B. cis-Polybutadien kautschukartige Eigenschaften besitzt, ist das entsprechende trans-Polymer kristallin und faserig.

Eine stereospezifische Polymerisation wurde erst durch die Einführung von Katalysatoren wie Triethylaluminium-Titantetrachlorid (ZIEGLER, NATTA) ermöglicht. Von technischer Bedeutung sind die synthetischen Kautschuke Butadien-Styren-Kautschuk, Butadien-Kautschuk SKB, cis-Polyisopren (*SKI*) und cis-Polybutadien (*SKD*), von denen einige dem natürlichen Kautschuk in bestimmten Eigenschaften, z. B. der Abrieb- und Kältefestigkeit, überlegen sind.

8.3. Steroide

8.3.1. Nomenklatur

Die Steroide sind eine im Tier- und Pflanzenreich weit verbreitete, aber auch in Mikroorganismen (vor allem Pilzen) vorkommende Verbindungsklasse, die sich formal von dem tetracyclischen Kohlenwasserstoff *Gonan* (Ringe B/C und C/D) trans; bei beliebiger Stereochemie als Steran bezeichnet) ableitet.

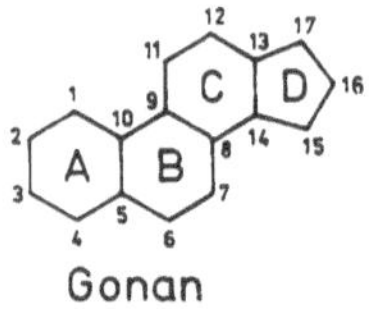

Gonan

Die Biosynthese der Steroide geht von dem Triterpen-Kohlenwasserstoff Squalen aus und verläuft über tetracyclische Triterpene (vgl. S. 464). Die einzelnen Steroidgrundgerüste unterscheiden sich durch die Anzahl der Methylgruppen und die Länge der Alkylkette in 17-Stellung:

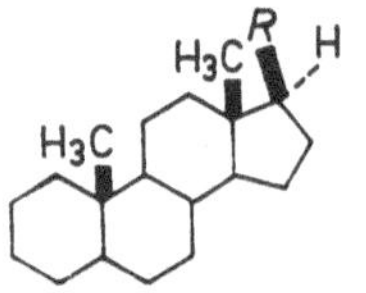

Androstan (Androgene): $R = H$
Pregnan (Gestagene, NNR-Hormone): $R = C_2H_5$
Cholan (Gallensäuren): $R = CH(CH_3)CH_2CH_2CH_3$
Cholestan (Zoosterole): $R = CH(CH_3)CH_2CH_2CH_2CH(CH_3)_2$
Ergostan (Mucosterole): $R = CH(CH_3)CH_2CH_2CH(CH_3)CH(CH_3)_2$
Stigmastan (Phytosterole): $CH(CH_3)CH_2CH_2CH(C_2H_5)CH(CH_3)_2$

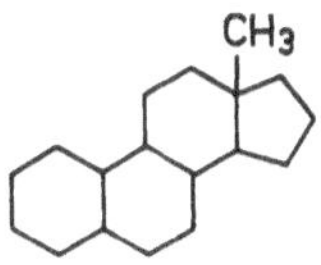

Estran (Estrogene)

Fehlende C-Atome werden durch das Präfix *Nor-* angegeben, z. B. 19-Nor-Steroide für die fehlende Methylgruppe in 10-Stellung oder A-Nor-Steroide für Steroide mit einem fünfgliedrigen Ring *A*. Ringerweiterungen werden durch das Präfix *Homo-* (z. B. D-Homo-), Ringspaltungen durch das Präfix *Seco-* (z. B. B-Seco-Steroide: s. Vitamin D) bezeichnet.

Aufgrund ihrer Biosynthese über das Squalenoxid besitzen alle natürlich vorkommenden Steroide in 3-Stellung eine Sauerstoffunktion.

8.3.2. Stereochemie

Die Aufklärung der Stereochemie der Steroide geht wesentlich auf Arbeiten von RUZICKA zurück.

Ein Cyclohexanring liegt bevorzugt in der Sesselkonformation vor. Substituenten können also axial oder äquatorial stehen. Bei den Steroiden können entsprechend die Substituenten ober- (β-ständig) oder unterhalb (α-ständig) der Ebene des Ringsystems angeordnet sein. Als Bezugspunkt wird die Methylgruppe in 13-Stellung gewählt, die immer oberhalb der Ringebene angeordnet wird. α- und β-ständige Substituenten werden durch verschiedene Strichsymbole unterschieden (α: – – ; β: ——). Die Hydroxygruppe in 3-Stellung ist meist β-ständig. Eine Ausnahme bilden die Gallensäuren. Steroide mit einer 3α-OH-Gruppe werden auch als Epi-Verbindungen bezeichnet.

Gonan besitzt 6 chirale C-Atome. Damit sind theoretisch $2^6 = 64$ Isomere möglich. Die Anzahl der auftretenden Grundformen wird jedoch dadurch stark reduziert, daß eine *a*/*a*-Verknüpfung zweier Cyclohexanringe aus sterischen Gründen unmöglich ist.

Nach der Verknüpfung der Ringe (cis oder trans) wird zwischen der 5α-Reihe (*A*/*B*, *B*/*C* und *C*/*D*: trans) und 5β-Reihe (*A*/*B*: cis; *B*/*C* und *C*/*D*: trans) unterschieden. Bei den Geninen der herzwirksamen Glykoside sind die Ringe *A*/*B* und *C*/*D* cis-, *B*/*C* trans-verknüpft (Cardenolid-Reihe). Die meisten natürlichen Steroide enthalten jedoch im Ring *A* oder *B* trigonale sp^2-hybridisierte C-Atome (Strukturen *24*—*26*) und sind daher mehr oder weniger stark eingeebnet.

Durch die Verknüpfung der Cyclohexan- bzw. Cyclohexenringe ist das Steroidgrundgerüst starr. Es hat sich im Verlaufe der biochemischen Evolution als günstiger Grundkörper herausgestellt, aus dem durch einfache funktionelle Gruppen wie Hydroxy- oder Carbonylgruppen Substanzen mit vielfältiger und spezifischer biologischer Aktivität (Hormone, Pheromone, herzaktive Verbindungen u. a.) entstanden sind.

Die Stellung der Substituenten an den Verknüpfungsstellen der Ringe der wichtigsten natürlichen Steroide und Triterpene (vgl. Kap. 8.2.5.) geht aus der Tab. 8–3 hervor.

Eine wesentliche Rolle bei der Strukturaufklärung der Steroide spielt die *NMR*-Spektroskopie. Besonders geeignet sind hier die Protonen der Methylgruppen (SHOOLERY und ROGERS). Tab. 8–4 zeigt die chemische Verschiebung der Methylgruppen am C-10 und C-13 in Abhängigkeit von der Verknüpfung der Ringe.

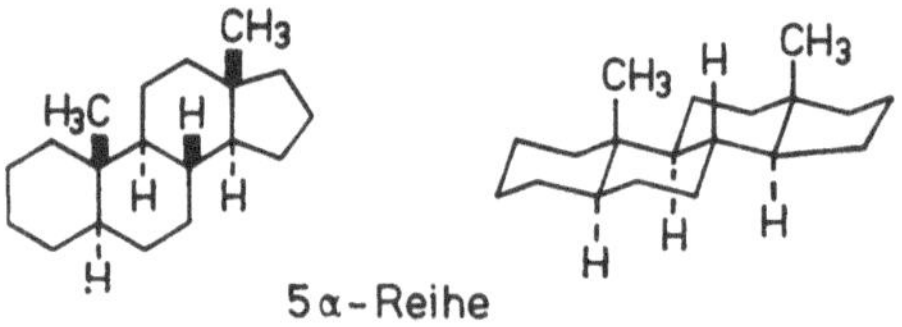

5α-Reihe

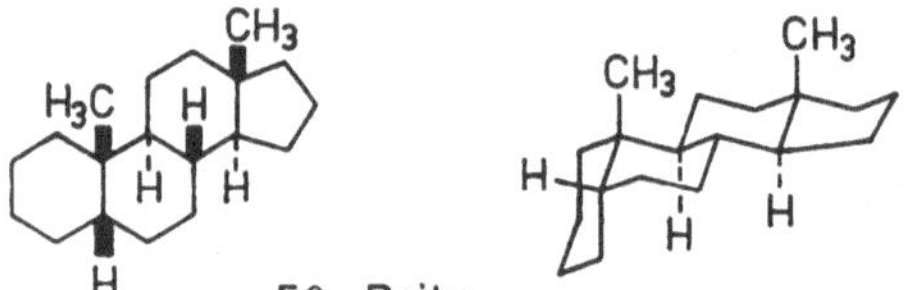

5β-Reihe

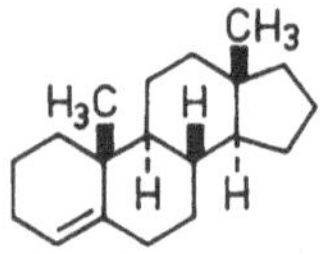

24

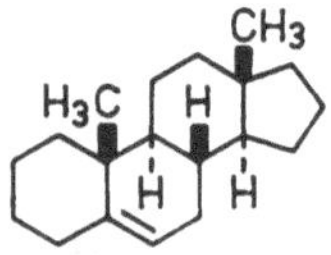

25

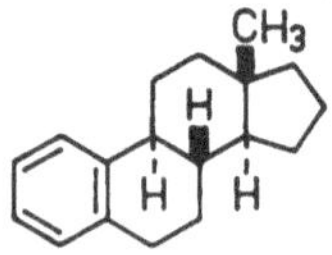

26

Tabelle 8–3

Stellung der Substituenten an den Verknüpfungsstellen der Ringe bei Steroiden und verschiedenen Triterpenen (× = Doppelbindungen)

Verbindung	5/10	8/9	13/14
Protosterol, Fusidinsäure u. a. Steroidantibiotica	α/β	α/β	α/β
Lanosterol	α/β	×	β/α
pentacycl. Triterpene	α/β	β/α	×
Sterole	×	β/α	β/α
Cholestanol	α/β	β/α	β/α
Koprostanol	β/β	β/α	β/α
Gallensäuren	β/β	β/α	β/α
Steroidhormone	×	β/α	β/α
Steroidsapogenine	β/α, β/β oder ×	β/α	β/α
Steroidalkaloide	β/α, β/β oder ×	β/α	β/α
Cardenolide, Bufadienolide	β/β	β/α	β/β
Uzarigenin	β/α	β/α	β/β
Digitanole	×	β/α	β/β
Batrachotoxin	β/β	β/α	β/β
Ecdysone	β/β	×	β/α

8.3.3. Natürlich vorkommende Steroide

Zahlreiche Steroide wirken als Regulationsstoffe, auf die in Kap. 7.2.1.3. eingegangen wurde. Dazu zählen die Steroidhormone (Sexualhormone: Estrogene, Gestagene, Androgene; Nebennierenrindenhormone; Häutungshormone: Ecdysone) sowie verschiedene Pheromone wie das pflanzliche Sexualpheromon Antheridiol (S. 440). Die Calciferole (S. 331) sind B-Seco-Steroide.

Tabelle 8–4

Chemische Verschiebung der Protonen der Methylgruppen verschiedener Androstane, in ppm bei 60 MHz in $CDCl_3$ mit Tetramethylsilan als innerem Standard (nach ZÜRCHER)

Verbindung	10-CH_3	13-CH_3
5α,14α-Androstan	0,792	0,692
5β,14α-Androstan	0,925	0,692
5α,14β-Androstan	0,767	0,992
5β,14β-Androstan	0,900	0,992

8.3.3.1. Sterole

Sterole sind Steroide mit einer 3β-Hydroxygruppe und einer Seitenkette mit 8—10 C-Atomen am C-17. Sie werden biosynthetisch durch oxidative Entfernung von 3 Methylgruppen der Methylsterole (vgl. S. 464) gebildet und stellen die Ausgangsprodukte für die Biosynthese der anderen Steroide dar.

Verbreitung

Der Name Sterol (früher Sterin) leitet sich vom *Cholesterol* (früher Cholesterin = feste Galle) her, das der Hauptbestandteil der menschlichen Galle ist. Cholesterol ist das wichtigste Sterol der Wirbeltiere (*Zoosterol*). Ein erwachsener Mensch enthält ca. 240 g Cholesterol in freier Form oder als Fettsäureester (Wachs). Cholesterol kommt in fast allen Zellen als normaler Bestandteil der Zellmembran vor. Es spielt eine Rolle bei der Entstehung der Atherosklerose. Die atheromatösen Veränderungen der Blutgefäße enthalten hauptsächlich Cholesterol und dessen Fettsäureester.

In sehr geringen Mengen kommen bei den Wirbeltieren noch andere Sterole außer dem Cholesterol vor. So enthält das handelsübliche Cholesterol etwa 0,6% Cholest-7-en-3β-ol. Cholesterolpräparate können ferner geringe Mengen Cerebrosterol (24β-Hydroxy-cholesterol) enthalten. In der Leber wird ein 7-Dehydro-cholesterol gebildet, aus dem durch photolytische Spaltung in der Haut Cholecalciferol (s. Vitamin D) entsteht.

Während bei den Wirbeltieren Cholesterol das vorherrschende Sterol ist, enthalten die Wirbellosen noch weitere Sterole in beträchtlichen Mengen, so u. a. das 24-Dehydrocholesterol.

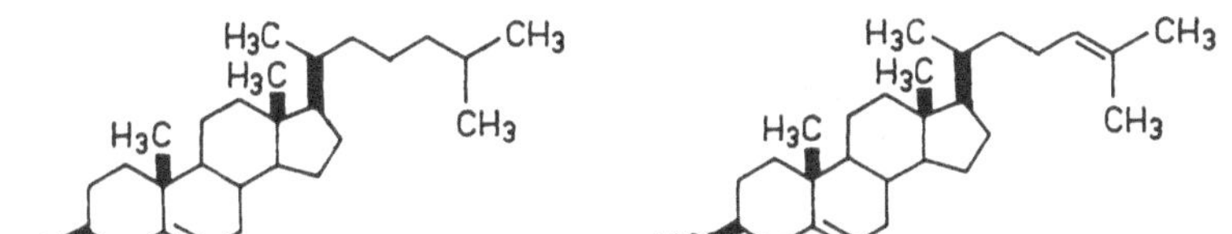

Cholesterol 24-Dehydrocholesterol

In Pflanzen und Mikroorganismen kommen Sterole vor, deren Seitenkette noch durch eine Methylgruppe (Ergostan-Reihe) oder Ethylgruppe (Stigmastan-Reihe) verzweigt ist und die meist noch weitere Doppelbindungen enthalten.

In den meisten Pilzen, Flechten, Algen und in vielen fetten Ölen kommt ***Ergosterol*** vor. Ergosterol wurde zuerst aus dem Mutterkorn isoliert (1889: TANRET) und ist das Hauptsterol der Hefe (Mucosterol). Ergosterol wirkt als Provitamin D (S. 331).

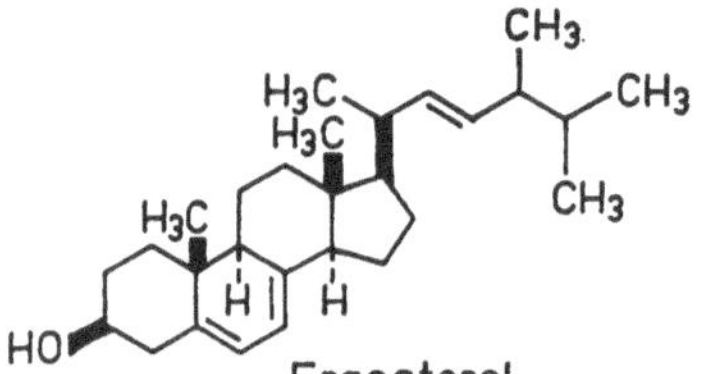
Ergosterol

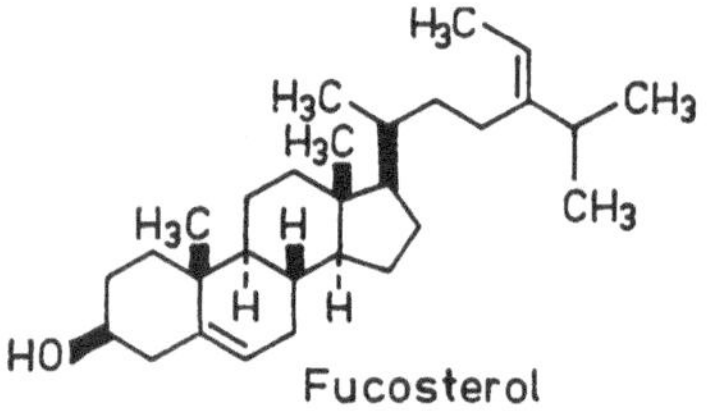
Fucosterol

In Algen ist neben Ergosterol noch das Fucosterol enthalten, das ein weiteres C-Atom in der Seitenkette besitzt.

Unter den in Pflanzen vorkommenden Sterolen (Phytosterole) ist das *Stigmasterol* von wirtschaftlicher Bedeutung, da es ein wichtiges Ausgangsprodukt für Steroid-Partialsynthesen darstellt. Stigmasterol wurde zunächst aus der Calabar-Bohne (Stammpflanze: *Physostigma venenosum*) isoliert. In größeren Mengen wurde es jedoch erst zugänglich, nachdem man feststellte, daß es im unverseifbaren Anteil des Öles der Soja-Bohnen zu 12—25% enthalten ist. Weit verbreitete Phytosterole sind die Sitosterole, die zuerst aus Getreide (*sitos* = Getreide) isoliert wurden. Hauptvertreter ist das β-Sitosterol (Stigmast-5-en-3β-ol).

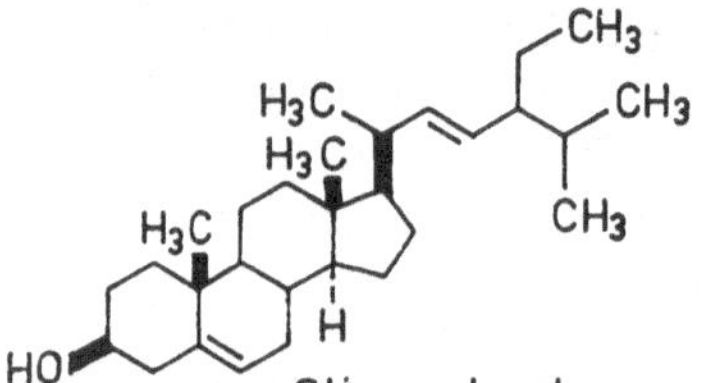
Stigmasterol

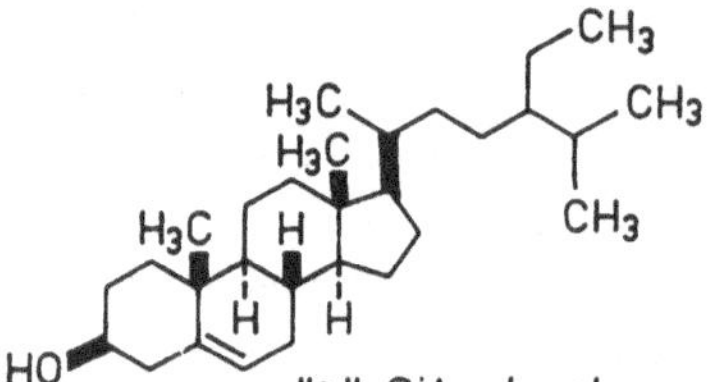
"β"-Sitosterol

Die Sterole werden meist aus dem unverseifbaren Anteil der Fette gewonnen. Zur Isolierung eignet sich auch die Ausfällung mit Digitonin oder anderen Saponinen.

Zum Nachweis von Δ^5-Steroiden wird meist die LIEBERMANN-BURCHARDT-Reaktion herangezogen. Bei der Umsetzung mit Acetanhydrid in Gegenwart von wenig konz. Schwefelsäure wird zunächst ein $\Delta^{3,5}$-Dien (*27*) gebildet, das dann Di- und Trimere bilden soll, die nach Protonierung eine blaugrüne Farbe zeigen.

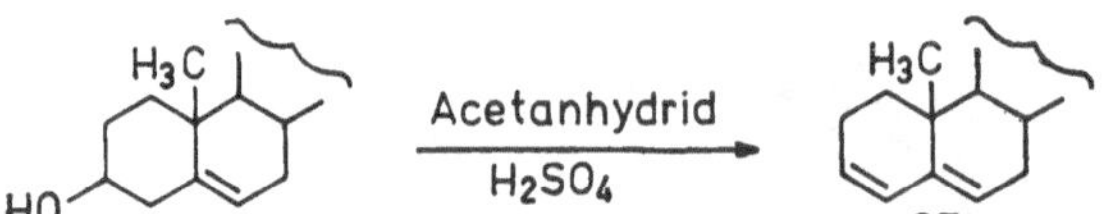

27

Strukturaufklärung

Die Aufklärung der allgemeinen Struktur der Steroide erfolgte zu Beginn des 20. Jahrhunderts am Cholesterol (WINDAUS, DIELS) sowie an den Gallensäuren (WIELAND), die ebenfalls in reichlichen Mengen zur Verfügung standen.

Die endgültige Aufklärung des Steroid-Grundgerüstes gelang erst nach Einführung der Selen-Dehydrierung durch DIELS. Beim Erhitzen von Cholesterol, Ergosterol oder Cholsäure mit Selen auf 350 °C entsteht durch Aromatisierung und Abspaltung der Seitenkette am C-17 der DIELS-Kohlenwasserstoff (17H-15,16-Dihydro-17-methylcyclopenta[a]phenanthren).

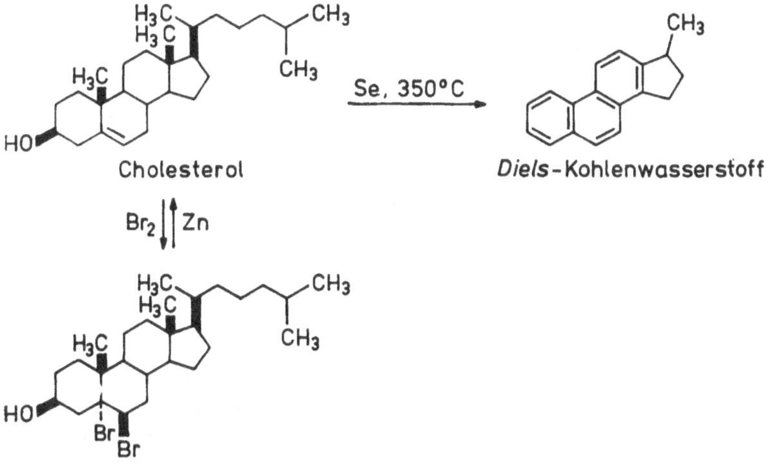

Durch Bromierung geht Cholesterol in das 5,6-Dibromid über, das mit Zinkstaub in Essigsäure sehr leicht wieder Brom abspaltet. Diese Umwandlung wird zur Reinigung des Cholesterols herangezogen.

Durch Dichromat wird Cholesterol zunächst zum Cholest-5-en-3-on oxidiert, das sich als β,γ-ungesättigtes Keton leicht in das α,β-ungesättigte Keton (Cholest-4-en-3-on, Cholestenon) mit konjugierten Doppelbindungen umlagert. Weitere Oxidation führt schließlich zur Öffnung des Ringes *A*. Cholesterol bzw. Cholestenon lassen sich durch Hydrierung in Cholestanol überführen, das zur 5α-Reihe gehört. In den Faeces ist ein Stereoisomeres des Cholestanols, das Koprostanol, enthalten. Koprostanol wird aus Cholesterol durch die Darmbakterien gebildet. Die Aufklärung der strukturellen Beziehungen zwischen Cholestanol und Koprostanol hat wesentlich zur Aufklärung der Stereochemie der Steroide beigetragen.

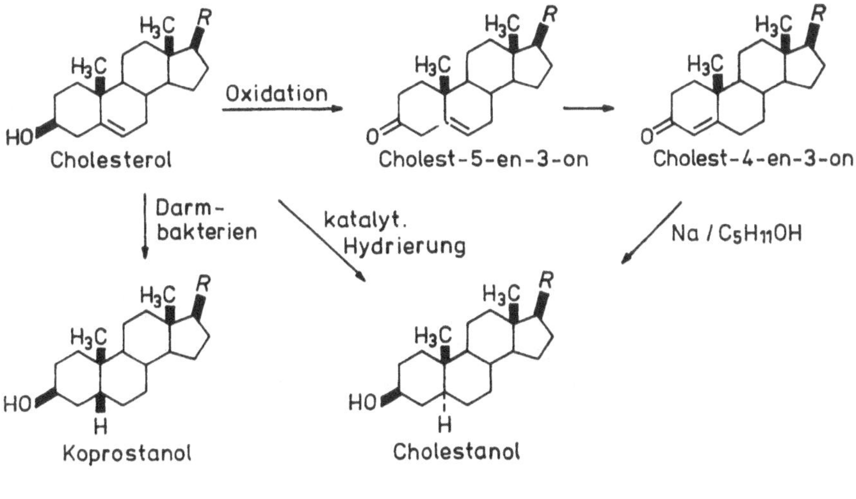

Die endgültige Klärung der Stereochemie erfolgte durch Röntgenstrukturanalyse, *NMR*-Sepktroskopie und chiroptische Methoden (u. a. durch Einsatz der Oktandenregel).

8.3.3.2. Gallensäuren

Gallensäuren sind Derivate der Sterole, bei denen der Alkylrest am C-17 eine Carboxylgruppe trägt. Sie entstehen durch Oxidation des Alkylrestes in der Leber und werden mit der Gallenflüssigkeit ausgeschieden bzw. direkt in den Darm abgegeben. Die Gallensäuren sind die Haupt-Abbauprodukte der Sterole.

Nach der Anzahl der C-Atome können die Gallensäuren in C_{24}-Säuren (Derivate der Cholansäure), C_{27}-Säuren (Derivate der Koprostansäure) und die wesentlich selteneren C_{28}-Säuren eingeteilt werden. Sie enthalten 1, 2 oder 3 Hydroxygruppen, fast ausschließlich in α-Stellung. Bemerkenswert ist vor allem, daß im Unterschied zu den meisten Steroiden die Hydroxygruppe in 3-Stellung α-ständig angeordnet ist. Die Gallensäuren gehören zur 5β-Reihe.

C_{24}-Steroidcarbonsäuren der 5β-Reihe sind aus einem etwa 10 Millionen Jahre alten kalifornischen Erdöl isoliert worden. Da Steroidcarbonsäuren mit cis-Verknüpfung der Ringe *A*/*B* in Pflanzen bisher nicht gefunden wurden, wird angenommen, daß zumindest ein Teil des Erdöls tierischer Herkunft ist.

Bei den Säugetieren kommen ausschließlich Derivate der Cholansäure vor (Tab. 8–5). In der menschlichen Galle überwiegt die Chenodesoxycholsäure. Daneben ist Cholsäure und Desoxycholsäure enthalten. Cholsäure und Desoxycholsäure lassen sich in größeren Mengen aus Ochsengalle, Hyodesoxycholsäure aus Schweinegalle isolieren. In der Galle von Amphibien und Reptilien sind C_{27}- und C_{28}-Säuren enthalten (vgl. Tab. 8–5).

Die Gallensäuren liegen in der Galle als Natriumsalze ihrer Konjugate vor. Konjugationspartner sind Taurin oder Glycin, die amidartig an die Carboxylgruppe gebunden sind. Die relativ stark sauren Tauro-Konjugate sind die häufigeren Konjugate, lediglich bei einigen pflanzenfressenden Säugetieren überwiegen die Glyco-Konjugate.

In der Galle von Fischen und Amphibien wurden anstelle der Gallensäure-Konjugate die Schwefelsäureester von *Gallenalkoholen* gefunden. So enthält die Galle von Haifischen (z. B. *Scymnus borealis*) und anderer Knorpelfische den Schwefelsäureester des *Scymnols*.

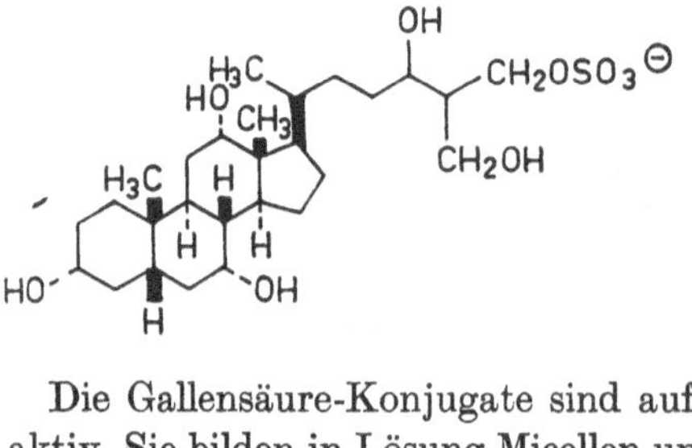

Die Gallensäure-Konjugate sind aufgrund ihrer amphiphilen Struktur grenzflächenaktiv. Sie bilden in Lösung Micellen und spielen eine Rolle bei der Verdauung der Fette.

Die Desoxycholsäure kann mit Fettsäuren und anderen hydrophoben Verbindungen Einschlußverbindungen bilden, die als *Choleinsäuren* bezeichnet werden. Die Choleinsäuren sind in verdünnter Lauge unzersetzt löslich. Die Zusammensetzung der Choleinsäuren hängt von der Länge der Fettsäure ab. Aus der Röntgenstrukturanalyse ging

Tabelle 8–5
Gallensäuren

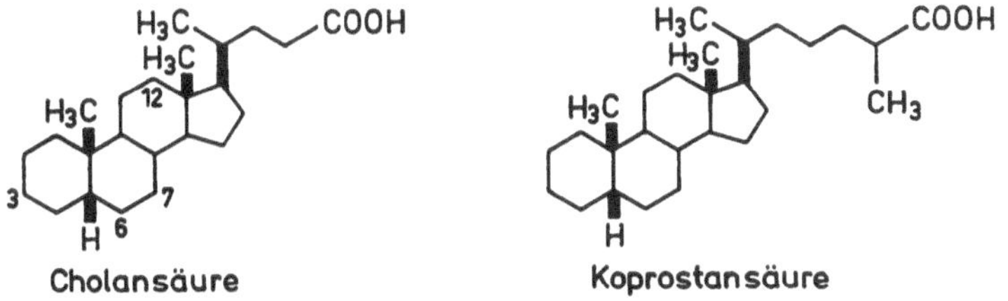

Name	Grundkörper	Substituenten in Stellung 3α	6α	7α	12α	Vorkommen	Konjugation*)
Cholsäure	Cholansäure	OH	H	OH	OH	Säugetiere	Tau, Gly
Desoxycholsäure	Cholansäure	OH	H	H	OH	Säugetiere	Tau, Gly
Hyodesoxycholsäure	Cholansäure	OH	OH	H	H	Säugetiere (Schwein)	
Chenodesoxycholsäure	Cholansäure	OH	H	OH	H	Säugetiere	Tau, Gly
Lithocholsäure		OH	H	H	H	Säugetiere (in Spuren)	Tau, Gly
Trihydroxykoprostansäure	Koprostansäure	OH	H	OH	OH	Reptilien Amphibien	Tau

*) Tau = Taurin, Gly = Glycin

$R-CO-NH-CH_2-CH_2-SO_3H$ $R-CO-NH-CH_2-COOH$

Tauro-Konjugate
R = Gallensäure-Rest

Glyco-Konjugate

hervor, daß zwei Desoxycholsäure-Moleküle einen 0,28 nm langen Kanal bilden. Für die Bindung eines Moleküls Palmitinsäure (Länge ca. 2,4 nm) sind 4 solcher Kanalabschnitte, also 8 Moleküle Desoxycholsäure erforderlich (Abb. 8–3).

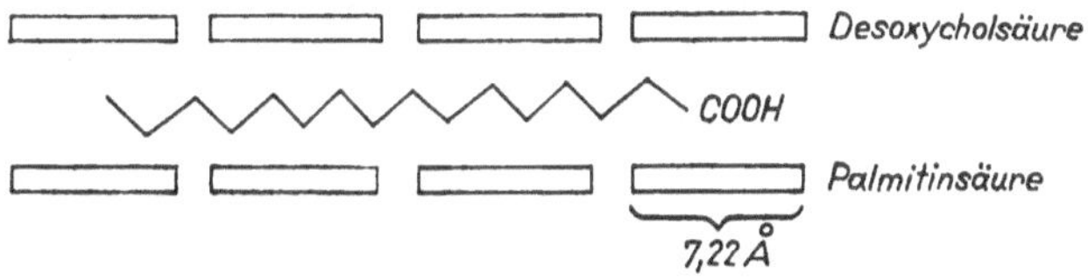

Abb. 8–3
Schematische Darstellung einer Choleinsäure.

Aus Mikroorganismen wurden zahlreiche Carbonsäuren isoliert, die sich vom Lanostan (C_{30}) bzw. 24-Methyllanostan (C_{31}) ableiten. Die Carboxylgruppe steht bei diesen Säuren in 21- oder 26-Stellung. C_{30}-Säuren (z. B. *28*) werden von Basidiomyceten, C_{31}-Säuren von Ascomyceten produziert.

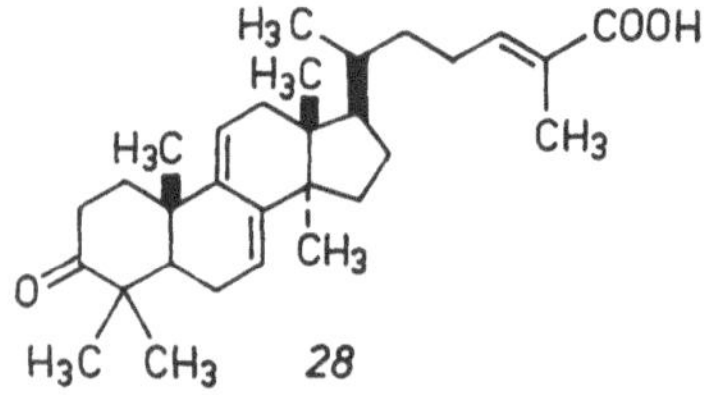

28

8.3.3.3. Cardenolide und Bufadienolide

Die Giftigkeit des roten Fingerhutes (*Digitalis purpurea*) war bereits im Mittelalter bekannt. Der Einsatz von Digitalis zur Herztherapie geht auf den schottischen Arzt WITHERING zurück (1785). Die Meerzwiebel (*Scilla maritima*) wurde bereits im Altertum von Ägyptern und Römern als Arzneimittel eingesetzt und Krötenextrakte sind seit langem Bestandteile des chinesischen Arzneischatzes. Die Wirkung dieser Drogen sowie verschiedener südamerikanischer und afrikanischer Pfeilgifte geht auf Steroide vom Cardenolid- oder Bufadienolid-Typ zurück.

Diese Steroide besitzen eine positive inotrope Wirkung. Sie steigern die systolische Kontraktionskraft, senken die Schlagfrequenz und verbessern den Wirkungsgrad des Herzens. Steroide vom Cardenolid- und Bufadienolid-Typ werden in Form der herzwirksamen Glykoside daher zur Behandlung der Herzinsuffizienz eingesetzt. Die Wirkung auf den Herzmuskel konnte durch eine Hemmung des K/Na-Transportes durch die Membran der Herzmuskelzellen erklärt werden. Diese Hemmung kommt durch eine spezifische Hemmung der membrangebundenen Na^+, K^+-ATPase zustande (REPKE, PORTIUS).

Die herzwirksamen Steroide kommen in den Pflanzen als Glykoside vor. In den Krötengiften liegen sie in freier Form bzw. als Konjugate mit Suberylarginin (Bufotoxine) vor. Cardenolid-Glykoside wurden auch in Insekten gefunden. Sie stammen von den als Nahrung benutzten Pflanzen.

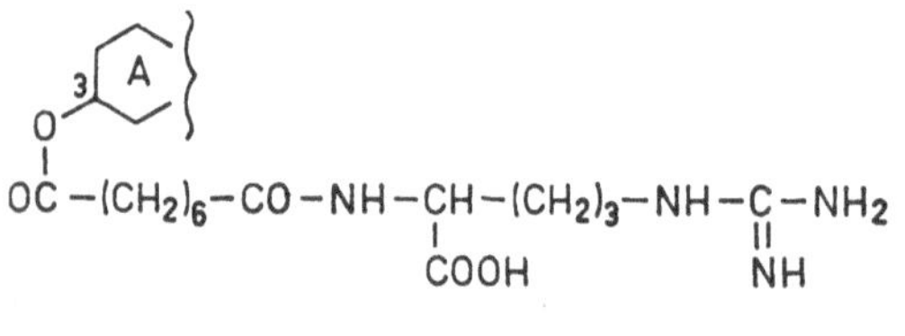

Die in 3-Stellung der Steroidgenine gebundenen Zuckerreste der herzwirksamen Glykoside beeinflussen das pharmakokinetische Verhalten dieser Steroide. Durch die Substitution in 3-Stellung wird vor allem die Metabolisierung verzögert. Die Aglykone (Genine) entwickeln im Organismus infolge ihrer raschen Metabolisierung keine nennenswerte Aktivität. Die einzelnen Glykoside unterscheiden sich hinsichtlich der Stärke und Dauer ihrer Wirkung.

Die herzwirksamen Glykoside zeigen hinsichtlich ihrer Zuckerkomponente einige Besonderheiten, die sie von anderen Glykosiden unterscheiden. Charakteristisch ist, daß sie neben D-Glucose und L-Rhamnose zahlreiche, nur in dieser Verbindungsklasse anzutreffende Desoxyzucker enthalten (vgl. Tab. 3–2). Im Unterschied zu anderen Glykosiden sind diese Desoxyzucker immer direkt mit dem Genin verbunden, während die Glucose außen angebracht ist. Wenn mehrere Zucker glykosidisch gebunden sind, ist die Oligosaccharidkette immer unverzweigt.

Der Grundkörper der Cardenolide ist das *Digitoxigenin*, der der Bufadienolide das *Bufalin*.

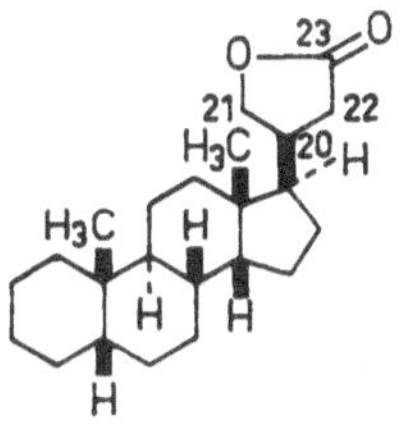

5β,14β-Cardanolid

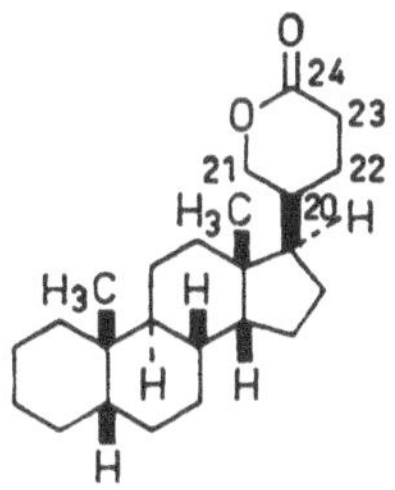

5β,14β-Bufanolid

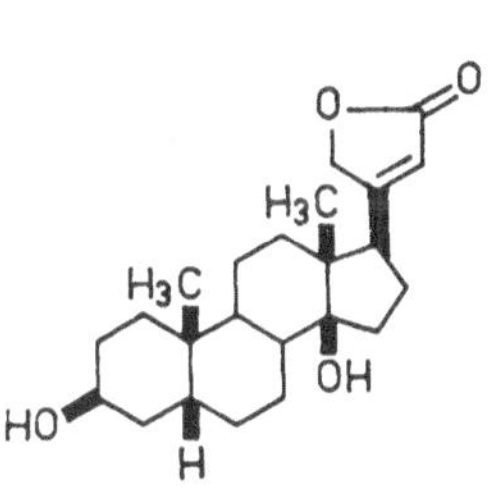

Digitoxigenin
3β,14 –Dihydroxy-5β,14β-card-20(22)-enolid

Cardenolid-Typ

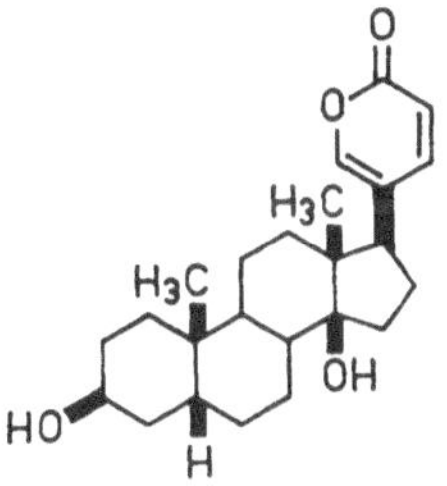

Bufalin
3β,14 –Dihydroxy-5β,14β-bufa-20,22-dienolid

Bufadienolid-Typ

Verbindungen des Cardenolid- und Bufadienolid-Typs enthalten in 17β-Stellung einen ungesättigten Lactonring, der für die Wirkung unbedingt erforderlich ist. Ein Konfigurationswechsel am C-17 (Allomerisierung) führt zu unwirksamen Verbindungen. Durch Hydrierung des Lactonringes wird die Wirkung beträchtlich herabgesetzt.

Von Bedeutung für die Wirkung ist ferner die Verknüpfung der Ringe. Bei den herzwirksamen Steroiden liegt eine cis-trans-cis-Verknüpfung vor. Verbindungen der 5α-Reihe (trans-trans-cis-Verknüpfung) besitzen eine geringere oder gar keine Aktivität. Zur 5α-Reihe gehören das dem Digitoxigenin entsprechende *Uzarigenin* und das *Corotoxigenin*. Eine geringe Herzwirksamkeit aus dieser Gruppe besitzen die Glykoside Strobosid (aus den Samen von *Strophanthus Boivinii*), Odorosid B (aus den Samen von *Nerium oleander*) sowie Uzarin und Uzarosid (aus der südafrikanischen Uzarawurzel, *Gomphocarpus*-Arten).

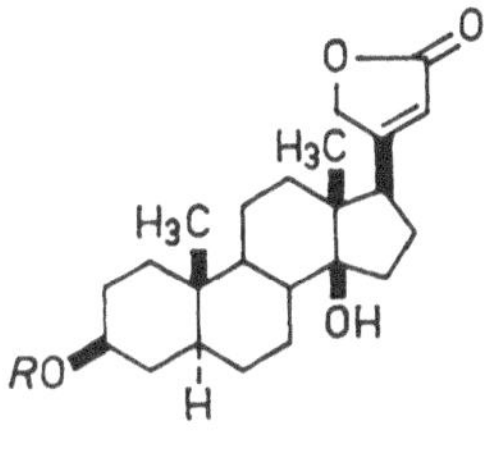

R = H: Uzarigenin
R = 2x D-Glucose: Uzarin
R = 3x D-Glucose: Uzarosid
R = D-Diginose: Odorosid B
R = D-Fucose-D-Glucose: Cheirosid A

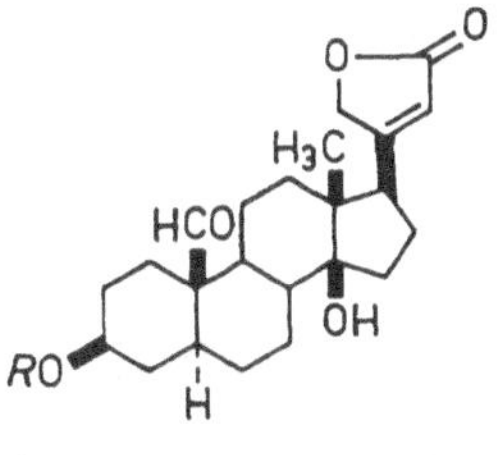

R = H: Corotoxigenin
R = D-Allomethylose: Gofrusid
R = D-Boivinose: Strobosid

Eine digitalisähnliche Wirkung auf den Herzmuskel zeigt auch das Diterpen-Alkaloid *Cassain*, das aus *Erythropleum*-Arten isoliert wurde.

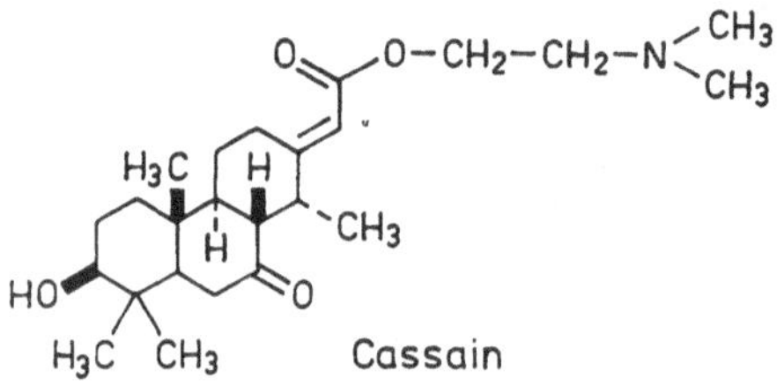

Cassain

Die Biosynthese der herzwirksamen Glykoside geht von Pregnanglykosiden aus, die in den entsprechenden Pflanzen ebenfalls vorkommen.

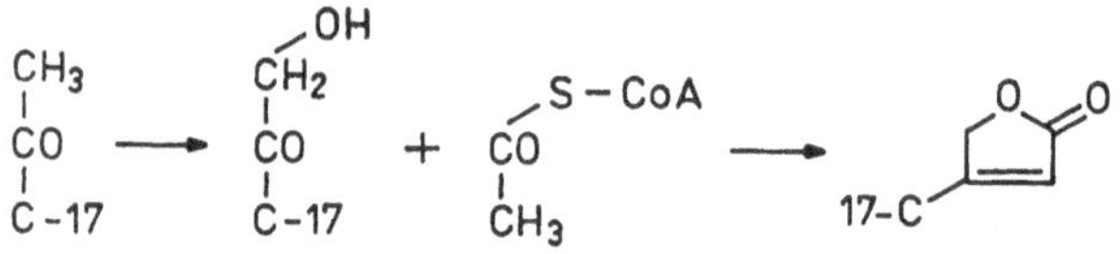

Solche *Pregnanglykoside* konnten in *Digitalis*-Arten, Asclepiadaceen und Apocynaceen nachgewiesen werden. Aus *Digitalis purpurea* wurden z. B. bisher 6 Pregnanderivate (*Digitanole*) isoliert, u. a. Glykoside des Diginigenins (Diginin: Diginose; Digitalonin: Digitalose) und Digipurpurogenins (Digipurpurin: 3× Digitoxose).

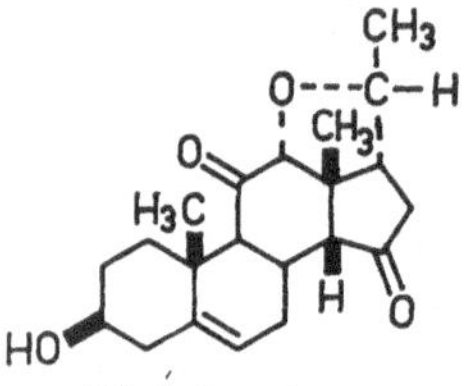

Diginigenin

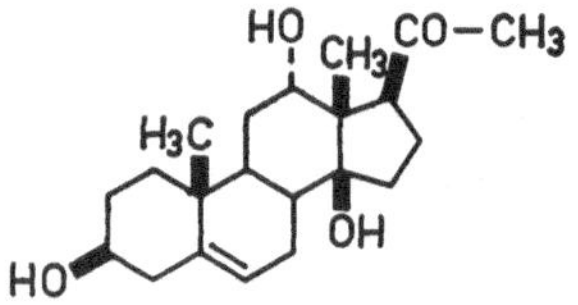

Digipurpurogenin

Die wichtigsten Nachweismethoden beruhen auf der Reaktivität der Methylengruppe (C-21) der Cardenolide. Aus ihr entsteht im Alkalischen ein Carbanion, das mit Polynitroaromaten im Überschuß zunächst unter Ausbildung eines gefärbten σ-Komplexes (MEISENHEIMER-Komplex) reagiert.

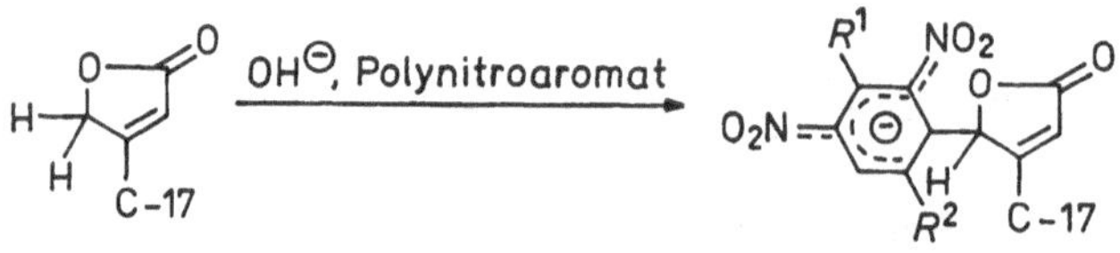

R^1 = H; R^2 = H: RAYMOND-Reaktion
R^1 = OH; R^2 = NO_2: BALJET-Reaktion
R^1 = H; R^2 = COOH: KEDDE-Reaktion

8.3.3.3.1. Cardenolide

Cardenolide kommen in den Pflanzenfamilien der *Liliaceen*, *Ranunculaceen*, *Asclepiadaceen* und *Apocynaceen* vor. Die einzelnen Genine unterscheiden sich vom Digitoxigenin vor allem durch zusätzliche Sauerstoffunktionen (vgl. Tab. 8–6).

Die Hydroxygruppe in 16-Stellung kann eine Formyl- oder Acetylgruppe tragen.

Tabelle 8–6

Cardenolid-Genine (Grundkörper: Digitoxigenin)

Name	zusätzliche Substituenten in Stellung					
	1	5	10	11	12	16
Gitoxigenin						OH
Oleandogenin						$OCOCH_3$
Gitaloxigenin						OCOH
Digoxigenin					OH	
Diginatigenin					OH	OH
k-Strophanthidin		OH	CHO			
Ouabagenin	OH	OH	CH_2OH	OH		
Adonitoxigenin			CHO			OH

Die größte Bedeutung in der Therapie haben die Glykoside des roten und wolligen Fingerhutes (*Digitalis purpurea* und *lanata*). Die Struktur der Glykoside geht aus den Tab. 8–6 und 8–7 hervor. Die Lanata-Glykoside unterscheiden sich von den Purpurea-Glykosiden durch die Anwesenheit einer Acetylgruppe am 3. Digitoxose-Molekül. Bei den nativen Purpurea-Glykosiden (Purpurea-Glykosid A und B) wird der endständige Glucoserest sehr leicht durch das in den Blättern enthaltene Enzym Digipurpidase abgespalten. Zur Gewinnung dieser nativen Glykoside muß das Enzym durch einen entsprechenden Trockenvorgang unmittelbar nach der Ernte inaktiviert werden. Die Glykoside lassen sich aus den Blättern durch Extraktion mit Essigsäureethylester oder Chloroform isolieren.

Bei den Glykosiden der Strophanthus-Gruppe ist das C-19 oxidiert. Die Samen von *Strophanthus gratus* (Fam.: Apocynaceae) enthalten ca. 4% g-Strophanthin (Ouabain), ein Ouabagenin-rhamnosid. k-Strophanthidin ist u. a. das Aglykon von Glykosiden des Maiglöckchens (*Convallaria majalis*) sowie verschiedener *Strophanthus*-Arten.

Die vollständige Synthese des Digitoxigenins gelang 1962 (Daniel, Mazur und Sondheimer).

Bei Synthesen in der Cardenolid-Reihe treten einige Probleme auf. Die eine Schwierigkeit liegt in der leichten Eliminierung der Hydroxygruppe in 14β-Stellung unter Bildung von Anhydro-Verbindungen. Ferner ist die Seitenkette in 17-Stellung bei *CD*-cis-verknüpften Steroiden in der α-Stellung thermodynamisch stabiler als in der β-Stellung, so daß leicht ein Konfigurationswechsel am C-17 erfolgen kann (Bildung der Allo-Verbindungen). Ein weiteres Problem liegt darin, daß aufgrund der sterischen Anordnung die 14β-Hydroxygruppe nucleophil am Butenolidring in 17-Stellung unter Bildung von Iso-Verbindungen angreifen kann.

Tabelle 8–7

Herzwirksame Glykoside vom Cardenolid-Typ
(Dig = Digitoxose; The = Thevetose; Ole = Oleandrose; Cym = Cymarose;
Rha = Rhamnose; Lyx = Lyxose.)

Stammpflanze	Genin	Glykosid	Zucker
Digitalis purpurea	Digitoxigenin	Purpureaglykosid A	Dig-Dig-Dig-Glc
	Digitoxigenin	Digitoxin*)	Dig-Dig-Dig
	Gitoxigenin	Purpureaglykosid B	Dig-Dig-Dig-Glc
Digitalis lanata	Digitoxigenin	Lanatosid A	Dig-Dig-AcDig-Glc
	Gitoxigenin	Lanatosid B	Dig-Dig-AcDig-Glc
	Digoxigenin	Deslanosid*)	Dig-Dig-Dig-Glc
	Digoxigenin	Digoxin*)	Dig-Dig-Dig
Thevetia neriifolia	Digitoxigenin	Thevetin	The-Glc-Glc
	Digitoxigenin	Neriifolin	The
Nerium oleander	Oleandrigenin	Oleandrin	Ole
Strophanthus kombé	Strophanthidin	k-Strophanthosid	Cym-Glc(β)-Glc(β)
Strophanthus gratus	Ouabagenin	Ouabain (= g-Strophanthin)	Rha
Convallaria majalis	Strophanthidin	Convallatoxin	Rha
	Strophanthidin	Convallosid	Rha-Glc
	Strophanthidol	Convallatoxol	Rha
Cheiranthus cheiri	Strophanthidol	Cheirotoxin	Lyx
Adonis vernalis	Adonitoxigenin	Adonitoxin	Rha

*) Spaltprodukt

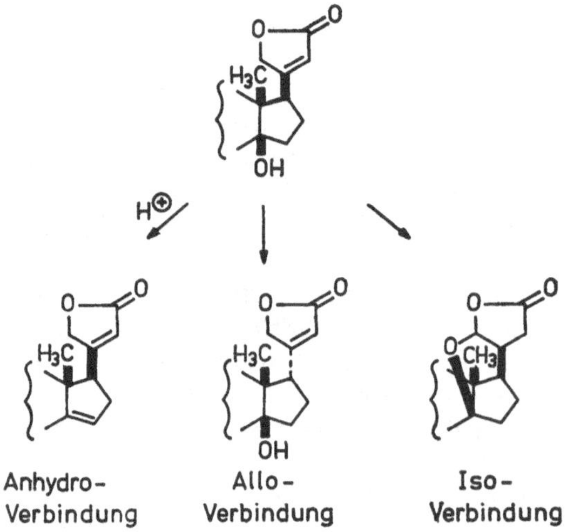

8.3.3.3.2. *Bufadienolide*

Bufadienolide kommen in den Pflanzenfamilien der *Liliaceen* (*Scilla*- und *Bowiea*-Arten) und *Ranunculaceen* (*Helleborus*-Arten) sowie in den Hautdrüsen von Kröten (*Bufa*) vor, von denen sich auch ihr Name herleitet. Sie unterscheiden sich von den Cardenoliden durch ihr langwelliges Absorptionsmaximum bei 290—300 nm.

Die Strukturaufklärung der *Scilla-Glykoside* wurde durch das Vorliegen der Δ^4-Doppelbindung sehr erschwert. Durch säurekatalysierte Spaltung wird nämlich nicht das eigentliche Aglykon, das Scillarenin, sondern dessen Anhydro-Derivat, das Scillaridin A, erhalten. Scillarenin konnte erst durch enzymatische Spaltung der glykosidischen Bindungen erhalten werden:

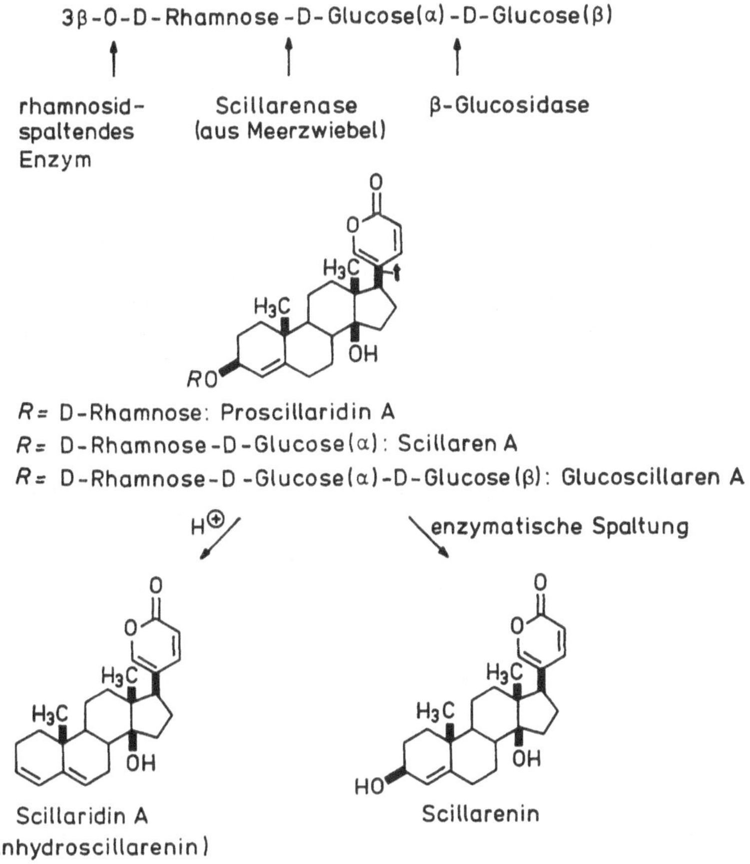

Die *Krötengifte* lassen sich durch Ausdrücken der Ohrspeicheldrüsen gewinnen. Die Kröten enthalten in ihren Hautdrüsen neben Bufadienoliden verschiedene Sterole, Adrenalin und Indolylalkylamine (S. 529). Die Bufadienolide liegen in freier Form (Bufogenine) oder als Suberylarginyl-Konjugate (Bufotoxine) vor. Sie leiten sich vom Bufalin ab, das bis auf den ungesättigten Lactonring in 17-Stellung in seiner Struktur dem Digitoxigenin entspricht. Die einzelnen Bufadienolide unterscheiden sich vom Bufalin durch die Anwesenheit zusätzlicher Hydroxygruppen (vgl. Tab. 8–8).

Cinobufagin ist das Haupt-Bufadienolid der ostasiatischen Kröte *Bufo bufo gargarizans,* deren Haut seit langem in der chinesischen Medizin zur Behandlung der Wassersucht eingesetzt wird. In der europäischen Kröte (*Bufo vulgaris*) ist vor allem das Bufotalin enthalten. Die aus der brasilianischen Kröte *Bufo marinus* isolierten Verbindungen Marinobufagin und Resibufogenin mit einer 14,15-Epoxy-Gruppe sind nur schwach oder gar nicht wirksam. Die Bufogenine wirken stark lokalanästhetisch.

Tabelle 8–8

Bufadienolide der Kröten (Grundkörper = Bufalin)

Name	zusätzliche Substituenten in Stellung				Herkunft
	5	14	15	16	
Bufalin		βOH			Bufo bufo gargarizans
Bufotalin		βOH		βOH	Bufo vulgaris
Marinobufagin	βOH	β-O-β			Bufo marinus
Resibufogenin		β-O-β			Bufo marinus
Cinobufagin		β-O-β		βOCOCH$_3$	Bufo bufo gargarizans

8.3.3.4. Steroidsaponine

Als *Saponine* werden Glykoside hydrophober Alkohole bezeichnet, die in wäßriger Lösung stark schäumende, seifenartige Lösungen bilden können. Sie sind oral ungiftig, können aber bei parenteraler Applikation aufgrund ihrer Oberflächenaktivität die Erythrozytenmembran zerstören und so eine Hämolyse auslösen (Bestimmung des hämolytischen Index). Saponine sind für Fische stark toxisch. Die Saponine bilden mit Sterolen schwerlösliche Komplexe.

Nach ihrem Genin können die Saponine in Steroidglykoside und Triterpenglykoside (S. 465) eingeteilt werden. Wie Saponine verhalten sich auch die Glykoside der Steroidalkaloide. Die Steroidsaponine werden im Unterschied zu den Triterpenglykosiden („saure Saponine") als „neutrale Saponine" bezeichnet. Die meisten Genine der Steroidsaponine leiten sich vom Spirostan-Typ ab, bei dem die Seitenkette des Cholesterols erhalten geblieben ist. Die Spiranstruktur des Spirostans (16,22:22,26-Diepoxycholestan) kommt durch die Ketal-Bildung zustande. Bei den *Furostanol-Glykosiden* (z. B. Sarsaparillosid aus Radix Sarsaparillae) ist der Tetrahydropyranring geöffnet. Die hydrolytische Abspaltung des Zuckerrestes von der primären Hydroxygruppe führt sofort zur Bildung der Spiranstruktur (→ Sarsapogenin). Die Genine gehören der 5α-, 5β- oder Δ^5-Reihe an. Die Methylgruppe am C-25 kann axial (Normal- oder 25S-Reihe: Sarsapogenin) oder äquatorial (Iso- oder 25R-Reihe: Diosgenin, Digitonin) angeordnet sein. Die Genine tragen außer in 3β-Stellung Sauerstoffunktionen in 1, 2, 5, 6, 12- oder 15-Stellung.

Die meisten Steroidsaponine sind in monocotyledonen Pflanzen enthalten. Eine Ausnahme macht hier der Fingerhut (*Digitalis*), in dem neben anderen Spirostanolglykosiden *Digitonin* vorkommt. Digitonin, das aus den Samen von *D. purpurea* oder *lanata* isolierbar ist, besteht aus 1 Mol Digitogenin, 2 Mol Glucose und 2 Mol Galaktose.

Von großer wirtschaftlicher Bedeutung ist das *Diosgenin* als das wichtigste Ausgangsprodukt für Steroid-Partialsynthesen. Diosgenin ist zu etwa 5—6% in den getrockneten Wurzeln mehrerer *Dioscorea*-Arten enthalten. Die Wurzeln werden in Mexiko, China, Indien und Südafrika von wildwachsenden Pflanzen gesammelt.

Glykoside des *Sarsapogenins* sind neben anderen Glykosiden in den Wurzeln der in Mittelamerika beheimateten *Smilax*-Arten (*Radix Sarsaparillae*) enthalten.

8.3.3.5. Steroidalkaloide

Als Steroidalkaloide bezeichnet man N-haltige und deshalb basisch reagierende Steroide, die vorwiegend in höheren Pflanzen, daneben aber auch in einigen Tieren vorkommen. Die in Solanaceen, Liliaceen, Apocynaceen und Buxaceen enthaltenen Ste-

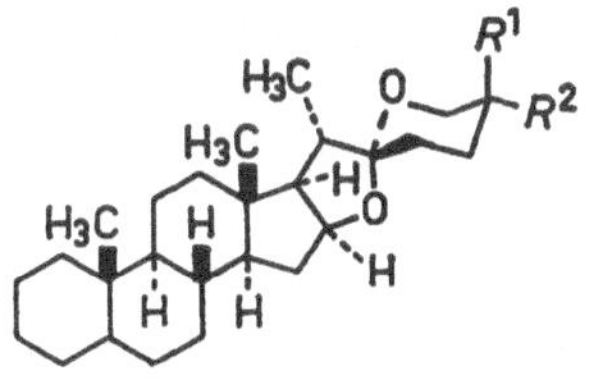

Spirostan
Normal-Reihe (25 S): R^1= CH_3; R^2= H
Iso-Reihe (25 R): R^1= H; R^2= CH_3

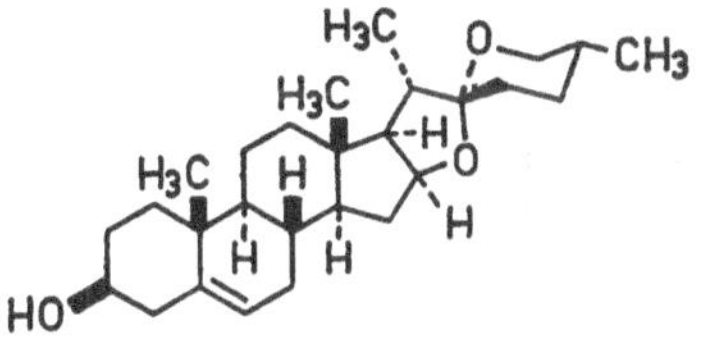

Diosgenin
(Δ^5-Reihe)

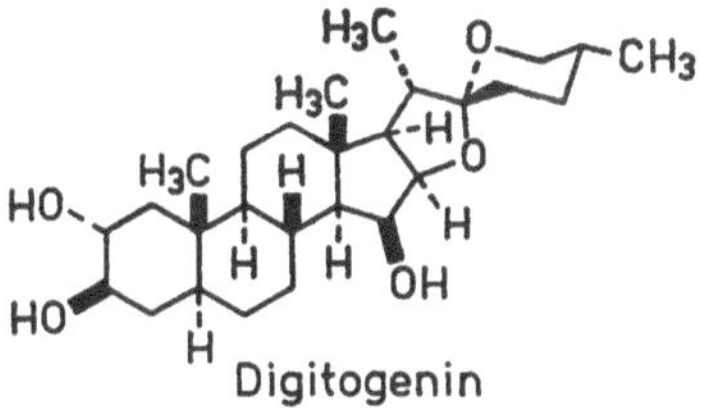

Digitogenin
(5α-Reihe)
Digitonin = Digitogenin + 2 Glc + 2 Gal + Xyl

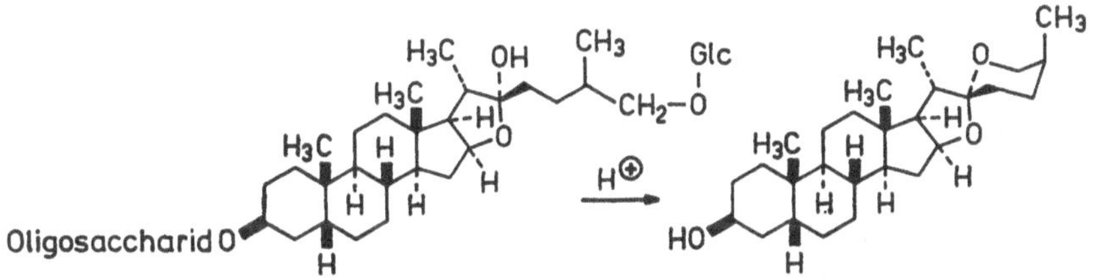

Sarsaparillosid
(5β-Reihe)

Sarsapogenin
(25S)-5β-Spirostan-3β-ol

roidalkaloide liegen überwiegend als Glykoside (Glykoalkaloide) vor und verhalten sich wie Saponine.

Die meisten Steroidalkaloide leiten sich vom C-Gerüst des Cholesterols ab, sind also C_{27}-Steroide.

Die Alkaloide vom Spirosolan-Typ unterscheiden sich von den Sapogeninen des Spirostan-Typs nur durch den Austausch eines O- durch ein N-Atom. Die Spiranstruktur wird durch Reaktion der Carbonylgruppe am C-22 mit der Hydroxygruppe bzw. Aminogruppe am C-16 bzw. C-26 unter Entstehen von Ketalen bzw. Aminoketalen gebildet.

Zu den Steroidalkaloiden der *Solanum-Gruppe* gehören die Vertreter des Spirosolan- und Solanidan-Typs.

Die *Spirosolane*, die in ihrer Struktur den sauerstoffanalogen Spirostanen entsprechen, lassen sich relativ leicht in 20-Oxopregnane überführen. Zu den Alkaloiden vom Spirosolantyp gehört das aus Tomatenblättern (*Lycopersicon esculentum*) isolierte Tomatin, bei dem an das Tomatidin 2 Glucosereste sowie je ein Galaktose- und Xyloserest gebunden sind.

Bei den *Solanidanen* ist das N-Atom Teil eines Indolizidinringes. Vertreter dieses Typs sind Glykoalkaloide, die sich vom Solanidin ableiten und aus der Kartoffel (*Solanum tuberosum*) und anderen *Solanum*-Arten isoliert wurden.

Die insbesondere aus Veratrum- und *Schoenocaulon*-Arten isolierten Steroidalkaloide der *Veratrum-Gruppe* wirken z. T. stark blutdrucksenkend und brechenerregend. Die Alkaloide dieser Gruppe werden in die sauerstoffarmen *Jerveratrum-Alkaloide* (1—3 O-Atome) und die sauerstoffreichen Ceveratrum-Alkaloide (7—9 O-Atome) eingeteilt. Die Jerveratrum-Alkaloide kommen als Glykoalkaloide sowie als freie Alkamine vor. Ein Vertreter ist das zum Solanidan-Typ gehörende Rubijervin.

Die *Ceveratrum-Alkaloide* liegen gewöhnlich als Ester vor. Die für die Therapie wichtigsten Veratrum-Alkaloide leiten sich von der C-Nor-D-homo-cholestan-Reihe ab. Dazu zählen die als Ester vorliegenden Alkaloide *Germitrin* (Germin-Ester) sowie die *Protoveratrine A* und *B* (Protoverin-Ester mit veresterten Hydroxygruppen in 3,6,7- und 15-Stellung). Wirksam sind nur die Ester. Die Verbindungen liegen als 4,9-Hemiketale vor. Dadurch sind die Ringe *A/B* cis-verknüpft. Germin und Protoverin können relativ leicht durch Alkali in Iso-Verbindungen umgelagert werden, wobei die axiale 3β-OH-

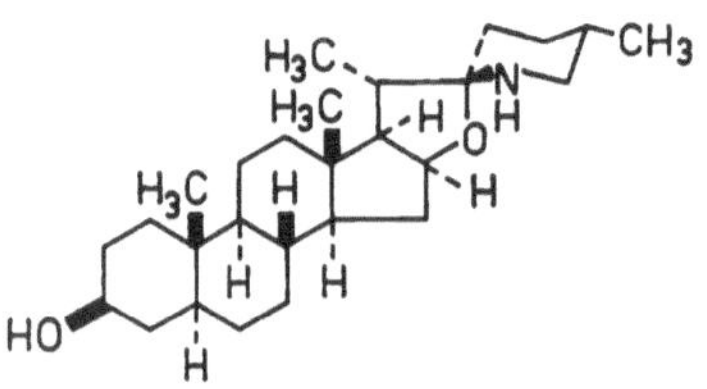

Tomatidin
Spirosolan-Typ

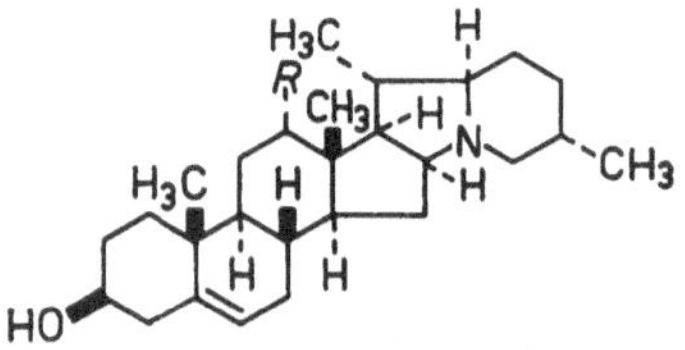

Solanidin (*R* = H)
Rubijervin (*R* = OH)
Solanidan-Typ

Gruppe die stabilere äquatoriale 3α-Position (5α-Reihe!) einnimmt. Die Umlagerung verläuft unter Beteiligung der als Ketal vorliegenden Carbonylgruppe am C-4.

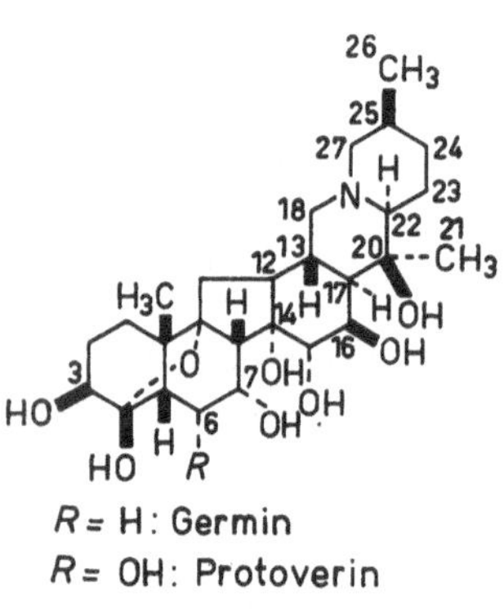

R = H: Germin
R = OH: Protoverin

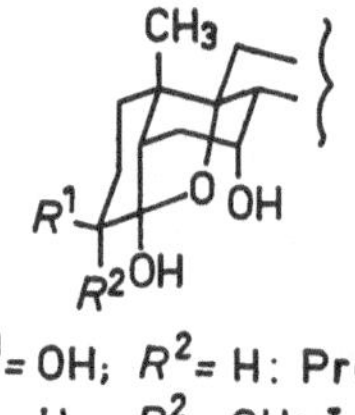

R^1 = OH; R^2 = H: Protoverin
R^1 = H; R^2 = OH: Iso-Protoverin

Stickstoffhaltige Steroide wurden auch in einigen Tieren gefunden. Die Salamander sind bereits seit langem als giftig bekannt. Als Haupttoxin des Hautdrüsensekretes von *Salamandra maculosa* konnte das *Salamandrin* isoliert werden, dessen endgültige Strukturaufklärung durch Röntgenstrukturanalyse gelang. Salamandrin ist ein A-Homo-Steroid, das auf das *ZNS* wirkt. Der Tod tritt durch Atemlähmung ein.

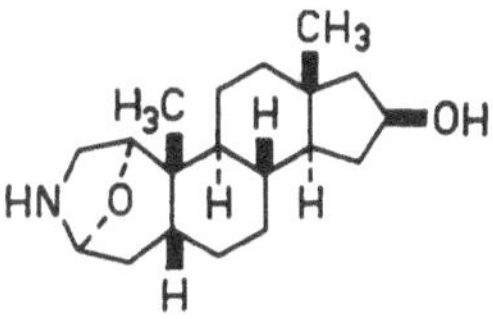

Salamandrin

Eine außerordentlich interessante Verbindung ist das aus dem kolumbianischen Pfeilgiftfrosch *Phyllobates aurotaenia* isolierte *Batrachotoxin*. Batrachotoxin ist ein in seiner Struktur ungewöhnliches Pregnanderivat, dessen Hydroxygruppe in 20-Stellung mit einer Pyrrol-3-carbonsäure verestert ist.

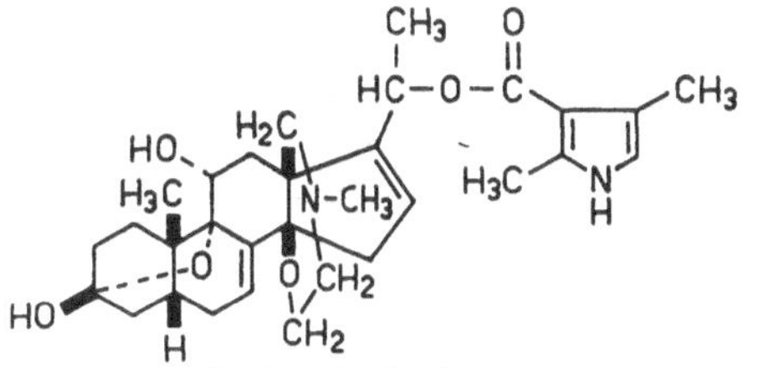

Batrachotoxin

Die Struktur dieses Steroidalkaloids konnte endgültig durch Röntgenstrukturanalyse eines nur 0,1 mm langen Kristalls (Karle) aufgeklärt werden. Batrachotoxin gehört zu den stärksten Cardiotoxinen. Es kommt durch Batrachotoxin zu einer irreversiblen Blockierung der Nervenendplatten. Als Antagonist wirkt das Tetrodotoxin (S. 566).

8.3.4. *Steroidsynthesen*

Von den Steroiden werden die herzwirksamen Glykoside und die Steroidhormone therapeutisch in außerordentlich breitem Umfang eingesetzt. Während die herzwirksamen Glykoside auch heute noch — trotz erfolgreicher Partialsynthesen — ausschließlich aus pflanzlichem Material gewonnen werden, eignen sich die Hormondrüsen nicht für eine Gewinnung der Steroidhormone (S. 417). Verschiedene partialsynthetische Abwandlungsprodukte der natürlichen Steroidhormone sind außerdem aufgrund ihrer stärkeren (z. B. bestimmte Corticoide) oder spezifischeren Wirkung (z. B. Anabolica) oder ihrer besseren oralen Wirksamkeit (z. B. 17α-Alkylderivate) besser für den therapeutischen Einsatz geeignet als ihre natürlichen Vorbilder. Aus diesen Gründen werden die Steroidhormone bzw. ihre Derivate heute ausschließlich partial- oder totalsynthetisch gewonnen.

8.3.4.1. *Partialsynthesen*

Für ökonomisch vertretbare Partialsynthesen werden möglichst billige Rohstoffe benötigt. Als Ausgangsmaterial dient vor allem das in größerer Menge aus *Dioscorea*-Wurzeln isolierbare Diosgenin (Hauptproduktionsland ist Mexiko). Wesentlich teurer ist das Cholesterol, das aus dem Rückenmark der Rinder oder dem Wollwachs der Schafe gewonnen werden kann. Als Ausgangsprodukte für Steroidpartialsynthesen dienen ferner Gallensäuren, das in afrikanischen Pflanzen vorkommende Saponin Hecogenin sowie das aus Sojabohnen oder Zuckerrohrwachs isolierbare Phytosterol Stigmasterol.

In Formelübersicht 8–7 sind schematisch einige von Diosgenin ausgehende Partialsynthesen dargestellt. Wichtige und auch handelsübliche Zwischenprodukte sind

16-Dehydropregnenolon (3β-Hydroxy-pregna-5,16-dien-20-on),

Pregnenolon (3β-Hydroxy-pregn-5-en-20-on), das auch aus Stigmasterol gebildet werden kann,

Androstenolon (3β-Hydroxy-androst-5-en-17-on), für das auch Cholesterol als Ausgangsmaterial dienen kann, und

REICHSTEINS Substanz S (17α,21-Dihydroxy-pregn-5-en-20-on = Cortexolon).

Die einzelnen Umwandlungen können chemisch oder mikrobiologisch erfolgen. Auf einige der wichtigsten Umwandlungen soll auf den folgenden Seiten eingegangen werden.

8.3.4.1.1. Chemische Umwandlungen

Abbau der Seitenkette

Alle Rohstoffe biogener Herkunft enthalten am C-17 eine Seitenkette, die vor Veränderungen am Steroidgrundgerüst auf 2 C-Atome verkürzt (Pregnan-Reihe) oder ganz entfernt werden muß (Androstan- und Estran-Reihe).

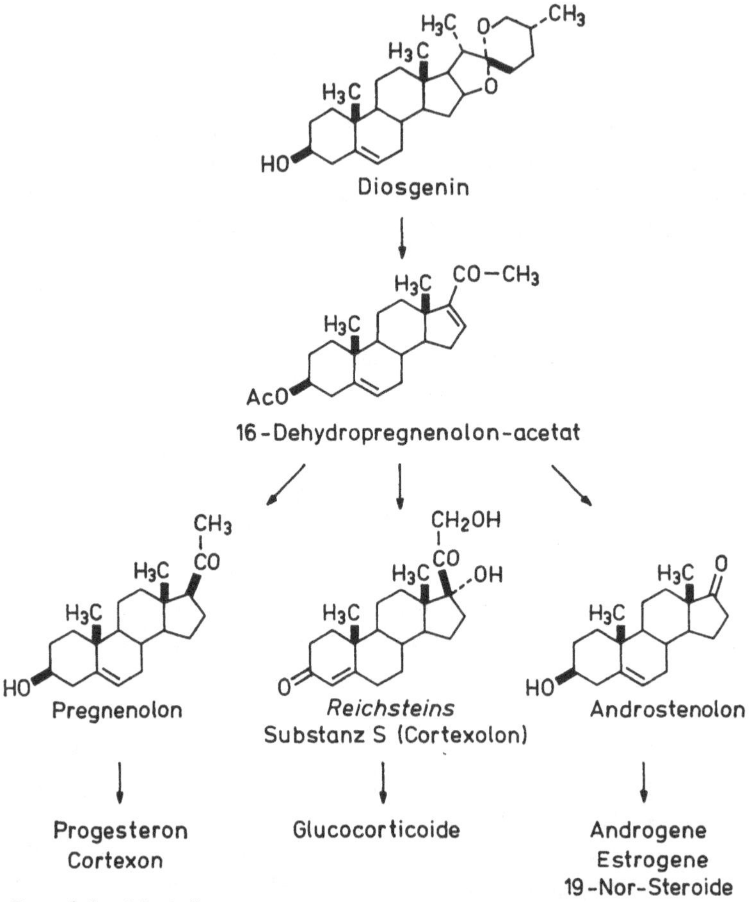

Formelübersicht 8–7

Schematische Darstellung von Steroidpartialsynthesen, ausgehend von Diosgenin.

Beim Abbau des Diosgenins nach Marker wird zunächst das Ketal durch Erhitzen mit Essigsäureanhydrid unter Eliminierung gespalten. Die Doppelbindung in 20,22-Stellung wird dann mit Chromsäure und der so entstandene Säurerest durch Essigsäure unter Bildung von 3β-Acetoxy-pregna-5,16-dien-20-on (*29*) abgespalten.

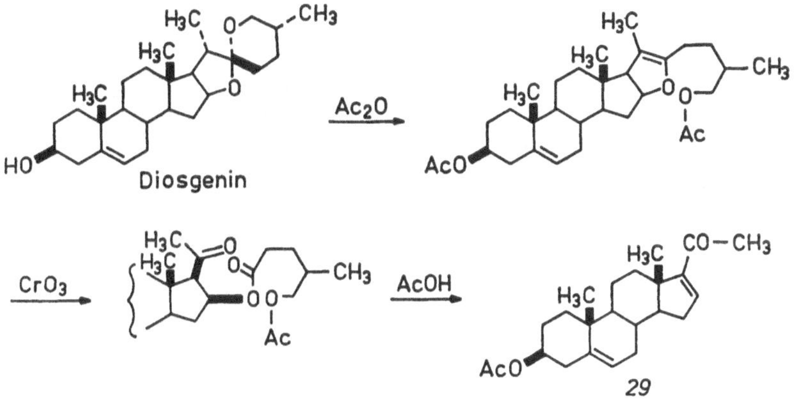

Der Abbau der Seitenkette von Sterolen läßt sich chemisch in höheren Ausbeuten nur bei Vorliegen einer Doppelbindung in der Seitenkette realisieren. So kann die Seitenkette des Ergosterols durch Ozonspaltung abgebaut werden:

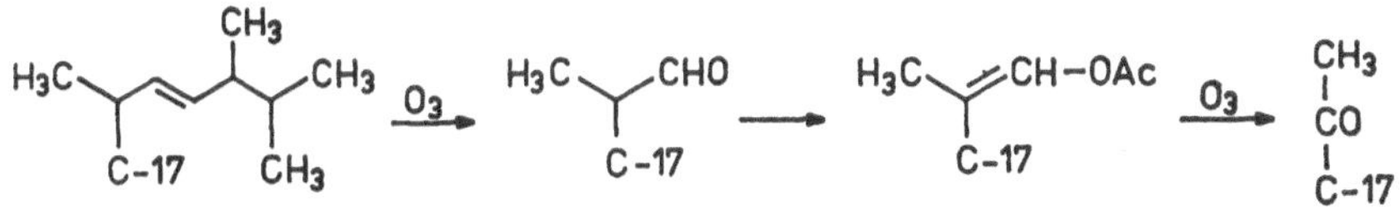

Die Seitenkette des Cholesterols wird vorteilhafter mikrobiologisch abgebaut.

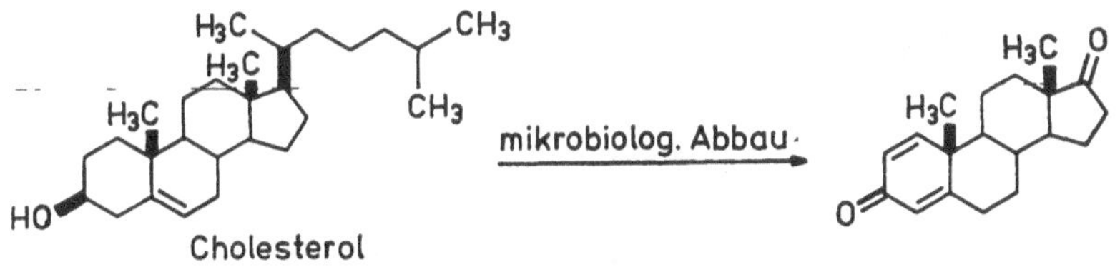

Oxidationen und Reduktionen

Sekundäre Alkohole lassen sich zu Ketonen oxidieren. Aufgrund der unterschiedlichen Reaktivität äquatorialer und axialer Hydroxygruppen können solche Oxidationen bei Vorliegen mehrerer Hydroxygruppen unter Einhaltung bestimmter Bedingungen auch selektiv durchgeführt werden. Als Oxidationsmittel werden Chrom(VI)-Verbindungen, Mangan(VI)-oxid oder N-Bromsuccinimid eingesetzt.

Chrom(VI)-Verbindungen und N-Bromsuccinimid oxidieren axiale Hydroxygruppen schneller als äquatoriale. Dagegen werden durch die viel angewandte Oppenauer-Oxidation äquatoriale Hydroxygruppen schneller als axiale oxidiert. Zur Durchführung der Oppenauer-Oxidation wird das Hydroxysteroid in Gegenwart eines Aluminiumalkoxids (z. B. Aluminiumisopropylat) mit einem Keton (z. B. Cyclohexanon) umgesetzt. Unter Hydrierung des Ketons entsteht das entsprechende Oxosteroid. Die Oppenauer-Oxidation beruht auf einer Hydrid-Übertragung vom C-Atom der sekundären Hydroxygruppe auf die Carbonylgruppe des Ketons. Zur Umwandlung von Carbonylgruppen in — vorwiegend äquatoriale — Hydroxygruppen dient vor allem $NaBH_4$.

Alkylierungen

Durch Einführung einer Methyl- oder Ethinylgruppe in 17α-Stellung entstehen oral wirksame Steroidhormone. Diese 17α-Alkylierung kann durch Umsetzen eines 17-Ketosteroids mit einer Grignard-Verbindung (CH_3MgI) bzw. mit K-acetylid in flüssigem Ammoniak erfolgen.

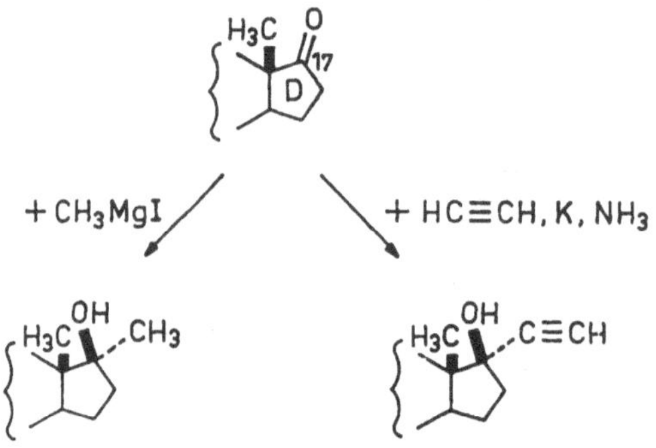

(vgl. Methyltestosteron) (vgl. Ethinylestradiol)

In der Corticoidreihe kann die biologische Aktivität durch eine 16α-Methylgruppe erhöht werden (vgl. Dexamethason), die ausgehend von der entsprechenden 15-Dehydro-Verbindung eingeführt werden kann.

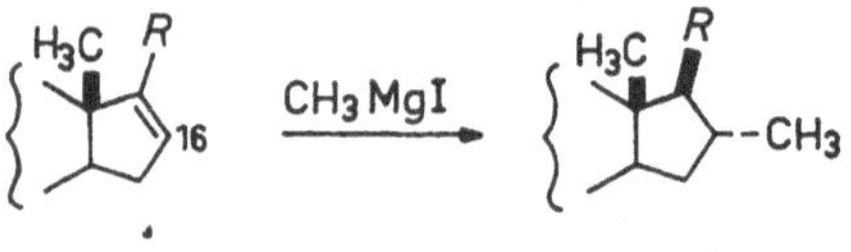

Fluorierungen

Ebenfalls in der Corticoidreihe spielt die Einführung eines Fluoratoms eine größere Rolle (vgl. Dexamethason). Ein Fluoratom in 9α-Stellung wird durch Umsetzen einer 9,11-Epoxy-Verbindung mit HF erhalten.

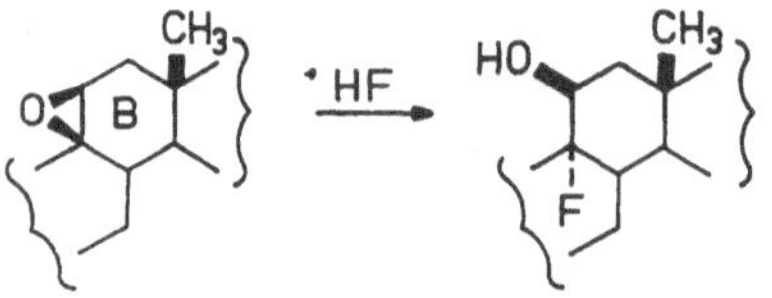

Dehydrierung, Aromatisierung des Ringes *A*

Zur Partialsynthese der Estrogene muß der Ring *A* unter Abspaltung der Methylgruppe in 10-Stellung aromatisiert werden. Dabei wird von 1,4-Dien-3-onen ausgegangen, deren

Doppelbindung in 1-Stellung vorteilhaft mikrobiologisch eingeführt wird. 1,4-Dien-3-one werden auch durch Dehydrierung von 4-En-3-onen (*30*) mit 2,3-Dichlor-5,6-dicyano-benzo-1,4-chinon (DDQ) gebildet. Dagegen entstehen mit Tetrachlor-benzo-1,4-chinon (Chloranil) die entsprechenden 4,6-Dien-3-one.

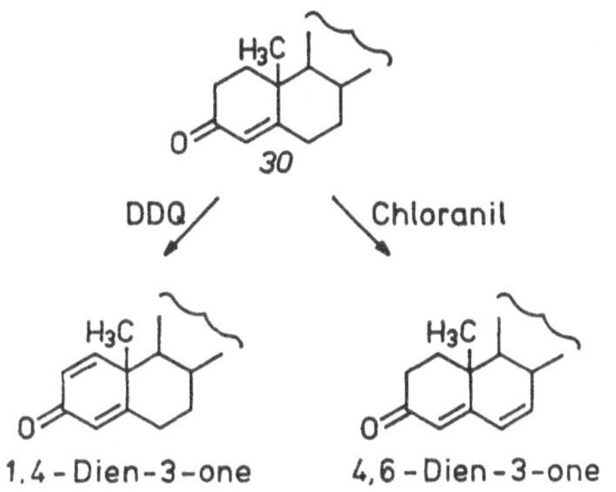

Die erste Methode zur Aromatisierung des Ringes *A* unter Abspaltung der Methylgruppe am C-10 war eine thermisch ausgelöste radikalische Reaktion, die INHOFFEN 1941 zur Synthese des Estradiols einsetzte. Bei niedrigeren Temperaturen erfolgt, z. B. in Gegenwart von Li in Biphenyl-Lösung, eine ionische Aromatisierung.

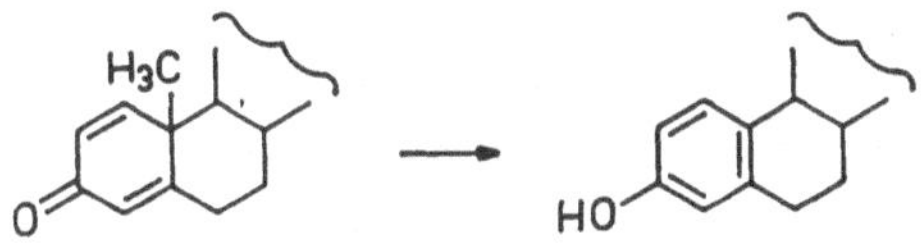

Eine durch Säure katalysierte Dienon-Phenol-Umlagerung führt unter Spaltung der Bindung C-9/C-10 und Neuverknüpfung C-9/C-4 zu 1-Hydroxy-4-methyl-Derivaten (*31*) bzw. unter Wanderung der Methylgruppe vom C-10 zum C-1 zu 1-Methyl-3-hydroxy Derivaten (*32*).

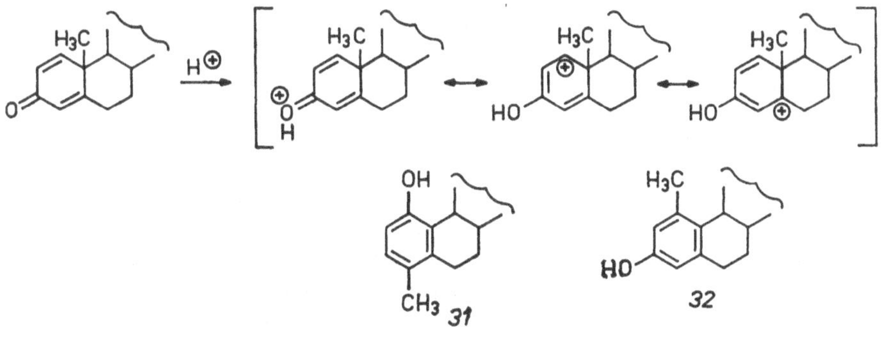

Synthese von 19-Nor-Steroiden

Die Estrogene dienen wiederum zur Synthese von 19-Nor-Steroiden. Zur Reduktion des aromatischen Ringes wird das Verfahren nach BIRCH herangezogen. Bei der BIRCH-Reduktion wird das Estrogen als 3-O-Methylether mit Li/Ethanol in flüssigem Ammoniak behandelt. Die Reduktion verläuft über ein 3-Methoxy-2,5(10)-dien (*33*) und 5(10)-En-3-on (*34*). Dabei werden die entsprechenden 19-Nor-Steroide in Ausbeuten von 70 bis 80% gebildet.

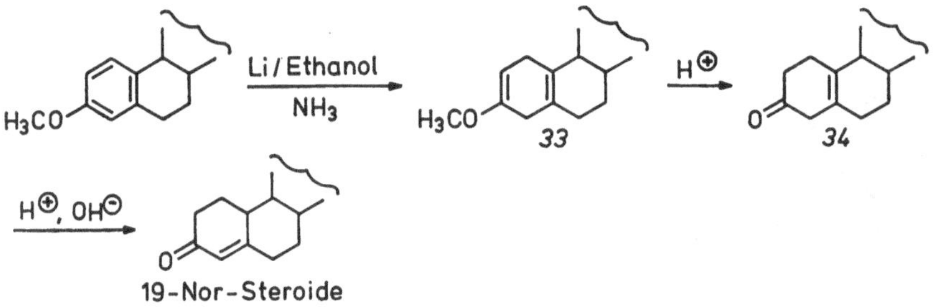

8.3.4.1.2. *Mikrobiologische Umwandlungen*

Mikroorganismen können exogene Steroide in vielfältiger Weise verändern, vor allem durch

- Spaltung und Verknüpfung von C—C-Bindungen (z. B. Öffnung von einzelnen Ringen, Abbau der Seitenkette am C-17),
- Einführung, Verlagerung oder Hydrierung von Doppelbindungen,
- Einführung, Oxidation, Abspaltung oder Veresterung von Hydroxygruppen sowie
- Bildung und Hydrierung von Carbonylgruppen.

Von praktischer Bedeutung für Partialsynthesen im Laboratorium oder in der pharmazeutischen Industrie sind diese mikrobiologischen Umwandlungen dann, wenn

entsprechende chemische Umwandlungen nicht oder nur sehr aufwendig und dann in zu geringer Ausbeute durchgeführt werden können oder

höhere Anforderungen an die Selektivität gestellt werden, die durch chemische Umwandlungen nicht erfüllt werden können (z. B. 11α-Hydroxylierung).

Zur Durchführung der Reaktion wird das Steroid in einem mit Wasser mischbaren organischen Lösungsmittel gelöst und der Kulturlösung geeigneter Mikroorganismen zugegeben. Nach einigen Tagen wird dann nach erfolgreicher Umwandlung das Steroid mit einem organischen, mit Wasser nicht mischbaren Lösungsmittel extrahiert.

Industrielle Bedeutung haben vor allem

- Hydroxylierungen in 11 (α oder β), 16 (α oder β), 17α- und 21-Stellung (Synthese von Corticoiden),
- Einführung einer Doppelbindung in 1-Stellung (Synthese von Corticoiden),
- Hydrierung einer Carbonyl- zu einer Hydroxygruppe sowie
- Abspaltung der Seitenkette am C-17. Der Abbau der Seitenkette des Cholesterols oder β-Sitosterols ist mikrobiologisch in Ausbeuten von über 70% gelungen.

8.3.4.2. *Totalsynthesen*

Durch die steigenden Preise der Rohstoffe für die Steroidpartialsynthesen auf der einen Seite und die Fortschritte insbesondere auf dem Gebiet der stereospezifischen Synthesen auf der anderen Seite gewinnen Steroidtotalsynthesen zunehmend an Interesse. Bereits gegenwärtig wird ein nicht unbeträchtlicher Anteil an Estrogenen totalsynthetisch gewonnen. Bei den Steroidtotalsynthesen können mehrere strategische Varianten unterschieden werden:

1. Bildung aller 4 Ringe in einem Reaktionsschritt (→ *ABCD*) durch stereospezifische Cycloaddition in Analogie zur Biosynthese (vgl. S. 451). Diese Variante ist bisher noch nicht industriell verwertbar.
2. Start der Synthese von vorgefertigten 1- oder 2-Ring-Einheiten. Dabei können wiederum 2 Varianten unterschieden werden. Bei der *linearen Synthese* geht man von einem Ringsystem aus, an das nach und nach die anderen Ringe angegliedert werden (z. B. *AB* → *ABC* → *ABCD*). Im Unterschied dazu werden bei einer *konvergierenden Synthese* 2 cyclische Bausteine getrennt synthetisiert und schließlich in einem späteren Reaktionsschritt miteinander kombiniert (z. B. *AB* + *D* → *ABD* → *ABCD*). Die letztere Methode ist vorteilhafter und wird heute meist angewandt, weil die „Montage" zum teuren Endprodukt hinausgezögert wird.

Folgende Wege für die Totalsynthese von Steroiden sind realisiert worden:

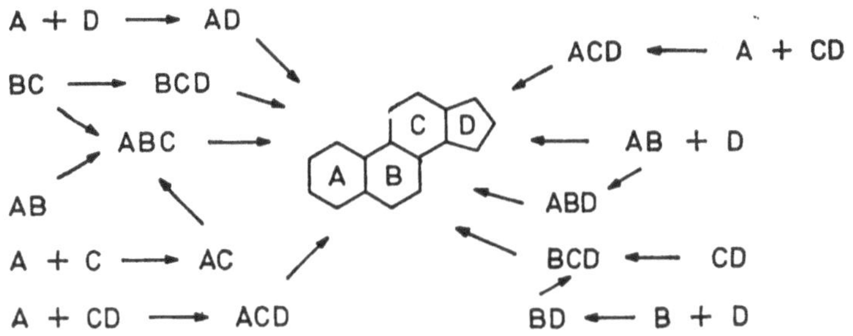

Die erste erfolgreiche Totalsynthese eines Steroids war die Synthese des Equilenins (1939: Bachmann). Es handelte sich um eine lineare Synthese der Variante *AB* → *ABC* → *ABCD*:

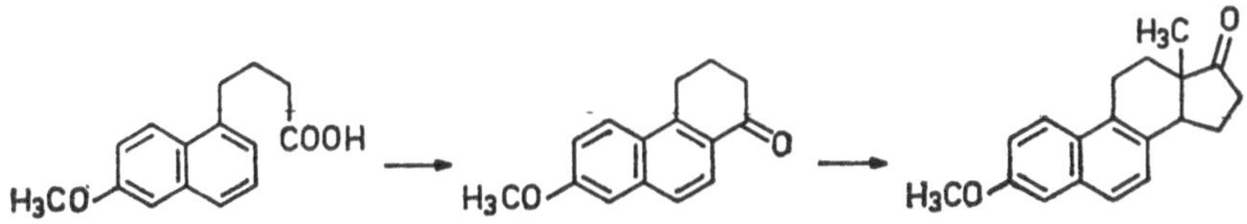

Wesentlichen Anteil an der Erarbeitung wirtschaftlicher Totalsynthesen haben die Arbeitsgruppen um Velluz, H. Smith sowie Torgov und Anachenko. Voraussetzung für eine wirtschaftliche Synthese ist eine möglichst frühe Racematspaltung sowie eine hohe Stereospezifität auf jeder Synthesestufe. Durch die Racematspaltung bereits nach der Einführung des ersten Chiralitätszentrums wird die Stereospezifität der folgenden Syntheseschritte erhöht.

Bei einer konvergierenden Synthese des Typs *D* → *CD* $\xrightarrow{+A}$ *ACD* → *ABCD*, die auf Crispin und Whitehurst sowie Hughes und Smith zurückgeht, wird von 2-Methylcyclopenta-1,3-dion (*35*) als Ring *D*-Baustein ausgegangen. Dieses CH-azide cyclische Keton wird in Form einer Michael-Addition basenkatalysiert an ein α,β-ungesättigtes Keton (Methylvinylketon) angelagert. In Gegenwart von L-Prolin erfolgt der Ringschluß zum *CD*-Baustein *36* asymmetrisch unter Bildung des gewünschten, optisch reinen Derivates mit *S*-Konfiguration. Nach Cyclisierung zum *CD*-Baustein wird die Ring *A*-

Komponente als 3-Methoxyphenylethylbromid angefügt und schließlich zum fertigen Steroid cyclisiert.

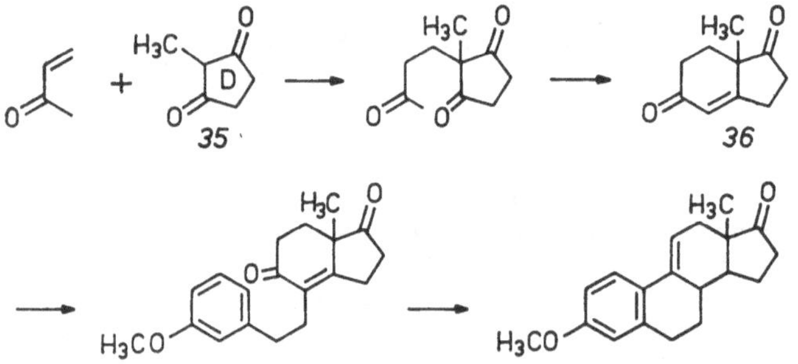

Bei der auf Torgov sowie Windholz zuückgehenden Variante $AB \xrightarrow{+D} ABD \rightarrow ABCD$ wird ebenfalls von dem 2-Methyl-cyclo-penta-1,3-dion als *D*-Komponente ausgegangen. Dieses Keton wird säurekatalysiert (Torgov-Reaktion) an den Allylalkohol *37* addiert, der über eine Grignard-Synthese aus dem entsprechenden Keton zugänglich ist.

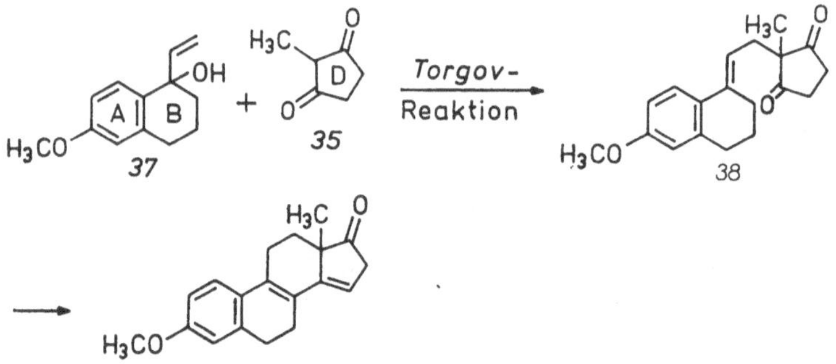

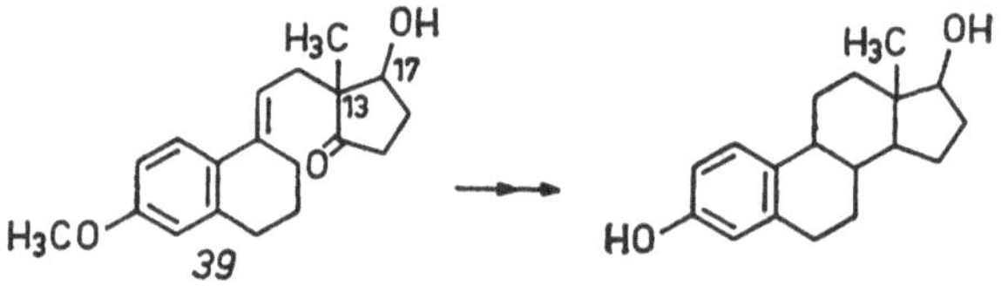

Durch mikrobiologische asymmetrische Reduktion läßt sich *38* in Ausbeuten bis zu 75% zu der Verbindung *39* reduzieren, bei der die C-Atome 13 und 17 bereits die Konfiguration der natürlichen Steroide besitzen.

Auch für die Einführung der Methylgruppe in 10-Stellung und den Aufbau der Seitenkette am C-17 (Synthese von Pregnan-Derivaten) wurden bereits zahlreiche Methoden beschrieben.

9. Aromatische Verbindungen

9.1. Allgemeine Einführung

Carbocyclische aromatische Verbindungen sind in Mikroorganismen, Pflanzen und Tieren weit verbreitet. Die Biosynthese dieser Verbindungen erfolgt überwiegend auf zwei Wegen. Der erste Weg geht aus vom Kohlenhydratstoffwechsel und verläuft über die Shikimisäure (*Shikimisäure-Weg*). Dieser Weg wird vor allem von der höheren Pflanze beschritten.

Der zweite Weg schließt sich dagegen an die Fettsäuresynthese an. Im Unterschied zur Fettsäuresynthese jedoch werden die durch aufeinanderfolgende Anknüpfung von C_2-Einheiten (Acetat) entstehenden Ketocarbonsäure-Derivate nicht reduziert, sondern als Polyketo-Verbindungen zu mono- bis polycyclischen aromatischen Verbindungen cyclisiert (*Polyketid-Weg*). Der Polyketid-Weg wird vorzugsweise von Mikroorganismen beschritten.

In einigen Fällen dienen auch isoprenoide Verbindungen als Ausgangsstoffe für die Biosynthese von Aromaten (z. B. Synthese von Thymol oder den Estrogenen).

Der tierische Organismus kann nur in Ausnahmefällen aromatische Verbindungen synthetisieren. Eine solche Ausnahme stellt die Synthese der Estrogene dar. Tiere sind auf die Zufuhr essentieller aromatischer Verbindungen (aromatische Aminosäuren, Vitamine) mit der Nahrung angewiesen. Wahrscheinlich ist die Fähigkeit zur Synthese aromatischer Verbindungen durch die heterotrophe Ernährungsweise der Tiere verlorengegangen.

9.1.1. *Oxidative Kupplung von Phenolen*

Die meisten der nach den verschiedenen Biosynthese-Wegen gebildeten aromatischen Verbindungen enthalten phenolische Hydroxygruppen. Die nach dem Polyketid-Weg entstandenen Verbindungen sind häufig noch durch eine 1,3-Stellung der Sauerstofffunktionen erkenntlich.

Phenole können leicht zu Arylradikalen oxidiert werden. Das ungepaarte Elektron dieser Radikale ist delokalisiert (Formelübersicht 9–1). Die höchste Spindichte wird am O-Atom und in p-Stellung zum O-Atom gefunden. Besonders stabil sind die Radikale des Hydrochinons (Semichinon), die *ESR*-spektroskopisch nachweisbar sind.

Die Arylradikale dimerisieren sehr leicht unter Ausbildung von C—C oder C—O-Bindungen (Formelübersicht 9–1). Diese oxidative Kupplung kann intermolekular oder bei größeren Verbindungen auch intramolekular (z. B. bei Alkaloiden) stattfinden. Intermolekulare C—O-Kupplungen finden nur dann statt, wenn eine C—C-Kupplung sterisch

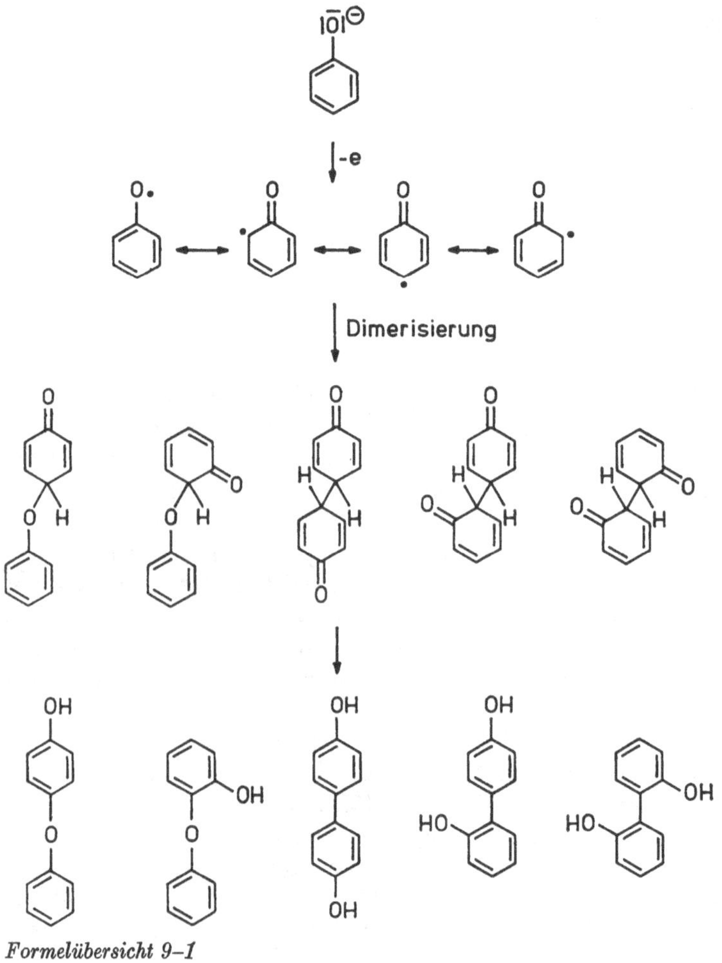

Formelübersicht 9–1

Bildung und Dimerisierung von Arylradikalen.

behindert ist. Eine C—O-Kupplung z. B. tritt bei der Biosynthese des Thyroxins (S. 412) auf.

Die oxidative Kupplung von Phenolen spielt eine Rolle u. a. bei der Bildung der Bisanthrachinone, des Lignins und der Lignane, der Gerbstoffe und vieler Alkaloide. Sie ist ferner die Schlüsselreaktion bei dem Braunwerden angeschnittener Früchte und bei der Teebereitung. An der Oxidation der Phenole sind die Enzyme Monophenolmonooxygenase (Laccase, Tyrosinase) und Peroxidase beteiligt.

9.1.2. Shikimisäure-Weg

Die Biosynthese der Shikimisäure geht aus von Erythrose-4-phosphat, aus dem durch Reaktion mit Phosphoenolpyruvat die Heptose 3-Desoxy-D-arabino-heptulosonsäure-7-phosphat (vgl. Formelübersicht 9–2) gebildet wird. Deren Cyclisierung führt zur 5-Dehydrochinasäure, aus der die *Shikimisäure*, aber auch die in Pflanzen weit verbreitete *Chinasäure* entsteht.

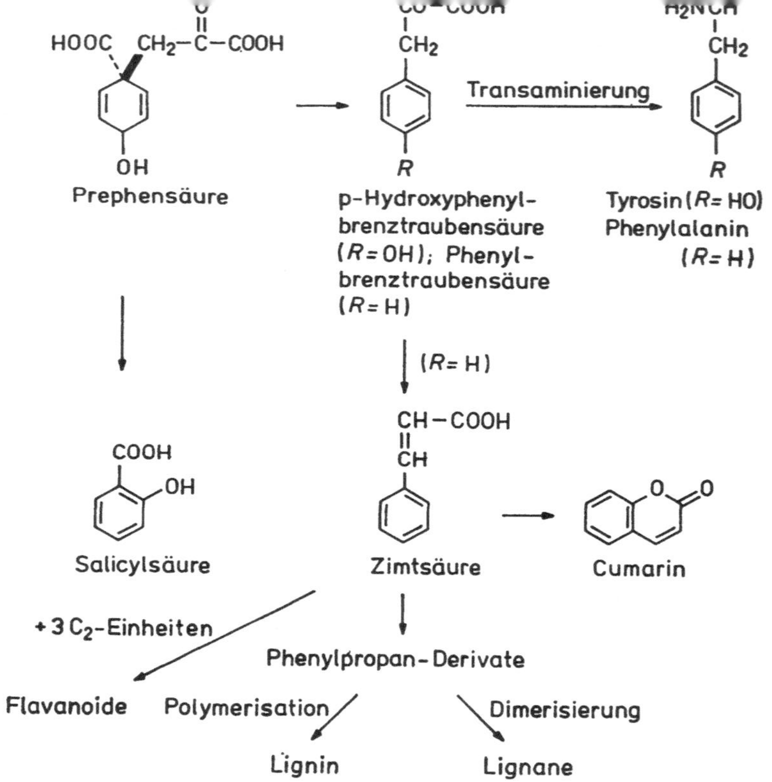

Formelübersicht 9–2

Shikimisäure-Weg zur Biosynthese von Aromaten.

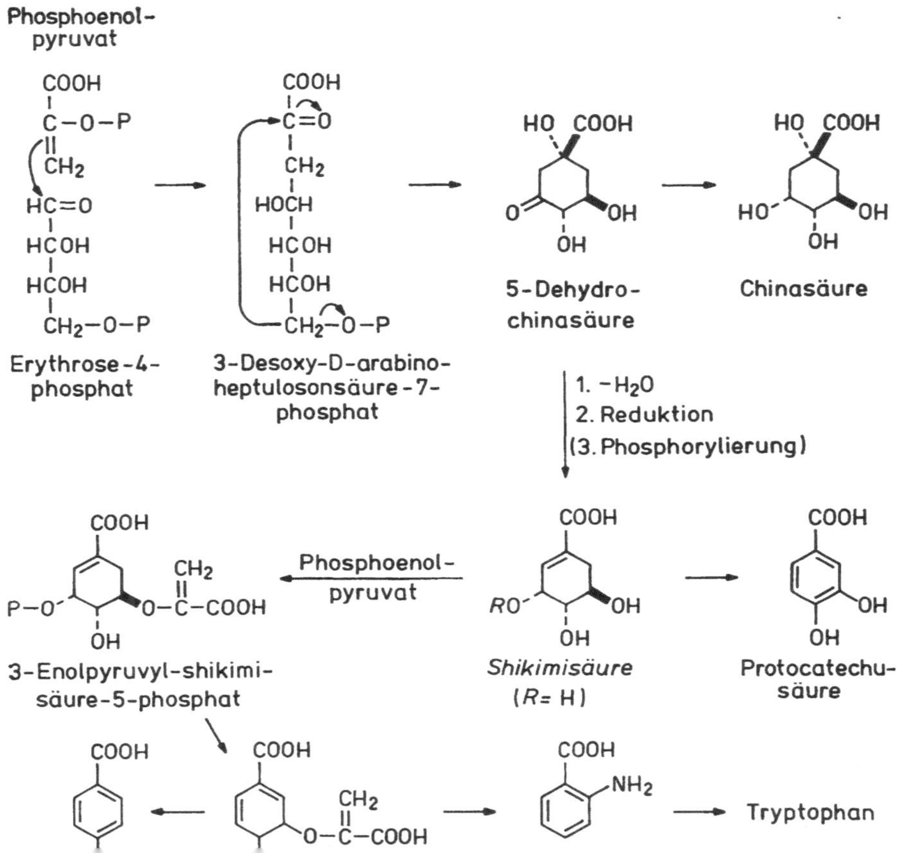
Phosphoenol-pyruvat
Erythrose-4-phosphat
3-Desoxy-D-arabino-heptulosonsäure-7-phosphat
5-Dehydro-chinasäure
Chinasäure
1. −H2O
2. Reduktion
(3. Phosphorylierung)
Phosphoenol-pyruvat
3-Enolpyruvyl-shikimi-säure-5-phosphat
Shikimisäure
(R= H)
Protocatechu-säure
Tryptophan

Chinasäure kommt in der Chinarinde sowie in 3-Stellung mit Kaffeesäure verestert als *Chlorogensäure* im Kaffee vor.

Von der Shikimisäure leiten sich zahlreiche in Pflanzen vorkommende Aromaten ab, so die Protocatechusäure.

Vom Shikimisäure-Weg zweigt auch die Biosynthese der *Gallussäure* ab, die Bestandteil der hydrolysierbaren Gerbstoffe (Kap. 9.4.2.) ist.

Nach Phosphorylierung wird aus der Shikimisäure die *Chorisminsäure* gebildet, aus der durch Umlagerung die chinoide *Prephensäure* bzw. über die Anthranilsäure die essentielle Aminosäure Tryptophan entstehen.

Die Prephensäure ist Ausgangsprodukt für die Biosynthese vieler aromatischer Verbindungen (vgl. Formelübersicht 9–2), u. a. der essentiellen Aminosäuren Phenylalanin und Tyrosin.

9.1.3. Polyketid-Weg

Unter Polyketiden werden aromatische Naturstoffe verstanden, die über Polyketosäuren als Intermediate gebildet werden. Da β-Ketosäurederivate auch als Intermediate bei der Fettsäuresynthese gebildet werden (S. 288), bestehen enge Beziehungen zwischen der Biosynthese der Fettsäuren und der dieser aromatischen Verbindungen. Dieser Weg der Biosynthese aromatischer Verbindungen wird fast ausschließlich von freilebenden oder in den Flechten in Symbiose mit Algen lebenden Pilzen begangen.

Durch Versuche mit radioaktiven Precursoren konnte gesichert werden, daß die Bildung derartiger linearer β-Polyketosäuren durch wiederholte Reaktion von Acetyl-CoA mit Malonyl-CoA erfolgen muß. Als Start-Molekül dient Acetyl-CoA, jedoch können auch andere Säuren beteiligt sein, so die Zimtsäure bei der Biosynthese der Flavanoide oder die n-Capronsäure bei der der Cannabinoide.

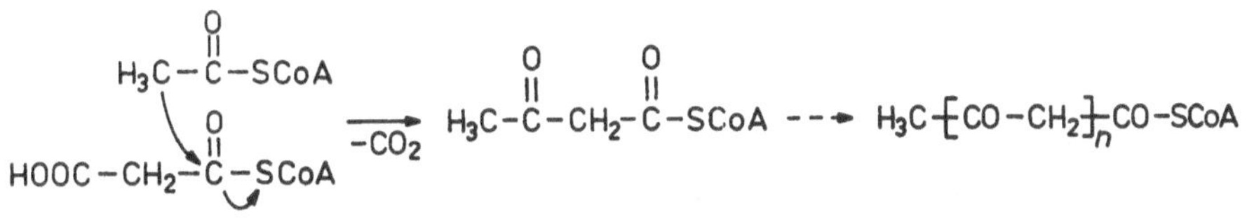

Die als Intermediate angenommenen Polyketosäure-Derivate $H_3C—CO—(CH_2—CO)_n—CH_2—COOH$ konnten allerdings — wahrscheinlich aufgrund ihrer Labilität — noch nicht isoliert werden.

Im Verlaufe der Fettsäuresynthese werden die β-Ketosäure-Derivate durch Reduktion in Fettsäurereste übergeführt, bei der Synthese der Polyketide dagegen durch intramolekulare Kondensationen unter Aromatisierung cyclisiert.

Ein derartiger Polyacetat-Weg zur Synthese von Aromaten wurde zuerst von Collie 1907 vermutet. Eine wesentliche Rolle bei der Aufklärung dieses Bildungsweges haben dann vor allem die Arbeiten von Birch und Robinson gespielt.

Als Cyclisierungsreaktionen werden insbesondere die Aldolreaktion und die Claisen-Kondensation diskutiert. Die Formelübersicht 9–3 zeigt einige von einem Tetraketid ausgehende Bildungsmöglichkeiten für benzoide Aromaten.

Bei den nativen Polyketiden kann das ursprüngliche Hydroxygruppen-Muster durch sekundäre Reaktionen verändert sein. So können Hydroxygruppen fehlen oder zu-

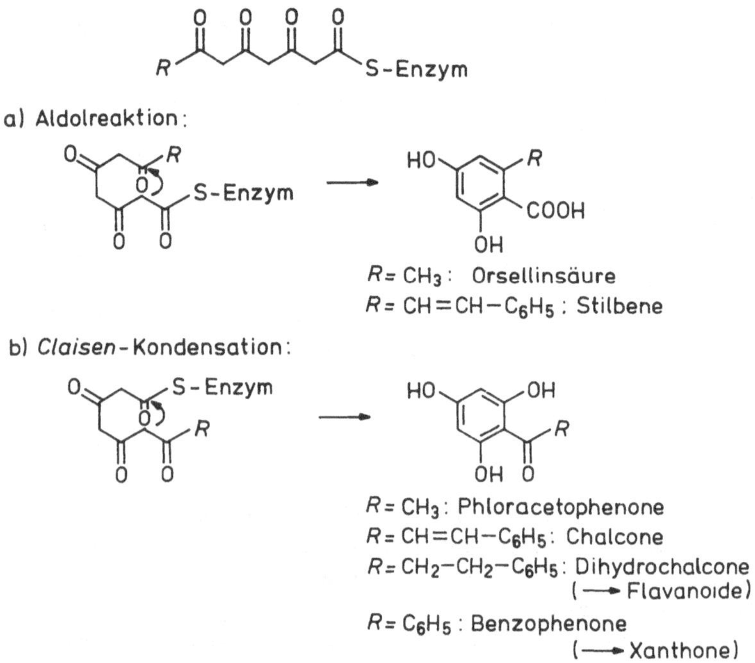

Formelübersicht 9–3

Angenommene Biosynthese-Wege ausgehend von β-Triketo-Verbindungen.

sätzlich enthalten sein sowie Alkylierungen oder sogar Chlorierungen (Griseofulvin, Chlortetracyclin) eingetreten sein.

Wertvolle Erkenntnisse zum Polyketid-Weg konnten aus biomimetischen Synthesen gewonnen werden. Wegen der extremen Instabilität der Polyketo-Verbindungen wird für derartige Synthesen von geschützten Verbindungen ausgegangen. Als geschützte Ketone werden meist Pyrone eingesetzt. So konnten aus dem Dipyron *1*, das als geschützte Triketo-Verbindung aufgefaßt werden kann, in Abhängigkeit von den Reaktionsbedingungen folgende Produkte (s. S. 499) gebildet werden.

9.2. Phenylpropan-Derivate

9.2.1. *Einfache Phenylpropan-Derivate*

Durch Decarboxylierung entstehen aus der Prephensäure die Phenylpropan-Derivate (C_6—C_3-Verbindungen). Aus Phenylbrenztraubensäure bzw. p-Hydroxyphenylbrenztraubensäure werden durch Transaminierung die essentiellen Aminosäuren Phenylalanin bzw. Tyrosin gebildet. Zahlreiche Phenylpropan-Säuren leiten sich von der Zimtsäure ab (Tab. 9–1).

Kaffeesäure und vor allem Ferulasäure, aber auch andere Verbindungen wie Cumarin, verhindern die Samenkeimung. Derartige Keimhemmstoffe oder *Blastokoline* sind z. B. dafür verantwortlich, daß die Samen nicht bereits in der Frucht keimen.

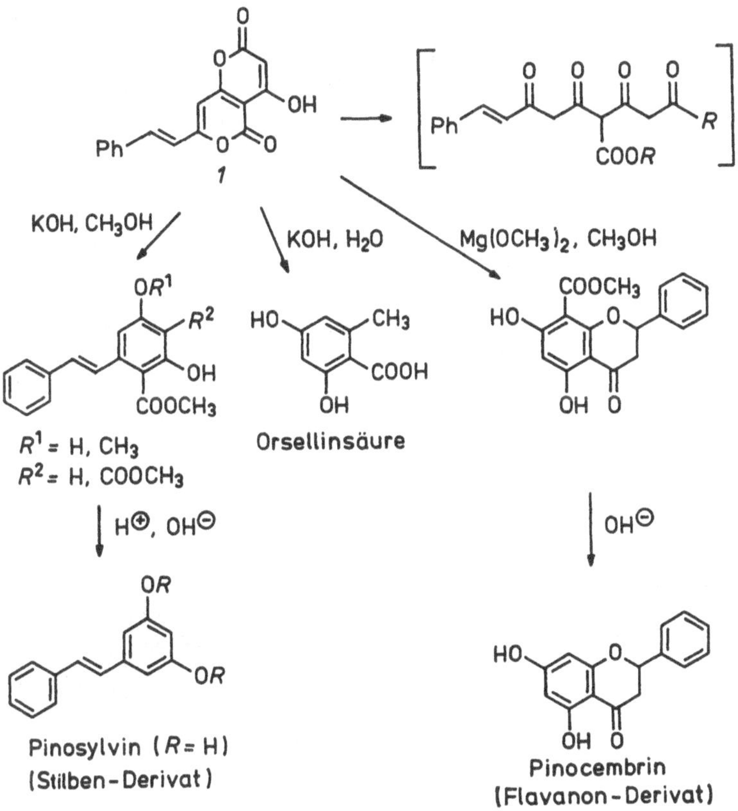

Aus Kalmusöl (Stammpflanze: *Acorus calamus*) wurde *β-Asaron* isoliert, das auf Insekten als Chemosterilans wirkt.

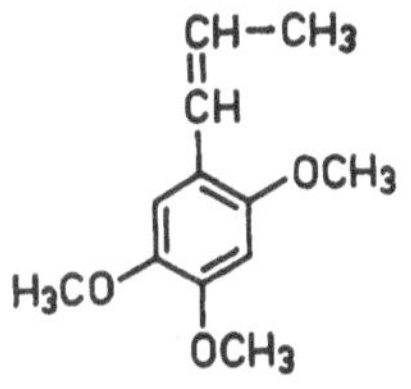

β-Asaron

Tabelle 9–1

Natürlich vorkommende substituierte Zimtsäuren

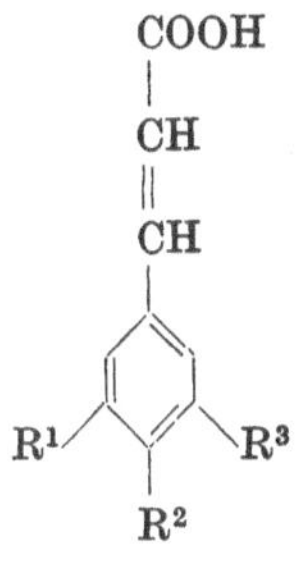

R^1	R^2	R^3	
H	H	H	Zimtsäure
H	OH	H	p-Cumarsäure
OH	OH	H	Kaffeesäure
OCH_3	OH	H	Ferulasäure
OCH_3	OH	OCH_3	Sinapinsäure

Aus den Phenylpropan-Carbonsäuren entstehen in vivo *Phenylallyl-Derivate* (Tab. 9–2). Phenylpropan-Derivate sind neben den Terpenen die wichtigsten Bestandteile der ätherischen Öle. Myristicin und weitere im ätherischen Öl der Muskatnuß enthaltene Phenylallyl-Derivate sind für die psychotrope Wirkung dieser Droge verantwortlich.

Tabelle 9–2

Natürlich vorkommende Phenylallyl-Derivate

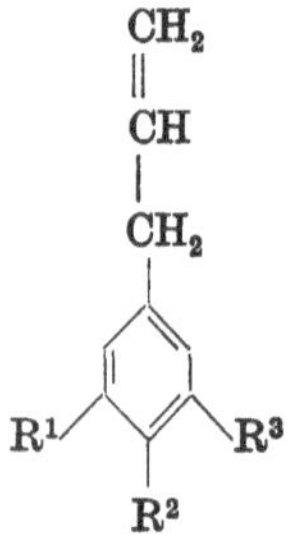

R^1	R^2	R^3		Vorkommen
H	OH	H	Chavicol	schwarzer Pfeffer
H	OCH_3	H	Estragol	Lamiaceen
OCH_3	OH	H	Eugenol	Lamiaceen (z. B. Nelkenöl)
$O-CH_2-O$		H	Safrol	Sassafrasöl
$O-CH_2-O$		OCH_3	Myristicin	Muskatnuß

Zimtsäure bzw. deren Derivate sind in der höheren Pflanze auch die Ausgangsprodukte für die Biosynthese der *Stilben-Derivate.* Stilbene entstehen durch Kondensation der Zimtsäure-Derivate mit drei Molekülen Acetat. Zahlreiche Stilbene sind estrogen wirksam (S. 420), darunter auch das aus Rhabarber-Arten (*Rheum rhaponticum*) isolierte *Rhaponticin.* Nicht estrogen wirksam sind die im Holz von Kiefern (*Pinus*) vorkommenden *Pinosylvine,* die das Holz vor Fäulnis und Insektenfraß schützen.

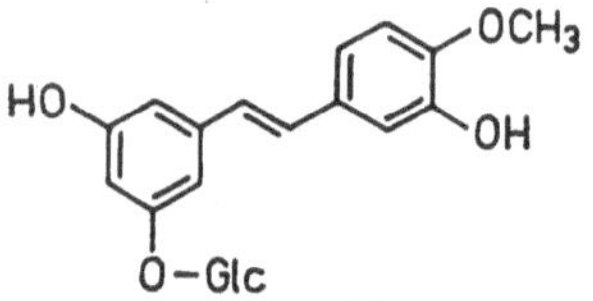

Rhaponticin

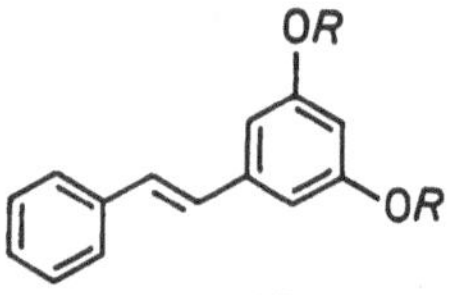

Pinosylvine (R = H, CH_3)

9.2.2. *Cumarine*

Ebenfalls von der Zimtsäure ausgehend erfolgt die Biosynthese der *Cumarine.* Cumarin selbst entsteht aus o-Cumarsäure. Das β-D-Glucosid der trans-o-Cumarsäure lagert sich unter Lichteinfluß zur entsprechenden cis-Verbindung um. Enzymatische Abspaltung des Zuckerrestes führt zur o-Cumarsäure, die spontan zum Cumarin cyclisiert. Die enzymatische Spaltung findet beim Trocknen der Pflanzen statt. Das dabei entstehende Cumarin ist für den typischen Geruch von Heu, Waldmeister und Steinklee verantwortlich. Unter der Einwirkung von Pilzen wird das Dicumarol gebildet (S. 339).

In Pflanzen kommen zahlreiche substituierte Cumarine (vgl. Tab. 9–3) vor.

Verschiedene *Furocumarine* pflanzlicher Herkunft lösen in der Zelle nach Bestrahlung mit ultraviolettem Licht photodynamische Effekte aus, die sich in einer Steigerung der Pigmentierung der Haut sowie einer Hemmung der Replikation durch Cyclobutanbildung mit den Pyrimidinbasen (*2*, vgl. S. 278) der Nucleinsäuren äußern. Zu den photodynamisch aktiven Furocumarinen gehören das *Psoralen* und das im Bergamotteöl enthaltene *Bergapten.*

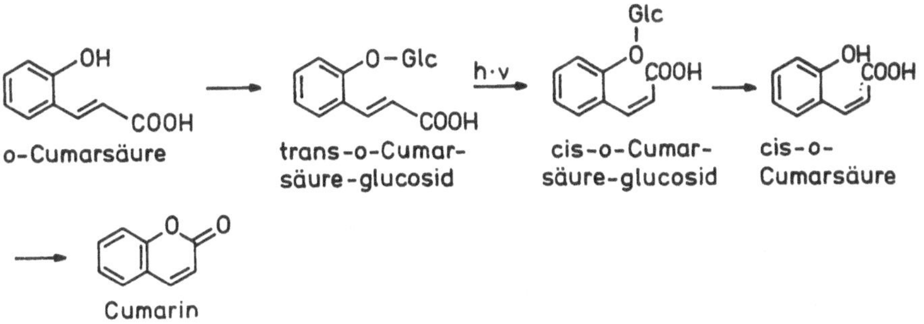

Tabelle 9–3
Natürlich vorkommende Cumarine

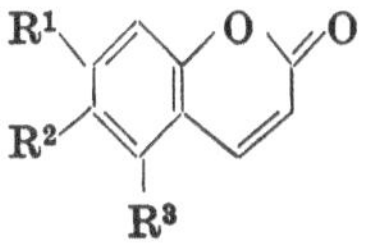

R^1	R^2	R^3	
H	H	H	Cumarin
H	OH	H	Umbelliferon
OH	OH	H	Aesculetin
OH	OCH_3	H	Scopoletin
H	OH	OH	Daphnetin

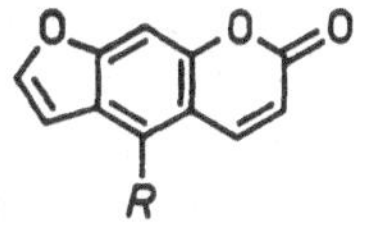

Psoralen: $R = H$
Bergapten: $R = CH_3$

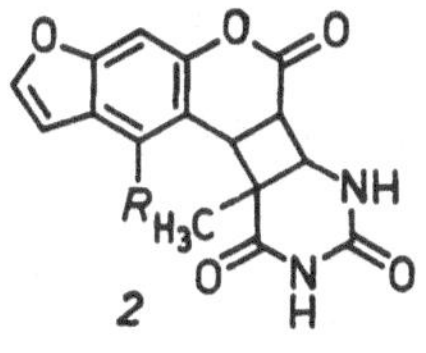

2

9.2.3. *Lignane*

Durch oxidative Kupplung entstehen die *Lignane*, bei denen 2 Phenylpropan-Einheiten über das β-Atom der Seitenkette verbunden sind. Zu den Lignanen gehört u. a. die *Nordihydroguajaretsäure* (Norguajalignan), die als Antioxidans eingesetzt wird (S. 295). Vertreter der Cyclolignane sind die Inhaltsstoffe des Podophyllin-Harzes, das aus den unterirdischen Organen der Berberidaceae• *Podophyllum peltatum* gewonnen wird. Aus der ursprünglich als Abführmittel und zur Behandlung von verschiedenen Hauterkrankungen eingesetzten Droge konnten cytostatisch wirksame Verbindungen wie das *Podophyllotoxin* und die *Peltatine* isoliert werden.

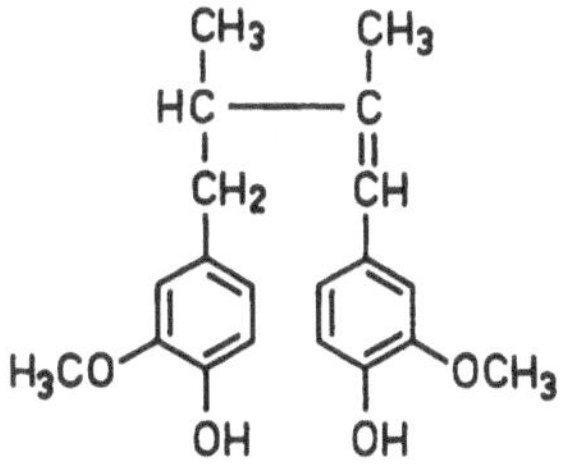

Guajaretsäure

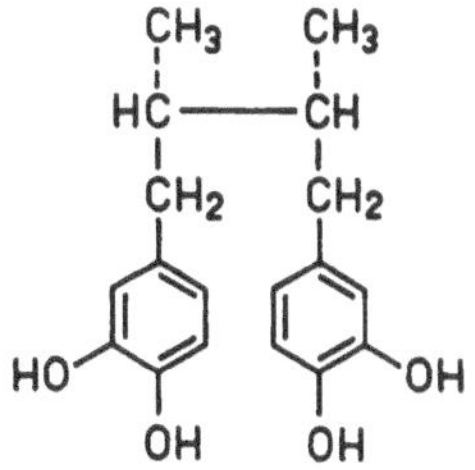

Nordihydro-guajaretsäure

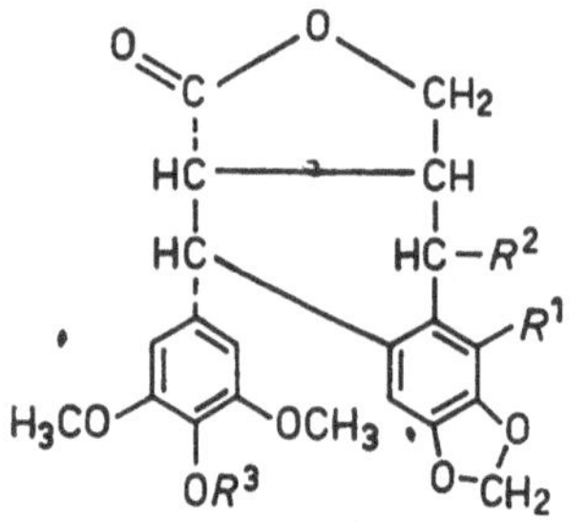

	R^1	R^2	R^3
Podophyllotoxin	H	OH	CH_3
α-Peltatin	OH	H	H
β-Peltatin	OH	H	CH_3

Therapeutisch werden partialsynthetische Derivate eingesetzt. Die Phenylpropansäuren können in vivo zu Alkoholen (p-Cumarylalkohol, Coniferylalkohol, Sinapinalkohol) reduziert werden, aus denen das Lignin (Kap. 9.2.4.) gebildet wird.

Phenylpropan-Verbindungen sind neben Acetat-Einheiten auch an der Biosynthese der Flavanoide beteiligt (S. 506).

9.2.4. Lignin

Lignin ist in den meisten höheren Pflanzen — zumindest in den Gefäßwänden und der Wurzel — enthalten und verleiht ihnen die für das Landleben erforderliche Festigkeit und Elastizität. Etwa 20—30% des Trockengewichtes verholzter Pflanzen besteht aus Lignin. Lignin ist ein amorphes Polymer, das zumindest teilweise an Polysaccharide gebunden ist.

1910 äußerte KLASON die Vermutung, daß das Lignin ein Oxidationsprodukt des Coniferylalkohols sei. Er stützte sich dabei vor allem auf Bestimmungen der Methoxygruppen und auf den oxidativen Abbau eines aus Coniferen isolierten polymeren Coniferylalkohols, der zu Vanillin führte. Bereits 1861 war aus dem Kambialsaft der Lärche (*Larix europaea*), später auch aus anderen Coniferen, das Coniferin isoliert worden, das sich als 4-β-D-Glucopyranosid des trans-Coniferylalkohols erwies.

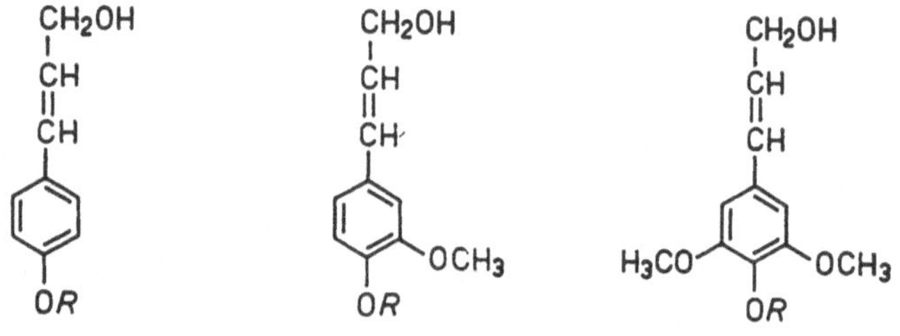

R = H: p-Cumarylalkohol — Coniferylalkohol — Sinapinalkohol
R = β-D-Glc: Cumarylalkohol-β-D-glucosid — Coniferin — Syringin

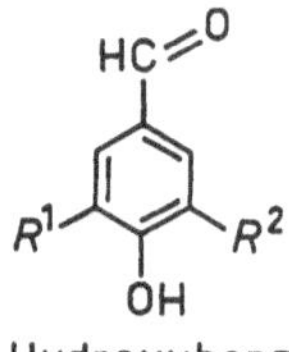

p-Hydroxybenzaldehyd (R^1, R^2 = H)
Vanillin (R^1 = H; R^2 = OCH_3)
Syringaaldehyd (R^1, R^2 = OCH_3)

Der oxidative Abbau des Lignins in alkalischer Lösung ergab für das Gymnospermenlignin Vanillin neben wenig p-Hydroxybenzaldehyd. Bei dem Lignin der Liliatae ist letzterer das Hauptoxidationsprodukt. Das Lignin der Magnoliophytina ergibt beim oxidativen Abbau Vanillin und Syringaaldehyd. Die höchsten Ausbeuten an diesen Produkten werden durch Oxidation mit Nitrobenzen bei 160 °C unter Druck erzielt.

Wesentlichen Anteil an der Strukturaufklärung des Lignins hat vor allem der Arbeitskreis um FREUDENBERG. Diesem Arbeitskreis gelang es 1948, aus Coniferylalkohol in vitro mit Hilfe der im Champignon enthaltenen Monophenol-monooxygenase ein Dehydrierungsprodukt herzustellen, das in seinen chemischen und physikalischen Eigenschaften weitgehend einem aus Fichtenholz isolierten Lignin (Milled-Wood-Lignin) entsprach. Spätere Versuche ergaben, daß radioaktiv markierter Coniferylalkohol von jungen Fichten in Lignin eingebaut wird.

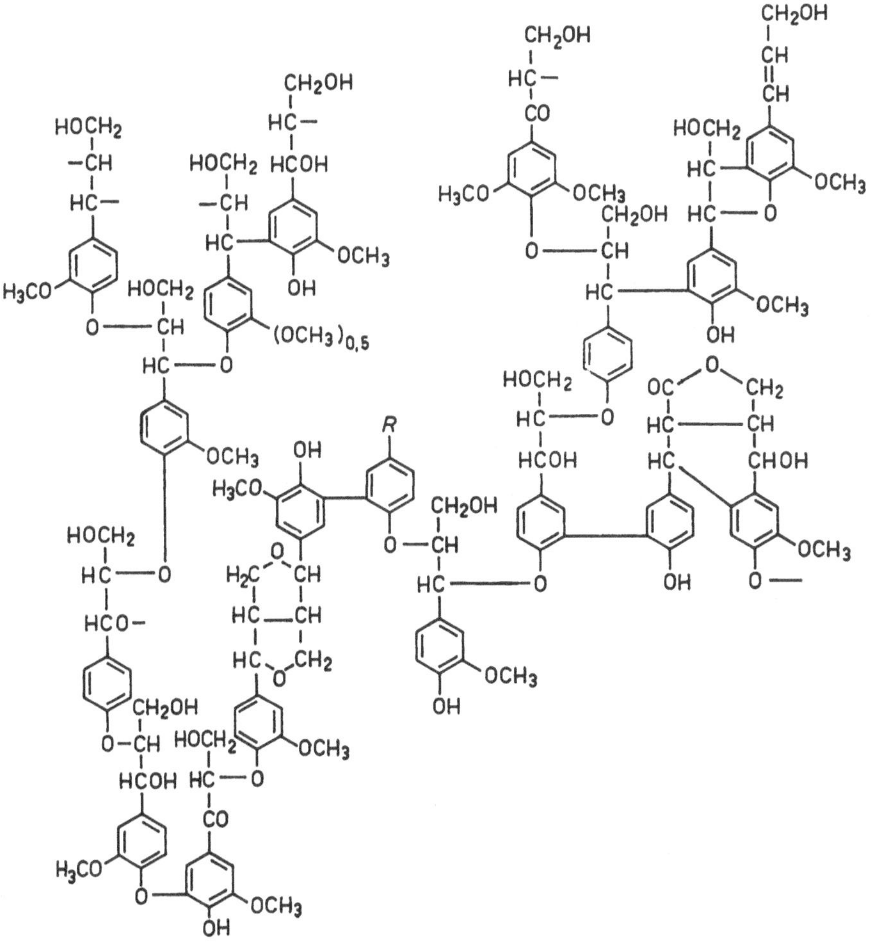

Abb. 9–1

Konstitutionsschema für das aus Coniferylalkohol und p-Cumarylalkohol gebildete Fichtenholzlignin (nach FREUDENBERG).

R = $-CH{=}CH-CHO$ bzw. $-CO-\underset{|}{C}H-CH_2OH$

Wenn die enzymatische Umwandlung des Coniferylalkohols unterbrochen wird, bevor das hochpolymere ligninähnliche Produkt entsteht, werden niedermolekulare Verbindungen gebildet, die als *Lignole* bezeichnet werden. Diese Lignole stellen Zwischenprodukte der Ligninbildung dar. Einige dieser Lignole konnten isoliert und identifiziert werden, so die Dilignole Phenylcumaran, Pinoresinol und Guajacylglycerol-β-coniferylether. Primärprodukt der Einwirkung von Monophenol-monooxygenase auf Coniferylalkohol ist ein mesomer stabilisiertes Radikal, das durch die Erweiterung des Doppelbindungssystems durch die C_3-Seitenkette eine relativ lange Lebensdauer besitzt. Durch Dimerisierung dieses Radikals entstehen Lignole mit C—O- und C—C-Bindung (Formelübersicht 9–4). Die häufigste Bindung ist die Arylether-Bindung (β-O-4-Bindung).

Konstitutionsschemata für Lignine (Abb. 9–1 und 9–2) wurden auf der Grundlage der bei der enzymatischen Dehydrierung des Coniferylalkohols sowie beim Ligninabbau

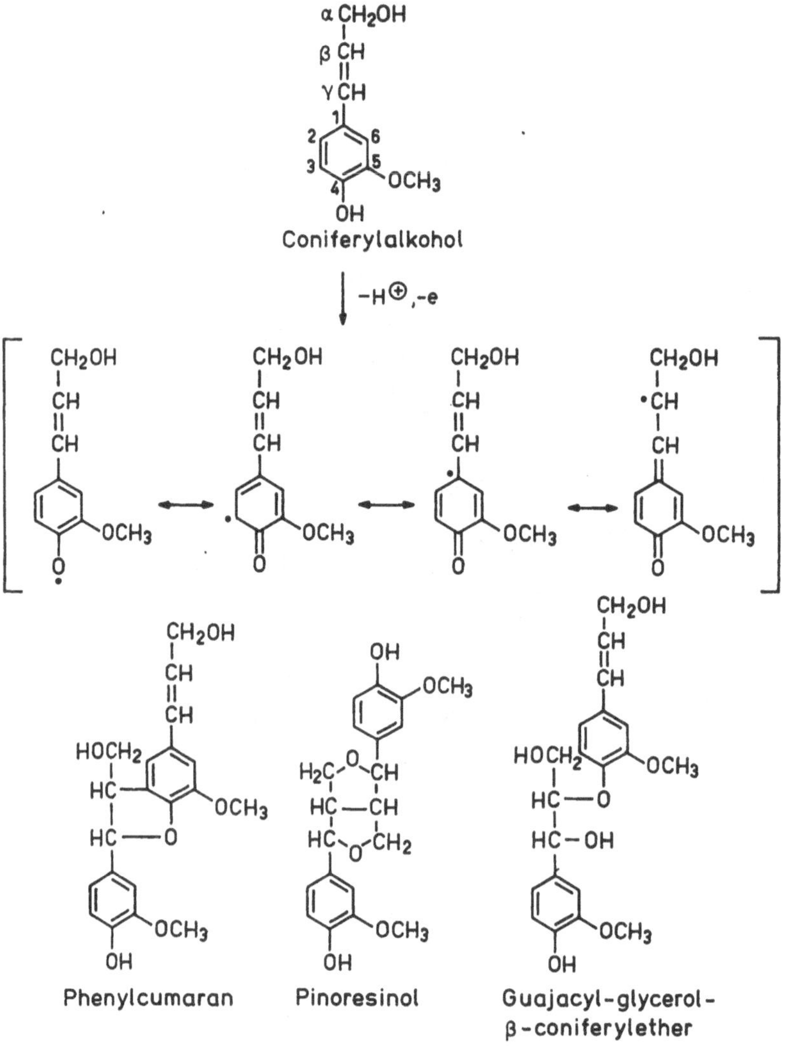

Formelübersicht 9–4
Bei der Oxidation von Coniferylalkohol mit Monophenol-monooxygenase entstehende Lignole.

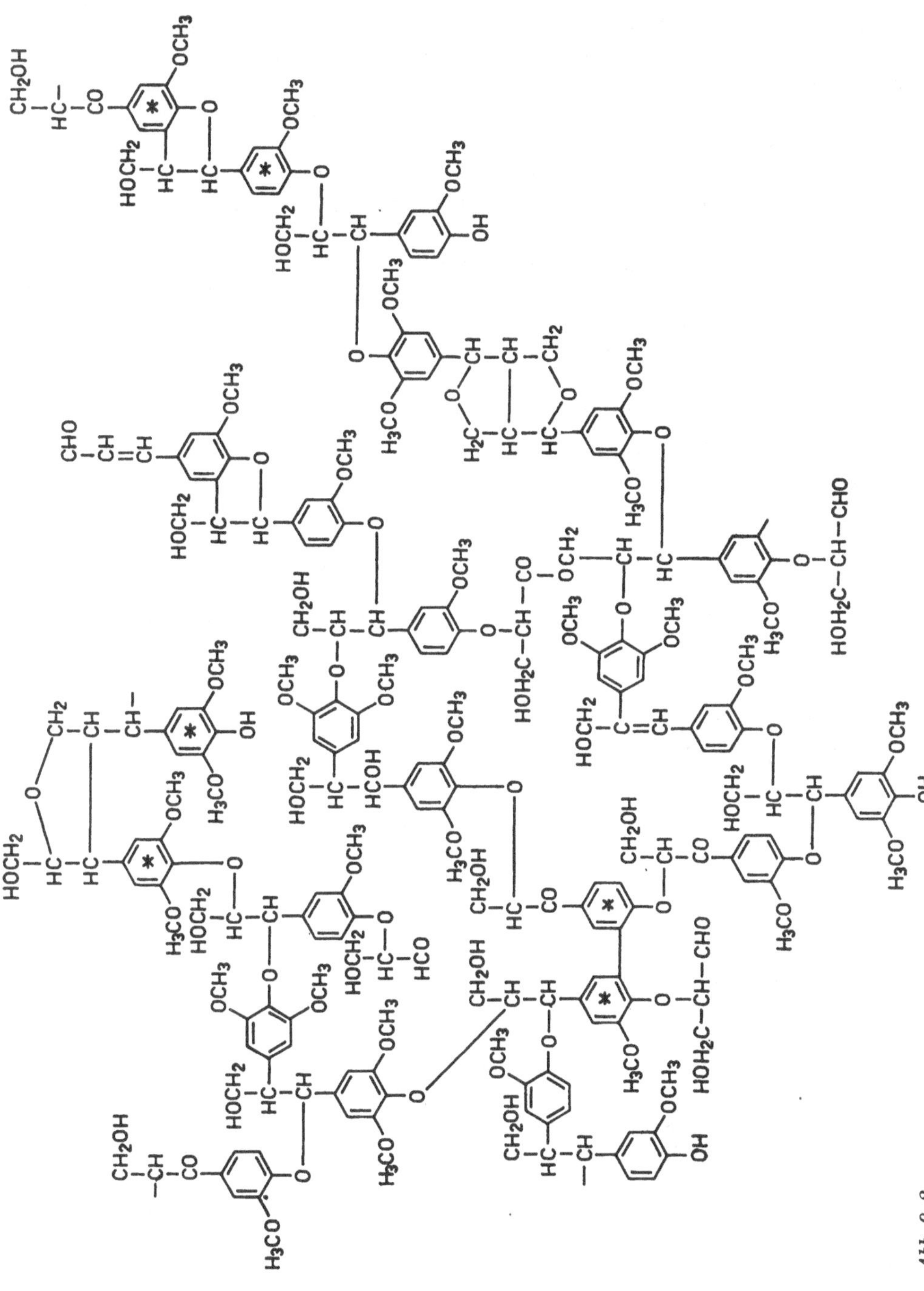

Abb. 9–2
Konstitutionsschema für das aus Coniferylalkohol, Sinapinalkohol und wenig Cumarylalkohol gebildeten Buchenholzlignins (nach NIMZ). Die mit * gekennzeichneten Einheiten können noch variiert sein.

anfallenden Lignole aufgestellt. Ein partieller Ligninabbau kann durch milde Hydrolyse oder mit Thioessigsäure erfolgen. Letztere Methode ermöglicht vor allem die Spaltung von β-O-4-Bindungen.

Zur Cellulose-Gewinnung muß das Holz aufgeschlossen, d. h. von Lignin befreit werden. Industrielle Methoden verwenden zum Entfernen des Lignins Hydrogensulfit-Lösungen (saures Aufschlußverfahren oder Sulfit-Verfahren) oder kochen das Holz mit Natronlauge, der Natriumsulfid und -sulfat zugefügt sind (alkalisches Aufschlußverfahren oder Sulfat-Verfahren). Beim Sulfit-Verfahren entstehen wasserlösliche, niedermolekulare Ligninsulfonsäuren und Ligninsulfonate. Diese Produkte sind biologisch schwer abbaubar.

An der industriellen Verwertung der bei der Zellstoffproduktion anfallenden Lignine zur Energiegewinnung sowie zur Gewinnung verwertbarer niedermolekularer Verbindungen wird intensiv gearbeitet. So läßt sich aus dem gegenwärtig bevorzugt anfallenden „Sulfatlignin" durch milde Oxidation Vanillin gewinnen.

Dem Lignin chemisch ähnlich ist das Suberin. *Suberin* und *Cutin* sind Biopolyester, die die höhere Pflanze gegenüber äußeren Einflüssen schützen. Cutin ist der Baustein der pflanzlichen Kutikula an der Außenseite der Epidermiszellen, Suberin schützt die unterirdischen Organe der Pflanze. Beide Polymere enthalten als monomere Bestandteile C_{16}- und C_{18}-Fettsäuren sowie die entsprechenden ω-Hydroxyfettsäuren. Cutin enthält daneben noch 10-Hydroxyfettsäuren sowie Epoxyfettsäuren. Diese Fettsäuren sind beim Suberin esterartig an eine phenolische Matrix gebunden, die ähnlich wie das Lignin aus Lignolen aufgebaut ist. Oxidation dieser Matrix ergibt Vanillin und 4-Hydroxybenzaldehyd.

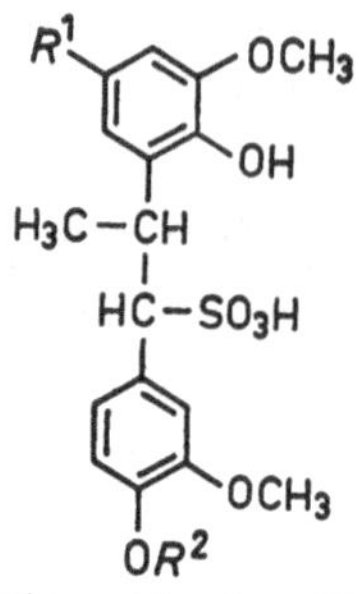

Teil einer Ligninsulfonsäure

9.3. Flavanoide

Flavanoide sind Derivate des 2-Phenylchromans (Flavan). Sie gehören zu den verbreitetsten sekundären Pflanzeninhaltsstoffen, werden aber nicht von Bakterien und Pilzen gebildet.

Der Ring *A* wird in der Pflanze aus 3 Molekülen Acetat gebildet, der Ring *C* sowie die C-Atome des Ringes *B* stammen von einem Phenylpropanderivat (Zimtsäure). Die Biosynthese verläuft über die Dihydrochalcone, bei denen der Ring *B* noch geöffnet ist. Die Formelübersicht 9–5 informiert über die wichtigsten Strukturtypen und ihre biogenetischen Zusammenhänge. Die einzelnen Verbindungen der verschiedenen Strukturtypen unterscheiden sich durch ihr Substitutionsmuster (Tab. 9–4). Die nativen Verbindungen enthalten Hydroxy-, seltener auch Methoxygruppen, bevorzugt in den

Positionen 3,5,7,3′ und 4′. Die Stellung der Sauerstoffatome am Ring *A* ergibt sich durch die Biosynthese aus Acetatresten. Zwischen der Reaktivität der einzelnen phenolischen Hydroxygruppen bestehen geringfügige Unterschiede.

Die meisten Verbindungen liegen in der Pflanze als O-Glykoside vor. In der Regel handelt es sich um O-Monoside mit Monosaccharidresten in den Positionen 3,5,7, seltener auch 4′ oder 3′. Daneben sind auch einige „C-Glykoside" isoliert worden, so das von Weißdorn-Arten (*Crataegus*) gebildete Vitexin.

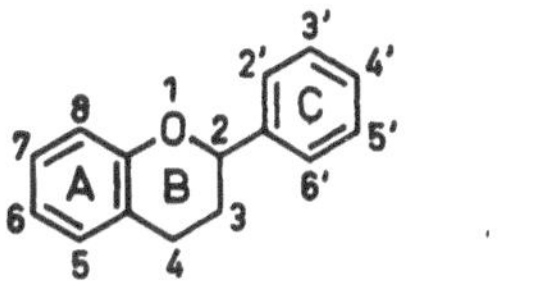

Flavan (2-Phenylchroman)

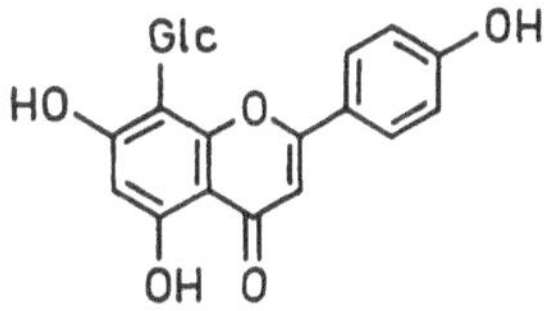

Vitexin

Als Zucker treten D-Glucose, D-Galaktose, D-Glucuronsäure, D-Galakturonsäure D-Xylose, D-Apiose, L-Rhamnose und L-Arabinose auf. Neben O-Monosiden kommen auch O-Bioside und seltener O-Trioside vor.

Die Dihydrochalcone stehen im Gleichgewicht mit den Flavanonen, das auf der Seite der Flavanone liegt.

Zu den Dihydrochalconen gehört das *Phloretin*, das als β-D-Glucopyranosid (Phlorizin, auch Phloridzin oder Phlorhizin) z. B. in den Früchten von Rosaceen vorkommt. Phlorizin hemmt spezifisch das Carrierprotein für den Transport der Aldosen durch die biologische Membran der Epithelzellen.

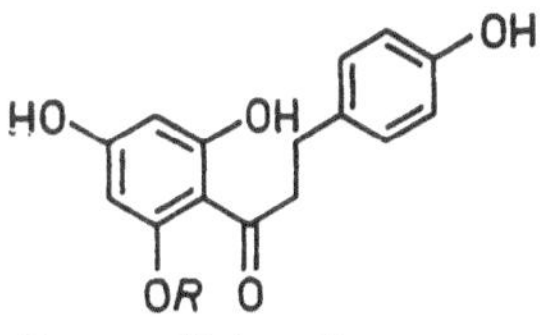

R = H: Phloretin
R = Glc: Phlorizin

Bei den *Auronen*, die sich chemisch vom Benzalcumaran-3-on ableiten, liegt der Ring *B* als 5-Ring vor. Auron-glykoside kommen in Asteraceen vor.

Die verbreitetsten Flavanoide sind die *Flavonole*. Sie und ihre Glykoside breinflussen die Membranpermeabilität und wurden deshalb als Vitamin P bezeichnet. Ferner wird durch sie die Hyaluronidase gehemmt. Flavonol-Glykoside werden deshalb therapeutisch verwendet.

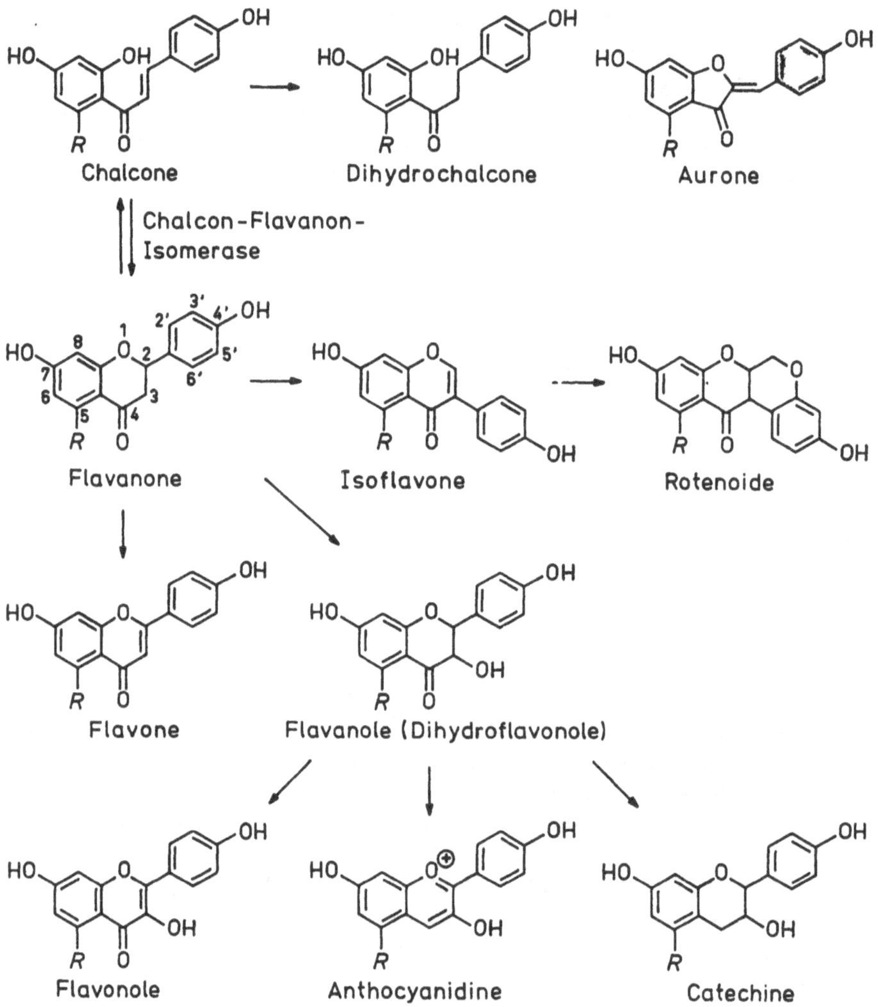

Formelübersicht 9–5

Strukturen und biogenetischer Zusammenhang der Flavanoide (R = H, OH).

Am meisten wird als Reinsubstanz *Rutin* (Quercetin-3-rhamnoglucosid) eingesetzt das zuerst aus *Ruta graveolens* (*Rutaceae*) isoliert wurde, heute aber aus *Fagopyrum* Arten (Buchweizen, *Polygonaceae*) oder *Sophora japonica* (*Fabaceae*) gewonnen wird.

Aus *Catechinen* und Leukoanthocyanidinen werden die kondensierten Gerbstoffe (S. 511) gebildet.

Neben den gelben bis orangefarbenen Carotenoiden sind die *Anthocyane* die verbreitetsten Blütenfarbstoffe. Die orange bis tiefblau gefärbten Anthocyane sind Glykoside, deren in 3- oder 5-Stellung befindliche Zuckerreste säurekatalysiert leicht unter Bildung der entsprechenden Aglykone (Anthocyanidine) abgespalten werden können.

Die einzelnen *Anthocyanidine* unterscheiden sich durch ihr Substitutionsmuster (Hydroxy- oder Methoxygruppen, vgl. Tab. 9–4).

Tabelle 9–4
Substitutionsmuster der verbreitetsten Flavanoide
(Formeln s. Formelübersicht 9–5)

Flavanoid-Typ	Name	Substituenten in Stellung				
		5	7	3′	4′	5′
Flavon	Apigenin	OH	OH	H	OH	H
	Luteolin	OH	OH	OH	OH	H
Flavonole	Galangin	OH	OH	H	H	H
	Kämpferol	OH	OH	H	OH	H
	Quercetin	OH	OH	OH	OH	H
	Isorhamnetin	OH	OH	OCH_3	OH	H
	Rhamnetin	OH	OCH_3	OH	OH	H
	Myricetin	OH	OH	OH	OH	OH
Flavanone	Naringenin	OH	OH	H	OH	H
	Eriodyctiol	OH	OH	OH	OH	H
	Hesperitin	OH	OH	OH	OCH_3	H
	Liquiritigenin	H	OH	H	OH	H
Anthocyanidine	Pelargonin	OH	OH	H	OH	H
	Cyanidin	OH	OH	OH	OH	H
	Delphinidin	OH	OH	OH	OH	OH
	Päonidin	OH	OH	OCH_3	OH	H
	Petunidin	OH	OH	OCH_3	OH	OH
	Malvidin	OH	OH	OCH_3	OH	OCH_3
	Hirsutidin	OH	OCH_3	OCH_3	OH	OCH_3
Isoflavone	Genistein	OH	OH	H	OH	H
	Daidzein	H	OH	H	OH	H

Die Anthocyanidine gehören zu den Flavyliumsalzen. Sie werden im Alkalischen gespalten:

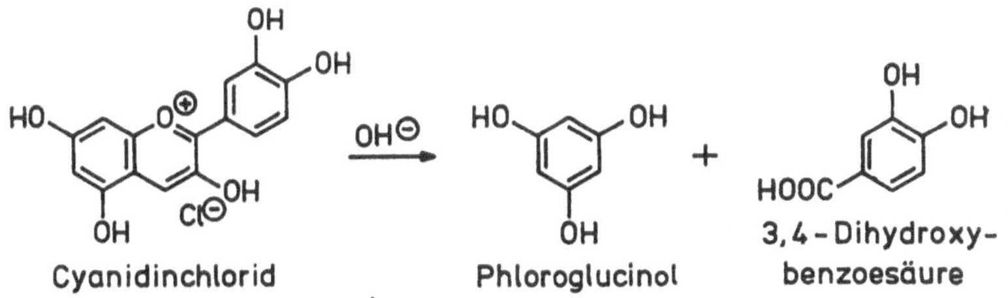

Die Farbe der Anthocyanidine ist pH-abhängig. Im vorwiegend sauren Zellsaft der Pflanze liegen sie als rote Oxoniumsalze vor. Die blaue Farbe bestimmter Blütenblätter, z. B. der Kornblume, ist nicht auf ein basisches Milieu im Zellsaft der Pflanze, wie ursprünglich WILLSTÄTTER annahm, sondern auf Komplexbildung zurückzuführen. So konnte das aus der Kornblume isolierte Cyanin (Aglykon: Cyanidin) als Fe(III)- und Al(III)-Komplex identifiziert werden. Dieser Komplex liegt in der Pflanze an Polysaccharide (Polyuronide) gebunden vor (Protocyanin).

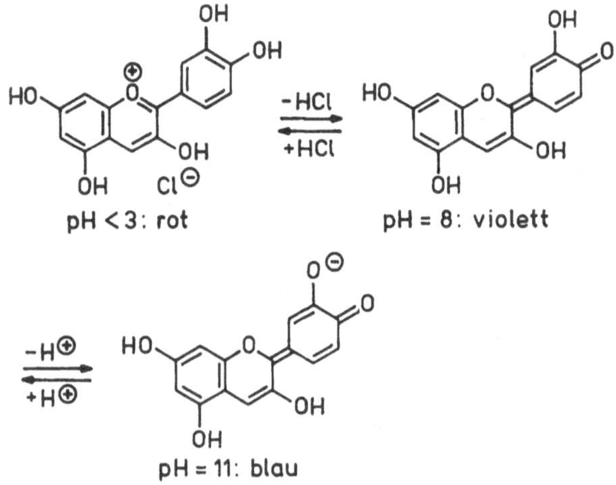

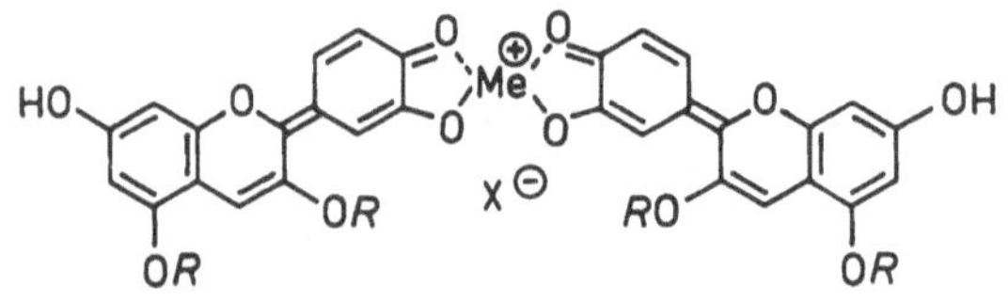

Me: Fe, Al; *X*: Cl, OH; *R* = Glc, H

Die Anthocyanidine gehen durch Reduktion in die Catechine und durch Oxidation in die Flavonole über.

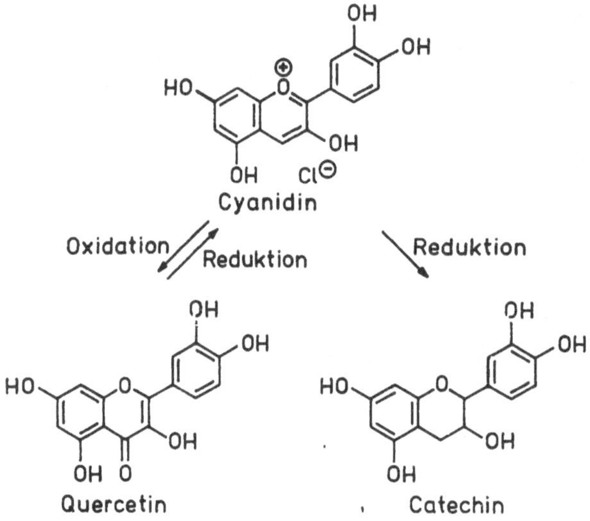

Durch eine 1,2-Verschiebung des Phenylrestes, wahrscheinlich vor dem Ringschluß, werden in verschiedenen Pflanzen die *Isoflavone* gebildet. Isoflavon-Glykoside kommen meist in Fabales vor. Die häufigsten Aglykone sind das Genistein und Daidzein.

Von den Isoflavonen leiten sich die *Rotenoide* ab. Von diesen ist das *Rotenon* wegen seiner biologischen Aktivität von besonderem Interesse. Rotenon ist ein für Säugetiere ungiftiges Insektizid, das in den Wurzeln der in Südostasien und Afrika angebauten *Fabaceae Derris elliptica* vorkommt.

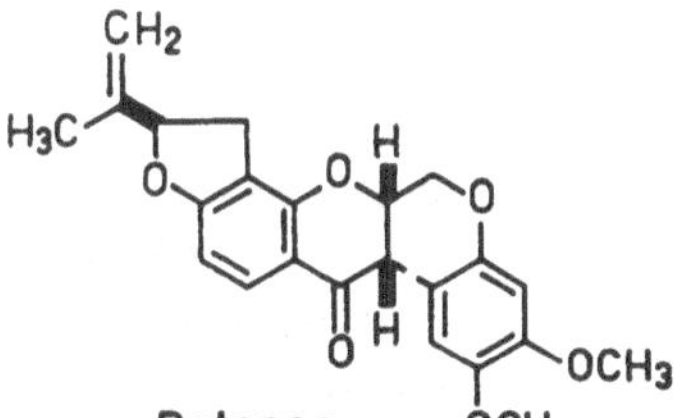

Rotenon

9.4. Gerbstoffe

Als Gerbstoffe werden anorganische und organische Verbindungen bezeichnet, die tierische Häute gerben, also in Leder verwandeln können. Von den organischen Gerbstoffen pflanzlicher Herkunft können 2 Gruppen unterschieden werden:

- die kondensierten Gerbstoffe oder Catechingerbstoffe, die sich von dem Flavanderivat Catechin ableiten und
- die hydrolysierbaren Gerbstoffe oder Gallotannine, die sich von der Gallussäure ableiten.

Die Vertreter beider Gruppen zeichnen sich chemisch dadurch aus, daß sie zahlreiche phenolische Hydroxygruppen enthalten.

Gerbstoffe kommen vor allem in Pinidae und Magnoliophytina (Familien: *Rosaceae, Fagaceae, Salicaceae, Polygonaceae, Fabaceae, Ericaceae, Anacardiaceae*) vor.

9.4.1. Kondensierte Gerbstoffe

Die kondensierten Gerbstoffe leiten sich von Flavan-3-olen (Catechine) bzw. Flavan-3,4-diolen (Leukoanthocyanidine) ab. Diese Grundkörper tragen phenolische Hydroxygruppen bevorzugt in 5,7,3',4'- und 5'-Stellung. Die Monomeren besitzen noch keinen Gerbstoffcharakter. Erst durch säurekatalysierte Selbstkondensation oder enzymatische Dehydrierung durch Polyphenol-Oxidasen entstehen die kondensierten Gerbstoffe.

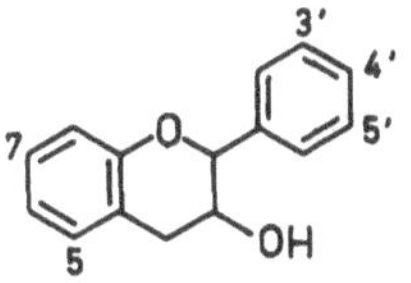

Flavan-3-ole
(Catechine)

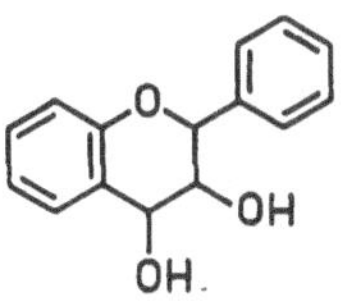

Flavan-3,4-diole
(Leukoanthocyanidine)

Catechin (5,7,3',4'-Tetrahydroxyflavan-3-ol) ist in Rinden, Hölzern und Früchten weit verbreitet. Von den 4 optischen Isomeren kommen natürlich (+)-Catechin und (−)-Epicatechin vor.

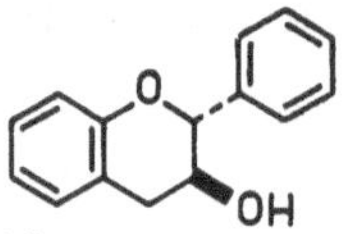
(+)-Catechine

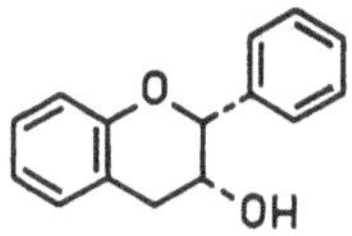
(−)-Epicatechine

Die bei der Einwirkung von Säure auf Catechin bzw. Cyanidandiol entstehenden Dimeren zeigt Formelübersicht 9–6. Zur säurekatalysierten Selbstkondensation ist bereits 7,4'-Dihydroxyflavan befähigt. An der Bildung der polymeren, wasserlöslichen Gerbstoffe sind sicher noch andere Strukturen beteiligt. Phlobaphene sind entsprechende wasserunlösliche Polymere.

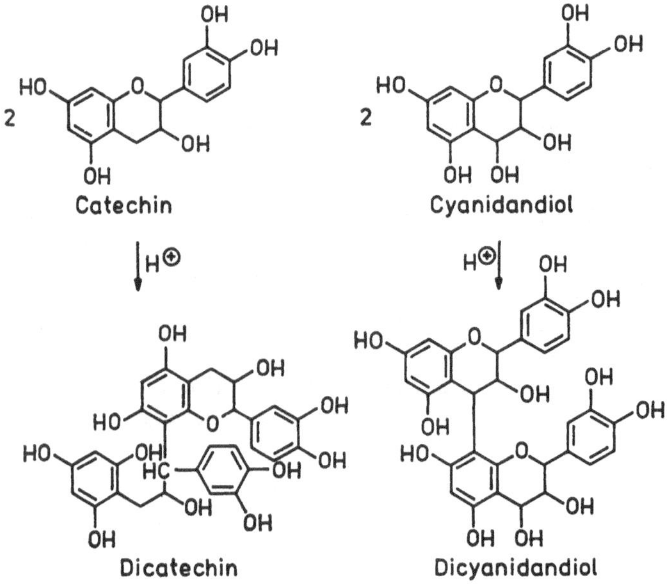

Formelübersicht 9–6

Bei der säurekatalysierten Selbstkondensation von Catechin bzw. Cyanidandiol anfallende Dimere (nach Freudenberg).

Für die Farbe des fermentierten Tees ist u. a. das Theaflavin verantwortlich, ein dimeres Produkt aus (—)-Epicatechin und (—)-Epigallocatechin, das eine Purpurogallin-Struktur aufweist.

Zu den kondensierten Gerbstoffen gehören u. a. die Rindengerbstoffe der Eichen oder Roßkastanie und der Holzgerbstoff Catechu, ein Extrakt des Kernholzes von *Acacia*-Arten.

9.4.2. *Hydrolisierbare Gerbstoffe*

Allgemein lassen sich die hydrolysierbaren Gerbstoffe als Ester oder seltener auch Glykoside von Monosacchariden oder auch Zuckeralkoholen mit Gallussäure oder von der Gallussäure abgeleiteten polymeren Phenolcarbonsäuren definieren. Die Gallussäure wird in den Pflanzen ausgehend von Shikimisäure gebildet.

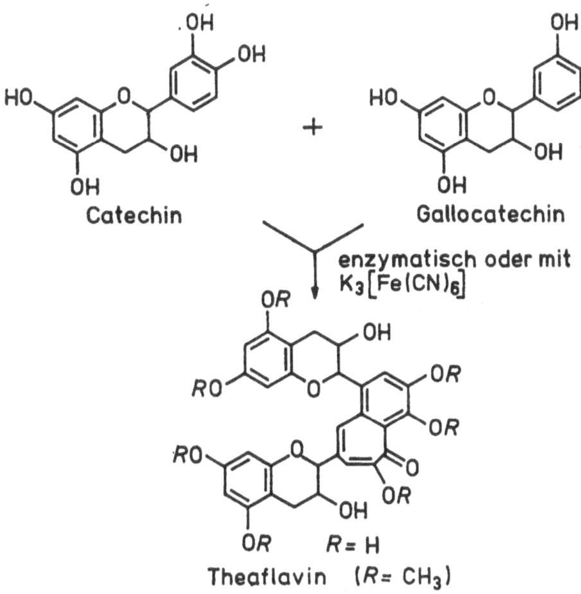

Als Zuckerkomponente tritt meist D-Glucopyranose auf. In den Gerbstoffen der Hamamelisblätter (Stammpflanze: *Hamamelis virginiana*) kommt die verzweigte Hamamelose vor.

Aus dem chinesischen Rhabarber (*Rheum officinale*) konnte mit dem β-Glucogallin das einfachste Gallotannin isoliert werden. Die meisten Gallotannine enthalten jedoch als Acylreste intermolekulare Gallussäureester (Depside[1])), deren Ether (Depsidone) oder dimere Gallussäurederivate mit C—C-Verknüpfungen.

So enthält der Gerbstoff der chinesischen Gallen (chinesisches Tannin), die pathologisch durch den Stich einer Blattlaus in die Blätter von *Rhus chinensis* ausgebildet werden, 7–10 Gallussäurereste pro Mol Glucose (vgl. Formelübersicht 9-8, S. 515). Die Hexahydrodiphensäure, die durch oxidative Kupplung aus 2 Molekülen Gallussäure gebildet wird, ist Bestandteil des Gallotannins der türkischen Gallen. Diese entstehen durch den Stich der Gallwespe in Blätter der Eichenart *Quercus infectoria*. Bei der Hydrolyse der Gerbstoffe spaltet die Hexahydrodiphensäure 2 Mol Wasser unter Bildung der Ellagsäure ab. Eine Ether- und C—C-Brücke enthält die aus *Quercus aegilops* isolierte Valonsäure.

9.5. Polyketide

In Analogie zu den Terpenoiden lassen sich die Polyketide nach der Anzahl der monomeren Bausteine (C_2-Einheiten) in verschiedene Gruppen einteilen (Tab. 9–5).

Orsellinsäure kommt frei oder als intermolekularer Ester (Depsid) in Flechten vor. Aus dem durch Methylierung des 2,4,6-Trihydroxyacetophenons (Phloracetophenon) gebildeten 2,4,6-Trihydroxy-5-methylacetophenon entsteht durch oxidative Kupplung die ebenfalls in Flechten vorkommende *Usninsäure*. Usninsäure entsteht auch in vitro durch Oxidation mit $K_3[Fe(CN)_6]$. Das zunächst gebildete stabilisierte Radikal bildet-

[1]) Als Depside werden Ester aromatischer Hydroxycarbonsäuren bezeichnet.

Tabelle 9–5

Sekundäre Naturstoffe der Pilze, die wahrscheinlich nach dem Polyketid-Weg gebildet werden.

Anzahl der C_2-Einheiten	Gruppe	Beispiele
3	Triketide	selten
4	Tetraketide	6-Methylsalicylsäure Orsellinsäure, Usninsäure als dimere Verbindung Patulin
5	Pentaketide	Naphthalen- und Naphthochinon-Derivate
6	Hexaketide	selten
7	Heptaketide	Griseofulvin (Antibioticum, S. 590) Xanthon-Derivate
8	Octaketide	Anthrachinone und dimere Anthrachinone Ergochrome
9	Nonaketide	Aflatoxine und verwandte Verb. Tetracycline (Antibiotica, S. 590)
10	Decaketide	Anthracycline (Antibiotica, S. 592)
> 10	Polyketide	Polyen-Antibiotica (S. 595)

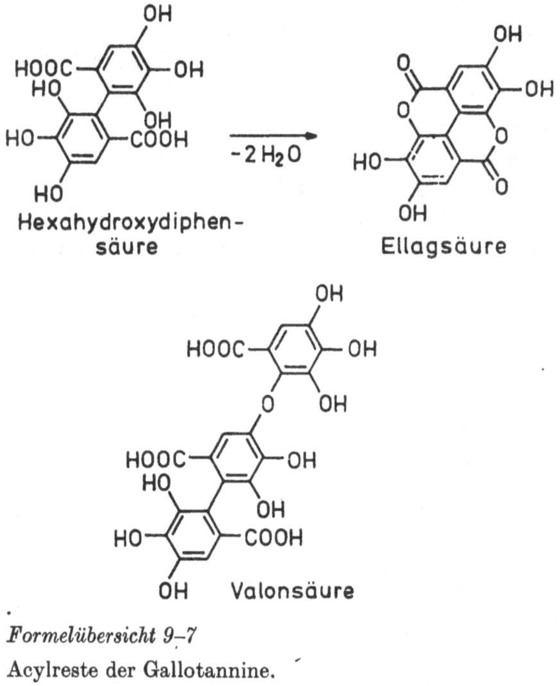

Formelübersicht 9–7

Acylreste der Gallotannine.

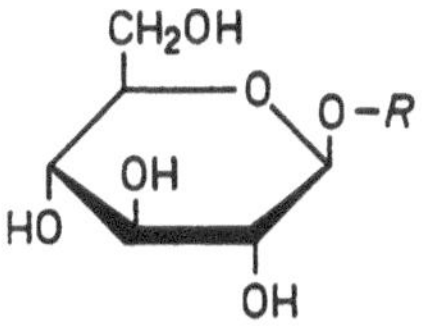

Glucogallin
(R = Galloyl)

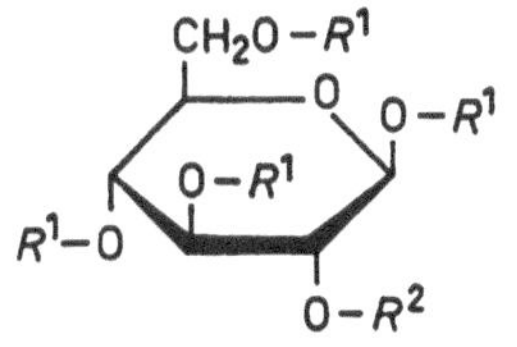

Chinesisches Tannin
(R^1 = Galloyl;
R^2 = Tetra-, Pentagalloyl)

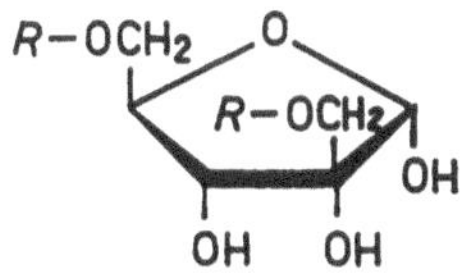

Hamamelitannin
(R = Galloyl)

Formelübersicht 9–8

Strukturen einiger Gallotannine.

Usninsäure-Hydrat, aus dem durch Wasserabspaltung die Usninsäure entsteht. Usninsäure wirkt antibiotisch, wird aber wegen ihrer geringen therapeutischen Breite kaum eingesetzt.

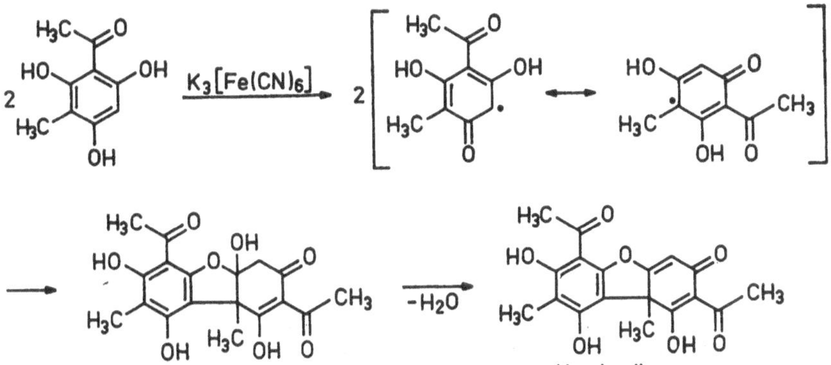

Usninsäure

Phloroglucinolderivate sind auch in einigen anthelminthisch wirkenden Drogen enthalten, von denen das Rhizom des Wurmfarns (*Rhizoma Filicis* von *Dryopteris filix mas*) die größte Bedeutung hat. Im etherischen Extrakt des Rhizoms sind monomere, dimere, trimere und tetramere Phloroglucinolderivate enthalten, die sich u. a. im Methylierungs- und Oxidationsgrad unterscheiden. Hauptbestandteile sind die Flavaspid- und Filixsäure.

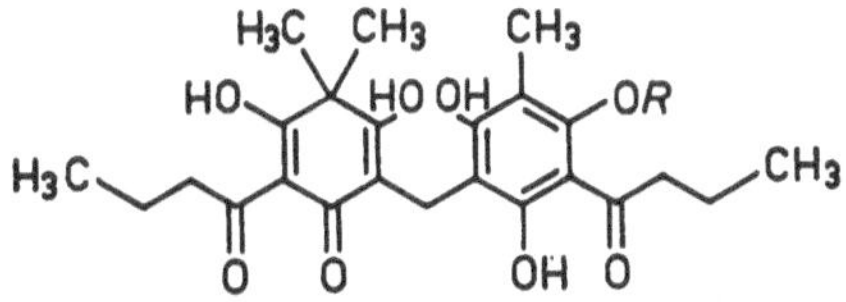

Flavaspidsäure (R = H)
Aspidin (R = CH_3)

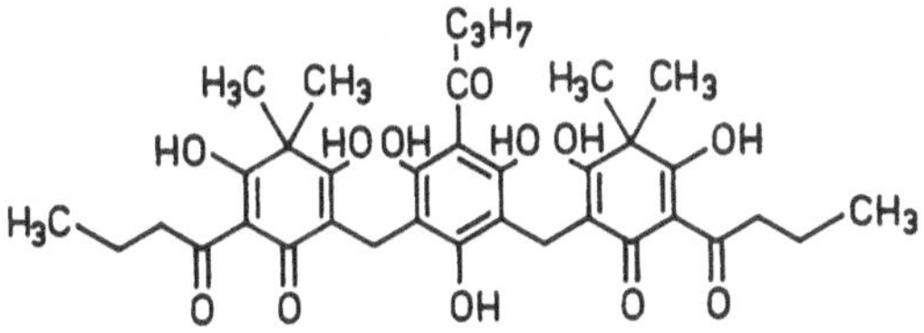

Filixsäure

Patulin, dessen Biosynthese von der in Pilzen weit verbreiteten 6-Methylsalicylsäure ausgeht, wird von zahlreichen Vertretern der sog. *Fungi imperfecti* gebildet. Patulin wirkt in vitro antibakteriell.

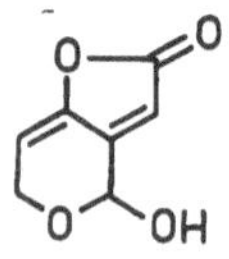

Patulin

9.5.1. Anthracen-Derivate

Oxidierte Anthracen-Derivate (Anthrone, Dianthrone, Anthrachinone) werden von Flechten und Pilzen (z. B. *Penicillium, Aspergillus*) nach dem Polyketid-Weg aus 1 Mol

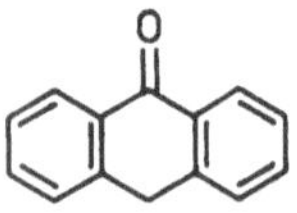

Anthron

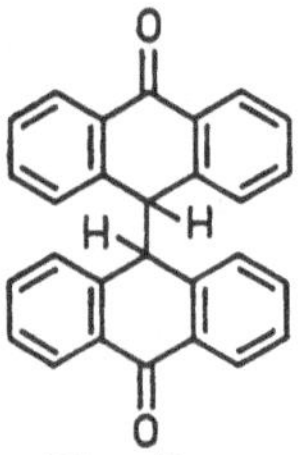

Dianthron

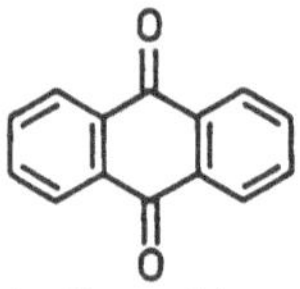

Anthrachinon

Acetyl-CoA und 7 Mol Malonyl-CoA gebildet (Formelübersicht 9–9). Das Anthrachinon-Derivat Endocrocin wird z. B. von einer Flechte produziert.

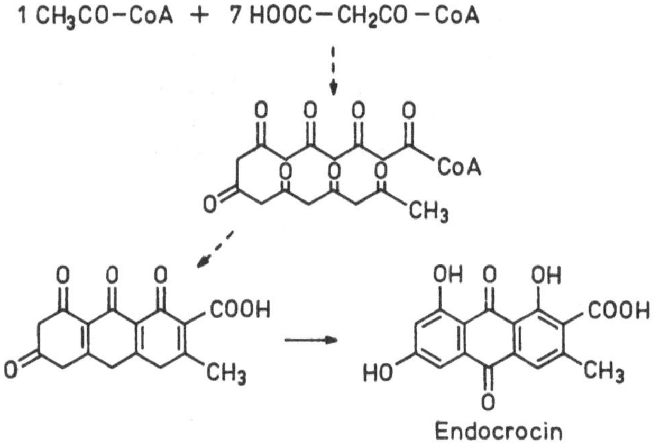

Formelübersicht 9–9

Bildung von Anthrachinon- und Anthron-Derivaten.

Die von höheren Pflanzen gebildeten Anthracen-Derivate (Tab. 9–6) entstehen dagegen über den Shikimisäure-Weg. In den Familien der *Polygonaceae, Fabaceae, Rhamnaceae* und *Liliaceae* liegen diese Verbindungen als Glykoside von 1,8-Dihydroxyanthrachinon-Derivaten bzw. der entsprechenden Dianthrone vor. Diese Verbindungen sind für die Abführwirkung von Drogen wie

Rhabarberwurzel (*Radix Rhei* von *Rheum palmatum* und *officinale*), Faulbaumrinde (*Cortex Frangulae* von *Rhamnus frangula*), Sennesblättern (*Folia Sennae* von *Cassia*-Arten) oder *Aloe* (von *Aloe*-Arten) verantwortlich.

Die nach dem Shikimisäure-Weg synthetisierten Anthrachinone enthalten meist Hydroxygruppen in 1- und 8-Stellung sowie C_1-Gruppen in 3-Stellung (Anthrachinone der Chrysophanol-Gruppe).

Tabelle 9–6

In Drogen mit Abführwirkung vorkommende 1,8-Dihydroxyanthrachinone

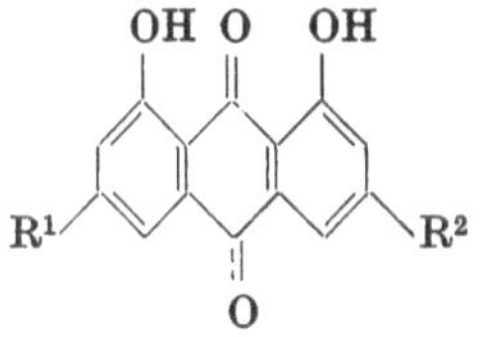

	R^1	R^2
Chrysophanol	CH_3	H
Aloe-Emodin	CH_2OH	H
Rhein	COOH	H
Emodin	CH_3	OH

Der Farbstoff des Krapps (*Rubia tinctorum*) wurde bereits im geschichtlichen Altertum in Ägypten und Griechenland als Textilfarbstoff verwendet. Er besteht aus Alizarin, Purpurin und Pseudopurpurin. Alizarin liegt in der Pflanze als Bisglucosid vor (Ruberythrinsäure). Alizarin bildet gefärbte Komplexe mit verschiedenen Metallen.

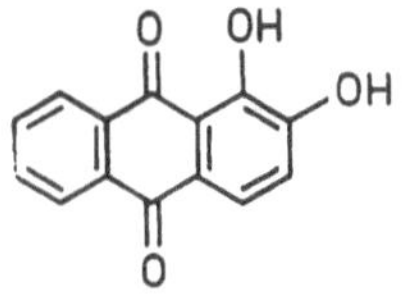

Alizarin

Verschiedene Anthrachinone kommen auch in Tieren vor. Kommerzielle Bedeutung hatten einige Pigmente von Insekten der Unterordnung *Coccina* (Schildläuse).

In den Lackdrüsen der in Südostasien lebenden Schildlaus *Tachardia lacca* ist die Lacksäure (laccaic acid) enthalten. Aus diesen Drüsen werden die Lackfarben gewonnen. Vor der Einführung der synthetischen Anilinfarben waren der Farbstoff (Carminsäure) der auf einer Kaktee parasitierenden Cochenillelaus (*Dactylopius coccus*) und das von den an Eichenarten lebenden *Kermes*-Arten produzierte Karmesinrot (Kermesinsäure) für die Textilindustrie begehrte Farbstoffe.

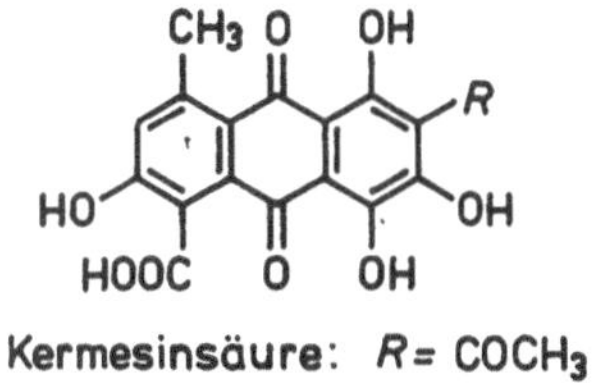

Kermesinsäure: *R* = $COCH_3$

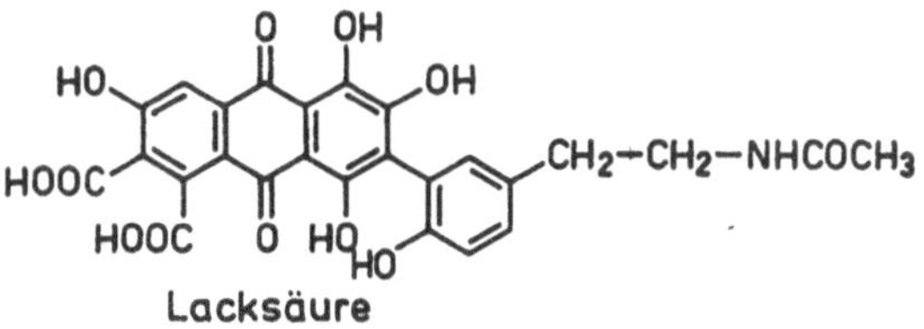

Lacksäure

Carminsäure: *R* =

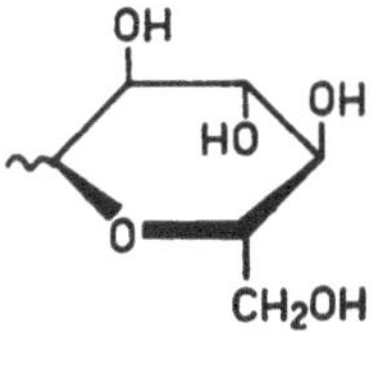

9.5.2. Ergochrome

Die Sklerotien von auf Roggen wachsenden *Claviceps purpurea* enthalten ein Gemisch von Farbstoffen, deren Bildung aus Anthrachinon-Derivaten erfolgt. Diese Ergochrome (früher auch als Ergochrysine, Secalonsäure oder Chrysergonsäuren bezeichnet) sind 2,2'- oder 4,4'-Dimere der Monomeren *A*, *B*, *C* oder *D*. Das Ergochrom CC (Ergoflavin) z. B. ist ein 2,2'-Dimeres von *3*.

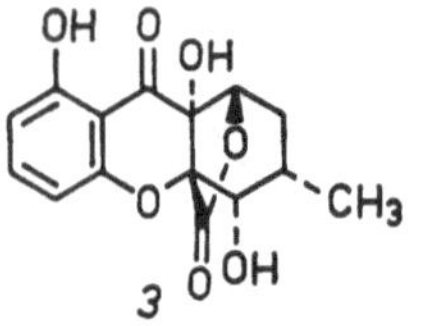

3

9.5.3. Aflatoxine

Als bisher stärkste Lebercarcinogene wurden die Aflatoxine entdeckt. Auf diese fluoreszierenden Mucotoxine wurde man Anfang der 60er Jahre nach einem Massensterben von Truthühnern aufmerksam, das nach dem Verfüttern von verschimmelten Erdnüssen auftrat. Aflatoxine werden von *Aspergillus flavus*, aber auch von anderen Schimmelpilzen gebildet, die z. B. auf verdorbenen Erdnüssen, Käse oder Getreideerzeugnissen wachsen. Die hochtoxischen Verbindungen sind dadurch besonders gefährlich, daß sie in die Lebens- oder Futtermittel diffundieren. Von den Aflatoxinen sind verschiedene Gruppen bekannt. Bei den Aflatoxinen mit dem Index 2 (B_2, G_2 oder M_2) ist der äußere Furanring hydriert.

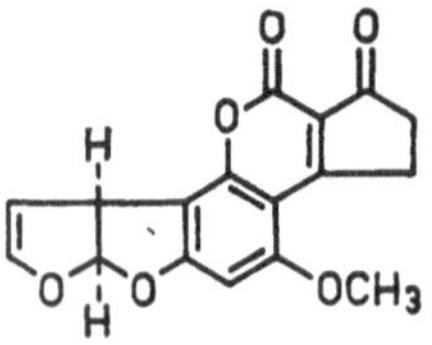

Aflatoxin B_1

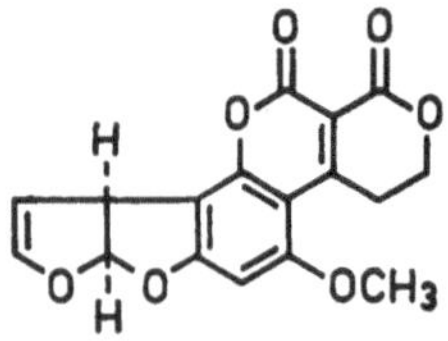

Aflatoxin G_1

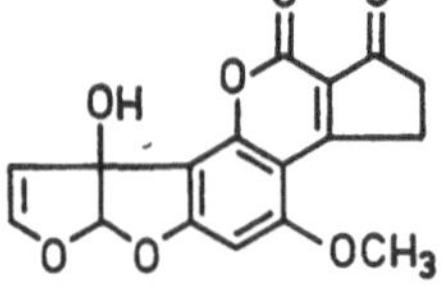

Aflatoxin M_1

Es wurde wahrscheinlich gemacht, daß die Aflatoxine nach einer Oxidation zu den entsprechenden 2,3-Epoxy-Verbindungen an die RNS von Lebermikrosomen gebunden werden.

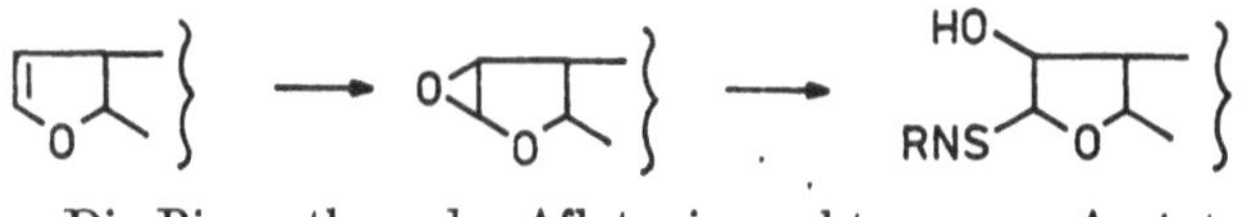

Die Biosynthese der Aflatoxine geht aus von Acetat oder Malonat.

9.6. Cannabinoide

Hanf (*Cannabis sativa*) wird sowohl zur Gewinnung von Fasern und Öl als auch zur Rauschmittelgewinnung angebaut. Als Rauschmittel dienen die weiblichen Blütenspitzen (Marijuana, Kif oder Dagga) oder das aus ihnen gewonnene Harz (Hashish oder Charas). Dieses Harz wurde sehr eingehend chemisch und pharmakologisch untersucht. Es enthält vor allem Derivate des Dibenzopyrans, die als Cannabinoide bezeichnet werden. Es werden neutrale und saure (Anwesenheit einer Carboxylgruppe) Cannabinoide unterschieden. Die stärkste psychoaktive Wirkung besitzt das zu etwa 3% im Hashish enthaltene (—)-Δ^9-trans-Tetrahydrocannabinol. Geringere Dosen führen zu Stimmungswechsel, i. d. R. Euphorie, höhere Dosen erzeugen Seh- und Hörstörungen und LSD-ähnliche (S. 561) Halluzinationen. Die entsprechende Verbindung mit aromatischem Ring *C* (Cannabinol) ist dagegen inaktiv. Beim Cannabidiol ist der Ring *B* geöffnet. Diese zu etwa 3% im Hashish enthaltene Verbindung wirkt gegen grampositive Bakterien antibiotisch.

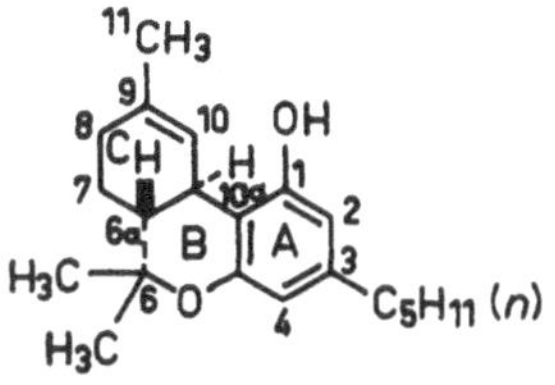

(-)-Δ9-trans-Tetrahydrocannabinol

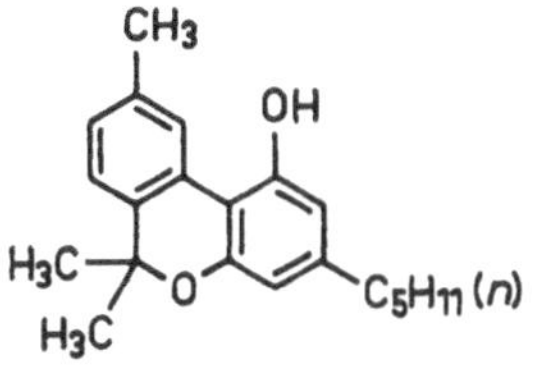

Cannabinol

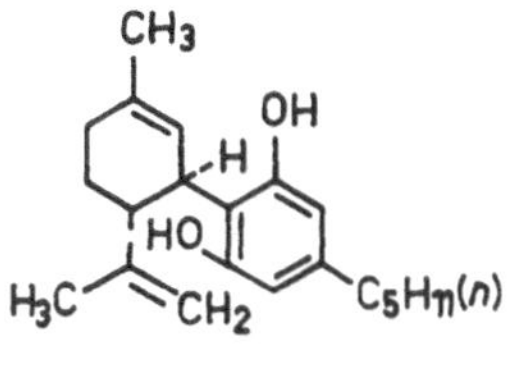

Cannabidiol

Die Biosynthese der Cannabinoide geht wahrscheinlich von einer Triketo-Verbindung aus (*4*), die aus n-Capronsäure als Startmolekül gebildet wird. Aus diesem Triketid entstehen die Resorcinol-Derivate Olivetolsäure und Olivetol, die mit Geranylpyrophosphat die offenkettigen Verbindungen Cannabigerolsäure bzw. Cannabigerol bilden. Diese beiden Muttersubstanzen der sauren bzw. neutralen Cannabinoide wurden zu 0,5 bzw. 0,3% aus Hashish isoliert.

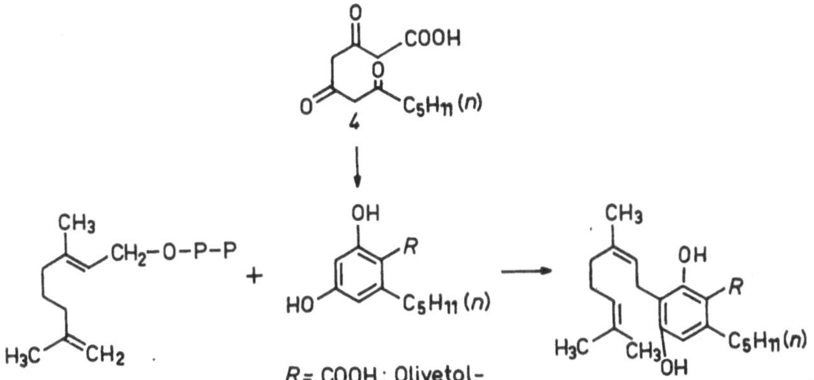

Geranylpyrophosphat

R= COOH: Olivetolsäure
R= H: Olivetol

R = COOH: Cannabigerolsäure
R = H: Cannabigerol

9.7. Melanine

Melanine sind hochmolekulare Farbstoffe, die durch Oxidation von Phenolen entstehen. Die natürlich vorkommenden Melanine sind unlöslich und amorph. Dadurch ist die Strukturaufklärung außerordentlich erschwert. Vorstellungen über die Struktur sind daher vor allem durch die Untersuchung synthetischer Melanine entwickelt worden, die durch Autoxidation oder enzymatische Oxidation entsprechender Precursoren erhältlich sind.

Solche Polyphenol-Oxidasen, die Diphenole aerob oxidieren, sind im Pflanzen- und Tierreich weit verbreitet und können z. B. aus Pilzen, Bakterien, Algen oder höheren Pflanzen (Kartoffeln) gewonnen werden.

Die nativen Melanine werden in Eumelanine, Phäomelanine und Allomelanine eingeteilt.

Die *Eumelanine* kommen vor allem in Tieren vor. Sie sind gewöhnlich schwarz. Zu dieser Gruppe gehören die Pigmente der Haut, der Haare und der Federn. Auch die Farbe der malignen Melanome ist auf Eumelanine zurückzuführen.

Die Eumelanine enthalten Stickstoff. Bei der Alkalischmelze wird 5,6-Dihydroxyindol, durch Oxidation mit Permanganat werden verschiedene Pyrrolcarbonsäuren gebildet.

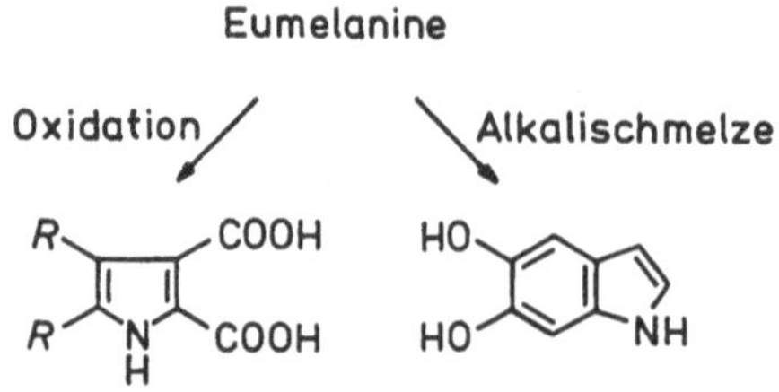

Pyrrolcarbonsäuren (R= H, COOH) 5,6-Dihydroxy-indol

Nach den Vorstellungen von Raper und Mason handelt es sich bei den Eumelaninen im wesentlichen um Polymere des 5,6-Dihydroxyindols, das durch folgende Reaktionen aus Dopa gebildet werden kann.

Das Indolchinon kann bifunktionell reagieren und wiederholt mit seinem Pyrrolanteil nucleophil am Chinonanteil des nächsten Moleküls angreifen. Die Bildung derartiger Polymerer konnte durch Modellversuche mit Indol und o-Benzochinon wahrscheinlich gemacht werden.

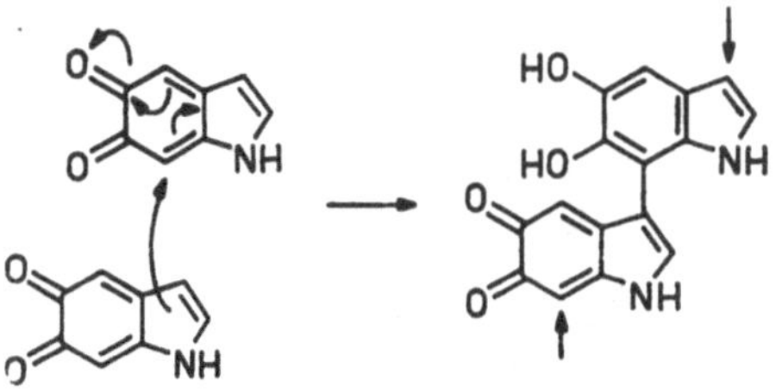

Die Eumelanine werden beim Menschen und bei Tieren in spezialisierten Zellen, den Melanozyten, gebildet.

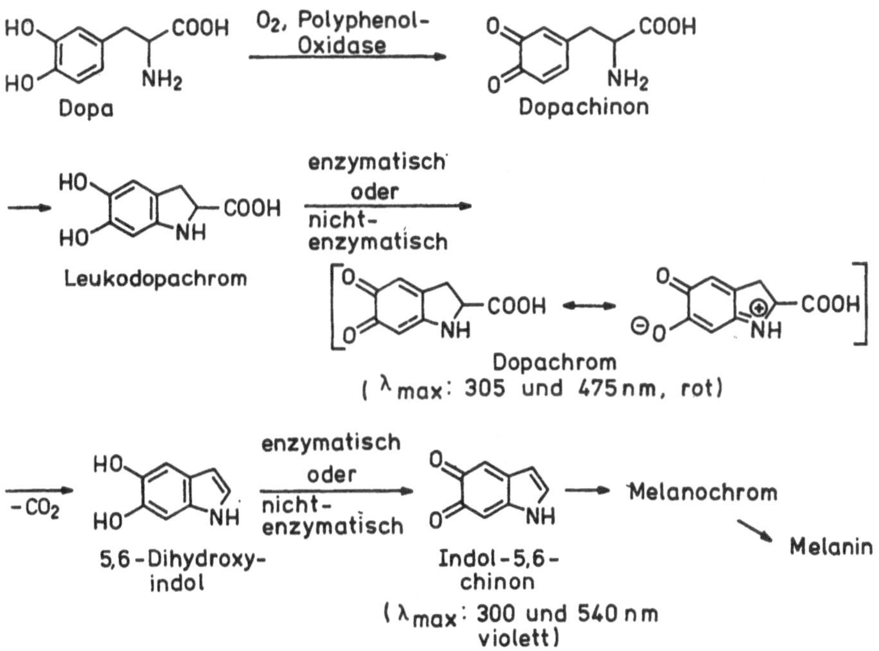

Die natürlichen Eumelanine können in ihrer Struktur durch verschiedene Precursoren (Tyrosin, Dopa, Dopamin, 5,6-Dihydroxyindol), unterschiedliche Bedingungen während der Bildung (pH-Wert, Konzentration) sowie den Einbau anderer Moleküle stark variieren. Sie liegen meist, wahrscheinlich über Tyrosinreste gebunden, als Protein-Konjugate vor (Chromoproteine).

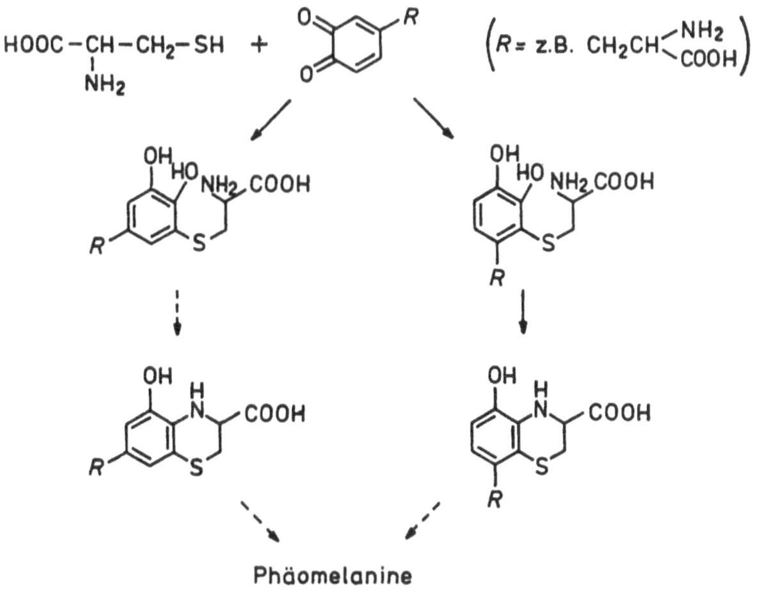

Zusammenhänge zwischen der Melanogenese und dem Catecholaminstoffwechsel wurden bereits länger vermutet, da bei der ADDISONschen Krankheit, die auf eine Unterfunktion der Nebenniere, dem Bildungsort von Catecholaminen, zurückgeht, starke Pigmentierungen auftreten und im Urin bestimmter Patienten mit metastasierenden Melanomen Catecholamine enthalten sind.

In den Haaren der Säuger und in den Vogelfedern liegen die Eumelanine oft vergesellschaftet mit den roten *Phäomelaninen* vor. Im Unterschied zu den Eumelaninen enthalten die Phäomelanine außer Stickstoff noch Schwefel.

Die Bildung der Phäomelanine wird wahrscheinlich durch einen nucleophilen Angriff der SH-Gruppe von Cysteinresten an o-Benzochinonen eingeleitet, wobei sich durch nachfolgende Cyclisierung Benzothiazin-Derivate bilden.

Die *Allomelanine* sind schwarze Pigmente, die in Pflanzen (Samen, Sporen) vorkommen. Sie enthalten im Unterschied zu den tierischen Eumelaninen keinen Stickstoff. Bei der Alkalischmelze werden mehrwertige Phenole wie Brenzcatechin oder 1,8-Dihydroxynaphthalen erhalten. An der Bildung des durch Polyphenol-Oxidase erhaltenen Brenzcatechin-Melanins sind intermolekulare C—C und C—O—C-Bindungen beteiligt.

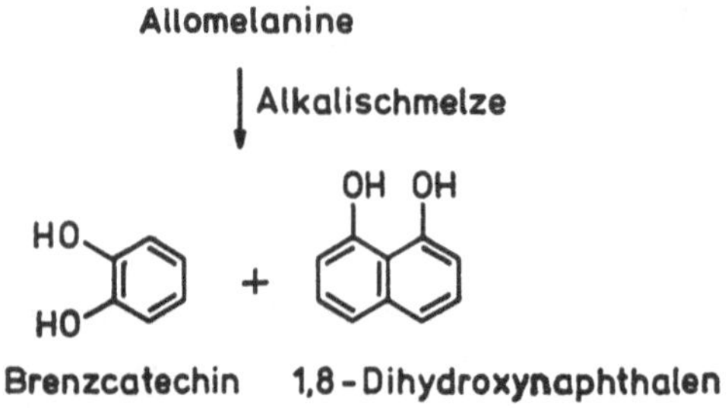

Die enzymatisch ausgelöste Melaninbildung bedingt auch die Bräunung der Laubblätter im Herbst. Während der Vegetationsperiode sind Substrat (Polyphenole) und Enzym (Polyphenol-Oxidase) in verschiedenen Zellkompartimenten lokalisiert.

10. Alkaloide

10.1. Allgemeine Einführung

Der Begriff Alkaloid geht auf MEISSNER (1819) zurück, der darunter basisch reagierende Pflanzenstoffe verstand. Die Alkaloide erwiesen sich in der Folgezeit als chemisch und biochemisch außerordentlich heterogen. Im allgemeinen versteht man heute unter Alkaloiden N-heterocyclische Verbindungen, die sich von Aminosäuren ableiten (HEGNAUER), obwohl auch andere Verbindungen wie Anthranilsäure als Precursoren dienen können (MOTHES). Als *Pseudoalkaloide* bezeichnet man Verbindungen, deren C-Grundgerüst nicht von Aminosäuren herrührt. Das C-Gerüst der Pseudoalkaloide wird vor allem von isoprenoiden Verbindungen (Steroid-Alkaloide, S. 484) oder Polyketiden gebildet. Zu dieser Gruppe gehören auch die hier nicht weiter erwähnten Peptid-Alkaloide. Der Stickstoff wird bei den Pseudoalkaloiden meist erst in einer späteren Phase der Biosynthese eingebaut.

Als Beispiel soll die Biosynthese des Pseudoalkaloids Coniin angeführt werden, die ausgehend von vier Molekülen Acetat über das hypothetische Polyketid *1* erfolgen soll. Coniin und das zunächst gebildete γ-Conicein sind leicht ineinander überführbar.

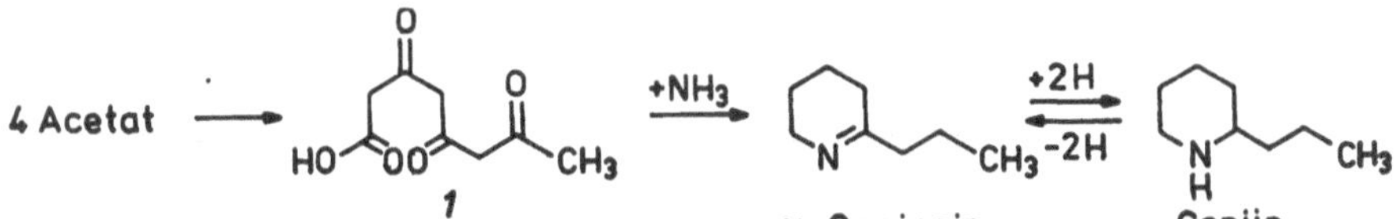

1 γ-Conicein Coniin

Isoprenoide Verbindungen und Polyketide können aber auch neben Aminosäuren als Bausteine von Alkaloiden dienen (vgl. Biosynthese der Indol-Alkaloide, S. 550).

Von den „echten" Alkaloiden werden meist die Decarboxylierungsprodukte der Aminosäuren (*biogene Amine*) und deren Substitutionsprodukte (Alkyl-, Hydroxyderivate) abgetrennt. Zusammen mit anderen Aminosäurederivaten, bei denen das N-Atom noch acyclisch vorliegt, werden diese Verbindungen auch als *Protoalkaloide* bezeichnet. Zu dieser Gruppe werden auch die sog. Purin-Alkaloide (S. 229) gezählt.

Die Alkaloide leiten sich biogenetisch fast ausschließlich von den Aminosäuren Phenylalanin, Tryptophan, Lysin und Prolin bzw. Ornithin ab. Die *Bildung der Alkaloide* aus den Protoalkaloiden bzw. Aminosäuren läßt sich auf relativ wenig Reaktionstypen zurückführen.

1. Cyclisierung durch Bildung von Azomethinen (SCHIFFsche Basen):

cyclisches Azomethin

Dieser Weg der Biosynthese wird vor allem bei der Bildung der Pyrrolidin- und Piperidin-Alkaloide ausgehend von den Aminosäuren Ornithin bzw. Lysin beschritten.

2. Cyclisierung durch Mannich-Reaktion:

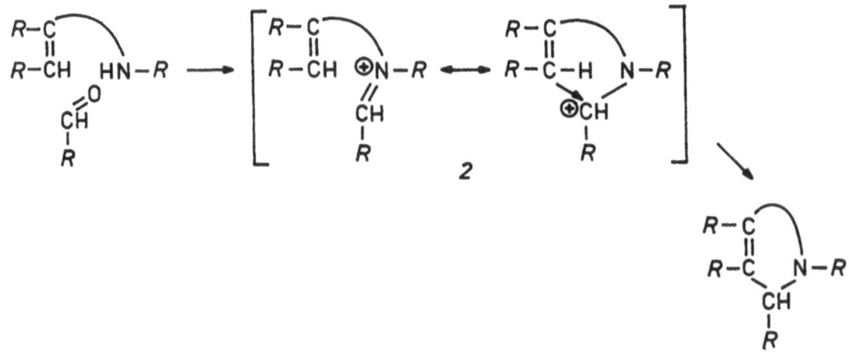

Bei der Mannich-Reaktion reagiert eine Carbonylgruppe mit einem Amin und einer CH-aziden Verbindung. Wenn das Amin der nucleophilste Partner ist, entsteht zunächst unter Wasserabspaltung das mesomer stabilisierte Immonium-Carbenium-Ion *2*, das praktisch ein quaternäres Azomethin ist. Dieses Kation wirkt aminomethylierend auf die CH-azide Gruppierung.

Eine Biosynthese nach diesem Reaktionstyp wird vor allem bei der Bildung der Isochinolin-Alkaloide aus Phenylethylaminen und der Indol-Alkaloide aus Indolylethylaminen angenommen. Diese Precursoren wirken dabei als Amin- und CH-azide Komponente (p-Stellung zu einer phenolischen Hydroxygruppe bzw. α-Stellung des Indolringes).
Derartige Mannich-Reaktionen lassen sich unter physiologischen Bedingungen auch in vitro realisieren (S. 536). Eine nicht-enzymatische Alkaloidsynthese nach diesem Reaktionsweg ist die Isochinolinsynthese nach Pictet-Spengler (S. 541).
Die gleichen Cyclisierungsprodukte werden auch erhalten, wenn die Reaktion nicht nach Art der Mannich-Reaktion, sondern über ein Säureamid als Zwischenprodukt verläuft. Dadurch lassen sich beide Wege bei der Aufklärung der Biosynthese der Alkaloide meist nicht unterscheiden.

3. Cyclisierung über die Bildung von Säureamiden

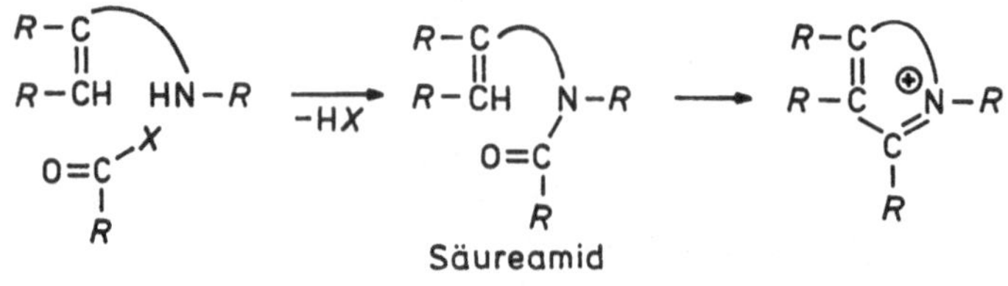

Eine bedeutende nicht-enzymatische Synthese nach diesem Weg ist die Isochinolin-Synthese nach Bischler-Napieralski (S. 541).

Weitere Reaktionen, die die Vielfalt der Alkaloid-Strukturen bedingen, sind vor allem die oxidative Kupplung phenolischer Zwischenprodukte (vgl. S. 540) sowie Methylierungen.

Sehr befruchtend auf die Aufklärung der Struktur und Biosynthese einiger Alkaloide hat sich die von WOODWARD 1947 aufgestellte Hypothese ausgewirkt, wonach eine benzoide C—C-Bindung zwischen zwei phenolischen Hydroxygruppen (Brenzcatechinsystem) oxidativ aufgespalten werden kann. Die Bildung von Intermediaten durch eine derartige WOODWARD-Spaltung wird u. a. bei der Biosynthese von Strychnin, Emetin und den China-Alkaloiden angenommen.

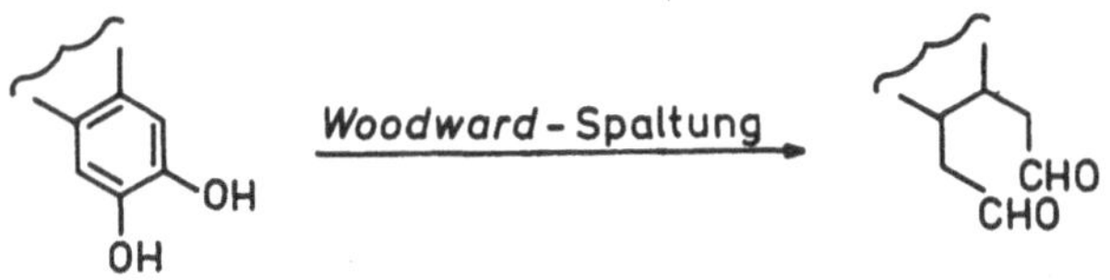

Alkaloide sind vor allem in höheren Pflanzen und hier vorzugsweise in Magnoliatae, weniger häufig in Liliatae oder Pinidae (z. B. in *Ephedra*) enthalten. Besonders alkaloidreich sind Vertreter der Familien *Apocynaceae* (ca. 800 Alkaloide), *Buxaceae*, *Asteraceae*, *Euphorbiaceae*, *Loganiaceae*, *Menispermaceae*, *Papaveraceae*, *Rutaceae* und *Solanaceae* der Magnoliatae und der *Liliaceae* der Liliatae. Unter den niederen Pflanzen sind alkaloidführend u. a. die Bärlappe (*Lycopodium*), Schachtelhalme (*Equisetum*) und bestimmte Pilze (*Claviceps*, s. Ergolin-Alkaloide). Verbindungen mit heterocyclischem Stickstoff wurden auch vereinzelt in Tieren gefunden, so in Salamandern (Salamander-Alkaloide), verschiedenen Fröschen (s. Batrachotoxin, Pumiliotoxine), Kröten (Indolylalkylamine), Fischen (Tetrodotoxin) oder Tausendfüßern (Chinazolin-Derivate).

Die alkaloidführenden höheren Pflanzen enthalten meist neben den Hauptalkaloiden zahlreiche mit diesen biogenetisch nahe verwandte Nebenalkaloide, die sich z. B. im Methylierungs- oder Hydrierungsgrad von diesen unterscheiden. Man schätzt, daß ca. 20% aller höheren Pflanzen alkaloidführend sind. Etliche Alkaloide sind pharmakologisch außerordentlich wirksam, so daß zunächst die alkaloidhaltigen Drogen bzw. deren Zubereitungen (Extrakte, Tinkturen), heute jedoch vorzugsweise die Reinsubstanzen fester Bestandteil des Arzneimittelschatzes sind. Dazu zählen Analgetica (Morphin), Lokalanästhetica (Cocain), Spasmolytica (Papaverin), Muskelrelaxantien (Curare-Alkaloide), Amöbizide (Emetin), Malariamittel (Chinin), Antihypertonica (Rauwolfia-Alkaloide) oder Cytostatica (Catharanthus-Alkaloide). Diese Alkaloide dienten als Leitbilder für die Entwicklung zahlreicher synthetischer Arzneimittel (vgl. Formelübersicht 1–2, S. 42).

Die Alkaloide kommen in der Pflanze als Salze anorganischer oder organischer Säuren vor. Zur Isolierung wird meist das pflanzliche Material mit Alkali behandelt und anschließend die Base mit organischen Lösungsmitteln extrahiert. Die Trennung der Alkaloidgemische kann durch fraktionierte Kristallisation geeigneter Salze (z. B. Hydrohalogenide, Perchlorate, Pikrate, Oxalate) oder chromatographische Methoden erfolgen.

Unter den chemischen Methoden der Strukturaufklärung sind die Methoden bemerkenswert, die zu einer Lokalisierung des Stickstoffs im Molekül beitragen. Von besonderer Bedeutung ist hierbei der *Hofmannsche Abbau*. Dieser Abbau beruht darauf, daß die nach vollständiger Methylierung erhaltenen quaternären Ammoniumbasen beim Erwärmen unter Spaltung einer N—C-Bindung Wasser eliminieren. Durch Wiederholung der Reaktion läßt sich das N-Atom entfernen.

Voraussetzung für diese Reaktion ist, daß sich in β-Stellung zum N-Atom ein abspaltbares H-Atom befindet. Ungesättigte Ringsysteme lassen sich erst nach Hydrierung einem HOFMANN-Abbau unterziehen.

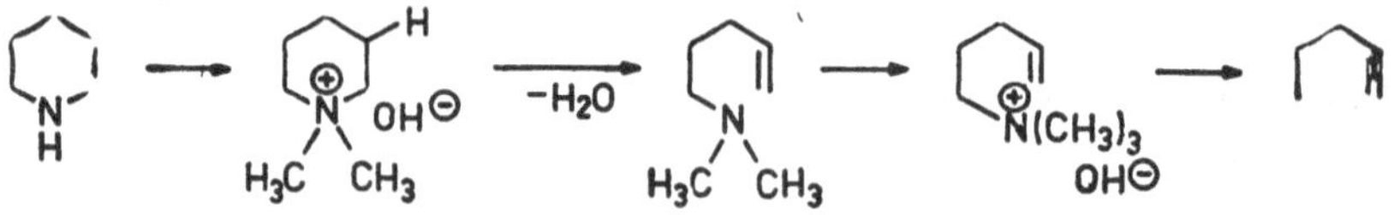

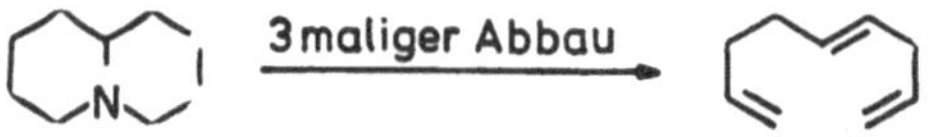

Verbindungen, die an benachbarten C-Atomen Amino- und Hydroxygruppen tragen, unterliegen einer *Hydraminspaltung*. Diese Reaktion tritt z. B. beim Ephedrin oder Chinin (S. 564) ein.

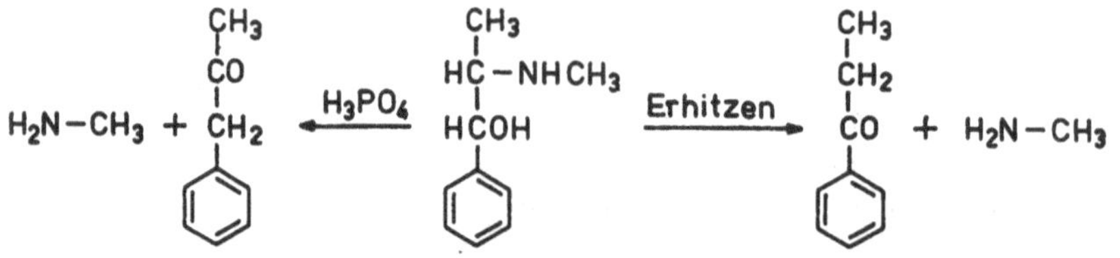

Ephedrin
Hydraminspaltung

Unter den physikalischen Methoden spielt die Massenspektrometrie bei der Struktur aufklärung von Alkaloiden eine herausragende Rolle (vgl. S. 556).

Bis auf die Verbindungen, bei denen das N-Atom amidartig gebunden ist (z. B. Colchicin, Piperin), reagieren die Alkaloide basisch. Die Basizität hängt vom heterocyclischen Grundkörper und von Substituenten ab (vgl. Tab. 10–1). Zum Beispiel erniedrigt eine zum N-Atom α-ständige Doppelbindung den pK_s-Wert um 2—3 Einheiten.

Die meisten Alkaloidbasen kristallisieren. Einige Basen (Nicotin, Hygrin, Arecolin, Spartein) sind flüssig. Für den Nachweis geringer Alkaloidmengen werden sog. Alkaloidreagentien herangezogen (Tab. 10–2). Es kommt hierbei zu Fällungen oder manchmal recht spezifischen Farbreaktionen.

10.2. Biogene Amine, Protoalkaloide

Biogene Amine sind in Mikroorganismen, Pflanzen und Tieren frei oder gebunden relativ weit verbreitet (Tab. 10–3). Einige sind Bestandteile von Lipiden (Colamin, Cholin) oder Coenzymen (Cysteamin, β-Alanin, Propanolamin). In Tieren dienen Derivate der biogenen Amine als Neurotransmitter (Acetylcholin, Catecholamine, Tryptamin, Serotonin, Histamin).

Die Diamine Putrescin und Cadaverin sind Fäulnisprodukte. Vom Putrescin leiten sich die Polyamine Spermidin [Mono-(γ-aminopropyl)putrescin] und Spermin [Di-(γ-aminopropyl)-putrescin] ab, die mit DNS Assoziate bilden können (S. 253).

$H_2N-(CH_2)_3-NH-(CH_2)_4-NH_2$ Spermidin

$H_2N-(CH_2)_3-NH-(CH_2)_4-NH-(CH_2)_3-NH_2$ Spermin

Tabelle 10–1
pK_s-Werte einiger Alkaloide und ihrer Grundkörper

Grundkörper	pK_s	davon abgeleitete Alkaloide	pK_s
Quat. Ammoniumbasen	> 12	Berberin	11,8
Aliph. Amine	9–11	Ephedrin	9,6
		Spartein	11,4 und 3,3*)
Triethylamin	9,8	Atropin	10,0
Piperidin	11,0	Coniin	11,1
Pyrrolidin	11,3	Nicotin (Pyrrolidinring)	8,2
Tetrahydroisochinolin		Morphin	8,2
		Codein	8,9
		Narcotin	6,5
		Hydrastinin (Carbinolamin)	11,2
Benzylamin	9,4		
N-Heteroaromaten			
Pyridin	5,2	Nicotin (Pyridinring)	3,4
Chinolin	4,7	Chinin (Chinolinring)	4,1
Isochinolin	5,2	Papaverin	6,2
Amide	ca. 2	Piperin	ca. 2,1
		Colchicin	ca. 2

*) in wäßrigem Dimethylformamid

Tabelle 10–2
Alkaloidreagentien

Name des Reagens	Zusammensetzung	Reaktion
MAYERS Reagens	$K_2[HgI_4]$	gelblichweißer Niederschlag
DRAGENDORFFS Reagens	$K[BiI_4]$	orangefarbener Niederschlag
SONNENSCHEINS Reagens	Phosphormolybdänsäure	gelber Niederschlag, der blaugrün wird
SCHEIBLERS Reagens	Phosphorwolframsäure	Niederschlag, hohe Empfindlichkeit
WAGNERS Reagens	KI_3	brauner Niederschlag
ERDMANNS Reagens	HNO_3/H_2SO_4	Färbung
FRÖHDES Reagens	Molybdänsäure/H_2SO_4	Färbung
MARQUIS Reagens	Formaldehyd/H_2SO_4	Violettfärbung (Opium-Alk.)

Putrescin, Spermidin und Spermin sind im Tierreich und in Mikroorganismen weit verbreitet.

Die beiden bedeutendsten Gruppen von Protoalkaloiden stellen die Phenylethylamine und Indolylalkylamine dar, von denen sich die Isochinolin- bzw. Indol-Alkaloide ableiten.

Tabelle 10-3

Biogene Amine, die durch Decarboxylierung von Aminosäuren gebildet werden

$$R{-}CH_2{-}\underset{\displaystyle COOH}{\underset{|}{CH}}{-}NH_2 \rightarrow R{-}CH_2{-}CH_2{-}NH_2 + CO_2$$

Aminosäure	Amin	*R*	Vorkommen
Leucin	Isoamylamin	$(CH_3)_2CH-$	Mikroorganismen, höhere Pflanzen
Serin	Colamin	HO–	Mikroorganismen, Pflanzen, Tiere
Threonin	Propanolamin	$HO-CH_2-$	Mikroorganismen, Tiere
Cystein	Cysteamin	HS–	
Aspartinsäure	*β*-Alanin	HOOC–	
Glutaminsäure	*γ*-Amino-buttersäure	$HOOC-CH_2-$	Mikroorganismen, Pflanzen, Tiere
Ornithin	Putrescin	$H_2N-(CH_2)_2-$	
Lysin	Cadaverin	$H_2N-(CH_2)_3-$	Mikroorganismen
Phenylalanin	Phenylethylamin	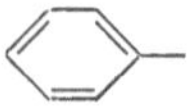	Mikroorganismen, höhere Pflanzen
Tyrosin	Tyramin	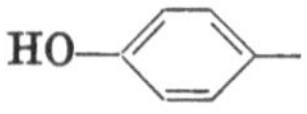	
Tryptophan	Tryptamin	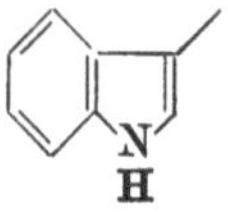	Mikroorganismen, höhere Pflanzen, Tiere
Histidin	Histamin	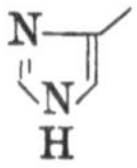	Mikroorganismen, Tiere

10.2.1. *Phenylethylamine*

N-Methyl-tyramin und *Hordenin* wurden aus Gerstenkeimlingen isoliert. Ein Trimethoxyderivat des Phenylethylamins, das *Mescalin*, wurde als halluzinogene Komponente des mexikanischen Kaktus *Anhalonium lewinii* identifiziert.

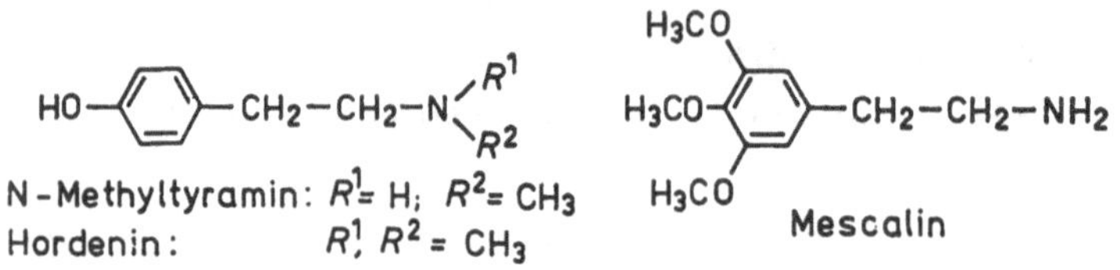

Ebenfalls erregend auf das *ZNS*, wenn auch in erheblich geringerem Maße, wirkt das *Ephedrin.* Ephedrin wurde neben weiteren Basen, die sich in Methylierungsgrad und Konfiguration (z. B. *Norpseudoephedrin*) unterscheiden, zuerst aus *Ephedra vulgaris* isoliert.

Ephedrin wirkt außerdem sympathicomimetisch, also — in allerdings abgeschwächter Weise — wie die *Catecholamine*. Diese wesentlich hydrophileren Phenylethylamine sind wichtige Neurotransmitter (S. 434).

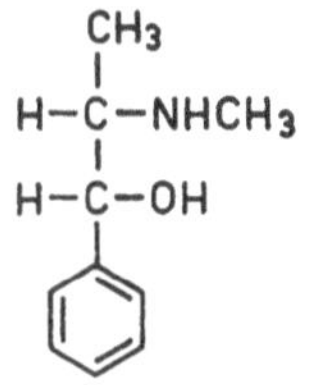

Ephedrin

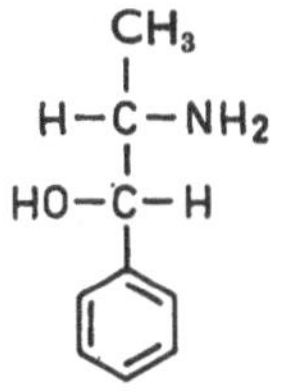

Norpseudoephedrin

Das therapeutisch vor allem bei Schnupfen zur Abschwellung der Schleimhäute und bei Bronchialasthma eingesetzte Ephedrin wird heute ausschließlich totalsynthetisch gewonnen. Von den zahlreichen Synthesen soll hier nur eine von Phenylethylketon ausgehende erwähnt werden (Eberhard, Fourneau). Nach Bromierung, Umsetzen des Bromderivates mit Methylamin und Hydrieren entsteht ein Gemisch von rac. Ephedrin und rac. Pseudoephedrin. Pseudoephedrin läßt sich zum Teil durch Behandeln mit konz. Salzsäure in Ephedrin umlagern.

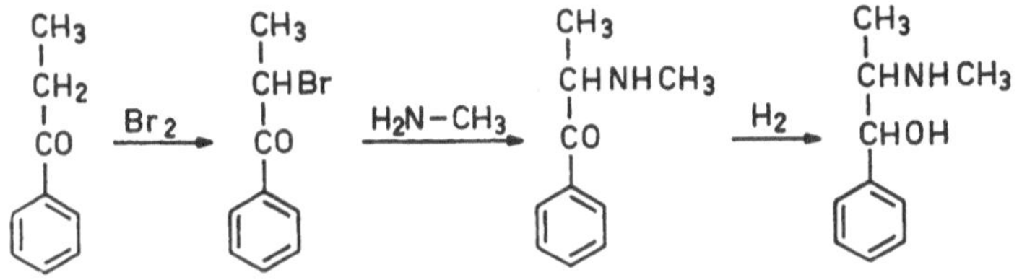

10.2.2. Indolylalkylamine

Die Indolylalkylamine leiten sich von der Aminosäure Tryptophan ab. Das Decarboxylierungsprodukt (*Tryptamin*) und dessen 5-Hydroxyderivat (*Serotonin*) dienen bei Wirbeltieren als Neurotransmitter (Kap. 7.2.2.3.).

In den Hautdrüsensekreten verschiedener Krötenarten (*Bufo*) sind Indolylalkylamine mit gefäßverengender und blutdrucksteigernder Wirkung enthalten. Zu diesen *Krötengiften* (s. auch S. 483) gehören neben Aminen wie *Bufotenin* auch Betaine wie Bufotenidin oder Bufoviridin.

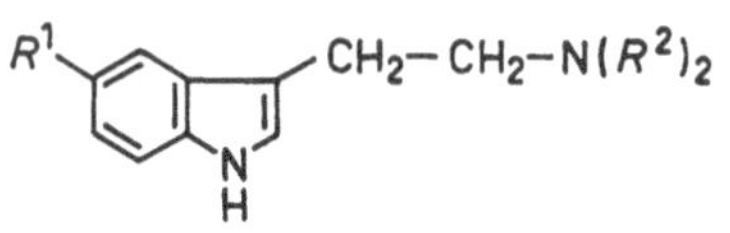

	R^1	R^2
Tryptamin	H	H
Dimethyltryptamin	H	CH_3
Serotonin	OH	H
Bufotenin	OH	CH_3
O-Methylbufotenin	OCH_3	CH_3

Einige Indolylalkylamine wirken halluzinogen. Dazu gehören das aus *Bufo alvarius* isolierte *O-Methyl-bufotenin* sowie die Hauptinhaltsstoffe der mexikanischen Zauberdroge Teonanácatl, *Psilocin* und *Psilocybin*. Teonanácatl wird aus Pilzen der Familie der Strophariaceen (*Psilocybe, Stropharia, Conocybe*) gewonnen. Im Unterschied zu den meisten anderen natürlichen Indolderivaten ist bei Psilocin und Psilocybin das Indolringsystem in 4-Stellung substituiert.

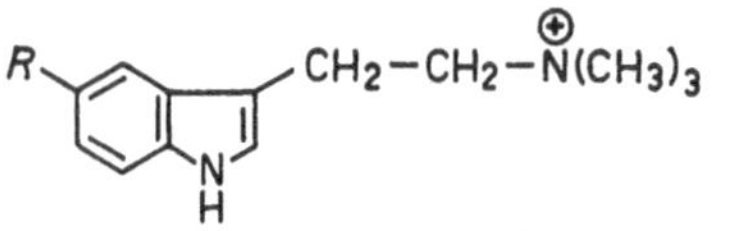

Bufotenidin: $R = O^{\ominus}$
Bufoviridin: $R = O-SO_3^{\ominus}$

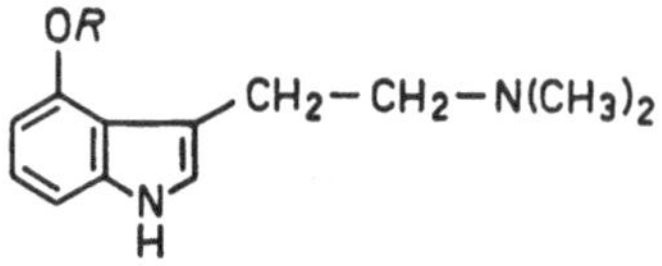

Psilocin: $R = H$
Psilocybin: $R = PO_3H_2$

Indolylalkylamine kommen auch in höheren Pflanzen vor, so Tryptamin, N-Methyltryptamin (Dipterin) oder N,N-Dimethyltryptamin. In der Struktur der Seitenkette weicht das *Gramin* von den übrigen Indolylalkylaminen ab. Gramin wurde aus Gerste und anderen Grasartigen (Poales) sowie aus Ahornarten (*Acer*) isoliert.

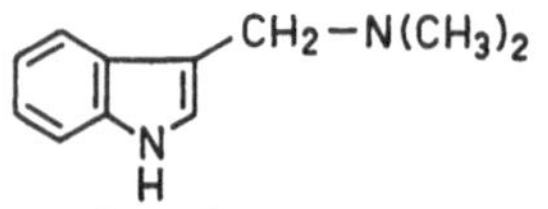

Gramin

Ein Indol-Derivat ohne basische Seitenkette ist die Indolylessigsäure, die als Pflanzenwuchsstoff wirkt (S. 443).

10.2.3. Inhaltsstoffe des Fliegenpilzes

Der Fliegenpilz (*Amanita muscaria*) ist wegen seines charakteristischen Aussehens und seiner Toxizität allgemein bekannt. Von den biologisch aktiven Inhaltsstoffen ist am längsten das *Muscarin* bekannt (1869: SCHMIEDEBERG). Muscarin ist zu etwa 0,0003% des Frischgewichtes im Fliegenpilz enthalten, es wurde aber auch in Pilzen der Gattung *Inocybe* gefunden. Muscarin ist eine quaternäre Ammoniumbase, die in ihrer Struktur dem Acetylcholin sehr ähnelt (vgl. S. 431) und wie Acetylcholin wirkt, allerdings nur auf die glatte Muskulatur und die exkretorischen Drüsen („muscarinartige" Wirkung). Da Muscarin kein Ester ist, wird es von der Acetylcholinesterase nicht gespalten. Die Wirkung ist sehr strukturspezifisch. Muscarin besitzt drei Chiralitätszentren. Natürlich kommt die (+)-(2S, 3R, 5S)-Form vor. Die Struktur wurde von EUGSTER und KÖGL aufgeklärt. Die Biosynthese geht von einer Hexose aus.

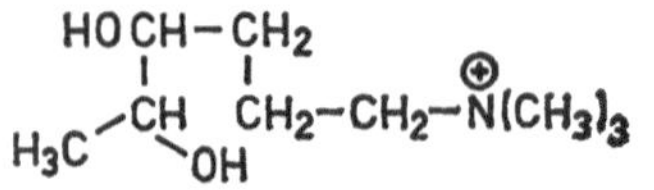

Muscaridin

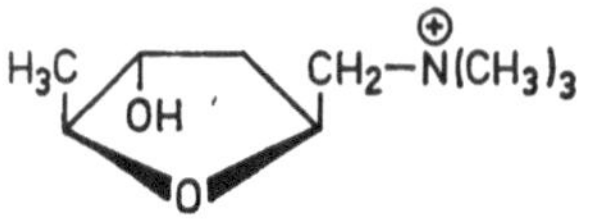

(+)-Muscarin

Als weitere quaternäre Ammoniumbasen sind im Fliegenpilz noch Cholin, Acetylcholin und *Muscaridin* enthalten.

Für die Vergiftungserscheinungen nach Einnahme des Fliegenpilzes sind Verbindungen mit zentraler Wirkung wie die 3-Hydroxyisoxazole *Ibotensäure* und deren Decarboxylierungsprodukt *Muscinol* sowie das Oxazol-2-on *Muscazon* verantwortlich (EUGSTER).

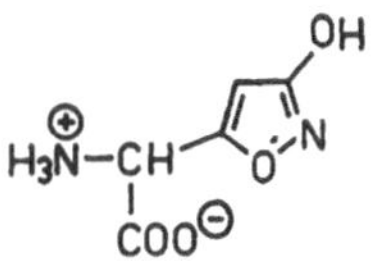
Ibotensäure

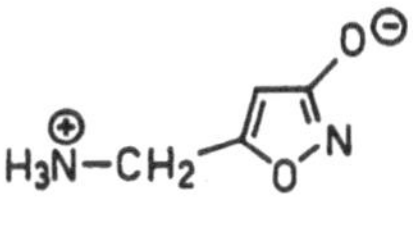
Muscinol

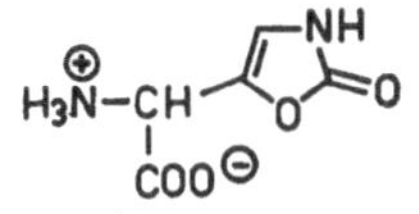
Muscazon

10.2.4. Colchicin-Gruppe

Colchicin ist der wichtigste Inhaltsstoff der Herbstzeitlosen (*Colchicum autumnale*), kommt aber auch in anderen Liliaceen vor. Die Biosynthese des Colchicins geht von Phenylalanin bzw. Tyrosin aus. Als Nebenbasen kommen in *Colchicum* neben strukturell dem Colchicin sehr nahe verwandten Verbindungen wie dem Demecolcin auch Isochinolin-Derivate vor.

Die Strukturaufklärung des Colchicins geht vor allem auf Arbeiten von WINDAUS und COOK zurück.

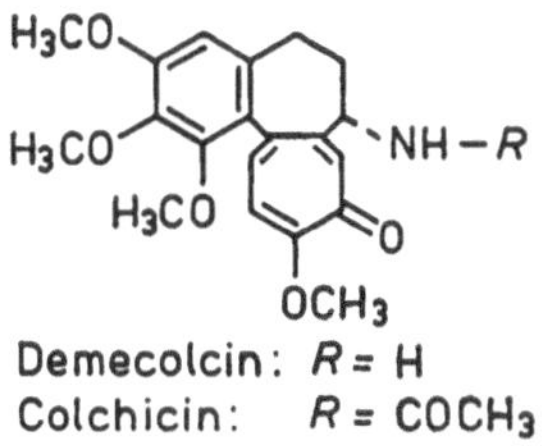
Demecolcin: *R* = H
Colchicin: *R* = $COCH_3$

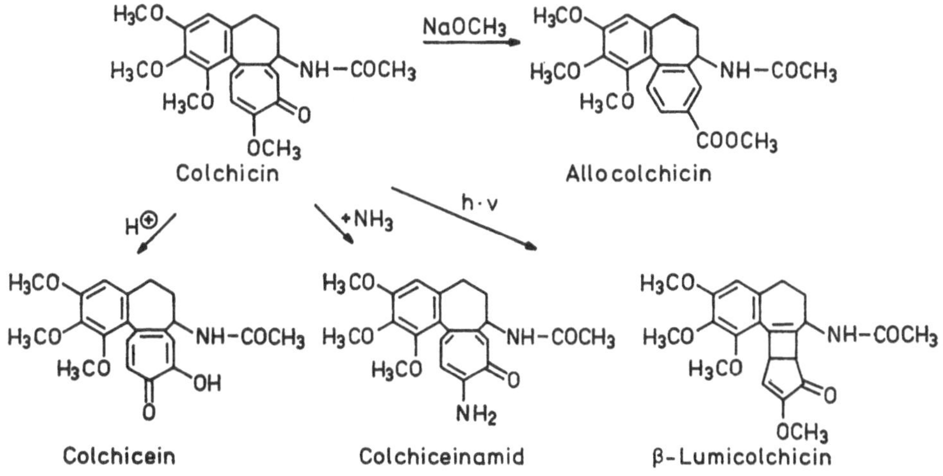

Colchicin ist durch die Acetylierung der Aminogruppe nicht basisch. Es enthält vier Methoxygruppen, von denen eine säurekatalysiert sehr leicht abgespalten werden kann. Der Ring *C* reagiert dabei wie ein vinyloger Säureester. Der Ring *C* wird dabei benzoid. Diese Methoxygruppe am Ring *C* läßt sich auch durch Amine leicht nucleophil austauschen. Es entstehen dabei Derivate des Colchiceinamids. In wäßrigen Lösungen wird Colchicin photochemisch in α-, β- und γ-Lumicolchicin umgewandelt. Auch hierbei wird die Tropolonstruktur des Ringes *C* verändert.

Colchicin wirkt als Mitosegift. Es hemmt die Zellteilung in der Metaphase; die Chromosomenteilung wird jedoch nicht beeinflußt. Colchicin wird in der Pflanzenzucht zur Erzeugung polyploider Pflanzen eingesetzt. In der Humanmedizin diente es früher zur Behandlung der Gicht.

10.3. Pyrrolidin-, Piperidin- und Pyridin-Alkaloide

Die Biosynthese vieler Pyrrolidin- und Piperidin-Alkaloide hängt eng mit dem Stoffwechsel der Aminosäuren Ornithin-Glutaminsäure-Prolin bzw. Lysin zusammen (Formelübersicht 10-1). Daneben werden Piperidinderivate biosynthetisch auch auf anderen Wegen gebildet, so z. B. durch Cyclisierung von Polyketosäuren (vgl. Coniin, S. 523 und Glutarimid-Antibiotica, S. 590).

Einfache Pyrrolidin-Alkaloide sind relativ selten. *Hygrin* und *Cuscohygrin* kommen vergesellschaftet mit den Tropan-Alkaloiden, z. B. in *Erythroxylon coca*, vor.

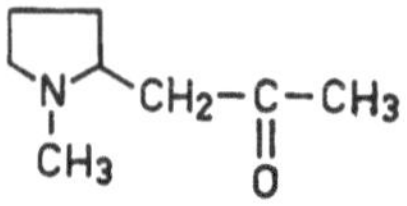

Hygrin

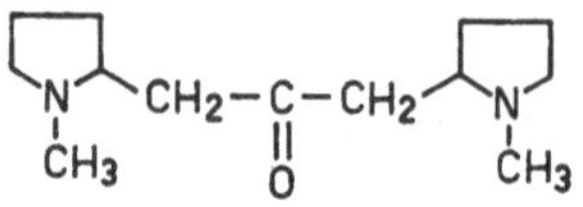

Cuscohygrin

Die *Pipecolinsäure* (Formelübersicht 10–1) ist ein in höheren Pflanzen, Mikroorganismen und Tieren weit verbreitetes Piperidin-Derivat. Die meisten Piperidin-Alkaloide sind dagegen nur in relativ wenig Arten der höheren Pflanzen enthalten. Sie sind häufig vergesellschaftet mit Tropan- und Chinolizidin-Alkaloiden.

Hauptbestandteil der *Lobelia-Alkaloide* (*Lobelia inflata, Campanulaceae*) ist das *Lobelin*. Lobelin regt beim Säugetier die Atmung an. Es wird von zahlreichen weiteren Piperidin- und Piperidein-Alkaloiden begleitet, die sich durch Oxidation der Hydroxygruppe oder Reduktion der Carbonylgruppe vom Lobelin unterscheiden.

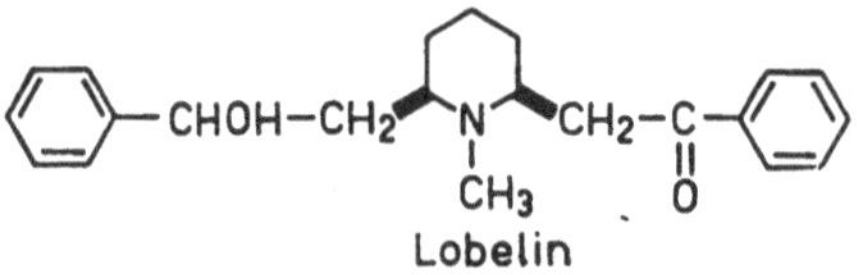

Lobelin

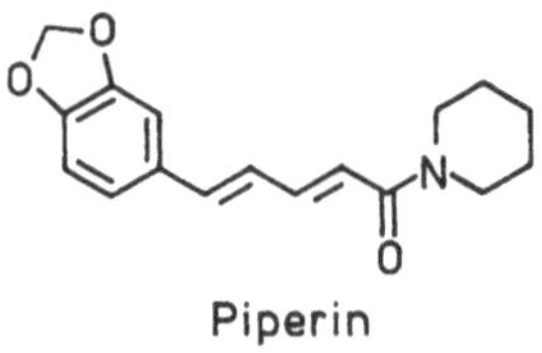

Piperin

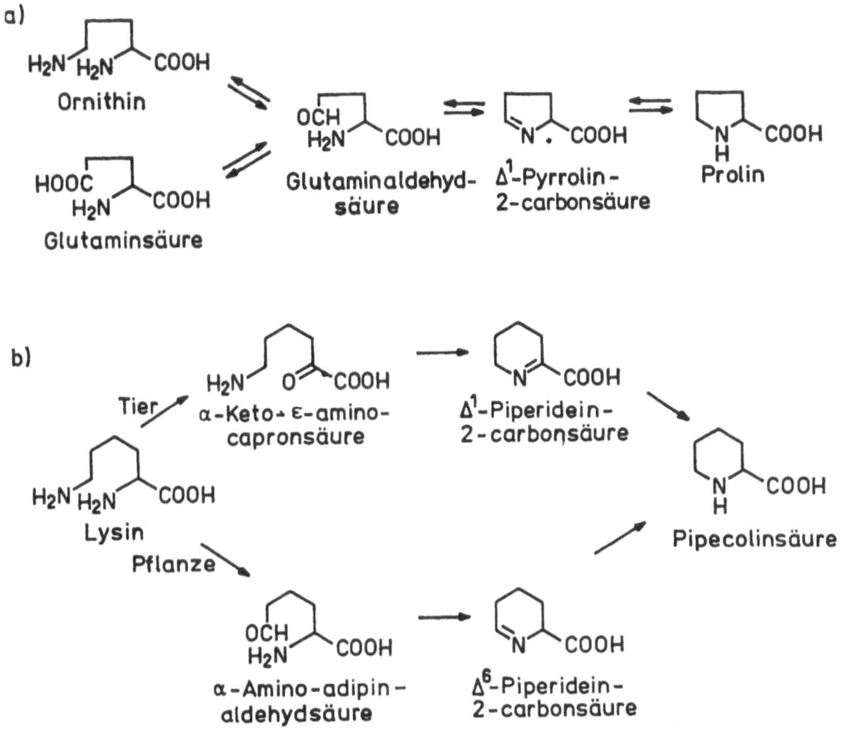

Formelübersicht 10–1
Ornithin-(*a*) und Lysin-(*b*)-Metabolismus.

Auch der scharfe Geschmack des Pfeffers (*Piper nigrum*) geht auf ein Piperidin-Alkaloid, das *Piperin*, zurück. Piperin ist ein Piperidinsäure-piperidid, das als Amid nicht basisch reagiert. Durch Hydrolyse (1949: Wertheim) entsteht Piperidin (daher dessen Name!) und Piperinsäure.

Die Rinde des Granatapfelbaumes (*Punica granatum*) enthält als Hauptalkaloide *Isopelletierin*, Methylisopelletierin und das daraus durch erneute Cyclisierung entstandene Pseudopelletierin (S. 537). Diese Alkaloide wurden von Tanret 1878 zu Ehren des bekannten französischen Alkaloidforschers Pelletier benannt, der u. a. Strychnin und Chinin isolierte.

In der Betelnuß, den Samen der Palme *Areca catechu*, ist als Hauptalkaloid das *Arecolin* enthalten. Arecolin wirkt muscarinartig (S. 530).

Isopelletierin: *R* = H
Methylisopelletierin: *R* = CH_3

Arecolin

Zu den Piperidin-Alkaloiden gehören auch die Conium-Alkaloide (S. 523). *Coniin* ist das Gift des gefleckten Schierlings (*Conium maculatum, Apiaceae*). Es wirkt stark lähmend.

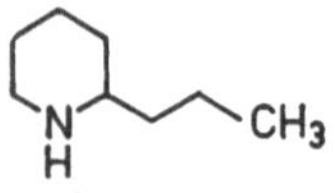

Coniin

Mehrere Pyrrolidin- und Piperidin-Derivate sind direkt oder auch über eine C-Brücke mit anderen Heterocyclen verbunden. Beispiele für eine Bindung an den Pyridinring liefern die *Alkaloide des Tabaks* (*Nicotiana tabacum, Solanaceae*). Hauptalkaloid ist das *L-Nicotin,* das u. a. von Nornicotin, Anabasin und Nicotyrin begleitet wird.

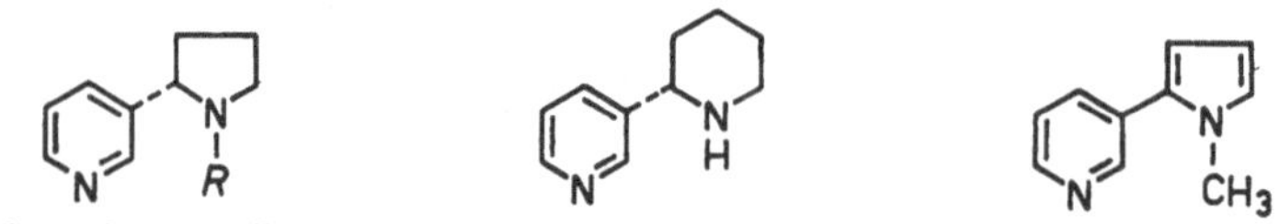

Nornicotin: *R*= H
Nicotin: *R*= CH_3

Anabasin

Nicotyrin

L-Nicotin ist eine ölige Base. Die Strukturaufklärung erfolgte durch oxidativen Abbau zu Nicotinsäure bzw. nach Methylierung zu L-Hygrinsäure. Die Synthese des Nicotins gelang bereits 1905 (PICTET).

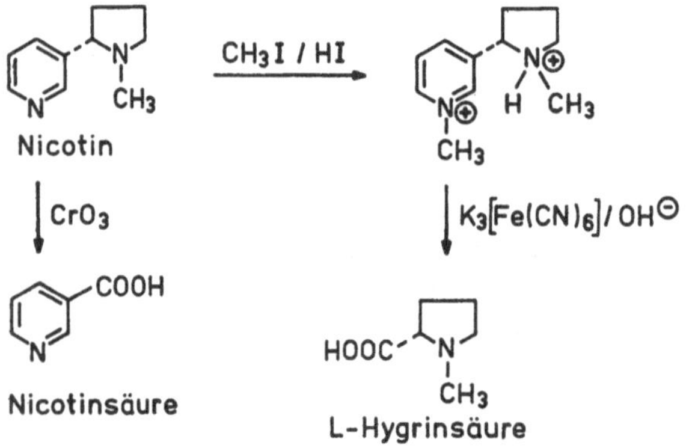

Nicotin reagiert mit bestimmten Rezeptoren des Acetylcholins (S. 431). Es ist sehr stark toxisch und wird zur Schädlingsbekämpfung eingesetzt. Für den Menschen sind bereits 40 mg tödlich. Die Tabakblätter enthalten durchschnittlich 4% Nicotin, von dem ein Teil während des Rauchens verbrennt.

Der Pyridinring des Nicotins stammt von der Nicotinsäure. Zur Biosynthese der *Nicotinsäure* werden verschiedene Wege beschritten (Formelübersicht 10–2).

Die Biosynthese des Nicotins erfolgt in der Wurzel. Es wird von hier in die Blätter transportiert.

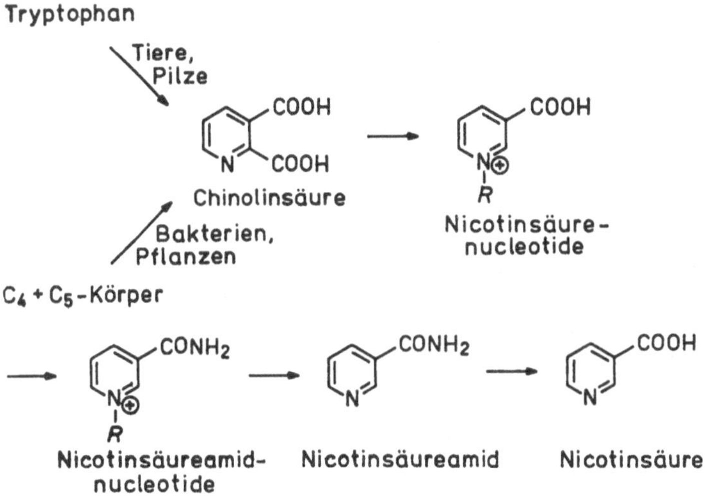

Formelübersicht 10–2

Biosynthesewege für die Nicotinsäure.

*) vgl. Formelübersicht 6–7.

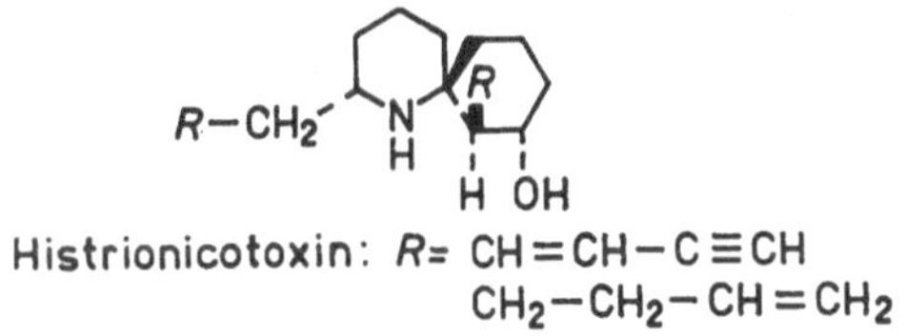

Piperidin-Alkaloide tierischer Herkunft sind die aus dem Frosch *Dendobates histrionicus* isolierten *Histrionicotoxine*. Diese Verbindungen sind wegen ihrer Reaktion mit dem Acetylcholin-Rezeptor interessant geworden (S. 432).

10.4. Tropan-Alkaloide

Die Tropan-Alkaloide sind eine relativ kleine Gruppe von Alkaloiden, die aber wegen ihrer physiologischen Wirkung am Säugetier eine große Bedeutung besitzen. Tropan-Alkaloide kommen in den Gattungen *Atropa, Datura, Hyoscyamus, Duboisia, Mandragora* und *Scopolia* der Solanaceen und in *Erythroxylon*-Arten (Familie: *Erythroxylaceae*) vor. Ihr Grundkörper ist das als *Tropan* bezeichnete 8-Methyl-8-azabicyclo[3.2.1.]-octan. Die Strukturaufklärung dieser Alkaloidgruppe geht wesentlich auf Arbeiten von Willstätter zurück.

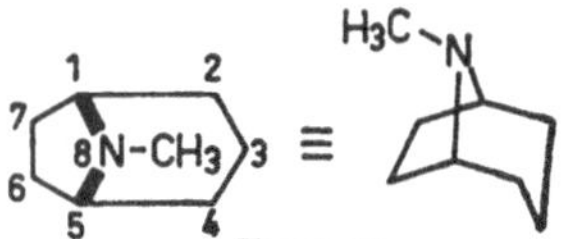

Tropan

Die natürlichen Alkaloide leiten sich vom Tropan-3-ol ab. Die Hydroxygruppe kann α- (*Tropin*) oder β-ständig (*Pseudotropin*) angeordnet sein.

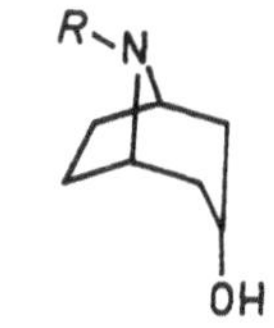

Nortropin: R = H
Tropin: R = CH_3

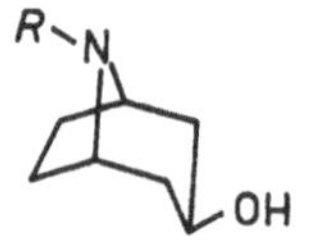

Norpseudotropin: R = H
Pseudotropin: R = CH_3

Die Konfiguration der Hydroxygruppe konnte zuerst auf chemischem Wege (Fodor) durch eine nur beim Norpseudotropin erfolgende Wanderung einer Acylgruppe vom N- zum O-Atom geklärt werden. Die Wanderung ist nur bei einer cis-ständigen Anordnung beider Atome möglich. Diese Ergebnisse konnten auch durch *NMR*-spektroskopische Untersuchungen bestätigt werden.

Die erste Synthese des Tropins gelang Willstätter. Robinson, ein Schüler Willstätters, konnte Tropinon nach Art einer Mannich-Reaktion durch Umsetzen von Succindialdehyd, Methylamin und Acetondicarbonsäuredimethylester erhalten.

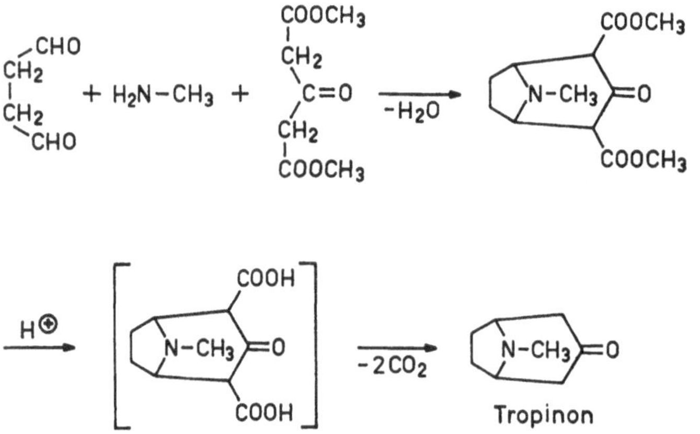

Tropinon

Schöpf vermutete als erster, daß diese Synthese auch unter physiologischen Bedingungen ablaufen kann.

Derivate des Tropins sind die Ester-Alkaloide Hyoscyamin bzw. Atropin und Scopolamin.

L-Hyoscyamin ist in der Tollkirsche (*Atropa belladonna*), im Bilsenkraut (*Hyoscyamus niger*) sowie in den Blättern des Stechapfels (*Datura stramonium*) enthalten. L-Hyoscyamin ist der Ester des Tropins mit der L-Tropasäure. Diese Säure racemisiert sehr leicht, so daß sich bereits beim Trocknen der Pflanzen das entsprechende Racemat (D,L-Hyoscyamin = *Atropin*) bilden kann.

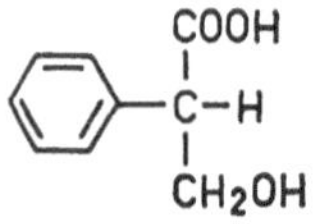

L-Tropasäure

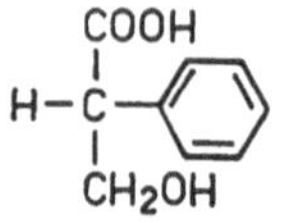

D-Tropasäure

Atropin hemmt beim Säugetier die Erregungsleitung durch Acetylcholin und wirkt dadurch als Parasympathicolyticum. Charakteristische Wirkungen sind die Erweiterung der Pupillen sowie die Erschlaffung der glatten Muskulatur des Magen-Darm-Kanals. Eine Spaltung des Esters durch Säure oder Esterasen führt zum Wirkungsverlust. Am Auge wird außer dem Atropin auch das synthetische Abwandlungsprodukt Homatropin (Tropinmandelsäureester) eingesetzt.

(−)-*Scopolamin* (Hyoscin) kommt in *Duboisia*- und *Scopolia*-Arten, aber auch als Nebenalkaloid in *Datura stramonium*, vor. Der bei schonenden Hydrolyse des L-Tropasäureesters zunächst gebildete Alkohol Scopin wird sehr leicht zum Scopolin umgelagert. Scopolamin wirkt im wesentlichen wie Atropin. Auf das *ZNS* wirkt Scopolamin stark lähmend.

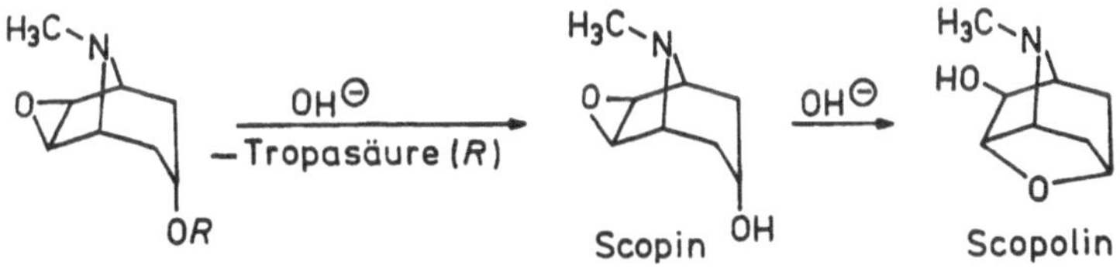

Das wichtigste Derivat des Pseudotropins ist das *Cocain*. Cocain ist der Hauptinhaltsstoff des südamerikanischen Kokastrauches (*Erythroxylon coca*). Dieses Ester-Alkaloid wird durch Säure zu Ecgonin, Methanol und Benzoesäure gespalten.

Cocain wirkt sehr stark lokalanästhetisch. Zentral wirkt es in kleineren Dosen erregend, in größeren lähmend. Wegen der auftretenden Euphorie wird Cocain als Rauschgift mißbraucht, was zu einem schnellen psychischen und physischen Verfall des Cocainisten führt. Heute werden in der medizinischen Praxis bis auf bestimmte Anwendungen am Auge anstelle des Cocains synthetische Lokalanästhetica eingesetzt.

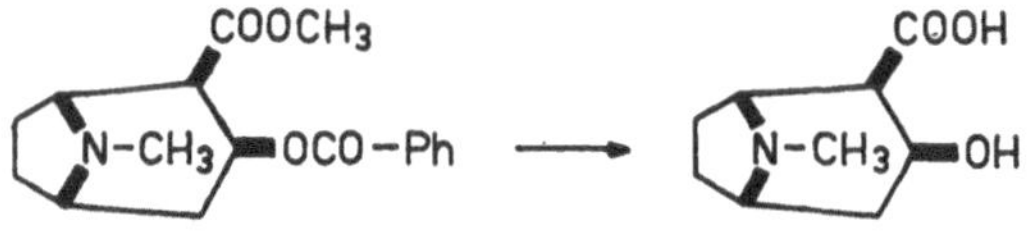

Cocain Ecgonin

Eng verwandt mit den Tropan-Alkaloiden ist das *Pseudopelletierin*, das neben anderen Alkaloiden (S. 533) in der Rinde des Granatapfelbaumes (*Punica granata*) vorkommt.

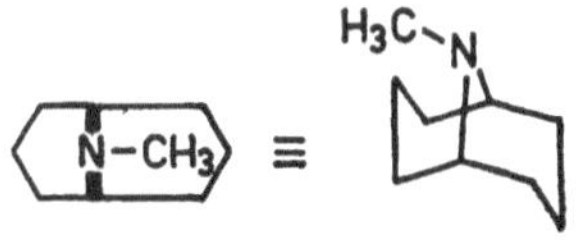

Pseudopelletierin

10.5. Pyrrolizidin- und Chinolizidin-Alkaloide

Pyrrolizidin und Chinolzidin sind bicyclische Ringsysteme, deren 5- bzw. 6-Ringe ein gemeinsames N-Atom besitzen.

Aus Untersuchungen mit radioaktiv markierten Verbindungen geht hervor, daß der Pyrrolizidin- bzw. Chinolizidinring aus jeweils 2 Molekülen Putrescin bzw. Cadaverin (Formelübersicht 10–3) gebildet wird.

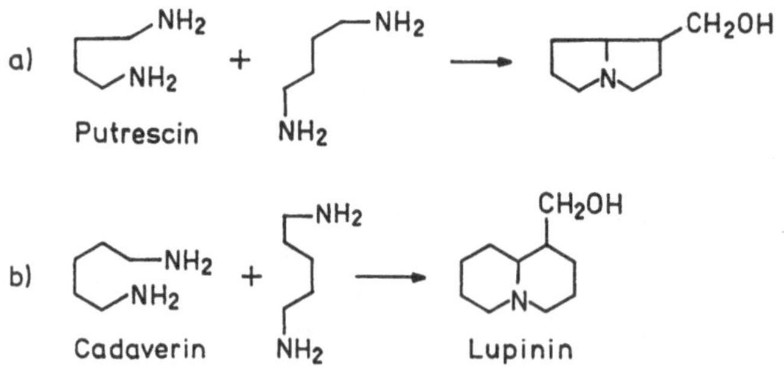

Formelübersicht 10–3
Biosynthese der Pyrrolizidin- (*a*) und Chinolizidin-Alkaloide (*b*).

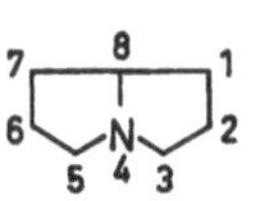

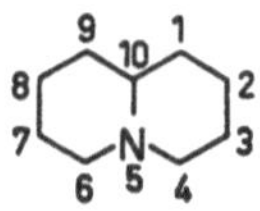

Pyrrolizidin
1-Azabicyclo[0,3,3]octan

Chinolizidin
1-Azabicyclo[0,4,4]decan

Beide Ringsysteme sind nicht planar. Bei den Chinolizidinderivaten wird eine trans-Verknüpfung bevorzugt, wie aus *NMR*-Messungen hervorgeht.

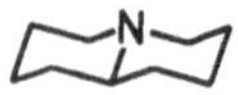

trans-Chinolizidin

Die hepatotoxischen *Pyrrolizidin-Alkaloide* kommen vor allem in Asteraceen, z. B. der Gattung *Senecio*, vor. Die Hydroxygruppen der Necinbasen sind meist noch mit ein oder zwei Monocarbonsäuren bzw. einer Dicarbonsäure (Necinsäuren) verestert.

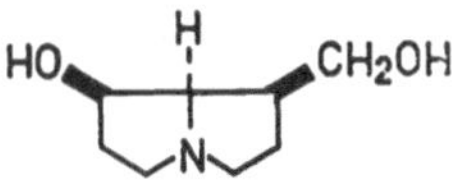

Necinbase
(Platynecin)

Chinolizidin-Alkaloide kommen insbesondere in den Gattungen *Lupinus, Cytisus* und *Genista* der Fabaceen vor. Einige typische Vertreter sind das Lupinin, Cytisin und Spartein. *Spartein*, das Hauptalkaloid des Besenginsters (*Cytisus scoparius*) wird bei Reizleitungsstörungen des Herzens eingesetzt.

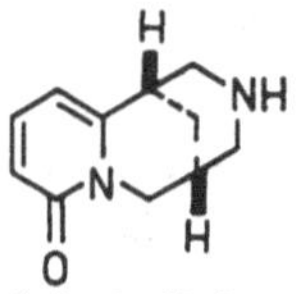

(–)-Cytisin

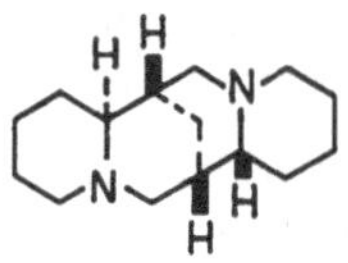

(+)-Spartein

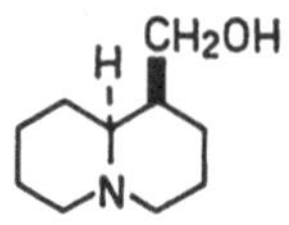

(–)-Lupinin

10.6. Isochinolin-Alkaloide

Die Isochinolin-Alkaloide stellen eine der größten Gruppen der Alkaloide dar. Bisher wurden aus Magnoliaphytina über 600 Isochinolin-Alkaloide isoliert, vor allem aus Vertretern der Ordnungen *Magnoliales*, *Ranunculales*, *Aristolochiales*, *Papaverales*, *Fabales*, *Rutales*, *Myrtales* und *Polemoniales* sowie der Familien *Cactaceae* und *Chenopodiaceae*.

Das Grundgerüst der Alkaloide dieser Gruppe ist das Isochinolin bzw. 1,2,3,4-Tetrahydroisochinolin. In vielen Fällen sind noch weitere Ringe ankondensiert.

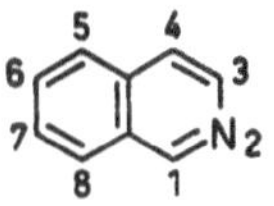

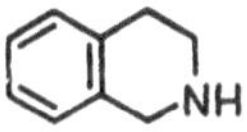

10.6.1. Synthesen

10.6.1.1. Biosynthesen

Das dieser Alkaloidgruppe zugrunde liegende heterocyclische Ringsystem entsteht wahrscheinlich durch Reaktion eines Phenylethylamins mit einem Aldehyd.

Bis auf einige einfache Isochinolin-Derivate wie die Alkaloide aus *Anhalonium lewinii* (*Locophora williamsii*) leiten sich die Isochinolin-Alkaloide vom 1-Benzylisochinolin ab. Durch den Einbau von 2-^{14}C-Tyrosin konnte sichergestellt werden, daß sowohl die Phenylethylamin-Komponente als auch der Aldehyd (3,4-Dihydroxyphenylacetaldehyd) (*3*) aus Tyrosin gebildet werden. Durch Ringschluß wird zunächst das Benzyltetrahydroisochinolin-Derivat *Norlaudanosolin* gebildet, von dem sich die anderen Alkaloide ableiten.

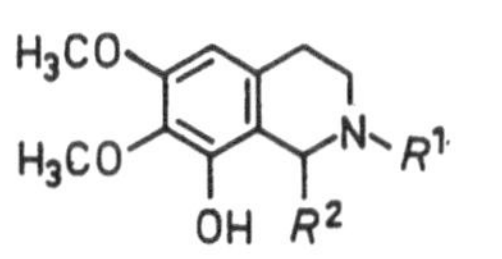

Anhalonium-Alkaloide

	R^1	R^2
Anhalamin	H	H
Anhalonidin	H	CH_3
Anhalidin	CH_3	H
Pellotin	CH_3	CH_3

Reticulin ist die Vorstufe der Biosynthese der Opium-Alkaloide des Thebain-Morphin-Typs. Durch Dehydrierung werden aus den Tetrahydroisochinolin-Derivaten die entsprechenden heteroaromatischen Isochinolin-Alkaloide gebildet.

Die strukturelle Vielfalt der Isochinolin-Alkaloide kommt u. a. durch die Möglichkeit der *oxidativen Kupplung* aufgrund der Anwesenheit phenolischer Hydroxygruppen sowohl am Isochinolin- als auch am Benzylrest zustande.

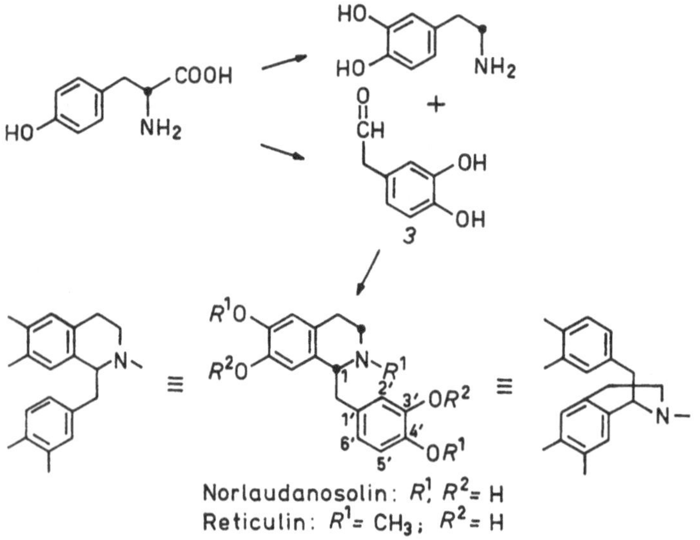

Die zunächst entstehenden, durch Mesomerie stabilisierten Radikale (Formelübersicht. 10–4) können

intramolekular unter Ausbildung von C—C-Bindungen zu Alkaloiden des Proaporphin-, Aporphin- oder Thebain-Morphin-Typs bzw.

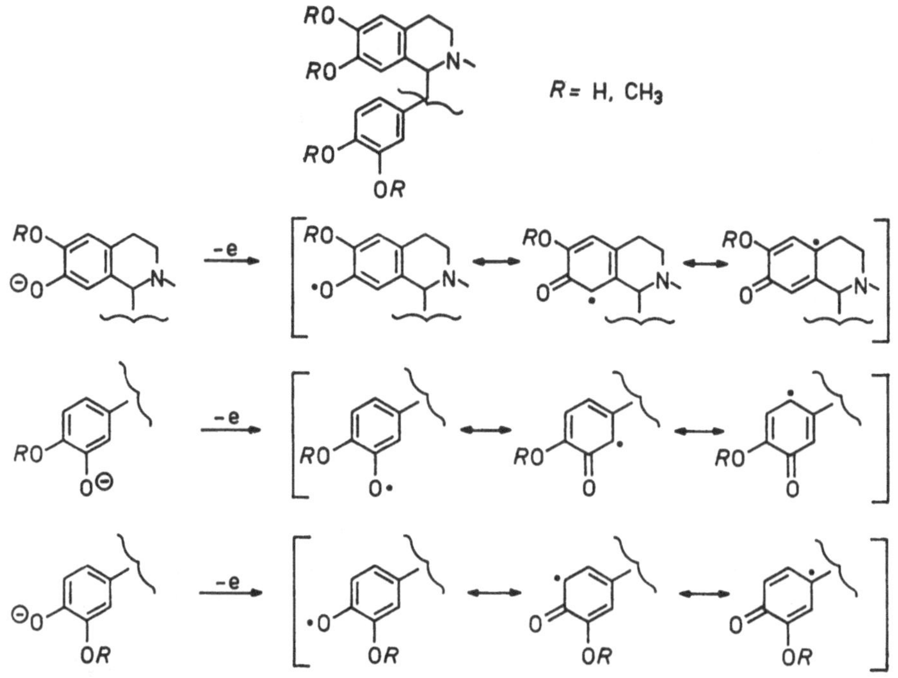

Formelübersicht 10–4

Durch Mesomerie stabilisierte Radikale von Benzyl-tetrahydroisochinolin-Derivaten.

intermolekular vor allem unter Ausbildung von C—O-Bindungen zu den verschiedenen Typen der Bis-benzylisochinolin-Gruppe

reagieren.

Die wichtigsten Typen der monomeren Isochinolin-Alkaloide zeigt die Formelübersicht 10–5.

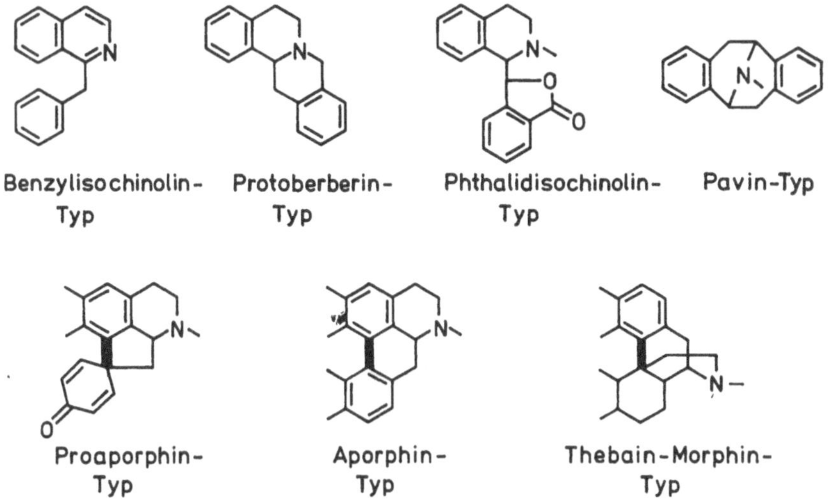

Formelübersicht 10–5

Wichtigste Typen der Isochinolin-Alkaloide mit Ausnahme der dimeren Vertreter (fett gedruckt: C—C-Bindungen durch oxidative Kupplung).

10.6.1.2. Chemische Synthesen

Zur Synthese des Isochinolin-Ringes dienen vor allem die PICTET-SPENGLER-, BISCHLER-NAPIERALSKI- und POMERANZ-FRITSCH-Reaktion.

Nach PICTET-SPENGLER wird ein Phenylethylamin mit einem Aldehyd zunächst zur Schiffschen Base umgesetzt, die dann zum Tetrahydroisochinolin cyclisiert. Durch Dehydrierung entsteht daraus das entsprechende Isochinolin-Derivat. So lassen sich Homoveratrumaldehyd *4* und Homoveratrylamin *5* bei Raumtemperatur in Gegenwart von Säure zum (±)-Norlaudanosin umsetzen.

Auf diese Weise konnte von SPÄTH eine der ersten biogeneseähnlichen Synthesen unter physiologischen Bedingungen realisiert werden.

Die BISCHLER-NAPIERALSKI-Synthese ist die gebräuchlichste Methode zur Synthese der Benzylisochinoline. Diese Reaktion beruht auf der Cyclisierung eines N-acylierten Phenylethylamins in Gegenwart einer LEWIS-Säure. Zur Synthese des Papaverins wird zunächst das Phenylethylamin-Derivat ausgehend von einem substituierten Nitrostyren synthetisiert, das nach Anlagerung von Methanol zum Amin reduziert werden kann. Dieses Homoveratrylamin-Derivat wird dann mit Homoveratrumsäurechlorid zum Amid umgesetzt, das durch Behandeln mit P_2O_5 in Toluen Papaverin ergibt.

Die einzelnen Typen der Isochinolin-Alkaloide lassen sich durch das Auftreten charakteristischer Bruchstücke massenspektrometrisch unterscheiden (Formelübersicht 10–6).

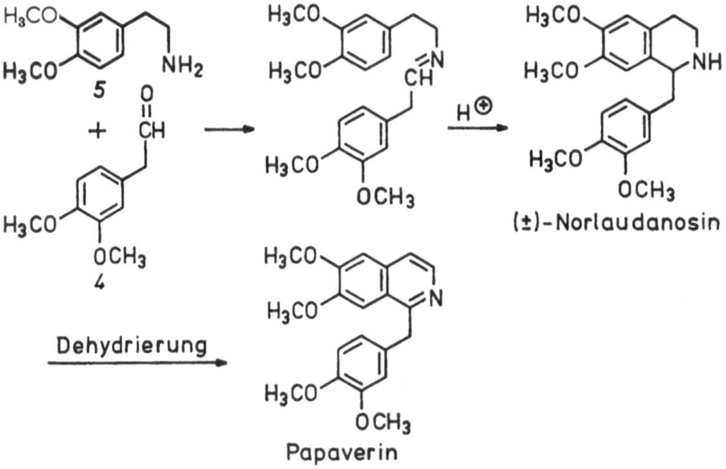

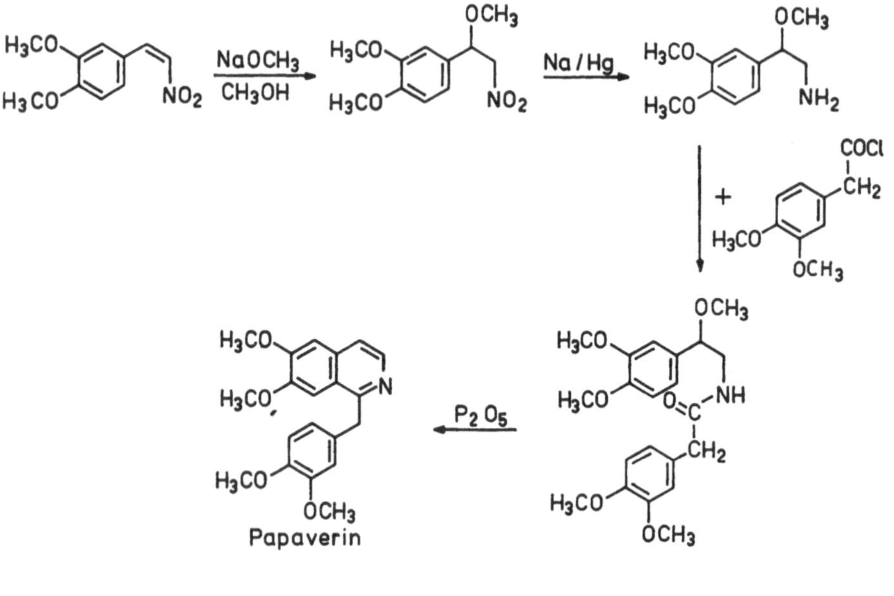

10.6.2. Benzylisochinolin-Typ

Benzylisochinolin-Alkaloide wie *Norlaudanosolin*, *Laudanosin* oder *Reticulin* wurden u. a. in *Papaver*-Arten gefunden.

Als Beispiel für chemische Methoden der Strukturaufklärung von Alkaloiden dieser Gruppe sollen einige Abbaureaktionen des Laudanosin-Methiodids angeführt werden, die zu identifizierbaren Produkten geführt haben (S. 543).

Das bekannteste Benzylisochinolin-Alkaloid ist das *Papaverin*. Papaverin kommt neben vielen anderen Isochinolin-Alkaloiden im Opium vor. Papaverin ist der Prototyp der peripher angreifenden Spasmolytica, von dem sich viele synthetische Spasmolytica ableiten. Papaverin wird heute synthetisch dargestellt und bei Spasmen des Magen-Darm-Traktes therapeutisch eingesetzt.

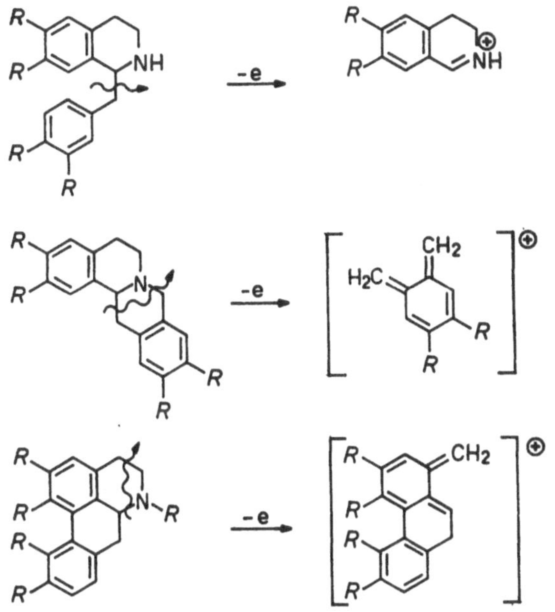

Formelübersicht 10–6
Massenspektrometrische Fragmentierung einiger Isochinolin-Alkaloide.

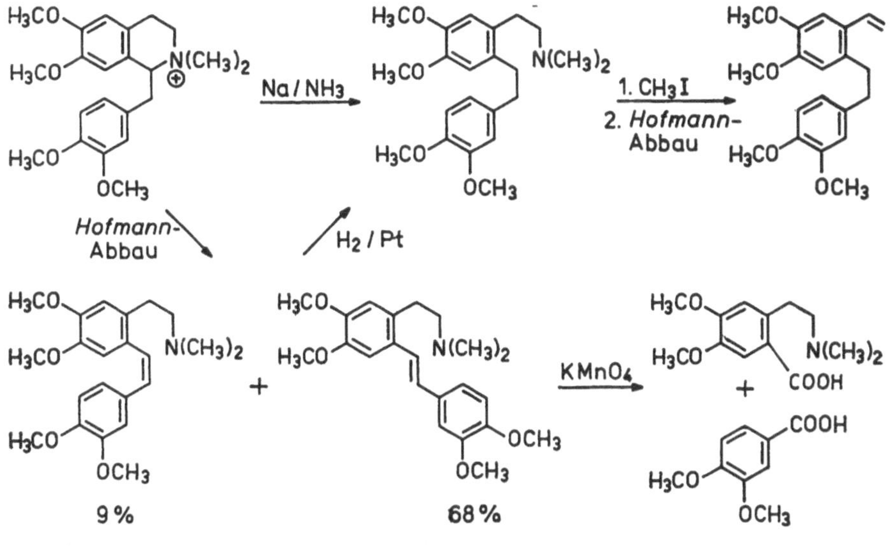

Durch Oxidation mit Fe(III) entstehen in vitro — wenn auch in oft recht geringen Ausbeuten — aus Benzylisochinolin-Derivaten Alkaloide des Aporphin-, Proaporphin- oder Morphin-Typs (Formelübersicht 10–7).

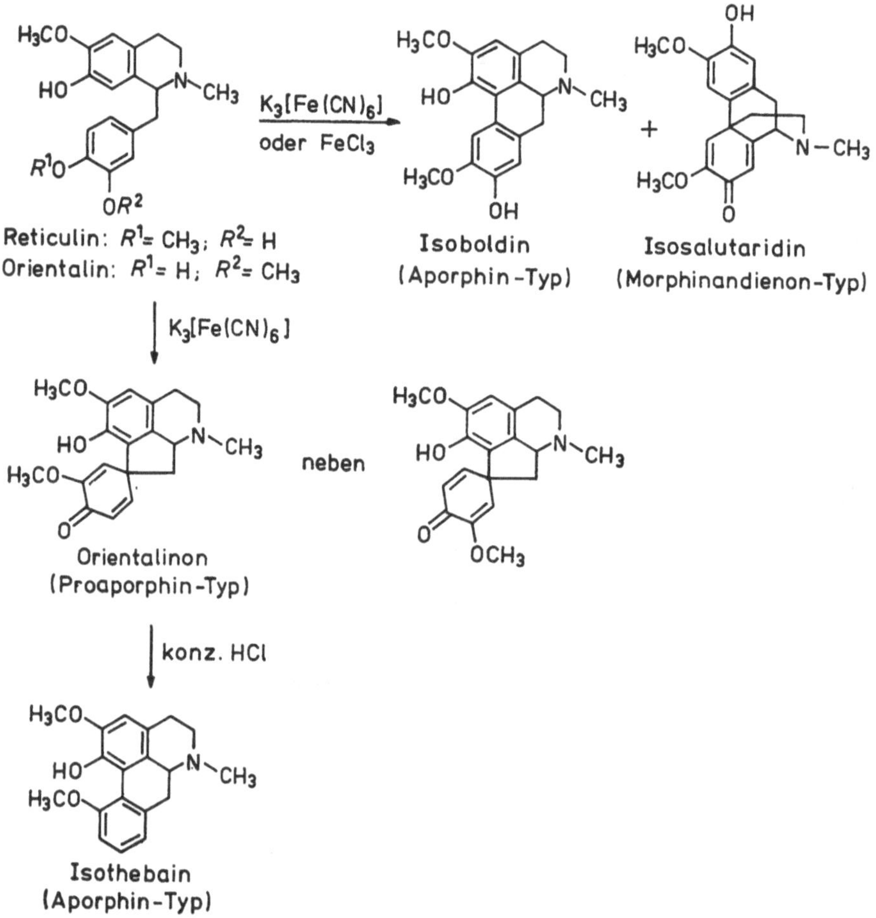

Formelübersicht 10–7

Reaktionsprodukte der in vitro-Oxidation des Benzylisochinolin-Alkaloids Reticulin bzw. Orientalin.

10.6.3. Pavin-Typ

Das Benzylisochinolin-Alkaloid Papaverin läßt sich mit Sn und HCl zum Tetrahydroisochinolin-Derivat hydrieren (S. 545). Gleichzeitig wird dabei durch intramolekulare Cyclisierung *Pavin* gebildet. Alkaloide dieses Typs kommen in Lauraceen, Papaveraceen und Ranunculaceen vor.

10.6.4. Protoberberin-Typ

Durch Umsetzen mit Formaldehyd können aus Benzylisochinolin-Alkaloiden Alkaloide des Tetrahydroprotoberberin-Typs synthetisiert werden.

Als quaternäre Verbindung liegt das *Berberin* vor, dessen Biosynthese vom Reticulin ausgeht. Das für die Cyclisierung benötigte C-Atom stammt dabei von der N-Methylgruppe.

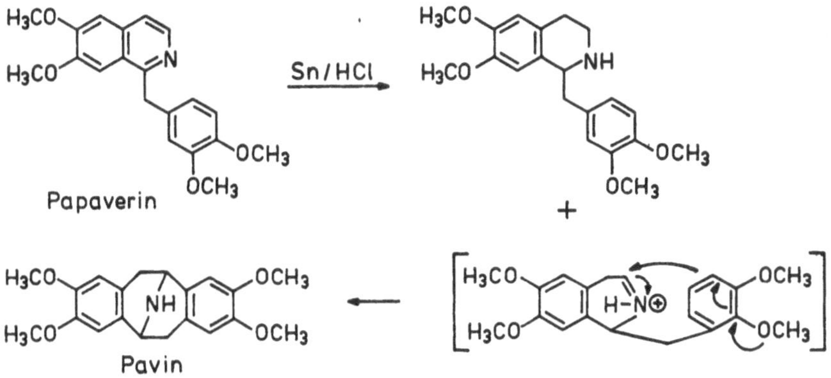

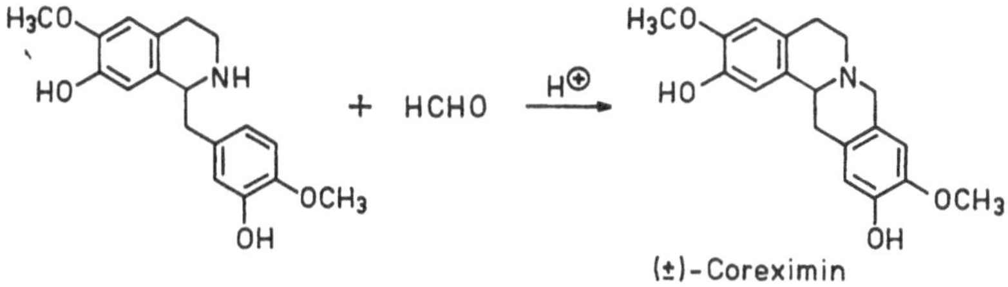

Das Berberin ist durch die Erweiterung des Chromophors gelb gefärbt. In alkalischer Lösung liegt die Ammonium-Form im Gleichgewicht mit der Carbinolamin- und Aminoaldehyd-Form vor.

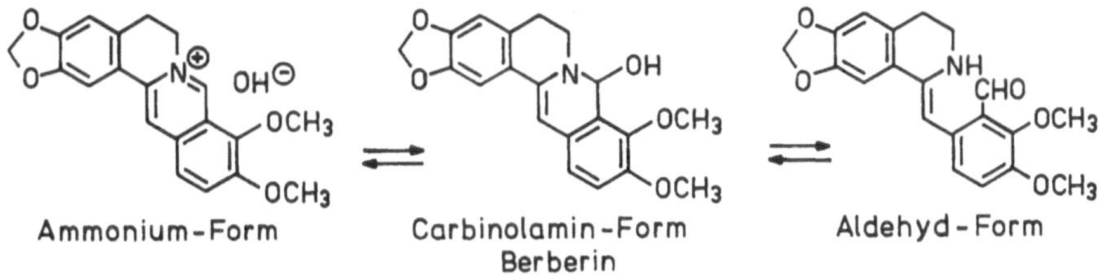

10.6.5. Phthalidisochinolin-Typ

Dieser Typ von Isochinolin-Alkaloiden kommt vor allem in Papaveraceen vor. Zu den Phthalidisochinolin-Alkaloiden gehören das *Narcotin*, ein Hauptalkaloid des Opiums, sowie das aus *Hydrastis canadensis* isolierte *Hydrastin*. Charakteristisch ist das Verhalten dieser Alkaloide bei der oxidativen Spaltung.

Die bei der Spaltung entstehenden Isochinolin-Derivate *Cotarnin* bzw. *Hydrastinin* können in den Formen *6* (Carbinolamin) und *7* (Aminoaldehyd) reagieren. Im Sauren liegen die Verbindungen als Immoniumsalze vor.

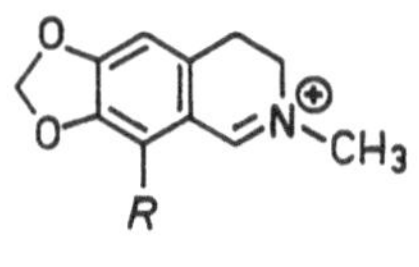

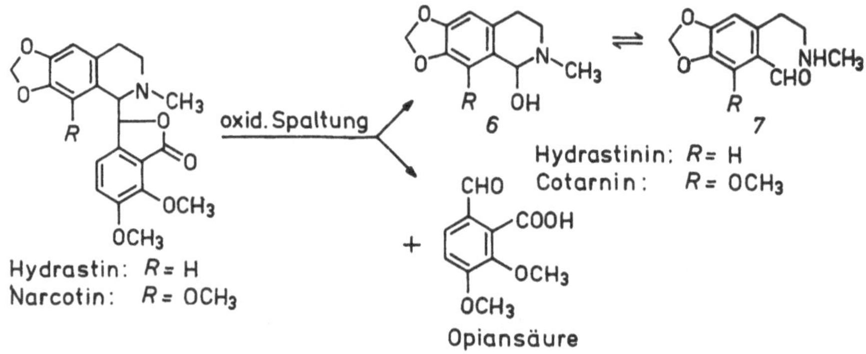

10.6.6. Thebain-Morphin-Typ

Die Alkaloide des Thebain-Morphin-Typs entstehen durch oxidative Kupplung aus Benzylisochinolin-Alkaloiden (S. 541). Dabei werden zunächst Alkaloide der Morphinandienon-Reihe gebildet. Aus dem Morphinandienon *Salutaridin* entsteht durch nucleophilen Angriff der phenolischen Hydroxygruppe an dem chinoiden System und gleichzeitiger Reduktion das *Thebain*. Alkaloide des Thebain-Morphin-Typs wurden vor allem aus dem Opium isoliert. Opium ist der getrocknete Milchsaft des Arzneimohns (*Papaver somniferum*). Es enthält neben Morphin noch Narcotin, Papaverin, Codein, Thebain

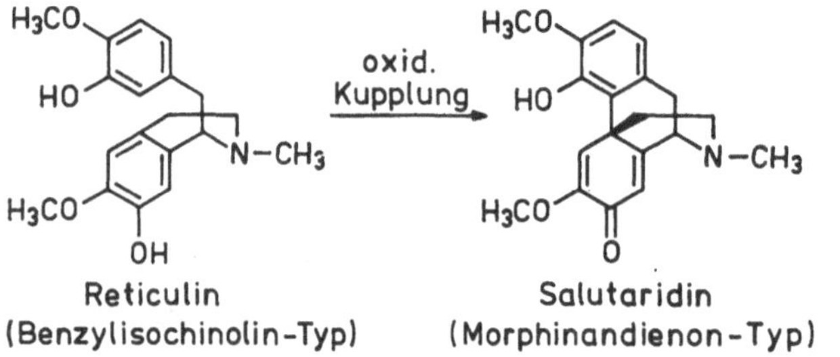

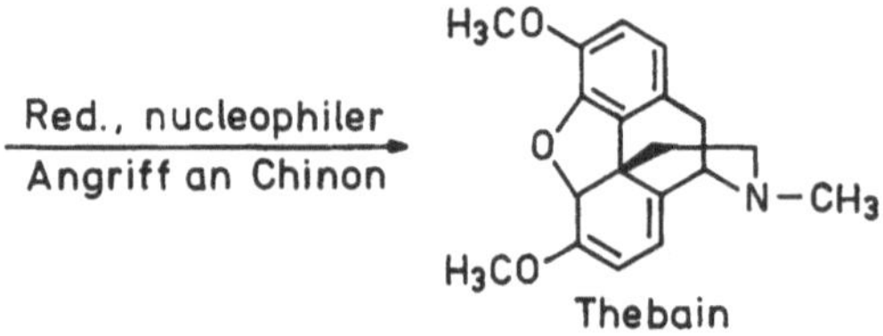

und zahlreiche weitere Alkaloide. Das Arzneibuch der DDR, 2. Auflage, fordert für Opium einen Gehalt von mind. 12% Morphin. Im Unterschied dazu besteht das Alkaloidgemisch des rauschgiftfreien Mohns *P. bracteatum Halle III* (Mothes) zu ca. 98% aus Thebain. Morphin wurde bereits 1805 aus dem Opium in kristalliner Form erhalten (Sertürner) und war damit die erste isolierte Pflanzenbase. Eine gesicherte Formel konnte jedoch erst 1927 aufgestellt werden (Robinson). Einen wesentlichen Hinweis auf die Struktur des Ringsystems ergab die Zinkstaubdestillation, bei der Phenanthren gebildet wird (Vongerichten und Schrötter). Morphin besitzt die (5R, 6S, 9R, 13S, 14R)-Konfiguration.

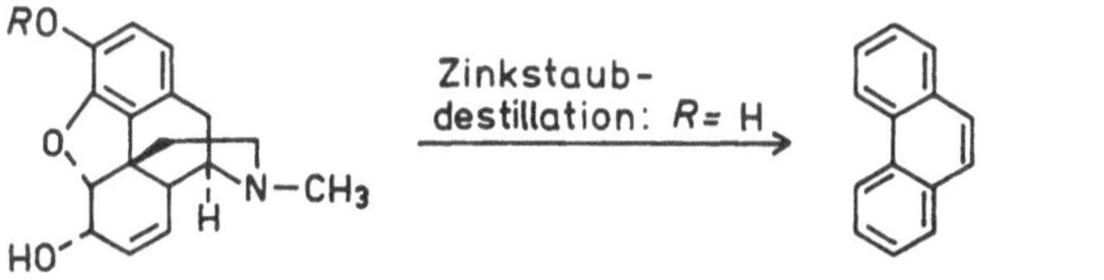

Morphin: *R* = H
Codein: *R* = CH_3

Phenanthren

Die Synthese des Morphinan-Grundgerüstes gelang GREWE, wobei der wesentliche Schritt die Cyclisierung des N-Methyl-1-benzyl-octahydroisochinolins (*8*) mit Phosphorsäure zum N-Methylmorphinan (*9*) darstellt. 1952 gelang die Totalsynthese des Morphins (GATES und TSCHUDI).

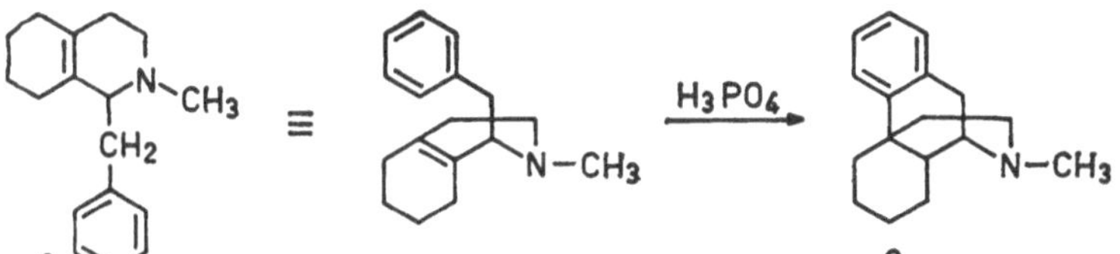

8 *9*

Morphin wirkt sehr stark schmerzstillend (analgetisch). Schmerz- sowie Husten- und Atmungszentrum des ZNS werden depressiv beeinflußt. Die Einnahme von Morphin ist verbunden mit einer Euphorie, die mit verantwortlich für die Ausbildung der Morphinsucht ist. Morphinisten zeigen bei plötzlichem Entzug des Morphins Abstinenzerscheinungen.

Codein wirkt schwächer analgetisch, hemmt aber noch in gleicher Stärke das Hustenzentrum. Es wird daher als Antitussivum eingesetzt. Durch Acetylierung der beiden Hydroxygruppen des Morphins wird das Heroin erhalten, das besonders stark suchterregend wirkt.

Morphin reagiert im *ZNS* mit Rezeptoren von körpereigenen Oligopeptiden (Endorphine, S. 404). Als Morphin-Antagonisten reagieren die synthetisch erhaltenen Verbindungen N-Allylnormorphin (Nalorphin) und das Pentazocin. Bei Einnahme dieser Morphin-Antagonisten treten bei Süchtigen Abstinenzerscheinungen auf.

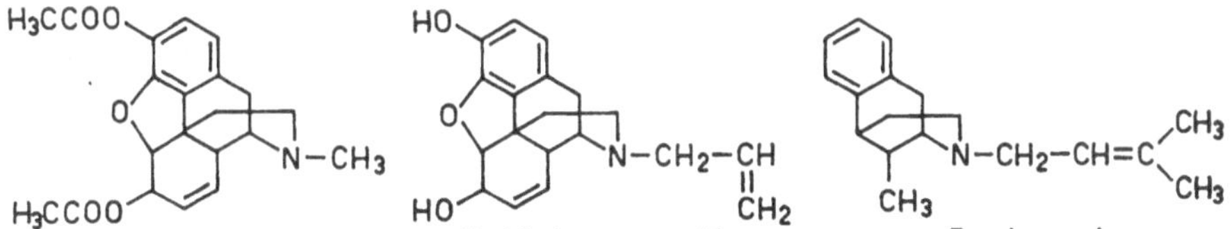

Heroin N-Allyl-normorphin Pentazocin

Thebain, das zu etwa 0,2—1% im Opium enthalten ist, wirkt krampferregend. Die Enolethergruppierung wird durch Säure sehr leicht gespalten. Thebain geht bei der Behandlung mit verdünnter Schwefelsäure in Codeinon über.

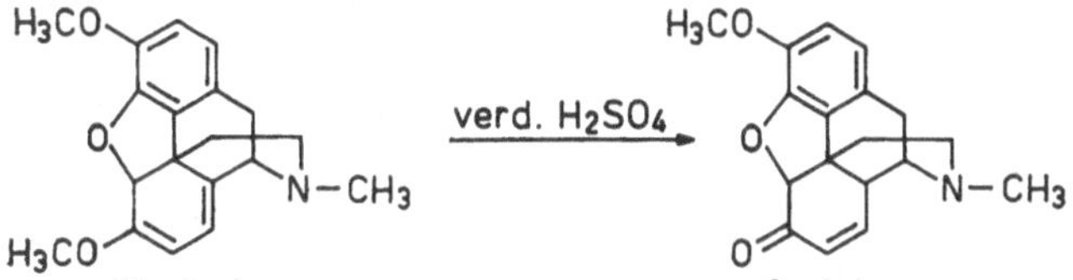

Thebain Codeinon

10.6.7. Aporphin-Typ

Die Alkaloide des Aporphin-Typs stellen nach den Bisbenzylisochinolinen die zweitgrößte Gruppe der Isochinolin-Alkaloide dar. Bisher wurden 85 Alkaloide aus Pflanzen von 15 Familien isoliert. Aporphin-Alkaloide werden biosynthetisch sowie in vitro durch oxidative Kupplung von Benzylisochinolin-Alkaloiden gebildet. In vitro entsteht das recht energiearme Ringsystem auch durch Behandeln von Alkaloiden des Proaporphin- (s. Formelübersicht 10–7) oder Thebain-Morphin-Typs mit konz. Säure.

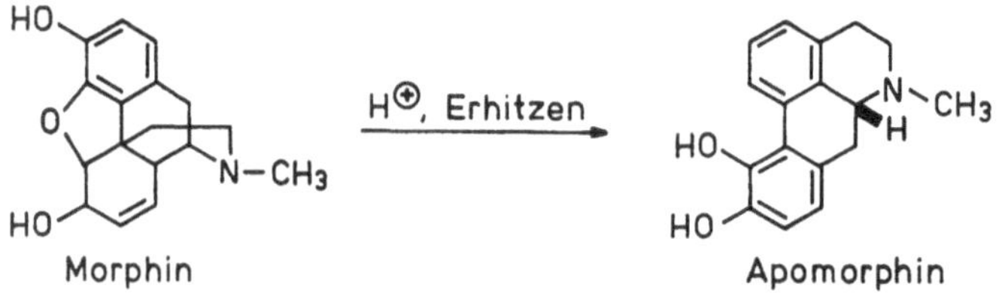

Aus Morphin entsteht auf diese Weise das *Apomorphin,* das als Brenzcatechin-Derivat leicht oxidiert werden kann. Apomorphin kommt nicht natürlich vor. Die bei natürlichen Verbindungen üblichen Sauerstoffunktionen am C-6 und 7 des Isochinolinringes fehlen. Ähnliche Umlagerungen erfolgen auch mit Thebain (→ Morphothebain) oder Codein.

10.6.8. Bisbenzylisochinolin-Alkaloide

Die Bisbenzylisochinolin-Alkaloide stellen die größte Gruppe innerhalb der Isochinolin-Alkaloide dar. Bisher wurden über 100 Vertreter in Pflanzen der Familien *Annonaceae, Berberidaceae, Hernandiaceae, Lauraceae, Magnoliaceae, Menispermaceae, Monimiaceae Nypmhaeaceae* und *Ranunculaceae* gefunden. Meist enthalten diese Pflanzen Alkaloidgemische, deren Einzelkomponenten sich vor allem durch den Grad der Methylierung der O- und N-Atome unterscheiden.

Die beiden Benzylisochinolin-Komponenten können durch 1, 2 oder seltener auch 3 C—O- bzw. seltener C—C-Bindungen miteinander verknüpft sein. Die häufigsten Bindungsmöglichkeiten sind der schematischen Struktur *10* zu entnehmen:

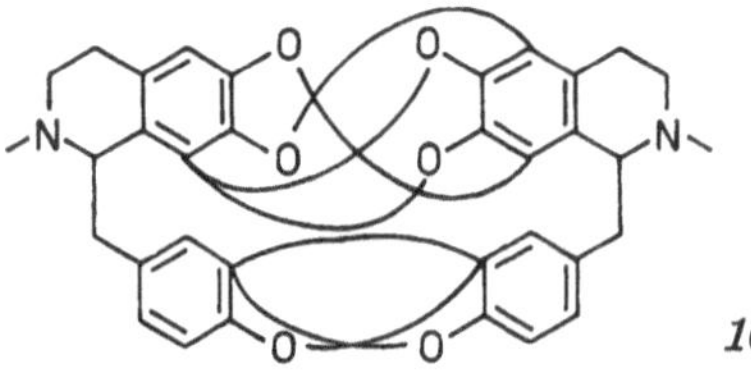

10

Von toxikologischer und therapeutischer Bedeutung ist das (+)-*Tubocurarin,* das vergesellschaftet mit anderen Bisbenzylisochinolin-Alkaloiden des *Curin-Chondocurin-Typs* in *Choodrodendron*-Arten (Fam.: *Menispermaceae*) vorkommt. Extrakte dieser Pflanzen, die unter dem Namen Tubo-Curare bekannt geworden sind, dienen den südamerikanischen Indianern als Pfeilgifte. (+)-Tubocurarin ist ein Muskelrelaxans, das Acetylcholin an den Rezeptoren der quergestreiften Muskulatur kompetitiv verdrängt.

Es kommt dadurch zu einer Lähmung der Muskulatur. 2—4mal wirksamer als (+)-Tubocurarin ist die bisquaternäre Verbindung (+)-Chondocurarin. Neben diesen quaternären Verbindungen sind noch die entsprechenden tertiären Basen in der Pflanze enthalten (Curine).

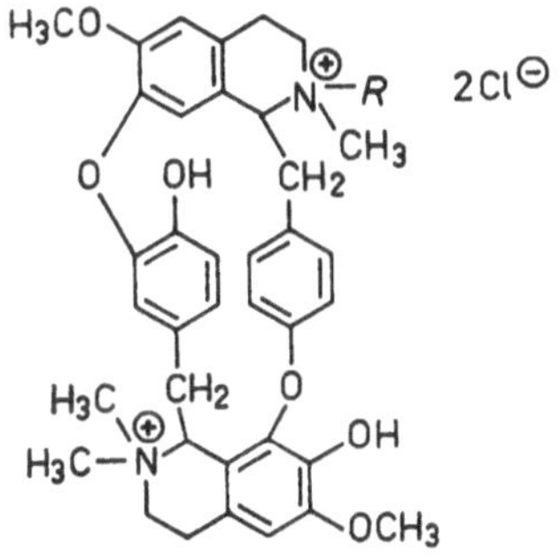

(+)-Tubocurarin-Hydrochlorid (R = H)
(+)-Chondocurarinchlorid (R = CH_3)

10.6.9. Ipecacuanha-Alkaloide

Die Wurzeln der mittelamerikanischen Rubiaceae *Cephaelis ipecacuanha* (*Uragoga ipecacuanha*) enthalten die Isochinolin-Alkaloide *Emetin* und *Cephaelin*. Emetin hat wegen seiner amöbiziden Wirkung therapeutische Bedeutung.

Die Ipecacuanha-Alkaloide weichen in ihrem Grundgerüst von den anderen Isochinolin-Alkaloiden ab. Trotz vieler Abbauversuche konnte die richtige Struktur erst 1948 von Robinson aufgrund biogenetischer Zusammenhänge unter Zugrundelegen der Woodwardschen Spaltung eines aromatischen Ringes aufgestellt werden.

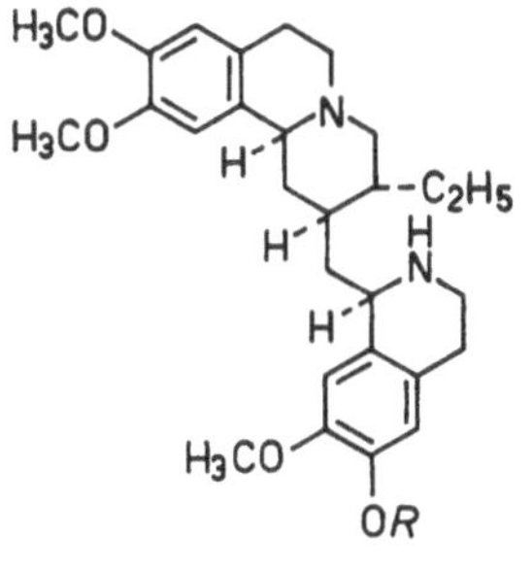

(—)-Emetin: R = CH_3
Cephaelin: R = H

10.7. Indol-Alkaloide

Die Indol-Alkaloide sind neben den Isochinolin-Alkaloiden die größte Alkaloidgruppe. Im Unterschied zu den innerhalb der Magnoliaphytina relativ weit verbreiteten Isochinolin-Alkaloiden kommen die Indol-Alkaloide aber fast ausschließlich in *Apocynaceen* (*Vinca*, *Catharanthus*, *Rauwolfia*, *Apidosperma*, *Iboga*), *Loganiaceen* (*Strychnos*) und

Rubiaceen, also nur in der Ordnung der Gentianales vor. Eine Ausnahme machen die Indolylalkylamine und vor allem die Ergolin-Alkaloide – eine Gruppe von Indol-Alkaloiden mit Peptidanteil, die von dem Pilz *Claviceps* (*Ascomycetes*) produziert werden.

Grundkörper der Indol-Alkaloide ist das Indol bzw. Indolin (2,3-Dihydroindol). Durch die Biosynthese, die vom Tryptophan ausgeht, enthalten fast alle Indol-Alkaloide 2 bzw. 2×2 N-Atome (dimere Alkaloide), wobei das zweite N-Atom durch 2 C-Atome vom Indol- bzw. Indolinring getrennt ist.

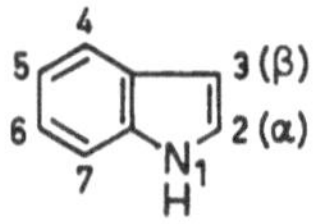

Indol

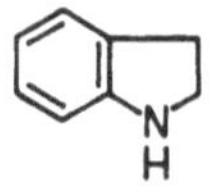

Indolin

Bis auf die Indolylalkylamine sind bei den Indol-Alkaloiden noch weitere Ringe in 2,3-Stellung an den Indolring angegliedert. Eine Ausnahme machen hier die Ergolin-Alkaloide, die 3,4-substituierte Indole sind. Das N-Atom der Aminogruppe der Indolylalkylamine ist bei den Indol-Alkaloiden Teil eines 5-, 6- oder 7-Ringes. In einigen Fällen ist zusätzlich noch das N-Atom des Indolringes in das Ringsystem eingeschlossen (Strychnos-Alkaloide, Vincamin).

Die wichtigsten Gruppen der Indol-Alkaloide sind in der Formelübersicht 10–8 zusammengefaßt.

Eine große Rolle bei der Strukturaufklärung der Indol-Alkaloide spielt die Massenspektrometrie. Charakteristische Bruchstücke besitzen die Massenzahlen 156, 169, 170 und 184. Die Spaltung erfolgt bevorzugt zwischen den C-Atomen 3 und 14.

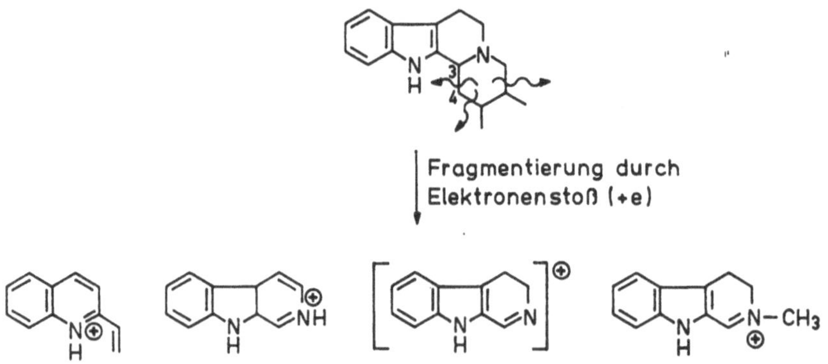

Mz: 156 169 170 184

10.7.1. Synthesen

10.7.1.1. Biosynthese

Die Aufklärung der Biosynthese der Indol-Alkaloide geht vor allem auf Arbeiten von ARIGONI, BATTERSBY und SCOTT zurück.

Das Indolringsystem wird von der Aminosäure Tryptophan geliefert. Unmittelbar vom Tryptophan leiten sich die Indolylalkylamine ab. Die meisten Indol-Alkaloide enthalten jedoch noch zusätzliche C-Atome. Während bei den Isochinolin-Alkaloiden die

Vielfalt der Strukturen vor allem durch intramolekulare C—C- und intermolekulare C—O-Bindungen infolge oxidativer Kupplung phenolischer Ausgangsprodukte hervorgerufen wird, unterscheiden sich die Indol-Alkaloide durch Art und Verknüpfung der zusätzlich an das Indolylalkylamin gebundenen C-Fragmente.

Bei einer kleinen Gruppe, den Alkaloiden des Harman-Typs (z. B. Harman) besteht dieses C-Fragment aus nur 2C-Atomen.

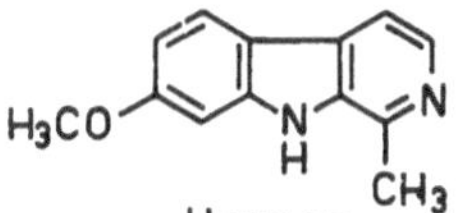

Harman

Die meisten Indol-Alkaloide enthalten iridoide C_{10}-Fragmente, die manchmal zu 9 C-Atomen (unterbrochene Linie, Formelübersicht 10–9) abgebaut sein können. Nach diesem Fragment lassen sich die Indol-Alkaloide in

- Alkaloide mit unverändertem Loganin-Grundgerüst bzw. Secologanin-Grundgerüst (Typ *A*) und
- Alkaloide mit umgelagertem Secologanin-Grundgerüst (Typ *B* und *C*) einteilen (vgl. Formelübersicht 10–9).

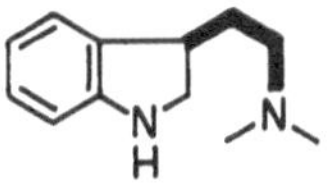

Indolylethylamine

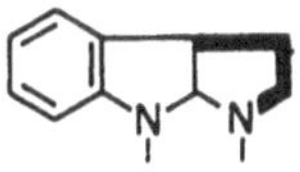

Pyrrolidinoindol-Derivate: Physostigmin

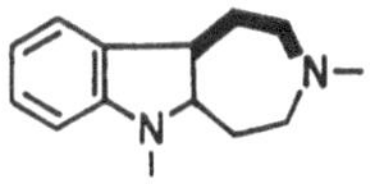

Iboga-Alkaloide

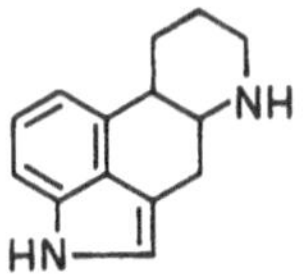

Ergolin-Derivate: Mutterkorn-Alkaloide

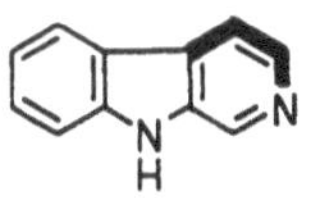

β-Carbolin-Derivate: Harman-, Vinca-, Rauwolfia-Alkaloide, Yohimbin

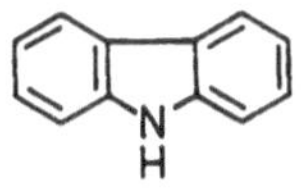

Carbazol

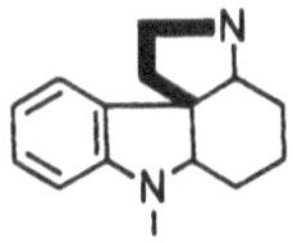

Carbazol-Derivate: Catharanthus-, Aspidosperma-Strychnos- einschließlich Calebassencurare-Alkaloide

Formelübersicht 10–8

Wichtigste Gruppen der Indol-Alkaloide.

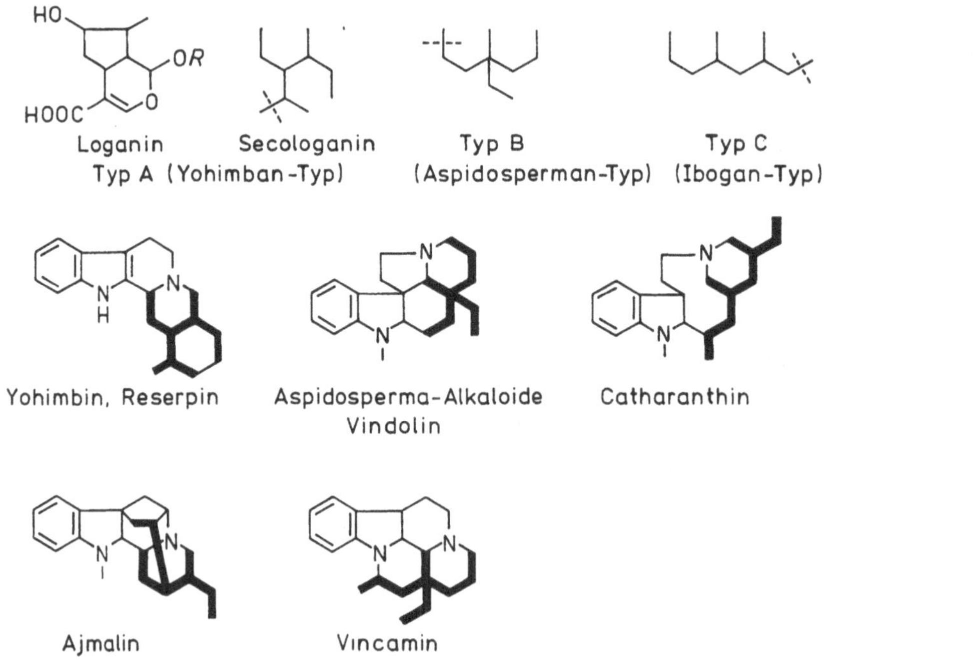

Formelübersicht 10–9

Klassifizierung der Grundstrukturen von Indol-Alkaloiden mit $C_{10(9)}$-Fragment.

Die Alkaloide des Strychnin-Typs (Strychnin, Calebassencurare-Alkaloide) werden aus einem Indolylethylamin und einer C_{11}-Einheit gebildet.

Bei den Ergolin-Alkaloiden entsteht der heterocyclische Grundkörper aus Tryptophan und Isopentenylpyrophosphat (S. 560).

10.7.1.2. Chemische Synthesen

Chemische Synthesen in der Reihe der Indol-Alkaloide, die von Indolylethylaminen ausgehen, haben wesentliche Beiträge zur Aufklärung der Struktur dieser Verbindungsklasse sowie der Biosynthese geliefert.

Der Ringschluß von Indolylethylaminen zu β-Carbolin-Derivaten kann nach Art der Isochinolin-Synthese nach Pictet-Spengler mit einem Aldehyd bzw. nach Bischler-Napieralski über ein Säureamid erfolgen. Beide Wege wurden z. B. zur Synthese der relativ einfach gebauten Harman-Alkaloide beschritten (Formelübersicht 10–10).

Die Umsetzung mit Acetaldehyd zum Tetrahydroharman läßt sich unter zellähnlichen Bedingungen realisieren (Schöpf).

Ein wichtiges Ausgangsprodukt für Synthesen ist der Ketoester *11*, der aus Glutaconester und Acetessigester erhältlich ist. Das Amid *12* läßt sich zu einem β-Carbolin-Derivat cyclisieren, das nach Reduktion, Verseifung und Decarboxylierung das für die Reserpin-Synthese wichtige Zwischenprodukt *13* ergibt.

Einige weitere synthetische Möglichkeiten in der Reihe der Indol-Alkaloide sind in der Formelübersicht 10–11 aufgeführt.

Die β-Carbolin-Verbindungen lassen sich in andere Strukturtypen umlagern. So geht

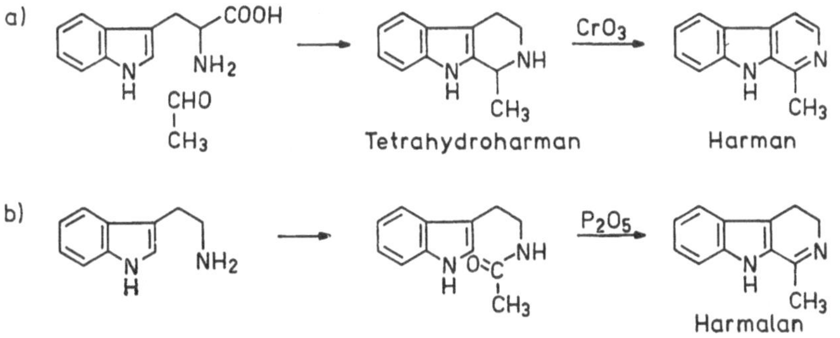

Formelübersicht 10–10

Synthese von Harman nach PICTET-SPENGLER (*a*) und Harmalan nach BISCHLER-NAPIERALSKI (*b*).

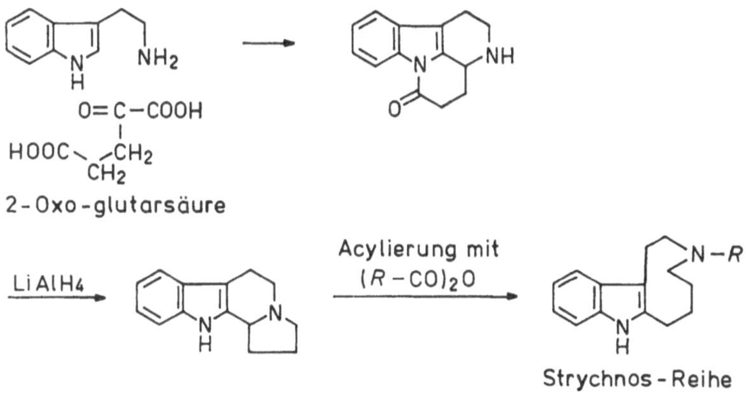

Formelübersicht 10–11

Synthetische Möglichkeiten in der Reihe der Indol-Alkaloide (nach MASON).

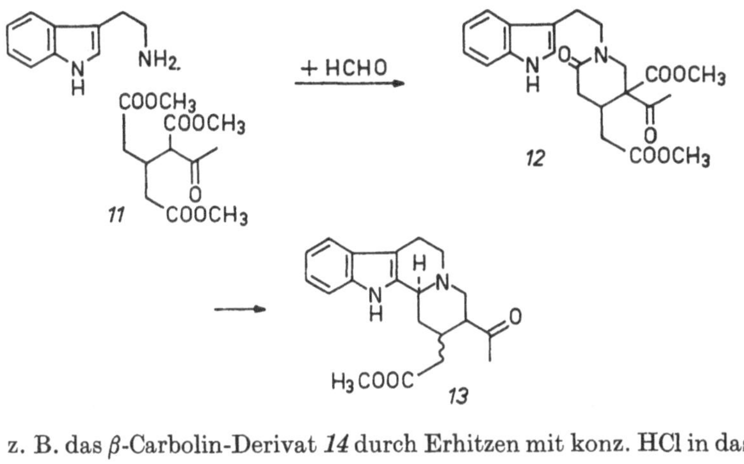

z. B. das β-Carbolin-Derivat *14* durch Erhitzen mit konz. HCl in das Carbazol-Derivat *15* über.

Als erstes Indol-Alkaloid wurde das Carbazol-Derivat Strychnin synthetisiert (WOODWARD, 1954). Entscheidender Schritt dieser Synthese ist die Cyclisierung der SCHIFFschen Base *16* in Pyridin in Gegenwart von Toluensulfochlorid zum Indolenin-Derivat *17*.

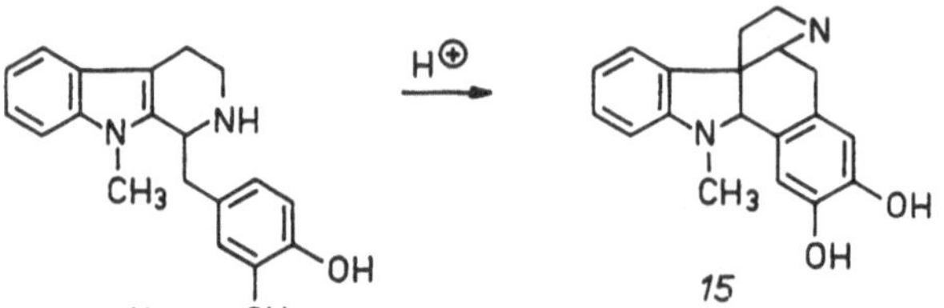

14 15

Im Unterschied zu den Synthesen der *β*-Carbolin-Derivate erfolgt hier ein elektrophiler Angriff in *β*-Stellung des Indol-Derivates.

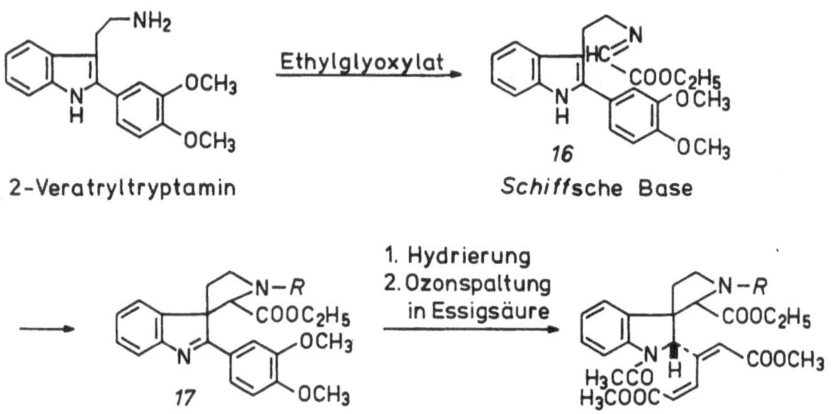

2-Veratryltryptamin

16
*Schiff*sche Base

17
Indolenin-Derivat

10.7.2. Yohimban-Typ

Prototyp der Alkaloide dieser Gruppe ist das *Yohimbin*, das aus der Rinde von *Corynanthe yohimbe* (*Rubiaceae*) gewonnen wird. Es wirkt lokalanästhetisch und wird wegen seiner gefäßerweiternden Wirkung an den Geschlechtsorganen auch gelegentlich als Aphrodisiacum eingesetzt.

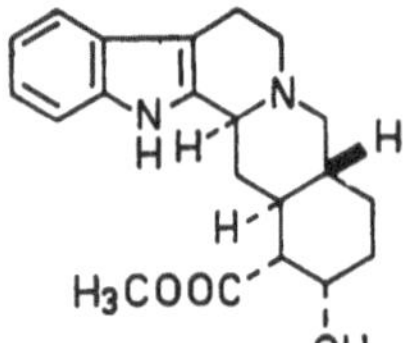

Yohimbin

Vom Yohimbin leiten sich zahlreiche stereoisomere Verbindungen ab, die sich durch die Verknüpfung der Ringe *C*/*D* und *D*/*E* unterscheiden. Zu den natürlichen Stereosomieren gehören auch einige Rauwolfia-Alkaloide (Formelübersicht 10–12).

Dei *Rauwolfia-Alkaloide* werden vor allem aus den unterirdischen Organen der in Indien beheimateten Apocynacee *Rauwolfia serpentina* gewonnen. Wichtigster Inhaltsstoff ist das *Reserpin*, das zur Epialloyohimban-Reihe (*C*/*D*: trans; *D*/*E*: cis) gehört.

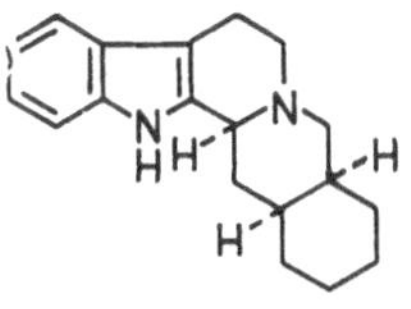

Alloyohimban

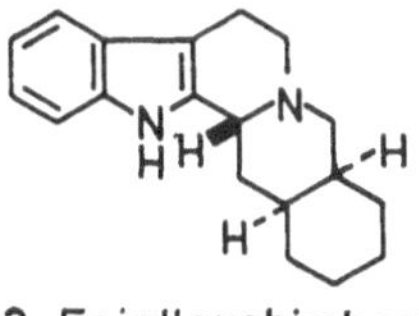

3-Epialloyohimban

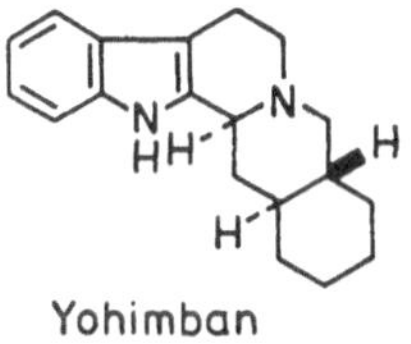

Yohimban

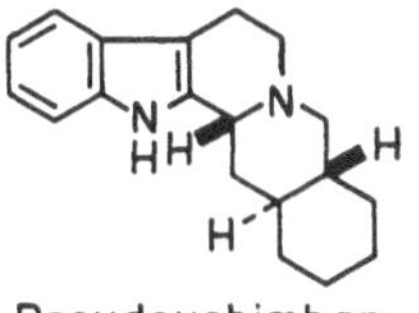

Pseudoyohimban

Formelübersicht 10–12
Yohimban-Stereoisomere.

Reserpin ist ein Esteralkaloid, das wegen seiner blutdrucksenkenden und sedativen Wirkung therapeutisch eingesetzt wird. Ähnlich wirken auch die natürlichen Rauwolfia-Alkaloide Deserpidin und Rescinnamin. Reserpin führt im *ZNS* zu einer Verminderung des Gehaltes an Catecholaminen und Serotonin. In höheren Dosen wirkt Reserpin neuroleptisch.

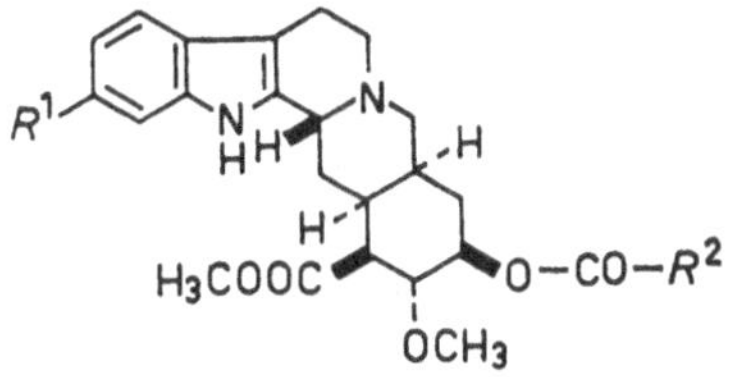

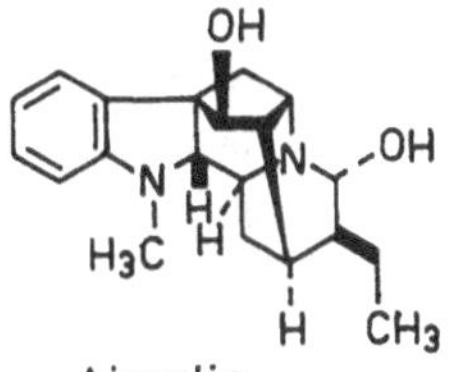

Ajmalin

R^1	R^2	
OCH_3	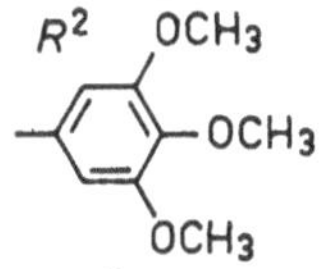	Reserpin
H	″	Deserpidin
OCH_3	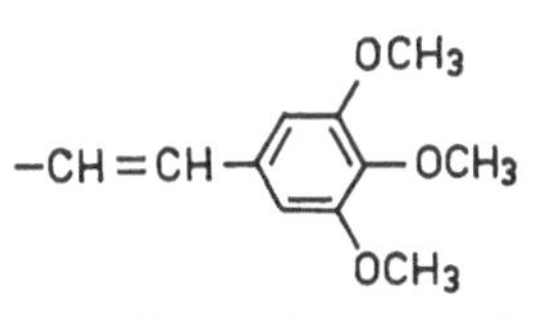	Rescinnamin

Neben diesen Indolbasen kommen in der Droge noch quaternäre Anhydroniumbasen sowie Indolinbasen vor. Zu letzteren gehört das *Ajmalin*, das vor allem bei Herzarrythmien eingesetzt wird. Trotz des Strukturelementes N—C—OH zeigt das Ajmalin nicht die charakteristischen Reaktionen der Carbinolamine. Die N—C-Bindung ist beim Ajmain stabiler.

10.7.3. Aspidosperman-Typ

Zu dieser Gruppe gehören vor allem Alkaloide der Gattungen *Aspidosperma, Pleiocarpa, Rhazya* und *Vinca.*

Bei der Strukturaufklärung der *Alkaloide von Aspidosperma quebracho-blanco* hat erstmals die Massenspektrometrie eine entscheidende Rolle gespielt (Biemann, Djerassi und Spiteller). Am längsten bekannt ist von diesen Alkaloiden das *Aspidospermin*, dessen N-Acetylgruppe leicht säurekatalysiert abgespalten werden kann.

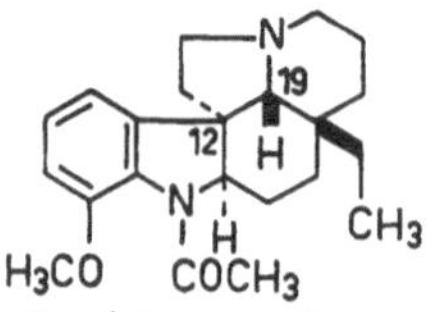

Aspidospermin

Bei der Massenspektrometrie wird bevorzugt die Bindung zwischen den C-Atomen 12 und 19 gespalten. Ein charakteristisches Fragment ist der Peak mit der Massenzahl 124.

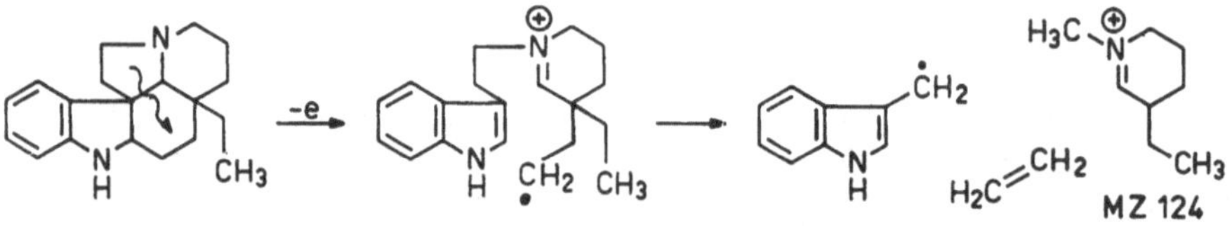

Vinca-Alkaloide

Aus dem Immergrün (*Vinca minor*) wurde neben vielen anderen Indol-Alkaloiden *Vincamin* (Vincaminsäuremethylester) isoliert, das wegen seiner hypotensiven und sedativen Wirkung therapeutisch eingesetzt wird. Die Hydroxygruppe am tertiären C-Atom kann relativ leicht unter Bildung von Apovincamin eliminiert werden.

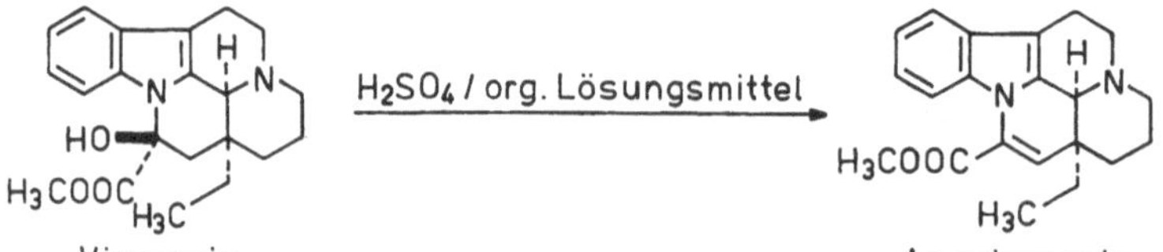

10.7.4. Catharanthus-Alkaloide

Aus *Catharanthus roseus* (früher *Vinca rosea*), einem auf Madagaskar beheimateten Strauch, wurden bisher über 70 Alkaloide isoliert. Diese jetzt über die ganzen Tropen verbreitete Pflanze zog die Aufmerksamkeit vieler Arbeitsgruppen auf sich, nachdem in einer Alkaloidfraktion eine antimitotische Aktivität festgestellt werden konnte (Nobl, 1967). Die wirksamen Substanzen erwiesen sich als Indol-Indolin-Alkaloide, von denen besonders *Vinblastin* (Vincaleukoblastin) und *Vincristin* (Leurocristin) zur Behandlung der Leukämie und der Hodgkinschen Krankheit eingesetzt werden. Eine verringerte Toxizität besitzt das partialsynthetische Vinglycinat (Vinblastin-4-[N,N-dimethylaminoacetat]).

Die Strukturaufklärung dieser dimeren Alkaloide gelang unter Einbeziehung der Röntgenstrukturanalyse. Die dimeren Alkaloide leiten sich vom *Catharanthin* und *Vindolin* ab, die zu den Hauptalkaloiden der Pflanze gehören.

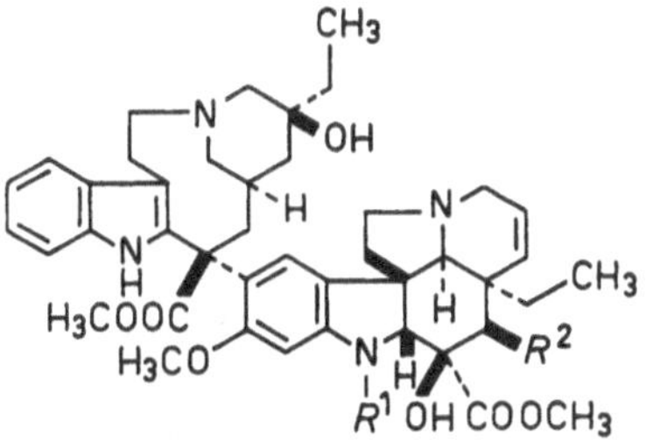

	R^1	R^2
Vinblastin (Vincaleukoblastin)	CH_3	$OCOCH_3$
Vincristin (Leurocristin)	CHO	$OCOCH_3$
Vinglycinat (Vinblastin-4-[N,N-dimethyl-aminoacetat])	CH_3	$OCOCH_2N(CH_3)_2$

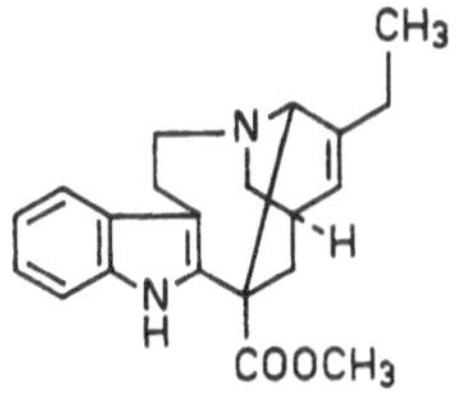

Catharanthin

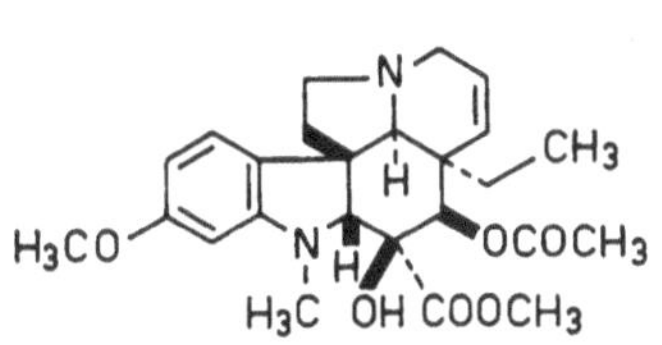

Vindolin

10.7.5. Strychnos-Typ

Hauptvertreter dieser Gruppe von Alkaloiden, die vor allem in *Strychnos*-Arten (Loganiaceae) und *Catharanthus*-Arten (Apocynaceae) vorkommen, ist das Strychnin. *Strychnin* ist neben *Brucin* und weiteren Alkaloiden in der Brechnuß, den Samen von *Strychnos nux-vomica* (*Semen Strychni*) enthalten.

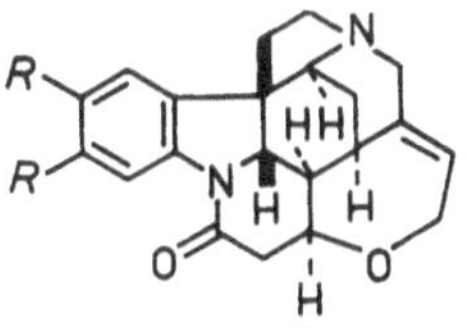

Strychnin : *R* = H
Brucin : *R* = OCH_3

Strychnin wurde bereits 1818 von PELLETIER und CAVENTOU aus der Brechnuß isoliert. An der Strukturaufklärung des Strychnins, die beträchtliche Schwierigkeiten bereitete, waren vor allem LEUCHS, ROBINSON und H. WIELAND beteiligt (Formelübersicht 10–13). Endgültig wurde die Struktur durch die Totalsynthese (WOODWARD, 1954) gesichert.

Zu den Alkaloiden vom Strychnos-Typ gehören auch die *Alkaloide aus Calebassen-Curare.* Calebassen-Curare ist wie Tubo-Curare (S. 549) ein Pfeilgift südamerikanischer Indianer. Es wird aus Rinden verschiedener *Strychnos*-Arten gewonnen.

Calebassen-Curare enthält Alkaloide mit 2 N- und 20 C-Atomen (z. B. Mavacurin) sowie solche mit 4 N- und 40 C-Atomen. Zu letzterer Gruppe gehören die außerordentlich toxischen bisquaternären Verbindungen C-Curarin, C-Toxiferin, C-Dihydrotoxiferin und C-Calebassin, deren Strukturaufklärung vor allem auf die Arbeitsgruppe von KARRER

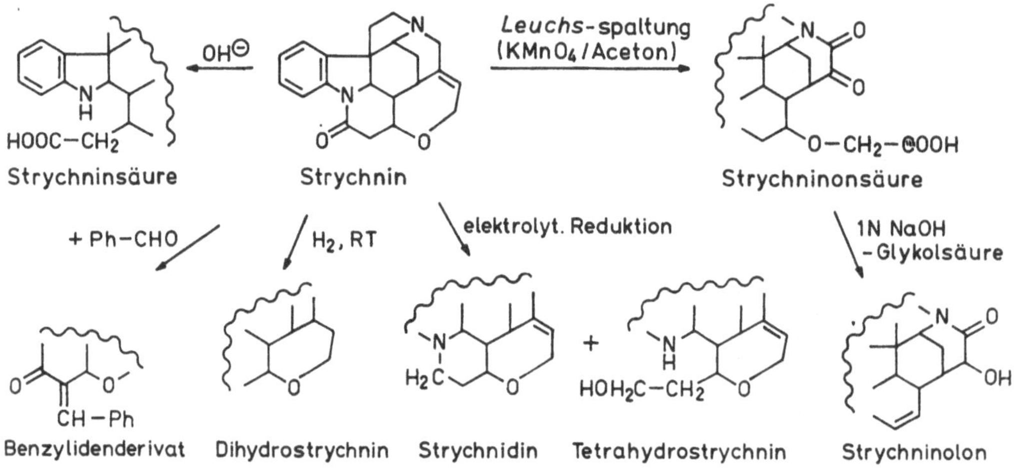

Formelübersicht 10–13

Abbaureaktionen, die zur Strukturaufklärung des Strychnins beigetragen haben.

zurückgeht. Ein Zusammenhang mit den Strychnos-Alkaloiden ergab sich dadurch, daß sich der WIELAND-GUMLICH-Aldehyd — ein Abbauprodukt des Strychnins — zu derartigen C_{40}-Alkaloiden dimerisieren ließ.

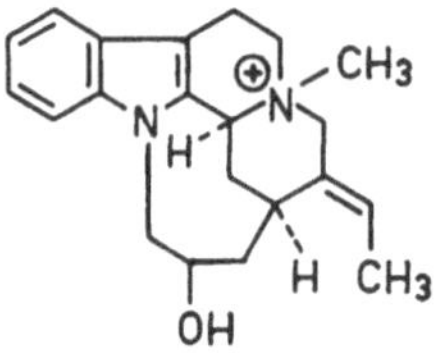

Mavacurin

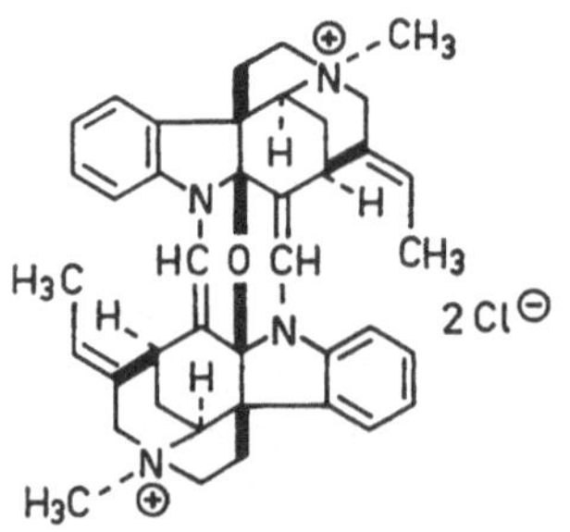

C-Curarin-I-dichlorid
(Toxiferin)

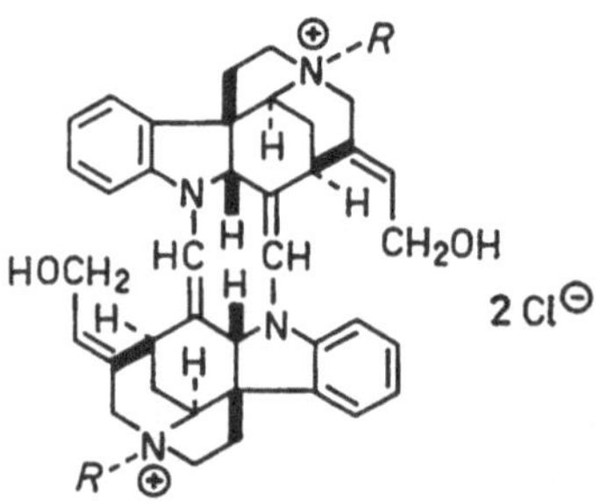

C-Toxiferin-I-dichlorid: *R*= CH_3
Diallyl-nortoxiferin
(Alkuroniumchlorid): *R*= CH_2−CH=CH_2

Die quaternären Calebassen-Curare-Alkaloide wirken wie Tubocurarin (S. 549) muskelerschlaffend durch Blockade von Acetylcholin-Rezeptoren. Ihre Wirkung ist aber noch stärker. Therapeutisch eingesetzt wird auch das partialsynthetisch erhaltene Alkuroniumchlorid.

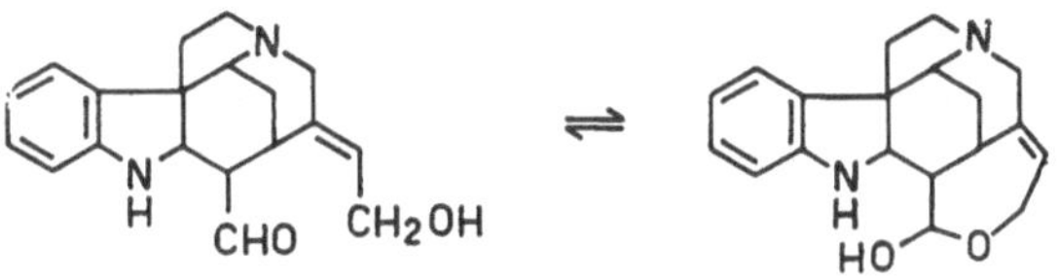

Wieland-Gumlich-Aldehyd

Hydrolytische Spaltung ↑↓ Dimerisierung

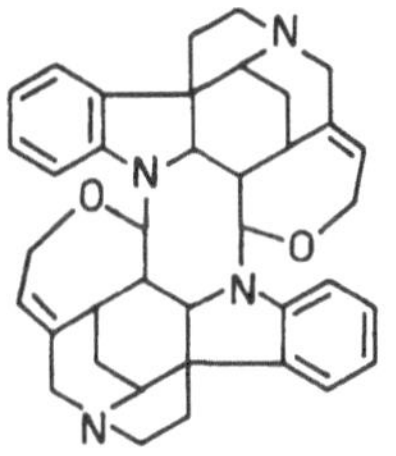

Curacurin V

10.7.6. Pyrrolidinoindol-Alkaloide

Hauptvertreter dieser kleinen Gruppe von Indol-Alkaloiden ist das *Physostigmin* (Eserin). Physostigmin ist in der Kalabarbohne, dem Samen von *Physostigma venenosum* (Fabales), enthalten. Der N-Methyl-carbamidsäureester wird im Alkalischen leicht unter Bildung des entsprechenden Phenols gespalten.

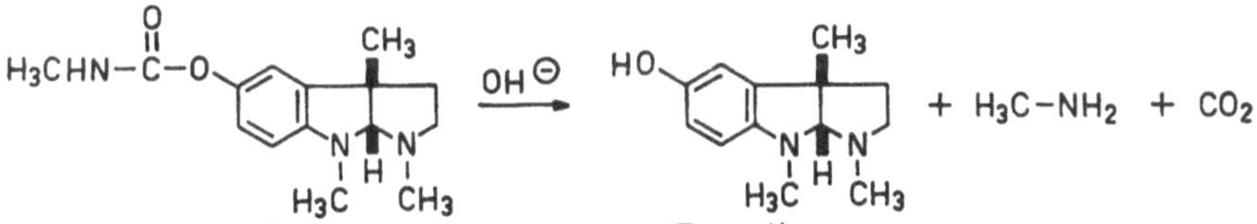

Physostigmin Eserolin

Physostigmin hemmt die Acetylcholinesterase und wirkt deshalb als Parasympathicomimeticum. Eserolin ist unwirksam. Ähnlich wie Physostigmin wirken auch verschiedene Synthetica wie Neostigmin oder Pyridostigmin.

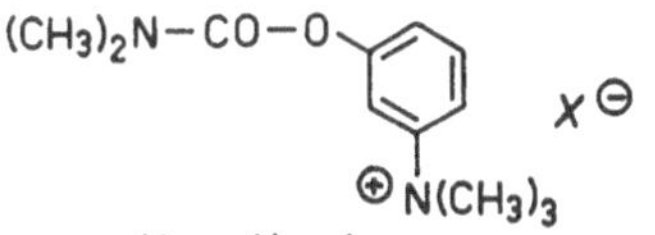

Neostigmin

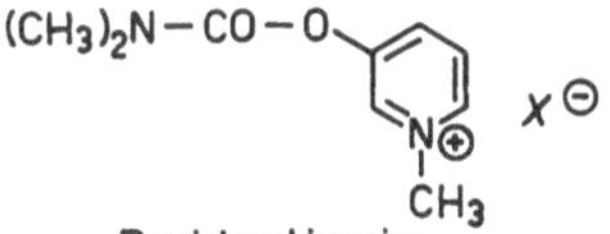

Pyridostigmin

10.7.7. Ergolin-Alkaloide

Ergolin-Alkaloide kommen in verschiedenen Pilzen (*Claviceps*, *Aspergillus*, *Penicillium*, *Rhizopus*) sowie in einigen Convolvulaceen vor. Von größter Bedeutung sind die Alkaloide der Sklerotien (Mutterkorn, *Secale cornutum*) des auf Roggen und Gräsern schmarotzenden *Claviceps purpurea*. Der Pilz läßt sich jedoch auch saprophytisch züchten. Mutterkorn gab im Mittelalter Anlaß zu Massenvergiftungen durch infizierte Getreidekörner. Die Vergiftungen (Ignis sacer, Antoniusfeuer) äußern sich zunächst in spastischen Gefäßkontraktionen. Die Biosynthese des Grundgerüstes der Ergolin-Alkaloide erfolgt aus Tryptophan und „aktiviertem Isopren" (vgl. Formelübersicht 10–14).

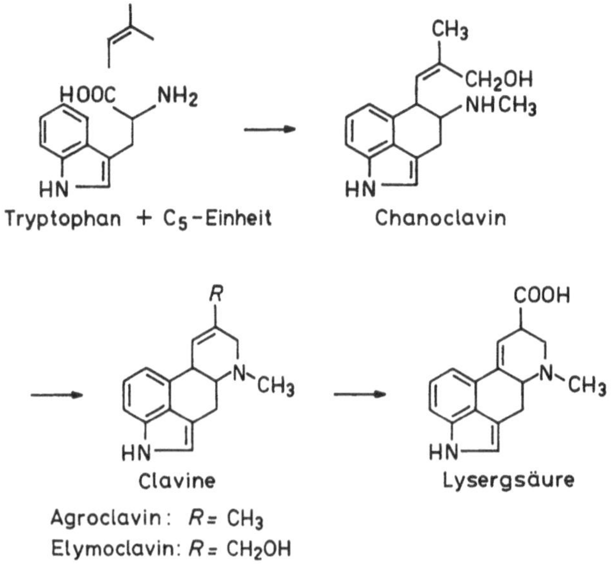

Formelübersicht 10–14
Biosynthese der Ergolin-Alkaloide (Mothes, Weygand, Gröger, Floss).

Die Ergolin-Alkaloide lassen sich in folgende 2 Hauptgruppen einteilen:

a) Clavine und Chanoclavine (letztere mit geöffnetem Ring *D*) sowie
b) Lysergsäureamide.

Von therapeutischer Bedeutung sind nur die *Lysergsäure-Derivate des Mutterkorns.*

Die Lysergsäure besitzt zwei Chiralitätszentren (C-5 und C-8). Die natürlichen Verbindungen leiten sich von der D-Reihe ab. Die Namen der D-Lysergsäure-Derivate (5R, 8R-Konfiguration) enden mit -in, die der D-Isolysergsäure mit -inin. Eine reversible Umlagerung der Lysergsäure- in die Isolysergsäure-Reihe erfolgt durch Erwärmen der wäßrigen Lösungen oder in Gegenwart von Säure. Wirksam sind die Derivate der D-Lysergsäure.

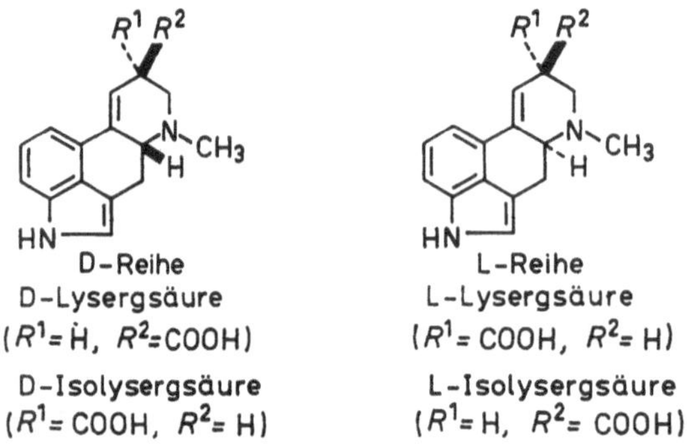

Die im Mutterkorn enthaltenen Lysergsäureamide werden in wasserlösliche und wasserunlösliche Alkaloide eingeteilt. Die wasserlöslichen Alkaloide sind einfache Amide der Lysergsäure mit Ammoniak (Ergin), L-2-Aminopropanol (Ergobasin, Ergometrin) oder 2-Aminoethanol. Ergometrin und das partialsynthetische Methylergometrin werden in der Geburtshilfe zur Wehenanregung eingesetzt.

Ergotamin war das erste in reiner Form isolierte Mutterkorn-Alkaloid (Stoll, 1918).

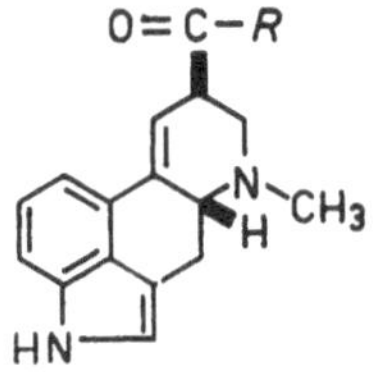

	R
Lysergsäure	OH
Lysergsäureamid (Ergin)	NH_2
Lysergsäurehydroxyethylamid	$NH-CH_2-CH_2OH$
Ergobasin, Ergometrin	$NH-CH(CH_3)CH_2OH$
Methylergometrin	$NH-CH(CH_2CH_3)CH_2OH$
Lysergsäurediethylamid (LSD)	$N(C_2H_5)_2$

Das partialsynthetische Lysergsäurediethylamid (LSD) ist eines der stärksten Halluzinogene. Zur Auslösung der Wirkung am Menschen genügen 0,03—0,05 mg. LSD wirkt als Serotonin-Antagonist. Die halluzinogene Aktivität wurde von A. Hofmann 1943 in Selbstversuchen entdeckt, nachdem LSD von ihm bereits 1938 im Rahmen der systematischen Untersuchung partialsynthetischer Derivate der Lysergsäure synthetisiert wurde. Psychotomimetisch schwächer wirksame Lysergsäurederivate wie Lysergsäureamid und Lysergsäure-1-hydroxyethylamid sind Bestandteile der mexikanischen Zauberdroge Ololiuqui, der Samen verschiedener Windengewächse (u. a. von *Rivea corymbosa*).

Weitere natürliche Halluzinogene sind die Inhaltsstoffe der mexikanischen Rauschpilze Psilocybin und Psilocin sowie das Phenylethylderivat Mescalin des Peyotl, einer mexikanischen Kaktusart.

Die *wasserunlöslichen Mutterkorn*-Alkaloide sind Peptid-Alkaloide. Zu dieser Gruppe gehören die Alkaloide der Ergotamin- und Ergotoxin-Gruppe (Tab. 10–4). Die Strukturaufklärung, die durch die Ausbildung von Mischkristallen, die Instabilität der Verbindungen und Unterschieden im Alkaloidspektrum je nach Herkunft des Mutterkorns sehr erschwert war, geht vor allem auf die Arbeitsgruppe um Hofmann zurück.

Die Peptid-Alkaloide enthalten mit der α-Amino-α-hydroxysäure- und der Cyclol-Gruppierung zwei ungewöhnliche Strukturelemente. Die Bildung der α-Amino-α-hydroxysäure-Gruppierung geht von einer Oxosäure (Brenztraubensäure bzw. Dimethylbrenztraubensäure) aus. An der Bildung des Peptidanteils sind die Aminosäuren Prolin, Phenylalanin, Leucin oder Valin beteiligt. Die Mutterkorn-Alkaloide wirken sympathicolytisch. Wirksamer sind die partialsynthetisch erhaltenen 9,10-Dihydroalkaloide. Therapeutisch werden Dihydroergotamin und Dihydroergotoxin eingesetzt. Durch die Hydrierung wird das langwellige Absorptionsmaximum von 310 nach 280 nm verschoben.

Bromokryptin, ein 2-Brom-α-ergokryptin, ist ein partialsynthetisches Secale-Alkaloid, das beim Menschen die Produktion des Prolactins hemmt, ohne aber eine kontrazeptive Wirkung auszulösen.

Tabelle 10–4

Wasserunlösliche Mutterkorn-Alkaloide

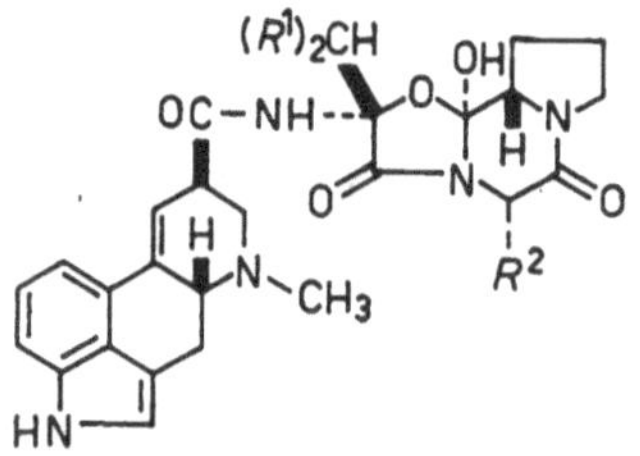

Gruppe	Alkaloid	Oxosäure	R^1	Aminosäuren	R^2
Ergotamin-Gruppe	Ergotamin	Brenztraubensäure	H	L-Prolin, L-Phenylalanin	$CH_2-C_6H_5$
	Ergosin	Brenztraubensäure	H	L-Prolin, L-Leucin	$CH_2-CH(CH_3)_2$
Ergotoxin-Gruppe	Ergocristin	Dimethylbrenztraubensäure	CH_3	L-Prolin, L-Phenylalanin	$CH_2-C_6H_5$
	α-Ergocryptin	Dimethylbrenztraubensäure	CH_3	L-Prolin, L-Leucin	$CH_2-CH(CH_3)_2$
	Ergocornin	Dimethylbrenztraubensäure	CH_3	L-Prolin, L-Valin	$CH(CH_3)_2$

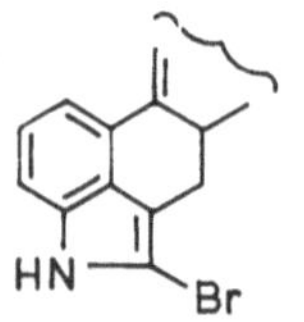

Partialstruktur des Bromokryptin

10.8. Chinolin-Alkaloide

Chinolin-Derivate sind als Naturstoffe nicht sehr weit verbreitet, werden aber sowohl von Pflanzen und Mikroorganismen als auch von Tieren gebildet. Die Biosynthese der meisten Chinolin-Derivate hängt eng mit dem Tryptophan-Stoffwechsel zusammen (Formelübersicht 10–15). Unmittelbare Precursoren für die Bildung des Chinolinringes sind Anilinderivate wie 2-Aminobenzoylpyruvat oder Anthranilsäure.

Die Chinolin-Derivate Kynurenin- und Xanthurensäure werden von Tieren (Säugetiere, Vögel, Insekten) sowie verschiedenen Mikroorganismen und Pflanzen gebildet. Anthranilsäure dient auch als Precursor für die Biosynthese des Acridin- oder Phenoxazinringes.

Chinolin-Alkaloide kommen u. a. in Rubiaceen (*Cinchona*), Rutaceen (*Lunasia*) und Asteraceen (*Echinops*) vor.

10.8.1. China-Alkaloide

Therapeutisch wichtige Chinolin-Alkaloide sind unter den Alkaloiden der Chinarinde (*Cortex Chinae*) zu finden, die von verschiedenen *Cinchona*-Arten (*Rubiaceae*) gewonnen wird. Zu diesen China-Alkaloiden gehören die Chinolin-Derivate Chinin, Chinidin, Cin-

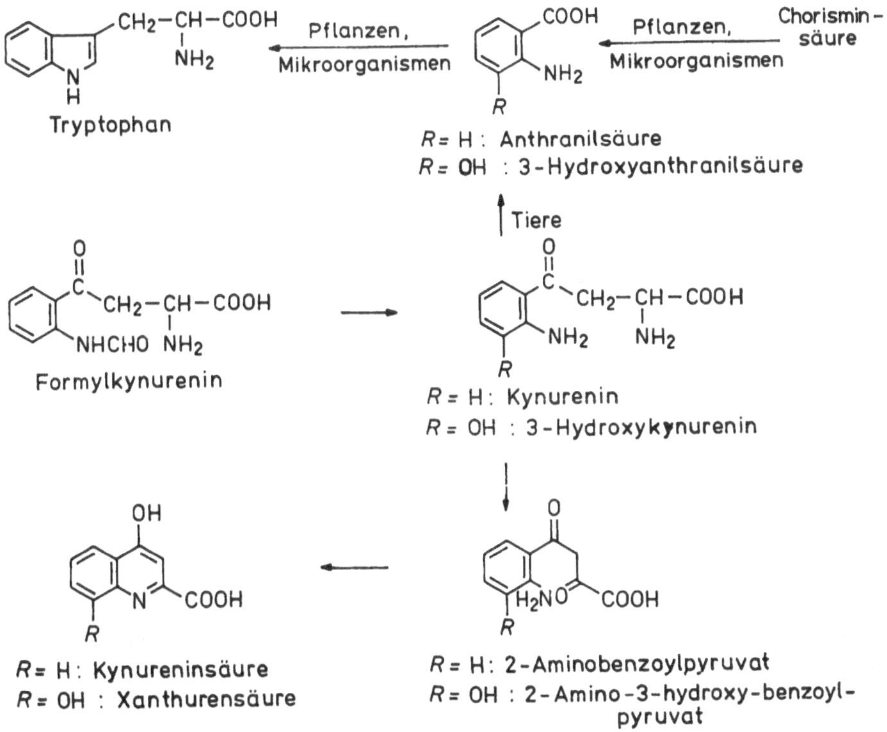

Formelübersicht 10–15

Bildung von Precursoren für die Chinolin-Biosynthese im Tryptophan-Stoffwechsel.

chonin und Cinchonidin. Sie werden begleitet von Indol-Alkaloiden (z. B. Cinchonamin). Ein hypothetisches Indol-Alkaloid mit C_{10}-Fragment wird auch als Ausgangsprodukt für die Biosynthesen der Chinolin-Alkaloide angenommen.

Bei den Chinolin-Alkaloiden ist der Chinolinring über eine C-Brücke mit dem tricyclischen Chinuclidinring (1-Aza-bicyclo-[2.2.2.]octan) verbunden. Chinin und Cinchonin konnten bereits 1820 aus der Chinarinde isoliert werden (PELLETIER und CAVEN-

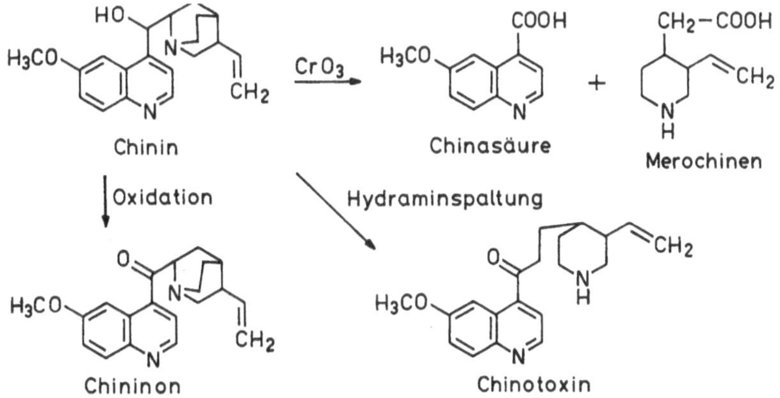

Formelübersicht 10–16

Chemische Abbaureaktionen des Chinins.

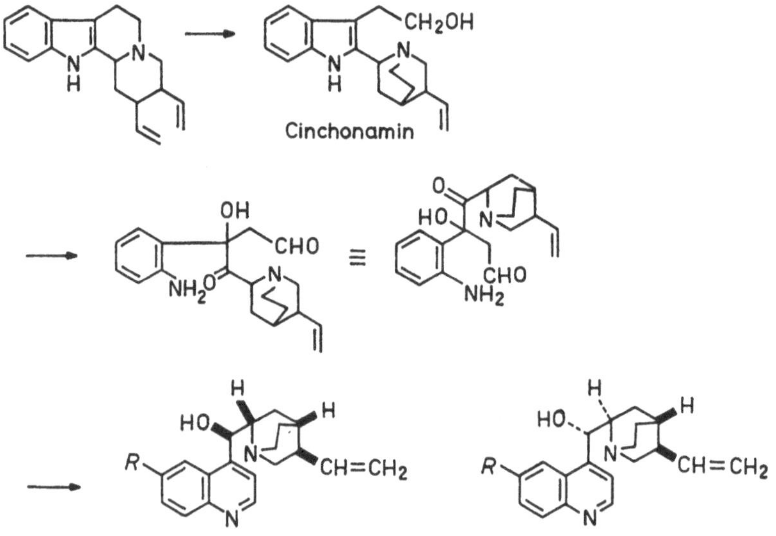

R = H: Cinchonidin
R = OCH_3: Chinin

R = H: Cinchonin
R = OCH_3: Chinidin

TOU). Die Strukturaufklärung (SKRAUP, KÖNIGS, RABE) erfolgte vor allem durch Abbau zu identifizierbaren Produkten (Formelübersicht 10–16).

Der Vinylrest am Chinuclidinring läßt sich zur Ethylgruppe hydrieren. Derartige Dihydro-Verbindungen kommen auch als Nebenalkaloide natürlich vor. Die Totalsynthese des Chinins gelang 1944 (WOODWARD, DOERING), nachdem RABE schon 1931 das Dihydrochinin synthetisieren konnte.

Chinin und Chinidin sowie Cinchonin und Cinchonidin unterscheiden sich durch die Konfiguration an den C-Atomen 8 und 9. Chinin und Cinchonidin besitzen die 3R,4S, 8S,9R-, Chinidin und Cinchonin die 3R,4S,8R,9S-Konfiguration. Die als Nebenalkaloide vorkommenden Epibasen besitzen eine andere Konfiguration am C-9 als die Normalbasen.

Die vier Diastereomeren je Reihe (*R* = H und OCH_3) unterscheiden sich charakteristisch in ihrer spezifischen Drehung $[\alpha]_D$:

8R, 9S:	Cinchonin	+224°	Chinidin	+254°
8R, 9R:	Epicinchonin	+120°	Epichinidin	+102°
8S, 9S:	Epicinchonidin	+63°	Epichinin	+43°
8S, 9R:	Cinchonidin	−111°	Chinin	−158°.

Chinin ist ein allgemeines Zellgift, das zahlreiche enzymatische Vorgänge hemmt. Es wird zur Malaria-Behandlung eingesetzt. Chinin wirkt dabei als Schizonten-Mittel, d. h., es hemmt das Wachstum der ungeschlechtlichen Formen der Malaria-Erreger. Auch zahlreiche synthetische Antimalaria-Mittel wie Chlorochin sind Chinolinderivate. Chinidin wird bei Herzrhythmusstörungen eingesetzt.

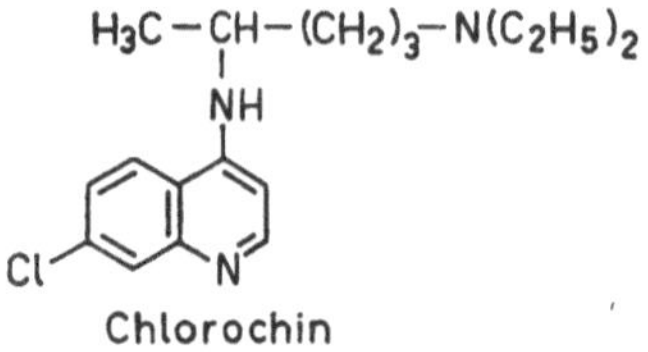

Chlorochin

10.8.2. Camptothecin

Camptothecin ist ein sehr toxisches Chinolin-Alkaloid, das aus dem Holz von *Camptotheca acuminata* (*Nyssaceae*) gewonnen wird. Die Biosynthese soll wie die der China-Alkaloide von Indol-Alkaloiden ausgehen.

Camptothecin ist ein Lacton. Es wirkt antileukämisch und antineoplastisch.

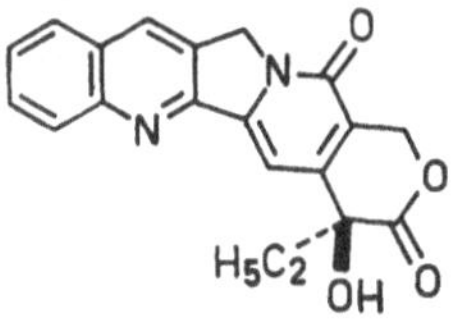

10.8.3. Pumiliotoxine

Aus mittelamerikanischen Fröschen der Gattung *Dendrobates*, die zur Bereitung von Pfeilgiften dienen, wurden die Pumiliotoxine und Histrionicotoxine (S. 535) isoliert (HABERMEHL). Diese Toxine beeinflussen die Permeabilität der Zellmembran für $K^{\oplus}$- und $Na^{\oplus}$-Ionen.

Pumiliotoxin C ist ein Perhydrochinolin-Derivat.

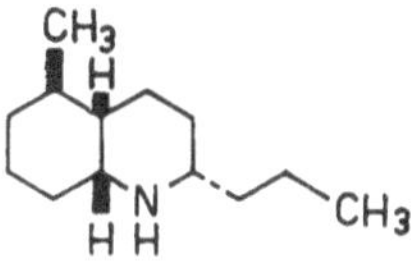

Pumiliotoxin C

10.9. Chinazolin-Alkaloide

Verbindungen mit Chinazolinring kommen relativ selten vor. Chinazolinderivate sind als sekundäre Naturstoffe vereinzelt in Mikroorganismen, höheren Pflanzen und auch Tieren gefunden worden. So bildet der Eitererreger *Pseudomonas aeruginosa* verschiedene Chinazolinderivate (*18*) beim Abbau des Tryptophans, wahrscheinlich über N-Formylkynurenin. Zu den pflanzlichen Alkaloiden gehören das *Febrifugin* aus der *Saxifragaceae Dichroa febrifuga*, das wegen seiner Antimalaria-Aktivität eine gewisse Bedeutung hatte, und das in den Samen der Steppenraute (*Peganum harmala*, einer Zygophyllaceae) enthaltene *Peganin* (= Vasicin).

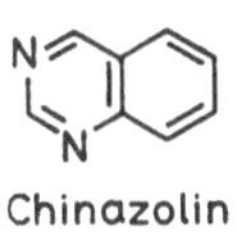

Chinazolin

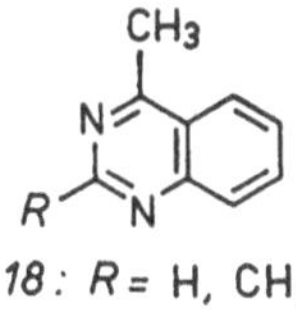

18: *R* = H, CH_3, C_2H_5

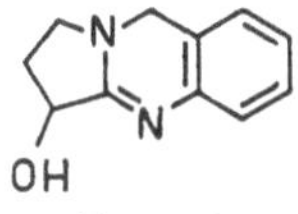

Peganin

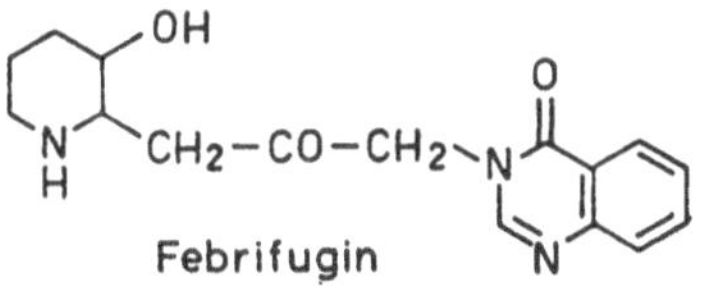

Febrifugin

Eine hinsichtlich ihrer biologischen Wirkung und chemischen Struktur sehr interessante Verbindung, das *Tetrodotoxin*, konnte aus dem japanischen Kugelfisch (Familie der *Tetraodontidae*), später auch aus anderen Fischen sowie Fröschen und Molchen isoliert werden. Tetrodotoxin ist außerordentlich neurotoxisch. Es blockiert den Transport von Natriumionen durch die Nervenzellmembran und wirkt als Antagonist des Batrachodoxins (S. 487).

Tetrodotoxin ist ein Hydrochinazolinderivat, das sich von dem Aldehyd *19* ableitet und praktisch ein Carbinolamin darstellt. Die Carboxylgruppe (*20*) bildet ein pH-abhängiges Gleichgewicht zwischen Lacton und Orthocarbonsäurederivat aus.

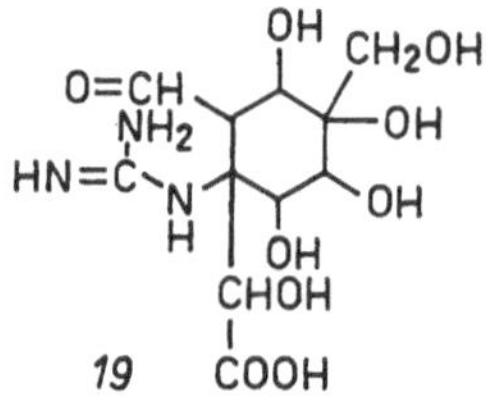

19

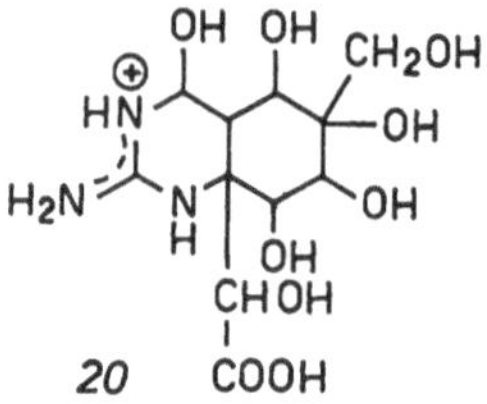

20

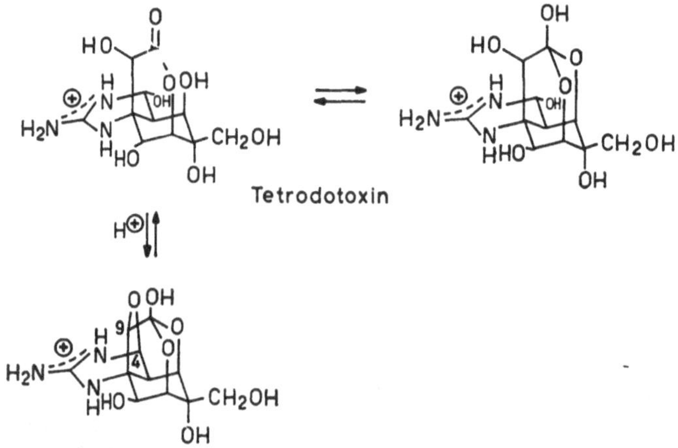

Tetrodotoxin

Anhydroepitetrodotoxin

Die Strukturaufklärung gelang Woodward durch physikalische Untersuchungen (*IR*, ^{1}H-*NMR*) sowie Abbaureaktionen. Die energische Behandlung mit Lauge oder Säure führt zu Chinazolinderivaten. Tetrodotoxin wird durch verdünnte Säure in Anhydroepitetrodotoxin umgewandelt, das durch die Etherbildung zwischen den Hydroxygruppen am C-9 und C-4 unter Konfigurationsumkehr am C-4 nicht mehr toxisch ist.

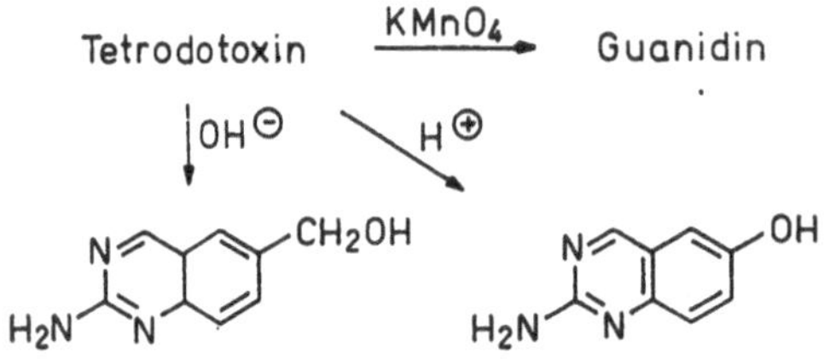

10.10. Betalaine

Zu den alkaloidähnlichen Verbindungen können die Betalaine gezählt werden. Betalaine sind Farbstoffe, die relativ begrenzt in höheren Pflanzen (in der Ordnung Caryophyllales) vorkommen. Die verbreitetste Gruppe der Betalaine sind die rot gefärbten *Betacyanine*. Es handelt sich bei den Betacyaninen um Glykoside bzw. acylierte Glykoside des Indolderivates Betanidin.

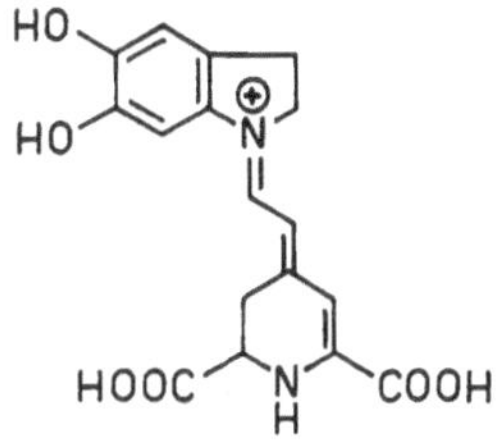

Betanidin

11. Antibiotica

11.1. Allgemeine Einführung

Als Antibiotica werden Substanzen bezeichnet, die von Mikroorganismen produziert werden und das Wachstum anderer Mikroorganismen hemmen können. Eingeschlossen werden auch partial- oder totalsynthetische Analoga der nativen Verbindungen. Die wichtigsten *Antibiotica-produzierenden Organismen* sind in der Tab. 11–1 zusammengefaßt. Es handelt sich meist um sporenbildende Organismen. Die Mehrzahl der Antibiotica wird von Actinomyceten der Gattung Streptomyces produziert. Ende 1972 waren über 4000 Antibiotica bekannt.

Gewinnung

Bis auf einige relativ einfach gebaute Antibiotica wie Chloramphenicol werden die in der Human- oder Veterinärmedizin bzw. für nutritive Zwecke benötigten Antibiotica trotz meist bekannter Totalsynthesen durch mikrobiologische Verfahren gewonnen. Dazu werden die Mikroorganismen zunächst in geeigneten Nährlösungen (z. B. Maisquellwasser) gezüchtet. Dieser Schritt wird als Fermentation bezeichnet. Die Produktion wird durch Infektion mit Fremdkeimen gefährdet. Die Züchtung erfolgt an der Oberfläche oder zweckmäßiger im Tieftankverfahren unter Belüftung. In vielen Fällen ließ sich die Ausbeute an Antibiotica durch den Einsatz mutierter Stämme, die z. B. durch *UV*- oder Röntgenbestrahlung erhalten wurden, verbessern. Nach Beendigung der Fermentation werden die Mikroorganismen durch Filtration abgetrennt und die in der Kulturflüssigkeit enthaltenen Antibiotica durch Flüssig-Flüssig-Extraktion oder Ionenaustausch-Chromatographie (Aminoglykosid-Antibiotica) abgetrennt.

Wirkungsspektren, Anwendung

Das Wirkungsspektrum (vgl. Tab. 11–2) der einzelnen Antibiotica ist verschieden. Die meisten Antibiotica wirken gegen Bakterien, nur wenige gegen große Viren bzw. Rickettsien, Protozoen oder Pilze. Einige Antibiotica sind auch bei Säugetierzellen cytostatisch wirksam (Actinomycine, Mitomycin-Gruppe) und werden in sehr begrenztem Umfang als Cancerostatica eingesetzt.

Die überragende praktische Bedeutung der Antibiotica liegt in ihrer Anwendung zur Bekämpfung bakterieller Infektionen bei Mensch und Tier. Wenngleich die überwiegende Zahl der bisher isolierten Antibiotica zu toxisch für einen therapeutischen Einsatz ist, stellen die Antibiotica heute neben den Sulfonamiden (S. 352) die wichtigsten antibakteriellen Chemotherapeutica dar. Sie können die Bakterien in ihrem Wachstum hemmen (bakteriostatische Wirkung) oder abtöten (bakteriocide Wirkung). Einige Antibiotica haben ein relativ breites Wirkungsspektrum (Breitbandantibiotica: Tetracycline, Chloramphenicol), andere sind nur bei einer sehr begrenzten Anzahl von Erregern wirksam genug für einen therapeutischen Einsatz.

Tabelle 11-1
Antibiotica-produzierende Organismen

	Gattung	Antibiotica
Bakterien		
Eubacteriales	Bacillus	Polypeptid-Antibiotica
Actinomycetales	Streptomyces	Chloramphenicol Cycloserin Aminoglykoside Fosfomycin Mitomycin-Gruppe Anthracyclin-Gruppe Tetracycline Macrolid-Antibiotica Distamycin Valinomycin Actinomycine Nucleosid-Antibiotica (Puromycin, Psicofuranin, Tubercidin, Showdomycin)
	Nocardia	Rifamycine
	Micromonospora	Gentamycine
Pilze (Ascomycetes)		
Hypocreales	Cordyceps	Nucleosid-Antibiotica (Cordycepin, 3'-Amino-3'-desoxy-adenosin und Derivate
Eurotales	Penicillium	β-Lactam-Antibiotica (Penicilline)
	Aspergillus	β-Lactam-Antibiotica (Penicilline)
	Cephalosporium	β-Lactam-Antibiotica (Cephalosporine)

Antibiotica werden außerdem in großem Umfang als Zusatz zu Futtermitteln eingesetzt, um ein höheres Schlachtgewicht der Tiere zu erzielen (nutritive Wirkung). Ferner haben sie Bedeutung erlangt zur Konservierung von Lebensmitteln sowie als Pflanzenschutzmittel.

Diese Einsatzmöglichkeiten müssen jedoch stark eingeschränkt bzw. auf nichtmedizinisch eingesetzte Antibiotica beschränkt werden, um eine Allergisierung der Bevölkerung sowie die Ausbildung resistenter Krankheitserreger zu vermeiden.

Resistenz

Obwohl bei der Behandlung bakterieller Infektionserkrankungen durch die Einführung der Sulfonamide und später der Antibiotica gewaltige Fortschritte erzielt werden konnten, kommt es immer wieder vor, daß bestimmte pathogene Stämme nicht auf diese Chemotherapeutica ansprechen, resistent sind. Die Weitergabe der Resistenz-erzeugenden Erbfaktoren kommt durch transferierbare DNS-Abschnitte, die sog. Episome, zustande. Als Träger derartiger Episome spielen vor allem die extrachromosomalen Plasmide (S. 253) der Bakterien eine Rolle. Diese Resistenzfaktoren (*R*-Faktoren, *R*-Plasmide) können nicht nur innerhalb einer Art, sondern auch zwischen verschiedenen Arten übertragen werden. Sie induzieren z. B. die Synthese bestimmter Enzyme, die die Anti-

Tabelle 11-2

Wirkun gsspektren einiger Antibiotica

Antibiotica	wirksam gegen					
	gram-positive Bakterien	gram-negative Bakterien	Rickettsien, best. Viren	Pilze	Protozoen	Carcinome, Leukämie
β-Lactam-Antibiotica	+	(+)				
Polypeptid-Antibiotica	+					
Polymyxine		+				
Aminoglykosid-Antibiotica	+	+				
Griseofulvin				+		
Tetracycline	+	+	+		(+)	
Erythromycin	+				(+)	
Polyen-Antibiotica				+		
Rifamycine	+	(+)	+			+
Chloramphenicol	+	+	+			
Xanthocillin	+	+		(+)		
Distamycin			+			+
Anthracyclin-Gruppe			+			+
Mitomycin-Gruppe						+

biotica durch chemische Veränderung inaktivieren oder veranlassen eine Veränderung der Membrandurchlässigkeit, so daß die Antibiotica nicht mehr in die Zelle eindringen können (Eindringungsresistenz).

Bei den inaktivierenden Enzymen handelt es sich um Hydrolasen oder Transferasen. Zu den Hydrolasen gehören vor allem die β-Lactamasen (Penicillinase), die den β-Lactamring der Penicilline und Cephalosporine hydrolytisch aufspalten können.

Die verschiedenen Transferasen führen zu einer Acylierung von Hydroxy- oder Aminogruppen der Antibiotica, z. B. des Chloramphenicols oder der Aminoglykosid-Antibiotica. Die Ausbildung der Tetracyclin-Resistenz kommt durch eine Hemmung des Tetracyclin-Transportes in die Zelle zustande. Durch partial- oder totalsynthetische Abwandlungen an der Stelle dieser enzymatischen Veränderung der Antibiotica besteht die Möglichkeit, zu wirksamen Verbindungen gegen resistente Bakterien zu gelangen.

Wirkungsmechanismus

Die Antibiotica unterscheiden sich beträchtlich in ihrem Wirkungsmechanismus. Im wesentlichen können folgende Gruppen unterschieden werden:

1. Antibiotica, die die Biosynthese der bakteriellen Zellwand stören.
   Hierzu gehören vor allem die β-Lactam-Antibiotica (Penicilline und Cephalosporine), die die Quervernetzung des Peptidoglykans durch Hemmung der Peptidoglykan-Transpeptidase verhindern (vgl. Formelübersicht 3–20, S. 215). Die β-Lactam-Antibiotica wirken daher nur in der Wachstumsphase der Bakterien. Die abbauenden Enzyme (Lysozym) werden dagegen nicht gehemmt, so daß es unter der Einwirkung der β-Lactam-Antibiotica zur Bildung zellwandloser Bakterien (sog. L-Formen) kommt. Diese L-Formen können u. U. überleben und nach dem Ab-

klingen der Antibiotica-Einwirkung eine neue Zellwand aufbauen (Persistenz der Bakterien). Cycloserin und Bacitracin greifen in ein früheres Stadium der Peptidoglykan-Synthese ein (vgl. Formelübersicht 3–20). Cycloserin verhindert als D-Ala-Antagonist die Synthese der D-Ala-enthaltenden Pentapeptidketten.

2. Antibiotica, die an der DNS angreifen.
   Die Antibiotica der Mitomycin-Gruppe alkylieren die DNS und führen zu Quervernetzungen. Die Actinomycine und Anthracyclin-Antibiotica wirken als Einschubreagentien (S. 281).

3. Antibiotica, die in die Proteinsynthese eingreifen.
   Chloramphenicol, die Tetracycline und Aminoglykosid-Antibiotica stören die Funktion der Ribosomen, dabei Chloramphenicol und die Aminoglykosid-Antibiotica selektiv die der bakteriellen 70 S-Ribosomen, nicht aber die der 80 S-Ribosomen der Säugetierzellen. Im Unterschied zu diesen Verbindungen hemmt Cycloheximid die Proteinsynthese an den 80 S-Ribosomen der eukaryoten Zelle, nicht aber die an den 70 S-Ribosomen der prokaryoten Zelle. Unter der Einwirkung der Aminoglykosid-Antibiotica kommt es zu Fehlablesungen an der mRNS und damit zur Synthese von „Nonsense"-Proteinen. Die Tetracycline stören die Bindung der Aminoacyl-tRNS an die Ribosomen (vgl. Abbildung 4–23, S. 276). Die Rifamycine unterbrechen die Transkription in der Bakterienzelle durch Blockierung der DNS-abhängigen RNS-Polymerase (S. 275).

4. Antibiotica, die die Funktion der Membranen beeinflussen.
   In diese Gruppe gehören die ionenselektiven Antibiotica, die Polyen-Antibiotica sowie die Polypeptid-Antibiotica. Die ionenselektiven Antibiotica bewirken eine erhöhte Durchlässigkeit der Membran für Alkalimetall-Ionen. Die Polyen-Antibiotica bilden Komplexe mit Cholesterol und verändern damit die Membranen von Pilzen, aber auch von Erythrozyten. Bakterienmembranen enthalten kein Cholesterol.

11.2. Antibiotisch wirkende Aminosäurederivate

11.2.1. Aminosäure-Antagonisten

Unter den natürlich vorkommenden Aminosäure-Antagonisten haben vor allem D-Cycloserin und L-Azaserin Bedeutung erlangt.

D-Cycloserin ist ein Stoffwechselprodukt verschiedener *Streptomyces*-Stämme, wird aber heute synthetisch dargestellt. D-Cycloserin ist chemisch ein D-4-Aminoisoxazolidin-3-on. Wirksam ist nur die D-Form. Sie hemmt die Alanin-Racemase der Bakterien und verhindert dadurch die Bildung der D-Ala-haltigen Pentapeptidketten des bakteriellen Peptidoglykans. D-Cycloserin ist wasserlöslich und basisch. Durch Säuren wird es in Serin und Hydroxylamin gespalten. Es wird in begrenztem Umfang als Tuberkulostaticum eingesetzt.

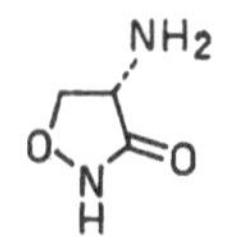

Cycloserin

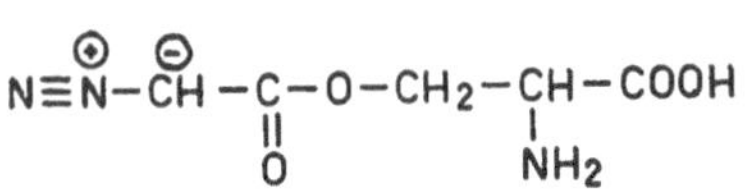

Azaserin

L-Azaserin (O-Diazoacetyl-L-serin) wurde in Streptomyces-Stämmen auf der Suche nach cancerostatisch wirksamen Verbindungen aufgefunden. Als Glutamin-Analogon hemmt es die Biosynthese der Purine in verschiedenen Organismen.

11.2.2. β-Lactam-Antibiotica

Als β-Lactam-Antibiotica oder allgemeiner β-Lactamoide, um auch nicht antibiotisch wirksame natürliche Verbindungen einzubeziehen, werden Verbindungen mit einem β-Lactam-Ring zusammengefaßt.

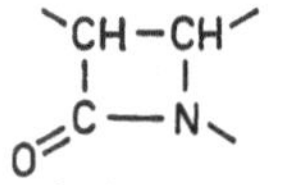

β-Lactam

Die beiden wichtigsten Gruppen gehören zum Penan- (Penicilline) und Cepham-Typ (Cephalosporine). Zu den β-Lactamoiden gehören u. a. noch die Clavulansäure, Nocardicin A sowie das Thienamycin, ein Penicillinase-Inhibitor.

Die β-Lactam-Antibiotica werden von Pilzen der Gattung *Penicillium, Aspergillus* und *Cephalosporium* gebildet.

Die Biosynthese der Penicilline und Cephalosporine geht von einem Tripeptid mit β-Lactam-Ring (*1*) aus, das aus L-α-Aminoadipinsäure, L-Cystein und L-Valin gebildet wird. Durch weitere Cyclisierung, Konfigurationsumkehr und Austausch des Acylrestes entstehen aus diesem Tripeptid die verschiedenen Antibiotica des Penan- oder Cepham-Typs.

Penicillin ist ein nicht-klassischer D-Alanin-Antimetabolit, der durch Reaktion mit der Peptidoglykan-Transpeptidase in die Biosynthese des bakteriellen Peptidoglykans (S. 215) eingreift und so selektiv die Bildung der Bakterienzellwand blockiert.

Penicilline

Die Entdeckung der Penicilline geht auf Fleming zurück, der 1928 beobachtete, daß das Wachstum von Staphylokokken in der Umgebung eines Schimmelpilzes gehemmt wird. Diese bedeutende Beobachtung wurde jedoch erst nach Ausbruch des 2. Weltkrieges weiter verfolgt, als man auf der Suche nach wirksamen Mitteln zur Bekämpfung bakterieller Infektionen war. 1940 gelang die Isolierung des ersten, noch unreinen Penicillins durch die Arbeitskreise um Chain und Florey. Die genaue Struktur konnte u. a. durch eine Röntgenstrukturanalyse aufgeklärt werden (Abb. 11–1).

Die β-Lactam-Struktur konnte vor allem durch die charakteristische Carbonylbande bei 1765–1790 cm^{-1} im *IR*-Spektrum nachgewiesen werden. Diese Bande verschwindet bei der Aufspaltung des β-Lactamringes unter Bildung der Penicillosäureester oder -amide (S. 575). Es tritt dann die übliche Carbonylbande der Ester bzw. Amide bei ca. 1740 cm^{-1} auf. Die Penicilline liegen in der Konformation *2* vor.

Die Protonen der beiden Methylgruppen am C-2 geben im ^{1}H-*NMR*-Spektrum getrennte Signale.

Die verschiedenen nativen Penicilline unterscheiden sich durch den Acylrest der Seitenkette (*R*). Sie wurden in den USA mit Großbuchstaben (*G, K, X, F*), in Großbritannien mit römischen Zahlen (*I–IV*) bezeichnet.

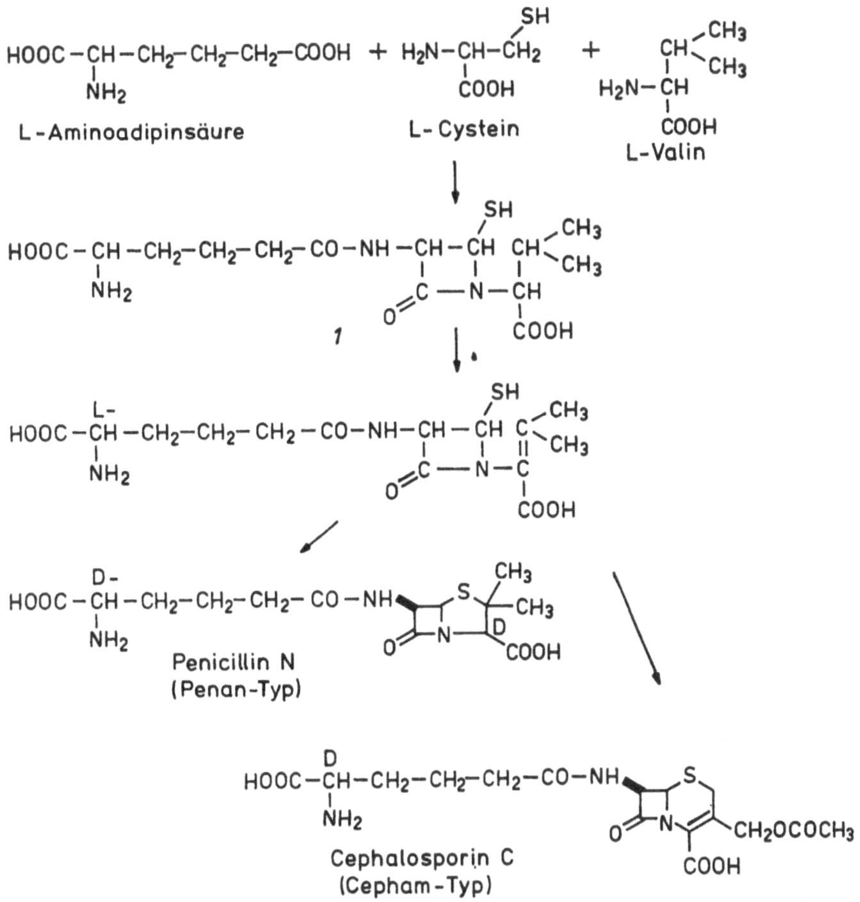

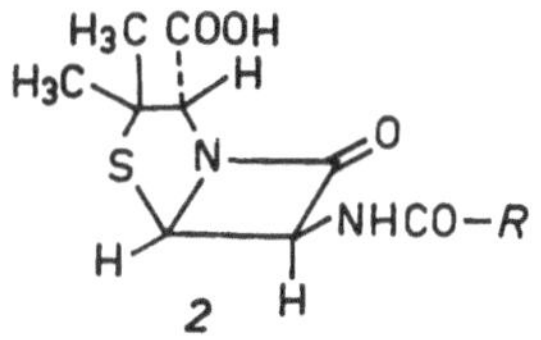

2

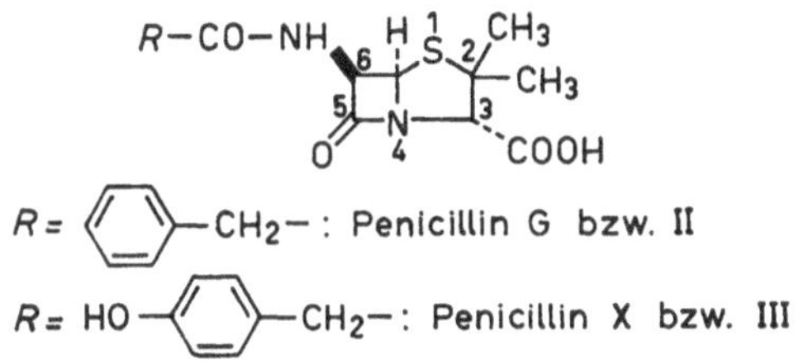

R = $CH_3-(CH_2)_6-$: Penicillin K bzw. IV

R = $CH_3-CH_2-CH=CH-CH_2-$: Penicillin F bzw. I

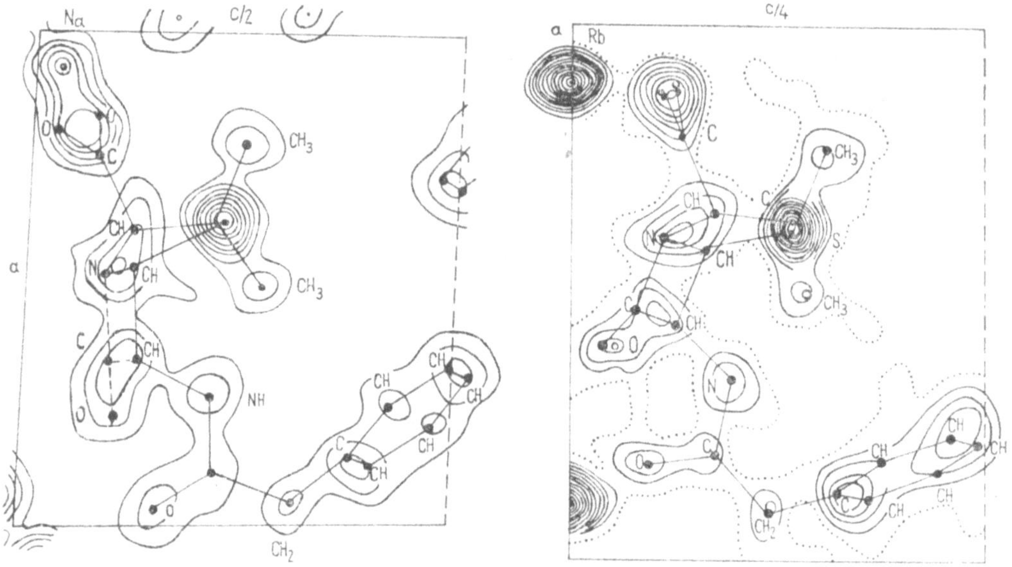

Abb. 11–1

Röntgenstruktur vom Natrium- (links) und Rubidiumsalz (rechts) des Benzylpenicillins (nach Crowfoot, Bunn, Rogers-Low und Turner)

Die biologische Aktivität der Penicilline ist an das Vorhandensein des β-Lactamringes gebunden. Die Stabilität dieses Ringes ist jedoch durch die bicyclische β-Lactam-Thiazolidin-Struktur noch geringer als die einfacher β-Lactame.

Der β-Lactamring wird sehr leicht durch nucleophile Reagentien wie Hydroxidionen (Bildung von Penicillosäure), Alkohole (Bildung von Penicillosäureestern) oder Amine (Bildung von Penicillosäureamiden) gespalten (Formelübersicht 11–1). Ferner erfolgt eine Inaktivierung durch bakterielle Enzyme (β-Lactamase oder Penicillinase: Spaltung des β-Lactamringes; Penicillin-amidase: Bildung der nur wenig wirksamen 6-Amino-penicillansäure). Auf die Wirkung dieser Enzyme ist die Penicillinresistenz zurückzuführen.

Nach Reaktion des Penicillins mit nucleophilen Gruppen von Proteinen (R^2 = Serum- oder Membranproteine) wirkt Penicillin als Hapten. Die sensibilisierende Wirkung des Penicillins tritt also erst nach kovalenter Bindung an ein Makromolekül ein. Als Hauptdeterminante der Penicillinallergie konnte die Penicilloylgruppe erkannt werden.

Die Penicilline sind weiterhin sehr empfindlich gegenüber der Einwirkung von Säure (vgl. Formelübersicht 11–1).

Der Versuch, durch Zugabe von Carbonsäuren als Precursoren zur Kulturflüssigkeit zu säurestabileren und Penicillinase-resistenten Penicillinen zu gelangen, war nur zum Teil erfolgreich. Lediglich Säuren der allgemeinen Struktur $R{-}CH_2{-}COOH$ werden dabei als Acylreste eingebaut. Von therapeutischem Wert ist lediglich das Phenoxymethylpenicillin. Wesentlich erfolgreicher war die Partialsynthese von Penicillinen ausgehend von 6-Aminopenicillansäure. Diese Säure läßt sich durch selektive Abspaltung des Seitenketten-Acylrestes mit einem Enzym von *Escherichia coli* oder nach einem chemischen Verfahren (Delfter Verfahren) gewinnen. Nach letzterem Verfahren wird zunächst unter absolut wasserfreien Bedingungen die Carboxylgruppe durch Überführung in den Trimethylsilylester geschützt. Anschließend wird die Säureamidgruppierung der

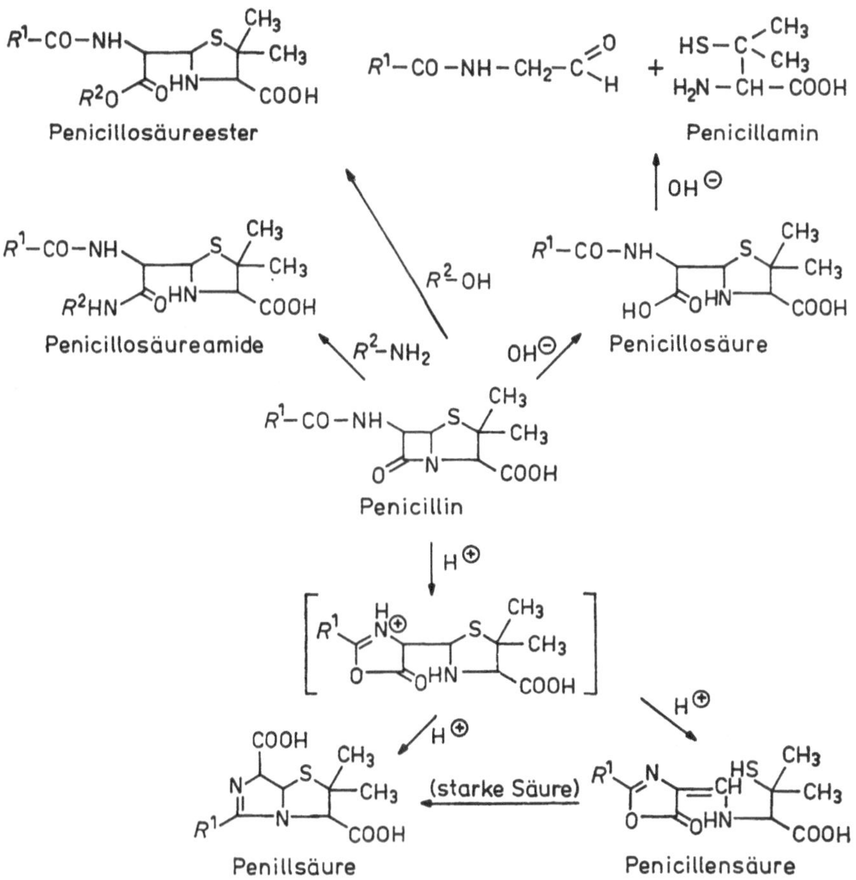

Formelübersicht 11–1

Alkali- und säurekatalysierte Hydrolyse von Penicillin.

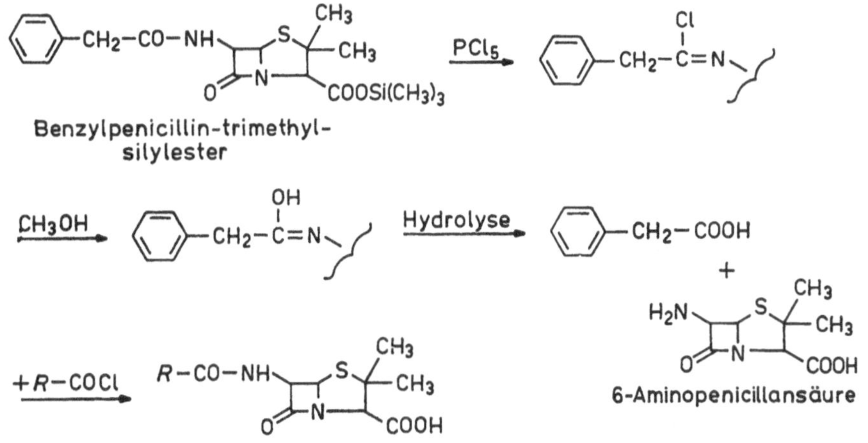

Seitenkette mit PCl_5 unter Bildung eines Imidochlorids umgesetzt, das mit Methanol den Imidoester ergibt, aus dem durch Hydrolyse die freie 6-Aminopenicillansäure erhalten werden kann. Diese kann dann mit einem beliebigen Säurechlorid umgesetzt werden.

Auf diese Weise konnten säurestabilere und deshalb oral applizierbare (u. a. Cloxacillin, Ampicillin), weitgehend gegen Penicillinase resistente Penicilline (u. a. Methicillin, Cloxacillin) sowie Penicilline mit einem breiteren Wirkungsspektrum (Ampicillin, Carbenicillin) entwickelt werden (Tab. 11–3).

Die Penicilline werden widerstandsfähiger gegenüber der Einwirkung der Penicillinase, wenn ein sperriger Acylrest die Amidgruppe sterisch abschirmt.

Während die meisten Penicilline nur gegen gram-positive Bakterien wirksam sind, wirken Ampicillin und Carbenicillin auch gegen gram-negative Bakterien. Die mangelhafte Resorption des Ampicillins konnte durch Veresterung der Carboxylgruppe verbessert werden (Pivampicillin). Die Ester werden durch unspezifische Esterasen wieder gespalten. Unter den Acylureido-Penicillinen ist das Azlocillin besonders wirksam bei Infektionen durch *Pseudomonas aeruginosa.*

Die Penicilline bilden mit verschiedenen Basen schwer lösliche Salze, die als Depotformen dienen. Von Bedeutung sind die Basen Procain (Benzylpenicillin-Procain) und Benzathin (Benzylpenicillin-Benzathin, Phenoxymethylpenicillin-Benzathin).

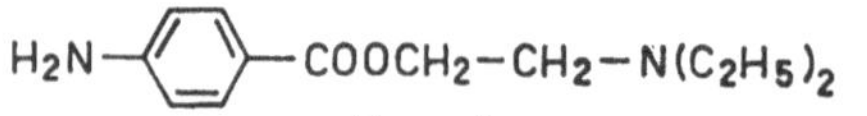

Procain

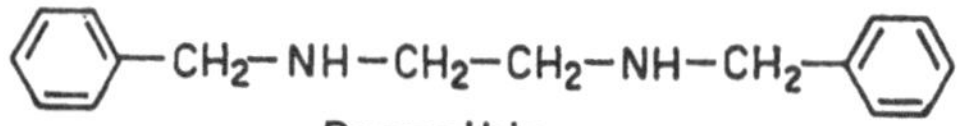

Benzathin

Die Totalsynthese der Penicilline ist gelungen (SHEEHAN), hat aber durch die partialsynthetischen Möglichkeiten keine Bedeutung erlangt.

Cephalosporine

Aus Kulturen von *Cephalosporium*-Stämmen konnten einige gegen gram-positive und gram-negative Bakterien wirksame Verbindungen isoliert werden, die als Cephalosporine N, C und P_1—P_5 bezeichnet wurden. Cephalosporin N wurde wegen seiner Zugehörigkeit zum Penan-Typ später als Penicillin N bezeichnet. Die Cephalosporine P erwiesen sich als tetracyclische Triterpene (vgl. S. 464). Cephalosporin C unterscheidet sich von den Penicillinen durch den Austausch des Thiazolidinringes durch einen Dihydrothiazinring. Eine Hydrierung der Doppelbindung dieses Ringes führt zu wirkungslosen Verbindungen.

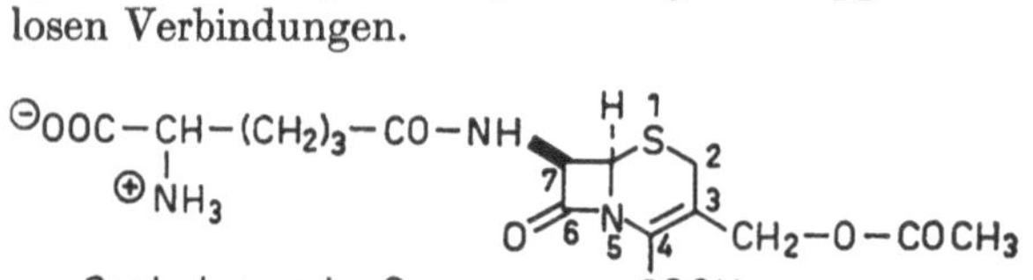

Cephalosporin C

Cephalosporine mit β-Lactamstruktur werden ähnlich wie Penicilline durch nucleophile Reagentien gespalten, sind aber gegenüber Säure relativ stabil.

Ebenso wie bei den Penicillinen sind auch bei den Cephalosporinen zahlreiche Versuche unternommen worden, um durch Veränderung des Moleküls zu Antibiotica mit verbesserten Wirkungsqualitäten zu gelangen.

So konnten ausgehend von 7-Aminocephalosporansäure partialsynthetische Cephalosporine (Tab. 11–3) dargestellt werden. Die Totalsynthese gelang WOODWARD, hat aber keine praktische Bedeutung.

Tabelle 11–3

Auswahl therapeutisch eingesetzter Penicilline (Struktur A) und Cephalosporine (Struktur B)

*) Internationaler Freiname der Weltgesundheitsorganisation (WHO). Handelsnamen sind dem Buch von M. NEGWER „Organisch-chemische Arzneimittel und ihre Synonyma" (Berlin: Akademie-Verlag 1978) zu entnehmen.

**) Partialsynthetische Derivate.

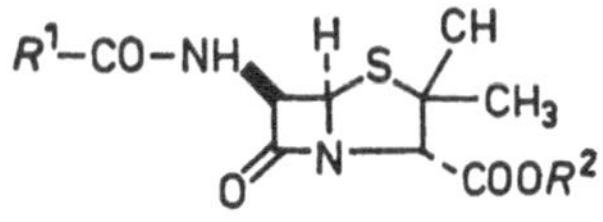

Struktur A

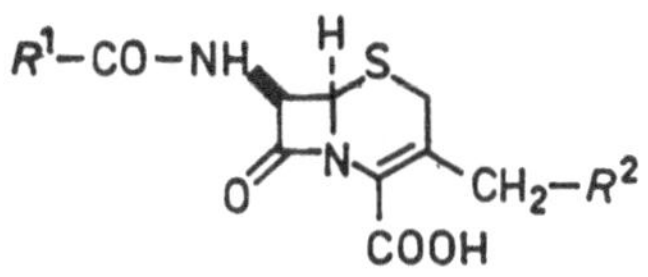

Struktur B

Name*)	Struktur	R^1	R^2
Benzylpenicillin (Penicillin G)	A	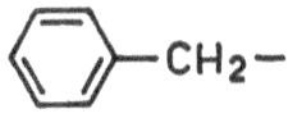	H
Phenoxymethylpenicillin (Penicillin V)	A	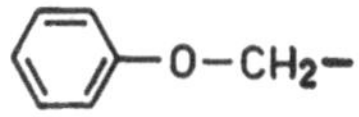	H
Cloxacillin**)	A	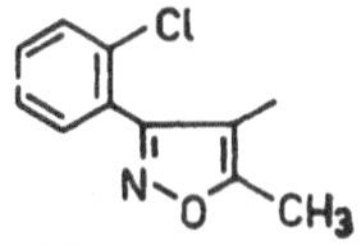	H
Ampicillin**)	A	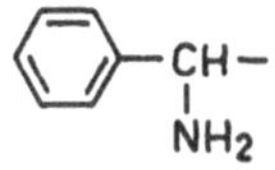	H
Pivampicillin**)	A	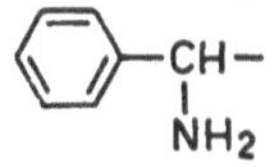	$CH_2-COOC(CH_3)_3$
Azlocillin**)	A	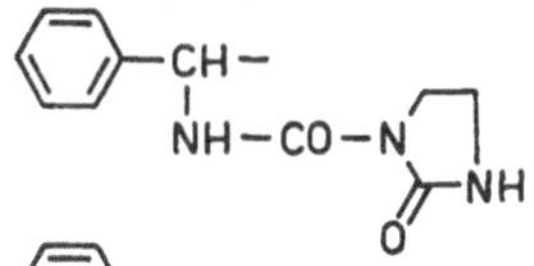	H
Carbenicillin**)	A	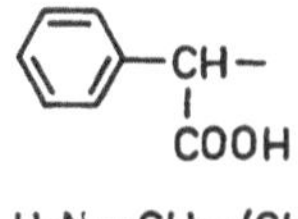	H
Cephalosporin C	B	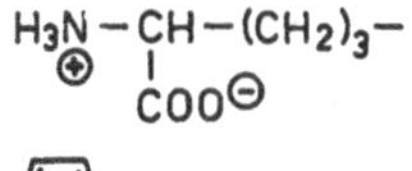	$OCOCH_3$
Cefalotin**)	B	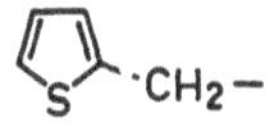	$OCOCH_3$
Cefaloridin**)	B	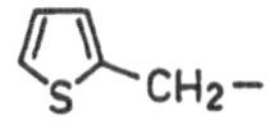	
Cefalexin**)	B	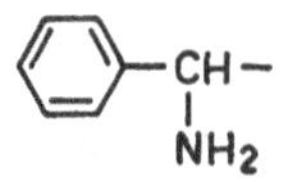	H

Die Cephalosporine entsprechen in ihrem Wirkungsspektrum dem des Ampicillins. Von Bedeutung sind ferner Umwandlungen von Penicillinen in Cephalosporine. So lassen sich Penicillinsulfoxide durch Erwärmen mit sauren Katalysatoren in Derivate des Desacetoxycephalosporins umlagern (MORIN).

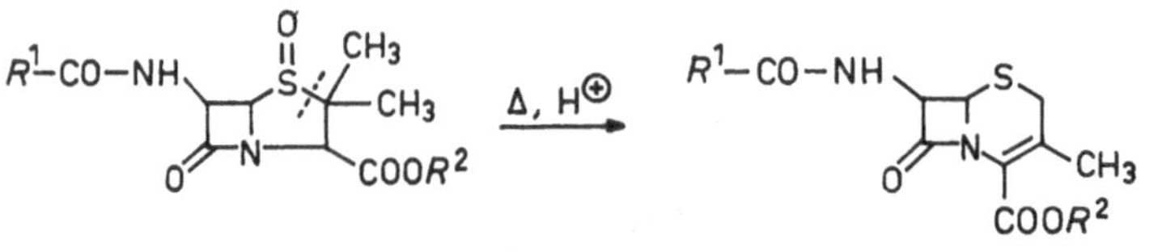

11.2.3. Polypeptid-Antibiotica

Die Polypeptid-Antibiotica unterscheiden sich hinsichtlich ihrer Struktur deutlich von den üblichen Peptiden:

Die meisten Polypeptid-Antibiotica sind cyclische Peptide und besitzen weder eine terminale Amino- noch Carboxylgruppe. Charakteristisch für alle Polypeptid-Antibiotica ist ferner das Vorhandensein von Aminosäuren, die sonst nicht in Proteinen vorkommen (z. B. D-Aminosäuren, N-methylierte Aminosäuren, Ornithin). Viele Polypeptid-Antibiotica enthalten neben Aminosäuren noch andere Komponenten wie einen Thiazolinrest (Bacitracin), Fettsäuren (Polymyxine) oder heterocyclische Ringsysteme (Actinomycine). Die Molmassen liegen zwischen 350 und 3000. Die Polypeptid-Antibiotica sind wirksam gegen gram-positive und gram-negative Bakterien, sind aber hoch toxisch.

Auf Grund ihrer von den Proteinen abweichenden Struktur werden die Polypeptid-Antibiotica nicht durch tierische oder pflanzliche Peptidasen oder Proteasen hydrolysiert. Ihre Biosynthese erfolgt am Ende der Wachstumsperiode nach der Proteinsynthese. Im Unterschied zu den Proteinen werden sie nicht an ribosomaler RNS, sondern durch Multienzymsysteme synthetisiert. Die meisten Polypeptid-Antibiotica kommen in der Familie der Bacillaceen vor, einige auch in *Streptomyces*-Arten (Actinomycine).

Eine besondere Gruppe proteinartiger Antibiotica sind die *Bacteriocine*. Während die meisten anderen Antibiotica von mycelartig wachsenden Bakterien (z. B. *Streptomyces*) produziert werden, werden die Bacteriocine von gram-positiven und gram-negativen Bakterien gebildet (z. B. Colicine).

Die Bacteriocine haben ein eng begrenztes Wirkungsspektrum: Sie wirken schon in außerordentlich geringer Konzentration auf Bakterien anderer Stämme gleicher oder verschiedener Spezies.

Die *Gramicidine* und *Tyrocidine* werden von Stämmen von *Bacillus brevis* gebildet. Die Gramicidine A, B und C sind lineare Polypeptide mit einem N-terminalen Formylrest und einer C-terminalen β-Ethanolamidgruppe. Gramicidin S ist ein cyclisches Decapeptid. Eng verwandt mit dem Gramicidin S sind die Tyrocidine.

```
Pro——Val-Orn——Leu-D-Phe
 |                    |
D-Phe-Leu-Orn——Val-Pro          Gramicidin S

Tyr——Val-Orn——Leu-D-Phe
 |                    |
Gln——Asn-D-Phe-Phe-Pro          Tyrocidin A
```

	1 2 3 4 5 6 7 8 9 10
Gramicidin A:	HCO-Val-Gly-Ala-D-Leu-Ala-D-Val-Val-D-Val-Trp-D-Leu
Gramicidin B:	HCO-Val-Gly-Ala-D-Leu-Ala-D-Val-Val-D-Val-Trp-D-Leu
Gramicidin C:	HCO-Ile-Gly-Ala-D-Leu-Ala-D-Val-Val-D-Val-Trp-D-Leu-

11 12 13 14 15
-Trp-D-Leu-Trp-D-Leu-Trp-NH$-CH_2-CH_2OH$
-Phe-D-Leu-Trp-D-Leu-Trp-NH$-CH_2-CH_2OH$
-Tyr-D-Leu-Trp-D-Leu-Trp-NH$-CH_2-CH_2OH$

Bacitracine (A—F) werden von *Bacillus licheniformis*-Stämmen gebildet. Die Bacitracine enthalten einen Thiazolinrest, der an ein verzweigtes Polypeptid gebunden ist. Der Thiazolinring entstand durch Ringschluß zwischen einem Cystein- und Isoleucinrest.

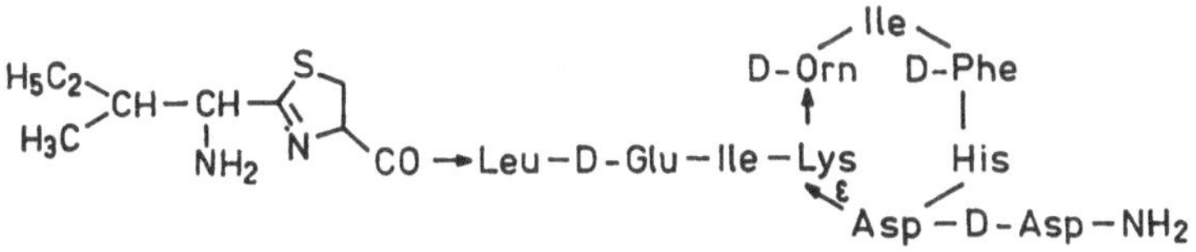

Die *Polymyxine* werden von verschiedenen *Bacillus*-Arten gebildet und enthalten außer einem verzweigten Cyclopeptid noch eine verzweigte Fettsäure.

Das bei *Coli*- und *Pyocyaneus*-Infektionen eingesetzte Colistin A (Polymyxin E_1) enthält am N-terminalen Ende amidartig gebunden die (+)-6-Methyloctansäure.

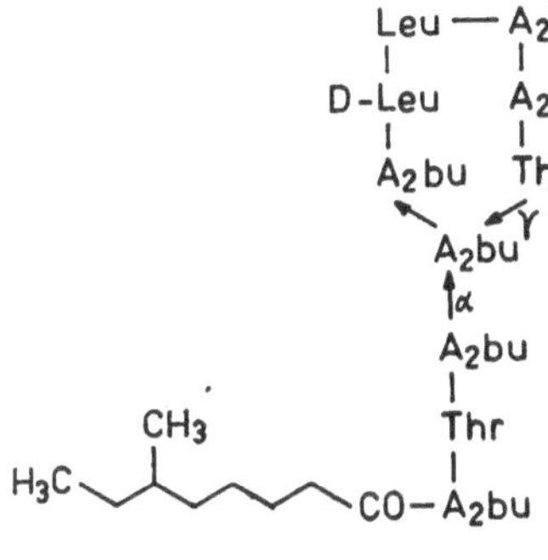

A_2bu = L-2,4-Diaminobuttersäure

11.2.4. Distamycin

Distamycin ist ein Gemisch antibiotisch wirksamer Substanzen, das durch Extraktion der Mycelien von *Streptomyces*-Arten mit Butanol gewonnen wird. Distamycin enthält ebenso wie das aus *Streptomyces disthallicus* isolierte Netropsin (auch Congocidin) 4-Amino-1-methylpyrrol-2-carbonsäure-Einheiten, die über eine Amidbindung miteinander verbunden sind.

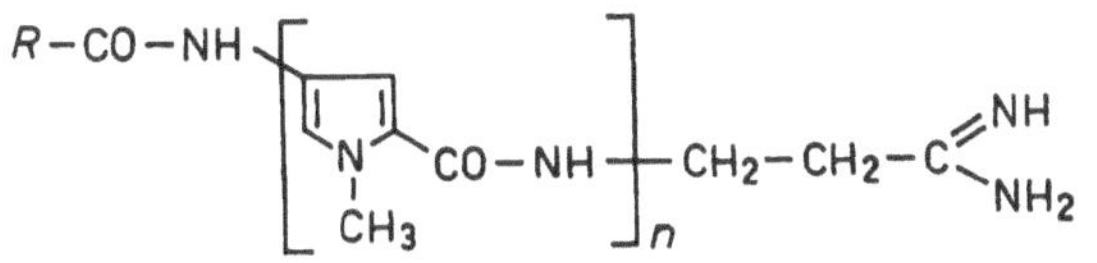

Distamycin A: $R = H$, $n = 3$

Netropsin: $R = H_2N-C(=NH)-NH-CH_2-$, $n = 2$

Distamycin wirkt sowohl gegen Pilze als auch gegen Viren. Die Formylgruppe ist essentiell für die Wirkung. Distamycin stabilisiert die DNS-Doppelhelix. Phasenübergangstemperatur und Hyperchromizität der DNS steigen mit wachsendem Distamycin/DNS-Verhältnis.

11.2.5. Actinomycine

Actinomycine wurden 1940 von Waksman und Woodruff aus *Streptomyces*-Arten isoliert. Es handelt sich um orangerote Verbindungen, die aus einem Phenoxazinderivat (Actinocin) und zwei daran amidartig gebundenen cyclischen Peptidlactonen bestehen. Die Zusammensetzung der Peptidlactone unterscheidet sich bei den einzelnen Actinomycinen. Actinomycine mit zwei gleichen Peptidlactonresten werden als *iso-*, solche mit zwei verschiedenen als *aniso*-Actinomycine bezeichnet. Bisher sind über 30 native Actinomycine bekannt. Actinomycin C_1 (D) enthält als ungewöhnliche Peptidkomponenten außer D-Valin N-Methyl-L-Valin (MeVal) und Sarcosin (Sar).

Die Biosynthese des Phenoxazonringsystems geht aus von Tryptophan, aus dem zunächst 3-Hydroxyanthranilsäure gebildet wird.

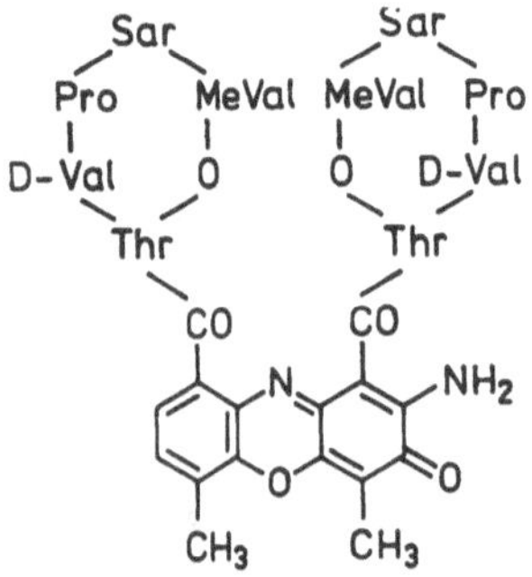

Actinomycin C_1 (D)

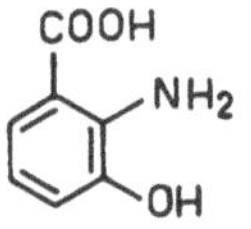

3-Hydroxyanthranilsäure

Stark gefärbte Phenoxazonderivate, die *Ommochrome*, wurden auch aus den Sehkeilen (Ommatiden) der Augen von Gliederfüßern isoliert.

Die Actinomycine sind schwache einsäurige Basen, die mit DNS Einschiebungs-Komplexe bilden können. Dadurch wird das Absorptionsmaximum der Actinomycine (440 nm) etwa 10 nm bathochrom verschoben. Die hohe Aktivität gegenüber grampositiven Bakterien und die cytotoxische Wirkung hängt mit dieser Komplexbildung zusammen. Für eine therapeutische Anwendung sind sie zu toxisch.

Die Actinomycine werden unter Verlust ihrer Wirkung bereits durch 10proz. Salzsäure bei 20 °C in kurzer Zeit hydrolysiert.

11.2.6. Depsipeptid-Antibiotica, ionenselektive Antibiotica

Depsipeptide sind Stoffwechselprodukte von Bakterien und Pilzen, die alternierend aus Aminosäuren und Hydroxycarbonsäuren aufgebaut sind und meist eine cyclische Struktur besitzen.

Die erste antibiotisch wirkende Substanz dieser Gruppe, das *Valinomycin*, wurde aus dem Mycel von *Streptomyces fulvissimus*-Kulturen isoliert (Brockmann und Schmidt-Kastner).

Valinomycin ist ein Cyclodepsipeptid mit einem 36gliedrigen Ring (SHEMYAKIN). Durch Wasserstoffbindungen zwischen den NH- und CO-Gruppen der Amide werden bestimmte Konformationen bevorzugt. Die Lage des Gleichgewichtes zwischen diesen Konformeren hängt stark vom Lösungsmittel ab (OVCHINNIKOV). Während in unpolaren Lösungsmitteln alle möglichen H-Brücken eingegangen werden (Form *A*), werden in polaren Lösungsmitteln keine intramolekularen H-Brücken ausgebildet (Form *C*) (Abb. 11–2).

D-Val-Lac-Val-D-Hyv
| |
D-Hyv   D-Val   Lac: L-Milchsäure
| |
Val   Lac   D-Hyv: D-α-Hydroxyisovaleriansäure
| |
Lac-D-Val-D-Hyv-Val

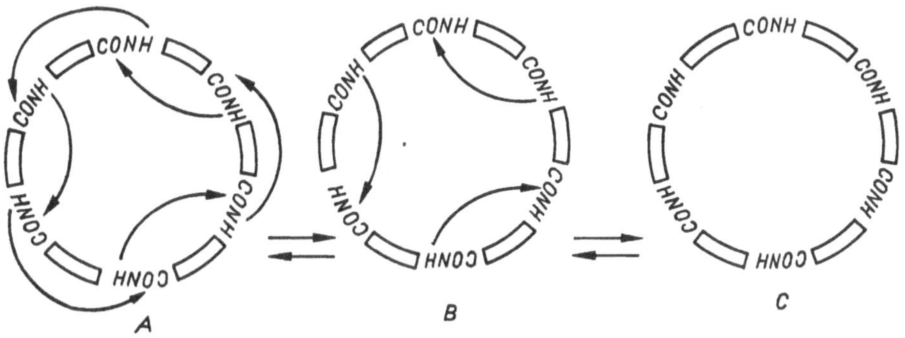

Abb. 11–2

Schematische Darstellung von Valinomycin-Konformeren (nach OVCHINNIKOV).

Die Konformationsänderungen lassen sich mit Hilfe der *ORD*- bzw. *CD*-Kurven verfolgen.

Valinomycin gehört zu den *ionenselektiven Antibiotica*, die mit Alkaliionen käfigartige Komplexe zu bilden vermögen. Die Komplexbildung mit dem Valinomycin wird dadurch ermöglicht, daß die Carbonylsauerstoffatome im Inneren, die hydrophoben Seitenketten der Amino- bzw. Hydroxysäuren aber an der Außenseite des Moleküls angeordnet sind. Der innere Durchmesser erlaubt die selektive Komplexbildung des Kaliumions. Die hydrophobe Außenseite des Komplexes ermöglicht den Transport von Kaliumionen durch die biologische Membran, auf dem der Wirkungsmechanismus des Valinomycins beruht.

Zu den ionophoren Antibiotica gehören neben dem Valinomycin noch andere cyclische Depsipeptide (z. B. Enniatin, Monamycin), cyclische Peptide (z. B. Antamanid, S. 110) sowie Macrolidester wie die Antibiotica der Actinreihe (z. B. Nonactin).

Die Antibiotica der *Enniatin*-Gruppe werden von *Fusarium*-Stämmen produziert. Die cyclische Hexapeptidstruktur dieser Antibiotica wird von D-Hydroxyisovaleriansäure und N-Methyl-Aminosäuren gebildet.

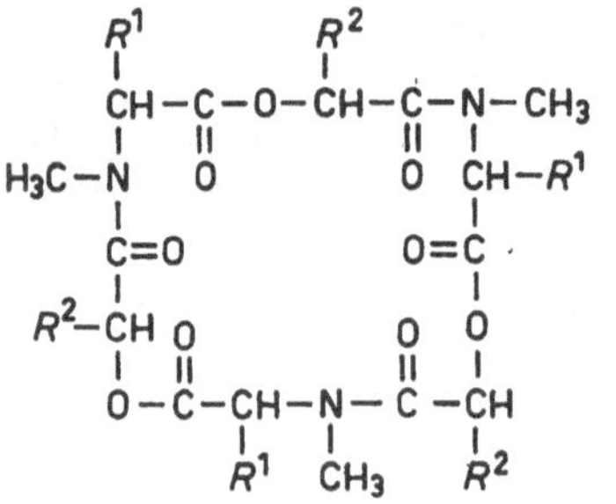

Enniatin A: $R^1, R^2 = CH(CH_3)C_2H_5$
Enniatin B: $R^1, R^2 = CH(CH_3)_2$
Enniatin C: $R^1 = CH_2CH(CH_3)_2$; $R^2 = CH(CH_3)_2$

Nonactin ist ein cyclischer Ester und läßt sich daher auch den Antibiotica der Macrolid-Gruppe zurechnen. Nonyctin wird von Actinomyceten produziert und wurde zuerst von PRELOG und KELLER-SCHIERLEIN isoliert. Das Nonactin besteht aus einem 32gliedrig Ring, der aus je zwei Molekülen links- und rechts-frehender Nonactinsäure aufgeba ist und daher als meso-Form vorliegt.

Nonactin wird begleitet von den homologen Actinen Monactin, Dinactin und Trinactin.

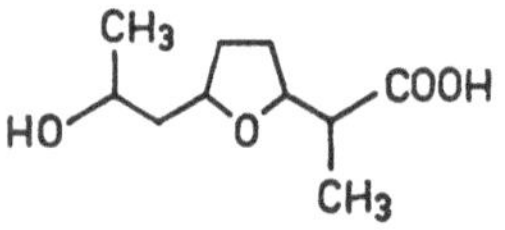

Nonactinsäure

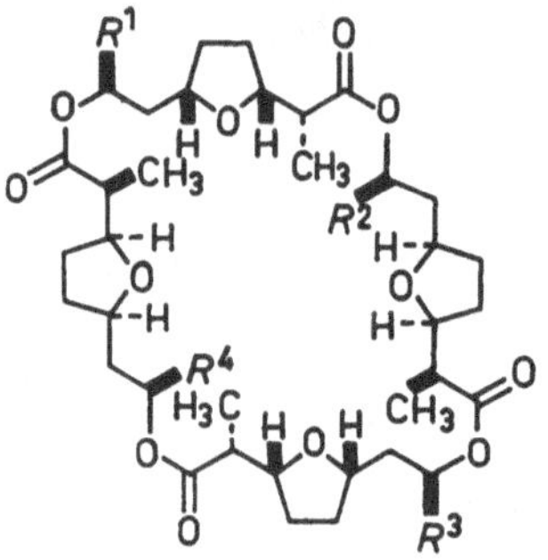

Nonactin: $R^1, R^2, R^3 = R^4 = CH_3$
Monactin: $R^1, R^2, R^3 = CH_3$; $R^4 = C_2H_5$
Dinactin: $R^1, R^3 = CH_3$; $R^2, R^4 = C_2H_5$
Trinactin: $R^1 = CH_3$; $R^2, R^3, R^4 = C_2H_5$

Trotz sehr starker antibiotischer Wirkung ist Nonactin ebenso wie Valinomycin therapeutisch nicht einsetzbar, da es sowohl gegen Prokaryoten als auch gegen Eukaryoten und daher nicht selektiv wirkt.

Ein borhaltiges ionophores Antibioticum ist das *Boromycin.*

Auch acyclische Verbindungen wie die Peptide Gramicidin und Alamethicin, die Polyester der Nigericin-Gruppe oder das Ca^{2+}-selektive Antibioticum X537A können als Ionophore wirken, indem sie sich wie ein Pseudocyclus um das Kation wickeln. Gramicidin A und Alamethicin bilden

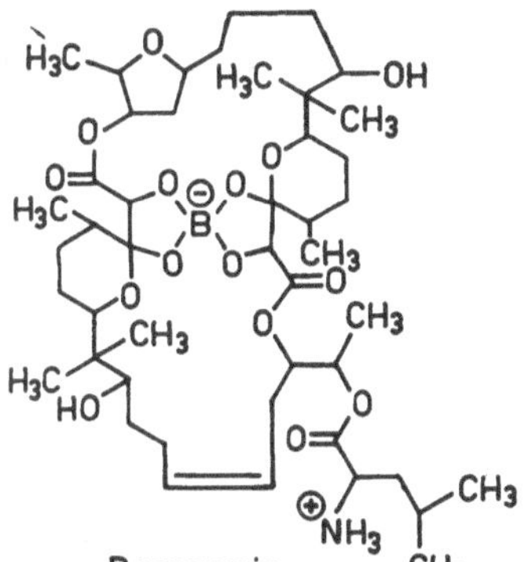

Boromycin

im Unterschied zu den in der Membran mobilen Carriern stationäre Poren. Inzwischen sind auch zahlreiche synthetische Ionophore, vor allem auf der Basis von Kronenethern (z. B. **3**) oder Krakenverbindungen bekannt geworden.

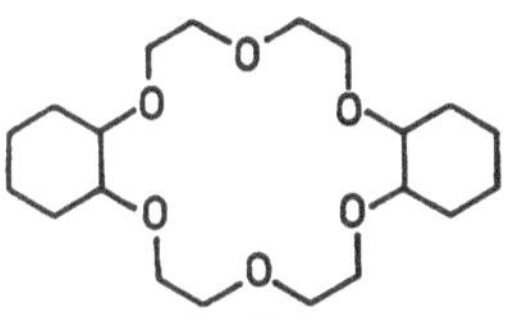

3

11.3. Aminoglykosid-Antibiotica

Als Aminoglykosid-Antibiotica werden Antibiotica zusammengefaßt, die aus einem basisch substituierten Cyclitol sowie zwei oder drei daran glykosidisch gebundenen Monosacchariden, meist Aminozuckern, bestehen. Sie kommen in Actinomyceten (*Streptomyces*- und *Micromonospora*-Arten) vor. Glykosidisch gebundene Aminozucker sind aber auch in vielen Macrolid-Antibiotica und in den Antibiotica der Anthracyclin-Gruppe enthalten.

Die therapeutisch wichtigsten Verbindungen leiten sich vom Streptomycin-, Neomycin- und Kanamycin-Typ ab. Die Antibiotica des Streptomycin-Typs enthalten als Cyclitol das Streptidin (1,3-Didesoxy-1,3-diguanidino-myo-inositol), das durch die beiden Guanidingruppen stark basisch reagiert. In den Antibiotica der beiden anderen Gruppen kommt 2-Desoxystreptamin (1,3-Diamino-1,2,3-tridesoxy-myo-inositol) vor. Die Vertreter des Streptomycin- und Kanamycin-Typs enthalten meist zwei, die des Neomycin-Typs drei Monosaccharide (meist Aminozucker). Alle Aminoglykosid-Antibiotica reagieren durch das basisch substituierte Cyclitol und die Aminozucker basisch.

Eine chemische Modifizierung der Aminoglykosid-Antibiotica läßt sich durch die sog. ***Mutasynthese*** realisieren. Nach dieser Technik werden zunächst Mutanten des Antibioticum-synthetisierenden Stammes gesucht, die die Aminoglykosid-Antibiotica nur noch produzieren können, wenn das Aminocyclitol dem Nährmedium zugesetzt wird. Durch Zugabe anderer Aminocyclitole werden dann biosynthetisch strukturell veränderte (mutasynthetische) Antibiotica erhalten.

Resistenz gegenüber den Aminoglykosid-Antibiotica wird durch Acetyl-Transferasen (Kanamycine, Neomycine, Gentamycine), Phosphat-Transferasen (Kanamycine, Neomycine, Streptomycine) oder Adenylat-Transferasen (Streptomycine, Neomycine, Gentamycine, Kanamycine) hervorgerufen. Durch die Acylierung von Hydroxy- oder Aminogruppen (vgl. Abb. 11–3) werden die Antibiotica inaktiviert.

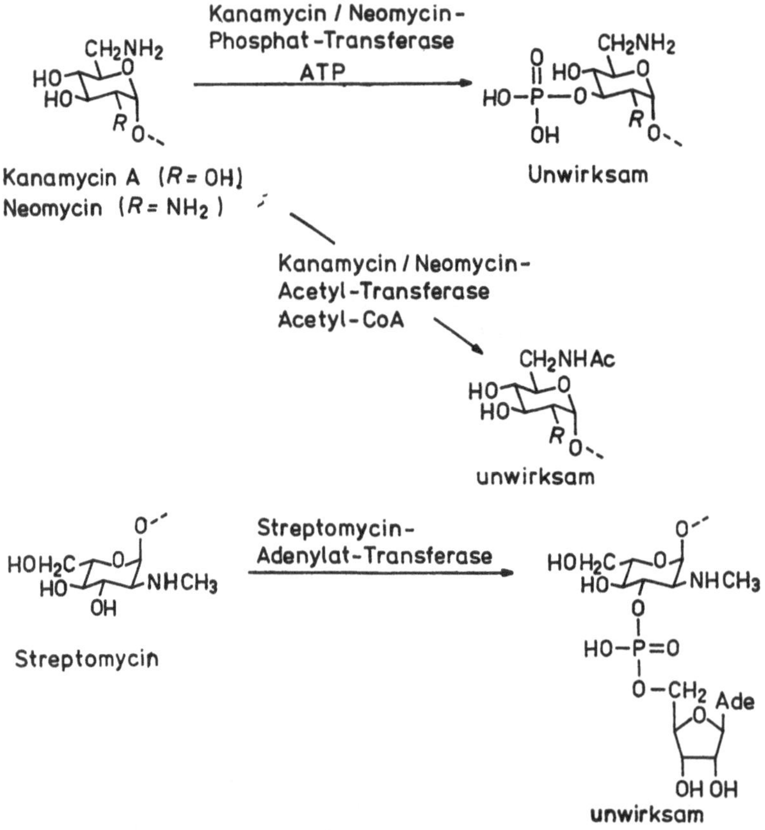

Abb. 11–3

Wahrscheinliche resistenzverursachende enzymatische Umsetzungen einiger Aminoglykosid-Antibiotica.

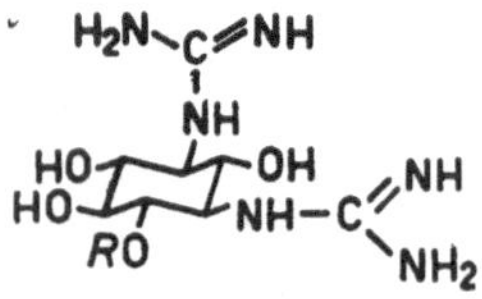

Streptomycin-Typ
R = Glyk – Glyk
(*R* = H: Streptidin)

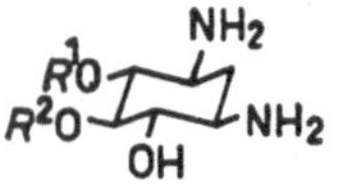

Neomycin-Typ
R^1 = Glyk; R^2 = Glyk – Glyk
(R^1, R^2 = H: 2-Desoxystreptamin)

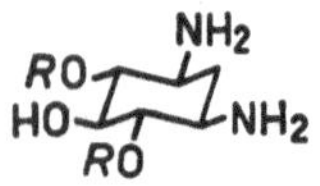

Kanamycin-Typ
R = Glyk
(*R* = H: 2-Desoxystreptamin)

11.3.1. Streptomycin-Typ

Am längsten bekannt ist das *Streptomycin* (Streptomycin A), das bereits 1944 auf der Suche nach Antibiotica-produzierenden Mikroorganismen von Waksman als Stoffwechselprodukt von *Streptomyces griseus* entdeckt werden konnte.

Als Nebenprodukt wird Streptomycin B (Mannosido-Streptomycin) gebildet. Aus anderen *Streptomyces*-Stämmen wurde Hydroxystreptomycin (= Reticulin) isoliert.

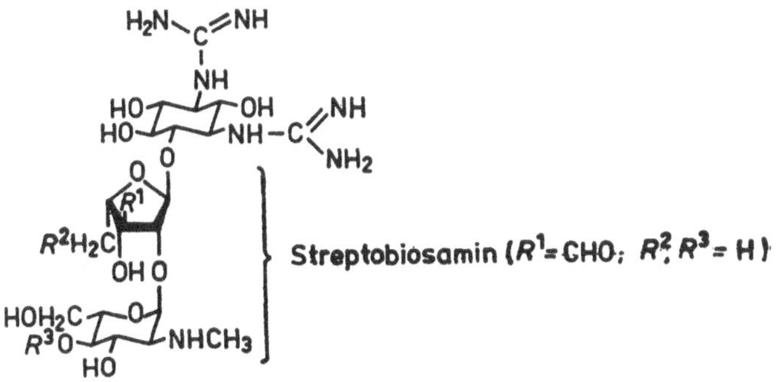

Streptomycin: R^1 = CHO; R^2, R^3 = H
Dihydrostreptomycin: R^1 = CH_2OH; R^2, R^3 = H
Hydroxystreptomycin: R^1 = CHO; R^2 = OH; R^3 = H
Streptomycin B: R^1 = CHO; R^2 = H; R^3 = Man

Streptomycin enthält als Monosaccharide den verzweigtkettigen Zucker L-Streptose sowie 2-Desoxy-2-methylamino-L-glucose. Das von beiden Zuckern gebildete Disaccharid wird als Streptobiosamin bezeichnet.

Streptomycin bildet zwei Formen von Salzen: eine amorphe α-Form sowie eine kristalline, aber schlecht in Wasser lösliche β-Form.

Ein partialsynthetisches Derivat ist das Dihydrostreptomycin, das durch katalytische Hydrierung der Aldehydgruppe der Streptose erhalten werden kann, aber auch aus Kulturlösungen von *Streptomyces humidus* isoliert wurde. Seine Anwendung kann zu irreversiblen Gehörschädigungen führen.

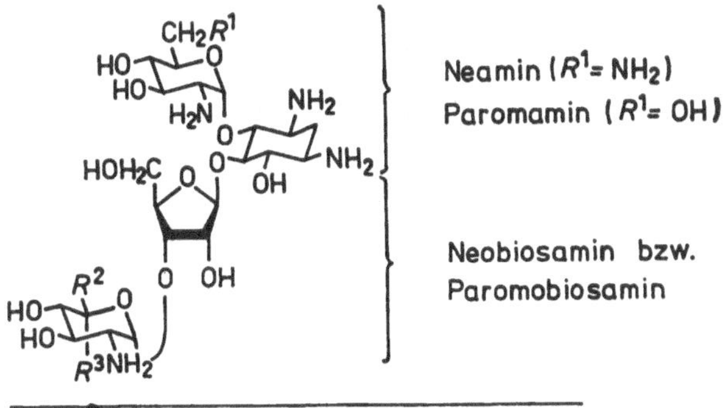

	R^1	R^2	R^3
Neomycin B	NH_2	H	CH_2NH_2
Neomycin C	NH_2	CH_2NH_2	H
Paromomycin I	OH	H	CH_2NH_2
Paromomycin II	OH	CH_2NH_2	H

11.3.2. Neomycin-Typ

Der Neomycin-Komplex wird von *Streptomyces fradiae*-Stämmen produziert. Hauptbestandteil ist das Neomycin B. Handelspräparate enthalten es meist im Gemisch mit Neomycin C. Neomycin A ist identisch mit Neamin, einem Abbauprodukt der Neomycine B und C (Formeln S. 585).

Die Antibiotica der Paromomycin-Gruppe werden von einigen *Streptomyces*-Stämmen gebildet. Wichtigster Vertreter ist das Paromomycin I. Das therapeutisch eingesetzte Paromomycin enthält meist noch geringe Mengen Paromomycin II.

11.3.3. Kanamycin-Typ

Hauptkomponente der von *Streptomyces kanamyceticus* produzierten Antibiotica ist das Kanamycin A. Daneben werden noch Kanamycin C und das toxischere Kanamycin B gebildet. Die Kanamycine werden oral kaum resorbiert. Sie werden bei Infektionen mit Salmonellen und Shigellen eingesetzt.

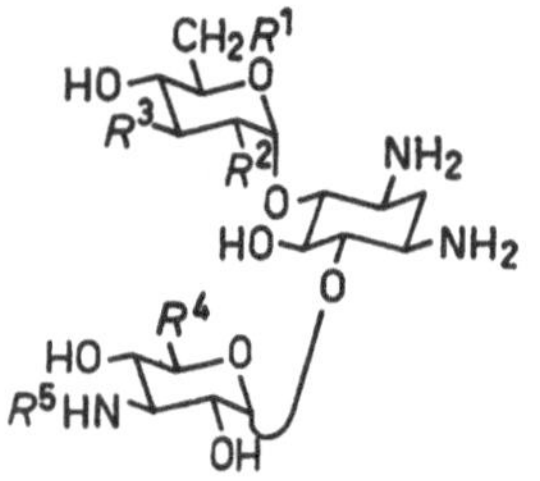

	R^1	R^2	R^3	R^4	R^5
Kanamycin A	NH_2	OH	OH	CH_2OH	H
Kanamycin B	NH_2	NH_2	OH	CH_2OH	H
Kanamycin C	OH	NH_2	OH	CH_2OH	H
Tobramycin	NH_2	NH_2	H	CH_2OH	H
Gentamycin	!OH	NH_2	OH	H	CH_3

Die *Gentamycine* werden von *Micromonospora purpurea* und *echinospora* produziert. Gentamycin besitzt wie auch Tobramycin und Sisomycin ein relativ breites Wirkungsspektrum. Gentamycin wirkt besonders gut gegen gram-negative Bakterien und ist recht thermostabil.

Im Unterschied zu den anderen Antibiotica des Kanamycin-Typs ist beim Gentamycin in Stellung 6 des 2-Desoxystreptamins ein Xylosederivat (Gentosamin) glykosidisch gebunden.

Tobramycin ist Bestandteil eines Antibiotica-Komplexes, der von *Streptomyces tenebrarius* gebildet wird. Es wirkt auch gegen *Pseudomonas aeruginosa* und *Proteus*-Arten.

Beim *Sisomycin* ist in Stellung 4 des 2-Desoxystreptamins ein ungesättigter Zucker glykosidisch gebunden.

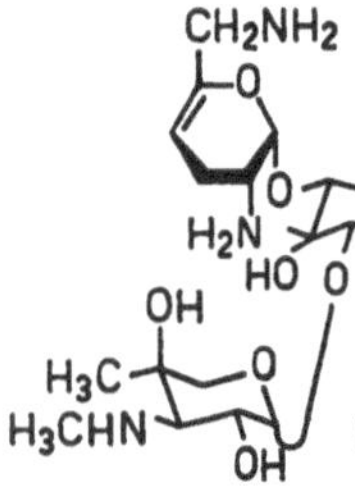

Sisomycin

Garosamin

11.3.4. Spectinomycin

Das Spectinomycin weicht in seiner Struktur, die vollständig erst durch Röntgenstrukturanalyse aufgeklärt werden konnte, wesentlich von den anderen Aminoglykosid-Antibiotica ab. Die Desoxyhexose Actinospectose ist über zwei kovalente Bindungen an ein Aminocyclitol (Actinamin) gebunden. Eine freie Carbonylgruppe ist nicht nachweisbar. Sie liegt hydratisiert vor.

Spectinomycin dient vor allem zur Behandlung der Gonorrhoe bei Penicillin-resistenten Fällen.

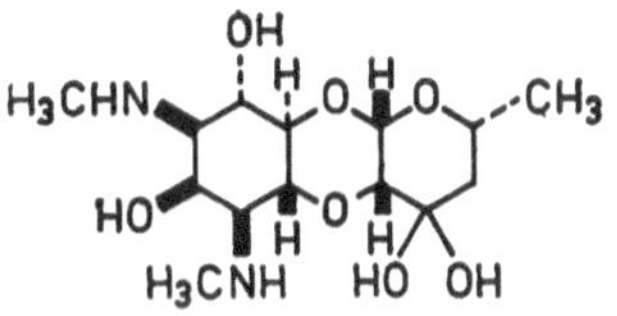

Spectinomycin

11.4. Nucleosid-Antibiotica

Bei den Nucleosid-Antibiotica bzw. den ihnen chemisch eng verwandten Nucleosiden ohne antibiotische Aktivität (z. B. Nebularin) kann sowohl die Struktur der Base als auch die des Zuckeranteils der Nucleoside der Nucleinsäuren modifiziert sein (Formelübersicht 11–3). Am weitesten verbreitet sind entsprechende Purinnucleosid-Derivate.

Extrem toxisch gegenüber Bakterien, tierischen Zellkulturen, Tumoren oder Viren sind Purinnucleoside mit strukturellen Veränderungen am C-3′. Das erste, 1951 isolierte Nucleosid dieser Gruppe ist das aus Kulturfiltraten von *Cordyceps militaris* und *Aspergillus nidulans* gewonnene *Cordycepin* (3′-Desoxy-adenosin). *3′-Amino-3′-desoxy-adenosin* und dessen N-Acylderivate werden von *Cordyceps militaris* (Lysylamino-, Homocitrullylamino-) bzw. *Helminthosporium* sp. (Acetylamino-) produziert.

Die interessanteste Verbindung ist das 1952 aus Kulturfiltraten von *Streptomyces alboniger* isolierte *Puromycin.*

Bei der Spaltung mit methanolischer HCl entsteht aus dem Puromycin 6-Dimethylaminopurin, die in Proteinen nicht vorkommende Aminosäure O-Methyl-L-tyrosin und 3-Amino-3-desoxyribose. Puromycin ist ein am Basen- und Zuckerrest modifiziertes Analogon der endständigen Nucleosideinheit der Aminoacyl-tRNS. Es reagiert anstelle der Aminoacyl-tRNS mit den Ribosomen und blockiert auf diese Weise die Proteinsynthese.

Das aus *Streptomyces hygroscopius* isolierte *Psicofuranin* ergibt bei der säurekatalysierten Hydrolyse Adenin und die Ketohexose Psicose.

Tubercidin (aus *Streptomyces tubercidicus*) gehört zur Gruppe der Pyrrolopyrimidin-Nucleoside, bei denen ein N-Atom des Imidazolringes des Purins durch CH ersetzt ist. Im Unterschied zu dem stark toxischen Nucleosid ist das Aglykon praktisch unwirksam.

Antibiotisch wirkende Pyrimidinnucleoside sind bisher nur in relativ geringer Anzahl aufgefunden worden. Die aus Extrakten des Schwammes *Cryptothetica crypta* isolierten Arabinoside *Spongouridin* (1-β-D-Arabinofuranosyluracil, Ara-Ura) und Spongothymidin (1-β-D-Arabinofuranosylthymin, Ara-Thy) unterscheiden sich nur durch die Konfiguration der Hydroxygruppe am C-2′ von den entsprechenden Nucleosiden der Nuclein-

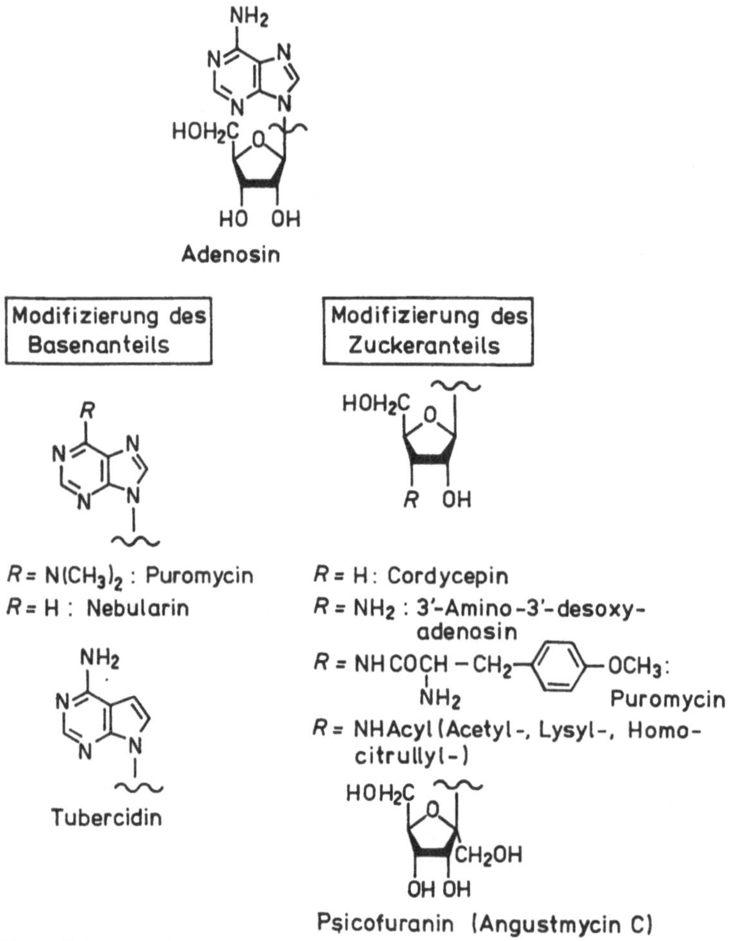

Formelübersicht 11–3

Modifizierung der Struktur der Purinnucleoside der Nucleinsäuren bei Nucleosid-Antibiotica.

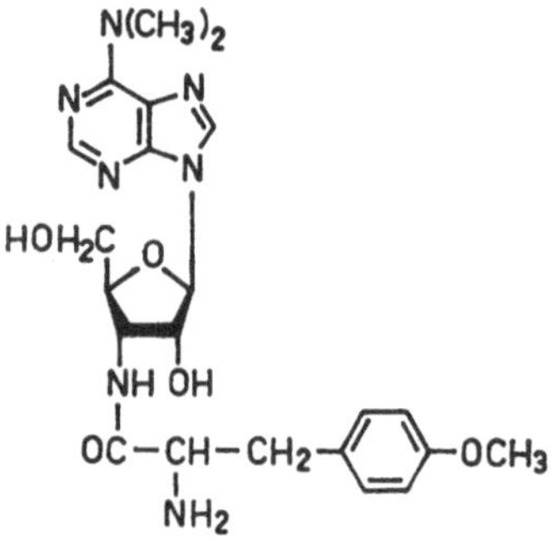

Puromycin

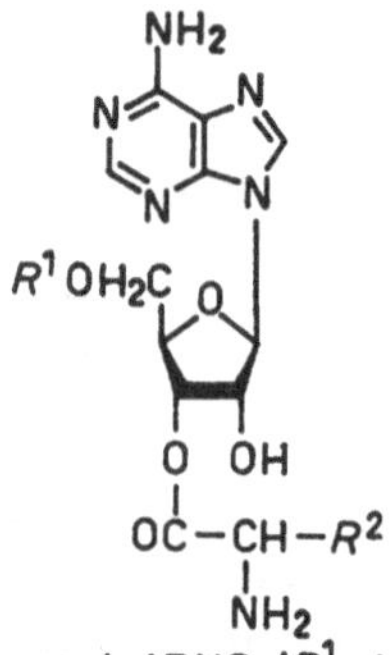

Aminoacyl-tRNS (R^1 = tRNS-Rest, R^2 = Aminosäurerest)

säuren. Die größte Bedeutung in der Reihe der Arabinoside hat jedoch das synthetisch erhaltene 1-β-D-Arabinofuranosylcytosin, Ara-Cyt, S. 285) erlangt.

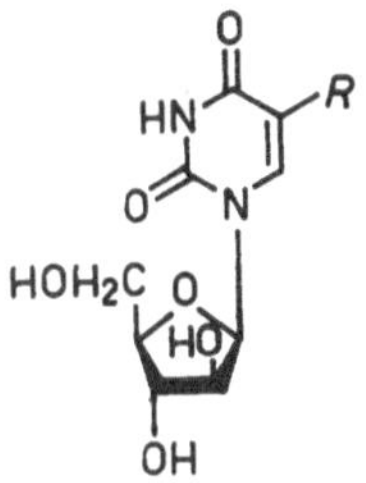

In der Struktur dem Uridin bzw. Pseudouridin verwandt ist das *Showdomycin*, das in Japan aus Kulturmedien von *Streptomyces showdoensis* isoliert wurde.

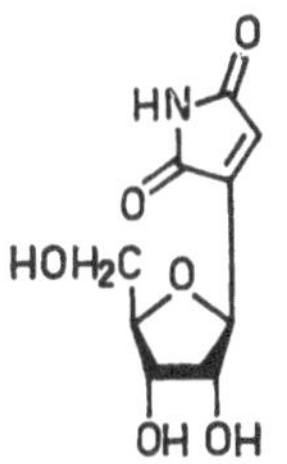

Showdomycin

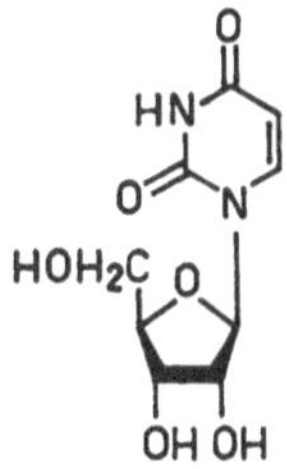

Uridin

R = H: Spongouridin
R = CH_3: Spongothymin

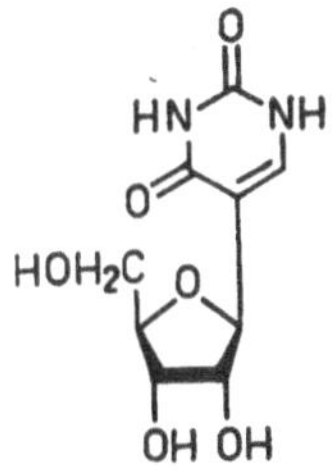

Pseudouridin

Showdomycin gehört zu den C-Glykosyl-Verbindungen (Kap. 3.1.3.8.). Die am C-3 des Maleinsäureimids gebundene Ribofuranose läßt sich durch Säurehydrolyse nicht entfernen. Die Abspaltung der Ribose gelingt aber wie beim Pseudouridin mit wäßrigem Hydrazin bei 100 °C.

11.5. Polyketid-Antibiotica

Die Grundkörper der Antibiotica dieser Gruppe werden durch cyclisierende Kondensation von β-Ketosäuren gebildet (vgl. Kap. 9.). Diese Art der Biosynthese bedingt die charakteristische Verteilung der Sauerstoffunktionen. Biogenetisch gehören zu den Polyketiden auch wesentliche Strukturkomponenten der Macrolid-Antibiotica und der Rifamycine.

11.5.1. Glutarimid-Antibiotica

Für die Biosynthese des *Cycloheximid* (Actidion), des wichtigsten Vertreters der Glutarimid-Antibiotica, wird der Weg über das hypothetische Polyketid *4* angenommen. Cycloheximid wurde aus Kulturlösungen eines Streptomycin-produzierenden Stammes von *Streptomyces griseus* gewonnen. Cycloheximid wirkt nicht gegen pathogene Bakterien, hemmt aber das Wachstum von Pilzen. Für eine therapeutische Anwendung ist es jedoch zu toxisch.

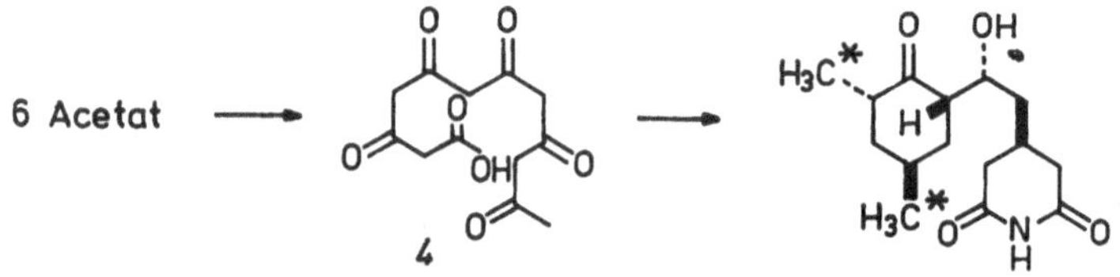

Cycloheximid
(* nachträglich methyliert)

11.5.2. Griseofulvin

Das Griseofulvin wurde bereits 1939 aus Kulturen von *Penicillium griseofulvum*, später auch aus denen anderer Pilze isoliert.

Der Grundkörper trägt den Trivialnamen Grisan. Es handelt sich um eine Spiro-Verbindung. Griseofulvin ist optisch aktiv und enthält ein kovalent gebundenes Chloratom. Bei Chloridmangel im Kulturmedium wird in geringer Menge auch Deschlorogriseofulvin, bei Zusatz von Bromid ein Bromanalogon gebildet. Die enolische Methoxygruppe kann leicht säure- oder basenkatalysiert abgespalten werden.

Griseofulvin ist eines der wenigen Antibiotica, die gegen Pilzinfektionen eingesetzt werden können.

Für die Biosynthese des Griseofulvins wird folgender Weg, ausgehend von 7 C_2-Einheiten angenommen:

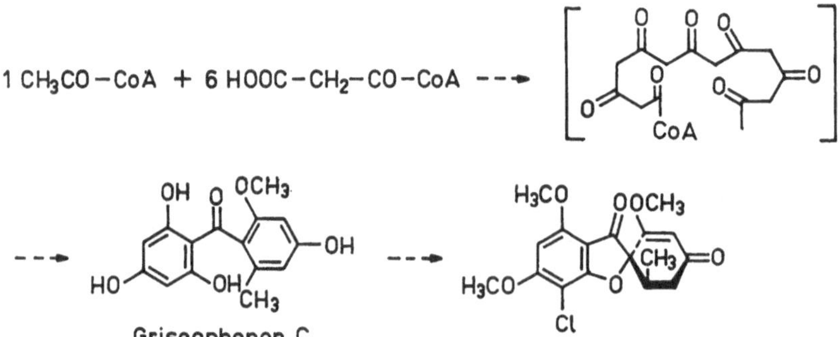

Griseophenon C

Griseofulvin

11.5.3. Tetracycline

Die Tetracycline leiten sich von einem linear annelierten tetracyclischen Ringsystem ab. Als erster Vertreter dieser Gruppe wurde 1948 aus dem Kulturfiltrat von *Streptomyces aureofaciens* das Chlortetracyclin isoliert (Duggar). 1950 wurde mit Hilfe von *Strepto-*

myces rimosus Oxytetracyclin gewonnen. Tetracyclin wurde zuerst durch hydrogenolytische Abspaltung des Chloratoms von Chlortetracyclin, später auch aus Kulturfiltraten gewonnen. Eine Mutante von *Streptomyces aureofaciens* bildet das 6-Desmethylchlortetracyclin.

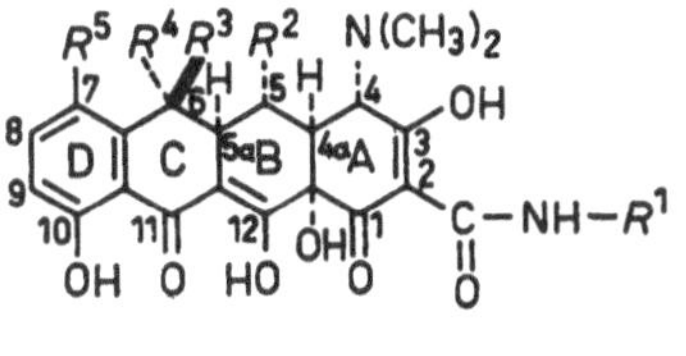

Namen	Synonyma®	R^1	R^2	R^3	R^4	R^5
Tetracyclin	Achromycin	H	H	OH	CH_3	H
Chlortetracyclin	Aureomycin	H	H	OH	CH_3	Cl
Oxytetracyclin	Terramycin	H	OH	OH	CH_3	H
Demeclocyclin	Desmethylchlor-tetracyclin Ledermycin	H	H	OH	H	Cl
Rolitetracyclin		CH_2-pyrrolidino	H	OH	CH_3	H
Metacyclin	Rondomycin	H	OH	$-CH_2-$	–	H
Doxycyclin	Vibramycin	H	OH	H	CH_3	H

Die Tetracycline werden biosynthetisch aus 10 C_2-Einheiten aufgebaut:

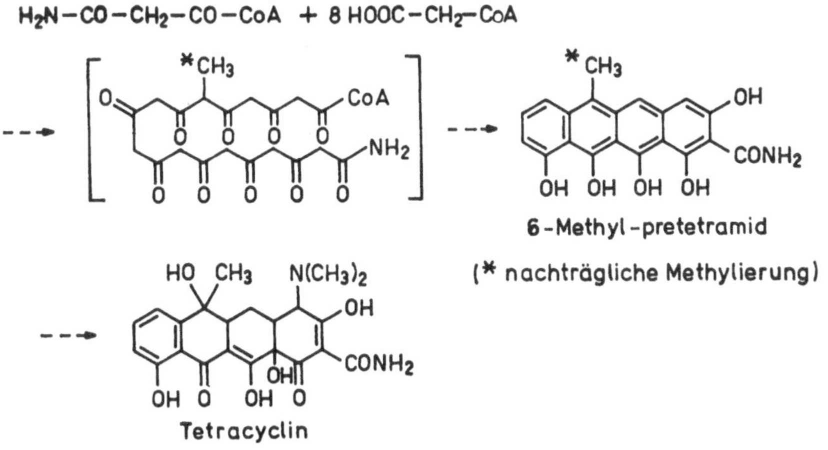

Die Tetracycline sind durch die Anwesenheit der Dimethylaminogruppe und der sauren Enolgruppierungen amphoter. Der isoelektrische Punkt liegt bei 4,8. Die Tetracycline sind nicht sehr stabil. Bei pH-Werten unter 2 werden unter Aromatisierung des Ringes C Anhydro-Tetracycline gebildet, die toxischer als die Ausgangsverbindungen sind. Im Alkalischen entstehen unter Öffnung des Ringes C die in vivo wirkungslosen Iso-Tetracycline. Besonders leicht isomerisiert Chlortetracyclin. Wesentlich stabiler ist die entsprechende Verbindung ohne Methylgruppe am C-6 (Demeclocyclin). Ebenfalls zu wirkungslosen Derivaten führt die Epimerisierung am C-4.

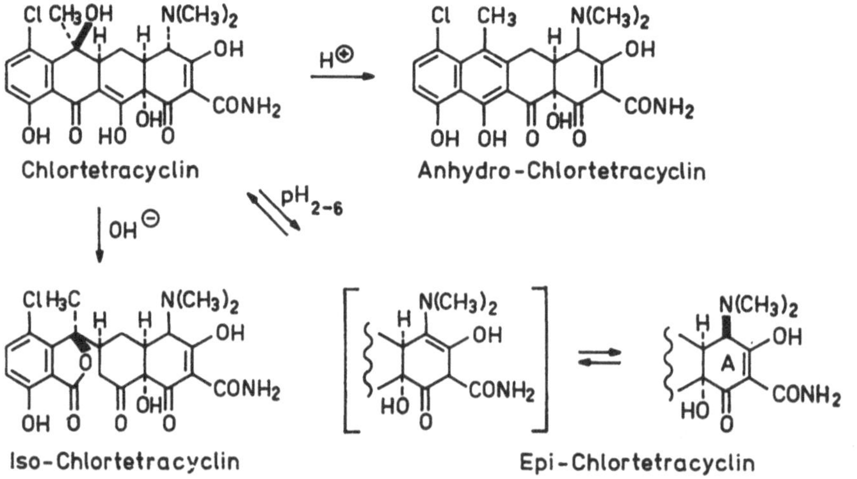

Die Tetracycline sind gelb gefärbt. Der eine Chromophor (Ringe *BCD*) absorbiert bei 225, 285 und 360 nm, der andere (Ring *A*) bei 262 nm. Mit verschiedenen Kationen (Be^{2+}, Ca^{2+}, Mg^{2+}) entstehen stark fluoreszierende Komplexe.

Die Tetracycline haben ein breites Wirkungsspektrum. Sie sind wirksam gegen gram-positive und gram-negative Bakterien, Kokken, Spirochäten, Rickettsien, große Viren und Mykoplasmen, sind aber wenig wirksam gegen Pseudomonaden, Proteus und Salmonellen.

Die Wirkung kommt durch eine Hemmung der Bindung der Aminoacyl-tRNS an die spezifischen Rezeptorstellen der Ribosomen zustande.

Die Tetracycline erlauben nur relativ geringe Variationen ihrer Struktur, ohne daß ein Verlust der Wirkung eintritt. Die erste partialsynthetische Abwandlung, die zu therapeutisch einsetzbaren Derivaten führte, war die Aminomethylierung (MANNICH-Reaktion) der Amidgruppierung am C-2. Die Umsetzung mit Formaldehyd und Pyrrolidin ergibt Rolitetracyclin.

Diese Tetracyclin-MANNICH-Basen sind im Unterschied zu den Ausgangsverbindungen im physiologischen Bereich wasserlöslich. Sie hydrolysieren langsam.

Erfolgreich waren ferner partialsynthetische Abwandlungen am C-6 (Metacyclin, Doxycyclin). Die Entfernung der Hydroxygruppe führt zu lipophileren, säurestabileren Derivaten.

Mit der Totalsynthese der Tetracycline beschäftigten sich vor allem die Arbeitsgruppen um SHEMYAKIN, WOODWARD und MUXFELDT. Die WOODWARD-Synthese beginnt mit dem aromatischen Ring *D* und fügt die anderen Ringe schrittweise an. Bei der Totalsynthese nach MUXFELDT wird zunächst ausgehend von 4-Chlor-2-methylphenol die DC-Komponente *5* aufgebaut, die dann mit dem Azlacton *6* umgesetzt wird. In einem stereounspezifischen Schritt wird dann dieses Produkt mit Glutaramat (*7*) zum tetracyclischen Ringsystem *8* umgesetzt.

11.5.4. Antibiotica der Anthracyclin-Gruppe

Chemisch eng verwandt mit den Tetracyclinen sind die Antibiotica der Anthracyclin-Gruppe.

Bereits seit den fünfziger Jahren werden aus *Streptomyces*-Arten verschiedene gelb-

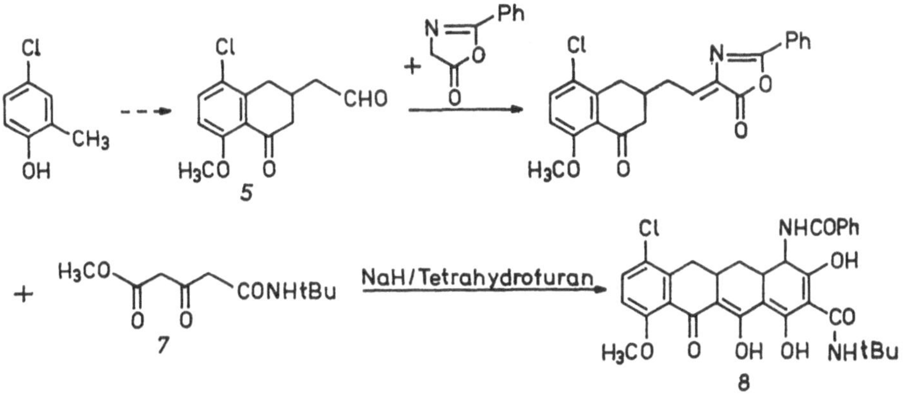

rote bis rote, optisch-aktive Anthrachinonfarbstoffe isoliert, die als Anthracyclinone (Brockmann) bezeichnet wurden. Dazu gehören die Rhodomycinone, Isorhodomycinone und Pyrromycinone. Sie unterscheiden sich durch die Substituenten in 7- und 10-Stellung (z. B. OH oder $COOCH_3$). Die wasserunlöslichen Anthracyclinone liegen nativ als wasserlösliche, basische Aminoglykoside vor (Anthracycline). Diese Anthracycline wirken antibiotisch, sind aber für eine klinische Anwendung zu toxisch. 1962 wurde aus Stämmen von *Streptomyces coeruleorubidus* und *Streptomyces peucetius* das *Daunomycin* und später aus einem *Streptomyces peucetius*-Stamm, der mit dem mutagenen Reagens N-Nitroso-N-methylurethan behandelt wurde, das *Adriamycin* (Doxorubicin, Adriablastin) isoliert. Beide Anthracycline haben wegen ihrer antineoplastischen Aktivität Bedeutung bei der Behandlung der akuten Leukämie erlangt.

Die antibiotische Aktivität dieser Antibiotica kommt durch Wechselwirkung mit der DNS zustande. Die Anthracycline wirken als Einschubreagentien, was u. a. durch die starke Erhöhung der Phasenübergangstemperatur der DNS nach Einbau dieser Verbindungen nachweisbar ist.

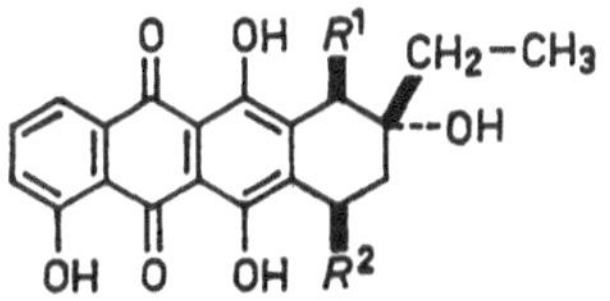

Anthracyclinone

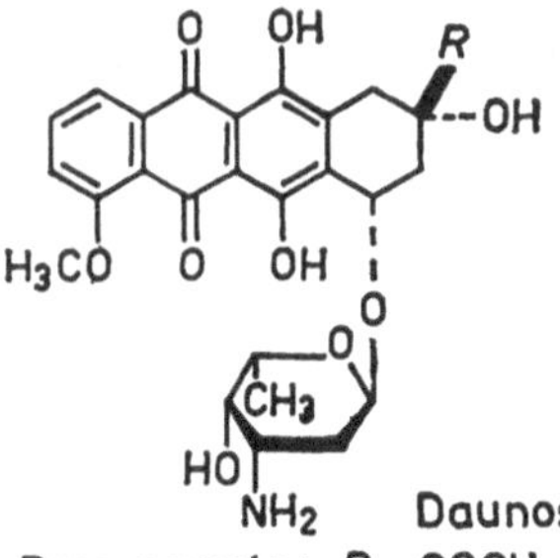

Daunosamin

Daunomycin: *R* = $COCH_3$

Adriamycin: *R* = $COCH_2OH$

11.5.5. *Cytochalasane*

Die Cytochalasane wurden zunächst aus dem Schimmelpilz *Helminthosporium dematioideum* (Cytochalasin A und B), später auch aus anderen Schimmelpilzen isoliert (Cytochalasine A–F).

Die Cytochalasane sind wegen ihrer biologischen Wirkung sehr interessant. Sie hemmen die der Mitose des Zellkerns normalerweise folgende Spaltung des Cytoplasmas (Cytokinase) bei Säugetierzellkulturen und können zu einem Austritt des Kerns aus der Zelle (Denucleation) führen. Im Unterschied zum Colchicin (S. 531) wird die Mitose nicht gestört.

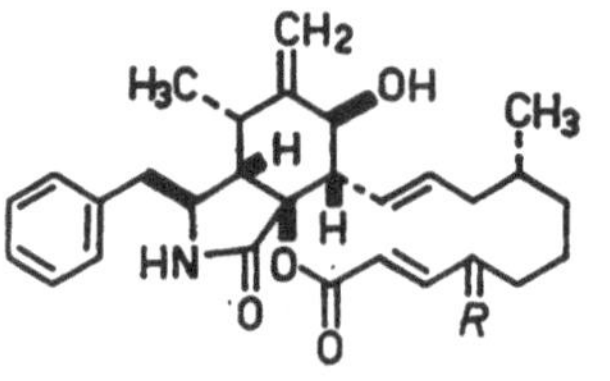

R = O: Cytochalasin A (= Dehydrophomin)
R = H, OH: Cytochalasin B (= Phomin)

Die Biosynthese der Cytochalasine A und B geht höchstwahrscheinlich aus von Phenylalanin und einem Nonaketid, das aus Acetat- oder Malonat-Einheiten gebildet wird (TAMM). Die Methylgruppen stammen vom Methionin. Andere Cytochalasane (Cytochalasin C, D und E, Zygosporine) werden wahrscheinlich aus einem Oktaketid gebildet.

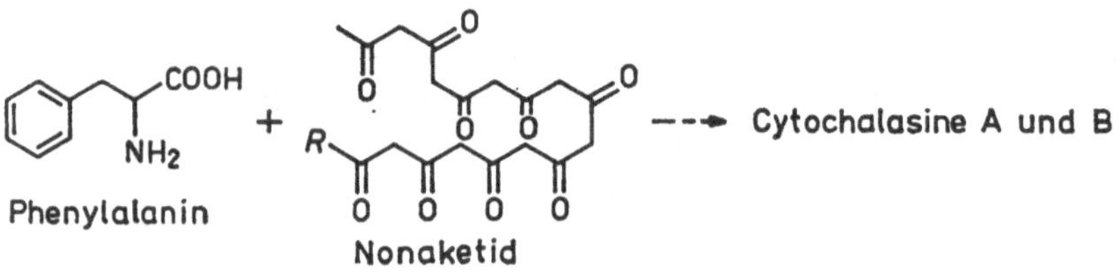

11.6. Macrolid-Antibiotica

Das gemeinsame Strukturmerkmal der fast ausschließlich von Actinomyceten gebildeten Macrolid-Antibiotica ist ein macrocyclischer Lactonring. Der Lactonring wird aus einer verzweigten Polyhydroxyfettsäure gebildet, die aus Acetyl-CoA bzw. Propionyl-CoA entsteht. Die meisten Macrolid-Antibiotica reagieren durch die Anwesenheit glykosidisch gebundener Aminozucker basisch.

Die Größe des Lactonringes ist unterschiedlich. Die Vertreter der Erythromycin-Gruppe gehören zusammen mit denen der Carbomycin-Gruppe zu den sog. kleinen Macroliden (12- bzw. 16gliedriger Lactonring). Der Lactonring der Polyen-Antibiotica (große Macrolide) ist wesentlich größer (Nystatin, Amphotericin: 38gliedrig). Die kleinen Macrolide werden vorwiegend gegen Bakterien, insbesondere gram-positive Bakterien und Neisserien wirksam; die großen Macrolide dagegen vorwiegend gegen Pilze.

11.6.1. Erythromycin-Gruppe

Zur Erythromycin-Gruppe gehören außer dem aus *Streptomyces erythreus* schon 1952 isolierten Erythromycin (Erythromycin A) noch weitere aus *Streptomyces*-Arten isolierte Antibiotica (Oleandomycin und Pikromycin).

Die Strukturaufklärung war erst nach einer Hydrierung der Keto-Gruppe in 9-Stellung des Lactonringes möglich, da sich sonst das Aglykon bereits unter den Bedingungen der Glykosidspaltung zersetzte. Die vollständige Konfigurationsaufklärung erfolgte durch eine Röntgenstrukturanalyse.

Das Aglykon wird aus 7 Propionsäureresten gebildet. Daran sind O-glykosidisch sauerstoffarme Zucker gebunden. Die Erythromycine enthalten Cladinose und den Aminozucker Desosamin, beim Oleandomycin tritt an die Stelle der Cladinose die L-Oleandrose. Oleandomycin besitzt sonst die gleichen Chiralitätszentren wie Erythromycin. Es zeichnet sich durch einen Epoxidring aus.

Die Antibiotica der Erythromycin-Gruppe greifen in die Proteinsynthese ein. Sie verhindern die Translokation am 70 S-Ribosom.

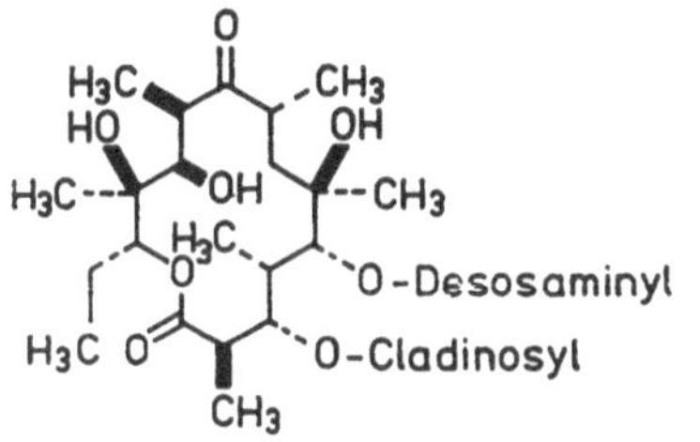

Erythromycin A

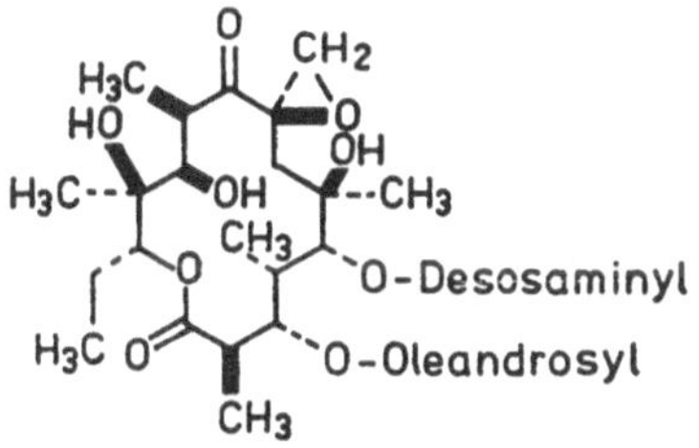

Oleandomycin

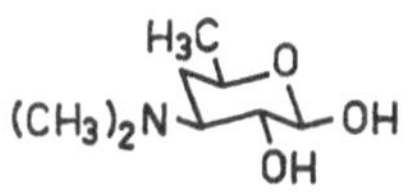

D-Desosamin

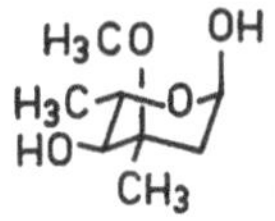

L-Cladinose

11.6.2. Carbomycin-Gruppe

Zur Carbomycin-Gruppe gehören u. a. die Carbomycine A und B (auch Magnamycine A und B), Spiramycine und Leucomycine.

Die Carbomycine werden von *Streptomyces halstedii* gebildet.

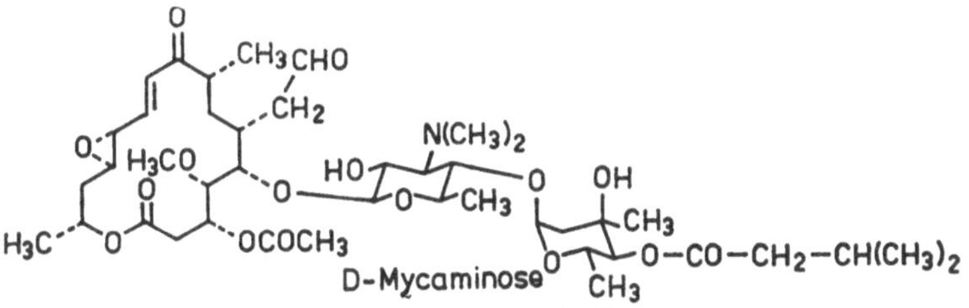

Carbomycin A

11.6.3. Polyen-Antibiotica

Die Polyen-Antibiotica kommen meist als Gemische strukturell eng verwandter Verbindungen vor, die nur sehr schwer zu trennen sind und oft nur amorph anfallen. Dazu kommt, daß diese Antibiotica in organischen Lösungsmitteln sehr schwer löslich sind. Die Strukturaufklärung hat in dieser Substanzklasse daher viele Schwierigkeiten bereitet. So konnte die Struktur des Nystatins erst 20 Jahre nach der ersten Beschreibung der Substanz endgültig aufgeklärt werden.

Der macrocyclische Lactonring wird bei den Polyen-Antibiotica durch eine vielfach ungesättigte Polyhydroxyfettsäure gebildet. Die Verbindungen besitzen ein charakteristisches *UV*-Spektrum mit drei intensiven, langwelligen Absorptionsbanden.

Nach der Anzahl der in Konjugation vorliegenden trans-ständigen Doppelbindungen können sie in Tetraene (Nystatin), Pentaene (Filipin), Hexaene und Heptaene (Amphotericin B) eingeteilt werden. Einige Polyen-Antibiotica besitzen außer dieser Polyen-Gruppe noch weitere Chromophore. Im Unterschied zu den Macroliden der anderen Gruppen kann bei den Polyen-Antibiotica eine apolare (planare Polyengruppierung) und eine polare Region unterschieden werden. Nystatin (Fungicidin) und Amphotericin B sind chemisch eng verwandt. Beim Nystatin ist die Konjugation der Doppelbindungen an einer Stelle unterbrochen, so daß es nur das Absorptionsspektrum eines Tetraens zeigt. Die Ketogruppe liegt wahrscheinlich bei beiden Antibiotica in der Hemiketal-Form (s. Amphotericin B) vor. Die genaue Konfiguration ist beim Amphotericin durch Röntgenstrukturanalyse ermittelt worden.

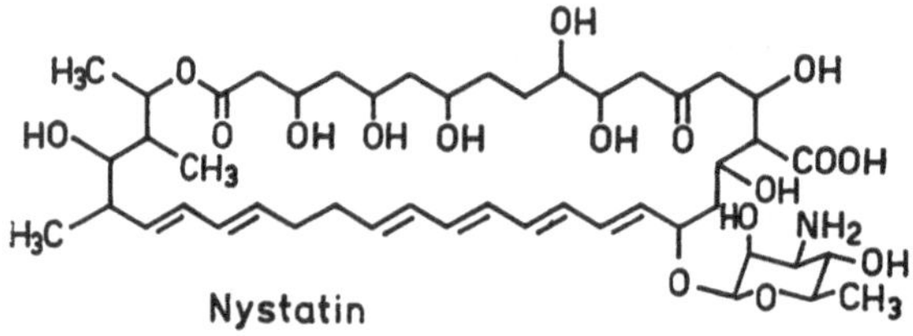

Nystatin

Mycosamin

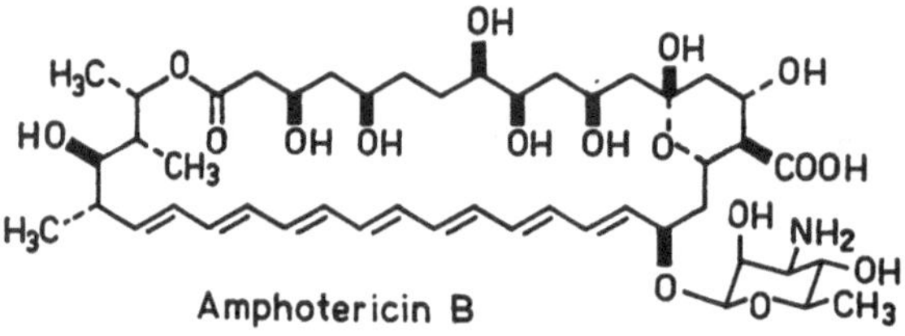

Amphotericin B

Mycosamin

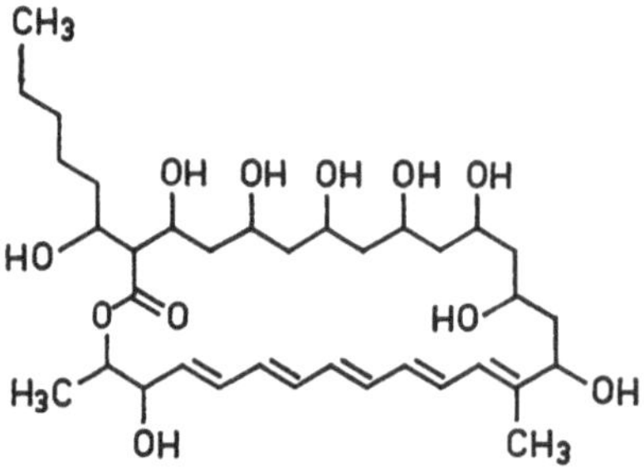

Filipin (Filipin III)

Die Polyen-Antibiotica sind wirksam gegen Pilze und Hefen. Die Verbindungen sind jedoch stark toxisch, so daß sie am Menschen nur lokal angewandt werden. Der Wirkungsort ist die cytoplasmatische Membran. Durch Komplexbildung mit dem Cholesterol der Membran kommt es zu einer Desintegration der Membran.

11.6.4. Chlorothricin

Chlorothricin wird neben der chlorfreien Verbindung (Deschlorothricin) aus Kulturlösungen von *Streptomyces antibioticus* gewonnen. Beim Wachstum in bromidhaltiger Nährlösung entsteht das entsprechende Bromderivat (Bromothricin).

Chlorothricin unterscheidet sich in seiner Struktur, die erst durch eine Röntgenstrukturanalyse aufgeklärt werden konnte, völlig von anderen Macrolid-Antibiotica. Es ist wirksam gegen gram-positive Bakterien. Die Wirkung soll durch eine Bindung an Lipoproteine zustande kommen.

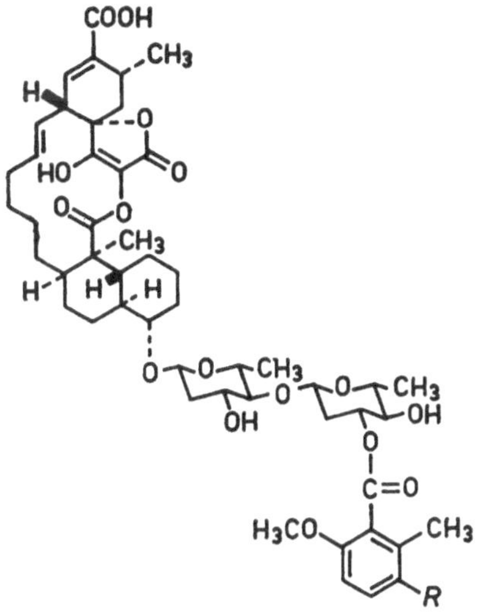

Chlorothricin: R = Cl
Deschlorothricin: R = H
Bromothricin: R = Br

11.7. Rifamycine

Die Rifamycine werden von *Nocardia*-Arten produziert. Meist werden mindestens fünf Verbindungen, die Rifamycine A, B, C, D und E gebildet, von denen nur B kristallin erhalten wurde. Bei den Rifamycinen handelt es sich um stark substituierte Naphthochinon- oder -hydrochinon-Derivate, die durch eine langkettige, verzweigte Hydroxyfettsäure zu Ansa-Verbindungen cyclisiert wurden. Zusammen mit anderen Verbindungen werden die Rifamycine daher auch zu einer Gruppe der *Ansamycin-Antibiotica* zusammengefaßt. Die Biosynthese erfolgt ausgehend von Acetyl- bzw. Propionyl-CoA.

Das native Rifamycin B bildet in Gegenwart von Sauerstoff in wäßriger Lösung spontan Verbindungen mit größerer antibiotischer Aktivität, die Rifamycine O und S. Klinisch werden partialsynthetische Derivate wie das durch milde Reduktion des Rifamycin S erhältliche Rifamycin SV, das Rifamycin B-diethylamid (Rifamid) sowie das oral wirksame Rifapicin angewandt.

Die Rifamycine wirken gegen gram-positive Bakterien und besonders gegen Mykobakterien (z. B. *Mycobacterium tuberculosis*). Ihr Angriffspunkt ist die RNS-Polymerase. Sie hemmen die

DNS-gesteuerte RNS-Synthese der Bakterien. Ähnlich gebaut wie die Rifamycine sind die *Streptovaricine*.

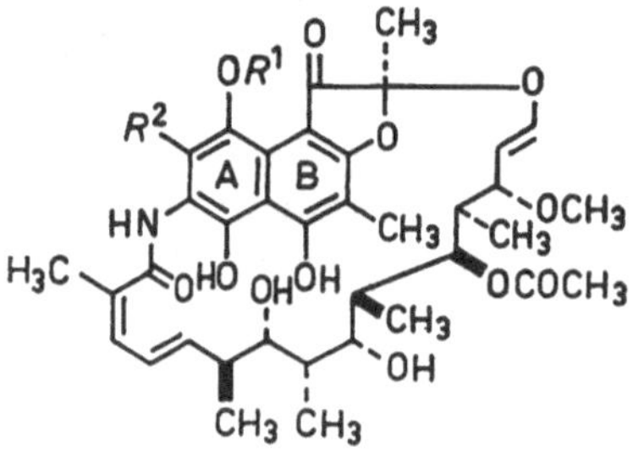

Rifamycin B: $R^1 = CH_2{-}COOH$; $R^2 = H$
Rifamycin SV: $R^1 = H$; $R^2 = H$
Rifamid: $R^1 = CH_2{-}CO{-}N(C_2H_5)_2$; $R^2 = H$

Rifampicin: $R^1 = H$; $R^2 = H_3C{-}N\langle\rangle N{-}N{=}CH_2$.

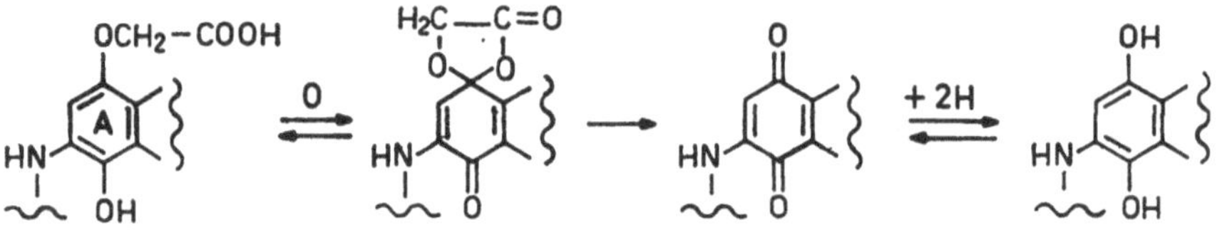

Rifamycin B Rifamycin D Rifamycin S Rifamycin SV

11.8. Chloramphenicol

Die erfolgreiche Isolierung und Testung des Penicillins und Streptomycins waren der Anlaß für die systematische Suche nach Antibiotica-produzierenden Mikroorganismen. Im Rahmen eines derartigen Forschungsprogramms wurde 1949 aus Kulturen von *Streptomyces venezuelae* das Chloramphenicol (Chloromycetin, Levomycetin) isoliert. Chloramphenicol war das erste Breitbandantibioticum.

Chloramphenicol ist D(—)-threo-2-Dichloracetamido-1-(4-nitrophenyl)propan-1,3-diol. Ungewöhnlich für eine biogene Verbindung sind die Nitrogruppe und der Dichloracetylrest. Chloramphenicol besitzt zwei Chiralitätszentren. Wirksam ist nur das D(—)-threo-Derivat. Die L(+)-Form ist jedoch toxischer als die D(—)-Form. Der Dichloracetylrest kann ohne wesentliche Veränderung der biologischen Aktivität durch den Dibromacetyl-, Trichloracetyl- oder Tribromacetylrest ersetzt werden. Lokal am Auge wird das Azidoacetylderivat eingesetzt (Azidamphenicol).

Chloramphenicol schmeckt sehr stark bitter. Durch Veresterung mit Fettsäuren erhält man schwerlösliche, geschmacklose Chloramphenicolderivate (z. B. Chloramphenicolpalmitat), die oral applizierbar sind. Parenteral wird das Mononatriumsalz des Chloramphenicolhemisuccinats eingesetzt.

Chloramphenicol ist sehr stabil und praktisch unbegrenzt haltbar. Als Nitrobenzenderivat besitzt es ein Absorptionsmaximum bei 278 nm. Aufgrund seiner relativ einfachen Struktur wird Chloramphenicol heute ausschließlich synthetisch gewonnen.

Eine wichtige Chloramphenicol-Synthese geht von p-Nitroacetophenon aus. Ein wesentlicher Schritt ist die Racematspaltung, die z. B. mit D-Camphersulfonsäure durchgeführt werden kann.

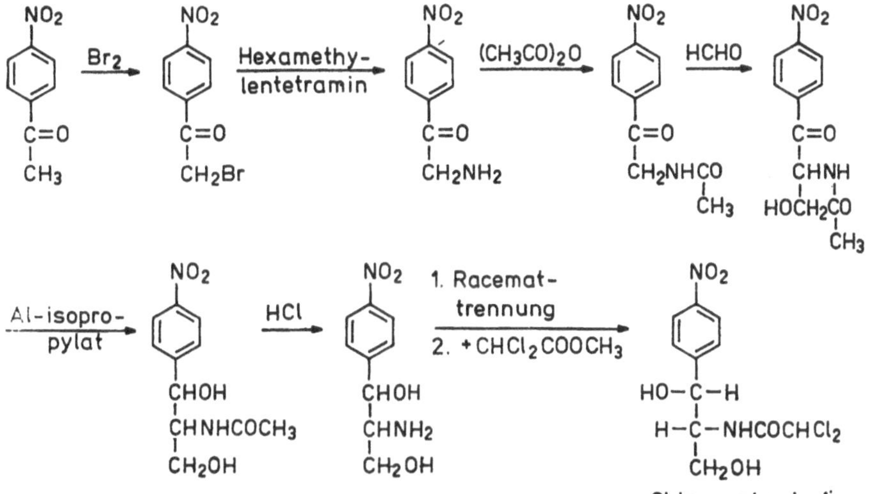

Chloramphenicol

Die Ausbildung der Resistenz ist auf die Chloramphenicol-Acetyl-Transferase zurückzuführen, durch die das inaktive 3-Acetyl- und 1,3-Diacetylderivat gebildet werden.

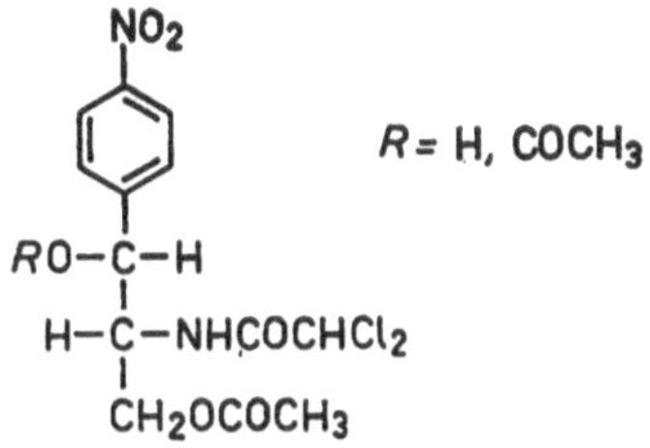

R = H, $COCH_3$

11.9. Mitomycin-Gruppe

Die Mitomycine werden ebenfalls wie die ihnen nahe verwandten *Porphyromycine* von *Streptomyces*-Arten produziert.

Es handelt sich bei den Antibiotica der Mitomycin-Gruppe um recht ungewöhnlich gebaute Indolderivate, für deren stark cytotoxische Wirkung der Aziridinring verantwortlich ist.

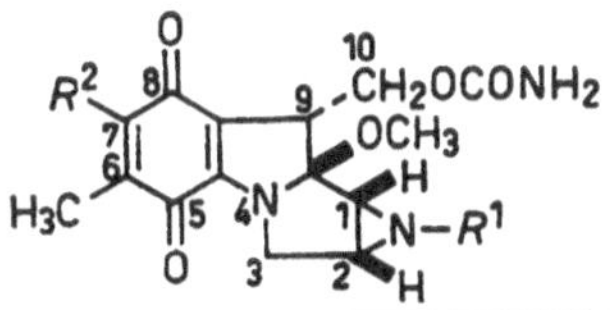

	R^1	R^2
Mitomycin C	H	NH_2
Porphyromycin	CH_3	NH_2
7-Hydroxyporphyromycin	CH_3	OH

Die Antibiotica der Mitomycin-Gruppe wirken nach enzymatischer oder chemischer Reduktion zu Hydrochinon-Derivaten alkylierend auf die DNS ein. Der protonierte Aziridinring kann durch nucleophile Gruppen ($X^{\ominus}$, z. B. der DNS) geöffnet werden. Durch Abspaltung des Carbamatrestes bildet sich ein mesomer stabilisiertes Kation, das wiederum mit nucleophilen Gruppen reagieren kann. Das wird als wahrscheinlicher Reaktionsmechanismus für eine Quervernetzung der DNS angesehen.

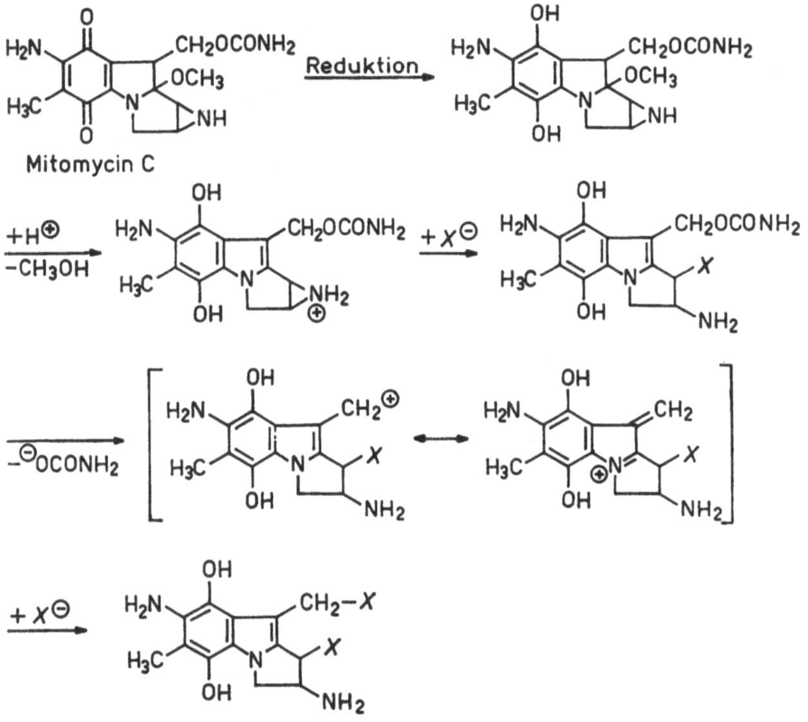

11.10. Fosfomycin

Fosfomycin ist ein Breitbandantibioticum, das aus Kulturen von *Streptomyces fradiae, viridochromogenes* und *wedmorensis* isoliert wurde, aber auch totalsynthetisch zugänglich ist. Es handelt sich chemisch um eine Propylenoxid-phosphonsäure. Fosfomycin verhindert die Biosynthese der bakteriellen Zellwand durch Inhibierung der Pyruvat-Uridindiphospho-N-acetyl-glucosamin-Transferase.

Es tritt keine Kreuzresistenz zu den üblichen Antibiotica auf.

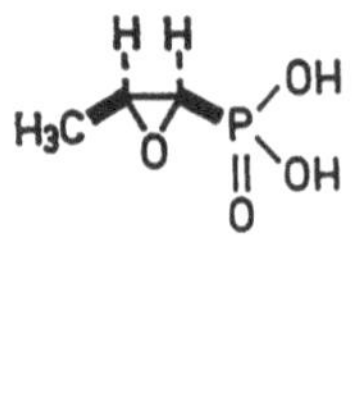

Literatur

[P] = Periodika

Kapitelüberschreitende Darstellungen

Fortschritte in der Chemie organischer Naturstoffe (Progress in the Chemistry of Organic Natural Products). Wien: Springer-Verlag. [P]

Annual Review of Biochemistry. Palo Alto: Annual Reviews Inc. [P]

Progress in Phytochemistry. London: Wiley. [P]

Recent Advances in Phytochemistry. New York: Plenum Press. [P]

Progress in Bioorganic Chemistry. Chichester: Wiley. [P]

FLORKIN, M. u. E. H. STOTZ (Hrsg.): *Comprehensive Biochemistry,* Section II, Vol. 5–11: *Chemistry of Biological Compounds.* Amsterdam: Elsevier 1967ff.

KOČETKOV, N. K., I. V. TORGOV u. M. M. BOTVINIK: *Chimija prirodnych soedinenij.* Moskau: Izd. Akademii nauk SSSR 1961 (Kohlenhydrate, Nucleotide, Steroide, Proteine)

PREOBRAŽENSKIJ, N. A. u. R. P. EVSTIGNEEVA: *Chimija biologičeski aktivnych prirodnych* soedinenji. Moskau: Izd. Chimija. 1970 (Proteine, Fermente, Coenzyme, Nucleinsäuren), 1976 (Kohlenhydrat-Protein-Komplexe, Chromoproteine, Lipide und Lipoproteine).

FLORKIN, M. u. H. S. MASON: *Comparative Biochemistry,* Vol. III: *Constituents of Life,* Part A + B. New York: Academic Press 1962

DEVON, T. K. u. A. I. SCOTT (Hrsg.): *Handbook of Naturally Occuring Compounds.* London: Academic Press 1972ff.

BOGNÁR, R., V. BRUCKNER u. C. SZÁNTAY (Hrsg.): *Recent Development in the Chemistry of Natural Carbon Compounds.* Budapest: Akadémiai Kiadó 1965ff.

NAKANISHI, K., T. GOTO, S. HÔ, S. NATORI u. S. NOZOE: *Natural Products Chemistry.* Vol. 1 und 2. Tokio: Kodanska und New York: Academic Press 1974, 1975

KORTE, F. u. M. GOTO (Hrsg.): *Natural Compounds.* Stuttgart: Thieme.
Nucleic Acids, Proteins and *Carbohydrates* 1976
Antibiotics, Vitamines and *Hormones* 1977
Steroids, Terpenes and *Alkaloids,* 1978

FISCHER, F.: Chemische Nutzung biologisch erzeugter Rohstoffe. Z. Chem. **19** (1979), 332–343

EBERT, G.: *Biopolymere.* Darmstadt: Steinkopf 1980

Literatur zum Kapitel „Einleitung"

LUCKNER, M.: *Der Sekundärstoffwechsel in Pflanze und Tier.* Jena: Fischer 1969

SCHILDKNECHT, H.: Chemische Ökologie – ein Kapitel moderner Naturstoffchemie. Angew. Chem. **88** (1976), 235–243

SONDHEIMER, E. u. J. B. SIMEONE: *Chemical Ecology.* New York: Academic Press 1970
PREMUZIC, E.: Chemistry of Natural Products Derived from Marine Sources. Fortschr. Chem. org. Naturstoffe [Wien] **29** (1971), 417—488
FAULKNER, D. J. u. W. H. FENICAL (Hrsg.): *Marine Natural Products Chemistry.* New York: Plenum Press 1977
HEGNAUER, R.: *Chemotaxonomie der Pflanzen.* Basel: Birkhäuser-Verlag 1962ff.
HEGNAUER, R.: Pflanzenstoffe und Pflanzensystematik. Naturwissenschaften **58** (1971), 585—598
METZNER, H.: *Biochemie der Pflanzen.* Stuttgart: Enke-Verlag 1973
KARRER, W., E. CHERBULIEZ u. C. H. EUGSTER: *Konstitution und Vorkommen der organischen Pflanzenstoffe (exklusive Alkaloide).* Basel: Birkhäuser-Verlag. Erg. Bd. 1, 1977
CZYGAN, E. C.: *Farbstoffe in Pflanzen.* Stuttgart: Springer 1975
FLORKIN, M. u. B. T. SCHEER (Hrsg.): *Chemical Zoology.* New York: Academic Press 1967ff.
HABERMEHL, G.: *Chemie und Biochemie von Amphibiengiften.* Naturwissenschaften **56** (1969), 615—622
BROWN, K. S.: *Chemistry of aphids and scale insects.* Chem. Soc. Reviews **4** (1975), 263—288
UPITIS, A.: *Biosintez i vydelenic mikrobnych metabolitov.* Riga: 1975
MILLER, M. W.: *The Pfizer Handbook of Microbial Metabolites.* New York: McGraw-Hill 1961
HUNECK, S.: Chemie und Biosynthese der Flechtenstoffe. Fortschr. Chem. org. Naturstoffe [Wien] **29** (1971), 209—306
TURNER, W. B.: *Fungal Metabolites.* London: Academic Press 1971
CIEGLER, A.: Mycotoxins. Occurence, Chemistry, Biological Activity. Lloydia **38** (1975), 21—35
ROSE, A. H.: *Chemical Microbiology.* London: Butterworth 1974
FEOFILOVA, E. P.: *Pigmenty mikroorganizmov.* Moskau: Nauka 1974
MEEK, E. S.: *Antitumour and Antiviral Substances of Natural Origin.* Berlin: Springer 1970
STRAUCH, R. u. K. HILLER: Cancerostatisch wirkende Naturstoffe. Pharmazie **29** (1974), 656 bis 670
WALL, M. E. u. M. C. WANI: Antineoplastic Agents from Plants. Annu. Rev. Pharmacol. Toxicol. **17** (1977), 117—132
GORYUNOVA, S. V. u. N. S. DEMINA: *Vodorosli, producenty toksičeskich veščestvo.* Moskau: Nauka 1974
BETTINI, S. (Hrsg.): *Arthropod Venoms.* Berlin: Springer 1978
ONSAKA, A., K. HAGASHI und Y. SAWAI (Hrsg.): *Animal, Plant and Microbial Toxins.* Vol. 1: *Biochemistry*; Vol. 2: *Chemistry, Pharmacology* and *Immunology.* New York: Plenum Press 1976
FLORKIN, M. u. E. H. STOTZ (Hrsg.): *Comprehensive Biochemistry,* Vol. 4: *Separation Methods.* Amsterdam: Elsevier 1962
Methodicum Chimicum (Hrsg. F. KORTE), Bd. 1,1. Stuttgart: Thieme 1973
Analytikum (Autorenkollektiv). Leipzig: Dtsch. Verlag f. Grundstoffind. 1971
WEHRLI, A.: Präparative Hochdruck-Säulenflüssigkeits-Chromatographie. Z. analyt. Chem. **277** (1975), 289—302
RÖDEL, W. u. G. WÖLM: *Grundlagen der Gelchromatographie.* Berlin: Dtsch. Verlag d. Wiss. 1976
AHUJA, S.: Derivatization in Gaschromatography. J. pharmac. Sci. **65** (1976), 163—182
DETERMANN, H.: *Gelchromatography.* Berlin: Springer 1969
WASTERNACK, C.: Gelchromatographie niedermolekularer Verbindungen. Pharmazie **27** (1972), 67—79
GUILFORD, H.: Chemical Aspects of Affinity Chromatography. Chem. Soc. Reviews, **2** (1973), 249—270
DUNLAP, R. B. (Hrsg.): *Immobilized Biochemicals and Affinity Chromatography.* New York: Plenum Press 1974
FUJITA, H.: *Foundation of Ultracentrifugal Analysis (Chemical Analysis,* Vol. 42). New York: Wiley 1975
SCHLÖSSER, K.: Kurzzeit-Elektrophorese. Chemie in unserer Zeit **5** (1971), 27—28

MAURER, H. R.: *Disk-Elektrophorese.* Berlin: de Gruyter 1968

RADOLA, B. J.: Präparative isoelektrische Fokussierung — eine neue leistungsfähige Methode für die Isolierung und Reinigung von Proteinen. Chemiker-Ztg. **98** (1974), 549—554

FRITZSCHE, H., L. KITTLER, G. LÖBER, K. E. REINERT, D. TRESSELT, H. TRIEBEL u. C. ZIMMER: *Strukturuntersuchungen an Biopolymeren mit spektroskopischen und hydrodynamischen Methoden.* Berlin: Akademie-Verlag 1976

CROWFOOT-HODGKIN, D.: Die Röntgenstrukturanalyse komplizierter Moleküle. Angew. Chem. **77** (1965), 954—963

Strukturaufklärung — Spektroskopie und Röntgenbeugung (Autorenkollektiv). *Lehrwerk Chemie,* LB 3. Leipzig: Dtsch. Verlag f. Grundstoffind. 1973

WÖLFEL, E. R.: *Theorie und Praxis der Röntgenstrukturanalyse.* Braunschweig: Vieweg 1976

STUHRMANN, H. B.: *Neutronenstreuung an Biopolymeren.* Chem. uns. Zeit **13** (1979), 11—22

SCOTT, A. I.: *Interpretation of the Ultraviolet Spectra of Natural Products.* Oxford: Pergamon Press 1964

KRAFT, M.: *Struktur und Absorptionsspektroskopie organischer Naturstoffe.* Darmstadt: Steinkopff-Verlag 1976

KRAFT, M.: *Struktur und Absorptionsspektroskopie der Steroide und Alkaloide.* Stuttgart: Thieme 1975

NAIRN, R. C.: *Fluorescent Protein Tracing.* Edinburgh: Churchill Livingstone 1976

KONEV, S. V.: *Fluorescence and Phosphorescence of Proteins and Nucleic Acids.* New York: Plenum Press 1967

SNATZKE, G.: Circulardichroismus und Optische Rotationsdispersion — Grundlagen und Anwendung auf die Untersuchung der Stereochemie von Naturstoffen. Angew. Chem. **80** (1968), 15—26

SCOPES, P. M.: Applications of the Chiroptical Techniques to the Study of Natural Products. Fortschr. Chem. org. Naturstoffe [Wien] **32** (1975), 167—265

SUHR, H.: *Anwendungen der Kernmagnetischen Resonanz in der Organischen Chemie.* Berlin: Springer 1965

ZSCHUNKE, A.: *Kernmagnetische Resonanzspektroskopie in der organischen Chemie.* Berlin: Akademie-Verlag 1977

CASY, A. F.: *PMR Spectroscopy in medicinal and biological Chemistry.* London: Academic Press 1971

HIGHET, R. J. u. E. A. SOKOLOSKI: Structural Investigation of Natural Products by Newer Methods of NMR Spectroscopy. Fortschr. Chem. org. Naturstoffe [Wien] **32** (1975), 119—166

MCINNES, A. G. u. J. L. C. WRIGHT: Use of Carbon-13 Magnetic Resonance Spectroscopy for Biosynthetic Investigations. Accounts of Chem. Res. **8** (1975), 313—320

SIMPSON, T. J.: Carbon-13 Nuclear Magnetic Resonance in Biosynthetic Studies. Chem. Soc. Reviews **4** (1975), 497—522

WYARD, S. I.: *Elektronenspinresonanz und andere spektroskopische Methoden in Biologie und Medizin.* Berlin: Akademie-Verlag 1973

SWARTZ, H. M., J. R. BOLTON u. D. C. BORG: Biological Applications of ESR. New York: Wiley 1972

BERLINER, L. J. (Hrsg.): *Spin Labeling.* London: Academic Press 1976

KUZNECOV, A. N.: *Die Spinsondenmethode. Grundlagen und Anwendungen.* Moskau: Nauka 1976

SINGER, S. J.: Covalent Labeling of Active Sites. Advances Protein Chem. **22** (1967), 1—55

SPITELLER, G.: *Massenspektrometrische Strukturanalyse organischer Verbindungen.* Leipzig: Akad. Verlagsgesellsch. 1966

WYLLIE, T. D. u. L. G. MOREHOUSE (Hrsg.): *Lectures presented at the International Mass Spectrometry Symposium on Natural Products.* Pure appl. Chem. **50** (1978), 149—229

FRANCK, F.: *Schlüsselbausteine der Naturstoff-Biosynthese und ihre Bedeutung für Chemie und Medizin.* Angew. Chem. **91** (1979), 453—464

SCHÜTTE, H.-R.: *Isotope in der organischen Chemie und Biochemie.* Berlin: Dtsch. Verlag d. Wiss. 1966

APSIMON, J. (Hrsg.): *The Total Synthesis of Natural Products*. Vol. 1 und 2. New York: Wiley 1973

ESCHENMOSER, A.: Organische Naturstoffsynthese heute. Vitamin B_{12} als Beispiel. Naturwissenschaften **61** (1974), 513–525

SCOTT, A. I.: *Biogenetic Type Synthesis*, in: *Applications of Biochemical Systems in Organic Chemistry* (Hrsg.: J. B. JONES, C. J. SIH und D. PERLMAN), Part II, 555–626. New York: Wiley 1976

BARDOS, T. J.: *Antimetabolites. Molecular Design and Mode of Action*, in: *Medicinal Chemistry*, 62–98. Vol. 52 der Reihe *Topics in Current Chemistry*. Berlin: Springer 1974

ALBRECHT, P. u. G. OURISSON: Biogene Substanzen in Sedimenten und Fossilien. Angew. Chem. **83** (1971), 221–238

OURISSON, G.: Samsara of Organic Carbon. Pure appl. Chem. **33** (1973), 73–80

BLUMER, M.: Chemical Fossils. Trends in Organic Geochemistry. Pure appl. Chem. **34** (1973), 591 to 609

OPARIN, A. I.: *Das Leben — Seine Natur, Herkunft und Entwicklung*. Jena: Fischer-Verlag 1963

OPARIN, A. I.: *Vozniknovenija suščdnosti žizni*. Moskau: Nauka 1973

FLORKIN, M. u. E. H. STOTZ (Hrsg.): *Comprehensive Biochemistry*, Vol. 29A und 29B: *Comparative Biochemistry, molecular evolution*. Amsterdam: Elsevier 1974

Molecular Evolution — Prebiological and Biological. New York: Plenum Press 1972

LEMMON, R. M.: Chemical Evolution. Chem. Reviews **70** (1970), 95–109

NAGY, B.: Organic Chemistry in the Young Earth. Naturwissenschaften **63** (1976), 499–505

DOSE, K. u. H. RAUCHFUSS: *Chemische Evolution und der Ursprung lebender Systeme*. Stuttgart: Wiss. Verlagsgesellsch. 1975

KUHN, H. u. J. WASER: Molekulare Selbstorganisation und Ursprung des Lebens. Angew. Chem. **93** (1981), 495–515

FUCHS-KITTOWSKI, K. u. H. A. ROSENTHAL: Selbstorganisation und Evolution. Wissenschaft und Fortschritt **22** (1972), 308–313

ACHER, R.: Neuere Befunde zur Evolution der Proteine. Angew. Chem. **86** (1974), 209–221

CORNIER, M. J., J. E. WAMPLER u. K. HORI: Bioluminescence. Chemical Aspects. Fortschr. Chem. org. Naturstoffe [Wien] **30** (1973), 1–60

ADAM, W.: *Biological Light. α-Peroxylates as bioluminescent intermediates*. J. chem. Educ. **52** (1975), 138–145

Literatur zum Kapitel „Aminosäuren, Peptide und Proteine"

Advances in Protein Chemistry. New York: Academic Press. [P]

LANDE, S. (Hrsg.): *Progress in Peptide Research*. New York: Academic Press. [P]

Amino acids, Peptides and Proteins. Specialist Periodical Reports. London: Chemical Society. [P]

KRUDY, E. S. u. P. CLARE (Hrsg.): *Amino-acid, Peptide and Protein Abstracts*. Oxford: IRL. [P]

JAKUBKE, H. D. u. H. JESCHKEIT: *Aminosäuren—Peptide—Proteine*. Berlin: Akademie-Verlag 1978

LÜBKE, K., E. SCHRÖDER u. G. KLOSS: *Chemie und Biochemie der Aminosäuren, Peptide und Proteine*, I und II. Stuttgart: Thieme-Verlag 1975

WEINSTEIN, B. (Hrsg.): *Chemistry and Biochemistry of Amino Acids, Peptides and Proteins*. New York: Dekker 1974 (Vol. 2 und 3)

DÉVÉNYI, T., P. ELÖDI, T. KELETI u. G. SZABOLOSI: *Strukturelle Grundlagen der biologischen Funktion der Proteine*. Budapest: Akadémiai Kiadó 1969

KATSOYANNIS, P. G. (Hrsg.): *The Chemistry of Polypeptides*. New York: Plenum Press 1973

DICKERSON, R. E. u. I. GEIS: *Struktur und Funktion der Proteine*. Weinheim: Verlag Chemie 1971

HOFMANN, E.: *Eiweiße, Nukleinsäuren als biologische Makromoleküle. Dynamische Biochemie I*. Berlin: Akademie-Verlag 1979

HOFFMANN, S.: *Molekulare Matrizen II: Proteine.* Berlin: Akademie-Verlag 1978
CALVIN, M.: Biopolymere. Entstehung, Chemie und Biologie. Angew. Chem. **86** (1974), 111–120
VICKERY, H. B.: The History of the Discovery of the Amino Acids. Advances Protein Chem. **26** (1972), 81–172
IZUMI, Y., I. CHIBATA und T. HOH: *Herstellung und Verwendung von Aminosäuren.* Angew. Chem. **90** (1978), 187–194
KINDL, H.: Aromatische Aminosäuren im Stoffwechsel höherer Pflanzen. Naturwissenschaften **58** (1971), 554–563
BELL, E. A.: "Uncommon" Amino Acids in Plants. FEBS Letters **64** (1976), 29–35
BADA, J. L. u. R. A. SCHROEDER: Amino Acid Racemization Reactions and their Geochemical Implication. Naturwissenschaften **62** (1975), 71–79
SUNBERG, R. J. u. R. B. MARTIN: Interactions of Histidine and other Imidazole Derivatives with Transition Metal Ions in Chemical and Biological Systems. Chem. Reviews **84** (1974), 471 to 517
FEENEY, R. E., G. BLANKENHORN u. H. B. F. DIXON: Carbonyl-Amine Reactions in Protein Chemistry. Advances Protein Chem. **29** (1975), 136–204
TORČINSKIJ, JU. M.: *Sulfhydryl and Disulfide Groups of Proteins.* New York: Plenum Press 1974
FONTANA, A. u. C. TONIOLO: The Chemistry of Tryptophan in Peptides and Proteins. Fortschr. Chem. org. Naturstoffe [Wien] **33** (1976), 309–450
GLAZER, A. N.: Specific chemical modification of proteins. Annu. Rev. Biochem. **39** (1970) 101–130
STARK, G. R.: Recent Developments in chemical Modification and sequential Degradation of Proteins. Advances Protein Chem. **24** (1970), 261–308
SPANDE, T. F., B. WITKOP, Y. DEGAIN u. A. PATCHORNIK: Selective Cleavage and Modification of Peptides and Proteins. Advances Protein Chem. **24** (1970), 97–260
NEEDLEMAN, S. B. (Hrsg.): *Protein Sequence Determination. A Sourcebook of Methods and Techniques.* Berlin: Springer-Verlag 1977
DAYHOFF, M. O. u. R. V. ECK: *Atlas of Protein Sequence and Structure.* Silver Spring: National Biochemical Research Foundation 1969ff. [P]
NAU, H.: Sequenzanalyse von Polypeptiden und Proteinen mit der kombinierten Gaschromatographie — Massenspektrometrie. Angew. Chem. **88** (1976), 74–86
WILM, M. v.: Zur automatischen Analyse von Aminosäuresequenzen in Proteinen und Peptiden. Angew. Chem. **82** (1970), 299–306
RAMACHANDRAN, G. N. u. V. SASRSEKHARAN: Conformation of Polypeptides and Proteins. Advances Protein Chem. **23** (1968), 284–438
SCHERAGA, H. A.: Theoretical and Experimental Studies of Conformations of Polypeptides. Chem. Reviews **71** (1971), 195–217
MORAWETZ, H.: Rate of Conformational Transitions in Biological Macromolecules and Their Analogs. Advances Protein Chem. **26** (1972), 243–279
PULLMAN, B. u. A. PULLMAN: Molecular Orbital Calculations on the Conformation of Amino Acid Residues of Proteins. Advances Protein Chem. **28** (1974), 348–526
SCHERAGA, H. A.: On the Dominances of Short-range Interactions in Polypeptides and Proteins. Pure appl. Chem. **36** (1973), 1–8
DICKERSON, R. E.: X-ray studies of protein mechanisms. Annu. Rev. Biochem. **41** (1972), 815 to 842
ANFINSEN, C. B.: Untersuchungen über die Ursachen der Faltung von Proteinketten. Angew. Chem. **85** (1973), 1065–1073
ANFINSEN, C. B. u. H. A. SCHERAGA: Experimental and Theoretical Aspects of Protein Folding. Advances Protein Chem. **29** (1975), 205–300
POHL, F. M.: Kooperative Konformationsänderungen von globulären Proteinen. Angew. Chem. **84** (1972), 931–844
FLORY, P. J.: Die Konformation linearer Makromoleküle. Angew. Chem. **87** (1975), 787–797

CRAIG, L. C., D. COWBURN u. H. BLEICH: Methods for the Study of the Conformation of small peptide hormones and antibiotics in solution. Annu. Rev. Biochem. **44** (1975), 477–490
OVCHINNIKOV, JU. A. u. V. T. IVANOV: Conformational states and biological activity of cyclic peptides. Tetrahedron [London] **31** (1975), 2177–2209
SCHULZ, G. E.: Regeln für Strukturen globulärer Proteine. Angew. Chem. **89** (1977), 24–33
KLOTZ, I. M., N. R. LANGERMAN u. D. W. DARNALL: Quaternary Structure of Proteins. Annu. Rev. Biochem. **39** (1970), 25–62
KLEINE, R.: Tabellarische Zusammenstellung über die Substruktur der Proteine. Fortschritte der Arzneimittelforschung [Progr. Drug Res.] **16** (1972), 364–446
KUNTZ, I. D. u. W. KAUZMANN: Hydration of Proteins and Polypeptides. Advances Protein Chem. **28** (1974), 239–347
TANFORD, C.: Protein Denaturation. Advances Protein Chem. Part A + B: **23** (1968), 122–283; Part C: **24** (1970), 2–97
WÜNSCH, E.: *Synthese von Peptiden*, Teil 1 und 2; in: *Methoden der organischen Chemie* (HOUBEN-WEYL), Bd. XV/1 und XV/2. Stuttgart: Thieme-Verlag 1974
BODANSZKY, M., J. S. KLAUSNER u. M. A. ONDETTI: *Peptide Synthesis.* Aus der Reihe: *Intersciences Monographs on Organic Chemistry* (Hrsg.: G. A. Olah). New York: Wiley 1976
MITIN, JU. V. u. N. P. ZAPEVALOVA: Metody sinteza peptidov. Usp. Chim. **46** (1977), 852–877
HIRSCHMANN, R. u. R. G. DENKEWALTER: The Synthesis of an Enzyme. Naturwissenschaften **57** (1970), 145–151
ARNSTEIN, H. R. V. (Hrsg.): *Synthesis of Amino Acids and Proteins.* Vol. 7 von: MTP International Reviews of Sciences. Biochemistry, Ser. 1. Baltimore: Univ. Park Press 1975
GEIGER, R.: Die Synthese physiologisch wirksamer Peptide. Angew. Chem. **83** (1971), 155–162
WÜNSCH, E.: Synthese von Peptid-Naturstoffen: Problematik des heutigen Forschungsstandes. Angew. Chem. **83** (1971), 773–782
KAPOOR, A.: Recent Trends in the Synthesis of Linear Peptides. J. pharmac. Sci. **59** (1970), 1–27
MIŠIN, G. P., G. A. KORŠUNOVA u. JU. P. ŠVAČKIN: Uspechi i problemy tverdofaznovo peptidnovo sinteza. Usp. Chim. **43** (1974), 2014–2044
LOSSE, G. u. K. NEUBERT: Peptidsynthese an hochpolymeren Verbindungen. Z. Chem. **10** (1970), 48–64
MUTTER, J. M., R. UHLMANN u. E. BAYER: Die Liquid-Phase-Methode zur Peptidsynthese; Strategie und experimentelle Grundlagen. Liebigs Ann. Chem. **1975**, 901–915
BIRR, C.: Aspects of the Merrifield Synthesis. Berlin: Springer 1978
OFFORD, R. E. u. C. DIBELLO (Hrsg.): Semisynthetic Peptides and Proteins. London: Academic Press 1978
PETTIT, G. R.: Synthetic Peptides. Amsterdam: Elsevier [P]
WALEY, S. G.: Naturally Occuring Peptides. Advances Protein Chem. **21** (1966), 2–113
CAMBLE, R. u. A. S. DUTTA: Chemical structure and biological activity. Amino Acids, Peptides, Proteins **6** (1975), 419–485
GAINER, H. (Hrsg.): *Peptides in Neurobiology.* New York: Plenum Press 1977
GUIDOTTI, G.: Membrane proteins. Annu. Rev. Biochem. **41** (1972), 731–752
KLEINE, R.: Vorkommen und Bedeutung limitierter Proteolysevorgänge beim Reifungsprozeß der Proteine. Naturwiss. Rdsch. **31** (1978), 53–60
ZWILLING, R.: Pre-proproteins. Umsch. Wiss. Techn. **78** (1978), 170–173
KLEE, C. B.: Calmodulin. Annu. Rev. Biochem. **49** (1980), 489–532
GRAY, C. J.: *Enzym-katalysierte Reaktionen.* Berlin: Akademie-Verlag 1976
HOFMANN, E.: *Katalyse und Enzyme. Dynamische Biochemie II.* Berlin: Akademie-Verlag 1979
LIPSCOMB, W. N.: Three-dimensional Structures and Chemical Mechanisms of Enzymes. Chem. Soc. Reviews **1** (1972), 319–336
SIGMAN, D. S. u. G. MOOSER: Chemical Studies of enzyme active sites. Annu. Rev. Biochem. **44** (1975), 889–931

HARTMANN, G. R.: Austausch von Untereinheiten zwischen Enzymen aus verschiedenen Organismen in vitro: Enzymchimären. Angew. Chem. **88** (1976), 197–203

MOORE, S. u. W. H. STEIN: Die chemische Struktur der Pankreas-Ribonuclease und -Desoxyribonuclease. Angew. Chem. **85** (1973), 1074–1083

QUIOCHO, F. A. u. W. N. LIPSCOMB: Carboxypeptidase A: A Protein and an Enzyme. Advances Protein Chem. **25** (1971), 1–78

DRENTH, J., J. N. JANSONIUS, R. KOEKOEK u. B. G. WOLTHERS: The Structure of Papain. Advances Protein Chem. **25** (1971), 79–116

HUCHO, F.: Der Pyruvatdehydrogenase-Multienzym-Komplex. Angew. Chem. **87** (1975), 614 bis 624

ZABORSKY, O. R.: *Immobilized Enzymes.* Linden: 1973

WEETALL, M. H. u. S. SUZUKI: *Immobilized Enzyme Technology. Research and Application.* New York: Plenum Press 1975

MANECKE, G. u. W. STORCK: Polymere Katalysatoren. Angew. Chem. **90** (1978), 691–704

RICHARDSON, M.: The Proteinase inhibitors of plants and microorganisms. Phytochemistry **16** (1977), 159–169

TSCHESCHE, H.: Biochemie natürlicher Proteinase-Inhibitoren. Angew. Chem. **86** (1974), 21–40

CREIGHTON, T. E.: Homology of protein structures. Proteinase inhibitors. Nature [London] **255** (1975), 743–745

KABAT, E. A.: *Einführung in die Immunchemie und Immunologie.* Berlin: Springer-Verlag 1971

FRIEMEL, H. u. J. BROCK: *Grundlagen der Immunologie.* Berlin: Akademie-Verlag 1976

EDELMAN, G. M.: Antikörperstruktur und molekulare Immunologie (Nobelvortrag). Angew. Chem. **85** (1973), 1083–1097

PORTER, R. R.: Strukturuntersuchungen an Immunoglobulinen (Nobelvortrag). Angew. Chem. **85** (1973), 1097–1101

DAVIES, D. R., E. A. PADLAN u. D. M. SEGAL: Three-dimensional Structure of Immunoglobulins. Annu. Rev. Biochem. **44** (1975), 639–667

GOLDSTEIN, I. J. u. C. E. HAYNES: The lectins: Carbohydrate binding proteins of plants and animals. Advances Carbohydrate Chem. Biochem. **35** (1978), 127–340

ROTH, J.: The Lectins. Jena: Fischer-Verlag 1978

WIELAND, TH.: Isolierung und chemische Bearbeitung der Inhaltsstoffe des grünen Knollenblätterpilzes. Arzneimittel-Forsch. **22** (1972), 2142–2146

JENTSCH, J.: Chemie des Bienengiftes Melittin. Chemie unserer Zeit **8** (1974), 177–183

TU, A. T.: Venoms: *Chemistry and Molecular Biology.* New York: Wiley 1977

VAN HEYNINGEN, S.: The structure of bacterial toxins. Trends in Biochem. Sci. **1** (1976), **114–116**

ASQUITH, R. S. (Hrsg.): *Chemistry of Natural Protein Fibers.* London: Wiley 1977

GALLOP, P. M., O. O. BLUMENFELD u. S. SEIFTER: Structure and metabolism of connective tissue proteins. Annu. Rev. Biochem. **41** (1972), 617–672

BEZRUKOV, M. G.: Die Bildung der Raumstruktur von Proteingelen, Angew. Chem. **91** (1979), **634–646**

TRAUB, W. u. K. A. PIEZ: The Chemistry and Structure of Collagen. Advances Protein Chem. **25** (1971), 243–352

BRADBURY, J. H.: The Structure and Chemistry of Keratin Fibers. Advances Protein Chem. **27** (1973), 111–212

WOODHEAD-GALLOWAY, J. u. D. W. L. HUKINS: Molekularbiologie des Knorpels. Endeavour **35** (1976), 73–78

HEIMBERGER, N. u. H. TROBISCH: Blutgerinnung und Fibrinolyse. Angew. Chem. **83** (1971), 89 bis 102

PARRY, D. A. D. u. L. K. CREAMER: *Fibrous Proteins: Scientific, Industrieal and Medical Aspects.* Vol. 1. London: Academic Press 1979

Taborsky, G.: Phosphoproteins. Advances Protein Chem. **28** (1974), 1–210
Williams, R. J. P.: Metalloproteins, Metallo-Enzymes and Heterogeneous Catalysts. Pure appl. Chem. **38** (1974), 249–266
Lovenberg, W. (Hrsg.): *Iron-Sulfur Proteins*, Vol. I + II. New York: Academic Press 1973
Mason, R. u. J. A. Zubieta: Eisen-Schwefel-Proteine und ihre Eigenschaften. Strukturchemie ihrer Chromophore und verwandter Systeme. Angew. Chem. **85** (1973), 390–400
Scanu, A. M. u. C. Wisdom: Serum lipoproteins, structure and function. Annu. Rev. Biochem. **41** (1972), 703–730
Morrisett, J. D., R. L. Jackson u. A. M. Gotto: Lipoproteins: Structure and Function. Annu. Rev. Biochem. **44** (1975), 183–207

Literatur zum Kapitel „Kohlenhydrate“

Advances in Carbohydrate Chemistry, seit 1968 *Advances in Carbohydrate Chemistry and Biochemistry*. New York: Academic Press. [P]
Staněk, J., M. Černý, J. Kocourek u. J. Pacák: *The Monosaccharides*. Prag: Publishing House of the Czechoslovak Academy of Sciences 1963
Henseke, G.: *Zuckerchemie*. Berlin: Akademie-Verlag 1966
Pigman, W. u. D. Horton (Hrsg.): *The Carbohydrates — Chemistry and Biochemistry*, 4 Bd. New York: Academic Press 1970
Ferrier, J. u. P. M. Collins: *Monosaccharide Chemistry*. Middlesex: Peguin Books 1972
Lehmann, J.: *Chemie der Kohlenhydrate, Monosaccharide und Derivate*. Stuttgart: Thieme Verlag 1976
Freudenberg, K.: Emil Fischer and his Contribution to Carbohydrate Chemistry. Advances Carbohydrate Chem. **21** (1966), 2–38
Whistler, L.: Direction of carbohydrate research in the near future. Pure appl. Chem. **49** (1977), 1229–1240
Angyal, S. J.: Zusammensetzung und Konformation von Zuckern in Lösung. Angew. Chem. **81** (1969), 172–182
Durette, P. L. u. D. Horton: Conformational Analysis of Sugars and Their Derivatives. Advances Carbohydrate Chem. **26** (1971), 49–126
Bentley, R.: Configurational and Conformational Aspects of Carbohydrate Biochemistry. Annu. Rev. Biochem. **41** (1972), 953–996
Isbell, H. S. u. W. Pigman: Mutarotation of Sugars in Solution. Advances Carbohydrate Chem. Part I: **23** (1968), 1–59; Part II: **24** (1969), 14–66
Griesebach, H. u. R. Schmid: Chemie und Biochemie verzweigtkettiger Zucker. Angew. Chem. **84** (1972), 192–206
Hanessian, S.: Deoxy Sugars. Advances Carbohydrate Chem. **21** (1966), 143–208
Jeanloz, R. W. u. E. A. Balazc: *The Amino Sugars*. Vol. IA: *Chemistry of Amino Sugars*. Vol. IB: *Glycosaminoglycans, Glycoproteins, and Glycosaminolipids*. New York: Academic Press 1969
Schauer, R.: Chemie und Biologie der Acylneuraminsäuren. Angew. Chem. **85** (1973), 128–140
Williams, J. M.: Deamination of Carbohydrate Amines and Related Compounds. Advances Carbohydrate Chem. Biochem. **31** (1975), 9–80
Spedding, H.: Infrared Spectroscopy and Carbohydrate Chemistry. Advances Carbohydrate Chem. **19** (1964), 23–50
Lönngren, J. u. S. Svensson: Mass Spectrometry in Structural Analysis of Natural Carbohydrates. Advances Carbohydrate Chem. Biochem. **29** (1974), 42–106
Dutton, G. G. S.: Applications of Gas-Liquid Chromatography to Carbohydrates. Advances Carbohydrate Chem. Biochem. Part I: **28** (1973), 12–160; Part II: **30** (1974), 10–110
Haines, A. H.: Relative Reactivities of Hydroxyl Groups in Carbohydrates. Advances Carbohydrate Chem. Biochem. **33** (1976), 11–110

GOODMAN, L.: Neighboring-group Participation in Sugars. Advances Carbohydrate Chem. **22** (1967), 109–176
PAULSEN, H.: Cyclic Acyloxonium Ions in Carbohydrate Chemistry. Advances Carbohydrate Chem. Biochem. **25** (1971), 127–196
BALL, D. H. u. F. W. PARRISH: Sulfonic Esters of Carbohydrates. Advances Carbohydrate Chem. Biochem. Part I: **23** (1968), 233–280; Part II: **24** (1969), 139–197
DE BELDER, A. N.: Cyclic Acetals of the Aldoses and Aldosides. Advances Carbohydrate Chem. **20** (1965), 220–302
WILLIAMS, N. R.: Oxirane Derivatives of Aldoses. Advances Carbohydrate Chem. Biochem. **25** (1970), 109–179
FEATHER, M. S. u. J. F. HARRIS: Dehydration Reactions of Carbohydrates. Advances Carbohydrate Chem. Biochem. **28** (1973), 161–224
FERRIER, R. J.: Unsaturated Sugars. Advances Carbohydrate Chem. Biochem. **24** (1969), 199 to 266
KHADEM, H. El: Chemistry of Osazones. Advances Carbohydrate Chem. **20** (1965), 139–182
HORTON, D. u. D. H. HUTSON: Developments in the Chemistry of Thio Sugars. Advances Carbohydrate Chem. **18** (1963), 123–200
BENN, M.: Glucosinolates. Pure appl. Chem. **49** (1977), 197–210
BEMILLER, J. N.: Acid-catalyzed Hydrolysis of Glycosides. Advances Carbohydrate Chem. **22** (1967), 25–108
CAPON, B.: Mechanism in Carbohydrate Chemistry. Chem. Reviews **69** (1969), 407–498
SZEJTLI: *Säurehydrolyse glykosidischer Bindungen.* Leipzig: VEB Fachbuchverlag 1971
HANESSIAN, S. u. A. G. PERNET: Synthesis of Natural Occuring C-Nucleosides, Their Analogs, and Functionalized C-Glycosyl Precursors. Advances Carbohydrate Chem. Biochem. **33** (1976), 111–189
KISS, J.: β-Eliminative Degradation of Carbohydrates containing Uronic Acid Residues. Advances Carbohydrate Chem. Biochem. **29** (1974), 229–303
McCASLAND, G. E.: Chemical and Physical Studies of Cyclitols Containing Four or Five Hydroxyl Groups. Advances Carbohydrate Chem. **20** (1964), 12–67
KINDL, H. (Hrsg.): *Cyclitols and Phosphoinositols.* Vol. 1 und 2. Preceedings of the 2nd Meeting of the FEBS. Oxford: Pergamon Press 1966
KINDL, H. u. O. HOFFMANN-OSTENHOF: Cyclite: Biosynthese, Stoffwechsel und Vorkommen. Fortschr. Chem. org. Naturstoffe [Wien] **24** (1966), 149–205
KOCHETKOV, N. K. u. V. N. SHIBAEV: Glycosyl Esters of Nucleoside Pyrophosphates. Advances Carbohydrate Chem. Biochem. **28** (1973), 307–400
MIZUNO, T. u. A. H. WEIS: Synthesis and Utilization of Formose Sugars. Advances Carbohydrate Chem. Biochem. **29** (1974), 173–229
STANĚK, J., M. ČERNÝ u. J. PACÁK: *The Oligosaccharides.* Prag: Publishing House of the Czechoslovak Academy of Sciences 1965
CRAMMER, B., u. R. IKAN: Properties and synthesis of sweetening agents. Chem. Soc. Reviews **6** (1977), 431–465
ASPINALL, G. O.: *Polysaccharides* Oxford: Pergamon Press 1970
KOCHETKOV, N. K.: Some New Trends in the Chemistry of Polysaccharides. Pure appl. Chem. **33** (1973), 53–72
LINDBERG, B., J. LÖNNGREN u. S. SOENSSON: Specific Degradation of Polysaccharides. Advances Carbohydrate Chem. Biochem. **31** (1975), 185–240
MARSHALL, J. J.: Application of Enzymic Methods to the Structure Analysis of Polysaccharides. Advances Carbohydrate Chem. Biochem. **30** (1974), 257–370
RAO, C. V. V.: Immunochemical Approaches to the Structural Chemistry of Polysaccharides. Pure appl. Chem. **42** (1975), 479–494
GUTHRIE, R. D. u. J. F. McCARTHY: Acetolysis. Advances Carbohydrate Chem. **22** (1967), 11–24

KENNEDY, J. F.: Chemically Reactive Derivatives of Polysaccharides. Advances Carbohydrate Chem. Biochem. **29** (1974), 306–406

REES, D. A. u. E. J. WELSH: Sekundär- und Tertiärstruktur von Polysacchariden in Lösungen und in Gelen. Angew. Chem. **89** (1977), 228–239

REES, D. A.: Structure, Conformation and Mechanism of the Formation of Polysaccharide Gels and Networks. Advances Carbohydrate Chem. Biochem. **24** (1969), 267–381

BEHRENS, U. u. M. RINGPFEIL: *Mikrobielle Polysaccharide.* Berlin: Akademie-Verlag 1964

LAWSON, C. J.: Microbial Polysaccharides. Chem. and Ind. (1976), 258–261

STURGEON, R. J.: Microbial Polysaccharides. Carbohydrate Res. [Amsterdam] **7** (1975), 253 to 293

PEAT, S. u. J. R. TURVEY: Polysaccharides of Marine Algae. Fortschr. Chem. org. Naturstoffe [Wien] **23** (1965), 1–45

GORIN, P. A. J. u. J. F. T. SPENCER: Structural Chemistry of Fungal Polysaccharides. Advances Carbohydrate Chem. **23** (1968), 367–418

PHILIPP, B.: Heterogenreaktionen der Cellulose – einige Ergebnisse und offene Probleme. Z. Chem. **19** (1979), 433–441

FREY-WYSSLING, A.: The Ultrastructure and Biogenesis of Native Cellulose. Fortschr. Chem. org. Naturstoffe [Wien] **27** (1969), 1–30

SHAFIZADEH, F. u. G. D. MCGINNIS: Morphology and Biogenesis of Cellulose and Plant Cellwalls. Advances Carbohydrate Chem. Biochem. **26** (1971), 297–351

PHILIPP, B. u. H.-H. STEEGE: Mikrokristalline Cellulosepulver – vielseitig einsetzbar. Wissenschaft und Fortschritt **25** (1975), 126–131

GOLOVA, O. P.: Chimičeskie prevraščenyija celljulozy pri teplovom vozgejstvii. Usp. Chim. **44** (1975), 1454–1474

MANNERS, D. J.: The Structure and Metabolism of Starch. Essay in Biochemistry **10** (1974), 37 to 71

SIDEBOTHAM, R. L.: Dextrans. Advances Carbohydrate Chem. Biochem. **30** (1974), 371–444

ASPINALL, G. O.: Gums and Mucilages. Advances Carbohydrate Chem. Biochem. **24** (1969), 333 to 381

DEA, I. C. M. u. A. MORRISON: Chemistry and Interaction of Seed Galactomannans. Advances Carbohydrate Chem. Biochem. **31** (1975), 241–312

OVODOV, YU. S.: Structural Chemistry of Plant Glycuronoglycans. Pure appl. Chem. **42** (1975), 351–369

HEUTH, E. C.: Complex Polysaccharides. Annu. Rev. Biochem. **40** (1971), 29–56

GINSBURG, V. (Hrsg.): Complex Carbohydrates, Part C. Methods in Enzymology Vol. L. New York: Academic Press 1978

CATLEY, B. J.: Glycoproteins, glycopeptides and animal polysaccharides. Carbohydr. Chem. **10** (1978), 278–334

KENNEDY, J. E.: Chemical Aspects of Glycoproteins, Proteoglycans, and Carbohydrate-Protein Complexes of Human Tissues. Chem. Soc. Rev. **2** (1975), 355–395

BRIMACOMBE, J. S. u. J. M. WEBBER: *Mucopolysaccharides.* Vol. 6 von BBA Library. Amsterdam: Elsevier 1966

CÁSSARO, C. M. F. u. C. P. DIETRICH: Distribution of Sulfated Mucopolysaccharides in Invertebrates. J. biol. Chemistry **252** (1977), 2254–2261

TROBISCH, H. u. K.-H. KLASING: Zur Biochemie und Pharmakologie des Heparins. Dtsch. Ap. Ztg. **120** (1980), 1587–1592

KAKKAR, V. V. u. D. P. THOMAS (Hrsg.): *Heparin – Chemistry and Clinical Use.* London: Academic Press 1976

KLEINE, T. O.: Struktur, Biosynthese und Heterogenität der Chondroitinsulfatproteine. Naturwissenschaften **59** (1972), 64–71

GOTTSCHALK, A.: *Glycoproteins.* Vol. 5 von BBA Library. Amsterdam: Elsevier 1965

SPIRO, R. G.: Glycoproteins. Annu. Rev. Biochem. **39** (1970), 732–737; Advances Protein Chem. **27** (1973), 350–466
MARSHALL, R. O. u. A. NEUBERGER: Aspects of the Structure and Metabolism of Glycoproteins. Advances Carbohydrate Chem. Biochem. **25** (1970), 407–478
SCHMID, K.: Recent Advances in the Study of Glycoproteins. Chimia [Aarau, Schweiz] **26** (1972), 405–414
MONTREUIL, J.: Recent Data on the Structure of the Carbohydrate Moiety of Glycoproteins. Metabolic and Biological Implications. Pure appl. Chem. **42** (1975), 431–477
KORNFELD, R. u. S. KORNFELD: Comparative Aspects of Glycoprotein-Structure. Annu. Rev. Biochem. **45** (1976), 217–237
PAZUR, J. H. u. N. N. ARONSON: Glycoenzymes — Enzymes of Glycoprotein Structure. Advances Carbohydrate Chem. Biochem. **27** (1972), 301–341
HEIDE, K. u. H.-G. SCHWICK: Chemie und Bedeutung des Kohlenhydrat-Anteils menschlicher Serum-Glykoproteine. Angew. Chem. **85** (1973), 803–815
BRAUN, V.: Zelloberflächen, Struktur und Funktion. Naturwiss. Rdsch. **26** (1973), 330–336
SCHLEIFER, K. H.: Chemical Structure of the Peptidoglycan, its Modifiability and Relation to the Biological Activity. Z. Immunitätsforsch. exp. Therap. **149** (1975), 104–117
GANDER, J. E.: Fungal Cell Wall Glycoproteins and Peptidopolysaccharides. Annu. Rev. Microbiol. **28** (1974), 103–115
ARCHIBALD, A. R. u. J. BADDILEY: The Teichoic Acids. Advances Carbohydrate Chem. **21** (1966), 323–376
NOVOTNY, A.: Relationship of Structure and Biological Activity of Bacterial Endotoxins. Naturwissenschaften **58** (1971), 397–409
LEDERER, E.: Glycolipids in Acid-fast Bacteria. Advances Carbohydrate Chem. **16** (1961), 207 to 238
LÜDERITZ, O., C. GALANOS, V. LEHMANN, H. MAYER, E. T. RIETSCHEL u. J. WECKESSER: Chemical structure and biological activities of Lipid A's from various bacterial families. Naturwissenschaften **65** (1978), 578–585
LARM, O. u. B. LINDBERG: The Pneumococcal Polysaccharides. Advances Carbohydrate Chem. Biochem. **33** (1976), 295–322
BADDILEY, J.: Mechanism and Control of Cell Wall Synthesis in Bacteria. Pure appl. Chem. **42** (1975), 417–429
NIKAIDO, H. u. W. Z. HASSID: Biosynthesis of Saccharides from Glycopyranosyl Esters of Nucleoside Pyrophosphates ("Sugar Nucleotides"). Advances Carbohydrate Chem. Biochem. **26** (1971), 351–483
WAECHTER, C. J. u. W. J. LENNARZ: The Role of Polyprenol linked Sugars in Glycoprotein Synthesis. Annu. Rev. Biochem. **45** (1976), 95–112
KOCHETKOV, N. K.: Pathways for the Synthesis of Specific Polysaccharides. Pure appl. Chem. **42** (1975), 327–350
SCHUERCH, C.: Chemical Synthesis and Properties of Polysaccharides. Advances Polymer Sci. **10** (1972), 173–194
KENNEDY, J. F.: Chemical synthesis and modification of oligosaccharides, glycoproteins, enzymes and glycolipids. Carbohydr. Chem. **10** (1978), 426–497

Literatur zum Kapitel „Nucleoside, Nucleotide und Nucleinsäuren“

Progress in Nucleic Acid Research and Molecular Biology. New York: Academic Press. [P]
DAVIDSON, J. N.: *The Biochemistry of the Nucleic Acids.* London: Chapman and Hall 1976
HOFFMANN, S.: Molekulare Matrizen III. Nucleinsäuren. Berlin: Akademie-Verlag 1978
KOČETKOV, N. K. u. E. I. BUDOVSKI: *Organičeskaja chimija nukleinovych kislov.* Moskau: Chimija 1970
BEYERSMANN, D.: *Nucleinsäuren.* Berlin: Dtsch. Verlag d. Wiss. 1975

GUSCHLBAUER, W.: Nucleic Acid Structure. Berlin: Springer-Verlag 1976

MICHELSON, A. M.: *The Chemistry of Nucleosides and Nucleotides.* London: Chapman and Hall 1976

SAENGER, W.: Struktur und Funktion von Nucleosiden und Nucleotiden. Angew. Chem. **85** (1973), 680–690

NISHIMURA, S.: Minor Components in Transfer RNS: Their Characterization, Localisation and Function. Progr. Nucl. Acid Res. Mol. Biol. **12** (1972), 50–86

LÜPKE, U. u. F. SEELA: Seltene Nucleoside. Chem. uns. Zeit **12** (1978), 189–195

UEDA, T. u. J. J. FOX: Mononucleotides. Advances Carbohydrate Chem. **22** (1967), 307–419

MANDEL, P.: Free Nucleotides in Animal Tissues. Progr. Nucl. Acid Res. Mol. Biol. **3** (1967), 299 to 334

Advances in Cyclic Nucleotide Research. New York: Raven Press. [P]

BRADSHAW, T. K. u. D. W. HUTCHINSON: 5-Substituted Pyrimidine Nucleosides and Nucleotides. Chem. Soc. Reviews **6** (1977), 43–62

JANICK, B.: *Physicochemical Characteristics of Oligonucleotides and Polynucleotides.* New York: Plenum Press 1971

PULLMAN, B. u. A. PULLMAN: Quantum-Mechanical Investigations of the Electronic Structure of Nucleic Acids and Their Constituents. Progr. Nucl. Acid Res. Mol. Biol. **9** (1969), 328–402

KOCHETKOV, N. K. u. E. I. BUDOWSKY: The Chemical Modification of Nucleic Acids. Progr. Nucl. Acid Res. Mol. Biol. **9** (1969), 403–438

FELDMAN, M. Y.: Reaction of Nucleic Acids and Nucleoproteins with Formaldehyde. Progr. Nucl. Acid Res. Mol. Biol. **13** (1973), 1–50

NANDA, R. K., R. TEWARI u. G. GOVIL: Structure of Polynucleotides and Nucleic Acids. Proc. Indian Acad. Sci., Sect. A **40** (Part A) (1974), 226–238

COLBY, C.: The Induction of Interferon by Natural and Synthetic Polynucleotides. Progr. Nucl. Acid Res. Mol. Biol. **11** (1971), 1–32

WULFF, K.: Polydesoxynucleotide als DNA-Modelle. Naturwissenschaften **61** (1974), 434–440

GEISSLER, E.: *Desoxyribonucleinsäure – Schlüssel des Lebens.* Berlin: Akademie-Verlag 1972

COX, R. A.: Macromolecular Structure and Properties of Ribonucleic Acids. Quart. Rev. (Chem. Soc., London) **22** (1968), 499–526

STEWART, P. R. u. D. S. LETHAM (Hrsg.): *The Ribonucleic Acids.* Berlin: Springer-Verlag 1973

COHN, W. E. u. E. VOLKIN (Hrsg.): mRNS: The Relation of Structure to Function. Progr. Nucl. Acid Res. Mol. Biol. **19** (1976)

RICH, A. u. U. L. RAJBHANDARY: Transfer RNS: Molecular Structure, Sequence, and Properties. Annu. Rev. Biochem. **45** (1976), 805–860

VENKSTERN, T. V.: *Pervičnaja struktura transportnych ribonukleinovych kislot.* Moskau: Nauka 1970.

FRAENKEL-CONRAT, H.: *Chemie und Biologie der Viren.* Jena: Fischer-Verlag 1974

GROSS, H. J. u. D. RIESNER: Viroide. Angew. Chem. **92** (1980), 233–245

DOMDEY, H.: Sequenzanalyse von Nucleinsäuren. Chem. uns. Zeit **14** (1980), 1–12

SCHERER, G.: Sequenzierung von DNA-Methoden und Ergebnisse. Biologie in unserer Zeit **7** (1977) 97–105

MURRAY, K. u. R. W. OLD: The Primary Structure of DNS. Progr. Nucl. Acid Res. Mol. Biol. **14** (1974), 117–187

SALSER, W. A.: DNA Sequencing Techniques. Annu. Rev. Biochem. **43** (1976), 923–966

BARRELL, B. C. u. B. F. C. CLARK: *Handbook of Nucleic Acid Sequences.* Oxford: 1974

LOMANT, A. J. u. J. R. FRESCO: Structural and Energetic Consequences of Noncomplementary Base Oppositions in Nucleic Acid Helices. Progr. Nucl. Acid Res. Mol. Biol. **15** (1975), 185–218

KIM, Sung-Ho: Three-Dimensional Structure of Transfer RNS. Progr. Nucl. Acid Res. Mol. Biol. **17** (1976), 182–216

VON HIPPEL, P. H. u. J. D. MCGHEE: DNA-Protein Interactions. Annu. Rev. Biochem. **42** (1976), 231–300

KENNELL, D. E.: Principles and Practices of Nucleic Acid Hybridization. Progr. Nucl. Acid Res. Mol. Biol. **11** (1971), 259–302
JEN TSI YANG u. T. SAMEJIMA: Optical Rotatory Dispersion and Circular Dichroism of Nucleic Acids. Progr. Nucl. Acid Res. Mol. Biol. **9** (1969), 224–300
NIRENBERG, M.: Der genetische Code. Angew. Chem. **81** (1969), 1017–1027
RICHARDSON, J. P.: Biosynthese der Ribonukleinsäuren. Angew. Chem. **87** (1975), 497–504
LAPIDOT, Y. u. N. DE GROOT: The Chemical Synthesis and the Biochemical Properties of Peptidyl-tRNA. Progr. Nucl. Acid Res. Mol. Biol. **12** (1972), 189–228
PARISH, J. H.: *Principles and practice of experiments with nucleic acids.* London: Longman **1972**
KRUGLJAKOVA, K. F.: Fiziko-chimičeskie mechanizmy povreždenij DNK pod dejstiviem različnych agentov. Usp. Chim. **44** (1975), 1887–1913
RINDT, K. P. u. L. NOVER: Chromatin – Struktur und Funktion. Biol. Zentralbl. **99** (1980), 741–673
FAHR, E.: Chemische Untersuchungen über die molekularen Ursachen biologischer Strahlenschäden. Angew. Chem. **81** (1969), 581–597
OBOE, G., K. SPERLING u. H. J. BELITZ: Einige Aspekte zur chemischen Mutagenese beim Menschen und bei Drosophila. Angew. Chem. **83** (1971), 301–314
LEGATOR, M. S. u. W. G. FLAMM: Environmental mutagenesis and repair. Annu. Rev. Biochem. **42** (1973), 683–708
MAGDON, E. u. H. GUMMEL: Die intrazelluläre Reparatur der DNS – ein neuer Aspekt der Krebsforschung. Dtsch. Ges.wesen **27** (1972), 385–393
SCHIMMER, O.: Natürliche Mutagene in höheren Pflanzen. Dtsch. Ap.-Ztg. **118** (1978), 1818 bis 1823
MAGEE, P. N.: Activation and Inactivation of Chemical Carcinogens and Mutagens in the Mammal. Essays in Biochemistry **10** (1974), 105–136.
FERGUSON, L. N.: Cancer and Chemicals. Chem. Soc. Reviews **4** (1975), 289–321
LAMOLA, A. A.: Photochemistry and structure in nucleic acids. Pure appl. Chem. **34** (1973), 281 to 303
SINGER, B.: The Chemical Effects of Nucleic Acid Alkylation and Their Relation to Mutagenesis and Carcinogenesis. Progr. Nucl. Acid Res. Mol. Biol. **15** (1975), 219–284
BUDOWSKY, E. I.: The Mechanism of the Mutagenic Action of Hydroxylamines. Progr. Nucl. Acid Res. Mol. Biol. **16** (1976), 125–188
LIJINSKY, W.: Interaction with Nucleic Acids and Mutagenic N-Nitroso Compounds. Progr. Nucl. Acid Res. Mol. Biol. **17** (1976), 247–270
LANGEN, P.: *Antimetabolite des Nucleinsäure-Stoffwechsels.* Berlin: Akademie-Verlag 1968
AGARWAL, K. L., A. YAMAZAKI, P. J. CASHION u. H. G. KHORANA: Chemische Synthese von Polynucleotiden. Angew. Chem. **84** (1972), 489–498
ZORBACH, W. W. u. R. S. TIPSON (Hrsg.): *Synthetic Procedures in Nucleic Acid Chemistry.* New York: Wiley 1973
ZHDANOV, R. I. u. S. M. ZHENODAROVA: Chemical methods of oligonucleotide synthesis. Synthesis **1975**, 222–245
KÖSSEL, H. u. H. SELIGER: Recent Advances in Polynucleotide Synthesis. Fortschr. Chem. org. Naturstoffe [Wien] **32** (1975), 297–508

Literatur zum Kapitel „Lipide und Membranen“

Progress in the Chemistry of Fats and Other Lipids (Progr. Chem. Fats other Lipids). Oxford: Pergamon Press. [P]
Advances in Lipid Research. New York: Academic Press. [P]

KATES, M. u. M. K. WASSEF: Lipid Chemistry. Annu. Rev. Biochem. **39** (1970), 323–358
BURTON, R. M. u. F. C. GUERRA (Hrsg.): *Fundamental of Lipid Chemistry.* Webster Groves: BI-Sci. Publ. Div. 1974
SEVERIN, S. E. (Hrsg.): *Lipidy v Organisme Životnych i Čeloveka.* Moskau: Nauka 1974
BERGELSON, L. D.: Some Advances in the Investigation of Lipid Substances. Chem. and Ind. (1974), 597–604
FRAZER, A. C. (Hrsg .): *Biochemical Problems of Lipids.* Vol. 1 von BBA Library. Amsterdam: Elsevier 1962
ADAMS, C. W. M.: Lipid Histochemistry. Advances Lipid Res. **7** (1969), 1–62
GANGULY, J. u. R. M. S. SMELLIE (Hrsg.): *Current Trends in the Biochemistry of Lipids.* London: Academic Press 1972
THIELE, O. W.: *Lipide, Isoprenoide und Steroide.* Stuttgart: Thieme 1979
BERGELSON, L. D.: Tumor Lipids. Progr. Chem. Fats other Lipids **13** (1972), Heft 1
BLOUGH, H. A. u. J. M. TIFFANY: Lipids in Viruses. Advances Lipid Res. **12** (1974), 267–340
SMITH, P. F.: The Lipids of Mycoplasma. Advances Lipid Res. **6** (1968), 69–107
FAST, P. G.: Insect Lipids. Progr. Chem. Fats other Lipids **11** (1970), 179–242
MALINS, D. C. u. J. C. WEKELL: The Lipid Biochemistry of Marine Organisms. Progr. Chem. Fats other Lipids **10** (1969), Heft 4
JACK, R. C.: Lipids. Phytochemistry **2** (1973), 227–253
WEETE, J. D.: *Fungal Lipid Biochemistry.* Vol. 1 von: *Monographs in Lipid Research* (Hrsg.: D. KRITCHEVSKY). New York: Plenum Press 1974
KATES, M.: Plant Phospholipids and Glycolipids. Advances Lipid Res. **8** (1970), 225 bis 267
TEVINI, M. u. M. K. LICHTENTHALER (Hrsg.): *Lipids and Lipid Polymers in Higher Plants.* Berlin: Springer 1977
HANAHAN, D. J. (Hrsg.): Handbook of Lipid Research, Vol. 1: Fatty Acids and Glycerides (Hrsg.: A. Kuksis). New York: Plenum Press 1978
FEDELI, E. u. G. JACINI: Lipid Composition of Vegetable Oils. Advances Lipid Res. **9** (1971), 335–382
RAMSEY, R. B. u. H. J. NICHOLAS: Brain Lipids. Advances Lipid Res. **10** (1972), 144–232
MARKLEY, K. S.: *Fatty Acids – Their Chemistry, Properties, Production and Uses.* London: Intersciences Publ. Ltd. 1961
VOLPE, J. J. u. P. R. VAGELOS: Saturated Fatty Acid Biosynthesis and its Regulation. Annu. Rev. Biochem. **42** (1973), 21–60
SHAW, R.: The Polyunsaturated Fatty Acids of Microorganisms. Advances Lipid Res. **4** (1966), 107–174
STOEFFEL, W.: Über Biosynthese und biologischen Abbau hochungesättigter Fettsäuren. Naturwissenschaften **53** (1966), 621–630
KUNAU, W.-H.: Chemie und Biochemie ungesättigter Fettsäuren. Angew. Chem. **88** (1976), 97 bis 130
Polyunsaturated Acids. Progr. Chem. Fats other Lipids **9** (1971), 1–682
GALLIARD, T.: Unusual Fatty Acids in Plants. Recent Advances Phytochem. **8** (1974), 209 bis 241
SMITH, C. R.: Occurence of Unusual Fatty Acids in Plants. Progr. Chem. Fats other Lipids **11** (1970), 137–177
CHAPMAN, D.: *The Structure of Lipids by Spectroscopic and X-Ray Techniques.* London: Methuen 1965
SHAH, D. O.: Surface Chemistry of Lipids. Advances Lipid Res. **8** (1970), 348–432
CRIEGEE, R.: Mechanismus der Ozonolyse. Angew. Chem. **87** (1975), 765–771
BURLAKOVA, E. B.: Bioantioksidanty i sintetičeskie ingibitory radikal'nych processov. Usp. Chim. **44** (1975), 1871–1886

KOLATTUKUDY, P. E. (Hrsg.): *Chemistry and Biochemistry of Natural Waxes.* Amsterdam: Elsevier 1976
ANSELL, G. B., J. N. HAWTHORNE u. R. M. C. DAWSON: *Form and Function of Phospholipids.* Vol. 3 von BBA Library. Amsterdam: Elsevier 1973
VAN DEENEN, L. L. M.: Phospholipids and Biomembranes. Progr. Chem. Fats other Lipids **8** (1966), 1–132
SLOTBOOM, A. J. u. P. P. M. BONSEN: Recent Developments in the Chemistry of Phospholipids. Chem. Phys. Lipids **5** (1970), 301–398
SNYDER, F.: The Biochemistry of Lipids Containing Ether Bonds. Progr. Chem. Fats other Lipids **10** (1969), Heft 3
BERGELSON, L. D.: Diol Lipids. Progr. Chem. Fats other Lipids **10** (1969), 239–335
PIANTADOSI, C. u. F. SNYDER: Plasmalogens and Related Derivatives. J. pharmac. Sci. **59** (1970), 283–297
MAHADEVAN, V.: Chemistry and Metabolism of Fatty Aldehydes. Progr. Chem. Fats other Lipids **11** (1970), 81–135
KLJAŠCICKIJ, B. A., S. D. SOKOLOV u. V. I. ŠVEC, Inositfosfaty. Usp. Chim. **38** (1969), 740–758
STURGEON, R. J.: Glycolipids and gangliosides. Carbohydr. Chem. **10** (1978), 411–425
SASTRY, P. S.: Glycosyl Glycerides. Advances Lipid Res. **12** (1974), 251–310
KLENK, E.: On Cerebrosides and Gangliosides. Progr. Chem. Fats other Lipids **10** (1969), Heft 4
KISS, J.: Glycosphingolipids. Advances Carbohydrate Chem. Biochem. **24** (1969), 381–434
VAN HUMMEL, H. C.: Chemistry and Biosynthesis of Plant Galactolipids. Fortschr. Chem. org. Naturstoffe [Wien] **32** (1975), 267–295
WIEGANDT, H.: Glycosphingolipids. Advances Lipid Res. **9** (1971), 249–290
WIEGANDT, H.: Struktur und Funktion der Ganglioside. Angew. Chem. **80** (1968), 89–98
SANDHOFF, K.: Biochemie der Sphingolipidspeicherkrankheiten. Angew. Chem. **89** (1977), 283 bis 295
HAINES, T. H.: The Chemistry of the Sulfolipids. Progr. Chem. Fats other Lipids **11** (1971), 297 to 345
HAKAMORI, S., K. WATANABE u. R. A. LAINE: Glycosphingolipids with blood group A, H and I activity and their changes associated with ontogenesis and oncogenesis. Pure appl. Chem. **49** (1977), 1215–1227
VÁCZI, L.: *The Biological Role of Bacterial Lipids.* Budapest: Akadémiai Kiadó 1973
GETZ, G. S.: Lipids in Membrane Development. Advances Lipid Res. **8** (1970), 175–224
WILLIAMS, R. M. u. D. CHAPMAN: Phospholipids, Liquid Crystals and Cell Membranes. Progr. Chem. Fats other Lipids **11** (1970), 3–79
TRÄUBLE, H.: Phasenumwandlungen in Lipiden. Mögliche Schaltprozesse in biologischen Membranen. Naturwissenschaften **58** (1971), 277–284
VANDENHEUVEL: Structure of Membranes and Role of Lipids Therein. Advances Lipid Res. **9** (1971), 161–248
KREUTZ, W.: Strukturprinzipien in Bio-Membranen. Angew. Chem. **84** (1972), 597–614
DÖRFLER, H.-D.: Struktur und Funktion natürlicher und artifizieller Membranen. Biol. Rdsch. **11** (1973), 1–28
SINGER, S. J.: The Molecular Organization of Membranes. Annu. Rev. Biochem. **43** (1974), 805 to 834
LUCY, J. A.: Lipids and Membranes. FEBS Letters **40** (1974), S105–S111
VEERKAMP, J. H.: *Lipids of the Cell Plasma Membranes,* in: *Biomembranes,* Vol. 3 (Passive Permeability of Cell Membranes, Hrsg.: KREUZER, F., und J. F. G. SLEGERS). New York: Plenum Press 1972
NICOLIS, G. u. R. LEFEVER (Hrsg.): *Membranes, Dissipative Structures and Evolution.* New York: Wiley 1974
MANSON, L. A. (Hrsg.): *Biomembranes.* New York: Plenum Press, [P]

Wallach, D. F. H. u. R. J. Winzler: *Evolving Strategies and Tactics in Membrane Research.* Berlin: Springer-Verlag 1974

Bergelson, L. D.: Ultrastruktur von biologischen Membranen. Ž. Vses. chim. Obšč. im. D. I. Mendeleeva **20** (1975), 322–334

Gross, W.: Biologische Membranen. Angew. Chem. **83** (1971), 419–427

Hoffmann, S.: Molekulare Matrizen IV. Membranen. Berlin: Akademie-Verlag 1978

Hoelzl-Wallach, D. F. u. H. G. Knüfermann: *Plasmamembranen.* Heidelberg: Springer-Verlag 1973

Chapman, D. u. D. F. H. Wallach: *Biological Membranes.* Vol. 1 1968, Vol. 2 1973. London: Academic Press

Avery, J.: *Membrane Structure and Mechanisms of Biological Energy Transduction.* London: Plenum Press 1973

Leive, L. (Hrsg.): *Bacterial Membranes and Walls.* Vol. 1 of Microbiology Series. New York: Dekker 1973

Fineau, J. B., R. Coleman u. R. H. Mitchell: *Membranes and their Cellular Function.* Oxford: 1974

Davies, M.: *Funktionen biologischer Membranen.* Jena: VEB Fischer Verlag 1974

Schulze, H.-U. u. H. Staudinger: Struktur und Funktion des endoplasmatischen Retikulums. Naturwissenschaften **62** (1975), 331–340

Fox, C. F. (Hrsg.): *Biochemistry of Cell Walls and Membranes.* Vol. 2 von: MTP International Review of Sciences. Serie 1. Baltimore: Univ. Park Press 1975

Harrison, R. u. G. G. Lunt: *Biologische Membranen.* Stuttgart: Fischer Verlag 1976

Abrahamsson, S. u. I. Pascher (Hrsg.): *Structure of Biological Membranes.* New York: Plenum Press 1977

Groth, J.: Die Anwendung immunologischer Methoden zur Untersuchung biologischer Membranen. Biol. Rdsch. **11** (1973), 28–40

Literatur zum Kapitel „Vitamine, Coenzyme und Tetrapyrrole“

Vitamins and Hormones. New York: Academic Press. [P]

Sebrell, W. H. u. R. S. Harris (Hrsg.): The Vitamins. Vol. I–III. New York: Academic Press 1954

Wagner, A. F. u. K. Folkers: *Vitamins and coenzymes.* New York: Interciences Publ. 1964

Fragner, J. (Hrsg.): *Vitamine – Chemie und Biochemie.* Bd. I + II. Jena: Fischer-Verlag 1964.

Kempter, G.: *Struktur und Analyse von Vitaminen.* Berlin: Akademie-Verlag 1964

Berezovskij, V. M.: *Chimija vitaminov.* Moskau: Piščevaja Promyšlenost' 1973

Ammon, R. u. W. Dirscherl (Hrsg.): *Fermente, Hormone, Vitamine und die Beziehungen dieser Wirkstoffe zueinander.* Bd. III/2. Stuttgart: Thieme-Verlag 1975

Seidl, G.: *Vitamine.* In: *Arzneimittel – Entwicklung, Wirkung, Darstellung* (Hrsg.: G. Ehrhardt und H. Ruschig). Bd. 3, 153–207. Weinheim: Verlag Chemie 1972

Koser, S. A.: *Vitamin Requirements of Bacteria and Yeasts.* Springfield: Thomas 1965

Robinson, F. A.: *The Vitamin Co-Factors in Enzyme Systems.* Oxford: Pergamon-Press 1966

International Symposium on the Structures and Function of Vitamin-Dependent Enzymes. Vitamins and Hormones **28** (1970), 143ff.

Strohecker, R. u. H. M. Henning: *Vitamin-Bestimmungen.* Weinheim: Verlag Chemie 1963

Hanahan, D. J. (Hrsg.): Handbook of Lipid Research. Vol. 2: The Fat-Soluble Vitamins. (Hrsg.: H. F. DeLucca). New York: Plenum Press 1978

Morton, R. A. (Hrsg.): *Fat-soluble Vitamins.* Vol. 9, International Encyclopaedia of Food and Nutrition. Oxford: Pergamon Press 1970

International Symposium on Recent Knowledge Concerning the Metabolism and Function of the Fat-soluble Vitamins in Honor of Prof. R. A. Morton. Vitamins and Hormones **32** (1974), 131–542

WASSERMAN, R. H. u. A. N. TAYLOR: Metabolic roles of fatsoluble vitamins D, E and K. Annu. Rev. Biochem. **41** (1972), 179–202

VEINBERG, A. Y. u. G. I. SAMOKHVALOV: Fettlösliche Vitamine und Lipid-Carrier von Kohlenhydraten. Usp. Bio. Chim. **1976**, 176–186

GLOVER, J.: Retinol-Binding Proteins. Vitamins and Hormones **31** (1973), 1–42

SUMPER, M., H. REITMEIER u. D. OESTERHELT: Zur Biosynthese der Purpurmembran von Halobakterien. Angew. Chem. **88** (1976), 203–210

WALD, G.: Die molekulare Basis des Sehvorgangs. Angew. Chem. **80** (1968), 857–867

LANGER, H. (Hrsg.): *Biochemistry and Physiology of Visual Pigments.* Berlin: Springer-Verlag 1973

WASSERMANN, R. H. u. R. A. CORRADINO: Vitamin D, Calcium, and Protein Synthesis. Vitamins and Hormones **31** (1973), 43–103

SANDERS, G. M., J. POT u. E. HAVINGA: Some Recent Results in the Chemistry and Stereochemistry of Vitamin D and its Isomers. Fortschr. Chem. org. Naturstoffe [Wien] **27** (1969), 131–157

MERMET-BOUVIER, R. u. E. ABILLON: Ergosterol Photoisomerization Reaction Scheme. J. pharmac. Sci. **62** (1973), 891–894

DELUCA, H. F. u. K. H. SCHNOES: Metabolism and Mechanism of Action of Vitamin D. Annu. Rev. Biochem. **45** (1976), 631–666

SCHMID, R.: Vitamin D – ein Hormon. Naturwiss. Rdsch. **26** (1973), 479–481

GEORGHIOU, P. E.: The Chemistry of „Vitamin D“ – The Hormonal Calciferols. Chem. Soc. Reviews **6** (1977), 83–107

THOMSON, R. H.: *Naturally Occuring Quinones.* New York: Academic Press 1971

PATAI, S.: *The Chemistry of the Quinoid Compounds.* Chichester: Wiley 1974

PORTER, T. H. u. K. FOLKER: Antimetabolite des Coenzym Q, Möglichkeiten ihrer Anwendung als Antimalaria-Mittel. Angew. Chem. **86** (1974), 635–645

International Symposium on Recent Advances in Research on Vitamin K and related Quinones (Vitamin K, Ubiquinones or Coenzym Q, Plastochinones). Vitamins and Hormones **24** (1966), 293ff.

DONCHENKO, G. V.: Vitamin E und biologische Oxidationen. Vitaminy **8** (1975), 43–60

PLANT, G. W. E., C. M. SMITH u. W. L. ALWORTH: Biosynthesis of Water-soluble Vitamins. Annu. Rev. Biochem. **43** (1974), 899–922

LEWIN, S.: *Vitamin C. Its Molecular Biology and Medical Potential.* London: Academic Press 1976

SCHLEE, D.: Thiamin: Die Biosynthese und ihre Regulation. Pharmazie **27** (1972), 275–282

EVANS, W. C.: Thiaminase and Their Effects on Animals. Vitamins and Hormones **33** (1975), 467–504

PFLEIDERER, W.: Neuere Entwicklung in der Pteridin-Chemie. Angew. Chem. **75** (1963), 993 bis 1011

REMBOLD, H. u. W. L. GYURE: Biochemie der Pteridine. Angew. Chem. **84** (1972), 1088–1099

JAENICKE, L. u. C. KUTZBACH: Folsäure und Folat-Enzyme. Fortschr. Chem. org. Naturstoffe [Wien] **21** (1963), 183–274

RIVLIN, R. S. (Hrsg.): *Riboflavin.* New York: Plenum Press 1975

HEMMERICH, P.: The Present Status fo Flavin and Flavoenzyme Chemistry. Fortschr. Chem. org. Naturstoffe [Wien] **33** (1976), 451–528

STATER, E. C. (Hrsg.): *Flavins and Flavoproteins.* Vol. 8 von BBA Library. Amsterdam: Elsevier 1966

SINGER, T. P. u. W. C. KENNEY: Biochemistry of Covalent Bound Flavins. Vitamins and Hormones **32** (1974), 1–45

JANDRA, M. u. P. HEMMERICH: 5-Desaza- und 5-Thiariboflavine: Ein einfacher Weg zu Antimetaboliten des Vitamin B_2. Angew. Chem. **88** (1976), 475–476

SNELL, E. E., A. E. BRAUNSTEIN, E. S. SEVERIN u. JU. M. TORCHINSKY: *Pyridoxal Catalysis: Enzymes and Model Systems.* New York: Intersciences Publ. 1968

HOLM, R. H.: *Vitamin B_6 Complexes.* In: *Inorganic Biochemistry* (Hrsg.: G. L. EICHHORN), Vol. 2, 1137–1167. Amsterdam: Elsevier 1973

EISNER, U. u. J. KUTHAN: The Chemistry of Dihydropyridines. Chem. Reviews **72** (1972), 1–42

ALIZADE, M. A. u. K. BRENDEL: Tentative Classification of NAD(P)-Linked Dehydrogenases in Regard to their Stereochemistry of Hydrogen Transfer to the Coenzyme. Naturwissenschaften **62** (1975), 346–348

WOENCKHAUS, C.: *Synthesis and Properties of Some New NAD^+ Analogues.* In: *Medicinal Chemistry.* Vol. 52 von: Topics in Current Chemistry. Berlin: Springer-Verlag 1974, 209–233

KNAPPE, J.: Mechanism of Biotin Action. Annu. Rev. Biochem. **39** (1970), 757–776

MARQUET, A.: New aspects of the chemistry of biotin and of some analogs. Pure appl. Chem. **49** (1977), 183–196

NEILANDS, J. B.: *Microbial Iron Transport Compounds (Siderochromes).* In: *Inorganic Biochemistry* (Hrsg.: G. L. EICHHORN), Vol. 1, 167–202. Amsterdam: Elsevier 1973

SMITH, K. M. (Hrsg.): Porphyrins and Metalloporphyrins. Amsterdam: Elsevier 1975

INHOFFEN, H. H., J. W. BUCHLER u. P. JÄGER: Chemie der Chlorine und Porphyrine. Fortschr. Chem. org. Naturstoffe [Wien] **26** (1968), 284–355

FUHRHOP, J.-H.: Die Reaktivität der Porphyrin-Liganden. Angew. Chem. **86** (1974), 363–377

KENNEDY, G. Y.: Porphyrins in invertebrates. Ann. New York Acad. Sci. **244** (1975), 622 bis 673

MARKS, G. S.: *Heme and Chlorophyll.* London: Nostrand 1969

HENDRICKSON, W. A.: The molecular architecture of oxygen-carrying proteins. Trends in Biochem. Sci. **2** (1977), 108–110

ANTONINI, E. u. M. BRUNORI: Hemoglobin. Annu. Rev. Biochem. **39** (1970), 977–1042

BUSE, G.: Zum gegenwärtigen Stand der Hämoglobin-Forschung. Angew. Chem. **83** (1971), 735 bis 745

SCHMIDT, B.: Genetische Aspekte zur Hämoglobin-Synthese. Angew. Chem. **84** (1972), 649–656

BUCHLER, J. W.: Hämoglobin als Wegweiser der Forschung in der Komplexchemie. Angew. Chem. **90** (1978), 425–441

LEMBERG, R. u. J. BARRETT: Cytochromes. London: Academic Press 1973

KAMEN, M. D. u. T. HORIO: Bacterial Cytochromes. Annu. Rev. Biochem. **39** (1970), 673–700

VERNON, L. P. u. G. R. SEELY: *The Chlorophylls.* New York: Academic Press 1966

KATZ, J. J.: Chlorophyll Interactions and Light Conversion in Photosynthesis. Naturwissenschaften **60** (1973), 32–39

PORTER, G.: In vitro models for photosynthesis. Proc. R. Soc. London, Ser. A **362** (1978), 281 to 303

BARKER, H. A.: Corrinoid-dependent enzymic reactions. Annu. Rev. Biochem. **41** (1972), 55–90

SCHRAUZER, G. N.: Mechanisms of Corrin Dependent Enzymatic Reactions. Fortschr. Chem. org. Naturstoffe [Wien] **31** (1974), 583–628

BABIOR, B. (Hrsg.): *Cobalamin: Biochemistry and Pathophysiology.* Chichester: Wiley 1975

ESCHENMOSER, A.: Post-B_{12} Problems in Corrin Synthesis. Chem. Soc. Reviews **5** (1976), 377 to 410

SCHRAUZER, G. N.: Von einfachen Corrinen und von Coenzym B_{12} abhängigen Enzymreaktionen. Angew. Chem. **89** (1977), 239–251

SCHLINGMANN, G., u. a.: Zur Struktur gelber metallfreier und cobalthaltiger Corrinoide. Angew. Chem. **92** (1980), 304–305

SCHEER, H.: Biliproteine. Angew. Chem. **93** (1981), 230–250

RÜDIGER. W.: Gallenfarbstoffe und Biliproteide. Fortschr. Chem. org. Naturstoffe [Wien] **29** (1971), 60–139

HUDSON, M. F. u. K. M. SMITH: Bile Pigments. Chem. Soc. Reviews **4** (1975), 363–399

Literatur zum Kapitel „Interzelluläre Regulationsstoffe“

Vitamins and Hormones. Advances in Research and Applications. New York: Academic Press. [P]
Recent Progress in Hormone Research, New York: Academic Press, [P]
HANČ, O. u. Z. PÁDR: Chemie und Biologie der Hormone. Jena: Fischer 1979
VOGEL, G. (Hrsg.): *Hormone.* in: *Arzneimittel — Entwicklung, Wirkung, Darstellung* (Hrsg.: EHRHART, G., u. H. RUSCHIG), Bd. 3, 209—433. Weinheim: Verlag Chemie 1972
KLUG, H.: *Hormone und Enzyme.* „Die Neue Brehm-Bücherei“ 262. Wittenberg: Ziemsen-Verlag 1976
HANKE, W.: *Vergleichende Wirkstoffphysiologie der Tiere.* Jena: VEB Fischer-Verlag 1973
HAMBURGH, M. u. E. W. BARRINGTON (Hrsg.): *Hormones in Development* New York: Plenum Press 1971
BUTT, W. R.: *Hormone Chemistry,* Vol. 1 und 2. Chichester: Wiley 1975, 1977
ERMISCH, A.: Neurohormone und Hirnfunktionen. Biol. Rdsch. **18** (1980), 13—29
KAVETSKIJ, R. E. (Hrsg.): Novoe o Gormonach i mechanisme ich dejstvija. Kiew: Naukovo Dumka 1977
RUTTER, W. J., R. L. PICTET u. P. W. MORRIS: Toward Molecular Mechanisms of Development Processes. Annu. Rev. Biochem. **42** (1973), 601—646
YANAIHARA, N.: Hormone Precursors. Clinics in Endocrinology and Metabolism **9** (1980), 223 bis 234
SUTHERLAND, E. W.: Untersuchungen zur Wirkungsweise der Hormone. Angew. Chem. **84** (1972), 1117—1125
LÜBKE, K., E. SCHILLINGER u. M. TÖPERT: Hormon-Rezeptoren. Angew. Chem. **88** (1976), 790 bis 798
MAURER, H. R.: Leukozyten-Chalone. Dtsch. Ap. Ztg. **120** (1980), 839—844
AGARWAL, M. K. (Hrsg.): *Antihormones.* Amsterdam: Elsevier 1979
HOUCK, J. C. (Hrsg.): *Chalones.* Amsterdam: North-Holland Publ. Comp. 1976
KARLSON, P.: Zur Topochemie der Hormonwirkung. Naturwissenschaften **62** (1975), 126—132
LI, CHOH HAO: *Hormonal Proteins and Peptides.* New York: Academic Press 1973
TAGER, H. S. u. D. F. STEINER: Peptide Hormones. Annu. Rev. Biochem. **43** (1974), 509—538
RABIN, D. (Hrsg.): *Heterogeneity and Polypeptide Hormones.* New York: Academic Press 1974
VOELTER, W.: Hypothalamus-Regulationshormone. Fortschr. Chem. org. Naturstoffe [Wien] **34** (1977), 439—533
FOLKERS, K.: Chemie und Biosynthese der freisetzenden und hemmenden Hypothalamus-Neurohormone. Angew. Chem. **85** (1973), 271—280
BLUNDELL, T. L. u. R. E. HUMBEL: Hormone families: pancreatic hormones and homologous growth factors. Nature **287** (1980), 781—785
GOLDSTEIN, A.: Opioid Peptides (Endorphins) in Pituitary and Brain. Sciences **193** (1976), 1081 to 1086
HORN, A. S. u. J. R. RODGERS: The enkephalins and opiates: structure-activity relations. J. Pharm. Pharmac. **29** (1977), 257—265
SAXENA, B. N.: Protein-Polypeptide Hormones of the Human Placenta. Vitamins and Hormones **29** (1971), 96—152
SINGER, P. u. V. SCHLINK: Zur Geschichte des Insulins. Wissenschaft und Fortschritt **22** (1972), 467—471
KLOSTERMEYER, H. u. R. E. HUMBEL: Chemie und Biochemie des Insulins. Angew. Chem. **78** (1966), 871—886
TRAKATELLIS, A. C. u. G. P. SCHWARTZ: Insulin, Structure, Synthesis and Biosynthesis of the Hormone. Fortschr. Chem. org. Naturstoffe [Wien] **26** (1968), 120—160

BLUNDELL, T., G. DODSON, D. HODGKIN u. D. MERCOLA: Insulin – The Structure in the Crystal and it's Reflection in Chemistry and Biology. Advances Protein Chem. **26** (1972), 280 bis 402

CHAN, S. J. u. D. F. STEINER: Preproinsulin, a new precursor in insulin biosynthesis. Trends in Biochem. Sci. **2** (1977), 254–256

BROMER, W.: Glucagon – Chemistry and Action. Fortschr. Chem. org. Naturstoffe [Wien] **28** (1970), 429–452

POTTS, J. T., H. T. KEUTMANN, H. D. NIALL u. G. W. TREGEAR: The Chemistry of Parathyroid Hormone and the Calcitonin. Vitamins and Hormones **29** (1971), 41–95

TARAKULOV, JU. CH., T. A. BABAEV u. T. SAATOV: *Jodoproteiny Ščitovitnoj Železy.* Taschkent: 1974

MUTT, V.: Chemistry, isolation ans purification of gastrointestinal hormones. Biochem. Soc. Trans. **8** (1980), 11–14

LI, C. H. (Hrsg.): Hormonal proteins and peptides. Vol. 6: Thyroid Hormones. New York: Academic Press 1978

LEVINSON, H. Z.: Über Evolution und Biosynthese der terpenoiden Pheromone und Hormone. Naturwissenschaften **59** (1972), 477–484

MORAND, P. u. J. LYALL: The Steroidal Estrogens. Chem. Reviews **68** (1968), 85–124

WIECHERT, R.: Moderne Probleme der Steroide. Angew. Chem. **82** (1970), 331–342

SLÁMA, K., M. ROMANUK u. F. ŚORM: *Insect Hormones and Bioanalogues.* Wien: Springer-Verlag 1974

GOODWIN, T. W. u. a.: Ecdysteroids: a new generic term. Nature **272** (1978), 122

KRIMER, M. Z. u. A. A. ŠAMŠURIN: *Chimija juvenil'nogo gormona i ego analogov.* Kisinev: Izd. Štinica 1972

MACCONNELL, J. G. u. R. M. SILVERSTEIN: Neuere Ergebnisse der Chemie von Insektenhormonen. Angew. Chem. **85** (1973), 647–697

ACHREM, A. A., I. S. LEVINA u. JU. A. TITOV: Chemie der Ecdysone. Usp. Chim. **40** (1971), 1621 bis 1645

LAW, J. H. u. F. E. REGNIER: Pheromones. Annu. Rev. Biochem. **40** (1971), 533–548

EITER, K.: Insect Sex Attractants. Pure appl. Chem. **41** (1975), 201–217

KARLSON, P. u. D. SCHNEIDER: Sexualhormone der Schmetterlinge als Modelle chemischer Kommunikation. Naturwissenschaften **60** (1973), 113–121

LEVINSON, H. Z.: Possibilities of Using Insectistatics and Pheromones in Pest Control. Naturwissenschaften **62** (1975), 272–282

EVANS, D. A. u. C. L. GREEN: Insect Attractans of Natural Origin. Chem. Soc. Reviews **2** (1973) 75–97

SZEJTLI, J.: *The Prostaglandins.* Budapest: 1972

BINDRA, J. S. u. R. BINDRA: Prostaglandins. Fortschritte der Arzneimittelforschung [Progr. Drug Res.] **17** (1973), 410–487

SAMUELSSON, B., E. GRANSTROM, K. GREEN, M. HAMBERG u. S. HAMMARSTRÖM: Prostaglandins. Annu. Rev. Biochem. **44** (1975), 669–695

BERTI, F., B. SAMUELSSON u. G. P. VELO (Hrsg.): *Prostaglandins and Thromboxanes.* New York: Plenum Press 1977

CROWFORD, H.: Essential fatty acids and prostaglandins. Nature **287** (1980), 388–391

SZÁNTAY, C. u. L. NOVÁK: *Synthesis of Prostglandins.* Budapest: Akadémiai Kiadó 1978

NICOLAOU, K. C., G. P. GASIC u. W. E. BARNETTE: Synthesen und biologische Eigenschaften von Prostaglandinendoperoxiden, Thromboxanen und Prostacyclinen. Angew. Chem. **90** (1978), 360–379

BORGEAT, P. u. P. SIROIS: The Leukotrienes. J. medic. Chem. **24** (1981), 121–126

SEILER, N., L. DEMISCH u. H. SCHNEIDER: Biochemie und Funktion von biogenen Aminen im ZNS. Angew. Chem. **83** (1971), 53–69

Fischer, H.: *Vergleichende Pharmakologie von Überträgersubstanzen in tiersystematischer Darstellung. Handbuch der exp. Pharmakologie,* Bd. XXVI. Berlin: Springer-Verlag 1971

Fischer, H.: Animal Evolution in the Field of Synaptic Substances. Naturwissenschaften **59** (1972), 425–435

Müller-Schwarze, D. u. M. M. Morell (Hrsg.): *Chemical Signals in Vertebrates.* New York: Plenum Press 1977

Tsitsin, N. V. (Hrsg.): Fitogormony i Rost Rastenij. Moskau: Nauka 1978

Bruinsma, J.: Pflanzliche Hormone als Bioregulatoren. Arzneim.-Forsch. **30** (1980), 1965–1969

Schildknecht, H.: Reiz- und Abwehrstoffe höherer Pflanzen. Angew. Chem. **93** (1981), 164 bis 183

Jaenicke, L.: Sex Hormones of Brown Algae. Naturwissenschaften **64** (1977), 69–75

Gooday, G. W.: Fungal Sex Hormones. Annu. Rev. Biochem. **43** (1974), 35–49

Schlee, D.: Cytokinine in Mikroorganismen. Pharmazie **30** (1975), 345–349

Macmillan, J.: *Diterpenes — The Gibberellins,* in: *Aspects of Terpenoid Chemistry and Biochemistry* (Hrsg.: T. W. Goodwin). London: Academic Press 1971

Muromcev, G. S. u. V. N. Agnistikova: *Gormony Rastenij Gibberelliny.* Moskau: Nauka 1973

Gross, D.: Chemie und Biochemie der Abscisinsäure. Pharmazie **27** (1972), 619–630

Gräser, H.: *Biochemie und Physiologie der Phytoeffektoren.* Berlin: Dtsch. Verlag d. Wiss. 1978

Mel'nikov, N. N.: Sintetičeskie Regulatory Rosta Rastenij i Gerbicidy. Usp. Chim. **45** (1976), 1473–1504

Literatur zum Kapitel „Isoprenoide Verbindungen: Terpene und Steroide"

Templeton, W.: *An Introduction to the Chemistry of Terpenoids and Steroids.* London: Butterworth 1969

Overton, K. H. (Hrsg.): *Terpenoids and Steroids.* Vol. 6 von Specialist Periodical Reports. London: The Chemical Society 1976

Goodwin, T. W.: *Aspects of Terpenoid Chemistry and Biochemistry.* London: Academic Press 1971

Newman, A. A.: *Chemistry of Terpenes and Terpenoids.* London: Academic Press 1972

Nicholas, H. J.: Terpenes. Phytochemistry **2** (1973), 254–309

Cane, D. E.: The Stereochemistry of Allylic Pyrophosphate Metabolism. Tetrahedron **36** (1980), 1109–1159

Goldsmith, D.: Biogenetic-type Synthesis of Terpenoid Systems. Fortschr. Chem. org. Naturstoffe [Wien] **29** (1971), 363–394

Coates, R. M.: Biogenetic-type Rearrangements of Terpenes. Fortschr. Chem. org. Naturstoffe [Wien] **33** (1976), 73–230

Johnson, W. S.: Biomimetische Cyclisierungen von Polyenen. Angew. Chem. **88** (1976), 33–41

Arigoni, D.: Stereochemical Aspects of Sesquiterpene Biosynthesis. Pure appl. Chem. **41** (1975), 219–245

Rücker, G.: Sesquiterpene. Angew. Chem. **85** (1973), 895–907

Hecker, E. u. R. Schmidt: Phorbolesters — the Irridants and Cocarcinogens of Croton Tiglium L. Fortschr. Chem. org. Naturstoffe [Wien] **31** (1974), 377–467

Lavie, D. u. E. Glotter: The Cucurbitanes, a Group of Tetracyclic Triterpenes. Fortschr. Chem. org. Naturstoffe [Wien] **29** (1971), 307–362

Tschesche, R. u. G. Wulff: Chemie und Biologie der Saponine. Fortschr. Chem. org. Naturstoffe [Wien] **30** (1973), 461–606

Isler, O.: *Carotenoids.* Basel: Birkhäuser-Verlag 1971

Contributed papers presented at the Fifth International Symposium on Carotenoids. Pure appl. Chem. **51** (1979), 435–675

Czygan, F.-C.: *Farbstoffe in Pflanzen.* Bd. 88 von Ber. dtsch. Bot. Ges. Stuttgart: Springer-Verlag 1975
Klyne, W.: *The Chemistry of the Steroids.* London: Methuen 1957
Fieser, L. F. u. M. Fieser: *Steroide.* Weinheim: Verlag Chemie 1961
Wiechert, R.: Moderne Probleme der Steroide. Angew. Chem. **82** (1970), 331–342
Onken, D.: *Steroide — Zur Chemie und Anwendung.* Berlin: Akademie-Verlag 1971
Mulheim, L. J. u. P. J. Ramm: The Biosynthesis of Sterols. Chem. Soc. Reviews **1** (1972), 259 to 291
Achrem, A. A. u. Ju. A. Titov: *Steroidi i Mikroorganismi.* Moskau: Nauka 1970
Achrem, A. A. u. Ju. A. Titov: *Total Steroid Synthesis.* New York: Plenum Press 1970
Idler, D. R.: *Steroids in Nonmammalia Vertebrates.* New York: Academic Press 1972
Bean, G. A.: Phytosterols. Advances Lipid Res. **12** (1974), 193–218
Grunwald, C.: Plant Sterols. Annu. Rev. Plant Physiol. **26** (1975), 209–236
Heftmann, E.: Function of Steroids in Plants. Phytochemistry **14** (1975), 891–901
Nair, P. P. u. D. Kritchevsky (Hrsg.): *The Bile Acids,* Vol. 1: *Chemistry.* New York: Plenum Press 1971
Hoshita, T. u. T. Kazuno: Chemistry and Metabolism of Bile Alcohols and Higher Bile Acids. Advances Lipid Res. **6** (1968), 208–254
Reichstein, T.: Cardenolid- und Pregnanglykoside. Naturwissenschaften **54** (1967), 53–67
Schreiber, K.: Steroid alkaloids. Solanum group. The Alkaloids **10** (1968), 1–192
Cearney, W. u. H. L. Herzog: *Microbial Transformations of Steroids.* New York: Academic Press 1967
Kirk, D. N. u. M. P. Hartshorn: *Steroid Reaction Mechanisms.* Amsterdam: Elsevier 1968
Djerassi, C.: *Steroid Reactions.* San Francisco: Holden-Day 1963
Blickenstaff, R. T., A. C. Ghosh u. G. C. Wolf: *Total Synthesis of Steroids.* Vol. 30 von Organic Chemistry (Hrsg.: Blomquist, A. T. u. H. Wasserman). New York: Academic Press 1974
Sykes, P. J. u. J. S. Whitehurst: Steroid Synthesis. Terpenoids Steroids **6** (1976), 276–343

Literatur zum Kapitel „Aromatische Verbindungen"

Harborne, J. B.: *Biochemistry of phenolic compounds.* London: Academic Press 1964
Taylor, W. I. u. A. R. Battersby: *Organic substances of natural origin.* Vol. 1: *Oxidative coupling of phenols.* New York: Dekker 1967
Murray, R. D. H.: Naturally occuring aromatic oxygen-ring compounds. Aromat. Heteroaromat. Chem. **6** (1978), 258–281
Lewis, J. R.: Other naturally occuring aromatic compounds. Aromat. Heteroaromat. Chem. **6** (1978), 282–301
Money, T.: Biogenetic-type synthesis of phenolic compounds. Chem. Reviews **70** (1970) 553–561
Bayer, E.: Komplexbildung und Blütenbau. Angew. Chem. **78** (1966), 834–841
Billek, G.: Stilbene im Pflanzenreich. Fortschr. Chem. org. Naturstoffe [Wien] **22** (1964), 115 bis 152
Sárkanen, K. V. u. C. H. Ludwig: *Lignins, occurence, formation, structure and reactions.* New York: Wiley 1971
Grušnikov, O. P. u. V. V. Elkin: *Dostiženija i problemy chimii lignina.* Moskau: Izd. Nauka 1973
Grušnikov, O. P. u. O. N. Antropova: Mikrobiologičeskaja degracija lignina. Usp. Chim. **44** (1975), 935–968
Nimz, H.: Das Lignin der Buche — Entwurf eines Konstitutionsschemas. Angew. Chem. **86** (1974), 336–344
Krüger, G.: Lignin — seine Bedeutung und Biogenese. Chemie unserer Zeit **10** (1976), 21–29
Harkin, J. M.: *Lignin — a natural polymeric product of phenol oxidation;* in: Taylor, W. I., und A. R. Battersby: *Oxidative coupling of phenols.* New York: Dekker 1967

WAGNER, H.: Flavonoid-Glykoside. Fortschr. Chem. org. Naturstoffe [Wien] **31** (1974), 153–216
LAHANN, H. u. H. PURUCKER: *Bioflavonoide, „Vitamin P"*; in: *Fermente, Hormone, Vitamine und die Beziehungen dieser Wirkstoffe zueinander* (Hrsg.: R. AMMON und W. DIRSCHERL), Bd. III/2, 962–982. Stuttgart: Thieme 1975
WEINGES, K., W. BÄHR, W. EBERT, K. GÖRITZ u. H.-D. MARX: Konstitution, Entstehung und Bedeutung der Flavonoid-Gerbstoffe. Fortschr. Chem. org. Naturstoffe [Wien] **27** (1969), 158 bis 260
WONG, E. : Structural and biogenetic relationship of isoflavonoids. Fortschr. Chem. org. Naturstoffe [Wien] **28** (1970), 1–73
HASLAM, E.: *Chemistry of vegetable tannins.* London: Academic Press 1966
HARRIS, T. M., C. M. HARRIS u. K. B. HINDLEY: Biogenetic-type synthesis of polyketide metabolites. Fortschr. Chem. org. Naturstoffe [Wien] **31** (1974), 218–282
FRANCK, B. u. H. FLASCH: Die Ergochrome. Fortschr. Chem. org. Naturstoffe [Wien] **30** (1973), 151–206
ROBERTS, J. C.: Aflatoxins and sterigmatocystins. Fortschr. Chem. org. Naturstoffe [Wien] **31** (1974), 119–152
NEUMEYER, J. L. u. R. A. SHAGOURY: Chemistry and pharmacology of marijuana. J. pharmac. Sci. **60** (1971), 1433–1457
SWAN, G. A.: Structure, chemistry and biochemistry of the melanins. Fortschr. Chem. org. Naturstoffe [Wien] **31** (1974), 521–582

Literatur zum Kapitel „Alkaloide"

MANSKE, R. H. F. u. H. L. HOLMES (Hrsg.): *The Alkaloids.* New York: Academic Press, [P] (ab 1950)
The Alkaloids. Specialist Periodical Reports. London: Chemical Society, [P] (ab 1969)
SWAN, G. A.: *An introduction to the alkaloids.* Oxford: Blackwell Scientific Publ. 1967
DÖPKE, W.: *Einführung in die Chemie der Alkaloide.* Berlin: Akademie-Verlag 1968
SAXTON, J. E. (Hrsg.): *The Alkaloids.* London: Chemical Society, Burlington House, [P]
BOIT, H.-G.: *Ergebnisse der Alkaloid-Chemie bis 1960.* Berlin: Akademie-Verlag 1961
DÖPKE, W.: *Ergebnisse der Alkaloid-Chemie 1960–68.* Berlin: Akademie-Verlag 1976
GLASBY, J. S.: *Encyclopedia of the alkaloids.* New York: Plenum Press, Vol. 1 (1975)
HESSE, M.: Alkaloidchemie. Stuttgart: Thieme 1978
ROBINSON, T.: *The biochemistry of alkaloids.* Berlin: Springer-Verlag 1968
MOTHES, K. u. H. R. SCHÜTTE (Hrsg.): *Biosynthese der Alkaloide.* Berlin: Dtsch. Verlag d. Wiss. 1969
WARNHOFF, E. W.: *Rearrangements in the chemistry of alkaloids.* In: P. DEMAYO (Hrsg.): *Molecular Rearrangements,* Vol. 2, S. 841–964, New York: Wiley 1967
BATTERSBY, A. R.: *Phenol oxidation in the alkaloid field.* In: W. I. TAYLOR und A. R. BATTERSBY: *Oxidative coupling of phenols.* New York: Dekker 1967
DALTON, D. R.: *The Alkaloids: The Fundamental Chemistry A Biogenetic Approach.* Basel: Dekker 1979
EUGSTER, C. H.: Chemie der Wirkstoffe aus dem Fliegenpilz (Amanita muscaria). Fortschr. Chem. org. Naturstoffe [Wien] **27** (1969), 262–321
GROSS, D.: Vorkommen, Struktur und Biosynthese natürlicher Piperidinderivate. Fortschr. Chem. org. Naturstoffe [Wien] **29** (1971), 1–59
BULL, L. B., C. C. J. CULVENOR u. A. T. DICK: *The pyrrolizidine alkaloids.* Amsterdam: North-Holland Publishing Company 1968
SHAMMA, M.: *The isoquinoline alkaloids.* New York: Academic Press 1972
KOSTERLITZ, H. W.: *Opiates and endogenous opioid peptides.* Amsterdam: North-Holland Publishing Company 1976
SHAMMA, M. u. W. A. SLUSARCHYK: The aporphine alkaloids. Chem. Reviews **64** (1964), 59–79

STUART, K. L. u. M. P. CAVA: The proaporphine alkaloids. Chem. Reviews **68** (1968), 321–339

TAYLOR, W. I.: *Indol alkaloids.* Oxford: Pergamon Press 1966

WINTERFELDT, E.: Stereospezifische Totalsynthese von Indolalkaloiden. Fortschr. Chem. org. Naturstoffe [Wien] **31** (1974), 469–520

TAYLOR, W. I. u. N. R. FARNWORTH: *The vinca alkaloids.* New York: Dekker 1973

TAYLOR, W. I. u. N. R. FARNWORTH: *The catharanthus-alkaloids — Botany, chemistry, pharmacology and clinical use.* New York: Dekker 1975

HOFMANN, A.: Die Entdeckung des LSD und nachfolgende Untersuchungen über verwandte mexikanische Zauberdrogen. Dtsch. Apotheker-Ztg. **115** (1975), 1264–1265

SCHULTZ, A. G.: Camptothecin. Chem. Reviews **73** (1973), 385–405

WOODWARD, R. B.: The structure of Tedrodotoxin. Pure appl. Chem. **9** (1964), 49–74

Literatur zum Kapitel „Antibiotica"

HOFMANN, H., A. SÖDER, U. SCHACHT u. H.-L. WEIDENMÜLLER: *Antibiotica*, in: G. EHRHART u. H. RUSCHIG: *Arzneimittel*, Bd. 4. Weinheim: Verlag Chemie 1972

GOTTLIEB, D., P. D. SHAW u. J. W. CORCORAN (Hrsg.): *Antibiotics.* New York: Springer-Verlag 1975

ONKEN, F.: *Antibiotika.* Berlin: Akademie-Verlag 1979

SASYKIN, J. O.: *Antibiotika als Inhibitoren biochemischer Prozesse.* Berlin: Akademie-Verlag 1972

FRANKLIN, T. J. u. G. A. SNOW: *Biochemie antimikrobieller Wirkstoffe.* Berlin: Springer-Verlag 1973

GOLDBERG, I. H. u. P. A. FRIEDMAN: Antibiotics and nucleic acids. Annu. Rev. Biochem. **40** (1971), 775–810

BENVENISTE, R. u. J. DAVIES: Mechanisms of antibiotic resistance in bacteria. Annu. Rev. Biochem. **42** (1973), 471–506

BRAUN, V.: Membranpermeation und Antibiotika-Resistenz bei Bakterien. Naturwissenschaften **64** (1977), 126–132

MISATO, T., K. KO u. I. YAMAGUCHI: Use of antibiotics in agriculture. Advances Appl. Microbiol. **21** (1977), 53–88

NASS, G., K. PORALLA u. M. ZÄHNER: Biogenetic amino acid antagonists. Naturwissenschaften **58** (1971), 603–610

HON, J. P. u. J. W. POOLE: β-Lactam Antibiotics: Their physicochemical and biological activities in relation to structure. J. pharmac. Sci. **60** (1971), 503–532

FLYNN, E. H. (Hrsg.): *Cephalosporins and Penicillins. Chemistry and Biology.* New York: Academic Press 1972

McGREGOR, D. N.: Recent developments in the chemistry of penicillins. Fortschr. Chem. org. Naturstoffe [Wien] **31** (1974), 1–62

OVCHINNIKOV, JU. A.: *The conformation of cyclopeptides in solution.* In: P. G. KATSOYANNIS (Hrsg.): *The chemistry of polypeptides.* New York: Plenum Press 1973, S. 169–204

MAIER, W. u. D. GRÖGER: Biosynthese der Peptidantibiotica. Pharmazie **27** (1972), 491–505

ZIMMER, C.: Effects of the antibiotics Netropsin and Distamycin A on the structure and function of nucleic acids. Progr. Nucl. Acid Res. Mol. Biol. **15** (1975), 285–318

HOLLSTEIN, U.: Actinomycin. Chemistry and mechanism of action. Chem. Reviews **74** (1974), 625–652

LACKNER, H.: Die Raumstruktur der Actinomycine. Angew. Chem. **87** (1975), 400–411

RINEHART, K. L. u. L. S. SHIED: Chemistry of ansamycin antibiotics. Fortschr. Chem. org. Naturstoffe [Wien] **33** (1976), 231–308

PRESSMAN, B. C.: *Alkali metal chelates — the ionophores.* In: G. L. EICHHORN: *Inorganic Biochemistry*, Vol. 1, S. 203–226. Amsterdam: Elsevier 1973

PRESSMAN, B. C.: Biological applications of ionophores. Annu. Rev. Biochem. **45** (1976), 501 to 530

UMEZAWA, S.: Structures and synthesis of aminoglycoside antibiotics. Advances Carbohydrate Chem. Biochem. **30** (1974), 111–182

UMEZAWA, S.: Biochemical mechanism of resistance to amino-glycoside antibiotics. Advances Carbohydrate Chem. Biochem. **30** (1974), 183–226

SUHADOLNIK, R. J.: *Nucleoside antibiotics.* New York: Wiley 1970

JOHNSON, F.: The chemistry of glutarimide antibiotics. Fortschr. Chem. org. Naturstoffe [Wien] **29** (1971), 140–208

GROVE, J. F.: Griseofulvine and some analogues. Fortschr. Chem. org. Naturstoffe [Wien] **22** (1964), 203–264

DÜRCKHEIMER, W.: Tetracycline: Chemie, Biochemie und Struktur-Wirkungs-Beziehungen. Angew. Chem. **87** (1975), 751–763

MITSCHER, L. A.: The chemistry of the Tetracyclin Antibiotics. Medicinal Research Series, Vol. 9. New York: Dekker 1978

MASAMUME, S., G. S. BATES u. J. W. CORCORAN: Makrolide. Neuere Fortschritte ihrer Chemie und Biochemie. Angew. Chem. **89** (1977), 602–624

BROCKMANN, H.: Anthracyclinone und Anthracycline. Fortschr. Chem. org. Naturstoffe [Wien] **21** (1963), 121–182

KELLER-SCHIERLEIN, W.: Chemie der Makrolid-Antibiotica. Fortschr. Chem. org. Naturstoffe [Wien] **30** (1973), 313–460

HAMILTON-MILLER, J. M. T.: Chemistry and biology of the polyene macrolide antibiotics. Bacteriol. Rev. **37** (1973), 166–196

NORMAN, A. W., A. M. SPIELVOGEL u. R. G. WONG: Polyene Antibiotic — sterol interaction. Advances in Lipid Research **14** (1976), 127–170

SENSI, P.: Recent progress in the chemistry and biochemistry of rifamycins. Pure appl. Chem. **41** (1975), 15–29

CARTER, S. B.: Die Cytochalasine als Hilfsmittel bei cytologischen Untersuchungen. Endeavour **31** (1972), 77–82

BINDER, M. u. C. TAMM: Die Cytochalasane, eine neue Klasse biologisch aktiver Metabolite von Mikroorganismen. Angew. Chem. **85** (1973), 369–381

Regeln und Regelvorschläge der IUPAC-IUB-Kommission für Biochemische Nomenklatur (CBN) für die Nomenklatur von Naturstoffen

Eine deutschsprachige Zusammenstellung der Regeln und Regelvorschläge ist in H. Liebscher: Handbuch zur Anwendung der Nomenklatur organisch-chemischer Verbindungen (Berlin: Akademie-Verlag 1979) enthalten. Vgl. auch: Internationale Regeln für die chemische Nomenklatur und Terminologie (Deutsche Ausgabe für die BRD, Weinheim: Verlag Chemie, ab 1976; Naturstoffe: Band 1, Gruppe 6, 7, 8; Band 2: Gruppe 4, 5).

	Eur. J. Biochem.[1]
Allgemeine Regeln:	
Abbreviations and symbols for chemical names of special interest in biological chemistry	**1** (1967), 259–266
Fundamental stereochemistry	**18** (1971), 151–170
Stereochemistry. Recommendations 1974 Pure appl. Chem. **45** (1976), 11–30	
Trivial names of miscellaneous compounds of importance in biochemistry	**2** (1967), 1–2
Abbreviations and symbols	**74** (1977), 1–6
Citation of bibliographic reference in biochemical journals	**37** (1973), 201–202
Nomenclature of Phosphorus-Containing compounds of biochemical importance. Recommendations 1976. Hoppe-Seylers Z. physiol. Chem. **358** (1977), 599–616	
Aminosäuren, Peptide und Proteine:	
Nomenclature of α-amino acids. Recommendations 1974	**53** (1975), 1–14
Corrections	**53** (1975), 1
Symbols for amino-acid derivatives and peptides. Recommendations 1971	**27** (1972), 201–207
Corrections	**45** (1974), 2
Rules for naming synthetic modification of natural peptides	**1** (1967), 379–381
Amendments	**45** (1974), 3
Rules approved 1975: Pure appl. Chem. **48** (1976), 495–502	
Abbreviated nomenclature of synthetic polypeptides (polymerized amino acids). Recommendations 1971	**26** (1972), 301–304
A one-letter notation for amino-acid sequences	**5** (1968), 151–153
Definitive rules: Pure appl. Chem. **31** (1972), 639–645	
Abbreviations and symbols for the description of the conformation of polypeptide chains	**17** (1970), 193–201
Nomenclature of iron-sulfur proteins	**35** (1973), 1–2
Nomenclature of human immunoglobulins	**45** (1974), 5–6

[1]) Zu finden auch in anderen Zeitschriften wie Biochemistry, Pure and Applied Chemistry, J. Biol. Chemistry oder Hoppe-Seylers Z. physiol. Chem.

Enzyme nomenclature. Recommendations 1972. In Buchform erschienen bei Elsevier, Amsterdam	
Nomenclature of multiple forms of enzymes	**24** (1971), 1–3

Kohlenhydrate:

Tentative rules for carbohydrate nomenclature. Part 1	**21** (1971), 455–477
Corrections	**25** (1972), 4
Nomenclature of cyclitols	**57** (1975), 1–7

Nucleoside, Nucleotide und Nucleinsäuren:

Abbreviations and symbols for nucleic acids, polynucleotides and their constituents	**15** (1970), 203–208
Corrections	**25** (1972), 1

Lipide:

The nomenclature of lipids	**2** (1967), 127–131
Amendments and corrections	**12** (1970), 1
Nomenclature of lipids. Recommendations 1976 Hoppe-Seylers Z. physiol. Chem. **358** (1977), 617–631	

Vitamine, Coenzyme und Tetrapyrrole:

Nomenclature of vitamins, coenzymes and related compounds. Tentative rules	**2** (1967), 1–8
Nomenclature of quinones with isoprenoid side-chains. Recommendations	**53** (1975), 15–18
Nomenclature of tocopherols and related compounds	**46** (1974), 217–219
Nomenclature and symbols for folic acid and related compounds	**2** (1967), 5–6
Nomenclature for vitamin B-6 and related compounds	**40** (1973), 325–327
Nomenclature of corrinoids	**45** (1974), 7–12
Definitive rules: Pure appl. Chem. **48** (1976), 495–502	

Hormone:

Nomenclature of peptide hormones. Recommendations 1974	**55** (1975), 485–486

Isoprenoide Verbindungen:

Tentative rules for the nomenclature of carotenoids	**25** (1972), 397–408
Amendments 1975	**57** (1975), 1–7
The nomenclature of steroids. Revised tentative rules	**10** (1969), 1–19
Amendments 1971 and corrections	**25** (1972), 1–3
Definitive rules: Pure appl. Chem. **31** (1972), 283–322	

Verzeichnis häufig gebrauchter Abkürzungen

Einige Abkürzungen entsprechen nicht den IUPAC-IUB-Empfehlungen (z. B. NNR, HVL, HHL).

A	Adenosin
Abu	2-Aminobuttersäure
A_2bu	2,4-Diaminobuttersäure
Ac	Acetyl
Ach	Arachinsäure
ACTH	Corticotropin
Ade	Adenin
Ado	Adenosin
Ala	Alanin
AMP, ADP, ATP	Adenosin-5′- mono-, di- bzw. triphosphat
An	Anisoyl
Ara	Arabinose
Arg	Arginin
A_2pm^3	2,2′-Diaminopimelinsäure
AS (AA)	Aminosäurerest
Asn	Asparagin
Asp	Aspartinsäure
Asx	Aspartinsäure oder Asparagin
B	Aspartinsäure oder Asparagin
Beh	Behensäure
Boc	Butyloxycarbonyl
Bu	Butyl
Bz	Benzoyl
Bzl	Benzyl
C	Cystein, Cytidin
cAMP	Adenosin-3′,5′-phosphat
Cba	Cobamid
Cbi	Cobinamid
Cbl	Cobalamin
Cbz	Benzyloxycarbonyl
Cer	Ceramid
Cho	Cholin
CMP, CDP, CTP	Cytidin-5′-mono-, di- bzw. triphosphat
CNEt	Cyanoethoxy
CoA	Coenzym A
CoASAc	Acetyl-Coenzym A
CRF (CRH)	Corticoliberin
Crn	Corrin
Cyd	Cytidin
Cys	Cystein
Cyt	Cytosin
D	Aspartinsäure, Dihydrouridin
d	vor Symbolen der Nucleoside: 2′-Desoxy
Dansyl	5-Dimethylamino-naphthalen-sulfonyl
DCC	Dicyclohexylcarbodiimid
Dec	Decansäure (Caprinsäure)
DFP	Diisopropylfluorophosphat
dmt	Dimethoxytrityl
DNP	2,4-Dinitrophenyl
DNS (DNA)	Desoxyribonucleinsäure
DOPA	2,4-Dihydroxyphenylalanin
dT	Thymidin
E	Glutaminsäure
EGF	Epithelienwachstumsfaktor
F	Phenylalanin
FAD	Flavin-Adenin-Dinucleotid
Fd	Ferredoxin
FMN	Riboflavin-5′-phosphat
Fru	Fructose
FSH	Follitropin
Fuc	Fucose
G	Glycin, Guanosin
Gal	Galaktose
GH-RF	Somatoliberin
GIP	gastric inhibitory peptide
Glc	Glucose

GlcA	Gluconsäure
GlcN	Glucosamin
GlcUA	Glucuronsäure
Gln	Glutamin
Glu	Glutaminsäure
Guo	Pyrrolid-2-on-5-carbonsäure
Glx	Glutaminsäure oder Glutamin
Gly	Glycin
GMP, GDP, GTP	Guanosin-5'-mono-, di- bzw. triphosphat
Gua	Guanin
Glu	Guanosin
H	Histidin
Hb	Hämoglobin
HbO_2	Oxyhämoglobin
HCG	Choriogonadotropin
HCS	Choriomammotropin
HHL	Hypophysenhinterlappen
His	Histidin
Hyl	Hydroxylysin
HVL	Hypophysenvorderlappen
Hyp	Hydroxyprolin, Hypoxanthin
Hyv	2-Hydroxy-isovaleriansäure
I	Isoleucin, Inosin
Ido	Idose
IdoUA	Iduronsäure
Ig(A, G, D, E, M)	Immunoglobulin
Ile	Isoleucin
IMP, IDP, ITP	Inosin-5'-mono, di- bzw. triphosphat
Ino	Inosin
Ins	Inositol
K	Lysin, Phyllochinon
L	Leucin
Lac	L-Milchsäure
Lau	Laurinsäure
Leu	Leucin
Lig	Lignocerinsäure
Lin	Linolsäure
Lnn	Linolensäure
LPH	Lipotropin
L-T	Thyroglobulin
Lys	Lysin
M	Methionin
Man	Mannose
Mb	Myoglobin
Me	Methyl
Me_2C	Isopropyliden
Mes	Mesyl
Met	Methionin
MetHb	Methämoglobin
MeVal	Methylvalin
MIF	Melanostatin
MK	Menachinon
mmt	Monomethoxytrityl
MRF	Melanoliberin
mRNS	Messenger RNS
MS	Mesitylensulfonylchlorid
MSH	Melanotropin
mtDNS	Mitochondrien-DNS
mtRNS	Mitochondrien-RNS
Mur	Muraminsäure
Myr	Myristinsäure
N	Asparagin, Nucleosid
NAD (NAD^+, NADH)	Nicotinamid-Adenin-Dinucleotid (oxid. und red. Form)
NADP ($NADP^+$, NADPH)	Nicotinamid-Adenin-Dinucleotid-Phosphat (oxid. und red. Form)
nDNS	Kern-DNS
nRNS	Kern-RNS
Ner	Nervonsäure
Neu	Neuraminsäure
NGF	Nervenwachstumsfaktor
NNR	Nebennierenrinde
Np	4-Nitrophenyl
Nuc	Nucleosid
O	Orotidin
Ord	Orotidin
Orn	Ornithin
Oro	Orotsäure
P	Prolin, Phosphat
p	pyranosyl
Pam	Palmitinsäure
PG(A, B, E, F)	Prostaglandine
Ph	Phenyl
Phe	Phenylalanin
PIF	Prolactostatin
PQ	Plastochinon
Pr	Propyl
PRF	Prolactoliberin
PRL	Prolactin
Pro	Prolin
Ptd	Phosphatidyl
PtdCho	Phosphatidylcholin

PtdEtn	Phosphatidylethanolamin
PtdGro	Phosphatidylglycerol
Pte	Pteroyl
PteGlu	Pteroylglutaminsäure
Puo	Purinnucleosid
Pur	Purinbase
Pxy	Pyridoxyl
Pyd	Pyrimidinnucleosid
Pyr	Pyrimidinbase
Q	Pseudouridin, Ubichinon
R	Arginin, Purinnucleosid
RF(RH)	Liberine (Releasing-Faktoren bzw. Hormone)
Rha	Rhamnose
Rib	Ribose
rRNS	ribosomale RNS
S	Serin
Sar	Sarcosin
Ser	Serin
Sia	Sialinsäure
SRF	Somatoliberin
Ste	Stearinsäure
T	Threonin, Ribosylthymin, Tocopherol
Tau	Taurin
Thd	Ribosylthymin
Thr	Threonin
Thy	Thymin
Tol	Toluyl
Tos	Tosyl
TPS	Triisopropylbenzensulfonsäure-chlorid
TQ	Tocopherolchinon
tr	Trityl
TRF	Thyroliberin
tRNS	Transfer-RNS
Trp	Tryptophan
Trt	Trityl
TSH	Thyrotropin
Tyr	Tyrosin
U	Uridin
UDPGlc	Uridindiphosphoglucose
UMP, UDP, UTP	Uridin-5'-mono-, di- bzw. triphosphat
Ura	Uracil
Urd	Uridin
V	Valin
Val	Valin
VIP	vasoactive intestinal polypeptide
W	Tryptophan
X	Xanthosin
Xan	Xanthin
Xao	Xanthosin
Y	Tyrosin, Pyrimidinnucleosid
Z	Glutaminsäure oder Glutamin Benzyloxycarbonyl
ψ	Pseudouridin
ψ_{rd}	Pseudouridin

Sachverzeichnis

Abequose 145, 212
Abietinsäure 462
abiogene Synthese 46
Abrin 108
Abscisinsäure 446, 468
Absorptionsspektroskopie 466
Acetaldehyd, aktiver 345, 347
Acetale 156
Acetaminoethylgruppe 125
Acetolyse 177
Acetonzucker 157
Acetylaminofluoren 277
Acetylcholin 430
Acetylcholinesterase 95, 97, 432
Acetalcholinesterase-Hemmer 433
Acetylcholin-Rezeptor 396
Acetylglucosamin 204
Acetylmuramsäure 209
Acetylsalicylsäure 428
Acetylthiocholin 432
Achromycin 591
Acotriose 145
Acovenose 145
Acridinderivate 282, 562
Acriflavin 283
Acrylcholin 431
Actidion 590
Actin 114, 581
Actinamin 586
Actinocin 580
Actinomycine 282, 578, 580
Actinospectose 587
active site 98
Actomyosin 115
Acylasen 98
Acyl-Carrier-Protein 288
Acylgruppenwanderung 156, 298
Acylhalogenzucker 163, 217, 224
Acyloine 345
Acyloxoniumionen 155
Acyltransferasen 95, 361
Additiva 127
Adenin 47, 219, 220
Adenosin 220
Adenosinphosphatphosphosulfat 228
Adenosintriphosphat 227
Adenosin-Triphosphatase 98
Adenylat-Cyclase 95, 396
Adenylat-Kinase 83
Adenylat-Transferase 584
Adenylsäure 226
Adiuretin 406
Adonitoxigenin 481, 482
Adonitoxin 482
Adrenalin 396, 434
Adrenalon 434
Adrenochrom 436
Adrenocorticotropes Hormon 403
Adriablastin 593
Adriamycin 593
Aequorin 49
Aerobactin 367
Aesculetin 501
Ätioporphyrin 369
Affinitätschromatographie 26, 188
Aflatoxine 518
Agar 188, 192, 199
Agaropektin 199
Agarose 191, 199
Aglykon 159
Agroclavin 560
Ajmalin 552, 555
AKABORI-Methode 78
Aktivationshormone 425
aktives Sulfat 228
Aktivierung 96, 125

Alamethicin 583
Alanin 46, 55, 90
β-Alanin 360, 528
D-Alanin 210, 571
Alanin-Racemase 95
Alanin-spezifische tRNS 251
β-Alanol 361
Alanylalanin 43
Albumin 89, 90, 91
Aldarsäuren 166
Aldehyd-Oxidase 120
Alditole 168
Aldobiouronsäuren 163, 182
Aldolreaktion 149, 172, 497
Aldonsäuren 152, 166
Aldosen 139
Aldosteron 424
Alginsäure 182, 191, **202**
Alizarin 517
Alkalicellulose 194
Alkaloide 41, **523**
Alkaloidreagentien 527
Alkannin 50
Alkohol-Dehydrogenase 95, 119, 120, 364
Alkohole 297
Alkuroniumchlorid 558
Alkylantien 279
Alkylierung 279
Allantoin 229
Allergie 137, 574
allo 139
Allocolchicin 531
allo-Lactose 183, 184
Allomelanine 522
Allomerisierung 479
Allopurinol 229, 284
Allose 138/139
allosterische Enzyme 101
Alloxazin 349
Alloyohimban 555
Allylester 448
Allylnormorphin 547
Allylsenföl 160
Allylumlagerung 455
Allysin 114
Aloe-Emodin 517
alternative pathway catalysis 98
altro 139
Altrose 138/139
AMADORI-Umlagerung 164, 348
Amanitin 111
Amanullin 111
Amatoxine 111
Amidoschwarz 76
Amine, aromatische 442
—, biogene 430, 523, **526**
Aminoacridine 282
Aminoacylasen 104
Aminoacyl-tRNS 273, 588
Aminoalkohole 310, 528
Aminoalkylether 187
Aminobenzoesäure 350, 353
Aminobuttersäure 46, 361, 528
Aminocapronsäure 117
Aminochrome 436
Aminoglykosid-Antibiotica **583**
Aminogruppenbestimmung 66
Aminolävulinsäure 370
Aminopenicillansäure 104, 574
Aminopeptidasen 74
Aminopropanol 385, 528
Aminopterin 353
Aminopurin 284
Aminosäuren **54**, 88
D-Aminosäuren 54, 210, 578
Aminosäuren, apolare 89
—, essentielle 58
Aminoräureanalysator 78
Aminosäure-Antagonisten 571
Aminosäure-Decarboxylasen 358
Aminosäureester 68
Aminosäure-Oxidase 355
Aminosäure-Racemasen 358
Aminotransferasen 95
Aminotriazol 441
Aminozucker **146**, 163
Ammoniak-Lyase 95
Amphiphilie 316
Amphothericin 147, 596
Ampicillin 576, 577
Amprolium 345
Amygdalin 160
Amylase 95, 98, 178, 208
Amylopektin 197, 198
Amylose 197
Amyrin 465
Anabasin 534
Anabolica 422
Analogie 48
Androgene **420**
Androstan 470, 473
Androstendion 421
Androstenolon 488

Androsteron 421
Aneurin 341
Angiotensin 397, 414
Angiotensinogen 397, 414
Angustmycin 539
Anhalamin 539
Anhalidin 539
Anhalonidin 539
Anhalonium-Alkaloide 539
Anhydride, gemischte 126, 248
Anhydroadenosin 387
Anhydrogalaktose 158, 191
Anhydroglucose 158
Anhydrozucker 158, 177
Anilinnaphthalensulfonsäure 34
Anilinphthalat 171
Anisoyl 246
Anomere 141
anomerer Effekt 143
Ansamycine 597
Ansa-Verbindungen 597
Antamanid 110, 581
Antennenpigmente 381
Antheraxanthin 468
Antheridiol 440
Anthocyane 507
Anthocyanidine 508
Anthracen-Derivate 516
Anthrachinon-Derivate 50, 282, 333, 516
Anthracyclin-Antibiotica 147, 282, **592**
Anthracyclinone 593
Anthranilsäure 497, 523, 562
Anthron-Derivate 516
Anthron-Reaktion 171
Antiandrogene 422
Antiariose 145
Antibiotica **568**
Anticodon 276
Antidiabetica 410
Antiestrogene 420
Antigene 104, 313
Antihistaminica 438
Antikoagulantien 339
anti-Konformation 235
Antikörper 105
Antimetabolite 41, 282, 325
Antimonchlorid 328, 333, 467
Antioxidantien 336, 341
Antisklerotica 121
Antivitamine 43, 324
Apigenin 509
Apiin 144
Apiose 144
Apoenzym 97
Apolipoproteine 121
Apomorphin 548
Aporphin-Alkaloide 541, 548
Apovincamin 556
Apurinsäuren 242
Apyrimidinsäuren 242
Arabinane 193
arabino 139
Arabinogalaktane 201
Arabinose 141, 143
Arabinoside 587
Arabinoxylane 200
Arachidonsäure 290, 427
Arachinsäure 289
Arbutin 23, 159
Arecolin 526, 533
Arginin 55, 59, 70, 124
Asaron 499
Ascaridol 459
Ascarylose 145
Ascorbinase 324, 340
Ascorbinsäure **340**
Asparagin 55, 73, 77, 90, 204
Asparaginsäure 55
Aspartam 184
Aspartinaldehydsäure 60
Aspartinsäure 46, 55, 60, 62, 73, 90, 528
Aspartocin 406
Aspergillinsäure 367
Aspidin 515
Aspidosperma-Alkaloide 551, 552, 555
Aspidospermin 556
Atebrin 356
ätherische Öle 19, 447, 500
Atherosklerose 120, 473
Ätioporphyrin 369, 370
Atmungsferment 355
Atmungskette 379, 381
ATPase 95, 478
Atrazin 442
Atropin 432, 527, 536
Aucanthen 440
Aureomycin 591
Aurone 507, 508
Aussalzeffekt 91
Autoradiographie 263
Autoxidation 294, 469
Auxine 443
Avidin 324, 365

Axerophthol 327
Azaguanin 284
Azaserin 43, 571
Azathioprim 285
Azauracil 43, 284
Azauridin 286
Axidamphenicol 598
Azide 189
Azid-Methode 125
Azidonitrophenyl 35
Aziridine 279
Azlactone 56, 63
Azlocillin 576, 577
Azomethine 66, 523
Azoverbindungen 437
Azulene 461.

Bacitracin 65, 578
backing-off-Verfahren 125, 128
Bacteriochlorin 369
Bacteriochlorophyll 381
Bacteriochlorophyll-Protein 83
Bacteriocine 578
Bacteriorhodopsin 83, 329, 330
Bakterienmembran 321
Bakterienzellwand 209
Bakteriophagen 257
BALJET-Reaktion 480
Barbaloin 165
BARRY-Spaltung 179
Basenaustausch 277
Basenpaarung 264
Basenstapelung 264
Basenverhältnis 253
Batrachotoxin 472, 487
Baumwolle 194
BAYER-Strategie 129
Behensäure 289
BENCE-JONES-Proteine 105
BENEDICT-Probe 170
bent-chain-Konformation 190
Benzathin 576
Benzoanthracen 281
Benzochinone 333, 520
Benzodiazepin-Rezeptor 437
Benzophenone 498
Benzopteridin 347
Benzopyren 280
Benzylidenverbindungen 157
Benzylisochinolin-Alkaloide 541, 542
Benzyloxycarbonylgruppe 122
Benzylpenicillin 577
Benzylpenicillin-Procain 576
Benzylthiogruppe 125
Berberin 527, 544
Bergapten 500
Bernsteinsäureanhydrid 136
Bestrahlung 278
Betacyanine 567
Batalaine 567
Betanidin 567
Betulaprenole 216
Betulin 44, 45
BIAL-Reaktion 171, 252
Bienengift 109
Bifidus-Faktor 208
Biladien 388
Bilan 388
Bilatrien 388
bilayer 317
Bilen 388
Bilidien 388
Bilien 388
Bilinogen 388
Bilirubin 388
Bilirubin-Proteine 389
Bilitrien 388
Biliverdin 388
Bindegewebe 207
binding site 98
Biocytin 365
Biolumineszenz 49
biomimetische Synthesen 51, 452
Biopermethin 459
Biopterin 348
Bioresmethin 459
Bios 323
Biotin 325, 326, 365
Biotinsulfoxid 365
Biotinyllysin 366
BIRCH-Reduktion 491
Bisabolan 460
Bisabolen 460
Bisabolol 460
Bisbenzylisochinolin-Alkaloide 548
BISCHLER-NAPIERALSKI-Synthese 541
BIURET-Reaktion 76
Blastokoline 498
Blattfarbstoffe 22, 383
Block-Kondensation 249
Blockpolymere 65, 66
Blutersatzstoffe 378
Blutgerinnung 116, 208, 339

Blutgruppensubstanzen 313
Bodanszky-Strategie 129
Bohr-Effekt 377
Biovinose 145
Bombesin 416
Bombykal 439
Bombykol 438
Bornan 459
Bornylchlorid 453
Boromycin 583
Botulinustoxin 112
Brachiose 175
Bradykinin 414
Breitbandantibiotica 568
Brenzcatechin 434, 522, 525, 548
Bromcyan 74, 188
Bromokryptin 402, 561
Bromothricin 597
Bromsuccinimid 74, 489
Bromuracil 264, 282, 284
Brucin 557
Bufadienolide 23, 472, 478, 482
Bufalin 479, 484
Bufanolid 479
Bufogenine 483
Bufotalin 483, 484
Bufotenidin 529
Bufotenin 529
Bufotoxine 478, 483
Bufoviridin 529
Bungarotoxin 109, 432
Busulfan 279, 280
Butter 299
Buttersäure 289
Butylhydroxyanisol 295
Butylhydroxytoluen 295
Butyloxycarbonylgruppe 122
Butyrylcholin-Esterase 97

Cadaverin 526, 528, 537
Caerulin 413
Caeruloplasmin 119
Calciferol 331
Calcitonin 412
Calcium 98
Calebassencurare-Alkaloide 551, 557
Calmodulin 93
Camphan 459
Camphen 453
Campher 453, 459
Camptothecin 565
Canavanin 58
Cancerogene 277
Cancerostatica 277
Cannabidiol 519
Cannabigerol 519
Cannabigerolsäure 519
Cannabinoide 519
Cannabinol 519
Cantharidin 459
Caprinsäure 289
Capronsäure 289
Caprylsäure 289
Capsanthin 468, 469
Caran 459
Carbamate 442
Carbazol 551
Carbazol-Alkaloide 551
Carbenicillin 576, 577
Carbeniumion 452, 454
Carbinolamin 545, 555, 566
Carbobenzoxy 122
Carbodiimide 40, 48, 247, 260, 309
Carbodiimide, wasserlösliche 127
Carbodiimid-Methode 126
Carbokationen 148, 441, 450, 452
Carbolin-Alkaloide 551
Carbolin-Derivate 437
Carbomethoxybiotin 366
Carbomycin 147
Carbonat-Dehydratase 95
Carboxybiotin 366
Carboxylasen 96, 98
Carboxylesterasen 97
Carboxyltransferasen 95, 366
Carboxymethylcellulose 187
Carboxymethylether 187
Carboxypeptidasen 74, 83, 87, 95, 97, 100
Cardenolid 479
Cardenolide 23, 471, 472, 478, 481
Cardiolipin 305
Cardiotoxine 109
Carminsäure 517
Carnaubawachs 296
Caroten 465, 466, 467, 469
Carotenoide 465
Carotin 465
Carotinoide 465
Carragenane 191, 192, 200
Carr-Price-Bestimmung 328, 467
Carvacrol 458
Carvon 458
Casein 118
Cassain 480

Catechine **508**, 510, 511
Catecholamine **434**, 520
Catechu 512
Catenanstruktur 267
Catharanthin 552, 556
Catharanthus-Alkaloide 551, 556
Cefalexin 577
Cefaloridin 577
Cefalotin 577
Cellobiose 175
Cellophan 194
Cellulase 194
Celluloid 459
Cellulose 185, 187, 190, **194**
Celluloseacetat 28, 188, 195
Cellulosexanthogenat 195
Cephaelin 549
Cephalosporine 573, **576**
Cephalosporin P 464, 576
Cepham 573
Ceramid 311
Cerebrocuprein 119
Cerebronsäure 292
Cerebroside 312
Cerebrosterol 473
Cerotinsäure 297
Cetaceum 297
Ceveratrum-Alkaloide 486
Chalcone 498, 508
Chalone 391
Chamazulen 461
Chamazulencarbonsäure 461
Chanoclavin 560
CHARGAFFsche Regeln 253
charge-transfer-Komplexe 72, 356
Chaulmoograöl 292, 299
Chaulmoograsäure 292
Chavicol 500
Cheirosid 479
Cheirotoxin 482
Chenodesoxycholsäure 476, 477
Chimaphilin 50
China-Alkaloide 525, **562**
Chinacrin 356
Chinasäure 170, 496, 563
Chinazolin-Alkaloide 565
Chinidin 564
Chinin 42, 283, 527, **563**
Chininon 563
Chinolin-Alkaloide 562
Chinolin-Derivate 282
Chinolinsäure 362
Chinolizidin-Alkaloide 537
Chinone 333, 435
Chinotoxin 562
Chinuclidin 563
chiroptische Methoden 32, 93, 236, 237
Chitin 190, 196
Chitosan 196
Chitose 146
Chlorambucil 280
Chloramin T 73
Chloramphenicol 598
Chlorcholin 446
Chlorin 368
Chlormadinonacetat 420
Chlorobiumchlorophylle 382
Chlorochin 283, 564
Chlorocruorin 375
Chlorogensäure 497
Chlorohämoglobin 375
Chloromycetin 598
Chlorophyll a 372
Chlorophylle 22, 44, **380**
Chlorothricin 597
Chlortestosteronacetat 422
Chlortetracyclin 591
Cholan 470
Cholansäure 476, 477
Cholecalciferol 331
Cholecystokinin 413
Choleinsäuren 477
Cholera-Enterotoxin 112
Choleragenoid 112
Choleratoxin 112
Cholestan 470
Cholestanol 472, 475
Cholestenon 475
Cholesterin 473
Cholesterol 319, 322, 331, **473**, 487, 489
Cholesterolester 473
Cholin 302, 430
Cholinacetyltransferasen 95
Cholsäuren 477
Chondocurarin 549
Chondroitin 204, 206
Chondroitinsulfat 181, 206
Choriogonadotropin 400, 405
Choriomammotropin 405
Chorisminsäure 497
chromaffine Gewebe 436
Chroman 334
Chromanole 334
Chromatin 253

Chromatographie 24, 465
Chromen 334
Chromenole 334
Chromoproteine 49, 117, 468, 521
Chrysanthemumsäure 459
Chrysophanol 23, 517
Chylomicron 121
Chymotrypsin 83, 96, 97, 101
C-Glykoside 165
Ciliatin 307
Cinchonamin 563
Cinchonidin 564
Cinchonin 564
Cineol 51, 457
Cinerin 459
Cinerolon 459
Cinobufagin 483
Circulardichroismus 32, 93
cis-trans-Umlagerung 294, 328
Citral 455, 456
Citrat-Cyclus 172
Citronellal 455
Citronellol 455
Citrovorum-Faktor 350
Citrullin 59
Cladinose 144, 595
CLAISEN-Kondensation 291, 497
Clavine 560
Clavulansäure 572
CLELANDS-Reagens 69
Cloxacillin 576, 577
Cobalamin 386
Cobalt 120, 372, 385
Cobamid 386
Cobinamid 386
Cobyrinsäure 386
Cobyrsäure 386, 372
Cocain 42, 537
Cocancerogene 462
Cocarboxylase 344
Code, genetischer 57, 275
Codein 527, 547
Codeinon 547
Coenzym **323**, 326
Coenzym A 228, **360**
—, B_{12} 386
—, Q 334
Coevolution 391
Cofaktoren 97
Coffein 229
Cola 231
Colamin 301, 528
Colaminkephaline 303
Colchicein 531
Colchicin 527, 531
Colicine 578
Colistin A 579
Colitose 145
Concanavalin A 83, 108
condensing effect 319
Congocidin 579
Conicein 523
Coniferin 502
Coniferylalkohol 502
Coniin 523, 527, 534
Conium-Alkaloide 534
Convallatoxin 482
Convallatoxol 482
Convallosid 482
converting enzyme 414
Copolymere 65
Coprogen 367
Cord-Faktor 315
Cordycepin 43, 284, 587, 588
Coreximin 545
Corotoxigenin 479
Corpus-luteum-Hormone 417
Corrin 369, 385
Corrinoide 385
Cortexolon 423, 488
Cortexon 423
Corticoide **423**, 492
Corticoliberin 398
Corticosteron 423
Corticotrophin 403
Corticotropin 397, **403**
Corticotropin like intermediate lobe peptide 397
Corticotropin-releasing factor 399
Cortin 423
Cortisol 418, 423
Cortison 423
Cotarnin 545
COTTON-Effekt 33, 150, 237
cross-linking 280
Crotonöl 462
Cucurbitacine 464
Cucurbitane 463
Cumarine 498, 500
Cumarsäure 499, 500
Cumarylalkohol 502
Cuproxam 194
Curacurin 559
Curare-Alkaloide 432, 548, 557

Curarin 558
Curine 549
Cuscohygrin 531
Cyanhydrine 47, 160
Cyanidandiol 512
Cyanidin 509
Cyanin 509
Cyanocobalamin 385
Cyanoethylreste 245
cyanogene Glykoside 23, 160
Cyanomethylester 126
Cyanopsin 329
Cyclamat 184
Cyclisierung 67, 450, 497, 523
Cyclitole 169
Cycloadditionen 449
cyclo-AMP 227
Cycloartenol 463, 464
Cyclobutan-Derivate 278
Cyclodextrin 198
Cycloendoperoxide 427
Cyclohexaamylose 198
Cycloheximid 590
Cyclonucleoside 220, 221, 238
Cyclonucleotide 227, 396
Cyclooxygenase 428
Cyclopentansäuren 292
Cyclophosphamid 280
Cyclophosphat 226
Cyclopropan-Derivate 462
Cycloserin 571
Cyclouridin 222
Cymarose 145, 482
Cymen 457, 458
Cymol 457
Cyproteronacetat 422
Cystathion 60, 61
Cysteamin 361, 528
Cystein 55, 61, 69, 90, 97, 118, 125, 436 521, 528
Cysteinsäure 69
Cystin 69
Cystinmonosulfon 69
Cytarabin 284
Cytidin 220
Cytisin 538
Cytochalasane 593
Cytochalasin 593
Cytochrome 51, 52, 374, 378
Cytochromoxidase 95
Cytochrom-Reductase 355
Cytocyanin 120
Cytohäm 379
Cytokinine 444
Cytosin 219, 220, 223, 233
Cytosinarabinosid 285
Cytostatica 277

Daidzein 509
Damaradienol 451, 463
Danaidon 439
Dansylchlorid 34, 430
Dansyl-Methode 78
Daphnetin 501
DARZENS-Reaktion 328
Daunomycin 593
Daunosamin 147, 593
DEAE-Cellulose 27, 187
DEAE-Sephadex 187
debranching enzymes 178
DEBYE-SCHERRER-Verfahren 30, 32
Decamethonium 432
Decarboxylierung 345, 358
Dehydrierungen 490
Dehydroaminosäuren 70
Dehydroascorbinsäure 341
Dehydrocholesterol 473
Dehydrocorticosteron 423
Dehydrogenasen 98
Dehydromerodesmosin 114
Dehydropeptide 205
Deletion 277
Delfter Verfahren 574
Delphinidin 509
delta sleep inducing peptide 394
Demeclocyclin 591
Demoxylocin 407
Denaturierung 75, 91, 270
Depside 513
Depsidone 513
Depsipeptide 65, 580
Derivatisierung 26, 80
Dermatansulfat 206
Desazaflavine 356
Desaturasen 288
Deserpidin 555
Deslanosid 482
Desosamin 595
Desoxyadenosyl-cobalamin 387
Desoxycholsäure 476, 477
Desoxycorticosteron 418
Desoxyglucose 145
Desoxyglykoside 163
Desoxypyridoxin 359

Desoxyribonucleinsäuren 253, 266
Desoxyribose 144, 145
Desoxyzucker 144
Detergentien 91
determinante Gruppen 105
Deuteroporphyrin 371
Dexamethason 424, 490
Dexpanthenol 360
Dextran 198
Dextran, quervernetztes 188
Dextranasen 178
Dextrine 197
Diagenese 44
Dialyse 27
Diaminobuttersäure 579
Diaminopimelinsäure 57, 210
Dianthron 516
Diazomethan 279
Diazoniumsalze 73, 189
Dicarbonylbindung 176
Dicatechin 512
Dichlorphenolindophenol 341
Dichlorphenoxyessigsäure 443
Dichlorpropionsäure 360
Dictopterene 440
Dicumarol 339, 500
Dicyanidandiol 512
Dicyclohexylcarbodiimid 127, 247
DIELS-Kohlenwasserstoff 475
Diethylaminoethylcellulose 187
Diethylstilbestrol 420
Diflubenzuron 196
Diginatigenin 481
Diginigenin 480
Diginin 480
Diginose 145, 480
Digipurpurin 480
Digipurpurogenin 480
Digitalonin 480
Digitalose 144, 145, 480
Digitanole 472, 480
Digitonin 474, 484, 485
Digitoxigenin 478, 481, 482
Digitoxin 482
Digitoxose 145, 480, 482
Diglycerid 301
Digoxigenin 481, 482
Digoxin 482
Dihomolinolensäure 427
Dihydralazin 360
Dihydrochalcone 508
Dihydrofolsäure-Reductase 351
Dihydroisochinoline 436
Dihydrouracil 220, 235
Dihydrouridin 255
Dihydroxyaceton 139, 151
Dihydroxybenzoesäure 367
Dihydroxycholecalciferol 332
Dihydroxyphenylalanin 434
Diisopropylfluorophosphat 97, 433
Dimethylallylpyrophosphat 448
Dimethylaminobenzaldehyd 71, 148
Dimethylbenzimidazolribosid 385
Dimethylsulfat-Hydrazin-Methode 263
Dinactin 582
Dinitrophenyl-Methode 68, 78
Dinitrophenylreste 68
Dinucleotide 244
Diollipide 300
Diosgenin 484, 485, 487, 488
Dioxetane 49
Dioxolanyliumion 155
Dioxopiperazine 64, 67
Dipenten 455, 457
Diphosphat 154, 227
Diphosphoglycersäure 377
Diphtherietoxin 112
Dipterin 530
Dipyrrolmethan 371
Disaccharide 184
DISCHE-Reaktion 171, 252
Disk-Elektrophorese 28
Dissoziationskonstanten 90
Distamycin 579
Disulfid-Austausch 69
Disulfid-Brücken 91, 132
Diterpene 461
Dithiobisnitrobenzoat 361
Dithiooctansäure 345
Dithiothreitol 69
Divinylmethanrhythmus 289
DNS-Polymerase 250, 253
Dolichole 216
Domänen 88, 105
Dopa 521
Dopachinon 521
Dopachrom 521
Dopamin 434
Dopaminchrom 436
Doppelhelix 192, 266, 268
Dormin 446
Doxycyclin 591
Doxorubicin 593
DRAGENDORFFS Reagens 527

Drehkristall-Methode 30, 32
Duplikation 51
Durchschnittspolymerisationsgrad 192

Ecdyson 426
Ecdysteroide 426, 472
Ecgonin 537
ECTEOLA-Cellulose 187
Ectocarpen 440
EDMAN-Abbau 67, 79
Effektomer 93
Effektoren 396
Eicosanoide 427
Eierkarton-Modell 202
Eilecithin 302
Einschlußverbindungen 197, 198, 288
Einschubreagentien 281
Eisen 98, 119, 120, 367; 372
Eisen-Porphyrin-Komplexe 374
Eisen-Schwefel-Proteine 119
Ektohormone 438
Ektotoxine 112
Elaidinprobe 294
Elaidinsäure 290, 294
Elastase 97
Elastin 113
Eledoisin 414
Elektronendichteverteilung 238
Elektronenmikroskopie 296
Elektronenspektroskopie 32, 92, 236, 287
Elektronenspinresonanz 36, 374, 495
Elektronentransport 338
Elektrophorese 28
Eliminierung 70, 118, 176, 205, 358
Ellagsäure 513, 514
ELLMANS Reagens 361
Elongation 276
Elymoclavin 560
Emetin 525, 549
Emodin 517
Emulsin 177, 178
Endgruppenbestimmung 78, 193, 258
Endiol 151, 340
Endocrocin 516
Endo-Hydrolasen 177
Endonucleasen 259
Endopeptidasen 75
Endoperoxide 427
Endorphine 397, 403, 404
Endotoxine 112
Enkephaline 397, 404
Enniatine 581, 582
Enolether 286, 306
Enterobactin 367
Enterotoxine 112
Entspiralisierung 264
envelope Konformation 143
Enzymchimären 88
Enzyme 88, **94**
Enzyme, allosterische 101
—, metallhaltige 98
—, trägergebundene 103, 136
Enzymhemmung 101
Enzyminhibitoren 101
Enzymkatalyse 98
Enzymmodelle 104
Enzym-Substrat-Komplex 98
Ephedrin 526, 527, 528
Epialloyohimban 555
Epicatechin 511
Epidermin 113
Epimerasen 95
epimere Zucker 152
Epimerisierung 152, 172, 592
Episome 569
Epi-Steroide 471
Epithelwachstumsfaktor 416
Epoxide 281
Equilenin 419
Equilin 419
ERDMANNS Reagens 527
Erdöl 45
Ergin 561
Ergobasin 561
Ergocalciferol 331
Ergochrome 518
Ergochrysin 518
Ergocornin 562
Ergocristin 562
Ergocryptin 562
Ergolin-Alkaloide 551, 552
Ergometrin 561
Ergosin 562
Ergostan 470
Ergosterin 474
Ergosterol 331, 474
Ergotamin 561
Ergotoxin 561
Eriodyctiol 509
ERLENMEYER-Synthese 63
Erucasäure 290
Erythritol 179
erythro 139
Erythrocruorine 375

Erythromycin 147, **594**
Erythropoetin 417
Erythrose 138/139
Erythrosephosphat 496
Erythrulose 138/139
Eserin 559
Eserolin 559
Ester, aktivierte 125
Esterzahl 300
Estradiol 419
Estragol 500
Estran 471
Estriol 419
Estrogene 417, 419, 490
Estron 419
Ether 157
Etherlipide 306
Ethidiumbromid 283
Ethinylestradiol 419, 490
Ethylenoxide 158
Eugenol 500
Eukaryoten 253
Eumelanine 520
Evolution 43
Exo-Hydrolasen 177
Exonucleasen 261
Exopeptidasen 75, 97
Exotoxine 112
extrinsic factor 385

Falitox 443
Faltblattstruktur 82, 85
Farnesan 460
Farnesol-Derivate 438, 460
Farnesolsäure 425
Farnesylpyrophosphat 454
Faserbildner 112, 190
Febrifugin 565
FEHLING-Probe 170
Fehlsequenzen 131
Fenchan 459
Ferredoxin 83, 119
Ferrichrome 367
Ferrioxamin 367
Ferritin 119
Ferulasäure 499
Festkörpersynthese 130, 249
Fettaldehyd 306, 310
Fette **297**
Fettsäuren 287
Fettsäuren, essentielle 291
Fettsäuren, verzweigte 291
Fettsäure-Synthetase-Komplex 94, 288
FEULGEN-Reaktion 307
Fibrillen 113, 195
Fibrin 112, 115
Fibrinogen 90, 113, 115
Fibrinolyse 116
Fibrinopeptide 51, 116
fibroblast growth factor 417
Fibroin 113, 115
Ficaprenole 216
Ficoll 184
Filipin 596
Filixsäure 515
FISCHER-Projektion 139
Flavan 506
Flavanoide 498, **506**
Flavanole 508
Flavanon 508
Flavaspidsäure 515
Flavin-Adenin-Dinucleotid 354
Flavinmononucleotid 354
Flavinnucleotide 354
Flavochinhydron 356
Flavochinon 355
Flavoenzyme 355
Flavohydrochinon 355
Flavone **508**
Flavonole 507, 510
Flavosemichinon 355
Flavyliumsalze 509
FLETCHERsches Nitril 217
Fliegenpilztoxine 530
fluider Zustand 318
fluid mosaic-Modell 320
Fluordinitrobenzen 436
Fluoren-Derivate 282
Fluoreszeinisothiocyanat 34
Fluoreszenz 43
Fluorierung 490
Fluorochrome 34, 436, 437
Fluoruracil 282
Fluosol 378
Flüssigchromatographie 24
flüssig-kristalline Phase 318
Flutamid 422
Fokussierung, isoelektrische 28
FOLINsches Reagens 68, 361
Folliberin 398
Follicel-releasing factor 399
Follikelhormone 417
Follikel-stimulierendes Hormon 400
Follitropin 400

Folsäure 325, 326, 350
Folsäure-Antimetabolite 353
Formaldehyd 240
Formaldehyd, aktiver 351
Formoltitration 83
Formose 173
Fosfomycin 600
Fragmentierung 29, 176, 178, 259
Fragment-Kondensation 128
frameshifts 277
FRANKEL-Strategie 129
FREUNDsches Adjuvans 213
Friedelin 44, 45
FRÖHDEs Reagens 527
Fructane 200
Fructose 143, 172
Fructose-biphosphat-Aldolase 95
fuchsinschweflige Säure 141, 307
Fucolipide 312
Fucose 144, 145, 201, 313
Fucoserraten 440
Fucosterol 474
Fungicidin 596
Furanoside 141
Furfural 159, 171, 342
Furocumarine 500
Furostanolglykoside 484
Fusarinin 367
Fusarsäure 401
Fusidinsäure 463, 464, 472

GABRIEL-Synthese 62
Galabiose 314
Galaktane 199
galakto 139
Galaktomannane 201
Galaktosamin 146, 206
Galaktose 141, 143, 152, 172
Galakturonsäure 201
Galangin 509
Galaktriaose 314
Gallenalkohole 476
Gallenfarbstoffe 388
Gallensäuren 472, 476, 487
Gallocatechin 513
Gallotannine 514
Gallussäure 497, 512
Gametenlockstoffe 440
Ganglioside 313
Gangliosidose 315
Gangliotetraose 314
Gangliotriaose 314
Garosamin 586
Gaschromatographie 25, 80, 438, 445
Gastric inhibitory polypeptide 411, 413
Gastrin 413
gastrointestinale Hormone 413
GAUCHERsche Krankheit 315
Gefrierätzelektronenmikroskopie 319
Gel 113, 191
Gelatine 62, 90, 113
Gelbkörperhormone 417
Gelchromatographie 27, 28
Gelfiltration 27
Genin 159, 478
Genistein 509
Gentamycine 147, 586
Gentechnologie 41, 244, 410
Gentianose 184, 185
Gentiobiose 175, 185
Gentiopikrosid 456
Gentosamin 147
Geranial 457
Geraniol 454
Geranylpyrophosphat 449
Gerbstoffe 511
Germacrane 450
Germin 486
Germitrin 486
Gestagene 417, 420
Gewebshormone 391
Gibban 445
Gibberelline 444
Gibberellinsäure 445
Gitaloxigenin 481
Gitoxigenin 481
Gliadine 89
Globotetraose 314
Globotriaose 314
Globulin 89, 90, 91
Glucagon 410
Glucal 145
Glucanasen 178
Glucane 193
Glucitol 168, 341
gluco 139
Glucoamylase 178
Glucocorticoide 423
Glucogallin 513
Glucomannane 201
Gluconeogenese 173
Gluconsäure 166
Glucosamin 146, 206
Glucoscillaren 483

Glucose 141, 142, 143, 152, 172, 341
Glucose-Dehydrogenase 364
Glucosephosphat 153
Glucose-Phosphatase 118
Glucosidase 177
Glucosinolate 160
Glucuron 167
Glucuronide 167
Glucuronsäure 167, 172, 206
Glumitocin 406
Glutamin 55, 78, 90
Glutaminaldehydsäure 533
Glutaminsäure 55, 59, 62, 89, 90, 350, 528, 531
Glutamin-Synthetase 119
Glutaraldehyd 103, 138, 430
Glutarimid-Antibiotica 590
Glutathion 428
Gluteline 89
Glyceraldehyd 139, 151, 174
glycero 139
Glyceroglykolipide 311
Glycerolipide 300
Glycerolphosphat 301
Glycerol-Teichonsäuren 211
Glycerophosphocholin 309
Glycerophospholipide 301
Glycin 55, 61, 85, 88, 90
Glyco-Konjugate 477
Glycyrrhetinsäure 465
Glykane 186, 200
Glykanoxylane 200
Glykoenzyme 208
Glykogen 198
Glykolipide 311
Glykolyse 172
Glykoproteine 117, 203, 208
Glykosidasen 177
Glykoside 159
Glykoside, cyanogene 23, 160
—, herzaktive 146, 478
Glykosidsynthesen 163
Glykosyldonatoren 214
Glykosyltransferasen 95
Glykuronane 201
Glyoxalsäure 71
GMELIN-Nachweis 389
Gofrusid 479
Gonadoliberin 398
Gonadotropine 400
Gonan 470
Gramicidine 65, 578, 579, 583
Gramin 530
Granulopoetin 417
GRIGNARD-Verbindungen 328
Grisan 590
Griseofulvin 590
Griseophenon 590
growth hormone 401
growth hormone releasing factor 399
Guajanolide 460
Guajaretsäure 501
Guanethidin 435
Guanidine 91, 124
Guanin 219, 220, 223, 279
Guanosin 220
Guanyloribonuclease 260
gulo 139
Gulonsäure 340
Gulose 138/139
Gummen 203
Gummi arabicum 203
Guttapercha 470

Haare 115
Haarnadelstruktur 83, 268
HABEEB-Methode 68
HAGEDORN-JENSEN-Probe 170
Halbacetal 141
Halobakterien 306
Halogenosen 163
Halogenuracile 282
Häm 374, 379
Hamamelitannin 513, 515
Hamamelose 513
Hämerythrin 83, 120, 375
Hämin 374
Hämiproteine 120
Hämochrome 375, 379
Hämocyanin 120, 375
Hämoglobin 51, 83, 120, 374, 375, 388
Hämosiderin 119, 120
Hämtasche 377, 87
Haptene 104
Haptomer 93
Harmalan 551
Harman 551
Harman-Alkaloide 550, 552
Harnsäure 229
Harnstoff 91, 288
Harnstoff-Derivate 442
Harze 465
Harzsäuren 462
Hashish 519
Häutungshormone 425

Hecogenin 487
Helix 82, 84, 87, 93, 190, 197
Helixmodell 81, 84
Helvolsäure 464
Hemicellulosen 194, 200
Heparin 206, 207, 294
Heparinsulfat 207
Hepatocuprein 119
Hepatoflavin 354
Heptosen 139
Herbizide 441
HERMANS Konformation 190
Heroin 547
Hesperitin 509
Heteroauxin 443
Heteropolysaccharide 186, 200
Heteroside 159, 161
Hexadecanal 310
Hexahydrodiphensäure 513
Hexenal 446
Hexokinase 95, 98
Hexosen 139
high-density-Lipoprotein 121
high-spin-Komplexe 374
HILBERT-JOHNSON-Synthese 225
HILDITCH-Methode 298
HILL-Reagentien 443
HIRSCHMANN-Strategie 129
Hirsutidin 509
Hirudin 102
Histamin 437, 528
Histidin 55, 59, 61, 73, 74, 90, 117, 118, 125, 437, 528
Histidinolphosphat 61
Histone 51, 52, 89, 90, 91, 253
Histrionicotoxine 432, 535, 565
Hitzekoagulation 75, 91
Hochdruckflüssigchromatographie 25
Hochspannungselektrophorese 28
HOFMANN-Abbau 40, 183, 525, 543
Holoenzym 98
Holoside 159
Holz 194
Holzaufschluß 506
Homatropin 537
homo 57, 471
Homobiotin 366
Homocystein 60
Homologie 48, 50
Homopantethin 361
Homopolymere 65
Homopolysaccharide 186, 193
Homoserin 57, 60
Homo-Steroide 471
Homoveratrumaldehyd 541
Homoveratrylamin 541
Honig 183
HOOGSTEN-Paarung 264
HOPKIN-COLE-Methode 71
Hordenin 528
Hormone **391**
Hormonfamilien 397
HUDSONsche Regeln 33, 149
human chorionic gonadotropin 405
human chorionic somatotropin 405
human placental lactogen 405
Hyaluronidasen 109, 207, 507
Hyaluronsäure 206, 207
Hybride 88, 401
Hybridisierung 263, 271
Hydnocarpussäure 292
Hydraminspaltung 526, 563
Hydrastin 545
Hydrastinin 527, 545
Hydratation 89
Hydrazin 241
Hydrid-Verschiebungen 452, 464
Hydrolasen 95, 97, 98, 208, 570
Hydrochinone **333**
Hydrocortison 424
Hydrolyse 73, 160, 176, 242
Hydroperoxide 295, 428
Hydroxamsäure-Komplexe 367
Hydroxyanthranilsäure 362, 563, 580
Hydroxybenzoesäure 50
Hydroxybutyrat-Dehydrogenase 120
Hydroxyethylether 187
Hydroxyfettsäuren 292, 428, 597
Hydroxylamin 241
Hydroxylysin 57, 113, 205
Hydroxylzahl 300
Hydroxymethylierung 240
Hydroxyprolin 57
Hydroxysuccinimidester 126
Hygrin 526, 531
Hygrinsäure 534
Hyodesoxycholsäure 476
Hyoscin 537
Hyoscyamin 536
Hyperchromizität 266
Hypophysenhinterlappen-Hormone 405
Hypophysenvorderlappen-Hormone 400

Hypothalamus-Neurohormone 398
Hypoxanthin 219, 220
Hysterese 192

Iboga-Alkaloide 551
Ibotensäure 531
Ichth-Estron 420
Identitätsperiode 113
ido 139
Idose 138/139
Idoxuridin 284
Iduronsäure 206
Iminoform 233
Iminokohlensäurediester 188
Immunoassay 137
Immunoglobuline 51, 81, 83, 88, **104**, 204, 208
Immunosorbentien 26
Indandione 339
Indican 19, 20
Indigo 19, 20
Indigotin 20
Indol-Alkaloide 524, **539**
Indol-Derivate 520, 550
Indolylethylamine 436, **529**, 551
Indolylessigsäure 443
Indomethacin 428
Indoxyl 19, 20
Infrarotspektroskopie 35, 64, 572
inhibiting hormone 398
Initiation 276
Initiationsproteine 83
Inosamine 169
Inosin 220
Inosinphosphat 228
Inosinsäure 226
Inositole 169
Insektenhormone 425
Insektizide 196, 439, 499, 511
Insertion 51
Insulin 22, 41, 51, 90, 133, **408**
Interferon 41, 244
Interferon-Induktor 244
Interkalation 277, 281
interstitialzellenstimulierendes Hormon 400
intrinsic factor 385
Inulin 200
Invertzucker 144, 184
Iodacetamid 74
Iodacetat 137
Ioddesoxyuridin 284
Iodierung 73
Iodzahl 300
Iodkomplex 197
Ionenaustauschchromatographie 27, 78, 234, 247
Ionophore 581
Ipecachuanha-Alkaloide 549
Iproniazid 435
Ipsdienol 439
Ipsenol 439
Iridodial 456
Iridoide 456
ISAY-Reaktion 348
Isländisch Moos 193
Isoalloxazin 348
Isoamylamin 528
Isobacteriochlorin 369
Isoboldin 544
Isoborneol 453
Isochinolin-Alkaloide 524, **539**
Isochinolin-Synthesen 541
Isocitrat-Dehydrogenase 120
Isocyanopsin 329
isoelektrischer Punkt 89, 90
Isoenzyme 96
Isoflavone 508, 510
Isoglobotetraose 314
Isoglobotriaose 314
Isoglykane 186
Isoinhibitor K 103
Isoleucin 55, 74, 90
Isolichenan 193, 194
Isologie 48
Isolysergsäure 560
Isomaltose 175
Isomerasen 95
Isomerisierung 151, 172
Isonicotinsäurehydrazid 359
Isopelletierin 533
Isopentenylaminopurin 444
Isopentylpyrophosphat 448
Isoporphyropsin 329
Isopren 447
Isopren-Regel 448
Isopropyliden-Verbindungen 157, 245
Isopropylnoradrenalin 434
Isorhamnetin 509
Isorhodomycinone 593
Isorhodopsin 329
Isosalutaridin 544
Isothebain 544
Isotocin 406

Jerveratrum-Alkaloide 486
Jodopsin 329, 466
Jonon 328, 457
Juglon 50
junction zones 113, 192
Juvenilhormone 425

Kaffeesäure 499
Kaliumkomplexe 581
Kallidin 414
Kallikrein 414
Kämpferol 509
Kampfstoffe 433
Kanamycin 147, 586
Kanosamin 147
Kapsel-Polysaccharide 213
Karmesinrot 517
KARPLUS-Gleichung 150
Katalasen 380
Kautschuk 468
KEDDE-Reaktion 480
Kennzahlen 300
Kephaline 303, 304
Kerasin 313
Keratansulfat 204, 206
Keratin 90, 112, **113**
Kermesinsäure 517
Kerogen 45
Ketale 156
Ketocarbonsäuren 495
Ketosen 139
17-Keto-Steroide 421
Kinasen 154
Kinetin 444
Kinine 397, 414
Kininogen 397, 414
Kinke 318
KJELDAHL-Bestimmung 75
Kleeblatt-Anordnung 269
Klofibrinsäure 121
Knäuel, statistisches 81
KNOEVENAGEL-Kondensation 63
Knollenblätterpilz-Toxine 110
Königinnen-Substanz 438
KOENIGS-KNORR-Synthese 164, 217
Kohlenhydrate **139**
Kohlenmonoxid 378
Kohlenwasserstoffe, aromatische 280
Kojobiose 184
Kokosfett 299
Kollagen 85, **112**, 205
Kolophonium 462
Komplement 106
Kondensationsmittel 247
Konformation 141, 150, 235
β-Konformation 85
Konjugasen 351
Konjugation 167
konservativer Austausch 53
Koproporphyrin 369
Koproporphyrinogen 370
Koprostanol 472, 475
Koprostansäure 476, 477
KOSHLANDS Reagens 71
Kraken-Verbindungen 583
KRAPP-Farbstoff 517
kritische Micell-Konzentration 318
Kronenether 583
Krötengifte 483, 529
Kunsthonig 184
Kupfer 98, 119, 120, 372, 375, 383, 432
Kupferkomplexe 150
Kupferseide 194
Kynurenin 72, 362, 563
Kynureninsäure 563

Label 34, 137
Laccase 496
Lacksäure 517
β-Lactam-Antibiotica 572
β-Lactamasen 574
Lactamform 233
β-Lactamoide 572
Lactat-Dehydrogenase 83, 364
Lactimform 233
Lactoflavin 354
Lactone 596
Lactose 184, 185
Lactotetraose 314
Lactotriaose 314
lactotropes Hormon 402
Laminaran 193
Lanata-Glykoside 481
Lanatosid 482
Lanostan 477
Lanosterol 463, 464, 472
Latex 469
Laudanosin 542
LAUE-Verfahren 30
Laurinsäure 289
Lävoglucosan 158
Leber-Lactobacillus-casei-Faktor 350
Lebertran 327, 328
Lecithin 302

Lectine **107**
Leder 511
Ledermycin **591**
Leinöl 295, 299
Lemmasteron 426
LEUCHSsche Anhydride 68, 123, 134
Leucin 55, 74, 90, 528
Leucomycine 595
Leucovorin 351
Leukoanthocyanidine 511
Leukochrome 436
Leukopterin 349
Leukotriene 427
Leurocristin 556
Levan 200
Levomycetin 598
Liberine 398
Lichenan 193
Lichen islandicus 194
LIEBERMANN-BURCHARDT-Reaktion 474
Ligase 96, 327
Lignane 501
Lignin 22, **502**
Ligninsulfonsäuren 506
Lignocerinsäure 289
Lignole 504
Limonen 455
Linalool 455
Linalylacetat 455
Linolensäure 290, 441
Linolsäure 290
Lipase 95
Lipid A 212
Lipide **287**
Lipoide 287, 299
Liponsäure 345
Lipopolysaccharide **211**
Lipoproteine 117, **119**
Liposomen 317
Lipotropin 397, **403**
Lipovitellin 121
Lipoxygenasen 428
liquid-phase-Methode 131, 132, 250
Liquiritigenin 509
Lithocholsäure 477
Lobelia-Alkaloide 532
Lobelin 532
LOBRY DE BRUYN-VAN EKENSTEIN-Umlagerung 151
Loganin 456, 552
Lokalhormone 391
Löslichkeit 89
LOSSEN-Umlagerung 160
Loste 379
low density-Lipoproteine 121
Lowry-Nachweis 76
low spin-Komplexe 374, 386
LSD 561
Luciferine 49
Luliberin 298
Lumichrom 350
Lumiflavin 350, 356
Lumi-Rhodopsin 330
Lumisterol 331
Lupinin 538
Luteinisierungshormon 400
luteinizing hormone-releasing factor 399
Luteolin 509
Lutropin 400
Lyasen 96, 327
Lycopen 466, 468
Lycopersen 467
Lymphokine 93
Lysergsäure 560
Lysergsäureamide 561
Lysergsäurediethylamid 561
Lysin 55, 59, 60, 67, 89, 90, 113, 123, 136, 137, 366, 524, 528, 531
Lysin-Aminomutasen 387
Lysin-Oxidase 120
Lysolecithin 303
Lysophosphatidylcholin 303
Lysophospholipide 303, 318
Lysozym 83, 95, 99, 211, 570
Lysylphosphatidylglycerol 306
lyxo 139
Lyxose 138/139, 482

Macrolid-Antibiotica 594
Magnesium 98, 372
magnetische Resonanz 35, 37
MAILLARD-Reaktion 164, 204
Malat-Dehydrogenase 83
Maleinsäureanhydrid 137
Maleinsäurehydrazid 442
Maleinsäureimid 70
Maltose 175
Malvidin 509
mammotropes Hormon 402
Mammotropin 402
Mangan 98, 120
Mannane 193, 201
MANNICH-Reaktion 524, 536, 592
Mannitol 169

manno 139
Mannosamin 146
Mannose 138/138
Mannuronsäure 202
MAO-Hemmer 435
Margarine 294, 296
Marijuana 519
Marinobufagin 482
MARQUIS Reagens 527
Massenspektrometrie 38, 80, 294, 541, 550, 556
Matricin 461
Matrize 274
Mavacurin 558
MAYERS Reagens 527
McLAFFERTY-Umlagerung 38, 294
MEISENHEIMER-Komplex 68, 480
Melanine 436, **520**
Melanochrom 521
Melanoliberin 398
Melanostatin 398, 408
Melanotropin 397, **403**
Melanotropin release-inhibiting factor 399
Melanotropin-releasing factor 399
Melanozyten-stimulierendes Hormon 403
Melatonin 403, 437
Melibiose 184, 185
Melissinsäure 297
Melittin 109
Membranen **316**
Membranen, biologische 320
Membranmodelle 319, 320
Membranproteine 319
Membranverfestiger 319
Membranverflüssiger 319
Menachinon **337**
Menadiol 338
Menadion 338
Menthan 457
Menthol 458
Menthon 458
Mepacrin 283
Mercaptoethanol 69
Mercaptolyse 177
Mercaptopurin 284
Merochinen 563
Meromykolaldehyd 291
Meromykolsäure 291
MERRIFIELD-Synthese 129, 131
Mescalin 528
Mesitylensulfenylchlorid 247
Mesobilin 388
Mesobilinogen 388
Mesobilirubin 388
Mesotocin 406
messenger, second 396
Mesterolon 422
Mestranol 419
Mesyl 156
Metacyclin 591
Metalloenzyme 98
Metalloporphyrine 372
Metalloproteine 117, 118
metamorphic mosaic-Modell 318
Metaphosphat 247
Methämoglobin 378
Methicillin 576
Methionin 55, 59, 60, 74, 90, 403
Methionin-Sulfon 403
Methotrexat 353
Methylaspartat-Mutase 387
Methylcellulose 187
Methylcobalamin 386
Methyldinitrophenol 441
Methyl-Dopa 435
Methylenblau 76
Methylencyclopropylglycin 58
Methylergometrin 561
Methylierung 178, 239
Methylierungsanalyse 178
Methylmethionin 324
Methylosen 144
Methylpentosen 144
Methylsalicylsäure 514
Methylsterole 462
Methyltestosteron 422, 490
Methylthiouracil 412
Methyltransfer 464
Mevalonsäure 22, 448
Micelle 293, 317, 318
MICHAEL-Synthese 164, 493
mikrobiologische Umwandlungen 492
mikrobiologische Verfahren 62
Mikrodiskelektrophorese 28
Mikrokristallite 196
Milch 183, 289
Milchzucker 185
Mimosin 58
Mineralocorticoide 423
Mitomycine 600
Mitose-Gifte 531
Modell-Antigene 134
Modell-Enzyme 198
MOLISCH-Reaktion 171
Molmassen 271

Molmassenbestimmung 29, 192
Molybdän 98, 120
Molybdat-Komplexe 150
Monactin 582
Monamycin 581
Monoamin-Oxidase 95, 357, 435
Monocarbonylbindung 176
monolayer 317
Mononucleotide 226
Monophenol-Monooxygenase 496, 503
Monophosphat 227
Monosaccharide **139**
—, verzweigtkettige 144
Monoterpene 438, **454**
Montansäure 297
MORGAN-ELSON-Methode 148
Morphactine 443
Morphin 19, 42, 138, 404, 527, 546
Morphinan 547
Morphin-Antagonisten 547
Morphinandienon-Alkaloide 546
morphin-like factor 404
Morphothebain 548
Mucopolysaccharide 203, 206
Mucosterole 474
Mucosubstanzen 203
Mucotetraose 314
Mucotriaose 314
Multienzym-Komplexe 94
Multifiden 440
multifunktionelle Enzyme 94
Multiprenyl 333
Muraminsäure 146
Murein 209
Murexin 431
Muscaridin 531
Muscarin 431, 530
Muscazon 531
Muscinol 531
Mutagenese 277
Mutanten 277
Mutarotation 141, 144
Mutationen 51, 264, 177
Mutterkorn-Alkaloide 559
Mycaminose 147
Mycarose 144
Mycosamin 147, 596
Myelin 321, 322
Myeloma-Proteine 105
Mykobactin 367
Mykolsäuren 213, 291, 315
Mykoside 316
Myofibrillen 114
Myoglobin 80, 83, 86, 374
myo-Inositol 169
Myosin 113, 114
Myrcen 455
Myricetin 509
Myristicin 500
Myristinsäure 289

Nachbargruppenbeteiligung 155, 279
Nachbarschaftsanalyse 253
NAD 363
NADP 363
NAD-Synthetase 96
Nafoxidin 420
NAMETKIN-Umlagerung 453
Naphthochinon-Derivate 50, **333**, 337
Naphthochinonsulfonsäure 68, 361
Naphthotocopherol 338
Narcotin 527, 545
Narigenin 509
Naturstoffe, marine 21
—, primäre 21
—, sekundäre 21
Neamin 586
nearest-neighbour-frequency analysis 253
Nebenalkaloide 525
Nebenbasen 220, 221
Nebennierenrinden-Hormone 423
Nebenschilddrüsen-Hormone 413
Nebularin 587, 588
Necinbasen 538
Necinsäuren 538
Neolactotetraose 314
Neomycin 147, **586**
Neosamin 147
Neostigmin 559
Neovitamin A 328
Neral 455
Neriifolin 482
Nerol 455
Nervenwachstumsfaktor 410
Nervon 313
Nervonsäure 290
Netropsin 579
Neuramidase 149
Neuraminsäure 148, 313
Neurohormone 392, 425
Neurophysine 400, 406
Neurosporen 466, 467
Neurotensin 394, 414
Neurotoxine 109, 432

Neurotransmitter 391, **429**
NEWMAN-Projektion 150
Niazin **342**
Nickel 372
Nicotiana-Alkaloide **534**
Nicotin **362, 431, 526, 527, 534**
Nicotinsäure **362, 534**
Nicotinsäureamid **325, 326, 362**
Nicotinsäureamid-Nucleotide **363**
Nicotyrin **534**
Nigeran **193, 194**
Nigericin-Antibiotica 583
Nigerose 184
Ninhydrin-Reaktion 67
Nitralin 442
Nitrat-Reduktase 98, 120
Nitrene 35
Nitrocellulose 188
Nitrogenase 120
Nitroguanidin 124
Nitrolacke 188
Nitrophenylester 126
Nitrosamine 179, 280
NMR-Spektroskopie 35, 141, 150, 191, 236, 471
Nocardicin A 572
Nonactin 582
Nonactinsäure 582
Nonose 140
Nonulose 140
Noradrenalin **396, 434**
Norbiotin 366
Nordihydroguajaretsäure 295, 501
Norguajalignan 501
Norit-Eluat-Faktor 350
Norlaudanosin **541**
Norlaudanosolin 539
Norleucin 57
Nornicotin 534
Norpseudotropin 536
Nor-Steroide 471, 491
Nortropin 536
Nucleasen 251, 261
Nuclein 243
Nucleinsäuren **251**
nucleophile Katalyse 98
Nucleoproteine 91, 117, 271
Nucleosid-Antibiotica 587
Nucleosiddiphosphokinase 118
Nucleoside 219
Nucleosid Q 255
Nucleosidsynthesen 224
Nucleotide 154, **226**
Nucleotidsynthesen 231, **245**
NYLANDER-Probe 170
Nystatin 147, **596**

Ocimen **455**
Octosen **139**
Odorosid **479**
Öle, ätherische 447, 500
—, fette **297**
Östrogene **419**
Oktandenregel 33
Oleandomycin 147, **594**
Oleandrigenin **481, 482**
Oleandrin **482**
Oleandrose **145, 482**
Oleanolsäure **465**
Oligonucleotide 242
Oligopeptide **65**
Oligosaccharide **174, 183**
Olivenöl **299**
Olivetol **519**
Olivetolsäure **519**
Ölsäure **289, 290**
Ommochrome 580
Ophiobolan **462**
Ophioboline **462**
Opiansäure **546**
Opium **542, 546**
OPPENAUER-Oxidation 489
Opsin **329**
optische Aktivität 149
Orcinol **171**
ORD **32, 93**
Ordnungsgrad 190
Orientalin **544**
Orientalinon **544**
Orientin **165**
Ornithin **57, 59,** 90, **524, 531,** 578
Ornithin-Mutase 387
Orotidin **220, 235**
Orotidinphosphat 228
Orotsäure **219, 220**
Orsellinsäure **498, 499, 513**
Orthoester 155
Osazon **159**
Osmiumtetroxid 295
Ouabagenin **481, 482**
Ouabain **481, 482**
Ovalbumin 118, 208
Ovulationshemmer 420
Oxathiazindioxide 184
Oxazolidindione 123

Oxazolidinthione 160
Oxidasen 98
Oxidationen 489
Oxidoreduktasen 95, 98, 119, 327, 349, 364, 374, 379
Oxirame 158, 187
Oxocarbonsäuren 59, 479
oxo-cyclo-Tautomerie 141
Oxoglutarsäure 59, 358
Oxybiotin 365
Oxyhämoglobin 377
Oxyluciferin 49
Oxynervon 313
Oxynervonsäure 292
Oxytetracyclin 591
Oxytocin 22, 65, 128, 133, **406**
Ozonolyse 294, 469
Ozonspaltung 294, 489

Palmitaldehyd 310
Palmitinsäure 289
Palmitölsäure 290
Pancreozymin 412, 413
Pankreas-Hormone 408
Panthetin 361
Pantoesäure 360
Pantolacton 360
Pantothein 288, 361
Pantothenol 360
Pantothensäure 325, 326, 360
Päonidin 509
Papain 75, 105
Papaverin 40, 42, 527, 541, 542, 545
Papier 194
Paraffine 296
Parathormon 413
Parathyrin 397, 413
Paratose 145, 212
Paromamin 147, 585
Paromobiosamin 585
Paromomycine 147, 586
Partialsynthesen 309
Patulin 516
PAULY-Färbung 73
Pavin 544
Pavin-Alkaloide 541, 544
Pegamin 565
Pektin 202
Pektinsäure 191
Pelargonin 509
Pellotin 539
Peltatin 501
Penan 573
Penicillamin 575
Penicillansäure 575
Penicillin-Amidase 574
Penicillinase 95, 574
Penicilline 572
Penicillinsulfoxide 578
Penicillosäure 575
Penillosäure 575
Pentachlorphenylester 126
Pentazocin 547
Pentosen 139
Pepsin 22, 75, 90, 95, 96, 97
Pepsinogen **96**
Peptidalkaloide 561
Peptidasen 74
Peptidbindung 63
Peptide 63, **93**
—, cyclische 65, 132
—, heterodete 65
—, homodete 64, 65, 132
—, homöomere 65
—, heteromere 65
—, verzweigtkettige 65
Peptidhormone 396, **397**
Peptidlactone 580
Peptidoglykane 209, 215
Peptidsynthesen 22, 121
Peptolide 65
Periodatoxidation 179
Permanganat 294
Permethylierung 178
Peroxidasen 120, 380, 496
Peroxidzahl 300
Petunidin 509
Pflanzenwachstumsregulatoren 441
Pfropfpolymere 65, 66
Phagen 253, 257
Phallacidin 111
Phallisin 111
Phalloidin 111
Phalloin 111
Phallotoxine 111
Phäomelanine 522
Phäophorbide 381
Phäophytine 381
Phasenübergang 92, 192, 270, 318
Phellandren 51, 458
Phenanthren 546
Phenanthridin-Derivate 282
Phenole 495, 539
Phenoxazon-Derivate 282, 562, 580

Phenoxymethylpenicillin 577
Phenylalanin 55, 59, 90, 92, 497, 528
Phenylalanin-Hydroxylase 349
Phenylallyl-Derivate 500
Phenylbrenztraubensäure 498
Phenylchroman 506
Phenylethylamine 434, 528
Phenylhydrazin 159, 179
Phenylhydrazone 159, 179
Phenylpropan-Derivate 498
Pheromone 391, 438
Phlobaphene 512
Phloracetophenon 498, 513
Phloretin 507
Phlorhizin 507
Phloridzin 507
Phlorin 372
Phlorizin 507
Phloroglucinol 509, 515
Phomin 594
Phorbol 462
Phosphatase 118
Phosphate 153
Phosphatidsäure 301, 302
Phosphatidyl 301
Phosphatidylcholin 301, 302, 308, 318
Phosphatidylethanolamin 301, 303, 318
Phosphatidylglycerol 304
Phosphatidylinositol 301, 304
Phosphatidylserin 301, 304
Phosphodiesterase 261
Phosphoglucomutase 118
Phosphoglyceraldehyd-Dehydrogenase 120
Phosphoglycerat-Kinase 83, 118
Phosphoglyceromutase 118
Phosphoglycersäure 61
Phosphoketolase 345
Phospholipase 109, 303
Phospholipide 120, 300
Phosphonolipide 307
Phosphonsäure-Derivate 285, 307, 600
Phosphoproteine 117
Phosphoramid 250
Phosphorsäureester 153, 433
Phosphotransferasen 154
Phosphorylierungen 97, 231, 308
Phosvitin 118
photoaffinity labeling 35
Photochemie 278
Photocyclisierung 373
Photoisomerisierung 330, 331
Photosynthese 381, 468
Photosyntheseenzyme 120
Photosysteme 383
Phrenosin 313
Phthalidisochinolin-Alkaloide 541, 545
Phthiensäure 291
Phycobiliproteine 389
Phycocyanin 382, 389
Phycocyanobilin 389
Phycoerythrin 382, 389
Phycoerythrobilin 389
Phylloeaerulin 413
Phyllochinon 337
Phyllokinin 414
Physalaemin 414
Physostigmin 433, 551, 559
Phytan 44, 45
Phytinsäure 169
Phytoalexine 23
Phytochrom 390
Phytoeffektoren 441
Phytoen 466, 467
Phytofluen 466, 467
Phytoglykogen 198
Phytohämagglutinine 107
Phytohormone 440
Phytol 381, 461
Phytosphingosin 310
Phytosterole 474
Phytyl 333
Picrocin 147
Picrotin 461
Picrotoxin 461
Picrotoxinin 461
PICTET-SPENGLER-Synthese 541
Pikromycin 594
Pimelinsäure 365
Pinan 459
Pinen 453, 459
Pinocembrin 499
Pinoresinol 504
Pinosylvin 499, 500
Pipecolinsäure 532
Piperidin 527, 533
Piperidin-Alkaloide 531
Piperidone 263
Piperin 527, 533
Piperiton 51, 458
Pivaloyl 246
Pivampicillin 576, 577
Plasmakinine 414
Plasmalogene 301, 306
Plasmal-Reaktion 307

Plasmamembran 322
Plasmenyl 306
Plasmide 253, 267, 569
Plasmin 97, 117
Plasminogen 117
Plastochinon 335
Plastochromanole 335
Plastochromenole 335
Plastocyanin 120, 383
Platin 372
Platynecin 538
Plazenta-Hormone 402, 405
pleated sheet 85
Plumbagin 50
Plus-Minus-Methode 262
Podecdyson 426
Podophyllotoxin 501, 502
Poetine 417
POLENSKE-Zahl 300
Polistes-Kinin 414
Polyacetylene 23
Polyacrylamid 28
Polyaminosäuren 134
Polybutadien 470
Polyen-Antibiotica 595
Polyglykosen 217
Polyketid-Antibiotica 589
Polyketide 513
Polyketid-Weg 495
Polyketosäuren 479
Polykondensation 134
Polymerasen 273
Polymerisation 470
Polymerisationsgrad 192
Polymyxine 579
Polynucleotide 243
Polynucleotid-Kinase 251
Polynucleotid-Ligase 251, 273
Polynucleotid-Synthetase 273
Polyoxine 196
Polypeptid-Antibiotica 578
Polypeptide 65
Polypeptide, sequentielle 134
Polyphenol-Oxidasen 436, 511, 520, 522
Polyphosphate 48
Polypren 468
Polyprenole 215
Polyprolin-Helix 82, 83
Polysaccharide 103, 174, 185
Polystyren 27, 28, 131, 249
Polyterpene 449, 468
Polyuronide 201
POMERANZ-FRITSCH-Synthese 541
Ponasterone 426
Porphin 368
Porphobilinogen 370
Porphyran 200
Porphyrine 39, 44, 47, 370
Porphyrinogene 369
Porphyromycine 599
Porphyropsin 329
Präalbumin 83
Präcancerogene 277
Pralidoxim 433
Präprohormone 397
Präproinsulin 397, 408
Präproteine 94
Prävitamin D 331
Prednisolon 424
Pregnan 470
Pregnandiol 420
Pregnanglykoside 480
Pregnenolon 488
Prenol 448
Prenyl 333
Prephensäure 497
Pretetramid 591
Primärstruktur 77
Primer 250, 274, 438
Pristan 44, 45
Proangiotensin 416
Proaporphin-Alkaloide 541
Procain 576
Proctolin 425, 430
Progesteron 418, 420
Progoitrin 160
Prohormone 397
Proinsulin 397, 408
Prokaryoten 253
Prolactin 401
Prolactin release-inhibiting factor 399
Prolactin-releasing factor 399
Prolactoliberin 398
Prolactostatin 398
Prolamine 89
Prolin 55, 59, 64, 67, 83, 90, 531
Propanolamin 528
Propionylcholin 432
Propranolol 435
Proscillaridin 483
Prostacyclin 427
Prostaglandine 21, 427
Prostansäure 427
prosthetische Gruppen 323

Protamine 89
Proteasen 97
Proteide 65, 117
Proteinase-Inhibitoren 102
Proteine 65, **93**
Proteine, fibrilläre 86
—, globuläre 86
—, heteropolymere 88
—, homopolymere 88
—, konjugierte 66, 117
—, kontraktile 115
—, orthologe 51
—, chemische Modifizierung 136
—, membrangebundene 319
Proteinoide 47, 136
Proteinprocessing 93
Protein-Sequenator 79
Proteoglykane 203, 206
Prothrombin 116, 208
Protoalkaloide 523, 526
Protoberberin-Alkaloide 541, 544
protobionts 46
Protocatechusäure 497
Protofibrillen 113
Protohäm 374
Protohämoglobin 375
Protoporphyrin 370
Protoporphyrinogen 370
Protosterol 463, 464, 472
Protoveratrin 486
Protoverin 486
Provitamine 327, 331
Prunasin 160
Pseudoalkaloide 523
Pseudoaminosäuren 65
Pseudoephedrin 529
Pseudopelletierin 537
Pseudopurpurin 517
Pseudotropin 536
Pseudouridin 165, 220, 589
Pseudovitamin B_{12} 386
Pseudoyohimban 555
Psicofuranin 284, 587, 588
Psicose 152, 587
Psilocin 530
Psilocybin 530
Psoralen 500
Psychosin 312
Pteridin 347
Pterin 348
Pterincarbonsäure 352
Pteroinsäure 350
Pteroyl 350
Pteroylglutaminsäure **350**
PTH-Aminosäure 79
Pulegon 458
Pullulan 103, 194
Pumiliotoxine 565
Punica-Alkaloide 533
Purin-Alkaloide 229, 523
Purinbasen 219
Purine 219, 348
Purinnucleoside **220**
Purinsynthese 223
Puromycin 147, 284, 587, 588
Purpurea-Glykoside 481, 482
Purpurin 517
Purpurmembran 330
Purpurogallin 512
Pustulan 193, 194
Putrescin 253, 526, 528, 537
Pyranosen 141
Pyranoside 141
Pyrethrine 459
Pyrethrinsäure 459
Pyrethroide 459
Pyrethrolon 459
Pyridin-Alkaloide 531
Pyridin-Hämochrome 375
Pyridinnucleotide 362
Pyridostigmin 559
Pyridoxal 357
Pyridoxalphosphat 357
Pyridoxamin 357
Pyridoxin 357
Pyridoxol 357
Pyrimethamin 353
Pyrimidinbasen 219
Pyrimidinnucleoside **220**
Pyrimidinsynthese 223
Pyrithiamin 345
Pyrogene 211
Pyroglutaminsäure 67, 106, 398
Pyrone 498
Pyrrol 368
Pyrrolcarbonsäuren 520
Pyrrolenin 368
Pyrrolidin-Alkaloide 527, 531
Pyrrolidinoindol-Alkaloide 551, 559
Pyrrolizidin-Alkaloide 23, 537
Pyrromycinone 593
Pyruvat-Carboxylase 98
Pyruvat-Decarboxylase 95, 344
Pyruvat-Dehydrogenase 94, 345

Quantasom 383
Quartärstruktur 77, 86
quecksilberorganische Verbindungen 70, 137
Quellung 191
Quercetin 509, 510
Quercitol 170
Quervernetzung 113, 210, 279, 280, 600
Quinovose 145

Racemasen 95
Racemattrennung 62
Racemisierung 56, 358
Radikale 36, 37, 334, 355, 495, 540
Radikalfänger 294, 357
Radioimmunoassay 137
Raffinose 184, 185
Ramachandran-Diagramme 82
random coiled-Struktur 81, 191
Ranzigkeit 295
Rauwolfia-Alkaloide 20, 551, 554
RAYMOND-Reaktion 480
Reagentien, polymere 132
Redox-Systeme 334, 341, 349, 363, 378
Reduktone 341
Reduviin 102
REICHERT-MEISSL-Zahl 300
REICHSTEINS Substanz S 488
Reineckate 430
Rekombination 88
Relaxin 419
Releaser 438
Releasing Hormone 398
Renin 414
Replikation 274
Reportergruppen 37
Repressoren 93
Rescinnamin 555
Reserpin 435, 552, 555
Resibufogenin 483
Resistenz 569, 574, 583, 584, 599
Restriktionsenzyme 260
Reticulin 539, 542
Retinal 327
Retinal-Isomerase 95
Retinoinsäure 327, 329
Retinol 327
Retinol-bindendes Protein 329
Rezeptoren 396
Rhamnetin 509
Rhamnose 144, 145, 482
Rhaponticin 500
Rhein 517
Rhodomycinone 593
Rhodopsin 329
Ribitol 354
Ribitol-Teichonsäuren 211
ribo 139
Riboflavin 326, 350, 354
Ribonuclease 83, 95, 123, 130, 133, 208, 260, 261
Ribonucleinsäure 254
Ribonucleinsäure, Boten- 255
—, cyclische 270
—, doppelsträngige 268
—, Haarnadelstrukturen 268
—, Konformation 267
—, lösliche 255
—, messenger 255
—, ribosomale 255
—, Transfer- 255
—, virale 256
Ribose 141, 143, 354
Riboside 220
Ribosomen 255
Ribulose 140, 152
Ribulosebisphosphat 384
Ricin 108
Ricinolsäure 292
Ricinusöl 292, 299
Rifamid 597
Rifamycine 597
Rifapicin 597
Rindertalg 299
Rodentizide 339
Rohrzucker 183
Rolitetracyclin 591
Rondomycin 591
Röntgen-Kleinwinkel-Streuung 32
Röntgenstrukturanalyse 20, 30, 266, 385, 574
Rotenoide 508, 510
Rotenon 511
Ruberythrinsäure 517
Rubijervin 486
Rubredoxin 118
Rumpfsequenzen 131
Rutin 507

Saccharin 184
Saccharinsäuren 152
Saccharose 22, 183
Safrol 500
Sagarose 199
SAKAGUCHI-Nachweis 70
Salamander-Alakloide 486
Salamandrin 487

salpetrige Säure 241
Salutaridin 546
SANGER-Endgruppenbestimmung 68, 78
Santonin 461
Saponine 465, 484
Sarcosin 57
Sarin 433
Sarmentose 145
Sarsaparillosid 484, 485
Sarsapogenin 484, 485
Sauerstoffspeicherung 374
Sauerstofftransport 49, 375
Säurezahl 300
Saxitoxin 231
Schädlingsbekämpfungsmittel 439
SCHARDINGER-Dextrine 198
SCHEIBLERS Reagens 527
SCHIFFsche Basen 66, 113, 138, 329, 358, 379, 523
Schilddrüsen-Hormone 396, 411
Schlangengifte 109, 432
Schlangengift-Phosphodiesterase 260
Schleifen 269
Schleime 203
SCHOTTEN-BAUMANN-Verfahren 156
Schutzgruppen 122, 127, 130, 245
Schwefelsäureamide 207
Schwefelsäureester 154
Schweineschmalz 299
SCHWEITZERS Reagens 194
SCHWYZER-WÜNSCH-Strategie 129
Scilla-Glykoside 483
Scillaren 483
Scillarenin 483
Scillaridin 483
Scopin 537
Scopolamin 536
Scopoletin 501
Scopolin 537
Scotophobin 394
Scymnol 476
Secalonsäuren 518
Secologanin 552
second messenger 396
Seco-Steroide 471
Secretin 408, 411, 413
Sedimentation 29
Seduheptulose 140
Sehpigmente 327, 329
Sehvorgang 329
Seide 115
Seidenfibroin 115
Seifen 293
Sekundärstruktur 77, 82
Selen 336
Semichinon 334
Semisynthese 121
Senecio-Alkaloide 439, 538
Senecioylcholin 431
Senf 160
Senföle 160, 447
Senfölglykoside 160
Sephadex 28, 188, 312
Sepharose 28, 188, 199
sequentielle Polypeptide 65
Sequenzanalyse 78, 258, 260
Sequenzpolymere 136
Serin 55, 61, 73, 90, 97, 117, 125, 204, 528
Serin-Hydrolasen 97, 101, 433
Serin-Kephaline 483
Serin-Proteasen 51, 97, 116
Serotonin 436, 529
Serotonin-Rezeptor 313
Sesquiterpene 449, 450, 460
Sesquiterpen-Lactone 460
Sesterterpene 449, 462
Sexualhormone 417
Shikimisäure 50, 495
Showdomycin 589
Sialinsäure 148
Sialoglykoproteine 203
Sideramine 366
Siderochrome 366
Sideromycine 367
Siderophilin 119
Signalpeptide 94
Sikkative 295
Silylierung 26, 225
Simazin 442
Sinapinalalkohol 502
Sinapinsäure 499
Sinigrin 160
Sirenin 440
Sirohydrochlorin 369
Sisomycin 147, 586
Sitosterole 474
Skleroproteine, 83, 112
slow reacting substance of anaphylaxy 428
SMITH-Spaltung 179
Solanesol 216
Solanidan 486
Solanidin 486
solid-phase-Methode 130
Somatoliberin 398

Somatomedine 401, 410
Somatostatin 41, 398
somatotropes Hormon 401
Somatotropin 401
Somatotropin release-inhibiting factor 399
Somatotropin-releasing factor 399
SONNENSCHEINS Reagens 527
Sophorose 184
Sorbit 169
Sorbitol 169
Sorbose 343
SORET-Bande 368
Spacer 26, 103
Spartein 526, 527, 538
Spasmolytica 542
Spectinomycin 587
Spermidin 253, 526
Spermin 253, 526
Sphinganin 310
Sphingenin 310
Sphingoglykolipide 312
Sphingoide 310
Sphingolipide 310, 312
Sphingolipidosen 315
Sphingomyeline 311
Sphingophospholipide 310
Sphingosin 310
Spinmarker 37
Spinmarkierung 37
Spironolacton 424
Spirosolan 485
Spirostan 485
Spirostanolglykoside 484
Spongothymidin 587
Spongouridin 587
Squalen 450, 462, 464
Squalenoxid 451
Stärke 197
Stärkekleister 198
Statine 398
statistisches Knäuel 81, 191
Stearinsäure 289
Steran 470
Stercobilin 388
Stercobilinogen 388
stereospecific-numbering-System 302
Sterin 473
Steroidalkaloide 472, 484, 523
Steroidcarbonsäuren 45, 476
Steroide 324, 447, 463, 470
Steroidhormone 396, 417, 472
Steroidsapogenine 472, 484
Steroidsynthesen 487
Sterole 472, 473
Stigmastan 470
Stigmasterol 474, 487
Stilbene 498, 500
Stilbestrol 420
STRECKERsche Synthese 62
Streptamin 584
Streptidin 584
Streptobiosamin 585
Streptomycin 147, 585
Streptose 144, 585
Streptovaricine 598
Streptozotocin 280
Strobosid 479
Strophanthidin 481, 482
Strophanthidol 482
Strophanthin 481
Strophanthosid 482
Strychnidin 558
Strychnin 20, 30, 525, 553, 557
Strychninonsäure 558
Strychninsäure 558
Strychnos-Alkaloide 551, 557
Suberylarginin 478
Substanz P 414
Subtilisin 75
Subtilopeptidase 97
subunits 88
Succinat-Dehydrogenase 356
Succinyl-CoA-Synthetase 118
Sucrose 183
Sulfatide 312
Sulfenylhalogenide 72
Sulfid-Kontraktionsmethode 372
Sulfolipide 312
Sulfonamide 352
Sulfonsäurechloride 247
Sulfonsäureester 156
Sulfosalicylsäure 75
Supercoil 253
Superhelix 85
Superoxid-Dismutase 83
Superpositionsregel 33
Suprasterole 331
Süßholzwurzel 465
Süßstoffe 184
SVEDBERG-Einheit 29
syn-Konformation 235
Syringaaldehyd 502
Syringin 502

Tabakmosaikvirus 22, 88
Tabanin 102
Tachysterol 331
Tagatose 138/139
Taka-Amylase 208
talo 139
Talose 138/139
Tannin 513, 515
Taurin 477
Tauro-Konjugate 477
Tautomerie 141, 233, 340, 358
TAY-SACHSsche Krankheit 315
Teichonsäuren 211
Teichuronsäuren 211
Telomone 438
Template 274
Teratogenese 277
Termination 276
Terminator-Codons 275
Terpene 447, 454
Terpentinöl 459
Terpin 457, 459
Terpinen 458, 459
Terpineol 456, 458
Terpinhydrat 457
Terramycin 591
Tertiärstruktur 77, 86
Testosteron 138, 418, 421
Tetanustoxin 112
Tetraacetylglucosylbromid 155, 164
Tetracycline 590
Tetrahydrofolsäure-Dehydrogenase 353
Tetranitromethan 137
Tetraose 314
Tetrapyrrole 368
—, acyclische 388
Tetraterpene 449, 465
Tetrodotoxin 566
Tetrosen 139
Theaflavin 512, 513
Thebain 546
Theobromin 229
Theophyllin 222, 229
Thermolysin 75, 120
Thevetin 482
Thevetose 145, 482
Thiaflavine 356
Thiamin 326, 341
Thiaminase 324
Thiaminpyrophosphat 343
Thiamin-Pyrophosphatase 95
Thienomycin 572
Thiobarbitursäure-Reaktion 295
Thiocholin 432
Thiochrom 344
Thioester 361
Thioglucose 160
Thioglykolsäure 69
Thiophenylester 126
Thiouracil 220, 233, 284
Thiouridin 220, 236
threo 139
Threonin 55, 60, 73, 90, 125, 204, 528
Threonsäure 342
Threose 138/139
Thrombin 97, 116
Thrombin-Inhibitoren 102
Thromboxan 428
Thujan 459
Thymidin 220
Thymidylat-5'-Phosphatase 95
Thymidylat-Synthetase 228, 282
Thymin 219, 220, 417
Thymol 458
Thymopoetin 417
Thyreoidea-stimulierendes Hormon 400
thyreotropes Hormon 400
Thyrocalcitonin 412
Thyroglobulin 204, 208, 412
Thyroliberin 398
Thyronin 411
Thyrotropin 400
Thyrotropin-releasing factor 399
Thyroxin 411
TILLMANS Reagens 341
Tiloron 283
Tobramycin 147, 586
Tocochinon 336
Tocopherolchinon 336
Tocopherole 294, 335
Tocopherol-Hydrochinon 336
Tocopherolrot 336
Tocotrienole 336
Tolbutamid 410
TOLLENS-Probe 170
Toluensulfonyl 123
Toluhydrochinon 50
Tomatidin 485, 486
Tomatin 485
TORGOV-Reaktion 494
Torsionswinkel 82, 83, 263
Tosactid 403
Tosyl 123, 156
Toxiferin 558

Toxine 88, 93, 109
Toxisterol 331
Toxogonin 433
Toxoide 112
Toxopyrimidin 359
Tracer 39
Tragacantha 203
Traganth 203
Trägerelektrophorese 28
Transaminase 358
Transaminierung 358
Transferasen 95, 327, 570, 584
Transferrin 119, 208
Transition 277
transition temperature 318
Transketolase 345
Transkription 274, 275
Translation 274, 275
Translokation 276
Trans-Regel 225
Transversion 277
TRAUBEsche Synthese 223
Trehalose 175, 183, 185
Triacylglycerole 297
Triaose 314
Triazin-Derivate 189, 441
Trichlorsaccharose 184
Trichlortriazin 189
Trifluoracetyl 123
Trifluralin 442
Triglyceride 297
Triisopropylbenzensulfonsäurechlorid 247, 309
Trimethoprim 353
Trimethylsilylether 158, 225
Trinactin 582
Trinitrobenzensulfonsäure 68
Triosen 139
Tripalmitin 297
Tripelhelix 85, 270
Triphenylmethylether 157
Triphosphat 154, 227
Tripletts 275
Trisporsäure 440
Triterpene 449, 462, 472
Trityl 157, 245
TROMMER-Probe 170
Tropan 535
Tropan-Alkaloide 531, 535
Tropasäure 536
Tropin 22, 536
Tropine 398
Tropinon 536
Tropokollagen 113
Tropomyosin 114
Trypsin 75, 95, 97, 408
Trypsin-Kallikrein-Inhibitor 102
Tryptamin 436, 528
Tryptophan 55, 59, 67, 70, 74, 90, 92, 105, 362, 436, 497, 528, 560, 567
Tubercidin 284, 588
Tuberculostearinsäure 291
Tubocurarin 548
Tuftsin 93
Twist-Form 143
Tyramin 528
Tyrocidine 578
Tyrosin 55, 59, 73, 74, 90, 92, 137, 405, 412, 434, 497, 528
Tyrosinase 120
Tyrosyl-tRNS-Synthetase 96
Tyvelose 145, 212

Ubichinone 334
Ubichromenole 335
UDP-Glucose 214
Ultrafiltration 27
Ultrazentrifuge 29
Umbelliferon 501
Undecaprenol 215, 216
Untereinheiten 88, 101
Uracil 219, 223
Ureido-Verbindungen 242
Uricase 229
Uridin 220
Uridindiphosphoglucose 214
Urocanylcholin 431
Uronsäuren 166, 182, 206
Uroporphyrin 369
Uroporphyrinogen 370
Usninsäure 513, 515
Uzarigenin 472, 479
Uzarin 479
Uzarosid 479

Vaccensäure 290
Valin 55, 74, 90
Valinomycin 580
Valitocin 406
Valonsäure 513, 514
Vanillin 502, 506
VAN SLYKE-Bestimmung 65
Vasicin 565
vasoaktives Intestinalpeptid 411, 413

Vasopressin 400, 406
Vasotocin 406
Veratrum-Alkaloide 486
Veratryltryptamin 541
Verbenol 499
Verdoglobin 388
Verseifung 298
Verseifungszahl 300
very high density-Lipoprotein 121
very low density-Lipoprotein 121
Verzweigungen 186
Vibramycin 591
Vinblastin 556
Vinca-Alkaloide 551, 556
Vincaleurocristin 556
Vincamin 552, 556
Vincristin 556
Vindolin 552, 556
Vinglycinat 557
Violaxanthin 446, 468, 469
Viren 256, 257
Viroide 270
Virus-Nucleinsäuren 256, 267, 268
Viskoseseide 195
Viskosität 191
Vitamine **323**
Vitamin A 325, 326, **327**, 446
—, A-Säure 329
—, B_1 22, 325, 326, **341**
—, B_2 325, 326, **353**
—, B_6 325, **357**
—, B_{12} 22, 39, 325, 326, 372, **385**
—, C 323, 325, **340**
—, D 22, 325, 326, **331**
—, E 22, 325, 326, **335**
—, F 290
—, H 365
—, K 325, **337**
—, P 507
—, U 324
Vitexin 165, 507
V-Stoffe 433
Vulkanisation 469

Wachse 296
Wachstumshormon 51, 401
WAGNER-MEERWEIN-Umlagerung 453
WAGNERS Reagens 527
WALDENSTRÖM-Proteine 105
WALDEN-Umkehr 155, 156
Walrat 197
WARBURGsches Atmungsferment 379
Warfarin 339
Wasserstoffbrücken 84, 91, 190
WATSON-CRICK-Modell 20, 266
WATSON-CRICK-Paarung 264
Weizenkeimöl 335
WIELAND-GUMLICH-Aldehyd 558, 559
wobble-Paare 276
Wofatox 433
Wollwachs 296
WOODWARD-HOFFMANN-Regeln 39, 372
WOODWARD-Spaltung 525
Wuchsstoffe 323, 348

Xanthan 201
Xanthin 219, 220, 229
Xanthin-Oxidase 98, 120, 229
Xanthocillin 570
Xanthone 498
Xanthophyll-Cyclus 468
Xanthophylle 465, 468
Xanthoprotein-Reaktion 73
Xanthopterin 349
Xanthosin 220
Xanthoxin 446
Xanthurensäure 563
Xanthydrol 146
Xenopsin 394, 414
Xylane 201
xylo 139
Xylofucane 201
Xylose 143, 204
Xylulose 152

Ylid 345
Yohimban 552, 555
Yohimban-Alkaloide 554
Yohimbin 551, 552, 554

Zeatin 444
Zeaxanthin 468, 469
Zellkulturen 41
Zellwände 185, 209
Zimtsäure 499
Zink 87, 98, 120, 372, 409
Zonenelektrophorese 28
Zuckeralkohol 168
Zucker-Anhydride 158
Zucker-Nucleotide 214
Zwitterionen 88
Zygosporine 594
Zymogene 93

Tabelle 7-3

Vergleich der Primärstruktur einiger Peptidhormone

1. Corticotropin (ACTH), Melanotropin (MSH), Lipotropin (LPH), ß-Endo

	10 / 20
ß-LPH (Mensch)	E L T G Q R L R Q G D G P N A G A N D G E G
α-LPH (Schaf)	E L G T E R L E Q A R G P E A A E E S A A A
ß-MSH (Mensch)	
α-MSH	
ACTH (Mensch)	

	70 / 80
ß-LPH (Mensch)	Y G G F M T S E K S Q T P L V T L F K N A I
ACTH (Mensch)	R P V K V Y P N G A Q D Q S A Q A F P L E F
ß-Endorphin (Schaf)	Y G G F M T S E K S Q T P L V T L F K N A I
Met-Enkephalin	Y G G F M

2. Somatotropin, Prolactin, Choriomammotropin (HCS)

	10 / 20
Somatotropin (Mensch)	F P T L P L S R L F D N A M L R A H R L H Q
HCS	V Q T V P L S R L F D H A M L Q A H R A H Q

	70 / 80
Somatotropin (Mensch)	P S N R E E T Q K S N L Q L L R I S L L L I
HCS	P S N M E E T Q K S N L Q L L R I S L L L I

	130 / 140
Somatotropin (Mensch)	E T L M G R L E D G S P R T G Q I F K Q T Y
HCS	E T L M G R L E D G S R R T G Q I L K Q T Y
Prolactin (Schaf) 1)	

	190
Somatotropin (Mensch)	C R S V E G S C G F
HCS	C R S V E G S C G F
Prolactin (Schaf) 1)	C R I I Y N N N C

3. Proinsulin, Relaxin

	10 / 20
Proinsulin (Mensch) 2)	S V N Q H L C G S H L V E A L Y L V C G E R
Relaxin (Schwein) 3)	E S T N D F I K A C G R E L V R L W V E I C G V W

	70 / 80
Proinsulin (Mensch)	S L Q K R G I V E Q C C T S I C S L Y Q L E
Relaxin (Schwein)	R M T L S E K C C E V G C I R K D I A

4. Glucagon, Secretin, vasoaktives Intestinalpeptid (VIP)

Glucagon	H S Q G T F T S D Y S K Y L D S R R A Q D F
Secretin	H S D G T F T S E L S R L R D S A R L Q R L
VIP	H S D A A F T D N Y T R L R K G M A V K K Y

5. Pancreozymin, Gastrin, Calcitonin, Caerulin, Phyllocaerulin

Pancreozymin	K A P S G R V S M I K N L Q S L D P S H R I
Gastrin II (Mensch)	E G P W L E E
Calcitonin (Schwein)	C S N L S T C V L S A Y W R N L N N F H R F
Caerulin	
Phyllocaerulin	

1) Partialsequenz vom C-Terminus

2) B-Kette des Insulins: 1-30;

3) B-und A-Kette

* Sulfurylreste

Met-Enkephalin

30 40 50 60

L E H S L L A D L V A A E K K D E G P Y R M E H F R W G S P P K D K R

L E Y G L V A E A E A A E K K D S G P Y K M E H F R W G S P P K D

A E K K D E G P Y R M E H F R W G S P P K D

Ac-S Y S M E H F R W G K P V-NH_2

S Y S M E H F R W G K P V G K K R

90

A Y K K G E

A H K K G Q

30 40 50 60

D T Y E E F E E A Y I P K E Q K Y S F L Q D P E T S L C F S E S I P T

D T Y Q E F E E T Y I P K D Q K Y S F L H D S E T S F C F S D S T P T

90 100 110 120

L E P V Q F L R S V F A N S L V Y G A S N S D V Y D L L K D L E E G I

L E P V R F L R S M F A N N L V Y N Y S N N D S Y H L L K D L E E G I

150 160 170 180

D T N S H N D D A L L K N Y G L L Y C F R K D M D K V E T F L R I V E

D T N S H N H D A L L K N Y G L L Y C F R K D M D K V E T F L R M V E

H C L R R D S S K I D T Y L K L L N

30 40 50 60

Y T P K T R R E A E D L Q V G Q V E L G G G P G A G S L Q P L A L E G

N

L M N T

L V-NH_2

I L N

D Y M G W M D F-NH_2

A Y G W M D F-NH_2

G F G P E T P-NH_2

D Y T* G W M D F-NH_2

Y T* G W M D F-NH_2

te: 66-86

FSC
www.fsc.org
MIX
Papier | Fördert
gute Waldnutzung
FSC® C083411

Kolibri 360 GmbH
Ferdinand-Jühlke-Straße 7
99095 Erfurt, Deutschland
produktsicherheit@kolibri360.de